René Hantke

EISZEITALTER

Band 2

Die jüngste Erdgeschichte der Schweiz
und ihrer Nachbargebiete

Letzte Warmzeiten, Würm-Eiszeit, Eisabbau
und Nacheiszeit der Alpen-Nordseite
vom Rhein- zum Rhone-System

Ott Verlag AG Thun

Meinen lieben Kindern Christine und Stefan

ISBN 3-7225-6259-7

Printed in Switzerland
Satz und Druck: Ott Verlag Thun
Schutzumschlag: Jean Masset, Basel

Inhaltsverzeichnis

Abkürzungen im Text

E	Ost, Osten, östlich	v. h.	vor heute, d. h. vor 1950, dem Basisdatum der ^{14}C-Datierungen
N	Nord, Norden, nördlich	DK	Dufour-Karte 1:100000
S	Süd, Süden, südlich	LK	Landeskarte der Schweiz 1:25000; auf sie bezieht sich
W	West, Westen, westlich		die Schreibweise topographischer Namen.

Bei gleichlautenden Ortsnamen wird die Kantons- oder Länder-Zugehörigkeit durch deren Autozeichen präzisiert.

Vorwort

Die erfreulich gute Nachfrage nach einer Gesamtdarstellung der jüngsten Erdgeschichte der Schweiz und ihrer Nachbargebiete ließen Autor und Verlag auch die folgenden beiden längst weitgehend geschriebenen Bände zu einem Abschluß bringen. Laufend neue Forschungsresultate bedingten namentlich beim 2. Band, der das Geschehen auf der Alpen-Nordseite von der letzten Warmzeit durch die immer komplexer sich gestaltende Letzte Eiszeit bis in die jüngste Nacheiszeit zur Darstellung bringt, immer umfangreicher werden. Dies verursachte notgedrungen eine gewisse Verzögerung im Plan des Erscheinens der Bände 2 und 3.

Allerneueste Resultate sowie notwendig gewordene Berichtigungen können am Schluß des 3. Bandes noch berücksichtigt werden, ebenso auch sinnstörende Druckfehler.

Dankbar erinnere ich mich all der vielen Helfer, die mich zum Teil bereits beim 1. Band unterstützt haben und die mir auch beim 2. ihre Hilfe und Unterstützung nicht versagt haben. Daneben durfte ich zahlreiche neue Fachleute persönlich kennen lernen, die durch Informationen, Begleitung auf Exkursionen, Gesprächen, zur Verfügung gestellte Bohrprofile, Zeichnungen, Photos und Offsetfilme dazu beigetragen haben, die dargelegten Ausführungen zu ergänzen und die skizzierten erdgeschichtlichen Bilder zu präzisieren. Mein herzlicher Dank gebührt daher:

M. Aellen, Zürich
Dr. C. Altmann †, Weesen SG
Dr. H. Altmann, Thun
Dr. G.F. Amberger, Genève
Dr. G. Ammann, Auenstein AG
Dr. K. Ammann, Bern
Frau Dr. B. Ammann-Moser, Bern
Dr. H. Andresen, Frauenfeld
Prof. D. Aubert, Cheseau VD
Dr. K. Bächtiger, Zürich
G. Baldissera, Altdorf UR
A. Bayer, Zürich
J.-L. de Beaulieu, Marseille
Doz. H. Bertle, Schruns/A
Dr. A. Bettschart, Einsiedeln
A. Bezinge, Sion
Dr. J.-P. Biéler, Genève
A. Birchler, Schwyz
Dr. R. Blau, Bern
Dr. B. Blavoux, Thonon H.-Sav.
Prof. H.M. Bolli, Zürich
V. Boss, Grindelwald BE
Prof. W. Brückner †, St.John's/Nfld.
E. Brügger, Zürich
Dr. U.P. Büchi, Aesch/Forch ZH
Dr. H.M. Bürgisser, Zürich
Dr. C. Burga, Zürich
H. Burger, Zürich
E. Buri, Schwanden bei Brienz
Prof. M. Burri, Lausanne
B. Camenisch, Bonaduz GR
D. Coigny, St. Silvester FR
I. Civelli, Zug
C. Colombi, Bern
Prof. E. dal Vesco †, Zürich
Dr. G. della Valle, Bern
K. Denzler, Altdorf UR
Dr. F. Diegel, Kirchdorf BE
Dr. W. Drack, Zürich
Fräulein Dr. I. Draxler, Wien
Prof. K. Duphorn, Kiel/D
Chr. Eggenberger, Grabs SG
Prof. E. Egli, Zürich
Dr. H. Eichler, Heidelberg/D
Dr. H. Eugster, Trogen AR
E. Fardel, Sion
Dr. P. Finckh, Zürich
Dr. H. Fischer, Basel
A. Flotron, Meiringen BE
Dr. K. Flüeler, Stans NW
Dr. M. Freimoser, Zürich
Dr. M. Freivogel, Schaffhausen
Prof. B. Frenzel, Stuttgart-Hohenheim
Prof. G. Furrer, Zürich
Mlle. M.-J. Gaillard, Lausanne
Prof. A. Gansser, Zürich
J. Geiger, Flims
Frl. L. Gensetter, Davos-Dorf

Dr. E. K. Gerber, Schinznach-Dorf AG
Prof. R. German, Tübingen
Dr. F. Giovanoli, Zürich
Dr. S. Girsberger, Zürich
PD K. Graf, Zürich
Prof. H. Graul, Gutenzell/D
H.-U. Grubenmann, Sternenberg ZH
Fräulein Dr. I. Grüninger, St. Gallen
Dr. H. A. Haus, Ueberlingen/D
Prof. H. Heierli, Trogen AR
Frau Dr. A. Heitz-Weniger, Basel
Dr. P. Herger, Luzern
E. Herzog, Luzern
Prof. H. Heuberger, München
Dr. P. Hochuli, Zürich
P. U. Hodel, Engelberg OW
Dr. E. Höhn, Birmensdorf ZH
M. Höneisen, Schaffhausen
Dr. F. Hofmann, Neuhausen a. Rhf.
H.-P. Holzhauser, Zürich
Dr. W. Huber, Zürich
Dr. K. A. Hünermann, Zürich
Prof. E. Imhof, Erlenbach ZH
Dr. A. Isler, Bern
Prof. H. Jäckli, Zürich
Prof. A. Jayet †, Genève
Dr. H. Jerz, München
Dr. G. Jung, Sargans
W. Kälin, Schwyz
Prof. P. Kasser, Herrliberg ZH
Dr. O. Keller, St. Gallen
P. Dr. R. Keller, Engelberg OW
Dr. P. Kellerhals, Bern
Dr. K. Kelts, Zürich
Dr. M. Kobel, Sargans SG
Dr. E. Kobler, Fribourg
A. Koestler, Hettlingen ZH
P. Kottmann, Zug
Dr. W. Krieg, Dornbirn
Dr. M. Küttel, Stuttgart-Hohenheim
Prof. E. Kuhn-Schnyder, Zürich
W. Kyburz, Rüti ZH
P. Labhart, Birmensdorf ZH
U. Läuppi, Kriens LU
Dr. A. Lambert, Zürich
Dr. E. Lanterno, Genève
A. Lieglein, Bern
Dr. O. Lienert, Rehetobel AR
Dr. H. Liniger, Basel
Dr. H. Loacker, Schruns/A
Dr. M. Mader, Kirchheim/Teck D
Dr. F. Madsen, Zürich
M. Maisch, Zürich
Dr. L. Mazurczak, Zürich
P. Meier, Lachen SZ
Dr. H.-P. Mohler, Den Haag/NL
Mlle. C. Monachon, Lausanne
Dr. G. Monjuvent, Grenoble/F
E. Müller, Frauenfeld
H.-N. Müller, Zürich
P. Dr. I. Müller, Disentis GR
Dr. J. P. Müller, Chur
Dr. h. c. P. Müller†, Oberentfelden AG
P. Müller, Boll-Sinneringen BE
Prof. W. K. Nabholz, Bern
Dr. P. Nänny, Zürich
S. Nauli, Chur
J. Neher, Zürich
P. Nievergelt, Zürich
Dr. R. Oberhauser, Wien
H. Oberli, Wattwil SG
Dr. A. Ohmura, Zürich
A. Parriaux, Lausanne
Dr. N. Pavoni, Zürich
Prof. M. Pfannenstiel †, Freiburg i. Br.
Dr. O. A. Pfiffner, Zürich
J. Pika, Zürich
Dr. Ph. Probst, Bern
Dr. G. Rahm, Freiburg i. Br.
F. Renner, Zürich
Doz. W. Resch, Innsbruck
Dr. Ch. Reynaud, Genève
Prof. H. Rieber, Zürich
Frau T. Riesen, Bern
A. Rissi, Zürich
Dr. F. Röthlisberger, Zürich
PD. H. Röthlisberger, Zürich
W. Rüttimann, Oberrieden ZH
W. Ruggli, Winterthur
Dr. F. Saxer, St. Gallen
Dr. F. Schanz, Kilchberg ZH
Dr. C. Schindler, Zürich
Dr. A. Schläfli, Frauenfeld
Dr. S. Schlanke, Benglen ZH
Dr. R. Schlatter, Schaffhausen
Dr. Chr. Schlüchter, Zürich
P. O. Schönenberger, Einsiedeln SZ
PD F. Schweingruber, Birmensdorf ZH
Dr. F. Seger, Luzern
Dr. N. Sieber, Bern
Dr. J. Speck, Zug
Dr. L. Speck, Rorschach SG

Prof. H. A. Stalder, Bern
Prof. E. Spiess, Zürich
Dr. P. Starck, Bregenz
Dr. R. Steiger †, Zürich
V. Steinhauser, Zürich
R. Stockmann, Luzern
Prof. A. Streckeisen, Bern
Dr. B. Stürm, St. Gallen
Dr. M. Sturm, Dübendorf ZH
Prof. H. Suter, Erlenbach ZH
Prof. N. Théobald, Besançon/F
Prof. E. A. Thomas, Kilchberg ZH
Dr. B. Tröhler†, Bern
Prof. R. Trümpy, Zürich
Prof. J.-P. Vernet, Genève
Prof. R. Vivian, Grenoble/F
Fräulein A.-E. Voegeli, Zürich
Dr. H. Vögeli, Zug
Prof. E. Vonbank, Bregenz
R. Vuagneux, Zürich
E. Weber, Maienfeld GR
G. Weber, Baden AG
PD S. Wegmüller, Bern
Dr. M. Weidmann, Lausanne
Prof. M. Welten, Spiegel, Bern
P. Winck, Luzern
Dr. J. Wiget, Schwyz
Dr. J. Winiger, Raperswilen TG
Prof. J. Winistorfer, Lausanne
Fräulein Z. Wirz, Sarnen
A. Würgler, Meiringen BE
O. Wüest, Uhwiesen ZH
Dr. S. Wyder, Zürich
G. Wyssling, Zürich
Dr. L. Wyssling, Pfaffhausen ZH
Dr. H. J. Ziegler, München
Fräuleir R. Zimmermann, Rheineck SG
Dr. Th. Zingg, Männedorf ZH
Prof. H. Zoller, Basel
Dr. H. J. Zumbühl, Bern

Nicht weniger herzlich sei den Helfern beim Zeichnen der Kartenskizzen gedankt, den Herren U. Eichenberger, P. Felber, Dr. W. Finger, Dr. H.-P. Frei, A. Gübeli, Dr. A. Isler, A. Koestler, A. Rissi, Dr. F. Seger, A. Uhr, A. Vogel, R. Weber, K. Zehnder, dem Institutsphotographen, Herrn U. Gerber, von der ETH-Bibliothek Fräulein E. Chappuis, Frau Dr. S. Schönbächler-Seiler sowie den Herren Dr. W. Willy und Dr. J. Bühler; beim Erstellen der Literaturverzeichnisse half Frau Dr. S. Franks-Dollfus.
Beim Sach- und Ortsregister halfen Herr P. Felber, bei der Kontrolle der Seitenzahlen die Herren A. Gübeli und H. P. Weber. Für zahlreiche technische Hilfen bin ich auch Herrn K. Bade zu Dank verpflichtet.
Beim Lesen der Druckfahnen und Umbruch-Korrekturen durfte ich auf die Hilfe der Herren Dr. K. Bächtiger, Dr. H. M. Bürgisser, H.-J. Gysi, Dr. F. Seger sowie auf meine Frau Gemahlin zählen, die sich auch beim Tippen des Manuskriptes außerordentlich eingesetzt hat. Ihnen allen sei recht herzlich gedankt.

Der aufwendige Druck dieses Bandes konnte nur erfolgen dank namhafter Zuwendungen:
- der Stiftung für wissenschaftliche Forschung an der Universität Zürich
- des Zentenarfonds der Eidg. Techn. Hochschule
- der Georges & Antoine Claraz-Schenkung
- der Stiftung «Pro Helvetia»
- der Stiftung Amrein-Troller, Gletschergarten Luzern

der Unterstützung nachstehender Kantonsregierungen:
- Appenzell AR, Appenzell IR, Basel-Stadt, Basel-Landschaft, Bern, Glarus, Graubünden, Luzern, Nidwalden, Obwalden, St. Gallen, Schaffhausen, Schwyz, Solothurn, Thurgau, Uri und Zug,
- der Städte Winterthur und Zürich, des Verschönerungsvereins Küsnacht ZH, sowie der Geologischen und Geographischen Gesellschaft in Zürich
- Aargauischer Bund für Naturschutz
- Zürcherischer Naturschutzbund,

ebenso der Unterstützung einiger Firmen:
- Schweizerische Volksbank
- Volkart-Stiftung, Winterthur

- Portland-Cementwerk Thayngen SH
- K. Hürlimann Söhne AG, Brunnen SZ
- Migros-Genossenschaftsbund, Zürich
- Quarzsandwerk Bader & Co., Benken ZH
- Brauerei A. Hürlimann AG, Zürich
- Dr. U. P. Büchi, Geologische Expertisen und Forschungen AG, Benglen ZH
- A. Rissi, Zürich

Nach dem 14. August 1980 zugesprochene Zuwendungen werden im 3. Band erwähnt. Dank gebührt auch dem Ott Verlag für seinen geleisteten Einsatz.

Ebenso bin ich für verständnisvolles Wohlwollen zu Dank verpflichtet:

- Benziger AG, Einsiedeln
- Bundesamt für Landestopographie, Wabern BE
- Cadastre, Service technique du registre foncier du Canton de Genève
- Etzelwerk AG, Altendorf SZ
- Office du Livre, Fribourg
- Reich-Verlag, Luzern
- Rigibahn-Gesellschaft, Vitznau LU
- Direktion der Schiffahrtsgesellschaft des Vierwaldstättersees, Luzern
- Direktion der Rhätischen Bahn, Chur
- Swissair Photo und Vermessung AG, Zürich
- Schweizerische Verkehrszentrale Zürich
- Kdo Flugwaffen-Brigade 31, Chef Luftaufklärung, Dübendorf
- Schweizer Wasserwirtschaftsverband, Baden
- Geologische Gesellschaft in Zürich
- Geographische Gesellschaft in Zürich
- Zürcherischer Naturschutzbund
- Schweizerische Geologische Gesellschaft
- Schweizerischer Bund für Naturschutz
- Aargauischer Bund für Naturschutz
- Nestlé Produkte AG, Broc FR

Stäfa, den 14. August 1980

Der Rhein-Gletscher

Der sich aufbauende Bodensee-Rhein-Gletscher

Nähr- und Zehrgebiet des Bodensee-Rhein-Gletschers

Das Nährgebiet des Rhein-Gletschers umfaßt Nord- und Mittelbünden, das St. Galler Oberland, das Säntisgebirge und die vorgelagerten Ketten der subalpinen Molasse, die Vorarlberger Alpen und die N angrenzenden Allgäuer Voralpen. Aus dem Quellgebiet des Lech floß noch Lech-Eis ins Große Walsertal und in den Bregenzer Wald, beim Aufbau und beim Zerfall auch ins Klostertal zum Rhein-System. Überdies empfing der Rhein-Gletscher noch bis tief ins Spätwürm über den Julier- und den Septimer-, sowie über den Albulapaß und über die Sättel zwischen Piz Bial und der Crasta Mora-Eis aus dem Oberengadin (Bd. 3).
Bei Sargans teilte sich der gewaltige Eisstrom, der dort im Riß-Maximum bis 1900 m, im Würm-Höchststand bis 1700 m, 700 m bzw. 400 m über die klimatische Schneegrenze emporreichte. Ein Arm wandte sich gegen NW durchs Seez- und Walensee-Tal und vereinigte sich im Raum von Ziegelbrücke mit dem aus dem Glarnerland abfließenden Linth-Gletscher zum *Linth/Rhein-Gletscher* (S. 185); der Hauptarm floß als *Bodensee-Rhein-Gletscher* durchs Rheintal gegen N und nahm den Ill- und den Dornbirner Ach-Gletscher auf.
Bereits NE von Dornbirn drang, aufgrund des Erratiker-Materials – vorab Ill-Eis aus dem Montafon (L. Krasser, 1936) – ein Arm über Bildstein–Alberschwende in den vorderen Bregenzer Wald, wo er den Bregenzer Ach-Gletscher aufstaute und diesen nach NE durchs Weißach-Tal gegen den von Immenstadt auch gegen W vorstoßenden Iller-Gletscher abdrängte.
Über den Paß von Wildhaus entsandte der Rhein-Gletscher Eis ins Toggenburg (R. Frei, 1912a; A. P. Frey, 1916; Hantke, 1967), zwei weitere Lappen über Eggerstanden und über den Stoß ins System der Sitter, einen weiteren über die Landmarch ins Quellgebiet der Goldach (S. 78).
Bei Oberstaufen im Allgäu stand ein Lappen des Bregenzer Ach-Gletschers einem solchen des Iller-Gletschers gegenüber (S. 68).
In der Bodenseegegend dehnte sich der Rhein-Gletscher fächerförmig aus. In den zum Bodensee entwässernden Tälern Oberschwabens stieß er bis auf die Wasserscheide zur Donau vor (S. 52).
Aus dem nordöstlichen Säntisgebirge strömten ihm Sitter- (S. 81) und Urnäsch- (S. 85), aus dem südwestlichen sowie von den Churfirsten der Thur-Gletscher zu (S. 88).

Die Talgabelung von Sargans

Die Talgabelung von Sargans ist auf eine tektonische Anlage zurückzuführen. Mit der Platznahme der Helvetischen Decken im Pliozän setzte innerhalb des auseinandergeglittenen Schichtstoßes die Bildung der Seez-Walensee-Talung ein. Längs der Groß-

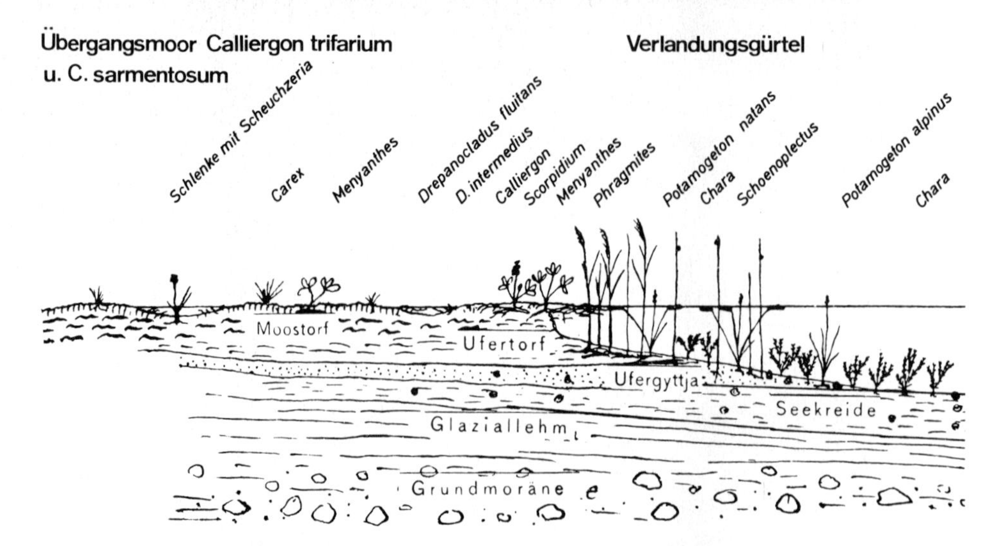

Fig. 1 Rekonstruktion des Verlandungsgürtels am Frühwürm-interstadialen See von Wildhaus, nach H. GAMS aus ARN. HEIM & H. GAMS (1918).

flexur zwischen den gegen E axial abtauchenden Helvetischen Decken und dem westlichen Erosionsrand der Penninischen und Ostalpinen Decken tiefte sich das Rheintal ein. Im Laufe des Quartärs rückte die Wasserscheide zwischen Walensee- und Rheintal, die zuerst zwischen Prodchamm und Sichelchamm lag, schrittweise Seez-aufwärts; zugleich wurde sie durch Eisausräumung immer mehr erniedrigt. Die heutige Gestalt der Talgabelung ist das Werk des würmzeitlichen Rhein-Gletschers und spätglazialer und holozäner Flußaufschüttungen (Fig. 2).

Die würmzeitlichen Schieferkohlen und die Vorstoßphasen des Bodensee-Rhein-Gletschers

Die alpennächsten Schieferkohlen des Bodensee-Rheinsystems liegen bei Wildhaus auf 1030 m. Sie waren ARN. ESCHER schon 1853 bekannt. Über Glazialtonen konnten ARN. HEIM & H. GAMS (1918) eine 1 m mächtige Seekreide mit Molluskenschalen – *Bithynia tentaculata* – Diatomeen und Chara-Resten feststellen; nach wenigen cm Kalkgyttja mit *Potamogeton*-Arten – Laichkräutern, *Schoenoplectus lacustris* – Seebinse, *Phragmites* – Schilf – und *Menyanthes* – Fieberklee – folgt, von Glaziallehm überlagert, 1 m mächtiger Hypnaceen-Torf mit Resten von *Scheuchzeria* – Blumenbinse (Fig. 1). In

▷

Fig. 2 Die Talgabelung von Sargans von SE mit der Gonze–Alvier-Kette. Gegen links, nach der Mündung des Weißtannentales, das Seez-Tal, am Bildrand der Walensee, dahinter die Churfirsten-Kette. Rechts das Rheintal mit der Eistransfluenz ins Toggenburg zwischen Alvier-Kette und Säntis-Gebirge, im Hintergrund rechts der Bodensee. Im Rheinknie, rechts von Sargans, der Fläscherberg, gegen den rechten Rand der Falknis. Im Vordergrund, am Ausgang des Taminatales, Bad Ragaz, links davor, auf glazial überschliffener Felsterrasse, das Dorf Pfäfers.
Photo: Militärflugdienst, Dübendorf. Aus: HANTKE, 1970.

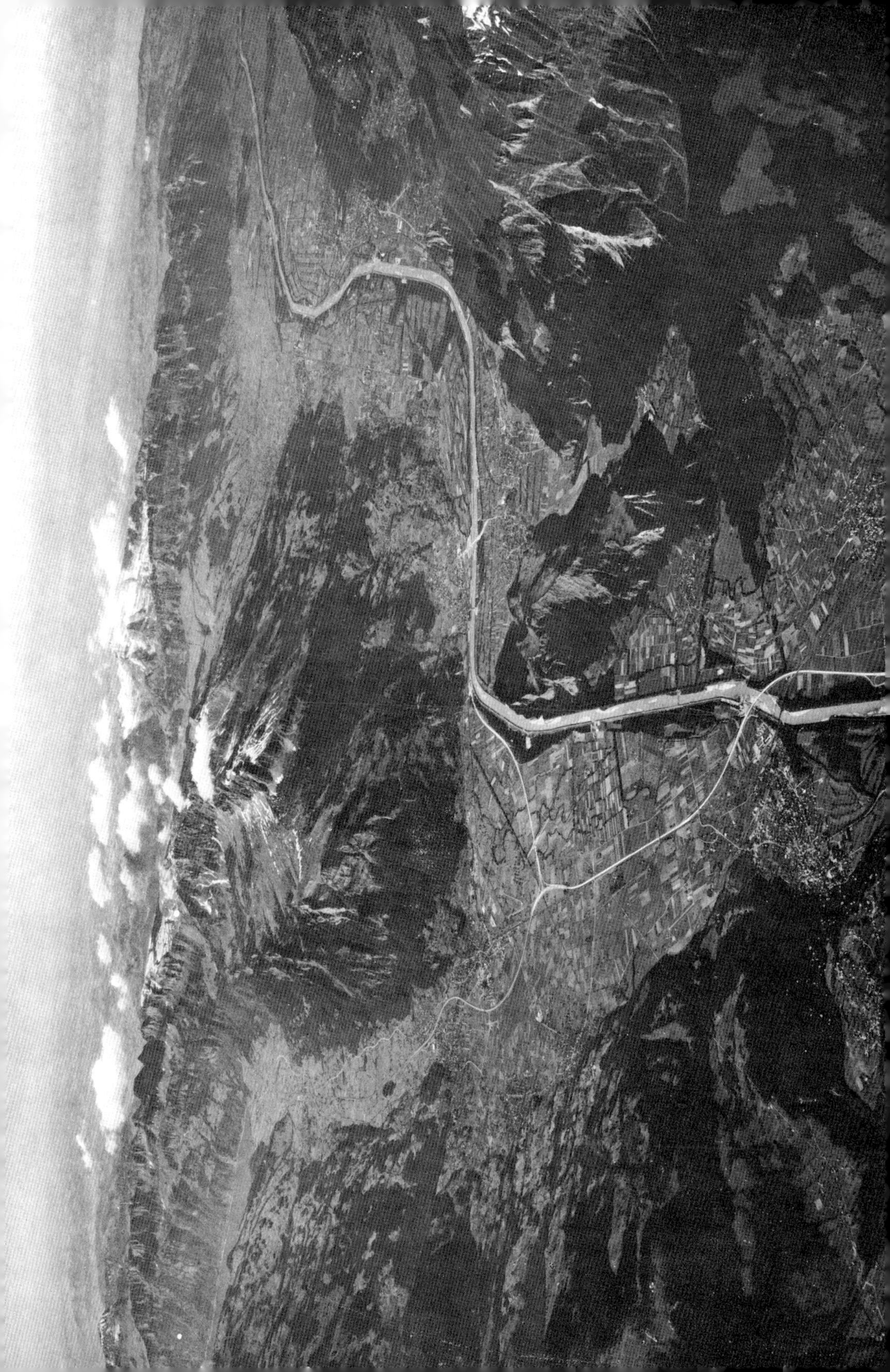

der Seekreide und im Torf fand GAMS Pollen von *Picea* – Rottanne. Da diese nur in geringer Zahl auftreten und Großreste auch von anderen Waldbäumen fehlen, lag dieses Moor wohl bereits über der damaligen Baumgrenze. Durch den vorrückenden Gletscher wurde die rund 100 m unter dem Eisrand des spätwürmzeitlichen Konstanzer Stadiums gelegene Abfolge überfahren.
Im Tal der Dornbirner Ach dokumentieren über mehrere km taleinwärts verfolgbare, undeutlich geschichtete Seeletten einen Eisrandsee, der durch einen eingedrungenen Lappen des Rhein-Gletschers gestaut wurde. Da sich in den Letten kaum größere, aber zahlreiche, wohl aus dem Eis ausgeschmolzene kleinere Geschiebe finden, dürfte auch der Dornbirner Ach-Gletscher in den See gekalbt haben, so daß darin vorab Gletschertrübe – aufgearbeitete Drusberg- und Amdenerschichten – abgelagert wurde.
Über bis 20 m mächtigen, dem Felsuntergrund angelagerten Letten – F. FLORSCHÜTZ (in C. SMIT SIBINGA-LOKKER, 1965) fand darin nur wenige Pollen: *Pinus*, Gramineen, Cyperaceen und Chenopodiaceen – folgen bedeutende beim späteren Vorstoß geschüttete Stauschuttmassen und Moräne. Damit fällt die Existenz dieses Gletscherstausees ins Prähochwürm.
Eine aufgelassene prähochwürmzeitliche Schlucht der Dornbirner Ach oder allenfalls der Kobelach, eines rechtsseitigen Zuflusses, mit eindrucksvollen Kolken (SMIT SIBINGA-LOKKER) folgt Störungen im Schrattenkalk und hat sich als «Kirchle» und ihre nördliche Fortsetzung als «Tonhalle» 100 m über der Schaufelschlucht erhalten.
Aus der Rinderhöhle oberhalb des Kirchle fand E. VONBANK Knochen von *Ursus spelaeus*.
Im vordersten Bregenzer Wald stehen zwischen Kennelbach und Fluh recht eisrandnahe Schotter des vorstoßenden Rhein-Gletschers an, die später, wie eine mächtige Moränendecke zeigt, vom Eis überfahren worden sind. Auch weiter Bregenzer Ach-aufwärts treten noch verschiedentlich überfahrene geröllreiche Schuttmassen zutage.
Unter den durch das vorstoßende Eis steilgestellten Deltaschottern treten bis gegen Egg verfolgbare kaltzeitliche Seetone auf, die bei Kennelbach *Artemisia* und Sporen von *Selaginella* führen (Dr. I. DRAXLER, mdl. Mitt.). Sie belegen im Tal der unteren Bregenzer Ach einen prähochwürmzeitlichen Eisstausee.
Bei Kartierungsarbeiten im vorderen Bregenzer Wald konnte Dr. H. LOACKER (schr. Mitt.) NE der heutigen Ach einen eingedeckten präwürmzeitlichen Lauf nachweisen (HANTKE in W. RESCH et al., 1979).
Der zwischen Au und St. Margrethen deutlich tiefere und von Rundhöckern gekrönte Molasse-Sporn dürfte – wie derjenige auf der rechten Talseite, die Riedenburg SW von Bregenz – bereits in der würmzeitlichen Vorstoßphase letztmals niedergeschliffen worden sein.
In analoger Stellung zum Eisrand liegen die Schieferkohlen von Mörschwil NE von St. Gallen (O. HEER, 1865; J. WEBER in E. BAUMBERGER et al., 1923) mit ^{14}C-Daten von 52000 Jahren v. h. Über Schottern, Sanden und Lehmen liegen von 456 m bis 480 m drei linsenförmige Flöze, die durch tonige, kohlige und sandige Lehme oder durch Schotter getrennt werden.
A. PENCK & E. BRÜCKNER (1909) und ALB. HEIM (1919) betrachteten die Lehme als Grundmoräne. A. LUDWIG (1911) konnte sie in den in die Molasse eingeschnittenen Bachtobeln feststellen. Mit scharfem Kontakt liegt auch hier Grundmoräne über der Kohle. An Großresten fanden sich Holz und Zapfen von *Picea abies* und *Pinus silvestris* – Föhre, Nadeln von *Abies alba* – Weißtanne, Holz und Rinde von *Betula* – Birke, Holz und Fruchtbecher von *Quercus* – Eiche – sowie Haselnüsse – *Corylus avellana*, dazu *Menyanthes*

trifoliata und *Scheuchzeria* sowie zwei Moose: *Thuidium* und *Drepanocladus*. Von *Picea* und *Pinus* sind neben aufrechten Strünken und Holzkohlen – Zeugen von Waldbränden – Stammreste bis 4 m Länge und 1 m Durchmesser gefunden worden.
Im Pollen-Diagramm folgt auf eine *Alnus*-Vormacht im liegenden Lehm im untersten Kohleabschnitt ein Vorherrschen von *Picea* und *Abies*. Dann dominieren *Pinus* und *Picea; Abies* fällt ab und verschwindet – wie auch *Alnus* – gegen oben. Dafür steigt *Betula* stark an; *Corylus* tritt nur an der Basis reichlicher auf. Mit Ausnahme einiger *Quercus*-Pollen fehlen wärmeliebende Laubhölzer. Bei *Picea* konnte W. Lüdi (1953) neben normal großen Typen viele kleine feststellen, die auf *Picea omoricoides* hindeuten. Krautpollen sind spärlich: Gramineen, Caryophyllaceen, Umbelliferen, Compositen. Farnsporen treten nur zuunterst etwas häufiger auf. Das Diagramm von Mörschwil bekundet einen mesophytischen Nadelwald mit lokalem Erlen-Reichtum. Das sich wandelnde Florenbild, das mit einem subarktischen Birken-Föhrenwald endet, verrät eine Klimaverschlechterung.
Altersmäßig wurden die Schieferkohlen von Mörschwil früher meist als interglazial betrachtet. Brückner und Ludwig hielten sie jedoch bereits für interstadial, was auch ihrem Florencharakter entspricht.
Weitere Schieferkohlen – Schöntal NNW von St. Gallen und Grüenegg NW von Bischofszell – liegen außerhalb des Eisrandes des Konstanzer Stadiums. Sie wurden erst bei einem gegen 150 m höheren Stand, einem Vorstoß um 10–12 km, vom Rhein-Gletscher überfahren.
Die hochgelegenen Schotter des Bischofsberg und von Holenstein, S bzw. N von Bischofszell (F. Hofmann, 1951) sowie die von E. Müller (1979) entdeckten Schotter von Enkhüseren–Gloggershus sind – wie die Sedimente zwischen den Kohlen – als randglaziäre Stauschotter zu deuten, da sich auch im Linth/Rhein-System zwischen Buechberg und Glattal bzw. um Wädenswil in analoger Eisrandlage Schotter mit eingelagerten Schieferkohlen erkennen lassen (S. 128ff; Hantke, 1970b).
Noch höhere, bei einem späteren Gletscherstand abgelagerte Eisrandschotter liegen auf Grimm–Aetschberg NW von St. Gallen (Hofmann, 1958, 1973k) und auf der Heid NE von Wil SG. Sie wurden früher als Deckenschotter ins Mittel-Pleistozän gestellt (H. Wegelin & E. Gubler, 1928); doch sind sie allenfalls bei einer würmzeitlichen Vorstoßlage, etwas externer als das Stadium von Stein am Rhein, abgelagert worden (Hantke, 1962, 1970b).
Auch die Schotter am S-Rand der Eulach-Talung zwischen Elgg und Räterschen und bei Ittingen in der Talung Weiningen-Stammheim dürften damals abgelagert worden sein. Sie wurden bislang teils als Hochterrassenschotter der Riß-Eiszeit zugewiesen (J. Weber, 1924k; E. Hess, 1946; E. Geiger, 1961).
Nach H. Andresen (1979) wurden die randlich meist verkitteten und eistektonisch verformten, bis über 20 m mächtigen Ittinger Schotter beim Abschmelzen von einer prähochwürmzeitlichen Vorstoßlage des Thurtal-Armes bis an den Durchbruch bei Ossingen von randglaziären Schmelzwässern an Toteis geschüttet, das beim Zerfall in der Talung Hüttwilen–Stammheim liegen blieb. An Geröllen – Zählungen bei Geiger (1943) – fallen neben aufgearbeiteter Molasse solche aus dem Flysch, den Helvetischen Kalkalpen und der Sedimentabfolge der ostalpinen Decken, solche aus dem Kristallin von N- und Mittelbünden auf: Julier- und Albulagranite, Gneise, Amphibolite und Diorite, ostalpiner Verrucano sowie rote und grüne Radiolarite (Fig. 3).
Analoge Schotter-Vorkommen finden sich im Thurtal N von Pfyn und bei Märwil.

Auch sie sind als Vorstoßschotter zu deuten. Aus den von Moräne bedeckten Schottern bei Mettlen erwähnt A. EGGLER (1977) Schieferkohlen-Reste, wohl ein aufgearbeitetes Stück, wie solche aus der Grundmoräne um Kradolf–Sulgen gefunden worden sind.

Fig. 3 Ittinger Schotter in der Kiesgrube Närgeten N von Frauenfeld. Durch Abschmelzen von Toteis sackten tiefere Schotterpartien während der Schüttung der höheren nach.
Aus: H. ANDRESEN, 1979.

Höhere (jüngere ?) Schotter finden sich auf dem Seerücken bei Salen–Rütenen. Sie wurden, teils mit Vorbehalt, dem Höheren Deckenschotter zugewiesen (R. FREI, 1912b; GEIGER, 1943K, 1961).

Bei dieser etwa dem hochwürmzeitlichen Stein am Rhein-Stadium entsprechenden Randlage des Eisaufbaues und bei noch externeren Ständen dürften beim Eisabbau ausgeräumte Abflußrinnen – älteren Anlagen folgend – vertieft worden sein: die Talungen von Littenheid, Dußnang, Bichelsee, diejenigen um Winterthur–Seuzach–Neftenbach, Wülflingen, der Töß, Dättnau–Pfungen – sowie das Fulachtal.

Hohlformen, die im vorangegangenen Interglazial und im Frühwürm teilweise aufgefüllt worden waren, wurden vom vorstoßenden Eis wieder ausgeräumt und vertieft.

Im zentralen Bodensee-Becken (Friedrichshafen–Romanshorn) beträgt die Quartärfüllung rund 170 m (G. MÜLLER, A. SCHREINER & W. STAESCHE, 1967; MÜLLER & R. A. GEES, 1970), so daß der Molasse-Untergrund um 25 m unter dem Meeresspiegel liegt. Dabei entfallen über 75 m auf glaziale Sedimente. Im Vorarlberger Rheintal wurde der Fels bei Dornbirn in 338 m Tiefe (G. WAGNER, 1962, W. HUF, 1963), bei Rüthi im St. Galler Rheintal in 125 m (L. MAZURCZAK, schr. Mitt.) erbohrt.

Im Überlinger See konnte 3 km N der Insel Mainau reflexionsseismisch eine Molasseschwelle nachgewiesen werden, die etwa in den Bereich des Konstanzer Stadiums fällt. Das dahinter gelegene Zungenbecken war bereits beim Vorstoß ausgekolkt worden.

Die würmzeitliche Eisoberfläche des Alpenrhein-Gletschers im alpinen Raum

Aufgrund höchster Erratiker in Grat- und Terrassenanlagen im Bereich um Sargans ergibt sich für den Rhein-Gletscher an mehreren Stellen eine Mindest-Eishöhe zur Zeit des Würm-Maximums, so daß sich für dieses Gebiet eine Vergletscherungskarte zeichnen ließ (Karte 1).

Höchste Erratiker – Albula-Granite – liegen in Mittelbünden auf der Hochfläche des Chavagl Grond W von Bergün auf 2440 m (F. Frei, 1925; in H. Eugster & Frei, 1927k). An der Muchetta (2623 m), im Winkel zwischen Albula- und Landwasser-Gletscher, reichte die Eisoberfläche im Würm-Maximum bis auf über 2400 m.
Auf der Muttner Alp SE von Thusis reichen Rundhöcker bis gegen 2150 m. Auch Erratiker – Taspinit-Brekzien und Albula-Granite – finden sich bis auf diese Höhe. Obermutten liegt auf einer Mittelmoräne zwischen Albula- und Hinterrhein-Gletscher. Albula- und Oberhalbsteiner Erratiker sind besonders auf Stafel zwischen 1700 m und 1800 m gehäuft; sie bekunden spätglaziale Felsstürze (Fig. 106).
W der Lenzerheide liegen die höchsten Findlinge auf Crap la Pala auf 2150 m und auf Alp Scalottas auf 2093 m (Th. Glaser, 1926) sowie auf dem Churer Joch – Amphibolite, Sericit-Gneise, Glimmerschiefer, Augengneise, Chloritschiefer – auf 2037 m (Chr. Tarnuzzer, 1898). Da diese Gebiete selbst verfirnt waren und dem Rhein-Eis Zuschüsse lieferten, stand dieses noch etwas höher. Vom Taminser Alpli am Felsberger Calanda wurden die höchsten Findlinge – Punteglias-Granit und andere Rhein-Erratiker – von 2060 m bekannt (J. Oberholzer, 1920k, 1933).
Über den Furnerberg (1824 m) empfing der Rhein-Gletscher – wie Rundhöckerfluren und Erratiker, vorab Amphibolite, belegen – einen bis auf über 1820 m Höhe reichenden Eis-Zuschuß aus dem Prättigau. Dagegen dürfte die dort bis auf 2000 m und am Sassauna, auf der N-Seite des Tales, gar bis auf über 2000 m reichende Überprägung bereits in der Riß-Eiszeit erfolgt sein.
Über Chur lag die Eisoberfläche im Würm-Maximum in rund 2000 m; bis Sargans sank sie auf 1750 m ab. Unterhalb Buchs, am N-Grat der Drei Schwestern, lag sie auf 1550 m, über Wildhaus, der Transfluenz ins Toggenburg, in 1480 m und im Talquerschnitt von Rüthi–Rankweil auf über 1400 m. NE des Kamor ist die östlichste Säntiskette bis auf über 1400 m hinauf rundhöckerartig überprägt, und durch die Paßlücke (1287 m) zwischen Kamor und Forstegg drang Rhein-Eis in die Talung von Brülisau ein, was durch einen Punteglias-Granit im Brüelbach bei Weißbad sowie durch gekritztes Kalkgeschiebe bei Heieren NE des Fänerenspitz auf 1305 m belegt wird (H. Eugster in Eugster et al., 1960k, wo diese allerdings noch der Riß-Eiszeit zugewiesen worden sind).
Rißzeitliche Gneis-Blöcke reichen S der Hohen Kugel (9 km S von Dornbirn) bis auf 1510 m – die Kristallin-Blöcke um gut 1600 m sind Exoten aus dem Wildflysch – und vom Kojen (17 km E von Bregenz) erwähnt L. Krasser (1936) einen Hauptdolomit-Block auf 1270 m.
Rißzeitliche Erratiker sind im alpinen Gebiet nur in Ausnahmefällen – wenn sie würmzeitlich nicht verfrachtet werden konnten – bekannt geworden. Aus dem inneren Walgau erwähnt L. Krasser (1936) einen Hornsteinkalk vom Hochgerach auf 1810 m und Hauptdolomit-Blöcke von der Schwandt-Alpe auf 1790 m und vom Kopes auf 1660 m. Nach K. Haagsma (1974) soll noch das würmzeitliche Eis am Hochgerach bis auf mindestens 1850 m gereicht haben. Dies ist jedoch aufgrund des scharf ausgebildeten Grates gegen das Laternser Tal unwahrscheinlich, hingegen dürfte dort das rißzeitliche Eis diese Höhe erreicht haben.
Aufgrund der Eisüberprägung von Kuppen und Gräten – am Sattelköpfle (1688 m) N der Drei Schwestern, am Kopes (1735 m) N und am Gampberg (1708 m) S des Walgau sowie am Hohen Kasten (1795 m) bis auf eine Höhe von 1700 m – dürfte die rißzeitliche Eisoberfläche im Konfluenzbereich von Rhein- und Ill-Eis um 1700 m gelegen haben. Auf dem N-Grat der Drei Schwestern setzt der Schutt – wohl eine einstige rißzeitliche

Ill/Rhein-Mittelmoräne – auf 1750 m ein (R. Blaser in F. Allemann et al., 1953 k). Aus dem Rätikon erwähnt W. v. Seidlitz (1906) kristalline Gesteine vom Gipfel der Schijenflue (2628 m). Ob es sich dabei – wie O. Ampferer (1907) meint – um in der Riß-Eiszeit vom Ill-Gletscher verfrachtete Geschiebe handelt, ist erst erwiesen, wenn sich solche finden, die nicht von sportlichen Bergsteigern hinaufgetragen worden sein können und derart in Vertiefungen liegen, daß sie in der Würm-Eiszeit nicht vom Lokal-Eis talwärts verfrachtet werden konnten. Aufgrund der höchsten würmzeitlichen Erratiker W von Bergün und um Chur dürfte die rißzeitliche Eisoberfläche über Schruns kaum über 2300 m, im vordersten Montafon auf 2000 m gereicht haben.
Eine damit recht gut übereinstimmende würmzeitliche Eishöhe läßt sich auch in der Walensee-Talung im Durchbruch von Ziegelbrücke nach dem Zusammentreffen mit dem Linth-Gletscher ermitteln. Da die Strecken Sargans–Ziegelbrücke und Sargans–Rüthi nahezu gleich groß sind, ergibt sich ein übereinstimmendes Gefälle der Oberflächen. Aus vergleichbaren Mächtigkeiten resultieren ähnliche Fließgeschwindigkeiten. Einer allfälligen Stauwirkung des Walensee-Armes durch den Linth-Gletscher steht im Rheintal eine solche durch den Ill-Gletscher gegenüber.
Während seit Arn. Escher (1852), aufgrund der Erratiker im Ablationsgebiet des Linth-Gletschers, stets mit einem bedeutenden Abfluß von Rhein-Eis durch die Walensee-Talung gerechnet wurde, glaubte F. Saxer (1964), daß der Anteil 2–3% nicht übersteige, da dieses durch den Seez-Gletscher gestaut worden wäre. Das Rhein-Eis drang jedoch 6 km tief ins Weißtannental ein, hinterließ dort Erratiker (S. Blumer, 1908; Oberholzer, 1920k, 1933) und staute den Seez-Gletscher. Dieser konnte lediglich als schmaler, an die linke Talflanke gepreßter Eisstrom abfließen, was durch tiefer gelegene Rhein- und höher gelegene Seez-Erratiker belegt wird.
Noch NE des Gäbris, NE der Chellersegg, reichte das Rhein-Eis bis auf 1180 m (bei A. Ludwig et al., 1949 k, allerdings noch als Riß-Moräne angegeben).
S von Dornbirn drang – in der Riß-Eiszeit – Rhein-Eis zwischen Schwarzenberg und Staufenspitz in die Mulde von Schuttannen gegen das Eis des Schönen Mann und des Bocksberg, was durch tiefgründig verwitterte, bis auf 1200 m reichende Mittelmoränen mit Rhein-Geschieben – Gneisen und Amphiboliten – belegt wird. Da Krasser (1936) vom Staufenspitz noch einen Amphibolit in 1240 m, vom Schwarzenberg und vom Schönen Mann Gneise um 1390 und 1380 m und von der Briedleralp gar in 1420 m erwähnt, dürften zwischen Schwarzenberg und Schöner Mann Rhein-Eis und Dornbirner Ach-Eis zusammengehangen haben.
Eine nächst tiefere, markantere und wohl bereits würmzeitliche Moräne setzt NE des Schwarzenberg auf 1150 m ein. Dabei erhielt das Rhein-Eis noch einen Zuschuß von Schwarzenberg- und Staufenspitz-Eis.
Eine wohl spätrißzeitliche Moräne mit vorwiegend Flysch-Sandsteinen, aber auch einigen Amphiboliten und Gneisen liegt im 1319 m hohen Sattel zwischen Schöner Mann und Schwarzenberg (Gem. Exk. mit Drs. W. Krieg und R. Oberhauser).
Auf dem Bödele E von Dornbirn liegt ein markanter Moränenwall um 1150 m; ein zweiter eines Bregenzer Ach-Gletschers wurde eingeebnet.
Am Geißkopf NE des Bödele fanden L. Krasser (1936) und W. Resch (1966) im Mündungsbereich des Bregenzer Ach-Gletschers Amphibolite und Flyschsandsteine bis gegen 1200 m. Am Austritt des Rhein-Gletschers ins Bodensee-Becken nimmt L. Armbruster (1951) über dem Bahnhof Hard die Kegelspitze des ausfließenden Eiskuchens in 1100 m Höhe an.

Abflußanteile und Fließgeschwindigkeiten im Rheintal und in der Walensee-Talung

Bei einer Verminderung der mittleren Fließgeschwindigkeiten im Verhältnis zu den Durchflußquerschnitten bei Sargans wären knapp 70% durch das Rheintal und gut 30% durch die Walensee-Talung abgeflossen (Hantke, 1968, 1970a).
Da nach J. F. Nye (1965) Fließgeschwindigkeiten von Gletschern mit der 3. Potenz ihres Gefälles ansteigen, ergibt sich für den Linth-Gletscher, der im untersten Linthtal ein Gefälle von über 17‰ aufwies, eine mehr als doppelt so große laminare Fließgeschwindigkeit als im Walensee-Arm, der nur ein solches von 13,5‰ erreichte.
Nach dem Kontinuitätsprinzip muß die Fließgeschwindigkeit im Durchbruch von Ziegelbrücke gegenüber der Walensee-Talung auf mehr als das Dreifache angestiegen sein. In der Linthebene, wo sich das Eis wieder ausbreiten konnte, nahm sie im umgekehrten Verhältnis zur Querschnittsvergrößerung ab.
Da sich aufgrund des Massenhaushaltes in beiden Systemen 4–15mal größere Durchflußgeschwindigkeiten ergeben als aus den von L. Lliboutry (1965) und Nye (1965) mitgeteilten Parametern, dürfte bei der Bewegung eiszeitlicher Gletscher – trotz mangelnder Kenntnisse und der vom parabolischen Querschnitt abweichenden Talform – neben dem laminaren Fließen ein erheblicher Teil auf Gleitvorgänge zurückzuführen sein. Dies gilt besonders in den gefällsarmen Abschnitten (Hantke, 1968, 1970a).

Zitierte Literatur

Allemann, F., et al. (1953k): Geologische Karte 1:25000 Fürstentum Liechtenstein – Liechtenst. Schulb. Verl., Vaduz.

Andresen, H. (1979): Beiträge zur Kenntnis des Ittinger Schotters – Mitt. thurg. NG, *43*.

Armbruster, L. (1951): Landschaftsgeschichte von Bodensee und Hegau – Lindau (B)-Giebelbach.

Baumberger, E., Gerber, E., Jeannet, A., & Weber, J. (1923): Die diluvialen Schieferkohlen der Schweiz – Beitr. G Schweiz, geotechn. Ser., *8*.

Blumer, E. (1908): Einige Notizen zum geologischen Dufourblatt IX in der Gegend des Weißtannentales (Kt. St. Gallen) – Ecl., *10/2*.

Eggler, A. (1977): Beitrag zur Morphologie des Thurtales – DA Ggr. I. U. Zürich.

Escher, Arn. (1852): Über die Bildungsweise der Landzunge von Hurden im Zürichsee – Mitth. NG Zürich, *2*.

– (1853): Tagebuch VIII: 615 – Dep. ETH Zürich.

Eugster, H., & Frei, F. (1927k): Geologische Karte von Mittelbünden, 1:25000, Bl. F: Bergün – GSpK Schweiz, *94* F – SGK.

–, Fröhlicher, H., & Saxer, F. (1960): Erläuterungen zu Bl. St. Gallen–Appenzell – GAS – SGK.

Falkner, Ch., & Ludwig, A. (1903, 1904): Beitrag zur Geologie der Umgebung St. Gallens– Jb. st. gall. NG, *(1901/02, 1902/03)*.

Frei, F. (1925): Geologie der östlichen Bergünerstöcke (Piz d'Aela und Tinzenhorn, GR) – Beitr., NF, *49/6*.

Frei, R. (1912a): Monographie des Schweizerischen Deckenschotters – Beitr., NF, *37*.

– (1912b): Über die Ausbreitung der Diluvialgletscher in der Schweiz – Beitr., NF, *41/2*.

Frey, A. P. (1916): Die Vergletscherung des obern Thurgebietes – Jb. st. gall. NG, *54* (1914–16).

Geiger, E. (1943k): Bl. 56–59: Pfyn-Bußnang, m. Erl. – GAS – SGK.

– (1961): Der Geröllbestand des Rheingletschergebietes im allgemeinen und im besondern um Winterthur – Mitt. NG. Winterthur, *30*.

Glaser, T. (1926): Zur Geologie und Talgeschichte der Lenzerheide (Graubünden) – Beitr., NF, *49/7*.

Haagsma, K. (1974): Geomorphologische und glazialgeologische Untersuchungen im Walgau – Diss. GI. U. Leiden.

Hantke, R. (1962): Zur Altersfrage des höheren und des tieferen Deckenschotters in der Nordostschweiz – Vjschr., *107/4*.

HANTKE, R. (1967): Die würmeiszeitliche Vergletscherung im oberen Toggenburg (Kt. St. Gallen) – Vjschr., *112*/4.
– (1968, 1970 a): Zur Diffluenz des würmeiszeitlichen Rheingletschers bei Sargans und die spätglazialen Gletscherstände in der Walensee-Talung und im Rheintal – Vjschr., *113*/1; Zusammenfassung in E+G, *19*.
– (1970 b): Aufbau und Zerfall des würmzeitlichen Eisstromnetzes in der zentralen und östlichen Schweiz – Ber. NG Freiburg i. Br., *60*.
HEER, O. (1865): Die Urwelt der Schweiz – Zürich.
HEIM, ALB. (1919): Geologie der Schweiz, *1* – Leipzig.
HEIM, ARN., & GAMS, H. (1918): Interglaziale Bildungen bei Wildhaus (Kt. St. Gallen) – Vjschr., *63*/1–2.
HESS, E. (1946): Exkursion Nr. 17: Elgg–Aadorf–Wil–Heid – In: Geologische Exkursionen in der Umgebung von Zürich – Zürich.
HOFMANN, F. (1951): Zur Stratigraphie und Tektonik des st. gallisch-thurgauischen Miozäns (Obere Süßwassermolasse) und zur Bodenseegeologie – Jb. st. gall. NG, *74*.
– (1958): Pliozäne Schotter und Sande auf dem Tannenberg NW St. Gallen – Ecl., *50*/2.
– (1973 K): Bl. 1073 Bischofszell, m. Erl. – GAS – SGK.
HUF, W. (1963): Die Schichtenfolge der Aufschlußbohrung «Dornbirn 1» (Vorarlberg, Österreich) – VSP, *29*/77.
KRASSER, L. (1936): Der Anteil zentralalpiner Gletscher an der Vereisung des Bregenzer Waldes – Z. Glkde., *24*.
LLIBOUTRY, L. (1965): Traité de Glaciologie, *1*, *2* – Paris.
LÜDI, W. (1953): Die Pflanzenwelt des Eiszeitalters im nördlichen Vorland der Schweizer Alpen – Veröff. Rübel, *27*.
LUDWIG, A. (1911): Über die Lagerung der Schieferkohlen von Mörschwil – Jb. st. gall. NG, *1910*.
– et al. (1949 K): Bl. St. Gallen–Appenzell – GAS, SGK.
MÜLLER, E. (1979): Die Vergletscherung des Kantons Thurgau während den wichtigsten Phasen der Letzten Eiszeit – Mitt. thurg. NG, *43*.
MÜLLER, G., & GEES, R. A. (1970): Distribution and Thickness of Quarternary Sediments in the Lake Constance Basin – Sediment. Geol., *4*.
–, SCHREINER, A., & STAESCHE, W. (1967): Kurzprofile der wissenschaftlichen Bohrungen «Bodensee DFG 1 und 2» – Naturwiss., 54.
NYE, J. F. (1965): The flow of glacier in a channel of rectangular, elliptic or parabolic cross-section – J. Glaciol., *5*.
OBERHOLZER, J. (1920 K): Geologische Karte der Alpen zwischen Linthgebiet und Rhein, 1:50000 – GSpK, *63*.
– (1933): Geologie der Glarneralpen – Beitr., NF, *28*.
PENCK, A., & BRÜCKNER, E. (1909): Die Alpen im Eiszeitalter, *2* – Leipzig.
RESCH, W. (1966): Bericht 1965 über geologische Aufnahmen auf den Blättern Dornbirn (111) und Bezau (112) – Vh. GBA, *1966*/3.
– et al. (1979): Molasse und Quartär im Vorderen Bregenzerwald mit Besuch der Kraftwerksbauten (Exkursion C am 19. April 1979) – Jber. Mitt. oberrhein. g Ver., NF, *61*.
SAXER, F. (1964): Die Diffluenz des Rheingletschers bei Sargans – Ecl., *57*/2.
SMIT SIBINGA-LOKKER, C. (1965): Beiträge zur Geomorphologie und Glazialgeologie des Einzugsgebietes der Dornbirner Ache (Vorarlberg) – Diss. Ggr. I. U. Leiden.
TARNUZZER, CHR. (1898) Die erratischen Schuttmassen der Landschaft Churwalden–Parpan – Jber. NG Graubünden, *41*.
WAGNER, G. (1962): Zur Geschichte des Bodensees – Jb. Ver. Schutze Alpenpflanzen + -tiere, *27*.
WEGELIN, H., & GUBLER, E. (1928): Deckenschotter auf der Heid – Mitt. thurg. NG, *27*.
WELTEN, M. (1980): Pollenanalytische Untersuchungen im Jüngeren Quartär des nördlichen Alpen-Vorlandes der Schweiz – Im Druck.

Der Bodensee-Rheingletscher, seine Rückzugsstadien und diejenigen seiner Zuschüsse

Präwürmzeitliches Interstadial und Interglazial im Rafzerfeld

Nach dem Eisstand von Wasterkingen–Kaiserstuhl mit hohem Anteil an Linth/Rhein-Material im Schottergut, das erst gegen oben auf Kosten des größer werdenden Thur/Rhein-Anteiles etwas zurückfällt, schmolz das rißzeitliche Rhein-Eis zurück. Aufgrund der tiefgründigen Verwitterung der unteren Schotter von Wasterkingen mit dem Mammutrest (Bd. 1, S. 196) im oberen Abschnitt rechnet W. A. Keller (1977) mit einer längeren «Warmphase», in der das Eis nach E und S zurückgeschmolzen wäre. Dann stieß das Eis erneut wieder bis Wasterkingen vor, und über den tieferen Schottern gelangten weniger gut zugerundete, stark zementierte obere Schotter mit Geschieben von Kalkareniten der miozänen Jura-Nagelfluh und deutlicher Abnahme des Linth/Rhein-Schuttgutes zur Ablagerung, die noch mit 2–6 m stark zementierter Grundmoräne bedeckt wird. Mit dem nachfolgenden Abschmelzen des spätrißzeitlichen Eises aus dem Rafzerfeld tieften sich die Schmelzwässer kräftig ein, wobei sie aus dem Raum Rheinau–Flaach noch durchs Rafzerfeld abflossen. Mit Hilfe neuer geoelektrischer und seismischer Daten konnte Keller die Felsoberflächen-Karte von O. Friedenreich & M. Weber (1960) noch präziser erfassen.

Die äußersten würmzeitlichen Endmoränen

Im würmzeitlichen Maximalstadium reichten die äußersten Zungen des Bodensee-Rhein-Gletschers in S-Deutschland mehrfach bis über die Wasserscheide zur Donau. Rheinabwärts stieß eine solche über Schaffhausen vor und drang N und W der Stadt in die Randen-Täler und in den Klettgau ein (A. Penck, 1896, 1909; J. Hug, 1907; F. Schalch, 1921k; R. Huber, 1956; A. Leemann, 1958; J. Hübscher, 1961k; H. Graul, 1962; Hantke, in F. Hofmann & Hantke, 1964; Hantke et coll., 1967k; L. Ellenberg, 1972; F. Hofmann, 1977; W. A. Keller, 1977).
Zur Riß-Eiszeit flossen die Schmelzwässer des Bodensee-Rhein-Gletschers im nordöstlichen Randen-Gebiet zunächst W von Wiechs ins Durach-Tal und vom Reiat durch das Hintere Freudental ab. Aufgrund der höchsten Amphibolit-, Grüngestein-, Albula-Granit-, Gneis-, Quarzit- und Buntsandstein-Geschiebe reichte damals der äußerste Eisrand um Wiechs bis auf 680 m bzw. bis auf 700 m im Reiat. Im Spätwürm fanden die Schmelzwässer durch das SW von Bibern auf 633 m einsetzende Vordere Freudental ihren Abfluß.
Im Hochwürm reichte der Thaynger Lappen des Rhein-Gletschers zunächst am Lohningerbuck bis gegen 500 m, so daß die in die Bibertal-Rinne eingedrungene Zunge dort teilweise einen Eisrandsee aufstaute, dessen randlicher Abfluß durch die Rinne des Churz- und Langloch ins bereits existente Herblinger Tal erfolgte. Dann stieg der Eisstand kurzfristig noch etwas an, so daß Erratiker – Malmkalke, Diabase, Hornfels, Julier-Granite, Molasse-Sandsteine (E. Müller, mdl. Mitt.) – in die Rinne gelangen konnten und auch noch weiter NW abgelagert wurden (J. Hübscher, 1961k). Zugleich wurden Malmkalk-Splitter losgesprengt und verfüllten – zusammen mit Feingut – 34 m der

Fig. 4 Die Schmelzwasserrinne des Herblinger Tales (SH) mit ehemaligen Flußschlingen (rechter Bildrand und besonders markant links). Im Mittelgrund, waldbedeckt, die vom würmzeitlichen Eis noch überprägte östliche Randen-Tafel mit den kurzfristig als Abflußrinne benutzten Churzloch (C) und Langloch (L) sowie höhere Rinnenstücke (ebenfalls weiß gestrichelt). Dahinter die vom rißzeitlichen Eis noch überfahrene Hochfläche des Reiat mit dem Dorf Lohn. An einer Bruchfläche fällt die Hochfläche ins Bibertal ab.
Luftaufnahme: O. LANG, Uster.

Rinne (E. MÜLLER, mdl. Mitt.). Durch eine höher einsetzende, quer auftreffende Rinne wurde zwischen Churz- und Langloch ein kleiner Schwemmfächer geschüttet (Fig. 4).
Mit dem Abschmelzen der Eisbarriere im Bibertal bis Thayngen entleerte sich der Stausee in der Bibertal-Rinne. Dabei flossen die Schmelzwässer – wie bereits beim Vorstoß – durch das Herblinger Tal gegen Schaffhausen.
Zwischen Neuhausen und Jestetten und zwischen Lottstetten und Buchberg stellen sich flache Endmoränen, dahinter Sölle ein.
An den Gletschertoren beginnen Sanderkegel, die auf die höhere Schotterflur des Rafzerfeldes auslaufen. Randglaziäre Entwässerungen erfolgten über Beringen–Neun-

Fig. 5 Das Rheinknie bei der Töß-Mündung (untere linke Ecke) von SE mit verschiedenen Schotterterrassen: einer spätrißzeitlichen (oberhalb der Bildmitte), der Akkumulationsfläche der Niederterrasse, dem kleinen Rest unterhalb des vom höchsten Niveau steil abfallenden Weges, und der ihr entsprechenden Terrasse von Stelzen (rechter Bildrand). Die tiefsten Flächen beidseits des Rheins sind «Erosions»-Terrassen. Flugaufnahme: Swissair-Photo AG, Zürich. Aus: SUTER/HANTKE, 1962.

kirch und durch das Wangental in den Klettgau zur Wutach. Dabei wirkte vor allem das Becken des obersten Klettgau als Kiesfang. Für würmzeitliches Alter der höheren Schotter spricht auch ein Geweih von *Rangifer* – Ren – in 7 m Tiefe SE von Trasadingen.

Randliche Schmelzwässer flossen von Jestetten durch das Wangental gegen Osterfingen und weiter über Weisweil–Grießen–Geißlingen. Oberhalb von Oberlauchingen mündeten sie in die Klettgauer Talung. Daß auch das Wangental bereits prähochwürmzeitlich angelegt worden sein muß, geht schon aus den durchbrochenen Tafeljura-Höhen – Nappberg (641 m) und Osterfinger Roßberg (641 m) – hervor, während die Eishöhe am Eingang ins Wangental im Hochwürm maximal bis auf 500 m emporreichte. Die Talanlage dürfte wohl auch beim Wangental – wie im Klettgau, in der Talung von Riedern am Sand und im Rhein-Durchbruch von Kaiserstuhl und Rümikon–Rekingen – durch Klüfte vorgezeichnet gewesen sein.

Bei einem ersten würmzeitlichen Vorstoß des vereinigten Bodensee-Rhein- und Thur/Rhein-Gletschers bis in den Bereich der Thurmündung wurden die tieferen, wohl um rund 80 m mächtigen Schotter des Rafzerfeldes mit hohem Anteil an Rhein-Erratikum geschüttet, die S von Wil ZH Mammutzahn-Fragmente geliefert haben. In einer Bohrung im Lottstetter Feld, an der Straße Rüdlingen–Rafz und auf dem Chachberg, einem Schotterrelikt E von Ellikon a. Rh., liegt darüber Grundmoräne des weiter vorgestoßenen Gletschers mit gekritzten Geschieben (Keller, 1977).

Dann, im Lottstetter Intervall, wäre das Eis zurückgeschmolzen, später erneut vorgestoßen, wobei mit Moräne bedeckte Schotter des letzten Vorstoßes später teilweise wieder ausgeräumt wurden. Bei diesem jüngeren Vorstoß müssen bereits Schmelzwässer nach S über die Tößegg abgeflossen sein, was durch das Auftreten von Malm-Geröllen aus dem Schaffhauser Jura in der Niederterrasse des Murkethof W der Tößegg belegt wird (F. Hofmann, 1977; Fig. 5). Beim weiteren Vorstoß bis 1,5 km S von Rüdlingen erfolgte der Durchbruch zwischen Irchel und Buchberg durchgreifender, was durch eine Lage großer Molasse-Gerölle in der Terrasse W von Teufen belegt wird. Zugleich wurden die höchsten Schotter des Rafzerfeldes geschüttet. Dabei überfuhr die Eisfront lokal noch die äußersten Vorstoßschotter; Schmelzwässer flossen – zuletzt durch ein Kerbtälchen – gegen Eglisau zum Rhein ab (Huber, 1956, Leemann, 1958).

Auf dem Sattel von Buchberg nahm eine gegen SW gerichtete Schmelzwasserader ihren Anfang, womit die Eishöhe belegt wird (L. Ellenberg, 1972). Auf der E-Seite stieg eine Nebenzunge vom Ebersberg gegen SW und bekundet damit, daß der Rhein-Durchbruch bereits rißzeitlich vorgezeichnet war. Längs des NE-Abfalles des Irchel verlief der äußerste würmzeitliche Eisrand S von Buch, um den Wolschberg gegen SW und fiel W von Dättlikon mit steiler Stirn ins untere Tößtal ab.

Die N des Riberg verlaufende Rinne erreicht N von Freienstein eine Tiefe von 48 m (W. Kyburz, schr. Mitt.). Sie ist damit wohl als alte Töß-Rinne zu deuten, die im würmzeitlichen Höchststand nochmals randliche Schmelzwässer abführte.

Mit dem erneuten Abschmelzen des Eises flossen die Schmelzwässer des frontalen Rhein-Gletschers nicht mehr durchs Rafzerfeld ab, sondern durch das rasch sich vertiefende Rinnenstück zwischen Irchel und Buchberg. Bei der Tößegg vereinigten sie sich mit dem durch das Tößtal abfließenden Sammelstrang, der die vom Bodensee-Rhein-Gletscher gegen SW und die vom Linth/Rhein-Gletscher gegen NW abfließenden Wässer aufnahm. Dabei wurde das Akkumulationsniveau der Niederterrasse bei einem Eisstand zwischen Steinenkreuz und Rüdlingen auf ein erstes markantes Erosionsniveau zerschnitten, das sich von Tößriederen über Seglingen ins untere Niveau des südwestlichen Rafzerfeldes und über Zweidler Hard bis unterhalb von Kaiserstuhl verfolgen läßt.

Die Höhen über dem Rheinknie bei der Tößegg – Rinsberg und Murketfeld – und die beiden Fluß-Schlingen bei Altenburg und Rheinau boten bereits von Natur aus geschützte Stellen, die durch Wallanlagen befestigt wurden (H. Suter-Haug, 1978 k).

S der Töß drang eine Zunge ins Tälchen von Unter Mettmenstetten ein und stieß bis vor Oberembrach vor, hinterließ den Rötelstein, einen mächtigen Verrucano-Block, und belegt damit einen frontalen Zusammenhang mit dem Linth/Rhein-Gletscher im Raume S von Winterthur. Weitere Zungen brachen S von Pfungen ins Rumstal ein und stießen durch die Senke SW von Wülflingen bis an den Chomberg vor (Fig. 6). Eisrandschotter wurden in eine präwürmzeitliche Talnische geschüttet und durch weiter eindringendes Eis drumlinartig überprägt. Zugleich floß W von Brütten etwas Linth/Rhein-Eis über die Wasserscheide, bevor es auf ihr einen Wall hinterließ. Vom Gletschertor wurde ein gegen N abfallender Sander an den Chomberg-Lappen geschüttet. Beim Rückzug kam es zur Bildung von Söllen und randlich zu rückläufigen Schmelzwasserrinnen. Zwischen Brütten und Eschenberg stand das Bodensee-Rhein-Eis mit demjenigen des Linth/Rhein-Gletschers bis auf über 600 m Höhe in Verbindung (S. 146).

Fig. 6 Das von Seetonen erfüllte Zungenbecken von Pfungen, das von einem über Winterthur vorgestoßenen Rhein-Gletscherarm ausgekolkt worden ist. Rechts der Torso des Rumstales, der von Schmelzwässern von Bodensee-Rhein- und Linth/Rhein-Gletscher in die Obere Süßwassermolasse eingetieft wurde. Bei Pfungen (Bildmitte) verschwanden Schmelzwässer unter dem Eis.
Photo: Militärflugdienst Dübendorf. Aus: SUTER/HANTKE, 1962.

Im Tößtal liegen zwischen Kollbrunn und Wildberg über Grundmoräne Schotterreste, die J. WEBER (1924K) als Hochterrassenschotter der Riß-Eiszeit zuwies. Ihre Akkumulationsfläche reicht im NW bis auf über 620 m. Da sie N von Weißlingen und S von Wildberg mit Moränen des von S in Zungen vordringenden Linth/Rhein-Eises, bei Langenhard mit solchen der von NE gegen das Tößtal vorstoßenden würmzeitlichen Lappen in Zusammenhang stehen, dürften sie als gestaute Sanderfluren zu deuten sein. Endmoränen stellen sich bei Langenhard um 640 m, bei Unter Schlatt und Hofstetten um 700 m, bei Geretswil, S von Huggenberg und an der Gabelung des gegen Turbenthal vorstoßenden Lappens auf 740 m ein. S von Bichelsee sind Höhen bis über 750 m eisüberschliffen; bei Vorder Sattellegi setzt ein Wall ein, der ebenfalls bis 750 m ansteigt. Ein innerer Stand zeichnet sich SE von Winterthur bei Wenzikon und Waltenstein ab. Weiter W setzt er bei Eidberg wieder ein und verläuft N der Schmelzwasserrinne Wenzikon–Waltenstein–Kollbrunn.

Im nordwestlichen Hörnli-Bergland vermochte das durch den Bodensee-Rhein-Gletscher gestaute Thur-Eis bis auf 850 m in die Täler einzudringen. Dies wird neben Rundhöckern und Zungenbecken durch Schotter und Moränen der Wolfsgrueb S von Bichelsee belegt, die von einer 1 m mächtigen Bodenbildung bedeckt werden.

Auch die Kuppen zwischen Fischingen und Kirchberg sind bis 850 m eisüberprägt. Gegen den mündenden Thur-Gletscher stieg das Eis an. Ein Wall auf Chalchtaren SW von Gähwil bekundet beim Zusammentreffen von Thur- und Bodensee-Rhein-Gletscher eine Eisoberfläche von nahezu 880 m (S. 91). Diese Höhe deckt sich mit der von A. LUDWIG (1930K, dort noch als rißzeitlich betrachtet) und O. KELLER (1974) E der Mündung des Thur-Gletschers zwischen Degersheim, Flawil und Lütisburg beobachteten höchsten Erratiker-Streu.

Die Schaffhauser Gegend zwischen ausgehendem Interglazial und Hochwürm

Noch im letzten Interglazial floß der Rhein, in Stromschnellen von Schaffhausen in einem Bogen nach NW ausholend, durch das Gebiet der Altstadt gegen Flurlingen, wo sich am E-Abhang die bereits J. J. SCHEUCHZER (1718) bekannten Kalktuffe mit ihrer spät-interglazialen Flora ablagerten (Bd. 1, S. 164). Erst wandte er sich gegen SW, durch Neuhausen und die Rinne zwischen Rheinfall und Schloß Wörth, dann erneut gegen S (J. Hug, 1905Kb, 1907; ALB. HEIM, 1919; HEIM & J. HÜBSCHER, 1931; HÜBSCHER, 1961K; F. HOFMANN & HANTKE, 1964; HOFMANN, 1977, 1979K; Fig. 7).
S von Nohl weitet sich die Rinne, verläuft E von Rheinau gegen SW (HUG, 1905Kb) und, zusammen mit der Thurrinne, unter dem Rafzerfeld ins Hochrheintal (O. FRIEDENREICH & M. WEBER, 1960; TH. LOCHER, schr. Mitt.).
Außer der von einem Rentierjäger im Keßlerloch bei Thayngen zurückgelassenen Skulptur eines Moschus-Kopfes (Bd. 1, S. 223) ist *Ovibos moschatus*, dieser typische Vertreter der kaltzeitlichen Fauna, im Rhein-Gletschergebiet von verschiedenen Fundpunkten bekannt geworden: neben dem Keßlerloch selbst auch aus der Schotterterrasse von Thayngen, in der Ebnat-Terrasse von Schaffhausen und von Konstanz (K. HESCHELER, 1907a, b; 1922; HESCHELER & E. KUHN, 1949).
Im hochwürmzeitlichen Gletschervorstoß wurden diese Rinnen mit Schottern aufgefüllt und vom Eis überfahren, was Gletscherschliffe und Grundmoräne bekunden (A. PENCK, 1896, 1909; ALB. HEIM, 1919). Schon im Hochglazial begannen subglaziäre Schmelzwässer das heutige Rheinbett S von Schaffhausen und von Neuhausen einzutiefen. Mit der Freigabe der Schaffhauser Gegend schnitten sie sich weiter ein. Am Rheinfall stürzt heute der Rhein nach den Stromschnellen oberhalb des Falles in diesem selbst um 15 m bzw. 19 m um insgesamt 30 m in sein angestammtes, präwürmzeitliches Bett zurück (Fig. 7 und 8).
Um Schaffhausen hinterließen die Schmelzwässer Kame- und Rückzugsterrassen, die sich mit einzelnen Eisrandlagen verbinden lassen: Breite-, Stokar- und Munot-Terrasse. Im Fulachtal wurden in der Munot-Terrasse Reste von Moschus, Ren und Mammut gefunden (PENCK, 1896, 1909; HÜBSCHER, 1961K; HOFMANN & HANTKE, 1964; HOFMANN, 1977, 1978K). Auch in der Umgebung von Schaffhausen, bei Kaltenbach S von Stein am Rhein und bei Konstanz, sind mehrere Funde von Mammut sichergestellt worden. Das wollhaarige Nashorn – *Coelodonta antiquitatis* ist belegt von Blumberg und vom Cherzenstübli WNW von Thayngen.
Aus den hochwürmzeitlichen Schottern von Weiach ist neben mehreren Mammut-Stoß- und Backenzähnen auch eine Geweihstange des Ren in 25 m Tiefe geborgen worden (Bd. 1, S. 197). Bereits A. ESCHER (1844) erwähnt Ren aus der Kiesgrube Marthalen (Paläontol. Museum Univ. Zürich).

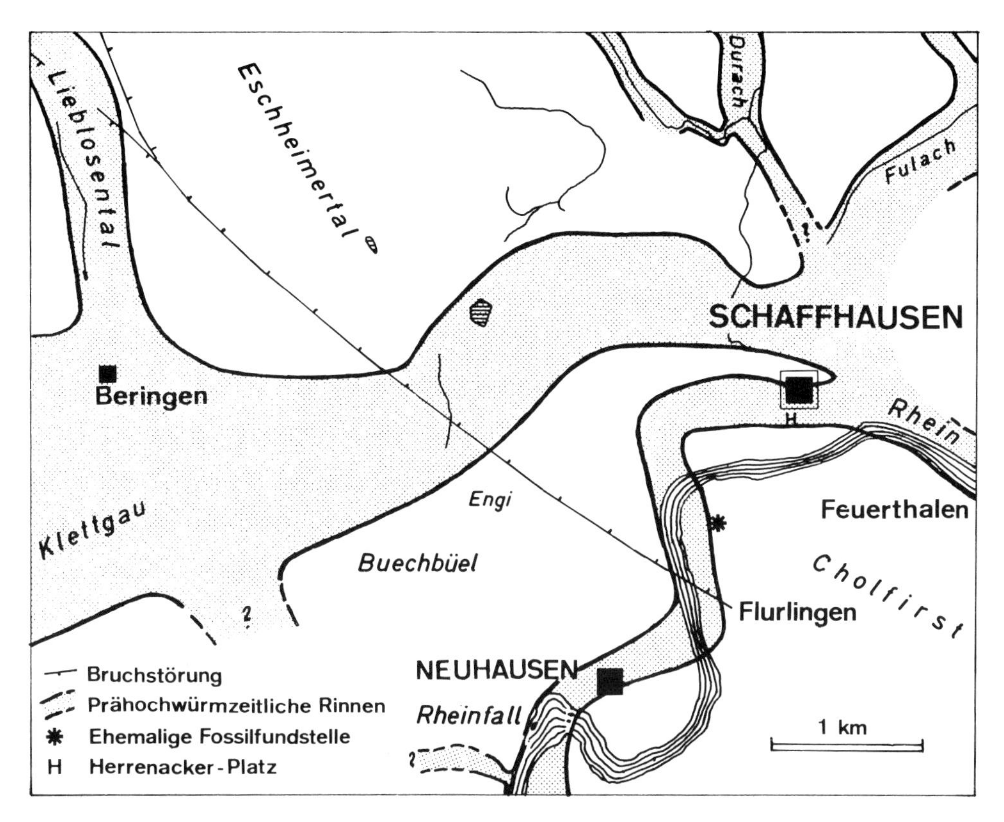

Fig. 7 Die prähochwürmzeitlichen Rhein-Rinnen um Schaffhausen sowie die Rinnen von Schmelzwasser-Zuflüssen von nördlicheren Rhein-Gletscherlappen und vom Randen-Eis.
Zunächst floß der Rhein durch die Klettgau-Rinne gegen Waldshut, später über Rheinau und durchs Rafzerfeld. Nach dem Zurückschmelzen des würmzeitlichen Eises (Fig. 9) schuf er sich durch Schaffhausen einen neuen Lauf. Dabei stürzte er bei Neuhausen im Rheinfall über den rechten Rand einer älteren Rinne und fand sein altes Bett wieder.
Nach Dr. F. HOFMANN, 1978, schr. Mitt.

Beim Rückzug des Eises bis Herblingen und Feuerthalen diente das schon beim Vorstoß in die Malmkalke eingeschnittene, dann von subglaziären Wässern benutzte Fulachtal erneut als Abflußrinne für die Schmelzwässer des Thaynger Lappens (Fig. 4).
N des Hohenstoffeln drang ein Lappen des Rhein-Gletschers bis an den SE-Rand des Tafeljura vor. Die Schmelzwässer wandten sich SW von Engen durch die Talung von Welschingen nach Beuren am Ried. Hier mündeten sie in die randglaziäre Abflußrinne des Eislappens, der den Hohenstoffeln im S umfloß. Diese wird heute von der Biber über Hofen–Thayngen entwässert (F. SCHALCH, 1916K).
Von Singen drang Rhein-Eis über die Vulkanschlote des Hohentwiel und des Staufen (Fig. 11) gegen W über Thayngen gegen Schaffhausen vor.
Wie Phonolith-Erratiker vom Hohentwiel im westlichen Klettgau und um Rüdlingen belegen, vereinigte sich das über Singen–Thayngen–Fulachtal abgeflossene Eis bei Schaffhausen wieder mit dem durchs Untersee- und Rheintal vorgefahrenen Rhein-Gletscher. Ins Hochwürm fällt auch die Bildung der mächtigen Klettgauer Schuttfächer von Siblingen und Beringen (Bd. 1, S. 356).

Fig. 8 Über die Stromschnellen des Rheinfalls findet der Rhein nach dem Rückzug des Würm-Eises sein angestammtes Bett wieder (Bildmitte). Blick von Neuhausen gegen Schloß Laufen.
Photo: S. PFISTER, Andelfingen.
Aus: Zürcher Weinland, 1974.

In verschiedenen jungpleistozänen und rezenten Alluvionen des Rheingebietes zwischen Konstanz und Koblenz, vorab der Umgebung von Schaffhausen und dem westlichen Thurgau, konnte F. HOFMANN (1979) zum Teil eine beachtliche Goldführung nachweisen. Den älteren quartären Ablagerungen, den Deckenschottern, fehlt Gold. Die Goldführung stammt nur zum kleinen Teil aus Molasse-Ablagerungen um Schaffhausen, aus der Quarzitnagelfluh der Meeresmolasse und aus Glimmersanden der Oberen Süßwassermolasse sowie insbesondere aus der Oberen Meeresmolasse St. Gallen–Rorschach. Der größte Teil stammt offenbar aus dem Einzugsgebiet des pleistozänen Alpenrhein-Gletschers, von damals erodierten Erzlagerstätten in Graubünden.

▷

Fig. 10 Das Keßlerloch bei Thayngen SH, eine Sommeraufenthaltsstätte jungpaläolithischer Rentierjäger vor 13 000 Jahren. Ausblick aus der Höhle gegen E ins Bibertal. Ausschnitt aus dem Diorama im Museum zu Allerheiligen in Schaffhausen.
Wissenschaftliche Anleitung: W. U. GUYAN, Ausführung L. RICHTER. Photo: M. BAUMANN, Schaffhausen.

Fig. 9 Die Nordschweiz zur Hochwürmeiszeit. Der bereits in einzelne Lappen aufgespaltene Rhein-Gletscher gab vor rund 20 000 Jahren den Raum um Schaffhausen und den nördlichen Kanton Zürich langsam frei, so daß sich auf den angewehten Lößflächen erste Grasfluren und Spalierrasen einstellen konnten. Im Vordergrund der Rhein, der sich als mächtiger Schmelzwasserstrom über die Jurakalkplatte zwischen Neuhausen und Schloß Laufen herabstürzt, diese gegen S abbrechende Platte und die Halbinsel Rheinau (rechts) umfließt und sich gegen S verliert.
Im Mittelgrund der durch das Thurtal über Andelfingen hinaus abgeflossene Arm, der zwischen Marthalen und Flaach endet, weiter gegen E der zufließende Thur/Rhein-Gletscher.
Hinter der Molassekette vom Hörnli (oberhalb der Bildmitte) zum Irchel (rechts) der Linth/Rhein-Gletscher mit seinem Zufluß durch die Walensee-Talung, der mit seinen Stirnlappen ebenfalls fast bis an den Rhein reicht. Wandbild von H. Meyer-Bührer im Museum zu Allerheiligen in Schaffhausen. Photo: U. Leibacher.

Fig. 11 Die noch vom würmzeitlichen Bodensee-Rhein-Eis überschliffenen Hegauer Vulkanschlote des Hohentwiel (rechts) und des Hohenkrähen (links, weiter zurück). Im Hintergrund die Schwäbische Alb. Flugaufnahme: Swissair-Photo AG, Zürich. Aus: H. HEIERLI, 1974.

Der urgeschichtliche Mensch im Raum von Schaffhausen

Dokumente des urgeschichtlichen Menschen sind um Schaffhausen bereits reichlich bebekannt geworden. Neben den bedeutenden jungpaläolithischen Fundstellen Keßlerloch bei Thayngen (Fig. 10) und Schweizersbild N von Schaffhausen (Bd. 1, S. 224ff.) seien – zusammen mit jüngeren Funden – noch die Rosenberg-Höhle im Freudental, der Dachsenbüel E von Schweizersbild, Bsetzi und Vorder Eichen, beide im Fulachtal, und die neolithische Siedlung Weier mit drei übereinanderliegenden Siedlungen S, sowie eine Höhensiedlung auf dem Kapf SE von Thayngen erwähnt (W. U. GUYAN, 1955, 1967, 1971, 1976; J. WINIGER, 1971).
Aus dem Klettgau ist von Häming eine hallstattzeitliche und von der Dicki SW von Neunkirch eine bewehrte Höhensiedlung bekannt geworden. Auf dem Hornbuck E von Grießen sowie S des Rheins, vom Risibuck bei Rudolfingen und vom NW-Sporn des Cholfirst, sind Fliehburgen bekannt geworden.
Auf dem Lang Randen und auf der S-Spitze des Siblinger Schloßranden, auf Hartenkirch, wurden zur späten Bronzezeit Höhensiedlungen errichtet (GUYAN, 1971). Von Hartenkirch sind weitere Wehranlagen und eine keltische Fliehburg bekannt. Im Bereich der Rhein-Schleifen von Altenburg und Rheinau errichteten die Kelten zum Schutz ihrer Siedlungen mächtige Wälle (F. FISCHER, 1975). Ein 600 m langer Wall schützte die Bewohner auf dem vom Rhein umflossenen Molassesporn S von Buchberg gegen N (H. SUTER-HAUG, 1978).

Das Hochrheintal zwischen Eglisau und Basel zur Würm-Eiszeit

Unterhalb des würmzeitlichen Maximalstandes von Rafz–Buchberg blieben außer der Schotterfluren des Rafzer-, des Embracher-Feldes, des Rütifeld N von Windlach und der Weiacher Schotter, in die sich kleine Schmelzwasserrinnen und Solifluktionstälchen einkerbten, mehrere Reste des höchsten Aufschüttungsniveaus erhalten. Aus diesen Schottern wurden bereits verschiedene Reste von Mammut – Stoßzähne (A. LEEMANN, 1958), Backenzähne, Oberschenkel, Schulterblatt und Rippen –, der Radius eines eiszeitlichen Rindes sowie eine Geweihstange einer an *Rangifer tarandus arcticus* erinnernden Form gefunden (K. A. HÜNERMANN, schr. Mitt.).
Durch die Schmelzwässer einer ersten Abschmelzphase kam es bereits bei einem Eisstand zwischen Steinenkreuz und Rüdlingen zur Ausbildung eines ersten markanten Erosionsniveaus, das sich von Tößriederen über Seglingen bis Kaiserstuhl verfolgen und sich mit demjenigen des frontalen Linth/Rhein-Gletschers verbinden läßt. (S. 147).
Das Einspielen der Schotterfluren wird dabei vorab durch Felsschwellen bestimmt: Im Hochrheintal die Malmkalk-Barriere unterhalb von Kaiserstuhl, die Muschelkalkrippe unterhalb von Zurzach und die Kristallin-Schwelle von Laufenburg.
Mit dem Abschmelzen von der äußersten Randlage und dem Aufspüren alter Rinnen durch Schmelzwässer in den Felsriegeln wurde dieses Aufschüttungsniveau zerschnitten; durch deren Mäandrieren wurden Schotterkörper ausgeräumt und tiefere Terrassen angelegt (LEEMANN, 1958).
Aus dem Raum von Koblenz lassen sich die Rhein-Terrassen mit solchen der untersten Aare und – oberhalb von Turgi – mit solchen des Reuß- und des Linth-Systems verbinden (H. GRAUL, 1962).
An der Mündung des Sißle-Tales zeichnet sich in einzelnen Schotterlagen mit vorwiegend plattigen Jurakalk-Geröllen der Einfluß der Sißle ab.
Im Bereich der Birs-Mündung stellen sich in den würmzeitlichen Schottern über der Felssohle zunächst periglaziale, gelblich-bräunliche Birs-Schotter mit Dogger- und Malmkalk-Geröllen und hohem Schluffanteil ein. Während der Akkumulation der grauen Rheinschotter mit alpinen Geröllen und hohem Sandanteil wurden die angelieferten Birs-Schotter vom Rhein aufgearbeitet und in Linsen wieder abgelagert. Nach der Schüttung der höchsten Rheinschotter floß die Birs nochmals über diese hinweg, was durch die Akkumulation einer Decke von Birs-Schottern und Auenlehmen belegt wird. Erst dann erfolgte die Eintiefung der Birs in die Rheinschotter. Damit geht die Bildung der jungen Schotter einher, welche diese Rinnen füllen und bis in die historische Zeit reichen (D. BARSCH et al., 1971).
In holozänen Rheinschottern von Basel fand P. BITTERLI (mdl. Mitt.) einen Eichenstamm mit einem ^{14}C-Alter von 6850 ± 100 Jahren.

Die ersten Rückzugsstadien

Bei einem ersten Wiedervorstoß lagerte der Bodensee-Rhein-Gletscher bei *Feuerthalen* Stirnmoränen und rheinabwärts Schotterfluren ab. Nach einer nächsten Randlage mit der Moränenstaffel von Fenisberg lag im Becken von Schaaren noch Toteis. An dieses wurde vom Eisrand um Dießenhofen bei einem Vorstoß zum Stadium von *Dießenhofen* aus dem Becken von Schlattingen–Basadingen nochmals Schotter geschüttet. SE und S

von Dießenhofen folgen unter 1–8 m Moräne glaziäre See-Ablagerungen, dann 1–8 m Kiese und abermals glaziäre See-Ablagerungen eines ausgedehnten Moränenstausees (E. MÜLLER, 1979). Im Ebnet SW des Städtchens konnten CH. SCHLÜCHTER & U. KNECHT (1979) in solchen Seesedimenten Wickelstrukturen beobachten.
Die Rückzugslagen um Dießenhofen lassen sich nur schwer aus dem Rheintal durch das Wirrnis von Drumlins, Kames und Kameterrassen ins Thurtal verfolgen, wo sich bei Alten ein Endmoränenbogen einstellt (J. HUG, 1905K, 1907; A. PENCK, 1909; R. HUBER, 1956; A. LEEMANN, 1958; J. HÜBSCHER, 1961K; HANTKE, 1964, 1967K, 1974). S der Thur verläuft dieser Eisstand über Henggart gegen Hettlingen. Der über Seuzach gegen W vorgerückte Lappen endete bei Riet; dazwischen flossen Schmelzwässer gegen Neftenbach ab. Am Rosenberg N von Winterthur berührten sich die den Lindberg umfließenden Eismassen: ein von Seuzach gegen S und der von Oberwinterthur gegen W bis Neftenbach vorstoßende Lappen. Das von Winterthur gegen SW sich wendende Eis wies die Töß durchs Rumstal (Fig. 6).
SE von Winterthur entsprechen die Moränen um Gotzenwil diesem Stand. Gegen E lassen sich Iberger- und Gotzenwiler Stand – sanft ansteigend – bis ins nördliche Hörnli-Bergland verfolgen (S. 146).
In Winterthur konnten neben zwei kleineren Senken im Raum Oberwinterthur–Hegi zwei tiefere, in die Molasse eingekolkte Becken in der Talung Winterthur–Wüflingen festgestellt werden. Diese reichen mit ihren tiefsten Stellen bis auf unter 320 m bzw. unter 300 m hinab (M. STEFFEN & E. TRÜEB, 1964). Im Bereich der Altstadt folgt über der Molasse zunächst eine basale, bis 40 m mächtige Grundmoräne, darüber stellen sich – weiter talab sogar direkt über der Molasse – in Kolken bis 100 m mächtige Pfungener-«Lehme» ein, vorab sandige Mergel mit Karbonatgehalten von gegen 50%. Diese haben – neben einigen *Pinus*-Pollen, Gramineen, Cyperaceen – weitere Nichtbaumpollen geliefert (H. ANDRESEN in STEFFEN & TRÜEB). Unter der Altstadt folgt über Pfungener-«Lehmen», die von Schottern überlagert werden, nochmals bis 10 m Grundmoräne.
Jüngere Staffeln zeichnen sich im Rheintal bei Rheinklingen ab. Beim eben selbständig gewordenen Nußbaumer Lappen des Thurtal-Armes liegt außerhalb der Endmoränenwälle des Stadiums von Stein am Rhein, die im Stammertal die Zungenbeckenseen des Nußbaumer-, des Hüttwiler- und des Hasensees umschließen (Fig. 14), ein älteres, von einem jüngeren Sander überschüttetes Zungenbecken, dasjenige von Unterstammheim – Guntalingen, dessen Moränenwälle vom offenbar nochmals etwas vorgestoßenen Eis mehrfach durchbrochen und, zum Teil in Moränenkuppen aufgelöst, eine Aufspaltung der Gletscherfront in mehrere Stirnlappen verursachten, so an den Moränenspornen um Waltalingen und Guntalingen sowie am Girsberg (Fig. 12, 13 und 14).
Eine deutliche Überfahrung von Schottern durch überlagernde Moräne, verbunden mit eistektonischen Störungen, läßt sich am Breitbüel SE von Schlattingen beobachten. Von Schlattingen sind spätwürmzeitliche Reste des Ren und von Diessenhofen solche des Wildpferdes bekannt geworden.
Mehrere markante Endmoränenstaffeln stellen sich bei *Stein am Rhein* (Fig. 14) und im Thurtal bei *Andelfingen* ein (J. Hug, 1905KA, 1907; HANTKE et coll., 1967K; F. HOFMANN, 1967K). Sie lassen sich über den westlichen Seerücken mit den Moränen um die Nußbaumer Seen und weiter über Iselisberg mit denen von Andelfingen verbinden (Fig. 12). Zum Stadium von Stein am Rhein gehörende Wallmoränen auf dem westlichen Seerücken belegen ein Überfließen von Eis aus dem Thurtal über Lanzenneunforn gegen Mammern und über Hörhausen gegen Steckborn.

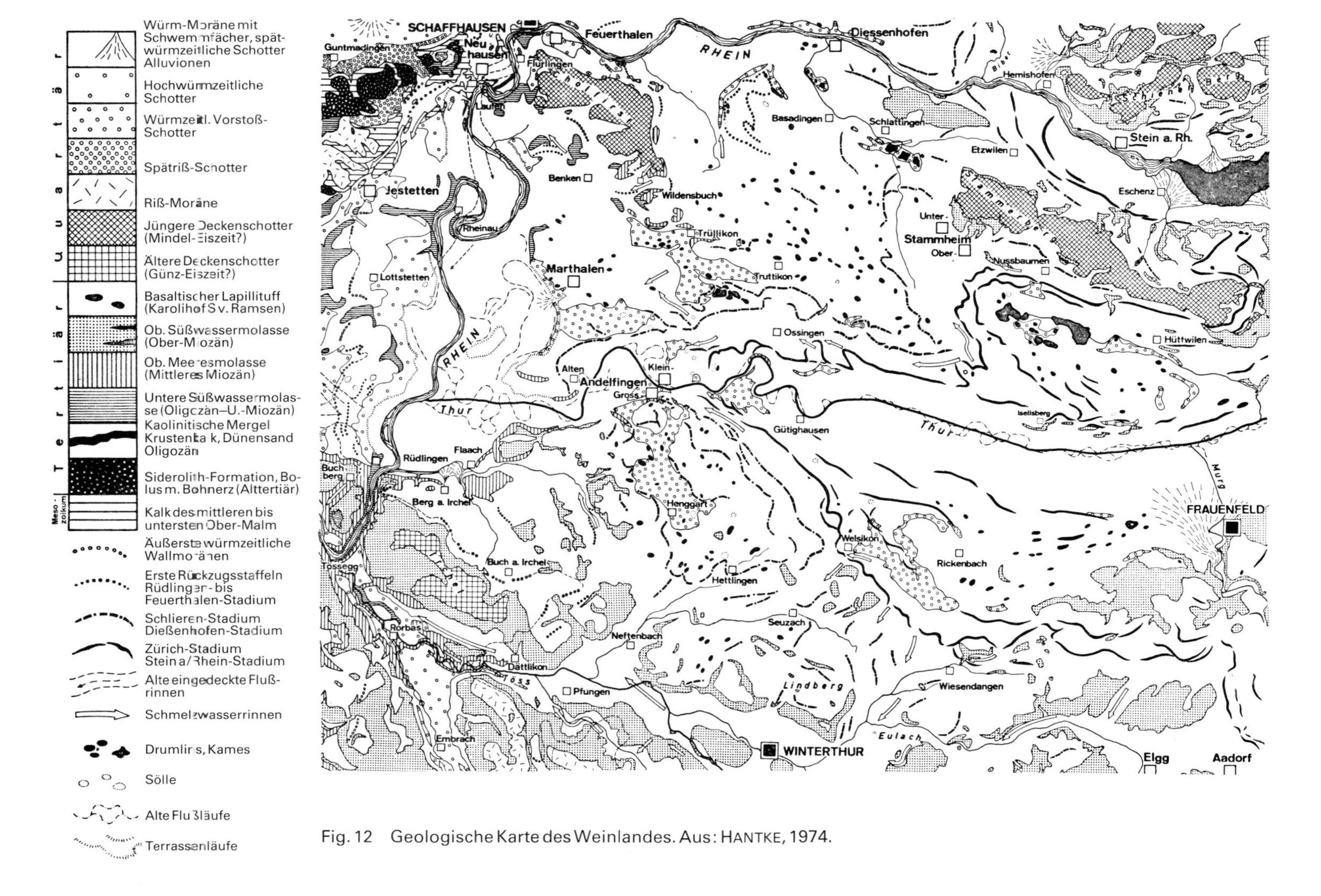

Fig. 12 Geologische Karte des Weinlandes. Aus: HANTKE, 1974.

Internere Moränenwälle und randliche Schmelzwasserrinnen zeichnen sich am Seerücken S von Mammern, S von Steckborn, S von Berlingen, bei Ober-Salenstein, S und SE von Ermatingen sowie ESE von Tägerwilen ab.
In Steckborn sind bei Pfahlbauten Reste von *Bison bonasus* – Wisent – geborgen worden. Auch auf der N-Seite des Untersees, am Schienerberg NW und NE von Wangen und N von Hemmenhofen lassen sich absteigende Wallreste erkennen.
Die erste Endlage im Untersee-Becken bei Eschenz dürfte derjenigen von Bohlingen–Überlingen am Ried entsprechen, wobei die Schmelzwässer durch die Rinne von Böhringen–Stahringen zur Stirn des Überlinger Lappens abflossen (A. SCHREINER, 1973 K). Dann stirnte der zurückschmelzende Rhein-Gletscher bei Wangen, bei Steckborn und bei Triboltingen–Wollmatingen.
Diese jüngeren Staffeln lassen sich auch zwischen Seerücken und Ottenberg sowie im Thurtal beobachten (E. GEIGER, 1943 K, 1968 K).
In den Ständen zwischen den Stadien von Stein am Rhein und Konstanz überfuhr der Sulgener Lappen zwischen Wittenbach und Bernhardzell die Sitter und drang über Waldkirch gegen SW vor, während weitere Lappen von Muolen bis Bischofszell und von Amriswil über Sulgen bis Weinfelden ins Thurtal vorstießen. Damals dürfte bereits die W von Buhwil einsetzende Talung von Mettlen–Bußnang von Schmelzwässern benutzt worden sein (Fig. 15, 22; S. 64).
Der über Muolen ins unterste Sittertal und über Bischofszell Thur-aufwärts vordringende Eislappen reichte zunächst noch bis Henau, dann gegen Oberbüren, wo sich zwei lokale Schottervorkommen einstellen (F. HOFMANN, 1973 K). Die heute von Fischweihern eingenommene Talung von Gottshaus–Hauptwil und ihre Fortsetzung gegen SW zur Thur ist als Rest einer ehemaligen sub- und randglaziären Schmelzwasserrinne zu deuten. Diese ergossen sich bei Niederbüren in einen bei Kradolf vom Rhein-Eis gestauten Bischofszeller Thursee (HANTKE, 1979a; Fig. 15).
Im Gebiet um Bischofszell gelangten am *Bischofsberg* bereits beim Vorstoß des würmzeitlichen (?) Eises über rißzeitlicher (?) Moräne, die im unteren Sittertal der Molasse aufliegt, mächtige, randlich verkittete Schotter zur Ablagerung (HOFMANN, 1973 K).
Ob die Schotter von *Holenstein–Felsenholz* gar noch ältere Schotter – Tiefere Deckenschotter (?) – eines analogen, früheren Geschehens darstellen, steht noch offen.
Jüngere Moränenwälle trennen bei *Konstanz* den flachgründigen Untersee von der tieferen Wanne des Obersees. Zwischen der Insel Mainau und Unteruhldingen wurde der sich bildende Überlinger See durch eine Eisbarriere gestaut. Im Thurtal stirnte der vom Bodensee über Amriswil eingedrungene Arm bei Sulgen (Fig. 15).

△ ▷

Fig. 13 Die Drumlin-Landschaft zwischen dem Thurarm und dem Unterseearm des Bodensee-Rheingletschers von SW (Kantone Thurgau und Zürich).
Vom rechten Bildrand bis über die Bildmitte die Seitenmoräne von Schloß Schwandegg. Dahinter das Zungenbecken des durch das Stammer Tal gegen NW abfließenden seitlichen Gletscherlappens des Thurarmes. Dieses wird gegen N von einer Hügelgirlande, einer von Schmelzwässern zerschnittenen Stirnmoräne begrenzt. Im Hintergrund die Hegauer Vulkanlandschaft mit dem Hohenstoffeln und dem Hohentwiel (rechter Bildrand). Flugaufnahme: Swissair-Photo AG, Zürich.

▷

Fig. 14 Das von Stirnmoränen des Stein am Rhein (= Zürich)-Stadiums umgebene Zungenbecken eines Seitenlappens des durchs Thurtal abfließenden Rhein-Gletschers, mit Nußbaumer-, Hasen- und Hüttwiler Seen von W. Photo: Militärflugdienst Dübendorf. Aus: SUTER/HANTKE, 1962.

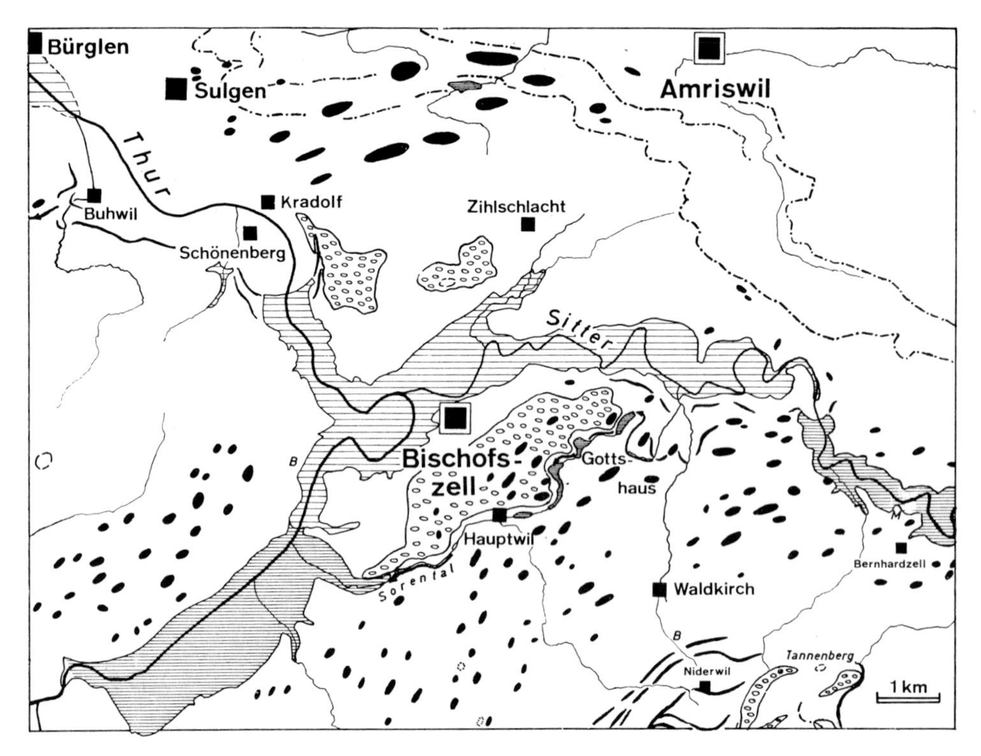

Fig. 15 Die Eisstauseen im Gebiet von Bischofszell.

Prähochwürmzeitliche Schotter
Älterer Bischofszeller Thursee, Sittersee
Jüngerer Bischofszeller Thursee
Frauenfelder Thursee
Moränen des Stadiums von Stein am Rhein
Eisrandlage des Konstanzer Stadiums
Drumlin, Rundhöcker, Toteisloch
B = Bentonit, *M* = Malm-Blockhorizont in der Molasse

Die NE-Schweiz zur Würm-Eiszeit

Von Moräne und Schmelzwasserablagerungen bedeckte Schotter treten innerhalb der Endmoränen von Stein am Rhein und Andelfingen sowie N des Bodensees auf. Aus der NE-Schweiz sind solche von Ittingen NW von Frauenfeld bekannt geworden. E. Geiger (1943 K, 1961) ordnete sie noch der Riß-Eiszeit zu. Sie dürften jedoch, wie diejenigen der Heid NE von Wil, des Bischofsberg und von Holenstein, S bzw. N von Bischofszell, und am Tannenberg W von St. Gallen, frühhochwürmzeitliche Vorstoßschotter darstellen (S. 21; F. Hofmann, 1951, 1973 K; Hantke, 1970b).
Wie im Bereich des Linth/Rhein-Gletschers (S. 152), so stellt auch im Bodensee-Rhein-System das *Zürich-* oder *Seen-Stadium* mit eng aufeinander folgenden Moränenwällen die ausgeprägteste Eisrandlage dar. Um Winterthur läßt sich der Zusammenhang mit den Ständen des Linth/Rhein-Gletschers, den Stadien von Killwangen, Schlieren, Zürich und Hurden, erkennen.
Zusammen mit den Staffeln des Zürich-Stadiums haben sich zugehörige randliche Schmelzwasserrinnen ausgebildet, so in einem äußeren Stand die Rinne Elsau–Rümikon

Fig. 16 Die Umgebung von Winterthur mit eingezeichnetem Eisrand des Bodensee-Rhein-Gletschers mit den Schmelzwasserrinnen zur Zeit des Stadiums von Stein am Rhein.
Überarbeitete Luftaufnahme der Swissair-Photo AG, Zürich. Aus: E. Müller, 1979.

und S des Orbüel, im Hauptstand diejenige des Eulachtales mit den Zuflüssen Hagenbuch–Ober Schneit–Unter Schneit und Bertschikon–Wiesendangen sowie den Sanderfluren des Aadorfer Feld und von Wiesendangen–Winterthur (Fig. 16).
Über Dinhard lassen sich die Moränen des Zürich(=Stein am Rhein)-Stadiums gegen Andelfingen und Ossingen verfolgen. Vor Stammheim umschließen Endmoränen eines Thurlappens die Nußbaumer Seen. Am E-Ende des Nußbaumer Sees konnten unter 4 m Torf 8 m Seekreide mit Schnecken, Gramineen und Cyperaceen, dann gut 10 m Seetone und schließlich bis 12 m mächtige Moräne festgestellt werden. Im ausgehenden Hochwürm staute zunächst der über Hüttwilen eingedrungene Nußbaumer-Lappen des Thurtal-Armes bis auf nahezu 450 m einen zusammenhängenden Nußbaumer–Hüttwiler See, aus dem einige kleine Inseln aufragten.
Eine spätere Spiegelhöhe zeichnet sich um knapp 440 m ab. Noch um 1660 (H. C. Gygger, 1667k) hingen Hasensee und Hüttwiler See bei einem Stand von gut 436 m fast zusammen. Um 1944 wurde der Spiegel nochmals um 1,6 m künstlich abgesenkt (E. Müller, 1979). In 5 m Tiefe fand F. Hofmann (1963) in der Seekreide zwischen Nußbaumer- und Steinegger See den allerödzeitlichen Laachersee-Bimstuff (Fig. 17).

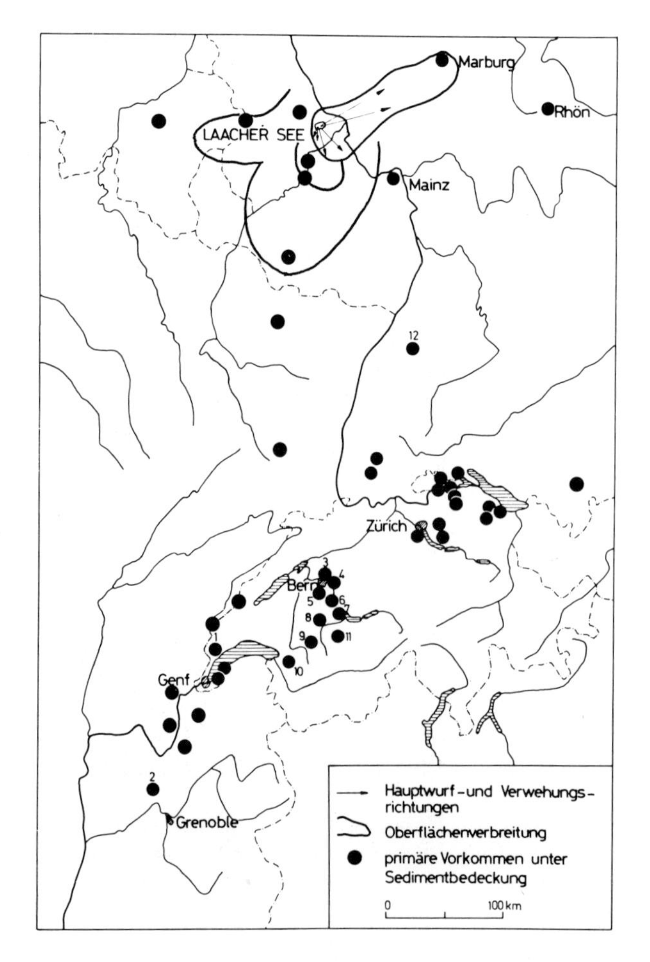

Fig. 17 Verbreitungskarte der Laachersee-Bimstuffe. Nach J. Frechten, F. Gullentops, F. Hofmann, G. Lang, A. Bertsch, J. Martini & J.-J. Duret, A. K. Hulshof, M. Welten, U. Eicher, B. Frenzel, J. Martini, H. Jerz, M. Küttel, S. Wegmüller, E. Juvigné. Nach Wegmüller & Welten (1973) und E. Juvigné (1977).

Über den westlichen Seerücken steigen mehrere Seitenmoränen-Wälle ins Rheintal gegen Stein am Rhein und Etzwilen ab, wo sie vom Rhein durchbrochen werden (Fig. 18). Gegen E verlaufen Wälle dieses Stadiums des Bodensee-Rhein-Gletschers von Wiesendangen über Bertschikon–Hagenbuch–Aawangen–Eschlikon in den Moränenkranz von Gloten–Bronschhofen, an den gegen E die hochgelegene Schotterflur von Wil-Rickenbach anschließt.

In der Stirnmoräne zwischen Aawangen und Hagenbuch konnten C. SCHINDLER, M. GYGER & H. RÖTHLISBERGER (1978) zwei durch Schotter getrennte Moränenlagen unterscheiden. Da die Abfolge in ihrem frontalsten Bereich eine asymmetrische Kniefältelung zeigt, ist diese – wohl auf einer basalen Eisschicht – unter Permafrost-Bedingungen in gefrorenem Zustand durch vorstoßendes Eis gestaucht worden.

Aus dem Zungenbecken von Gloten W von Wil und aus einem Moor E von Niederwil ist der Elch nachgewiesen (E. BÄCHLER, 1911; H. WEGELIN, 1917).

Fig. 18 Der bei Stein am Rhein durch Stirnmoränen abgedämmte Untersee. Die Inseln im untersten Seebecken bekunden eine internere Staffel. Über dem Städtchen der Wolkenstein mit einer Platte von Tieferem Deckenschotter; im Hintergrund der Gailingerberg, ebenfalls ein von Deckenschottern bedeckter Molasserücken, dahinter der Randen.
Flugaufnahme: Swissair-Photo AG, Zürich. Aus: H. ALTMANN et al., 1970.

In analoger quartärgeologischer Stellung konnten auch im Moor von Heimenlachen N von Berg TG Elch-Skelette geborgen werden (E. BÄCHLER, 1911; E. GEIGER, 1968K).
Von Amriswil-Chöpplishus hat H. WEGELIN (1926) einen krankhaften Stoßzahn eines Mammuts beschrieben.
S von Ellikon a. d. Thur sind an der Basis von 5 m mächtigen Torfen Schädel, Geweihe und Skelettreste von drei Rothirschen sichergestellt worden (Paläozool. Museum Univ. Zürich).
Ein weiterer Lappen des Rhein-Gletschers stieß von Bischofszell zwischen Nollen und Tannenberg gegen Wil, ein kleinerer von Uzwil S des Vogelberg gegen Schwarzenbach vor. Über Oberuzwil–Bichwil–Städeli–Flawil lassen sich die Wälle des Zürich-Stadiums bis N von Gossau verfolgen. Von dort steigen sie gegen den Tannenberg an, verlaufen N um diesen Molassehorst und fallen auf dessen SE-Seite wieder ab. Bei Winkeln endete der vom Bodensee durchs Sittertal und durchs Hochtal von St. Gallen vorstoßende Eislappen. Die Moränen SW und S der Stadt, bei Farnböhl, Haggen, Rosenbüchel, Hofstetten und St. Georgen, dokumentieren ebenfalls das Zürich-Stadium (HANTKE, 1961b).
Im *Würm-Maximum* reichte das Rhein-Eis um Degersheim bis auf 900 m (S. 32). S davon nahm ein gegen SW vordringender Gletscherlappen neben Lokaleis vom Wilket (S. 86) noch Eis auf, das über den Sattel von Schönengrund aus dem Sitter/Rhein-System ins Neckertal eingedrungen und durch den Necker-Gletscher gestaut worden war, so daß es N von Dicken überfloß. Zwischen Hoffeld und Mogelsberg kam es beim ersten Rückzug zur Ausbildung einer Stauterrasse zwischen gegen W abfließendem Rhein-Eis und von Mogelsberg gegen E vordringendem Necker-Eis (O. KELLER, 1974; Fig. 19a, b).
Zur Zeit des *Alten/Dießenhofen-Stadiums* stand das Rhein-Eis um rund 100 m tiefer. Neben Wallresten bei Wolfertswil S von Flawil und NE von Degersheim wird dieser Eisstand durch Schotter dokumentiert, die zwischen Schachen und Degersheim um rund 780 m liegen.
Einer etwas tieferen, gegen W abfallenden Staffel sind die Schotter an der Glatt in Herisau, weiter NW und W, auf dem Schwänberg sowie SE von Flawil zuzuweisen (A. LUDWIG, 1930K).
Der Glatt-Cañon von Oberglatt–Oberbüren ist – wie jener von Sitter und Urnäsch – als subglaziäre Abflußrinne zu deuten. Diese bot einer interneren Staffel des Zürich-Stadiums die einzige Entwässerungsmöglichkeit, als die schon beim würmzeitlichen Eisaufbau aktive Abflußrinne über Girenmoos (SE von Flawil)–Böden–Botsberger Riet nach Oberrindal bereits zu hoch lag (CH. FALKNER, 1910). N von Goßau verlaufen noch internere Wallreste von Geretschwil über Degenau nach Gebhardschwil.
Von den tieferen Wallresten in St. Gallen sind diejenigen beim Burgweier, im Feldli, auf der Chrüzbleichi, W des Bahnhofes, in St. Fiden und von Guggeien–Heiligkreuz interneren Staffeln des Stein am Rhein(= Zürich)-Stadiums zuzuweisen.
Im Zungenbecken des Bahnhofareals bildete sich ein bis ins ausgehende Spätwürm zurückreichendes Moor. Gegen E wurde es vom Steinach-Schuttfächer der Altstadt abgedämmt (F. SAXER et al., 1949K; in H. EUGSTER et al., 1960; Fig. 19).
Die Moränenhügel zwischen St. Gallen und Mörschwil gehören zum Drumlinschwarm von Wittenbach–Bernhardszell–Waldkirch–Hauptwil–Niederwil (Fig. 22). Ihre Bildungsgeschichte verlief analog derjenigen von Bubikon–Goßau–Uster im Linth/Rhein-System, was durch die Schieferkohlen bei Mörschwil, Schöntal (W von Wittenbach) und Grüen-

Fig. 19 St. Gallen zur Würm-Eiszeit mit Blick gegen E. Links Rosenberg, im Hintergrund Pfänder und Rorschacher Berg (rechts). Im Vordergrund Rentiere und Mammute.
Kreide-Zeichnung: W. FRÜH, St. Gallen.

egg (NW von Bischofszell) zwischen Stein am Rhein- und Konstanzer (Hurden)-Stadium bestärkt wird (S. 21).
Im Würm-Maximum stand das Eis am Rorschacher Berg auf über 960 m, so daß nur der höchste Grat (999 m) herausragte (HANTKE, 1979a).
Das Zürich-Stadium ist besonders in Heiden durch mehrere Moränenstaffeln bekundet, die neben Erratikern des östlichen Säntisgebirges – Kreide- und Nummulitenkalken – auch solche des Bündner Rhein-Gletschers enthalten: Punteglias-Granite, Diorite und Albula-Granite. Durch die Wälle, die von Heiden über Frauenrüti und über Nord gegen Grub SG verlaufen (HANTKE, 1961; F. SAXER, 1964K), wurde S von Heiden ein See aufgestaut, der an der schwächsten Stelle durchbrach. Weiter im ESE wurde im Neienriet ebenfalls ein kleiner Eisrandsee aufgestaut. ESE von Heiden stand das Eis bis auf 840–850 m, bei Oberegg gar bis gegen 900 m; im äußersten NE ragten Eggen (945 m) und Fromsenrüti (927 m) als Nunatakker empor.
Stauterrassen zu den einzelnen Staffeln zeichnen sich bei Eggersriet und Speicherschwendi ab (SAXER, 1964K; HANTKE, 1979a).

Eine auffällige Rinnenfolge verläuft von Notkersegg über Dreilinden–Tal der Demut–Wattbach–Gübsensee. An mehreren Stellen brachen die Schmelzwässer nach N durch und flossen subglaziär ab.

Fig. 20 a, b: Kiesgrube auf dem Plateau von Nassenfeld im unteren Neckertal, gegen W.
a): Randglaziale Stauschotter; der Necker-Gletscher lag im S (links). In der subglaziären Rinne erfolgte eine wechselvolle Sand- und Schotterschüttung.
b): Fossiler Eiskeil: der Frost riß in einer Sandlinse eine Spalte auf, in der sich Eis bildete. Bei dessen Abschmelzen glitten Sande und Schotter in die freigewordene Spalte; darüber wurden nochmals Schotter abgelagert. (Maßstab 1 m)
Photo: O. Keller, St. Gallen.

Fig. 21 Mächtiger Block von Ilanzer Verrucano in Halten W Eggerstanden AI, der vom Rhein-Gletscher im Konstanzer Stadium auf der N-Seite der Fäneren gegen Appenzell verfrachtet wurde. Photo: Prof. H. Heierli, Trogen.

Jüngere Eisstände und wohl auch solche des Gletschervorstoßes zeichnen sich im Appenzeller Vorderland vorab durch Rundhöcker und kleinere Schmelzwasserrinnen ab. Tiefere Moränen stellen sich zwischen Wolfhalden und Wienacht auf 650 m ein. Am Rorschacher Berg liegen Moränenreste und Stauterrassen um 680–650 m, tiefere, um 570 m, im Hof und Hohriet, einer befestigten Hallstatt-Siedlung. Zwischen Goldach und Untereggen werden Wallreste durch Bachtobel zerschnitten. Über Mörschwil-Gallusberg-Freidorf–Lömmenschwil–Rotzenwil–Schocherswil–Buchackern lassen sie sich bis gegen Sulgen verfolgen (Fig. 22).

Gegen das Thurtal reichte der Sulgener Lappen bis ins Wimoos E von Sulgen, was Moränen am östlichen Seerücken bekunden. Innerhalb der Zunge von Sulgen bildete sich beim Zurückschmelzen des Eises ein kleiner See, der durch Bohrungen und ergrabene Seekreide mit Schnecken und Muscheln nachgewiesen werden konnte. Ein der Seekreide aufliegender Birkenast ergab ein ^{14}C-Alter von 9790 ± 130 Jahre v. h. (A. Eggler, 1977). Ein flacher Wall steigt mit einigen inneren Staffeln von Leimbach über Andwil–Waldhof gegen Langrickenbach an. Auf der NE-Seite dieses Höhenzuges fällt er über Zuben–Schönenbaumgarten–Ebenöd–Chli Rigi–Kreuzlingen zu den Endmoränen von *Konstanz* ab (Fig. 22).

In der Thermalwasser-Bohrung Konstanz wurde in einer Tiefe von 212 m die Obere Süßwassermolasse erreicht (U. P. Büchi, S. Schlanke & E. Müller, 1976). Darüber lagen zunächst 13 m aufgearbeitete Molasse, dann 7 m basale Moräne (Riß ?), darüber 40 m untere glazifluviale Schotter. Über 53 m schwach sandig-siltigen Tonschichten mit wenig Kies=Grundmoräne (?), folgten erneut 96 m quartäre Ablagerungen, obere glazifluviale Schotter – spätglaziale Stauschotter (?) – und zuoberst Moräne des Konstanzer Stadiums.

Tiefer gelegene Wälle lassen sich vom Sulzberg S von Rorschach über Meggenhus–Oberbüel–Achen–Berg–Winden verfolgen. Analoge Moränen treten am östlichen Seerücken in der Staffel von Altnau Scherzingen–Bottighofen–Konstanzer Trichter, internere in denjenigen von Dozwil-Güttingen–Landschlacht-Vorderdorf und von Steinebrunn–Uttwil auf (Fig. 22).

In mehreren Mooren NW von Frauenfeld, NW von Goßau und bei Wittenbach konnte F. Hofmann (1963, 1973 k) den allerödzeitlichen Laachersee-Bimstuff, durch NW-Winde aus der Eifel verfrachtete vulkanische Asche, nachweisen (Fig. 17).

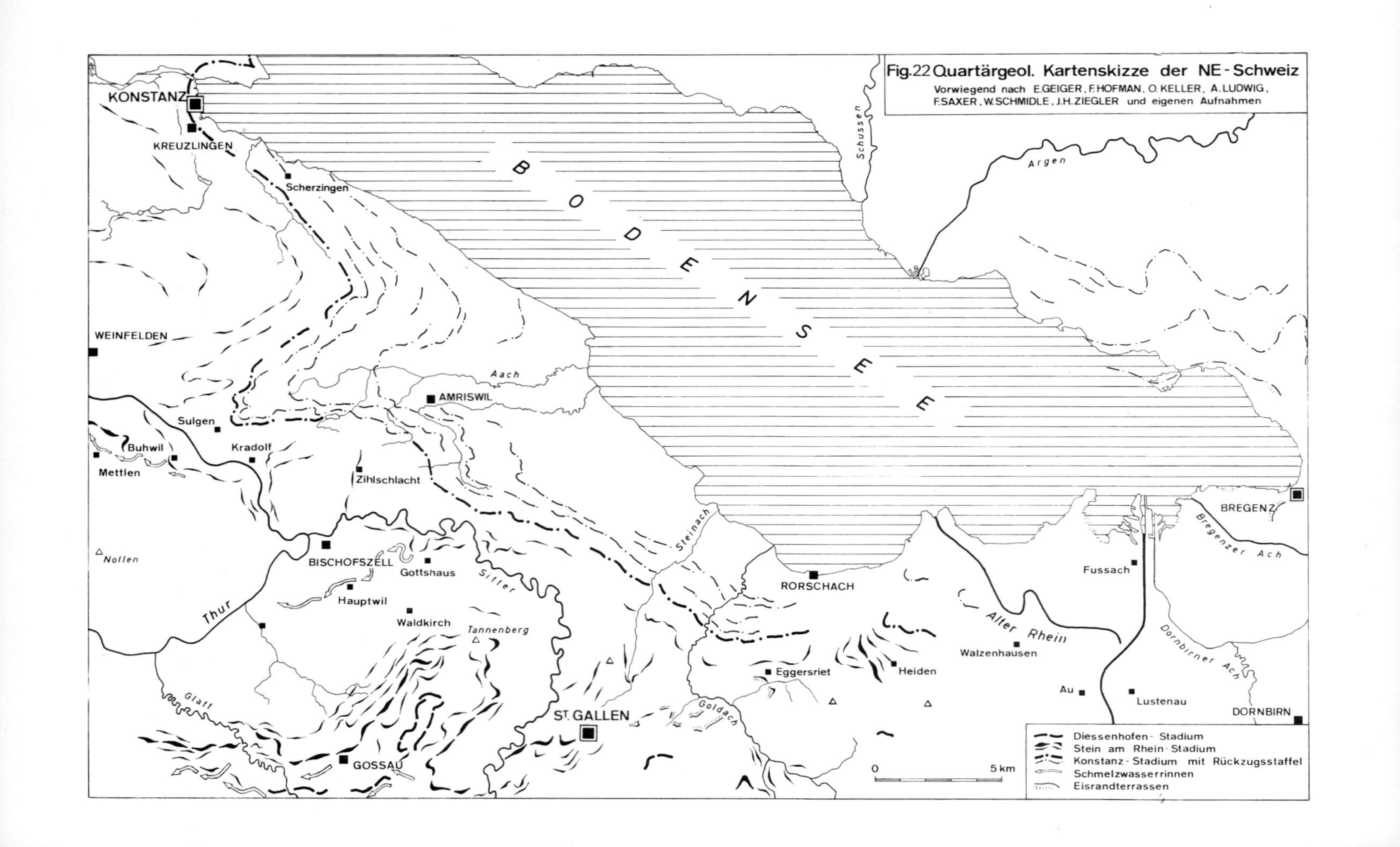

Fig. 22 Quartärgeol. Kartenskizze der NE-Schweiz
Vorwiegend nach E. GEIGER, F. HOFMAN, O. KELLER, A. LUDWIG, F. SAXER, W. SCHMIDLE, J. H. ZIEGLER und eigenen Aufnahmen

Der würmzeitliche Rhein-Gletscher N des Bodensees

L. ARMBRUSTER (1951) betrachtete den aus dem Alpenrheintal ins Bodensee-Becken austretenden Eiskuchen näherungsweise als flachen Kegel und konstruierte Isokonen, Schnittlinien dieses Eiskegels mit dem Gelände. Um auch noch den Bregenzer Ach-Gletscher zu erfassen, verlegt er die Kegelspitze über den Bahnhof Hard-Fußach. Für das Würm-Maximum nimmt er als Eishöhe 1150 m, M. SCHMIDT (1912) S von Bregenz eine solche von 1100 m an.

Außerhalb der äußersten würmzeitlichen Wallmoränen finden sich – in verschiedenen Baugruben aufgeschlossen – Überreste von rißzeitlicher Moräne mit Erratikern. Analoge Vorkommen erwähnt J. H. ZIEGLER (in TH. VOLLMAYR & ZIEGLER, 1976K) auch SW von Scheidegg.

Bereits M. BRÄUHÄUSER (1928) rechnet mit einem Gefälle von 8‰. Nur die kleinen Zuflüsse von den höheren Subalpinen Molasse-Ketten und der steile Abfall zum Zungenende, vorab in schmalen Eislappen, konnten nicht berücksichtigt werden.

Auch N des Bodensees zeichnen sich die äußeren und die inneren würmzeitlichen Stände durch Moränenkränze und Schmelzwasser-Ablagerungen ab.

Im *Maximalstand* reichte das Rhein-Eis – mit Ausnahme des östlichsten, des Argen-Lappens, der um Isny eine eindrückliche, aus mehreren Staffeln aufgebaute Glaziallandschaft mit Rundhöckern, Toteislöchern und Schmelzwasserrinnen zurückließ – noch über die Wasserscheide, so daß die Entwässerung zur Donau erfolgte. Im Stein am Rhein-Stadium dagegen war sie weitgehend zentripetal, ins Bodensee-Becken. Die Schmelzwässer der einzelnen Lappen sammelten sich in subglaziären Rinnen.

Über den 1119 m hohen Aibele-Sattel zwischen Gottesacker Wänden und Piesenkopf hingen die dem Rhein-Gletscher tributären Firngebiete mit denen des Iller-Systems zusammen. In der Weißach–Alpsee-Talung standen die beiden bei Oberstaufen nochmals in Verbindung.

In der Alpensee-Talung liegt SE von Thalkirchdorf über Moräne eine über 40 m mächtige Wechsellagerung von glazialen Seetonen mit Schottern des Rhein-Gletschers (VOLLMAYR, 1956K, 1958). Sie dürfte die Füllung in einen hochwürmzeitlichen Eisrandsee darstellen.

In den von S ins Alpsee-Tal mündenden Tälern des Langenbach und des Weißbach liegen bedeutende Massen würmzeitlicher Moräne. Am N-Hang der Hochgrat-Kette hatten sich Kare ausgebildet, die meist in mehreren Stufen abfallen und von Moränenwällen abgeschlossen werden (TH. VOLLMAYR, 1958).

N von Oberstaufen verband sich das ins Alpsee-Tal eingedrungene Rhein-Eis mit einem NW des Altberges (998 m) vorgestoßenen Lappen. Die Moränen E von Kalzhofen, die auf 900 m Höhe das Tal von der Salmaser Höhe abdämmen, bekunden wohl den würmzeitlichen Maximalstand, die Stirnmoräne um 800 m S von Kalzhofen allenfalls das Stadium von Stein am Rhein. In diesem Stadium dürfte auch der 3–4000 m³ große Hauptdolomit-Erratiker ins Ellhofer Moos verfrachtet worden sein.

In einem späteren Stand, wohl im Konstanzer Stadium, wurde im Rotachtal ein seichter Eisrandsee aufgestaut. Dieser wurde allmählich zugeschüttet und bildet heute den Talboden von Weiler im Allgäu.

Leider unterscheiden sich die zu verschiedenen Eisständen zusammengefügten Endmoränen, randlichen Abflußrinnen und Stauschotter im nordöstlichen Rhein-Gletschergebiet bei den einzelnen Autoren – H. REGELMANN (1911), E. WAGNER (1911), M.

Schmidt (1911, 1915), W. Schmidle (1914), E. Kraus et al. (1932k), I. Schaefer (1940) – derart, daß es schwer hält, diese zu skizzieren. Als Arbeitshypothese ist der Vorschlag Armbrusters von konstruierten Eishöhenlinien – Isokonen – sehr wertvoll (S. 51).

Gegen NE reichte der Bodensee-Rheingletscher in einzelnen Lappen bis über Isny gegen Leutkirch. Bei Beuren stand ein Rhein-Gletscherlappen bis auf die Wasserscheide zur Eschach und entsandte Schmelzwässer zur Iller. Ein weiterer drang gegen das Wurzacher Ried vor, das er gegen W abdämmte.

Nach R. German & M. Mader (1976) besteht die Äußere Jungendmoräne E von Bad Waldsee aus komplex zusammengesetzten und zugleich aus unterschiedlich alten Moränen- und Schmelzwasserablagerungen. Ebenso ist das E anschließende Riedtal nicht einheitlicher Entstehung. Es stellt vielmehr den Endzustand verschiedener Aufschüttungen mehrerer Eiszungen dar, die durch Seitenerosion der Schmelzwässer späterer Stadien teilweise wieder zerstört worden sind. Die Grenze der Äußeren Jungendmoräne bildet daher dort nicht den ursprünglichen Rand der Moräne gegen die Schmelzwasserablagerungen, sondern ist erst durch Erosion und Umlagerung entstanden. Zudem hat die Eiszunge von Bad Waldsee das Riedtal bei Mühlhausen während der würmzeitlichen Maximallage abgesperrt. Ihre Schmelzwässer verursachten Aufschüttungen im Umlachtal.

Fig. 23 Der Ilmensee S von Ostrach, ein Zungenbecken-See in einem nordwestlichen Arm des würmzeitlichen Bodensee-Rhein-Gletschers.

Da die Bildungen der Eiszunge von Bad Waldsee von ihrer Maximallage bis ins Stadtgebiet verfolgt werden können, stehen auch die dort seit F. Weidenbach (1936) bekannten Deltabildungen nicht isoliert da, sondern fügen sich in die Geschichte des ausgehenden Hochglazials ein.

In mehreren Zungen stieß der Schussen-Lappen gegen N, gegen Schussenried, vor. Vom Gletschertor bei Winterstettenstadt flossen Schmelzwässer durch das Riß-Tal zur Donau. Im SE und gegen W erfolgten randglaziäre Entwässerungen.

Auch das außerhalb der Endmoränen von Schussenried gelegene Federsee-Becken sowie die W anschließenden Becken von Saulgau, Ostrach (Fig. 23) und Pfullendorf entwässerten zur Donau. In all diesen Tälern treten vor den äußersten Würm-Moränen ausgedehnte Niederterrassenfluren auf. Wie in der NE-Schweiz, so läßt sich auch im nördlichen Rhein-Gletschergebiet eine noch externere, oft allerdings von der Niederterrassenschotterflur eingedeckte Eisrandlage erkennen.
Weiter gegen SW verlief der Eisrand über Selgetsweiler–Deutwang–Aach. Ein Lappen drang über Engen hinaus vor. Der Vulkankegel des Hohenstoffeln wurde von zwei Eisarmen umflossen. Dabei führte das mittlere Bibertal die Schmelzwässer ab. W von Bibern griff der Eisrand auf die W-Seite über und verlief N des Fulachtales gegen Schaffhausen. Mit dem Zurückschmelzen des Eises hinter die Wasserscheide von Schussenried erfolgte die Entwässerung vollständig subglaziär ins Bodensee-Becken. Dabei bildeten sich zwischen Aulendorf und Mochenwangen und zwischen Wolfegg und Baienfurt subglaziäre Schmelzwasserrinnen aus.
Das *Stein am Rhein-Stadium* mit seinen Staffeln läßt sich E um den Schienerberg mit den Moränenwällen des *Singen-Stadiums* und den davor gelegenen Schotterfluren verbinden. Am Durchenberg bei Stahringen hing der Radolfzeller- mit dem frontal aufgespaltenen Überlinger Lappen zusammen, der bei Wahlwies und S von Stockach stirnte. E des Sipplinger Berges verlaufen Ufermoränen hinüber ins Tal der Mahlspürer Aach, durch das die Schmelzwässer abflossen. Der E anschließende Salemer Lappen stieß über Frickingen vor; Deggenhauser-, Wilhelmsdorfer- und Fronhofer Lappen endeten auf der Wasserscheide zur Donau. Der Schussen-Lappen stirnte mit mehreren Staffeln S von Aulendorf und E des Altdorfer Waldes; der sich ebenfalls in Einzelfronten gliedernde Argen-Lappen reichte über Wangen im Allgäu bis Ratzenried und Eglofs. In den Zungenbecken und vor den Fronten der einzelnen Staffeln stauten sich verlandende Seen.
Während diese Landschaft meist als kuppige Moränenlandschaft charakterisiert wurde, weisen R. GERMAN (1970) und H. WEINHOLD (1973) vorab auf die Bedeutung der Schmelzwässer und deren Ablagerungen hin.
Zwischen Schussen- und Argen-Lappen bildete sich im Altdorfer Wald eine Mittelmoräne aus; beidseits wurden beim Eisabbau terrassenartig Kameschotter angelagert. Randliche Zungenbecken, Wallreste und Schmelzwasserrinnen erlauben die Rekonstruktion mehrerer Eisrandlagen.
Aus dem Becken von Karsee NNW von Wangen i. A. vollzog sich der Abfluß zuerst gegen N; dann bildeten sich flachgründige Seen, deren Entwässerung sich gegen S wandte. Im Schussental ergab eine humose, zwischen Grundmoränen gelegene Schicht einer bislang als Interstadial betrachteten Abfolge (E. WAGNER, 1911) SE von Ravensburg ein ^{14}C-Alter von 22130±225 Jahre v. h.
In der Tannauer Senke N von Laimnau folgen über Grundmoräne zunächst Seetone, dann Schieferkohlen mit Holz und Schilfblättern – ein Holzrest ergab über 40500 Jahre v. h. – dann Schotter und Sande und erneut Grundmoräne.
Neben den Eisrandlagen N von Meckenbeuren und von Obereisenbach konnte WEINHOLD in der Tannauer Senke bei Arnegger und bei Emmelhofen noch zwei weitere feststellen.
Weiter gegen NW, wo die Schuttlieferung offenbar wieder etwas reichlicher wurde, sind die Eisrandlagen wieder besser durch Moränenwälle entwickelt, so daß diese durch die Darstellungen von F. SCHALCH (1916K), L. ERB (1931K, 1934K, 1935K, 1967K, et al., 1971K und A. SCHREINER, 1966K, 1968, 1970, 1973K) weitgehend geklärt werden konnten.

NE des Pfänder liegen bei Lindenberg Seitenmoränen eines dem Stadium von Stein am Rhein entsprechenden Standes des Rhein-Gletschers und eines damit in Verbindung stehenden Bregenzer Ach-Gletschers (S. 68).
Noch im *Konstanzer Stadium* stirnte der Rhein-Gletscher im Überlinger Lappen N der Insel Mainau. Gegen N drangen mehrere Loben landeinwärts vor: von Immenstaad gegen Markdorf, ins untere Schussental bis über Meckenbeuren, S der Argen bis ins Degermoos S von Wangen. Außer- und innerhalb des Konstanzer Stadiums treten im Bodensee-Raum zahlreiche Drumlins auf. Mit denen auf dem Bodan-Rücken belegen ihre fächerförmig verlaufenden Längsachsen die Fließrichtung des in der Bodensee-Senke sich ausbreitenden Eises.
Nach dem Abschmelzen des Eises von Aulendorf und Wolfegg bis hinter Ravensburg bildete sich vor der Gletscherstirn des Schussen-Lappens bis Mochenwangen ein flachgründiger Eisrandstausee, der durch die Schussen und ihre Quelläste, vorab die Wolfegger Ach, mehr und mehr zugeschüttet wurde und verlandete.
Den Rückzugsstaffeln von Altnau-Scherzingen, von Dozwil-Güttingen und von Steinebrunn-Uttwil entsprechen jene N von Friedrichshafen und bei Immenstaad, von denen sich der innerste noch im Erratiker-Schwarm SW von Immenstaad und in der Untiefe S von Hagnau abzeichnet.
N von Lindau gibt sich eine Reihe von Eisständen durch Moränenstaffeln mit Erratikern – dem Hexenstein auf der W-Seite der Insel – und Stauterrassen zu erkennen. Neben den äußeren und inneren Jungendmoränen unterscheidet J. H. Ziegler (in B. Frenzel et al., 1976) außerhalb von Wangen im Allgäu den Überlinger Stand, bei Wohmbrechts das Konstanzer Stadium, dann die Stände von Immenstaad (=Uttwil) und von Langenargen (=Arbon). Unmittelbar N der Insel zeichnen sich zwischen 426 und 400 m 5 randglaziale Abschmelzterrassen ab. Weiter gegen NW folgt der Moränenrücken des Degelstein mit Erratikern, N davon eine Schmelzwasserrinne dem Seeufer. Eine letzte Staffel gibt sich auf der Insel zu erkennen. Dieser Stand wird weiter W durch die Untiefen des Schachener Berg belegt. Auch gegen SE, bei Lochau, sowie S von Bregenz zeichnen sich Deltareste der Bregenzer Ach – im Öhlrain und NE von Wolfurt – um 430 m als auffällige Terrassen ab. (J. Blumrich, 1937, 1942). SE von Bregenz stellt sich auf 490 m eine noch höhere Terrasse ein. Ebenso sind in Bregenz auch jüngere Terrassenreste um 415 m, um 410 m und um 405 m bekannt geworden.
Wie im Mündungsbereich der Bregenzer Ach, so dürfte das Relief auch im obersten Bodensee getreppt sein, da die Kluftflächen, längs denen das Eis Molasseschollen ausgeräumt hat, sich gegen NW in den See fortzusetzen scheinen.

Die Entstehung des Bodensees

Durch bis in die Jura-Kalke hinabgreifende Bohrungen am NW-Ende des Überlinger Sees steht fest (A. Schreiner, 1968a, b, 1969, 1975), daß dort kein bedeutender tektonischer Einbruch erfolgte, sondern daß die Eintiefung – einer in der Molasse vorgezeichneten Klüftung folgend – bis auf Meereshöhe erfolgte. Darüber liegen nach seismischen Profilen (G. Müller & R. Gees, 1968) 50 m Moräne und 100 m Seesedimente. Die Differenz von den Randhöhen um 700 m bis zum Felsboden beträgt damit rund 700 m. Die Entstehung erklärt Schreiner (1968a, b, 1973k, 1979) als Zusammenwirkung von Fluß- und Gletschererosion.

Um Sipplingen und bei Überlingen (SCHREINER, 1968, 1969), auf dem Bodanrücken (SCHREINER, 1970, 1973 K, 1979) sowie am Schienerberg sind indessen Brüche stratigraphisch erwiesen. Diese dürften mit Ausstrahlungen der zu Beginn des Quartärs erfolgten weiteren Eintiefung des Oberrheingrabens zusammenhängen. SCHREINER (1968) möchte die Übertiefung bis auf die heutige Felssohle dem würmzeitlichen Gletscher zuschreiben, wobei er (1975) neben einer gewissen Tektonik auch der fluvialen Erosion einen Anteil zubilligt.
Im oberen Teil des Bodensees möchten K. BÄCHTIGER & F. HOFMANN (1976) allenfalls den Einschlag eines zur Ablagerungszeit der Oberen Süßwassermolasse, im oberen Miozän niedergegangenen Meteors erblicken, der, wie weiter N, im Nördlinger Ries, ein weites Becken hinterlassen hätte. HOFMANN (1973) konnte in den von ihm früher (1951) noch als vulkanische Auswürflinge gedeuteten Malmblöcken aus dem Blockhorizont NW von St. Gallen und weiteren Exoten dieses auch W von St. Gallen entdeckten Niveaus shatter-cones, Zeichen einer zerstörenden mechanischen Beanspruchung, beobachten, die sich auch in ihrer Thermoluminiszenz von den entsprechenden natürlichen – ungeschockten – Malm-Kalken unterscheiden (BÄCHTIGER et al., 1975).

Mit dem etappenweisen Abschmelzen des Rhein-Gletschers von den inneren Jungendmoränen-Staffeln des Stadiums von Singen (= Stein am Rhein) wurden die westlichen Seebecken eisfrei (S. 54). Die zwischen Eisrand und ansteigendem Gelände abfließenden Schmelzwässer lagerten in den Staubecken ihre Fracht ab. Bei Böhringen mündeten sie aus den Becken des Überlinger- und des Mindelsees in die Wanne des Zeller Sees und schütteten bei einer Spiegelhöhe von 416 m das Delta der Oberen Böhringer Terrasse, ins Beckeninnere siltige Bändertone, von denen S von Böhringen 109 m durchbohrt wurden. Der Stausee entwässerte nach W über Ramsen zum Rhein.
Mit dem weiteren Eisabbau wurde der Abfluß um den E-Sporn des Schienerberg frei; der Seespiegel fiel auf 407 m (= Untere Böhringer Terrasse).
Der Überlinger See wurde N der Insel Mainau, einem Molasse-Rundhöcker, durch die Eisfront des Meersburger Lappens gestaut. Randliche Schmelzwässer flossen S der Insel von Egg über Hard, N von Konstanz gegen den Untersee.
Besonders W von Friedrichshafen, zwischen Immenstaad und Hagnau, konnte W. SCHMIDLE (1942) klare, ehemalige Brandungsterrassen eines noch höher gestauten Bodensees nachweisen, auf denen einmündende Bäche ihre Deltas abgelagert haben. Während das höchste Niveau um 415 m (=413 m neuer Horizont) sich nicht durchgehend verfolgen läßt und als Eisrandterrasse zu deuten ist, zeichnen sich auf 410 m (=408m), um 405 m (=403 m) und auf 400 m (=398 m) deutliche Brandungsterrassen ab. Die letzte Strandlinie um 400 m (=398 m) tritt durch Hochwasser-sichere Strandwege und Uferbäume in Erscheinung. Sie wurde allgemein als diejenige des heutigen Seespiegels angesehen. SCHMIDLE (1932, 1942) hat diese jedoch aufgrund der Flora und Fauna als alten Seespiegel erkannt. H. REINERTH (1930) fand zudem an den Ufern mesolithische Steinbeile, so daß die Bildung wenigstens 7000 Jahre zurückliegt.
Analoge Strandterrassen wurden auch im Gebiet von Lindau und Bregenz bekannt (S. 54, Fig. 24, 25).
Im St. Galler Rheintal hat sich SW von Berneck ein Terrassenrest in 440–470 m erhalten. (W. RELLSTAB, 1978). Doch ist dieser – wie einige weitere zwischen Bregenz und Götzis – nicht als solcher eines früheren Bodensees, sondern als Eisrandterrasse zu deuten.
Diese älteren Seestände zeichnen sich auch am S-Ufer ab, vorab in alten Deltaschottern

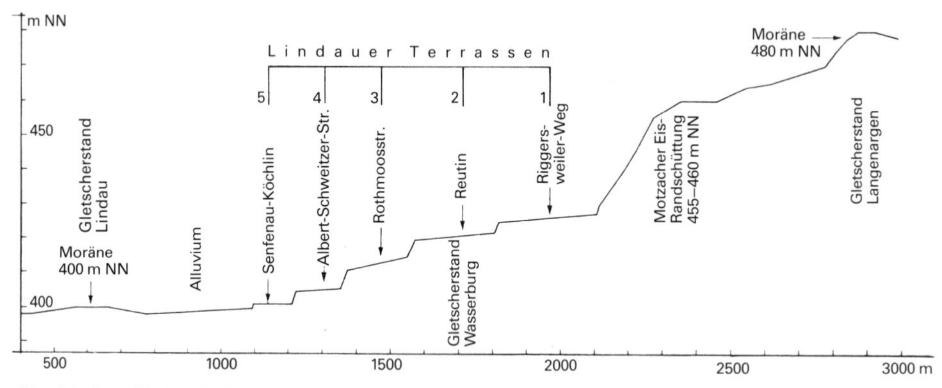

Fig. 24 **Profil durch das Spätglazial von Lindau/Bodensee**
Nach J. H. ZIEGLER, 1976, 1978.

in Obersteinach, Unter Goldach und SW von Rorschach, wo der Witenbach noch gegen NE abfloß, wie ein Trockentälchen, ein alter Schuttfächer und Deltaschotter um 410 m belegen.

Auch bei Kreuzlingen konnten in Bohrungen siltige Seetone bis auf 409 m beobachtet werden. Diese erreichen in Seenähe zwischen Konstanz und Kreuzlingen eine Mächtigkeit von über 40 m. Weiter S folgt darüber Seekreide, die noch heute zwischen Kreuzlingen und Romanshorn als Wysse einen breiten Uferstreifen einnimmt.

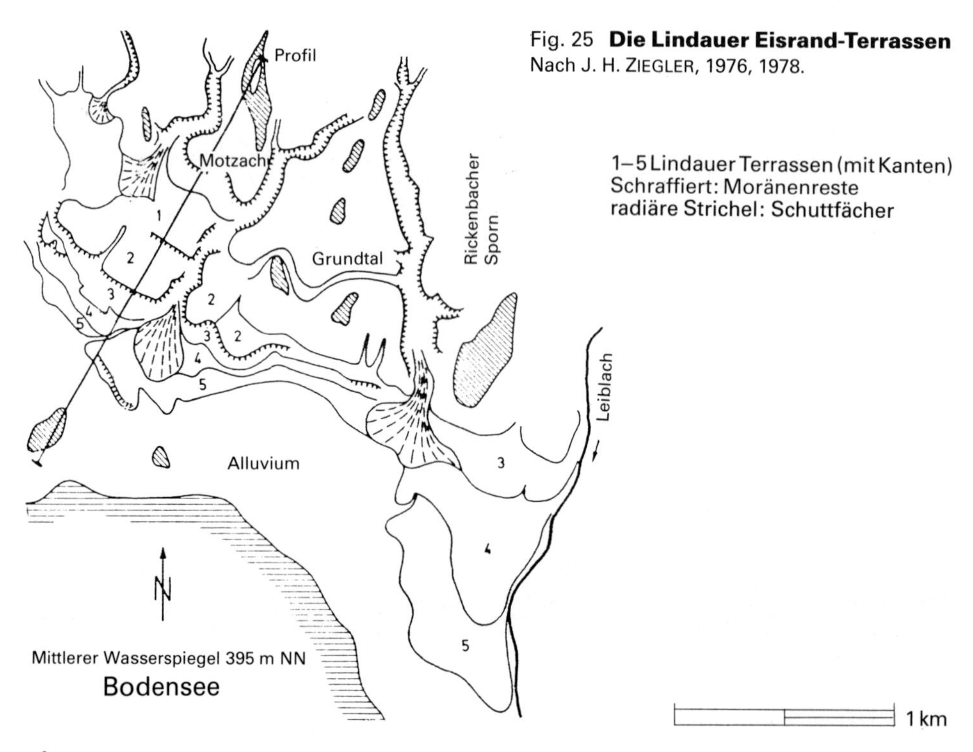

Fig. 25 **Die Lindauer Eisrand-Terrassen**
Nach J. H. ZIEGLER, 1976, 1978.

Eine langsame Spiegelsenkung bis auf 400 m läßt sich in der flachen Böschung S von Böhringen ablesen. Sie ist auf ein Einschneiden des Rheins bei Stein am Rhein–Etzwilen zurückzuführen (L. ERB et al., 1967 K; SCHREINER, 1968 a, b, 1970, 1973 K).
Bis in geschichtliche Zeit war auch der Untersee noch deutlich größer. Neben den Ufermooren – vorab dem Tägermoos und dem Reichenauer Ried – wurden um Radolfzell und im Mündungsgebiet der Aach größere Areale von der Seefläche eingenommen, was Seetone belegen.
Noch im späteren Spätwürm reichte der Bodensee im St. Galler-Vorarlberger Rheintal bis an den Kummaberg W von Götzis, an den Montlinger Berg und bei Oberriet bis an die Ill-Mündung.
Mit dem Beginn der Wiederbewaldung im Alleröd gehen die Seetone in Seekreide über (G. LANG, 1963), die bei Überlingen am Ried bei einer Strandlinie um 398 m einsetzt. Im Verlandungsgebiet des Zellersees sind 17 m erbohrt worden. Die Hauptproduktion fällt in die nacheiszeitliche Wärmezeit, ins Atlantikum (A. SCHÄFER, 1973). Nach I. MÜLLER (1948) hört die Seekreide-Bildung mit der Buchen-Ausbreitung auf.
Noch bis in die Wärmezeit dürfte die Radolfzeller Aach von Singen nach S über Ramsen und mit der Biber zum Rhein geflossen sein (L. ERB, 1950). Der Seespiegel war dabei – durch Ufersiedlungen im westlichen Bodenseegebiet dokumentiert – von 400 m auf 397 m im älteren, auf 394 m im jüngeren Mesolithikum gefallen und erreichte seinen tiefsten Stand in der Bronzezeit mit ca. 393 m (392 m?).
Aus dem Raum Hard-Fussach-Lauterach erwähnt VONBANK (1953) mehrere prähistorische Funde, einen bronzezeitlichen von Hard gar in unmittelbarer Nähe des heutigen Seeufers.

Fig. 26 Die beim Hochwasser von 1910 überschwemmte Hauptstraße in Rorschach.
Photo: H. UHLIG, Rorschach, Archiv Heimatmuseum Rorschach.

In Bregenz, Brigantium, bekunden Überreste eines römischen Hafens, daß dort der See noch bis 300 m weiter landeinwärts gereicht haben muß (E. VONBANK, 1972).
Aufgrund der römischen Hafenanlagen in Arbon und in Bregenz (VONBANK, 1964, 1972) dürfte der mittlere Seestand damals um 397 m gelegen haben.
Im untersten Rheintal lag offenbar Ad Rhenum (Rheineck oder St. Margrethen) zur Römerzeit bereits am Rhein (I. GRÜNINGER, 1977). Die Uferlinie des Bodensees dürfte zwischen Ad Rhenum und Brigantium nur wenig N der heutigen Straße verlaufen sein, die damals von Lauterach über Hard-Fussach auf einem Schotterstrang der Bregenzer Ach erbaut worden war. S von Fussach erreichte dieser Landweg einen Delta-Ast des durch Bregenzer- und Dornbirner Ach etwas gestauten Rheins. Ein solcher läßt sich Rhein-aufwärts bis über Lustenau verfolgen, was durch zahlreiche, bis 1 m mächtige Eichenstämme mit über 300 Jahrringen (J. BLUMRICH, 1924) – Dokumente eines unter-

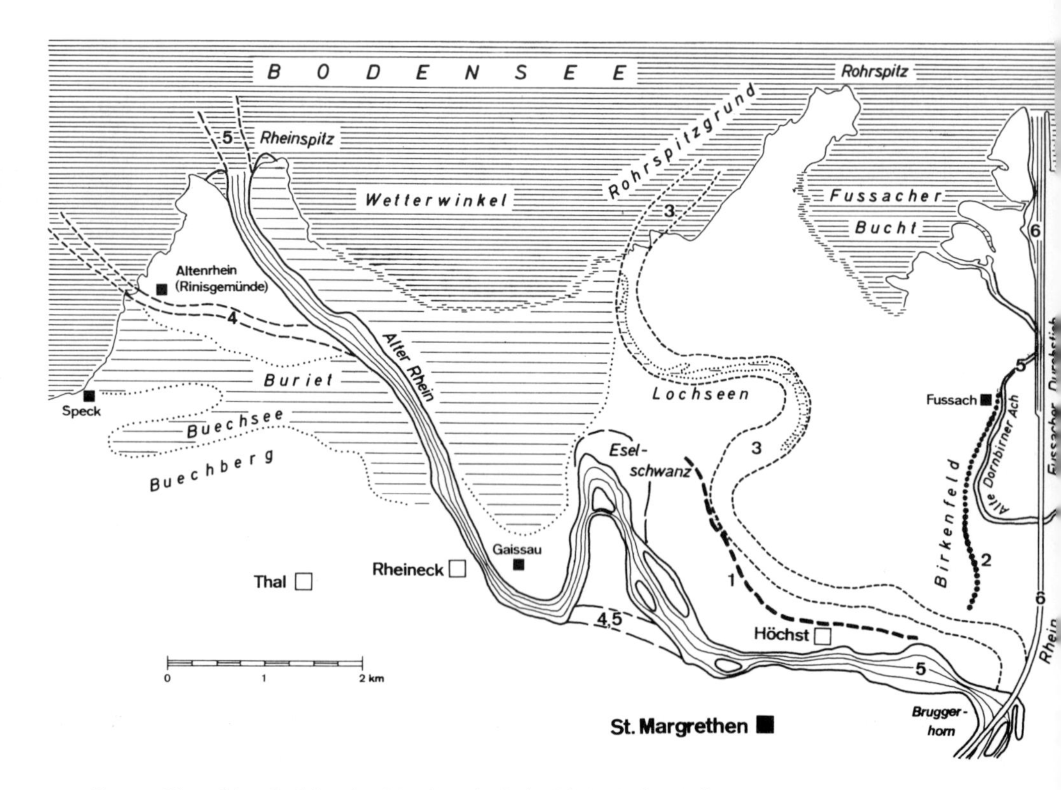

Fig. 27 Die aufeinanderfolgenden Mündungsläufe des Rheins in den Bodensee.

1, 2 = Die vorrömischen Läufe von Höchst und von Birkenfeld-Fussach.
3 = Der Rheinlauf zum Rohrspitz mit den Altwasserbecken der Lochseen.
4 = Der im 9. Jahrhundert bei Rinisgemünde, nach SCHWAB (1827) dem heutigen Altenrhein, mündenden Rhein.
5 = Der bis 1900 aktive Rheinlauf, seither Abflußrinne des Binnenkanals und der ehemalige Lauf der Dornbirner Ach.
6 = Der im Jahre 1900 eröffnete Fussacher Durchstich und die kanalisierte Dornbirner Ach.
weit schraffiert = Ehemalige Areale des Bodensees und Lochseen (nach WEBER 1978).

Fig. 28 Die Mündung des Rheins in den Bodensee seit der Eröffnung des Fussacher Durchstiches im Jahre 1900. Punktiert: der alte Lauf der Dornbirner Ach, gestrichelt: die Uferlinie vor 1900.
In der Bildmitte die etwas erhöhten und daher baumbestandenen ehemaligen Mündungsarme von Fussach-Birkenfeld (Blickrichtung) und von Höchst-Unterdorf (gegen WNW); E des Rheins, in einem Baumgarten Lustenau, dahinter das vom alten Rheinlauf umflossene und vom Diepoldsauer Durchstich abgeschnittene Diepoldsau. Im Rheintal die Inselberge Kummaberg und – weiter zurück – Schellenberg; dahinter, an der Mündung des Walgau, der Frastanzer Sand, rechts die Talgabelung von Sargans und – schneebedeckt – die Grauen Hörner. Luftaufnahme der Swissair-Photo AG vom 12. August 1954.

spülten Auenwaldes – belegt wird, die in einer Tiefe von 1,5–2 m in einem *Carex*-Torf mit Eiche, etwas Buche und Tanne und aufliegender Lehmschicht beobachtet worden sind. Blumrich fand darin den Becher einer Eichel und eine Haselnuß.
Darnach stieg der Spiegel wieder bis auf die heutige Höhe an, die, bei einer Hochwassergrenze von 397.14 (=5.00 Konstanzer Pegel), zwischen 395 m und 396,5 m schwankt. Extreme Hochwasser ereignen sich beim Bodensee offenbar 2–4 im Jahrhundert: 1817, 1890, 1910, 1926, 1965, 1972 (F. Kiefer, 1965; Fig. 26).
An extremen Wasserständen wurden gemessen: 394,50 in den Jahren 1836 und 1858, 394,59 im Januar 1949 (Winter 1972: 394,62) und 398,11 im Juli 1817, 398,00 im September 1890, 397,80 im Sommer 1910 und 1926 397,77 (Sommer 1965: 397,64, H. Bertschinger, 1978). Besonders im W-Windbereich sind markante Hochwasserstände durch Strandterrassen und -wälle belegt.
Im Rheintal, E von Lustenau, wurde in gut 2 m Tiefe das Skelett eines Edelhirsches geborgen. In gleicher Tiefe wurde in Lustenau ein spätbronzezeitliches Nadel-Bruchstück und beim Steg über die Dornbirner Ach in 1,25 m die Spitze eines Antennen-Schwertes gefunden.

In Au SG lag zwischen Rhein und Binnenkanal in 12 m Tiefe – offenbar im damaligen Flußlauf – ein mittelbronzezeitliches Vollgriff-Schwert (Vonbank, 1965b). Damit ergibt sich – mindestens für das jüngere Holozän – eine recht bescheidene Sedimentationsrate, nur wenige m in rund 5000 Jahren.
Aus den Höhensiedlungen Montlinger Berg (Bd. 1, S. 252) und den beiden E des Rheins gelegenen Kadel und Kummen, sowie aus denen auf dem Schellenberg, Lutzengütle (Bd. 1, S. 234) und Borscht, geht hervor, daß die Rheinebene noch weitgehend versumpft war. Diese Inselberge boten wegen des in einzelne Arme aufgelösten Rheins auch vor Angriffen relativ sichere Siedlungsplätze.
Zwischen den römerzeitlichen Mündungen von Rhein, Dornbirner- und Bregenzer Ach lagen untiefe Seebuchten, die mehr und mehr zugeschüttet wurden. Ein weiterer Mündungsarm des Rheins zeichnet sich von Höchst gegen WNW ab (Fig. 27 und 28). Jüngere Delta-Arme des Rheins verlaufen gegen den Rohrspitz sowie SW und NW von Altenrhein, wo sich subaquatische Rinnen im Bodensee-Becken – wie bei dem weiter N, im Rheinspitz, mündenden Alten Rhein – noch deutlich erkennen lassen (Fig. 27, LK 1075, 1076). Ein jüngerer Schuttfächer der Bregenzer Ach hat sich zwischen Hard und Bregenz ausgebildet.
Die von einem Ried eingenommene Senke zwischen Seelaffen und Buechberg war noch bis ins ausgehende 16. Jahrhundert vom Buechsee eingenommen, der NE von Speck mit dem Bodensee zusammenhing und sich gegen SE bis gegen Rheineck erstreckte (Ph. Krapf, 1901). Noch auf dem Relief von J. E. Müller (1806R) ist bei Speck eine ehemalige Mündungsbucht zu erkennen. E des Alten Rheins dehnte sich die Bucht des Wetterwinkels noch weit nach S bis gegen Gaißau (Fig. 27).
Von Ad Rhenum, wohl dem heutigen Gebiet von St. Margrethen–Brugg (A. Scheyer, 1977), führte die Römerstraße, wie durch Münzfunde belegt wird, über Fuchsloch – Specula (ein aus Stein gefügter Wachtturm, dem heutigen Speck) – Staad–Rorschach nach Arbor Felix – Arbon (Vonbank, 1964).
Zur Römerzeit führte die rechtsrheinische Straße von Curia (Chur) über Magia (Maienfeld), die Luziensteig nach Schaan und weiter über Clunia (NE von Feldkirch) ans östliche Ende des Bodensees, die linksrheinische von Bad Ragaz über Sargans–Grabs–Altstätten–Berneck nach Ad Rhenum (I. Grüninger, 1977).
Mittelalterliche Auflandungsgebiete geben sich in der Rheinebene verschiedentlich zu erkennen. Sie boten dort erste Siedlungsmöglichkeiten: In Lustenau – Lustenowa – schlug Karl III 887 ein Hoflager auf (J. Grabherr in Vonbank et al., 1965). Diepoldsau wird – als Thiotpoldesowa – 890 erwähnt. Die auf Kiesrücken gelegenen Kriessern – Criesserum – und Oberriet werden bereits 1229 von Heinrich VII dem Kloster St. Gallen verliehen.
N an den Schotterstrang Oberriet–Kriessern–Diepoldsau–Schmitter–Widnau schließt das Isenriet an, in dem noch zu Beginn des 16. Jahrhunderts ein kleiner Restsee existiert hat (Krapf, 1901). Dieser hat sich in die Rietaach entwässert, die vor der Melioration in gewundenem Lauf durch die Ebene floß und bei Monstein in den Rhein gemündet hat (J. C. Römer, 1769K; Karte 3).
Noch im frühen Mittelalter war der Talboden des Rheintales zwischen Hohenems–Oberriet und dem Bodensee – der Rheingau – von lichten Eichen-Mischwäldern bestockt (St. Müller, 1930). Bis tief ins 19. Jahrhundert wurde die Talaue vom mäandrierenden und sich verzweigenden Rhein häufig – letztmals 1927 Fig. 26 – überflutet, so daß die Verkehrswege dem Talrand folgten (H. Bertschinger, 1966, 1978).

Fig. 29 Die Bruchstelle des Rheindammes am 26. September 1927 bei der Eisenbahnbrücke Buchs SG (links) –Schaan FL (rechts). Dadurch wurden weite Teile des Liechtensteiner Unterlandes überflutet.
Aus: H. BERTSCHINGER, 1978.

Über den Verlauf des Rheins von der Grafschaft Sax bis zum Bodensee und über dessen S-Ufer im 18. Jahrhundert vermitteln die topographischen Karten von G. WALSER (1766K), J. C. RÖMER (1769K, Karte 3, 1770K) und – im frühen 19. Jahrhundert – jene von J. FEER (1805K) und von A. M. NEGRELLI (1827K) verläßliche Bilder.
Vor 1850 (DK V, 1850) mündete die Dornbirner Ach 1 km N der Kirche Fussach in den Bodenee.
Die früheste Kunde einer Rheinnot stammt von 1206. Ihr fiel die Pfarrkirche in Lustenau zum Opfer. 1762 hatte ein Hochwasser in wenigen Tagen bis über 1 m Schlamm zurückgelassen (KRAPF, 1901). G. WALSER (1829) hinterließ einen Augenzeugenbericht. Von 1762 bis 1824, der Übernahme der Wuhrung durch den Staat, hatten die Männer von Mäder jährlich 60–109 Tage Frondienst zu leisten.
Bedeutende Hochwasser ereigneten sich 1817, 1834, 1869 und besonders 1890, bei dem auch das sonst Hochwasser-sichere Höchst heimgesucht wurde.

Diese immer wieder sich wiederholenden Katastrophen bildeten denn auch den Anstoß, dem Rhein endgültig einen neuen, kürzeren Weg zu weisen.
Durch den Fussacher Durchstich wurde der Rheinlauf von 12,4 auf 4,9 km und durch den Diepoldsauer Durchstich von 8,5 auf 5,7 km verkürzt, so daß sein Gefälle und damit seine Transportkraft erhöht wurde und der Rhein bereits nach 10 Jahren sein Bett um 2 m eingetieft hat, wo er es in 50 Jahren um 2,8 m erhöht hatte.
Seit der Eröffnung des Fussacher Durchstiches im Jahr 1900 hat der neue Rhein bereits bis 1967 (LK 1076) ein Delta von 1800 m in die Fussacher Bucht geschüttet (Fig. 27 und 28).
1969 betrug der Flächenzuwachs des Rhein-Deltas rund 2,5 ha/Jahr, die Flußlauf-Verlängerung 25 m/Jahr, die Ablagerung im Delta-Gebiet ca. 0,5 Millionen m³/Jahr, im Delta- und Seegebiet ca. 3 Millionen m³/Jahr (BERTSCHINGER, 1978).

Das Eindringen der Alemannen in die NE-Schweiz

Bereits im 5. Jahrhundert erfolgte in der NE-Schweiz eine erste Landnahme durch die Alemannen. Dabei wurden wiederum die bereits seit der Jungsteinzeit und in der Bronzezeit benützten Übergänge der Insel Werd bei Stein am Rhein, wo in römischer Zeit eine Rheinbrücke errichtet worden war, und von Constatia – Konstanz – benutzt. Von der Insel Reichenau und von der 612 im Steinachtal errichteten Einsiedelei des irischen Wandermönchs GALLUS aus wurden die Bewohner der Bodensee-Gegend bereits im 7. Jahrhundert christianisiert.
Mit der Gründung einer Gallus-Siedlung entstanden in der näheren und weiteren Umgebung im 8. und im 9. Jahrhundert eine Anzahl Rodungsinseln. Zugleich setzten im Appenzellerland erste Rodungen ein. Eine etwas intensivere Besiedlung zeichnet sich doch erst mit dem 10. und 11. Jahrhundert ab. Auch das Toggenburg war bereits im 9. Jahrhundert besiedelt; um die Mitte des 12. Jahrhunderts erfolgten dort Klostergründungen in Alt- und Neu-St. Johann, später in Magdenau SW von Flawil und im hinteren Thurgau, in Fischingen, im frühen 12., in Täniken im frühen 13. Jahrhundert.

Das Thurtal im Spätwürm und im Holozän

Bereits mit dem Abschmelzen des Eises im frühesten Spätwürm lösten sich im Frauenfelder Thurtal vom S-Hang zwischen Iselisberg und Ueßlingen – wohl längs tektonisch vorgezeichneten Klüften – Sackungs- und Rutschmassen, die gegen das damals eben eisfrei gewordene Thurtal niederfuhren.
Nach dem Abschmelzen des Thurlappens vom Andelfinger Stand lag die Sohle des Thurtales deutlich tiefer als heute. Anhand verschiedener Bohrungen konnte ein gegen W bis auf über 60 m sich vertiefendes Becken nachgewiesen werden. Noch im frühen Spätwürm war dieses von einem flachgründigen See erfüllt, der vom Moränen-Durchbruch E von Andelfingen bis Weinfelden reichte und durch fast 50 m mächtige Bändertone belegt ist. Diese verdanken ihre Entstehung den von den Schmelzwässern zugeführten Sinkstoffen. Vom Seerücken und vom Wellenberg flossen in die weiche Glimmersand-Molasse sich eintiefende Rinnsale zu und lieferten glimmerreichen Feinsand. Bei Frauenfeld schüttete die Murg einen mächtigen Schuttfächer.

Bereits W von Weinfelden wurde ein nur wenige m überschotterter Molasse-Rundhöcker nachgewiesen (E. MÜLLER, mdl. Mitt.). Von Bürglen gegen E ragen diese immer mehr über die Schotterflur empor.
Zwischen Bürglen und Sulgen hatte sich ein weiterer See gebildet (E. MÜLLER, 1979).
Ein ^{14}C-Datum von der Basis eines bei Andelfingen in 2,7–3,9 m Tiefe gelegenen Torfes ergab 9130 ± 130 Jahre v. h., womit die Bildung im Präboreal einsetzte (W. A. KELLER, 1977). Der liegende gelbbraune Sand mit kleinen Kalksinter-Trümmern dürfte damit wohl nach dem Alleröd, wahrscheinlich in der Jüngeren Dryaszeit, abgelagert worden sein. Die Hauptmasse des Andelfinger Kalktuffes (F. HOFMANN, 1967K) ist jedoch jünger.
Eine Zunge des Thurtal-Lappens drang von Märwil zwischen Wellenberg und Imenberg ins Becken von Thundorf, eine weitere ins Lauche-Tal ein. Noch im Stadium von Stein am Rhein hing die Thundorfer Zunge – wie eine markante Moräne belegt – mit dem ins untere Murgtal eingedrungenen Eis zusammen.
SE von Stettfurt konnte über der Molasse eine über 18 m mächtige kiesig-lehmige Abfolge nachgewiesen werden. Noch im frühen Spätwürm lag im Lauche-Tal ein flachgründiger See (E. MÜLLER, 1979).
Beim Abschmelzen des Wiler Lappens bildete sich auch im Thurtal E von Wil ein durch Warwen bekundeter Eisrandsee (H. ANDRESEN, 1964). Darüber wurden schräggeschichtete Schotter – wohl an abschmelzendes Toteis – geschüttet. Diese wurden von grobgerölligen Rinnenfüllungen mäandrierender Thurläufe gekappt und von Auelehmen überlagert.
Eine Grundwasser-Fassung in Mettlen (ALB. MÜLLER, 1953) erschloß in der Rinne unter 8 m Auelehmen noch 11 m Schotter.

Fig. 30 Zu einer Zeile von Fischweihern aufgestaute Restseen in der spätwürmzeitlichen Schmelzwasserrinne Gottshaus-Wiler–Hauptwil–Sorental E von Bischofszell.

Durch den von Amriswil über Zihlschlacht noch bis über die unterste Sitter reichenden Eislappen des Thurarmes wurde die Sitter zu einem schmalen Eisrandsee aufgestaut. Dieser floß am S-Rand über und entwässerte – zusammen mit Schmelzwässern – in gewundenem Lauf durch die Drumlin-Landschaft von Gottshaus–Hauptwil gegen SW (Fig. 15). Dabei tiefte sich diese Rinne bis zum Sorental mehr und mehr ein und mündete SW von Bischofszell in den Bischofszeller Thursee. Dieser wurde durch einen weiteren, von Sulgen Thur-aufwärts eingedrungenen Eislappen gestaut. Dann brach die Eisbarriere an der untersten Sitter durch und der Stau erfolgte weiter Thur-abwärts, zwischen der Sitter-Mündung und Kradolf/Schönenberg, bei einem um rund 60 m tieferen Stauniveau. Die Rinne Gottshaus–Hauptwil fiel trocken und wurde zum Torso, während der Abfluß des größer gewordenen, jüngeren Bischofszeller Thursees von Buhwil über Mettlen nach Bußnang erfolgte und außerhalb des Eisrandes des Thurarmes ins Thurtal mündete (Fig. 15).

Fig. 31 Großer Grundmoränen-Aufschluß an Flußschleife der untersten Sitter mit Rutschanrissen (links) und niedergefahrener Rutschmasse (rechts).

Vom Unterlauf der Sitter erwähnt Hofmann (1973 k) unter würmzeitlicher Moräne verschiedentlich mächtige rißzeitliche Grundmoräne (Fig. 31). Diese enthält gekritzte Geschiebe und an Erratikern: Amphibolite, Diorite, Gneise, Sandkalke, dichte Kalke, Kieselkalke, Gault-Grünsandsteine. Daß es sich um Grundmoräne handelt, steht außer Zweifel, ebenso daß die Ausräumung der kräftig in die Molasse eingetieften und von Grundmoräne ausgekleideten Seitentälchen, wie auch des untersten Sittertales, bereits zuvor bestand. Für ihre prärißzeitliche Entstehung und für ein rißzeitliches Alter der

Grundmoräne fehlen jedoch einstweilen noch Belege, selbst wenn überlagernde (?) Schotter in einer würmzeitlichen Vorstoßphase geschüttet worden sind, da wenige km flußabwärts die Grundmoräne aufgearbeitete Stücke von Schieferkohle enthält (H. WEGELIN, 1926; S. 21).
Im untersten Sittertal hat sich eine 8–10 m über dem Flußniveau gelegene spätwürmzeitliche Terrasse von aufgearbeiteter und wieder abgelagerter Grundmoräne ausgebildet (Fig. 32). Die Ausräumung des Talbodens unter das heutige Flußniveau beträgt nur wenige m; verschiedentlich steht – wie auch in der Thur – die Molasse im Flußbett an. Der bei Schönenberg a. d. Thur von SW mündende Rütibach wurde ebenfalls durch den Kradolfer Eispfropfen aufgestaut, was durch einen kleinen Stauschotter belegt wird. Dann schmolz auch der Eisdamm zwischen Kradolf und Sulgen zurück, was sich in der Ausbildung von Stauterrassen und Uferrutschungen äußert.

Fig. 32 Spätwürmzeitliche Seebodenlehme an der untersten Sitter decken als aufgearbeitete Grundmoräne in der Terrasse von Alten E von Bischofszell würmzeitliche Findlinge ein.

Die von E. GEIGER (1968K) als rißzeitlich (?) aufgefaßten Schotter N und S von Mettlen sind, wie diejenigen bei Amriswil, Zihlschlacht und Schönenberg, und seine, einem etwas jüngeren Eisstand entsprechenden Ittinger Schotter N von Frauenfeld und im Stammheimer Tal, als würmzeitliche Vorstoßschotter zu deuten.
Noch im Konstanzer Stadium reichte ein Lappen des Bodensee-Rhein-Gletschers über Amriswil bis gegen Sulgen, was durch eine frontale Schmelzwasserrinne und durch Wälle, die sich über den östlichen Seerücken verfolgen lassen, belegt wird (Fig. 22). Noch in der nacheiszeitlichen Wärmezeit lag die Sohle der Thur zwischen Bürglen und

Weinfelden lokal bis 7 m unter der heutigen Talebene, was durch fossile Eichenstämme belegt wird. Ein fossiler Stamm von fast 18 m Länge, 125 cm Durchmesser und über 8 m³ Inhalt ist bei Erzenholz NW von Frauenfeld in 5 m Tiefe gefunden worden (Dr. A. SCHLÄFLI, Frauenfeld, schr. Mitt.). Ebenso konnte SW der Pfyner Brücke unter gebänderten, sandig-tonigen Silten mit Pflanzenresten und Schnecken und unter 5 m mächtigen Thurkiesen Eschenholz in 11,7 m Tiefe in seekreideartigen Ablagerungen geborgen werden (E. MÜLLER, schr. Mitt.), das ein ^{14}C-Alter von 6570 ± 70 Jahren ergab (Frau T. RIESEN, schr. Mitt.).

In der Kiesgrube Sonnenhof NW von Bürglen wurde 1976 in 4 m Tiefe ein 18 cm langes Schneckengehäuse, wahrscheinlich eine Bursiden-Art gefunden, die wohl seinerzeit von einem neolithischen (?) Sammler aus dem Mittelmeergebiet mitgebracht wurde.

Im Egelsee bei Niederwil TG wurden bereits 1862 jungsteinzeitliche Pfahlbauten entdeckt, die bald zu den berühmtesten neolithischen Siedlungen der Schweiz wurden (F. KELLER, 1863). 1962 und 1963 erfolgten weitere Ausgrabungen. Dabei konnten Siedlungsstruktur und Baugeschichte aufgeklärt, Lebensweise und Umwelt der Siedler sowie die Sedimentationsgeschichte des Egelsee-Beckens rekonstruiert werden. Neben den reichen Funden aus Keramik und Stein, den Gegenständen aus Holz, Rinde, Knochen

Fig. 33 Altwasser in einer aufgelassenen Thurschleife bei Flaach ZH.
Photo: S. PFISTER, Andelfingen.
Aus: Zürcher Weinland, 1974.

und Geweih, die der Pfyner Kultur (K. KELLER-TARNUZZER, 1944), einer Zeit um 3700 v. Chr., zugewiesen und mit denjenigen von Breitenloo bei Pfyn verglichen werden, haben H. T. WATERBOLK & W. VAN ZEIST (1978, 1980) bei der Neubearbeitung auch Anordnung und Verteilung berücksichtigt.
Das unter Diokletian um 300 n. Chr. neu erbaute römische Kastell Ad Fines an der Grenze zwischen Rätien und Helvetien und an den Römerstraßen Vitodurum–Arbor Felix und über den Seerücken nach Tasgetium SE von Stein am Rhein mit Resten der Kastellmauern ist auch der Platz des mittelalterlichen Pfyn.
Prähistorische Wehranlagen unbekannter Zeitstellung auf Geländespornen mit Wall und Graben sind von der S-Seite des Seerückens von Hörstetten und Mülberg, NW bzw. NE von Mülheim, und von Burgwies in einer Thur-Schlinge bei Bazenheid SG bekannt geworden. Ein mächtiger Abschlußwall einer frühgeschichtlichen Wehranlage liegt auf dem Seerücken auf der Rutschi, oberhalb Mammern (H. SUTER-HAUG, 1972K).
Auf Herrschaftsplänen des 18. Jahrhunderts, etwa auf J. SULZBERGERS (1792K) Plan von der Thur bei Pfyn (Fig. 34), auf der Flußkarte der Thur (D. BREITINGER, 1811) und auf der topographischen Karte von J. J. SULZBERGER (1838K) erscheint der Thurlauf als Netz von weit ausgreifenden Wasseradern mit zahlreichen Kiesinseln. Da sich die Flußschlingen bei jedem Hochwasser verändert haben, weichen die einzelnen Darstellungen voneinander ab.

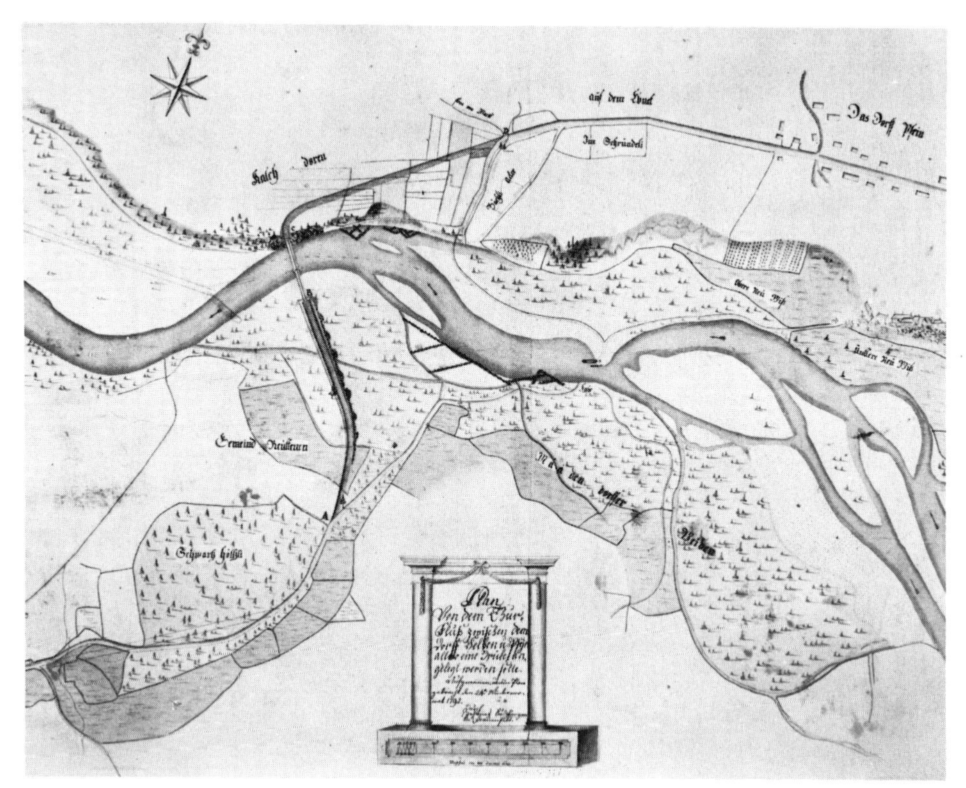

Fig. 34 Plan von dem Thur-Fluß zwischen dem Dorff Felben und Pfyn, allwo eine Brüke angelegt werden solle. Aufgenommen und in Plan gebracht durch Johannes Sulzenberger in Frauenfeld den 24. Wintermonat 1792. Photo: K. KELLER, Frauenfeld.

Bereits die ältesten Siedlungen wurden daher im Thurtal dort angelegt, wo sich der Mensch vor der zuweilen hochgehenden Thur, die seit der Verlandung der Thurseen im Spätwürm über kein Retensionsbecken mehr verfügt, sicher fühlte. Mit der Zeit wurde auch die Ebene mehr und mehr genutzt. Verheerende Hochwasser forderten jedoch immer wieder ihren Tribut. Ein erster Bericht von einer Thur-Überschwemmung stammt von einem Winterthurer Mönch von 1292 (H. Lei, 1973). 1480 wusch man «ze Andelfingen uf der brugg die Hend in der Thur», was dort einen Wasserstand von rund 10 m voraussetzt. In den Jahren 1511, 1570, 1605, 1651, 1661, 1662, 1664, 1675 und 1710 ereigneten sich im Thurtal trotz ständiger, jedoch ohne Koordination durchgeführter Wuhrbauten weitere verheerende Überflutungen, 1755, 1764, 1765, 1768, 1779 und 1789 gar in rascher Folge. 1789 sowie 1817 und 1852 stand bei Weinfelden die ganze Ebene bis zum Marktplatz unter Wasser. 1874 wurde Bonau unter Wasser gesetzt; 1876, 1877, 1881 und 1883 brachten nochmals eine Reihe katastrophaler Überschwemmungen, bei denen die errichteten Hochwasserdämme brachen (A. Schmid, 1879; Lei, 1973). Auch noch 1910, 1954, 1965 und 1978 wurde das Thurtal infolge von Dammbrüchen von bedeutenden Hochwassern heimgesucht (H. Wegelin, 1915; H. Jung, 1973, Lei, 1973). In aufgelassenen Schleifen bildeten sich verlandende Altwasserseen (Fig. 33).

Der Rhein-Gletscher E des Bodensees, der Bregenzer Ach- und der Dornbirner Ach-Gletscher

Im Würm-Maximum ragten E des Bodensees nur Pfänder (1064 m), Hochberg (1069 m), Hirschberg (1085 m) und Sulzberg (1041 m) als Nunatakker über die auf über 1000 m reichende Eisoberfläche empor (in H. Jäckli, 1970k). Zwischen Pfänder, Hochberg und Hirschberg bildete sich ein vom Rhein-Gletscher umflossenes Firnfeld.
Kleine Firnfelder entwickelten sich E des Bodensees auf dem Höhenrücken von Sulzberg W und NE des Dorfes. Ihre Becken, die auf 960 m von Moränen abgedämmt werden, bekunden eine klimatische Schneegrenze um 1000 m. Die um Sulzberg vereinzelt auftretenden alpinen Erratiker dürften bei einem äußersten Stand der Würm-Eiszeit abgelagert worden sein.
Am Alpenrand reichte der gegen NE sich ausbreitende Rhein-Gletscher bis über Oberstaufen hinaus. Amphibolite finden sich dort bis auf 1050 m. Höchste Wallmoränen setzen SW von Steibis um 1000 m ein (Th. Vollmayr, 1956k). Vom Imbergkamm (1325 m) erhielt dieser Eislappen noch einen Zuschuß von Lokaleis.
Flysch-Erratiker auf der Mittagsfluh (1638 m) N von Au im Bregenzer Wald (R. Oberhauser, 1951) sind wohl der Riß-Eiszeit zuzuweisen. Immerhin floß noch im Würm-Maximum *Bregenzer Ach-Eis* über Sattelegg-Ostergunten und von Bizau über Löffelau-Schönenbach ins Subersach-Tal, was durch Erratiker belegt wird. Durch die Talung von Rohrmoos W von Oberstdorf hing dieses mit dem Iller-Gletscher zusammen. Über Bezau dürfte das Eis der Würm-Eiszeit bis auf über 1250 m und über Au bis auf über 1450 m gereicht haben.
S von Oberstaufen empfing der durch das Weißachtal zum Iller-Gletscher vorstoßende Arm noch Zuschüsse von der Molassekette Hoher Häderich-Hochgrat (1833 m) – Stuiben. Im Würm-Maximum reichte das Rhein-Eis SW von Oberstaufen auf Hochlitten – Hagspiel an der vorarlbergisch-bayerischen Grenze noch auf 1000 m bzw. auf 975 m Höhe (Fig. 35).
Die Moränenwälle um 870–830 m dokumentieren die Eishöhe des Stadiums von Stein

Fig. 35 Die höchste würmzeitliche Seitenmoräne des Rhein-Gletschers in Hagspiel SW von Oberstaufen.

am Rhein. Beim Abschmelzen des Eises kam es zwischen Krumbach und Riefensberg zur Bildung eines Eisrandsees, der von mächtigen Schottern angefüllt wurde.
Um Hittisau, bei Lingenau und um Egg bildeten sich – wohl im Konstanzer Stadium – vor den selbständig gewordenen Stirnen des Bolgenach-, des Subersach- und des Bregenzer Ach-Gletschers Stauschotterfluren aus. Randlich tieften sich Schmelzwasserrinnen ein, und mit dem Abschmelzen des Rhein-Gletschers vom Konstanzer Stadium schnitten sich die Schmelzwässer tief in die unverfestigten Schotter ein.
Die bereits vom rißzeitlichen Eis ausgekolkte Talung zwischen Kojen- und Häderich-Kette füllte sich in der Würm-Eiszeit mit Lokaleis vom Hohen Häderich. Im Maximalstand floß wohl noch etwas Eis über den 1280 m hohen Sattel gegen Riefensberg und vereinigte sich auf Hochlitten mit dem Rhein-Eis.
Bis ins Spätwürm hingen aus den Karen der Hochgrat-Kette kleine, von markanten Moränenwällen umsäumte Eiszungen herab. F. X. Muheim (1934) möchte jene N des Hohen Häderich (1566 m), die um gut 1200 m enden, dem Konstanzer Stadium zuweisen. Aufgrund der klimatischen Schneegrenze um 1450 m sind sie jedoch, wie jene, die vom Hochgrat und vom Rinderalphorn (1822 m) bis 1100 m ins Weißachtal absteigen, jünger. Die Wälle auf Rind- und auf Bur-Alpe dürften wohl dem Feldkirch- und Sarganser Stadium entsprechen.
Auf der N-Seite der Hohen Häderich-Kette bildeten sich bis ins frühe Spätwürm aktive Kare (Fig. 36).
Bereits im frühen Spätwürm haben sich vor den von Wällen begrenzten Zungenbecken – Gleichgewichtslage um 1260 m und klimatische Schneegrenze um 1320 m deuten auf das Konstanzer Stadium – 3–5 m tiefe Abflußrinnen in die Moränendecke eingeschnitten.

Auf Gschletteralp und Hörmoos (Fig. 36) entwickelte sich über Grundmoräne, dünner Kieslage und lokaler Obermoräne mit mehreren m-großen Erratikern ein bis 10 m mächtiger Torf. Auf diesem entfalten sich heute Legföhren – *Pinus mugo*, Moor-Birke – *Betula pubescens* – und Kümmerexemplare von Fichten – *Picea abies* – sowie Rosmarinheide – *Andromeda polifolia*, Moorbeere – *Vaccinium uliginosum*, Besenheide – *Calluna vulgaris*, Wollgras – *Eriophorum* und *Sphagnum*.
Auch die Moränenwälle, die von der südlicher gelegenen Kreidekette der Winterstaude (1877 m) bis auf 1140 m absteigen, sind mit jüngeren Ständen zu verbinden. In den Zungenbecken sammelte sich das Schmelzwasser zu flachgründigen Seen, die allmählich verlandeten.

Fig. 36 Das würmzeitliche Molasse-Kar zwischen Falken (1531 m) und Hohem Häderich (1566 m), dem Grenzkamm zwischen Allgäu und Bregenzer Wald, aufgenommen von der linken Seitenmoräne des Zungenbeckens von Hörmoos S von Oberstaufen (Allgäu).

Höchste Seitenmoränen eines getrennten Rhein- und Bregenzer Ach-Gletschers stellen sich auf dem Bödele E von Dornbirn auf 1150 m ein. Höchste Findlinge – vorab Flysch-Sandsteine – liegen auf dem Geißkopf (1198 m) NE des Bödele (L. Krasser, 1936; W. Resch, 1966). Auf dem Sattel S des Hochälpele (1284 m) fehlen dagegen Erratiker des Rhein- und des Bregenzer Ach-Gletschers. Dieser reichte dort, wie eine Mittelmoräne zwischen ihm und einem von W zufließenden Firnfeld belegt, bis auf 1240 m, der Rhein-Gletscher W des Hochälpele (1464 m) bis auf 1200 m.
Das ins Becken N von Andelsbuch eingefallene Rhein-Eis drängte den Bregenzer Ach-Gletscher scharf nach E ab. Muheim (1934) fand die südöstlichste Moräne mit bis 40% kristallinen Geröllen WSW von Hittisau unter mächtigen Stauschottern. Die verschiedenen Terrassen stammen aus Abschmelzphasen des Rhein-Gletschers (Fig. 38 und 40).

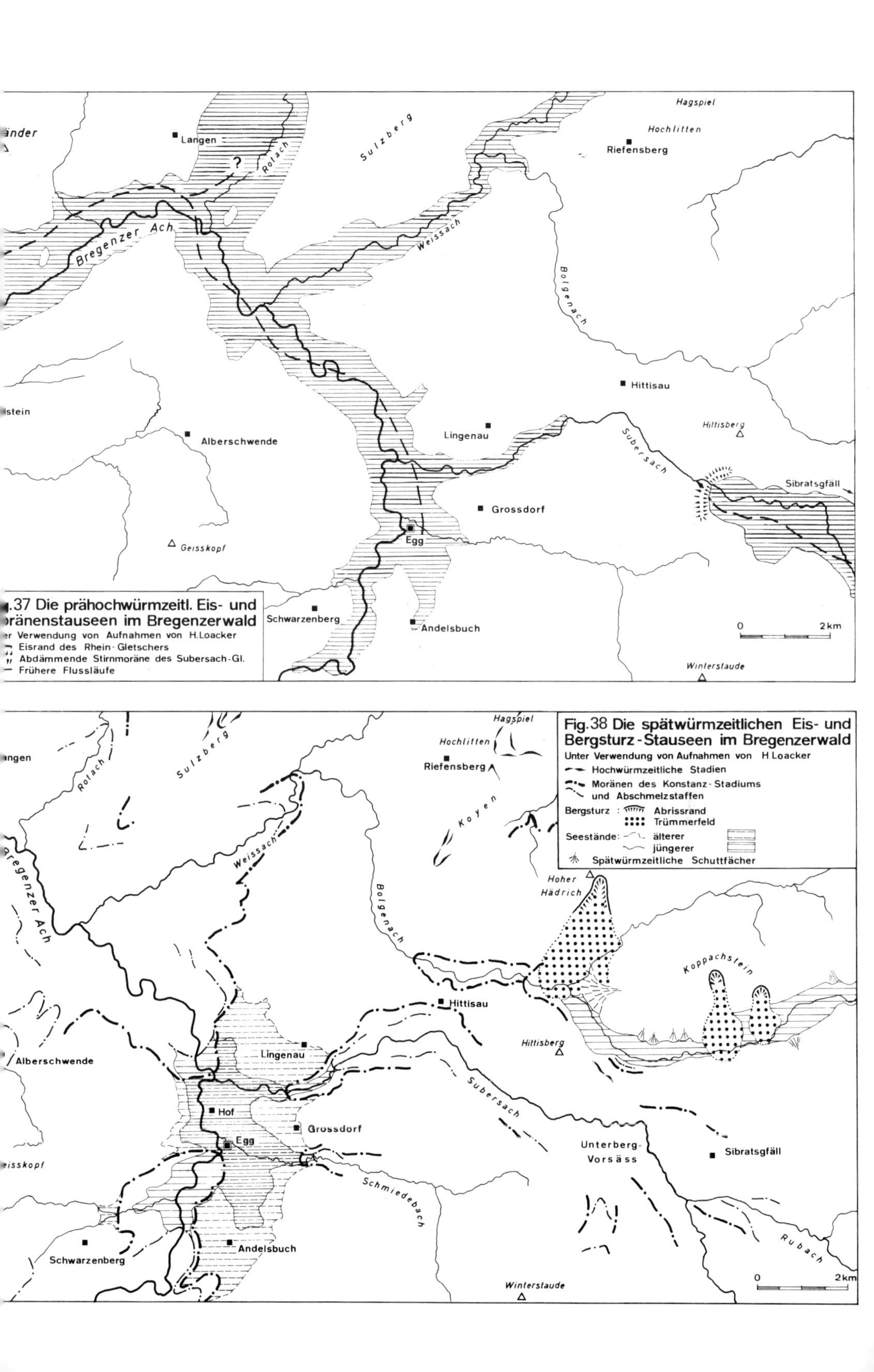

.37 Die prähochwürmzeitl. Eis- und
ränenstauseen im Bregenzerwald
er Verwendung von Aufnahmen von H. Loacker
Eisrand des Rhein-Gletschers
Abdämmende Stirnmoräne des Subersach-Gl.
Frühere Flussläufe

Fig. 38 Die spätwürmzeitlichen Eis- und Bergsturz-Stauseen im Bregenzerwald
Unter Verwendung von Aufnahmen von H. Loacker
Hochwürmzeitliche Stadien
Moränen des Konstanz-Stadiums und Abschmelzstaffen
Bergsturz: Abrissrand
Trümmerfeld
Seestände: älterer
jüngerer
Spätwürmzeitliche Schuttfächer

Im Tal der Subersach liegen um Sibratsgfäll sowie im Weißachtal unterhalb von Aach moränenbedeckte Bändertone (H. P. CORNELIUS, 1927; MUHEIM, 1934), die von Sanden, Schottern und Moräne unterlagert werden. Diese dürften während eines späten hochwürmzeitlichen Eisvorstoßes in einem glazialen Stausee abgelagert worden sein.
Anderseits wurde das Bregenzer Ach-Eis durch das eindringende Ill/Rhein-Eis zurückgestaut, so daß – mindestens in der Riß-Eiszeit – noch etwas Bregenzer Ach-Eis von Bezau gegen W über die Sättel S und N der Weißenfluh-Alp ins östliche Einzugsgebiet des Dornbirner Ach-Gletschers gelangte (C. SMIT STBINGA-LOKKER, 1965).
Auf dem eisüberschliffenen Schrattenkalk-Gewölbe des Dürrenbergwald liegen Erratiker von Reiselberger Sandstein des Bregenzer Ach-Gletschers WSW von Bezau bis auf über 1240 m. Am Grat des Hinteregger E von Bezau reicht die Eisüberprägung bis auf über 1260 m.

Fig. 39 Die wohl im frühen Spätwürm auf abschmelzendes Eis niedergebrochenen Bergsturzmassen am Eingang und in der Talung von Balderschwang (über der Bildmitte) vom Hittisberg (Vorarlberg). Dahinter wurden Seen aufgestaut, in denen Tone zur Ablagerung gelangten. Im Hintergrund das Bleicherhorn.

Um Mellau stand das Bregenzer Ach-Eis im Würm-Maximum bereits bis auf nahezu 1300 m. Erratische Geschiebe finden sich am W-Grat des Gopfberg (1316 m) bis auf über 1250 m. Zugleich zeichnet sich unterhalb von 1300 m eine Versteilung des Grates ab. Eistransfluenzen erfolgten über die Schnepfegg sowie über Hilkat und übers Sättele aus dem Becken von Bizau in jenes von Bezau. Eine tiefere Staffel – wohl das Stadium von Stein am Rhein – wird durch eine Häufung erratischer Geschiebe um 1150 m und durch Erratiker auf Gopfalpe um 1130 m markiert.
Noch im Stadium von Stein am Rhein hingen Rhein- und Bregenzer Ach-Gletscher über den Sattel von Alberschwende (721 m) NE von Dornbirn und das unterste Bregenzer Ach-Tal miteinander zusammen. Ein Stirnlappen drang ins Bolgenachtal ein und

staute bei Hittisau die Sanderflur des *Bolgenach-Gletschers* aus dem Balderschwanger Tal. Dieser stirnte kurz zuvor.
Weiter talauswärts stieß ein Lappen des Bregenzer Ach-Gletschers Weißachtal-aufwärts vor, wo die Schuttmassen der Bolgenach erneut gestaut wurden.
Der ins Rotachtal eingedrungene Lappen des Rhein-Gletschers reichte über Weiler im Allgäu–Simmerberg bis Lindenberg–Gestratz.
Noch im Konstanzer Stand floß Rhein-Eis über den Sattel von Alberschwende. Im unteren Bregenzer Wald vereinigte sich dieses mit einer Zunge, die von Kennelbach ins Tal der Bregenzer Ach eindrang. Dadurch wurde der von Schmelzwässern des Bregenzer Ach-Gletschers mitgeführte Schutt bis zum Gletschertor oberhalb von Andelsbuch zu einer Schotterflur aufgestaut.
Auch die Moränenwälle beidseits der unteren Bolgenach (MUHEIM, 1934) dürften dem Konstanzer Stadium angehören. Damals reichte der Bolgenach-Gletscher noch bis an den Durchbruch E, der Subersach-Gletscher bis WSW von Hittisau.
Beim Abschmelzen des Bolgenach-Gletschers brach ein Bergsturz vom Hohen Häderich auf den Zungenbereich, während sich von Schrofen ein Murgang ergoß. Auch weiter Bolgenach-aufwärts, bei der Sippersegg und bei Schönhalden, brachen vom Koppachstein Bergstürze auf das abschmelzende Bolgenach-Eis nieder. Zwischen den Bergsturz-Riegeln und dem darunter als Toteis begrabenen Bolgenach-Eis wurden Seen aufgestaut, in denen bis hinauf gegen Balderschwang (CORNELIUS, 1972; MUHEIM, 1934) warwenartige Seetone abgelagert wurden (Fig. 38 und 39).
Mit dem Abschmelzen des begrabenen Toteises sackten die Trümmermassen treppenartig gegen die Bolgenach ab. Schließlich brachen die Seen durch und die Bolgenach tiefte sich – infolge der nunmehr tieferen Erosionsbasis – rasch ein, während sich auf den Seeton-Flächen Torfe bildeten (Gem. Exk. mit Drs. H. LOACKER und H. BERTLE; HANTKE in W. RESCH et al., 1979).
Im Becken von Sibratsgfäll liegen unter einer Moränendecke bis 50 m mächtige Seetone. Diese können eigentlich nur in einem kühlen frühhochwürmzeitlichen Interstadial abgelagert worden sein, als der *Rubach/Subersach-Gletscher* – wohl infolge eines Ausfallens der Transfluenz von Iller-Eis über den Sattel der Aibele-Alp – verhältnismäßig weit zurückschmolz und sich hinter der von Moräne verstopften, seismisch nachgewiesenen Abflußrinne unter Unterberg-Vorsäß (Dr. H. LOACKER, schr. Mitt.) ein See bis hinter Sibratsgfäll aufgestaut hatte (Fig. 37 und 40). Der Überlauf tiefte eine neue Rinne ein. Diese konnte sich beim nächsten Eisvorstoß, bei dem der Rubach/Subersach-Gletscher wiederum Iller-Eis über den Aibele-Sattel empfing, auch nach der Überfahrung der Seetone subglaziär weiter vertiefen, wobei das Rubach/Subersacher Eis sich unterhalb von Egg mit dem Bregenzer Ach-Eis und dieses sich dann mit dem Rhein-Gletscher vereinigt hatte (HANTKE in W. RESCH et al., 1979).
Der SE von Hittisau nach NW verlaufende Moränenkamm ist als Mittelmoräne zwischen Bolgenach- und Subersach-Gletscher zu deuten. Der Moränenwall der Krinegg, die Moränenterrasse N von Sibratsgfäll, die Mittelmoräne auf der Stier-Alp S des Dorfes sowie Wallreste SW der Subersach verraten mit denen S von Hittisau eine spätwürmzeitliche Zungenlage zwischen Lingenau und Großdorf. Im Tal der Bolgenach dagegen lag ein durch den Bergsturz vom Hohen Häderich abgetrennter Toteisfaden bis N von Hittisau, und Schmelzwässer schütteten über eine Moränen-Topographie die Schotter von Hittisau. In einem nächsten Stand hatten sich Rubach- und Subersach-Gletscher nicht mehr erreicht.

Im Balderschwanger-, im Hirschgund- und im oberen Subersach-Tal zeichnen sich weitere Rückzugsstadien ab.
Spätere Eisstände zeichnen sich im Rubachtal am Austritt der steil aus dem Gebiet der Gottesackerwände mündenden Täler durch stirnnahe Moränenreste ab, während nur noch am Ober-Hörnli etwas Iller-Eis übergeflossen ist. Weitere Moränenreste haben die Eiszungen von Gottesacker auf 1200 m, 1300 m bzw. auf 1430 m und auf 1500 m hinterlassen.
Im Subersachtal reichte der Gletscher – dank eines letzten Überfließens von Bregenzer Ach-Eis über den Sattel der Ostergunten-Alp (1365 m) – mit einem Lappen zur Vorderen Hänsler Vorsäß und dank des Eises aus den Quelltälern bis zum Hengstig, bis 940 m, wo sich eine Sanderfläche ausgebildet hat.

Fig. 40 Von einem später vom Eis überfahrenen Moränenriegel wurde im Rubach/Subersach-Tal im nordöstlichen Bregenzer Wald zwischen der Unterberg-Vorsäß (links) und dem Hittisberg (rechts) ein Stausee abgedämmt. In diesem gelangten in einem prähochwürmzeitlichen Interstadial Seetone zur Ablagerung, über die der hochwürmzeitliche Iller/Subersach-Gletscher nochmals hinwegglitt.

Ein nächst jüngerer Moränenstand eines Gletschers vom Didamskopf (2092 m) hat sich hinter Schönenbach-Vorsäß und bei Ifer Wies auf 1040 m abgebildet. Nach der nächsten Abschmelzperiode stießen die Eismassen aus den Subersacher Quellästen noch bis in den Talboden, bis gegen 1200 m vor. Hernach endete die Eiszunge aus dem Kar an der N-Seite des Didamskopf oberhalb von 1300 m, dann auf 1400 m und zuletzt auf gut 1600 m, während auf der E-Seite eine Zunge zunächst noch bis an die oberste Subersach reichte und später auf der Oberen Felli-Alp stirnte. Im Becken der Haldenhoch-Alp endete ein kleiner Gletscher auf 1650 m. Auf der W-Seite des Hohen Ifen (2230 m) hing damals eine Eiszunge noch bis gegen 1300 m und über den Gottesacker eine solche bis 1480 m herab.

Noch im ausgehenden Spätwürm hatten sich auf der NW-Seite des Hohen Ifen und auf der N-Seite des Gottesacker kleine Gletscher ausgebildet, die bis unterhalb 1600 m herabgereicht hatten.
Im Konstanzer Stadium reichte der Bregenzer Ach-Gletscher talauswärts bis Bühel SW von Andelsbuch. Seitliche Schmelzwasser flossen von der Bezegg gegen den Bühel.
Um Schnepfau stand das Eis bereits auf über 900 m, wo der Bregenzer Ach-Gletscher vom Hirschberg (1834 m) noch einen letzten rechtsseitigen Zuschuß erhielt. Ein jüngerer Stand des Hirschberg-Gletschers liegt auf 1400 m. Bregenzer Ach-aufwärts dürfte die NE von Au in 990 m Höhe einsetzende Rinne bei der Randlage des Konstanzer Stadiums durch randliche Schmelzwässer ausgekolkt worden sein.
Von der W-Seite der Mittagsfluh brach nach der Rückzugsstaffel des Konstanzer Stadiums, als der Bregenzer Ach-Gletscher in der Klus des Klausberg-Gewölbes stirnte, ein Bergsturz von Malmkalken auf abschmelzendes Eis nieder. Bei der Transfluenz über die Schnepfegg wurde das Sturzgut vorab auf dem Rücken zwischen Vorder Schnepfegg und Rosenburg sowie an den Abhängen, vorab gegen Bizau, abgelagert. Dort haben sich am abschmelzenden Eisrand neben Wallresten auch Stauterrassen und Sackungen ausgebildet. Der über Mellau abgeflossene Eisarm dürfte vor Hinterreuthe gestirnt haben, wo er den Schuttfächer des Gopfalpe-Baches aufstaute.
In den beiden durch Felsriegel abgedämmten Becken von Bezau und Bizau sammelten sich die Schmelzwässer zu Seen. Durch die Schuttfächer von Bezau und Bizau wurden Restseen abgedämmt, die nach und nach verlandeten. Dabei bildeten sich besonders im Becken von Bizau mächtige Torfe. Bei Ellenbogen ist der Bezauer Fächer von der Bregenzer Ach zu Terrassen angeschnitten worden. Hinter dem Riegel von Hinterreuthe wurde ein später durch die Schuttfächer von Mellau unterteilter See aufgestaut, aus dem die Rundhöcker von Hirschau und Mellau als Felsinseln emporragten.
Nach dem Zurückschmelzen des Eises hinter Au brach von Brendler Lug eine Großdelle aus, deren Schuttstrom den Fächer von Au schüttete. Von der W-Seite der Mittagsfluh löste sich eine weitere Sturzmasse, die im Becken von Au kurzfristig einen See aufstaute. Beim Durchbruch wurde der Schuttfächer von Au zerschnitten, so daß an dessen Rand ein über 10 m hohes Steilbord entstand. Zugleich dürfte wohl damals der Schnepfauer Restsee weitgehend zugeschüttet worden sein.
Ein nächstes Stadium des Bregenzer Ach-Gletschers, das demjenigen von Feldkirch des Rhein-Gletschers entsprechen mag, dürfte sich bei Reuthe einstellen. Dabei floß noch immer Eis über die Schnepfegg (855 m) ins Becken von Bizau, während der Hauptarm über Mellau abfloß. Bei Hinterreuthe bildete sich zwischen dem Mellauer- und dem über die Schnepfegg ins Becken von Bizau übergeflossenen Arm eine Mittelmoräne mit einem von Moräne bedeckten Rundhöcker aus.
Der vom Hohen Freschen (2002 m), von der Mörzelspitze und aus dem Becken der Sünseralp abfließende *Mellen-Gletscher* endete auf unter 900 m, der vom Sünserkopf gegen N abfließende im Mellenbach auf fast 800 m. Eine von der Mörzelspitze (1830 m) gegen SE ins Mellental abfallende Eiszunge endete wenig weiter talauswärts, während diejenige von der Guntenspitz (1811 m) den Mellenbach bereits nicht mehr erreichte.
Das entsprechende Spätwürm-Stadium zeichnet sich auch N der Bregenzer Ach, zwischen Mittagsfluh (1639 m), Hirschberg und Didamskopf (2092 m), ab. Ein gegen WSW, ins Weißenbachtal absteigender Lappen des nach N übergeflossenen Bregenzer Ach-Gletschers endete auf 1150 m. Der gegen NE abfließende Ostergunten-Gletscher hinterließ auf 1050 m eine Seitenmoräne, erfüllte das Becken der Schönenbachalp und

vereinigte sich mit dem Eis aus den Quelltälern der Subersach. Schmelzwässer flossen gegen W, gegen Bizau, und von der Zunge – zusammen mit denen eines Hohen Ifen-Gletschers – zur Subersach ab. Aufgrund der Gleichgewichtslagen ergibt sich eine klimatische Schneegrenze um 1400 m.
Im nächsten Klimarückschlag, im Sarganser Stadium, stießen die Gletscher vom Zitterklapfen (2403 m) und von der Hochkünzelspitze (2397 m) wiederum bis an die Ausgänge der Seitentäler, bis unter 1000 m, vor, was bei einer Gleichgewichtslage von 1400 m und steiler N-Exposition einer Schneegrenze um 1550 m gleichkommt. Der Bregenzer Ach-Gletscher überfuhr noch die Rundhöcker von Lugen und dürften – wie absteigende Moränen und Eisrandterrassen belegen – im Becken hinter Au gestirnt haben. Ein jüngerer Stand zeichnet sich im Becken von Schoppernau ab. Dann schmolz das Eis in den hintersten Bregenzer Wald zurück, stieß jedoch erneut bis Vorder Hopfreben vor, wo ein Doppelwall um 1000 m über schlecht sortierten, geschichteten Schottern liegt. Aus den Quellästen des Mellen- und des Argenbaches sowie von der N-Flanke der Kanisfluh und aus den Karen weiter W hingen Zungen noch tief in die Täler herab.
Auf der N-Seite der Kanisfluh liegt oft noch heute bis tief in den Herbst Lawinenschnee bis auf 1000 m.
Eismassen aus dem Eventobel, von den Hängen des Zafer- und des Damülser Horn sowie von der Kette Ragazerblanken–Damülser Mittagspitze–Kanisfluh bildeten bis ins frühe Spätwürm den bei Au mündenden *Argen-Gletscher*. Dann wurden die Lieferanten nach und nach selbständig, wobei sie zunächst noch den Argenbach erreichten. Dies zeichnet sich in höheren Lagen durch eine Grundmoränen-Decke, in mittleren durch zahlreiche Flyschblöcke und in tieferen, in den Mündungsbereichen der Seitenbäche, durch Moränengrate und stirnnahe Seitenmoränenwälle ab.
Der Argen-Gletscher endete im Hopfreben-Stadium noch unterhalb von Damüls, wo sich neben der Mittelmoräne mit der Kirche im Argen- wie im Krummbachtal sowie an den Ausgängen des Laubenbach- und des Eventobels stirnnahe Seitenmoränen erhalten haben.
Im Wurzach-Sattel zwischen Kanisfluh und Klipperen lag bis ins mittlere Spätwürm ein Firn, von dem Eiszungen gegen ESE und gegen WNW herabhingen. Zwischen der gegen ESE zur Öberle-Alpe abfließenden Zunge und derjenigen aus dem Kar der Klipperen bildete sich eine Mittelmoräne. Talauswärts löst sie sich in stirnnahe Seitenmoränen auf.
Das in Kalke eingetiefte Tälchen am SW-Fuß der Kanisfluh läßt sich nur als Schmelzwasserrinne einer vom Wurzach-Sattel gegen WNW abgeflossenen Zunge deuten. Die bis 10 m^3 großen Kieselkalk-Erratiker vor der Quintnerkalk-Schwelle, die sich aus der Kanisfluh entwickelt hat, sprechen für ein rasches Abschmelzen der Eiszunge über der Schwelle, so daß die Blöcke im frontaleren Zungenbecken-Bereich der Kanisalpe ausgeschmolzen sind (P. FELBER, 1978). Auch weiter W haben sich N der Mittagspitze und der Ragazerblanken Kargletscher mit Moränenwällen ausgebildet (H. BOSSERT, 1977). Eine Abfolge von Moränenstaffeln eines noch jüngeren Stadiums läßt sich auf der Stofel Alp zwischen Portler Horn und Damüls erkennen.
Aus dem Gebiet der Sünser Alp erfolgte noch im Spätwürm – aufgrund von Wildflysch-Blöcken im Ladritscher Tal, einem rechten Seitental des Großen Walsertales – eine Transfluenz über das Portla-Joch (G. WYSSLING, 1979).
Ein nächster Vorstoß bis auf unter 1200 m zeichnet sich durch Seitenmoränen und eine Sanderflur unterhalb von Schröcken ab. Von der Kette Hochkünzelspitze–Rothorn–Hochberg stiegen Eiszungen bis 1350 m bzw. bis 1200 m herab.

Der nächste spätwürmzeitliche Klimarückschlag ließ das von der Braunarlspitze (2649 m) gegen NE und von der Mohnenfluh (2542 m) gegen W abfließende Eis nochmals bis unterhalb der Hinteren Fellalp, bis 1500 m, vorrücken. Von dem von der Mohnenfluh gegen E abfallenden Gletscher stieg eine Zunge gegen das Lechtal, eine andere – zusammen mit Eis von der Juppenspitz (2412 m) – über die Auenfelderalp gegen NE ins oberste Tal der Bregenzer Ach ab. Das auf der Wasserscheide von Hochkrumbach sich sammelnde Eis erfüllte noch das Becken des Kalbelesees.
Die vom Braunarlspitz bis 1650 m, bzw. bis 1800 m, bis auf die Hochgletscheralp, herabreichenden Moränen bekunden letzte spätwürmzeitliche Stände.
Während das Bodensee-Rheintal und der Walgau bereits recht früh besiedelt waren (S. 110), blieb das Gebiet des Bregenzer Waldes als mehr oder weniger zusammenhängendes Waldgebiet offenbar langezeit recht dünn besiedelt. Erstmals wird Damüls im Jahre 1313 urkundlich erwähnt, was auf eine recht späte Besitznahme, vorab durch Walser aus dem Großen Walsertal über das Faschinajoch hinweist.

SE von Dornbirn erhielt der Rhein-Gletscher mit dem *Dornbirner Ach-Gletscher* noch einen Zuschuß aus dem Gebiet Hohe Kugel (1645 m) – Hoher Freschen (2004 m) – Mörzelspitze (1830 m). Im Würm-Maximum reichte das Eis im Mündungsgebiet NE der Staufenspitz noch bis auf gut 1200 m. Eine Mittelmoräne NW der Staufenspitz belegen wohl das Stadium von Stein am Rhein.
Noch im Konstanzer Stadium stand das Eis E von Dornbirn um 700 m.
Weitere spätwürmzeitliche Stände eines selbständig gewordenen Dornbirner Ach-Gletschers zeichnen sich am Ausgang der Rappenloch- und der Alploch- sowie im Schluchttorso über der Schaufelschlucht ab.
Im Feldkirch-Stadium stieß der Dornbirner Ach-Gletscher nochmals bis an die Mündung des Kugelbaches, bis 950 m vor. Auch die Gletscher von der Mörzelspitze endeten unterhalb von 1000 m. Ebenso zeichnen sich in den verschiedenen Talästen die Sarganser Stände und vor den Talschlüssen das Churer Stadium ab.
Noch jüngere Stände lassen sich bei der Oberen Sturmalp und am NW-Fuß des Hohen Freschen erkennen, wo alljährlich bis in den Sommer Lawinenschnee liegt.
S von Dornbirn drang ein Lappen des Ill/Rhein-Gletschers in den aufgebrochenen Gewölbekern zwischen Schwarzenberg (1475 m) und Staufenspitz (1465 m) ein, empfing von beiden etwas Firneis und hing über dem 1150 m hohen Sattel mit dem Dornbirner Ach-Eis zusammen. Mit Hilfe von Erratikern und Schwermineral-Untersuchungen konnte C. Smit Sibinga-Lokker (1965) das Eindringen des Rhein-Eises von Dornbirn bis 800 m Ach-aufwärts nachweisen.
Im Bregenzer Wald, im Walgau sowie in den dazwischen ebenfalls zum Rhein entwässernden Tälern wurden vom Geographischen Institut der Universität Amsterdam seit einer Reihe von Jahren morphologische und glazialgeologische Studien ausgeführt, die A. L. Simons (1980) zusammenfaßt.

Der höchste würmzeitliche Stand des Rhein-Eises im Appenzeller Vorder- und Mittelland

Auf dem Höch Hirschberg (1167 m) reicht würmzeitliche Moräne, belegt durch Aufschlüsse, Quarzit- und Schrattenkalk-Erratiker sowie einen auf 1140 m gelegenen Punteglias-Granit (F. Saxer in H. Eugster et al., 1949k), bis auf den Grat.

E des Gäbris stand das würmzeitliche Rhein-Eis bis auf rund 1200 m und drang über die rundhöckerartig überschliffene Hochfläche des Schwäbrig[1] in ein Quelltal der Goldach ein. Vom Gäbris (1251 m) erhielt es noch einen Zufluß. Zwei weitere Gletscher wandten sich vom Gäbris gegen W und NW; sie erreichten noch den über den Stoß geflossenen und S von Bühler ins Tal des Wißbach eingedrungenen Lappen. Aus der Gleichgewichtslage auf nahezu 1050 m Höhe ergibt sich eine klimatische Schneegrenze um 1150 m. Noch im Stadium von Stein am Rhein (= Zürich) stiegen gegen NW und NE exponierte Gäbris-Gletscher bis unterhalb 1000 m ab; eine gegen S gerichtete Zunge endete wenig unter 1200 m, so daß die Schneegrenze auf 1200 m angestiegen war.
Auch von dem vom Schwäbrig nach NE sich fortsetzenden Grat floß Lokaleis nach N ab. Es wurde durch Rhein-Eis gestaut, das aufgrund der Erratiker in einer Mächtigkeit von fast 200 m über die Landmarch (1003 m) ins Quellgebiet der Goldach überfloß. Dabei wurden die steil S-fallenden Molasseschichten rundhöckerartig überprägt.
Am St. Anton (1122 m) stand das Rhein-Eis auf mindestens 1100 m. Die höchsten Würm-Erratiker der NE-Schweiz liegen wenig weiter N, um 1050 m. Ein gegen NE abfallendes Firnfeld reichte bis auf 1050 m.
Vom Gupf (1089 m) und vom Kaien (1121 m) erhielt der Rhein-Gletscher, dessen Oberfläche dort nach den Erratikern noch in der Würm-Eiszeit auf über 1000 m emporreichte (F. Saxer, 1964 K, 1965), letzte Zuschüsse. N des Kaien liegt der höchste Findling auf 1065 m (bei Saxer, 1964 K, noch als rißzeitlich betrachtet).
Auch von der Buechen (1145 m) SW von Trogen floß noch Eis zu. Neppenegg (1056 m) und Rämsen (1090 m) lagen unter Eis. Dagegen ragte der Horst (1083 m), die höchste Erhebung der Eggen zwischen Speicher und Teufen, über die Eisoberfläche empor. Aus den Karen an dessen N- und NE-Seite erhielt der Rhein-Gletscher nur kleinste Zuschüsse.

Der Goldach-Gletscher

Während im Würm-Maximum noch ein über die Landmarch (1003 m) übergeflossener Arm des Rhein-Gletschers das Tal der Goldach bis fast auf die Höhe des Gäbris (1247 m) erfüllte, bildete sich nach dem Abreißen der Transfluenz, im Stadium von Stein am Rhein, in den Quelltälern ein Goldach-Gletscher aus. Seine vom Gäbris und von der Chellersegg (1194 m) abgeflossenen Äste erreichten noch immer das über Rorschach eingedrungene Bodensee-Rhein-Eis N von Trogen auf über 800 m. Dank der schattigen Lage konnte sich im tief eingeschnittenen, oberen Goldachtal gar etwas über die Landmarch übergeflossenes Rhein-Eis halten. Um Trogen, vorab im Brändli, hatten sich einige stirnnahe Moränenreste ausgebildet (F. Saxer in A. Ludwig et al., 1949 K). Auch in den gegen NW sich öffnenden Tälern der Gäbris- und der Buechen-Kette lagen kleinere Firne, die gegen Steinlüten und Bendlehn bis auf 900 m abstiegen. Aus ihren Zungenlagen ergibt sich noch im Stadium von Stein am Rhein für das Gäbris-Gebiet eine Schneegrenze um 1150 m, für die nördliche Kette eine solche um gut 1100 m.

[1] Für die Gestaltung eines Hochmoors zwischen Schwäbrig und Unter Gäbris wurden leider mehrere Erratiker aus der näheren Umgebung (A. Ludwig et al., 1949 K) zusammengebracht.

Aus dem schweizerischen Bodensee-Raum sind Pollendiagramme spärlich. Immerhin hat schon P. KELLER (1928) einige Bohrungen niedergebracht, so in den neolithischen Moorsiedlungen Weier S von Thayngen und Egelsee bei Niederwil W von Frauenfeld, im Buhwiler Moos N von Schönholzerswilen TG, im Mooswanger Riet im Littenheider Trockental und im Eschlikoner Riet. In allen Profilen reicht die Vegetationsgeschichte bis in den Glaziallehm zurück. Dieser lieferte in *Niederwil* Großreste von *Betula nana*, *Salix reticulata* und *Dryas octopetala* (C. SCHRÖTER, 1883). Darüber folgt Lebertorf, aus dem das tiefste Spektrum 82% *Betula*, 18% *Pinus* und an Strauchpollen wenig *Salix* und *Corylus* enthält und offenbar das Bölling-Interstadial bekundet. Dann, im Alleröd, fällt *Betula* auf 24% zurück, während *Pinus* auf 75% ansteigt. In 6,1 m Tiefe konnte F. HOFMANN (1963) den Laachersee-Bimstuff erbohren. Ein Pollenspektrum unmittelbar unter dem Tuff ergab 83% *Pinus*, 11% *Betula*, 4% *Salix*, 1% *Populus* und *Tilia*. Im Präboreal nimmt *Corylus* gewaltig zu und erreicht im Boreal 150%; *Pinus* fällt ab; *Betula* steigt leicht an. Die Vertreter des Eichenmischwaldes erreichen mit 44% einen ersten Gipfel. Buche und Erle treten auf, später auch die Tanne. Zugleich finden sich Reste von *Eriophorum* – Wollgras – und Cyperaceen, *Typha*- und Ericaceen-Pollentetraden, spärliche *Equisetum*-Sporen und eine reiche Diatomeen-Flora. Dann folgt eine erste Kulturschicht mit vielen verkohlten Holzresten. Bis zur nächsten Kulturschicht schaltet sich ein sandiger *Eriophorum*-Torf mit Moosresten und *Typha*-Pollen ein. *Betula* steigt nochmals auf 52% an. Erstmals tritt *Picea* auf. In der zweiten Kulturschicht, wiederum ein Horizont mit verkohlten Holzresten, erreicht der Eichenmischwald mit 67% sein Maximum. Im darüber folgenden Seggen-Torf, der basal stark sandig ist, fanden sich erneut Reste von *Eriophorum* und von Moosen sowie *Typha*-Pollen. Die Buche steigt bis in die oberste neolithische Kulturschicht mit Samen sowie Resten von Töpfereien, Gewebestücken und Werkzeugen auf 52% an. Der Eichenmischwald geht zuerst stark, dann leicht auf 26% zurück; *Abies* erreicht 10%.

Im Profil von *Thayngen-Weier* (W. LÜDI, 1951; J. TROELS-SMITH, 1955) dominieren in den untersten, 1,2 m mächtigen Mergeln Krautpollen – Gramineen, *Artemisia*, *Helianthemum alpestre*. Vereinzelt treten Compositen, Umbelliferen, Caryophyllaceen, *Plantago (alpina?)*, cf. Labiaten, *Galium (pumilum?)* und *Thalictrum* auf. Bei den Gehölzen ist ein dreimaliger Wechsel von *Pinus*- und *Betula*-Vormacht angedeutet; ebenso ist *Salix* reich vertreten. Hernach steigt *Betula* auf über 90% an und *Pinus* fällt auf 7% zurück, so daß dieser Abschnitt das Bölling-Interstadial darstellen dürfte. Gegen dessen Ende tritt *Hippophaë* auf. Der Rückgang der Krautpollen deutet auf zunehmende Bewaldung. Dann wird der Birken- von einem Föhrenwald abgelöst. Im NW fand HOFMANN den Laachersee-Bimstuff in 1,3 m Tiefe. Nach oben wird der Föhrenwald reicher und reicher an *Corylus*, bis sie in einem Doppelgipfel auf 350% der Baumpollen ansteigt. Im nun hochkommenden Eichenmischwald herrscht anfangs die Eiche, dann die Ulme, seltener die Linde vor. Mit 10–25% ist auch die Birke gut vertreten. Gegen Ende der Eichenmischwaldzeit wandern *Abies* und wenig später *Fagus* ein. Bei noch hohen *Corylus*-Anteilen steigt *Fagus* rasch zu kurzfristiger Dominanz an. Dann wird sie von mehreren *Abies*-Gipfeln abgelöst. Diese wechseln mit *Betula*-, Eichenmischwald und *Alnus*-Maxima. Auch *Salix* tritt wieder reichlicher auf. Ebenso steigt der Nichtbaumpollen-Anteil erneut an: *Chenopodium*, *Atriplex*, *Fagopyrum* – Buchweizen, *Plantago* Gramineen mit zwei Getreide-Maxima, Compositen, Umbelliferen, Caryophyllaceen und Ericaceen. Am Übergang von Gyttja zu Torf nehmen auch die Farnsporen, vorab von *Dryopteris thelypteris* – Sumpffarn – stark zu. All dies spricht für eine zunehmende Verlandung und für eine Bewaldung des Moorbodens mit hygrophilen Gehölzen, mit Birken, Erlen und Weiden. Zugleich zeichnet sich der Einfluß des Menschen ab durch Rodungen, Siedlung sowie die Kultur von Getreide und Buchweizen in 2 getrennten Siedlungsepochen. Dazwischen haben sich die hygrophilen Gehölze wieder stärker entfaltet. In der jüngeren Siedlungsphase ist auch der Nußbaum angebaut worden, dessen Pollen plötzlich häufig auftreten.

K. SULZBERGER (1924) betrachtete die Siedlung noch als Michelsberger Kultur mit fremden Einflüssen. Heute wird sie zur Pfyner Kultur gezählt (W. U. GUYAN, 1964, 1967, 1976).

TROELS-SMITH gibt zu seinen Diagrammen auch Hinweise über Nutzpflanzen sowie ^{14}C-Werte: 3390 für die tiefste Getreidepollen-führende Schicht, 3080 für Weier I, 2290 für Weier II und 2700 v. Chr. für Weier III. Neben den früheren Bestimmungen von Großresten ist durch B. FREDSKILD (in GUYAN, 1976) auch das Vorkommen zahlreicher Früchte und Samen und durch H. GÖPFERT (1976) auch das von Pilzen gesichert. Das Auftreten von *Trapa natans* – Wassernuß – verleiht der Siedlungszeit eine etwas wärmere Note und deutet auf saubere Gewässer.

Nach der Siedlungszeit dominiert erneut *Abies*, gefolgt von *Fagus*. Unter relativ feuchtem Klima hat sich der natürliche Wald offenbar wieder weitgehend regeneriert.

Neben Niederwil-Egelsee und Thayngen-Weier konnte HOFMANN den Laachersee-Bimstuff noch an weiteren Punkten des ehemals vom Bodensee-Rheingletscher bedeckten Gebietes auffinden, so am Husemer See NW von Ossingen, zwischen Nußbaumer- und Hüttwiler See, im Rüeggetschwiler Moos und im Moor Bergwisen NW bzw. N von Goßau SG sowie im Huebermoos N von Wittenbach SG (Fig. 17).

Die Profile Buhwiler Moos, Mooswanger- und Eschlikoner Riet setzen etwas später ein als diejenigen von Niederwil und Weier, wohl erst im frühen Alleröd. Dies wird im Buhwiler Moos und im Mooswanger Riet neben den Pollen auch durch mächtige Seekreide-Ablagerungen mit reicher Molluskenfauna belegt; *Valvata piscinalis alpestris, V. cristata, Bithynia tentaculata, Pisidium nitidum.*

Zugleich zeigt sich wiederum, daß nach dem Eichenmischwald-Maxium – mit 77% im tiefer gelegenen Buhwiler Moos und 67% im orographisch höheren Mooswanger Riet – zuerst die Buche mit rund 50% ihr Maximum erreicht. Erst dann steigt die Tanne und noch später die Fichte an.

In vermehrtem Maße wurden Pollenprofile im *deutschen Bodensee-Raum* untersucht. Solche existieren von zahlreichen Mooren und urgeschichtlichen Fundplätzen, so vom Federsee (K. BERTSCH, 1931; K. GÖTTLICH, 1953 in BAUSCH, P. et al., 1974; G. GRONBACH in W. ZIMMERMANN edit., 1961) von der Schussenquelle und vom Mindelsee (G. LANG, 1952, 1962, 1973) im westlichen Bodensee-Gebiet (I. MÜLLER, 1948; A. BERTSCH, 1960, 1961) und vom Schleinsee E von Langenargen, wo H. MÜLLER (1962) in der Buchenzeit kurzfristige Schwankungen in der Waldzusammensetzung und in der Bewaldungsdichte auf die Tätigkeit des neolithischen Siedlers zurückführen möchte.

An der Spätmagdalénien-Station an der *Schussenquelle* konnte G. LANG (1962) mit Großresten und ^{14}C-Daten das Hauptlager der Rentierjäger in die Zwergbirkenphase der Ältesten Dryaszeit einstufen. Zwei ^{14}C-Bestimmungen ergaben 15900 ± 360 und 14720 ± 385, eine weitere aus der Älteren Birkenzeit 13300 ± 110 Jahre v. h., so daß die Zwergbirkenphase um 2000 Jahre dauerte. Neben *Betula nana* sind *Luzula sudetica, Potentilla aurea, Arabis alpina, Helianthemum cf. alpestre* und *H. nummularium, Ephedra cf.*

distachya, Sanguisorba minor und *S. officinalis, Taraxacum officinale* durch Pollen- und Großreste gesichert. Die erste, durch Großreste von Baumbirken nachgewiesene Ausbreitung der Wälder erfolgte spätestens zu Beginn des Bölling-Interstadials. Aus diesem Abschnitt konnten *Carduus defloratus, Scabiosa, Polygonum cf. aviculare* und *Filipendula cf. ulmaria* nachgewiesen werden.
Eine ^{14}C-Bestimmung vom Beginn des zweiten, durch einen Rückgang der Bewaldung gekennzeichneten Abschnittes der Jüngeren Föhrenzeit erbrachte 11 100 ±200 Jahre v. h.; ihre Zuordnung zum Alleröd und zur Jüngeren Dryaszeit wird damit bestätigt.
Aus Artefakten-Funden ergibt sich, daß jungpaläolithische Rentierjäger die Schussenquelle mindestens bis ins Alleröd aufgesucht haben.

Der Sitter-Gletscher

Die Firnmassen der drei Täler des östlichen Säntisgebirges sammelten sich bei Weißbad zum Sitter-Gletscher. Über den Sattel von Eggerstanden empfing dieser gegen Appenzell vorgedrungenen Rhein-Eis (Fig. 21 und 41, Karte 2).
Bei Sammelplatz stand das Sitter-Eis mit dem über den Stoß ins Appenzellerland eingedrungenen und durch das Rotbachtal abgeflossenen Rhein-Eis in Verbindung.
Am E-Grat der Hundwiler Höhi (1306 m) reichte das Sitter/Rhein-Eis im Würm-Maximum bis auf über 1100 m, was durch Rundhöcker und Erratiker und, S von Gonten, auf Hinter Kau durch einen bis auf diese Höhe ansteigenden Moränenwall belegt wird. Im Stadium von Stein a. Rh. stand es in der Talung von Gonten bis auf über 950 m. Auf der N-Seite fiel die Oberfläche von über 850 m auf knapp 800 m im Sonder ab; Schmelzwässer flossen gegen Hundwil zur Urnäsch ab.
Bis ins Stadium von Stein AR (≡ Stein am Rhein) mündete er SW von St. Gallen in den durch das Hochtal der Stadt vorgefahrenen Rhein-Gletscherarm. Unmittelbar zuvor vereinigte er sich bis kurz vor dem Stadium von Stein noch mit dem Rotbach-Arm und mit dem Urnäsch-Gletscher. Mit diesem stand er bis in Rückzugsstaffeln des Stadiums von Stein AR durch die Talung von Gonten in Verbindung.
Von der Hundwiler Höhi (1306 m) empfing der Sitter-Gletscher, von der Leimensteig-Kette der bei Lochmüli stirnende Rotbach-Arm noch geringe Zuschüsse.
Aus eisrandnahen Schottern SE von Stein AR wurden Schenkelknochen von Mammut gefunden (F. SAXER in EUGSTER et al., 1960 k).
Im Talkessel von Appenzell lassen sich mehrere Wallmoränen zu einem spätwürmzeitlichen Zungenende zwischen Wees und Steig verbinden.
Das über Eggerstanden gegen Appenzell vorstoßende Rhein-Eis vermochte damals den Sitter-Gletscher zunächst eben noch zu erreichen. In einer späteren Staffel bildete sich zwischen den Moränenbögen der Rhein-Gletscherzunge SW und NW von Eggerstanden und der Stauterrasse von Halten-Bleuer des Sitter-Gletschers ein Staumoor. All diese Moränen sind, wie die Mittelmoräne zwischen Sitter- und Weißbach-Gletscher WSW von Weißbad, dem Konstanzer Stadium zuzuweisen (HANTKE, 1961; 1970 b, c).
Ein durch eine Schutt-Terrasse dokumentierter Gletscherstand zeichnet sich unterhalb der Steinegg ab; ein kurzer Halt erfolgte an der Talenge weiter SE.
Beim Weißbad dämmt eine ausgeprägte Endmoräne das Zungenbecken von Schwende ab. Zugehörige Seitenmoränen steigen beidseits von Schwende an, von denen besonders diejenige von Leugangen deutlich ausgebildet ist.

Fig. 41 Der Talkessel von Appenzell mit Fäneren (links), Kamor und Hoher Kasten (1795 m). Der von W aus den Tälern des Säntisgebirges austretende Sitter-Gletscher erhielt über den Sattel (1310 m) zwischen Kamor und Fäneren einen ersten Zuschuß von Rhein-Eis, das dann vor allem über den Sattel von Eggerstanden (links) eindrang.
Flugaufnahme: Swissair-Photo AG, Zürich. Aus: H. Altmann et al., 1970.

Ein entsprechender Eisstand stellt sich im Brüeltal 1 km unterhalb von Brülisau ein. Ein internerer Wall verläuft im Schwendital von der Kirche Schwende gegen SSW. Entsprechende Wallreste zeichnen sich bei Brülisau ab. Sie dürften den Stirnmoränen der randlichen Zungenbecken um Rankweil–Feldkirch und von Sargans im Rheintal gleichzusetzen sein. Vom Hohen Kasten (1795 m) und vom Kamor erhielt der Brüel-Gletscher dabei einen letzten Zuschuß.
Im obersten Brüeltobel fällt ein kleines Wäldchen, das Hexenwäldchen, durch extrem langsam wachsende Fichten auf. Das langsame Wachstum ist einerseits auf den nährstoffarmen Kalkschuttboden, anderseits auf austretende Kaltluft zurückzuführen.
Eine nächste Endmoräne tritt im Schwendital hinter Wasserauen auf. Aus dem Kar N des Bogartenfirst mündete ein durchs Hüttentobel absteigender Gletscher. Zeitlich entsprechende Moränen finden sich am Ausgang des Brüeltobel, auf dem Strubenbüel. Diese Randlagen sind dem Churer Stadium des Rhein-Gletschers zuzuordnen.
Mit dem Zurückschmelzen der Zunge bildete sich im Becken von Wasserauen ein 2 km

langer Moränenstausee, der vom Sander des nächsten Wiedervorstoßes bereits weitgehend zugeschüttet wurde. Nach der Vereinigung der beiden Säntis-Gletscher, deren letzte Relikte heute NE und SE des Gipfels als Blau- und als Groß Schnee vorliegen, kolkten sie das Becken der Seealp aus.
Noch jüngere spätwürmzeitliche Moränen treten E des Seealpsees zwischen Waldhütte und Hüttenalp sowie hinter der Seealp auf. Beim Abschmelzen des Sitter-Gletschers bildete sich im Becken der Seealp ein See, aus dem gegen E eine rundhöckerartig überprägte und später verkarstete Felsrippe aufsteigt, während das Becken im W von jüngeren Sandern, Lawinenschuttkegeln und holozänen Alluvionen bis auf den heutigen Seealpsee zugeschüttet worden ist.
S der Seealp, oberhalb von Boden und S von Oberstofel bekunden Wallreste von der Meglisalp abfallende Hängegletscher. Ebenso reichte damals der Blau Schnee nochmals bis fast in den Talboden der Seealp.
Im letzten Spätwürm endeten die beiden Säntis-Gletscher beim Mesmer und auf der Meglisalp. Auch der Gletscher aus der Talung des Rotsteinpasses reichte nochmals gegen die Meglisalp herab. Um 1850 (DK IX, 1854) endete der Blau Schnee um 2050 m, der Groß Schnee um 2100 m. Bis 1973 sind die beiden bis auf 2220 m bzw. bis auf 2260 m zurückgeschmolzen.
In der Sämtiser Talung dürfte die Moräne bei der Sämtis-Kalthütte, jene unterhalb der Furgglen sowie der Wall bei der Rainhütte, der von einem von der Stauberen abfallenden Hängegletscher gebildet wurde, diesem Stadium angehören. Aufgrund der Höhenlage von Akkumulationsgebiet und Endmoräne lag die klimatische Schneegrenze um rund 1700 m. Die markante Terrasse, die eine Spiegelhöhe um 1240 m des – zusammen mit dem Fälensee – unterirdisch zu den Mülbach-Quellen oberhalb von Sennwald im Rheintal entwässernden Sämtisersees bekundet, ist als zugehörige Sanderflur zu deuten. Der um gut 5 m höhere Sander entspricht einer Rückzugsstaffel. Die tiefer eingeschnittenen Erosionsterrassen belegen ein sukzessives Zurückweichen des Seespiegels und damit ein Einschneiden des Zuflusses (Fig. 42).
Im Seealp(=Suferser)-Stadium hing aus dem Kar der Mar zwischen der E-Wand der Marwees und dem Bogartenfirst ein Gletscher bis unter 1250 m harab.
Die höher gelegenen Moränen des östlichen Säntisgebirge – etwa jene auf der Widderalp und auf dem Bötzel – bekunden Vorstöße des ausgehenden und des letzten Spätwürm.
Der *Altmann-Gletscher* reichte im mittleren Spätwürm durch das Fälensee-Tal hinaus, teilte sich am Felssporn NE der Bollenwees, floß einerseits durch den Stifel gegen die Rheintaler Sämtis, wobei er vom Widderalp-Eis unterstützt wurde, anderseits erfüllte er – zusammen mit dem über die Saxer Lücke überfließenden Roslen- und dem vom Furgglenfirst abfließenden Eis – das Becken der Bollenwees und überfuhr noch die Rundhöcker der Furgglen, wobei er mit zwei Zungen ebenfalls gegen die Rheintaler Sämtis herabhing.
Noch im ausgehenden Spätwürm lag das Becken des Fälensees unter Eis, während Moränen des letzten Spätwürm auf Alp Fälen noch einen bis gegen 1500 m herabhängenden Gletscher bekunden.
In den frührezenten Ständen reichte der Altmann-Schnee auf der NE-Seite des Gipfels noch bis 2100 m herab, während er heute noch knapp die Mulde S von P. 2162 erfüllt.
Eindrucksvoll sind besonders die spätwürmzeitlichen Moränenkränze auf der N-Abdachung der nördlichsten Alpsteinkette: im Kessel der Potersalp – wo sich die äußersten Moränen bis in den Herz- und in den Böhlwald verfolgen lassen – um die vom Eis

Fig. 42 Seit dem Rückzug des Eises aus der Talung des Sämtisersees im mittleren Spätwürm ist der damals entstandene und gut doppelt so große See, der noch heute unterirdisch ins St. Galler Rheintal entwässert, mehrmals abgesunken, wie verschiedene Seeuferterrassen belegen.
Im Hintergrund die Kreuzberge (links), das Gewölbe des Roslenfirst, die Talung des Fälensees und die Kette Widderalpstöck–Hundstein (rechts).
Photo: D. Gignoux, Genf. Schweiz. Verkehrszentrale, Zürich.

ausgekolkten Hohlform des Berndli, der Neuenalp und am Chäsbach, unterhalb der Firnmulde der Gartenalp (Hantke, 1970 b, c).
Das Gebiet der Ebenalp und der Gartenalp war bereits vom paläolithischen Höhlenbärenjäger als bevorzugtes Jagdrevier ausgewählt worden; die nahe Wildkirchli-Höhle diente ihm dabei als Aufenthaltsort (E. Bächler, 1936; Bd. 1, S. 219–221).

Die Lokalgletscher zwischen Fäneren und Hochalp

Von der Fäneren (1506 m) flossen nach E, NE und NW Eiszungen ab, die um 1250 m den ins Sitter-System eindringenden Rhein-Gletscher erreichten; die gegen S, SW und W absteigenden Zungen nährten den Sitter-Gletscher. Eine Mittelmoräne zwischen diesem und dem Rhein-Gletscher läßt sich am NW-Grat bis auf 1250 m hinauf verfolgen. Sackungen und Rutschungen erschweren das Aufspüren spätwürmzeitlicher Stände.
Auf der N Seite des Höch Hirschberg hingen noch im Stadium von Stein am Rhein mehrere Eiszungen bis auf unter 1100 m herab.
Von der Chlosterspitz-Kronberg-Kette (1663 m) hingen bis ins Spätwürm Firnfelder herab (Karte 2).

Das Sitter/Rhein-Eis stand an der Sollegg und S von Gonten – aufgrund von Erratikern – sowie NE des Kronberg und N der Hochalp bis auf rund 1200 m.
Noch im Stadium von Stein am Rhein (= Stein AR) vermochten die Gletscher aus den Karwannen von Kau und vom Kronberg das SE des Jakobsbad bis auf 950 m stehende, gegen Urnäsch abfließende Sitter/Rhein-Eis zu erreichen. Diese vereinigte sich E von Urnäsch auf 920 m mit dem Urnäsch-Gletscher, der noch Zuschüsse von der Petersalp und der Hochalp (1528 m) empfing.
Bei einer Gleichgewichtslage um 1400 m und einer klimatischen Schneegrenze um gut 1500 m waren das Kar NW der Hochalp und die NE-Kare der Petersalp noch im Sarganser Stadium von Eis erfüllt. An der N-Flanke des Kronberg klebte ein Hängegletscher.

Der Urnäsch-Gletscher

Über die Sättel von Guggenhalden (1172 m), der Schönau (1068 m) und von Schönengrund (895 m) hing der Urnäsch-Gletscher mit seinen Einzugsgebieten an der NW-Flanke des Säntis, der Petersalp und der Hochalp noch mit dem Necker-Gletscher zusammen. O. KELLER (1974) fand Kreide-Erratiker N der Hochalp bis auf 1200 m.
Noch im Alten/Dießenhofen-Stadium vereinigte sich der Urnäsch-Gletscher SW von St. Gallen mit dem Sitter- und dem Rhein-Eis. Von Waldstatt stieß ein Lappen bis über Herisau vor. Vor der Moräne des Rhein-Gletschers wurde S von Goßau die zugehörige Sanderflur gestaut. Schmelzwässer flossen von Saum E von Herisau, vom Kreckel über Heinrichsbad und vom Bahnhofgebiet von Herisau gegen Winkeln ab (Karte 2).
Dank eines Zuschusses von Sitter/Rhein-Eis durch die Talung von Gonten aus dem Becken von Appenzell reichte der Urnäsch-Gletscher im Stadium von Stein am Rhein noch über Waldstatt bis gegen Hundwil, wo sich Moränenwälle und Schotter einstellen. Flußaufwärts gibt sich dieser Stand durch Rundhöcker und bei mündenden Seitentälern durch kleine Stauschuttmassen und Seitenmoränenreste zu erkennen. Diese steigen bis zu den Wällen von Egg und Stillert, SW bzw. SE von Urnäsch, auf über 1000 m an. Damals dürfte die linksseitige Entwässerungsrinne, welche N von Waldstatt über Wilen nach Herisau verläuft, der Glatt ein letztesmal Schmelzwässer zugeführt haben.
Als der Sitter-Zuschuß ausblieb, hatte sich der Urnäsch-Gletscher bis zum Konstanzer Stadium auf seine halbe Länge zurückgezogen. Einen letzten Zufluß erhielt er aus den Firnkesseln der westlichen Petersalp, so daß er noch bis Grüenau S von Urnäsch reichte. Zugehörige Schotter lassen sich bis über Urnäsch hinaus verfolgen (A. LUDWIG, 1930K).
Ein Vorstoß bis Grüenau war nur möglich, wenn das vorangegangene Abschmelzintervall den Eismassen auf der Schwägalp kaum zugesetzt hatte, sei es, daß es nur kurzfristig wirksam war, oder, daß die klimatische Schneegrenze nicht über 1350 m anstieg. Die 140 m hohe persistierende Mittelmoräne der Chammhalden NE der Schwägalp, die in allen Kaltzeiten die zum Sitter- und zum Urnäsch-Gletscher abfließenden Eismassen schied, dürfte nur wenig emporgeragt haben (Fig. 43; Bd. 1, Fig. 29). Zugleich floß noch Eis ins W angrenzende Firngebiet des Luteren-Gletschers über.
E und W der Chammhalden-Moräne lassen sich mehrere, bereits von W. TAPPOLET (1922) erkannte spätglaziale Stände beobachten. Der selbständig gewordene Tos-Gletscher reichte nochmals bis gegen die Steinflue, bis gegen 1000 m herab. Dort endete auch der Urnäsch-Gletscher, der vom Spicher (1520 m) noch einen Kargletscher empfing. Nächst jüngere Moränen reichen bis gegen das Chräzerli.

Fig. 43 Die Chammhalde am N-Fuß des Säntis, eine 230 m hohe, über alle Eiszeiten persistente Mittelmoräne zwischen Urnäsch- und Sitter-Gletscher.

Internere Wälle des Tos-Gletschers umschließen das Aueli und enden auf 1100 m. Dann brachen – wohl auf abschmelzendem Eis – erste Sturzmassen von der NW-Wand des Säntis nieder. Beim Vorstoß bis Tanne wurden diese, wie die späteren Nachstürze bei demjenigen bis Tosegg, vom Eis zu Moränenwällen zusammengeschoben.

Die Lokalgletscher zwischen Hundwiler Höhi und Wilket

Auf der N-Flanke der Hundwiler Höhi (1306 m) bildeten sich kleine Hängegletscher aus, die noch bis ins Stadium von Stein den Sitter- und den Urnäsch-Gletscher mit Lokaleis belieferten. Aus den gegen E und NE offenen Karen erhielt der Urnäsch-Gletscher Zuschüsse.

Kleine Kargletscher auf der N-Seite der Fuchsackerhöchi (1074 m) S von Degersheim vermochten den von Sitter- und Urnäsch-Gletscher unterstützten Rhein-Gletscher noch zu erreichen. Derjenige auf der NE-Seite stieg noch in den ersten Rückzugsstadien bis 850 m ab, wo er seitliche Wallreste zurückließ. An der Mündung staute sich Eisrandschutt mit Säntis- und Lokal-Erratikern unter Bildung von Bändertonen zu einer kleinen Terrasse auf.

Auch die vom Wilket (1170 m) und von der Züblisnase gegen N abfließenden Kargletscher lieferten Eiszuschüsse zu dem über den Sattel von Degersheim ins Neckertal überfließenden Rhein-Gletscherlappen, was auf über 800 m durch glazigenen Stauschutt dokumentiert wird.

Nach dem Würm-Maximum gab der über den Sattel von Schönengrund ins Neckertal übergeflossene Lappen des Urnäsch-Gletschers dieses Areal frei. Noch im Hundwil (= Stein am Rhein)-Stadium stiegen vom Hochhamm (1275 m) Lokal-Gletscher bis fast ins Tal (O. KELLER, 1974).
Von der Hochalp (1530 m) flossen noch im Stadium von Stein am Rhein Eiszungen gegen NW bis in das von der Schönau gegen WSW abfallende Zwisler Tal.
Über die NW-Flanke hingen Firnfelder bis 950 m herab, womit die klimatische Schneegrenze damals noch um 1100 m lag. Noch bis tief ins Spätwürm – aufgrund der klimatischen Schneegrenze um 1500 m mindestens bis ins Sarganser Stadium – lag im Roßmoos-Kar N der Hochalp noch ein Firnfleck.

Der Thur-Gletscher

Der oberste Abschnitt des Thurtales folgt der Achse der Wildhauser Mulde; der Durchbruch durch die südöstlichen Säntis-Ketten liegt im Knickbereich der Faltenachsen. Zwischen Stein und Wattwil verläuft das Thurtal im Grenzbereich der oligozänen Schuttfächer des Speer im SW und des Stockberg und des untermiozänen Fächers des Kronberg im NE. Bei der Platznahme der Säntis-Decke wurden diese zu Schuppen zusammengestaucht und dachziegelartig übereinandergeschoben. Dabei haben sich senkrecht zum Streichen Klüfte entwickelt. N der äußersten Schubfläche folgt das Thurtal bis gegen Wil einem am E-Rand der zentralen Hörnli-Schüttung gebildeten Kluftsystem, zwischen Schwarzenbach und Bischofszell WSW-ENE verlaufenden Brüchen und im Frauenfelder Thurtal zunächst einem parallel dem Schweizer Ufer des Bodensees, dann einem parallel zu den Untersee-Brüchen folgenden Bruchsystem (F. HOFMANN, 1951, 1967K, 1973K). Diesen tektonisch vorgezeichneten Linien folgten Wasser und Eis, wobei das von St. Gallen und Romanshorn ins Thurtal eingedrungene Eis und dessen Schmelzwässer bei der Ausräumung und Talbildung mithalfen (Karten 1 und 2).
Von Buchs sandte der Rhein-Gletscher einen Arm über den Sattel von Wildhaus (1028 m) ins obere Toggenburg. Bereits A. GUTZWILLER (1873) fand jedoch jenseits der Paßhöhe kaum mehr Rhein-Erratiker. Auch ARN. HEIM (in HEIM & OBERHOLZER, 1907K) zeichnete die Grenze zwischen Rhein- und Thur-Findlingen wenig thurabwärts. A. P. FREY (1916) fiel auf, daß die kristallinen Komponenten in der Grundmoräne W der Einmündung der Säntisthur stark zurücktreten. Das Rhein-Eis wurde durch den steileren Säntisthur-Gletscher gestaut. Durch die von den Churfirsten zufließenden Firnmassen wurde es wieder auf die N-Seite abgedrängt. Die letzten kristallinen Rhein-Geschiebe – Amphibolite, Quarzporphyre und Verrucano-Blöcke – konnte FREY auf der Churfirsten-Seite S von Unterwasser auffinden. W. TAPPOLET (1922) beobachtete solche – darunter einen Medelser Granit – noch am Thur-Durchbruch von Starkenbach/Stein. Damit dürfte kaum viel Rhein-Eis durch das Thurtal abgeflossen sein, dagegen verhinderte es ein Abfließen von Thur-Eis gegen E. Die höchsten Erratiker und die randliche Schmelzwasserrinne, die NE des Gamserrugg auf 1465 m einsetzt, bekunden eine minimale Eishöhe.
N von Wildhaus liegen kristalline Rhein-Geschiebe auf 1340 m. Diejenigen NW von Alp Gamplüt belegen, daß Rhein-Eis gar über den 1350 m hohen Sattel gegen das Tal der Säntisthur vorstieß.
Die bis 3 m³ großen Kristallin- und Nummulitenkalk-Blöcke zwischen Oberlaui und

Alp Trosen sowie E und S des Gräppelensees sprechen für ein Eindringen von Rhein-Eis. Von der SW-Seite des steil axial gegen SW abfallenden Wildhuser Schafberg fuhren Sackungsmassen gegen die Querstörung von Gamplüt nieder. Da sie selbst an den Graten von Moräne mit Lokal-Erratikern bedeckt sind und S des Gupf, einem rundhöckerartig überprägten Sackungshügel, Rhein-Moräne mit Amphiboliten, Glimmerschiefern, Verrucano, Flyschsandsteinen und Ölquarziten darüber liegt, erfolgte dieses Ereignis bereits präwürmzeitlich. Daß noch im frühen Spätwürm ein Gletscher bis Gamplüt herabreichte, wird im NW und im SE durch Wallmoränenreste, durch eine zu den Alpli-Quellen abfließende Schmelzwasserrinne und durch Dolinen angedeutet, welche Schmelzwässer auch subglaziär abführten.
Im Gräppelental sind ebenfalls Sackungen bereits schon vor dem Eindringen des würmzeitlichen Rhein-Eises niedergefahren, da bei der Schönau Rhein-Moräne mit Kristallin, Ölquarziten, Flyschsandsteinen und Nummulitenkalken darüber liegt.
Bei Neßlau nahm der Thur- den von der Säntis-Lütispitz-Kette abfließenden Luteren-Gletscher auf. Aufgrund höchster Stauterrassen dürfte das Eis auf Frießen und Feißenmoos, ENE bzw. N von Neßlau, auf rund 1200 m gestanden haben.
Über die Sättel von Ellbogen (1270 m) und Horn (1305 m) hing das Luteren-Eis noch im Stadium von Stein am Rhein (= Bazenheid = St. Peterzell) mit dem Necker-Eis zusammen. B. Iseli (1975) konnte allerdings die von Gutzwiller erwähnten Erratiker nicht mehr auffinden. Einer konnte jüngst an der Wegkreuzung NE des Rundhöckers von P. 1311,9 aufgefunden werden. Damit betrug die Eismächtigkeit im obersten Luterental noch damals über 220 m. Durch die durch das Luterental abfließenden Eismassen wurden die stark zementierten Nagelfluhwände des Pfingstboden überschliffen, während die Gipfelpartie in den Maximalständen als Firnkuppe über die Eisoberfläche emporragte. Mehrere Kieselkalk-Blöcke liegen auch NNW der Gössigenhöchi bis auf 1240 m (O. Keller, 1974). Ebenso floß Thur-Eis über die weite eisüberschliffene Senke zwischen Gössigenhöchi und Salomonstempel. Von der Gössigenhöchi erhielten Thur- und Necker-Gletscher noch im Bazenheider Stadium eine Eiszufuhr. Auch W der Thur, zwischen Wolzenalp und Gänderich, bekunden Rundhöcker und hochgelegene Erratiker (Gutzwiller, 1873 k; Frey, 1916 k und Chr. Grüninger, 1972) eine Eishöhe im Würm-Maximum von 1170–1150 m und damit eine Transfluenz zum Steintal-Gletscher (S. 93).
Am Rickenpaß stand das Thur-Eis in Verbindung mit dem Linth/Rhein-Gletscher (S. 89), anderseits hing es über Heiterswil (880 m), Wasserfluh (843 m), Oberhelfenschwil (798 m) sowie an der Mündung des Neckertales bei Lütisburg mit dem Necker-Eis zusammen. Über der Wasserfluh stand das Eis im Würm-Maximum auf über 1000 m, was durch einen Kieselkalk-Erratiker auf der N-Seite des Köbelisberg (1146 m) belegt wird (H. Oberli, mdl. Mitt.). Noch im Bazenheider-Stadium hingen dort Eiszungen bis unter 900 m herab. Im Raum von Lütisburg trafen Thur- und Necker-Gletscher auf den S-Rand des Bodensee-Rhein-Eises, das E von Herisau Sitter- und Urnäsch-Gletscher aufgenommen hatte (Karte 1, 2).
Da zwischen Thur und Necker nur kleine Areale als Nunatakker emporragten, konnten sich E der Thur kaum Moränen ausbilden, doch hinterließ das Eis Erratiker und formte Rundhöcker (Keller, 1974). Dagegen zeichnet sich das Alten/Dießenhofen-Stadium, in dem das Eis nicht mehr ins Neckertal überzufließen vermochte, durch kleine Wallreste aus. Nur eine Zunge drang von der Mündung ins Neckertal ein. Mit dem Bazenheider Stadium, das bis gegen Bütschwil mehrere internere Staffeln erkennen läßt, wurde der Thur-Gletscher selbständig.

Der W-Rand des Thur-Eises und die Kargletscher des Chrüzegg–Hörnli-Gebietes

Im Würm-Maximum standen sich am Rickenpaß (794 m) ein Lappen des Thur/Rhein- und ein solcher der Linth/Rhein-Gletschers gegenüber (A. Gutzwiller, 1873; A. P. Frey, 1916). Aufgrund der höchsten Erratiker reichte das Eis S, E und N des Passes bis auf 1100 m. Da sich noch kaum Moränenwälle auszubilden vermochten, lag die Schneegrenze kaum höher. Dies deckt sich mit der von Frey für das Bazenheider (= Zürich)-Stadium angegebenen Absenkung von 1150–1200 m, wobei er als heutige Schneegrenze am Säntis den von J. Jegerlehner (1902) ermittelten Wert von 2450 m als Basis annahm. Für das Gebiet zwischen Ricken und Hörnli lag sie rund 50–100 m tiefer, auf 1200–1150 m, womit sich für das Würm-Maximum eine Höhe von 1100–1050 m ergibt.
Von Wattwil drang ein westlicher Eislappen ins Steintal ein. Gegen den Talschluß bleiben die Thur-Erratiker aus; Frey fand einen westlichsten auf 1010 m, einen höchsten SW der Alp Geißchopf auf 1070 m. H. Oberli (mdl. Mitt.) entdeckte welche W des Tweralpspitz, ebenfalls bis auf 1070 m. Zugleich tritt dort auch Moräne auf.
Das Thur-Eis wurde damit im Steintal offenbar durch einen aus Karmulden des Tweralpspitz (1332 m) abfließenden Gletscher gestaut, was SSW von Hinter Rumpf durch Mittelmoränenreste belegt wird. Ein Eindringen von Eis in die Seitentäler läßt sich auch thurabwärts beobachten. Noch im Hintergrund des N anschließenden Rotenbachtal entdeckte Oberli einen Kieselkalk-Erratiker auf 935 m. Auf dem Schuflenberg stellt sich ein Moränenwall auf 890 m ein, der das Bazenheider Stadium bekundet. Der Rotenbach-Gletscher vom Alplispitz (1246 m) endete um 900 m.
Dagegen stießen im Würm-Maximum aus den höheren NE-Karen der Chrüzegg (1314 m) und des Schnebelhorn (1293 m) fast 3 km lange Gletscher bei Libingen und bei Wisen WSW von Mosnang auf Seitenlappen des Thur-Gletschers. Anordnung und Form der Moränen (H. Andresen, 1964; Geol. Dienst der Armee, 1970 k) lassen sich als Ergebnis im Staubereich miteinander im Gleichgewicht stehender Gletscher erklären. Das aus den NE-exponierten Karen SE und N der Hulftegg abgeflossene Eis wurde von dem von Bütschwil über Mühlrüti ins oberste Murgtal eingedrungenen Thur-Eis gestaut, was sich in den Rundhöckern an den Ausgängen der Seitentäler äußert. Damit wird verständlich, weshalb in den Quellgebieten der linken Seitentäler keine Thur-Erratiker auftreten. Solche stellen sich erst NE des Hörnli, am Silberbüel, in einer Höhe von 820 m ein, wo die Kargletscher aus den kleineren Firnmulden die Thur-Eislappen nicht mehr aufstauen konnten. Rißzeitlich verfrachtete Blöcke reichen NE des Hörnli bis auf 995 m. Beim Abschmelzen des Thur-Eises wurde die Erosionsbasis der Seitenbäche tiefer gelegt, so daß sich diese weiter einschnitten, der bei Lütisburg mündende Gonzenbach subglaziär und seit dem Bazenheider Stand um rund 80 m (Andresen, 1964).
S und SW von Wil drang der Rhein-Gletscher gegen das Hörnli-Bergland vor und staute den Thur-Gletscher S von Lütisburg und S von Fischingen zurück. SW von Gähwil, auf Chalchtaren, liegt eine Endmoräne auf 878 m mit Erratikern aus dem Toggenburg: Kieselkalk, Schrattenkalk, glaukonitische Sandsteine, Speer-Nagelfluh. Der markante Wall, die geringe Bodenbildung und die bis auf diese Höhe überschliffenen Rundbuckel bekunden ein würmzeitliches Alter, was sich mit dem Eisgefälle deckt (Andresen, 1964; Hantke, 1961).
Ein dem Untersee und dem Zürichsee entsprechendes Becken ist zwischen Lichtensteig

und Ebnat-Kappel nachgewiesen. Seismische Untersuchungen von H. KNECHT & A. SÜSSTRUNK und Grundwasser-Bohrungen ergaben zwei bis zu 130 m übertiefte Becken (E. THOMMEN, schr. Mitt. von P. ETTER, Wattwil).
Die Schotterterrassen des Klosters und von Enetbrugg W von Wattwil sind wohl als Kameschotter zu deuten. Sie wurden von Schmelzwässern, die aus dem Steintal austraten, an einen noch bis Lichtensteig reichenden Thur-Gletscher geschüttet.
Nach einer Moränen-Füllung von 9 m folgten in der 80 m tiefen Bohrung Stegrüti zwischen Ebnat-Kappel und Ulisbach zunächst Lehme mit Kies, dann, über 56 m Lehme mit Silten und Feinsanden die gegen Wattwil zum Teil in Seebodenlehme übergehen. Erst die obersten m, ein sandiger Kies, bekunden als fluviale Schüttung einen ehemaligen Thurlauf (THOMMEN, schr. Mitt. von P. ETTER).

Randliche Abflußrinnen im Thur- und im Bodensee-Rhein-System

Auf der linken Seite des Thurtales lassen sich zwischen der Egg S von Krinau und Mosnang Reste würmzeitlicher randglaziärer Entwässerungssysteme erkennen (A. P. FREY, 1916; H. ANDRESEN, 1964). Während diese früher alle dem Bazenheider (= Zürich)-Stadium zugewiesen wurden, scheinen zwei verschiedenaltrige Systeme vorzuliegen: Die beiden südlichsten Abschnitte, S und N von Krinau, wurden später angelegt und beim Rückzug früher aufgelassen; der Abschnitt Dietenwil–Mosnang–Gonzenbach funktionierte dagegen noch im Bazenheider Stadium. Markantere Abflußrinnen liegen in den Talungen von Littenheid (SE von Wil) und Wallenwil, von Schönau–Oberwangen, Dußnang–Itaslen und von Bichelsee–Turbenthal vor (Fig. 44).
Noch in der äußersten Staffel des Stein am Rhein-Stadiums flossen – wie bereits in der entsprechenden Vorstoßphase – Schmelzwässer des Rhein-Gletschers durch die Bichelsee-Talung zur Töß ab. Murg-aufwärts drang ein Lappen bis Oberwangen, gegen W bis Balterswil und Ifwil vor, wo sich eisrandnahe Schotter einstellen. SE von Aadorf stieß das Eis über Ettenhausen, W durch das Aadorfer Feld bis Elgg vor, wo beidseits der Abflußrinne Elgg–Räterschen–Hegi Stauschuttmassen angelagert wurden. Bei Hegi wurde den Schmelzwässern durch den von Wiesendangen gegen SW vorgefahrenen Eislappen der Abfluß verwehrt, so daß diese E um den Orbüel abfließen mußten.

Fig. 44 ▷
Quartärgeologische Karte des Hörnli-Berglandes und des N-Randes der Linthebene

Deckenschotter-Reste
Schieferkohlen
Würmzeitliche Schotter
Moränen des Würm-Maximums
Stauschutt-Terrassen
Eisrandlage des Würm-Maximums
Moränen des Schlieren-Stadiums
Moränen des Zürich-Stadiums
Moränen des Stadiums von Hurden–Rapperswil
Kare
Schmelzwasserrinnen
Würmzeitliche Erratiker
Rißzeitliche Erratiker
Rundhöcker
Drumlins

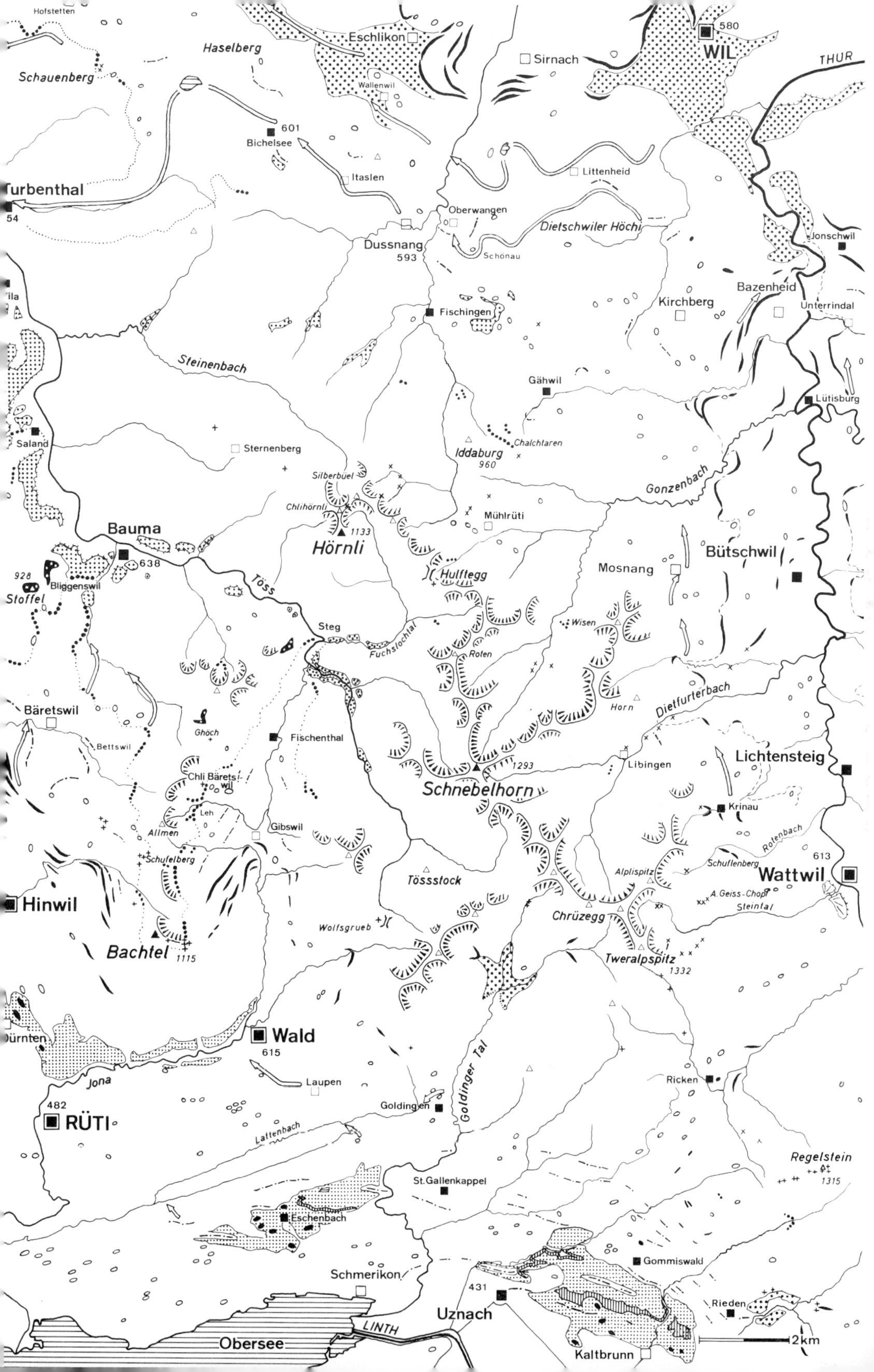

Hofstetten
Haselberg
Schauenberg
Eschlikon
Wallenwil
Sirnach
580
WIL
THUR
601
Bichelsee
Itaslen
Littenheid
Turbenthal
54
Oberwangen
Dietschwiler Höchi
Schönau
Dussnang
593
Jonschwil
Bazenheid
Kirchberg
Unterrindal
Fischingen
Steinenbach
Gähwil
Lütisburg
Saland
Sternenberg
Chalchtaren
Iddaburg
960
Silberbüel
Gonzenbach
Chlihörnli
Mühlrüti
1133
Bauma
638
Hörnli
Bütschwil
928
Bliggenswil
Stoffel
Töss
Hulftegg
Mosnang
Wisen
Steg
Fuchslochtal
Roten
Dietfurterbach
Horn
Bäretswil
Ghöch
Fischenthal
Bettswil
Chli Bäretswil
1293
Libingen
Lichtensteig
Schnebelhorn
Leh
Allmen
Gibswil
Krinau
Rotenbach
Schufelberg
Schuflenberg
613
Alplispitz
Wattwil
Tössstock
A. Geiss-Chopf
Steintal
Hinwil
Chrüzegg
Wolfsgrueb
Bachtel
1115
Tweralpspitz
1332
Dürnten
Wald
615
Goldinger Tal
Jona
Laupen
Ricken
482
RÜTI
Goldingen
Lattenbach
Regelstein
1315
St. Gallenkappel
Eschenbach
Gommiswald
Schmerikon
431
Rieden
Uznach
LINTH
Obersee
2km
Kaltbrunn

J. EBERLI (1893) betrachtete die Bichelsee-Talung, wie diejenigen von Littenheid und Dußnang-Itaslen, als interglazialen Thurlauf; J. HUG (1907), CH. FALKNER (1910), FREY (1916), E. HESS (1946) und ANDRESEN deuteten sie als bei aufeinanderfolgenden Rückzugslagen eingetiefte randliche Schmelzwasserrinnen des Bodensee-Rhein-Gletschers, bildeten sich doch analoge Talungen auch im Girenmoos SE von Flawil und weiter W, gegen Unterrindal, aus (O. KELLER, 1976). Wie die linksseitigen Rinnenabschnitte des Thur-Gletschers liegen sie etwas höher als die zugehörigen Staffeln der entsprechenden Rückzugslagen von Alten (=Schlieren) und von Andelfingen (Zürich). Ihre Anfänge setzen zudem höhere Eisstände voraus, sind sie doch bis über 100 m in die Molasse eingetieft. Daher sind auch die Rinnen älter als diese Rückzugsstadien, in denen sie teilweise nochmals benutzt wurden. Ihre Anlage fällt damit in die letzten Stadien des würmzeitlichen Eisaufbaues.

Diese Deutung stützt sich auf an ihrem Rande bei Oberwangen und bei Wallenwil auftretende Molasse-Rundhöcker, deren letzte Überprägung – wie die glaziären Einbrüche in die linken Seitentäler der Thur – damals erfolgte. Zudem treten an den Randlagen häufig überfahrene Stauschotter auf, die – infolge randlicher Verkittung – früher meist als Hochterrassenschotter der Riß-Eiszeit zugeordnet wurden.

Wallreste W von Mosnang um 800 m und solche SE von Mühlrüti um 770 m dürften das Schlieren-Stadium des sich noch mit dem Rhein-Gletscher vereinigenden Thur-Gletschers darstellen. Gegenüber den zu seitlichen Stirnlappen abfallenden Wällen des Bazenheider Stadiums lag die Eisoberfläche um rund 70 m höher. Im Konfluenz-Bereich der beiden zeichnet sich dieser Stand W und NW von Kirchberg, bei Dietschwil sowie NE der Dietschwiler Höchi (SW von Wil) ab. Neben Moränenwällen treten zugehörige Abflußrinnen auf. Im südlichen Rhein-Gletscher-Gebiet stellen sich Relikte dieses Eisstandes bei Chienberg SSE von Aadorf ein (ANDRESEN, 1964).

Der Necker-Gletscher

Im würmzeitlichen Maximalstand hingen Thur- und Necker-Gletscher über das flache, rundhöckerartig überprägte Transfluenzgebiet (1030 m) von Krummenau zur Mistelegg zusammen. Auch über die Sättel von Heiterswil und der Wasserfluh (843 m) drang Thur- zum Necker-Eis vor. Von E erhielt dieses durch einen Lokalgletscher vom Wilket, der bei Ebersol mündete, einen weiteren Zuschuß. Noch bis ins Bazenheider (=Stein a. Rh.-)Stadium wurde der Necker-Gletscher mit Säntis-Eis beliefert, das über die beiden Transfluenzsättel von Alp Horn und von Ellbogen zufloß (S. 88).

Selbst über Oberhelfenschwil (798 m) floß in den höchsten Ständen Thur-Eis zum Necker-Gletscher über. Beim Rückzug wandten sich Schmelzwässer der Thur-Eislappen ins Neckertal (A. LUDWIG, 1930K).

Nach O. KELLER (1974) trafen zwischen Ganterschwil und Tufertswil der Necker-aufwärts vorstoßende Thur- und der Necker-Gletscher im Maximalstand aufeinander. Nach einem ersten Rückzug – wohl im Alten/Dießenhofen-Stadium – stirnten die beiden NW von Mogelsberg mit steil abfallender Stirn. Dies wird bekundet durch Moränenreste, Rundhöcker, Schmelzwasserrinnen sowie durch eistektonische Störungen in den über würmzeitlichen Deltaschottern sich einstellenden frontalen Stauschottern des Nassenfeld NW von Mogelsberg (Fig. 21 und 22). Zu ihrer Schüttung trugen – neben dem durch Blöcke von «Appenzeller-Granit» belegten Anteil aus dem Wilket-Gebiet und dem

über den Sattel von Degersheim vorgestoßenen Eis – auch die S von Flawil, von Wolfertswil und vom Kloster Magdenau, gegen SW übergeflossenen Zungen des Rhein-Gletschers bei. Die SW-Grenze der kristallinen Erratiker scheint den Bereich zwischen dem von E und NE eingedrungenen Rhein-Eis und dem gegen NE vorgestoßenen Necker/Thur-Eis zu bekunden.
In einer weiteren Rückzugslage endete der Necker-Gletscher unterhalb von Necker. Dem von der Neutoggenburg abfließenden Bach wurde durch die Gletscherstirn der Unterlauf verwehrt, so daß er mit randlichen Schmelzwässern über Metzwil nach N abgelenkt wurde. Die Anlage der randlichen Rinne dürfte auf einen entsprechenden Stand des vorstoßenden Gletschers zurückgehen.
Das Bazenheider (= Zürich)-Stadium gibt sich mit mehreren Staffeln um St. Peterzell zu erkennen. Eindrucksvoll sind die Stauschuttmassen in der Schönauer Talung, die auf 900 m Höhe durch einen eingedrungenen Necker-Lappen gestaut wurden (Keller, 1974).
Anzeichen des Neßlau (= Hurden)-Stadiums finden sich am Ausgang des Kars der Gössigenhöchi (1435 m) und im Talschluß, im Ampferenboden, wo sich die Eismassen vom Hinterfallenchopf (1532 m), vom Pfingstboden, vom Spicher und von der Hochalp vereinigt hatten.

Ebnater Steintal- und Luteren-Gletscher

Als der Thur-Gletscher noch bis über Neßlau vorstieß (S. 95), endete derjenige aus dem *Ebnater Steintal* wenig unter 900 m. Aus dem Schorhütten–Tanzboden-Gebiet nahm er einen letzten Zufluß auf. Bei einer Gleichgewichtslage um knapp 1200 m lag die klimatische Schneegrenze um 1300 m.
Im Chüeboden N des Tanzboden (1443 m) lag noch im frühen Spätwürm ein Firnfleck. Im Hurden-Stadium reichte die Zunge bis 1150 m, später noch bis 1250 m herab.
In diesem späteren Stadium reichte Eis aus dem Kar NE des Schorhüttenberg bei einer Gleichgewichtslage von knapp 1300 m und einer klimatischen Schneegrenze um 1400 m bis 1200 m herab; dasjenige vom Speer (1950 m) endete auf 1100 m.
In einer noch jüngeren Kaltphase wurde das Becken von Bodmen (1250 m) erneut mit Eis gefüllt; noch im Churer Stadium hing eine Zunge bis zur Elisalp, bis 1500 m, herab.
Der zwischen Hochalp und der nordwestlichen Säntis-Kette gegen W–SW abfließende *Luteren-Gletscher* stieß im Neßlau-Stadium gegen Enetbüel vor. Dabei vermochte er sich erst noch mit dem Thur-Eis zu vereinigen (Fig. 45); bei einer Rückzugsstaffel wurde er selbständig. Die Wälle sind wohl größtenteils unter den holozänen Bergsturztrümmern von Laui–Weid begraben.
Ein Teil der Moräne mit großen Blöcken und Stauschutt am Ausgang des Luterentales (A. Gutzwiller, 1873; A. P. Frey, 1916, Chr. Grüninger, 1972) dürfte allenfalls bereits beim frühwürmzeitlichen Vorstoß im eisfreien Schüttungsbereich zwischen Thur- und Luteren-Gletscher abgelagert worden sein. Sie wäre zeitlich den eisrandnahen Schottern am Rande der Linthebene gleichzusetzen.
Ein jüngerer Stand – wohl das Feldkirch-Stadium – zeichnet sich in den Seitenmoränen von Wald und Bergli ab. Noch jüngere Moränen finden sich im Hüttenwald, auf Säntis- und auf Lütisalp.
Die Moräne von Schwarzenegg und auf der Wideralp bekunden einen weiteren spätwürmzeitlichen Vorstoß.

Im Talboden von Rietbad liegt die Felssohle in 18–30 m Tiefe. Die vorwiegend feinkörnigen Sedimente der Talfüllung – Feinsande und Silte – deuten auf Ablagerungen in einem stillen Gewässer, die lokal überlagernden Grobsande und Kiese auf jüngere Deltas der Luteren und eines Seitenbaches hin. Beim Rietbach liegt direkt Torf auf anstehender (?) Molasse, so daß dort Seebildung und Verlandung parallel verlaufen sind. Der Bergsturz von Laui–Weid war offenbar durchlässig genug, so daß das Wasser der Luteren nur leicht gestaut wurde (Dr. O. LIENERT, schr. Mitt.). In einer Bohrung in der Ebene des Rietbad konnten in 4 und in 6,4 m Tiefe *Picea abies*, in 6,4 m *Salix*, in 7,7 m *Fraxinus*, in 19,2 m *Abies alba* und in 22,6 m nochmals *P. abies* gefunden werden. Aufgrund dieser wohl eingeschwemmten Hölzer und des noch in 22,6 m Tiefe auftretenden Holzes von *P. abies* sind die 23 m mächtigen Ablagerungen in der Ebene des Rietbad jünger als Jüngeres Atlantikum, der Bergsturz somit holozän (H.-P. FREI, 1976).

Das Obertoggenburg und die Voralp im Spätwürm

Im *Obertoggenburg* standen sich noch im Konstanzer (= Hurden)-Stadium Säntis- und Churfirsten-Eis einem gegen Wildhaus vordringenden Lappen des Rhein-Gletschers gegenüber. Dieser zwang den Thur-Gletscher, durchs Toggenburg abzufließen. Aus der Verbindung der als Rhein-Moränen zu deutenden Wälle von Schönenboden–Wildhaus und von Großrüti (SE von Wildhaus) mit der Stirnmoräne von Eggerstanden ergibt sich ein Gefälle des Rhein-Gletschers von rund 10‰. Gleichaltrige Moränen des Säntisthur-Gletschers lassen sich zwischen Moos und Lisighus, solche der Churfirsten-Gletscher zwischen Oberdorf und Vorder Schwendi beobachten.
Dank dem übergeflossenen Rhein-Eis reichte der Thur-Gletscher noch etwas über Neßlau hinaus, was sich in seitlichen Wallresten, Stauterrassen, einsetzenden Schmelzwasserrinnen, frontalen Rundhöckern und in einem Sander bei Krummenau zu erkennen gibt (CHR. GRÜNINGER, 1972). Bei Schwand, 1,5 km SE von Neßlau, zeichnet sich ein innerer Eisrand ab. Im Becken von Stein betrug die Eismächtigkeit noch gegen 150 m, was durch die auf 950 m gelegene Seitenmoräne von Stigen W des Dorfes belegt wird.
Ein durch flache Moränen und Rundhöcker markierter Rückzugshalt zeichnet sich bei Stein ab. Ein nächster Eisrand ist hinter dem Kieselkalk-Riegel von Starkenbach/Stein gegeben. Dann wich das Eis aus dem Becken von Unterwasser–Starkenbach zurück. Die Schutt-Terrassen S von Alt St. Johann dürften als Kamesbildungen zu deuten sein. Das in den Flysch eingetiefte Talstück Wildhaus–Unterwasser wurde erstmals eisfrei. In ältere Moränen, Flysch- und Oberkreide-Gesteine und lokal in Schrattenkalk eingekolkte Zungenbecken treten an den Mündungen der Churfirsten-Täler auf (Fig. 46).
Eine zeitliche Einstufung der Stirnmoränen der *Churfirsten-Gletscher* scheint am Abhang vom Gamserrugg gegen den Grabserberg gegeben. Auf Bilärs und am Rohregg, 3 km

▷

Fig. 45 Das zwischen Neu St. Johann (links) und Neßlau (rechts) ins Thurtal mündende Luterental. Dahinter das Moränengebiet von Lutenwil mit Wällen des Luteren- und Thur-Gletschers. Der im Winkel beider Gletscher gebildete Eisstausee brach beim Abschmelzen aus (Mitte, linkes Bilddrittel). Darüber die würmzeitliche Felsschulter der Alp Frießen. Im Hintergrund die nördliche Säntis-Kette mit der Mittelmoräne der Chammhalde (links), der Stockberg, der Risipaß, eine rißzeitliche Transfluenz, dahinter Gmeinwis und Neuenalpspitz. Aus: HANTKE, 1967. Flugaufnahme: Swissair-Photo AG, Zürich.

Fig. 46 Das obere Toggenburg gegen W mit Unterwasser (rechte untere Bildecke), Alt St. Johann, Starkenbach (Bildmitte) und Neßlau-Neu St. Johann (hinter dem Neuenalpspitz). Links die Churfirsten-N-Abdachung mit den eisüberschliffenen Alpen von Iltios (Vordergrund), Selamatt und Selun und den ins Thurtal abfallenden, von Moränen umgürteten Zungenbecken. Rechts des Thurtales die vom Eis ausgeräumten Wannen der Gräppelen-Talung mit der Stirnmoräne des Rietegg (Verbindungslinie Neuenalpspitz–Bildmitte).
Aus: Hantke, 1967. Flugaufnahme der Swissair-Photo AG, Zürich.

W von Grabs, stellen sich Seitenmoränen eines *Voralp-Gletschers* ein. Von 1120 m an dreht der Rohregg-Wall gegen N und fällt steiler ab. Durch das gegen Wildhaus vorstoßende Rhein-Eis wurde auch der Voralp-Gletscher gegen N abgelenkt. Nach der Höhenlage dürfte dieser Wall zeitlich demjenigen von Wildhaus entsprechen. Die Wälle von Bilärs und Rohregg würden damit das Konstanzer Stadium und jüngere Rückzugsphasen bekunden. Am Maienberg liegen internere Moränen. Da sich diejenigen oberhalb von Litten bis unterhalb 700 m verfolgen lassen, konnte dieser Vorstoß erst erfolgen, nachdem der Rhein-Gletscher dieses Areal freigegeben hatte. SW von Grabs läßt sich ein Wall bis P. 615 erkennen, der als Mittelmoräne zwischen Voralp- und Rhein-Gletscher zu deuten ist. Er entspricht einerseits dem Eisstand oberhalb von Litten, anderseits läßt sich der damit dokumentierte tiefe Stand des Rhein-Eises mit den Moränen S von Feldkirch verbinden. Die noch interner gelegenen Seitenmoränen des Voralp-Gletschers von Ammadang, die bis gegen 800 m absteigen, wären zeitlich mit den Stirnmoränen am Ausgang der Churfirsten-Täler zu verbinden. Sein größeres Einzugsgebiet, die Vereinigung von drei Teilgletschern und die NE-Exposition erklären den über 100 m tiefer reichenden Vorstoß. Diese interneren Gletscherstände wären alpennäheren Ständen des Rhein-Gletschers gleichzusetzen, denjenigen unterhalb von Sargans, von Ragnatsch und Wartau (HANTKE, 1968, 1970a).

Daß der östlichste Churfirsten-Gletscher nur bis 1000 m hinabreichte, ist wohl darauf zurückzuführen, daß das Eis vom Firnsattel zwischen Chäserrugg und Gamserrugg gegen das Toggenburg und zur Voralp abfloß.

Die Wälle, welche die Schwendiseen umgürten, sind einer interneren Staffel zuzuordnen. Diese dürfte im Rhein-System mit der inneren Randlage des Sarganser Stadiums zu verbinden sein.

Erst darnach gaben die Churfirsten-Gletscher – wie diejenigen des Säntisgebirges – größere Areale frei. Während in dieser Zeit im Vorderrheintal der Flimser Bergsturz niederbrach, wurde auch das Voralptal verschüttet. Im nachfolgenden Churer Stadium vermochte jedoch der viel bescheidenere Voralp-Gletscher die Sturzmasse nicht mehr zu überwinden, sondern füllte nur noch die dahinter gelegene Wanne des Voralpsees und lagerte auf dessen N-Seite zwei aufeinander zulaufende Moränenwälle ab, die später noch von Nachstürzen tangiert wurden.

Auf der N-Abdachung der Churfirsten entsprechen diesem Vorstoß die Wälle von Hinterseen S der Schwendiseen und die stirnartige Blockanhäufung S der Hinteren Roßweid des Frümsel-Gletschers.

Noch im letzten Spätwürm waren die Kare zwischen den einzelnen Churfirsten von kleinen Gletschern erfüllt.

Am Selun, dem westlichsten Churfirst, ist von E. BÄCHLER (1934) mit dem Wildenmannlisloch eine weitere bedeutende Jagdhöhle des paläolithischen Höhlenbärenjägers untersucht worden (Bd. 1, S. 220).

Am N-Rand des Hinteren Schwendisee konnte H. M. BÜRGISSER (1973) in einer Bohrung gegen 10 m Seekreide, darunter Seebodenlehme feststellen. Da die Seekreide W des Sees noch 1 m über dem heutigen Seespiegel auftritt, lag dieser früher 1,5–3 m höher. Im Zungenbecken S des Sees wölbt sich ein Hochmoortorf mit Birken noch über 1,5 m über den Flachmoortorf.

Im Tal der *Säntisthur* läßt sich – infolge des geringeren Gefälles von Thurwis bis Unterwasser – eine räumliche Differenzierung der Eisstände beobachten. Neben den Moränen beidseits der Thurschlucht, die der Eisrandlage am Durchbruch von Starkenbach–Stein der westlichen Churfirsten-Gletscher entsprechen, finden sich auf Chücboden prachtvolle Endmoränen. Auch der Stirnwall von Rietegg WSW des Gräppelensees ist mit ARN. HEIM (1905) und W. TAPPOLET (1922) diesem Stand zuzuweisen.

Ein internerer Kranz umschließt den Alpliboden und bekundet eine Gletscherstirn bei Laui (TAPPOLET, 1922; TH. KEMPF, 1966).

Im Churer Stadium füllte der Säntisthur-Gletscher nochmals das Zungenbecken der

Thurwis mit Eis und rückte bis gegen den Alpliboden vor. Die Moränen im Tälchen zwischen Burstel und Stein stellen Mittelmoränen eines Gletschers vom Wildhuser Schafberg dar, der nochmals bis Gamplüt und Laub vorstieß.
Nächste spätwürmzeitliche Moränen eines in zwei Zungen aufgelösten Säntisthur-Gletschers finden sich auf Wannen und im Längenbüel sowie auf Litten im Tal zum Rotsteinpaß. Sie bekunden einen Vorstoß bis gegen 1300 m und dürften dem Suferser-Stadium des Rhein-Gletschers entsprechen. Erst die noch höheren Moränenwälle wären im ausgehenden Spätwürm abgelagert worden.
Der *Tesel-Gletscher* aus dem Einzugsgebiet Gulmen–Mutschen–Altmann–Wildhuser Schafberg reichte im Sarganser Stadium NE von Wildhaus nochmals bis 1100 m herab. Noch im Churer Stadium stieß er bis ans Flürentobel vor, während das Eis vom Wildhuser Schafberg durch diese Schlucht bis 1200 m niederfuhr (Hantke, 1970a, b).

Die Entstehung des Rheintales zwischen Bodensee und Chur

A. Rothpletz (1900) nahm für die Entstehung des Rhein- und des Linthtales noch tiefreichende Verwerfungsspalten an, die sich bei Sargans gekreuzt hätten.
Später zeigten Alb. Heim (1905, 1919) und sein Sohn Arnold (1921, 1934), daß der Faltenbau der östlichen Säntisketten, an Bruchflächen verstellt, sich über die aus der Rheinebene aufragenden Inselberge – Montlinger Berg–Kadel–Pocksberg, Kummaberg–Udalberg–Sonderberg, Bergli–Büchler Berg–Bergle–Neuburg – in die Kreideketten Vorarlbergs fortsetzt.
Mit der endgültigen Platznahme des helvetischen Deckenstapels und der damit einhergegangenen Verschuppung der Subalpinen Molasse wurde auch die miozäne Molasse des Hörnli- und des Pfänder-Schuttfächers verbogen, bilden doch die jüngsten Molasseschichten am Tannenberg NW von St. Gallen eine flache Synklinale. Darüber liegt noch ein Erosionsrelikt einer exklusiven Flyschschüttung, die mit F. Hofmann (1973) vor der Bildung des heutigen Rheintals und des Bodensee-Beckens erfolgt sein muß und von ihm mit den Vogesen-Schottern der Ajoie (Bd. 1, S. 267) – allerdings bisher ohne Fossilbelege – ins Pliozän gestellt wird.
Zur Zeit der Schüttung der pliozänen(?) Tannenberg-Flyschschotter und -Sande dürften Rhein- und Ill-Gletscher bereits bis in die Gegend von Feldkirch vergestoßen sein, da der angelieferte Flyschschutt (Reiselsberger Sandstein, Piesenkopf- und Plankner Brücke-Serie, quarzitische Sandsteine) vorab aus dem vorderen Walgau – vom Hochgerach und vom Frastanzer Sand – von der auf einem höheren Rheintal-Niveau durchbrochenen Flysch-Mulde von Wildhaus–Fraxern und von der Fäneren stammen dürfte (Hantke, 1979b).
Nach A. Steudel (1874), Rothpletz und Alb. Heim (1919) hätte sich nach dem Abschmelzen des Eises ein zusammenhängender Rhein-Linthsee gebildet. Dieser hätte im E bis in den Walgau und ins Prättigau, im S bis über Chur hinaus gereicht und wäre über den Walensee mit dem Zürichsee verbunden gewesen. Nach Heim hätte ein derartiger See bereits vor der Größten Eiszeit existiert und wäre damit das Werk des fließenden Wassers gewesen.
Zwischen dem SE-Ende des Bodensees und den schräg zur Talachse verlaufenden Kreide-Rücken – Schellenberg und Ardetzenberg–Sulzer Berg – konnte durch Bohrungen und seismische Profile ein tiefes Talbecken mit steilen, klüftungsbedingten Rändern aus-

gelotet werden. Bereits N dieser Felsrücken, im Bereich der Inselberge, zeichnen sich eingeschotterte Felsschwellen ab. Diese können zudem noch durch Moränenstaffeln verbunden sein, die sich seismisch und in Bohrprofilen kaum zu erkennen geben, das Bekken jedoch unterteilen wie die subaquatischen Moränenwälle im Vierwaldstättersee, die über 100 m vom heutigen Seegrund emporragen und nur von 27 bzw. 50 m Wasser überflutet werden.
Während heute die Esche aus der Talung zwischen Drei Schwestern und Schellenberg rückläufig gegen SW entwässert, fließt der Grundwasserstrom in dem WNW von Feldkirch nur 500 m breiten Tal offenbar unter dem ehemaligen Zungenbecken von Ried gegen NE (E. WEBER, 1978b, c; in H. BERTSCHINGER et al., 1978).
SE von St. Margrethen taucht die Molasse mit 10° axial unter die Rheinebene ab. Dagegen wurde sie in Lustenau zwischen Rhein und Kirche mehrfach schon in 6 m Tiefe angetroffen (J. BLUMRICH, 1942). Bei Rieden SW von Bregenz steht sie gar noch 2 km vom rechten Talrand entfernt an.
Aus dem Rheintal liegen nur wenige tiefere Bohrungen vor. In der *Bohrung «Dornbirn 1»*, 2,5 km N des Stadt-Zentrums, wurde der Molasse-Untergrund in 336,5 m erreicht (W. HUF, 1963). Von den zuletzt durchbohrten 280 m Seetonen mit geringem Schluff- und Feinsand-Gehalt stellte W. KLAUS – aufgrund von Pollenspektren im Abstand von je 50 m – 30–80 m ins Spätglazial, die folgenden 250–200 m mit vereinzelten Holzresten ins Postglazial. 7 m sandige Lehme und 40 m Feinkiese wurden von W. MASCHEK als Schuttfächer-Ablagerungen eines Seitenbaches gedeutet. Dann folgen noch 3 m Torfe, die von 6 m Lehm überlagert werden.
Die eher randlich niedergebrachten Bohrungen NE von *Rüthi SG* erreichten bereits in geringer Tiefe die Felssohle; nur bei drei etwas weiter vom Berghang entfernten wurde Seewerkalk in 78 m, in 83,8 m und – N der Ill-Mündung – in 125,2 m erreicht. Unter geringer Kolmatierungsschicht folgen zunächst 21 m sandige Kiese – Flußschotter, dann ab Kote 401,8 m, 100 m siltige Sande und Tone – Seeboden-Ablagerungen, ab 302 m noch 2,6 m Grundmoräne. Benachbarte Bohrungen bestätigen See-Ablagerungen bis auf eine Höhe von 405 m (Dr. M. KOBEL, mdl. Mitt.).
Grundwassertiefbohrungen aus dem Fürstentum Liechtenstein (Dr. P. NÄNNY, schr. Mitt.) erbrachten unter Schottern und Sanden lehmige Feinsande und fest gelagerte Lehme, die als Seeboden-Ablagerungen gedeutet werden. Ohne den Fels zu erreichen, wurden diese in Balzers-Schifflände und S von Triesen bis in eine Tiefe von 151 m, im Riet zwischen Schaan und Eschen bis 125 m, in Vaduz, Schaan und Ruggell bis 100 m vorgetrieben.
Da alle Bohrungen in Becken liegen, können sie zur Kenntnis des Felsreliefs kaum beitragen. Doch zeigen sie, daß die vorgängige Ausräumung und Wiederauffüllung auch in Liechtenstein bis über 150 m betragen hat.
Dabei reichen lehmige See-Sedimente in Balzers bis auf eine Kote von 357 m, bei Triesen bis auf 393 m, in Vaduz bis auf 388 m, in Schaan als lehmige Feinsande bis auf 423 m, bzw. 411 m, im Riet zwischen Schaan und Eschen bis auf 400 m und bei Ruggell bis auf 380 m.
Eigentliche Schotter setzen in Balzers auf Kote 421 m, in Triesen in 412 m, in Vaduz in 421 m, in Schaan in 423 m, bzw. in 420 m, zwischen Schaan und Eschen in 427 m und in Ruggell, ebenfalls nach rund 30 m mächtigen Verlandungs-Sedimenten mit Holzresten und Torflagen in 413 m ein.
Jungquartäre Auffüllungen wurden jüngst auch in den Tiefbohrungen von Chur und

Zizers durchfahren (S. 218). Mit geoelektrischen Untersuchungen konnte das Relief dieser eingeschotterten Seebecken abgetastet werden (E. MÜLLER, mdl. Mitt.).
Leider erbrachten weder Bohrprofile noch geophysikalische Untersuchungen über die *Chronologie* allzu viel Gesichertes. Die Existenz eines bis über Chur reichenden spätglazialen Bodensees, der bei Sargans durch die Walensee-Talung mit dem Zürichsee zusammengehangen hätte, kann somit nicht bestätigt werden.
Daß Seeablagerungen in den Profilen des Rheintales eine große Bedeutung zukommt, ist offenkundig. Doch können diese nicht lückenlos miteinander verbunden werden und – wie jüngste Bohrungen im Churer Rheintal erkennen lassen – zeigen sie nicht einen gegen die Schüttungswurzeln ansteigenden Verlauf.
Die im oberen Rheintal über weite Bereiche in gut 20 m Tiefe einsetzende Kiesschüttung (E. WEBER, mdl. Mitt.) ist auf eine sich verstärkende Erosion zurückzuführen. Wohl die Bedeutendste ereignete sich mit dem Durchbruch des Rheins durch die zuvor niedergebrochenen und vom Rhein-Eis nochmals überfahrenen Trümmermassen des Flimser Bergsturzes und des Riegels von Reichenau (S. 237). Die ausgeräumte Kubatur beträgt gegen 2 km³, die im Rheintal geschüttete Schotterflur über 400 km². Dabei wurde zunächst im Churer Rheintal geschüttet, so daß für das Rheintal von Bad Ragaz bis zum Bodensee maximal 3–4 m verbleiben. Aufgrund der Lage der Jüngeren Dryaszeit in rund 20 m Tiefe (S. 104), sollte sich der Durchbruch des Rheins durch die Trümmermassen tiefer in den Profilen abzeichnen, wohl in den über den Seetonen einsetzenden Schottern. Zudem müssen auch in der folgenden, noch vorab waldfreien Zeit des jüngeren Spätwürms bedeutende Schottermassen ab- und umgelagert worden sein, während die um 20 m Tiefe einsetzende, höhere Schotterschüttung den in der Jüngeren Dryaszeit – infolge des Rückganges der Bewaldung – höheren Schuttanfall widerspiegeln würde.
Die spätere Aufschüttung erfolgte wohl vorwiegend durch kräftige Hochwasser. Solche stellten sich 1834 und 1864, 1927 und 1954 ein. Im Engnis der Wackenau-Schleife W von Reichenau-Tamins ist dasjenige vom 25. September 1927 durch eine Hochwasser-Marke belegt. Diese liegt heute 8 m über dem Normal-Wasserstand des Vorderrheins. Damals stand der Spiegel des Vorderrheins an der Pegelstelle bis auf eine Höhe von über 604 m, die Felssohle auf 594 m, so daß der Durchfluß-Querschnitt mindestens 300 m², gegenüber 20 m² bei Niedrigstwasser, betrug. Dazu kam noch die bedeutend höhere Fließgeschwindigkeit.
Beim letzten Hochwasser vom 16. August 1954 führte der Vorderrhein eine nur wenig geringere Wassermenge, aber weniger Geschiebe. Seither sind die Hochwasserspitzen, als Folge der Bewuhrung, Verbauung der Seitenbäche und der Errichtung von Staubecken, geringer geworden.
Neben dem Rhein brachten auch seine weiteren Zuflüsse, vorab die Landquart, zuweilen bedeutende Zuschüsse an Wasser und Schutt. So standen beim Hochwasser von 1910 Bahn und Straße am Ausgang der Chlus mehr als 1 m unter Wasser (H. CONRAD, 1939). Selbst nach dem Aufstau mehrerer Zuschüsse in Stauseen ist das Vorderrheintal noch immer durch eine Reihe von Wildbächen mit bedeutender Schuttlieferung gefährdet, so durch Sinzera-, Zavragia-, Tschar-, St. Peters- und Schuerbach, durch Glenner, Flem- und Carrerabach, die in den letzten 3 Jahrzehnten – 1951, 1954, 1962, 1964, 1967, 1968 – bedeutende Schäden angerichtet haben.
Wenn die in der Bohrung Dornbirn durchfahrenen 280 m Seetone nur im frühen Spätwürm abgelagert worden wären, hätte die Sedimentationsrate dort mindestens 10–15

cm/Jahr betragen, während für die Schotterablagerung – mit Ausnahme der wohl katastrophal erfolgten Basisschüttung – nur eine solche von 1–2 mm resultieren würde. Wenn gar eine größere Tiefe über weitere Bereiche angenommen wird, bietet die Herkunft dieses bedeutenden Feingutes – selbst bei einem erheblichen Anteil an Ausschmelzmoräne – Probleme. Zudem ist es unwahrscheinlich, daß in Dornbirn bereits die mächtigste Quartärfüllung durchfahren worden ist. Es stellt sich daher die Frage, ob nicht allenfalls ein Teil der Seetone bereits beim Vorrücken des Rhein-Gletschers abgelagert, später vom Eis überfahren und gepreßt worden ist. Dies würde auch mit den Beobachtungen über den Wassergehalt der Proben in Einklang stehen (E. WEBER, 1978; mdl. Mitt.). Damit wäre dann die tiefste Moräne nicht eine würmzeitliche, sondern mindestens eine rißzeitliche, und in der – mindestens theoretisch – dazwischen liegenden Grundmoräne lägen vom Untergrund aufgearbeitete Seetone vor. Diese dürfte sich wohl weder im Bohrprofil noch geophysikalisch von ursprünglich als Seetone abgelagerten Sedimenten unterscheiden. Damit würde jedoch die tiefste Ausräumung nicht in die Würm-, sondern mindestens in die Vorstoßphase der Riß-Eiszeit fallen.
Eine alte Schwelle von Alluvionen verläuft von Vaduz über Schaan–Grabs nach Gams. S davon kam es zur Ablagerung mächtiger Kiese und Sande, zur Bildung eines eigentlichen Deltas. Von Oberriet–Montlingen verläuft eine alte Schotterrinne und damit das Grundwasser über Mäder–Altach gegen Dornbirn (WEBER in BERTSCHINGER et al., 1978).
Da die Rheinebene stets durch Überschwemmungen gefährdet war, finden sich sowohl die vorgeschichtlichen als auch die geschichtlichen Dokumente nur an den Rändern, auf Inselbergen oder an Flußübergängen. Erst jüngere Siedlungen wurden auf Kiesrücken in der Ebene erbaut (S. 60).

Der spätwürmzeitliche Eisabbau im St. Galler- und im Vorarlberger Rheintal

Während das Rhein-Eis im Würm-Maximum S von Dornbirn zwischen Schwarzenberg und Staufenspitz noch bis auf gut 1150 m reichte (S. 77), stellen sich auf dem Sattel zwischen Schwarzenberg und dem rundhöckerartig überprägten Breiten Berg weitere Moränenstaffeln um 1040 m ein. ENE des Breiten Berg, auf Kühbergalp, setzt ein markanter Wall auf gut 1000 m ein, biegt vor den Rundhöckern der Karren (971 m) gegen NE ab und ist dann längs des Kühbergalp-Weges als Mittelmoräne zwischen Rhein- und Dornbirner Ach-Eis zu deuten. Gegenüber dem Würm-Maximum lag die Eisoberfläche um rund 150 m tiefer. Das auf rund 750 m einsetzende, mehr oder weniger horizontal verlaufende Wallstück im Kohlholz stellt eine jüngere Mittelmoräne, wohl eine des Konstanzer Stadiums, dar.
Zwischen Rüthi und Altstätten gibt sich das Konstanzer Stadium auf dem Chienberg (877 m), auf dem Hörchelchopf (878 m), einem der Dreiländerecken von Appenzell-Innerrhoden, Außerrhoden und St. Gallen, auf dem Gibel (870 m) und auf dem Hinter Chornberg (829 m) zu erkennen. Moränenreste belegen auf der E-Seite der Fäneren eine Eishöhe von 910 m und E des Stoß eine solche um 870 m.
Am N-Fuß des Hirschberg findet sich noch heute – zusammen mit *Andromeda polifolia, Menyanthes trifoliata, Eriophorum vaginatum, Vaccinium-, Salix-* und *Sphagnum*-Arten – neben *Betula pubescens* auch ein kleinstes Relikt von *B. nana*.
Auf das Konstanzer (= Hurden)-Stadium mit seiner Rückzugsstaffel von Altnau, das sich bei Wildhaus in Wallresten und am Sevelerberg in einer Erratiker-Zeile auf 1080 m

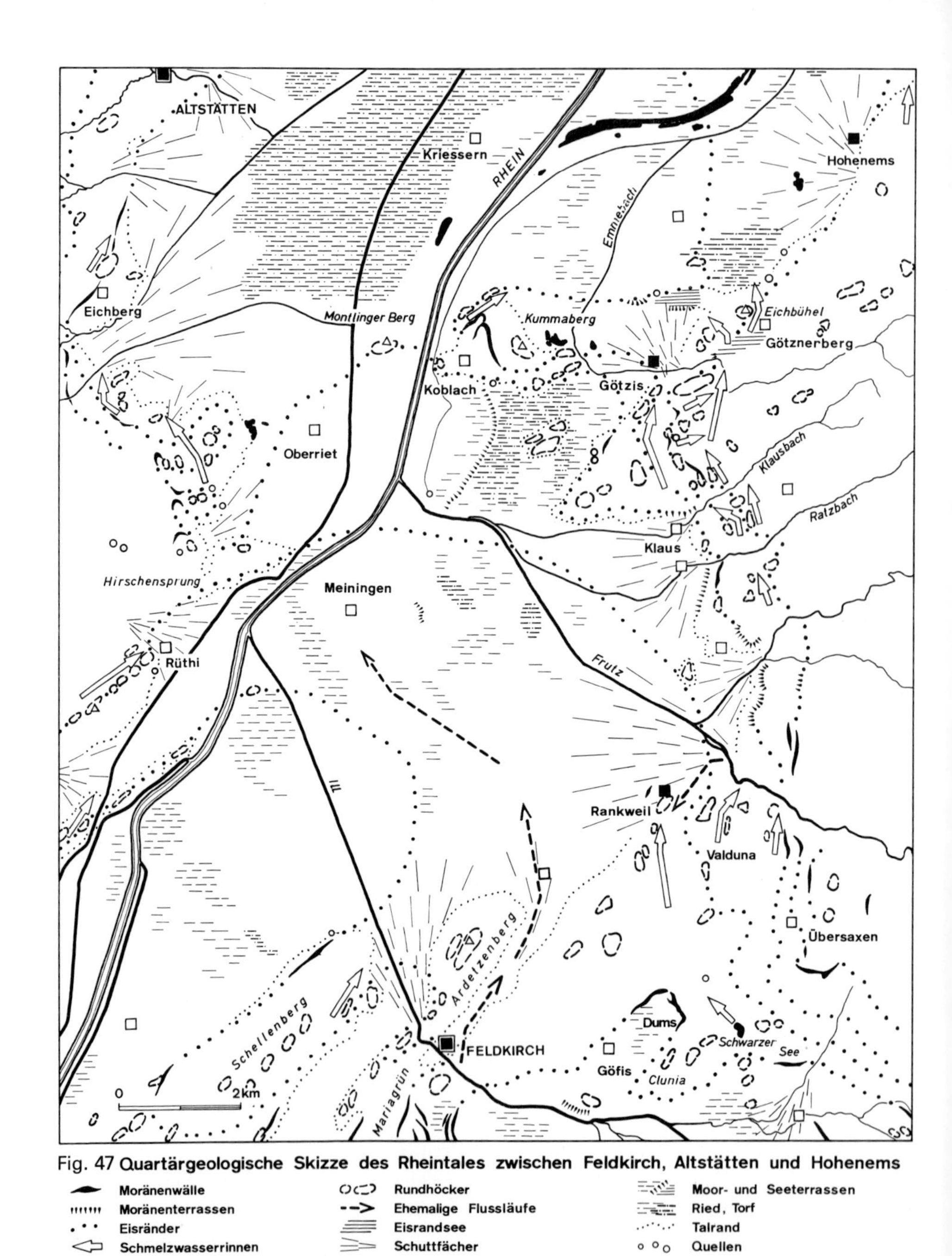

Fig. 47 **Quartärgeologische Skizze des Rheintales zwischen Feldkirch, Altstätten und Hohenems**

abzeichnet (U. Briegel, 1972) folgen im St. Galler Rheintal – wie in der Linthebene – mehrere Rückzugshalte, die sich – besonders auf der Vorarlberger Seite – in stirnnahen Ufermoränen, seitlichen Abflußrinnen, Eisrandterrassen, Rundhöckern und teils wieder eingeschotterten und verlandeten Zungenbecken abzeichnen (Fig. 47).

Nach der Mündung des Ill-Gletschers verrät eine Seitenmoräne bei Übersaxen eine Eishöhe während des Konstanzer-Stadiums von 950 m. Der Rainberg (830 m) an der Mündung des Laternser Tales lag noch unter Eis. Seit dem Stadium von Stein am Rhein schmolz der Rhein-Gletscher vertikal um 250–300 m zusammen.
Von den Hochflächen des Kamor (1751 m) und vom Hohen Kasten (1795 m) sowie aus den Karen von Rohr und von Chelen hingen noch im Feldkircher Stadium Eiszungen von der südöstlichen Säntis-Kette bis 600 m ins St. Galler Rheintal herab. Die darunter einsetzenden Schuttfächer von Rüthi, Lienz und Sennwald sind wohl als zugehörige Sander zu deuten.
Randliche Schmelzwasserrinnen um Götzis, Rankweil und Feldkirch, die sich mit Seitenmoränen verbinden lassen, deuten darauf hin, daß der Rhein-Gletscher – wie schon im frühen Hochwürm – mehrmals vorrückte und längere Zeit stagnierte, so daß Schmelzwässer Rinnen auskolken konnten (Fig. 47).
Vom Stauberengrat brachen dann im Holozän die Trümmermassen des Forst nieder, die zwischen Sennwald und Salez als bewaldete Hügel aus der Talebene emporragen und dessen äußerste Sturzblöcke im Rheinbett zutage treten. Aufgrund der ausgebrochenen Kubatur kann das Trümmerfeld nur eine geringe Tiefe aufweisen (E. Weber, mdl. Mitt.). Da anderseits Alb. Heim (1905) Rheinkiese mit Kristallingeröllen unter Bergsturzblökken erwähnt, ist der Sturz jünger als diese.
Im Bergsturzgebiet konnte P. Keller (1929) in der Galgenmad und bei Büsmig die Vegetationsentwicklung bis in die Tannenzeit zurückverfolgen. Über einem Lehm in 2,87 m stellt sich zunächst ein Seggen-, dann ein Schilftorf ein. In 2 m Tiefe erreicht *Abies* gar 60%, während *Fagus* sich zunächst mit 23–20% und der Eichenmischwald mit 17–14% deutlich unter der *Abies*-Kurve bewegen. Da *Castanea* mit Anteilen von 3–4% kurz nach dem *Abies*-Gipfel auftritt, dürfte dieser noch vor die Römerzeit fallen.
Etwas ausgeprägter erscheint das Stadium von Feldkirch–Büchel–Sennwald. S von Feldkirch schob sich ein durch mehrere Zungenbecken dokumentierter seitlicher Lappen gegen das Zungenende des Ill-Gletschers vor (S. 108). Gegenüber dem Konstanzer Stadium büßte der Rhein-Gletscher über 400 m an Eismächtigkeit ein.
Der Laternser Gletscher, bei Inner Laterns durch eine Seitenmoräne und Stauterrassen markiert, endete um 800 m.
Rheinaufwärts zeichnet sich dieses Stadium in Mittelmoränenresten SW von Grabs auf gut 600 m (S. 97) und zwischen Schaan und Vaduz in solchen von einmündenden Hängegletschern von den Drei Schwestern, in Seitenmoränenresten und in der Moränenterrasse von Planken ab (R. Blaser in F. Allemann et al., 1953k).
Auf der Schweizer Seite gibt sich dieser Stand in Gletscherschliffen und Rundhöckern und in der Ausbildung von Schmelzwasserrinnen längs talparallelen Brüchen zwischen Buchs und Oberschan zu erkennen. Rhein-Erratiker finden sich SW von Oberschan bis gut 800 m (Arn. Heim, in Heim & Oberholzer, 1917k; Briegel, 1972) und auf den interstadialen Bergsturzmassen von Azmoos, die von frührezenten Nachstürzen von den Fridachöpf überschüttet wurden. Seit dem Konstanzer Stadium büßte der Rhein-Gletscher um weitere 400 m an Eismächtigkeit ein.
Nach dem Feldkirch-Stadium wich das Eis offenbar kontinuierlicher zurück, stieß jedoch im Sarganser Stadium nochmals bis Azmoos vor.
Unterhalb der Diffluenz von Sargans können beim Linth/Rhein- und beim Bodensee-Rhein-Gletscher folgende, zeitlich sich entsprechende Spätwürm-Stände als Abtaulagen unterschieden werden:

Linth/Rhein-Gletscher	Bodensee-Rhein-Gletscher
Hurden–Rapperswil	*Konstanz*
Goldberg (N Schmerikon)	Altnau–Scherzingen
Schübelbach–Schmerikon	Heerbrugg–Dornbirn
Buttikon–Uznach	Rebstein–Widnau–Hohenems
Reichenburg–Maseltrangen	Altstätten–Altach–Koblach
Bilten–Schänis	Kobelwald–Montlingen–Götzis
Ziegelbrücke	Gruppen–Rüthi–Hirschensprung–Rankweil
Weesen	Sennwald–Büchel–*Feldkirch*
Ragnatsch	Wartau–*Balzers*
Mels	Sarganser Au

Kursiv: Endmoränenreste

Vom Fulfirst–Alvier- und vom Alvier–Gauschla-Kamm stießen Hängegletscher bis 800 m im Sarganser-, bis 1100 m im Churer- und bis 1300 m im Andeer-Stadium herab. Auch in Vorarlberg hingen noch im Sarganser Stadium mehrere Kargletscher von den Talschlüssen ins Laternser Tal und in die vom Hohen Freschen (2004 m) ausstrahlenden Täler. Diejenigen von der Hohen Madonna und vom Löffelspitz vereinigten sich nochmals zum Frutz-Gletscher, der, wie der Dornbirner Ach-Gletscher, bis auf 1100 m herab vordrang. Im Churer Stadium füllten sie erneut die Karwannen und selbst im Andeer- und im Suferser Stadium regenerierten sie zu verfirnten Schneemulden.

Spätwürmzeitliche und holozäne Sedimentation im St. Galler- und im Vorarlberger Rheintal

Hinweise über spätwürmzeitliche und holozäne Sedimentation im Rheintal vermittelt die Bohrung von Sarelli S von Bad Ragaz. In 26 m Tiefe fand sich in 4 m tonigen Silten eines ehemaligen Rheinlaufes ein *Pinus*-Holzrest, der ein ^{14}C-Alter von 10880 ± 2000 v. h. ergab (L. MAZURCZAK, schr. Mitt). Pollenspektren zeigten eine starke *Pinus*-Vormacht, etwas *Betula*, wenig *Tilia*, *Juniperus* – Wacholder, *Ephedra*, *Hippophaë* – Sanddorn, *Salix*, *Helianthemum* – Sonnenröschen, Compositen vom *Taraxacum*-Typ, Gramineen, Cyperaceen, Chenopodiaceen, *Selaginella*, Farnsporen, *Sphagnum* – Torfmoos, *Myriophyllum* – Tausendblatt und *Geranium* – Storchenschnabel (Dr. P. HOCHULI, mdl. Mitt.). Darüber folgen gut 7 m eckiger Blockschutt mit einem Föhrenstamm, der ein ^{14}C-Datum von 10650 ± 100 v. h. lieferte, dann Rhein-Kiese mit sandig-siltigen Lagen und – in 8 m Tiefe – Schwemmhölzer – Lärche, Buche und Eiche – mit ^{14}C-Daten von 4890 ± 70, 4660 ± 80 und 4430 ± 80 v. h. Zusammen mit vielen *Abies*-Pollenbruchstükken belegen sie den Grenzbereich Jüngeres Atlantikum/Subboreal.
In der Rheinebene bei Brederis, 4 km N von Feldkirch, konnte W. KRIEG (schr. Mitt.) in einem ehemaligen Ill-Schuttfächer in 16 m Tiefe zahlreiche Reste von Baumstämmen und Wurzelstrünken – vorab von *Pinus*, ein einziger von *Quercus* – in ursprünglicher Lage feststellen. Einer ergab ein ^{14}C-Datum von 10110 ± 140 Jahre v. h. (Fig. 48). Diese Schüttung der Ill, die in einen auf 416 m Höhe stockenden Wald einbrach, dürfte wohl in die Jüngere Dryaszeit oder ins früheste Präboreal zu stellen sein (HANTKE, 1979b). In gleicher Tiefe konnten ein Hirschgeweih und ein Backenzahn eines Paarhufers gefunden werden.

Fig. 48 Heute in einer Tiefe von 16 m geborgene Strünke von allerödzeitlichen Föhren, die von letzten spätwürmzeitlichen Schottern eines alten Ill-Schuttfächers bei Brederis N von Feldkirch (Vorarlberg) überschüttet worden waren.

Das Auftreten von an alluviale Sande gebundenem Sumpfgas, vorwiegend Methan, aus 20 m Tiefe bei Altstätten dokumentiert, aufgrund eines ^{14}C-Datums von 6890 ± 140 v. h., eine Verlandungsphase aus dem Älteren Atlantikum (U. P. BÜCHI et al., 1964).
Von Langmad SSW von Rüthi konnten in einer Tiefe von 1,5 m Eichenstämme geborgen werden (CHR. EGGENBERGER, schr. Mitt.).
Zwischen den Schuttfächern der Seitenbäche bildeten sich flachgründige Restseen, die allmählich verlandeten, z. T. aber noch heute von Flachmooren eingenommen werden. E. VONBANK (mdl. Mitt.) glaubt zwischen Koblach und Götzis am Fuße einer mesolithischen Fundstelle eine mögliche Boot-Anlegestelle annehmen zu dürfen.
Längs des Rheintal-Randes tritt an den tiefsten Stellen zwischen den Schuttfächern oft reichlich Bergwasser aus. Dieses ist zuweilen mineralisiert (M. KOBEL, 1978; H. LOACKER, 1978; R. OBERHAUSER, 1974, mdl. Mitt.; KOBEL & HANTKE, 1979).
Fossile Prallhänge des Rheins geben Hinweise auf holozäne Ausräumungen. Solche lassen sich vorab an den Fronten von Schuttfächern erkennen, so zwischen Trübbach und Azmoos auf der Schweizer Seite und zwischen Triesen und Vaduz in Liechtenstein. In Vorarlberg wurde zwischen der Mündung des Frutzbaches und Koblach und NE des Kummaberg zwischen Mäder und dem Sonder(Zunder)berg ein ehemaliges Moor sowie der Schuttfächer von Götzis angeschnitten. Dieses bei Götzis auffällige Abbiegen des Rheins, dokumentiert offenbar ein noch deutlich älteres und kräftigeres Ausholen nach Vorarlberg als sein viel späterer Lauf mit der Diepoldsauer Schlinge, die 1923 mit dem Durchstich abgeschnitten worden ist (LOACKER, 1978; KOBEL & HANTKE, 1979).

Die Vegetationsentwicklung im Appenzellerland, im oberen Toggenburg und im Rheintal

Im *Appenzellerland* spiegeln die Profile Ballmoos (943 m) E von Gais, Gonten (920 m) und Neuenalp (1340 m) SW von Appenzell (H. P. WEGMÜLLER, 1976) die Vegetationsgeschichte seit dem Beginn der Sedimentation in der Ältesten Dryaszeit wider.
Im *Ballmoos* zeichnen sich bereits zu unterst zwei Baumpollen-Gipfel mit 40 bzw. 45% *Pinus*, etwas *Betula, Juniperus* und *Salix* ab, die sich wohl vom Gäbris-Nunatakker ausgebreitet haben und ein Präbölling-Interstadial dokumentieren. Dann folgt ein längerer Abschnitt mit hohen Nichtbaumpollen-Werten: Gramineen, *Artemisia*, Chenopodiaceen, *Thalictrum*, *Helianthemum*, Ranunculaceen und mit etwas *Betula*, *Juniperus*, *Hippophaë*, *Pinus* und *Salix*. Dann stellen sich dichte *Juniperus*-Bestände mit *Hippophaë* ein; die Nichtbaumpollen treten zurück. Nach zwei kurzfristigen Rückschlägen dominiert *Betula* mit 30–40% über *Juniperus* und *Salix*. In der Älteren Dryaszeit fallen *Betula* und *Juniperus* ab; die Nichtbaumpollen steigen nur unbedeutend; der *Pinus*-Anstieg wird verzögert bis zur Ausbildung geschlossener, zunächst birkenreicherer, dann birkenärmerer *Pinus*-Wälder. In der Jüngeren Dryaszeit nehmen die Nichtbaumpollen wieder zu.
Im Präboreal wandern mit *Corylus* und *Ulmus* wärmeliebende Laubhölzer ein. Um 7000 v. Chr. setzten sich Hasel- und Eichenmischwald-Bestände durch und beherrschten über 2500 Jahre das Waldbild, zunächst, im Boreal, ein föhrenreicher Hasel-Ulmen-Wald mit Ahorn und Eichen, dann, im Älteren Atlantikum, Eschen-reiche Ulmen-Hasel-Wälder mit Linde und Ahorn.
Um 4300 v. Chr. ging das Cyperaceen-reiche Flachmoor in ein Hochmoor über. Dann wanderten Tanne, Buche und Fichte ein und drängten die Hasel und den Eichenmischwald zurück. Die Tanne breitete sich rasch aus und bestimmte mit der Buche bis in die beginnende Bronzezeit das Waldbild. Fichte und Erle traten erst am Ende des Atlantikums stärker hervor, was neben klimatischen Einflüssen auf den einwandernden Neolithiker zurückzuführen sein dürfte.
In *Gonten* beginnt das Profil erst in der Älteren Dryaszeit. Im Alleröd entwickelten sich geschlossene *Pinus*-Wälder, die in der Jüngeren Dryaszeit stark gelichtet wurden.
Im Präboreal stellten sich um 7000 v. Chr. Hasel, Ulmen und Linde ein. Dann bildeten sich über 2000 Jahre Föhren-reiche Hasel-Ulmen-Wälder. Mit dem durch vermehrte Feuchtigkeit bekundeten Übergang zum Hochmoortorf entfalteten sich Eschen, Erle und Linde und bestimmten mit Ulme und Ahorn das Waldbild.
Kurz vor dem Ulmen-Rückgang wanderten Buche (um 4200), Tanne (um 4100) und Fichte (um 3900 v. Chr.) ein. Dann herrschten Tannen-Fichten-Laubmischwälder vor. Mit zurückgehender Niederschlagsmenge zeigt sich im Subboreal eine zunehmende Verheidung. Zu Beginn des Neolithikums fallen Tanne und Fichte zurück; Chenopodiaceen, *Urtica*, Getreide und *Plantago lanceolata* belegen Waldweide und Landnahme.
Infolge Abtorfung fehlt in beiden Profilen die Überlieferung der jüngeren Vegetations-Geschichte.
Auf *Neuenalp* fand WEGMÜLLER dagegen auch die jüngeren Schichten. Zu Beginn der Bronzezeit gewann die Buche in den Nadelwäldern größere Bedeutung. Der Abfall der Pollenfrequenz, der Ericaceen sowie der menschlichen Einflüsse deuten auf ein schlechter gewordenes Klima in der Hallstattzeit.
Im Subatlantikum wurden die Wälder an landwirtschaftlich günstigen Stellen gerodet und Weide- und Ackerland gewonnen. Zugleich erscheint *Juglans* und bekundet die Römerzeit.

Durch Pollenbohrungen auf Alp Gamplüt (1318 m) NW von Wildhaus und im Riet (660 m) N von Wartau-Oberschan gelang es Wegmüller die Vegetationsentwicklung bis in die Älteste bzw. in die Jüngere Dryaszeit zurückzuverfolgen.
Auf *Gamplüt* konnten als Tiefstes Tone mit 40–16% Nichtbaumpollen – Ranunculaceen, *Artemisia*, Chenopodiaceen, Caryophyllaceen, *Filipendula*, Cyperaceen, *Selaginella* und *Dryopteris* – erbohrt werden. *Pinus* steigt von 51 auf 71%, bei 10% *Betula*, etwas *Ephedra*, *Hippophaë* und *Salix*. Wahrscheinlich lag damals auf Gamplüt langezeit Lawinenschnee vom Wildhuser Schafberg.
Im Präboreal zeichnet sich bei hoher Sedimentationsrate eine Unterwanderung der *Pinus*-Wälder durch Hasel und Ulme ab. Von diesen beherrschten erst die Hasel, dann die Ulme das Vegetationsbild.
Erst um 5400 v. Chr. trat die Hasel zurück; Esche und Ahorn begannen sich stärker auszubreiten. Um 5210 ± 110 v. Chr. wanderte *Abies* ein, und im Subboreal breiteten sich Fichten-Tannen-Buchen-Mischwälder aus; zunehmende neolithische Kultureinflüsse stören mehr und mehr die natürliche Vegetationsentwicklung. Um 850±90 v. Chr. wurden die Wälder erstmals gelichtet und Getreidepollen eingeweht; bis 400 v. Chr. erfolgten weitere Auflichtungen.
Im Profil *Oberschan* war die Sedimentation von der Ältesten Dryaszeit bis ins mittlere Boreal äußerst langsam. Dann stellten sich plötzlich Wasserpflanzen ein, so daß in der Senke N des Dorfes erst von dieser Zeit an ein See abgedämmt wurde und die Vegetationsgeschichte vom Boreal an ungestört erhalten ist. Über 3000 Jahre entfalteten sich Ulmen-Linden-Eichen-Wälder, in die um 5800 v. Chr. Tanne und Fichte einwanderten. Während sich die Fichte nie richtig entwickeln konnte, vermochte sich die Tanne bereits nach 200 Jahren neben der Ulme zu behaupten. Dagegen breitete sich die Buche viel langsamer aus. Sie konnte sich erst um 4400 v. Chr. durchsetzen.
Im Jüngeren Atlantikum dürften um den Oberschaner See Erlenbrüche mit Eschen, Weiden, Haseln und Birken gestanden haben. Die Hänge waren wohl mit haselreichen Buchenwäldern mit Eichen und Restbeständen früherer Tannenwälder bestockt, und auf den Felsköpfen standen Föhren. Dieses Bild hat sich bis zum Beginn des Subatlantikums kaum verändert. Im letzten vorchristlichen Jahrtausend zeichnet sich ein älterer Mischwald mit Ulme und Esche und ein jüngerer mit Eiche, Ahorn und Hagebuche ab. Die Verlandung des Sees erfolgte schubweise. Sie begann im frühen Subatlantikum mit einer Zunahme der Cyperaceen und war im hohen Mittelalter, mit dem Ausfall der Wasserpflanzen, wohl bereits weitgehend vollzogen.
Früh stellen sich in Oberschan Spuren menschlicher Tätigkeit ein: Getreidepollen erscheinen bereits im Boreal; zu Beginn des Jüngeren Atlantikums liegen auch andere Kulturzeiger – *Plantago lanceolata* und *Artemisia* – vor. Wahrscheinlich sind diese spätmesolithischen Zeichen mit der von B. Frei entdeckten Station in Beziehung zu bringen.
Im Subboreal mehren sich Rodungs- und Kulturzeiger; recht früh – um 370 ± 150 v. Chr – erscheint *Juglans*.
Auf Schuttannen S von Dornbirn konnte Dr. I. Draxler (schr. Mitt.) im Föhrenmoos als Tiefstes spätglaziale Ton- und Gyttja-Ablagerungen mit hohen Prozentsätzen von Kräuterpollen einer Pioniervegetation feststellen. Das Spektrum der tiefsten Probe (6,7–6,8 m) ergab: *Pinus* 29%, *Betula* 2%, *Alnus* vereinzelt, Gräser 15%, Cyperaceen 3%, *Artemisia* 34%, Chenopodiaceen 5%, *Helianthemum* 6%, verschiedene Nichtbaumpollen 6%, *Ephedra fragilis*-Typ vereinzelt, *Selaginella* 1%.
Im folgenden rein anorganischen Sedimentabschnitt bleibt die Pollenführung weit-

gehend gleich. *Artemisia* steigt dabei bis auf 53% an. Dann folgt innerhalb der Gyttja ein scharfer Anstieg von *Pinus* auf 77%; daneben treten auf: *P. cembra* 3%, *Alnus* 6%, Gräser 3%, Cyperaceen 3%, *Artemisia* 3%, *Juniperus* 2%, *Helianthemum* vereinzelt und verschiedene Kräuter mit Elementen der Hochstaudenflur. Im stark zersetzten Riedgrastorf folgen darüber neben *Pinus* bereits Elemente des Eichenmischwaldes – *Ulmus* und *Tilia* – sowie *Corylus*. Da an dieser Stelle eine Störung im Profil vorliegt, möchte I. DRAXLER dieses nochmals überprüfen.

Der Ill-Gletscher

Da auf dem Bödele NE von Dornbirn das Erratiker-Material des Landquart/Rhein-Gletschers dicht an dasjenige des Bregenzer Ach-Gletschers herangeführt wurde, stellt sich die Frage nach dem Schicksal des hochwürmzeitlichen Ill-Gletschers unterhalb von Feldkirch. Offenbar wurde dieser zunächst durch das Rhein-Eis gestaut, so daß nur ein relativ dünner Strang entlang der rechten Talflanke abfließen konnte. Zugleich wurde das Ill-Eis in die von E und NE mündenden Seitentäler, ins Laternser Tal und in die vom Hohen Freschen und von der Hohen Kugel absteigenden Tälern gepreßt, wo es einen Teil seiner Gesteinsfracht zurückließ.
Aufgrund der Mischung von Erratikern und der Schwermineralvergesellschaftung glaubt K. HAAGSMA (1974), daß im Walgau die einzelnen Gletscher übereinander gelegen haben. Sehr wahrscheinlich wurden Erratiker und Schwermineral-Assoziationen jedoch bei verschiedenen Eisständen geschüttet. Während Lutz- und Alfenz-Gletscher in den Hochständen vom Ill-Eis ganz an die rechte Talflanke gedrängt wurden, vermochten diese sich in den Vorstoß- und in den Abschmelzphasen weiter gegen die Talsohle hin zu entfalten.
Im Feldkirch-Stadium stand der Ill-Gletscher auf Mariagrün S von Feldkirch, dokumentiert durch einen Endmoränenbogen mit Rundhöckern, einem Lappen des Rhein-Gletschers gegenüber (S. 103). Einen weiteren, durch zwei Endmoränenstaffeln, eine Schotterflur und randliche Schmelzwasserrinnen belegten Stirnlappen entsandte er über Göfis nach N (Fig. 47 und 49).
Im Moorbecken von Mariagrün konnte C. BURGA (in U. JORDI, 1977) in 7,50 m Tiefe bei einem Nichtbaumpollen-Anteil von fast 80% eine Vormacht von *Artemisia* mit 37%, 14% Gramineen, 11% *Helianthemum* sowie Cyperaceen, *Thalictrum*, Caryophyllaceen, Compositen und Chenopodiaceen feststellen. An Baumpollen fanden sich *Pinus* und *Betula* mit je 8% und *Salix* mit 1%.
Der Abfluß der Schmelzwässer erfolgte zunächst noch durch die Talung von Feldkirch über Altenstadt–Brederis. Erst mit dem Eisfreiwerden derjenigen von Tisis und des Rheintales im Raum der heutigen Ill-Mündung sowie der Füllung der Feldkircher Talung mit Sedimenten fand die Ill ihren Weg durch die tektonisch vorgezeichnete Klus NW der Stadt. Mit dem weiteren Einschneiden dieses Durchbruches erfolgte eine Tieferlegung der Erosionsbasis. Dadurch wurden wohl auch die meisten im frühen Spätwürm gebildeten Schuttfächer im Walgau von der Ill angeschnitten.
Aufgrund seismischer und geoelektrischer Untersuchungen von F. WEBER & G. WALACH (1976) zeichnete U. JORDI (1977) eine Strukturkarte des Walgau-Beckens, dessen Quartär-Füllung SW von Schlins 130 m erreicht.
Eine jüngst bei Nüziders-Tschalenga niedergebrachte Bohrung durchfuhr zunächst über

Fig. 49 Das Rheintal im Querschnitt von Salez SG nach Rankweil (links über der Mitte). Vor dem Rhein das frontale Trümmerfeld des Bergsturzes von Forstegg (unten rechts), über dem Rhein: Ruggell, dahinter der Schellenberg, etwas weiter zurück der Ardetzenberg mit Feldkirch, gegen rechts das Eschental, gegen vorne links das Ill-Delta.
Hinter Feldkirch der Walgau mit der Mündung des Saminatals (von rechts), im Hintergrund Bludenz mit den Mündungen des Großen Walsertal (mit den Wolken, links), des Klostertals vom Arlberg (hintere Bildmitte), des Montafon (von rechts hinten) und des Brandner Tals (mit den Wolken, rechts).
Luftaufnahme: Swissair-Photo AG, Zürich. Aus: E. WEBER in H. BERTSCHINGER et al., 1978.

100 m Schotter. Dann folgten Sande mit Schlufflagen. In einer Tiefe von 141–190 m wurden mächtige Kristallin- und kleinere Kalk-Erratiker durchfahren. Bis in eine Erdtiefe von 200 m folgten nochmals Schluffe mit Kies- und Blocklagen (Doz. Dr. L. KRAS-

ser, Dr. P. Starck, schr. Mitt.). Da in dieser Bohrung unter fluvialen Schottern in einer Tiefe von 55 bis 69 m nochmals Moräne auftrat, stieß der Ill-Gletscher im Spätwürm – wohl im Churer Vorstoß (?) – nochmals bis über Bludenz hinaus, bis an die Mündung der Lutz, vor (Fig. 52).

Wenn auch K. Haagsma (1974) und Jordi (1977) aufgrund von Bohrungen die Existenz eines spätglazialen Walgau-Sees verneinen, so deuten doch am Fuße des S-Hanges W von Satteins auftretende, geschichtete Feinsedimente, die Stauschuttmassen S der Ruine Siegberg und am Rundhöcker weiter E (Gem. Exk. mit Dr. R. Oberhauser) wenigstens auf einen temporären randglaziären See.

Die Eisrandlagen von Frastanz–Satteins und von Beschling–Schlins, die dem Sarganser Stadium entsprechen, wurden auf der Sonnenseite offenbar durch das Überfahren einer vorgezeichneten Rundhöcker-Landschaft, durch Strahlung und Schmelzwässer deutlich tiefer gesetzt als auf der Schattenseite, von welcher der Ill-Gletscher zudem noch laufend Zuschüsse erhielt. Besonders im Bereich zwischen dem mündenden Großen Walsertal und Satteins zeugen Moränenwälle und randliche Schmelzwasserrinnen vom Zurückschmelzen eines nur noch wenig mächtigen Gletschers.

Durch Sackungsmassen vom Schnifiser Berg wurde die nördlichste Schmelzwassertalung hinterschüttet. Im Schnifiser Ried konnte Haagsma die Torfbildung pollenanalytisch bis ins Boreal zurück nachweisen.

Bereits während den Eisständen von Frastanz–Satteins und von Beschling–Schlins vermochte sich der *Lutz-Gletscher* aus dem Großen Walsertal zunächst noch mit dem Ill-Gletscher zu vereinigen, dann stirnte er am Talausgang, was durch Stauschuttmassen und absteigende Wallreste belegt wird.

Im Frastanzer Stand lieferte der Lutz-Gletscher noch einen bedeutenden Zuschuß, was im Großen Walsertal durch Stauterrassen belegt wird. Diese liegen bei Blons und Raggal auf 880 m, bei St. Gerold auf 850 m und über dem Talausgang, auf dem Thüringerberg, noch auf 840 m.

Im nächsten spätwürmzeitlichen Klimarückschlag blieben Lutz- und Marul-Gletscher selbständig. Der *Marul-Gletscher* reichte noch bis an den Talausgang; der Lutz-Gletscher endete unterhalb von Sonntag. Auch aus dem W von Sonntag von N mündenden Ladritsch-Tal stieß damals ein Gletscher nochmals bis an die Talmündung vor.

Ein jüngerer Spätwürm-Stand zeichnet sich in den vorderen Quelltälern ab. Noch jüngere Vorstöße des *Huttla-* und des *Gaden-Gletschers*, aus den Firngebieten an der Roten Wand (2704 m) und am Johanneskopf (2573 m) reichten bis zur Kresenza-Alp, bis auf 1500 m, und bis zur Gaden-Alp auf 1300 m.

Der Lutz-Gletscher endete zunächst auf rund 1000 m und ließ von dort talauswärts eine Schotterflur zurück, später auf 1250 m.

NE der Roten Wand stand das gegen N abgeflossene Huttla-Eis über dem Sattel zwischen der Kresenza-Alp und der Lagutz-Alp mit dem Marul-Eis in Verbindung, das noch in den ersten würmzeitlichen Abschmelzphasen über niedrige Sättel um den Formarinsee mit dem Alfenz- und mit dem obersten Lech-Eis zusammenhing (Bd. 3).

Um Bludenz stellen sich durch Stauschotter, Moränen, Rundhöcker und Schmelzwasserrinnen belegte Stände der noch vereinigten Brandner-, Alfenz- und Ill-Gletscher ein, die den Randlagen um Chur entsprechen dürften.

Aus dem Walgau sind auch mehrere prähistorische Höhensiedlungen bekannt geworden: Stadtschrofen S von Feldkirch von unbekannter Zeitstellung, die Heidenburg bei Göfis, eine urgeschichtliche Höhensiedlung und spätrömische Bergfeste, die Vatlära, eine befestigte Fluchtsiedlung, deren älteste Zeugen bis in die späte Bronzezeit reichen (E. VONBANK in OBERHAUSER et al., 1979). Auf Scheibenstuhl wurden hallstattzeitliche und auf Stellfeder am Ausgang des Gamperdonatales spätrömische Reste gefunden. Montikel NE von Bludenz war bereits früh- und spätbronzezeitlich besiedelt, wurde dann von einer Mure überschüttet und in der jüngeren Zeit erneut als Fluchtsiedlung benützt (VONBANK, 1965a).

Im *Klostertal* sind die nächsten Rückzugslagen durch Sackungen und mächtige Schuttfächer überprägt. Doch dürfte der *Alfenz-Gletscher* nochmals bis unterhalb von Dalaas, bis Wald und bis Klösterle vorgestoßen sein. Markante Moränenwälle verraten auf Itonsalp S von Innerbraz einen Wiedervorstoß eines Seitengletschers bis auf 1500 m herab, während Stirnwälle auf 1770 m (W. HEISSEL in O. REITHOFER et al., 1965k) einen Stand bei einer klimatischen Schneegrenze von knapp 2000 m bekunden.

Im oberen Klostertal hatten die Seitengletscher das Haupttal noch erreicht, doch kam es nicht mehr zur Bildung eines über Langen hinaus vorstoßenden Alfenz-Gletschers. Dagegen dürfte dieser im Galgenuel-Stadium noch bis Wald am Arlberg gereicht haben, was sich in Seitenmoränen und Rundhöckern an den Ausgängen der bei Klösterle und bei Wald von S mündenden Tälern zu erkennen gibt.

Auf dem Arlberg-Paß (1793 m) reichte das Eis im Würm-Maximum bis auf mindestens 2350 m empor (Bd. 3). Zwischen dem Klostertal und dem bei Schruns im Montafon mündenden Silbertal stand das Eis über dem Sattelkopf (1841 m) noch auf gut 2000 m, über dem Kristberg-Sattel (1484 m) auf 1900 m und am Zusammenfluß von Alfenz- und Ill-Eis noch auf gut 1700 m.

An der N-Kette des Klostertales bildeten sich zwischen Bludenz und Langen mehrere Kargletscher mit verschiedenen, durch spätwürmzeitliche Moränen dokumentierten Rückschmelz-Ständen aus.

Im ausgehenden Spätwürm floß eine Eiszunge – wie steil abfallende Wallreste belegen – aus dem Kar zwischen Unterer Grätlisgrat-Spitze und Flexen-Spitze zum Flexenpaß ab. Im Hochtal des Flexen teilte sich diese in zwei Lappen. Der gegen N, zum Lech abfließende endete oberhalb von Zürs (Bd. 3), der gegen S abdrehende im Hölltobel N von Stuben. Im letzten Spätwürm stirnte der Flexen-Gletscher unmittelbar S des Passes. Vom Trittkopf, von der S-Seite der Valluga und von der Schindler Spitze hingen im letzten Spätwürm Eiszungen gegen S und SW ins Valfagehr-Tal herab, und über den Sattel bei der Ulmer Hütte floß Eis gegen S über.

Von der S-Seite des Arlberg reichten im ausgehenden Spätwürm Eiszungen bis auf die Albona-Alp; im letzten Spätwürm lagen die höchsten Seebecken in der Maroi-Kette noch unter Eis.

Im *Montafon* läßt sich der höchste rißzeitliche Stand am Steinwandeck (1996 m) S von Bludenz und E der Zimba auf knapp 2000 m, der höchste würmzeitliche am Horn (1970 m) S von Schruns, aufgrund höchster erratischer Geschiebe und Schliffgrenzen, auf rund 2000 m annehmen (H. BERTLE, 1979; BERTLE et al., 1979). Tiefere Stände des Ill-Gletschers festlegen zu wollen hält schwer, da die Moränendecke auf ihrer Kristallin-Unterlage und oft auch diese selbst nachträglich in Bewegung geraten ist. Die Rundhöcker auf Bartholomäberg und Kristakopf lagen noch im Feldkirch- und im Frastanz-Stadium unter Eis.

Im vorderen Montafon hat eine prähistorische(?) Mure des Gipsbaches die sagenhafte Flur Prazalanz zerstört. 1933 wurde das Dorf Vandans durch einen Murgang des Mustrigilbaches größtenteils verschüttet (Prof. E. VONBANK, mdl. Mitt.).

Ein internerer, durch tiefe Seitenmoränen gekennzeichneter Eisrand tritt im Montafon bei Schruns–Tschagguns in 680 m auf. Er ist wohl dem Halt von Rothenbrunnen (S. 244) gleichzusetzen; die 8 km taleinwärts, bei Galgenuel, in 820 m gelegenen stirnnahen Moränenreste dürften dem Stadium von Zillis/Tiefencastel entsprechen. Für das Schrunser Stadium ergäbe sich zwischen Klostertal und Montafon eine klimatische Schneegrenze von 1800 m, für dasjenige von Galgenuel eine solche von 1800 m. Etwas jüngere Stände sind bei Gaschurn um gut 900 m angedeutet, jedoch durch Schuttfächer weitgehend überprägt.
Ein nächstes spätwürmzeitliches Stadium zeichnet sich im Montafon unterhalb von Partenen in gut 1000 m ab; taleinwärts manifestiert es sich durch Ufermoränen. Ein gleichaltriger Eisstand gibt sich im *Paznaun* bei Ischgl in den Endmoränen des *Trisanna*- und des von S hinzustoßenden *Fimber-Gletschers* in 1350 m zu erkennen (Bd. 3).
Im *Stanzer Tal* liegt der entsprechende Gletscherstand bei St. Anton am Arlberg. Der von der Bieler Höhe, der Wasserscheide zum Inn, durchs Montafon abfließende Eisstrom endete nach 15 km, der durchs Paznaun nach NE sich wendende nach 19 km, was auf die Zuschüsse aus der Fluchthorn-Kette zurückzuführen ist.
Bis ins Spätwürm – nicht nur in der Riß-Eiszeit (O. Ampferer, 1907) – drang noch Suggadin-Eis aus dem obersten Gargellner Tal über das Schlappiner Joch (2202 m) ins Prättigau (S. 227).
Ein nächstes Stadium des *Kromer/Ill-Gletschers* zeichnet sich im Unter Vermunt, unterhalb der Rundhöcker von Kardatscha, auf knapp 1400 m ab.
Noch im ausgehenden Spätwürm hatte sich der Ill-Gletscher auf der Bieler Höhe in zwei Lappen geteilt. Dabei vereinigte sich der eine noch mit dem Bieltal-Gletscher und hing ins Klein Vermunt hinab, die Hauptzunge bog gegen WNW ab, erfüllte das Groß Vermunt, vereinigte sich mit dem Kromer-Gletscher vom Groß Litzner (3109 m) und endete am S-Ende des heutigen Vermunt-Stausees.
Noch im letzten Spätwürm vereinigten sich Klostertaler- und Ill-Gletscher im Becken des heutigen Silvretta-Stausees.
Frührezente Moränen verraten im Ochsental Vorstöße bis auf 2140 m. Bis hinunter zur Wiesbadener Hütte sind scharfe Mittelmoränengräte erhalten geblieben. 1959 lag das Gletschertor des Ochsentaler Gletschers, der Ill-Ursprung, auf 2400 m.
Zur Zeit der frührezenten Gletscher-Vorstöße stießen auch Schweizer- und Kromer-Gletscher sowie Litzner- und Verhupf-Gletscher nochmals bis 2140 m vor, während diese bis 1959 (LK 1178) kräftig zurückgeschmolzen und selbständig geworden sind. Schweizer- und Kromer-Gletscher endeten auf 2550 m, der Litzner-Gletscher auf 2450 m und der Verhupf-Gletscher ebenfalls auf 2550 m.
Als Glazialrelikt hat sich *Betula nana* in Vorarlberg – neben dem Vorkommen oberhalb von Tannberg bei Lech (J. Murr, 1923) – noch im Groß Vermunt S der Silvretta-Hochalpenstraße zwischen Vermunt- und Silvretta-Stausee erhalten (Dr. W. Krieg, Dornbirn, schr. Mitt.).
Im *Garnéra-Tal* belegen Moränen und ein Zungenbecken eine Endlage auf 1560 m. Ein nächster Stand zeichnet sich auf 1880 m ab. Noch im letzten Spätwürm reichte der Gletscher bis auf 1950 m herab. Auch aus den Seitentälern stießen nochmals Eiszungen bis gegen 2000 m herab. Frührezente Moränenstaffeln reichten bis gegen die Tübinger Hütte, bis 2250 m herab. Bis 1959 (LK 1178) war der Platten-Gletscher bis auf 2570 m zurückgeschmolzen.
Neben ausgedehnten Sackungen und zahlreichen Schuttfächern unterschied H. Bertle

(1972) im *Gargellner* Tal zwischen Madrisa, Ritzen-Spitzen, Valisera und der Sarotla-Spitze auch mehrere Moränenstaffeln und Blockströme.
Im mittleren Spätwürm endete der *Suggadin-Gletscher* im Gargellner Tal auf 1275 m. Im ausgehenden Spätwürm stirnte der eine Hauptast, der Valzifenz-Gletscher, zunächst auf der Oberen Valzifenz-Alp, auf 1830 m, im letzten Spätwürm um 2000 m, der andere, der Vergaldner Gletscher, ebenfalls um 2000 m, sein ehemals bedeutendster Zufluß, der Rotbüel-Gletscher, auf 1950 m.
Über die Furkla (1975 m) floß im Würm-Maximum Montafon-Eis von St. Gallenkirch ins Silbertal. In diesem deuten absteigende Seitenmoränen auf einen Moränenstand unterhalb des Dorfes. Im mittleren Spätwürm hing aus dem Kessel des Hochjoch (2520 m) eine Eiszunge bis auf die Hintere Kapell-Alpe herab. Selbst im letzten Spätwürm lag der Kessel noch unter Eis.
Wie auf dem Bartholomäberg, ist auch im Silbertal bis in karolingische Zeit ein Bergbau nachgewiesen, und bis in die Bronzezeit wird ein solcher vermutet.
Jüngere Stände zeichnen sich an der Konfluenzstelle auf 1540 m, um 1270 m, um 1130 m, um 900 m und um 700 m ab. Sie dürften wohl den Stadien von Stein am Rhein, von Konstanz, um Feldkirch und den Walgauer Ständen entsprechen.
Auch in dem bei Gaschurn mündenden *Valschaviel-Tal* zeichnen sich spätwürmzeitliche Stände ab. Im Talschluß verraten jüngste Moränen Wiedervorstöße bis unter 1900 m und 2000 m. Gegen NW absteigende Hängegletscher endeten zwischen 2000 und 2100 m, gegen SE und S exponierte zwischen 2100 m und 2300 m.
Während das Gebiet der *Verbella-Alp* und das Verbellner Winter-Jöchle noch im letzten Spätwürm unter Eis lagen (Bd. 3), war das *Zeinisjoch* (1842 m), der Übergang vom Montafon ins tirolische Paznaun, wohl bereits im Bölling-Interstadial eisfrei.

Der Brandner Gletscher, Rellstal und Gauental im Spätwürm

Im Bludenzer Stadium vermochte sich der *Brandner Gletscher* bei Bürs noch mit dem bis auf 700 m reichenden Ill-Eis zu vereinigen, wobei er seinen eigenen, dem Bürser Konglomerat aufliegenden Sander überfuhr. Diese am Ausgang des Brandner Tales gelegenen verkitteten Ill-Schotter mit reichem Lokalanteil wurden bereits von E. v. Mojsisovics (1873) erwähnt und durch mehrere Stoßzähne von *Mammonteus primigenius* als kaltzeitlich erkannt. Aufgrund der Lagerungsverhältnisse werden sie von W. Heissel (1960 und in Heissel, R. Oberhauser & O. Schmidegg, 1965 k) als Mindel/Riß-interglaziale Ablagerungen angesehen; die Liegendmoräne in der Bürser Schlucht stellen sie in die Mindel-Eiszeit.
O. Ampferer (1909) sah in der gesamten Abfolge jungquartäre Bildungen, die mit Vorstößen der Würm-Vergletscherung in Verbindung zu bringen sind. Die Bürser Konglomerate sind wohl in einem frühen würmzeitlichen Intervall auf rißzeitlicher (?) Grundmoräne abgelagert worden (Hantke, 1970b).
Ein nächster Klimarückschlag ließ den Brandner Gletscher nochmals bis an den Ausgang des Sarotla-Tales vorrücken, wo er auf 900 m Höhe durch den mündenden Gletscher aus dem Zimba-Gebiet (2643 m) gestaut wurde. Eine internere Staffel gibt sich bei der Mündung des Schliefwaldbach zu erkennen.
Auf der Unteren Schattenlagant liegen auf 1300 m Endmoränen eines Lüner-Gletschers. Dieser wurde durch den von der Schesaplana (2964 m) bis 1100 m herabreichenden

Brandner Gletscher gestaut. In einer späteren Staffel, als der Lüner-Gletscher sich etwas zurückgezogen hatte, stirnte er, eine internere Seitenmoräne zurücklassend, auf 1200 m. Jüngere Moränen verraten Zungenenden auf 1250 m. Im ausgehenden Spätwürm dürfte der steil NE-exponierte Brandner Gletscher nochmals bis 1350 m vorgestoßen sein. Wie abdämmende Moränen auf der Lünerseealpe sowie am NW- und am E-Ufer des Lünersees belegen, war das Seebecken noch im ausgehenden Spätwürm von Eis erfüllt (O. REITHOFER in HEISSEL et al., 1965 K). Am N-Ende hing eine Zunge noch über die Rundhöcker bis gegen 1600 m herab.
Letzte Spätwürm-Rückschläge bewirkten Vorstöße des Brandner Gletschers bis gegen 1400 m, bis 1600 m und bis wenig unter 1800 m. Holozäne Stände liegen um 2100 m, 2250 m und 2400 m. Dieser entspricht demjenigen um 1850 (DK X, 1866). Damals soll gar der E-Abfall gegen den Lünersee bis auf 2320 m herab vergletschert gewesen sein. Heute liegt die klimatische Schneegrenze auf gut 2700 m.
Auch der Zalim-Gletscher SW von Brand rückte – dank einer bedeutenden Transfluenz von Brandner Eis über den Sattel zwischen Panüeler Kopf und Wildberg – im mittleren Spätwürm erst bis unter 1100 m, dann bis auf 1300 m vor. In einem nächsten Vorstoß schob er sich nochmals bis gegen die Untere Zalimalp, bis 1400 m vor. Moränen des ausgehenden Spätwürm bekunden Wälle auf der Oberen Zalimalp. Das über die Wildbergwand abfallende Eis des Brandner Gletschers endete um 1550 m (O. SCHMIDEGG in W. HEISSEL et al., 1965 K).
Ein gewaltiger Murausbruch aus mächtigem Vorstoßschutt mit Moräne ereignete sich im vorderen Brandner Tal um 1820 in der Schesa. Das Schuttgut baut den Fächer NW von Bürs auf. Vom randlichen Schuttfächerfuß erwähnt E. VONBANK (1966) eine spätbronzezeitliche Lanzenspitze.
Bei der Lünersee-Absenkung konnte ein Hirschgeweih mit einem ^{14}-C-Datum von 4910 ± 200 v. Chr. geborgen werden. Im Stollen Salonien-E sind wärmezeitliche Hölzer: Fichte, Bergahorn, Arve, Birke und Eberesche – *Sorbus aucuparia* – gefördert worden. Die in einem Schiefergneis-Blockwerk eingeschlossenen, geknickten und zerschlagenen Stämme mit noch erhaltener Rinde deuten auf einen von einem Bergsturz überschütteten Wald hin. Zwei ^{14}C-Daten von *Picea*-Stammresten ergaben 5860 ± 150 und 5500 ± 140 Jahre v. h.
An der Stirn einer alten Hangrutschung am Golmerhang in Latschau wurde in 14 m Tiefe Holz gefunden, das ein Alter von 4800 ± 100 Jahre v. h. ergab; dasjenige, das bei Rodund in Ill-Alluvionen in 19 m Tiefe gefunden wurde, erbrachte 9995 ± 125 Jahre v. h. (Dr. H. LOACKER in K. MIGNON, 1971).
Dies fügt sich gut mit den nordöstlich des Lünersees ins Rellstal absteigenden Gletschern zusammen. Die von der Brandner Mittagspitz (2557 m) bis 2000 m abfallenden Moränen dürften – wie die am SW-Ende des Lünersees – einen holozänen Stand bekunden. Die Zungenenden auf 1600 m, jene W, N und E des Zaluanda-Kopf, auf der Lüneralp und auf der Zaluanda (Salonien)-Alp sowie diejenigen auf der Vilifau-Alp belegen das ausgehende Spätwürm.
Nächst ältere Stadien mit Abschmelzstaffeln werden um 1400 m durch absteigende Moränenwälle belegt. Die Moränen an der Mündung ins Montafon wären dem Galgenuel (=Tiefencastel)-Stand gleichzusetzen. Der mächtige Schuttfächer von Vandans würde in seiner Anlage den zugehörigen Sanderkegel darstellen.
Wallmoränen, wohl des letzten Spätwürm-Stadiums, geben sich im nächst östlich gelegenen *Gauen-Tal* zu erkennen, wo ein Gletscher von der Drusenfluh (2830 m) und einer

von der Sulzfluh (2817 m) noch bis auf die Obere Spora-Alp, bis auf unter 1760 m bzw. bis unterhalb 1720 m, abstiegen und bei der Lindauer Hütte einen markanten Moränenwall zurückließen (W. v. SEIDLITZ, 1906). In früheren Ständen vereinigten sich die beiden Gletscher und endeten erst unterhalb von 1400 m, später unterhalb von 1600 m. Im mittleren Spätwürm stirnte der *Rasafei-Gletscher* hinter Böden um 1400 m. Noch ältere Stände zeichnen sich bei Vollspora und Latschau ab.

Der Gamperdona-Gletscher

Noch weit eindrucksvoller als bei Bürs, am Ausgang des Brandner Tales, sind die oberflächlich ebenfalls stark zementierten und von O. SCHMIDEGG (in W. HEISSEL et al., 1965 K) denn auch mit diesen verglichenen und ebenfalls ins Mindel/Riß-Interglazial gestellten Schottern (S. 113) im vorderen Gamperdona-Tal. Diese Konglomerate mit über 95% Kalk- und Dolomit-Komponenten gehen taleinwärts lokal fast in Brekzien über und sind meist zementiert; anderseits zeigen sie seitliche Übergänge in kaum verfestigte Schotter (Gem. Exk. mit Drs. H. BERTLE und H. LOACKER). Sie liegen – verschiedentlich feststellbar – auf unverwitterter Moräne mit Ill-Erratikern und Seetonen. S von Buderhöhe findet sich gar ein mehrere m³ großer Block von stark zementiertem Schotter mit großen Geschieben in einer sehr eisrandnahen, als Moräne anzusprechender Schüttung, der offenbar weiter taleinwärts abgelagert, verkittet und vom talauswärts fließenden Eis wieder aufgenommen worden ist (Fig. 50). Im Profil zeigen die Schotter eine sich wiederholende, talauswärts gerichtete Schrägschichtung, die jeweils von einer Übergußschicht begrenzt wird (Fig. 51). Talaus schalten sich wiederum Seetone ein.

Fig. 50 Scholle von prähochwürmzeitlichen verkitteten Schottern in eisrandnahen Schottern im Gamperdona-Tal zwischen Buderhöhe und Kühbruck, S von Nenzing (Vorarlberg).

Fig. 51 Die verkitteten prähochwürmzeitlichen Schotter im Gamperdona-Tal mit mehrfach sich wiederholenden Schrägschüttungen und Übergußlage, die zwischen den von Moräne ausgekleideten Talflanken und dem vorstoßenden Eis von Schmelzwässern des Gamperdona- und des von WSW zufließenden Gamp-Gletschers geschüttet worden sind. Blick von der Buderhöhe taleinwärts.

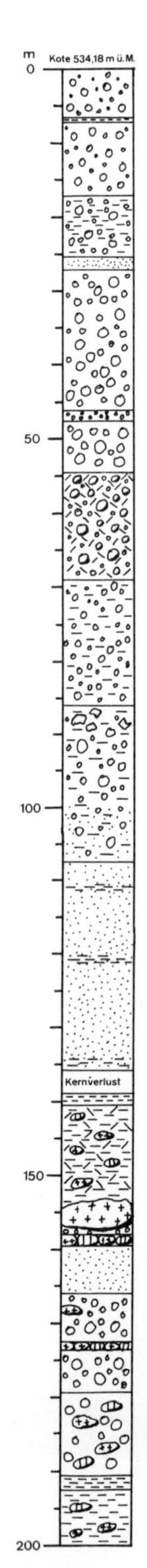

Fig. 52 Kernbohrung Nüziders-Tschalenga (Walgau, Vorarlberg). Geologische Aufnahme: Doz. Dr. L. KRASSER, schr. Mitt. Dr. P. STARCK.

Moräne
Kristallin-Erratiker
Geschiebe von Sedimentgesteinen
Grobkies
Feinkies
Sand
Schluff

Diese, wie auch die Übergußschichten, stellen offenbar kurzfristige Halte oder gar kleinere Abschmelzphasen des generell im Walgau vorstoßenden und damit im vorderen Gamperdona-Tal einen Eisstausee abdämmenden Ill-Gletschers dar. Randlich werden die höchsten, auf etwa 1070 m gelegenen Schotter nochmals von etwas Seeton und dann von außerordentlich mächtiger Moräne überlagert, die zwischen Brandner- und Gamperdona-Tal fast ganze Berge bedeckt.

Am Nenzinger Berg finden sich auch offenbar durch Schmelzwässer verkittete Moränen-Partien, die unvermittelt in unverkittete Moräne übergehen. Bei der Mündung des Gampbach zeigt sich ein Verfingern der Schüttung aus diesem Seitental mit denjenigen aus dem Gamperdona-Tal. Die steil abfallenden Wände des bei der Mündung des Gampbach bis unter die heutige Sohle reichenden Schotters mit einzelnen von kleinen Seitenbächen offenbar wieder gefundenen – früheren – Strudellöchern deuten auf eine hochwürmzeitliche Eisfüllung des bereits prähochwürmzeitlich eiserfüllten Tales hin. Bereits beim weiteren Vorstoß dürften sich der eindringende Ill- und der Gamperdona-Gletscher in der Schlucht gegenseitig gestaut haben, wobei der Ill-Gletscher mehr und mehr ins Gamperdona-Tal einzudringen vermochte. Dies wird belegt durch große Gneis- und Buntsandstein-Erratiker bei der Kühbruck. H. Bertle (mdl. Mitt.) konnte gar noch fast 2 km weiter taleinwärts verfrachtete Amphibolit- und Gneis-Geschiebe feststellen.

Der *Gamperdona-Gletscher* vermochte sich im Feldkirch-Stadium noch mit dem Ill-Gletscher zu vereinigen, was an der Mündung SW von Nenzing durch steilabfallende Wälle, eine Mittelmoräne und jüngere randliche Stauschotter bei Stellfeder, einer spätrömischen Fliehburg mit Mauerresten, belegt wird.

Im Frastanzer Stadium stirnte er, wie Seitenmoränen dokumentieren, im vorderen Gamperdona-Tal, im Churer Stadium hinter der Mündung des Großtal auf gut 1100 m. Eine Reihe von Moränenstaffeln verraten ein nächst jüngeres Zungenende auf gut 1200 m, wobei der Gamperdona-Gletscher auch noch aus den Seitentälern Zuschüsse erhielt.

Durch das steile Großtal schob sich eine Zunge nochmals bis an den Talausgang vor. Im nächsten Stadium vermochte der von E zufließende *Virgloria-Gletscher* den Gamperdona-Gletscher noch zu erreichen.

Ein markanter Vorstoß, wohl das Suferser Stadium, zeichnet sich beim Nenzinger Himmel ab. Dabei vereinigten sich die Gletscher aus den beiden Talschlüssen, von der Güfel-Alp und von Salaruel, wobei dieser noch bis zur Alp Gamperdona reichte und den Güfel-Gletscher zurückstaute (Fig. 53).

NW des Grates Hornspitz–Strahleck hing ein Gletscher bis 1500 m herab, während der Talschluß zwischen Naafkopf (2570 m) und Hornspitz noch bis über den Stüber Fall unter dem Eis lag.

Im letzten Spätwürm war das Becken der Güfel-Alp noch von Eis erfüllt, während zur Zeit der frührezenten Gletscherhochstände auf der E-Seite des Naafkopf eine Firndecke bis 2300 m herabhing, und sich auf der N-Seite gar ein kleiner Gletscher bis 2100 m ins oberste Quelltal der Samina vorschob.

Ein jüngerer spätwürmzeitlicher Stand zeichnet sich bei dem am Fuß von Salaruel- und Panüeler Kopf (2859 m) entwickelten Gletscherarm ab, dessen Zunge bis gegen 1400 m vordrang. Der letzte spätwürmzeitliche Klimarückschlag ließ die Eiszungen nochmals bis unterhalb 1600 m vorstoßen; Rückzugsstaffeln umgeben den Hirschsee.

Recht eigenartig erscheinen im Gamperdona-Tal einige kesselförmige Hohlformen im

Hauptdolomit: am Schillerkopf, auf Schmalzberg-Alp, das Bärenloch sowie der Herrgottstritt im Walgau NW von Nüziders. Sie lassen sich wohl nur als Dolinen, diejenige auf der NW-Seite des Schillerkopf (2006 m) mit einem Durchmesser von 250 m und einer Tiefe von 60 m nur als Kar erklären. Daß diese heute lange Zeit von Schnee erfüllt sind und als Doline wirken, ist offensichtlich. K. Bächtiger (mdl. Mitt.) äußert gar den Verdacht, daß diese Hohlformen allenfalls ursprünglich durch Meteoriten-Einschläge erzeugt worden sein könnten, wobei die dolinenartige Ausräumung erst nachträglich eingewirkt hätte.
Während das Saminatal bereits von Rätern aus dem Rheintal über den Sattel von Kulm besiedelt worden war, bildete die enge Schlucht im vorderen Gamperdona-Tal bis in die Neuzeit ein nur schwer zu überwindendes Hindernis, so daß der weite, gut alpwirtschaftlich nutzbare Talboden, der Nenzinger Himmel, den aufgestiegenen Talbewohnern fast «überirdisch» vorgekommen sein muß.

Der Samina-Gletscher

Wie Kristallin-Erratiker – Amphibolite, Gabbros, Augengneise und granatführende Paragneise – die auf der linken Talseite der Samina bis 10 km S von Frastanz auftreten, belegen, drang der Ill-Gletscher im Hochwürm recht tief ins Saminatal ein und staute das Lokaleis zurück (D. Trümpy, 1916; R. Blaser, 1952; in F. Allemann et al., 1953 k).
Daß während den würmzeitlichen Höchstständen kein Rhein-Eis über den Sattel von Kulm (1450 m) von Triesenberg ins Saminatal eindrang, obwohl sich die beiden Eisströme N des Krüppel auf 1600 m getroffen haben, ist wohl darauf zurückzuführen, daß das von SE mündende Malbun-Eis den Rhein-Gletscher zurückdrängte. Noch im vorderen Malbuner Tal dürfte das Eis bis auf 1700 m gereicht haben. Die Moränenwälle S, SE und E des Fürkle (1704 m), dem Übergang in die Valorsch, stellen spätwürmzeitliche Stände des Valorsch-Gletschers dar (H. Schaetti in F. Allemann, 1953 k).
Im Feldkirch-Stadium, das sich an der Mündung des Saminatales bei Frastanz durch Moränenstaffeln, Rundhöcker und kurze Entwässerungsrinnen zu erkennen gibt, lieferte auch der *Samina-Gletscher* dem Ill-Gletscher noch Eis.
Das Sarganser Stadium wird durch Schotter und – dank der Zuflüsse aus Valorsch- und Wurmtal sowie von den Drei Schwestern – bis auf 700 m herabreichende Moränen bekundet.
Im Churer Stadium stirnte der Samina-Gletscher unterhalb von Steg auf rund 1250 m, internere Staffeln auf 1280 m. Ein markanter Wall am Ausgang des Malbuner Tales deutet darauf hin, daß der *Malbun-Gletscher* den Samina-Gletscher nochmals erreicht hat. Eine linke Ufermoräne, die von 1720 m auf 1620 m abfällt, dämmt einen vom Nóspitz (2091 m) herabhängenden Kargletscher ab. Aufgrund der Gleichgewichtslage in gut 1750 m resultiert eine klimatische Schneegrenze von gut 1900 m.
Ein nächster spätwürmzeitlicher Vorstoß ließ im Talschluß einen Gletscher von der Plassteikopf–Schwarzhorn-Naafkopf-Kette bis auf 1470 m absteigen. Letzte spätwürmzeitliche Moränen belegen im Talschluß ein nochmaliges Vorrücken bis 1600 m. Im Kessel von Malbun endete der Gletscher ebenfalls auf 1650 m (Fig. 53).
Zwei Roheisenbrocken von 23 kg, die bei Steg gefunden worden sind, lassen, zusammen mit stark eisenhaltigen Spiliten am Schmelzikopf bei Hinter Valorsch, einen ur- oder frühgeschichtlichen Eisenbergbau vermuten (K. Bächtiger, 1980).

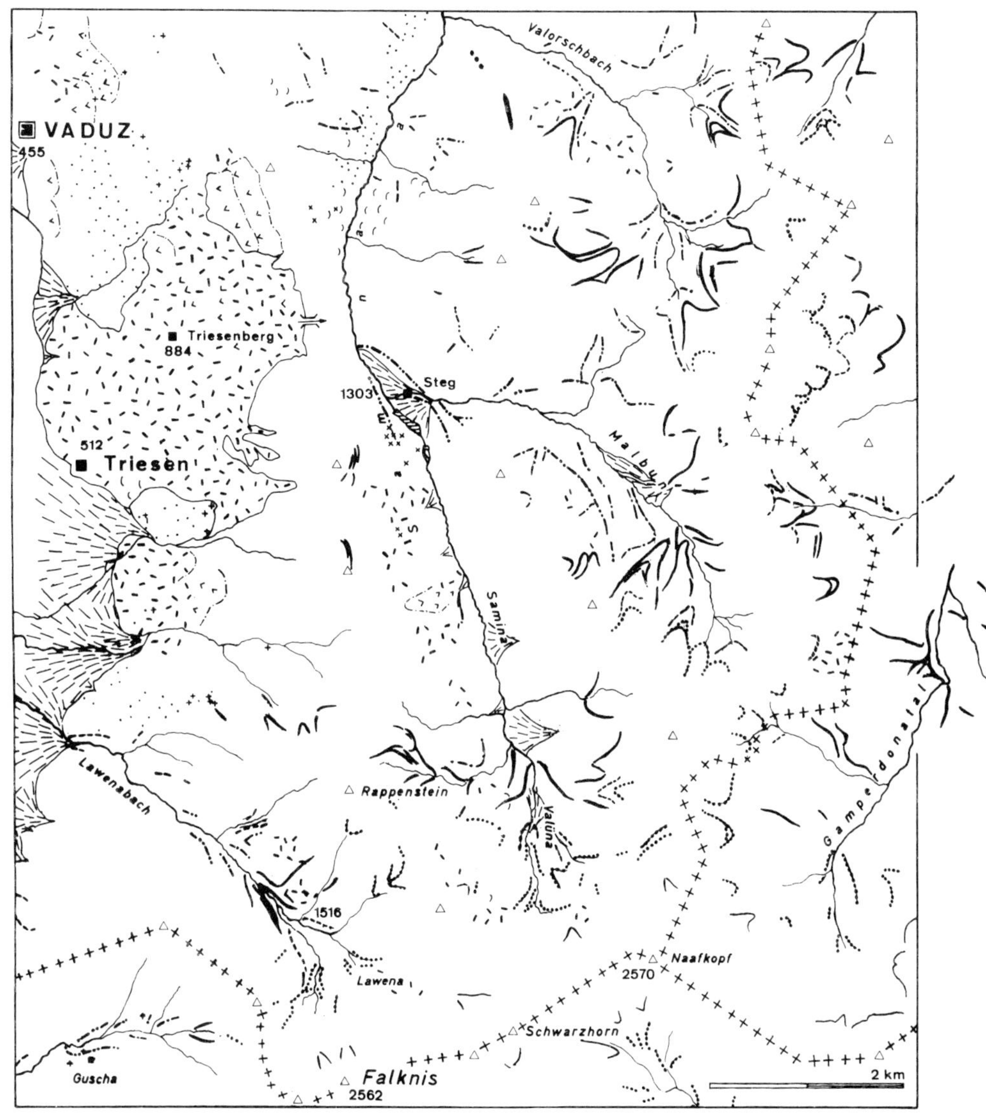

Fig. 53 **Quartärgeologische Karte des oberen Saminatales FL**
Unter Verwendung der Aufnahmen von F. ALLEMANN et al. (1953 K).

+ + Höchste würmzeitliche Rhein-Erratiker
Moräne des Rhein-Gletschers
Moränen des eingedrungenen Ill-Gletschers
× × Erratiker des Samina-Gletschers
Mittelmoräne des Stein am Rhein-Stadiums
Mittelmoräne des Feldkirch-Stadiums
Moränen des Sarganser Stadiums
Moränen des Churer Stadiums
Moränen des Andeer-Stadiums
Moränen des Suferser Stadiums
Moränen des ausgehenden Spätwürm
Moränen des letzten Spätwürm (Hinterrhein-Stadium)
Frührezente Moränen
Eistransfluenzen
Berg- und Felsstürze
Sackungen
Rutschungen
Schwemmfächer

ALLEMANN, F., et al. (1953 K): Geologische Karte 1:25000 Fürstentum Liechtenstein – Liechtenst. Schulb. Verl., Vaduz.

ALTMANN, H. et al. (1970): Geographie in Bildern, *3:* Schweiz – Schweiz. Lehrerver.

AMPFERER, O. (1907): Zur neuesten geologischen Erforschung des Rätikongebirges – Vh. G RA (*1907*/7).

– (1909): Glazialgeologische Beobachtungen in der Umgebung von Bludenz – Jb. GRA, Wien, *58*/4 (1908).

ANDRESEN, H. (1964): Beiträge zur Geomorphologie des östlichen Hörnli-Berglandes – Jb. st. gall. NG, *78* (1961–64).

ARMBRUSTER, L. (1951): Landschaftsgeschichte von Bodensee und Hegau – Lindau (B)-Giebelbach.

BÄCHLER, E. (1911): Der Elch und fossile Elchfunde aus der Ostschweiz – Jb. st. gall. NG (1910).

– (1934): Das Wildenmannlisloch am Selun – St. Gallen.

– (1936): Das Wildkirchli – St. Gallen.

BÄCHTIGER, K. (1980): Ein vermutlicher ur- oder frühgeschichtlicher Eisenbergbau im eisenhaltigen Spilit von Pillow-Charakter am Schmelzikopf bei Hinter Valorsch (Saminatal, Fürstentum Liechtenstein) – In Vorber.

–, HOFMANN, F., & LAVES, F. (1975): Die Thermoluminiszenz von einigen vermutlich geschockten Jurakalk-Auswürflingen aus der Oberen Süßwassermolasse (Miozän) der Ostschweiz – 9e congr. int. Sédimentol., Nice.

–, – (1976): Die Thermolumineszenz als Testmethode für mögliche Impakt-Erscheinungen am Beispiel der Jurakalk-Auswürflinge in der Molasse von Bernhardzell (Kt. St. Gallen) – Ecl. *69*/1.

BARSCH, D., HAUBER, L., & SCHMID, E. (1971): Birs und Rhein bei St. Jakob (Basel) im Spätpleistozän und Holozän – Regio Basiliensis, *12*/2.

BERTLE, H. (1972): Zur Geologie des Fensters von Gargellen (Vorarlberg) und seines Kristallinen Rahmens – Österreich – Mitt. Ges. G. Bergbaustud. *22*.

– (1979): Führer zum Geologischen Lehrwanderweg Bartholomäberg – Veröff. Heimatschutzver. Tale Montafon-Schruns.

– et al., (1979): Geologie des Walgaues und des Montafons mit Berücksichtigung der Hydrogeologie (Exk. G am 20. April 1979) – Jber. Mitt. oberrhein. GV, NF, *61*.

BERTSCH, A. (1960): Über einen Fund von allerödzeitlichem Laachersee Bimstuff im westlichen Bodenseegebiet und seine Zuordnung zur Vegetationsentwicklung – Naturwiss., *47*.

– (1961): Untersuchungen zur spätglazialen Vegetationsgeschichte Südwestdeutschlands (Mittleres Oberschwaben und westliches Bodenseegebiet) – Flora, *151*.

BERTSCH, K. (1931): Paläobotanische Monographie des Federseerieds – Biblioth. Bot., *103*.

BERTSCHINGER, H. (1966): Die Rhein-Regulierung – Vom Fürstentum Liechtenstein und dem St. Galler Rheintal – Kant. Meliorations- u. Vermessungsamt St. Gallen.

– et al. (1978): Der Grundwasserstrom des Alpenrheins – Wasser, Energie, Luft, *70*/5.

BIK, M. J. J. (1960): Zur Geomorphologie und Glazialgeologie des Fröhdischbach- und Mühltobeltals in Vorarlberg (Österreich) – Diss. G I. U. Amsterdam.

BLUMRICH, J. (1924): Fossile Eichenstämme im Rheintal – Heimat, *5*/11–12.

– (1937): Die Bregenzer Bucht zur Nacheiszeit – Vh. GBA (*1937*/8).

– (1942): Geschichte der Auflandung des Bodensee-Rheintals – Schr. Ver. Gesch. Bodensee, *68*.

BOSSERT, H. (1977): Zur Geologie des Gebietes zwischen Damülser Mittagspitze, Portler Horn und Kojenkopf (Bregenzerwald) – DA GI. ETH, Zürich.

BRÄUHÄUSER, M. (1913 K, 1928): Bl. 179, 174 Friedrichshafen-Oberteuringen, m. Erl. – GSpK Württemberg – Württ. Statist. LA.

BREITINGER, D. (1811): Flußkarte des Thurlauffes von Üßlingen bis Gütikhausen vermessen im Oktober 1811 im Maßstab 1:5000 – Staatsarch. Kt. Thurgau, Frauenfeld.

BRIEGEL, U. (1972): Geologie der östlichen Alviergruppe (Helvetische Decken der Ostschweiz) – Ecl., *65*/2.

BÜCHI, U. P., WIENER, G., & OESCHGER, H. (1964): Zur Altersfrage der Gasvorkommen bei Altstätten SG – B. VSP, *30*/79.

BÜCHI, U. P., SCHLANKE, S., MÜLLER, E. (1976): Zur Geologie der Thermalwasserbohrung Konstanz und ihre sedimentpetrographische Korrelation mit der Erdölbohrung Kreuzlingen – B. VSP, *42*/103.

BÜRGISSER, H. M. (1973): Geologie – In: WASSMANN, F. (1973): Wissenschaftliches Lager für Jugendliche – Wildhaus 1973 – Nat. Schweiz. UNESCO-Komm.

CORNELIUS, H. P. (1927): Das Klippengebiet von Balderschwang im Allgäu – G. Arch., München.

EBERLI, J. (1893): Eine Flußablenkung in der Ostschweiz – Vjschr., *38*/3–4.

EGGLER, A. (1977): Beitrag zur Morphologie des Thurtales – DA Ggr. I. U. Zürich.

ELLENBERG, L. (1972): Zur Morphogenese der Rhein- und Tößregion im nordwestlichen Kanton Zürich - Diss. U. Zürich.
ERB, Q. (1931 K): Bl. 146 Hilzingen, m. Erl. - GSpK Baden - Bad. GLA.
- (1934 K): Bl. 148 u. 161 Überlingen und Reichenau, m. Erl. - GSpK Baden - Bad. GLA.
- (1935 K): Bl. 149 Mainau, m. Erl. - GSpK Baden - Bad. GLA.
- (1950): Die Flußgeschichte der Radolfzeller Aach - Mittbl. Bad. GLA, (1949).
-, et al. (1967 K): Geologische Karte des Landkreises Konstanz mit Umgebung, 1:50000 - GLA Baden-Württ.
-, HAUS, H. A., & RUTTE, E. (1971 K): Bl. 8120 Stockach, m. Erl. - GK Baden-Württemberg - GLA Baden-Württ.
ESCHER v. d. LINTH, A. (1844): Geologischer Umriß des Kantons Zürich - In: MEYER v. Knonau, G.: Gemälde der Schweiz - Der Kanton Zürich - St. Gallen, Bern.
EUGSTER, H., et al. (1960): Erläuterungen zu Bl. 222-225 St. Gallen-Appenzell - GAS - SGK.
FALKNER, CH. (1910): Die südlichen Rheingletscherzungen v. St. Gallen bis Aadorf - Jb. st. gall. NG, *49* (1908-09).
FEER, J. (1805 K): Specialcharte des Rheinthals, Trigonometrisch aufgenommen, u. nach dem Original reducirt - In: Geschichte des Rheinthals mit einer topographischen und staatistischen Beschreibung des Lands - St. Gallen.
FELBER, P. (1978): Zur Geologie der helvetischen Kreidekette zwischen Kanisfluh und Damülser Mittagspitze (Bregenzer Wald, Vorarlberg) - DA GI. ETH, Zürich.
FISCHER, F. (1971): Die frühbronzezeitliche Ansiedlung in der Bleiche bei Arbon TG - Schr. UFS, *17*.
- (1975): Untersuchungen im spätkeltischen Oppidum von Altenburg-Rheinau - Ausgrabungen in Deutschland, gefördert von der Deutschen Forschungsgemeinschaft 1950-1975 - Monogr. Röm-germ. Z.-Mus., *1*.
FREI, H.-P. (1976): Geologie und Sedimentpetrographie der subalpinen Molasse im Stockberggebiet (Obertoggenburg) - DA U. Zürich, dep. GI. ETH Zürich.
FREY, A. P. (1916 K): Die Vergletscherung des obern Thurgebietes - Jb. st. gall. NG, *54* (1914-16).
FRIEDENREICH, O., & WEBER, M. (1960): Über die Rinnen unter den Schottermassen des Rafzerfeldes (Kt. Zürich) - Ecl., *32*/2.
GAMS, H., & NORDHAGEN, R. (1923): Postglaziale Klimaänderungen und Erdkrustenbewegungen in Mitteleuropa - Landesk. Forsch. Ggr. Ges. München, *25*.
GEIGER, E. (1943 K): Bl. 56-59 Pfyn-Märstetten-Frauenfeld-Bußnang, m. Erl. - GAS - SGK.
- (1961): Der Geröllbestand des Rheingletschergebietes im allgemeinen und im besondern um Winterthur - Mitt. NG Winterthur, *30*.
- (1968 K): Bl. 1054 Weinfelden, m. Erl. - GAS - SGK.
Geologischer Dienst der Armee (1970 K): Bl. 1093 Hörnli, m. Erl. - GAS - SGK.
GERMAN, R. (1968): Altquartäre Beckensedimente und die Entstehung des Bodensees - E+G, *19*.
- (1970): Die Unterscheidung von Grundmoräne und Schmelzwassersedimenten am Beispiel des württembergischen Allgäu - N. Jb. GP, Mh. 2.
-, & MADER, M. (1976): Die Äußere Jungendmoräne bei Bad Walsee und das Riedtal - Jh. Ges. Naturkde. Württemberg, *131*.
GEYH, M. A., MERKT, J., & MÜLLER, H. (1971): Sediment-, Pollen- und Isotopenanalysen an jahreszeitlich geschichteten Ablagerungen im zentralen Teil des Schleinsees - Arch. Hydrobiol., *69*/3.
GIOVANOLI, F. (1979 a): Comparison of the Magnetisation of the Detrital and Chemical Sediments from Lake Zurich - Geophys. Research Lett., *6*.
- (1979 b): Die remanente Magnetisierung von Seesedimenten - Diss. GI. ETH, Zürich.
GÖPFERT, H. (1976): Die Pilzfunde aus der neolithischen Siedlung «Weier» - Jb., SGUF, *59*.
GRAUL, H. (1962): Eine Revision der pleistozänen Stratigraphie des schwäbischen Alpenvorlandes - Petermanns Ggr. Mitt., *106*.
GRÜNINGER, CHR. (1972): Geologische Untersuchungen in der subalpinen Molasse des mittleren Toggenburgs - DA U. Zürich - Dep. GI. ETH, Zürich.
GRÜNINGER, I. (1977): Die Römerzeit im Kanton St. Gallen - Mittbl. SGUF, *29*.
GUTZWILLER, A. (1873): Das Vergletscherungsgebiet des Sentisgletschers zur Eiszeit - Ber. Tätigk. NG St. Gallen, (1871/72).
- (1873 K): Karte des Verbreitungsgebietes des Sentisgletschers zur Eiszeit, 1:100000 - In: Ber. Tätigk. NG St. Gallen, (1871/72).
GUYAN, W. U. (1964): Die steinzeitlichen Moordörfer im «Weier» bei Thayngen - Hegau, *9*.
- (1967): Die jungsteinzeitlichen Moordörfer im Weier bei Thayngen - ZAK, *25*.
- (1971): Erforschte Vergangenheit, *1*: Schaffhauser Urgeschichte - Schaffhausen.
- (1976): Jungsteinzeitliche Urwald-Wirtschaft am Einzelbeispiel von Thayngen-«Weier» - Jb. SGUF, *59*.

GYGER, H. C. (1667K): Züricher-Cantons-Carte – Orig. Zürcher Staatsarchiv, Zürich – Facsimile-Reproduction 1891 – Zürich.
HAAGSMA, K. (1974): Geomorphologische und glazialgeologische Untersuchungen im Walgau – Diss. G I. U. Leiden.
HANTKE, R. (1961 a): Tektonik der helvetischen Kalkalpen zwischen Obwalden und dem St. Galler Rheintal – Vjschr., *106*/1.
– (1961 b): Die Nordostschweiz zur Würm-Eiszeit – Ecl., *54*/1.
– (1968, 1970 a): Zur Diffluenz des würmzeitlichen Rheingletschers bei Sargans und die spätglazialen Gletscherstände in der Walensee-Talung und im Rheintal – Zusammenfassung in E+G, *19*, Vjschr. *115*/1.
– (1970 b): Zur Datierung spätwürmzeitlicher Gletscherstände am Rande des Säntisgebirges – Ecl., *63*/2.
– (1970 c): Aufbau und Zerfall des würmeiszeitlichen Eisstromnetzes in der zentralen und östlichen Schweiz – Ber. NG Freiburg i. Br., *62*.
– (1974): Zur Erdgeschichte des Weinlandes – In: Zürcher Weinland – Geschichte und Landschaft – Winterthur.
– (1979 a): Zur Geologie von Molasse und Quartär der Nordost-Schweiz (Exk. A am 17. April 1979) – Jber. Mitt. oberrh/GV, NF, *61*.
– (1979 b): Die Geschichte des Alpen-Rheintales in Eiszeit und Nacheiszeit – Jber. Mitt. oberrh. GV, NF, *61*.
–, et coll. (1967K): Geologische Karte des Kantons Zürich und seiner Nachbargebiete – Vjschr., *112*/2.
HEIM ALB. (1905): Das Säntisgebirge – Beitr., NF, *16*.
– (1919, 1921): Geologie der Schweiz, *1*, *2*/1 – Leipzig.
–, & HÜBSCHER, J. (1931): Geologie des Rheinfalls (m. g. Karte 1:10000) – Mitt. NG Schaffhausen, *10*.
HEIM, ARN., (1905): Westlicher Teil des Säntisgebirges – In HEIM, ALB.: Das Säntisgebirge – Beitr., NF, *16*.
–, & OBERHOLZER, J. (1907K): Geologische Karte der Gebirge am Walensee – GSpK, *44*.
–, – (1917K): Geologische Karte der Alvier-Gruppe, 1:25000 – GSpK *80* – SGK.
HEIM, ARN. & SEITZ, O. (1934): Die mittlere Kreide in den helvetischen Alpen von Rheintal und Vorarlberg und das Problem der Kondensation – Denkschr. SNG, *69*/2.
HEISSEL, W. (1960): Das Konglomerat von Bürs bei Bludenz (Vorarlberg) – Jb. Vorarlb. Landesmus.-Ver.
–, OBERHAUSER, R., & SCHMIDEGG, O. (1965K): Geologische Karte des Rätikon, 1:25000 – Geol. Bundesanst. Wien.
HESCHELER, K. (1907 a): Reste von *Ovibos moschatus* ZIMM. aus der Gegend des Bodensees – Vjschr., *52*/3–4.
– (1907 b): Die Tierreste im Keßlerloch bei Thayngen – N. Denkschr. SNG, *43*.
– (1922): Moschusochsenreste aus dem Kanton Schaffhausen – Vjschr., *67*/3–4.
–, & KUHN, E. (1949): Die Tierwelt – In: TSCHUMI, O.: Urgeschichte der Schweiz, *1* – Frauenfeld.
HESS, E. (1946): Exkursion Nr. 17: Elgg–Aadorf–Wil–Heid – In: Geologische Exkursionen in der Umgebung von Zürich – Zürich.
HOFMANN, F. (1951): Zur Stratigraphie und Tektonik des st. gallisch-thurgauischen Miozäns (Obere Süßwassermolasse) und zur Bodenseegeologie – Jb. st. gall. NG, *74*.
– (1963): Spätglaziale Bimssteinlagen des Laachersee-Vulkanismus in schweizerischen Mooren – Ecl., *50*/1.
– (1967K): Bl. 1052 Andelfingen, m. Erl. – GAS – SGK.
– (1973): Horizonte fremdartiger Auswürflinge in der ostschweizerischen Oberen Süßwassermolasse und Versuch einer Deutung ihrer Entstehung als Impaktphänomen – Ecl., *66*/1.
– (1973K): Bl. 1074 Bischofszell, m. Erl. – GAS – SGK.
– (1977): Neue Befunde zum Ablauf der pleistocaenen Landschafts- und Flußgeschichte im Gebiet Schaffhausen–Klettgau–Rafzerfeld – Ecl., *70*/1.
– (1979): Untersuchungen über den Goldgehalt tertiärer, eiszeitlicher und rezenter Ablagerungen im Hochrhein- und Bodenseegebiet – Mitt. NG Schaffhausen, *31* (1978/80).
– (1980K): Bl. 1031 Neunkirch – GAS – SGK.
–, & HANTKE, R. (1964): Bl. 1032 Dießenhofen, mit Anhängsel von Bl. 1031 Neunkirch, Erläuterungen – GSA – SGK.
HUBER, R. (1956): Ablagerungen aus der Würm-Eiszeit im Rheintal zwischen Bodensee und Aare – Vjschr., *101*/1.
HÜBSCHER, J. (1961K): Bl. 1032 Dießenhofen, mit Anhängsel von Bl. 1031 Neunkirch GAS – SGK.
HUF, W. (1963): Die Schichtenfolge der Aufschlußbohrung «Dornbirn 1» (Vorarlberg, Österreich) – VSP, *29*/77.
HUG, J. (1905 Ka): Die Drumlinlandschaft der Umgebung von Andelfingen – GSpK, *34* – SGK.
– (1905 Kb): Geologische Karte des Rheinlaufes unterhalb Schaffhausen – GSpK, *35* – SGK.
– (1907): Geologie der nördlichen Teile des Kantons Zürich und der angrenzenden Landschaften – Beitr., NF, *15*.

Imhof, E. (1968): Geschichte IV: Veränderungen im Landschaftsbild – Atlas Schweiz, *22* – L + T.
Iseli, B. (1975): Géologie et pétrographie sédimentaire de la partie médiane de la vallée de la Luteren (Haut-Toggenbourg) – DA U. Zürich.
Jäckli, H. (1970 k): Die Schweiz zur letzten Eiszeit, 1:550000 Atlas Schweiz, *6* – L + T.
Jegerlehner, J. (1962): Die Schneegrenze in den Gletschergebieten der Schweiz – Gerland's Beitr. Geophys., *5*/3.
Jordi, U. (1977): Geomorphologische Untersuchungen im unteren Saminatal, im äußeren Walgau und in der Umgebung von Feldkirch (Vorarlberg) – Liz. Arb. Ggr. I. U. Bern.
Jung, H. (1973): Wie die Thur gezähmt wurde – Thurgauer Jb., *49* (1974).
Käser, U. J. (1980): Glazialmorphologische Untersuchungen zwischen Töß und Thur – Diss. U. Zürich.
Keller, F. (1863): 5. Pfahlbaubericht – Mitt. Antiq. Ges. Zürich *14*/6.
Keller, O. (1974): Untersuchungen zur Glazialmorphologie des Neckertals (Nordostschweizer Voralpen) – Jb. st. gall. NG, *80*.
– (1976): Das Rindal; zur Genese eines Urstromtales in der NE-Schweiz – GH, *31*/4.
Kekker, O., & Krayss, E. (1980): Die letzte Vorlandvereisung W/S in der Nordostschweiz und im Bodenseeraum – In Vorber.
Keller, P. (1928): Pollenanalytische Untersuchungen an Schweizer Mooren und ihre Florengeschichtliche Deutung – Veröff. Rübel, *5*.
– (1929): Pollenanalytische Untersuchungen in einigen Mooren des St. Galler Rheintals – Jb. st. gall. NG, *64* (1928).
Keller, W. A. (1977): Die Rafzerfeldschotter und die Bedeutung für die Morphogenese für das Zürcherische Hochrheingebiet – Vjschr., *122*/3.
Keller-Tarnuzzer, K. (1944): Pfyn (Bez. Steckborn, Thurgau), Pfahlbau Breitenloo – Jb. SGU, *35*.
– (1945): Arbon-Bleiche – Jb. SGU, *36*.
Kempf, Th. (1966): Geologie des westlichen Säntisgebirges – Beitr., NF, *128*.
Kiefer, F. (1965): Die Wasserstände des Bodensees seit 1871 – Schr. Ver. Gesch. Bodensees, *83*.
Kobel, M. (1978): Neuere Grundwasseruntersuchungen Rüthi-Blattenberg – In: Bertschinger, H., et al. (1978)
–, & Hantke, R. (1979): Zur Hydrogeologie des Rheintales von Sargans bis zum Bodensee (Exkursion E am 19. April 1079) – Jber. Mitt. oberrh. GV, NF, *61*.
Krapf, Ph. (1901): Die Geschichte des Rheins zwischen Bodensee und Ragaz – Schr. Ver. Gesch. Bodensees, *30*.
Krasser, L. (1936): Der Anteil zentralalpiner Gletscher an der Vereisung des Bregenzer Waldes – Z. Glkde., *24*.
– (1955): Die Grundwasservorkommen des Vorarlberger Bodenseerheintales – Mitt. G Ges. Wien, *48*.
Kraus, E., et al. (1932 k): Bl. 663 Kempten, 1:100000, m. Erl. – Bayer. GLA.
Krieg, W. (1968): 10000 Jahre altes Holz beweist: Bodenseeufer bei Brederis – Vorarl. Nachr.
Lang, G. (1962): Vegetationsgeschichtliche Untersuchungen der Magdalénienstation an der Schussenquelle – Veröff. Rübel, *37*.
– (1963): Chronologische Probleme der späteiszeitlichen Vegetationsentwicklung in Südwestdeutschland und im französischen Zentralmassiv – Pollen + Spores, *5*/1.
– (1973): Die Vegetation der westlichen Bodenseegegend – Pflanzensoziol., *17*.
Leemann, A. (1958): Revision der Würmterrassen im Rheintal zwischen Dießenhofen und Koblenz – GH, *13*/2.
Lei, H. (1973): Im Kampf mit der Thur – Thurgauer Jb., *49* (1974).
Loacker, H. (1978): Das Vorarlberger Rheintal – In: Bertschinger, H., et al. (1978).
Lüdi, W. (1951): Ein Pollendiagramm aus der neolithischen Moorsiedlung Weiher bei Thayngen (Kt. Schaffhausen) – Ber. Rübel, *1950*.
Ludwig, A. (1930 k): Bl. 218–221 Flawil-Schwellbrunn, m. Erl. – GAS – SGK.
– (1931): Die chronologische Gliederung der eiszeitlichen Ablagerungen zwischen Säntis und Bodensee – Jb. st. gall. NG, *65* (1929 u. 1930).
–, et al. (1949 k): Bl. 222–225 St. Gallen-Appenzell – GAS – SGK.
Mignon, K. (1971): Datierung von Holzfunden in Talverschüttungen im Montafon, Kaunertal und Zillertal – Z. Glkd., *7*/1–2.
Mojsisovics, E. v. (1873): Beiträge zur Topischen Geologie der Alpen – 3. Der Rhätikon (Vorarlberg) – Jb. GRA, *22*/2.
Muheim, F. X. (1934): Die subalpine Molassezone im östlichen Vorarlberg – Ecl., *27*/1.
Müller, E. (1979): Die Vergletscherung des Kantons Thurgau während den wichtigsten Phasen der Letzten Eiszeit – Mitt. thurg. NG, *43*.
Müller, G., & Gees, R. (1968): Erste Ergebnisse reflexionsseismischer Untersuchungen des Bodensee-Untergrundes – N. Jb. GP, Mh. 6.

Müller, H. (1962): Pollenanalytische Untersuchungen eines Quartärprofils durch die spät- und nacheiszeitlichen Ablagerungen des Schleinsees (Südwestdeutschland) G Jb., *79*.

Müller, I. (1948): Die spätglaziale Vegetations- und Klimaentwicklung im westlichen Bodenseegebiet – Planta, *35*.

Müller, J. E. (1806 r): Relief der zentralen und nordöstlichen Schweizeralpen, ca. 1:38000, erstellt 1799–1806 – Zentralbibl. Zürich – Gletschergarten Luzern.

Müller, St. (1930): Der Streit um Nutzungsrechte im Rheingau – Alemania, *4*/4.

Murr, J. (1923): Neue Übersicht über die Farn- und Blütenpflanzen von Vorarlberg und Liechtenstein, *1* – Bregenz.

Neef, E. (1933): Die Landformung des Bregenzer Waldes – Bad. Ggr. Abh. *9*/4.

Negrelli, A. (1827 k): Ausschnitt aus der 1827 vollendeten Großen Rheinkarte 1:3456 – Orig. Tiroler Landesregierungsarchiv, Innsbruck – Faksimile-Druck Lustenau 1978.

Oberhauser, R. (1951): Zur Geologie des Gebietes zwischen Kanisfluh und Hohem Ifen (Bregenzerwald) – Unveröff. Diss. U. Innsbruck.

– (1970): Zur Hydrologie des Vorarlberger Rheintales zwischen Feldkirch und Hohenems-Klien mit besonderer Berücksichtigung der Bergwasserzuflüsse – Vh. GBA, 1970.

– (1972): Bericht über Aufnahmen auf Blatt 111 – Vk. GBA, *1972*/3.

– (1974): Bericht über Aufnahmen auf Blatt St. Gallen 110 und auf Blatt Dornbirn 111 – Vh. GBA, *1974*/4.

– et al. (1979): Helvetikum, Südliche Flyschzone und Quartär am Rheintalrand und im westlichen Walgau (Exk. F am 20. April 1979) – Jber. Mitt. oberrh. GV, NF, *61*.

Penck, A. (1896): Die Glazialbildungen um Schaffhausen – In: Nüesch, J.: Das Schweizersbild – N. Denkschr. allg. schweiz. Ges. ges. Naturw., *35*.

–, & Brückner, E. (1909): Die Alpen im Eiszeitalter, *2* – Leipzig.

Peter, E. (1951): Das Deltagebiet des Rheins im Bodensee – Rorschacher Njbl. *1951*.

Regelmann, C. (1911): Erläuterungen zur 8. Auflage der Geologischen Übersichtskarte von Württemberg und Baden, dem Elsaß, der Pfalz und der weiterhin angrenzenden Gebiete – Württ. Statist. LA.

Reinerth, H. (1932): Das Pfahlbaudorf Sipplingen – Schr. Ver. Gesch. Bodensee, *59*.

Rellstab, W. (1978): Geologische Untersuchungen in der Unteren Süßwassermolasse und im Holozän des St. Galler Rheintals – DA GI. ETH Zürich.

Resch, W. (1966): Bericht 1965 über geologische Aufnahmen auf den Blättern Dornbirn (111) und Bezau (112) – Vh. GBA, *1966*/3.

–, et al. (1979): Molasse und Quartär im Vorderen Bregenzerwald mit Besuch der Kraftwerksbauten (Exk. C am 19. April 1979) – Jber. Mitt. oberrh. GV. NF, *61*.

Römer, J. C. (1769 k): Der Rheinlauff durch das ganze Rheinthal samt Wuhrungen, Dämmen und einer genauen Lage der Örter gegen einander, welche auf beiden Seiten sich befinden – Orig. Staatsarchiv St. Gallen (Maßstab 1:14811). Verkl. Repr. in: Bertschinger, H., et al. (1978).

– (1770 k): Geometrischer Grundriß des an der Herrschaft Sax vorbeylauffenden Rheinstromes samt an den beyden Uffern desselben angelegten Wuhrungen und anstoßenden Güteren – Orig. Staatsarchiv St. Gallen.

Rothpletz, A. (1900): Über die Entstehung des Rheintals oberhalb des Bodensees – Schr. Ver. Gesch. Bodensees, *29*.

Saxer, F. (1964 k, 1965): Bl. 1075 Rorschach, m. Erl. – GAS – SGK.

Schaad, H. W. (1925): Geologische Untersuchungen in der südlichen Vorarlberger Kreide-Flyschzone zwischen Feldkirch und Hochfreschen (Deutschösterreich) – Diss. U. Zürich – Pfäffikon ZH.

Schäfer, A. (1973): Zur Entstehung von Seekreide. Untersuchungen am Untersee (Bodensee) – N. Jb. GP, Mh. (1973/4).

Schaefer, I. (1940): Die Würmeiszeit im Alpenvorland zwischen Riß und Günz – Abh. Naturkde. + Tiergartenver. Schwaben, *11* – Augsburg.

Schalch, F. (1916 k): Bl. 145 Wiechs-Schaffhausen, m. Erl. – GK Baden – Bad. GLA. – SGK.

– (1921 k): Bl. 158 Jestetten-Schaffhausen, m. Erl. – GK Bad. GLA + SGK.

Scheuchzer, J. J. (1718): Naturgeschichten des Schweitzerlands, *3*, Zürich.

Scheyer, A. (1977): Gemeinde St. Margrethen – Entstehung und Entwicklung – Ortsgem. St. Margrethen.

Schindler, C., Röthlisberger, H., & Gyger, M. (1978): Über glaziale Stauchung in den Niederterrassenschottern des Aadorfer Feldes und ihre Deutung – Ecl., *71*/1.

Schlüchter, Ch., & Knecht, U. (1979): Intrastratal contortions in a glacio-lacustrine sediment sequence in the eastern Swiss Plain – In: Schlüchter ed.: Moraines and Varves – Origin/Genesis/Classification – Proceed. INQUA Symp. Genesis and Lithology of Quarternary Deposits – Zurich 10–20 september 1978 – Rotterdam.

Schmid, A. (1879): Die Flußkorrektion im Thurgau – Mitt. NG Thurgau, *4*.

SCHMIDLE, W. (1906): Zur geologischen Geschichte des nordwestlichen Bodensees bis zum Maximalstand der Würmeiszeit – Schr. Ver. Gesch. Bodensee, *35*.
– (1914): Die diluviale Geologie der Bodenseegegend – Rheinlande, *8*.
– (1932): Die Geologie von Konstanz – Bad. G Abh., *4*.
– (1942): Postglaziale Spiegelhöhen des Bodensees und der Vorstoß des Konstanzer Gletschers – Schr. Ver. Gesch. Bodensee, *68*.
SCHMIDT, M. (1911): Rückzugsstadien des Würmgletschers im Argengebiet – Schr. Ver. Gesch. Bodensee, *40*.
– (1914): Die geologischen Verhältnisse und Geländeform: Beschreibung des Oberamts Tettnang – Württ. Statist. LA.
SCHREINER, A. (1966 K): Bl. 8118 Engen, m. Erl. – GK Baden-Württemberg – GLA Baden-Württ.
– (1968 a): Eiszeitliche Rinnen und Becken und deren Füllung im Hegau und westlichen Bodenseegebiet – Jb. GLA Baden-Württemb., *10*.
– (1968 b): Untersuchungen zur Entstehung des Bodensees – Schr. Ver. Gesch. Bodensees, *86*.
– (1969): Zur Geschichte des Überlinger Sees – Gas- u. Wasserfachm., *110*.
– (1970): Erläuterungen zur Geologischen Karte des Landkreises Konstanz mit Umgebung, 1:50000 – GLA Baden-Württemberg.
– (1973 K): Bl. 8219 Singen (Hohentwiel) – GK Baden-Württemberg, m. Erl. – GLA Baden-Württ.
– (1975): Zur Frage der tektonischen oder glazigen-fluvialen Entstehung des Bodensees – Jber. Mitt. oberrh. GV, NF, *57*.
– (1979): Zur Entstehung des Bodenseebeckens – E+G, *29*.
SCHWAB, G. (1827): Der Bodensee nebst dem Rheintale von St. Luziensteig bis Rheinegg – Stuttgart und Tübingen – Neudruck 1969 – Konstanz.
SEIDLITZ, W. v. (1906): Geologische Untersuchungen im östlichen Rätikon – Ber. NG Freiburg i. Br., *16*.
SIMONS, A. L. (1980): Geomorphologische und glazialgeologische Untersuchungen in Vorarlberg, Österreich – in Vorber.
SMIT SIBINGA-LOKKER, C. (1965): Beiträge zur Geomorphologie und Glazialgeologie des Einzugsgebietes der Dornbirner Ache (Vorarlberg) – Diss. Ggr. I. U. Leiden.
STAUB, R. (1934): Grundzüge und Probleme alpiner Morphologie – Denkschr. SNG, *69*/1.
– (1952): Der Paß von Maloja – Seine Geschichte und Gestaltung – Jber. NG Graubündens (1950/51 u. 1951/52), *83*.
STEFFEN, M., & TRÜEB, E. (1964): Quartärgeologie und Hydrologie des Winterthurer Tales – Mitt. NG Winterthur, *31*.
STEUDEL, A. (1874): Welche wahrscheinliche Ausdehnung hatte der Bodensee in der vorgeschichtlichen Zeit – Schr. Ver. Gesch. Bodensees, *5*.
STUDER, TH. (1904): Die Knochenreste aus der Höhle zum Keßlerloch – N. Denkschr. SNG, *39*.
SULZBERGER, J. (1792 K): Plan von dem Thur-Fluß zwischen dem Dorff Felben und Pfyn, allwo eine Brüke angelegt werden solle – Staatsarch. Kt. Thurgau.
SULZBERGER, J. J. (1838 K): Karte des Kantons Thurgau 1830–1838, 1:25000 – Kantonsbibl. Kt. Thurgau.
SULZBERGER, K. (1924): Das Moorbautendorf «Weiher» bei Thayngen, Kt. Schaffhausen – Pfahlbauten, 10. Bericht – MAGZ, *29*.
SUTER-HAUG, H. (1978 K): Burgenkarte der Schweiz, *2* – L+T.
TAPPOLET, W. (1922): Beiträge zur Kenntnis der Vergletscherung des Säntisgebietes – Jb. st. gall. NG, *58*.
TROELS-SMITH, J. (1955): Pollenanalytische Untersuchungen zu einigen Pfahlbauproblemen. In: Das Pfahlbauproblem – Monogr. UFGS, *11*.
TRÜMPY, D. (1916): Geologische Untersuchungen im westlichen Rätikon – Beitr., NF, *46*.
VOLLMAYR, TH. (1956 K, 1958): 8426 Oberstaufen – GK Bayern 1:25000, m. Erl. – Bayer. GLA.
VONBANK, E. (1953): Vom ältesten Lauterach – Heimatbuch Lauterach – Lauterach.
– (1964): Arbor Felix – Ur-Schweiz, *28*.
– 1965 a): Vorarlberg – In: FRANZ, L., & NEUMANN, A. R.: Lexikon Ur- und Frühgeschichtlicher Fundstätten Österreichs – Wien, Bonn.
– (1965 b): Ur- und frühgeschichtliche Zeugen aus der Landschaft um Lustenau – In: VONBANK et al.: Lustenauer Heimatb., *1* – Marktgem. Lustenau.
– (1966): Höhenfunde aus Vorarlberg und Liechtenstein – Archaeol. Austr., *40*.
– (1972): Die römischen Hafenmauern am Bregenzer Leutbühel – Monfort, *24* (1972/1), Vjschr. Gesch. Gegenwartskde. Vorarlbergs, Dornbirn.
WAGNER, E. (1911): Über die Ausbildung des Diluviums in der nordöstlichen Bodenseelandschaft mit besonderer Berücksichtigung des Schussengebietes – Jh. Ver. vaterl. Naturk. Württ., *67*.

WAGNER, G. (1962): Zur Geschichte des Bodensees – Jb. Ver. Schutze Alpenpfl. u. -tiere, *27*.
WALSER, G. (1966 K): Die Landgrafschaft Rheinthal samt denen angränzenden Orten gezeichnet von GABRIEL WALSER, ref. Pfr. zu Bernek, 1766.
– (1829): Appenzeller Chronik, *3* – Trogen.
WATERBOLK, H. T., & VAN ZEIST, W (1978, 1980): Niederwil, eine Siedlung der Pfyner Kultur – Acad. Helv. *1*/1–5.
WEBER, ALB. (1953): Die Grundwasserverhältnisse des Kantons Thurgau – Baudep. Kt. Thurgau.
WEBER, E. (1978 a): Geologisch-morphologische Übersicht über das Gebiet des Alpenrheins und das Seeztal; die verschiedenen Rheinsysteme – In: BERTSCHINGER, H., et al. (1978).
– (1978 b): Aufbau und Zusammensetzung der Beckenfüllung – In: BERTSCHINGER, H. et al. (1978).
– (1978 c): Untersuchungen in den einzelnen Talabschnitten – In: BERTSCHINGER, H., et al. (1978).
WEBER, F., & WALACH, G. (1976): Schlußbericht über die geophysikalischen Messungen im Walgau/Vlbg. – I. angew. Geophys. Montan-U. Leoben.
WEBER, J. (1924 K): Geologische Karte der Umgebung von Winterthur, m. Erl. – GSpK, *107* – SGK.
WEBER, R. (1978): Geologische Untersuchungen in der Unteren Süßwassermolasse und im Holozän des untersten St. Galler Rheintales – DA GI. ETH Zürich.
WEGELIN, H. (1915): Veränderungen der Erdoberfläche unterhalb des Kantons Thurgau in den letzten 200 Jahren – Mitt. NG Thurgau, *21*.
– (1926): Mineralische Funde und Versteinerungen aus dem Thurgau – Mitt. thurg. NG, *26*.
WEGMÜLLER H. P. (1976): Vegetationsgeschichtliche Untersuchungen in den Thuralpen und im Faningebiet (Kantone Appenzell, St. Gallen, Graubünden/Schweiz) – Bot. Jb. Syst., *97*/2.
WEINHOLD, H. (1974): Beiträge zur Kenntnis des Quartärs im württembergischen Allgäu zwischen östlichem Bodensee und Altdorfer Wald – Diss. U. Tübingen.
WINIGER, J. (1969): Das Fundmaterial aus der neolithischen Siedlung Thayngen-Weier und die Pfyner Kultur – Monogr. UFS, *18* – Basel.
WYSSLING, G. (1979): Zur Geologie des Gebietes zwischen Mellau und Furka Joch (Bregenzer Wald, Vorarlberg) – DA U. Zürich, dep. GI. ETH Zürich.
ZEIST, W. VAN, & CASPARIE, W. A. (1974): Niederwil, a palaeobotanical study of a Swiss neolithic lake shore settlement – G en Mijnb., *53*/6.
ZIMMERMANN, W., edit. (1961): Der Federsee – Stuttgart.

Der Linth/Rhein-Gletscher

Die vorstoßenden Gletscher

Zur Entstehung der Zürichsee-Talung

ALB. HEIM (1891, 1894, 1919) und seine Schüler A. WETTSTEIN (1885), A. AEPPLI (1894) und E. GOGARTEN (1910) sahen in der Zürichsee-Talung ein altes, von der Sihl ausgeräumtes Flußtal. Später hätte ein Nebenast der Sihl zurückgegriffen, den durch das Glatttal abgeflossenen Linth-Rhein angezapft und zu ihrem Nebenfluß werden lassen.
Da der alpine Schub in den Schlußphasen am S-Rand des Schwarzwald-Massivs auch den Jura hochstaute, wäre das Molasseland als Mulde zwischen Jura und Alpen eingesunken und das Zürichsee-Tal – wie andere Alpenrandtäler – zu einer flachen Wanne eingebogen worden. Im Eiszeitalter wären die Alpen nach einem letzten Hochstau unter ihrer eigenen Last eingesunken. Dabei hätten die Talfurchen der mitbetroffenen Randgebiete ein rückläufiges Gefälle erhalten, was sich in den «rückläufigen Terrassen» von Männedorf–Stäfa und Au–Wädenswil zeige.
In den Kaltzeiten hätte der Linth/Rhein-Gletscher seinen Weg ohne größere Erosionsleistung durch die vorgezeichnete Talung genommen; in den Warmzeiten dagegen hätte sich diese sukzessive vertieft. Die terrassenartigen Verflachungen werden als Reste alter Talböden, als Fluß-Erosionsterrassen gedeutet.
Nach A. PENCK & E. BRÜCKNER (1909) verdankt jedoch der See seine Entstehung nicht einer Rücksenkung, sondern der glaziären Übertiefung, der kolkenden Wirkung des mehrfach vorstoßenden Gletschers, und den bei Zürich abdämmenden Schottern und Endmoränenstaffeln. Die rückläufigen Verflachungen sind Schichtterrassen, die vom Eis selektiv herauspräpariert wurden, was N. PAVONI (1953, 1957) bestätigen konnte. Sie liegen alle im S-Schenkel der Käpfnach/Grüningen-Antiklinale. Da diese Strukturen, deren Bildung frühestens ins oberste Miozän, spätestens – und dies weit eher – ins älteste Quartär fällt, sich nicht geradlinig über den See verbinden lassen, schließt PAVONI (1957) auf eine Zürichsee-Störung. Nach den Klüften S von Bäch liegen wohl mehrere SE–NW-verlaufende Störungen vor. Sie ließen die W-Seite weiter gegen N vorrücken und bewirkten eine Abwinkelung der Streichrichtung. Daß diese Störungszone, wie die analoge längs des E-Randes der Glattal-Senke (U. P. BÜCHI, 1958a, b), vom Wasser, vor allem aber vom mehrfach vorgefahrenen Eis, sukzessive ausgeräumt wurde, ist verständlich. Die durch Klüftungen begünstigte Erosionsleistung bewegt sich um 300 m über der Glattal-Schwelle, um 600 m im unteren Zürichsee-Tal, wo zwischen Oberrieden und Herrliberg eine Übertiefung von 260 m festgestellt werden konnte.
Die glaziäre Kolkwirkung ist reflexionsseismisch bestätigt worden. Das untere Becken erweist sich als wannenartiger Trog mit bis 160 m mächtiger Quartär-Füllung (K. HINZ, I. RICHTER & N. SIEBER, 1970). Bohrungen im Querschnitt Wollishofen-Tiefenbrunnen ergaben, daß dort die Felssohle mindestens 260 m unter dem Seespiegel, mindestens 220 m unter dem heutigen Seegrund liegt (C. SCHINDLER, 1971, 1973, 1974, 1976, 1978).
Daß die vorwiegend aus Sanden und Silten aufgebauten Sedimente im untersten Zürichsee-Becken gesamthaft erst im ausgehenden Hochwürm, vor knapp 20000 Jahren abge-

lagert worden wären, scheint aufgrund der Erdwärmefluß-Korrektur für eine rein spätwürmzeitliche Sedimentation unwahrscheinlich, da sich dann ein Erdwärmefluß ergäbe von der Größenordnung eines aktiven Vulkangebietes (FINCKH & KELTS, 1976). Bei der Annahme, daß ein Teil dieser Abfolge bereits beim Vorstoß vom schürfenden Eis vom Untergrund aufgearbeitet und wieder abgelagert worden wäre, ergäben sich hiefür schon rund 30000 Jahre. Der untiefe Seegrund Wädenswil–Rapperswil gibt sich als subaquatisches, von Schmelzwasserrinnen durchzogenes Drumlingebiet zu erkennen (K. J. HSÜ & K. R. KELTS, 1970; SCHINDLER, 1974, 1976; M. GYGER et al., 1976; P. FINCKH & KELTS, 1976).
In einer geologischen Karte stellt SCHINDLER (1976) die Verbreitung der verschiedenen Lockergesteinstypen dar, die M. GYGER et al. (1976) hinsichtlich Gewichtsverhältnisse, Körnung, Plastizität, Bruchfestigkeit und Strukturempfindlichkeit untersucht haben. Dabei werden auch die subaquatischen Rutschungen ausgeschieden, als deren bedeutendste in jüngster Vergangenheit die Uferrutschung von Horgen erwähnt sei (ALB. HEIM, 1876). KELTS (1978) konnte darin 6–7 Phasen unterscheiden. Der Schlammstrom erodierte am Hang und auf dem Beckenboden, wobei sich verschiedene Sedimenttypen gebildet hatten: am Hangfuß zunächst chaotische Blöcke, dann Schlammgeröll-Konglomerate, feiner, homogener Schlamm mit Gleitfalten. Ein Teil der Rutschmasse wurde wohl noch am Hang in Suspension geworfen und als Trübestrom weiter verfrachtet, da die Schlammstrom-Spitze, die vom Gegenhang um 90° umgelenkt wurde, lokal von einer dünnen Sand- oder einer vertikalsortierten Schicht überlagert ist.
Die Vorstellung, daß im Zürichsee-Becken, wie in jenen anderer Alpenrandseen, über längere Zeit von Schutt eingedecktes Toteis gelegen und das Becken vor Zuschüttung bewahrt hätte (R. STAUB, 1938), trifft aufgrund von Moränenstaffeln im See (SCHINDLER, 1974, 1976) sicher nicht zu. Doch dürften gleichwohl im Zeitpunkt, als das Eis über dem oberen Zürichsee, etwa über der Molasserippe Freienbach–Ufenau–Rapperswil, durchschmolz, im unteren Seebecken Toteismassen als durch den Auftrieb hochgepreßte Schollen abgebrochen sein, die im werdenden Zürichsee bald abschmolzen.
Eine nicht mehr vom Gletscher beeinflußte Sedimentation dürfte im Zürichsee allerdings lange vor dem Bölling-Interstadial eingesetzt haben. Dabei dürfte es, vorab nach dem Abschmelzen des Eises, zu bedeutenden Rutschungen an den Flanken der Seewanne gekommen sein.

Die Schieferkohlen im Bereich des Linth/Rhein-Gletschers

Eine wichtige Stütze für die altersmäßige Gliederung der pleistozänen Ablagerungen der Linthebene und des Zürcher Oberlandes sind die Schieferkohlen mit ihrem Floren- und Fauneninhalt. Bereits O. HEER (1858, 1865) erkannte darin warmzeitliche Bildungen, durch welche die jungpleistozänen Ablagerungen in einen liegenden und in einen hangenden kaltzeitlichen Abschnitt mit Moräne gegliedert werden konnten (Bd. 1, Fig. 80; Bd. 2, Fig. 54, Fig. 55) An Pflanzenresten erwähnt schon HEER neben den auf dem Landschaftsbild wiedergegebenen Vertretern – Wald-, Berg- und Legföhre, Rottanne und Moor-Birke – Lärche, Eibe, Hasel, Berg-Ahorn, Schilf, Seebinse, Himbeere, Pfeffer-Knöterich, Sumpf-Labkraut, Fieberklee, Preiselbeere, einer Seerose und – nicht ganz gesichert – Wassernuß, an Säugern – neben Ur, Waldelefant und Merck'schem Nashorn, Elch und Edelhirsch sowie Nagespuren des Eichhörnchens von Uznach.

In Kriegszeiten wurden die Schieferkohlen jeweils abgebaut. Dadurch sind die Lagerungsverhältnisse der Vorkommen Uznach, Eschenbach, Dürnten, Wetzikon, Wangen SZ und Walenberg gut bekannt geworden (A. JEANNET und E. BAUMBERGER in BAUMBERGER et al., 1923; TH. ZINGG, 1934k). Kiesausbeute und Autobahnbauten legten diejenigen von Wangen, Goßau und Betzholz frei. W. LÜDI (1953), W. RUGGLI (schr. Mitt.) und M. WELTEN (in B. FRENZEL et al., 1976, 1978; 1979, 1980) konnten aufgrund von Pollenprofilen die Vegetationsgeschichte abrollen.
Im *Ambitzgi* S von Wetzikon (540 m), zwischen den Schieferkohle-Vorkommen von Schöneich und Dürnten, konnte WELTEN (in FRENZEL et al., 1976, 1978; 1979) im tiefsten Abschnitt, in 43–40 m, um 80% Baumpollen, darunter reichlich Wärmeliebende – *Alnus*, Eichenmischwald, *Corylus*, *Fagus*, sowie Spuren von *Buxus*, *Hedera*, *Abies* und *Juglans* – nachweisen, so daß er diesen Abschnitt mit dem Eem vergleichen möchte. Dann folgt ein zunehmend kühlerer Abschnitt, in dem die Baumpollen sich unter 50% bewegen. Zunächst sind *Picea*, *Pinus* und *Alnus* mit rund 20%, *Corylus* mit 8%, *Abies* mit 6% und *Betula* mit 5% vertreten; dann fallen *Alnus*, *Corylus*, *Abies* und *Picea* zurück, während *Betula* und vor allem *Pinus* ansteigen.
Bis 21 m Tiefe herrschen tonige Ablagerungen vor. Der Polleninhalt belegt eine Vegetation mit *Artemisia*, Gramineen, Chenopodiaceen und *Ephedra*.
Bis zur untersten Schieferkohle (21,3–15,8 m) wechselt die Waldzusammensetzung stark. *Pinus*, *Betula* und *Picea* bewegen sich mehrfach zwischen 70 und 90%. Von 15,8m–11,5 m mit 30 cm Schieferkohle mit Tonen und Feinsanden mit Kohleschnitzen folgt zuerst ein *Picea*-Abschnitt mit Waldföhre – *Pinus silvestris* (=Ambitzgi I), dann – nach einem Kälterückfall um 14 m – ein fast reiner Arvenwald – *P. cembra* (=Ambitzgi II), beide mit *Larix*-Beimischung.
Die obere Schieferkohlen-Abfolge (11,5–8,25 m) bekundet einen waldlosen Gramineen-*Artemisia*-*Thalictrum*-Weiden-Abschnitt mit einer Cyperaceen-Moorvegetation mit viel *Selaginella* und Spuren von *Botrychium* und *Ophioglossum*.
Dann, bis 3,05 m (ev. bis 0,7 m), sind die Baumpollen mit *Corylus*, *Alnus*, *Betula* und Spuren von *Abies* bei schwacher Cyperaceen- und starker *Sphagnum*-Entwicklung wieder reicher vertreten.
Grobes Material mit Geröllen bis 15 cm deutet auf das Herannahen des Linth/Rhein-Eises. ^{14}C-Datierungen ergaben unterschiedliche Werte; sie bewegen sich in 9,38 m zwischen 37000 und 42000 und in 15,62 m zwischen 46000 und 60000 v. h.
Im *Großriet* (435 m) zwischen Greifensee und Volketswil traf WELTEN in einer 90 m tiefen Grundwasserbohrung vorwiegend jüngere Ablagerungen als in den Schieferkohlen von Ambitzgi: von 89,5–83 m Kiese mit end-interstadialem Vegetationscharakter mit *Pinus* und 16–46% Nichtbaumpollen, dann, von 83–70 m, Kiese, Sand und Seebodenlehm im Wechsel (ev. auch Moränenmaterial), eine Gramineen-*Artemisia*-Phase mit 15–37% *Pinus*. Von 70–52,4 m folgen erst geschichtete Seebodenlehme, von 58,8 m an mit glazial-deformierter, steilgestellter Schichtung. Nach dem Polleninhalt war der See von einer extremen Gramineen-*Artemisia*-Chenopodiaceen-*Ephedra*-Kaltsteppe umgeben. Eine dünne moränige Lage schließt diese Sedimente ab.
Von 52,4–34,1 m wurden Moräne und Seeablagerungen durchfahren. Diese zeigen einen warm-interstadialen Vegetationscharakter mit 80–98% Baumpollen: 20–55% *Picea*, *Pinus* um 20%, *Abies* 5–15%, *Corylus* 5–20%, *Alnus* 5–10%, Eichenmischwald 2–7%, *Carpinus* 0,5–2%, wenig *Fagus* und *Larix*.
Nach vorwiegend pollenfreien Sanden (34,1–21,4 m) folgen zunächst eisrandnahe

Schmelzwasserablagerungen, dann Seeablagerungen mit ähnlicher Vegetation wie zuvor. Darüber liegen Kiese und Moräne und in 1,8 m Tiefe postglazialer Torf.
Eine mit dem Interstadial von Großriet übereinstimmende Florenentwicklung konnte WELTEN zwischen Kloten und Glattbrugg (422 m) zwischen einer unteren (15,4–14,7 m) und einer oberen Grundmoräne (9,9–9,3 m) erkennen.
Auch das Profil vom *Sulpelg* (LÜDI, 1953) E von Wettingen stammt nach WELTEN vermutlich aus dem selben Interglazial (S. 137).
In der 105,4 m tiefen Bohrung *Uster* fanden L. & G. WYSSLING (1978) in 77 m Tiefe einen Kurztrieb von *Pinus* sowie einen Zapfen von *Pinus cf. omorika*, dessen Inneres teilweise in Vivianit umgewandelt war, Koniferen-Samen und Schalenreste, und dann, in einer Tiefe von 66,50–65,80 m, auf einer Kote von ca. 400 m ü. M., erstmals *Seekreide* mit kleinen Schneckenschalen, einem Hemipteren-Abdomen und Blattresten in jungquartären Ablagerungen der Zürcher Gegend. Dann folgt ein brauner Ton, ein fossiler Faulschlamm mit Blatt- und Koniferen-Resten, Insekten, Ostracoden und Schnecken. In einem etwas höheren braunen Ton, ebenfalls einem fossilen Faulschlamm, fanden sich: Samen und Nadeln von Koniferen – *Pinus* und *Picea* cf. *omorika*, Blattreste von *Betula pubescens* und *Quercus* cf. *robur*, den Halsschild eines Kurzflüglers – *Acidona crenulata*, ein Fichtenbastkäfer – *Hylurgops palliatus*, der Deckflügel eines Käfers (G. R. COOPE in WYSSLING) und zahlreiche Vivianit-Körner, sowie in 61,3 m – wiederum in einem fossilen Faulschlamm – ein *Tachinus*, eine Raupenfliege, deren Larven als Parasiten in Insekten leben.
In der Bohrung Uster hat M. WELTEN (in WYSSLING) nach einem Abschmelzen des Eises bis hinter die Glattal-Schwelle zunächst eine *Artemisia-Ephedra*-Steppe mit Spuren von *Pinus* und *Betula* nachweisen können. Um 67 m hat sich eine *Pinus-Hippophaë-Salix*-Phase eingestellt, die dann von einem *Pinus*-Wald abgelöst worden ist. In 66,8 m hat sich ein Eichen-Mischwald ausgebreitet mit reichlich *Quercus*, abfallendem *Corylus*-Anteil, mit *Buxus* und *Hedera*. Dann wird diese Warmzeit, das *Riß/Würm-Interglazial*, von einem *Abies-Quercus-Ulmus-Tilia-Acer*-Mischwald abgelöst mit maximal 7% *Carpinus* und einem *Buxus*-Maximum in 66 m Tiefe. Eine *Picea*-Dominanz mit *Buxus* und eine kurze *Pinus*-Vormacht belegen das Ende dieser Warmzeit in gut 65 m Tiefe.
Von 65,15–64,6 m belegen viel Nichtbaumpollen mit etwas *Pinus* und *Picea* einen kühlen Abschnitt.
Bis 62,7 m wird eine *Pinus*-Dominanz von einer *Picea*-Vormacht mit viel *Larix* abgelöst. Sie sprechen für ein wärmeres Interstadial (Brörup?), das bis 61,6 m wieder von einem kühleren Abschnitt abgelöst wird. Bis 60,4 m stellt sich mit einer *Picea*-Vormacht wieder ein Interstadial (Odderade?) ein. Dann folgen Abschnitte mit viel Nichtbaumpollen, etwas *Picea*, *Pinus* und wenig *Larix*.
Im Glattal konnte WELTEN (1979, 1980) neulich in 11 Bohrprofilen – neben dem Riß/Würm-Interglazial in Uster – auch mehrere Interstadiale pollenanalytisch nachweisen. Leider ist die Abfolge bisher in keiner Bohrung vollständig, was die zeitliche Einstufung und ihre Korrelation erschwert.
Ebenso sind warmzeitliche Seeablagerungen in den Bohrungen 2,5 km weiter NNW und von Großriet 3,5 km NW von Uster in 397 m nachgewiesen worden, wobei sie durch Moräne abgeschnitten und offenbar durch einen Gletschervorstoß deformiert worden sind. Damit haben die interglazialen Seeablagerungen im Glattal einst eine größere Ausdehnung besessen und sind wohl von einem vorstoßenden frühwürmzeitlichen Gletscher wieder teilweise ausgeräumt worden.

Fig. 54 Schieferkohle in der Kiesgrube Goßau ZH, 1964. Die Strukturen zeigen, daß das ursprüngliche Riedgras-Moor in einer seichten Senke über Kalkgyttja abgelagert wurde und daß hernach der darüber vorgestoßene Gletscher die Oberseite schräg angeschnitten hat.

Am linken Rand der Molasse-Rinne von Uster sind 8 m mächtige warmzeitliche Sedimente, dunkle Tone mit Vivianit, mit einem 12 cm langen *Picea*-Zapfen, Müschelchen, Ostracoden, Käfer-Fragmenten, Cypriniden-Schlundknochen und weiteren Fischknochen durchfahren worden. Darunter folgten 1 m Seebodenlehme, dann 1,5 m Moräne und, auf Kote 440 m, die Molasse. Da die Seeablagerungen hier um rund 40 m höher liegen, muß der See über 40 m tief gewesen sein. Da damit nicht nur im Betzholz wenig unter der Schieferkohle Moräne liegt (Gem. Exk. mit PD Dr. H. Röthlisberger und W. Kyburz), sondern auch noch 14 km weiter NW in der Rinne von Uster auftritt, hat der frühwürmzeitliche Gletscher auch die Becken des Glattales – und analog auch jenes des Zürichsees – eingenommen. Möglicherweise fallen in diese Zeit auch die durch Moräne getrennten verkitteten Schotter am Rande des Zürichsee-Beckens und im Lorzentobel, die stets chronologische Probleme gestellt haben (A. Aeppli, 1894; R. Frei, 1912; Hantke, 1961, 1967k).
Daß dieser Eisvorstoß im Liegenden der Schieferkohle tatsächlich bis über Killwangen hinaus gereicht hat (Hantke et al., 1967k; L. Mazurczak, 1976), erfährt damit eine weitere Stütze. Daß dieser Vorstoß das Killwangen-Stadium mit der Frontmoräne von Würenlos darstellt, und der hochwürmzeitliche Vorstoß nur das Schlieren- und das Zürich-Stadium umfaßt (Welten, 1979), ist aufgrund der Gestalt der Moränen und der Bodenbildung auf ihnen und auf den zugehörigen Schotterfluren, unwahrscheinlich.
Aufgrund der von Th. Locher, L. und G. Wyssling (schr. Mitt.) im oberen Glattal durchgeführten Grundwasser-Untersuchungen entstanden die in Fig. 55a und b wiedergegebenen Profile, von denen die zeitliche Zuordnung der älteren Sedimente jedoch noch offensteht.

Fig. 55a: Längsprofil durch das obere Glattal

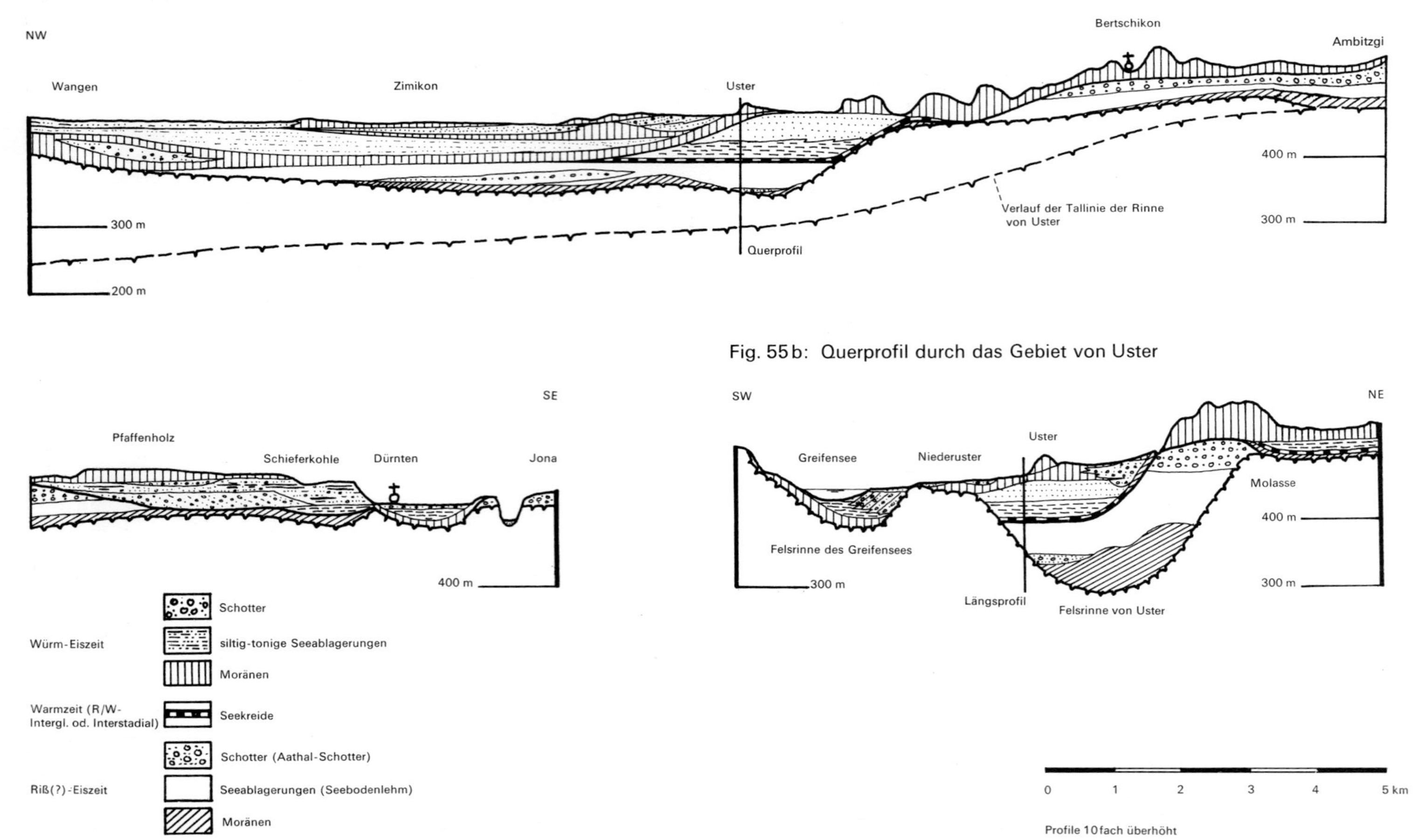

Fig. 55b: Querprofil durch das Gebiet von Uster

Fig. 56 Die Linthebene mit Ober- und Niederurnen, der Enge von Ziegelbrücke und den Molasse-Inselbergen Benkner Büchel und Buechberg. Im Hintergrund das Töß-Bergland (rechts), der Transfluenz-Sattel von Gibswil, der Bachtel (Mitte) und das Becken des Zürichsees. Die schmalen Waldschleifen in der Ebene bekunden den Lauf der ehemaligen Linth.
Luftaufnahme: Swissair-Photo AG, Zürich. Aus: H. ALTMANN et al., 1970.

Eisvorstöße und temporäre Rückzüge im Gebiet der Linthebene

Neben den Molasse-Inselbergen des Buechberg und des Benkner Büchel finden sich am E-Rand der Linthebene SE von Schänis noch einige flache Molasse-Rundhöcker. NE des Bahnhofs Ziegelbrücke fließt die kanalisierte Linth über eine Molasse-Schwelle. Anderseits wurde jedoch in mehreren, bis auf eine Tiefe von 40 m niedergebrachten Bohrungen der Fels nicht erreicht (A. OCHSNER, 1969K, 1975; Fig. 56).
S des Zürcher Obersees lagert sich an die Molasse des Buechberg ein Schotterkörper an, der die Linthebene bis 80 m überragt. Aufgrund der Höhenlage wurde dieser früher als «Mittelterrassenschotter» bezeichnet und der Riß-II-Eiszeit zugewiesen (H. SUTER, 1939). Die eingelagerten Schieferkohlen werden mit denen des Walenberg im Winkel zwischen Linth- und Walensee-Arm des Rhein-Gletschers, von Uznach-Kaltbrunn, Eschenbach und des Zürcher Oberlandes als Zeugen einer Warmzeit betrachtet (A. JEANNET und E. BAUMBERGER in BAUMBERGER et al., 1923). Da sie von Schottern und

Grundmoräne überlagert werden, wurden sie ins letzte Interglazial gestellt (W. LÜDI, 1953). Zudem waren bereits JEANNET moränige Ablagerungen innerhalb der ganzen Abfolge aufgefallen. Mindestens sind sie als recht eisrandnah zu deuten, was nach dem damals gültigen eiszeitlichen Schema zu Widersprüchen in der Altersdeutung führte (HANTKE, 1959a), umso mehr als bereits JEANNET zwei Schieferkohlenhorizonte unterscheiden konnte, einen oberen in 475 (W)–485 m (E), der gegen W und S auskeilt, und im S einen unteren, der in gebänderten, von sandigen Zwischenlagen durchsetzten Seelehmen reichlich Pflanzenreste enthielt: *Picea*, *Abies*, *Betula*, *Alnus incana*, *Salix cf. nigricans*, *Corylus* sowie Sumpfpflanzen und Moose, während in den oberen Schieferkohlen neben einigen Wassermoosen und *Menyanthes trifoliata* nur *Betula*, *Pinus* und *Picea* gefunden wurden.

Auffällig sind ferner: die scharfe, konkave Begrenzung des Schotterkörpers gegen Siebnen-Wangen, die Existenz dieser Talung, das Fehlen von Überresten S davon, die Kornverteilung – feine Fraktionen am SE-Sporn, gegen W erst Sande, dann Schotter, die am W-Ende gar eine Schüttung von NW zeigen – der Wechsel in der Tracht über den obersten Schieferkohlen – die grauen lokalen Schotter werden von roten, Verrucanoreichen abgelöst und diese von Linth/Rhein-Moräne eingedeckt (J.-R. KLÄY, 1969). All dies deutet darauf hin, daß in den Buechberg-Schottern kaum Überreste einer höheren, einst mit andern zusammenhängenden Flur, sondern daß Eisrand-Ablagerungen vorliegen. Dies läßt vermuten, daß in frühwürmzeitlichen Phasen der Gletscher aus den Wägitaler Bergen bis in die Talsohle vorrückte und daß er – wegen des kürzeren Anmarschweges – in der Linthebene anlangte und sich fächerförmig ausbreiten konnte, bevor der Linth/Rhein-Gletscher vom Mündungsgebiet Besitz ergriffen hatte (Fig. 57). Dem Linth/Rhein-Gletscher wurde dadurch zunächst der Vormarsch durch die Talung von Siebnen-Wangen verwehrt, so daß er nur durch die über 236 m tiefe Wanne (Erdölbohrung) N um den Buechberg herum seeabwärts vorstoßen konnte. In der aufgebrochenen Antiklinale des Obersees hatte das ausräumende Eis ein leichtes Spiel, so daß es gegen Hurden vorzurücken vermochte. Zwischen Nuolen und Lachen nahm es das gegen NW abfließende Wägitaler Eis auf (Fig. 58). W von Nuolen liegt der Molasse-Untergrund in 136 m, im Mündungsbereich der Wägitaler Aa zwischen Nuolen und Lachen gar in 180 m Tiefe. Noch in der Talung von Siebnen konnte der Felsuntergrund W von Buttikon erst in 100 m Tiefe erreicht werden (Dr. S. SCHLANKE, mdl. Mitt.).

Die von spät- und postglazialen Sedimenten noch nicht zugeschüttete Wanne des Obersees läßt sich – wie jene des Zürichsees (HANTKE, 1959b) – kaum nur durch Auskolkung des abschmelzenden, durch die Stirnmoränen von Hurden und Zürich abgedämmten Linth/Rhein-Eises erklären. Vielmehr wurde auch die Hohlform des Obersees durch einen gegen Hurden vorgestoßenen Gletscher ausgeräumt. Beim spätwürmzeitlichen Rückzug bot sie eine bevorzugte Haltlage (S. 160).

Zwischen Buttikon und Schübelbach stauten sich der südliche Arm des Linth/Rhein-Gletschers und das gegen E sich ausbreitende Wägitaler Eis gegenseitig auf (Fig. 57). Die an der S-Flanke des Buechberg abgelagerten tieferen Schotter wurden aus dem Wägital und N um den Buechberg herum von NW an und unter zurückschmelzendes Wägitaler Eis geschüttet, was sich aus den Schüttungsrichtungen und der Korngrößenabnahme gegen E ergibt. In seichten Senken hatten sich über wasserstauenden Deckschichten Tümpel gebildet, die bei temporärem Zurückweichen des Eises aus der Linthebene vermoorten.

Die Klimaverbesserung hatte das Hochkommen einer Baumvegetation erlaubt, was in

Fig. 57 Die Mündung des Wägitales in die Ebene von Schübelbach (rechts)–Siebnen (Mitte)–Lachen (außerhalb des linken Randes).
N der Autobahn Zürich–Sargans an die bewaldete Molasse-Synklinale des Buechberg angelagerte Schotter, rechts die Linthebene, N des Buechberg der Zürcher Obersee, im Hintergrund die Schichtrippenlandschaft gegen das Hörnli-Bergland und der Rickenpaß (rechter Bildrand).
Photo: Militärflugdienst Dübendorf.

den Schieferkohlen durch Großreste und Pollen bestätigt wird. Aufgrund des mehrfachen Wechsels von Schotter und Schieferkohle muß sich dieser Vorgang mindestens dreimal in ähnlicher Weise vollzogen haben. ^{14}C-Datierungen ergaben für die mittlere Kohle Werte zwischen 41 270 ± 2500 und 30 120 ± 750 (?), für die obere 40 620 ± 2700 v. h. (KLÄY, 1969).
Dabei drängen sich zwei Fragen auf: Innerhalb welcher Grenzen pendelte die klimatische Schneegrenze? Wie weit hat sich das Eis in diesen Frühwürm-Intervallen zurückgezogen? Obwohl hiezu keine Daten vorliegen, läßt sich doch ein minimaler Rückzug abschätzen. Für das spätwürmzeitliche Hurden-Stadium läßt sich eine Schneegrenze für den Alpenrand von rund 1300 m ermitteln. In der feucht-kühlen Vorstoßzeit dürfte sie bei entsprechender Eisrandlage eher tiefer gelegen haben, da das Linth/Rhein-Eis zunächst aufgebaut werden mußte.
Bei einer Gleichgewichtslage in gut 1200 m dürfte der N-exponierte Wägitaler Gletscher mit seinen Zuflüssen bis in die Linthebene vorgerückt sein. Da die Waldgrenze heute um 900 m tiefer liegt als die klimatische Schneegrenze und in den ersten beiden Abschnitten der Schieferkohle-Moorbildung auch wärmeliebendere Gehölzarten hoch-

kamen, mußte die Waldgrenze mindestens auf 600 m, die Schneegrenze auf 1500 m, für die jüngere, anspruchslosere Flora auf 1400 m angestiegen sein.
Für das spätwürmzeitliche Stadium von Sargans (= Gersau) läßt sich am Alpenrand eine Schneegrenze von knapp 1500 m ermitteln. Da das entsprechende Stadium im Glarnerland bei Netstal bzw. Ennenda liegt, muß das Eis im Frühwürm mindestens bis Glarus zurückgeschmolzen sein (S. 192). Erst zur Zeit der Moorbildung, aus der die höchste Schieferkohle hervorgegangen ist, stellte sich am Buechberg ein schütterer Baumwuchs ein, der in die Kampfzone fiel, so daß die Schneegrenze um 100–150 m tiefer, um 1350–1400, lag. Ein vergleichbarer Wert läßt sich am Alpenrand für das spätwürmzeitliche Stadium von Ziegelbrücke/Weesen ermitteln, so daß Linth-Gletscher und Walensee-Arm die Linthebene auch im jüngeren Frühwürm nochmals freigegeben haben dürften, umsomehr, als außer dem Wägitaler Gletscher keiner bis in die Linthebene vorstieß und ein Ur-Zürichsee bereits existierte.
Erst beim nächsten Vormarsch langte mit dem Eintreffen des Rhein-Eises die Verrucano-Geröllflut aus dem St. Galler Oberland am Buechberg an. Nun drängte der südliche Arm des mächtiger gewordenen Linth/Rhein-Gletschers das Wägitaler Eis erst an den Talausgang, später, in den würmzeitlichen Hochständen, gar tief ins Wägital zurück, was durch Verrucano-Erratiker im Trepsental, 4 km von der Mündung, belegt wird (A. Ochsner, 1969k).

Der Vorstoß ins Zürcher Oberland und ins Zürichsee-Becken

Erst mit dem über den Obersee hinaus ins Zürichsee-Becken erfolgten Vorstoß vermochte der Linth/Rhein-Gletscher die 100 m hohe Molasseschwelle von Hombrechtikon zu überwinden und ins Zürcher Oberland, ins Glatt- und ins Kempttal, einzudringen (Th. Zingg, 1934k, Fig. 58).
Dadurch wurde der Jona, der Entwässerung aus dem Bachtel-Schwarzenberg-Gebiet, und dem Lattenbach jeder Abfluß zum Zürcher Obersee verwehrt, so daß diese ihren Weg durch das gefällsarme Zürcher Oberland nehmen mußten, was durch die Schotterfracht zwischen Glatt und Kempt belegt wird. In den Kaltphasen kam es zu flächenhafter Aufschotterung aufgearbeiteter Molasse-Nagelfluhgeröllen, in den wärmeren zur Moorbildung. Schieferkohle-Proben von Goßau ergaben ^{14}C-Daten von 42 660 ± 3125 bzw. > 41 770, zwei neue, von Holz von der Basis > 45 750 und 39010 ± 1125 Jahre v. h. aus dem Dach der Kohle (Fig. 54).
Der Goldinger Bach aus dem Chrüzegg-Gebiet, der die wenig älteren (?) Schieferkohle-führenden Schotter von Eschenbach aufbaute, ergoß sich E von Rapperswil subglaziär ins Obersee-Becken.
Erst mit rechtsseitigen Schmelzwässern des ankommenden Linth/Rhein-Gletschers gelangte im Zürcher Oberland eine ortsfremde Schüttung zur Ablagerung. Beim weiteren Vormarsch spaltete sich das Eis am Pfannenstil in einen durchs Zürichseetal und einen durchs Glattal abfließenden Arm (Fig. 58). Durch diesen wurden die Schotter des Zürcher Oberlandes auf breiter Front überfahren und zu Drumlins umgeprägt; zugleich wurden die angelegten Talfurchen wannenartig verbreitert und die Becken von Greifen- und Pfäffiker See ausgekolkt. Im mittleren Glattal zwischen Wangen und Dübendorf enthielten lehmige Sande in eismechanisch gestauchten, überfahrenen Schottern neben *Carex*- und Gramineen- über 80% *Pinus*-Pollen (G. Jung, 1969).

Im Raum Wetzikon–Uster, vorab im Aatal, sind diese später vom Eis überfahrenen und von subglaziären Schmelzwässern zerschnittenen Schotter stark verkittet und als Aatalkiese bezeichnet worden (J. WEBER, 1910K; H. W. BODENBURG-HELLMUND, 1909). Diese wurden zunächst als rißzeitlich betrachtet, was die neuen Untersuchungen von L. WYSSLING & TH. LOCHER (schr. Mitt.) zu bestätigen scheinen.
Im *Hagenholz-Tunnel* liegt in einer Abfolge von würmzeitlichen Vorstoßschottern über älteren tonig-siltigen Seebodenlehmen eine untere Moräne, bei deren Ablagerung das Gletscherende nach V. LONGO (1978) bis zum Butzenbüel gereicht hätte. Dann schmolz das Eis zurück, so daß zunächst erneut Seesedimente und Schotter abgelagert und von einem neuen, durch eine mittlere Moräne belegten Gletschervorstoß wieder aufgeschürft wurden. Dann schmolz das Eis abermals etwas zurück, so daß die Schmelzwässer im Gletscher-Vorfeld erneut Schotter ablagerten, die dann von oberer, 30–40 m mächtiger Moräne bedeckt werden und den hochwürmzeitlichen Vorstoß belegen.
Auch weiter Glatt-abwärts existieren zwei tiefe auf tektonische Anlage zurückgehende Rinnen. Die nördliche, die sich aus dem Aatal über Wangen–Kloten bis Oberglatt nachweisen läßt und bei Dietlikon bis auf 204 m ü. M. hinabreicht, wird von P. HALDIMANN (1978) als rißzeitlich, die südliche, die sich von Greifensee über Dübendorf–Wallisellen–Oerlikon nachweisen läßt, als würmzeitlich gedeutet. In der nördlichen Rinne sowie im zwischenliegenden Gebiet des Hard liegen mächtige Seebodenlehme mit Erosionsrinnen, fossilen Mooren und Schotterlinsen. Ein nächster Stand wird im Hardwald durch Stirnmoränen belegt, die beim Vorstoß bis zu den äußersten Ständen noch überfahren worden sind. Im *Becken von Bülach* liegt die Felssohle unter 220 m, im unteren Thurtal auf unter 250 m, wo M. FREIMOSER & TH. LOCHER (1980) noch Seeablagerungen angetroffen haben, im Rafzerfeld um 330 bis 315 m ü. M. In den Bohrungen des Bülacher Beckens reicht eine würmzeitliche Grundmoräne noch einige km über den oberflächlich durch Wälle markierten äußersten würmzeitlichen Gletscherstand hinaus.
Im kesselförmigen Becken von Windlach liegen ebenfalls Seetone unter der Grundmoräne und belegen damit ein älteres Seebecken.
Auch in der Zürichsee–Limmat-Talung kam es in mehreren Vorstoßphasen des Linth/Rhein-Gletschers zum Aufstau kaltzeitlicher Schotter: rechtsseitig im Küsnachter Tobel und, bei einem über Zürich hinausreichenden Stand, in Zürich-Höngg. Analoge Schotter treten auf der linken Seeseite in verschiedenen Höhenlagen um Wädenswil auf (S. 58). Da sie meist stark verkittet sind, wurden sie als alt- und mittelpleistozän betrachtet (A. AEPPLI, 1894; ALB. HEIM, 1919), die an jungpleistozänen tektonischen Bruchflächen verstellt worden wären (H. SUTER, 1939).
In einer Sandlinse sind in derartigen Schottern E von Wädenswil aufgearbeitete Fetzen von Schieferkohle gefunden worden, die ein ^{14}C-Alter von >40000 Jahren v. h. ergaben. Etwas älter ist der Schotter der Halbinsel Au. Dank seiner Zementierung ist er vom Linth/Rhein-Gletscher zum 44 m aus dem Zürichsee aufragenden Rundhöcker überprägt worden. Aufgrund der BOUGUER-Schwereanomalien dürfte der Schotter eine Mächtigkeit von 100 m erreichen (N. PAVONI in F. GASSMANN, 1962).
Von der jüngst im Zürichsee niedergebrachten Tiefbohrung werden neue Resultate zur Chronologie des Eiszeitalters erhofft.
Außerhalb der Reichweite des würmzeitlichen Linth/Rhein-Eises findet die erdgeschichtliche Entwicklung ihren Niederschlag in der Abfolge auf dem Sulperg E von Wettingen (C. FRIEDLÄNDER, 1943). In einer gegen NW einfallenden rißzeitlichen Abflußrinne liegt über Tonen ein 2–4 m mächtiger Torf. Dieser wird von Tonen und

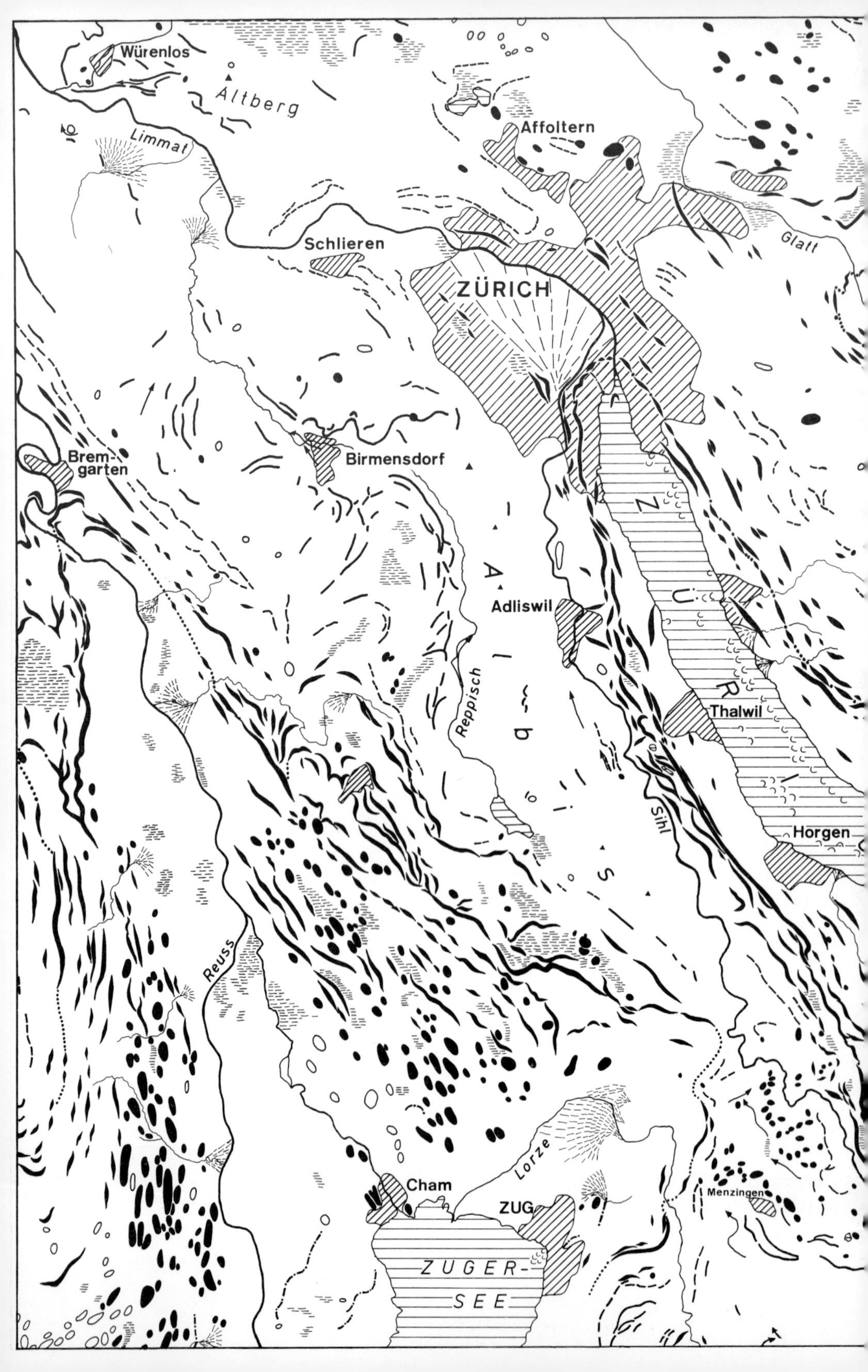
Würenlos
Altberg
Limmat
Affoltern
Glatt
Schlieren
ZÜRICH
Bremgarten
Birmensdorf
A
Adliswil
Z
Ü
R
Reppisch
l
b
i
s
Thalwil
Sihl
Horgen
Reuss
Lorze
Cham
ZUG
Menzingen
ZUGER-
SEE

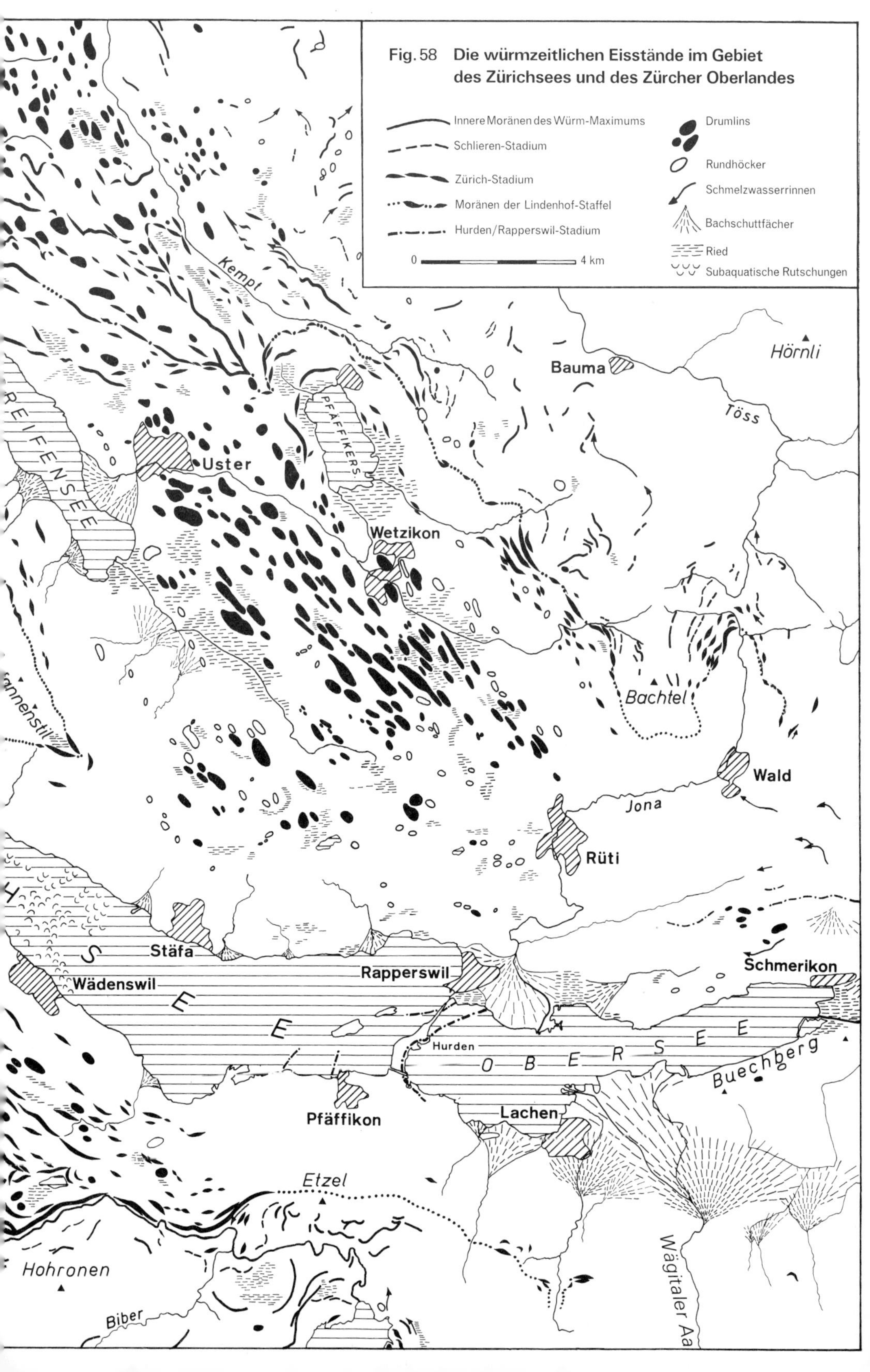

Fig. 58 Die würmzeitlichen Eisstände im Gebiet des Zürichsees und des Zürcher Oberlandes

lößartigen Feinsanden in zweimaligem Wechsel überlagert. Die basalen Deckschichten enthalten – neben einem Geweih eines Edelhirsches – auch Landschnecken.
Aufgrund der Pollenflora herrschte bald die Fichte, bald die Föhre vor. Zu Beginn und in der Mitte des Profils waren vorab Tanne und Erle reichlicher vertreten, Edelhölzer dagegen nur sparsam eingestreut (W. LÜDI, 1953). Die Bildung des Torfes fällt in die feucht-kühle Zeit mit vegetationsfeindlicheren, kühleren Phasen des würmzeitlichen Eisaufbaues. Die aufliegenden Feinsande sind als kaltzeitlich abgelagerte Lößdecke zu deuten.

Die verkitteten Schotter im Sihl- und im Lorzetal

Erforschungsgeschichtlich eng verbunden mit der Vorstellung einer quartären Rücksenkung der Alpen und ihres N-Randes ist auch die Bildung der verkitteten Schotter im Sihl- und im Lorzetal. Diese hätte, aufgrund der intensiven Verkittung und der hohlen Gerölle, zusammen mit den ebenfalls als günzzeitlich angesehenen Relikten um Wädenswil und auf der Baarburg, die einst zusammenhängende Deckenschotter-Platte erfaßt, die zwischen Albis und Hohronen, im Bereich der westlichen Fortsetzung der Synklinale von Stäfa–Wädenswil, in eine tiefe Lage abgesenkt worden wäre (ALB. HEIM, 1889, 1894, 1919; A. AEPPLI, 1894).
Die bedeutenden Quartärmächtigkeiten im Gebiet des Sihlsprung und des Lorzentobel (AEPPLI, 1894; R. FREI, 1912a; N. PAVONI, 1957) ließen zwischen oberem Zürichsee und nördlichstem Zugersee eine alte, von präwürmzeitlichen Schottern erfüllte Rinne annehmen. Eine solche konnte PAVONI (in F. GASSMANN, 1926) durch negative BOUGUER-Schwereanomalien weitgehend bestätigen. Darnach würde die Quartärfüllung um Menzingen über 300 m betragen, wobei sie gegen ENE und WSW abnehmen würde (Fig. 59). Da sich auch ENE des Zürichsees in der durch eine geringere Erosionsresistenz sich auszeichnenden untersten Oberen Süßwassermolasse des Lütschbach-Lattenbach-Tales eine strukturelle bedingte Rinne abzeichnet, muß auch ihre westliche Fortsetzung von Richterswil über Menzingen nach Zug nicht notwendigerweise einen ehemaligen Flußlauf dokumentieren (PAVONI in GASSMANN), sondern entspricht mit ihrer unregelmäßigen Oberfläche nur der durch Erosionsresistenz und Tektonik vorgezeichneten Molasse-Topographie, die wohl bereits vom mindelzeitlichen (?) Gletscher überprägt und dann von mittel- und jungpleistozänen Ablagerungen – vorwiegend Schottern und Moräne – eingedeckt worden ist.
Der mehrfache Wechsel von Schotter und Moräne in beiden Talschluchten, von R. FREI (1912a) der vorletzten (größten) Vergletscherung zugewiesen, läßt sich durch Schwankungen des Eisrandes erklären. Beim Vorstoß des Linth/Rhein-Gletschers ins Zürichsee-Becken rückte der Muota/Reuß-Gletscher aus den Wannen des Vierwaldstätter- und des Zugersees und über den Sattel ins Becken des Ägerisees vor. Schmelzwässer des Ägeri-Lappens, des Sihl-Gletschers und des von Wädenswil gegen SW überbordenden Linth/Rhein-Gletschers flossen mit reichlicher Schotterführung durch die bereits tief eingeschnittenen Täler von Lorze und Sihl ab. Durch den von Zug gegen NE vorstoßenden Muota/Reuß-Gletscherlappen wurden die beiden kurzfristig gestaut und die mitgeführte Schotterfracht in schlauchförmigen Eisstauseen abgelagert. Dann fanden die Karbonat-aggressiven Schmelzwässer unter dem Eis wieder ihren angestammten Abflußweg. Durch Entweichen von CO_2 aus bikarbonatreichem Poren-

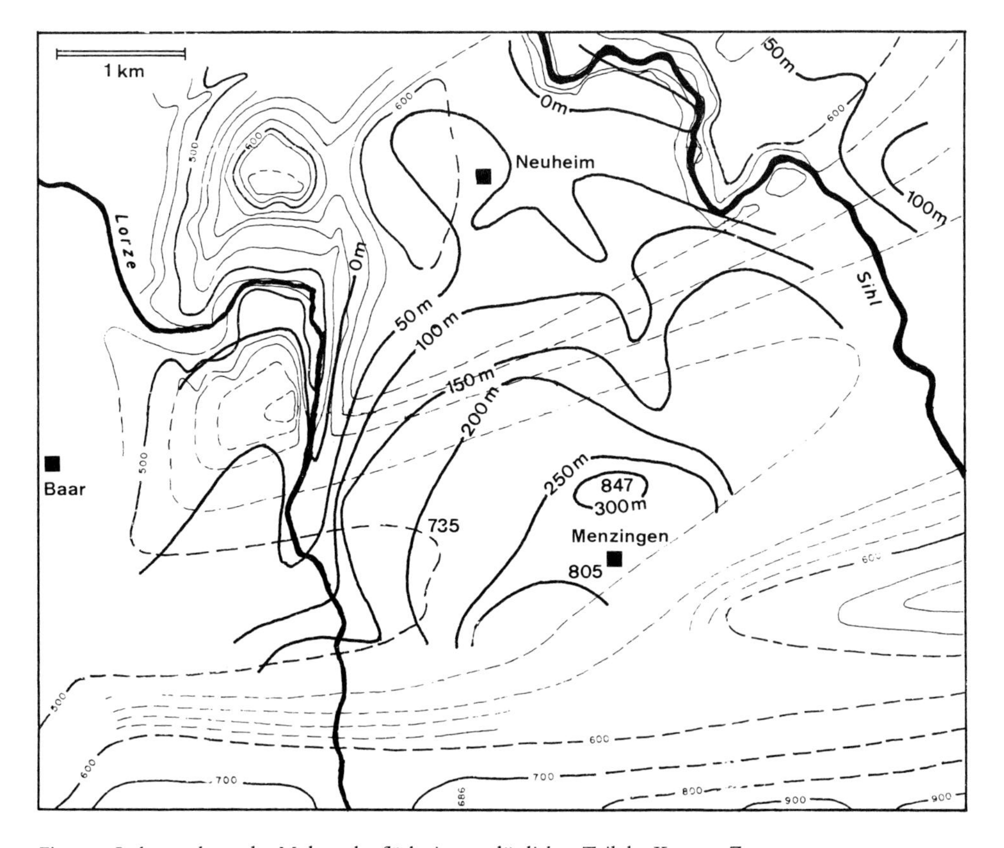

Fig. 59 Isohypsenkarte der Molasseoberfläche im nordöstlichen Teil des Kantons Zug.
Kurven ausgezogen: Molasse anstehend;
Kurven gestrichelt: Molasseoberfläche unter Quartärbedeckung vermutet.
Dickausgezogene Kurven: Isopachen der Quartär-Ablagerungen.
Nach: N. PAVONI in F. GASSMANN, 1962.

wasser wurden die Schotter zu «löcheriger Nagelfluh» verbacken. Mit dem Pendeln der Gletscherfronten um eine dem Zürich-Stadium entsprechende Vorstoßlage gelangte Moränenschutt mit gekritzten Geschieben in die Täler. Bei Baar und Sihlbrugg staute das wieder vorstoßende Eis erneut die Schmelzwässer, so daß bis zum nächsten Durchbruch eine höhere Schotterlage abgelagert wurde, die hernach abermals zu «löcheriger Nagelfluh» zementiert wurde.

Dieses Hin- und Herpendeln des Eisrandes spiegelt sich auch in der recht wechselvollen Sedimentabfolge wider, wie sie im Kieswerk Neuheim aufgeschlossen wird. Beim Abbau ist auch dort, wie weiter SE im Sarbachtal, etwas Schieferkohle zum Vorschein gekommen (HANTKE, 1961).

Die am Josefsgütsch SW von Sihlbrugg über moränenbedeckten lehmigen Schottern liegende «löcherige Nagelfluh» wurde von AEPPLI und HEIM dem Älteren Deckenschotter, von FREI als Schotter der drittletzten Vergletscherung, der «Hochterrasse», zugewiesen. Wie jedoch neue, durchgehende Aufschlüsse gezeigt haben, sind sie gesamthaft vom vorstoßenden Würm-Gletscher abgelagert worden (HANTKE, 1961).

Der Linth / Rhein-Gletscher, seine ersten Rückzugsstadien und diejenigen seiner Zuflüsse

Der Abschnitt zwischen Speer und Ricken

Im Maximalstand der Würm-Eiszeit standen sich auf dem Ricken Linth/Rhein- und Thur/Rhein-Gletscher bis auf eine Höhe von 1100 m gegenüber. Wie die ausgeprägten Karformen und die darin fehlenden Thur- und Linth-Erratiker belegen, wurden sie noch bis zum Regelstein (1315 m) vom Eis der vom Speer gegen NNW verlaufenden Kämme gespiesen.
Am SW-Rücken des Regelstein reichte das würmzeitliche Linth/Rhein-Eis im Maximalstand auf über 1100 m, im Schlieren-Stadium – dokumentiert durch einen Wallrest – bis 1000 m und im Zürich-Stadium – durch Wälle und Erratiker belegt – auf dem Rämel bis 880 m und NE von Üetliburg bis 860 m.
Auf der E-Seite der Linthebene wurde der Kamm des Wielesch NE von Rieden auf über 1100 m rundhöckerartig überprägt. E von Maseltrangen fand A. Ochsner (1969k) den höchsten Verrucano-Block auf knapp 1100 m. In dem bei Rieden mündenden Wängital bildete sich zwischen dem *Wängi-Gletscher* und einem Kargletscher von der Oberen Steinegg (1238 m) eine Moräne, die eine Gleichgewichtslage in 1100 m bekundet. Da sich auch S der Steinegg ein Schneefeld entwickelte, das den Wängi-Gletscher erreichte, lag die klimatische Schneegrenze um 1150 m. Ein 10 m³ großer Granit-Erratiker ENE von Rieden, ein Verrucano-Block auf 970 m NNE des Dorfes (A. Gutzwiller, 1873), sowie mächtige Stauschuttmassen im mündenden Steinenbachtobel bekunden noch im Zürich-Stadium ein Eindringen von Linth/Rhein-Eis und einen Aufstau von Wängi- und Steinen-Gletscher.
Ufermoränen und zugehörige Schotter bei Altwis auf 920 m sowie Mittelmoränenreste auf Bachmannsberg, SE bzw. E von Rieden, belegen das Zürich-Stadium.
Im Hurden-Stadium wurde der Wängi-Gletscher selbständig. Jüngere Stadien zeichnen sich unterhalb von Vorder- und von Hinterwängi ab. Sie dürften den Ständen von Ziegelbrücke/Weesen und von Sargans entsprechen.
Aus dem Kar des Federispitz (1865 m) stieß im Spätwürm ein Gletscher zunächst bis unter 800 m, dann, in zwei Staffeln, bis gegen 900 m bzw. unterhalb 1000 m und in einem weitern Vorstoß bis 1200 m herab vor. Aufgrund der Gleichgewichtslagen in 1200 m, zwischen 1300 und 1350 m und auf über 1450 m entspricht wohl der tiefste dem Hurden-Stadium, was eine Stauterrasse auf 760 m bestätigt. Die beiden nächsten sind wohl den Ständen von Ziegelbrücke/Weesen gleichzusetzen; die bis 1200 m absteigende Eiszunge dürfte das Sarganser Stadium bekunden.

Der Jona-Lappen und die Firnmulden im Bachtel- und im Chrüzegg-Hörnli-Gebiet

Am SE-Grat des Bachtel (1115 m) reichte der anbrandende würmzeitliche Linth/Rhein-Gletscher, wie eine Blockstreu – Verrucano, Kieselkalk, Schrattenkalk und Speer-Nagelfluh – bekundet, bis auf 1020 m. Auf der S-Seite fand R. Frei (1912b) die höchsten Erratiker auf 995 m. Kleinere, in Verwitterungsschutt eingebettete, wohl rißzeitliche liegen am SE-Grat auf 1050 m.

Fig. 60 In der Würm-Eiszeit entsandte der Linth/Rhein-Gletscher einen Arm in die Talung von Gibswil. An der S-N-verlaufenden Bachtel–Allmen-Kette reichte das Eis im Höchststand bis zu den höchsten Höfen. Vom Bachtel (links), von der Egg und vom Allmen (Bildmitte) stießen kleine Kargletscher zum Taleis; dazwischen bildeten sich Moränenwälle.
Photo: Militärflugdienst Dübendorf.

Auf der E-Seite der Bachtel–Allmen-Kette belegen Eisstau-Verflachungen und einsetzende Moränen den Eisrand eines nach N überfließenden Jona-Lappens. NE des Bachtel beginnt eine Karboden-artige Verflachung bei einem Verrucano-Block auf 975 m. Sie verrät ein Firnfeld am N-Grat; Schmelzwässer flossen durch eine V-förmige Kerbe subglaziär gegen NW ab.
In den weiter N ausgebildeten Karmulden treten S von Schufelberg in 960 m erstmals Wallmoränen auf (Fig. 44). Aus einer Gleichgewichtslage von 960 m ergibt sich bei NE-Exposition und Schneeanhäufungen im Lee eine klimatische Schneegrenze um 1050 m. Solche Firnmulden lassen sich auch W von Fischenthal beobachten. SE von Bauma stieg ein Kargletscher vom nördlichsten Gipfel (1064 m) der Bachtel–Allmen-Kette – wie verrutschte Moränen belegen – gegen N bis 820 m ab (Fig. 44, 58 und 60).
Aufgrund der übereinstimmenden Höhenlage mit den W des Etzel auf 1015 m einsetzenden Wällen markieren die am SE-Grat des Bachtel liegenden Erratiker und die Wälle weiter N einen würmzeitlichen Eisstand, was Ausbildung und Bodenentwicklung bestätigen. Die Firnmulden aperten erst nach dem ersten hochwürmzeitlichen Rückzug aus.

Die Randlage um gut 1000 m für den nach N abgehenden Jona-Lappen zeichnet sich auch auf der E-Seite durch Erratiker ab, so im «schiefrigen Alpenkalk» N der Wolfsgrueb NE von Wald (A. SCHAUFELBERGER, 1939). Zugleich wurde dort dem Eis aus dem Quellgebiet der Vorderen Töß der Abfluß zur Jona verwehrt. Dank der Zuflüsse von E-exponierten Karen dürfte es sich bei der Tößscheide noch mit Eis aus dem Einzugsgebiet der Hinteren Töß vereinigt haben. Schotter stellen sich im engen Tal erst gegen die Mündung in die Talung von Gibswil ein (Geol. Dienst Armee, 1970K). Die vom Schnebelhorn (1293 m) gegen NW abgestiegene Zunge endete – wie der *Töß-Gletscher* aus dem Tößstock-Gebiet, das bis 1314 m emporreicht – um 800 m, oberhalb von Orüti.
Aus den Karmulden N und NW des Roten (1148 m) stiegen Gletscher bis gegen 800 m in das bei Steg mündende Fuchslochtal ab. Der nördlichste Kargletscher im Hörnli-Gebiet – seine Zunge reichte bis 820 m herab – entwickelte sich N des Chli Hörnli (1073 m), im Quelltrichter des bei Wila mündenden Steinenbachtales.
Da die Zungenenden des Jona-Lappens N von Gibswil nicht durch Stirnmoränen belegt sind, aber E von Bauma beidseits der Töß periglaziale, bis 60 m über dem Fluß gelegene Schotter auftreten, dürfte die Zunge im Würm-Maximum um Steg geendet haben. Die Schmelzwässer des Töß-Gletschers dürften der Stirn und den umgebenden Moränen derart zugesetzt haben, daß diese im engen Talabschnitt rasch abschmolz und deren Schutt weggeschwemmt wurde.
Dann schmolz auch die Zunge des Fischenthaler Lappens zurück. Dabei wurden bis 20 m über das Töß-Niveau reichende Schotter geschüttet und beim weiteren Abschmelzen zu Terrassen zerschnitten. Im Zürich-Stadium stirnte der Jona-Lappen bei Gibswil, wo sich vier Endmoränen über die Wasserscheide (757 m) legen (HANTKE, 1960; HANTKE et coll., 1967K).
Ein rechter Seitenlappen des Linth/Rhein-Gletschers drang NW des Ricken ins Goldinger Tal ein. Auf 900 m, im Grenzbereich mit gegen S abfließendem Lokaleis, liegen die höchsten Kieselkalk-Erratiker. Noch im Zürich-Stadium staute eindringendes Linth/Rhein-Eis, wie schon beim entsprechenden Vorstoß, die Sander der Gletscher des Chrüzegg–Schwarzenberg-Gebietes bis gegen Hinter Goldingen zu einer Terrasse auf (Fig. 44).

Das Tößtal, zur Würm-Eiszeit eine Schmelzwasserrinne

Von den späten Vorstoßständen bis ins hochwürmzeitliche Zürich-Stadium führte das Tößtal die Schmelzwässer der eingedrungenen Lappen des Linth/Rhein- und des Bodensee-Rhein-Gletschers ab. Dadurch ist im ausgehenden Hochwürm viel ausgeräumt worden, so daß die Talgeschichte nur lückenhaft skizziert werden kann.
Während J. WEBER (1924K), A. WEBER (1928) und H. SUTER (1939K) teils das Zürich-Stadium, teils externere Stände als würmzeitlichen Maximalstand betrachtet hatten, zeigte es sich, daß dieser in beiden Gletschersystemen noch um rund 150 m höher gestanden haben muß (HANTKE, 1960, in SUTER/HANTKE, 1962; HANTKE et coll., 1967K; H. ANDRESEN, 1964; G. P. JUNG, 1969).
Als der über Gibswil ins Einzugsgebiet der Töß eingedrungene Jona-Lappen bis Steg reichte (S. 144), stieß der über Bäretswil gegen Bauma übergreifende Lappen bis Hinterburg–Bliggenswil vor. Die tiefe Seitenmoräne von Hinterburg dämmte rechts-

Fig. 61 Würmzeitliche Kare am Schnebelhorn (1293 m). Durch die darin gebildeten Gletscher konnte das Thur/Rhein-Eis, wie Erratiker belegen, nur bis zu den Staulagen in die von der Chrüzegg–Schnebelhorn-Kette ausgehenden Täler eindringen.

seitige Schmelzwässer eines NE von Bettswil und bei Rüetschwil auf die Wasserscheide reichenden Lappens ab; die Endmoräne von Bliggenswil sitzt mit ihrem Sander SW und S von Bauma einer Schotterflur auf, die älterer Grundmoräne aufliegt und von Schmelzwässern zerschnitten wurde. A. Weber betrachtete diese, wie zahlreiche weitere, zum Teil verschiedenaltrigen Schotter im Tößtal als solche der «Hohen Terrasse», die er nach Penck & Brückner (1909) der Riß-, seiner Töß-Eiszeit, zuwies.
N von Adetswil stand das Linth/Rhein-Eis bis auf über 800 m, S von Dürstelen wenig darunter. In der N-Flanke des Stoffel (928 m) hatte sich ein Schneefeld ausgebildet.
Mit dem Rückschmelzen gegen Bäretswil wurde die Entwässerung rückläufig; im Chämtnertobel, in dem das Eis zahlreiche Erratiker zurückließ, schnitten sich die Schmelzwässer subglaziär ein.
Die bei Bauma der «Mittelterrasse» zugewiesenen Schotter (A. Weber, 1928 k) dürften beim Ausbruch eines durch das Endmoränensystem von Bliggenswil gestauten und dann ausgebrochenen Eisrandsees geschüttet worden sein.
Eine nächste Zunge war zwischen Wallikon und Humbel gegen Gündisau vorgestoßen. Dabei wurden die Schmelzwässer durch den von Russikon über Madetswil gegen das Tößtal vorgefahrenen Lappen gestaut.
Der über den 65 m niedrigeren Sattel von Hittnau ins Tößtal vorgefahrene Lappen dürfte sich noch mit dem durch die Talung von Bichelsee von NE her eingedrungenen Lappen des Bodensee-Rhein-Gletschers vereinigt haben, reichte doch dieser bei Schlatt

SW von Elgg auf über 700 m und NE des Schauenberg gar bis auf 750 m. Die Zunge ist wohl noch bis Rämismühle vorgestoßen. Beim Bau der Autostraße wurden im Einschnitt SE der Station in verwitterter Moräne zahlreiche Blöcke von Speer-Nagelfluh freigelegt. Durch die Schmelzwässer des Tößtal-Eises erhielt die Schotterflur der «Hohen Terrasse» einen weiteren Zustrom.
Eine weitere Rhein-Gletscherzunge stieß SW von Elgg über Waltenstein gegen Langenhard und Kollbrunn vor. Von Wiesendangen rückte das Rhein-Eis in breiter Front über Seen gegen S vor. Ein internerer Endmoränenbogen verläuft von Eidberg über Iberg nach Sennhof. Dieser stellt die westliche Fortsetzung eines um 50–70 m tiefer gelegenen Eisrandes dar, dem eine Schmelzwasserrinne von Wenzikon über Waltenstein gegen Kollbrunn folgt. Durch von NE und N ins Tößtal eingedrungene Eiszungen wurde dieses S von Sennhof abermals abgeriegelt, so daß es zwischen Kollbrunn und Zell–Wildberg erneut zum Aufstau von Schottern der «Hohen Terrasse» kam.
In einer etwas früheren Phase dürften, wie ein Schotterstrang NE von Kollbrunn zu belegen scheint (J. Weber, 1924; K. F. Kaiser, 1973, 1979), Schmelzwässer noch ins Becken von Seen-Winterthur abgeflossen sein.
Zwei weitere Zungen des Linth/Rhein-Gletschers umflossen den Tämbrig (819 m): die eine wandte sich über Hermatswil gegen Schalchen, wo sie im Hundsruggen eine Moräne zurückließ, die andere erreichte über Gündisau die von Russikon über Madetswil gegen Wildberg vorgestoßene Zunge, die, wie auch der über Weißlingen gegen Kollbrunn übergeflossene Lappen, ebenfalls zur Aufschüttung der hochgelegenen Tößtaler Stauterrasse beitrug.
S von Winterthur traf das durchs Kempttal abfließende Linth/Rhein-Eis mit dem W des Eschenberg gegen SSW vordringenden Bodensee-Rhein-Gletscher zusammen. Im Grenzbereich, auf dem Roßberg NE von Kemptthal, wurden Eisrandschotter abgelagert.
Die Talung von Dättnau–Pfungen wirkte im Hochwürm als Abflußrinne. SW von Wülflingen drang ein weiterer Lappen des Rhein-Gletschers in die Talung ein; SE von Pfungen verschwanden die Schmelzwässer unter dem Pfungener Lappen und flossen subglaziär ab.
Im Würm-Maximum reichte das Eis bei Dättlikon bis auf den Geltenbüel, so daß Schmelzwässer durch die dem Irchel SW vorgelagerte Rinne gegen Freienstein abflossen, während die Stirn steil zum Schotterfeld von Embrach abfiel. SW von Pfungen wandte sich eine Zunge in die Talung von Unter Mettmenstetten. Zusammen mit Schmelzwässern der Linth/Rhein-Gletscherzungen, die von Brütten über die Wasserscheide zur Töß reichten, entwässerten sie ins Embracher Feld, das damals eingeschottert wurde (S. 147).

Der Bereich zwischen frontalem Bodensee-Rhein- und Linth/Rhein-Gletscher

Im Bereich zwischen der Stirn des Bodensee-Rhein- und des Linth/Rhein-Gletschers dehnt sich außerhalb der Sanderflächen eine bereits im Hochwürm zerschnittene Akkumulationsfläche aus: das Rafzerfeld NE von Eglisau–Wil, das Rütifeld unterhalb von Windlach, Lindibuch–Lindirain E von Glattfelden, die Gleithang-Fläche im Rheinknie gegenüber der Töß-Mündung, die Terrasse von Teufen und die Schotterflur in der Talung von Embrach.

Den meisten Teillappen fehlen Endmoränen, so daß die Randlagen nicht überall genau festliegen. Selbst jene des Bodensee-Rhein-Gletschers an den Sanderwurzeln des Rafzerfeld sind nur als flachste Wälle ausgebildet (R. HUBER, 1956; L. ELLENBERG, 1972; W. A. KELLER, 1977).
Die Schotterfüllung der Embracher Talung konnte nur erfolgen bei einem Überfließen von Linth/Rhein-Eis über die Wasserscheiden zwischen Glatt und Töß und einem Abfluß durch das untere Tößtal bis über Dättlikon (S. 30). Die von Kloten gegen Lufingen übergeflossene Zunge endete kurz vor dem heutigen Dorf.
Von Bassersdorf stieß ein Lappen gegen Oberembrach vor; die Talungen des Wildbach und von Vorder Marchlen gegen Lufingen wirkten als subglaziäre Rinnen. Dies wird bestärkt durch eine mehrere Meter mächtige grob-blockige Murgangschüttung, die sich bis N von Embrach verfolgen läßt (ELLENBERG, 1972). Diese ist noch durch die Schüttung verstärkt worden, die vom Zungenende W von Dättlikon ausging. Eine analoge Blocklage stellt sich im Dach der Schotterflur von Teufen ein (S. 30). Die Schotter im Liegenden des Embracher Feldes und jene im Rheinknie, die SW an die Molasse angelagert sind, wurden von Schmelzwässern geschüttet, die durch die Töß-Talung abflossen; die Murgang-Schüttung bei Teufen stammt – aufgrund der eingeschlossenen Blöcke – von einem zwischen Irchel und Buchberg durchgebrochenen Schmelzwasserstrom des Bodensee-Rhein-Gletschers. Dieser schnitt sich rasch ein und folgte, von der Tößegg gegen W, einem bereits rißzeitlich vorgezeichneten Ur-Tößtal.
Äußerste würmzeitliche Randlagen zeichnen sich beim Linth/Rhein-Gletscher zwischen Bülach und Eglisau, auf dem Straßberg und bei Windlach ab. Außerhalb der würmzeitlichen Moränenwälle treten durch kaltzeitliches Bodenfließen beeinflußte Wallrelikte auf, die mit den höchsten Schotterakkumulationen in genetischem Zusammenhang stehen, darin «ertrunkene» Rundhöcker einschließen und randglaziäre Tälchen, Kameschotter sowie eisgestaute Schuttmassen erkennen lassen. Auf dem Straßberg liegen äußerste Wälle auf älteren, rißzeitlichen, nagelfluhartig zementierten Schottern. Kleine Abflußrinnen nehmen dort ihren Anfang und münden auf den Akkumulationsflächen des Rütifeld und S von Glattfelden (E. SOMMERHALDER, 1968). Sie dokumentieren einen um 50 m höheren Eisstand. Dadurch konnte das Eis noch etwas ins Bachser Tal und ins Wehntal vorstoßen (HANTKE et coll., 1967K).

Die äußersten Randlagen im Wehntal, im Furt- und im Zürichsee–Limmattal

Analoge Schotterfluren wie im Zürcher Unterland zeichnen sich im Stirnbereich der nordwestlichen Arme des Linth/Rhein-Gletschers, im Wehntal, im Furt- und im Limmattal, ab.
In Niederweningen konnten in einem Flachmoortorf außerhalb der Endmoränen von Sünikon–Steinmaur Reste von Wolf – *Canis lupus*, Wasserratte – *Arvicola amphibius*, Bison, Pferd – *Equus*, Grasfrosch – *Rana temporaria* – und Flügeldecken von *Donacia*, ein Mammut sowie das Horn eines Nashorns geborgen werden (A. LANG, 1892). Da der Torf von einer geringmächtigen Schuttdecke überlagert wird, die wohl auf periglaziale würmzeitliche Solifluktion von Permafrost-Gehängen zurückzuführen ist, erfolgte das Einsinken des trächtigen Mammuts offenbar prähochwürmzeitlich. Dies wird auch durch den Floreninhalt des Flachmoors bestätigt, in dem C. SCHRÖTER (in LANG) Fieberklee – *Menyanthes trifoliata*, Teichbinse – *Eleocharis pauciflora*, Rasige Haarbinse – *Tricho-*

phorum caespitosum, Spitzblättriges Laichkraut – *Potamogeton acutifolius*, Gelbe Schwertlilie – *Iris pseudacorus* – sowie *Picea abies* und *Betula* fand. Auch W. Lüdi (1953) charakterisiert die Vegetation, aufgrund eines Pollenspektrums aus einem Röhrenknochen, als bewaldetes Flachmoor mit *Picea*.
Von der Wasserscheide ins Bachser Tal fiel der äußerste Eisrand gegen den flachen Sattel zwischen Glatt- und Wehntal ab. Infolge der beim Abschmelzen rückläufig gewordenen Entwässerung blieb der nur vom Gletschertor durchbrochene Stirnwall erhalten. 200 m weiter innen quert ein flacher, in Kuppen aufgelöster Endwall die Talung. Seine Gestalt deutet auf Eisüberprägung hin, so daß er einen älteren Eisrand bekunden dürfte. Vor ihm wurde eine später kaum zerschnittene Schotterflur ins Wehntal geschüttet.
Von der Wasserscheide steigen die sich vereinigenden Wälle gegen den E-Sporn der Lägeren an. Dieser wurde bis Regensberg vom Würm-Eis überprägt. S einer zuletzt subglaziär gegen Dielsdorf entwässernden Rinne steigt ein Wall bis zum Abfall ins Furttal auf 640 m an. Vom Furttaler Lappen flossen Schmelzwässer nochmals gegen Dielsdorf ab. An Hand von Moränen läßt sich der Eisrand in die Umrandungen der Zungenbecken von Riet E von Wettingen und von Würenlos verfolgen, wo W von Otelfingen neben Drumlins ein überschliffener Wall und gegen den N-Rand Rundhöcker auffallen.
Wie das Zürichsee-Becken und das Limmattal ist auch das Furttal kräftig ausgeräumt. Zwischen Würenlos und Otelfingen konnte die Felssohle erst in 215 m Tiefe erreicht werden (Dr. C. Schindler, mdl. Mitt.).
Vom Hüttikerberg, der W des Altberg das Furttal vom Limmattal trennt, steigen Ufermoränen der beiden Lappen immer steiler gegen W ab. Im Stirnbereich wurden sie zu einer markanten Mittelmoräne gestaucht, die am Gletschertor, dem Austritt des Furtbaches, in die Endmoräne von Würenlos übergeht.
Zeugen des äußersten Eisrandes geben sich im Limmattal in einem stirnnahen Wallrest mit Erratikern SE von Killwangen zu erkennen. Eine Endmoräne fehlt; bei Killwangen traten aber schon beim Bahnbau (Arn. Escher, 1844) und beim Bau der Linie durch den Heitersberg große Erratiker zutage. Von den Endlagen aus wurden die Schotter des Wettinger Feldes geschüttet. L. Mazurczak (1976) konnte NW von Neuenhof in Bohrungen an der Basis der Schotter in 36,5 bzw. in 40, 5m Tiefe Reste einer verwitterten, weniger als 10 m mächtigen Grundmoräne mit Bodenbildung und humosen Einlagerungen beobachten, die der Molasse aufliegen.
Rückzugsstaffeln treten bei Spreitenbach (H. Jäckli, 1966k) und N von Geroldswil auf (Hantke et coll., 1967k; C. Schindler, 1968).
W von Zürich setzt die linksufrige Seitenmoräne N des Üetliberg auf knapp 700 m ein. Von Ringlikon folgt sie bis SW von Ober Urdorf der Reppisch, die damals auch die Schmelzwässer des durchs Knonauer Amt vorgestoßenen östlichsten Reuß-Lappens aufnahm (S. 294).
Zwischen der Albis-Kette – ein Wallrest findet sich auf dem Albispaß – und dem Raum SW von Menzingen stand der Linth/Rhein-Gletscher bis auf 830 m mit dem Reuß-Eis in Verbindung. Aufgrund einzelner Verrucano-Blöcke am rechten Eisrand des Reuß-Gletschers drang noch Linth/Rhein-Eis ins Amt vor.
Die zeilenartig angeordneten Moränenkuppen um Menzingen stellen wohl ehemalige, vom vorrückenden hochwürmzeitlichen Linth-Eisrand aus geschüttete und beim weiteren Vormarsch überprägte Ablagerungen dar. Für das Würm-Maximum lassen sich mit E. Müller (1978) 4 eng sich folgende Eisstände unterscheiden: ein ältester, noch

Fig. 62 Der Wilersee E von Menzingen, ein Toteissee aus abgeschmolzenem Linth/Rhein-Toteis. Photo: Dr. F. SCHANZ. Aus: E. A. THOMAS, 1979.

überfahrener, dann die äußerste Randlage, von der das Akkumulationsniveau der Niederterrasse ausgeht, sowie 2 jüngere Abschmelzstaffeln, die sich W von Menzingen als tiefere Terrassenreste zu erkennen geben.
In den zwischen den Moränenkuppen gelegenen Hohlformen – Söllen – blieb beim Abschmelzen Eis zunächst als Toteis liegen, das bei dessen Abtauen Söllseen, wie den Wilersee entstehen ließ (Fig. 62). Flachgründigere Söllseen, wie die Moore zwischen Neuheim und Menzingen und zwischen Neuheim und Wilersee, sind seither verlandet.
Dürrbach und Edlibach sind als randliche Schmelzwasserrinnen eines höheren, das aus zwei Ästen sich bildende Tälchen des Sarbach als Abflußrinne eines tieferen Eisstandes des Linth/Rhein-Gletschers zu deuten.
N des Hohronen (1229 m) reichte das Eis bis auf 960 m. Beidseits des nach N vorspringenden Roßberg erhielt es noch Zuschüsse. Zwischen Hohronen und Etzel (1098 m) stand die gegen S eingedrungene Zunge der Stirn des Sihl-Gletschers gegenüber (S. 172). Zwischen dem über Rothenthurm vorgestoßenen Reuß-Gletscherarm und dem Linth/Rhein-Lappen wurde die Schotterflur von Bennau gestaut, die durch Schmelzwässer von Alp- und Sihl-Gletscher und eingedrungenem Reuß-Eis zerschnitten wurde. Im Zungenbecken der Schwantenau entwickelte sich ein Hochmoor. W des Etzel lösen sich auf gut 1000 m zwei Ufermoränen. Auch über St. Meinrad drang Linth/Rhein-Eis gegen die Sihl vor, die höchste Moräne setzt E des Passes auf 1040 m ein.

Das Schlieren-Stadium

Von der Stirnmoräne Schönenwerd–Kloster Fahr, die von der Limmat durchbrochen wird, steigen die Moränen des Schlieren-Stadiums auf der rechten Talseite in mehreren Staffeln über Engstringen zum Hönggerberg auf und verlaufen ins Furttal hinüber, wo sie die Chatzenseen im ehemaligen Zungenbecken umschließen (ARN. ESCHER, 1844; A. WETTSTEIN, 1885; J. HUG, 1917; H. JÄCKLI, 1959; HANTKE et coll., 1967K; C. SCHIND-

Fig. 63 Das obere Glattal vom Hasenstrick am SW-Hang des Bachtel wird durch den flachen Rücken der Pfannenstil-Kette von der Zürichsee-Talung (links) getrennt. Dabei wirkte dieser Rücken als mächtiger Eisbrecher für den Linth/Rhein-Gletscher, der im Schlieren-Stadium nur wenig, im Zürich-Stadium deutlich über die Eisoberfläche emporragte.
Photo: R. Hantke. Aus: M. Schüepp, 1979.

ler, 1968). Von den Chatzenseen biegen sie über Chatzenrüti ins Glattal ein. Bei Hofstetten zwischen Ober- und Niederglatt werden sie von der Glatt durchschnitten. Bei Niederhasli wurden Mammutknochen geborgen (Geol. Samml. ETH, Zürich).
Von Hofstetten–Seeb läßt sich das Schlieren-Stadium, durch Seitenmoränen belegt, über Kloten–Bassersdorf ins Drumlin-Gebiet N von Effretikon verfolgen. Der Eisrand lag S der Rinne, die gegen Nürensdorf und gegen Kemptthal entwässerte. Aus dem untersten Kempttal läßt sich der Eisrand über Ottikon–Agasul–Theilingen verfolgen, wo er noch die Wasserscheide erreichte. Beim Rückzug erfolgte die Entwässerung rückläufig, was einen raschen Zerfall der Stirn im Kempttal bewirkte. Ein internerer Stand verläuft S von Effretikon nach Ober Illnau, wo er durch über Schotter gelegene Moräne, sub- und randglaziäre Abflußrinnen sowie durch das sich verengende Tal belegt wird (A. Weber, 1928).
Auch bei Russikon wandten sich die Schmelzwässer im Schlieren-Stadium nur kurzfristig ins Tößtal. Der von Hittnau gegen Saland vorstoßende Lappen stirnte N von Hasel, wo sich W ein Wall, E eine Schmelzwasserrinne einstellt. Die «Schotter der mittleren Terrasse» (Weber, 1928) wären damit als Sanderflur dem Schlieren-Stadium zuzuordnen (Hantke, 1960).
In der Talung *Bäretswil–Bauma* wurde die gegen E vordringende Zunge durch den Molasse-Rundhöcker des Lättenberg (N von Bäretswil) gebremst, so daß sie auf der Wasserscheide endete. Der über den Sattel von *Gibswil* geflossene Jona-Lappen reichte noch bis Fischenthal.

Fig. 64 Der würmzeitliche Linth/Rhein-Gletscher im Schlieren-Stadium.
Blick vom Pfannenstil SE von Zürich gegen die Sihltaler Alpen.
Ölgemälde von HEINI WASER, Zollikon, im Ortsmuseum Wädenswil.
Aus: HANTKE, 1970. Photo: H. LANGENDORF, Wädenswil.

Im Schlieren-Stadium hob sich der Molasserücken des Pfannenstil (853 m) als Nunatak heraus (E. FREI, 1946; Fig. 64). Am Zürichberg bekunden die Moränen von Allmend-Fluntern und Tobelhof–Chlösterli diesen Stand. Über dem Milchbuck hingen Limmattal- und Glattal-Arm ein letztesmal zusammen (Fig. 58 und 63).
Auf der *W-Seite* der *Limmat* steigen Ufermoränen oberhalb von Schlieren und Albisrieden auf über 500 m an. Längs des E-Abfalles der Üetliberg–Albis-Kette fehlt jede Spur. Rückzugsstaffeln geben sich W von Altstetten und in Höngg zu erkennen. Die Wallreste oberhalb von Langnau sind als Rückzugslage, als Altstetter Staffel, aufzufassen. Um das S-Ende des Albis bestand im Schlieren-Stadium eine Verbindung zum Reuß-Gletscher auf knapp 750 m (S. 294). S der Eisverbindung von Sihlbrugg läßt sich dieser Stand durch die Drumlin- und Kames-Landschaft zwischen Neuheim und Finstersee an den N-Abfall der Hohronen-Kette verfolgen, wo Wallreste einen Anstieg der Eishöhe von 830 m auf 860 m bekunden (HANTKE et coll., 1967K).
Zwischen *Etzel* und *Hohronen* drang der Linth/Rhein-Gletscher bogenförmig gegen S vor, was durch Moränenwälle belegt wird, die SE von Schindellegi von 860 m auf 920 m an der W-Seite des Etzel ansteigen (HANTKE, 1960; HANTKE et coll., 1967K; Fig. 58, 64 und 77).

Fig. 65 Die Moränenlandschaft von Samstagern–Schindellegi von W. Über dem Zürichsee (links unten) Wollerau. Im Mittelgrund der prachtvolle Moränenwall Chastenegg–Schindellegi–Hütten (Zürich-Stadium), welcher die Sihl gegen das Zürichseetal abdämmt und diese zur Eintiefung in die Molasse veranlaßt hat. Im Hintergrund die stark bewaldete Kette des Hohronen, aus dessen Karen der Linth/Rhein-Gletscher noch Zuschüsse erhielt. Vorgelagert der Sporn des Roßberg mit dem rißzeitlichen Eisrandschotter am Scherenspitz. Flugaufnahme des Militärflugdienstes Dübendorf. Aus: SUTER/HANTKE, 1962.

Das Zürich-Stadium und seine Rückzugsstaffeln

Nach dem Schlieren-Stadium schmolz das Linth/Rhein-Eis in die Becken des Zürich-, Greifen- und Pfäffikersees zurück, stieß in einer nächsten Kaltphase erneut wieder vor und schüttete um die drei Seen mehrere Endmoränenstaffeln. Seitenmoränen lassen sich über dem linken Seeufer von Schindellegi bis Zürich und am rechten Eisrand vom Bachtel bis N des Pfäffikersees beobachten.

Von der äußersten Staffel drangen mehrfach Eislappen zur Sihl vor, so SW von Schönenberg und von Spitzen, bei Horgenberg, Gattikon und Adliswil, in Zürich E der Allmend und zwischen Enge und Wiedikon, wo der Linth/Rhein-Gletscher die beiden Staffeln Friedhof Manegg–Büel–Wiedikon und Muggenbüel–Steinerner Tisch–Brauerei Hürlimann zurückließ. Da mehrere Lappen bis an die Sihl reichten, die als linke Abflußrinne wirkte, kann die fluviale Eintiefung nach dem Abschmelzen nur wenige Meter betragen. Von Zürich-Enge ist das Geweih eines Elchs bekannt geworden.

In der «Aqui»-Bohrung in Zürich-Enge liegt die Molasse in 59,5 m Tiefe; in derjenigen von Zürich-Tiefenbrunnen wurde in 155 m Tiefe Grundmoräne (?) und in 176 m der Molasse-Untergrund erreicht (Dr. S. SCHLANKE, mdl. Mitt.).

Fig. 66 Seitenmoräne des Zürich-Stadiums Tällegg–Etzliberg W von Thalwil.

Auf der linken Sihl-Seite konnten zwischen Adliswil und Leimbach unter mächtigen Schuttmassen des Üetliberg-Fußes bis 12 m Sihl-Schotter und darunter über 6 m Moräne bis zur Molasse-Basis nachgewiesen werden. Verschiedentlich, so im Gebiet der Allmend und von Sood, wurden im Sihltal auch Ablagerungen von temporären Seen festgestellt (E. MÜLLER, mdl. Mitt.).
Nach einem kurzfristigen Rückzug drang das Linth/Rhein-Eis erneut vor und schüttete in Zürich den markanten Lindenhof-Wall. Die zugehörige linke Seitenmoräne setzt W des Etzel auf 885 m ein. Dann verläuft sie um das Hüttner Seeli, durch die Drumlin-Landschaft von Schönenberg gegen Spitzen und von Hirzel als einfacher oder doppelter Wall, über Thalwil-Etzliberg (Fig. 66) in die Endmoräne von Zürich–Ulmberg–Katz–St. Annahügel (1909 abgetragen)–Lindenhof-Hohe Promenade–Weinegg–Zollikon (A. WETTSTEIN, 1885; B. BECK, 1914; J. HUG, 1917; ALB. HEIM, 1919; Fig. 58, 65 und 67).
Auf der rechten Talseite wird ein äußerer Stand durch die Randlage Zolliker Höchi–Witellikon–Balgrist–Hochschulterrasse belegt. In Seesedimenten der zugehörigen Randrinne konnte pollenanalytisch eine hochglaziale Flora festgestellt werden.
Am SE-Sporn des Pfannenstil teilte sich das Linth/Rhein-Eis in einen Zürichsee-Arm und einen über die Molasseschwelle von Hombrechtikon (500 m) überfließenden Glatt- und Kempttal-Lappen. Im Winkel zwischen den beiden auseinandertretenden Moränenwällen und der Molasse des Pfannenstil hat sich eine Stauschutt-Flur abgelagert. Reste eines Moränen-Sporns sind auch auf den Molasseschichtflächen angedeutet, so N von Ürikon zwischen Grüt und Widmen.

Fig. 67 Zürich zur Eiszeit. Auf der Moräne des abschmelzenden Linth/Rhein-Gletschers grünte eine arktische Zwergstrauchflora (?). Zwischen Moräne und Eisrand bildete sich ein See, auf dem Eisblöcke herumtrieben. Im Vordergrund Murmeltiere, Rentiere und Mammute.
Aus: O. HEER, 1883.

Von der Hohen Promenade in Zürich steigen die rechtsufrigen Moränenwälle über Zollikon–Wetzwil–Toggwil am SW-Abhang des Pfannenstil bis auf 715 m an. Blockreiche Moränen finden sich vor allem ESE von Wetzwil mit einzelnen Verrucano-Blökken bis 100 m³ (H. BÜRGISSER & HANTKE, 1979).

Über Scheuren–Äsch–Ebmatingen–Fällanden–Berg verläuft die Lindenhof-Staffel auf der NE-Seite in die Endmoräne von Dübendorf-Frickenbuck–Gfänn–Hegnau, die das Glattal abdämmt. Die Verrucano-Erratiker auf der linken Talseite – etwa im Fällandertobel – stammen vorwiegend von versackten Flanken des Murgtales, jene der rechten Zürichsee-Seite, aufgrund begleitender Blöcke – Taveyannaz-Sandsteine und Blattengrat-Nummulitenkalke – aus dem Sernftal.

Innerhalb dieses Walles konnte 1872 A. G. NATHORST (1874, 1919) im Chrutzelriet (E von Gfänn) erstmals im Alpenvorland eine hochglaziale Flora mit Zwergbirke – *Betula nana*, Pionier-Weiden und Silberwurz – *Dryas octopetala* – aufdecken (Bd. 1, S. 166). Ebenso sind hoch- bis frühspätwürmzeitliche Floren auch im Amt, bei Bonstetten und Hedingen, bekannt geworden. Eine analoge Flora fand W. HÖHN (1934) in einer randglaziären Senke SW von Schönenberg.

Von Hegnau verläuft die der Gfänner Endlage entsprechende Seitenmoräne durch den Hard auf die Wasserscheide zwischen Glatt- und Kempttal. In externeren Ständen stieß eine Zunge gegen Freudwil vor, was neben Moränen durch eine äußerste Schmelzwasserrinne belegt wird.

Zwischen Fehraltorf und Pfäffikon queren Endmoränen das Kempttal; die in frontale Wälle sich aufspaltende Moräne von Lochweid–Feld–Eichholz dürfte der Lindenhof-Staffel entsprechen.

E von Pfäffikon steigen die Seitenmoränen über Bäretswil–Girenbad gegen die W-Seite des Bachtel hoch. Auf der E-Seite fallen sie steil zur Wasserscheide von Gibswil (760 m) ab (S. 144).
Internere Stände zeichnen sich beim Zürichsee-, beim Glatt- und beim Kempttal-Lappen ab. Um Zürich wurden sie durch die steilen Molassehänge des unteren Seebeckens, das Delta des Werenbaches und die temporär in den See mündende Sihl überprägt.
Aufgrund von Seegrund-Untersuchungen konnten im untersten Seebecken bis 150 m mächtige Sande und Silte mit unruhig hügeliger Oberfläche festgestellt werden. C. Schindler (1971) möchte zwei internere Stirnlagen annehmen: eine äußere Belvoir-Park–Paradeplatz–Wasserkirche–Stadelhofen und eine innere Arboretum–Bauschänzli–Seefeld. Analoge internere Staffeln geben sich N des Greifensees in den Wällen Schwerzenbach-Zilacher–Hermikon und Schwerzenbach–Fällanden, N des Pfäffikersees in den Wallresten Speckholz–Steinacher und Höchweid–Friedhof–Büel–Römer Kastell zu erkennen. Dann schmolz das Eis im Zürichsee-, Glatt- und Kempttal rascher ab, wobei sich an der linken Talseite zwischen Wollerau und Horgen, SE von Lachen (Hantke et coll., 1967k) sowie bei Eulen SE von Bäch, im Zürichsee bei Thalwil und bei Richterswil (Schindler, 1974), noch zwei weitere, durch subaquatische Wallmoränen belegte, kurzfristige Rückschmelzlagen zu erkennen geben.
Zwischen Schindellegi und Wollerau zeichnen sich die von Schindler (1974) im Zürichsee unterschiedenen Rückzugsstaffeln von Küsnacht-Goldbach, von Thalwil (Fig. 58) und von Horgen durch seitliche Moränenwälle ab (E. Müller, 1978).
Im Glattal dürfte sich der Thalwiler Stand im Becken von Goßau–Mönchaltorf, eine spätere Randlage im Becken des Lützelsees und des Reitbacher Riet mit Entwässerungen zur Aa und zum Greifensee zu erkennen geben.
Die zeitliche Reihenfolge der Moränen im Limmattal wurde mehrfach diskutiert. J. Knauer (1938) betrachtete das Zürich-Stadium als das älteste, H. Annaheim, A. Bögli & S. Moser (1958) dasjenige von Schlieren, wobei dieses beim Vorstoß zum Maximalstand von Killwangen überfahren worden wäre. Durch Bohrungen steht heute fest (Schindler, 1968), daß die schon von Arn. Escher (1844) erkannte Abfolge zu Recht besteht. R. Huber (1938, 1960), H. Jäckli (1959), Hantke (1959b, 1967k), Schindler (1968, 1971) und E. Müller (1978) brachten Detail-Beobachtungen über Aufbau und Verlauf der Staffeln bei.

Der Zürichsee im Spätwürm und im Holozän

Wie aus den Beobachtungen in der Stadt Zürich und im untersten Seebecken hervorgeht (Arn. Escher & A. Bürkli, 1871; A. Wettstein, 1885; B. Beck, 1914; J. Hug, 1917; P. Walther, 1927; Hug & A. Beilick, 1934; R. Huber, 1938, 1960; A. von Moos, 1949; C. Schindler, 1968, 1971, 1973, 1974, 1976, 1978), staute die Lindenhof-Moräne den vor der abschmelzenden Gletscherstirn sich bildenden See einst höher. Der Abfluß des Moränenstausees erfolgte zunächst durch das niedrigste Gletschertor, zwischen Katz und St. Annahügel.
Eine Bohrung im untersten Seebecken verblieb in 170 m mächtigen jungpleistozänen Sedimenten, so daß dort der Fels-Untergrund in nur 100 m ü. M. oder gar noch tiefer liegt und seismische Untersuchungen diesen im Bereich der größten Tiefe bei Herrliberg auf Meeresniveau erwarten lassen.

Nahe der Eisfront war die Sedimentation rasch und chaotisch: grobe Sande, Gerölle, Blöcke und Moränenschollen wurden vom abschmelzenden Eis und von den mündenden Bächen in den entstehenden See geschüttet, Feinsand und grobe Silte durch turbulente Strömungen herangeführt. An ruhigeren Uferbereichen und in größerer Entfernung vom Gletscher gelangten Tone und feine Silte, oft mit Warwen-Schichtung, zur Ablagerung.
Nach dem Zürich-Stadium mit seinen verschiedenen Staffeln vollzog sich das Abschmelzen – unterbrochen durch kleinere Wiedervorstöße, die sich in Moränen und Seeboden-Ablagerungen widerspiegeln – etwas rascher.
Bis ins Bölling-Interstadial wurden im Zürichsee bedeutende Mengen von glazialen Seetonen abgelagert, die in den tiefsten Becken bis 100 m Mächtigkeit erreichen. Weit verbreitet findet sich darüber ein tonig-siltiger Faulschlamm mit geringem organischem Inhalt und feinverteiltem Schwefeleisen (SCHINDLER, 1974, 1976, 1978). Aufgrund von Pollenprofilen mit *Betula* und *Pinus* und deutlicher *Juniperus*-Spitze ist dieser Faulschlamm wohl in der Zeit Bölling bis beginnendes Alleröd abgelagert worden (B. AMMANN-MOSER, schr. Mitt, 1979) und neigte bereits damals zu Rutschungen.
Ein erster Spiegel eines Zürichsees läßt sich aus der Lage der Übergußschicht über den Schrägschichten vor der Seemoräne von Hurden zwischen 415 und 411 m ablesen (heutige mittlere Spiegelhöhe 406 m). Dann folgten mehrere Absenkungen, zuerst auf 405 m, später auf 403 m, ausgelöst durch einen Dammbruch, etwa durch den Einbruch der Sihl ins unterste Seebecken. SCHINDLER (1976, 1978) sieht die Tieferlegung aller 3 Moränendurchbrüche bis auf 3 m unter den heutigen Seespiegel in einem katastrophalen Eisdammbruch in der obersten Linthebene eines frühen Walensees.
Im Schlieren-Stadium flossen subglaziäre Sihl-Schmelzwässer von der Allmend über Triemli und SW von Altstetten gegen Schlieren. Mit dem Zurückweichen des Linth/Rhein-Eises folgten sie seinem W-Rand.
Beim Wiedervorstoß des Linth/Rhein-Gletschers zur äußersten Staffel des Zürich-Stadiums verlief die Sihl W des Wiedikoner Büel gegen Altstetten (HUBER, 1938, 1960). Durch den vorrückenden Lehmschuttfächer am Fuß des Üetliberg wurde sie immer mehr an dessen linke Uferwälle gedrängt, bis sie den äußersten Wall beim Moränentor zwischen Friedhof Manegg und Binz durchbrach. Beim weiteren Abschmelzen griff sie den nächst inneren Bogen, denjenigen von Muggenbüel–Steinerner Tisch–Brauerei Hürlimann, an, räumte dessen nördliche Fortsetzung weg und fiel ins Vorfeld des Kranzes Ulmberg–Katz–Lindenhof ein. Mit dem aufgegriffenen Schutt begann sie den Fächer des Sihlfeld zu schütten. Mit zunehmender Aufschotterung fand die Sihl zeitweise den Weg durch Moränentore des innersten Kranzes zwischen Ulmberg, Katz und St. Annahügel in das vom Eis freigegebene unterste Seebecken.
Durch die Schüttung eines zweiarmigen Deltas (ESCHER in ESCHER & BÜRKLI, 1871; Bd. 1, Fig. 91) wurde der See – wie die oberste neolithische Seekreide belegt (Bd. 1, Fig. 71) – auf über 406 m aufgestaut. Dadurch wurde die Limmat gezwungen, ihren Lauf ins nächst höhere Moränentor, zwischen St. Annahügel und Lindenhof, zu verlegen, so daß der Abfluß des Sees durch das Areal der Bahnhofstraße erfolgte (HUBER, 1938).
Bei der Quaibrücke überlagern die äußersten Schüttungen eine tiefste Seekreide, deren Bildung frühestens im Alleröd einsetzte. Ein Strang drängte den Seeausfluß an die rechte Flanke, wo E der Wasserkirche eine Rinne entstand.
Der Rand des Sihldeltas – ein Arm verlief Richtung Kongreßhaus–Alpenquai, der andere gegen das Bauschänzli – war vom Neolithikum bis in die Bronzezeit mehrfach

besiedelt. Infolge klimatisch bedingter, vom Abfluß gesteuerter Spiegelschwankungen war jedoch die Besiedlung nicht durchgängig.
Am Bleicherweg bekundet eine Übergußschicht über Seebodenlehm, Sand und schräggeschütteten Deltakiesen eine Spiegelhöhe um 403,5 m. Eine höhere Seekreide deutet auf einen Spiegel um 407 m hin. Darüber folgen nochmals 2 m Deltaschotter, dann scheint sich die Sihl durch eigene Aufschotterung den Weg zum See verbaut zu haben, so daß sie vom Sihlhölzli längs ihres früheren Schuttfächers, dem Sihlfeld, als «wilde Sihl» gegen das Bahnhofgebiet floß und einen neuen Fächer schüttete. Dieser verriegelte den alten Limmatlauf durchs Bahnhofstraße-Areal, was einen erneuten Spiegelanstieg bewirkte. Dadurch wurde der Ausfluß des Sees auf die E-Seite der Lindenhof-Moräne, in den heutigen Limmat-Durchbruch, verlegt. Dieser war vom Schuttfächer des Wolfbaches, welcher der rechten Ufermoräne folgte, erhöht, später aber wieder ausgeräumt worden. Der aufgelassene Auslauf vermoorte, und ein Eichenwald kam hoch, was eingedeckte, an der Füßlistraße geförderte Stämme belegen (SUTER/HANTKE, 1962).
Die neolithischen Ufersiedlungen dürften auf einem Niveau von 404–405 m angelegt worden sein. Im Neolithikum und besonders in der Bronzezeit herrschten tiefe Seespiegel vor, was Herdstellen belegen. Anderseits erfordern Krusten von Algenkalken in der Limmat einen Minimal-Wasserstand von 403 m. Dies käme einer winterlichen Abflußtiefe von 50 cm gleich.
Vom Zürichsee sind vor dem ersten Regulierungs-Unternehmen im Jahre 1817 durch H. C. ESCHER v. d. Linth Hochwasser aus den Jahren 1343 – «man fuhr mit Schiffen in der Fraumünsterkirche» – 1541, 1566 und 1664 bekannt. Damals reichte das Wasser «bis in die Mitte des Münsterplatzes», ebenso in den Jahren 1730, 1739, 1756, 1762 und 1770 (H. PESTALOZZI, 1855). Am 8. Juni 1817 war mit 86" (=407,77 m) der höchste und am 8. Februar 1830 mit 2" (=405,25 m) der tiefste Pegelstand beim Stadthaus zwischen 1813 und 1853, also eine Schwankung von 2,52 m, gemessen worden. (K. WELTI, 1885).
Die jährlichen Schwankungen – heute zwischen 405,5 und 407,5 m – dürften sich selbst in dieser wärmeren und eher niederschlagsärmeren Zeit um minimal 1 m bewegt haben. Dazu kommen Wellenwirkung und Windstau bei Sturm, so daß die Siedlungen – mindestens zeitweise – überflutet gewesen sein müssen.
Die Neolithiker wählten für ihre Siedlungen vorab die flachen Ufer der Vorlandseen, Inseln und Untiefen, hart am tieferen Wasser. Dabei suchten sie bewußt Seekreide auf, in die sie ihre Pfähle hineindrehten, obwohl sich trockener Grund in nächster Nähe anbot. In neolithischen Ablagerungen (Pfyner- und Horgener Kultur) in Feldmeilen-Vorderfeld konnte F. H. SCHWEINGRUBER (1976) neben wärmeliebenden Holzarten – *Quercus, Fraxinus, Acer, Tilia, Ulmus* und *Corylus* gar *Ilex aquifolium* – Stechlaub – und *Viscum album* – Mistel – durch Blattreste nachweisen. O. U. BRÄKER (1979) und M. JOOS (in WINIGER/JOOS, 1976) versuchten die Umwelt, J. WINIGER (1976) die Siedlung selbst zu rekonstruieren (S. 169).
Wenn heute die Pfahlbau-Romantik, wie sie F. KELLER (1856–1879) nach seinen ersten Entdeckungen in Obermeilen dargestellt hat, von vielen Forschern abgelehnt wird, so läßt doch die Auffassung ausschließlicher Landsiedlungen zahlreiche naturwissenschaftliche Fakten außer Acht. Vielmehr waren Pfahl- und Stelzsiedlungen – mindestens während der sommerlichen Hochwasser und bei Stürmen – umspült und wohl eben deshalb auf Pfählen errichtet worden.
Ob Siedlungen gar in Sommern mit extremen Hochwassern aufgelassen wurden? Ein Teil der Bevölkerung suchte sommersüber mit Vieh alpine Gebiete auf, um die begrenz-

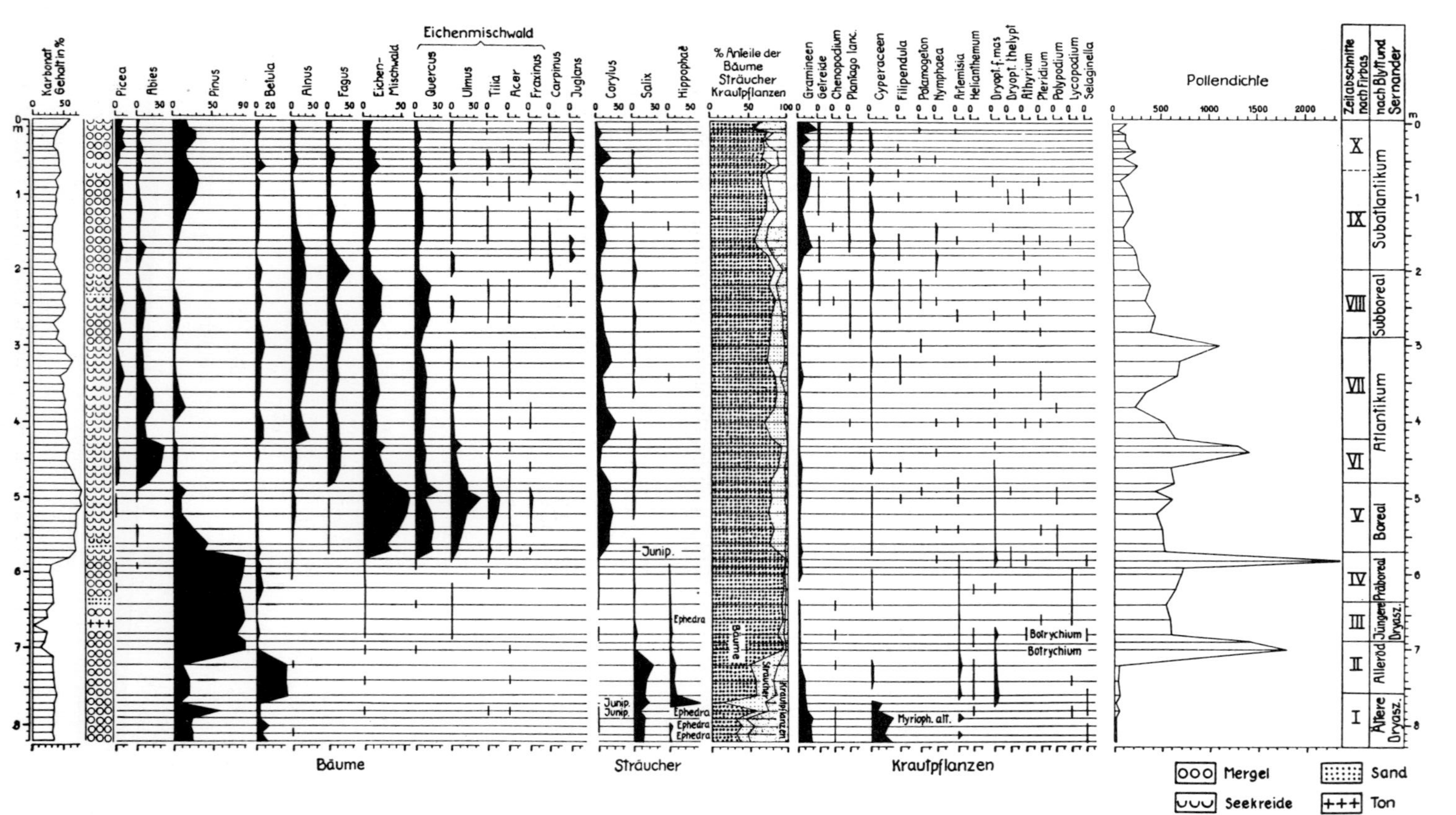

Fig. 68 Pollendiagramm vom Grund des Zürichsees. Nach B. AMMANN und A.-K. HEITZ ist die Zuordnung zu den mitteleuropäischen Pollenzonen lokal zu modifizieren: Im Spätglazial kann die Älteste Dryaszeit (Ia, ca. 820–780 cm) vom Komplex Bölling/Ältere Dryaszeit (Ib/Ic, ca. 780–710 cm) abgetrennt werden. Alleröd (II, wohl 710–690 cm) und Jüngere Dryaszeit (III, wohl 690–630 cm) entsprechen dagegen den neueren Untersuchungen. Im Postglazial muß die markante Änderung bei 480 cm, der Anstieg von *Fagus* und *Abies*, der Grenze vom Älteren zum Jüngeren Atlantikum (VI/VII) zugeordnet werden. Präboreal (IV, 630–580 cm), Boreal (V, 580–530 cm) und Älteres Atlantikum (VI, 530–480 cm) sind nur wenig mächtig und allenfalls durch Schichtlücken verkürzt. Die mächtige Seekreidebildung im Jüngeren Atlantikum (VII, 480– ca. 300 cm) entspricht den neueren Resultaten. Das Subboreal (VIII, ca. 300–190 cm) ist nach unten nur schwer abgrenzbar. Zu Beginn des Subatlantikums (IX, X, 190–0 cm) ist eine Schichtlücke zu vermuten. Ebenso fehlt der jüngste Abschnitt, der forstwirtschaftlich bedingte Anstieg der *Picea*-Kurve.

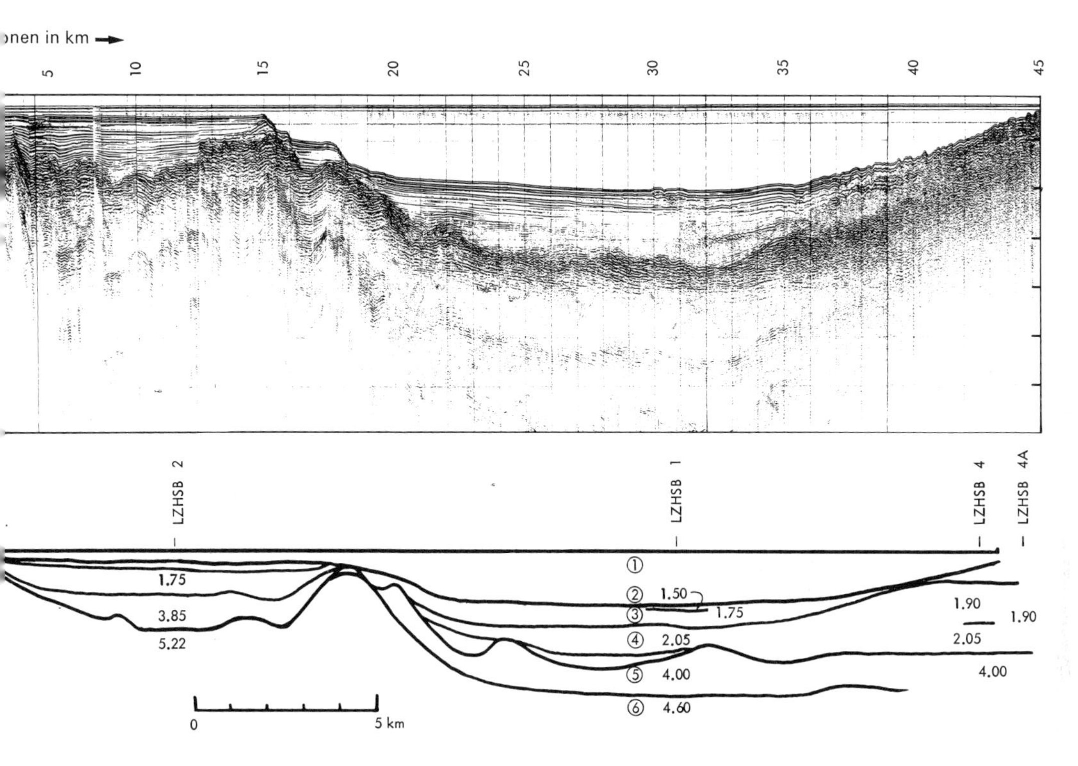

Fig. 69 a Schallreflexions-Profil längs der Mitte des Zürichsees. Die abstandsgleichen senkrechten Marken entsprechen 5-Minuten Fahrtintervallen des Schiffes.

Fig. 69 b Schematische Rekonstruktion der interpretierten geophysikalischen Strukturen des Zürichsees. Die Ziffern in den verschiedenen Schichten 1 bis 6 geben die seismischen Geschwindigkeiten wieder. 1 stellt das Wasser dar. 2 (14–40 m, E von Hurden bis 70 m) ist als nach- und späteiszeitliche Schlamme, Silte und Seekreide, 3 (um 50 m) wohl als glazilimnische Ablagerungen, 4 (maximal bis 100 m) Moräne und Schotter, 5 (100–150 m) verfestigte prähochwürmzeitliche Ablagerungen zu deuten, 6 bekundet den Molasse-Unterbau.
Aus: P. FINCKH & K. KELTS (1976).

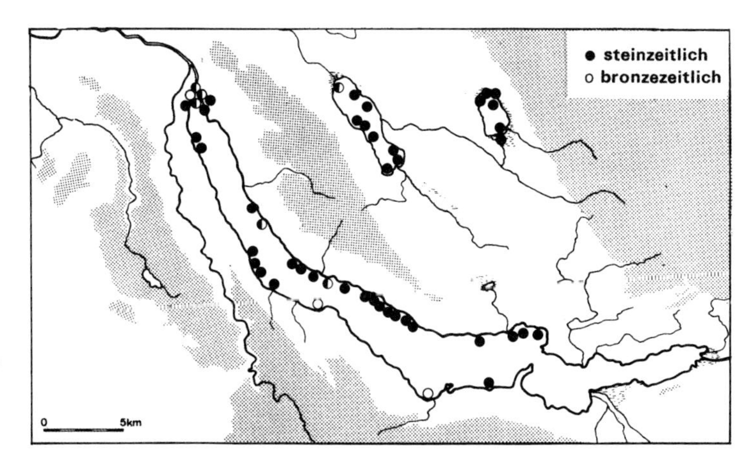

Fig. 70 Prähistorische Ufersiedlungen an den Zürcher Seen.
Aus: U. RUOFF, 1979.

ten Futterplätze der nächsten Umgebung für die ungünstigere Jahreszeit für ihren im Herbst ohnehin stark dezimierten Bestand aufzusparen.
Anhand von Pollenprofilen aus dem Baugrund des neuen Chemiegebäudes der ETH, eines randglaziären Stausees, und Bohrkernen aus dem Zürichsee (W. LÜDI, 1957; A. HEITZ-WENIGER (1976, 1977, 1978), B. AMMANN-MOSER, in KELTS, 1978; in F. GIOVANOLI, 1979; 1979) läßt sich die spät- und postglaziale Vegetationsgeschichte aufdecken. Im spätwürmzeitlichen Schuttfächer von Feldbach sowie in einem wohl ebenfalls bis ins Spätwürm zurückreichenden Torf bei Freienbach SZ sind Geweihreste von Rentieren bekannt geworden (Paläontol, Museum Univ. Zürich). In Ürikon ist ein dickstangiges Geweih eines Hirschs mit Elch-artig verwachsener Schaufel, über die 4–5 Enden emporragen, gefunden worden (Naturw. Samml. Kloster Einsiedeln).

Das Hurden-Stadium und der Zürcher Obersee

Im Bereich eines Frühwürm-Vorstoßstadiums zeichnet sich in der Seemoräne von Hurden ein längerer Rückzugshalt ab. Auf der Schwyzer Seite zielt eine nur noch in Relikten erhaltene Seitenmoräne gegen die kiesige Landzunge mit ihrer Schräg- und Übergußschichtung. C. SCHINDLER (1976) konnte zwischen Pfäffikon und Rapperswil mehrere Staffeln unterscheiden, von denen im Volksmund eine als «Röhrliweg», eine durch Röhricht markierte Untiefe, bekannt ist.
Gegen das Städtchen Rapperswil hin setzt sich die Obersee und Zürichsee trennende Stirnmoräne in eine Untiefe mit Erratikern fort, über die 1358 eine erste Brücke erbaut wurde. Von Rapperswil läßt sich das Hurden-Stadium mit seinen Staffeln in Wallresten über Gommiswald gegen Rieden verfolgen (Fig. 44). Am linken Rand der Linthebene sind solche SW von Altendorf und von Lachen, S von Galgenen, S von Siebnen und E von Bilten erhalten. Internere Staffeln des in den Obersee kalbenden Linth/Rhein-Gletschers zeichnen sich bei Schmerikon und Uznach ab; sie steigen N und NE der Linthebene langsam höher. In der Talung S des Buechberg dürfte das entsprechende Zungenende bei Buttikon gelegen haben. Aus der eisfrei gewordenen Umgebung wurden die Deltas von Jona, Goldinger Bach, Chessi- und Spreitenbach und, vor der Stirn des Wägital-Gletschers, jenes der Wägitaler Aa in den werdenden Obersee geschüttet. Dieser reichte zunächst – dem zurückschmelzenden Eis folgend – bis ins vorderste Glarnerland. Im Bereich der Erdölbohrung E von Tuggen erreichte der Obersee zuerst eine Tiefe von nahezu 200 m, was durch Seetone belegt wird (L. BRAUN, 1925, in HANTKE, 1959a). Dabei stellt sich allerdings die Frage, ob die Aufschüttung nur im letzten Spätwürm und im Holozän erfolgt ist.
Über den lithologischen Aufbau der spätwürmzeitlichen und holozänen Auflandungssedimente der Linthebene vermag auch die anläßlich der Projektierung der Autobahn durchgeführte Bohrprofilserie Hinweise zu geben (A. VON MOOS, 1958).
Ein spätwürmzeitlicher Schuttfächer, der seewärts in eine ehemalige Strandterrasse eines noch höher aufgestauten Zürichsee-Linth-Sees überging, zeichnet sich bei Schänis ab.
Im Gegensatz zum Zürichsee ist es im Obersee kaum zur Bildung von Seekreide gekommen (A. VON MOOS, 1943).
Aus den Höfen und aus der March liegen neben den schon von E. SCHERER (1916) erwähnten Funden neolithische Steinbeile, Netzsenker und Keramik-Scherben von Freienbach, Siedlungsreste auf der Lützelau sowie bronzezeitliche Reste – Beile, Schwert und

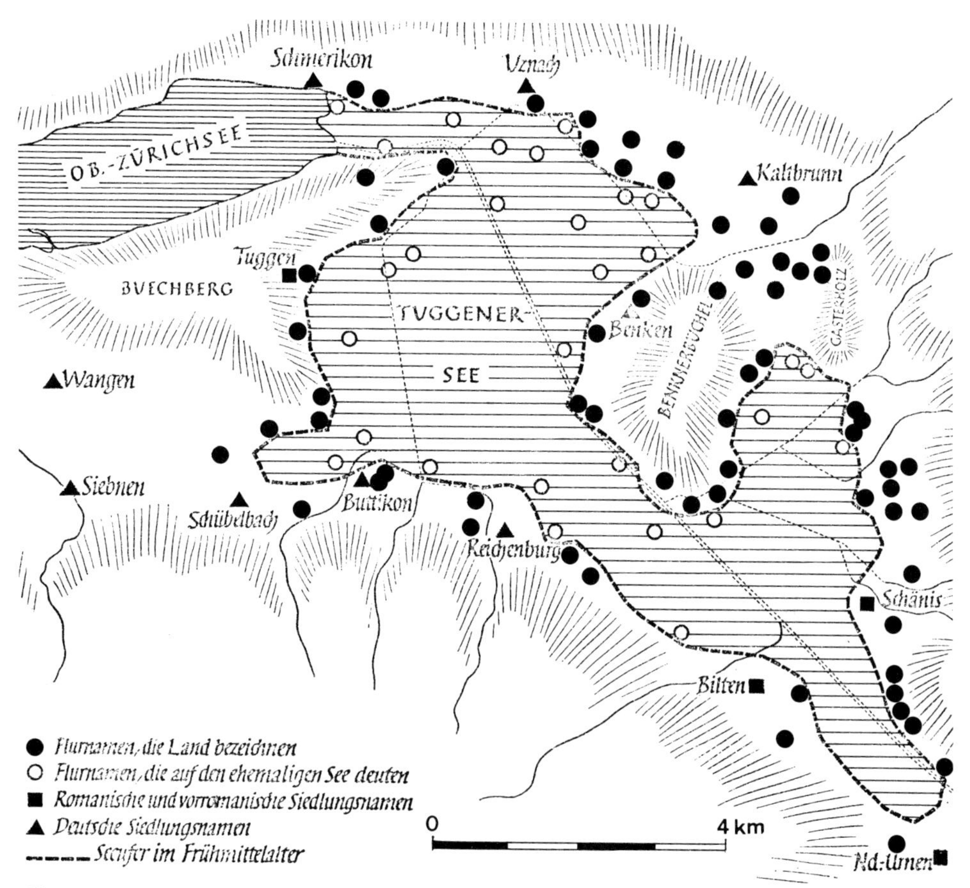

Fig. 71 Der Tuggener See im Frühmittelalter. Nach: A. Tanner, 1968.

Lanzenspitze – von Freienbach, Nuolen, Tuggen-Holeneich und von Schübelbach vor. Im Zürcher Obersee erfuhr das Delta der Jona im Laufe der letzten 2000 Jahren einen Zuwachs gegen SE, konnten doch unter der am S-Rand gelegenen Kirche von Bußkirch 4 ältere Gotteshäuser und eine römische Villa mit Seehafen nachgewiesen werden.
Um 600 n. Chr., als die beiden irischen Wandermönche Columban und Gallus von Zürich her mit dem Schiff nach Tuggen kamen, lag dieser Ort – wie auch Benken, das als Klösterchen Babinchova im Jahre 741 als «iuxta lacum Turicum» erwähnt wurde, noch am Zürcher Obersee (A. Tanner, 1968; Fig. 70). Bis ins frühe 16. Jahrhundert ist verschiedentlich von einem Tuggener See die Rede. Eine Urkunde von 1538 erwähnt den See noch. Ob er allerdings damals noch bis gegen Ziegelbrücke gereicht hat, ist fraglich. Eine Handzeichnung von Aegidius Tschudi um 1565 zeigt jedoch bereits keinen See mehr, so daß die wirksamste Phase der Verlandung offenbar in diese Zwischenzeit fällt.

Das Glattal und das Zürcher Oberland im Spätwürm und im Holozän

Die Rückzugsstadien mit ihren Staffeln lassen sich auch im Glatt-, im Kemptal und in den Quersenken zur Töß als Stirn- und Uferwälle sowie als zugehörige Schmelz-

Fig. 72 Der Lützelsee, ein Söllsee in der Drumlinlandschaft des Zürcher Oberlandes. Linke untere Bildecke: Hombrechtikon-Tobel.
Photo: Militärflugdienst Dübendorf. Aus: SUTER/HANTKE, 1962.

wasserrinnen erkennen (J. WEBER, 1901; A. WEBER, 1928; HANTKE, 1960; HANTKE et coll., 1967K; G. P. JUNG, 1969).
Mit dem Zerfall des Glattal-Lappens bildeten sich vorab in kleinen Senken von Schwellengebieten Toteis- oder Söllseen (Fig. 72). Von Rüti ZH ist aus dem frühen Spätwürm ein Stoßzahn-Fragment eines Mammuts bekannt geworden (Geol. Sammlung ETH).
Die Ausräumung der Aatal-Furche erfolgte durch sub- und randglaziäre Schmelzwässer, später durch den Abfluß des Pfäffikersees, der sich nach der Ablagerung der Endmoränen des Zürich-Stadiums rückläufig entwässerte. Aus Kubatur-Abschätzungen an Schwemmfächern erhielt JUNG (1969) als mittlere jährliche Abtragungsleistungen:

	Spätwürm	Holozän
Linearer Abtrag	12–25 mm/Jahr	0.8 –5.4 mm/Jahr
Flächenhafter Abtrag	5– 6 mm/Jahr	0.14 –0.52 mm/Jahr
Chemische Lösungserosion	?	0.018–0.065 mm/Jahr

Damit ist der lineare Abtrag im Holozän 4–15mal, der flächenhafte 10–40mal kleiner als im Spätwürm. Die chemische Erosion bewegt sich um 10% der mechanischen. Die spätglaziale Seebildung ist durch glaziäre Kolkwirkung bedingt; hiezu kommt eine Stauwirkung durch abdämmende Stirnmoränen. Toteis ist bei flachen Kolken kaum von Bedeutung.

Fig. 73 Limnische Schnecken-Gehäuse aus postglazialer Gyttja vom Seeweidsee ZH (1–5) und aus der spätglazial-frühpostglazialen Seekreide vom Chatzensee ZH (6–8). Etwa 5 mal natürliche Größe; links Apikal-, rechts Umbilikalansicht. Photo: H. M. Bürgisser, Rüti ZH.

1 *Hippeutis complanatus* (L).
2 *Anisus vorticulus* (Trosch.)
3 *Planorbis planorbis* (L.)
4 *Armiger crista* (L.)
5 *Bithynia tentaculata* (L.) mit Deckel (links)
6 *Lymnaea peregra* var. *ovata* (Müll.)
7 *Valvata piscinalis* (Müll.)
8 *Gyraulus laevis* (Alder)

Die Zeitspanne zwischen Ausapern und Wiederbewaldung schätzt Jung auf gut 1000 Jahre. Aus Pollendiagrammen errechnete er für den von NW vorrückenden Wald zwischen Alleröd und ausgehender Jüngerer Dryaszeit einen Vormarsch von 22 m/Jahr. Seit dem frühen Spätwürm büßten Pfäffiker- und Greifensee rund die Hälfte ihrer Oberfläche ein. Noch untiefere Becken – bei Fischenthal und Neuthal – und kleinere randglaziäre Stauseen – bei Bäretswil, Madetswil, Russikon – sind verlandet. Die Spiegelhöhe wird durch das tiefstgelegene Gletschertor, die Einwirkung von Verlandungssedimenten und die Erosionsintensität bestimmt.
Der Spiegel des Greifensees (heute 435 m) soll seit dem Alleröd fast kontinuierlich abgesunken sein; der des Pfäffikersees wäre schon im Spätwürm auf 537 m gefallen, seit dem Atlantikum durch den Stau von Verlandungssedimenten wieder auf 539–540 m angestiegen und im Subatlantikum erneut abgesunken. Nach Jung hätten die Pfahlbauten an beiden Seen im Wasser gestanden.

Um die flache, glazial ausgekolkte Wanne des Seeweidsees NW von Hombrechtikon setzte die Bewaldung über 1100 Jahre später ein als am weit früher vom Eis freigegebenen Chatzensee NW von Zürich. Daraus ergäbe sich wiederum ein mittleres Vorrücken der Baumvegetation von 23 m/Jahr (H. BÜRGISSER, 1971).
Ein erstes Pollenprofil vom Chatzensee reicht mit 5 m Tiefe schon bis ins Alleröd zurück. Bereits verhältnismäßig früh erscheint die Buche. Nach einem doppelten Tannen-Gipfel steigt die Buche erneut an (E. FURRER, 1927).
Da am Seeweidsee keine Häufungen von Erlen-Pollen auftreten wie an anderen Seen des Zürcher Oberlandes (H. W. ZIMMERMANN, 1966; JUNG, 1969), dürften dort kaum stärkere Rodungen, welche das Hochkommen dieses Baumes förderten, stattgefunden, und die Besiedlung frühestens um 500 v. Chr. eingesetzt haben.
Trotz des zunächst noch subarktischen Klimas stellten sich im Chatzensee Mollusken lange vor der ersten Bewaldung ein. Sie belegen – analog den Pollenabfolgen – den generellen Temperaturanstieg im Spätwürm. Vorherrschend waren die anspruchslosen Arten *Valvata piscinalis* und *Pisidium nitidum; Lymnaea peregra, Armiger crista, Planorbis planorbis* und *Gyraulus laevis* traten zurück (BÜRGISSER, 1971, schr. Mitt.).
Die reiche Molluskenfauna des Seeweidsees blieb über mehr als 4000 Jahre annähernd konstant. Im Gegensatz zur älteren Vergesellschaftung im Chatzensee waren *Pisidium* und *Sphaerium* selten, wohl wegen der Vormacht von *Valvata cristata*. Reich vertreten waren auch *Bithynia tentaculata*, deren Gehäuse oft von Strömungen verfrachtet wurden, und *Valvata piscinalis*. *Gyraulus laevis*, *Armiger crista*, *Hippeutis complanatus* und *Planorbis planorbis* wanderten allmählich in den Seeweidsee ein. Auffallend spät erscheint *Lymnaea peregra* (Fig. 73).
Neben den mesolithischen Stationen von Robenhausen am Pfäffiker See, wo neben einer menschlichen Elle auch eine reiche Säugerfauna mit Ur, Ziege, Reh und Hirsch geborgen werden konnte (Geol. Samml. ETH, Zürich), und von Fällanden und Schwerzenbach am Greifensee (R. WYSS, 1968; Bd. 1, S. 227) seien aus dem Kempttal die prähistorische Wehranlage auf dem Furtbüel N von Russikon und – vom NE-Ufer des Pfäffiker Sees – das am Ende des 3. Jahrhunderts erbaute römische Kastell Cambiodunum in Irgenhausen als Sperre an der Römerstraße Kempraten–Oberwinterthur erwähnt (E. MEYER, 1969; E. VOGT, E. MEYER & H. C. PEYER, 1971; H. SUTER-HAUG, 1978 K).

Die Vegetationsentwicklung im Bereich des Linth/Rhein-Gletschers

Im Bereich des würmzeitlichen Linth/Rhein-Gletschers hat bereits P. KELLER (1928) einige Pollenprofile untersucht: im Chrutzelriet NW von Schwerzenbach, im Pfahlbaugebiet von Robenhausen am SE-Ende des Pfäffiker Sees, im Böndler SE von Wetzikon und im Lutiker Ried N von Hombrechtikon.
Im *Chrutzelriet* liegen über kiesiger Moräne bis 60 cm *Dryas*-Tone, in denen A. G. NATHORST erstmals im Alpenvorland eine Glazialflora mit *Dryas octopetala*, *Betula nana*, *Loiseleuria procumbens*, *Polygonum viviparum*, *Arctostaphylos uva-ursi* und mehreren Gletscherweiden fand (S. 154). In den Pollenspektren erreicht *Betula* Werte zwischen 100 und 85%, *Pinus* bewegt sich zwischen 0 und 15% und *Salix* zwischen 2 und 7%. Daneben enthalten die Tone Reste des Halsband-Lemmings – *Dicrostonyx torquatus*, der heute nur noch im Hohen Norden lebt und auch dort *Dryas*-Rasen bevorzugt.
Im darüberliegenden Lebertorf, der im zentralen Teil bis 1,8 m mächtig wird, fand

NEUWEILER Samen von *Potamogeton natans* und *P. filiformis* und KELLER *Typha-* und *Myriophyllum*-Pollen, *Sphagnum*-Blättchen und Sporen sowie Reste von Cyperaceen. Bereits in 2,9 m Tiefe, 10 cm über dem *Dryas*-Ton, liegen die *Betula*-Werte bei 99%; dann fallen sie auf 20% zurück, und *Pinus* erreicht mit 80% im Alleröd ihr Maximum. Mit dem ersten Abfallen der *Pinus*-Kurve steigt *Corylus* von 5 auf 60%; zugleich treten erste Vertreter des Eichenmischwaldes auf. 1,2 m über dem *Dryas*-Ton gipfelt *Corylus* mit 150% der Baumpollensumme. Der Eichenmischwald ist auf 48% angestiegen, *Pinus* auf 36% und *Betula* auf 15% zurückgefallen.

Nach dem Einsetzen des *Eriophorum*-Torfes dominiert der Eichenmischwald; *Corylus* fällt steil auf 29% zurück. Erle und Buche erscheinen; etwas später tritt *Abies* hinzu. *Alnus* steigt auf 15% an, *Fagus* erreicht mit 56% ihren Höchstwert bei 20% Eichenmischwald und 12% *Abies*. Dann fällt *Fagus* auf 20% zurück; *Abies* steigt in einem zweiten Gipfel auf 40% an.

Etwas später, mit 85% *Pinus* und 14% *Betula*, offenbar im Alleröd, beginnt die Vegetationsgeschichte im Profil *Robenhausen* (KELLER, 1928) an der Basis einer 3,8 m mächtigen Seekreide, die bis zur ersten mesolithischen Kulturschicht mit zahlreichen Großresten (E. NEUWEILER in J. MESSIKOMMER, 1913) und – aufgrund eines ersten Gipfels mit 27% *Abies* – bis ins Jüngere Atlantikum reicht. Zugleich beginnt *Fagus* anzusteigen, doch erreicht sie erst nach der zweiten, durch Seggen-Torf getrennten Kulturschicht mit 48% ihren Maximalwert.

Aus Pollendiagrammen vom Zürichsee (W. LÜDI, 1975; Fig. 68); A. HEITZ-WENIGER, 1976, 1977, 1978 in U. RUOFF, 1979; B. AMMANN-MOSER in K. KELTS, 1978, in F. GIOVANOLI, 1979), von den Uferbereichen des Greifen- und des Pfäffikersees (E. MESSIKOMMER, 1927; KELLER, 1928 und G. JUNG, 1969) sowie weiteren Diagrammen aus dem Zürcher Oberland – Wildert S von Unterillnau, Ried NE von Russikon und vom Egelsee S von Bubikon läßt sich die spät- und postglaziale Vegetationsgeschichte herauslesen, und – mit archäologischen Daten – die Urlandschaft nachzeichnen (Bd. 1, Fig. 89).

Im untersten Zürichsee fällt die Ulme mit dem Beginn des Jüngeren Atlantikums aus klimatischen und edaphischen Ursachen zurück. Zugleich breiten sich *Fagus* und *Abies* aus; innerhalb des Eichenmischwaldes nimmt *Quercus* relativ zu. Da diese Veränderungen im Waldbild bereits mehrere Jahrhunderte vor dem ersten Auftreten von Ackerbau-Anzeichen erfolgt sind, haben die neolithischen Kulturen nach A. HEITZ-WENIGER (1976, 1977, 1978) keinen erkennbaren Einfluß auf den Eichenmischwald gehabt.

Fossile Wälder in Zürich und SW von Winterthur

Die am E-Fuß des Üetliberg seit 1861 abgebauten Lehme eines 4 km² großen Schuttfächers lieferten – mit Ausnahme des obersten Teils – zahlreiche Baumstrünke von 20–50 cm Durchmesser und ½–1 m Höhe in natürlicher Stellung (A. WETTSTEIN, 1885). H. GROSSMANN (1934) bestimmte unter 277 Strünken 276 Föhren und eine Birke (Fig. 74). Vor Jahren soll auch ein Eichenstamm ausgegraben worden sein. Daneben fanden sich Blätter von *Quercus robur* sowie von *Salix caprea*.

Bereits die extreme Vormacht der *Pinus*-Hölzer, die sich vom heutigen Waldbild scharf unterscheidet, deutet darauf hin, daß diese offenbar aus der Föhrenzeit – Alleröd–Präboreal – stammen müssen. Auch im Pollendiagramm herrscht *Pinus* stets vor (W. LÜDI, 1934). In 10 m und in 8 m Tiefe war ihr noch 21 bzw. 11% *Betula* beigemischt. Dies

Fig. 74 Allerödzeitliche Föhrenstrünke in Lehmgrube am Fuße des Üetliberg.
Aus: SUTER/HANTKE, 1962. Photo: Dr. S. WYDER, Zürich.

spricht eher für frühes Alleröd. Leider vermag der Fund eines Elch-Geweihs in 10 m Tiefe nichts zur Altersfrage beizutragen.
Gegen oben kommen *Alnus* und Vertreter des Eichenmischwaldes hinzu, von denen die Linde im obersten Horizont stark zunimmt. Die Hasel hält von unten bis oben durch und breitet sich im obersten Horizont kräftig aus, so daß dieser Abschnitt ins Boreal fallen dürfte.
Das Ausbleiben der Lehmablagerung ist wohl vorab auf die mit dem Aufkommen der Hasel, später von Linde und Eiche allmählich dichter werdende Pflanzendecke zurückzuführen.
Ein jüngerer Wald mit zahlreichen mächtigen Eichenstämmen ist aus der Stadt Zürich zwischen dem abgetragenen St. Anna-Hügel und dem Lindenhof aus einem abgedämmten Altwasserlauf der Limmat bekannt geworden (H. SUTER/HANTKE, 1962, S. 157). Ein analoger, aufgrund der artlichen Zusammensetzung der Stämme, des Polleninhaltes und vorab der ^{14}C-Daten aber älterer Föhrenwald wie am Üetliberg-Fuß ist neulich auch in der Dättnauer Talung SW von Winterthur entdeckt worden (K. F. KAISER, 1973, 1979). Eine 42 m tiefe Bohrung bis auf die Obere Süßwassermolasse brachte bis 11 m Tiefe vorwiegend tonig-siltige, meist pollenfreie Sedimente. In 10,6 m setzt die Pollenführung mit nahezu 40% *Hippophaë*, 10% *Artemisia* und 50% Gramineen und Varia ein (M. KÜTTEL & M. WELTEN in B. FRENZEL et al., 1976, 1978; KAISER, 1979). Dann steigt *Betula* auf 40%, *Juniperus* auf über 20% an, *Pinus* liegt um 5%. Die Gramineen fallen zurück; die Cyperaceen steigen an. *Potamogeton* und *Typha* deuten auf einen kleinen Tümpel.

	Zeitliche Gliederung	Jahre vor heute	Sedimente: Boden	Baumbefunde: Bäume	Baumbefunde: Chronologien	Pollenbefunde: Baumpollen	Pollenbefunde: Nichtbaumpollen, Sporen	Molluskenbefunde: Allgemein	Molluskenbefunde: Akzente	
Holozän	Boreal	–	tonig			Eichen-mischwald	Cyperaceae – Scheingräser	Anspruchslose Gesellschaften und Arten mit breiter ökologischer Amplitude: *Helicigona arbustorum, Trichia villosa, Pupilla muscorum, Vallonia costata (V. pulchella), Cochlicopa lubrica, Euconulus fulvus, Nesovitrea petronella, Punctum pygmaeum, Trichia plebeia.*	Bewaldung: *Discus ruderatus*	etwas feucht und wärmer; *Vertigo substriata*
						Betula – Birke				
		9000				*Corylus* – Hasel	*Dryopteris* – Wurmfarn			
	Präboreal	–	siltig			*Pinus* – Föhre	Gramineae – Gräser		Bewaldung: *Discus ruderatus*	feucht und wärmer: *Succinea oblonga, Carychium minimum*
		10000					*Artemisia* – Wermut			
Jungpleistozän	Jüngere Dryaszeit	–	sandig			*Pinus*			nur anspruchslose anpassungsfähige Landschnecken	trockener, kalt: *Vallonia, Helicigona arbustorum, Trichia div. sp.*
						Betula				
	Alleröd	11000	tonig	Föhren	Obere Chronologie Zwischenhorizonte	*Pinus* (+*Betula*)	*Dryopteris* *Sphagnum* – Torfmoos		Bewaldung: *Ena montana, Discus ruderatus, Eucobresia nivalis*	wärmer, feucht bis naß: *Succinea oblonga, Vertigo substriata, Carychium minimum, Anisus leucostoma, Galba truncatula*
		–				*Betula*	*Artemisia*			
									kühler; naß, Überschwemmung: *Armiger crista, Gyraulus laevis, Anisus leucostoma*	
	Ältere Dryaszeit	12000	sandig			*Pinus* (+*Betula*)	Gramineae			
	Bölling	–	tonig/siltig	Birken/Föhren	Untere Chronologie	*Pinus, Betula* *Juniperus* – Wacholder *Hippophaë* – Sanddorn	Gramineae Cyperaceae *Artemisia*		Bewaldung: *Eucobresia nivalis*	vorübergehend naß: *Galba truncatula*

Fig. 75 Der spätwürmzeitliche Wald im Dättnau SW von Winterthur

Nach: K. F. KAISER, 1979.

Bei 9,5 m liegt der erste Strunk-Horizont – vorab Föhren und Birken. *Betula* ist auf 26%, *Juniperus* auf 12% zurückgefallen, *Pinus* auf knapp 30% angestiegen. Pollenanalysen, ^{14}C-Daten – um 12300 Jahre v. h. – und Jahrringanalysen weisen diesen Abschnitt ins Bölling-Interstadial (KAISER, 1973, 1979). Innerhalb weniger Jahrzehnte wuchsen die Föhren und Birken zu einem kleinen Bestand heran. Dann fallen *Betula* und *Juniperus* weiter zurück und *Pinus* steigt auf 45% an. Der Abschnitt bis 8,3 m, bis zum Birken-Gipfel von über 40% bei nahezu 50% *Pinus*, bekundet wohl die Ältere Dryaszeit.
Der weitere Anstieg von *Pinus* bis auf 70%, zeitweise auf über 80%, bei *Betula*-Werten zwischen 8 und 11%, belegen für den oberen Stubben-Horizont mit ^{14}C-Daten um 11200 Jahre v. h. und übereinstimmenden Jahrringdaten (KAISER, 1973, 1979) das Alleröd, der höchste Strunk mit 10750 v. h. die Grenze zur Jüngeren Dryaszeit. Bei 4,5 m ist *Pinus* auf unter 50% und *Betula* gar auf wenige Prozente zurückgefallen.
Das Absterben der lockeren Kieferbestände im Dättnauer Tal durch abrupte Sedimentschüttungen von den Flanken in der Älteren und an der Grenze zur Jüngeren Dryaszeit ist wohl klimatisch zu deuten.
An Großwildresten fand KAISER Geweih-Fragmente von *Cervus*, cf. *elaphus*, an Schnekken *Succinea oblonga* – feucht, zusammen mit *Galba truncatula* – naß. Mit den am häufigsten auftretenden *Vallonia costata* und *V. pulchella*, der mesophilen Gruppe *Cochlicopa lumbrica*, *Euconulus fulvus* und *Perpolita radiatula* sowie einigen Waldformen fügen sie sich gut ins ökologische Bild einer Parklandschaft mit periodischen Sümpfen ein.
Die nacheiszeitliche Klimabesserung, bei der Holzfunde fehlen, zeigt sich bei den Pollen und bei den Schneckenschalen durch feuchtigkeitsliebende Elemente (Fig. 75).
Von Schlieren sind durch F. H. SCHWEINGRUBER (mdl. Mitt.) Föhren-Reste von einem ^{14}C-Alter von 10800 Jahren v. h. bestimmt worden.

Neolithische Waldgesellschaften am Zürichsee

Aufgrund reichlicher Pflanzenreste, vorab von Hölzern, konnte F. H. SCHWEINGRUBER (1976; in B. PAWLIK & SCHWEINGRUBER, 1976) in der neolithischen Siedlung *Horgen-Dampfschiffsteg* verschiedene Waldgesellschaften nachweisen. Innerhalb der Schilfzone, im jährlichen Überflutungsbereich, stockten Weiden-Gebüsche, Erlen- und Erlen-Eschen-Wälder. Da die ursprünglichen Kulturschichten von Strandwellen aufgearbeitet worden sind und sich in ihnen an Samen hohe Anteile von *Najas* – Nixenkraut – und Reste limnischer Mollusken finden, belegen sie – zusammen mit dem hohen Rollungsgrad der Holzkohlen – die mechanische Wirkung des Wassers.
Das Auftreten von 3 Lärchen-Nadeln neben 687 Tannen-Nadeln bekundet, daß auch Reste von entfernteren Gebieten eingeweht worden sind.
Da fast alle Hölzer von Hyphen aerober Pilze durchsetzt sind, lagen diese zur Siedlungszeit zeitweise auf nicht überschwemmten Böden. An den Hängen entfalteten sich damals Buchenwälder mit hohen Tannen-Anteilen und Tannen-Buchen-Wälder.
Die nach Holzkohlen, Zweigen, Splittern, Rinden und Nadeln differenzierten Aufzeichnungen belegen, daß der Neolithiker unter den Holzarten nach dem Verwendungszweck auszuwählen wußte: Erle, Weide und Pappel vom Seeufer dienten als Brennholz; Zweige zur Bodenstabilisation wurden im Ahorn-Eschenwald geschnitten. Das Bauholz – Eiche, Ahorn, Esche und Tanne – wurde am Hangfuß geschlagen. Um die Siedlungen ließ der Neolithiker Haselbüsche hochkommen; auf den gerodeten Flächen baute

er Lein und Getreide an, während auf den an Nährstoffen verarmten, aufgelassenen Molasseböden sich der Adlerfarn ausbreitete.
Aufgrund der Holzreste – Splitter und Zweige – sowie der weniger von der Auswahl beeinflußten Holzkohlen konnte O. U. Bräker (1979) den Holzbedarf der neolithischen Siedler von *Feldmeilen-Vorderfeld* aufzeigen. Da bei Holzfunden meist Konstruktionselemente vorliegen, ist eine Bedürfnis-Auslese unverkennbar. Gleichwohl lassen sich – aufgrund der heutigen potentiellen Waldgesellschaften – die neolithischen rekonstruieren. Während der Ufersaum von baumfreien Schilf- und Seggen-Beständen eingenommen wurde, wuchsen im Hochwasserbereich Niederwald-Bestände mit *Salix*, *Populus*, *Alnus*, *Frangula* und *Betula*. Arealmäßig dürfte die genutzte Weichholz-Auenfläche nur 5–10% ausgemacht haben. Nur zu Beginn und gegen das Ende der Kulturen kommt Flachufer-Standorten vermehrte Bedeutung zu. Aus ihnen wurden 20–30% des Bedarfes gedeckt. Aus der Hartholz-Aue, dem Eichenmischwald mit *Fraxinus*, *Quercus* und *Ulmus*, wurden 55–75%, besonders Konstruktionshölzer bezogen. Am unteren Hangfuß wuchsen *Quercus*, *Acer*, *Tilia*, *Ulmus*, *Fraxinus*, *Prunus*, *Clematis* und *Hedera*, zu denen sich am oberen Hangfuß noch *Fagus* gesellte. Am Hang entfalteten sich – neben *Quercus*, *Ulmus* und *Fagus* – *Tilia* und *Taxus* und lokal reichlich *Abies*. Nur in Einzelfällen wurde auf Eichenmischwald- und Buchen-Gesellschaften an entfernteren Hangpartien zurückgegriffen. An Lichtholz-Arten kamen *Ilex*, *Sorbus*, *Carylus*, *Pirus*, *Prunus*, *Crataegus*, *Rubus*, *Cornus*, *Viburnum*, *Lonicera*, *Liguster* und *Populus* hoch. Einen konstanten Anteil, rund 5%, machen *Corylus* und Pomoideen aus. Auf aufgelassenen Rodungsflächen entfaltete sich Adlerfarn.
An kalkanzeigenden Pflanzen nennt Bräker *Cytisus* und *Genista*, an Fruchtresten *Corylus*, *Fagus*, *Quercus* und *Pirus*, *Rubus* und Getreidekörner, aus limnischen Horizonten *Najas* – Nixenkraut. Neben kaum feststellbaren klimatisch und ökologisch bedingten Veränderungen des Waldbildes im Laufe des Neolithikums kommt der Bevorzugung und Nutzung einzelner Holzarten um die Siedlungen Bedeutung zu. Bräker errechnet einen Nutzungsraum von 100–400 m um die Siedlung, für die Kohlen-liefernden Arten einen solchen von 100–200 m und für die als Laubstreu, Boden-, Wand- und Dachisolation dienenden Zweige 200–400 m. Lindenrinde belegen – mit Leinsamen und Leinpflanzen – die Gewinnung von Lindenbast und Flachsfasern für die Textil-Herstellung. Wie die Siedlung Horgen-Dampfschiffsteg lag auch jene von Feldmeilen-Vorderfeld im Bereich der episodischen Hochwasserstände. Sedimentations-Kriterien, Rundungsgrad der Kohlen, limnische Pflanzen- und Tierreste sowie das Fehlen von Bodenbildungen und Wurzelhorizonten begrenzen den Bereich der Siedlung landwärts, so daß diese vor dem Schwarzerlen-Bruchwald, im Streifen des Schilf- und Steifseggenriedes, anzunehmen ist. Das Hauptsiedlungsgebiet der Pfyner Kulturen lag nach den Grundriß-Annahmen von J. Winiger (in Winiger/Joos, 1976) etwa 40 m landeinwärts, im *Pruno-Fraxinetum*, in einer Uferwald-Gesellschaft rund 1 m über dem durchschnittlichen sommerlichen Seespiegel, dasjenige der Horgener Kulturen war gar nur etwa 10 m vom Ufer weg (Fig. 76).
Aufgrund der Sedimentanalyse (M. Joos in Winiger/Joos 1976) sind nur wenige Kulturschichten unverschwemmt und am trockenen, nur gelegentlich überfluteten Ufer abgelagert worden. Die Mehrzahl wurde bei steigenden Seespiegel erodiert und wieder angelagert. Für die Seespiegelschwankungen sind mit Joos neben den palynologisch erfaßbaren großklimatischen Schwankungen periodische lokalklimatische Einflüsse verantwortlich, die durch wechselnde Akkumulation im Abflußbereich zeitweilig Stauun-

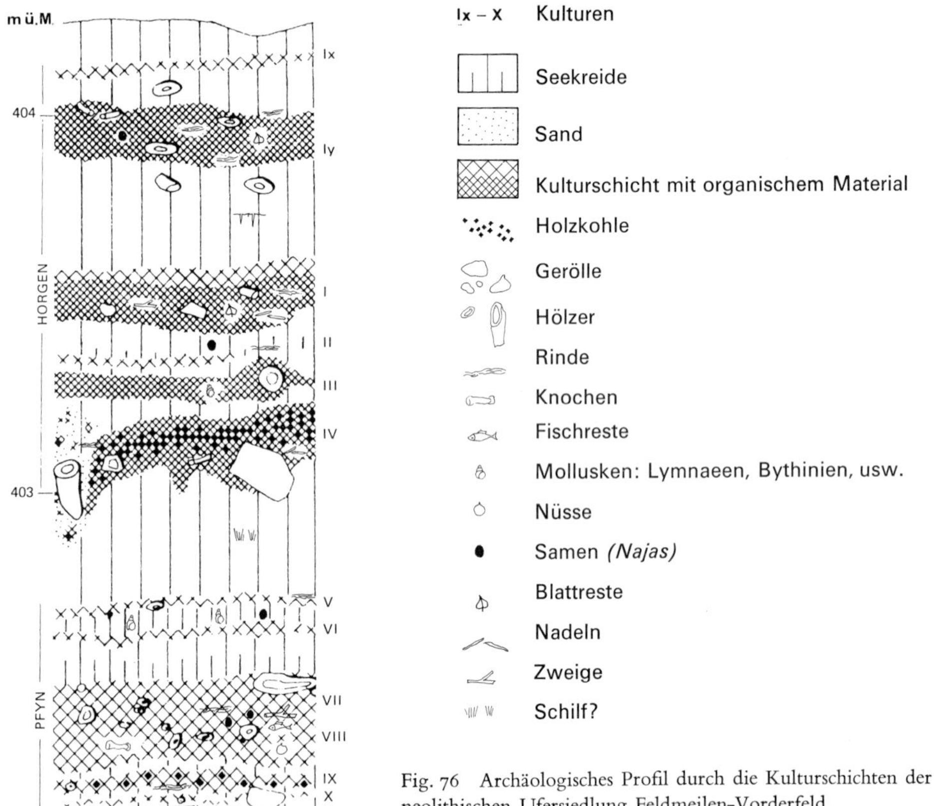

Fig. 76 Archäologisches Profil durch die Kulturschichten der neolithischen Ufersiedlung Feldmeilen-Vorderfeld. Nach J. WINIGER (1976) aus O. U. BRÄKER (1979).

gen verursacht haben. Vielen kurzfristigen Überschwemmungen stehen nur wenige längerfristige Pegelanstiege gegenüber. Den Standort der aufeinander folgenden Siedlungen sieht JOOS entweder im jährlich überspülten höheren Strandbereich oder in der daran anschließenden Bruchwaldzone. Dabei dürften die Häuser – entweder sicher oder mit Vorteil – abgehoben gebaut gewesen sein.
Unter den Geröllen konnte K. BÄCHTIGER (mdl. Mitt.) in Feldmeilen-Vorderfeld Smaragdit-Gabbro, ein Leitgestein des Rhone-Gletschers, nachweisen. Dies deutet darauf hin, daß bereits der Neolithiker bei seinen Fahrten, die ihn hiezu mindestens bis über Brugg hinaus geführt haben müssen, ihm fremde dekorative Gerölle als Schmuckstücke aufgesammelt hat.

Die Vegetations-Entwicklung am untersten Zürichsee

Im untersten Seebecken konnte A. HEITZ-WENIGER (1977, 1978) auch aufgrund pollenanalytischer Untersuchungen aus Kulturschichten und zwischenlagernder Seekreide an den drei neolithischen Siedlungsplätzen Alpenquai, Kleiner und Großer Hafner wichtige Resultate zur Waldgeschichte gewinnen (Bd. 1, Fig. 91).

Bereits sehr früh, lange vor der ersten neolithischen Besiedlung wurden, in den Laubmischwäldern am unteren Zürichsee *Fagus* – Buche – und *Abies* – Tanne – häufiger.
Zur Zeit der jungneolithischen Besiedlung war die Tanne bereits weit verbreitet. Erst zwischen dem letzten Neolithikum und der späten Bronzezeit gelangte die Buche auf Kosten lichter Laubmischwälder endgültig zur Vorherrschaft.
Die extrem hohen Nichtbaum-Werte in den Kulturschichten sind durch Einschleppen der Siedler bedingt. Das Ausmaß der Rodungen zeichnet sich nur in den Baumpollen-Nichtbaumpollen-Verhältnissen der Kulturreste-freien Seekreide-Schichten ab. Darnach waren die Rodungen im Neolithikum gering. Die Siedler hatten das Waldbild noch kaum und zudem nur kurzfristig verändert. Etwas ausgedehnter waren Rodungen erst in der Spätbronzezeit.
Die neolithischen Siedler brachten reichlich Pollen von Eiche, Linde, Ulme, Efeu und Bärlauch – *Allium ursinum* – ein.
Dabei ist die *Egolzwiler Kulturschicht* neben dem Artenreichtum des Laubmischwaldes durch hohe Werte von Getreide, Bärlauch und der Wasserpflanze Tausendblatt – *Myriophyllum* – gekennzeichnet.
In der *Cortaillod-Kulturschicht* treten vorab Linde, Efeu, *Filipendula* – Spierstaude, eine Streuwiesenpflanze – und Getreide hervor. Wiesenzeiger und Unkräuter haben nur wenig zugenommen.
In der unteren *Horgener Schicht* sind vorab die Auen-Gehölze – Ulme und Weide – stark vertreten. In der oberen Horgener Schicht sind Pollentypen verschiedenster Standorte reich zugegen; erstmals treten Wiesenzeiger und Riedgräser häufiger auf.
In der *Spätbronzezeit* fällt der Eichenmischwald zurück. Das häufigere Vorkommen von Pollen von Wiesen- und Ruderalpflanzen in den Kulturschichten deutet auf veränderte Wirtschaftsformen mit größeren Rodungen. In der spätbronzezeitlichen Kulturschicht erreichen die Wildgräser erstmals hohe Werte, während Getreide-Pollen seltener werden. Häufig sind sodann Umbelliferen, *Plantago* – Wegerich, *Centaurea* – Flockenblume – und Chenopodiaceen – Gänsefußgewächse.
In der *früheisenzeitlichen Kulturschicht* deutet das reichliche Vorkommen von Pollen von Cyperaceen – Riedgräsern – und Nadelhölzern auf Überschwemmungen.
Da kaum Verlandungsgesellschaften, dagegen Hochstaudenried-Pflanzen vorliegen, kam den Streuwiesen nur geringe Ausdehnung zu, so daß die Laubmischwälder wohl nahe ans Ufer gereicht haben. Aus den Pollendiagrammen geht hervor, daß die Siedlungen weder im Erlen-Bruchwald, noch im Groß-Seggenried, noch im Schilfgürtel lagen, sondern auf kaum bewachsenem, sehr wahrscheinlich meist überschwemmtem Grund errichtet worden sind (Bd. 1, Fig. 92).
In mehreren Abschnitten konnten größere Schichtlücken festgestellt werden.

Der würmzeitliche Sihl-Gletscher

Wie aus hoch gelegenen früh(?)-würmzeitlichen Moränen und Eisstaufluren beidseits des Sihlsees hervorgeht, schwoll der Sihl-Gletscher aus den rauhen, schon in der beginnenden Würm-Eiszeit sehr niederschlagsreichen Sihltaler Alpen mächtig an.
Durch den bis ins Hochtal von Einsiedeln eingedrungenen hochwürmzeitlichen Linth/Rhein-Gletscher wurden die Schmelzwässer des bei Trachslau stirnenden *Alp-Gletschers* zu einem Eisrandsee aufgestaut. In diesem See wurden hochwürmzeitliche Seetone mit

Fig. 77 Zwischen Etzel (rechts) und Hohronen (links) drang ein Lappen des Linth-Gletschers von der Zürichsee-Talung ins Hochtal von Einsiedeln ein und schüttete um das Zungenbecken der Schwantenau (Bildmitte) einen gegen S geschlossenen Moränenwall. Dadurch vermochte der Sihl-Gletscher nicht mehr weiter vorzustoßen. Er hinterließ flache Endmoränen, die heute den Sihlsee abdämmen. Während die Sihl (rechts) durchs ehemalige Gletschertor abfloß, folgte die Alp (links) den Eisrändern beider Gletscher und brach, einer subglaziären Rinne folgend, am E-Ende des Hohronen durch.
Photo: Militärflugdienst Dübendorf.

Warwen-ähnlicher Schichtung und einzelnen, von Eisbergen in den See verfrachteten Geschieben abgelagert. Die einzelnen Bänder stellen jedoch kaum eine Jahresschichtung dar, sondern eher sommerliche Abschmelzrhythmen. Wie der Wägitaler Gletscher stieß auch der Sihl-Gletscher, bevor das Linth/Rhein-Eis das Zürichsee- und Glattal erfüllt hatte, tief in dessen späteren Bereich vor. Während der Wägitaler Gletscher bis in die Linthebene vorzustoßen vermochte (S. 134), drang der Sihl-Gletscher etwas später, als das Linth/Rhein-Eis bereits die Wanne des Zürichsees eingenommen hatte, durch die Lücke zwischen Etzel und Hohronen über Schindellegi gegen Samstagern vor, wo er vom anschwellenden Linth/Rhein-Gletscher gestaut wurde.

In den einzelnen Vorstoßphasen gelangten an und unter dem Eis die als günzzeitlich betrachteten Schotter um Wädenswil zur Ablagerung (A. Aeppli, 1894; Alb. Heim, 1919). Sie zeichnen sich durch einen hohen Anteil an Sihl-Geröllen aus. Beim weiteren Anschwellen des Linth/Rhein-Eises wurde auch der Sihl-, wie schon der Wägitaler Gletscher mehr und mehr zurückgedrängt, bis ein Lappen des Linth/Rhein-Eises zwischen Etzel und Hohronen gegen Einsiedeln vordrang, die Stirnmoräne von Hinterhorben-Hartmannsegg aufbaute und den Sihl-Gletscher am Oberen Waldweg hochstaute (Fig. 77). Von beiden Seiten, aus dem Großbachtal und von Hirzegg–Sattelegg, erhielt der Sihl-Gletscher Zuschüsse.

Durch den Stau macht sich beim Sihl-Gletscher bis ins Zürich-Stadium kaum ein nennenswerter Rückzug bemerkbar. Offenbar erfolgte zunächst ein vertikaler Eisabbau. Beim Linth- und bei dem über Rothenthurm eingedrungenen Reuß-Lappen zeichnen sich internere Moränenstaffeln ab. W und N von Willerzell sowie NE von Einsiedeln stellen sich an der Stirn des Sihl-Gletschers einzelne dicht hintereinander gelegene Rückzugswälle ein (HANTKE, 1958; HANTKE et coll., 1967K; H.-P. MÜLLER, 1967K). Großbach- und Miesegg-Gletscher wurden selbständig.

Der Sihl-Gletscher im Spätwürm

Erst nach dem Zürich-Stadium schmolz der Sihl-Gletscher ins übertiefte Becken des Sihlsees zurück. Internere Wälle zielen gegen das W-Ende der Willerzeller Brücke, über Chalchweid (H.-P. MÜLLER, 1967, 1974K) und auf Unter Hau gegen den See. Im Becken selbst, das heute vom Stausee eingenommen wird, begann sich ein See zu bilden, in dem bei Euthal über 60 m mächtige See- und Torfsedimente abgelagert wurden. Bereits in der frühen Tannenzeit war jedoch die Auffüllung abgeschlossen (W. LÜDI, 1939).
Im Hurden-Stadium vereinigten sich Sihl- und Waag-Gletscher noch S des Sihlsees. Abschmelzstände werden durch Stauterrassen um Studen belegt. Dabei empfing der Sihl-Gletscher noch Zuschüsse von der N-Flanke des Fluebrig und aus dem Kessel von Wißtannen. Auch die von Bögliegg–Schrähöchi, SW des Sihlsees, gegen das Delta des Steinbaches abfallenden Moränen dürften dem Hurden-Stadium entsprechen.
Ein nächstes Stadium zeichnet sich N des zugeschotterten Zungenbeckens des Ochsenboden ab. Von Tierfäderen und vom Fluebrig erhielt der Sihl-Gletscher letzte Zuschüsse. Das über das Frontgewölbe des Fluebrig abfließende Eis stirnte wenig hinter der Sihltalhütte auf 940 m. Nach weiterem Abschmelzen rückte das Sihl-Eis und dasjenige aus den Karen zwischen Fluebrig und Gantspitz erneut gegen den Ochsenboden vor. Von Stock–Farenstock–Oberweid–Leiterenstollen stieg ein Gletscher ins Becken von Tierfäderen, ein Lappen gegen NE, bis 1200 m ab, was durch markante Moränen belegt wird.
Dann schmolz der Sihl-Gletscher zurück, rückte aber im nächsten Klimarückschlag, wie stirnnahe Moränen erkennen lassen, wieder bis 1100 m vor. Das von Schülberg, Fidisberg und Biet ins oberste Sihltal abbrechende Eis hinterließ auf Feldmoos und auf Alp Untersihl Moränen bis unterhalb 1400 m. Stirnnahe Wälle belegen im jüngeren Spätwürm einen bis in die Chlims-Schlucht, gegen 1400 m, vorgestoßenen Sihl-Gletscher.
In der Schrattenkalk-Höhle oberhalb des Schön Büel auf der W-Seite des oberen Sihltales hat sich eine Höhlenbrekzie gebildet, aus der ein Schädelbasis-Fragment, ein Eck- und ein Backenzahn eines prähochwürmzeitlichen Höhlenbären bekannt geworden sind (Naturw. Samml. Kloster Einsiedeln).
Im Talschluß der Sihl hingen noch im letzten Spätwürm Gletscher vom Höch Hund (2215 m) und vom Mieserenstock (2199 m) bis unter 1650 m herab. Das wenig interner, in einem tektonisch gestörten Gewölbeaufbruch angelegte Zungenbecken des Chräloch N des Druesberg wurde wohl bereits früher, zuletzt in einem frühwürmzeitlichen Stadium, ausgekolkt.

Die Spätwürm-Stände des Waag-Gletschers

Markante Seitenmoränen steigen von Bräntenegg und Gütsch gegen die Unteriberger Allmig ab. Wälle am Ausgang des Plattentobels bekunden einen letzten Zuschuß zum selbständig werdenden Waag-Gletscher. Bei einer Gleichgewichtslage in 1250 m und ESE-Exposition ergibt sich eine klimatische Schneegrenze um 1300 m, so daß diese Moränen dem Hurden-Stadium entsprechen.

Im nächsten Stadium stirnte der Waag-Gletscher an den Rundhöckern hinter Waag, was stirnnahe Seitenmoränen belegen. Darnach gab das Waag-Eis das Zungenbecken des Boden frei, erfüllte noch dasjenige des Loch und stirnte am Durchbruch unterhalb des Vorder Twingi. Dann schmolz er ins hinterste Waagtal zurück.

Von den Flanken brachen Bergstürze nieder, die im folgenden Klimarückschlag von den vorrückenden Gletscherzungen des Hoch Ybrig- und des Druesberg-Gebietes (2282 m) bei der Seilbahn-Talstation zu Wällen zusammengestoßen wurden. Vom Biet und Fidisberg stieg ein Gletscher über Wannen und Unter Weid nochmals zur Düsselplangg, bis 1100 m ab, wo er Seitenmoränen hinterließ.

N und NE des Roggenstock (1778 m) hingen Kargletscher bis 1430 m, im SE bis 1500 m herab.

Ein nächster Stand zeichnet sich in Moränen im Talschluß ab. Die von der Druesberg-Kette abgestiegene Eisfront endete im Chäserenwald. Vom Twäriberg und Pfannenstöckli, Schülberg und Fidisberg, schoben sich durch Moränen dokumentierte Gletscher bis an die ins Waagtal abfallende Wand vor und brachen über sie nieder. SW des Farenstock liegt eine Endmoräne auf 1520 m. Eine Gleichgewichtslage um gut 1600 m spricht für eine Schneegrenze von nahezu 1700 m.

SE des Roggenstock hing ein Kargletscher noch bis 1600 m, im NE bis 1560 m herab. Jüngere Endmoränen umgürten ein Zungenbecken N des Biet (1966 m) in 1650 m. E von Schül- und Fidisberg (1919 m) lag ein Gletscher in der Wanne Ried–Hinterofen, der bis an den Steilabfall ins Sihltal reichte. Von der Pfannenstöckli–Twäriberg- und von der Druesberg-Kette rückte das Eis bis Alp Chäseren, bis unter 1600 m, vor. All diese Vorstöße bekunden eine Schneegrenze um knapp 1900 m, einen Klimarückschlag, der dem Suferser Stadium des Rhein-Gletschers gleichzusetzen sein dürfte.

Noch im letzten Spätwürm waren die Karwannen N des Druesberg von Eis erfüllt und einzelne Zungen hingen bis unterhalb 1800 m herab. Auch N des Twäriberg (2117 m) sowie im Tälchen zwischen Twäriberg und Rütistein (2025 m) belegen Moränenwälle den letzten spätwürmzeitlichen Gletschervorstoß.

▷

Fig. 78 Das Einzugsgebiet des Sihl-Gletschers mit dem von S mündenden Alp-Gletscher sowie dem von SW über den Paß von Rothenthurm (vor der Wald-Kulisse des Hohronen [links]) übergeflossenen Lappen des Muota/Reuß-Gletschers.
Durch den in der Zürichsee-Talung gelegenen Nebel, aus dem nur der Gipfelgrat des Pfannenstil herausragt, wird der Linth/Rhein-Gletscher veranschaulicht.
Zur Zeit des Neolithikums war die Landschaft um den heutigen Sihlsee bis auf die Moore am Rande eines älteren Restsees noch weitgehend bewaldet. Erst nach der Kloster-Gründung wurden immer ausgedehntere Waldparzellen geschlagen, die sich im Bild noch deutlich abzeichnen.
Im Vordergrund (rechts): die Gipfelregion des Fluebrig.
Luftaufnahme: Swissair-Photo AG, Zürich. Aus: K. R. Lienert et al., 1977.

Die spätglazialen Stände im Einzugsgebiet der Minster

Im Würm-Maximum lag der rundhöckerartig überprägte Guggerenchopf (1258 m) unter dem Eis. Über den Sattel von Oberiberg floß Minster-Eis ins Waagtal, was mächtige Moränen und eisrandnahe, sie unterteufende Schotter belegen.
Auf dem Höchgütsch WNW von Unteriberg liegen einige Klippenmalm-Erratiker, welche wohl das Zürich-Stadium des Minster-Gletschers dokumentieren.
Rundhöcker und Wallreste um Oberiberg bekunden ein Zusammentreffen mehrerer Gletscherarme zum Minster-Gletscher, der nach dem Hurden-Stadium ebenfalls selbständig wurde und im Stadium von Ziegelbrücke/Weesen oberhalb Jässenen, vor der Zunge des vom Leimgütsch (1524 m) abgeflossenen *Heiken-Gletschers* endete.
Im nächsten Vorstoß lag die nach N abfließende Zunge des *Hesisbol-Firns* – auf Bueffen und im Chäswald durch Wälle dokumentiert – bei Tschalun, um 1100 m. Aus der Gleichgewichtslage in 1350–1400 m ergibt sich eine Schneegrenze um 1500 m. Damit dürfte dieser Vorstoß den Sarganser Ständen entsprechen. Der Wall von Gleit ist als Mittelmoräne zwischen den Zuflüssen von der Mördergruebi und vom Spirstock zu deuten. Beim Rückschmelzen brachen Hauptdolomit-Massen auf das Eis und wurden wallartig eingeregelt. Die andere Zunge des Hesisbol-Firns fiel aus dem Becken des Seebli ins Waagtal ab, hinterließ oberhalb Hinter Wang eine Seitenmoräne und traf mit dem von der Sternen–Druesberg-Kette abfließenden Eis zusammen (S. 174). Jüngere Wälle, wohl des Suferser Stadiums, verraten ein Zungenende im Talschluß; der über die Fuederegg übergeflossene Lappen stirnte um 1450 m.
Der *Isentobel-Gletscher* endete am Talausgang um 1250 m. Von der Mördergruebi reichte eine Zunge gegen Unter Wandli, bis 1300 m. Eine markante Endmoräne liegt auf ihrer NW-Seite oberhalb Ober Wandli um 1440 m. Eine Gleichgewichtslage um knapp 1500 m ergibt bei WNW-Exposition eine Schneegrenze in gut 1500 m, so daß diese Stände denen von Tschalun bzw. der Talstation Hoch Ybrig entsprechen.
Von der N- und NE-Seite der Mördergruebi (1690 m) hingen Kargletscher gegen 1450 m herab. Aus der Gleichgewichtslage um 1500 m resultiert eine Schneegrenze um 1650 m. Damit dürften diese Moränen das Churer Stadium belegen.

Der Alp-Gletscher

Im Würm-Maximum wurden die Schmelzwässer des Alp-Gletschers durch eine N von Einsiedeln zwischen Schnabelsberg und Ober Waldweg zur Alp vorstoßenden Sihl-Gletscherzunge zu einem Eisrandsee gestaut. Im Stirnbereich, bei Trachslau, wurde eine ausgedehnte Schotterflur geschüttet. Um Einsiedeln gelangten warwige Seeletten zur Ablagerung, in denen sich vereinzelt Gerölle finden, die wohl durch Eisblöcke verdriftet worden waren.
In einer Tiefe von 32,3–34 m folgen unter den Seetonen turbiditische (?) Sande, darunter nochmals Seetone bis 41,5 m (C. Schindler in Ch. Schlüchter et al., 1978).
Wie weit bereits ein frühwürmzeitlicher Vorstoß des Sihl-Gletschers in Einsiedeln schon einen Eisstausee abgedämmt hat, bedarf noch weiterer Untersuchungen.
Da die Trachslauer Schotter bis 2 m tief verwittert sind, dürften sie schon vor dem äußersten Würmstand abgelagert worden sein. Dieser reichte, durch eine Seitenmoräne dokumentiert, bis gegen Ober Trachslau. Internere Wälle verlieren sich vorher und

Fig. 79 Das Moor der Schwantenau NW von Einsiedeln im ehemaligen Zungenbecken eines Lappens des Linth/Rhein-Gletschers, der zwischen Etzel und Hohronen ins Hochtal von Einsiedeln eindrang. Im Hintergrund die Wägitaler Berge und Sihltaler Alpen.

Fig. 80 Der Talschluß des Sihltales mit Höch Hund, Chläbdächer und Rütistein. Davor (in der Bildmitte) die Moränen von Untersihl.
Fig. 79 und 80 von Dr. A. BETTSCHART. Aus: K. R. LIENERT et al., 1977.

belegen ein sukzessives Abschmelzen der Stirn. Vom Großbrechenstock (1559 m), vom Nüsellstock (1479 m), vom Sülocheggen (1233 m) und vom Samstageren (1311 m) hingen Zungen bis unter 1000 m herab.
Ein internerer Stand zeichnet sich im Talschluß in stirnnahen Moränen ab. Die Gletscher von den Mythen (1899 m) und aus dem Zwäckentobel vereinigten sich noch bei Brunni. Die Gleichgewichtslage um gut 1250 m setzt eine klimatische Schneegrenze gegen 1300 m voraus. Damit dürfte dieser Stand mit demjenigen von Hurden gleichzusetzen sein. Dann wurden die beiden Gletscher selbständig.
Prachtvolle Endmoränen bekunden einen Vorstoß eines *Zwüschet Mythen-* und eines *Wannenweidli-Gletschers* bis Gspaa, bis unter 1200 m, sowie eines *Zwäcken-Gletschers* bis 1250 m, was eine dem Sarganser Stadium entsprechende Schneegrenze von 1500 m voraussetzt. Eine Stirnmoräne auf 1400 m ESE des Kleinen Mythen (1811 m) erfordert bei Leewirkung eine solche von 1600 m. Auf der NE-Seite finden sich im Gummenwald Moränen-Girlanden (G. Smit-Sibinga, 1921) und Mittelmoränen.

Zur Vegetationsgeschichte des Sihltales

Nach dem Abschmelzen des Sihl-Gletschers von den Stirnmoränen am N-Ende des heutigen Sihlsees schütteten Großbach, Steinbach, Willerzellerbach und Eubach ihre Delten in einen vor der zurückweichenden Eisfront entstehenden Sihlsee und verteilten diesen nach und nach in einzelne Restseen. Die Schuttfächer von Schmalzgrueben und der Minster schoben sich in den Waagtal-Arm vor, der bis in den Schachen an den Riegel von Twingi, reichte; die Bäche um Studen und der Weißtannenbach bauten die Fächer von Studen und der Sihltalhütte auf und ließen auch den Sihltal-Arm allmählich verlanden.
Erste Pollendiagramme aus dem Becken des Sihl-Gletschers stammen von P. Keller (1928). Vor dem Aufstau des Sihlsees konnte W. Lüdi (1939) diese ergänzen und mit weiteren Diagrammen der Einsiedler Gegend vergleichen.
Mit dem Abschmelzen des Eises von den Endmoränen bildete sich im Zungenbecken ein Eisrandsee, beim weiteren Abbau ein Alpenrandsee mit einer Spiegelhöhe um knapp 900 m. Eine Bohrung bei Euthal hatte nach 60 m den Gletscherboden noch nicht erreicht. Im Spätwürm füllten Sihl, Waag und Minster das Becken von S nach N fortschreitend mit feingeschichteten Mergeln, sandigen Mergeln und Sanden an, die mit Kies- und Lehmlagen abwechseln und reichlich Schwemmholz enthalten.
Dann stellen sich Schilf- und Seggen-Rhizome ein, und allmählich gehen die mineralischen Ablagerungen in einen Flachmoortorf über, der von 2,5 m im N auf 7 m im S, lokal gar bis 9,5 m, anschwillt. Der Hochmoortorf schwankt zwischen 0 und 2,5 m. In den Moorgebieten außerhalb der Sihltalsenke ist er noch mächtiger geworden. Im Torfkörper finden sich mehrere Überschwemmungshorizonte, Lehm- und Gyttja-Bändchen sowie Flachmoor-Bildungen im Hochmoortorf.
Gegenüber dem Mittelland tritt im Einsiedler Sihltal der Eichenmischwald alpeneinwärts mehr und mehr zurück. Ebenso wird der *Fagus*-Anteil geringer. Dagegen setzt *Picea* früher ein. Bereits in der späteren *Abies*-Zeit erreicht *Picea* einen kleinen Gipfel, der von einem Anstieg bis zur Dominanz gefolgt wird.
Im Breitrieden, am SE-Ende des heutigen Sihlsees, reichen die ältesten torfartigen Schichten in 13 m Tiefe bis in die *Pinus-Corylus*-Zeit, bis ins Präboreal, zurück; bei

Steinbach blieb eine 35 m-Bohrung in der ältesten *Abies*-Zeit (= Wende Meso- zu Neolithikum) stecken.
Im Küngenmoos und in der Schwantenau, NE bzw. N von Einsiedeln, setzte die Torfbildung bereits tief in der *Pinus*-Zeit, wohl schon im Alleröd, ein und ging erst in der Buchen-Zeit (= Bronzezeit) zurück. Im Talboden bildete sich auch später noch Torf.
Ein jungsteinzeitlicher Knochenmeißel in Einsiedeln (Dr. J. WIGET, schr. Mitt.) und ein Bronzebeil bei Willerzell bekunden, daß auch der Mensch bereits früh ins Gebiet des heutigen Sihlsees eingedrungen war (E. SCHERER, 1916).
Noch im frühen Mittelalter – um 850 – stockten im Sihltal ausgedehnte Wälder. Nur die Gebiete der ehemaligen Zungenbecken: die Schwantenau, das Becken des heutigen Sihlsees und der Bereich der Talgabelung von Sihl- und Waagtal, waren von Mooren eingenommen, die Gebiete oberhalb der damals noch etwas höheren und schärfer ausgeprägten Waldgranze von alpinen Rasen und Pionierpflanzen besiedelt. Erst mit der Gründung des Klosters Einsiedeln im Jahre 947 wurden nach und nach immer umfangreichere Areale gerodet. Im Ibrig lassen sich die Rodungs- und Kahlschlagflächen durch ihre geradlinigen Parzellengrenzen noch gut erkennen.
Im heutigen Sihlsee sedimentierten seit dem Aufstau (1938) im N, bei der Willerzeller Brücke, in 12 m Wassertiefe 19 cm Tone, im S, bei der Euthaler Brücke, in 6 m Tiefe 31 cm geschichtete kalkreiche Silte. Die jährliche Sedimentationsrate beträgt damit im N 0,5 cm, im S 0,8 cm (H. M. BÜRGISSER, schr. Mitt.).

Der Wägitaler Gletscher

Im Hurden-Stadium vermochte das Wägitaler Eis den Linth-Gletscher auf einer Höhe von 600 m noch zu erreichen. Im Wägital geben sich dieser Stand und ein entsprechender frühwürmzeitlicher in den Stauterrassen von Port (800 m) und Rempen (700 m) sowie in einer sanft abfallenden Mittelmoräne auf 880 m N des Groß Aubrig zu erkennen.
Mit dem Rückzug des Eises aus dem Becken des Zürcher Obersees und der Linthebene wurde der Wägitaler Gletscher selbständig. Im Stadium von Ziegelbrücke/Weesen füllte er noch die Wanne des Wägitaler Sees. S von Vorderthal lagerten zwischen Aubrig und Gugelberg und E dieses Riegels überfließende Zungen gegen die Stirn abfallende Wälle ab. Von W, vom Firngrat Chli Mutzenstein – Nüssen, mündete noch der *Schlieren-Gletscher*, was durch Moränenreste belegt wird.
Im Stadium von Sargans schob sich der Wägitaler Gletscher aus dem Talschluß bis in einen spätwürmzeitlichen Wägitaler See vor. Absteigende Wälle zeichnen sich auch an der Mündung des Aberlitales ab. In einem jüngeren Klimarückschlag rückte der *Aberli-Gletscher* nochmals bis unterhalb 1100 m vor und dämmte den Aberliboden ab. Noch jüngere Moränen liegen auf Zindlen um 1500 m und NW des Zindlenspitz (2097 m) auf gut 1300 m.
Im Talschluß stieß das Eis des Ochsenchopf-Gebietes zunächst nochmals über Aberen bis gegen das See-Ende, später endete es auf Aberen.
An der W-Seite des Schiberg (2044 m) klebte ein Gletscher, der im Sarganser Stadium um 950 m endete. Aus dem Kar zwischen Schiberg und Bockmattli (1932 m) hing eine Zunge – gegen das Wägital eine markante Seitenmoräne aufwerfend – erst bis unter 1200 m, dann bis 1220 m ins oberste Trepsental. In einem späteren Vorstoß stirnte sie auf 1350 m.

Fig. 81 Das Aahorn, die Mündung der Wägitaler Aa, die einzelne vogelfußartige Delta-Arme in den Zürcher Obersee vortreibt und dazwischen Stillwasserbereiche abdämmt.
Photo: P. J. HEIM. Aus: K. R. LIENERT et al., 1977.

Das spätestens in den würmzeitlichen Vorstoßphasen ausgekolkte Becken des Wägitaler Sees wurde im Spätwürm allmählich zugeschüttet und verlandete im Holozän.
Aus dem Bereich der Seemitte konnte J. PIKA (mdl. Mitt.) in dem 1924 auf eine Kote von 900 m aufgestauten See über älteren Feinsilten und einem Wurzelboden undeutlich laminierte, 38 cm mächtige jüngste Sedimente gewinnen. Diese sprechen für eine jährliche Sedimentationsrate von 0,7 cm seit dem Aufstau.

Die Molasse-Ketten S der Linthebene

Bis ins ausgehende Hochwürm hinein lieferte die von Brüchen durchsetzte Molasse-Kette Hirzli–Planggenstock auf der S-Seite der Linthebene dem Linth/Rhein-Gletscher noch Zuschüsse. Dies äußert sich in den zahlreichen Erratikern von Hirzli-Molasse, die sich überall am linken Eisrand einstellen. Dann wurden die Eiszungen der Hirzli-Kette selbständig und sukzessive kleiner, was sich in immer weniger weit gegen die Linthebene herabreichenden Moränen zu erkennen gibt.
Die Karmulden N des Rinderweidhorn (1317 m), N der Güeteregg (1275 m), E und N des Stöcklichrüz (1248 m) waren – wie Moränen und Erratikerzeilen belegen – mit Firneis gefüllt. Diese lieferten dem Linth/Rhein-Gletscher noch im Zürich-Stadium Eis.
Letzte Zuflüsse erhielt der Linth/Rhein-Gletscher vom Hohronen, was durch das Ausbiegen der Ufermoränen von Hohronenboden, Unter Roßberg, Mittlibüel sowie NW des höchsten Gipfels belegt wird. E des Dreiländerstein lag noch bis ins Zürich-Stadium ein bis 1000 m herabreichender Firnfleck.

Zitierte Literatur

AEPPLI, A. (1894): Erosionsterrassen und Glazialschotter in ihrer Beziehung zur Entstehung des Zürichsees – Beitr., NF, *4*.
AMMANN-MOSER, B. (1979): Palynology in some lakes of the northern Alpine piedmont (Switzerland) – Acta Univ. ouluens., *A*, sci. rer. nat., *82*, geol., 3.
ANDRESEN, H. (1964): Beiträge zur Geomorphologie des östlichen Hörnliberglandes – Jb. st. gall. NG., *78* (1961–64).
ANNAHEIM, H., BÖGLI, A., & MOSER, S. (1958): Die Phasengliederung der Eisrandlagen des würmzeitlichen Reußgletschers im zentralen schweizerischen Mittelland – GH, *13*/3.
BAUMBERGER, E., et al. (1923): Die diluvialen Schieferkohlen der Schweiz – Beitr. G Schweiz, geotechn., Ser., *8*.
BECK, B. (1914): Glazialaufschlüsse in Zürich aus den Jahren 1905–1914 – Diss. U. Zürich.
BODENBURG-HELLMUND, H. W. (1909): Die Drumlinlandschaft zwischen Pfäffiker- und Greifensee – Vjschr., *54*/1–2.
BRÄKER, O. U. (1979): Angewandte Holzanalyse – Beitrag zur Rekonstruktion der Umwelt neolithischer Ufersiedlungen in Feldmeilen-Vorderfeld – Acad. helv., *3*.
BÜCHI, U. P. (1958a): Zur Geologie der Oberen Süßwassermolasse (OSM) zwischen Töß und Glattal – Ecl., *51*/1.
– (1958b): Geologie der Oberen Süßwassermolasse (OSM) zwischen Reuß und Glatt – B. VSP, *25*/68.
BÜRGISSER, H. (1971): Zur Kenntnis der Molluskenfauna in postglazialen Seesedimenten – Schweizer Jugend forscht, *4*/3–4.
–, & HANTKE, R. (1979): Die Sammlung von Findlingen am Ausgang des Küsnachtertobels – Im Druck.
ELLENBERG, L. (1972): Zur Morphogenese der Rhein- und Tößregion im nordwestlichen Kanton Zürich – Diss. U. Zürich.
EMERSON, S., & WIDMER, C. (1978): Early diagenesis in anaerobic lake sediments – II. Thermodynamic and kinetic factors controlling the formation of Iron-phosphates – Geochim.-cosmochim. Acta, *42*.
ESCHER VON DER LINTH, ARN. (1844): Geologischer Umriß des Kantons Zürich – In: MEYER VON KNONAU, G.: Gemälde der Schweiz. Der Kanton Zürich – St. Gallen + Bern.
–, & BÜRKLI, A. (1871): Die Wasserverhältnisse der Stadt Zürich und ihrer Umgebung, mit geolog. Karte 1:250000 – Neujbl. NG Zürich, *64*.
Etzelwerke AG (1972): 40. Geschäftsbericht und Jahresrechnung vom 1. Oktober 1970 bis 30. September 1971 – Altendorf SZ.
FINCKH, P., & KELTS, K. (1976): Geophysical Investigations into the Nature of Pre-Holocene Sediments of Lake Zurich – Ecl., *69*/1.
FREI, E. (1946): Exkursionen Nr. 11 Zürich–Forch–Greifensee–Dübendorf–Schwamendingen und Nr. 12 Küsnachtertobel–Forch–Pfannenstiel–Wetzwil–Erlenbach–Küsnacht – G Exkursionen Umgebung Zürich – G Ges. Zürich.
FREI, R. (1912a): Monographie des Schweizerischen Deckenschotters – Beitr., NF, *37*.
– (1912b): Über die Ausbreitung der Diluvialgletscher in der Schweiz – Beitr., NF, *41*/2.
FREIMOSER, M., & LOCHER, TH. (1980): Gedanken zur pleistozänen Landschaftsgeschichte im nördlichen Teil des Kantons Zürich aufgrund hydrogeologischer Untersuchungen – Ecl., *73*/1.
FRENZEL, B., et al. (1976, 1978): Führer zur Exkursionstagung des IGCP-Projektes 73/1/24: «Quaternary Glaciations in the Northern Hemisphere» vom 5.–13. Sept. 1976 in den Südvogesen, im nördlichen Alpenvorland und in Tirol – Stuttgart-Hohenheim, DFG; Bonn – Bad Godesberg.
FRIEDLÄNDER, C. (1943): Über das Interglazial von Wettingen – Ecl., *35*/2 (1942).
FURRER, E. (1927): Pollenanalytische Studien in der Schweiz – Vjschr., *72*, Beil. *14*.
GASSMANN, F. (1962): Schweremessungen in der Umgebung von Zürich – Beitr. G. Schweiz, Geophys., *3*.
Geologischer Dienst der Armee (1970K): Bl. 1093 Hörnli, m. Erl. – GAS – SGK.
GIOVANOLI, F. (1979): Die remanente Magnetisierung von Sedimenten – Diss. ETH Zürich.
GOGARTEN, E. (1910): Über alpine Randseen und Erosionsterrassen im besonderen des Linthtales – Petermanns Ggr. Mitt., Erg.-H. *165*.
GROSSMANN, H. (1934): Vorgeschichtliche Hölzer im Utolehm – Schweiz. Z. Forstw.
GRÜNINGER, I. (1977a): Die Römerzeit im Kanton St. Gallen – Mittbl. SGUF, *29*.
– (1977b): Neuere Ausgrabungen im Kanton St. Gallen – Mittbl. SGUF, *29*.
GUTZWILLER, A. (1873): Das Vergletscherungsgebiet des Sentisgletschers zur Eiszeit – Ber. Tätigk. NG St. Gallen, (1871/72).
GYGER, M., MÜLLER-VONMOOS, M., & SCHINDLER, C. (1976): Untersuchungen zur Klassifikation spät- und nacheiszeitlicher Sedimente aus dem Zürichsee – SMPH, *56*.

HALDIMANN, P. A. (1978): Quartärgeologische Entwicklung des mittleren Glattals (Kt. Zürich) – Ecl., *71*/2.
HANTKE, R. (1958): Die Gletscherstände des Reuß - und Linthsystems zur ausgehenden Würmeiszeit – Ecl., *51*/1.
– (1959a): Zur Altersfrage der Mittelterrassenschotter. Die riß/würm-interglazialen Bildungen im Linth/Rheinsystem und ihre Äquivalente im Aare/Rhonesystem – Vjschr., *104*/1.
– (1959b): Zur Phasenfolge der Hochwürmeiszeit des Linth- und des Reuß-Systems, verglichen mit derjenigen des Inn- und des Salzach-Systems sowie der nordeuropäischen Vereisung – Vjschr., *104*/4.
– (1960): Zur Gliederung des Jungpleistozäns im Grenzbereich von Linth- und Rheinsystem – GH, *15*/4.
– (1961): Zur Quartärgeologie im Grenzbereich zwischen Muota/Reuß- und Linth/Rheinsystem – GH, *16*/4.
– (1968): Erdgeschichtliche Gliederung des mittl. und jüngeren Eiszeitaltes im zentralen Mittelland – UFAS, *1*.
– (1979): Zur erdgeschichtlichen Entstehung der Zürcher Seenlandschaft und des Walensees – In: Der Zürichsee und seine Nachbarseen – Fribourg, Zürich.
–, et coll. (1967K): Geologische Karte des Kantons Zürich und seiner Nachbargebiete – Vjschr., *112*/2.
HEER, O. (1858): Die Schieferkohlen von Uznach und Dürnten – Zürich.
– (1865): Die Urwelt der Schweiz – Zürich. 2. Aufl. 1879, ersch. 1883.
HEIM, ALB. (1876): Bericht und Gutachten über die im Februar 1875 in Horgen vorgekommenen Rutschungen – Zürich.
– (1891): Die Geschichte des Zürichsees – Njbl. NG Zürich, *39*.
– (1894): Die Geologie der Umgebung von Zürich – CR Cgr. g internat. Zurich.
– (1919): Geologie der Schweiz, *1* – Leipzig.
HEITZ-WENIGER, A. (1976): Zum Problem des mittelholozänen Ulmenabfalls im Gebiet des Zürichsees (Schweiz) Bauhinia, *5*/4.
– (1977): Zur Waldgeschichte im untersten Zürichseegebiet während des Neolithikums und der Bronzezeit – Ergebnisse pollenanalytischer Untersuchungen – Bauhinia, *6*/1.
– (1978): Pollenanalytische Untersuchungen an den neolithischen und spätbronzezeitlichen Seerandsiedlungen Kleiner Hafner, Großer Hafner und Alpenquai im untersten Zürichsee – Bot. Jb. Syst., *99*.
HINZ, K., RICHTER, I., & SIEBER, N, (1970): Reflexionsseismische Untersuchungen im Zürichsee, Teil I: Geophysik – Ecl., *63*/2.
HÖHN, W. (1934): Das Werden unseres Heimatbodens – Neujbl. Leseges. Wädenswil, *8*.
HSÜ, K. J., & KELTS, K. R. (1970): Seismic Investigation of Lake Zurich: Part II: Geology – Ecl., *63*/2.
HUBER, R. (1938): Der Schuttkegel der Sihl im Gebiete der Stadt Zürich und das prähistorische Delta im See – Vjschr., *83*/1–2.
– (1956): Ablagerungen aus der Würmeiszeit im Rheintal zwischen Bodensee und Aare – Vjschr., *101*/1.
– (1960): Der Freudenberg in der Enge und andere Linthgletscher-Endmoränen in Zürich – Vjschr., *105*/3.
HUG, J. (1917): Die letzte Eiszeit der Umgebung von Zürich – Vjschr., *62*/1–2.
–, & BEILICK, A. (1934): Die Grundwasserverhältnisse des Kantons Zürich – Beitr. G Schweiz, geotechn. Ser., Hydrol., *1*.
JÄCKLI, H. (1959): Wurde das Schlieren-Stadium überfahren? – GH, *14*/2.
– (1966K): Bl. 1090 Wohlen, m. Erl. – GAS – SGK.
JUNG, G. P.(1969): Beiträge zur Morphogenese des Zürcher Oberlandes im Spät- und Postglazial – Vjschr., *114*/3.
KÄSER, U. J. (1980): Glazialmorphologische Untersuchungen zwischen Töß und Thur – Diss. U. Zürich.
KAISER, K. F. (1973): Ein eiszeitlicher Wald im Dättnau – Mitt. NG Winterthur, *34* (1970–1972).
– (1979): Ein späteiszeitlicher Wald im Dättnau bei Winterthur – Mitt. NG Winterthur, *36*.
KELLER, F. (1856–79): 1.–8. Pfahlbaubericht – Mitt. Antiq. Ges. Zürich.
KELTS, K. (1978): Geology and sedimentary history of Lakes Zug and Zurich, Switzerland – Diss. ETH Zürich.
KLÄY, J.-R. (1969): Quartärgeologische Untersuchungen in der Linthebene – Diss. ETH Zürich.
KNAUER, J. (1938): Über das Alter der Moränen der Zürich-Phase im Linthgletschergebiet – Abh. g Landesuntersuch. Bayer. Oberbergamt, *33*.
LAMBERT, A. (1977): Über die klastische Sedimentation im Walensee – Ecl., *71*/1.
LANG, A. (1892): Geschichte der Mammutfunde nebst einem Bericht über den schweizerischen Mammutfund in Niederweningen 1890/1891 – Njbl. NG Zürich, *94*.
LIENERT, K. R. et al. (1977): Der Kanton Schwyz – Einsiedeln, Zürich, Köln.
LÜDI, W. (1934): Das Alter der Uto-Mergel und seiner Hölzer – Vjschr. *79*/1–3.
– (1939): Die Geschichte der Moore des Sihltales bei Einsiedeln – Veröff. Rübel, *15*.
– (1953): Die Pflanzenwelt des Eiszeitalters im nördlichen Vorland der Schweizer Alpen – Veröff. Rübel, *27*.
– (1957): Ein Pollendiagramm aus dem Untergrund des Zürichsees – Schweiz. Z. Hydrol., *19*/2.
MAZURCZAK, L. (1976): Prä-hochwürmzeitliche Moräne unter den Schottern des Killwangen-Stadiums – Vjschr., *121*/2.

MESSIKOMMER, E. (1927): Biologische Studien im Torfmoor von Robenhausen – Diss. U. Zürich.
MESSIKOMMER, J. (1913): Die Pfahlbauten von Robenhausen – Zürich.
MEYER, E. (1969): Das römische Kastell Irgenhausen – Archäol. Führer Schweiz, *2*.
MÜLLER, E. R. (1978): Aufbau und Zerfall des würmeiszeitlichen Linth- und Reußgletschers im Raume zwischen Zürich- und Zugersee – Ecl., *71*/1.
MÜLLER, H.-P. (1967): Die subalpine Molasse zwischen Alptal und Sattelegg – DA U. Zürich.
– (1979K): Bl. 1132 Einsiedeln – GAS – Manuskr.
NATHORST, A. G. (1874): Sur la distribution de la végétation arctique en Europe au nord des Alpes pendant la période glaciaire – Arch. Genève, (2), *51*.
– (1919): Die erste Entdeckung der fossilen Dryasflora in der Schweiz – F. Förh., *41*/5.
NEUWEILER, E. (1901): Beiträge zur Kenntnis schweizerischer Torfmoore – Vjschr., *46*/1–2.
NIPKOW, F. (1920): Vorläufige Mitteilungen über Untersuchungen des Schlammabsatzes im Zürichsee – Schweiz. Z. Hydrol., *1*.
OCHSNER, A. (1969K, 1975): Bl. 1133 Linthebene, m. Erl. – GAS – SGK.
PAVONI, N. (1953): Die rückläufigen Terrassen am Zürichsee und ihre Beziehungen zur Geologie der Molasse – GH, *8*/3.
– (1957): Geologie der Zürcher Molasse zwischen Albiskamm und Pfannenstiel – Vjschr., *102*/5.
PAWLIK, B., & SCHWEINGRUBER, F. H. (1976): Die archäologisch-vegetationskundliche Bedeutung der Hölzer und Samen in den Sedimenten der Seeufersiedlung Horgen-Dampfschiffsteg – Jb. SGUF, *59*.
PENCK, A., & BRÜCKNER, E. (1909): Die Alpen im Eiszeitalter, *2* – Leipzig.
PESTALOZZI, H. (1855): Über die Höhenänderungen des Zürichsees – Neue Denkschr. allg. Ges. ges. Natw., *14*.
RUOFF, U. (1971): Die Phase der entwickelten und ausgehenden Bronzezeit im Mittelland und Jura – UFAS, *3* – Basel.
– (1979): Die ersten Jahrtausende menschlichen Lebens am See – In: Der Zürichsee und seine Nachbarseen – Fribourg, Zürich.
– (1980): Neue Forschungen in den urgeschichtlichen Ufersiedlungen des Kantons Zürich – Im Druck.
SCHAUFELBERGER, A. (1939): Findlinge – In: Naturschutz im Kanton Zürich – Zürich.
SCHERER, E. (1916): Die vorgeschichtlichen und frühgeschichtlichen Altertümer der Urschweiz – Mitt. Antiq. Ges. Zürich, *27*/4.
SCHINDLER, C. (1968): Zur Quartärgeologie zwischen dem untersten Zürichsee und Baden – Ecl., *61*/2.
– (1971): Geologie von Zürich und ihre Beziehung zu Seespiegelschwankungen – Vjschr., *116*/2.
– (1973): Geologie von Zürich, Teil II: Riesbach–Wollishofen, linke Talflanke und Sihlschotter – Vjschr., *118*/3.
– (1974): Zur Geologie des Zürichsees – Ecl., *67*/1.
– (1976): Eine geologische Karte des Zürichsees und ihre Deutung – Ecl., *69*/1.
– (1978): Pleistocene Geology of Lake Zurich – In: SCHLÜCHTER, CH. et al.
SCHLÜCHTER, CH., et al. (1978): Guidebook – INQUA-Subcomm. Genesis Lithol. Quartern. Dep. Symp. 1978 – ETH Zurich, Switzerland – Zurich.
SCHÜEPP, M. (1979): Meteorologische und hydrologische Aspekte und Verhältnisse – In: Der Zürichsee und seine Nachbarseen – Fribourg, Zürich.
SCHWEINGRUBER, F. H. (1976): Prähistorisches Holz – Academica Helv., *2* – Bern, Stuttgart.
SOMMERHALDER, E. (1968): Glazialmorphologische Detailuntersuchungen im hochwürm-eiszeitlich vergletscherten unteren Glattal (Kanton Zürich) – Diss. U. Zürich.
STAUB, R. (1939): Prinzipielles zur Entstehung der alpinen Randseen – Ecl., *31*/2 (1938).
SUTER, H. (1939): Geologie von Zürich einschließlich seines Exkursionsgebietes – Zürich.
– (1939K): Geologische Karte des Kantons Zürich und der Nachbargebiete, 1:150000 – In: SUTER, H. (1939).
SUTER, H./HANTKE, R. (1962): Geologie des Kantons Zürich – Zürich.
SUTER-HAUG, H. (1978K): Burgenkarte der Schweiz, *2* – L+T.
TANNER, A. (1968): Die Ausdehnung des Tuggenersees im Frühmittelalter – 108. NJBl. Hist. Ver. Kat. St. Gallen.
THOMAS, E. A. (1979): Planktonleben und Stoffkreisläufe; physikalische und chemische Einflüsse – In: Der Zürichsee und seine Nachbarseen – Fribourg, Zürich.
VOGT, E., MEYER, E., & PEYER, H. C. (1971): Zürich von der Urzeit zum Mittelalter – Zürich.
VON MOOS, A. (1943): Zur Quartärgeologie von Hurden-Rapperswil (Zürichsee) – Ecl., *36*/1.
– (1949): Der Baugrund der Stadt Zürich – Vjschr., *94*/3.
– (1958): Geologisches Profil längs der neuen Linthebene- und Walenseestraße – Ecl., *51*/2.
WALTHER, P. (1927): Zur Geographie der Stadt Zürich – Diss. U. Zürich.

WEBER, A. (1928): Die Glazialgeologie des Tößtales ind ihre Beziehungen zur Diluvialgeschichte der Nordostschweiz – Mitt. NG Winterthur, *17/18* (1927–30), als Diss. 1928.
– (1928K): Geologische Karte des Oberen Tößtales zwischen Wila und Bauma, 1:25000 – In: WEBER, A. 1928).
WEBER, J. (1901): Beiträge zur Geologie der Umgebung des Pfäffikersees – Mitt. NG Winterthur, *3*.
– (1924K): Geologische Karte von Winterthur und Umgebung, m. Erl. – GSpK, *107* – SGK.
WEGMÜLLER, H. P. (1976): Vegetationsgeschichtliche Untersuchungen in den Thuralpen und im Faningebiet (Kantone Appenzell, St. Gallen, Graubünden/Schweiz) – Bot. Jb. Syst., *97*/2.
WELTEN, M. (1976, 1978): Das jüngere Quartär im nördlichen Alpenvorland der Schweiz auf Grund pollenanalytischer Untersuchungen – In B. FRENZEL et al.: Führer Exkursionstagung IGCP – Proj. 73/I/24 «Quaternary Glaciations in the Northern Hemisphere» vom 5.–13. Sept. 1976 in den Südvogesen, im nördlichen Alpen vorland und im Tirol – Stuttgart-Hohenheim; DFG, Bonn-Bad Godesberg.
– (1979): Gletscher und Vegetation im Lauf der letzten hunderttausend Jahre – Vh. SNG, *158*, Brig 1978.
– (1980): Pollenanalytische Untersuchungen im Jüngeren Quartär des nördlichen Alpen-Vorlandes der Schweiz – Im Druck.
WELTI, K. (1885): Die Bewegung des Wasserstandes des Zürichsee's während 70 Jahren und Mittel zur Senkung seiner Hochwasser – Zürich.
WETTSTEIN, A. (1885): Geologie von Zürich und Umgebung – Diss. U. Zürich.
WINIGER, J. / JOOS, M. (1976): Feldmeilen-Vorderfeld – Die Ausgrabungen 1970/71 – Antiqua *5*, Veröff. SGU, Basel.
WYSS, R. (1968): Das Mesolithikum – In: Die Ältere und Mittlere Steinzeit – In UFAS, *1* – SGU Basel.
WYSSLING, L., & G. (1978): Interglaziale Seeablagerungen in einer Bohrung bei Uster (Kt. Zürich) – Ecl., *71*/2.
ZIMMERMANN, H. W. (1966): Zur postglazialen Sedimentation im Greifensee – Vjschr., *111*/1.
ZINGG, TH. (1934K): 226–229 Mönchaltorf–Rapperswil m. Erl. – GAS – SGK.
ZÜLLIG, H. (1956): Sedimente als Ausdruck des Zustands eines Gewässers – Schweiz. Z. Hydrol., *18*.

Der Linth-Gletscher im Glarnerland

Prähochwürmzeitliche Dokumente aus dem Linthtal

Während A. ROTHPLETZ (1898) das Linthtal noch als ein längs vertikalen Brüchen eingesunkenes Tal gedeutet hat, ist dessen Anlage – vorab nach den Untersuchungen von J. OBERHOLZER (1933, 1942K) – auf tektonische Geschehen zurückzuführen: auf die Bildung einer Verrucano-Kuppel und damit einer Linthtal-Kulmination sowie einer Blattverschiebung, bei der die östlichen Elemente gegenüber den westlichen weiter nach N verfrachtet worden sind, und eine damit in Zusammenhang stehende Klüftung (R. HELBLING, 1938; R. STAUB, 1954, und seine Schüler).
ALB. HEIM (1878) und vor allem sein Schüler E. GOGARTEN (1910) glaubten im Glarnerland noch mehrere Erosionsterrassen zu erkennen. A. AEPPLI (1894) versuchte diese durch die Zürichsee-Talung gar bis nach Baden zu verfolgen. OBERHOLZER (1933) konnte jedoch zeigen, daß diese nicht Eintiefungsterrassen, sondern Schicht-, Sackungs-, Bergsturz- und Moränenterrassen darstellen.
Aus den würmzeitlichen Vorstoßphasen sind im vordersten Glarnerland bereits ARN. ESCHER Schieferkohlen bekannt gewesen. A. JEANNET (in E. BAUMBERGER et al., 1923) fand das in Vergessenheit geratene Vorkommen von Winden am Walenberg wieder auf. H. GAMS (in JEANNET) erkannte darin einen fossilen Erlenbruchtorf mit *Phragmites* und *Carex*. Dieser dürfte sich auf einem Sockel von würmzeitlichem Eisrand-Stauschutt gebildet haben.
W. LÜDIS (1953) Pollenprofil zeigt – nach einem *Picea-Pinus*-Abschnitt mit *Alnus* und *Betula* in den liegenden Lehmen – in der Schieferkohle einen mehrfachen Dominanz-Wechsel von *Pinus* und *Picea*. Dabei möchte er – aufgrund der Größe – die *Pinus*-Pollen des tieferen Abschnittes eher als solche von *P. mugo*, diejenigen des oberen eher als solche von *P. silvestris* und *P. cembra* ansprechen. Neben *Alnus* und *Betula* fanden sich im mittleren Teil *Quercus*, *Tilia*, *Corylus*, *Salix* und unten und oben ganz vereinzelt *Abies*, an Krautpollen: Gramineen, Caryophyllaceen, Umbelliferen und im oberen Teil besonders Farn- und *Sphagnum*-Sporen.

Bergstürze und spätwürmzeitliche Stände im Linthtal

Im Glarnerland sind spätwürmzeitliche Rückzugslagen nur schwer zu rekonstruieren. Die steilen Flanken, die Zuschüsse aus Seitentälern und durch Lawinen, die Aufschüttung der Talsohle unterhalb Netstal, die Bergsturzmassen zwischen Glarus und Schwanden (S. 189) sowie die Schuttfächer von Seitenbächen im Groß- und im Kleintal haben Moränenreste eingedeckt und überschüttet. Die Anlage dieser Fächer geht teils auf Sander und murgangartige Ausbrüche von Moränenseen an der Stirn von Seitengletschern zurück. Diese sind im Spätglazial wieder gegen die Talausgänge vorgestoßen, was im Durnach- und im Diesbachtal durch Wallreste dokumentiert wird.
Die Tuma-artige Überprägung der Bergsturzhügel um Glarus und deren lokale Grundmoränendecke mit gekritzten Geschieben, die sich auch über den dahinter aufgestauten Schottern einstellt, bekunden einen späten Vorstoß aus der Gegend von Glarus bis

über Netstal. Dort wäre der Linth-Gletscher durch einen bis Riedern vorgerückten Klöntaler Gletscher gebremst worden (Fig. 82).
Der Niedergang dieser Sturzmassen erfolgte «vor dem Ende der Eiszeit, wahrscheinlich in der Zeit zwischen Bühl- und Gschnitzstadium» (J. OBERHOLZER, 1900, 1933). Nach E. BRÜCKNER (in PENCK & BRÜCKNER, 1909) hatte der Linth-Gletscher nach dem Niedergang der Bergstürze nur wenig oberhalb von Schwanden gestirnt und wäre nochmals über die Sturzmassen vorgefahren. Die talaufwärts gelegenen Stauschotter sind wohl als Kameschotter zu deuten.
Wallmoränen auf dem Restiberg (E von Linthal), auf Schwändi und Eggberg (NW bzw. NE von Betschwanden) und auf Tannenboden (N von Linthal), sowie Mittelmoränen unterhalb von Schlatt (W von Luchsingen) bekunden – zusammen mit stirnnahen Wallresten N von Luchsingen – einen jüngeren, wohl dem Stand von Rothenbrunnen entsprechenden Vorstoß bis über Luchsingen und einen Rückzugshalt unterhalb von Rüti (=Zillis =Tiefencastel). Durch den Urnerboden drang der Fätschbach-Gletscher bis ins Linthtal vor, wo er sich – auf dem Fruttberg durch Wallreste belegt – mit dem Linth-Eis vereinigte (=Andeer-Stadium).
Ein nächster spätwürmzeitlicher Vorstoß zeichnet sich hinter Linthal ab. Dabei schob sich die Zunge nochmals bis gegen die Fätschbach-Mündung, bis gegen 800 m vor (S. 201).

Die spätwürmzeitlichen Stadien im vorderen Glarnerland

Als der von Sargans durch das Seeztal abfließende Arm des Rhein-Gletschers – dank der Zuflüsse aus dem St. Galler Oberland – noch die vom Eis ausgekolkte Wanne des Walensees erfüllte (S. 207), endete auch der Linth-Gletscher im vordersten Glarnerland. Zwischen Weesen und Näfels vereinigten sich die beiden und rückten bis über Ziegelbrücke vor. Dieser Stand wird durch eine Mittelmoräne oberhalb des Escher Kanal-Knies und durch Moränenreste NW von Ober- und SW von Niederurnen bekundet. Nach H. ZÜRCHER (1971) ist der Abschnitt Walensee–Ziegelbrücke zwischen 440 m im E und 330 m im W übertieft.
Über die jüngste Sedimentfüllung dieses Troges vermittelt das ^{14}C-Datum von 4210 ± 100 Jahren v. h. eines im Gäsi in 96,8 m Tiefe erbohrten Holzrestes erste Hinweise. Bis in eine Tiefe von 56 m folgten Delta-Ablagerungen – Sande und Kiese, dann, bis 91,5 m, Deltafuß-Sedimente, z. T. Sande, von 91,5 m bis zur Endtiefe der Bohrung von 99,7 m siltig-feinsandige Seeablagerungen, oft mit organischen Resten (Dr. C. SCHINDLER, schr. Mitt.).
Die im Spätwürm im *Niederurner Tal* N der Chöpfenberg–Wageten-Kette sich sammelnden Eismassen stirnten, aufgrund der Moränenwälle, die sich an der Mündungsstufe einstellen, zunächst um 800 m, später um 900 m und um 1000 m (J. OBERHOLZER, 1933, 1942K; A. OCHSNER, 1969K, 1975). Nach der Gleichgewichtslage um 1250 m lag die klimatische Schneegrenze um 1400 m. Der von Blossen gegen ESE absteigende Rükken ist als Mittelmoräne zwischen Eis der Chöpfenberg–Wageten- und der Planggenstock-Kette zu deuten.
Beim Abschmelzen brach von der Chöpfenberg–Brüggler-Flanke ein Bergsturz nieder, dessen Trümmerfeld beim nächsten Vorstoß – dem Sarganser Stadium – im abrißnäheren Bereich bis gegen 1200 m herunter zu Wällen geschoben wurde. N der Wageten stieg eine Zunge bis in die Talfurche, bis 1100 m, ab. Aus der Gleichgewichtslage um 1350 m

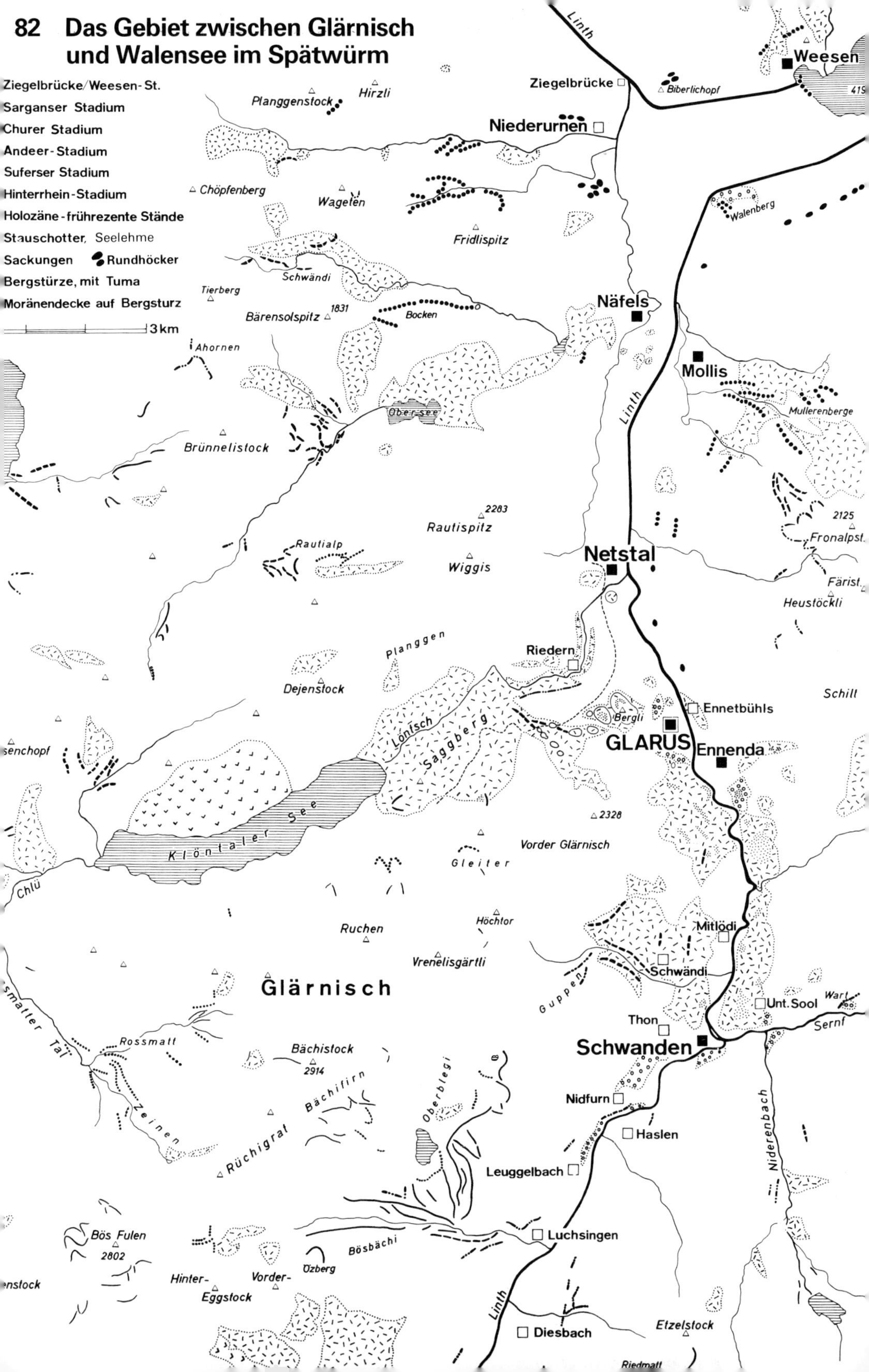

82 Das Gebiet zwischen Glärnisch und Walensee im Spätwürm
Ziegelbrücke/Weesen-St.
Sarganser Stadium
Churer Stadium
Andeer-Stadium
Suferser Stadium
Hinterrhein-Stadium
Holozäne-frührezente Stände
Stauschotter, Seelehme
Sackungen
Rundhöcker
Bergstürze, mit Tuma
Moränendecke auf Bergsturz
3 km
Linth
Weesen
Ziegelbrücke
Biberlichopf
419
Planggenstock
Hirzli
Niederurnen
Chöpfenberg
Wageten
Walenberg
Fridlispitz
Schwändi
Tierberg
Bärensolspitz
1831
Bocken
Näfels
Mollis
Ahornen
Obersee
Mullerenberge
Brünnelistock
2283
Rautispitz
2125
Rautialp
Fronalpst.
Netstal
Wiggis
Färist.
Heustöckli
Planggen
Riedern
Dejenstock
Schilt
Ennetbühls
Bergli
senchopf
Löntsch
Saggberg
GLARUS
Ennenda
2328
Klöntaler See
Vorder Glärnisch
Gleiter
Chlü
Ruchen
Höchtor
Mitlödi
Vrenelisgärtli
Schwändi
Glärnisch
Guppen
Unt. Sool
Wart
smatter Tal
Thon
Sernf
Rossmatt
Schwanden
Bächistock
2914
Oberblegi
Nidfurn
Bächifirn
Zeinen
Haslen
Nidernbach
Rüchigrat
Leuggelbach
Bös Fulen
2802
Luchsingen
Bösbächi
Özberg
nstock
Hinter-
Vorder-
Eggstock
Linth
Diesbach
Etzelstock
Riedmatt

resultiert eine Schneegrenze um 1500 m, was durch Moränen einer vom Planggenstock (1675 m) gegen SSE bis 1430 m herabhängenden Zunge bestätigt wird.
Im *Oberurner Tal* reichte ein Gletscher von der Fridlispitz-Kette zunächst bis unterhalb 1100 m, später bis 1250 m. Diese Endlagen sind wohl den Stadien von Ziegelbrücke/Weesen und Sargans zuzuordnen.
Im Stadium von Ziegelbrücke/Weesen vereinigte sich im *Oberseetal* das Eis, das vom Lachengrat–Schijen über Lachenalp, von Wiggis–Rautispitz über Rautialp und aus dem Zirkus Brünnelistock-Schiberg–Tierberg abfloß, noch mit dem, das vom Rautispitz über Grappli zum Obersee abstieg. Moränenreste treten im vorderen Schwändital bei Bränden und zuunterst auf dem vom Rautispitz gegen Näfels abfallenden Grat auf. Durch die von der N-Flanke des Rautispitz ausgebrochenen Bergsturzmassen, die den Obersee aufstauen und die Mündung bis gegen Näfels überschüttet haben, sind die Spuren weitgehend verwischt worden (OBERHOLZER et al., 1942 K; F. BEELER, 1970).
Der Schwändital-Gletscher blieb selbständig. Wie eine vom E-Ende des Bärensolspitz über Roßweid–Eggen absteigende Zeile eisverfrachteter Schrattenkalkblöcke eines Felssturzes bekundet, endete er auf 1060 m. Auf Bocken, dem Flyschsporn zwischen Obersee- und Schwändital, konnte sich hernach auf knapp 1300 m ein Moor entwickeln, dessen Bildung nach A. HOFFMANN-GROBÉTY (1946, 1957) in der Föhren-Zeit, wohl im Alleröd, begann.
Das durch einen spätwürmzeitlichen Bergsturz von der Kette Tierberg–Bärensolspitz gestaute Groß Moos (OBERHOLZER, 1933, 1942 K; OCHSNER, 1969 K, 1975) war noch im Sarganser Stadium von Eis erfüllt.
Aus dem Zirkus Brünnelistock–Schiberg–Tierberg schob sich im Sarganser Stadium der Ahornen-Gletscher bis ins Oberseetal vor, was durch markante Endwälle und eine Rückzugsstaffel belegt wird (OBERHOLZER, 1933, 1942K). Wie Wallreste auf der E-Seite belegen, schob sich auch der Obersee-Gletscher bis dicht an ihn heran. Vom Brünnelistock hing eine Zunge bis auf 1200 m herab. Die klimatische Schneegrenze lag um 1500–1550 m.
Nächst jüngere Moränen finden sich im Talschluß auf Unter Lachenalp und auf Rautialp, wo die tiefsten bis 1500 m absteigen, und E von Schiberg und Bockmattli auf 1400 m.
Im Weesen-Stadium dürfte der Linth-Gletscher noch über Mollis hinaus gereicht haben, wofür Moränen an den unteren Gehängen NE und S des Dorfes sprechen. Die Steilwände des Wiggis ließen keine Moränenablagerung zu. Ob der Linth-Gletscher noch letzte Zuschüsse aus dem Oberseetal und aus dem Fronalpstock-Gebiet erhalten hat, läßt sich nicht beweisen, ist aber für den *Mulleren-Gletscher*, aufgrund auslaufender Wälle E des Oberdorfes, wahrscheinlich.
Jüngere Seitenmoränen lösen sich beim Hofalpli auf 1400 m fächerförmig vom Abhang des Schijenstock und biegen zu Endmoränen um (OBERHOLZER, 1933). Ihre Lage spricht für eine Schneegrenze um 1550 m. Analoge Moränen treten NE des Fronalpstock auf; sie umschlossen bis 1200 m herabreichende Gletscher. SW des Gipfels stieg eine Zunge bis 1350 m ab, jüngere stirnten auf Fronalp um 1500 m. Sie bekunden bei einer Gleichgewichtslage um 1750 m eine klimatische Schneegrenze in 1700 m.
Nach dem Stadium von Ziegelbrücke bildete sich vor den zurückschmelzenden Stirnen des selbständig gewordenen Linth- und des Walensee-Armes des Rhein-Gletschers ein zweiarmiger Eisrandsee. Von diesem wurde der immer weiter ins vorderste Linthtal eingedrungene Lappen von den Schuttmassen der Gletscher-Schmelzwässer zugeschüttet, während in der offenbar tieferen Walensee-Talung ein Restsee erhalten blieb (S. 207).

Fig. 83 Das Abrißgebiet des frühwürmzeitlichen Saggberg-Bergsturzes zwischen Fronalpstock und Schilt (rechts), das Gebiet des Heustöckli, das im Hochwürm bis auf über 1400 m vom Linth-Gletscher überprägt wurde.

Die Gegend zwischen Schwanden und Netstal und der Klöntaler Gletscher

Bereits bei Ziegelbrücke lag die Eisoberfläche im Würm-Maximum mit 1300 m fast 150 m über der Schneegrenze. Im Raum von Glarus finden sich die höchsten Linth-Erratiker auf 1450 m (J. OBERHOLZER, 1933). Durch das Lokaleis aus dem Fronalp–Schilt-Gebiet wurden die Linth-Erratiker jedoch talwärts gedrängt. Damit dürfte die Eisoberfläche über Glarus bereits um 1500 m gelegen haben, gegen 300 m über der klimatischen Schneegrenze, so daß im ganzen Linthtal selbst SW-Hänge nicht mehr ausaperten und nur Steilwände eisfrei blieben.

Wie den Bergstürzen zwischen Ilanz und Chur (S. 233), so kommt auch denjenigen zwischen Schwanden und Netstal und ihren Moränendecken zur Klärung des spätwürmzeitlichen Geschehens hohe Bedeutung zu (ALB. HEIM, 1895; OBERHOLZER, 1900, 1922, 1933, 1942K; R. STREIFF-BECKER, 1953; C. SCHINDLER, 1959; S. GIRSPERGER, 1974; Fig. 83 und 84).

Nach dem Stadium von Ziegelbrücke/Weesen schmolz der Linth-Gletscher bis hinter Schwanden zurück. Durch die Hangfußentlastung und das Abschmelzen von Firngebieten brachen Bergstürze nieder. So stammen die Hügel zwischen Schwanden und Glarus von einem alten, von der E-Seite des Vorderglärnisch niedergebrochenen Sturz. Seine Brandungswelle reicht am Gegenhang bis 230 m über den Talgrund; der Trümmerstrom bedeckt ein Areal von 10 km^2 und besitzt ein Volumen von 0,8 km^3 (OBERHOLZER, 1900, 1933).

Fig. 84 Das Bergsturzgebiet am Ausgang des Klöntalersees vom Schlafstein E von Glarus.
In der Bildmitte der Saggberg mit dem bewaldeten Steilabfall von Stotzigen, davor die abgesackten und eisüberprägten Bergsturzhügel, dazwischen Murgang- und Sanderkegel; im Vordergrund Glarus, rechts Riedern.
Photo: Dr. S. GIRSPERGER.

Die Schmelzwässer des Linth- und der selbständig gewordenen Sernf- und Nideren-Gletscher wurden durch die Schuttmassen zu einem See aufgestaut; ihre Ablagerungen reichen bis 70 m über die heutige Linth. Stauschotter liegen zwischen Thon und Nidfurn bis gegen Leuggelbach, bei Wart und bei Unter Sool im Sernftal sowie im Winkel zwischen Sernf und Niderenbach. Dieses Vorkommen bekundet ein altes Delta. Neben horizontal geschichteten Kiesen wurden im See auch mächtige blaugraue Lehme abgelagert (Fig. 82).

Linth- und Sernf-Gletscher müssen mindestens bis Haslen und hinter Wart zurückgeschmolzen sein. Ein solcher Stand kommt einer klimatischen Schneegrenze von über 1700 m, einer Depression von 850 m, gleich. Dies entspricht einem Anstieg der Schneegrenze um rund 300 m.

Am N-Rand der Bergsturzablagerungen liegt darunter Grundmoräne des Linth-Gletschers, die aufgeschürft und in die Sturzmasse hineingeknetet wurde. Darüber sowie über den Stauschottern liegt eine 1–10 m mächtige Moränendecke mit gekritzten Geschieben aus dem hinteren Linth- und Sernftal (OBERHOLZER, 1900, 1933, 1942K; OBERHOLZER & ALB. HEIM, 1910K). Da sie sich auch in der Sohle des neu eingetieften Linthtales findet, schloß OBERHOLZER, daß die Überfahrung des Linth-Gletschers erst nach einer ersten Durchtalung erfolgte. Aus der Mächtigkeit und dem gedrängten Auftreten der Schotter um Schwanden dürften diese recht eisrandnah abgelagert worden sein. E. BRÜCKNER (in PENCK & BRÜCKNER, 1909) möchte den Eisrand direkt an den Schotterrand legen.

Aufgrund des Geschiebespektrums erfolgte der durch einen ersten Klimarückschlag ausgelöste Gletschervorstoß bis über Netstal, wozu vor allem der bei Glarus mündende Klöntaler Gletscher beitrug. Dabei sank die klimatische Schneegrenze um mindestens 200 m ab.

Während die oberhalb von Schwändi bis auf über 760 m hinaufreichende Moränendecke den Netstaler Stand bekundet, dürften die Verebnungen und Stauterrassen um 700 m einen solchen markieren, bei dem sich Linth- und Klöntaler Gletscher nicht mehr vereinigten, da das Linth-Eis schon vor Ennenda stirnte. Dies wird SSE des Dorfes durch Schliffe und Moräne mit Kärpf-Keratophyren bekundet (N. ZWEIFEL, 1972, mdl. Mitt.). Der Klöntaler Gletscher dagegen dürfte zwischen Glarus und Netstal noch bis an die Linth vorgefahren sein. Wahrscheinlich fiel die Ablagerung der Stauschotter und Stauletten in Glarus und S von Ennenda in diese Zeit.

Im Netstaler Stadium, das demjenigen von Sargans gleichzusetzen ist, stand das Eis über Glarus um 650 m und fiel – auf der E-Seite durch Rundhöcker, Schmelzwasserrinnen und Moräne mit Erratikerzeilen belegt – steil gegen Netstal ab. Dabei wurden die Bergsturzhügel W von Glarus überfahren; auf Bitziberg und Bergli konnte OBERHOLZER (1900, 1933) Klöntaler Geschiebe nachweisen.

Die Schuttwälle beidseits der Guppenrus bekunden, daß auch der Guppen-Gletscher nochmals durch die abrißnäheren Bergsturzmassen vorstieß. Auf 790 m bricht der nördliche Wall plötzlich ab, was darauf hindeutet, daß der Guppen-Gletscher dort im Netstaler Stand in den Linth-Gletscher mündete.

Im Zentrum von Glarus liegen unter 7 m Schutt mit verschwemmtem Bergsturz- und Moränen-Material bis in eine Tiefe von über 13,5 m Seebodenlehme (L. MAZURCZAK, 1980).

In 13,0–13,3 m fand sich etwas gepreßtes und stark von Pilzen befallenes Holz von *Pinus silvestris*. Eine Pollenprobe ergab eine sehr große Vormacht von *Pinus*, etwas *Betula*, mit *Sphagnum*-, Farn- und Pilzsporen, mit wenig Gramineen und Cyperaceen, und deutet auf Alleröd. *Myriophyllum* und *Nelumbo* belegen das aquatische Milieu. Ein ^{14}C-Datum ergab 9512 $\pm$ 90 Jahre v. Chr.

W von Glarus legt sich der Saggberg als mächtiger Riegel quer über das austretende Klöntal. Dieser, sowie die Hügel W von Glarus, von Ennetbühls und von Netstal stellen Trümmermassen von Bergstürzen dar. Ihr Inventar umfaßt Gesteine der Mürtschen- und der Axen-Decke. OBERHOLZER (1900, 1933) unterschied dabei zwei Stürze: einen älteren, wohl frühwürmzeitlichen, lokal von Linth-Moräne bedeckten, als dessen Abrißgebiet er – mit großem Zweifel – die N-Flanke des Glärnisch, das Gleiter-Kar, betrachtete, und einen jüngeren, nicht mehr vom Eis überfahrenen, der von Planggen E des Dejenstock als Stirnteil der Axen-Decke niedergefahren wäre. Bereits ihm war aufgefallen, daß im SE des Trümmerriegels sowie in den Hügeln W von Glarus und N von Netstal reichlich Trias-Gesteine – Rötidolomit, Quartenschiefer und -quarzite – auftreten, die ihm vom Glärnisch nicht bekannt waren. Er vermutete daher, daß sie aus einer Linse an der Basis der Axen-Decke stammen, die niedergestürzt wäre.

G. FREULER (in STREIFF-BECKER, 1953) glaubte, daß die Trias-Gesteine E des Linthtales

zu beheimaten und aus der Lücke zwischen Färistock und Schilt ausgebrochen wären. Auch Streiff-Becker möchte sie von der E-Seite, aus der Nische Brand–Schafleger SE von Ennenda, beziehen. Von dort wären sie auf den Linth-Gletscher niedergefahren und am Fuß der N-Wand des Vorderglärnisch wieder abgelagert worden. Dann wäre eine Sturzmasse vom Glärnisch-Gleiter niedergebrochen und hätte Triastrümmer mitgerissen.
Schindler (1959) deutet den SE-Teil des Saggberg und die Hügelreihe W von Glarus als versackte «Dislokationsbrekzie», wie sie vom W-Abhang des Fronalpstock bekannt und von Freuler (1925) als Bergsturz-Brekzie gedeutet wurde. Da jedoch diese von mächtiger Linth-Moräne bedeckt wird, kommt ihr frühwürmzeitliches Alter zu. Die Trias-Gesteine möchte Schindler aus der von ihm an der Basis der Axen-Decke aufgefundenen Lamelle beziehen.
Mit S. Girsperger (1974) fällt als Heimat des südöstlichen Saggberg das Gebiet zwischen Fronalpstock, Färistock und Ennetberg in Betracht. Von dort wäre dieser auf den ins Linthtal abfallenden Globigerinenschiefern der Glarner Decke abgefahren.
Da neben der Hangfuß-Entlastung auch das Abschmelzen von Firnkappen für das Niederbrechen von Bergstürzen mitverantwortlich ist, muß die klimatische Schneegrenze fühlbar angestiegen sein, aufgrund des Gletscherrückzuges bis gegen Glarus (Hantke, 1970), bis auf 1600 m, die lokale bei SW-Exposition bis 1750 m. Das Abrißgebiet kann daher sehr wohl am Heustöckli gesucht werden (Fig. 83). Die Gesteinsabfolge würde derjenigen der Mürtschen-Decke entsprechen; R. Trümpy's (mdl. Mitt.) «Super-Mürtschenstock» hätte W des Heustöckli gestanden.
Aufgrund des Eisrandes dürfte der Niedergang der Sturzmassen wahrscheinlich auf Toteis erfolgt sein, das im N des steil aufragenden Vorderglärnisch nur langsam wich. Mit zunehmender Klimaverschlechterung stießen Linth- und Klöntaler Gletscher in mehreren Schüben zum Maximalstand vor. Im bewegungsarmen Winkel blieb die Saggberg-Sturzmasse weitgehend erhalten. Beim Abschmelzen des Linth-Eises bis Schwanden schmolz auch das unter den Trümmermassen begrabene Eis ab, so daß die randlichen Bergsturz-Partien nachsackten. Die Steilabfälle gegen das Klöntal und gegen Glarus wären als Sackungsränder zu deuten. Auch das Hügelgelände zwischen Saggberg und Glarus erweckt den Eindruck von eisrandparallelen Sackungen.
Im folgenden Klimarückschlag stieß der Klöntaler Gletscher, der im Klöntal von N zwischen Mättli- und Dejenstock niedergefahrenes Eis empfing, durch ein älteres Löntsch-Tal ins Linthtal vor. Dabei dürfte er zunächst bis zur oberen Hügelreihe gereicht haben, die vom NE-Ende des Saggberg gegen SE verläuft. N des Stöckli und am Bergli traf er auf den Linth-Gletscher (Fig. 82 und 84).
Auch aus dem Gleiter-Kar (Fig. 85) zwischen Vorderglärnisch und Höchtor floß ein Gletscher bis ins Zungenbecken von Hinter Saggberg, das später vom Dejen-Bergsturz teilweise überschüttet wurde. Durch den vordringenden Klöntaler Gletscher wurde ihm der Abfluß gegen W ins Klöntal verwehrt, was talauswärts gerichtete Gletscherschliffe auf 1100 m, am Weg nach Vorder Schlattalpli, belegen (Streiff-Becker, 1953). Der Gleiter-Gletscher wandte sich daher gegen E bis in die Chälenrus, wo Oberholzer und Schindler Moräne festgestellt haben. Durch die Runse flossen murgangartig Schmelzwässer gegen NE und schütteten den Schuttfächer von Saggrain.
Als der Linth-Gletscher selbständig geworden war, mag das Klöntaler Eis noch bis zur inneren Hügelzeile, die gegen Glarus zielt, gereicht haben, wobei die Schmelzwässer gegen S abflossen. Murgangartig ausgebrochene Schmelzwässer schütteten den Fächer

Fig. 85 Das Gleiter-Kar zwischen Vorder Glärnisch und Höchtor vom Saggberg aus.

der Allmeind. In diese Zeit dürfte auch die Bildung des Schuttfächers fallen, der als Sander eines zwischen Vorderglärnisch und Forenstock bis gegen 750 m abgestiegenen Kargletschers zu deuten ist. Aufgrund der Gleichgewichtslage in 1400 m lag die klimatische Schneegrenze um 1550 m.

Mit der nächsten Klimabesserung schmolzen die Eisströme zurück: der Klöntaler Gletscher ins Klöntal, der Linth-Gletscher bis gegen Linthal, der Sernf-Gletscher bis gegen Elm. Aufgrund der späteren Vorstoßlage dürfte die Schneegrenze über 1800 m angestiegen sein, was – wieder unter Berücksichtigung des Anteiles, der auf die größere Massenerhebung zurückzuführen ist – einem Anstieg von gut 200 m gleichkommt.

In diesem Interstadial brach im vorderen Klöntal der zweite Sturz, derjenige von der Dejen-Kette, nieder. Seine schaufelförmige Abrißfläche – eozäne Globigerinenschiefer der stirnenden Axen-Decke – reicht bei SE-Exposition bis auf 2000 m hinauf. Die

Kreide-Kalke der stirnenden Axen-Decke stürzten auf die alte Saggberg-Sturzmasse und überdeckten sie bis auf die SE-Ecke. OBERHOLZER schätzte das Volumen dieses Sturzes auf 0,6 km³. Dabei wurde auch der NE-Teil des Steilabfalles von Stotzigen überschüttet, doch läßt sich die alte Sackungskante noch erkennen.
Im nächsten Rückschlag, der wohl dem Churer Vorstoß gleichzusetzen ist, schwoll der Klöntaler Gletscher erneut an und drang durch das teilweise zugeschüttete Löntsch-Tal vor, wobei ihm Toteis sowie Schmelzwasser, das sich hinter den Schuttmassen gestaut hatte, den Weg vorzeichneten.
Am Saggberg dürfte das Eis bis gegen 1100 m, bis auf die Schwammhöchi, gereicht haben. Dabei nahm es den Gleiter-Gletscher zögernd auf, während von diesem ein Lappen ins Tälchen gegen Vorder Saggberg abzweigte. Durch dieses, sowie durch ein weiter W beginnendes, flossen Schmelzwässer ab.
Von der Schwammhöchi fiel die Zunge gegen die Löntschschlucht ab, wandte sich dann gegen SE und stirnte bei Riedern. N des mündenden Löntschtales hat bereits OBERHOLZER (1900) Moräne des Klöntaler Gletschers erwähnt. Frontal wurde der Schuttfächer von Riedern geschüttet. Dadurch wurde die Linth an die östliche Talflanke gedrängt. Aufgrund der zugehörigen Gleichgewichtslage scheint die klimatische Schneegrenze in diesem Rückschlag wieder um 150–200 m gefallen zu sein.
Bei einer interneren Staffel dürfte die abfallende Terrasse zwischen Staldengarten und Riedern geschüttet worden sein.
Nach dem Vorstoß bis Riedern gab der Klöntaler Gletscher das See-Becken frei und zog sich bis an den Ausgang des Roßmattertales zurück, was einem Anstieg der Schneegrenze um 300 m gleichkommt.
In einem erneuten Klimarückschlag stieß der Klöntaler Gletscher wiederum vor. Da nun die Eiszufuhr vom Pragel unterblieb, dämmte die aus dem Roßmattertal austretende Seitenmoräne der Richisauer Schwammhöchi, die bereits ARN. ESCHER (1846) erwähnt hatte, das zum Pragel ansteigende Tal ab (Fig. 86).
Dank der Zuschüsse aus den mächtigen Kargletschern der Glärnisch-N-Wand vermochte der Klöntaler Gletscher die Wanne des Sees nochmals mit Eis zu füllen; doch kam es, infolge des zu flachen Gefälles von nur 30‰, beim Rodannenberg nicht mehr zur Ausbildung einer Endmoräne. Bei einer Gleichgewichtslage in 1750 m ergibt sich bei einem Firngebiet von 35 km² und einem Zungenbereich von 13 km² (die Zuschüsse der Glärnisch-N-Wand eingeschlossen) eine klimatische Schneegrenze um 1900 m und eine Depression gegenüber heute von 700 m.
BRÜCKNER (1909) errechnete für die Richisauer Moräne eine zugehörige Schneegrenze von 1960 m und eine Depression von 540 m, womit er sie dem Gschnitz-Stadium zuwies.
Mit dem Abschmelzen des Eises bildete sich im ehemaligen Zungenbecken der Klöntaler See.
Eine nächste Rückzugsstaffel reichte in der ins Klöntal abfallenden Schlucht noch bis unterhalb von Chlüstalden. Dabei hatte die Zunge dort einen Eisabbau von rund 200 m erlitten, was einem Anstieg der Schneegrenze um 150 m entsprechen dürfte. Aus der Glärnisch-N-Wand hingen Gletscher noch bis ins Tal herunter.
Durch die Schuttfächer des Sulzbaches, des Hinter Klöntal sowie diejenigen der Richisauer- und der Roßmatter Chlü, welche diejenigen von Hinter Klöntal wieder anschnitten, wurde der Klöntaler See, der anfangs des 18. Jahrhunderts (J. E. MÜLLER, 1806R) noch rund 3 km lang war, allmählich bis auf einen 1,8 km² großen und 33 m tiefen Rest-

Fig. 86 Die spätwürmzeitliche linke Ufermoräne des Klön-Gletschers (rechts), die das vom Pragel absteigende Tal von Richisau (Blickrichtung) abdämmt.

see zugeschüttet. 1908 wurde der See um 22 m auf maximal 846,84 m aufgestaut. Aus von J. PIKA gezogenen Versuchsbohrkernen läßt sich im Klöntaler See seit dem Aufstau eine Ablagerung von 20 cm beobachten. Dies ergibt eine jährliche Sedimentationsrate von knapp 3 mm im Uferbereich des früheren Sees und 4–10 mm in den seit 1908 überfluteten Gebieten.

Deutliche Moränen finden sich im Roßmatter Tal erst wieder im Talkessel der Roßmatt, auf Wärben, wo zahlreiche Blöcke Felsstürze auf den Gletscher belegen.

Markante Ufermoränen steigen auch von Zeinen ins Tal ab. Endmoränen sind nicht erhalten; offenbar trafen die Eismassen vom Silberen–Pfannenstock–Bös Fulen-Gebiet, vom Rüchigrat und vom Glärnisch eben noch zusammen und endeten um 1300 m. Die zugehörige Schneegrenze dürfte um 2100 m gelegen haben. Eine gleichaltrige markante Moräne liegt auf Bächi, wo sie von 1860 m bis 1730 m abfällt (OBERHOLZER, 1933, 1942 K).

Seitlich, wenig außerhalb der frührezenten Wälle des Glärnisch-Gletschers, treten Ufermoränen auf, die holozäne Stände belegen dürften. Die dadurch begrenzten Zungen brachen in den Talkessel von Wärben ab.

Um 1620, 1820 und 1850 endete der Gletscher am Felsabbruch. Um 1832 beobachtete O. HEER (1846) das Zungenende auf 6100 Fuß (= 1830 m). Noch 1923 reichte der Glärnisch-Gletscher bis 2250 m; bis 1948 hatte er sich auf 2290 m zurückgezogen (R. STREIFF-BECKER, 1949a).

1973 endete der noch 2,09 km² große Glärnisch-Firn auf 2320 m. Die Firnlinie geben F. MÜLLER et al. (1976) auf 2560 m an.

Der Nideren-Gletscher

Der Nideren-Gletscher aus dem Kärpf-Gebiet unterstützte den Linth-Gletscher bis ins Stadium von Netstal (= Sargans) mit den Staffeln bei Netstal und Ennenda. Die am Talausgang bis auf 800 m hinaufreichende Moränendecke mit geschrammten Geschieben von Verrucano, basischen Effusiva und Flyschsandsteinen (F. JENNY, 1918; OBERHOLZER, 1933, 1942K) dürfte dieses Stadium dokumentieren. E von Niderenstafel, 250 m über der Talsohle, liegt ein 2–4 m über den Abhang emporragender Schuttwall, der sich nach N in den Nüenhüttenwald fortsetzt; er ist nach OBERHOLZER wohl als rechtsseitige Ufermoräne zu deuten.
Mit dem Zurückweichen des Linth- und Sernf-Eises wurde auch der Nideren-Gletscher selbständig. Im Churer (= Nidfurn-, = Wart-)Stadium rückte er nochmals bis gegen Niderenstafel, bis 950 m, vor. Tiefe linksufrige Seitenmoränenreste dämmen auf 1160 m das Tal von Änetseeben ab.
In einem späteren Stadium hing aus dem Becken Matt–Garichti noch eine Zunge bis 1400 m herab.
Mehrere jüngere Stände geben sich auf Nideren-Ober Stafel zwischen 1750 m und 1780 m als Endmoränen zu erkennen. Zugehörige linksufrige Seitenmoränen ziehen vom Unter Kärpf über das überschliffene Plateau E des Sunnenberg gegen Ober Stafel hinunter (OBERHOLZER, 1933, 1942K). Mit einer Gleichgewichtslage um knapp 2100 m sprechen sie für eine klimatische Schneegrenze um 2200 m. Noch jüngere Wälle steigen über den Hinteren Hübschboden bis 1950 m ab.
Ein holozäner, durch Seitenmoränen dokumentierter Stand des Chli Chärpf-Firns endete auf 2100 m, ein frührezenter auf 2160 m. Um 1960 (LK 1174) reichte die Zunge noch bis 2350 m herab.

Der Sernf-Gletscher

Im Sernftal hat sich nach J. OBERHOLZER (1933, 1942K) vorab E. HELBLING (1952) um die glazialen Erosionsformen und die spätwürmzeitlichen Akkumulationen, um Moränen, Schotter, Bergstürze, Rutschungen und Sackungen bemüht.
Nach dem Wiedervorstoß des Sernf/Linth-Gletschers bis Glarus, wo er auf das Klöntaler-Eis traf, brach die Verbindung von Sernf- und Linth-Gletscher endgültig ab. Der steil abfallende, von Schottern unterlagerte Wallrest bei Wart, 2,5 km E von Schwanden (J. OBERHOLZER, 1933), bekundet das Ende eines selbständigen Sernf-Gletschers.
S der Vorab–Ringelspitz-Kette erfüllten Vorab/Segnas- und Bargis-Gletscher im Churer Stadium – dank ausgedehnter Firngebiete und einer klimatischen Schneegrenze um 1800 m – die Talung von Flims und das Becken der Prada S von Mulin und vereinigten sich noch mit dem bis Chur vorgefahrenen Rhein-Gletscher (S. 233). Damit muß das Churer Stadium auch im Sernftal, N der Vorab–Segnas-Kette, nicht erst bei Elm, sondern wesentlich weiter talauswärts liegen.
Im mittleren Sernftal hat bereits OBERHOLZER (1933, 1942K) W von Matt linksufrige Moränen beobachtet, die das Ende eines vom Charenstock (2422 m) bis unter 850 m absteigenden Bergli-Gletschers andeuten. Mit einer Gleichgewichtslage von knapp 1700 m ergibt sich eine klimatische Schneegrenze über 1800 m. Der Sernf-Gletscher nahm bei Elm von S und von E Tschinglen- und Ramin-Gletscher auf und stieß noch

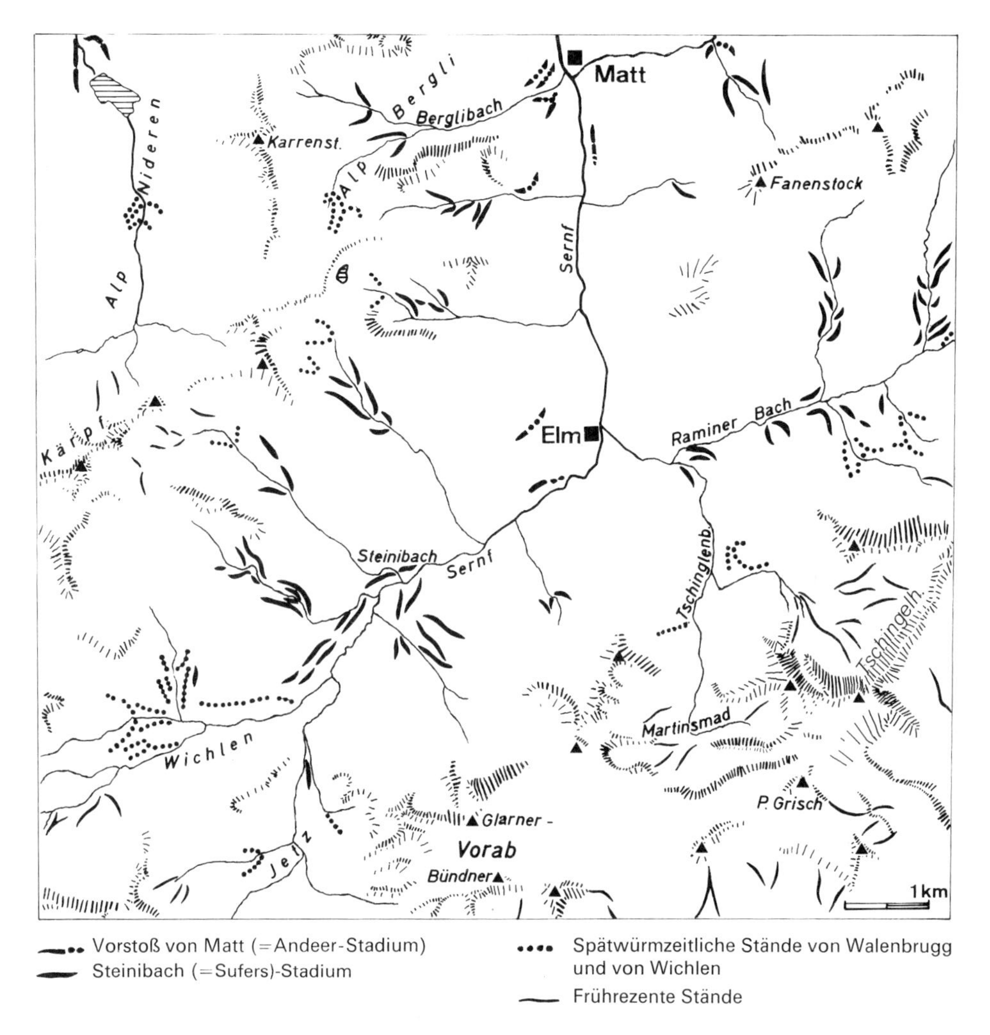

Fig. 87 Quartärgeologische Karte des hinteren Sernftales (Kt. Glarus).

4 km talwärts vor. Moränenterrassen beidseits des Sernf und die Beckenform des Tales deuten darauf hin, daß Bergli- und Sernf-Gletscher sich bei Matt noch berührten. Während der Sernf-Gletscher noch im Stadium von Wart Eis aus dem *Chrauch-* und aus dem *Mühlebachtal* aufnahm, wurden die Gletscher aus diesen beiden Tälern in der nächsten Abschmelzphase selbständig. Stirnnahe Seitenmoränen im vorderen Mühlebachtal deuten auf ein Zungenende in rund 1000 m Höhe. Eine zugehörige Mittelmoräne zwischen dem Mühlebach- und dem von NW mündenden Widersteiner Gletscher hat sich in der Gabelung auf gut 1400 m erhalten.

Jüngere Moränen belegen N des Gulderstock (2520 m) eine bis 1650 m, später noch bis 1800 m herabhängende Eiszunge (Oberholzer, 1942k). Dieser Stand wird SW des Magerrain (2524 m) auf 1900 m und um 2000 m durch Moränen bekundet.

In den Stadien von Matt und Elm vermochte auch der Chrauchtal-Gletscher nochmals

bis an den Talausgang, bis gegen Matt, vorzustoßen (Fig. 87). Dann lassen sich – ebenfalls bis zu den Ständen mit Zungenenden um 1700 m – keine weiteren Wallmoränen beobachten.
Der Stau um 1400 m, unterhalb der Vorderen Winggelhütten, ist durch die beidseits des Tales niedergefahrenen Sackungsmassen der Hinteregg und der Riseten bedingt. Sackungen sind im Paßgebiet noch heute aktiv.
Jüngere, stirnnahe spätwürmzeitliche Seitenmoränen des Sernf-Gletschers liegen bei Elm, auf gut 1000 m, weitere bei Steinibach, 3 km hinter Elm. Sie bekunden einen Vorstoß bis 1100 m. Eine internere Staffel reichte bis Walenbrugg, bis 1200 m (Fig. 87).
Die Moräne auf dem Wichlenberg ist wohl als Mittelmoräne zwischen dem Wichlen- und dem Jetz-Gletscher zu deuten.
Von den Blistöck (2448 m) hing noch im Stadium von Steinibach eine Eiszunge bis unter 1700 m herab, was auf eine Gleichgewichtslage um 1900 m hindeutet. Noch im letzten Spätwürm endeten Zungen bei einer Schneegrenze um 2150 m zwischen 2020 und 1950 m.
Auf der E-Seite des Kärpf (2794 m) vereinigte sich der Bischof-Gletscher zunächst noch mit dem Sernf-Gletscher; später reichte er bis 1530 m herab. Frührezente Zungen stiegen bis gegen 2050 m bzw. bis 2100 m ab, während heute die tiefste um 2500 m endet.
Vom Kärpf empfing der Sernf-Gletscher noch weitere Zuschüsse. Auf Alp Erbs kolkte ein Seitengletscher auf 1690 m eine Senke aus, in der gegen Ende der Föhrenzeit eine Moorbildung eingesetzt hatte (A. Hoffmann-Grobéty, 1975).
Im Steinibach-Stadium rückte der Tschinglen-Gletscher mit einem Einzugsgebiet von über 8,5 km² und einer Zunge von gut 2,5 km² nochmals bis gegen Elm, bis unter 1050 m, vor. Dies setzt eine Gleichgewichtslage von nahezu 1950 m voraus, was beim steilen Absturz und der extremen Schattenlage einer klimatischen Schneegrenze von gegen 2100 m entspricht. Eine etwas internere Zunge ist um 1100 m angedeutet.
Damals stieß der Chüetal-Gletscher noch bis 1350 m vor, was für das mittlere Sernftal bei einer Gleichgewichtslage um 1900 m eine Schneegrenze von 2050 m voraussetzt.
Jüngere Stände des Sernf-Gletschers stellen sich auf der Wichlenalp ein. Sie dokumentieren einen Eis-Vorstoß aus der Hausstock-Gruppe (3158 m) bis 1450 m herab (Fig. 87).
Ihnen entsprechen S von Elm die Moränen der selbständig gewordenen Gletscher, die vom Vorab und von den Tschingelhörnern bis gegen 1300 m abgestiegen sind. Für sie ergibt sich bei einer Gleichgewichtslage um 2150 m eine klimatische Schneegrenze um 2300 m. Internere Moränen bekunden Endlagen um 1450 m. Beide dürften im ausgehenden und im letzten Spätwürm abgelagert worden sein.
Noch in den frührezenten Vorstößen häufte sich über die Steilwand auf Martinsmad abbrechendes Eis zu einem bis unter 2050 m reichenden Zungenende (DK XIV, 1859).
Unterhalb der Jetzalp drang das Eis im letzten Spätwürm von der Vorab-Kette (3028 m) noch bis unterhalb 1400 m vor, was neben Wallmoränenresten auch durch zahllose Sturzblöcke belegt wird, die offenbar auf abschmelzendes Eis niedergebrochen waren.
In der Chellenrus bildete sich eine von Lawinenschnee genährte Zunge gar bis gegen 1200 m herab.
Letzte Spätwürm-Moränen steigen vom Alpli NE des Hausstock in mehreren Staffeln gegen Wichlen; markantere Wälle verraten ein Zungenende auf 1600 m, N des Horen auf unter 1550 m.
Frührezente Stände reichten bis unter 1900 m, eine von Lawinenschnee genährte Zunge N des Horen bis 1700 m. Der Alpfirn reichte um 1850 bis 1950 m, 1959 bis 2270 m.
Im hinteren Sernftal und im Bereich der Übergänge ins Vorderrheintal, im Kärpf-

Gebiet sowie längs des Kistenpasses fand G. SCHWARZ-OBERHOLZER (1977) eine deutliche Abhängigkeit der Solifluktionsformen von der Lage, den Vegetationsstufen und von der geologischen Unterlage.
Als bedeutendes historisches Ereignis im Sernftal sei der 1881 vom Plattenberg SE von Elm niedergefahrene Bergsturz erwähnt, dessen Sturzstrom sich über 1,5 km Länge, 400–500 m Breite erstreckte und mit einer Mächtigkeit von 50–5 m den unteren Dorfteil von Elm überschüttete und 115 Menschenleben forderte (ALB. HEIM in E. BUSS, & HEIM, 1881; HEIM, 1882; E. ZWEIFEL, 1883; K. J. HSÜ, 1978).

Der Linth-Gletscher im Großtal und seine Zuflüsse

Im Churer Stadium schob sich der Linth-Gletscher – dank des Zuschusses des Oberblegi-Bösbächi-Gletschers – wiederum bis Nidfurn vor, wo er W der Linth Stirnwälle, NW von Leuggelbach auf 650 m (C. SCHINDLER, 1959), sowie an den Ausgängen der Seitentäler Ufermoränen und N von Luchsingen eine internere Staffel zurückließ. Der zunächst noch einmündende Oberblegi–Bösbächi-Gletscher wurde etwas vor dem Diesbach- und dem Durnach-Gletscher selbständig.
Im nächsten Stadium stießen der *Bächifirn* aus der Mulde von Oberblegi bis 1050 m und der *Bösbächi-Gletscher* wieder bis gegen 1000 m vor, wo sie sich berührten. Da außerhalb der rechtsseitigen Ufermoräne dieses Gletschers eine kleine Zunge mit einer Gleichgewichtslage um 1800 m durch eine Endmoräne auf 1770 m bekundet wird, lag die klimatische Schneegrenze um 1950 m.
Beim Bächifirn ergibt sich bei einer klimatischen Schneegrenze um nahezu 1950 m ein Verhältnis von Nähr-:Zehrgebiet von gut 2:1. Bereits damals dürfte dieser von Schnee ernährt worden sein, der einerseits als Lawinen aus der zum Grat sich aufschwingenden Felswand niederfuhr, anderseits über den Glärnisch geweht wurde und im Lee liegen blieb, ein Effekt, der den Bächifirn noch heute bei einer Gleichgewichtslage um 2250–2300 m als Windgletscher rund 250 m unter der Schneegrenze bestehen läßt (R. STREIFF-BECKER, 1949b).
Rückzugsstaffeln des Bösbächi- und des Oberblegi-Gletschers deuten auf Zungenenden um 1100 m, 1200 m und um 1460 m.
Moränen im Talschluß E des Bös Fulen (2802 m) enden um knapp 1800 m und um 1850 m (OBERHOLZER, 1933, 1942K). Sie wurden bei einer klimatischen Schneegrenze um 2100 m abgelagert und dürften das letzte Spätwürm bekunden. Damals brach der Bächifirn noch zum Oberblegisee ab und hinterließ am S-Ende Moränen; bei den frührezenten Vorstößen endete er um 2000 m.
Aus dem Eggstöck–Bös Fulen–Erigsmatt–Höch Turm-Gebiet hing im Bösbächi-Stadium eine Zunge bis auf Bruwaldalp, bis 1600 m, herab, diejenige aus dem Kessel Höch Turm–Ortstock stieß über Bräch ins zuvor niedergebrochene Bergsturzareal von Braunwald, bis gegen 1200 m, vor.
Letzte spätwürmzeitliche Moränenstaffeln liegen auf Bergeten; sie umschlossen Zungen, die bis gegen 1600 m abstiegen und eine Schneegrenze um 2150 m erforderten. Auf Bruwaldalp, auf 1580 m, setzte die Moorbildung in den vom Seeblengrat niedergesackten Schuttmassen mit der Föhren-Zeit ein (A. HOFFMANN-GROBÉTY, 1939, 1957). Holozäne Moränen lassen sich auf dem Lauchboden erkennen. Um 1850 (DK XIV, 1859) endete dort der Ortstockfirn auf 2030 m.

Fig. 88 Das hinterste Durnachtal (Kt. Glarus) mit der N-Wand des Ruchi (3107 m), davor die letzten spätwürmzeitlichen und die holozänen Moränen sowie der im August noch reichlich schneebedeckte Hintersulzfirn.

Eine dem Vorstoß von Bösbächi entsprechende Endmoräne eines westlichen *Kärpf-Gletschers* liegt – dank seines hochgelegenen Einzugsgebietes – auf 1000 m Höhe, der aus dem viel kleineren der Ängiseen vorrückende endete bei Diesbachstaffel, wo er zwischen 1520 m und 1550 m Stirnwälle zurückließ.

Gleichaltrige Endmoränen eines kleinen Kargletschers umgürten NE der Gipfelfläche von Etzelstock und Schönau (1842 m) ein Zungenbecken in gut 1700 m. Die Gleichgewichtslage lag auf 1750 m, die klimatische Schneegrenze auf nahezu 1900 m. Aufgrund von Pollenprofilen reicht die Vegetationsentwicklung im Zungenbecken bis in die Föhren-Zeit, ins Alleröd, zurück (Hoffmann-Grobéty, 1943, 1957).

Im Durnachtal verraten absteigende Seitenmoränen spätwürmzeitliche Gletschervorstöße bis gegen den Talausgang oberhalb von Linthal, wo sich vom ausgehenden Spätwürm an bis ins Holozän ein mächtiger Schuttfächer gebildet hat.

Im mittleren Spätwürm stieß der Durnach-Gletscher aus dem Kessel Vorstegstock–Scheidstöckli–Ruchi–Hausstock–Mättlenstock über zuvor von den Flanken niedergebrochene Bergsturzmassen nochmals bis unter 1100 m herab. Im ausgehenden Spätwürm stirnte er auf 1300 m, im letzten um 1350 m, wobei er durch Lawinenschnee von der rechten Talseite noch bedeutende Zuschüsse empfing, die ebenfalls markante Seitenmoränen hinterließen (Fig. 88).

Frührezente Vorstöße des Hintersulzfirn unter der N-Wand des Ruchi (3107 m) reichten bis auf 1670 m herab (DK XIV, 1859). Moränen um 1920–1930 verraten ein Zungenende auf 1730 m. 1959 (LK 1193) endete er auf 1800 m, 1973 auf 1920 m (F. Müller et al., 1976).

Neben den Schuttmassen des ausbrechenden Durnagel wurde Linthal lange Zeit durch vom Chilchenstock niederbrechende Gesteinsmassen bedroht (ALB. HEIM, 1932). Der mögliche Sturz – gut 1,5 Millionen m³ – zerfiel in einzelne Sackungspakete, die mindestens zu einer vorläufigen (?) Ruhe gekommen sind. Der Durnagel wurde nach dessen letztem bedeutenden Ausbruch im Sommer 1953 weiter verbaut.
Der durch den Urnerboden vorstoßende *Fätsch-Gletscher* stirnte im Bösbächi-Stadium unterhalb des Bergli auf 850 m, wie aus absteigenden Seitenmoränen hervorgeht. Mehrere von Lawinenschnee ernährte Gletscherzungen werden auf der SE-Seite der Jegerstöck–Ortstock-Kette durch Endmoränen belegt. Diese umschließen Zungenbecken, die auf unter 1800 m enden (OBERHOLZER, 1933, 1942 K).
Moränen aus dem Clariden-Gebiet stirnten auf Gemsfairen auf 1800 m, bei der Jägerbalm auf 1550 m, spätere in der Chlus um 1650 m. Der wallartige Querriegel auf dem Urnerboden, Ufem Port, stammt von einem Bergsturz.

Fig. 89 Die spätwürmzeitliche, steil zum Zungenende des Linth-Gletschers abfallende rechte Seitenmoräne des Eggli (unterhalb der Bildmitte), davor der Schuttfächer der Auengüeter. Blick von der Klausenstraße oberhalb von Linthal gegen S.

Eindrücklich sind die holozänen und frührezenten Stände im Grieß, an dessen Steilrand die Zunge in die Chlus abbrach (DK XIV, 1859).

Tiefliegende Seitenmoränen, die auf ein nahes, steiles Ende des *Linth-Gletschers* hindeuten, finden sich im Großtal hinter Linthal, bei Vorder Eggli auf der rechten und bei Stelli auf der linken Talseite. Sie bekunden eine Stirn S der Auengüetere (Fig. 89), auf 800 m. Die Stirnmoräne ist wohl beim Abschmelzen von diesem, dem Bösbächi-Stadium, von einem Murgang aus der Auenrus zerstört worden. Aus Zungenende und Einzugsgebiet ergibt sich eine Gleichgewichtslage um 1850 m und eine klimatische Schneegrenze um 2000 m; das Verhältnis von Nähr- : Zehrgebiet liegt bei nahezu 70 km²: knapp 20 km². N. ZWEIFEL (1958) möchte die Eggli-Moräne noch mit dem Stadium von Nidfurn verbinden. Die Eisoberfläche fiel jedoch, wie der Verlauf der Moränen zeigt, viel steiler ab.

Zuschüsse erhielt der Linth-Gletscher von seinen Stammästen, von Limmeren und Sand/Biferten, von Fiseten und von Altenoren, was markante Ufermoränen belegen. Diese sind auf Chäsboden W von Tierfed bis unterhalb 1300 m zu verfolgen (OBERHOLZER, 1933, 1942K).

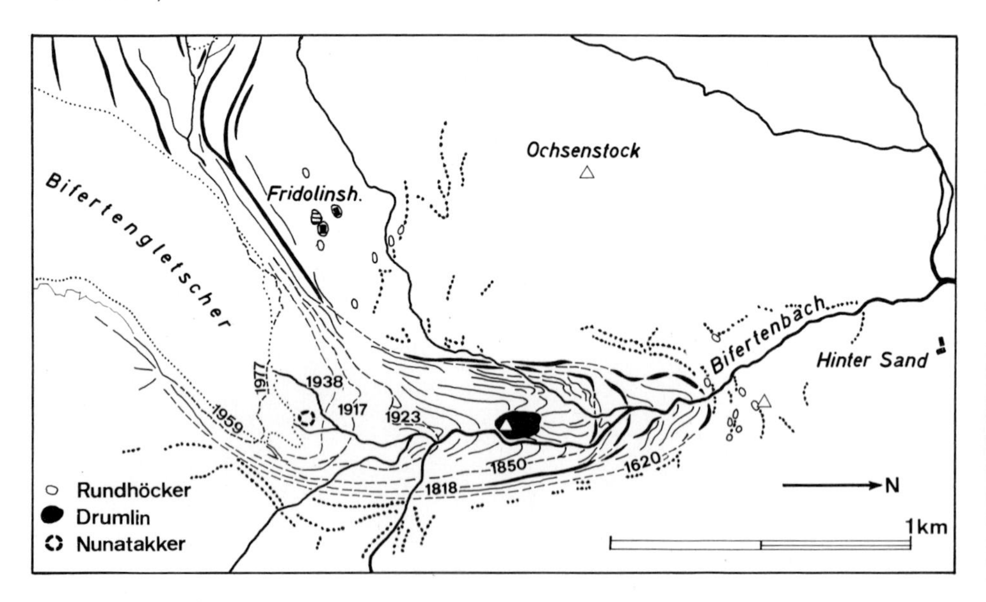

Fig. 90 Holozäne, frührezente und jüngste Stände des Bifertengletschers.

Die letzten Wiedervorstöße im Quellgebiet der Linth

Noch im ausgehenden Spätwürm trafen *Clariden-*, *Sand/Biferten-* und *Limmeren-Gletscher* auf der Üelialp nochmals zusammen und stießen bis in die Linth-Schlucht vor. Dann wurden die einzelnen Äste selbständig und endeten wenig oberhalb, der Sand/Biferten-Gletscher auf 1050 m.

Aus dem Kar S des Scheidstöckli und vom Rundhöcker-Plateau von Mutten sowie vom Selbsanft erhielt der Limmeren-Gletscher noch Zuschüsse. Aus dem Nüschen-Kar stieg ein Gletscher bis 2200 m ab.

Die Moränen auf der Üelialp setzen für den *Limmeren-Gletscher* bei einem Firngebiet von 20 km² und einer Zunge von 6,5 km² eine Gleichgewichtslage in gut 2150 m voraus. Für den *Sandalp-Gletscher* ergibt sich bei 30 km² Firn- und 9 km² Ablationsgebiet eine solche um 2150 m. Daraus resultiert für die Üelialp-Stände im Tödi–Selbsanft-Gebiet eine klimatische Schneegrenze von 2300 m. Zwei jüngere Moränen steigen am Oberstafelbach bis 1320 m und bis 1350 m ab.

Fig. 91 Der Geißbützi-Gletscher im Jahre 1819, nach einer Zeichnung von J. Hegetschweiler, von R. Streiff-Becker (1939) umgezeichnet.

Fig. 92 Der Geißbützi-Gletscher, eine zwischen Vorderem Spitzalpelistock (Mitte) und Hinter Geißbützistock absteigende Zunge des Claridenfirn im Quellgebiet der Linth, von Obersand aus gezeichnet von R. Streiff-Becker, Herbst 1938.

Jüngste Moränen vor dem Hochstand von 1620, bei dem der *Biferten-Gletscher* bis 1560 m vorrückte, stellen sich oberhalb Hinter Sand auf 1300 m ein. Bei einer Gleichgewichtslage um 2300 m, einem Firngebiet von 7,5 km² und einer Zunge von knapp 3 km² hätte die klimatische Schneegrenze in 2500 m gelegen. Aufgrund eines als eisenzeitlich datierten Vorstoßes S des Bifertengrates (H. ZOLLER et al., 1966), dürfte dieser Stand des Biferten-Gletschers ebenfalls ins jüngere Holozän fallen.
A. DE QUERVAIN & E. SCHNITTER (1920) und R. STREIFF-BECKER (1939) haben die historischen Stände des Biferten-Gletschers von 1620, 1818, 1850, 1917, 1923 und 1938 vermessen und kartographisch dargestellt (Fig. 90; R. GERMAN et al., 1979). Weitere Vorstöße ereigneten sich in den Alpen um 1600, 1640, 1680 und zwischen 1770 und 1780.
Der Geißbützi-Lappen des Claridenfirn endete 1818 «kaum 10 Schritte» vom Oberstafelbach entfernt, auf 1965 m (J. HEGETSCHWEILER, 1825); 1855 stirnte der Sandfirn auf 2100 m. Eine ältere, wohl frührezente Moräne steigt bis 2000 m ab. Der Claridenfirn endete am Walenbach: um 1818 auf 2150 m, 1855 auf 2180 m (STREIFF-BECKER, 1934, 1939; Fig. 91 und 92).
Um 1850 endete die Zunge des Limmeren-Gletschers unterhalb 1850 m, bereits im Gebiet des heutigen Stausees.
Beim Biferten- und beim Limmeren-Gletscher liegen die Gleichgewichtslagen heute, bei Zungenenden um 1900 m und 2250 m, um 2650 m, die klimatische Schneegrenze um 2800 m. Gegenüber dem Eisstand von 1620, dem Fernau-Stadium der Ostalpen, mit einer Stirn in 1560 m, einer Gleichgewichtslage in gut 3400 m und einer klimatischen Schneegrenze in 2600 m, stieg diese um 200 m an. Gegenüber den Endlagen des Biferten-Gletschers von 1818 und 1850 um 1600 m beträgt der Anstieg im hintersten Glarnerland über 150 m, gegenüber dem Vorstoß von 1923 mit einem Zungenende in 1640 m über 100 m. 1973 endete der 2,86 km² große Biferten-Firn auf 1880 m (F. MÜLLER et al., 1976).

Zur ersten Besiedlungsgeschichte des Linthtales

Auf Guppen W von Schwanden konnte über dem Eis ein Bronzebeil, auf Ober Friteren ein Randleistenbeil und wenig weiter W ein Schwert gefunden werden (R. WYSS, 1971). Von Vor dem Wald W von Filzbach sind Mauerreste einer römischen Warte aus dem ausgehenden 1. Jahrhundert v. Chr. bekannt geworden.
Im 6. Jahrhundert begannen die Alemannen ins Linthtal einzuwandern, wodurch die romanische Sprache zurückgedrängt wurde. Zugleich erfolgte die Christianisierung. Bereits im 13. Jahrhundert waren Groß- und Kleintal so weit gerodet – neben der Landwirtschaft vorab auch zur Eisengewinnung aus den Dogger-Erzen – und so dicht besiedelt, daß in Linthal und in Matt Gotteshäuser erbaut wurden (TH. BRUNNER in H. R. HAHNLOSER† & A. A. SCHMID, 1975).

Zitierte Literatur

AEPPLI, A. (1894): Erosionsterrassen und Glazialschotter in ihrer Beziehung zur Entstehung des Zürichsees – Beitr., NF, *4*.

BEELER, F. (1970): Geomorphologische Untersuchungen im Oberseetal GL – DA Ggr. I. U. Zürich.

BUSS, E., & HEIM, A. (1881): Der Bergsturz von Elm – Zürich.

ESCHER, ARN. (1846): Gebirgskunde. In: Der Kanton Glarus – Histor., geogr.-statist. Gemälde Schweiz, *7* – St. Gallen u. Bern.

GERMAN, R., HANTKE, R., & MADER, M. (1979): Der subrezente Drumlin im Zungenbecken des Biferten-Gletschers (Kanton Glarus, Schweiz) – Jh. Ges. Naturkde. Württ., *134*.
GIRSPERGER, S. (1974): Geologische Untersuchungen der Breccien bei Glarus – DA U. Zürich.
GOGARTEN, E. (1910): Über alpine Randseen und Erosionsterrassen, im besonderen des Linthtales – PETERMANNS Mitt., Erg. *165*.
HAHNLOSER, H. R.† & SCHMID, A. A. (1975): Kunstführer durch die Schweiz, *1* – Bern.
HANTKE, R. (1970): Aufbau und Zerfall des würmeiszeitlichen Eisstromnetzes in der zentralen und östlichen Schweiz – Ber. NF Freiburg i. Br., *60*.
HEGETSCHWEILER, J. (1825): Reisen im Gebirgsstock zwischen Glarus und Graubünden – Zürich.
HEIM, ALB. (1878): Untersuchungen über den Mechanismus der Gebirgsbildung im Anschluß an die geologische Monographie der Tödi-Windgällengruppe – Basel.
– (1882): Der Bergsturz von Elm – Z. dt. GG., *34*.
– (1895): Der diluviale Bergsturz von Glärnisch-Guppen – Vjschr., *40*.
– (1932): Bergsturz und Menschenleben – Beibl. Vjschr., *77*.
HELBLING, E. (1952): Morphologie des Sernftales – GH, *7*/2.
HELBLING, R. (1938): Zur Tektonik des St. Galler Oberlandes und der Glarneralpen – Beitr., NF, *76*/2.
HOFFMANN-GROBÉTY, A. (1939a): Analyse pollinique d'une tourbière élevée à Braunwald, Canton de Glaris – Ber. Rübel (1938).
– (1939b): Beiträge zur postglazialen Waldgeschichte der Glarner Alpen – Mitt. NG Glarus, *6*.
– (1943): Etude d'une tourbière de la terrasse de Riedmatt dans le massif du Kärpf (Alpes glaronnaises) – Ber. Rübel (1942).
– (1946): La tourbière de Bocken, Canton de Glaris. Etude pollenanalytique et stratigraphique – Ber. Rübel (1945).
– (1957): Evolution postglaciaire de la forêt et des tourbières dans les Alpes glaronnaises – Ber. Rübel (1956).
HSÜ, K. J. (1978): ALBERT HEIM: Observations on landslides and relevance to modern interpretations – In: B. VOIGHT ed.: Rockslides and Avalanches, *1* – Natural Phenomena – Amsterdam.
JENNY, F. (1918): Diluviale Schotter mit Moränenbedeckung am Eingang ins Sernftal (Glarus) – Ecl., *14*/5.
LÜDI, W. (1953): Die Pflanzenwelt des Eiszeitalters im nördlichen Vorland der Schweizer Alpen – Veröff. Rübel, *27*.
MAZURCZAK, L. (1980): Eine aquatische allerödzeitliche Ablagerung in Glarus – In Vorber.
MÜLLER, F., CAFLISCH, T., & MÜLLER, G. (1976): Firn und Eis der Schweizer Alpen (Gletscherinventar) – Publ. Ggr. I. ETH, *57* Zürich.
MÜLLER, J. E. (1806 R): Relief der zentralen und nordöstlichen Schweizeralpen, ca. 1:38000, erstellt 1799–1806 – Zentralbibl. Zürich – Dep. Gletschergarten Luzern.
OBERHOLZER, J. (1900): Monographie einiger prähistorischer Bergstürze in den Glarner Alpen – Beitr., NF, *9*.
– (1922): Geologische Geschichte der Landschaft Glarus – Mitt. NG Glarus, *3*.
– (1933): Geologie der Glarneralpen – Beitr., NF, *28*.
– et al. (1942 K): Geologische Karte des Kantons Glarus, 1:50000 – GSpK, *117* – SGK.
–, & HEIM, ALB. (1910 K): Geologische Karte der Glarneralpen 1:50000 – GSpK, *50* – SGK.
OCHSNER, A. (1969 K, 1975): Bl. 1133 Linthebene m. Erl. – GAS – SGK.
PENCK, A., & BRÜCKNER, E. (1909): Die Alpen im Eiszeitalter, *2* – Leipzig.
DE QUERVAIN, A., & SCHNITTER, E. (1920): Das Zungenbecken des Bifertengletschers – Denkschr. SNG, 55/2.
ROTHPLETZ, A. (1898): Das geotektonische Problem der Glarneralpen – Jena.
SCHINDLER, C. (1959): Zur Geologie des Glärnisch – Beitr., NF, *107*.
SCHWARZ-OBERHOLZER, G. (1977): Die Verbreitung von Solifluktionsformen im Raume Segnespaß/Kistenpaß (Glarus/Vorderrheintal) – Diss. U. Zürich.
STAUB, R. (1954): Der Bau der Glarneralpen – Glarus.
STREIFF-BECKER, R. (1934): Der Claridenfirn – Alpen, *10*/1.
– (1939): Glarner Gletscherstudien – Mitt. NG Glarus, *6*.
– (1949a): Der Glärnisch-Gletscher – Vjschr., *94*/2.
– (1949b): Der Bächifirn. Ein Kuriosum in den Alpen – Alpen, *25*/7.
– (1953): Die Triasgesteine im Bergsturz Glärnisch-Gleiter – Ecl., *46*/2.
TRÜMPY, CHR. (1774): Neue Glarner Chronik – Winterthur.
WYSS, R. (1971): Die Eroberung der Alpen durch den Bronzezeitmenschen – ZAK, *28*.
ZÜRCHER, J. (1971): Seismische Untersuchungen im Walenseegebiet – DA ETHZ, Geophys. I.
ZWEIFEL, E. (1883): Der Bergsturz von Elm am 11. September 1881 – Glarus.
ZWEIFEL, N. (1958): Morphologie des Muttensee- und Limmerengebietes einschließlich der rechten Talflanke bis Linthal – Mitt. NG Kt. Glarus, *10*.

Frühwürmzeitliche Ablagerungen am Walensee

Offenbar in analoger Stellung wie schon früher am Walenberg (S. 129), so sind neulich bei der Projektierung der Nationalstraße auch am Walensee unter Gehängeschutt und hochwürmzeitlicher Moräne um 430–450 m oberhalb von Teufwinkel und unterhalb von Cholgrueb W von Murg zwei über 2 m mächtige, durch Moräne getrennte Schieferkohle-Bänder mit gepreßtem Koniferen-Holz, Birken-Rinde, Fichtenzapfen (Fig. 93) mit Schilf und *Menyanthes*-Samen durchbohrt worden, die ihrerseits einer tieferen Moräne aufliegen. Weiter E schalten sich, ebenfalls unter hochwürmzeitlicher Moräne und über einem Bodenrelikt, bis 20 m graue, tonig-siltige Seebodenlehme mit einzelnen kleinen Holzstücken, *Typha* und kleinen Müschelchen ein. Diese Seelehme liegen bald auf einer tieferen Moräne, bald auf Verrucano mit verwitterter Oberfläche (A. BIRCHLER, Drs. C. SCHINDLER und P. STREIFF, schr. Mitt.). Sie belegen einen wohl durch Eis gestauten prähochwürmzeitlichen See. Eine ^{14}C-Datierung an Holzresten von Teufwinkel aus einer Tiefe von 20,5 m ergab 41400+2400–1800 Jahre v. h. (B. AMMANN-MOSER, schr. Mitt.). Eine Untersuchung der Pollenflora ist im Gange.

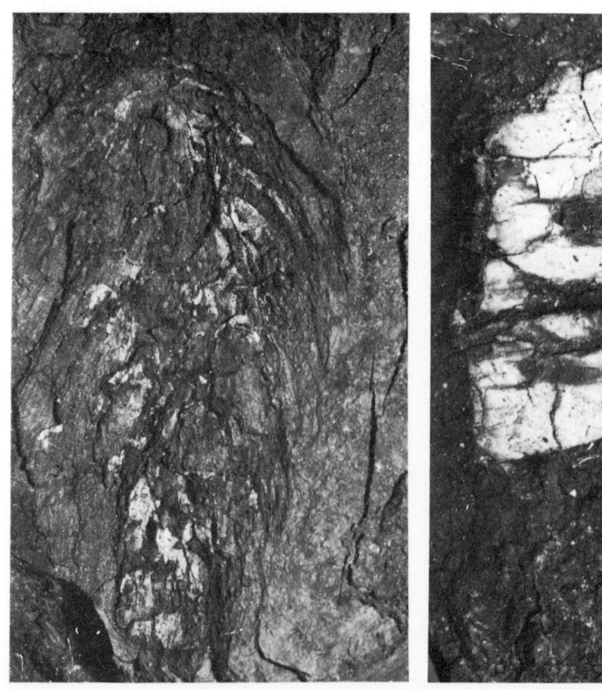

Fig. 93 Bohrkernstücke durch die würm-interstadiale Schieferkohle von Murg SG
links: Zapfen von *Picea abies* – Rottanne,
rechts: Rinde von *Betula pubescens* – Moor-Birke aus einer Tiefe von 21 m.
Photo: P. FELBER.

Fig. 94 Blick von der Ziegel-Brücke gegen Osten auf den aus der versumpften Linthebene aufragenden Querrücken der alten Biäsche, ein Stirnmoränenrest, der als trockener Übergang von Gaster ins Glarnerland benutzt wurde.
Stich von J. B. BULLINGER, 1770.

Die spätwürmzeitlichen Endlagen von Ziegelbrücke und Weesen

Mit dem Abschmelzen des Eises vom Stand von Ziegelbrücke, der sich, neben den Moränen auf den Schieferkohle-führenden frühwürmzeitlichen Schottern des Walenberg und den Wallresten NW von Weesen, in den Rundhöckern auf dem Biberlichopf zu erkennen gibt, wurden Linth- und Walensee-Arm des Rhein-Gletschers selbständig. Eine internere Staffel zeichnet sich im untersten Walensee ab, wo noch J. J. SCHEUCHZER (1712K) Hüttenbösch als eine kleine Insel mitten im westlichsten Walensee vermerkt hatte, die später von der Linth angelandet und bei der Korrektion – um 1810 – eingeebnet wurde. Ein weiterer Wall verläuft parallel zum heutigen SW-Ufer und – wohl die eigentliche Stirnmoräne – liegt im Querrücken der alten Biäsche vor (Fig. 94).
Auf der N-Seite wird dieser Stand in der Moräne von Betlis (ARN. HEIM, in HEIM & OBERHOLZER, 1907K) und auf der S-Seite in den Wallresten bei Buechen W von Murg und bei Obstalden bekundet. Von S empfing der Walensee-Arm neben dem Seez- noch Zuschüsse von Schils-, Murg-, Meeren- und Spannegg-Gletscher.
Im Stadium von Sargans waren diese alle selbständig, stießen aber nochmals bis fast an den Walensee und ins Seeztal vor (S. 209, 210).

Die Zuschüsse von der Churfirsten-Alvier-Kette

Bis ins Weesen-Stadium erhielt der Walensee-Arm des Rhein-Gletschers auch Zuschüsse aus den Karen der Churfirsten-Alvier-Kette. Derjenige vom Leistchamm (2101 m) erreichte – wie stirnnahe Moränen N und NW von Quinten erkennen lassen – um 580 m den Talgletscher.
Noch im Sarganser Stadium hingen die Churfirsten-Gletscher tief in die Kerbtäler herab. Auf Laubegg und Stäfeli, auf Hag, Säls, Schwaldis und auf Lüsis hatten sie Seitenmoränen zurückgelassen (ARN. HEIM in HEIM & OBERHOLZER, 1907K).
Auf Säls, Rugg, Tschingel, Lüsis, Sennis, Malun und Palfris lassen sich noch Moränen von jüngeren Vorstößen beobachten (ARN. HEIM in HEIM & OBERHOLZER, 1917K).
Noch jüngere Moränen umschließen die Becken von Böden auf der SE-Seite des Sichelchamm. Sonst sind diese jüngsten Eisvorstöße meist durch Felsstürze überschüttet, die bis ins Spätwürm zurückreichen.
An den Talausgängen hatten sich ins Seeztal austretende Schuttfächer ausgebildet, die in ihrer Anlage wohl als spätwürmzeitliche Sander- und Lawinenschuttkegel zu deuten sind.

Spannegg-, Meeren-, Murg- und Schils-Gletscher

SE von Filzbach läßt sich ein Wall eines *Spannegg-Gletschers* von Or über Sunnberg gegen Alter, bis 650 m herab, verfolgen. Zwei internere, rechtsseitige Ufermoränen steigen W des Sattels zwischen Tal und Obstalden gegen die Schlucht oberhalb von Filzbach, bis unter 1000 m ab (J. OBERHOLZER, 1933 u. in ARN. HEIM & OBERHOLZER, 1907K). Sie dürften den Stadien von Sargans und von Chur entsprechen.
S des überschliffenen Malmkalk-Riegels von Vorder Tal zeichnen sich in der wellighügeligen Moränendecke S des Talsees, die neben Malm- auch Verrucano-, Trias-, Dogger- und Schiltkalk-Komponenten enthält, Relikte eines jüngeren Stadiums ab. Auf dem Riegel N des Spanneggsees und hinab zum Kessel von Hinter Tal liegen Erratiker, die von einem über den Spannegg-Riegel abgestiegenen Gletscher stammen. Zwischen Fronalp- und Mürtschenstock hingen auf Spannegg noch im späteren Spätwürm zwei durch Wälle belegte Zungen über die zu Rundhöckern geschliffene Karst-Platte NE des Schilt bis unter 1500 m herab.
Ein jüngerer Gletscherstand, den OBERHOLZER (1933) dem Daun-Stadium zuweist, wird N des Siwellen-Gipfels durch eine Moräne auf 2130 m belegt und spricht für eine Schneegrenze von über 2200 m.
Im Stadium von Weesen vermochte der *Meeren-Gletscher* zwischen Mürtschen- und Firzstock – dank einer Transfluenz von Mürtschen-Eis über den 1750 m hohen Sattel – sich noch mit dem Walensee-Arm zu vereinigen. Dies wird S von Mühlehorn durch den Geißegg-Wall bekundet, der auf 600 m gegen Moräne mit Rhein-Erratikern ausläuft. Spätere Moränen eines auf gut 700 m endenden Gletschers, die eine Vereinigung mit Eis vom Firzstock (1924 m) belegen, dürften – aufgrund der Gleichgewichtslage um 1400 m und einer Schneegrenze um 1550 m – den Staffeln des Sarganser Stadiums entsprechen. Dann riß die Transfluenz ab.
Im nächsten Klimarückschlag vermochte der Meeren-Gletscher mit einem Akkumulationsgebiet von 2,5 km² und einer Zunge von 0,7 km² nochmals bis 900 m herab vorzu-

stoßen, was sich in der Ufermoräne der Chratzegg zu erkennen gibt (OBERHOLZER, 1933, 1942K). Sie besteht aus zwei getrennten Wällen, von denen der innere sich zungenwärts abermals aufspaltet. Aus der Gleichgewichtslage in 1550 m ergibt sich im Lee des Mürtschenstock (2441 m) eine Schneegrenze um 1700 m.
Noch im nächsten Spätwürm-Stadium war die Wanne der Alp Meeren von Eis erfüllt. Bei einer klimatischen Schneegrenze um gut 1850 m hing eine Zunge bis gegen 1350 m herab. Noch im ausgehenden Spätwürm lag Eis am W-Fuß des Mürtschenstock.
Zur Zeit der höchsten würmzeitlichen Stände wurde der mündende *Murg-Gletscher* durch das Rhein-Eis ganz an die linke Flanke der Walensee-Talung gepreßt. Dies wird auf der rundhöckerartig überprägten Rötidolomit-Verflachung von Schwamm durch bis auf 1200 m auftretende Verrucano-Erratiker belegt. Der schmale, bis über 1300 m ansteigende Schuttkegel (OBERHOLZER, 1933, 1942K) ist als Mittelmoräne von Murg- und zwischen Firzstock und Gulmen abfließendem Eis zu deuten.
In den Ständen von Ziegelbrücke/Weesen lieferte der Murg-Gletscher – trotz eines Transfluenz-Verlustes zum Meeren-Gletscher – einen kräftigen Zufluß zum Walensee-Arm. Bei Buechen WSW von Murg belegt eine Seitenmoräne, die auch Rhein-Erratiker enthält, eine Eishöhe von rund 700 m im Mündungsbereich. Der Verrucano-Block in der Moräne von Betlis (F. SAXER, 1961) dürfte ein Überfließen von Murg-Eis bekunden. Daß im Walensee-Arm dem Eis aus dem St. Galler Oberland stets eine Bedeutung zukam, wird belegt durch das Vorkommen von Verrucano-Erratikern in Amden, wo C. ALTMANN (mdl. Mitt.) Blöcke in einer alten Wegmauer auf Fallen bis auf eine Höhe von 1140 m fand.
Noch im Sarganser Stadium rückte der Murg-Gletscher gegen den Talausgang vor. Bis 1000 m³ große Verrucano-Blöcke erwecken den Eindruck eines Bergsturzes. Doch finden sich auch runde Geschiebe, lehmige Erde, Rötidolomit- und Lias-Trümmer (OBERHOLZER, 1933).
In dem von Sturzblöcken bedeckten mittleren Talabschnitt fällt es schwer, spätere Stände herauszulesen.
Im Churer Vorstoß dürfte der Murg-Gletscher – dank des von W zufließenden Mürtschen-Eises aus dem Firngebiet Mürtschenalp–Hochmättli–Wißchamm – bis Plätz, bis unter 800 m, vorgestoßen sein. Eine Rückzugsstaffel zeichnet sich auf Merlen ab, wo der Gletscher Bergsturzschutt wallartig zusammenschob.
In einem jüngeren Vorstoß erfüllte der Mürtschen-Gletscher das Becken von Ober Mürtschen; eine Zunge vom Wißchamm reichte bis unterhalb 1700 m (OBERHOLZER, 1933, 1942K).
Aus dem Firngebiet Goggeien–Magerrain–Erdisgulmen stieg ein sich aufspaltender Gletscher bis gegen 1500 m herab. Bei einer Gleichgewichtslage in knapp 2000 m, einem Firngebiet von 1,5 km² und einer Zunge von 0,5 km² lag die klimatische Schneegrenze auf 2100 m. Der Murg-Gletscher erfüllte noch das Becken der Murgseen. Jüngere Moränen, die eine Schneegrenze von 2250 m voraussetzen, liegen im Heuloch NW des Magerrain und auf Hinter Chamm. Sie dürften wohl den letzten Spätwürm-Vorstoß bekunden.
Da im *Schilstal* keine Rhein-Erratiker auftreten, dürfte der Walensee-Arm kaum in dieses eingedrungen sein. Im Würm-Maximum reichte das Eis bei Flums, aufgrund höchster Erratiker und Rundhöcker SE der Tannenbodenalp, bis auf über 1550 m. Die auf Alp Gampergalt bis auf 1570 m absteigende Moräne ist als Mittelmoräne zwischen Schils- und einem vom Guscha-Grat abgeflossenen Hängegletscher zu deuten.

Im Ziegelbrücke/Weesen-Stadium lieferte der Schils-Gletscher einen Zuschuß zum Walensee-Arm. Noch im Sarganser Stadium stieß er bis an den Talausgang vor, wo sich in den Moränen von Cresch mehrere Stände zu erkennen geben (OBERHOLZER, 1920K, 1933). Der Churer Vorstoß ist durch Moränenstaffeln angedeutet, die von den Firngebieten Panüöl-Fursch-Rinderfans gegen Wisen vorstießen.
In den *Flumser Bergen* stieß im Churer Stadium zwischen Sexmor (2196 m), Leist (2222 m) und Ziger (2074 m) eine Zunge nochmals bis 1000 m, vom Prodchamm–Maschcachamm (2007 m) bis Winkelzan und Madils, bis 1360 m, vor. Im nächsten Vorstoß füllten die gegen NE abfließenden Gletscher, durch Rückzugsstaffeln belegt, erneut das Becken der Molser Alp. Aus den Karen zwischen Sexmor, Leist und Ziger drang Eis bis in die Seebecken der Seebenalp vor. Auch der Gletscher aus dem Talschluß Sexmor–Leist–Rainissalts–Munzchopf stirnte um 1600 m. All diese Zungen erfordern bei Gleichgewichtslagen um 1750 m eine Schneegrenze um 1900 m. Auf der SE-Seite, gegen Panüöl und auf Maschca, endeten sie um 1800–1900 m.
Noch im letzten Spätwürm war die Wanne NE des Sexmor und der N-Hang des Ziger bis 1840 m eiserfüllt, was durch Moränen belegt wird. Nach dem Abschmelzen brachen vom Sexmor und vom Leist mächtige Felsstürze nieder, die das Zungenbecken überschütteten.
Gleichaltrige Endmoränen liegen N des Maschcachamm zwischen 1870 m und 1900 m. Ein jüngerer Vorstoß gibt sich N des Ziger auf 1950 m, W des Leist, NE des Sexmor auf 1970 m und SE des Rainissalt auf 2100 m zu erkennen. Diese Endlagen setzen eine auf über 2100 m angestiegene Schneegrenze voraus.
Vom Magerrain (2524 m) hing Eis bis Alp Fursch, bis 1800 m, herab. Eine Gleichgewichtslage um 2000 m und NE-Exposition deuten auf eine Schneegrenze um nahezu 2150 m. Rückzugsstaffeln gegen 1900 m bekunden ein etappenweises Abschmelzen und einen Anstieg auf über 2200 m.
Aus dem Spitzmeilen-Gebiet (2501 m) schoben sich im nächsten Vorstoß Eiszungen wieder bis 1300 m, von den Hochflächen der Fans Alpen bis 1400 m vor. Von der Guscha-Kette hing eine Zunge bis 1400 m ins Schilstal herab.
Auch das W von Mels mündende Cholschlag-Tal beherbergte noch im Spätwürm einen Gletscher. Zungenenden geben sich auf 1060 m, auf 1200 m, auf 1300 m und auf 1400 m zu erkennen. Jüngere Stände finden sich in den Talschlüssen.

Der Seez-Gletscher

Merkwürdig erscheinen die S von Sargans bis 6 km ins Weißtannental hinein auftretenden Punteglias-Granite und andere kristalline Bündner Erratiker (E. BLUMER, 1908; J. OBERHOLZER, 1933).
Das tiefe Eindringen von Rhein-Eis kann nur erklärt werden, wenn dieses den Seez-Gletscher kräftig zurückstaute, so daß die Gleichgewichtslage zwischen den beiden einst bereits tief im Weißtannental erreicht war. Zugleich wurde das abfließende Seez-Eis ganz auf den nordwestlichen Talquerschnitt beschränkt.
Da die Rhein-Erratiker durch das spätere Nachrücken des Seez-Gletschers nicht wieder ausgeräumt worden sind, muß zwischen den beiden und zwischen dem Seez- und dem 1,5 km unterhalb von Weißtannen mündenden Gafarra-Gletscher eine bewegungsarme Grenzzone bis ins Spätwürm bestanden haben (HANTKE, 1970).

Erst im Feldkirch/Weesen-Stadium drang das Rhein-Eis nicht mehr ins Weißtannental ein, doch unterband der Stau im Haupttal eine Ausräumung eingewanderter Erratiker. Von der linken Talflanke des Weißtannentales wurde der Seez- und damit lange Zeit auch der Linth/Rhein-Gletscher mit bedeutenden Mengen von Verrucano-Sturzblökken beliefert.
Im Talausgang stellen sich beidseits bis über 800 m hinauf verkittete, gerundete, gegen N einfallende Schotter ein (BLUMER, 1908). Neben lokalem Geröllgut – Verrucano und Flysch – treten Malmkalke und kristalline Bündner Geschiebe auf (OBERHOLZER, 1920K, 1933). Sie sind früher als an einen bis Ziegelbrücke/Weesen reichenden Rhein-Gletscher geschüttet betrachtet worden (HANTKE, 1970). Aufgrund der analogen Zusammensetzung der Schotter von Plons, St. Martin und S von Mels, die sich nur durch bessere Rundung unterscheiden, scheinen beide erst während den Sarganser Ständen abgelagert worden zu sein.
Der Seez-Gletscher stieg damals erneut durch die Schlucht bis zum stirnenden Rhein-Gletscher ab. Die Eisrandschotter von Langwisen am rechten Talausgang wurden vom vorrückenden Seez-Eis gestaucht.
Der von den *Grauen Hörnern* (2844 m) abfallende Gafarra-Gletscher reichte in einem späteren Vorstoß bis an die Talmündung, bis 950 m. In einer Rückzugsstaffel verblieb er in der Mündungsschlucht. Der Gufel-Gletscher stieß bis an den Ausgang des Lavtina-Tales, bis Weißtannen, vor, der Seez-Gletscher selbst bis gegen Vorsiez, bis 1200 m. Dabei erhielt er aus dem Talkessel von Obersiez noch einen Zuschuß. Auch aus dem Scheubser Tal schob sich nochmals ein Gletscher bis ins Weißtannental vor. Aus den Talkesseln von Galans und von Oberlaui sowie vom Rotrüfner hingen Eiszungen bis unter 1400 m herab, während diese im Sarganser Stadium noch den Seez-Gletscher belieferten. Später – bei einer Schneegrenze um knapp 2100 m – endete der Seez-Gletscher hinter Walabütz-Unterstafel, am Ausgang der Schlucht, auf 1400 m.
Letzte Spätwürm-Stände sind in den Talschlüssen oberhalb von Obersiez, im Kar von Walabütz und in den südlichsten Quelltälern der Seez anzunehmen, wo sich wegen der Steilheit der Flanken keine Endmoränen ausbilden konnten.
Im späteren Spätwürm rückte der Pizol-Gletscher nochmals bis Vermol, bis 1700 m vor. Im späteren Holozän dürfte noch das Becken des Wildsees erneut von Eis erfüllt gewesen sein, während der Pizol-Gletscher um 1850 am See stirnte (DK XIV, 1859).
Der Gletscher vom *Gamidaurspitz* (2309 m) erfüllte noch den Kessel von Vermii und stirnte auf 1500 m, was bei einer Gleichgewichtslage um knapp 1700 m einer Schneegrenze um knapp 1800 m gleichkommt. Ein späterer Stand zeichnet sich auf 1800 m ab; die Schneegrenze war gegen 2100 m angestiegen, so daß dieser wohl einen Vorstoß im letzten Spätwürm bekunden dürfte.
In einem früheren Rückschlag stieß Eis von den Schwarzen Hörnern bis Unter Gamidaur vor. Aus der Gleichgewichtslage um 2000 m resultiert eine Schneegrenze um 2100 m. Ein jüngerer Vorstoß endete bei einer Schneegrenze um 2350 m unterhalb Gamidaurchamm um 2000 m.
Der Gufel-Gletscher stirnte im Andeer-Stadium noch S von Weißtannen an der Mündung der Lavtinaruns auf gut 1100 m. Im Suferser Stadium vermochten sich die einzelnen Zungen aus den Talschlüssen im Kessel von Batöni nochmals zu vereinigen.
Der Vorstoß vom Sazmartinhorn (2827 m) bis Unter Piltschina, bis 2000 m, dürfte im letzten Spätwürm erfolgt sein. Die dort vom Bach durchschnittenen Schuttmassen sind wohl als zugehöriger Sander zu deuten.

Die Zunge im Kessel von Valtnov brach über der ins Weißtannental abfallenden Wand ab. Ein Moränenkranz um 1700 m mit Rückzugsstaffeln deutet auf eine Schneegrenze um 2050 m. Ein späteres Stadium zeichnet sich auf Alp Gams, auf knapp 1900 m, ab. Die Moränen auf Gamsli sprechen für einen Anstieg der Schneegrenze von 2150 m auf 2300 m, womit diese wohl den letzten Spätwürm-Vorstoß belegen dürften.

Zur Bildung von Linthebene, Zürcher Obersee und Walensee

Mit dem Abschmelzen des Linth/Rhein-Gletschers von der Endmoräne von Hurden-Rapperswil bildete sich – der zurückweichenden Eisfront folgend – in der bruchtektonisch angelegten und vom Eis ausgeräumten Senke der Linthebene ein ausgedehnter See, aus dem Buechberg und Benkner Büchel als Inseln aufragten. Durch die schotterreichen Schmelzwässer des abschmelzenden Wägitaler Gletschers wurde zunächst der Buechberg angelandet. In der SE von Tuggen niedergebrachten Erdölbohrung wurden nach 14 m alluvialen sandigen Mergeln 87 m teilweise gebänderte Seetone mit Süßwasserschnecken durchfahren (L. Braun, 1925, in Hantke, 1959). Der dadurch dokumentierte spätwürmzeitliche Linthsee wurde von den Alluvionen der Linth und ihren Zuflüssen, die mit flachen Schuttfächern weit in die Ebene vorgreifen, erst in jüngster Zeit bis auf den Obersee zugeschüttet (S. 160, 161).
In der übertieften Wanne zwischen der Verrucano-Stirn der Mürtschen-Decke, ihrer differentiell nach N bewegten Hülle und der ihr aufliegenden Kreide der Churfirsten-Decke entstand nach dem Stadium von Weesen vor dem zurückweichenden Rhein-Gletscher der Walensee.
In der Seemitte zwischen Mühlehorn und Murg konnte P. Finckh (schr. Mitt.) den Felsuntergrund in einer Tiefe von 470 m ermitteln. Bei Unterterzen steigt dieser wieder bis auf 180 m, bei Weesen bis auf 330 m an (H. Zürcher, 1971), so daß der Walensee in einer bereits beim Vorstoß des Eises ausgekolkten Wanne liegt.
Die Kolkwirkung im westlichen Seebecken ist wohl mit den Vorstößen und noch später mit den Zuschüssen von Murg- und Meeren-Eis in Zusammenhang zu bringen. Weiter SW, im Seeztal, trennt eine schief verlaufende Felsschwelle von erosionsresistenteren Lias-Gesteinen zwischen Gräpplang und St. Georgen den Untergrund in zwei Becken. Bei der alten Seez-Brücke in Flums liegt der Fels bereits wieder in über 70 m Tiefe (Dr. G. Jung, mdl. Mitt.).
Die Schuttmassen des zurückschmelzenden Linth-Gletschers füllten bereits im Spätwürm den ins vorderste Linthtal reichenden Arm des Linthsees auf und dämmten den Walensee gegen W ab.
Wie aus dem Rhein- und dem Seeztal sind auch aus dem Gebiet der Linthebene einige bis in prähistorische Zeit zurückreichende befestigte Höhensiedlungen bekannt geworden. Kastlet auf dem Benkner Büchel reicht bis in die Hallstattzeit zurück. Von Chastel E von Eschenbach sind – neben einem prähistorischen Refugium – Reste eines römischen Kastells erhalten. Noch unbekannter Zeitstellung sind die Reste bei Siebnen über dem linken Ausgang des Wägitales und auf Hinter Burg SW von Reichenburg.
Unter Kaiser Augustus um 16 v. Chr. erbaute Wachttürme auf dem Biberlichopf, auf Strahlegg W von Betlis und auf Vor dem Wald W von Filzbach sicherten den römischen Umschlag-Platz am W-Ende des Walensees (R. Laur-Belart, 1962; H. Suter-Haug, 1978k).

Auf Severgal bei Vilters bestand von der Jüngeren Steinzeit bis ins Frühmittelalter eine auf drei Seiten durch Felswände und im E durch einen tiefen Graben geschützte Höhensiedlung. Auch auf Castels bei Mels und auf St. Georgenberg bei Berschis sind Höhensiedlungen errichtet worden. Auf dem St. Georgenberg wurden später ein römisches Kastell und eine mittelalterliche Kirchenburg erbaut (H. Suter-Haug, 1978k).
Das 1232 erstmals erwähnte Städtchen Weesen lag einst ganz am Chapfenberg. Der See reichte bis an den Fuß des Bühl. Nach der Zerstörung – als Folge der Mordnacht von 1388 – durfte es nur noch auf dem schmalen Ufersaum gegen den Fli-Schuttfächer aufgebaut werden. C. Altmann fand im östlichsten Linthkanal, im ehemals untersten Walensee, – neben prähistorischen (?) Pfahlbauten – ein hufeisenförmiges Schiffseisen und eine Hellebarden-Spitze auf dem ufernahen Wall.
Am Rande des Fli-Schuttfächers wurde ums Jahr 1000 eine erste Kirche zu St. Martin errichtet. Sie wurde vom ausbrechenden Flibach mehrmals verschüttet und um 1500 neuerbaut. Noch um 1770 lag die Kirche nach einem Stich von J. B. Bullinger ganz am See; heute liegt sie 150 m landeinwärts, während der Flibach gar um 250 m weiter seewärts mündet.
Die durch den Bergbau immer stärker um sich greifende Entwaldung im Glarnerland (Ch. Lardy, 1842) und die Verschlechterung des Klimas führten nach 1763 zu einer ständig wachsenden Schuttführung der Linth. Dadurch versumpften weite Teile der Linthebene und bei Hochwasser – solche traten damals am Walen- und am Zürichsee immer häufiger und verheerender auf (H. C. Escher, 1807) – wurde der Walensee allmählich höher gestaut. «Die Erhöhung des Linthbettes bey seiner Vereinigung mit der Maag stieg endlich bis auf 16 Fuß (=4,8 m) über seine ehevorige Höhe, wodurch der Abfluß des Wallensees den größern Theil des Jahrs beynahe gänzlich gehemmt wird. Hierdurch wurden bey Wesen gegen 900 Jucharte der schönsten Wiesen und Baumgärten in Moräste verwandelt; bey Wallenstadt mag die Versumpfung des ehemahls fruchtbarsten Bodens ungefähr die Hälfte dieser Ausdehnung betragen; im untern Linththal aber machen die durch die Überschwemmungen der Linth gänzlich unter Wasser gesetzten Wiesen schon eine Strecke von mehreren tausend Jucharten aus» (Escher, 1809).
In Weesen mußten die Einwohner wegen den ständig höher gestiegenen Seeständen den Keller und das unterste Geschoß der Häuser auflassen und das Straßenniveau mehrmals anheben. So finden sich nach H. Huber, Ingenieur, Weesen (C. Altmann, schr. Mitt.) vor dem Kloster alte Katzenkopf-Pflästerungen auf 423,60 und auf 424,0 m, während das Straßenniveau dort heute auf 424,91 m liegt. Auch der Brunnen vor dem Kloster mußte dreimal gehoben werden (Escher, 1809, sowie Fig. 95).
Nach einer Zeichnung Eschers stand das Wasser vor dem Kloster (425,7 m) bis fast an den Brunnenrand, so daß Gehstege gelegt werden mußten (Escher, 1809). Vor 1807 stand der Hochwasserspiegel auch in Walenstadt bei der heute 500 m vom E-Ufer entfernten Escher-Säule bis 1,20 m über der Straße.
Am Escher-Denkmal an der Mündung des Molliser Kanals sowie an der Escher-Säule in Weesen sind, nach den Linth-Acten (Escher, 1815–24) und den Ermittlungen von Ing. Legler, mehrere Hochwasserstände verzeichnet. Ein römischer Stand lag nach Tulla auf 426,63 m (?). Dann fiel der Spiegel bis in die frühe Neuzeit. Im Oktober 1807 stand der Spiegel jedoch wieder auf 426,13 m, 1809 auf 426, 16 m; im Dezember 1807 reichte selbst der tiefste Stand noch auf 424,20 m.
Nach der Linth-Korrektion sank der Spiegel sukzessive ab. Diese Absenkung hält heute

Fig. 95 Die Straße vor dem Kloster Zur Maria Zuflucht in Weesen bei einem «mittelmäßig hohen» Seestand nach einer Zeichnung von H. C. ESCHER von der Linth (1809), gestochen von J. H. MEYER.

noch an. Dabei wurde allerdings durch Baggerung des uferparallelen Walles am See-Ausfluß und Sprengungen an der Molasseschwelle bei Ziegelbrücke nachgeholfen, so daß die Eintiefung im Linthkanal in den letzten 50 Jahren rund 1 m beträgt (C. ALTMANN, mdl. Mitt.).

Beim Hochwasser vom 16. Juni 1910 wurde nochmals eine Kote von 422,38 m und bei demjenigen vom 28. Juni 1953 eine solche von 422,11 m erreicht. Anderseits wurde mit 417,91 m 1949 der niedrigste Wasserstand beobachtet. Als heutiger Mittelwasserstand wird 419,75 angegeben (P. MEIER, Lachen SZ, schr. Mitt.).

Seit 1811 schüttet die in den See eingeleitete Linth – trotz des Bagger-Betriebes – ein heute über 250 m in den See reichendes Delta. Dieses kann unter dem Seespiegel bis auf die Höhe von Betlis festgestellt werden. Linth-Material läßt sich gar bis in die Seemitte, bis auf die Höhe von Quinten–Murg nachweisen. Gegen das E-Ende des Sees bilden sich die Sackungs- und Bergsturzmassen von Unterterzen bis über die Seemitte hinaus im Seismogramm ab (A. LAMBERT, 1976, 1978).

Seeztal-aufwärts reichte der Walensee zunächst bis gegen Sargans. Durch die Alluvionen von Seez, Schils und der Zuflüsse von der Alvierkette wurde das gegen SE flachgründiger werdende Seeztal sukzessive zugeschüttet. Der Rundhöcker des Tiergarten zwischen Mels und Flums ragt über 40 m, derjenige von Castels (498 m) S von Sargans rund 10 m über die Alluvialebene empor. Einerseits wurde der Untergrund im Pizol-

Park in 35 m und E von Flums in 70 m Tiefe noch nicht erreicht. Anderseits endeten Bohrungen beim Tiergarten und SW von Castels schon nach wenigen m auf Fels (E. WEBER, mdl. Mitt.). Beim Bau der Kantonsschule Sargans wurde der Fels in 22 m Tiefe erbohrt; beim Pizol-Park liegt er bereits wieder in über 40 m Tiefe (Dr. G. JUNG, mdl. Mitt.).

Wie die Zuschüttung des Linthsees dürfte auch jene des Seeztales im wesentlichen ins Spätwürm fallen. Einen Hinweis über die Lage des Alleröd ergab die Bohrung Sarelli SE von Bad Ragaz (S. 104).

Wie Seeletten zwischen Walenstadt und Flums belegen, reichte der Walensee früher bis S von Berschis, wo der Talboden durch die Schuttfächer der Schils und des Berschner Baches verschmälert wurde. Noch zur Römerzeit lag Walenstadt, damals noch Riva, am Seeufer. Noch vor dem «Linthwerk» reichte der See bei Hochwasser – so 1807 – bis ans Städtchen, was die Hochwassermarken an der Gedenksäule für H. C. ESCHER in Walenstadt bezeugen (HANTKE, 1979).

In den heute noch 151 m tiefen Walensee schüttete neben Linth und Seez auch die Murg, der Meeren- und der Chammenbach bedeutende Deltas.

Die jungholozäne Sedimentationsrate ist mit 4 mm/Jahr noch immer bedeutend, verblieb doch ein 7,5 m langer Bohrkern NW von Murg in römisch bis nachrömischen, *Castanea*- und *Juglans*-Pollen führenden Ablagerungen. Über roten Tonen und Silten wurden noch 2 km ENE der Mündung der Linth seit ihrer 1811 erfolgten Einleitung in den Walensee, dem «Linthschnitt», 5,5 m gradierte Sande geschüttet, was einer Jahresrate von 36 mm entspricht (LAMBERT, 1976, 1978, 1979). Im Gegensatz zum Zürichsee, wo die Schichtung Jahresrhythmen bekundet, wurden im Walensee seit dem Linthschnitt durchschnittlich 3 gradierte Schichten pro Jahr abgelagert. Diese sind besonders auf ergiebige Regengüsse zurückzuführen.

Daß die Linth bereits vor 1811 ihren Weg einmal nach NE in den Walensee nahm, wird durch eine ältere Schüttung belegt (SCHINDLER, mdl. Mitt.).

Im Raum Sargans konnten unter einer geringen Schwemmsanddecke 3–6 m Torf erbohrt werden. Darunter folgten noch über 10 m Sande und Kiese. Beim Bahnhof Mels zeigte sich eine Wechselfolge von Sanden und Kiesen mit blockigem, vom Gonze geschütteten Schuttfächer-Material bis in über 7 m Tiefe. Dagegen scheint der Seez-Schuttfächer, dessen Rand bis Sargans reicht, die Talung in der Grundwasser-Führung abzudichten (Dr. M. KOBEL, mdl. Mitt., KOBEL & HANTKE, 1979).

Anläßlich der beiden Hochwasserstände des Rheins von 1808 und von 1817, als das über die Ufer getretene Rheinwasser bis vor Sargans reichte, fehlten nur noch 18' (=5,4 m) bis zur Höhe der Wasserscheide zwischen Sargans und Mels (H. PESTALOZZI, 1849; Fig. 96).

Auch bei den Rhein-Überflutungen von 1927 und 1954 wurde die NE von Sargans mündende Saar kräftig zurückgestaut.

Die Wasserscheide vom Rheintal ins Seeztal liegt heute zwischen Sargans und Heiligkreuz auf 487 m, das Tüfried E von Sargans auf 481 m, die Krone des Rheindammes auf 490 m. Einem Überfließen des Rheins ins Seeztal und durch den Walensee, die Linthebene zum Zürichsee und über Turgi nach Koblenz wird damit künstlich entgegengewirkt. Doch spätestens nach der nächsten Eiszeit dürfte der Rhein seinen Lauf über Zürich nehmen, ist doch dieser Weg um 55 km kürzer und das Gefälle entsprechend größer.

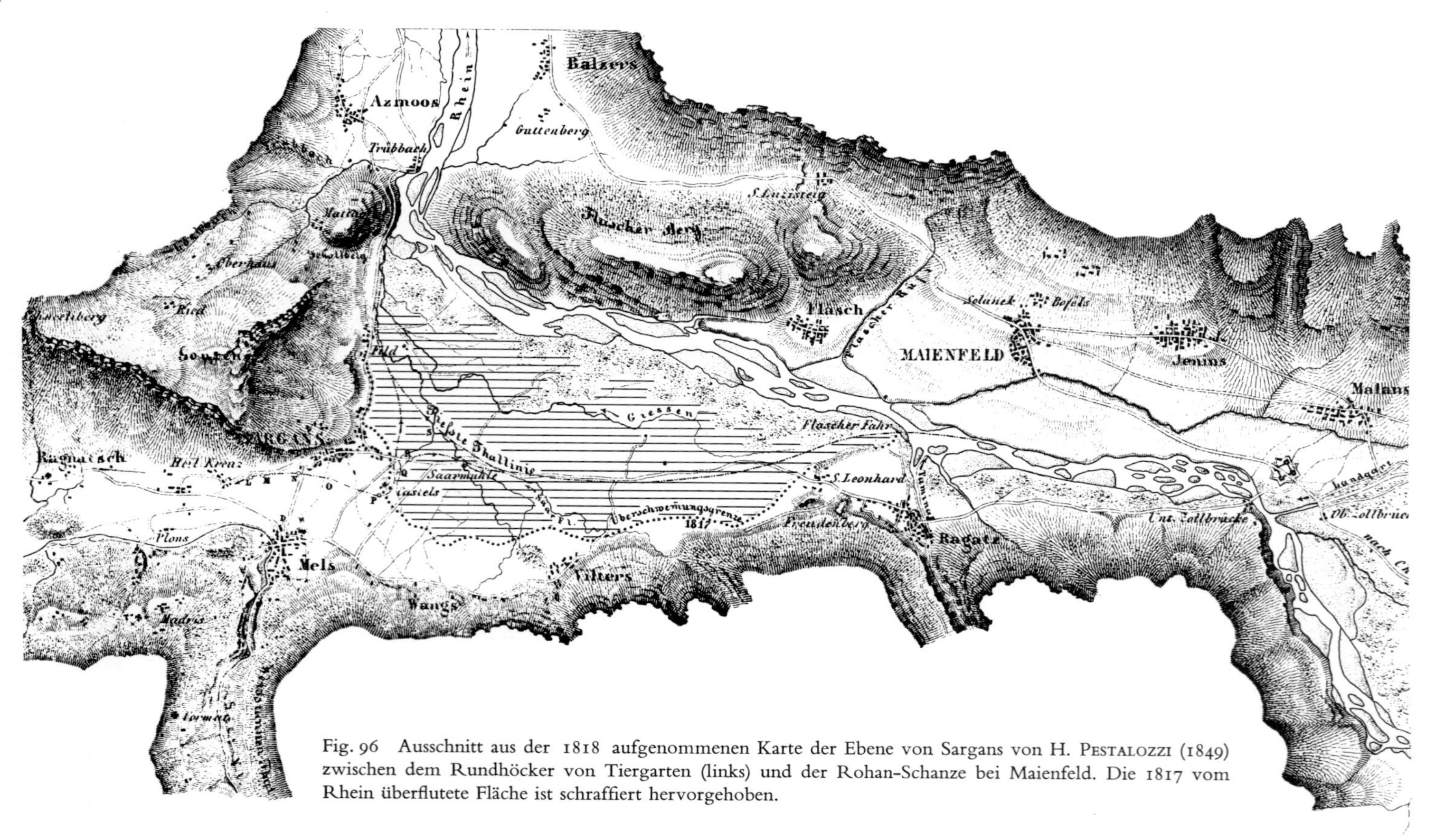

Fig. 96 Ausschnitt aus der 1818 aufgenommenen Karte der Ebene von Sargans von H. PESTALOZZI (1849) zwischen dem Rundhöcker von Tiergarten (links) und der Rohan-Schanze bei Maienfeld. Die 1817 vom Rhein überflutete Fläche ist schraffiert hervorgehoben.

BLUMER, E. (1908): Einige Notizen zum geologischen Dufourblatt IX in der Gegend des Weißtannentales (Kanton St. Gallen) – Ecl., *10*/2.
ESCHER, H. C. (1807): Aufruf an die Schweizerische Nation zur Rettung der durch Versumpfungen ins Elend gestürzten Bewohner der Gestade des Wallen-Sees und des untern Linth-Thales – Zürich.
– (1809): Neuntes Neujahrsblatt der Zürcherischen Hülfsgesellschaft. Zum Nutzen und Vergnügen der Vaterstädtischen Jugend – Zürich, Hülfsges., *9*.
– (1815–24): Officielles Notizenblatt die Linthunternehmung betreffend, *1–3* – Zürich.
FINCKH, P. (1976): Wärmeflußmessungen in Randalpenseen – Diss. ETHZ.
HANTKE, R. (1959): Zur Altersfrage der Mittelterrassenschotter. Die riß/würm-interglazialen Bildungen im Linth/Rhein-System und ihre Äquivalente im Aare/Rhone-System – Vjschr., *104*/1.
– (1970): Zur Diffluenz des würmzeitlichen Rheingletschers bei Sargans und die spätglazialen Gletscherstände in der Walensee-Talung und im Rheintal – Vjschr., *115*/1.
– (1979): Zur erdgeschichtlichen Entstehung der Zürcher Seenlandschaft und des Walensees – In: Der Zürichsee und seine Nachbarseen – Fribourg, Zürich.
HEIM, ARN., & OBERHOLZER, J. (1907K): Geologische Karte der Gebirge am Walensee, 1:25000 – GSpK, *44* – SGK.
–, & – (1917K): Geologische Karte der Alvier-Gruppe, 1:25000 – GSpK, *80* – SGK.
KOBEL, M., & HANTKE, R. (1979): Zur Hydrogeologie des Rheintales von Sargans bis zum Bodensee (Exk. E am 19. April 1979) – Jber. Mitt. oberrhein. GV, NF, *61*.
LAMBERT, A. (1976): Über die klastische Sedimentation imWalensee – Diss. ETH, Zürich.
– (1978): Eintrag, Transport und Ablagerung von Feststoffen im Walensee – Ecl., *71*/1.
–, & HSÜ, K. J. (1979): Varve-like sediments of the Walensee, Switzerland – In: SCHLÜCHTER, CH. ed.: Moraines and Varves – Origin/Genesis/Classification – Proceed. Symp. Genesis and Lithology of Quaternary Deposits – Zurich 10.–20. September 1978 – Rotterdam.
LARDY, CH. (1842): Über die Zerstörung der Wälder in den Hochalpen – Zürich.
LAUR-BELART, R. (1962): Der frührömische Wachtposten auf dem Biberlichopf SG – Ur-Schweiz, *26*.
OBERHOLZER, J. (1920K): Geologische Karte der Alpen zwischen Linthgebiet und Rhein, 1:50000 – GSpK, *63* – SGK.
– (1933): Geologie der Glarneralpen – Beitr., NF, *28*.
– et al. (1942K): Geologische Karte des Kantons Glarus, 1:50000 – GSpK, *117* – SGK.
PESTALOZZI, H. (1849): Über die Verhältnisse des Rheins in der Thalebene bei Sargans – Mitth. NG Zürich, *1*/1.
SAXER, F. (1961): Tätigkeitsberichte der Naturschutzkommission der St. Gallischen Naturwissenschaftlichen Gesellschaft über die Jahre 1959–1960 – Jb. st. gall. NG, *77*.
SCHEUCHZER, J. J. (1712K): Nova Helvetiae Tabula geographica..., ca. 1:238000 – Zürich.
SUTER-HAUG, H. (1978K): Burgenkarte der Schweiz, *2* – L+T.
ZÜRCHER, H. (1971): Seismische Untersuchungen im Walenseegebiet – DA Geophys. I. ETH, Zürich.

Das bündnerische Rhein-System im Spätwürm und im Holozän

Das Churer Rheintal

Im Würm-Maximum stand das Rhein-Eis bei der Mündung des Landquart-Gletschers auf über 1800 m, wie ein Erratiker beim P. 1816 NNE der Alp Salaz bekundet. Dann schmolz das dort über 1300 m mächtige Eis etappenweise zusammen. Nach dem Weesen/Feldkirch-Stadium wich die Stirn bis in den Raum von Sargans zurück.

Die heute 200 m über dem heutigen Rheintal zwischen Fläscherberg und Falknis-Kette verlaufende Isoklinal-Talung der Luziensteig ist schon wiederholt als alte Talfurche gedeutet worden. Sie ist wohl als Abflußrinne des Landquart-Gletschers ausgestaltet worden, der, wegen der bedeutenden Masse des Rhein-Eises, nur verzögert einmünden konnte. Daß dieser Ausräumung bereits eine ältere, ins Pliozän zurückreichende fluviale Phase vorausging, ist längs der bedeutenden Deckengrenze wahrscheinlich.

Im Spätwürm drang nochmals ein Lappen von Landquart/Rhein-Eis bis Balzers vor. Hernach wurde diese Talung – vorab durch den mächtigen Schuttfächer von Maienfeld – verschüttet (S. 222).

Noch im Sarganser Stadium vereinigte sich der Landquart- mit dem Rhein-Gletscher. Dieser schob sich, am SW-Sporn des Gonze noch immer sich aufspaltend, über Sargans vor. Zunächst stirnte er bei Ragnatsch, bei Wartau und, der über die Luziensteig vorgefahrene Lappen, bei Balzers, was durch Stauschotter an den Ausgängen der Seitentäler, die Eisstauschotter bei Plons und die Rundhöcker und Moränenreste von Balzers bekundet wird. In einer späteren Staffel endeten die beiden Lappen bei Mels, wo Kameschotter abgelagert wurden, und im Zungenbecken der Sarganser Au.

Seitenmoränen und Abflußrinnen, die den beiden Ständen des Sarganser Stadiums entsprechen, finden sich Rheintal-aufwärts auf der W-Seite bis an den Calanda, auf der E-Seite über Heidihof und die Stauterrassen im Mündungsbereich des Landquart-Gletschers bis oberhalb von Trimmis. Bei Ober Says auf 1100 m und bei Valtanna auf 900 m liegen markante Ufermoränen und stirnnahe Wälle von Seitengletschern.

Auf der linken Talseite lassen sich Abschmelzterrassen bei Mastrils erkennen.

In den Tiefbohrungen Chur-Roßboden (166 m) und Zizers-Viertellöser (170 m) erreichen die Grundwasser-führenden Kiese eine Mächtigkeit von 153 bzw. 109 m. Dann folgen in Chur noch 13 m Feinsande, in Zizers nach ebenfalls 13 m, siltig-tonige, z. T. warwige See-Ablagerungen. Darnach würden die höchsten See-Ablagerungen in Chur bis auf 408 m, in Zizers bis auf 402 m reichen. Weiter N, in der Lehmgrube bei Igis, konnten in 7 m Tiefe Eichenhölzer gefunden werden.

Bereits bei Trimmis reicht der Maschänser Schuttfächer bis an den Rhein, staut den Grundwasserstrom des Rheintales und drängt ihn gegen die westliche Felsflanke (E. Weber, 1978). Ebenso schiebt sich neben dem Schuttfächer von Zizers auch der Landquart-Fächer mächtig vor und staut den Rhein-Grundwasserstrom abermals.

Da sich in den Schottern der Bohrung Zizers ein erheblicher Anteil an Amphiboliten fand, dürfte der Landquart bei der Füllung der Rheinebene eine Bedeutung zukommen (E. Weber, mdl. Mitt.), zeichnet sich doch ihr Schuttfächer bis weit gegen SW ab.

Wie beim Rhein treten auch bei der Landquart zuweilen katastrophale Hochwasser auf, so 1910, als Bahn und Straße am Ausgang der Chlus (576 m) über 1 m hoch überflutet wurden (H. Conrad, 1939).

Zwischen Maienfeld und Bad Ragaz engen die gegen einander vordringenden Schuttfächer aus dem Glecktobel und der Tamina den Grundwasserstrom vor der Öffnung des Sarganser Beckens sanduhr-artig ein.
Bereits in der Bronzezeit wurde im Churer Rheintal auf dem Matluschkopf, dem strategisch bedeutsamen SE-Sporn des Fläscher Berg, und auf dem Lisibühl oder Patnal, einem Rundhöcker N von Untervaz, eine bewehrte Höhensiedlung errichtet (H. Suter-Haug, 1978k).

Der Tamina-Gletscher

Wie im Mündungsbereich des Weißtannen-Tales (S. 211) hatten sich auch im vordersten Taminatal über der Mündungsschlucht markante Rundhöcker ausgebildet. Sie bekunden, daß der Tamina-Gletscher durch das Rhein-Eis an einer direkten Einmündung gehindert wurde, da dieses versuchte, auch ins unterste Taminatal einzudringen und das Tamina-Eis zurückstaute.
Noch im Sarganser Stadium war der Tamina- dem Rhein-Gletscher tributär. Damals wurden die Rundhöcker um Pfäfers ein letztesmal überschliffen und die Rinne des Herrenboden E von Bad Ragaz von seitlichen Schmelzwässern benutzt.
Auf dem überschliffenen Felsvorbau von Pfäfers wurde spätestens um die Mitte des 8. Jahrhunderts eines der ältesten Klöster Rätiens erbaut.
Die durch Bündner Oberländer-Erratiker gesicherte Transfluenz von Vorderrhein-Eis über den Kunkelspaß (1357 m) dürfte nach der tiefliegenden Häufung von Blöcken auf dem Valenser Berg nach dem Stand von Feldkirch/Weesen abgerissen haben (Fig. 47).
Im nächsten Klimarückschlag, im Churer Stadium, reichte der Tamina-Gletscher mit seinen Zuflüssen vom Calanda, aus dem Kessel von Calvina und von den Grauen Hörnern durchs Mülitobel erneut bis unterhalb des Bad Pfäfers. Ein markanter Moränenwall setzt NE von Valens ein und endet N des Bades, so daß der Gletscher um 650 m gestirnt haben dürfte. Ein nächster Stand wird unterhalb der Mündung des Mülitobels angedeutet. Im Andeer-Stadium stieß der Tamina-Gletscher bis gegen Vasön vor, was absteigende Moränen und die Rundhöcker von Mapragg sowie die N davon einsetzenden Schotter belegen.
Von den Grauen Hörnern stieg eine Eiszunge durch das Mülitobel bis zur Tamina ab und staute diese kurzfristig auf.
Ob ihr schon damals die heute ganzjährig 36,5° warme Therme von Pfäfers mit einem nutzbaren Jahresertrag von 0,8–1,3 Millionen m³ zugesetzt und sie am weiteren Vorstoß gehindert hat? Auch die tief eingesägte Schlucht ließe sich als schon im Früh- und im Spätwürm – dank der Therme mit Überschluckmechanismus – gut drainierte subglaziäre Rinne erklären. Da die Therme im Ertrag rasch auf Schneeschmelze und Regengüsse im SW anspricht, vermutet E. Weber (1960, 1968) das Einzugsgebiet, unter Berücksichtigung der geologischen Strukturen, im Tödi-Gebiet. In der tiefen Mulde Elm–Sardona wird das Wasser aufgeheizt und mineralisiert, und erst ein in unmittelbarer Umgebung der Therme einsetzender Druckmechanismus bewirkt das Aufsteigen. Ein 12½-Stunden-Rhythmus im Quellspiegel deutet auf eine Gezeiten-Beeinflussung hin.
Im folgenden Klimarückschlag, im Suferser-Stadium, rückte der Tamina-Gletscher durch das Calfeisental abermals bis Vättis, bis 1000 m, vor, was durch absteigende Moränen, Schotterfluren, Rundhöcker und eine seitliche Rinne belegt wird. Aus dem Cal-

vina-Kessel und vom Haldensteiner Calanda (2806 m) stiegen steile Gletscher ins Tamina-Tal ab. Ihre Zungen stauten bei Spina und Vättis Kameschotter auf. Im Kessel von Videmeida (= leert sich nie) E des Dorfes schmilzt der Lawinenschnee vom Calanda noch heute kaum weg. Zuflüsse von N werden im Calfeisental durch Seitenmoränen belegt, die von der Sardona–Pizol-Kette aus Chüe- und Eggtal bis gegen 1800 m absteigen.

Von der Ringelspitz- und von der Calanda-Kette stiegen Eismassen bis in die Sohle des Kunkels-Tales ab; doch vermochten sie den Tamina-Gletscher nicht mehr zu erreichen. Die gerundeten, nicht von Moräne bedeckten Schotter im Vättner Tal wurden kaum von einem ins Taminatal eingedrungenen Rhein-Gletscher gestaut (J. OBERHOLZER, 1933; HANTKE, 1970), sondern beim Vorstoß eines das Tal abdämmenden Zanai-Gletschers, diejenigen von Vasön und Vadura als Stauschotter, jene von Valens als zugehöriger Sander. Dagegen endete der Chrüzbach-Gletscher kurz zuvor und überschüttete die Kameterrasse mit seinem Sanderkegel.

S von Vättis treten an beiden Talflanken bis gegen 100 m mächtige verkittete Brekzien mit kleinen, kantigen Trümmern von Malmkalken auf: W von Ober Kunkels von 1350m–1800m, E von Unter Kunkels von 1100m–1450 m (Fig. 97). Die Brekzie fällt talwärts ein und trägt W des Felsberger Calanda eine 30–50 m mächtige Decke (A. PENCK & E. BRÜCKNER, 1909; M. BLUMENTHAL, 1911; OBERHOLZER, 1920K, 1933). W von Ober Kunkels konnte OBERHOLZER darüber Lokalmoräne nachweisen, im Schuttmantel auf der E-Seite gerundete Geschiebe und Blöcke aus dem Vorderrheintal. Die horizontale Schüttung dürfte an einem Eisrand erfolgt sein. Dies setzt eine mindestens dem Feldkirch/Weesen-Stadium entsprechende Eishöhe, die überliegende Lokalmoräne auf der W-Seite einen Vorstoß bis gegen Vättis, das Suferser Stadium, voraus. Damit dürften die Brekzien spätestens im mittleren Spätwürm gebildet worden sein. Wahrscheinlich gelangten sie zum Teil aber bereits im späten Frühwürm zur Ablagerung. Damit wären sie allenfalls gleich alt wie die Schotter des Buechberg in der Linthebene (S. 134).

Im Tal von Tersol, das vom Pizol gegen S abfällt, konnte O. A. PFIFFNER (mdl. Mitt.) Moränenwälle auf Laubleisi und – auf der rechten Talseite – etwas taleinwärts am Alpweg auf 1750 m feststellen.

Die Moränenbögen auf Crisp E von Tersol – wie jene NW von Alp Sardona, die bis gegen 2100 m absteigen – erfordern eine klimatische Schneegrenze von gut 2350 m. Entsprechende Stände zeichnen sich weiter W vor den Karen ab.

Von der Ringelspitz-Kette hingen Gletscher, wie Moränen auf Panära, auf Schräa und im Tüfiwald belegen, nochmals bis ins Tal, bis 1500 m, herab.

Noch jüngere Stände lassen sich beim Glaser Gletscher erkennen: Wälle reichen bis auf 1950 m herab. N des Tristelhorn und der Panärahörner endeten die Zungen auf 1800 m. Der Chli Sardona-Gletscher stirnte auf Alp Sardona auf 1850 m. Die sich überschneidenden Schuttfächer im Talschluß von Sardona sind als Sander des letzten Spätwürm angelegt worden.

Frührezente Stände eines Sardona-Gletschers reichten NE des Piz Dolf bis 2000 m, bis an die Spitze eines Schuttfächers, spätere bis 2100 m. Heute liegt das Zungenende auf 2400 m.

Fig. 97 Verkittete Brekzie mit hangparalleler Schichtung an der rechten Talseite von Kunkels S von Vättis SG.

Das Hochtal von St. Margretenberg S von Pfäfers

Recht eigenartig erscheint das Hochtal von St. Margretenberg zwischen vorderem Tamina- und Churer Rheintal, das S des Pizalun auf gut 1300 m einsetzt und S von Pfäfers auf knapp 1200 m abbricht. Dieses Tal dürfte bereits beim Vorstoß des Rhein-Gletschers ins Bodensee-Becken und in die Linthebene angelegt worden sein. Vom Grat, der vom Chemi (1814 m) gegen N verläuft, erhielt das S des Pizalun eindringende Rhein-Eis bereits damals Zuschüsse.

Noch im spätwürmzeitlichen Konstanz (=Hurden)-Stadium vereinigten sich die vom Chemigrat absteigenden Eiszungen mit dem eingedrungenen Rhein-Eis zu einem Gletscher, der S von Pfäfers zwischen Tamina- und Rhein-Gletscher mündete.

Im Feldkirch (=Weesen)-Stadium hing ein Lappen des St. Margretenberg-Gletschers über den Sattel der Jägeri S des Pizalun zum Rhein-Gletscher, während die Zunge noch etwas gegen Pfäfers herabhing.

Erst im Sarganser Stadium begann das St. Margretenberg-Eis zurückzuschmelzen und sich in einzelne Lappen aufzulösen.

Die Gletscher der Falknis-Kette

Von der N-Seite der Falknis-Kette reichte der Lawena-Gletscher im Sarganser Stadium noch bis an den Ausgang des Tales. Der mächtige, ins Rheintal vorgestoßene Schuttfächer dürfte in seiner Anlage wohl beim Abschmelzen des Eises geschüttet worden

sein. Noch im Churer Stadium stieg er bis ins Lawena-Tobel, im Andeer-Stadium bis 1100 m ab. Nächste spätwürmzeitliche Moränen bekunden einen Vorstoß bis 1300 m. Damals lag der Kessel von Lawena noch unter Eis. Höhere Spätwürm-Moränen verraten einen letzten Vorstoß des Falknis-Eises bis 1600 m, aus dem Kessel von Demmera bis 1700 m herab.
Durch das Guscha-Tal stieß ein Gletscher von der NW-Seite des Falknishorn bis unter 1100 m; ein anderer durch das Gleggtobel bis auf 930 m, jüngere bis auf 1000 m herab. Dies dürfte vorwiegend im vorangegangenen Interstadial ausgeräumt worden sein, wobei der Schutt im Fächer von Maienfeld abgelagert wurde.
Der Gletscher aus dem Firngebiet der Jeninser Alp stieg im Churer Stadium über Untersäß in die Alpbachschlucht bis 1100 m ab.

Der spätwürmzeitliche Landquart-Gletscher

Im untersten Prättigau und im letzten von S mündenden Seitental, im Valzeina-Tal, stand das Eis im Würm-Maximum bis auf eine Höhe von 1900 m. Von E stieß der Landquart-Gletscher, wie die rundhöckerartig überprägte Felsoberfläche und die zurückgelassenen Erratiker – Serpentinite, Amphibolite und Silvretta-Gneise – auf dem Furner Berg belegen, N des Wannenspitz in breiter Front gegen das Valzeina-Tal vor. Von W floß ein Lappen des Rhein-Gletschers über den Sattel von Stams, und von den Sayser Chöpf bis zur Chlus bestimmte er das Abfließen von Landquart- und Valzeina-Eis gegen NW. Nach einem Abschmelzen bis gegen 1200 m, bis ins Weesen/Feldkirch-Stadium, beschränkte sich das Zusammentreffen von Landquart- und Valzeina- mit dem Rhein-Gletscher auf das Gebiet der Chlus.
Aufgrund des Austretens des Prättigauer Grundwassers vor der Chlus und einer bedeutenden Infiltration an deren Ausgang dürfte die Felssohle in der Chlus selbst in geringer Tiefe erreicht sein.
Spätere Stände auf 1000 m und 900 m zeichnen sich auf Gaschlun, am linken Talausgang, durch Moränenterrassen, Wallreste und gegen das Churer Rheintal hinzielende Trockentälchen ab. Beim Eisstand von Sattel, bezeugt durch randglaziäre Stauschotterterrassen in 800 m, taleinwärts durch tiefe Seitenmoränen und Bachablenkungen, blieb der *Valzeina-Gletscher* selbständig. Im nächsttieferen Stand von Unter Valzeina wurden um 750 m Eisrandterrassen aufgestaut. Diese Randlagen dürften Staffeln des Sarganser Stadiums zuzuordnen sein.
Ähnliche Abfolgen stellen sich an den Ausgängen des Taschinas-Tal N von Grüsch und des Schraubach-Tal N von Schiers ein. Die Höhenlagen der Terrassenflächen stimmen jedoch nicht miteinander überein, wie dies bei einem zusammenhängenden postglazialen (D. Trümpy, 1916) oder gar interglazialen (L. M. Krasser, 1939) See zu erwarten wäre. Die Schotter sind daher als randglaziäre Stauterrassen selbständig gewordener Gletscher zu deuten (C. Burga, 1969; P. Wick, 1970). Ihre Sander wurden an und unter noch im vorderen Prättigau liegendes Landquart-Eis geschüttet. Beim Abschmelzen wurde die Erosionsbasis sukzessive tiefer gelegt, und die Schmelzwässer der Seitengletscher schnitten sich rasch ein.
Nach einem Rückzug bis in den Talschluß erfolgte im Churer Stadium ein nochmaliger Vorstoß bis Bort mit einem Zungenende unter 1200 m; in einer Nachphase lag es bei Chopfi um 1300 m. Nach dem Rückzug wurde die Kerbe erneut eingetieft.

In einem nächsten Rückschlag stieß der E-Arm des Valzeina-Gletschers nochmals bis Ober Falsch, bis 1750 m, vor, wo er mehrere Endmoränen zurückließ; aus der Gleichgewichtslage in 1950 m resultiert bei N-Exposition eine klimatische Schneegrenze um 2100 m, womit diese dem Andeer-Stadium zuzuordnen wäre.
Die beiden höchsten, bis unterhalb 1900 m und bis 1950 m herabreichenden Wälle zeugen wohl von den letzten spätwürmzeitlichen Klimarückschlägen.
Aus dem Firngebiet zwischen Ful Berg und Hochwang (2533 m) schob sich im Andeer-Stadium eine Zunge bis gegen 1600 m vor; die bis 1750 m abfallende Moräne bekundet wohl bereits den letzten spätwürmzeitlichen Stand.
Im Sarganser Stadium mündete der von der Falknis-Schesaplana-Kette absteigende *Taschinas-Gletscher* um 800–700 m, E von Seewis, in den Landquart-Gletscher. Im Churer Stadium hingen einzelne Zungen gegen S nochmals bis unterhalb 1200 m herab. Im Andeer-Stadium endeten sie unterhalb 1400 m. Der vom Vilan (2376 m) gegen NE abfließende Gletscher vereinigte sich noch mit den vom Falknis und vom Naafkopf gegen SE absteigenden Eismassen. Im Suferser Stadium erfüllten diese die Kare und stirnten zwischen 1500 und 1800 m; das über die Jeninser Alp gegen NE abfließende Vilan-Eis endete um 1500 m.
Prachtvoll ausgebildete Moränen haben sich auf der SW-Seite der Schesaplana ausgebildet. Sie belegen noch im ausgehenden und im letzten Spätwürm in die Quelläste des Taschinas-Baches abgestiegene Eiszungen.
Auch in den Quellästen des Schraubach-Tales haben sich auf der N-Seite des Chüenihorn (2413 m) sowie des Schafberg (2456 m) im letzten Spätwürm kleinere Kargletscher entwickelt, die, bei einer Gleichgewichtslage um 2200 m, auf 2080 m bzw. auf 2000 m gestirnt haben und damit auf eine klimatische Schneegrenze um 2300 m hindeuten.
Im Sarganser Stadium lieferte der *Furner Gletscher* vom Hochwang, wie die in rund 1000 m Höhe gelegene Mittelmoräne der Gmeingüeteregg zu erkennen gibt, noch einen kräftigen Zuschuß. Entsprechende Stauterrassen finden sich auf der linken Talseite bei Jarälla.
Im Prättigau dürfte das Eis nach dem Sarganser Stadium bis ins Becken von Grüsch zurückgeschmolzen sein.
Noch im Churer Stadium erreichte der Furner Gletscher den Landquart-Gletscher, der damals bis über Hinter Linden vorstieß und den Schuttfächer des Buchner Baches aufstaute. Im Andeer-Stadium sammelten sich die einzelnen Zungen oberhalb des Varneza-Tobel mit einem Ende auf 1600 m. Auf gleicher Höhe stirnte auch der vom Rothorn über die Igiser Alp gegen E abfließende Gletscher. Die Moränen auf der Varenza-Alp sind spätwürmzeitlichen Vorstößen zuzuordnen.
Beim Abschmelzen des Landquart-Gletschers bildeten sich zwischen den Stationen Furna und Fideris drei Stauterrassen. Subglaziär entstanden auch Rinnen von Seitenbächen, so jene von Saas.
Aufgrund von absteigenden Seitenmoränen und Rundhöckern scheint der *Landquart-Gletscher* im *Zilliser Stadium* nochmals bis gegen *Fideris* vorgerückt zu sein, wo er um rund 800 m gestirnt haben mag. Von S stieß der *Ariesch-Gletscher* aus dem hochgelegenen Firngebiet des Fideriser Heuberg bis an den Talausgang, was durch tiefe Seitenmoränen belegt wird. Seine Schmelzwässer schütteten über einem Bündnerschiefer-Sockel vor dem stirnenden Landquart-Gletscher einen Sanderkegel, der von Schmelzwässern überprägt und zerschnitten wurde. Jüngere Rückzugsstaffeln zeichnen sich in den Seitenmoränen E von Saas und in den Stauterrassenresten bei Conters ab. Ein etwas

internerer Stand gibt sich bei Saas zu erkennen, wo es zur Bildung einer Moränenterrasse und zu einer Bachablenkung kam.
S der Stralegg ließ sich im Mündungsgebiet des Arieschbaches eine eingedeckte Schotterrinne auch seismisch nachweisen (A. Schneider, 1972). Allenfalls stammt sie von Schmelzwässern eines dort stirnenden Landquart-Gletschers. Ein jüngerer Halt des Ariesch-Gletschers zeichnet sich im Geißeggen sowie auf der rechten Talseite ab. Das Zungenende lag unterhalb 1200 m.
In einem weiteren, durch Ufermoränen dokumentierten spätwürmzeitlichen Rückschlag stieß der Ariesch-Gletscher bis unterhalb 1800 m vor. Aus der Gleichgewichtslage um 2000 m ergibt sich eine klimatische Schneegrenze von 2100 m.
Die Moränen auf dem Fideriser Heuberg, die eine klimatische Schneegrenze von gegen 2300 m voraussetzen, sind spätwürmzeitlichen Rückschlägen zuzuschreiben.
Aus dem Buchner Tobel wurde ein Schuttfächer geschüttet, hinter dem sich im Becken von Jenaz ein See aufstaute. Dieser brach dann durch, was sich in der Ausbildung einer Terrasse zu erkennen gibt.
Im Mündungsbereich des Tales von *St. Antönien* stand das Eis im Riß-Maximum um 2300 m, im Würm-Maximum bis auf eine Höhe von über 2100 m. Aufgrund der Erratiker drang das Landquart-Eis offenbar noch etwas ins Schaniela-Tobel ein (Dr. E. Kobler, mdl. Mitt.). Die Verflachung des SW-Grates des Jägglisch-Horn auf gut 2000 m dürfte die Eishöhe zur Zeit des Stadiums von Stein am Rhein anzeigen, diejenige auf 1800 m belegt wohl den Konstanzer Stand. Weitere Rückzugsstände zeichnen sich am Grat auf 1470 m und um 1330 m ab.
Noch im Stadium von Buchen-Linden (=Chur) vereinigte sich der Schaniela-Gletscher bei Küblis mit dem Landquart-Eis, was Moränen bei Pany und Pläviggin bekunden. Zugleich drang ein Lappen noch über den Sattel von Aschüel und ins Großried E von Valpun, was durch Stirnmoränen belegt wird. Über Aschüel lag noch im Fideriser Stadium eine schmale Eiszunge.
Selbst im Fideriser (= Zilliser Stadium) lieferte der Schaniela-Gletscher nochmals einen kleinen Zuschuß, wie die Moränen von Tälfsch und von Luzein belegen.
Dem nächsten spätwürmzeitlichen Vorstoß dürften die Moränen um St. Antönien zuzuordnen sein. Das Überfließen durch den Sattel von Aschüel (1607 m) zum Schraubach-Gletscher unterblieb. Ein Wall dämmt um 1550 m die Talung ab. Das Zungenende lag zunächst auf 1250 m, in Rückzugsstaffeln auf 1350 m und auf knapp 1400 m.
Auch der Gletscher aus dem Firngebiet der Aschariner Alp stieg nochmals ins Haupttal ab; er stirnte zunächst auf 1400 m, später auf 1440 m und 1530 m. Zwischen Sulzfluh und Girenspitz hing eine Zunge bis 1800 m herab.
Endmoränen des ausgehenden Spätwürm finden sich in den Talschlüssen SW der Sulzfluh bis 1950 m, solche des letzten Spätwürm bis 2040 m.
Eine Rückzugslage des Fideris-Stadiums gibt sich in der stirnnahen Terrasse von Saas zu erkennen.
Die Hochfläche von Tilisuna N des Grenzkammes zwischen Sulzfluh und Schijenflue war noch tief ins Spätwürm von Firn bedeckt. Damals dürften wohl auch die verwitterten Flysch-Sandsteine, Amphibolit- und Gneis-Geschiebe ins rundhöckerartig überprägte Kar von Gruoben sowie in Höhlen verfrachtet worden sein (W. v. Seidlitz, 1906; O. Ampferer, 1907). Daß dort Höhlen bereits vor der Würm-Eiszeit existiert haben müssen, wird durch Knochen von Höhlenbären belegt. Diese stammen offenbar – wie die Begleitfauna: Nager, Paarhufer und Fledermäuse – von Tieren, die in schnee-

überdeckte Dolinen eingebrochen sind (H. BURGER, 1977, Dr. K. HÜNERMANN, mdl. Mitt.). 600 m SW des Sarotlapaß fand BURGER (1977) eine von einem jüngeren Vorstoß überfahrene Moräne. Ein 5 m hoher E-W verlaufender Moränenwall wird von einem jüngeren, ebenfalls über mehrere 100 m verfolgbaren Wall von 1,5 m Höhe senkrecht gekreuzt und überbrückt.
Auf Plasseggen liegen Baumstrünke bis auf eine Höhe von 2150 m (H. BURGER, mdl. Mitt.). Da im Prättigau die Waldgrenze heute unterhalb von 1900 m liegt, dürften sie einen vor dem 17. Jahrhundert um über 250 m höher hinauf reichenden Baumwuchs belegen.
Beim *Landquart-Gletscher* stellen sich tiefe Seitenmoränen eines nächsten spätwürmzeitlichen Vorstoßes SE von Klosters, bei Selfranga, ein (J. CADISCH in CADISCH & W. LEUPOLD, 1928 K). Auf der rechten Talseite wurden die Moränen durch Sackungen und, zwischen Platz und Dorf, durch den Schuttfächer des mündenden Talbach weitgehend zerstört. Die Zunge dürfte bis 1100 m vorgerückt sein. Die Schotter von Serneus sind als zugehöriger Sander zu deuten.
Vom Saaser Calanda (2554 m) mündeten in den Stadien von Buchen-Linden und von Fideris kleine Zuschüsse, was auf Flersch durch Moränenwälle belegt wird.
Noch im Stadium von Serneus erhielt der Landquart-Gletscher Zuschüsse aus dem Schlappin-Tal, aus dem Madrisa- und vom Grüenhorn-Gotschnagrat-Gebiet.
Auch aus dem hochgelegenen Firnkessel des Chüecalanda W des Saaser Calanda stieß ein Gletscher bis ins Tal vor, wo sich E der Station Serneus zwei zangenartig zusammentretende Moränen erkennen lassen. Jüngere Stände zeichnen sich auf 1800 m, auf 2000 m und auf 2060 m ab.
Vor dem Niedergang des Totalp-Bergsturzes, dessen Trümmermassen von Wolfgang-Drusatscha den Davoser See aufgestaut haben, lag die Wasserscheide und, bis ins mittlere Spätwürm, auch die Eisscheide in der *Davoser Talung* zwischen Platz und Dorf (Fig. 98).
Noch im Stadium von Fideris (=Tiefencastel) stand das Eis im Sattel von Davos bis auf über 2000 m. Im *Flüela-Tal* flossen zwischen Pedraberg und Seehorn, wo sich auch Seitenmoränenreste zu erkennen geben, rechtsufrige Schmelzwässer durch die Abflußrinne des Chaltboden und verschwanden NE des Seehorn unter das gegen Klosters abfließende Eis.
Noch im Stadium von Klosters (=Filisur), bei einer Eishöhe von gut 1900 m zwischen den Rundhöckern des Haupt und den Stauschuttmassen der Büschalp, floß noch Dischma-Eis, wofür auch der Kristallin-Rundhöcker in der Trichtermündung des Dischma-Tales spricht, zusammen mit dem Flüela- und dem Mönchalp-Gletscher, dem Weißfluh- und dem Parsenn-Eis ins Prättigau ab, während sich die Hauptmasse durchs Landwasser-Tal dem Albula-Eis zuwandte.
In der nächsten Warmphase brach offenbar der Totalp-Bergsturz nieder. Oberhalb von Unterhalb Laret liegen die Trümmermassen nach A. STRECKEISEN (in R. A. GEES, 1955) auf (?) Landwasser-Moräne. Anderseits liegt verschiedentlich Moräne auf Bergsturz-Material. Die geradlinigen Störungszonen in den Trümmermassen zwischen dem Davoser See und Unter Laret, die durch Tälchen markiert werden, sind wohl auf ein Nachsacken der Sturzmassen durch abschmelzendes Toteis zurückzuführen. Damit dürfte das Eis vor dem Niederbrechen noch nicht ganz bis in die Davoser Talung zurückgeschmolzen sein. Im Abrißgebiet der Totalp haben sich mehrere Sackungspakete gelöst, die ebenfalls noch zutal fahren können (Bd. 1, Fig. 58).

Im Stadium von Klosters, der nächsten Kaltphase, stießen die Gletscher aus den Quelltälern des Landwasser erneut in die Davoser Talung vor. Wallmoränen N, NE und E von Davos-Dorf und SW von Platz, die gegen den Davoser See und gegen das Landwasser-Tal abfallen, belegen diesen auch durch Zuschüsse vom Weißfluh-Chüpfenflue-Gebiet genährten Vorstoß in die Davoser Talung (J. CADISCH & W. LEUPOLD, 1928K). Dabei kolkte der noch etwas vom Dischma-Eis unterstützte *Flüela-Gletscher* hinter dem Bergsturzriegel das Becken des Davoser Sees aus, während der *Mönchalp-Gletscher* vom Pischahorn (2980 m) nochmals durch das Stützbachtal bis gegen Klosters vorstieß und vor der Seitenmoräne des Landquart-Gletschers bei Selfranga stirnte. Dabei erhielt er vom Hüreli (2459 m) noch kleine Zuschüsse.
Das nochmalige späte Vorstoßen des Mönchalp- und des Stütz-Gletschers aus dem Parsenn-Gebiet wird zwischen Davoser See und Klosters-Selfranga auch durch das Aufkommen von subalpinem Fichtenwald belegt, während sich auf dem nicht von Moräne

Fig. 98 Die Talschaft Davos mit den Stauschuttmassen von Frauenkirch (Bildmitte). Hinter Davos der spätglaziale Bergsturzriegel von Wolfgang, der die Talwasserscheide gegen das Prättigau bildet, dahinter die Berge des Rätikon. Photo: P. FAISS, Davos. Aus: O. PLANTA, 1972.

bedeckten Serpentin-Schutt des Totalp-Bergsturzes – im Drusatscha- und im Dälenwald – ein hochstämmiger Bergföhrenwald eingestellt hat (A. LIEGLEIN, mdl. Mitt.).
Der Schwarzsee N von Unter Laret lag in einer randglaziären Entwässerungsrinne, die gegen Klosters verläuft; das Hochmoor von Großweid dagegen hat sich nach dem Abschmelzen des Eises im Frontbereich des Zungenbeckens von Laret gebildet. Durch den vor der zurückschmelzenden Stirn des Flüela-Gletschers sich bildenden Schuttfächer wurde der Davoser See gegen SW, gegen das Landwassertal, abgedämmt.
Die Schuttmassen des Gotschna-Bergsturzes überlagern Bim Wijer S von Klosters den Totalp-Bergsturz. In der Abrißnische und gegen Hinter dem Zug werden sie ihrerseits von Lokalmoräne überlagert.
An der Konfluenz von *Verstancla-* und *Vereina-Gletscher* stand das Eis – aufgrund von Seitenmoränen – auf über 1700 m. Talauswärts nahm der Landquart-Gletscher von beiden Seiten Zuflüsse auf. Am Ausgang des Vernelatales lag die Eisoberfläche auf über 2200 m, was dort sowie bei der Mündung des Kargletschers aus dem N anschließenden Ochsentälli durch Ufermoränen belegt wird.
Im Grenzbereich zwischen Taleis und den absteigenden Zuflüssen stellen sich Rundhöcker ein. N der Stutzalp bildeten sich subglaziäre Schmelzwasserrinnen aus.
Im Interstadial vor dem Stadium von Klosters dürfte der Landquart-Gletscher ins Vereina zurückgeschmolzen sein.

Der Schlappin-Gletscher

Aus dem *Schlappin-Tal* drang im Stadium von Klosters ein 12 km langer Gletscher bis unter 1300 m, bis fast an den Talausgang, vor, was Seitenmoränen und eine Schmelzwasserrinne belegen. Damals dürfte der Schlappin-Gletscher ein letztesmal noch etwas über das Schlappiner Joch (2202 m) übergeflossenes Eis aus dem hintersten Gargellner Tal empfangen haben (S. 112).
Letzte spätwürmzeitliche Stände treten im Schlappin-Tal auf der Kübliser Alp auf 1900 m und um Inner Säß um 2000 m auf. Im Talschluß des Chessi stellen sich jüngere spätwürmzeitliche Stände um 2200 m ein. In den Talschlüssen reichen Moränenwälle in NW-Exposition bis auf 2300 m, in SE-Exposition bis an den Hüenersee auf 2450 m und in W- bis SW-Exposition bis 2470 m herab. Frührezente Moränen lassen sich am Leidhorn (2839 m) bis auf 2550 m herab beobachten.
Aus dem Madrisa-Gebiet stieg ein Hängegletscher zunächst bis 1850 m ab. Endmoränenbögen zwischen 2120 m und 2160 m bekunden Gleichgewichtslagen von 2350–2400 m, was bei SE-Exposition etwa der klimatischen Schneegrenze gleichkommt.

Die jüngeren spätwürmzeitlichen und holozänen Vorstöße in den Quelltälern der Landquart

Ein spätwürmzeitlicher Wiedervorstoß des *Vereina-Gletschers* hinterließ Wallreste nach den Konfluenzen mit dem Süser- und dem Vernela-Gletscher unterhalb des Rundhöcker-Gebietes der Vereina, auf 1900 m. In späteren Klimarückschlägen schoben sich die Gletscher noch bis an die Ausgänge der Seitentäler vor, was sich in Zungenbecken und Stirnmoränen bei Frömdvereina und am Ausgang des Vernela- und des Süser Tales zu erkennen gibt.

In einem nächsten Rückschlag stieß der Jöri-Gletscher bis 2250 m ins Vereina-Tal vor. Im Spätholozän dürfte er am Steilabfall geendet haben. Noch um 1850 (DK XV, 1853) kalbte er in den Jöriseen auf 2500 m.
Im *Verstancla-Tal* zeichnen sich entsprechende Vorstöße oberhalb der Alp Sardasca bei den Lappen des Silvretta- und beim vereinigten Silvretta-Verstancla-Gletscher ab. In einem letzten prähistorischen Stand endete der Verstancla-Gletscher auf 2000 m.
Noch um 1850 standen Silvretta- und Verstancla-Gletscher miteinander in Verbindung; ihre tiefste Zunge reichte bis rund 2200 m. Außerhalb lassen sich beim Silvretta-Gletscher noch weitere Moränenwälle beobachten. Derjenige auf 2350 m, nur 100 m von der Silvretta-Hütte entfernt, dürfte aus dem 17. Jahrhundert stammen. Damals stieß der Verstancla-Gletscher noch bis gegen 2100 m vor.
Von der Totalp und von Parsenn brachen – wohl beim abschmelzenden Eis – Serpentinit-Bergstürze nieder und verschütteten die Talung Davos–Klosters. Ebenso lösten sich Sackungsmassen auf der NE-Flanke des Gotschnagrat (J. Cadisch, 1921; A. Streckeisen, schr. Mitt.).
Bei einem nächsten Rückschlag stiegen auf Parsenn Gletscherzungen wieder bis 2050 m ab. Aufgrund der Gleichgewichtslage in 2300 m ergibt sich eine klimatische Schneegrenze von 2350 m, was einer Depression von 550 m gleichkommt. Durch das Meierhofer Tälli stieß ein Eisstrom von der Weißfluh (2834 m) bis 1850 m vor.

Der Plessur-Gletscher

Als der Plessur-Gletscher nochmals bis Chur vorstieß (S. 233) und – zusammen mit Eis von der Lenzerheide – bei Passugg Mittelmoränen zurückließ, empfing er aus dem Gürgaletsch-Gebiet einen letzten Eiszuschuß. Aus der Gleichgewichtslage um 1650 m ergibt sich eine klimatische Schneegrenze um 1850 m. Weitere Zuströme erhielt er aus dem Farur- und dem Urdental, die sich S von Tschiertschen vereinigten. An der Einmündung lag die Eisoberfläche aufgrund von Moränen auf 1200 m.
Mit dem Abschmelzen des Eises von Chur begann – allenfalls mit dem Ausbruch eines Moränenstausees – die Bildung des Plessur-Fächers, auf dessen Wurzel bereits jungsteinzeitliche, bronze- und eisenzeitliche Siedlungen nachgewiesen sind (Bd. 1, S. 234). Später entwickelte sich darauf das römische Curia (von keltisch Kora = Stamm, Sippe), dann die Hauptstadt von Raetia Prima, das bischöfliche Chur und schließlich die Stadt von Fry Rätien (Ch. Simonett, 1976).
Die mächtigen, von Moräne bedeckten Stauschuttmassen zwischen Lüen und Tschiertschen dürften wohl bereits beim frühwürmzeitlichen Vorstoß abgelagert worden sein. Bei Langwies nahm der Plessur-Gletscher Eis aus dem Fondei- und aus dem Sapün-Tal auf, was durch einen Rundhöcker auf 1920 m und eine bis 2000 m ansteigende Mittelmoräne belegt wird. Auch von der Hochwang-Kette erreichten ihn noch Eiszungen, was Wallreste und Moränenterrassen belegen. W von Langwies ist die Moräne zu Erdpyramiden zerschnitten.

▷

Fig. 99 Der von Moränen des späteren Spätwürm abgedämmte und nun mehr und mehr verlandende Untere Prätschsee N von Arosa. Dahinter das Tal von Sapün und die damals zwischen zwei Gletschern gelegene Hochfläche des Mederger Boden. Im Hintergrund: Weißfluh, Schiahorn und Chüpfenflue.
Photo: L. Gensetter, Davos. Aus: H. Heierli, 1977.

Im nächsten Spätwürm stirnte der Plessur-Gletscher auf 1200 m, kurz nach der Vereinigung mit dem Sapün-Gletscher, was durch Wallreste, zerschnittene Moränenterrassen, Sanderreste um Langwies sowie durch eine auf 1650 m gelegene Mittelmoräne zwischen Sapün- und Fondei-Gletscher bekundet wird. Lokal ist die Moräne zu bizarren Erdpyramiden zerschnitten worden. Die Hochflächen um Arosa, die im Churer Stadium noch zum Akkumulationsgebiet gehörten, blieben bereits teilweise eisfrei, so daß der Plessur-Gletscher nicht mehr so tief hinunter reichte wie der Landquart- oder gar der Albula-Gletscher (S. 223, 224; 257–262).

Bei dem vom Aroser Weißhorn gegen N, gegen die Ochsenalp, abgestiegenen Gletscher lag die Gleichgewichtslinie bei der Schüttung der bis 1850 m bzw. bis 1930 m herabreichenden Wälle auf 2000 m, die klimatische Schneegrenze auf über 2100 m, also um 300 m höher als im Churer Stadium. Beim späteren Vorstoß, der durch den auf 2040 m gelegenen Endmoränenkranz dokumentiert wird, war die Gleichgewichtslage auf knapp 2200 m, die Schneegrenze auf gut 2300 m hinaufgerückt. Jüngste Moränen steigen auf der NE-Seite des Weißhorn (2563 m) bis 2480 ab.

N des Gürgaletsch kam es, wohl nach dem Abschmelzen des Eises, zu ausgedehnten Sackungen. Zwischen Gürgaletsch (2441 m) und Chlin Gürgaletsch (2279 m) stieg ein Gletscher – dokumentiert durch markante Stirnmoränen – im ausgehenden Spätwürm nochmals bis 1980 m, später bis 2150 m herab.

Ein nächster spätwürmzeitlicher Stand des Plessur-Gletschers zeichnet sich durch Moränen unterhalb von Arosa auf 1600 m ab. Zugehörige Uferwälle dämmen den Untersee ab; die rechtsseitigen fallen im Hinterwald von 1840 m auf 1780 m ab. Ebenso dämmten Stirnwälle NNE von Arosa den Unteren Prätschsee ab (Fig. 99).

Der vom Weißfluh-Gebiet durch das Sapün vorstoßende Gletscher reichte ebenfalls so tief herab. Zahlreiche jüngere Moränenkränze im obersten Fondei- und in den Quellästen des Sapün-Tales bezeugen Zungenenden zwischen 200 m und 2250 m (J. Cadisch in Cadisch & W. Leupold, 1928k).

Eine frontal aufgespaltene Zunge hing von der Mederger Alp gegen das Sapün-Tal und gegen das Plessurtal bis 1850 m herab. Von der Tiejer Alp und vom Furggahorn stiegen Gletscher bis unterhalb 1800 m ab, während die weiter S, zwischen diesem und der Amselflue, durch das Furggatobel abfließende Zunge sich noch mit dem Plessur-Eis vereinigte.

Ein jüngerer Vorstoß gibt sich in den Endmoränen der Aroser Alp zu erkennen; diese dämmen in gut 1900 m das Becken des Schwellisees ab. Markant erscheinen besonders die Seitenmoränen, die gegen das W- und gegen das E-Ende zielen. In einer jüngeren Staffel hing das Eis noch in zwei Zungen über den Steilabfall N des Älplisees. Ein späterer Klimarückschlag ließ den Plessur-Gletscher bis 2200 m vorrücken. Aus der Gleichgewichtslage in 2450 m resultiert eine klimatische Schneegrenze um 2600 m. Jüngste Moränen hängen auf der N-Seite des Aroser Rothorn (2980 m) bis auf 2500 m herab.

Durch das SW–NE verlaufende Welschtobel und vom Alteiner Tiefenberg reichte im Aroser Stadium ein Gletscher bis an den Talausgang, bis 1650 m, in späteren Ständen noch bis 1900 m. Auf der E-Seite des Aroser Rothorn rückten die Eiszungen bis auf Alp Ramoz vor, zuerst bis unter 2100 m, später bis 2300 m; das Eis vom Guggernell-Grat reichte bis 2250 m. Auf dem Alteiner Tiefenberg stirnte der Gletscher auf 2200 m (Fig. 110).

Mit den Pollenprofilen vom Faninpaß (2212 m), vom Oberen Glunersee (2100 m) und vom Grünsee (2110 m), der Wasserscheide zwischen Prättigau und Schanfigg, deren älteste Sedimente bis in die Jüngere Dryaszeit zurückreichen, konnte H. P. WEGMÜLLER (1976) zur Kenntnis der holozänen Vegetationsgeschichte N-Bündens beitragen.
Im ausgehenden Präboreal dürfte das Eis den Faninpaß freigegeben haben. In 2,70 m Tiefe beginnt das Profil mit über 80% *Pinus*, wenig *Betula*, *Corylus*, *Juniperus* und *Ephedra* mit dem Präboreal. Dann gewinnt *Corylus* an Bedeutung; der Eichenmischwald mit *Ulmus*, *Tilia*, *Quercus* und *Acer* stellt sich nur zögernd ein. Erst nach 6250 ± 100 v. Chr. (in 2,40 m) tritt er stärker in Erscheinung. Bereits an der Grenze Boreal / Atlantikum, um 5200 v. Chr., wandert die Fichte ein. Eine Datierung wenig darüber ergab – 5350 ± 70. Um 5000 v. Chr. stellt sich bereits die Tanne ein. Um 4280 ± 100 liegt – trotz der Fichten-Entfaltung – der Tiefpunkt eines postglazialen Klima-Rückschlages.
Um 3790 ± 60 erfolgte der Rückgang des Eichenmischwaldes, wenig später erreicht die Fichte ihr Maximum. Am Gluner- und am Grünsee ist die Ausbreitung des Fichten-Arven-Waldes auch durch Großreste belegt.
Der Übergang vom Jüngeren Atlantikum zum Subboreal liegt am Ende eines feucht-kühlen Abschnittes, nach 2790 ± 60 v. Chr. Im Subboreal wird der Wald aufgelockert. Um 1770 ± 150 setzte der jüngste Fichtenrückgang ein. Zugleich stellen sich mit Rodungen und Kulturzeigern – *Plantago lanceolata* und Getreide – erste Spuren des Menschen ein.
Gegenwärtig untersucht C. BURGA (schr. Mitt.) Pollendiagramme vom Stelsersee (1668 m) und vom Fulried (1542 m) E von Schiers.

Fig. 100 Das Abrißgebiet des Flimser Bergsturzes. Blick vom Crap Sogn Gion gegen E.

Die spätwürmzeitlichen Bergstürze von Flims und Reichenau und die Eisvorstöße in ihre Trümmerfelder

Unterhalb von Ilanz bis gegen Chur wird der Talraum von den größten zusammenhängenden Bergsturzmassen der Alpen, über 70 km², und einem aufgeschlossenen Volumen von 9 km³, eingenommen; das Hohlvolumen der Abbruchnischen beträgt 13 km³ (G. ABELE, 1974). Die Trümmer bestehen vorwiegend aus Malm- und Kreide-Gesteinen sowie lokal überschobenem Ilanzer-Verrucano. Vielerorts legt sich darüber eine dünne Moränendecke mit Bündner Oberländer Erratikern. Die Sturzmassen brachen aus Nischen zwischen Flimserstein und Calanda nacheinander nieder (Fig. 100). Zwischen der SW-Flanke des Flimserstein und der NE-Seite der Alp Nagiens fuhr der gewaltigste, der Flimser Bergsturz, auf SSE einfallender mergelig-schiefriger Unterlage zutal. Mit über 400 m mächtigen Trümmermassen verschüttete er im Vorderrheintal ein Areal von rund 50 km², brandete am Gegenhang auf, teilte sich in zwei Hauptarme, drang tief in die von S mündenden Täler ein und staute rheinaufwärts einen langen, fjordartig in dessen Seitentäler hineingreifenden See, einen frühen Ilanzersee.
Vom Säsagit und den unterschnittenen Flanken des Taminser Calanda lösten sich weitere Gesteinsmassen, rund 1,5 km³. Sie bauen zwischen Tamins und Chur die Tumas, später vom Eis überprägte Bergsturzhügel, auf (H. W. ZIMMERMANN, 1971; Fig. 102). Durch die enge Pforte von Juvalta gelangten Trümmer noch 10 km Hinterrhein-aufwärts ins Domleschg (S. 233 und 240).
Ein kleinerer, noch jüngerer Sturz von Bündnerschiefern brach SW von Bonaduz aus. Für den geschichtlichen Ablauf sind auch die Schotter und ihre Genese sowie die Moränen von Ilanz bis Chur und von Bonaduz ins Domleschg von Bedeutung.
Die den bis über 70 m mächtigen Bonaduzer Schottern oft fehlende Schichtung, die nur angedeutete Einregelung, die teils gute Rundung, das Auftreten einst gefrorener Schollen, der rasche vertikale Wechsel von groben und feinen Komponenten, die lokal in Sand übergehen, sowie ihre Verzahnung mit Bergsturzmassen führte für diese Ablagerungen und ihre spätere Zerschneidung zu recht unterschiedlichen Deutungen über Entstehung und zeitliche Einstufung. ALB. HEIM (1891) vermutete in den Bonaduzer Schottern, aufgrund gekritzter Gerölle und oft fehlender Schichtung im Feinanteil, würmzeitliche Grundmoräne des Rhein-Gletschers, der den Flimser Bergsturz überfahren hätte. A. PENCK (1909) und W. STAUB (1910) hielten sie für älter als die Bergstürze, PENCK für bühlzeitlich, da sie lokal von deren Trümmermassen überlagert werden; die Moränenüberkleisterung schrieben sie einem spätwürmzeitlichen Vorstoß des Rhein-Gletschers zu. Da lehmige Partien fehlen und eine vertikale Sortierung auftritt, wurden die Bonaduzer Schotter von den meisten späteren Autoren – schon von R. GSELL (1918) – als fluviale Schüttung hinter der Bergsturzschwelle von Ils Aults SE Reichenau gedeutet. Wegen der Auflagerung von Trümmermassen bei der Ruine Wackenau NW von Bonaduz hielt J. OBERHOLZER (1933) den Flimser Bergsturz für jünger als die Reichenauer Schwelle, die Eisüberfahrung beider Sturzmassen und der Bonaduzer Schotter für spätwürmzeitlich. J. CADISCH (1944) und T. REMENYIK (1959) nehmen an, daß beide Bergstürze älter wären als die Bonaduzer Schotter. Diese werden von W. K. NABHOLZ (1954, 1967, 1975), REMENYIK und H. JÄCKLI (1967) als in einem See abgelagerte Stauschotter betrachtet (Fig. 101).
N. PAVONI (1968) sieht in diesen Schottermassen einen durch den Sturz vom Säsagit verflüssigten Gesteinsbrei, der in Bewegung geraten wäre, und Reste eines früheren

Sturzes vom Taminser Calanda ins Domleschg mitverfrachtet hätte. Dafür sprechen: die Durchmischung der Komponenten, die einheitliche maximale Korngröße, ihre allmähliche Abnahme von unten nach oben und von NE gegen SW, die hohe Porosität, die von Feinmaterial – Sand und Silt – erfüllten Entwässerungsröhren, die in feinerem Material schwimmenden größeren Komponenten, ihr stark variabler Rundungsgrad, das Auftreten von Kritzern und Schlagspuren, die praktisch fehlende Schichtung und die oft sich zeigende Einregelung der Komponenten. Aufgrund neuester Untersuchungen möchte auch R. ZULAUF (1975) dieser Version beipflichten. Nach E. SCHELLER (1970) würde ein Niederbrechen aus dem Kunkelsgebiet auch ohne zusätzliche Verfrachtung im Gesteinsbrei in der Bergsturz-mechanischen Norm liegen.

Da sich an der W-Flanke von Ils Aults unter den Bonaduzer Schottern Grundmoräne einschiebt, hätte zwischen der Ablagerung der beiden ein Gletscher-Vorstoß stattgefunden. Damit kann der Bergsturz von Reichenau die Bonaduzer Schotter kaum mehr in Bewegung gesetzt haben.

Nach ABELE (1969, 1970, 1974), HANTKE (1970), NABHOLZ und ZULAUF ergibt sich für das erdgeschichtliche Geschehen im Raum Flims–Reichenau folgender zeitlicher Ablauf: Niedergang des Flimser Bergsturzes, wohl als Folge des Zurückschmelzens des Eiswiderlagers und der Firnkappe auf dem Flimserstein, wodurch die Wirkung des Spaltenfrostes verstärkt wurde. Ob allenfalls das Niederbrechen der Bergsturzmassen von Flims–Reichenau–Felsberg mit den von H. JÄCKLI (1952, 1965) und P. ECKARDT (1957) im südlichen Aarmassiv des Bündner Oberlandes festgestellten spätwürmzeitlichen Brüchen in Zusammenhang zu bringen ist? Dabei hätten analoge spätwürmzeitliche Bewegungen zwischen Vorab und Calanda die Sediment-Decken durchschert, so daß diese auf Gleithorizonten niedergefahren wären. Vielleicht steht das Aufsteigen des talseitigen Flügels mit der isostatischen Eisentlastung in Verbindung.

Schmelzwässer von Vorderrhein-, Glenner-, Rabiusa-, Vorab/Segnas- und Bargis-Gletscher bewirkten nach kurzem Aufstau bei Ilanz eine erste Durchtalung bis auf mindestens 800 m (M. BLUMENTHAL, 1911).

Dann brachen die Sturzmassen von Reichenau-Tamins, von der Silberegg und von der S-Flanke des Calanda, dann jene vom Säsagit nieder. Dabei wäre die das Tal querende Bergsturzschwelle von Ils Aults vom Rhein zunächst nicht durchschnitten worden.

Infolge einer Klimaverschlechterung stießen die Gletscher erneut vor. Mit Unterstützung der steil abfallenden Eismassen von der Vorab–Segnas–Ringelspitz-Kette, die bis 3247 m aufragt, vermochte der Vorderrhein-Gletscher nochmals über das Trümmerfeld bis Chur vorzurücken (W. STAUB, 1910; R. STAUB, 1938). Dabei wurde dieses rundhöckerartig zu Tumas überprägt. Bei Chur konnte in Bohrungen Moräne festgestellt werden. S der Stadt war vor der Überbauung eine tiefliegende Mittelmoräne zwischen Rhein- und Plessur-Gletscher aufgeschlossen.

Eine dem Churer Vorstoß entsprechende Seitenmoräne zeichnet sich Vorderrhein-aufwärts bis Obersaxen-Affeier, bis auf 1300 m hinauf, ab. Eine von H. J. MÜLLER (1972) in einem Moor innerhalb dieses Moränenwalles niedergebrachte Pollenbohrung brachte in 2,20 m Tiefe erstmals organische Ablagerung mit bis auf 80% ansteigenden Baumpollen und einem ^{14}C-Datum von 9690 ± 140 v. Chr. Sie dürfte das frühe Alleröd bekunden. Die darunter folgenden 25 cm Tone mit minimaler Pollenfrequenz und baumlosem Pioniercharakter würden nach MÜLLER die Ältere Dryaszeit belegen. Da aber die tiefste Probe des Profils von Affeier noch nicht den Beginn der Ausaperung und damit der Vegetationsgeschichte garantiert, ist die Verbindung des Churer Vorstoßes mit der Älteren

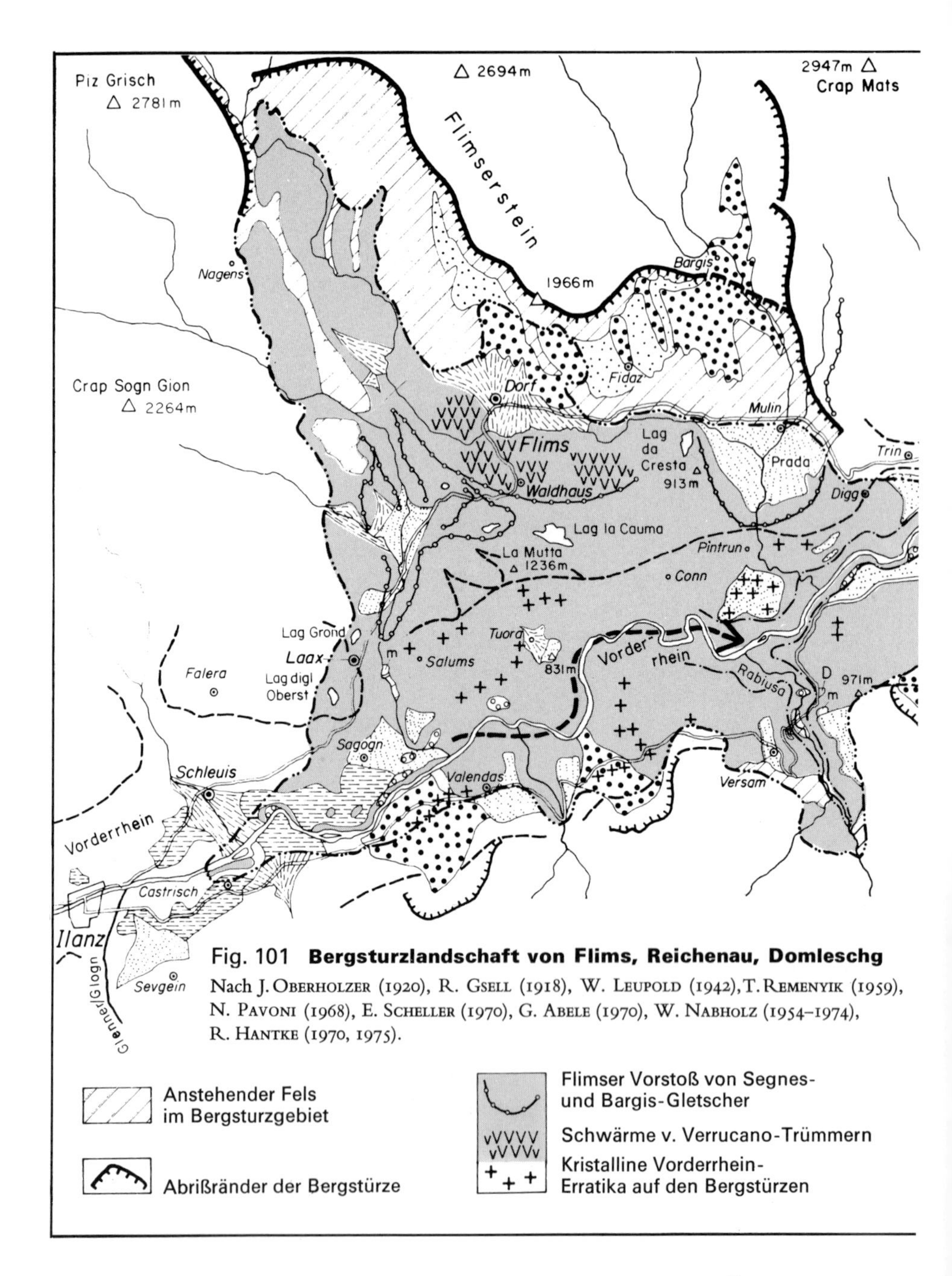

Fig. 101 **Bergsturzlandschaft von Flims, Reichenau, Domleschg**
Nach J. OBERHOLZER (1920), R. GSELL (1918), W. LEUPOLD (1942), T. REMENYIK (1959), N. PAVONI (1968), E. SCHELLER (1970), G. ABELE (1970), W. NABHOLZ (1954–1974), R. HANTKE (1970, 1975).

Dryaszeit nicht gesichert; vielmehr erfolgte dieser schon in der Ältesten Dryaszeit. Da in Bergsturzmassen N von Laax ca. 8–10 m unter der Oberfläche Ahorn-Holz gefunden werden konnte (F. H. SCHWEINGRUBER, schr. Mitt.), dürfte in diesen Randpartien entweder bereits ein interglazialer(?) Sturz oder – wahrscheinlicher – ein holozäner Nachsturz vorliegen.

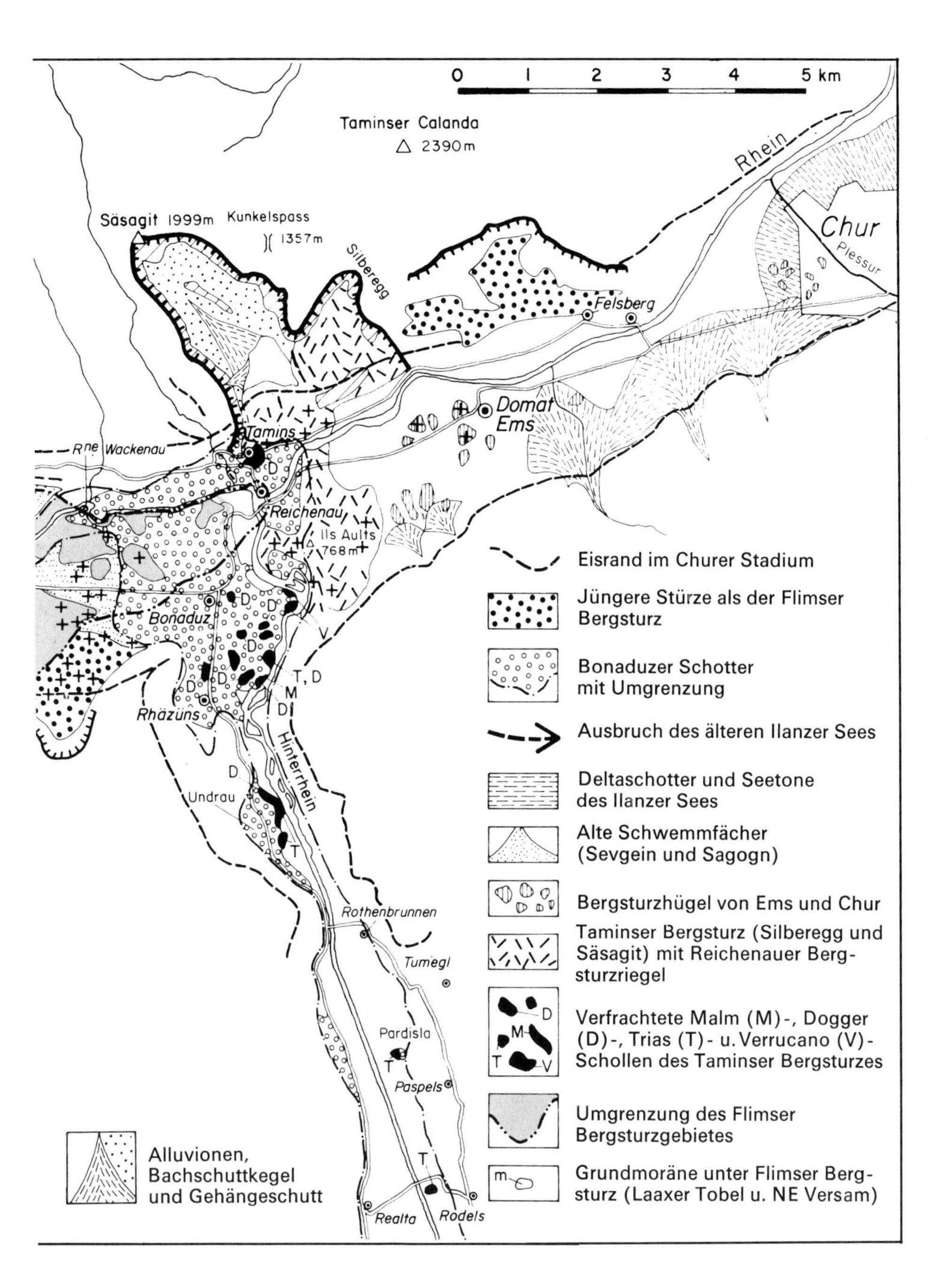

Bei Laax nahm der vorrückende Vorderrhein-Gletscher auf über 1100 m einen Lappen des Segnas-Gletschers auf, dessen Hauptzunge das Areal N der Mutta (1236 m) erfüllte: die Senken des Lag Prau Tuleritg und des L. la Cauma sowie das Flem-Tal bis zum L. la Cresta. Dort traf dieser auf den Bargis-Gletscher, dessen Zunge das Becken von Prada da Mulin einnahm.

Fig. 102 Das Mündungsgebiet von Vorder- (links) und Hinterrhein im Bergsturzgebiet von Reichenau-Tamins. Dahinter, im Churer Rheintal, die Tumas von Ems und, auf dem von rechts mündenden Plessur-Schuttfächer, Chur, dahinter der Montalin mit dem Schuttkegel der Maschänser Rüfi, S von Trimmis. Luftaufnahme: Swissair-Photo AG, Zürich. Aus: H. ALTMANN et al., 1970.

Bei Conn vereinigte sich der gegen E abfließende Segnas- mit dem Vorderrhein-Gletscher auf 1000 m, weiter E nahm er nach dem Bargis- auch den von der SE-Seite der Ringelspitz-Kette gegen Tamins absteigenden Lawoi-Gletscher auf. Wie die Rundhöckerzeile NW von Tamins, Lokalmoräne mit gekritzten Geröllen und gegen SE gerichtete Gletscherschliffe auf der Malm-Unterlage bezeugen (OBERHOLZER, 1933), floß dieser nach dem Niedergang des Säsagit-Bergsturzes auch ins Becken von Girsch und traf bei Tamins, wie die Moräne von Hintergirsch belegt, um 800 m auf den Rhein-Gletscher.

N von Ems läßt sich eine Moräne eines Hängegletschers vom Taminser Calanda (2390 m) bis 750 m herab verfolgen. Daraus resultiert für das Churer Stadium eine klimatische Schneegrenze von nahezu 1800 m.
Infolge des Eisstaues durch den unter stumpfem Winkel mündenden Plessur-Gletscher wurden die Tumas weder wegerodiert noch eingeebnet; ihre heutige Gestalt, bedeckt mit Moräne mit vereinzelten Erratikern, verdanken sie dem abschmelzenden Eis, ihre lokale Lößdecke spätglazialen Staubstürmen.
Auch Turisch-, Rabiusa- und Albula/Hinterrhein-Gletscher lieferten zum Churer Vorstoß nochmals Eis.
In einer ersten Abschmelzphase schmolzen die Talgletscher an ihren dünnsten Stellen durch: über dem Bergsturzriegel von Reichenau, bei Rhäzüns, über den Ausgängen des Safien- und des Turisch-Tales sowie am Eingang ins Domleschg.
Val da Mulin, V. Verena und V. Gronda zwischen Laax und Flims wirkten als Schmelzwasserrinnen; Depressionen in den Tälchen sind als Sölle zu deuten.
Vorab/Segnas-, Bargis- und Lawoi-Gletscher wurden selbständig. Die tiefen Senken der Flimser Seen blieben von Toteis erfüllt. Zugleich bildeten sich erste Stauschotter an den Ausgängen des Safien- und des Turisch-Tales. Auf und zwischen Toteisresten sowie in den Vertiefungen des hügeligen Bergsturzgebietes wurden ebenfalls Schotter abgelagert. Im Becken von Ilanz bildete sich vor dem zurückschmelzenden Vorderrhein-Gletscher ein Eisrandsee. Dieser wäre in der Vorderrhein-Schlucht – etwa NW der Station Valendas-Sagogn – durch eine Plombe von Moräne, Toteis, randglaziären Schottern und umgelagertem Bergsturzmaterial aufgestaut worden. In der Rheinschlucht kleben SW der Station Versam-Safien noch Relikte von fluvial-glazilimnischen Ablagerungen auf den Bergsturz-Trümmermassen (Fig. 101 und 103).
N der Wackenau läßt sich von der Flut durch die Rheinschlucht in den dort heute über 30 m über dem Rhein noch reliktisch vorhandenen Ablagerungen ein mehrfacher Wechsel von gröbster Blockschüttung bis zu Sand beobachten, so daß offenbar auch diese nicht ein einziges Ereignis dargestellt hat.
Aus den Stauschottern von Tschentaneras N von Sevgein wurde ein Geweihfragment eines vom spätwürmzeitlichen Glenner mitgeführten Hirschs geborgen (Dr. J. P. Müller, Chur, mdl. Mitt.).
Mit wachsendem Stauinhalt des Sees vermochte die Toteis-Schutt-Plombe diesem nicht mehr zu widerstehen und wurde durchbrochen. Die Flut ergoß sich – zusammen mit mitgerissenem Lockermaterial – katastrophenartig bis ins Becken am Zusammenfluß von Vorder- und Hinterrhein, wo sie am Bergsturzriegel von Ils Aults und an Toteis erneut gestaut worden wäre.
Aufgrund des Auftretens von Gesteinen des Flimser Bergsturzes in den Terrassen-Körpern von Rhäzüns und Undrau (P. Arbenz & W. Staub, 1910) und von Leitgeröllen aus dem Einzugsgebiet des Vorderrheins – Punteglias-Graniten im Domleschg bis Unterrealta (Abele, 1970; Scheller, 1970) – scheint ein Strang von Bonaduz bis an den W-Rand des im Domleschg abschmelzenden Hinterrhein-Eises vorgedrungen zu sein. Dabei wurde die Gesteinsfracht der Bonaduzer Schotter durch diejenigen aus dem Hinterrheingebiet immer stärker «verdünnt».
Das seiner Schuttfracht entledigte Wasser floß am abdämmenden Riegel von Ils Aults – mit Schmelzwässern des Hinterrhein-Eises – an der tiefsten Stelle, NE von Reichenau, über und ergoß sich ins Becken von Ems–Chur.
Von Bedeutung für den weiteren geschichtlichen Ablauf ist die Abfolge S der Ruine

Fig. 103 In einer tiefen Schlucht durchbrach der Vorderrhein die Trümmermassen des Flimser Bergsturzes. Blick von La Mutta rhein-abwärts.

Schiedberg am obern Eingang der Rheinschlucht. Über Bonaduzer Schottern folgt zunächst geschichteter Hangschutt aus umgelagerten Bergsturztrümmern, dann ungeschichtetes, umgelagertes Bergsturzmaterial mit gerundeten Geschieben. S davon liegen darüber mächtige Tone.

Ein kurzer Klimarückschlag ließ den Segnas-Gletscher wieder bis über Flims vorrücken; vom Flimserstein und oberhalb von Nagiens brachen Nachstürze auf das Eis nieder und wurden von diesem auf Nagiens und SW und S von Flims als grobblockige Uferwälle abgelagert (Gsell, 1918). Zugleich bildeten sich seichte Schmelzwasserrinnen. Der Vorderrhein-Gletscher blieb im Bündner Oberland zurück; dagegen stießen Seitengletscher nochmals bis gegen die Talsohle vor.

Der Vorab-Gletscher stieg gegen Mulinia (NE von Laax), der Bargis-Gletscher bis gegen Mulin ab. Dabei wurde das ehemalige Zungenbecken der Prada da Mulin von den Schmelzwässern des Bargis- und des Segnas-Gletschers eingeschottert, später terrassenartig zerschnitten.

Die Schmelzwässer des Vorab-Gletschers in der V. da Mulin tieften sich ins westliche Flimser Bergsturz-Gebiet ein. Ihr Delta staute – mit Bonaduzer Schottern, Schutt aus

den südlichen Seitentälern und solchen des Flem – den Vorderrhein oberhalb von Valendas erneut zu einem See auf, der durch die Tone bei Sagogn abgedichtet wurde. In diesen See schüttete auch der Glenner ein mächtiges Delta. Talauswärts ergoß sich eine geringmächtige Flur mit gröberen, geschichteten Schottern, die von Planezzas-Sut und Valendas über Ransun–Sper Tschavir auf die Bonaduzer Schotterflur ausläuft.
Durch die erhöhte Wasserführung bei offenbar rasch abschmelzendem Eis wurde diese Schotterflur in mehreren Schüben zerschnitten, so daß SW und E der Station Trin sowie N von Bonaduz ineinander geschachtelte Terrassen eingetieft wurden (W. Staub, 1910). Mit dem sukzessiven Durchschneiden des Riegels von Ils Aults E von Tamins wurde auch für den Hinterrhein die Erosionsbasis tiefer gelegt, so daß er sich in die Schotter eintiefen konnte.
Bei der Chli Isla unterhalb der Station Versam-Safien läßt sich rund 20 m über dem Rhein-Spiegel eine alte, von Schottern erfüllte ehemalige Flußrinne beobachten.

Der Vorderrhein-Gletscher und seine Zuflüsse im Churer Stadium

Auf der flacheren Talflanke von Obersaxen treten zwischen 1400 m und 1100 m Rundhöcker und Moränenreste auf. Der Vorderrhein-Gletscher drängte das von S mündende Grener- und das vom Piz Sezner (2310 m) absteigende Eis auf die rechte Talflanke, so daß sich dieses erst nach 1–2 km mit ihm vereinigen konnten. Aus der Gleichgewichtslage in 1700 m ergibt sich bei N-Exposition eine klimatische Schneegrenze von rund 1800 m, womit dieser Stand dem Churer Vorstoß entsprechen dürfte. Dieser zeichnet sich auch bei den nördlichen Seitengletschern durch Wallmoränen und Rundhöcker ab.
W von Brigels/Breil reichte das Vorderrhein-Eis auf über 1400 m, wo es dem *Frisal-Gletscher* die Einmündung verwehrte und ihn zum Abfluß N des Felsrückens der Tschuppina zwang. W von Waltensburg drang es gegen N vor, so daß die Schmelzwässer des kurz zuvor stirnenden Frisal-Gletschers subglaziär abflossen.
Auch *Ladral-*, *Panixer-* und *Sether Gletscher* wurden durch den bis auf 1200 m reichenden Vorderrhein-Gletscher gestaut und auf die linke Talseite gedrängt, so daß die Vereinigung erst weiter talauswärts erfolgen konnte. Moränenreste stellen sich N von Ilanz in 1150 m, auf den Bergsturzmassen von Flims N von Sagogn in 1100 m und auf Conn, SE von Flims, in 1000 m ein (R. Staub, 1938; W. K. Nabholz, 1967, 1975).
Am S-Fuß des Calanda wird der Churer Vorstoß durch eine absteigende Erratikerzeile, durch einen auf abschmelzendes Eis erfolgten Felssturz sowie durch Kameschotter W von Felsberg-Altdorf auf gut 700 m bekundet (O. A. Pfiffner, 1972).

Der Albula/Hinterrhein-Gletscher im Schin, in der Via Mala und im Domleschg

Moränenreste des SE von Thusis in den Hinterrhein-Gletscher mündenden Albula-Eises treten nicht erst auf Carschenna (Fig. 105 und 107), sondern im gegen WSW geöffneten Tal zwischen Piz Scalottas und Crap la Plata, bei Prodavos Sut, auf 1270 m und um 1240 m auf. Sie sprechen für einen um 150 m bzw. 120 m mächtigeren Eisstrom. Die zugehörigen Kargletscher stiegen – aufgrund der Wälle von Prodavos Sura – bis 1350 m, später noch bis 1400 m herab. Sie erfordern bei einer Gleichgewichtslage von 1750–

1800 m eine klimatische Schneegrenze um 1800 m. Zwischen den Zungenenden und der höheren Ufermoräne des Albula-Gletschers liegt ein schmaler, durch diesen gestauter Sander.

Bei der Einmündung des Nolla-Gletschers sind entsprechende Eisstände bei Urmein und, S des Nolla, in den Wällen des Rappa-Gletschers angedeutet.

Über die Moränenreste von Sagliom̃s zwischen Feldis und Domat/Ems lassen sich diese Stände – dank des bedeutenden Zuschusses von Plessur-Eis – über die Ufermoränen von Ober Says und Valtanna bei Trimmis mit den Sarganser Ständen verbinden.

Damit dürfte nach dem Feldkirch/Weesen-Stadium die Transfluenz von Landwasser/Albula-Eis über die Lenzerheide, wo S des Sees rundhöckerartig überschliffener alttertiärer Ruchberg-Sandstein eine bis auf 1470 m reichende Felssohle verrät, abgerissen haben. Im Sarganser Stadium bot sich die alte Talung als flacher Firnsattel dar, der das von S anbrandende Eis aufstaute.

Auch die Transfluenz von Vorderrhein-Eis über den Kunkelspaß riß nach diesem Stadium ab. Durch Eis, das von der Ringelspitz- und von der Calanda-Kette abfloß, war dieser Übergang zum flachen Firnsattel geworden.

Während die isolierten Felsmassen im Talboden des Domleschg, der Tomba NW von Rodels – Verrucano – und von Pardisla E von Unterrealta – Rötidolomit – von P. Arbenz & W. Staub (1910) und P. Nänny (1946) als Wurzel-Relikte der helvetischen Decken betrachtet wurden, über deren Erosionsrelief die penninischen Bündner Schiefer geglitten wären, sahen H. Jäckli (1944), J. Cadisch (1944), W. Nabholz (1954) und T. Remenyik (1959) darin Trümmer eines Bergsturzes aus dem Kunkelsgebiet. Die außergewöhnlich scheinende Reichweite einzelner Trümmer soll nach E. Scheller (1970) innerhalb der Bergsturz-mechanischen Norm liegen. Aufgrund geoelektrischer und seismischer Untersuchungen beträgt dort die Sohle des Bündnerschiefer-Untergrundes zwischen 150 m und 250 m; im Konfluenzbereich von Vorder- und Hinterrhein-Gletscher soll die glaziäre Übertiefung gar 500 m betragen. O. A. Pfiffner (1972) sieht das Abrißgebiet weiter W, in der Fortsetzung des Säsagit. Das Vorwiegen polierter und gekritzter Kalk-Geschiebe sowie die auf der Unterlage zutagetretenden, gegen SE gerichteten Gletscherschliffe belegen ein Vorfahren des Taminser Gletschers nach dem Ausbruch des Säsagit-Sturzes (Oberholzer, 1933), ebenfalls im Churer Stadium.

N. Pavoni (1968), R. Zulauf (1975) und H. Röthlisberger (mdl. Mitt.) möchten die Blöcke im Domleschg mit den beim Sturz zu einem Schuttbrei verflüssigten Schottern von Reichenau–Bonaduz–Rhäzüns mitbewegt und umgelagert sehen.

Nach E. Weber (1978) liegen die Trümmermassen im Domleschg in rund 20 m Tiefe auf glazifluvialen Ablagerungen, deren höchste – vor dem Niedergang der Sturzmassen – von Schmelzwässern des bis in die Via Mala und in die Schin-Schlucht zurückgeschmolzenen Hinterrhein- und Albula-Gletschers geschüttet worden sind. Dieser Hiatus konnte jüngst auch in einer Spülbohrung von Bonaduz in einer Tiefe von 16–21 m als rotbrauner, stark lehmiger Kies beobachtet werden (E. Müller, Frauenfeld, mdl. Mitt.).

▷

Fig. 104 Die Via Mala, durch die sich in den Warmzeiten der Hinterrhein zwischen dem Schams und dem Domleschg in die Bündnerschiefer einschnitt, während in den Kaltzeiten frühere Läufe mit Schottern und Moräne (linker Bildrand) plombiert wurden.
Photo: J. Geiger, Flims. Aus: H. Heierli, 1977.

Die maximale Mächtigkeit der Quartär-Ablagerungen übersteigt im Domleschg aufgrund refraktionsseismischer Untersuchungen zwischen Thusis und Rothenbrunnen 250 m, im Konfluenz-Bereich von Vorder- und Hinterrheintal gar über 500 m (SCHELLER, 1970).

Wie der Vorderrhein-, so stieß im Churer Stadium auch der Hinterrhein-Gletscher aus dem Schams nochmals durch die Via Mala ins Domleschg vor. Aus dem Becken von Tiefencastel nahm er den durch den Schin vorrückenden Albula-Gletscher auf. Dieser wurde – wie in früheren Eisständen – durch den etwas mächtigeren Hinterrhein-Gletscher auf die östliche Talseite, durch das eigentliche Domleschg abgedrängt. Dies gibt sich neben Carschenna (Bd. 1, Fig. 99, S. 252) in einer Zeile von Rundhöckern zu erkennen, die vom Kirchhügel von St. Cassian über Sogn Luregn/St. Lorenz, einer prähistorischen Höhensiedlung, in der im Frühmittelalter ein 1237 erstmals erwähntes Kirchenkastell erbaut wurde, bis zu jenem von Tumegl/Tomils reicht.

Im Schin und in der Via Mala bekunden moränenerfüllte Rinnen frühere Wasserläufe. A. BUXTORF (1919) konnte mindestens drei ehemalige Schluchten nachweisen (Fig. 104). Durch das Verlorene Loch und das E von Hohenrätien verlaufende Tälchen dürften noch im Spätwürm randglaziäre Schmelzwässer abgeflossen sein. Die W des Crapteig über Rongellen durch die Crappasusta gegen Thusis verlaufende Rinne wurde durch Moränen, Sackungs- und Bergsturzmassen vom Crapschalver Kopf, dem E-Ende des sich zum Piz Beverin aufschwingenden Grates, eingedeckt (BUXTORF, 1919; O. WILHELM, 1929 K, 1933; H. JÄCKLI, 1958). Aufgrund der beidseitigen Steilwände dürfte sie recht tief und damit – wie die älteren Schluchten in der Via Mala – in einem Interglazial angelegt worden sein.

Fig. 105 Stirnmoräne eines Seitenlappens des Churer Stadiums auf Carschenna (1120 m) ESE von Thusis.

Zur Zeit des Würm-Maximums reichten das Hinterrhein- und das Albula-Eis im Konfluenzbereich über der rundhöckerartig überprägten Muttner Höhi (2003 m) bis auf über 2000 m. Auf Obermutten (1860 m) hat sich eine Mittelmoräne ausgebildet, und S des Sommerdörfchens liegen Erratiker bis auf 2050 m. Auf 1850 m liegt W des Kirchleins ein mächtiger Block von Taspinit-Brekzie aus dem Schams (Fig. 106). Damit dürfte das Eis im Konfluenzbereich von Thusis, wo eine mächtige Quartär-Füllung anzunehmen ist, im Würm-Maximum mindestens 1500 m betragen haben.

Fig. 106 Die Mittelmoräne von Obermutten auf 1870 m zwischen den würmzeitlichen Maximalständen des Hinterrhein- (rechts) und des Albula-Gletschers (links). W des Kirchleins ein Taspinitbrekzien-Erratiker.

Markante Moränenbögen und -terrassen eines seitlichen Lappens des Hinterrhein-Gletschers lassen sich auf Carschenna im Konfluenzbereich mit dem Albula-Gletscher beobachten (Fig. 107). Die auf 1100 m gelegenen Wälle wurden früher (Hantke, 1970) mit dem Sarganser Stadium in Zusammenhang gebracht. Wallreste über der Schin-Schlucht oberhalb von Solas und die Moränen der mündenden Kargletscher der Stätzerhorn-Kette sprechen für eine Zugehörigkeit zum Churer Stadium. Die rechtsufrigen Wälle aus der Val d'Almen und der V. da Dusch auf gut 900 m wurden dabei vom Albula/Hinterrhein-Gletscher mitgeschleppt und nach N abgewinkelt. Damit wäre das Gefälle der Eisoberfläche nach den engen Schluchtabschnitten des Schin und der Via Mala im sich weitenden Domleschg kaum sanfter geworden.
Den Moränen von Carschenna entsprechende Staffeln zeichnen sich beim Albula-Gletscher SW von Solas, bei Tscheppa, ab. Zugleich nahm dort der Albula-Gletscher noch den von S, vom Muttner Horn (2401 m) abfließenden Muttner Gletscher auf, was durch Seitenmoränen belegt wird.

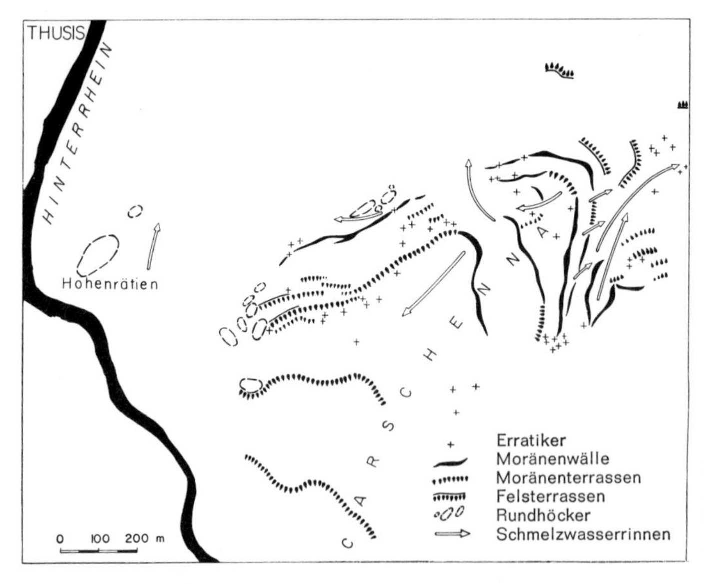

Fig. 107 Quartärgeologische Kartenskizze von Carschenna SE von Thusis.
Aus: R. Hantke, 1968.

Einen letzten Zufluß empfing der Albula/Hinterrhein-Gletscher aus dem Tomilser Tobel. Der bis auf 810 m aufragende Tomilser Rundhöcker lag noch unter Eis. Im Engnis unterhalb von Rothenbrunnen sank die Oberfläche sanfter, so daß der Gletscher im äußersten Churer Stadium S von Rhäzüns noch den Tarnuz Ault (834 m) überfuhr und S von Bonaduz auf einer Höhe von gut 850 m auf den Vorderrhein-Gletscher traf. Auch vom niedrigeren Heinzenberg dürften – außer dem Nolla-Gletscher – noch einige Zungen den Albula/Hinterrhein-Gletscher erreicht haben. Infolge ausgedehnter Sackungen und noch aktiver Rutschungen (Jäckli, 1957) ist das Erkennen von Ufermoränen dieser Zuflüsse stark beeinträchtigt.
Beim Abschmelzen endete der Hinterrhein-Gletscher zunächst bei Rhäzüns, später am Durchbruch unterhalb *Rothenbrunnen*, was sich in den Rundhöckern um Thusis, in rand- bis subglaziären Schmelzwasserrinnen und in randglaziären Kameterrassen längs des Hangfußes des Heinzenberg äußert: Thusis, Schauenberg, Petrushügel, Unterrealta. Sie boten denn auch Jahrtausende später bereits dem prä- und frühhistorischen Menschen vor Überschwemmungen sichere Siedlungsplätze (Hantke, 1970 und Bd. 1, S. 235, 252, 256) war doch der Talboden des Domleschg bis in jüngste Zeit von einem häufig überfluteten Auenwald bedeckt. Die teilweise verheerenden Überflutungen – 1585, 1705, 1706, 1711, 1719, 1807, 1834, 1868, 1869, 1870 – sind vorab auf alte, murgangartige Ausbrüche der Nolla zurückzuführen. Diese wurden durch den Raubbau in den Wäldern ihres Einzugsgebietes noch gefördert und konnten erst durch Aufforstungen und langwierige Verbauungen eingedämmt werden (A. von Salis, 1870).
Spätwürmzeitliche Vorstöße von Kargletschern werden in der Stätzerhorn-Kette gegen N bis zum Dreibündenstein durch Moränen dokumentiert, ihre Gleichgewichtslagen sprechen für eine klimatische Schneegrenze um 2100 m.
SW und N des Piz Danis (2497 m) sowie an der Fulbergegg läßt sich ein noch jüngerer Eisstand erkennen; derjenige auf der N-Seite des P. Danis bekundet eine Schneegrenze von gut 2400 m, was einer Depression von knapp 400 m gleichkommt.

Mit der Freigabe des Schams lösten sich am Schamserberg mehrere Sackungen (H. JÄCKLI in V. STREIFF et al., 1971 K). Im Tal bildete sich ein See, dessen Existenz SW von Andeer durch kreuzgeschichtete Schotter belegt ist. Bei Pignia-Bogn konnte C. BURGA (1975) über Rheinschottern zwei Bänderton-Abfolgen und darüber einen Schuttfächer des Pignia-Baches, W von Zillis zwei Seeniveaux mit Mollusken und Pflanzenresten und darüber den Schuttfächer von Donath erkennen.
Nach einem Rückzug des *Hinterrhein-Gletschers* bis ins Becken des Rheinwald und des *Averser Gletschers* bis gegen Innerferrera stießen die beiden im nächsten spätwürmzeitlichen Klimarückschlag erneut ins Schams vor. Am Ausgang des Avers vereinigten sie sich und überprägten dabei nochmals die Rundhöcker S von Andeer. In Andeer hinterließen sie Endmoränenreste auf 980 m. E des Dorfes schnitten seitliche Schmelzwässer den Schuttfächer der vom Piz la Tschera absteigenden Runse an; SW liegen Rundhöcker, davor überfahrene Schotter und Reste stirnnaher Seitenmoränen, was C. BURGA (1975) bestätigen konnte.

Fig. 108 Hinterrhein mit Moränenterrassen des ausgehenden Spätwürm (links) und teilweise ebenfalls hinterfüllten Moränenwällen des letzten Spätwürm (Bildmitte); im Talgrund vom Hinterrhein zerschnittene Reste der Sanderfläche; im Talschluß das Rheinquellhorn mit den letzten Relikten des einstigen Hinterrhein-Gletschers, in der Bildmitte das Marscholhorn. Über den San Bernardino-Paß (links) floß noch im Churer Stadium Rhein-Eis nach S ins Misox und damit ins Tessin-System.
Photo: J. GEIGER, Flims. Aus: H. HEIERLI, 1977.

Aus dem Anarosa-Gebiet und von der SE-Abdachung des Beverin (H. Jäckli, 1948) sowie aus dem Curvér-Gebiet stiegen je zwei Seitengletscher zu Tal, was Ufermoränen bei Donath, oberhalb Pignia und bei Reischen bekunden. Der vom Beverin gegen NE abfließende *Nolla-Gletscher* stieß bis ins Nollatobel, bis gegen 1100 m, vor.
Neben den auf der W-Seite des Schams zur Zeit der Schamser Stadien bis in die Sohle vorgefahrenen Gletschern drangen *Raptgusa-* und *Beverin-Gletscher* noch im Suferser Stadium – belegt durch stirnnahe Seitenmoränen – bis gegen 1200 bzw. 1300 m vor. Jüngere Moränenstaffeln lassen bei beiden Gletschern Vorstöße bis 1800 bzw. 2000 m herab erkennen. Am Fuß der Pizzas d'Anarosa zeichnen sich noch jüngere, holozäne Stände durch Moränenstaffeln und blockstromartig überschüttete Zungenbecken ab (Neher in Streiff et al., 1971 k; Burga, 1979).
Auf der N-Seite des Grates Wißhorn–Alperschällihorn (3039 m) sowie weiter gegen das Schams verraten mehrere sich ablösende Moränenbögen noch frührezente Gletscher (DK XIV, 1859). Heute ist das Eis in den zeilenartig angeordneten Zungenbecken etwas zurückgeschmolzen; das von Bergsturz-Material erfüllte Becken des Gletscherseeli ist ausgeapert.
Auf der E-Seite des Schams stiegen vom Piz Curvér (2972 m) und vom P. da Tschera (2627 m) zur Zeit der Schamser Stände und von der N-Seite des P. Curvér über die Alp Taspegn noch Gletscher bis Pignia und Reischen bis an die Ausgänge der Täler (Streiff et al., 1971 k).
Noch im Stadium von Sufers reichte der Taspegn-Gletscher bis unterhalb von 1700 m, der Pignia-Gletscher gar bis unterhalb von 1500 m. Nach dem Abschmelzen von diesem Stand löste sich vom Grat P. Curvér–P. Neaza ein ausgedehntes Bündnerschiefer-Paket und glitt langsam talwärts.
Noch im letzten Spätwürm reichten von P. la Tschera und aus dem Talschluß Zungen bis 2100 m herab. Der Taspegn-Gletscher stieß über die Alp hinaus vor; die tiefsten Eislappen vom Curvér Pintg da Taspegn stiegen gar bis 2000 m ab.
Jüngere Staffeln liegen im Kessel N des P. Curvér und belegen Eisrandlagen zwischen 2300 und 2400 m Höhe. Noch um 1850 hingen vom heute ausgeaperten P. Curvér Eiszungen bis gegen 2500 m herab.
S der Mündung des Avers wird dieser Vorstoß durch eine markante Seitenmoräne des Hinterrhein-Gletschers belegt. Dank der Zuflüsse des *Suretta-* und des *Steiler Gletschers* aus den Splügener Kalkbergen reichte die Oberfläche noch bis auf knapp 1400 m; N von Sufers lag sie auf 1550 m, an der Mündung des *Splügen-Gletschers* – durch eine Mittelmoräne S von Splügen dokumentiert – bereits auf über 1700 m (J. Neher in V. Streiff et al., 1971 k).
Spätere Rückzugshalte zeichnen sich bei Bärenburg S von Andeer ab. Dabei funktionierte das von der alten Straße benutzte Tälchen als seitliche Schmelzwasserrinne. Weitere Reste von Rückzugsmoränen finden sich auf dem Sporn S der Einmündung des Averser Rheins und im untersten Avers zwischen neuer und alter Brücke.
Ein nächster spätwürmzeitlicher Vorstoß zeichnet sich bei Sufers in den stirnnahen Moränen des Steiler Gletschers ab. Der Hinterrhein-Gletscher endete damals SW von Sufers. Eine markante Seitenmoräne dämmt S von Splügen das vom Splügenpaß mündende Tal ab. Von der Tambo-Alp nahm er noch einen letzten Zuschuß auf.
Eine jüngere stirnnahe Moräne des Steiler Gletschers verrät ein Zungenende um 1800 m. Dann wurden Steiler- und der vom Teurihorn (2973 m) gegen NE abgestiegene Gletscher selbständig.

Als letzte Spätwürm-Moränen sind wohl jene zu deuten, die einen Wiedervorstoß bis unterhalb von 2100 m beim Steiler- und bis gut 2000 m beim Teurihorn-Gletscher dokumentieren (NEHER in STREIFF, 1971 K; BURGA, 1979).
Noch im späteren Spätwürm mündete bei Splügen ein Gletscher von SW, aus dem Stutztal. Jüngere Eisstände verraten Eissturz-Moränen vom Teurihorn, stirnnahe Seitenmoränen eines Stutz-Gletschers bei den Hütten der Stutzalp, der über die Felsen niedergebrochenes, regeneriertes Eis aus dem Teuri-Kessel empfing (NEHER in STREIFF et al., 1971 K). Aus diesem Kessel sowie durch die vom Wißhorn abfallenden Rinnen wurden noch im letzten Spätwürm Eisschuttkegel ins Stutztal geschüttet. Auf der S-Seite des Safierberg zeichnen sich bedeutende Sackungen ab (J. NEHER, mdl. Mitt.).
Ausdruck eines letzten bedeutenden Klimarückschlages sind im Rheinwald die Vorstöße des Hinterrhein-Gletschers bis Hinterrhein, bis 1600 m. Sie werden auf der S-Seite durch Wallreste dokumentiert, die von 2030 m bis gegen 1700 m abfallen. Der sich in mehrere Zungen auflösende Chilchalp-Gletscher hing bis 2150 m herab; der Cadriola-Gletscher fiel – wie derjenige vom Guggernüll (2886 m) – bis fast ins Tal ab. Internere Staffeln steigen gegen den Tunnel-Eingang ab (Fig. 108).
Nach 1850 endete der Zapport-Gletscher um 2000 m mit seiner östlichen, um gut 2100 m mit seiner westlichen Zunge, der Paradies-Gletscher auf gut 2200 m. Sie sind bis 1962 (LK 1254) auf 2350 m, auf 2600 m und auf 2360 m zurückgeschmolzen. Aus Gleichgewichtslagen um 2700 m ergibt sich für das Gebiet des Rheinwaldhorn (3402 m) eine klimatische Schneegrenze von gut 2850 m. 1973 endete der Zapport-Gletscher auf 2300 m, der Paradies-Gletscher auf 2360 m (F. MÜLLER et al., 1976).
Ein externer gelegener Stand als die Moränen des Hinterrhein-Stadiums ist im Rheinwald SW des Dorfes rund 100 m oberhalb der höchsten, zu diesem Stadium zu stellenden Moränen angedeutet. Damals vermochte offenbar auch das Eis aus dem Kessel der Alp Cadriola noch ins Rheinwald vorzustoßen und lieferte einen Zuschuß. Die NE von Hinterrhein niedergefahrene Sackung und die Schuttfächer von Nufenen verhindern ein Verfolgen dieses Stadiums auf der N-Seite des Tales. Moränenterrassenreste auf der S-Seite sprechen für ein Zungenende um Nufenen.
Auch aus der von S mündenden *Val Curciusa* ist noch ein Gletscher bis an den Talausgang vorgestoßen.
Letzte Spätwürm-Stände sind W des Pizzo Tambo durch stirnnahe Moränen und durch bis fast in die Talsohle abfallende Wallreste von Seitengletschern gekennzeichnet. Ein holozäner Stand ist im Talschluß auf 2120 m angedeutet, was auch BURGA (1979) bestätigen konnte.
Bei den frührezenten Vorstößen stirnten die Zungen des Ghiacciaio Curciusa um 2200 m; bis 1962 waren sie bis auf 2470 m zurückgeschmolzen.
Der den Kessel der Tamboalp füllende *Tambo-Gletscher* endete unterhalb 1900 m. Markante Wälle dokumentieren dort zahlreiche Moränenstaffeln: ein älterer Stand reichte bis 2000 m, ein jüngerer bis 2040 m. Ein bis 2070 m vorgefahrener Gletscher schüttete im Vorfeld einen blockreichen Sander. Dieser ist wohl auf den Ausbruch eines Gletscherstausees zurückzuführen. Frührezente Stände endeten um 2300 m (DK XIX, 1858). 1962 (LK 1255) lag das Zungenende auf 2340 m.
Der gegen N abfließende *Suretta-Gletscher* stieg im ausgehenden Spätwürm nochmals bis an den Talausgang, bis gegen 1400 m ab. Eine innere Staffel bekundet ein Zungenende auf 1550 m (NEHER in STREIFF et al.). Spätere Stände sind auf Alp Suretta um 1720 m und 1800 m ausgebildet. Frührezente Zungenenden reichten bis gegen 2000 m herab (DK

XIX, 1858). 1962 endete der Gletscher auf 2160 m. Aus der Gleichgewichtslage um 2520 m, wo eine Mittelmoräne ausapert, ergibt sich bei steiler N-Exposition eine klimatische Schneegrenze um knapp 2700 m. Dies deckt sich mit dem vom Surettahorn (3027 m) gegen S absteigenden Ghiacciaio di Suretta, dessen Gleichgewichtslage um 2780 m ebenfalls auf eine klimatische Schneegrenze von knapp 2700 m hinweist. Die bis 150 m zu tiefe Lage ist wohl, wie im Mont Blanc-Gebiet (F. Mayr, 1969), als Windgassen-Effekt des S. Bernardino- und des Splügenpasses zu deuten.

Die Vegetationsentwicklung im Schams und im Rheinwald

Eine fundierte Vegetationsgeschichte konnte C. Burga (1975, 1976, 1977, 1979) im Polleninhalt der bis 7,63 m erbohrten Sedimente am Lai da Vons (1991 m) SW von Andeer aufdecken. In einem Präbölling-Interstadial mit bis 30% *Pinus*, 5% *Alnus viridis*, 10% *A. glutinosa/incana* und 7% *Corylus* wurde dieser Bergsee erstmals eisfrei (Fig. 109). Im späteren Abschnitt der Ältesten Dryaszeit mit zwei markanten Spitzen von *Artemisia* in verschwemmter Moräne stieß der Rhein-Gletscher nochmals bis ins Schams vor. Seitenmoränen eines möglichen Churer Stadium-Äquivalentes dämmen die Hochfläche des Lai da Vons gegen das Rheinwald ab (J. Neher in V. Streiff et al., 1971 k; Burga, 1979). Im Abfall der *Artemisia*-Werte und einem Anstieg von *Pinus* auf über 20% sowie markanten Gipfeln von *Juniperus*, *Hippophaë* und *Alnus viridis* zeichnet sich das Bölling-Interstadial ab. Das Hinterrhein-Eis dürfte sich bis tief ins Rheinwald zurückgezogen haben. In den Rückschlägen der Älteren Dryaszeit, in den *Pinus* unter 10% zurückfällt und *Artemisia* mit drei abklingenden Gipfeln hervortritt, stieß es zuerst wieder bis gegen Nufenen, später bis Hinterrhein vor.
Mit dem Alleröd setzt am Lai da Vons eine verstärkte organische Sedimentation ein. Der *Pinus*-Anteil schwillt auf über 70% an, *Artemisia* fällt von 30 auf unter 10%. Der Rhein-Gletscher dürfte bis hinter Hinterrhein zurückgeschmolzen sein. Ein Föhrenwald entwickelte sich bis gegen 1500 m.
In der Jüngeren Dryaszeit fällt *Pinus* in 2,50 m Tiefe auf rund 50% zurück; zugleich steigt *Artemisia* nochmals kräftig an. Hinterrhein- und Steiler Gletscher stießen erneut vor, dieser bis ins Sufner Becken, jener bis W von Hinterrhein.
Mit dem Präboreal wechseln die tonigen Sedimente zu Seekreide mit *Pisidium* – Erbsenmuschel. Zugleich steigt die Pollenfrequenz rapid an, die *Pinus*-Kurve schnellt auf 96%. Die Waldgrenze dürfte gegen 2100 m angestiegen sein. Dann, im Boreal, setzen Ulme und Hasel ein; die Lärche tritt vermehrt auf. *Abies* und *Picea* schwellen mehrfach an; *Alnus viridis* und *Quercus* werden häufiger. Dann fallen *Pinus cembra*-, *Abies*-, *Picea*- und Eichenmischwald-Werte wieder; Grünerle und Gräser steigen stark an. Burga möchte diese Rückschläge mit den Misoxer Kaltphasen Zollers korrelieren. Etwas später, während dem Jüngeren Atlantikum, treten Getreide-Pollen, *Linum usitatissimum*, und *Plantago lanceolata* auf. Die Seekreide geht über Kalkmudde in sandigen Radizellen-Torf über.
Eine Holzkohle in 1,45 m zeigt ein ^{14}C-Alter von 4770 ± 90 Jahren v. h.; damit dürfte der jüngere Klima-Rückschlag mit kräftigem Anstieg der Nichtbaumpollen wohl der Rotmoos-Kaltphase der Ötztaler Alpen entsprechen (G. Patzelt, 1973).
Auf Alp Marschol (2010 m) zwischen Hinterrhein und San Bernardino fand Burga (1979) in 3,35 m eine Nichtbaumpollen-reiche *Pinus*-*P. cembra*-*Artemisia*-*Betula*-Phase,

Fig. 109 Der Lai da Vons SW von Andeer, dahinter die linke Seitenmoräne des Rhein-Gletschers, die im Rheinwald auf nahezu 2000 m geschüttet wurde, als seine Zunge nochmals bis Chur vorstieß.
Im Hintergrund: Schwarzhörner (links), Splügenpaß-Furche, Tambohorn (rechts).

deren tiefsten Teil er in die Jüngere Dryaszeit stellt. Die folgende *Pinus-P. cembra-Betula*-Phase weist er ins Präboreal (Obergrenze 8740 ± 80 v. h.). Dann fällt *Pinus* kräftig zurück; *Betula* und besonders *Corylus* sowie die Gramineen steigen an. Sie leiten eine *Pinus cembra-Corylus-Pinus-Betula*-Phase ein mit einem ersten *Larix*-, einem *Corylus*-, einem Eichenmischwald- und einem ersten *Acer*-Gipfel. Eine *Pinus cembra-Picea-Alnus*-Phase mit erstem *Fagus*- und erstem *Alnus*-Gipfel belegt das Atlantikum und das beginnende Subboreal. Die folgende NBP-reiche *Alnus viridis-Pinus*-Phase wird gegen oben Farn- und Cyperaceen-reich; ab 1,3 m stellen sich erste Kulturzeiger ein. *Larix*, *Acer* und *Alnus* gipfeln ein zweitesmal.

Eine NBP-reiche *Alnus viridis*-Phase mit reichlich Cyperaceen, Farnen, *Castanea* und *Juglans* charakterisiert das Jüngere Subatlantikum.

Auf Sass de la Golp (1953 m), bereits SE des S. Bernardino-Passes, reicht eine von Burga (1979) niedergebrachte Pollenbohrung in 7,4 m Tiefe mit einer Nichtbaumpollen-reichen strauchfreien *Pinus-Artemisia*-Phase in einer Tongyttja bis in die Älteste Dryaszeit zurück. Im darüber liegenden Glazialton, einer krautarmen *Pinus-Artemisia-P. cembra-Betula*-Phase, sieht Burga das Bölling- und das Alleröd-Interstadial. Dann folgen:

- eine Nichtbaumpollen-reiche *Pinus-Betula-Artemisia*-Phase, welche mit 10440 ± 120 Jahren v. h. in die Jüngere Dryaszeit fällt.
- eine strauchreiche *Pinus-P. cembra-Betula-Corylus*-Phase mit einem *Corylus*-, einem 1. Eichenmischwald- und einem 1. *Acer*-Gipfel,
- eine *Pinus cembra-Pinus-Betula-Picea/Abies-Corylus*-Phase mit wenig *Alnus viridis* mit einem *Abies*-, einem 1. *Larix*- und einem 2. *Corylus*-Gipfel,

– eine *Pinus cembra-Picea-Pinus-Betula*-Phase mit *Alnus viridis* und einem 2. *Acer*-Gipfel und – im Jüngeren Atlantikum –
– eine *Picea-Pinus cembra-Pinus-Betula*-Phase mit reichlich *Alnus viridis*.

Mit einer farnreichen *Alnus viridis-Picea-Pinus cembra*-Phase mit einem 1. *Fagus*-, einem 2. Eichenmischwald- und einem 3. *Acer*-Gipfel läßt BURGA das Subboreal beginnen. Erstmals treten Getreide-Pollen auf. Zugleich sind Cyperaceen und Farne reich vertreten, und ein 2. *Larix*-Gipfel stellt sich ein. Dann folgt eine Farn- und Cyperaceen-reiche *Alnus viridis-Pinus cembra-Picea-Alnus*-Phase mit einem 3. Eichenmischwald, einem 4. *Acer*-, einem 3. *Larix*- und einem letzten *Abies*-Gipfel.

Mit einer farnreichen *Alnus viridis*-Phase mit *Pinus cembra*, *Picea*, *Alnus*, einem 1. Getreide- und einem 1. *Castanea*-Gipfel beginnt nach BURGA das Subatlantikum.

Eine krautreiche *Alnus viridis-Picea-Pinus*-Phase mit einem 2. *Fagus*-Gipfel, dem Getreide-Maximum, einem 4. Eichenmischwald-Gipfel mit vorwiegend *Quercus*, ein 2. Cyperaceen-Reichtum, das *Castanea*-Maximum wird schließlich abgelöst von einer Farn- und Cyperaceen-reichen *Alnus viridis-Pinus/Picea*-Phase mit viel *Quercus*.

Splügen und San Bernardino sind bereits früh als Übergänge benutzt worden. An beiden Pässen sind noch Reste des Römerweges erhalten (R. JENNY, 1965).

Die Gletscher im Avers

An den Ausgängen der Quelltäler des Averser Rhein belegen Moränen und Rundhöcker einen mittleren Spätwürm-Vorstoß, der wohl dem Suferser Stadium entspricht.

Im mittleren Spätwürm vereinigte sich das Eis aus der Val Starlera noch mit dem Averser Gletscher, der damals – durch Moränenrelikte belegt – noch bis Innerferrera reichte, wo von SW auch der Niemet-Gletscher austrat.

Moränen des ausgehenden und des letzten Spätwürm liegen unter- und oberhalb der Alp Starlera. Frührezente Staffeln verraten Zungenenden W des Usser Wißberg (3053 m) bis unterhalb 2600 m, E gar bis 2410 m. Bis 1955 (LK 1256) ist das Eis bis 2550 m zurückgeschmolzen.

Schmelzwasserrinnen zeichnen sich E der Rundhöcker von Crest Olt S von Außerferrera, in den Mündungsbereichen der Val Niemet – im Tälchen von Secs – und der Valle di Lei – in der Val digl Uors – ab.

Auch der Gletscher aus der italienischen Valle di Lei reichte bis an den Talausgang, bis rund 1600 m. Eine Rückzugsstaffel liegt im Staubecken. Der aus der *Val Madris* vorstoßende Gletscher stirnte bei Cröt auf gut 1700 m, der Averser Gletscher unterhalb von Cresta.

Internere Stände zeichnen sich im hintersten Avers ab: 1 km hinter Juf, noch jüngere bei 2150 m und bei 2220 m. Während auch die Eiszungen vom Jufer Horen zunächst noch Zuschüsse lieferten, blieb die Zunge vom Wengenhorn selbständig, erreichte jedoch noch fast den Talboden.

Um 1850 (DK XX, 1854) reichte der Piot-Gletscher bis 2500 m; 1955 (LK 1276) war er bis auf 2710 m zurückgewichen.

Aus dem Täli SE des Mittler Wißberg (3002 m) stieg noch im letzten Spätwürm ein Gletscher bis auf 2300 m herab.

In der *Val Bergalga* liegen entsprechende, durch Moränen belegte Stände N von Hinter Bergalga auf 2050 m. Ein jüngerer Stand des Bergalga-Gletschers zeichnet sich im Talschluß auf 2200 m, am Ausgang des vom Bergalger Wißberg (2980 m) absteigenden Seitentales ab, das noch einen Zuschuß lieferte.

Jüngere Moränen finden sich auf der S-Seite des Usser Wißberg (3053 m). Sie bekunden bis gegen 2500 m abgestiegene Zungen. Aus dem Kar zwischen Inner Wißberg–Täligrat–Tälihorn stieß eine bis unterhalb 2400 m vor. Aufgrund der Gleichgewichtslage in 2650 m dürfte die klimatische Schneegrenze auf knapp 2600 m gelegen haben, was einer Depression von 350 m entspricht.

In der *Val Madris* finden sich junge Moränenwälle, wohl solche des letzten Spätwürm, an den Ausgängen der V. la Bles, der V. da l'Aua und der V. Saenta, zeitlich entsprechende außerhalb der Rundhöcker N des Preda-Stausees.

Frührezente Stände des vom P. Gallegione (3107 m) abfallenden Gletschers liegen um gut 2400 m. 1962 (LK 1275) endete der Vadrec da Gallegione auf 2620 m, 1973 (F. MÜLLER et al., 1976) auf 2640 m.

Jüngere Rückzugslagen zeichnen sich an den Ausgängen und in den Quelltälern des Madris ab: in der V. da Lägh, der V. da la Prasgnola, der V. da Roda und am Ausgang der V. dal Märc (R. STAUB, 1926 K).

Frührezente Zungen reichten in der V. da Lägh bis 2450 m herab. Bis 1962 sind sie bis auf 2770 m zurück. Um 1850 endete der Vadrec dalla Mazza um 2580 m, 1955 (LK 1276) um 2750 m.

In der *Valle di Lei* treten die jüngsten Stände S des Stausees auf 2250 m und im steileren Vallone dello Stello auf 2100 m zutage. Frührezente Staffeln des Ghiacciaio Ponciagna verraten Zungenenden um 2200 m. 1962 stirnten der Ghiacciaio Ponciagna und der Gh. della Cima di Lago wenig unter 2500 m; um 1850 reichten die Zungen des Gh. della Cima di Lago noch fast in die Talsohle.

In die *Val Fuina* stieg zwischen Piz Grisch (3062 m) und P. digl Gurschus (2844 m) noch im letzten Spätwürm eine Zunge bis 1800 m herab, was durch eine auffällige linke Seitenmoräne belegt wird. Eine frührezente Zunge des Glatscher da Sut Fuina stirnte auf 2400 m; 1962 endete die tiefste auf 2530 m.

In der *Val da Lambegn* reichte der *Gurschus-Gletscher* im letzten Spätwürm bis auf gut 2100 m herab. Noch um 1850 hingen über die N-Seite des P. digl Gurschus (2880 m) Eiszungen bis unterhalb von 2500 m; 1962 waren diese völlig ausgeapert (V. STREIFF, 1971 K).

Das Gebiet der Lenzerheide

Spätestens nach dem Sarganser Stadium riß die Eisverbindung von Tiefencastel über die Lenzerheide nach Chur ab. Noch im Churer Stadium drang das von der Stätzerhorn- und von der Rothorn-Kette abfließende Eis, wie Seitenmoränen S von Malix, zwischen Grida und Passugg und beim Rosenhügel in Chur belegen, zusammen mit dem Plessur-Eis bis zum stirnenden Rhein-Gletscher vor. Durch die Entlastung des Hangfußes lösten sich im nächsten Interstadial von der Gürgaletsch-Kette bedeutende Sackungsmassen.

Das Gebiet der Lenzerheide zeichnet sich durch mehrere, im späteren Spätwürm von der Weißhorn–Schwarzhorn–Foil Cotschen-Kette niedergebrochene Bergstürze aus. Sie überschütteten auf über 5 km die ehemalige Talfurche bis Churwalden. Da die Bergsturzmassen nur unbedeutend von Eis überprägt wurden, sind sie jünger als der Flimser Bergsturz. Von der Stätzerhorn-Kette stießen die Gletscher hernach nochmals vor, der

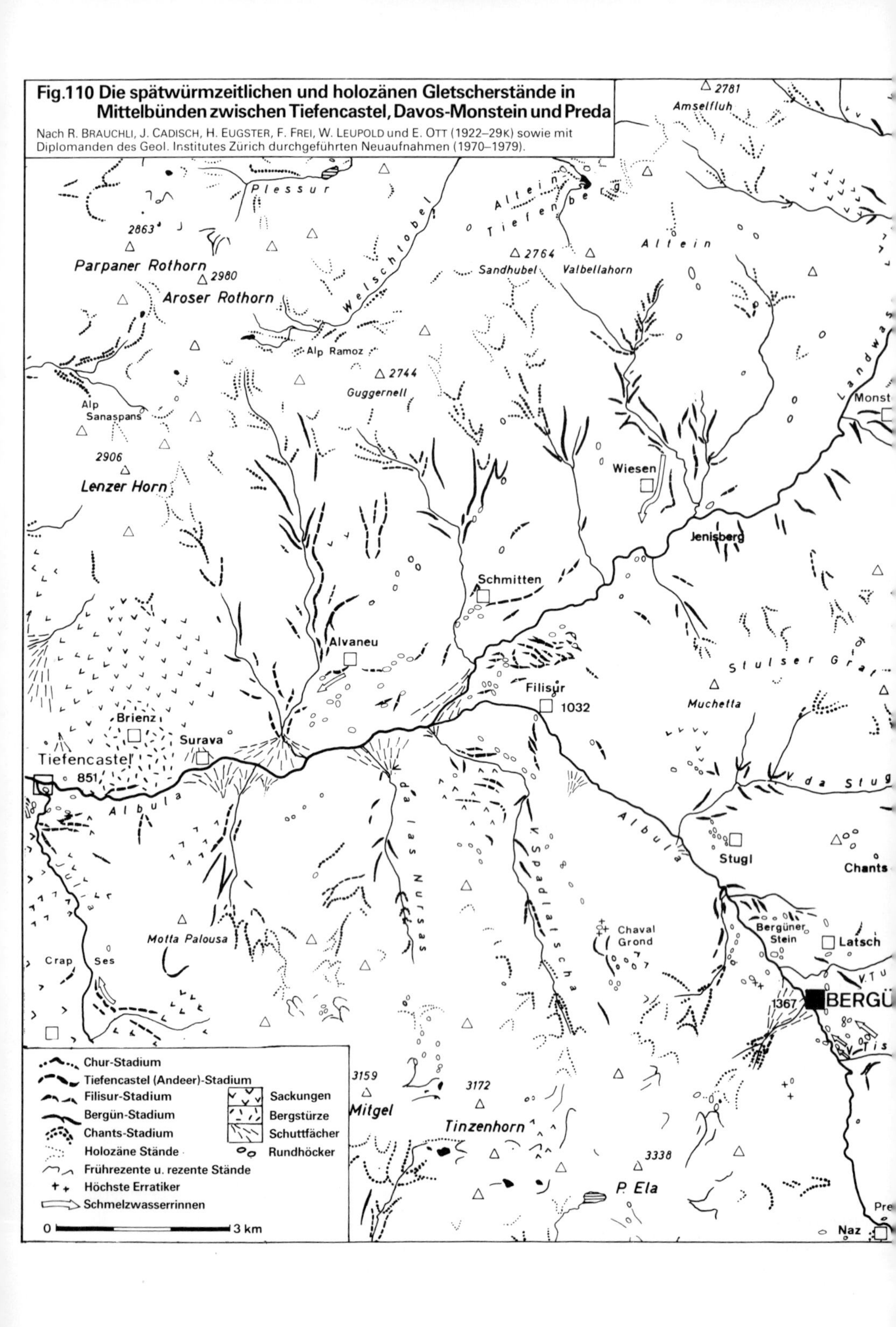

Fig.110 Die spätwürmzeitlichen und holozänen Gletscherstände in Mittelbünden zwischen Tiefencastel, Davos-Monstein und Preda

Nach R. Brauchli, J. Cadisch, H. Eugster, F. Frei, W. Leupold und E. Ott (1922–29k) sowie mit Diplomanden des Geol. Institutes Zürich durchgeführten Neuaufnahmen (1970–1979).

Rabiusa-Gletscher vom Fulenberg (2572 m) durch das Wititobel bis gegen 1300 m, bis gegen Churwalden. Der Schuttfächer W des Dorfes dürfte als zugehöriger Sander zu deuten sein. Der vom Stätzerhorn gegen E abfließende Gletscher rückte nochmals bis gegen Parpan vor, wo er zuvor niedergefahrene Bergsturzmassen randlich überprägte. Aus dem Kessel zwischen Parpaner Rothorn und Lenzerhorn stieg der *Sanaspans-Gletscher* noch bis gegen 1600 m ab und schüttete auf der Lenzerheide einen Sanderkegel. Aus der Gleichgewichtslage in knapp 2300 m ergibt sich bei W-Exposition eine klimatische Schneegrenze in dieser Höhe, was einer Depression von 500 m gleichkommt. Später stieg der *Stätzerhorn-Gletscher* bis auf Alp Stätz ab, wo TH. GLASER (1926 und in R. BRAUCHLI & GLASER, 1922K) Lokalmoräne beobachtet hat.
Jüngere Moränen finden sich auch am Rande des Kessels der Alp Sanaspans. Der Gletscher fuhr dort nochmals bis unter 2000 m vor, was einer Gleichgewichtslage und – bei W-Exposition – einer klimatischen Schneegrenze von gut 2300 m und einer Depression um gut 500 m gleichkommt. Später stieg der Gletscher von den Rothörnern gegen SW bis unter 2200 m, derjenige vom Lenzerhorn mit NNW-Exposition bis 2050 m ab. Letzte spätwürmzeitliche Moränen bekunden einen vom Aroser Rothorn (2980 m) gegen SW, bis gegen 2400 m, herabhängenden Gletscher, wo sich mehrere Wälle einstellen.
Im Schuttfächer der Aua da Sanaspans konnten auf der Lenzerheide in 2,5 m Tiefe ein Hirschgeweih und Knochen sowie ein aufrechter Fichtenstrunk geborgen werden, der ein ^{14}C-Alter von 880 ± 80 Jahren v. h. ergab (Dr. J. P. MÜLLER, Chur, mdl. Mitt.).

Der Julia-Gletscher

Zur Zeit der würmzeitlichen Maximalstände reichte das mit dem Albula-Gletscher sich vereinigende Julia-Eis der Motta Palousa (2144 m) noch bis auf 2230 m, während der Crap la Massa bis auf 2240 m herab nicht mehr vom Würm-Eis überprägt wurde (S. 23). Höchste Julier-Granite liegen im unteren Oberhalbstein auf dem Crap d'Uigls bis auf 1960 m, weitere Erratiker noch auf dem Rundhöcker-Plateau S der Motta Palousa (Fig. 110).
Im späteren Spätwürm vereinigten sich Albula- und Julia-Gletscher S von Tiefencastel; die Schmelzwässer flossen W des Rundhöckers von Plattas ab. S des Crap Ses stand das Eis bis auf 1200 m, was auf beiden Talseiten durch Moränen bekundet wird. Das zugehörige Zungenende dürfte beim Crap Ses gelegen haben und im Albulatal wohl dem Stand von Filisur entsprechen (Fig. 110).
Oberhalb des Crap Ses, des «Steins», weitet sich das Tal. Dort hatte das Eis bereits bei früheren Vorstößen durch Wegräumen des jeweils in der vorangegangenen Warmphase niedergebrochenen Schuttes das Oberhalbstein ausräumen geholfen.
Aus der Val da Burvagn und dem Adont-Tal erhielt der Julia-Gletscher von der Son Mitgel-Kette und vom Curvér-Gebiet letzte Zuschüsse. Während die von E. OTT in F. FREI & OTT (1926K) als Moränen des Julia-Gletschers aufgefaßten Wälle vorwiegend Sackungsgrätchen darstellen, ist der auf knapp 1500 m gelegene Wall von Parnoz SW von Savognin als Mittelmoräne zwischen Nandro- und Julia-Gletscher zu deuten, was durch Julier-Granite gestützt wird.
Mit dem Abschmelzen des Julia-Eises ereigneten sich im Oberhalbstein mehrere Berg- und Felsstürze sowie ausgedehnte Sackungen.
Neben den beiden bereits vor der letzten Eiszeit niedergefahrenen und vom Eis über-

prägten Sturzmassen von Salouf–Burvagn und von Rona, sind S von Tiefencastel von beiden Talseiten Sackungen niedergefahren und haben am Piz Toissa und an der Motta Palousa Bergstürze ausgelöst.
Auch S des Crap Ses und des Rundhöcker-Riegels der Motta Vallac sind ebenfalls ausgedehnte Sackungen niedergefahren und haben zu Nachstürzen geführt: am P. Mitgel, am P. Arlos, zwischen Rona und Mulegns sowie zwischen Marmorera und Bivio.
Dadurch kam es zum Aufstau von Eisrand- und Bergsturz-Stauseen, die nach und nach zugeschüttet wurden und verlandeten. Besonders im Becken von Savognin ist es zur Ausbildung markanter Terrassen gekommen. Bei den mittleren und späteren spätwürmzeitlichen Wiedervorstößen wurden bei Cunter und Savognin, etwas später auch zwischen Salouf und Riom mächtige Schuttfächer ins Becken geschüttet.
In der Val Gronda, dem Kar auf der W-Seite des P. Toissa (2657 m), hing ein kleiner Gletscher im ausgehenden Spätwürm bis 2100 m, im letzten noch bis 2200 m herab (E. Ott, 1925, in F. Frei & Ott, 1926k).
Aus der Val d'Err stieg der *Err-Gletscher* im späteren Spätwürm bis unterhalb 1600 m ab, wo er, durch Moränen belegt, den Tigiel-Gletscher vom Tinzenhorn (3172 m) aufnahm und mit demjenigen von den Castalegns (3021 m) zusammentraf. Jüngere Endmoränen liegen NW der Castalegns um 1950 m, auf Motta d'Err um 1900 m. Eine zugehörige Seitenmoräne fällt W der Alp d'Err von 2330 auf 2230 m ab. H. P. Cornelius (1932k, 1951) ordnete sie dem Daun-Stadium zu. Aus der Gleichgewichtslage in gut 2400 m ergibt sich eine klimatische Schneegrenze von 2550 m und damit eine Depression gegenüber der heutigen von rund 400 m. Jüngere Stände zeichnen sich durch Endmoränen auf der Alp d'Err, auf 2140 m und um 2200 m ab. In einem noch jüngeren Vorstoß war der hinterste Talboden bis 2220 m eisbedeckt. Frührezente Stände des Vadret d'Err reichten bis unterhalb 2300 m; um 1850 (DK XV, 1853) endete er um 2350 m, im Jahre 1959 (LK 1236) auf 2570 m, 1973 (F. Müller et al., 1976) auf 2540 m.
Im *Oberhalbstein* zeichnet sich der ins spätere Spätwürm fallende Vorstoß unterhalb von Bivio auf 1700 m durch Seitenmoränen und Rundhöcker ab.
Aus dem Gebiet des Piz Platta (3392 m) stieß der *Faller Gletscher* nochmals bis gegen 1600 m, fast bis gegen Mulegns, vor. In einem jüngeren Klimarückschlag vereinigten sich die beiden Arme aus der Val Gronda und der V. Bercla im Becken von Faller; später vermochten sie noch bis an die Talausgänge vorzustoßen, wobei im ehemaligen Zungenbecken ein zugehöriger gemeinsamer Sander geschüttet wurde. Jüngere Stände liegen in der V. Bercla auf gut 2300 m, in der V. Gronda auf gut 2200 m.
Zahlreiche Moränenwälle stellen sich auf *Alp Flix* ein. Mit Gleichgewichtslagen und – bei W-Exposition – einer klimatischen Schneegrenze um 2400 m dürften sie ins spätere Spätwürm fallen (Fig. 111). Der durch die *Val da Natons* abfließende Gletscher endete auf 1860 m. Jüngere Vorstöße reichten aus den Karen zwischen Piz d'Err (3378 m) und P. Calderas (3397 m) bis auf 2200 m, aus den weiter S gelegenen bis auf 2300 m herab, wobei sich stets noch internere, durch Stirnwälle dokumentierte Randlagen einstellten. Aus der Valletta da Beiva und aus der V. da Sett erhielt der Julia-Gletscher bescheidene Zuschüsse von SW und von S.
In einem letzten Spätwürm-Stadium stieg der vom P. Forcellina (2936 m) über Alp da Sett abfließende *Septimer-Gletscher* bis Alp Tgavretga, bis 2140 m, ab. Frührezente Stände reichen am Paßweg bis 2570 m herab.
Der Hängegletscher von der Grevasalvas–Materdell-Kette stirnte auf 2070 m; der *Emmat-Gletscher* vom Piz Materdell–P. d'Emmat-Kamm reichte mit einem kleinen

Fig. 111 Zungenbecken auf Alp Flix mit Oberhalbstein und Val Faller.
Im Hintergrund Piz Platta (links), Averser Wißberg, Piz Arblatsch (rechts).

Lappen über den Sattel S der Roccabella; die Zunge zwischen ihr und dem P. d'Emmat Dadora stieß gegen N ins Julia-Tal vor und endete auf 2000 m.
An der Julierstraße bei Bögla zeichnen sich neben mehreren Rundhöckern auch stirnnahe Seitenmoränen eines aus dem Kessel von Grevasalvas und aus der Val d'Agnel genährten Gelgia/Julier-Gletschers. Auch vom P. Neir (2909 m) hing damals, wohl im ausgehenden Spätwürm, noch eine Eiszunge bis auf unter 2000 m herab.
Aus dem Kessel von *Grevasalvas* hing ein Gletscher über die Steilwand ins obere Julia-Tal herab, nahm bei Sur Gonda denjenigen aus der V. d'Agnel auf und stirnte auf 2035 m, wo er mehrere Moränenstaffeln zurückließ. In einer seitlichen Schmelzwasserrinne vermochte Ch. Heitz (1975) mit einer Bohrung in 2 m Tiefe bis ins Atlantikum vorzustoßen, doch dürfte damit noch nicht die Rinnenbasis erreicht gewesen sein, so daß der entsprechende Moränenstand älter sein kann.
Ein internerer Moränenkranz bekundet ein späteres Vorrücken bis zur Julierstraße auf 2080 m; der gegen S vordringende *Agnel-Gletscher* endete auf 2220 m.
Moränen eines nächsten Vorstoßes mit mehreren Staffeln umschlossen den Leg Grevasalvas und den W davon gelegenen Riedboden; der Gletscher stirnte in der Schlucht unterhalb des Sees um 2350 m. Der Emmat-Gletscher erfüllte noch das Becken der Bochetta d'Emmat. Der Agnel-Gletscher reichte, dank seines höher gelegenen Einzugsgebietes, ebenfalls bis auf unterhalb 2400 m. In einem noch jüngeren Klimarückschlag stieß er bis 2500 m bzw. bis 2530 m vor; spätere Moränengirlanden hängen bis 2650 m herab. Der Grevasalvas-Gletscher endete auf 2480 m; Blockströme reichen NW des P. Lagrev bis 2430 m, N des P. Materdell bis 2450 m.

In einem zwischen Rundhöckern verlandeten See auf Paleis (1780 m) N von Sur beginnt die Vegetationsentwicklung in 4,70 m Tiefe bei geringer Pollenfrequenz mit gut 20% *Pinus*, 3% *Betula* und einem Vorherrschen der Nichtbaumpollen, vorab vom *Juniperus*, Cyperaceen und Graminen (CH. HEITZ, 1975). Dann setzt die organische Sedimentation ein. Die Baumpollen steigen stark an: *Pinus silvestris/mugo* auf 82%, *P. cembra* auf 5%. Zugleich fallen die Spätglazialformen – *Juniperus*, *Artemisia*, Caryophyllaceen, Chenopodiaceen, *Thalictrum*, Rubiaceen und *Rumex* – ab. Erstmals treten anspruchsvollere Arten – *Hippophaë*, *Filipendula* und *Myriophyllum* – auf.
Ein markanter Abfall der Baumpollen, ein Rückgang der Pollenfrequenz, vermehrte Sandschüttung und ein sekundärer Birken-Gipfel belegen den Klimarückschlag der Jüngeren Dryaszeit. Im vorangegangenen Alleröd muß daher das Eis das Oberhalbstein weitgehendst freigegeben haben. Im späteren Spätwürm dürften die Gletscher nochmals bis Bivio und bis auf Alp Flix vorgestoßen sein.
Im Rückgang der Arven-Pollen verbunden mit einem Anstieg von *Salix*, der Pionierarten und der Staudengesellschaften im frühen Boreal (?) sieht HEITZ allenfalls ein Äquivalent der Venediger Schwankung der Hohen Tauern (G. PATZELT, 1972, 1973). Vielleicht ist auch der markante Rückschlag von *Pinus* und *P. cembra* zusammen mit dem vermehrten Auftreten von *Betula* um 5750 ± 100 v. Chr. noch in diese Phase einzubeziehen. Mit dem Eintreffen der Rottanne im ausgehenden Boreal setzt ein längerer Kampf um die Vorherrschaft zwischen ihr und *Pinus* ein, der um 5500 v. Chr. zu Gunsten von *Picea* ausgeht.
In der starken Zunahme der Cyperaceen und in der symmetrischen Abfolge der Dominanzen von *Picea*, *Pinus*, *Betula*, *Pinus*, *Picea* zwischen den beiden ^{14}C-Daten von 5400 ± 120 und 4740 ± 120 v. Chr. lassen sich die Misoxer Kaltphasen H. ZOLLERS (1958, 1960) vermuten. Der Rückschlag nach 4740 v. Chr. könnte vielleicht die Frosnitz-Kaltphase PATZELTS (1972, 1973) dokumentieren.
Auf Murter (2136 m) NE von *Bivio* beginnt die Vegetation in einem Moor unter der W-Flanke des P. Nair im Boreal mit einer Krautphase mit Caryophyllaceen, Umbelliferen, Rosaceen, Compositen und Farnen. Mit *Trollius*, *Geranium* und *Heracleum* treten Vertreter einer staudenreicheren Gesellschaft auf. Samen von *Batrachium* und *Potamogeton*, Pollen von *Menyanthes*, *Myriophyllum* und *Sparganium* bekunden offene Wasserflächen.
Auf *Sur Eva* (2100 m) zwischen Bivio und Julier setzt die Vegetation in einer Schmelzwasserrinne des in der Val Gelgia auf 2035 m endenden Grevasalvas-Gletschers in 2 m Tiefe ein. HEITZ stellt den Beginn der sandigen Ton-Sedimentation aufgrund bedeutender Schwankungen im Baumpollenanteil – vorab von *Pinus mugo* und *P. cembra* – der einsetzenden Grünerle und eines ^{14}C-Datums von 4460 ± 100 v. h. in 1.70 m Tiefe ins Atlantikum.
Bemerkenswert ist das frühe Ausapern am *Stallerberg*. In 3,25 m Tiefe soll die Vegetationsentwicklung E des Passes auf 2450 m, aufgrund hoher Werte von *Artemisia*, Chenopodiaceen, *Thalictrum*, Rubiaceen, *Rumex*, *Ephedra*, *Juniperus* und *Hippophaë* bei niedriger Pollenfrequenz bis ins Bölling-Interstadial zurückreichen. Nach M. WELTEN (1972) ist jedoch die *Juniperus*-Phase kaum eine Zeitmarke, sondern sukzessionsbedingt. Da sich mit dem Wiederüberhandnehmen von *Pinus* ein Wechsel von *Sphagnum*- zu Cyperaceen-Torf abzeichnet, dürfte der Abschnitt bis 1,75 m Tiefe dem Älteren Atlantikum mit den Misoxer Rückschlägen entsprechen.

Dann folgt eine ruhigere Zeit: *Picea* erlangt ihre höchsten Werte. *Pinus* wird auf die heutigen Standorte zurückgedrängt, die hohen Arven-Werte belegen die Nähe der Waldgrenze. In tieferen Lagen hat die Tanne an Terrain gewonnen, doch ist sie noch nicht über das Bergsturz-Trümmergebiet von Rona ins obere Oberhalbstein vorgedrungen.
Von 1,45–1,25 m tritt *Picea* wieder zurück; die Bestände lockern sich auf. Birken, Föhren, Lärchen und Arven breiten sich erneut aus. Zugleich treten Buche und Grünerle auf; Hasel, Farne und Kräuter steigen wieder an, so daß dieser Rückschlag wohl die Grenze zum Subboreal andeutet. Damit würden die beiden folgenden *Picea*-Rückgänge in die Bronze- und in die Ältere Eisenzeit fallen. Für die weitere Auflockerung des Waldes wäre neben dem Klima auch der Mensch verantwortlich, der damals – wie archäologische Funde belegen – ins Oberhalbstein eingedrungen ist. Im früheisenzeitlichen Klima-Rückschlag sind die höheren Alpentäler weitgehend aufgelassen worden. Die Entstehung der Alpweiden im mittleren und oberen Oberhalbstein ist teilweise auf Rodungen für den Kupfer- und Eisen-Bergbau zurückzuführen, der durch bronzezeitliche Gußformen und Schlacken belegt ist.
Erst mit der Einwanderung der Räter um 500 v. Chr. hat sich der alpine Siedlungsraum erneut ausgeweitet.
Durch das Oberhalbstein führten die bei Bivio sich vereinigenden Paßrouten aus dem Bergell über den Septimer und über Maloja–Julier. Talauswärts wandte sich die Römerstraße über Alp Flix nach Tinnetione (Tinizong/Tinzen) und von Cunter, unter Umgehung des Crap Ses, auf der W-Seite der Julia über Salouf–Del–Mon hinunter nach Tiefencastel und weiter über Prada–Mistail–Alvaschein–Lantsch–Parpan nach Curia.
Im heute abgelegenen Mistail, einem ehemaligen Frauenkloster, liegt, hoch über dem Eingang des Schin, eine karolingische Kirche aus dem späteren 8. Jahrhundert. Im frühen 9. Jahrhundert werden auch Tiefencastel, Brienz, Lantsch/Lenz, Vaz-Zorten und Stierva/Stürvis erwähnt. Auch das Oberhalbstein mit der ältesten Talkirche in Riom war damals bereits besiedelt (H. R. HAHNLOSER† & A. A. SCHMID, 1975).

Der Albula-Gletscher

Im Albulatal kam es bei Filisur, im Grenzbereich zwischen Spadlatscha- und Albula-Gletscher, zwischen diesem und dem Landwasser-Eis sowie im Mündungsbereich der von der Amselflue–Lenzerhorn-Kette absteigenden Seitengletscher zur Ausbildung von Rundhöckern. Durch den Landwasser-Albula-Gletscher wurde den Seitengletschern das Einmünden erschwert, so daß sie sich erst allmählich mit dem Talgletscher vereinigen konnten.
Bei Alvaneu bildeten sich S einer ersten, durch die Mündung eines Seitengletschers bedingten Rundhöckerzeile noch zwei weitere aus: eine erste zwischen Landwasser-Eis und dem von ihm gestauten Schmittner Gletscher, eine zweite, tiefer gelegene, im Konfluenzbereich von Albula- und Landwasser-Gletscher. Erst S davon floß das Albula-Eis ab und, ganz am S-Rand, das durch ihn gestaute Spadlatscha-Eis, wie Lokal-Erratiker in der Lücke des Plan da Pe, auf der eisüberschliffenen Kuppe des Bot digl Uors (2230 m) und auf dem Plan digl Uors belegen.
Ebenso floß weiter Albula-abwärts ein Teil des von S zufließenden Son Mitgel-Eises über den Sattel von Era und die NE vorgelagerten Rundhöcker. Auf Chavagl Grond/

Fig. 112 Die epigenetische Rinne der Albula in der Schin-Schlucht. Links ehemaliger, von Schotter und Moräne eingedeckter Schluchtabschnitt.

Gross Ross (2443 m) finden sich neben Erratikern der Ela-Gruppe – Hauptdolomit, Rhätkalken, gebänderten Liaskalken – auch Albula-Granite bis auf 2440 m. Sie bekunden damit eine würmzeitliche Mindest-Eishöhe S von Filisur von rund 1400 m (S. 23). Zugleich muß damals Albula-Eis über die Hochfläche zwischen Piz Spadlatscha und Chavagl Grond in die Val Spadlatscha geflossen sein. Dies wird auch belegt durch Blöcke von buntem Liaskalk aus der Val Bever, die D. BOLLINGER (mdl. Mitt.) bei Prosot fand. Ebenso drang Albula-Eis von N, vom Talausgang her, ein, was durch Granit-Erratiker belegt wird, die auch auf der W-Seite noch bis auf 1750 m hinauf reichlich vertreten sind.

Bei Tiefencastel treten bei der Vereinigung mit dem steiler mündenden Julia-Eis erneut Rundhöcker auf. Dabei wurde das Albula-Eis gegen N durch die heute von der Schin-Straße benutzte Furche abgedrängt. Eine aufgelassene Rinne wurde in der Schin-Schlucht N der Soliser Brücke eingetieft (Fig. 112); eine randliche Schmelzwasserrinne findet sich bei Campì.

Noch im *Churer Stadium* reichte der Julia/Albula-Gletscher am Zusammenfluß mit dem Hinterrhein-Eis auf Carschenna E von Thusis bis auf 1100 m. Nach der Rückzugslage von Rothenbrunnen dürfte der Zusammenhang abgerissen haben. Im Winkel zwischen den beiden Gletschern wurden über Rundhöckern die Stauschotter von Campì und von St. Cassian E von Sils abgelagert.

Über der Schin-Schlucht ist das Churer Stadium auf gut 1200 m angedeutet. Der Albula-Gletscher nahm dort noch Eis vom Muttner Horn (2401 m) auf. Eine entsprechende Randlage zeichnet sich auf der nördlichen Talseite W von Vaz-Muldain ab.

Am Zusammenfluß mit dem Julia-Gletscher reichte das Eis, wie aus einer Mittelmoräne am NW-Grat der Motta Palousa hervorgeht, bis auf 1360 m. Über den Rundhöckern von Lantsch, auf 1300 m, traf es mit dem von der Lenzerheide gegen S abfließenden Eis zusammen. Die Haupteismasse wandte sich jedoch gegen SW, wo NE von Vaz-Lain, auf 1340 m, eine rechte Ufermoräne einsetzt. Als Stauterrasse läßt sie sich bis Dal verfolgen. Eine tiefere Ufermoräne, NE und WNW von Alvaschein, die von 1000 m auf 940 m abfällt, sowie die Stirnmoräne eines selbständig gewordenen Lenzerheide-Gletschers, sind wohl dem Halt von Rothenbrunnen zuzuweisen.

Die S-Hänge des Albulatales zwischen Alvaneu und Lantsch/Lenz neigen mit ihren steil S-fallenden Schichten und Scherflächen sowie ihren ausgeprägten Kluftsystemen zu umfangreichen Sackungen. Diese reichen auf der S-Seite des Lenzerhorns bis an die Gipfelpyramide des Piz Linard. Neben alten, von Moräne erfüllten Nackentälchen sind auf Propissi E von Lenz auch nach dem Abschmelzen des Eises noch weitere Sackungspakete niedergefahren. Noch in jüngster Zeit haben sich dort zahlreiche Klüfte geöffnet, so daß einzelne Pakete als Felsstürze zutal brechen (Bd. 1, S. 113).

N von Surava mündete im Churer Stadium der Gletscher vom Lenzerhorn (2906 m) auf gut 1400 m. Der moränenbedeckte Bergsturz vor Brienz/Brinzauls dürfte im vorangegangenen Interstadial niedergebrochen sein. Moränenreste auf dem Steigrügg, dem Rainboden, der Wiesner Alp und auf dem Grat SW der Schmittner Alp (E, N, NW und W von Wiesen) dürften das Churer Stadium dokumentieren.

An der Konfluenz von Landwasser- und Albula-Gletscher stand das Eis bis auf 1600 m, wie aus einer Mittelmoräne, den Rundhöckern zwischen Albula- und Spadlatscha-Gletscher und Seitenmoränenresten hervorgeht. Auch unterhalb der Mündung des Spadlatscha-Gletschers lassen sich zwischen 1680 m und 1600 m mehrere Seitenmoränen und Stauterrassenreste dieses Stadiums beobachten.

Darnach rissen die bis ins Tiefencastel (=Zillis)-Stadium aktiven Transgressionen aus der Val Bever über die Fuorcla Crap Alv (2466 m) ab. Diese ist noch belegt durch die zahlreichen Albula-Granit-Erratiker in den S von Filisur um 1550 m einsetzenden Moränenwällen.

NE von Filisur, am Zusammenfluß von Landwasser- und Albula-Gletscher, lag die Eisoberfläche noch im Stadium von Tiefencastel – aufgrund einer Mittel- und einer rechtsufrigen Seitenmoräne des Landwasser-Gletschers – um 1300 m (Fig. 110). S des Dorfes setzt eine markante Moräne mit mehreren Rückzugsstaffeln auf 1335 m ein. Die höchste ist wohl als Mittelmoräne zwischen dem Albula-Gletscher und dem über den Sattel von Sela gegen Filisur übergeflossenen Spadlatscha-Eis zu deuten. Moränen eines noch mündenden Spadlatscha-Gletschers zeichnen sich W von Cloters zwischen 1550 und 1500 m sowie im Mündungsbereich zwischen 1300 und 1150 m ab. Die tieferen Staffeln S von Filisur deuten auf ein Zungenende unterhalb des Dorfes. Sie dürften zeitlich den Moränen von Andeer und der Rofflaschlucht entsprechen. Der Landwasser-Gletscher mag bei der Mündung des Schmittner Baches gestirnt haben.

Beim Spadlatscha-Gletscher belegen absteigende Wälle um Sela diesen jüngeren Stand.

Ausgeprägte holozäne Staffeln mit reichlich Obermoräne liegen zwischen Pradatsch und den Chamonas d'Ela. Jüngere Wälle queren den Talschluß S der SAC-Hütte.
Bei Stuls im Albulatal deutet eine einsetzende Mittelmoräne an der Mündung des Stulser Gletschers auf eine Eishöhe im Tiefencastel-Stadium von über 1400 m.
Talabwärts, bei Alvaneu, liegen Ufermoränen auf knapp 1200 m. Dann fiel die Oberfläche steiler ab; der Zufluß vom Lenzerhorn erreichte den Albula-Gletscher erst unterhalb 1100 m.
Dank der Zuschüsse von den Hochlagen der Ela–Son Mitgel-Gruppe durch die Val Spadlatscha, die V. da las Nursas und die Valetta da Son Mitgel reichte das Albula-Eis bis *Tiefencastel*.
Wenig S von Tiefencastel bekunden Seitenmoränen des Albula- und des Julia-Gletschers auf 960 m eine Vereinigung der beiden, die im Becken von Prada NW des Dorfes auf 880 m und am Eingang der Schin-Schlucht stirnten. Internere Staffeln werden durch die Terrasse SE des Dorfes und Wallreste unterhalb von Surava belegt. Dann unterblieben auch die Transfluenzen von Engadiner Eis über den Julier (2284 m).
Um 10 m hohe Schotter-Terrassen bei Surava und im Mündungsbereich des Landwassers belegen eine späteiszeitliche Eintiefung der Albula um rund 15 m. Im Laufe des Spätwürms stießen die Gletscher erneut aus der V. da las Nursas und der V. Spadlatscha bis unter 1700 m vor, was, bei einer Gleichgewichtslage um 2200 m, einer klimatischen Schneegrenze von 2350 m und damit einer Depression von 550 m gleichkommt. Ein späterer Stand ist auf 1800 m angedeutet. Aus der Gleichgewichtslage in gut 2300 m resultiert beim Spadlatscha-Gletscher eine klimatische Schneegrenze von über 2450 m, was einer Depression von über 400 m entspricht. Spätere Stände reichten bis gegen 2000 m herab; die nordwestlichen Zungen endeten auf 2200 m bzw. auf gut 2100 m. Noch jüngere Endmoränen finden sich um 2200 m; jene, die jungholozäne und älteste frührezente Vorstöße dokumentieren, liegen um 2300 m.
Von der N-Seite, von der *Lenzerhorn–Sandhubel-Kette*, erhielt der Landwasser/Albula-Gletscher noch bis ins Stadium von Tiefencastel Zuschüsse. Dann wurden die einzelnen Gletscher selbständig und schmolzen im Spätwürm bis rund 2000 m zurück. Zur Zeit der frührezenten Vorstöße bildeten sich in den Karen erneut Firnfelder. Am Bliberg N von Schmitten hing die Zunge damals bis zu den Erzgruben herab, so daß dort nur bei geringeren Eisständen Erz abgebaut werden konnte, um so mehr, als sich die reichsten auf der N-Seite des Guggernell-Grates, auf der N-Seite des Aroser Rothorns und am Parpaner Rothorn (R. Brauchli, 1922; A. Streckeisen in F. de Quervain, 1931; E. Escher, 1934) finden.
Im späteren Spätwürm stirnte der *Stulser Gletscher* auf 1530 m, was durch eine abfallende Moräne belegt wird. Internere Staffeln zeichnen sich bei Runsolas um 1700 m ab, wo der Torta-Gletscher vom Fil da Stugl noch einmündete.
Der *Albula-Gletscher* endete – dank der steil abfallenden Zuflüsse von den Bergüner Stöcken, aus der Val Tisch und der V. Tuors – zunächst unterhalb des Bergüner Stein, auf 1150 m (H. Eugster, 1925, et al. 1927k). Stirnnahe Moränenwälle fallen besonders von Ava Lungia gegen die Albula ab. Die Talfüllung bis Filisur stellt den zugehörigen Sander dar. Ein Erratiker, von 30 m³, der Crap Fess, Zwerglistein, liegt auf dem Crap da Buel NW von Bergün. Dort zeichnen sich auch einige Abschmelzterrassen ab. Der von der Alvra/Albula und von der Ava da Tuors bis gegen 20 m tief zerschnittene Talboden von Bergün ist mit seinen zahlreichen und teils recht großen Blöcken als Stauschuttmasse mit mitgerissenen Erratikern zu deuten.

Durch den Albula-Gletscher wurde das mündende Tuors-Eis auf die rechte Talflanke gedrängt, so daß dieses E der Rundhöcker von Latsch gegen Ava Lungia abfloß. Auch im nordwestlichen Grenzbereich sowie zwischen den mündenden Hängegletschern der Bergüner Stöcke und dem Albula-Eis bildeten sich Rundhöcker. Eine Mittelmoräne zwischen Tuors- und dem durch das Albula-Eis ebenfalls abgedrängten Tisch-Gletscher reicht E von Bergün bis auf 1600 m. Aufgelassene Mündungsrinnen der Avas da Tuors und da Tisch deuten auf nahe Zungenenden der sich nochmals vereinigenden Gletscher.
In der Val Spadlatscha dürften die bis 1700 m und gegen 1800 m absteigenden Wälle dem Bergüner Stand entsprechen. Aufgrund des verschiedenen Erratiker-Spektrums lassen sich die einzelnen Liefergebiete des Albula-Eises gegeneinander abgrenzen.
Jüngere Stände zeichnen sich in der unteren *V. Tuors* um 1500 m ab. Am Ausgang der *V. Tisch* stellen sich unterhalb von 1700 m Moränen dieses Standes ein.
Auf der NE-Seite der Ela-Gruppe (3339 m) hingen noch im letzten Spätwürm Gletscher bis tief ins Albulatal herab: aus den Muntels d'Uglix bis unterhalb von 2000 m, aus Tranter Ela gar bis 1600 m (F. FREI in H. EUGSTER et al., 1927K) und aus den Rots bis gegen 1700 m (E. OTT in EUGSTER et al.); eine jüngere Staffel liegt auf 2240 m. Die unter diesen Ständen einsetzenden Schuttfächer sind wohl als Sanderkegel angelegt worden; heute werden sie vorab von Lawinenschutt genährt.
Noch um 1850 reichte das Eis in den schattigen Karen der Ela-Gruppe bis auf 2470 m, N der Tschimas da Tschitta bis 2550 m herab.
Der *Tschitta/Mulix-Gletscher* endete bei Naz auf 1800 m, der Albula-Gletscher oberhalb von Preda, später im Becken des Lai da Palpuogna, auf gut 1900 m, dann S des Sees, bei Igls Plans und, bei jüngsten Vorstößen, auf dem Albulapaß. Der *Mulix-Gletscher* hinterließ mehrere Staffeln zwischen 2000 m und 2150 m, der *Tschitta-Gletscher* im Bereich des Talausganges und das W des P. Üertsch absteigende Eis zwischen 2200 m und 2300 m (H.-P. CORNELIUS in EUGSTER et al., 1927K; M. MAISCH, 1980).
In den Quellästen der Val Tuors finden sich letzte Spätwürm-Moränen in der vorderen *V. Plazbì* auf Alp digl Chant, unterhalb 2000 m, und auf Chants in 1800 m, an der Konfluenz der *V. da Ravais-ch* und der *V. da Salect* (Fig. 113).
Etwas jüngere Moränenwälle dämmen in der obersten Val da Ravais-ch den unteren See ab, während der obere in der Sella da Ravais-ch (2569 m) in einem vom Piz Murtelet (3019 m) wohl auf abschmelzendes Eis niedergebrochenem Trümmerfeld liegt.
Der vom Piz Kesch (3418 m) abfließende Porchabella-Gletscher stieß wohl noch im 17. Jahrhundert mit einem Lappen bis unter 2400 m und um 1850 bis auf 2420 m vor, während er mit einer Zunge noch in die zum Inn entwässernde Val dal Tschüvel reichte (H. JÄCKLI, 1957). 1956 (LK 1237) lag die Zunge bei einer klimatischen Schneegrenze um 2950 m wenig unter 2600 m.
Am Fuße des Piz Üertsch (3268 m) endete der Gletscher im Talschluß der Val Plazbì im Holozän um 2140 m, später auf 2260 m, um 1850 auf 2370 m (MAISCH, 1979).
Der Vadret da Tisch reichte im ausgehenden Spätwürm noch bis 1650 m, später bis knapp 1800 m. Spätholozäne Moränen verraten ein Zungenende auf gut 2400 m; um 1850 endete der Vadret da Tisch auf 2490 m. Bis 1956 (LK 1237) waren der Gletscher im Talschluß der V. Plazbì bis auf 2520 m, der Vadr. da Tisch bis auf 2650 m zurückgeschmolzen.
Aus dem Kessel NW der Tschimas da Tisch (2872 m) stieg der Tranter Ervas-Gletscher im ausgehenden Spätwürm noch bis 1900 m herab. Letzte Spätwürm-Moränen belegen einen bis 2350 m abgestiegenen Gletscher. Die Moränen im Talschluß von Murtel dal

Fig. 113 Spätwürmzeitliche Moränen des Porchabella-Gletschers auf Alp digl Chant, Val Tuors.
Die Moränen des ausgehenden Spätwürm scheren nach rechts ins Val Plazbì aus. Sie sind deutlich solifluidal überprägt. Die jüngeren Moränen des letzten Spätwürm verlaufen in der Richtung der Talachse. Sie sind formfrisch erhalten.
Aus: M. Maisch, (1979).

Muotta (Eugster in Eugster et al., 1927k) dürften letzte Spätwürm-Stände bekunden. Aus dem Quellgebiet der Albula, von der Kette Piz Palpuogna (2730 m) – La Piramida (2964 m) – Piz da las Blais (2930 m) und von der S-Seite des P. Üertsch drang das Eis im letzten Spätwürm in der Talung vom Albulapaß (2312 m) gegen W nochmals bis zum Lai da Palpuogna, bis gegen 1900 m und gegen Igls Plans vor, wo ein Pollenprofil (C. Burga in Maisch) zur Datierung beitragen wird. Die zahlreichen Wälle im Bereich des Albulapasses (Eugster et al., 1927k, H. Heierli, 1955) dürften als holozäne Schneehalden-Moränen zu deuten sein.
Noch um 1850 reichte der Gletscher auf der NE-Seite der Piramida bis auf 2600 m. 1956 (LK 1237) endete er auf 2715 m.
Während sich im Oberhalbstein bereits sehr früh eine reiche Kultur entfaltete (Bd. 1, S. 247, 252), sind prähistorische Zeugen im Albulatal deutlich seltener. Immerhin deuten Bronzefunde und wohl auch bereits ein früher Bergbau ebenfalls auf eine bereits bis in die Bronzezeit zurückreichende Besiedlung von Bravuogn/Bergün. Ebenso war der Albulapaß bereits damals begangen, was ein Schalenstein zwischen Crap Alv und der Paßhöhe belegt.
Zur Römerzeit wurde ein Paßweg angelegt. Neben alten Wegspuren deutet auch die Tuér, der alte, wie die Kirche, auf das 12. Jahrhundert zurückgehende Turm in Bergün, der als einziger den Dorfbrand von 1323 überdauert hat, auf einen alten Übergang, den

Alvra/Albula, ins Engadin hin. Wie im Oberhalbstein wurde auch im Albulatal der Schluchtabschnitt, Igl Crap, der Bergüner Stein, umgangen. Noch bis 1696 führte der Saumpfad von Bellaluna hinauf nach Pentsch auf nahezu 1500 m und dann wieder hinunter nach Bergün (G. G. Cloetta, 1978).
Neben dem Albula wurde früher von Filisur aus noch ein zweiter Übergang ins Engadin benutzt, der über Falein–Stugl/Stuls–Latsch durch die Val Tuors über die Sella da Ravais-ch (2569 m) und durch die Val Susauna zum alten Hospiz von Chapella zwischen S-chanf und Cinuos-chel führte (Cloetta, 1978), das bereits aus dem 13. Jahrhundert erwähnt wird.

Die Gletscher des Landwasser-Gebietes

Aufgrund refraktionsseismischer Meßdaten liegt die Felssohle zwischen Davos-Glaris und Schmelzboden maximal 20 m unter dem heutigen Talboden (M. Weber und L. Mazurczak, mdl. Mitt.). Eine bereits von H. Eugster & W. Leupold (1930k) postulierte, von Schottern und Moräne eingedeckte Rinne verläuft SE der Landwasser-Furche. Refraktionsseismisch konnte auch im Tal von Monstein W des Dorfes eine tief eingeschnittene, heute ebenfalls völlig eingedeckte, mindestens frühwürmzeitliche Rinne nachgewiesen werden. Ob diese allerdings talaus in die parallel zur Landwasser-Furche verlaufende ehemalige Rinne talaufwärts, Richtung Davos, abbiegt, erscheint eher fraglich. Viel eher dürfte sie talauswärts in den alten Landwasser-Lauf einbiegen (Eugster & Leupold, 1930k), der wohl bereits damals gegen SW entwässert hat, da die Felssohle unter Davos kaum in mindestens 200 m Tiefe liegt, d. h. bis unter 1350 m Höhe hinabreicht.
Bohrungen im Talgrund von Davos verblieben zwischen Platz und Frauenkirch in 20 m in Seesilten, zwischen Platz und Dorf in 8 m in Kiesen. In Platz wurde in 1,75–2 m ein Torf mit Holzresten durchfahren. An den Talmündungen des Dischma- und des Flüelabaches verblieben die Bohrungen in 10 bzw. in 18 m Tiefe im Bachschutt. Beim Dischma-Fächer haben sich am rechten Rand – wie W des N-Endes des Davoser Sees – bis 4 m mächtige Torfe gebildet (Dr. M. Kobel, schr. Mitt.).
Im mittleren Spätwürm erfüllte der von Flüela- und Dischma-Eis genährte Landwasser-Gletscher noch das Davoser Tal. Der gegen NE sich wendende Lappen wurde durch die im vorangegangenen Interstadial niedergebrochenen Bergsturzmassen von Wolfgang–Drusatscha gestaut. Auf dem Paß von Wolfgang stand seine Zunge mit dem von der Totalp und von Parsenn abfließenden Eis in Verbindung. Zwischen Ober und Unter Laret traf dieses auf den gegen SW gerichteten Stirnlappen des *Mönchalp-Gletschers*, während der Hauptlappen noch den bei Klosters stirnenden Landquart-Gletscher erreichte (S. 226).
Damals stieß auch der *Sertig-Gletscher* nochmals bis an den Talausgang vor und hinterließ bei Clavadel, auf Eggen und auf der SW-Seite des Sertigbaches Seitenmoränenreste, während sich bei Mühle noch eine Abschmelzstaffel erkennen läßt. Es scheint, daß die Stirnmoräne beim Abschmelzen – allenfalls durch das Ausbrechen eines Moränenstausees – zerstört wurde. Das ausgeräumte Material ist in einen unterhalb von Frauenkirch durch Eis gestauten See geschüttet worden und baut dort ein 30 m hohes Delta auf (Fig. 98). Wie die Übergußschichten belegen, stand der Spiegel des Eisrandsees auf 1545 m. Die runde, von einem kleinen, vermoorten Tümpel erfüllte Senke SE des Waldfriedhofs ist wohl als Toteisloch zu deuten, das auf das Abschmelzen einer mitgerisse-

nen Eisscholle zurückzuführen ist. Sanft gegen SW abfallende Terrassenreste belegen zwischen Davos-Platz und Schmelzboden die sukzessive Entleerung der Eisrandseen. Weiter talwärts stiegen von der Amselflue und von Altein, aus dem Monsteiner Tal und vom Fil da Stugl bis zur Muchetta steile Gletscher ins Landwassertal ab und erfüllten die Zügenschlucht, in der heute oft noch bis tief in den Sommer Lawinenschnee liegt. Bei Filisur traf das Landwasser-Eis mit dem Albula-Gletscher zusammen.
Die Stauterrassen unterhalb von Monstein und von Jenisberg dürften derjenigen von Clavadel über dem Ausgang des Sertig-Tales entsprechen.
Bei Wiesen reichte das Landwasser-Eis bis auf 1400 m. Im Konfluenzbereich zwischen den von Altein abgestiegenen Eisströmen bildeten sich Mittelmoränen aus. Auf der W-Seite der mündenden Eiszuschüsse wurde die Stauterrasse von Wiesen geschüttet. An ihrem W-Rand tiefte sich eine Schmelzwasserrinne ein (W. Leupold in H. Eugster & Leupold, 1930k). E von Schmitten fiel die Eisoberfläche, wie rechtsseitige Ufermoränenreste bekunden, von 1340 m auf 1300 m ab, was bei Filisur auf eine Eishöhe von 1300 m hindeutet (S. 23). In einer Rückzugsstaffel endete der Landwasser-Gletscher in der Schlucht SE von Schmitten (Fig. 110).
Beim *Abschmelzen* der *Davoser Gletscher* ergossen sich aus den steileren Seitentälern bedeutende Schuttfächer, mit ihren großen Blöcken wohl Murgänge ausgebrochener Moränenstauseen, erst an das abschmelzende Taleis, dann in eisgestaute Randseen.
Auch die von der Weißfluh-Kette und von der Chüpfenflue abgestiegenen Gletscher vermochten noch das Landwasser-Eis zu erreichen.
In den beiden Quellästen des *Monsteiner Tales*, im Inneralp- und im Oberalptal, stiegen die Gletscher im letzten Spätwürm nochmals bis unterhalb Inneralp, dann bis auf den Mäschenboden, bis unter 2000 m, im Oberalptal bis Fanezmeder, bis auf gut 2100 m, ab; spätere Stände finden sich im Mittel- und im Bärentälli (Fig. 114).
Auch in den bei Glaris mündenden Leidbach- und Riederbach-Tälern treten markante Wälle, letzte spätwürmzeitliche und mehrere holozäne Vorstöße zutage.
Mit dem Eisfreiwerden der Landwasser-Quelltäler brachen von den Talflanken ausgedehnte Sackungen nieder.
Im nächsten, wohl noch präböllingzeitlichen Interstadial schmolz der *Sertig-Gletscher* zurück bis vor Sertig-Dörfli. Aus den Karen um das Felahorn und das Wuosthorn (2815 m) stieg der Fela-Gletscher bis in die Talsohle vor, wobei er sich wohl noch mit dem aus dem Chüealp- und aus dem Ducantal abgeflossenen Eis vereinigte (Fig. 115). Dann schmolzen alle drei zurück und wurden selbständig. Der Fela-Gletscher reichte, wie innere Staffeln belegen, noch bis Sertig-Dörfli. Auch Chüealp- und Ducan-Gletscher hinterließen an den Talausgängen mehrere eng gestaffelte Wälle.
Wie M. Maisch (1977) festgestellt hat, stießen aus den Seitentälern im letzten Spätwürm nochmals Eiszungen vor und überschütteten die Seitenmoränen der Haupttalgletscher, die ihrerseits ebenfalls wieder vorstießen. Der Fela-Gletscher endete damals auf 2000 m. Seine Schmelzwässer schütteten den Schuttfächer von Sertig-Dörfli.
Internere Wälle sind im vordersten Chüealptal erhalten: unterhalb Bim Schära auf 2050 m und unterhalb Glattböden auf 2150 m (Fig. 116).
Von den frührezenten Ständen ist derjenige um 1850 und beim Ducan-Gletscher auch derjenige um 1920 ausgebildet (Maisch, 1977).
Im Kar zwischen Brämabüel und Jakobshorn (2590 m) hing im letzten Spätwürm bei einer Schneegrenze um knapp 2400 m ein Gletscher bis auf 1950 herab. Jüngere Stände verraten Zungenenden auf 2150 m und auf 2250 m.

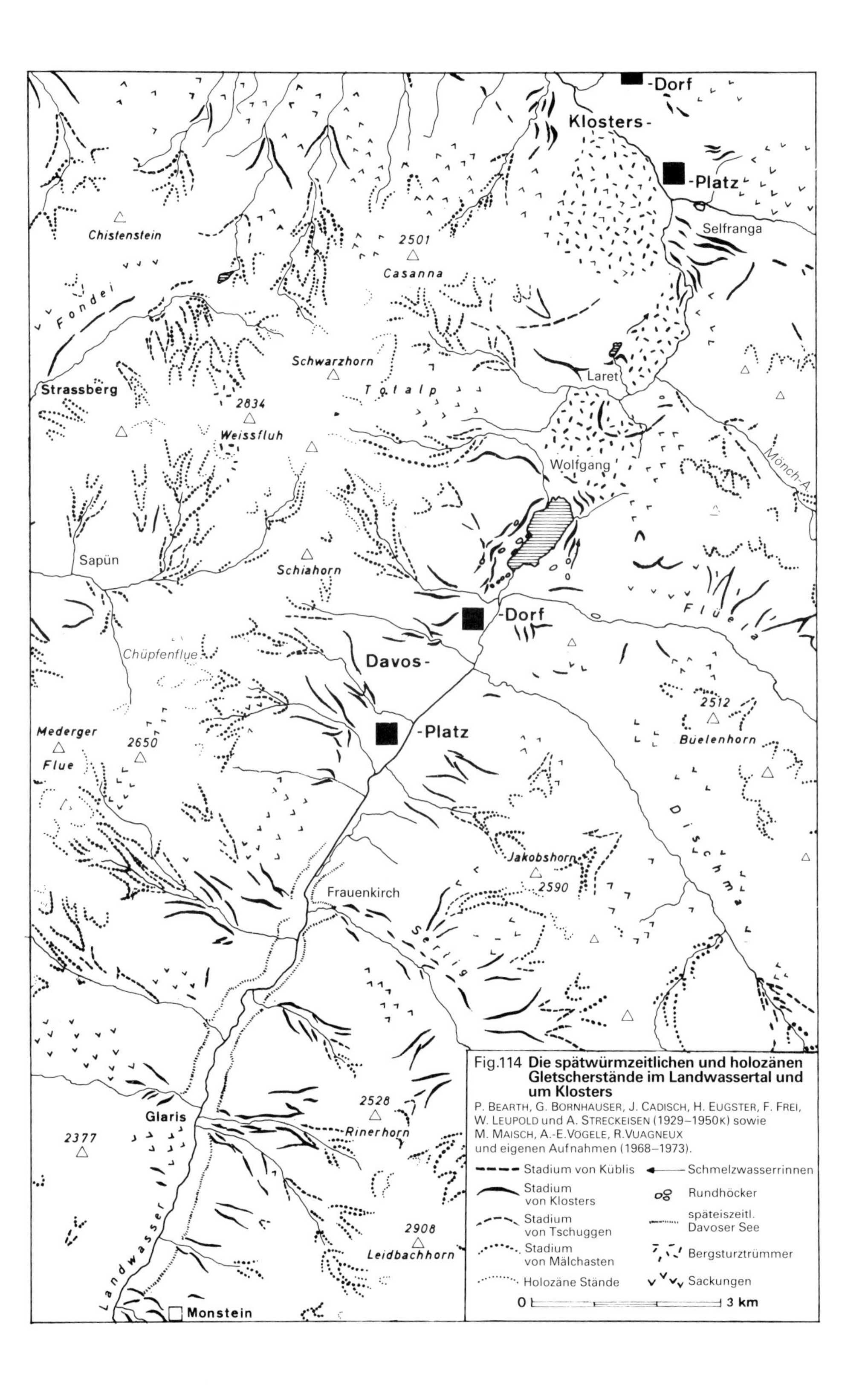

Fig.114 **Die spätwürmzeitlichen und holozänen Gletscherstände im Landwassertal und um Klosters**
P. Bearth, G. Bornhauser, J. Cadisch, H. Eugster, F. Frei, W. Leupold und A. Streckeisen (1929–1950K) sowie M. Maisch, A.-E. Vogele, R. Vuagneux und eigenen Aufnahmen (1968–1973).

Fig. 115 Letzte Spätwürm-Moränen des Chüealp-Gletschers, im Vordergrund (rechts) zwei zeitlich entsprechende Wälle des Ducan-Gletschers, außerhalb (links) eine ältere Mittelmoräne.
Im Hintergrund ein Blockstrom aus dem Plattentälli (schwarz umgrenzt).
Aus: M. MAISCH, 1977.

Im *Dischma* finden sich Spätwürm-Endmoränen um Gadmen. Sie bekunden ein Zungenende unterhalb 1800 m. Internere Gruppen von Endmoränen liegen Am Rin um 1850 m, eine nächste bei der Jenatschalp (1945 m), weitere bei der Schürlialp um 1950 m und eine jüngere, wiederum mit mehreren Rückzugslagen, auf Dürrboden um 2000 m (P. BEARTH et al., 1935K). Diese dürften Vorstöße des mittleren und jüngeren Holozäns bekunden.
Mit A.-E. VÖGELI (1976, 1977, 1980) dürften die Stände Am Rin dem Egesen-Stadium der E-Alpen entsprechen (Fig. 116). Innerhalb der Schürlialp-Moränen ergab Arvenholz ein ^{14}C-Datum von 6220±70 Jahre v. h., die darüber folgende Torfbasis 4720±90, un-

▷

Fig. 116 **Dischma- und Chüealptal und die Quelläste der Val Susauna im ausgehenden Spätwürm und im Holozän**

Nach P. BEARTH, J. CADISCH, H. EUGSTER, W. LEUPOLD, F. SPAENHAUER und A. STRECKEISEN (1929–35K), M. MAISCH, A.-E. VÖGELE, R. VUAGNEUX sowie eigenen Aufnahmen (1968–1979).

- Moränen des Stadiums von Laret und Frauenkirch (=Klosters)
- Moränen des Stadiums von Tschuggen/Gadmen/Ertig-Eggen
- Moränen des Stadiums von Mälchasten/Am Rin/Mittelchrüz
- Holozäne Moränenwälle
- Frührezente Wälle
- Heutige Gletscher (Stand nach LK 1217)
- Rundhöcker

1805
Dischma
Flüelapass
2363
2814
Wuosthorn
3146
Flüela Schwarzhorn
Dürrboden
2007
Piz Radönt
Chüealptal
2101
3044
Bocktenhorn
Mittaghorn
3013
Plattenflue
2606
Scalettapass
Scalettahorn
3131
Piz Grialetsch
Chüealphorn
Sertigpass
2739
Vallorgia
3018
Piz Murtelet
Val Funtauna
2305
Val Susauna
1 km

Fig. 117 Blick ins Bocktentälli, ein rechter Quellast des Chüealptal mit Moränen des letzten Spätwürm (Bildmitte), welche einen älteren Stand des Chüealp-Gletschers durchbrechen. Die Moränen im Talschluß dürften im Holozän geschüttet worden sein. Im Hintergrund das Bocktenhorn (3044 m). Im Vordergrund dämmen letzte Spätwürm-Moränen des Großboden-Gletschers, der aus einem linken Seitenkar eben noch den Chüealp-Gletscher erreicht hat, jüngeren, praktisch vegetationsfreien Blockschutt ab. Aus: M. Maisch (1977).

mittelbar auf der Innenseite einer Stirnmoräne ein solches von 4880±95 v. h., und zugleich wurde ein Boden mit einem Datum von 6140±275 v. h. überschüttet. Sie dürfte damit wohl am ehesten der Frosnitz-Kühlphase entsprechen (Fig. 118).
Noch um 1850 (DK XV, 1833) hing der Scaletta-Gletscher bis gegen 2300 m herab.
Im *Flüelatal* schob sich der Gletscher im ausgehenden Spätwürm bis über Tschuggen, 1900 m, vor. Internere Stände, wohl das letzte Spätwürm, geben sich mit zahlreichen Ufermoränen um 2100 m, auf 2150 m sowie auf knapp 2200 m zu erkennen.
Nach R. Vuagneux (1977) wäre die Einwanderung der Arve – *Pinus cembra* – im Flüelatal zwischen 11000 und 10500 Jahren v. h. vom Engadin her erfolgt. Eine verschwemmte Holzkohle aus einem Ae-Horizont ergab NW von Tschuggen ein Alter von 10840± 245 Jahre v. h. Ein Pollenspektrum (C. Burga in Vuagneux) in einer nur 50 m talauf gelegenen weiteren Grabung (1890 m) ergab aus einem fossilen Ah-Horizont 46% *Pinus cembra*, 12% *P. silvestris/mugo*, 7% *Picea*, 5% *Alnus viridis*, 3% Ericaceen, knapp

Fig. 118 Letzte spätwürmzeitliche Moränen im Dischmatal mit der Endmoräne der Schürlialp (1950 m). Im Hintergrund das Sattelhorn.
Photo: Frl. A.-E. Vögeli, Zürich.

5% Krautpollen und 13% Farne, womit dieses wohl in die ausgehende Jüngere Dryaszeit zu stellen sein dürfte.

Auch nach Vuagneux wären dann, gegen Ende der Jüngeren Dryaszeit, mehrere Vorstöße bis unterhalb des Tschuggen-Felsriegels erfolgt, wobei Moränenstücke durch randglaziäre Schmelzwässer weggeschwemmt und dabei die Holzkohle verschwemmt worden wäre.

In der Nacheiszeit kam es zur Wiederbewaldung und zu einer kräftigen Podsol-Bildung. Im frühen Älteren Subatlantikum hätte wiederum ein Waldbrand stattgefunden – eine jüngere Holzkohle ergab 2335 ± 110 Jahre v. h. Darnach stellte sich eine erneute Kaltphase mit Fließerde-Bildung ein, wobei sich ein Bs-Horizont auf einen rezenten A-Horizont schob.

In einem jüngsten Stadium waren die Seen auf dem Flüelapaß von einer Eiszunge erfüllt, die auf der N-Seite bis 2300 m abstieg. Die zugehörige Gleichgewichtslage um knapp 2500 m setzt eine klimatische Schneegrenze um 2650 m voraus; heute liegt sie im Grialetsch-Gebiet auf über 2850 m. Um 1850 (DK XV, 1853) endete der Schwarzhorn-Gletscher unterhalb 2600 m, der SE anschließende Vadret da Radönt auf 2500 m. Im Flüela–Grialetsch-Gebiet versuchte W. Haeberli (1975) Verbreitung, Charakteristik und Umweltbedeutung des Dauerfrostes aufzudecken. In W- bis NE-exponierten Hangfußlagen steigen dort Permafrost-Böden bei einem Jahresmittel der Lufttemperatur von — 0,5° C bis auf 2300 m herab.

Nach dem Rückzug von der Mastrilser und der Vazer Alp, wo Calanda-Moränen noch im späteren Spätwürm bis unter 1700 m abstiegen, hinterließen die Gletscher aus den SE-Karen bei kurzfristigen Vorstößen abermals markante Moränen. Auf der E- und SE-Seite des Haldensteiner Calanda (2806 m) lassen sich solche bis unter 2000 m bzw. bis 2100 m herab verfolgen, jüngere bis 2150 m bzw. 2200 m.
Vom Felsberger Calanda (2697 m) reichten die Eiszungen während des älteren Stadiums im Haldensteiner Tal bis 1830 m, auf dem Felsberger Älpli bis an die Felswand unter 2000 m. Jüngere Stände liegen auf 2080 m und um 2230 m (J. OBERHOLZER, 1920K, 1933). Nach O. A. PFIFFNER (1972) wurden diese von einer nochmals bis unter 2100 m herab vorgestoßenen Zunge durchbrochen. Eine höchste Moräne liegt auf 2280 m.
Das S des Ringelspitz gelegene, vom Mulins- und Lavadignas-Gletscher ausgekolkte Becken von Bargis wurde durch einen in einem spätwürmzeitlichen Interstadial von NE niedergebrochenen Bergsturz abgeriegelt.
Im späteren Spätwürm schoben sich die steil abfallende, Verrucano-Blöcke liefernde Camutschera-Zunge und der Lavadignas-Gletscher erneut gegen Bargis vor; ihre Sander schütteten den Talboden. Mit stufenweisem Durchsägen des Bergsturzriegels wurden aus der Schotterflur Terrassen ausgeräumt. Aus der Gleichgewichtslage des bis 1600 m abgestiegenen Lavadignas-Gletschers resultiert bei SSW-Exposition eine klimatische Schneegrenze von 2250 m, was einer Depression von gut 500 m gleichkommt.
Aus den Talschlüssen hingen die Gletscher über Raschaglius Sut bis gegen 1900 m herab. Aus der Wand N von La Rusna war ein weiterer Bergsturz ausgebrochen und staute auf 1860 m einen höheren Talboden. Höhere Moränenstaffeln, die aus der Val Sax bis 2100 m herabreichen, belegen jüngere Vorstöße (H. M. BÜRGISSER, 1973).
SE des Piz Sax (2795 m) steigen markante Doppelmoränen bis 2420 bzw. 2470 m ab; sie sprechen für eine klimatische Schneegrenze um gut 2550 m und dürften als spätholozäne und als zusammenfallende frührezente Stände anzusprechen sein.
Mehrere Nachstürze ereigneten sich im Holozän in den Abrißbereichen des Kunkels-, des Calanda- und des Flimserstein-Gebietes. Ein Ausbruch einer Platte von Malmkalk aus diesem überschüttete einen Wall mit Verrucano-, Malm-, Kreide und Flysch-Blöcken, der den Unteren Boden, Plaun Segnas Sut, begrenzt. O. AMPFERER (1934) sah in ihm eine daunstadiale Seitenmoräne eines bis 2100 m abgestiegenen Segnas-Gletschers. Aus der Gleichgewichtslage von 2300 m ergäbe sich bei S-Exposition eine klimatische Schneegrenze von knapp 2250 m, also eine Depression von gut 500 m.
Die Moränen von Las Palas bekunden jüngere holozäne Stände aus dem Kar Tschingelhörner–Piz Segnas–Atlas. Die am N-Ende des Unteren Boden einsetzenden Schotter stellen den Sander des äußersten Standes dar.
Der ausgeprägte Doppelwall am N-Ende von Plaun Segnas Sura wurde von dem im 19. Jahrhundert nochmals bis 2370 m abgestiegenen Glatschiu dil Segnas geschüttet. 1972 endete er auf 2550 m. Der 50 m weiter außen, bereits im Oberen Boden gelegene Block-Wall, der seitlich in eine bewachsene Ufermoräne übergeht, dürfte das Zungenende aus dem beginnenden 17. Jahrhundert dokumentieren. Eine rund 200 m weiter talauswärts reichende, scharf abgeschnittene Verrucano-Blockstreu stammt von einem noch älteren (? eisenzeitlichen) Vorstoß. Noch externere Wallreste umschlossen den Talboden, wurden später jedoch frontal von der holozänen Sanderschüttung des Oberen Boden überschüttet (TH. E. FELDER, 1973).

Beim Vorab-Gletscher liegen frührezente Wälle auf rundhöckerartig überschliffenen Unterkreide-Kalken bis gegen 2400 m; 1959 war dieser bis 2560 m zurückgeschmolzen. Von der N- und E-Seite des Crap Sogn Gion brachen Sackungsmassen von überschobenem Verrucano ab; zahlreiche Blöcke und Schuttströme bewegen sich noch heute talwärts.
Seit dem Nachsturz von 1834 von der S-Flanke des Taminser Calanda ist auch Felsberg bedroht, was die Bewohner bewog, vom Alt- ins Neudorf umzusiedeln (F. PIETH, 1948). 1939 löste sich von der S-Wand des Flimserstein ein jüngster Felssturz, der in Fidaz Schäden anrichtete und Tote beklagen ließ (J. NIEDERER, 1941).

Rabiusa- und Turisch-Gletscher

Noch im Churer Stadium lieferte der *Rabiusa-Gletscher* einen Zuschuß zum Vorderrhein-Gletscher. Zugehörige Moränenreste finden sich im vordersten Safiental beim Schulma, Stauschotter am Talausgang bei Versam und Parstogn (W. NABHOLZ, 1952, 1975). Von der Signina-Gruppe (2880 m) erhielt der Rabiusa-Gletscher bedeutende Zuflüsse. Etwas später im Spätglazial reichte einer bis Neukirch. Infolge ausgedehnter holozäner Sackungen auf der westlichen Talflanke lassen sich Moränen im Safiental erst in den Talschlüssen und in Hochlagen beobachten.
In der bei Safien-Platz mündenden Val Carnusa schob sich ein Gletscher vom Bruschghorn (3056 m) und vom Piz Beverin (2998 m) bis auf 1550 m herab. In einem späteren Stand trafen sich die beiden unterhalb 1800 m.
Eine Mittelmoräne zwischen Bruschghorn-Eis und einer Zunge vom Verdushorn (2633 m) liegt um 2300 m.
Noch im letzten Spätwürm hingen von der Bärenhorn–Wißhorn–Bruschghorn-Kette Eiszungen ins Safiental herab, was durch stirnnahe Seitenmoränen belegt wird. Aus dem Talschluß drang – dank verschiedener Zuschüsse – der Rabiusa-Gletscher noch bis 1800 m vor. Auch von der W-Seite vom Tomülgrat, vom Piz Tomül / Wissensteinhorn (2946 m) und vom Crap Grisch (2861 m), stießen Gletscher damals bis unter 1900 m vor. Vom Wißhorn und Alperschällihorn hingen frührezente Zungen noch bis gegen 2600 m herab (DK XIV, 1859; H. JÄCKLI in V. STREIFF et al., 1971 K).
Aus dem E von Valendas mündenden *Turischtobel* nahm der Vorderrhein-Gletscher – aufgrund von Seitenmoränen – im Churer Stadium noch einen Zufluß auf. Dagegen vermochte ihn der *Dutjer-Gletscher* aus dem Kar E des Piz Miezgi nicht mehr zu erreichen.

Glenner- und Valser Gletscher

Aus den rechten Seitentälern des vorderen Lugnez – Val da Riein, V. da Pitasch und V. Uastg – erhielt der Glenner Gletscher noch im Churer Stadium Eiszuschüsse. Randlich und subglaziär kam es zur Ablagerung mächtiger Stauschotter (W. NABHOLZ, 1952, 1975). An den Ausgängen stand das Eis auf 1200 m bis 1100 m. Noch bei Ilanz, bei der Mündung des Glenner Gletschers, reichte es auf über 1100 m.
Die terrassenförmigen Verflachungen mit den Dörfern Vigens, Igels und Villa auf der linken und Camuns, Duvin und Riein auf der rechten Talseite dürften bereits bei entsprechenden Vorstoßphasen ausgeräumt worden sein.

Fig. 119 Die Mündung der Valser Täler ins Vorderrheintal bei Ilanz mit der Stauterrasse von Tschentaneras unterhalb von Sevgein. Dahinter die in ihren vorderen Abschnitt von Stauschuttmassen erfüllten Täler von Riein und Pitasch. Im Hintergrund die Signina-Gruppe mit ihren Karen.
Photo: L. Gensetter, Davos. Aus: H. Heierli, 1977.

Die Deltaschotter von Sevgein und von Sogn Martin, rechts und links des Talausganges, wurden nach G. Abele (1970, 1974) erst nach dem Churer Stadium in den jüngeren Ilanzer See geschüttet (Fig. 119).
Im mittleren Lugnez bildeten sich S von Surcasti Mittelmoränen zwischen Glenner- und Valser Gletscher aus.
Im Stadium von Uors erhielt der *Valser Gletscher*, der sich eben noch mit dem Lugnezer Eis vereinigte, aus der Val Tersnaus zunächst noch einen letzten kleinen Zuschuß. Dabei staute er am Ausgang dieses Seitentales einen mächtigen, zur Stirn abfallenden Sanderkegel mit Grüngesteinen, Gneisen und Erratikern aus dem hinteren Valser Tal. Dieser Stand läßt sich taleinwärts über Tersnaus bis an den Ausgang der Val Gronda verfolgen. Entsprechende Stände zeichnen sich auch auf Surcasti ab.
In einer jüngeren Vorstoßphase wurde die Kame-Terrasse von Uors-Sogn Luregn zwischen abschmelzendem Valser- und Lugnezer Eis durch einen aus der Val Uastg austretenden Gletscher aufgestaut; sie riegelt bei Peiderbad noch immer das Tal ab. Taleinwärts läßt sich diese Terrasse bis Disla verfolgen.
Ein nächst innerer Stand zeichnet sich durch stirnnahe Seitenmoränen von Gletschern des Wannenspitz (2444 m) ab, die bei Lunschania noch den durch eine zungennahe Terrasse dokumentierten Valser Gletscher erreicht haben.

Fig. 120 Die Rutschungen der linken Talflanke des Lugnez vom Piz Regina.
Auf der Terrasse die Dörfer Lumbrein (links), Vigens und Igels (rechts), dahinter Stein (2170 m) und P. Mundaun (2064 m), im Hintergrund der Grenzkamm zwischen Vorderrheintal und Glarnerland.
Photo: Dr. Ph. Probst, Bern.

Bei der Hohbrüggen sind an der rechten Talflanke deutliche Spuren des sich kolkartig eintiefenden Valser Rheins zu erkennen.
Auf der linken Talseite des mittleren Lugnez nehmen Sackungen, Schiefer- und Schuttrutschungen ein Areal von 25 km² ein. Bei einer mittleren Neigung von 15° sind im Mittel rund 100 m mächtige Pakete, insgesamt 2,5 km³ (H. Jäckli, 1957), auf durchnäßten Gleitflächen in liasischen Ton- und Kalkschiefern in Bewegung. Besonders hohe Verschiebungsbeträge konnten um Peiden gemessen werden. Dort hat sich die Kirche von 1887–1967 um 1615 cm gegen ESE verschoben und um 328 cm gesenkt (W. K. Nabholz, 1975). Wie die Messungen zeigen, hängt die Geschwindigkeit stark von der Niederschlagsmenge ab (R. U. Winterhalter in Nabholz).
Da sich die Sackungspakete aus den Abbruchnischen unter dem Stein und unter dem Piz Mundaun um rund 300 m talwärts bewegt haben, dürfte der Abbruch – unter der Annahme einer stets gleich gebliebenen mittleren Geschwindigkeit von 5,4 cm/Jahr – bereits um 3600 v. Chr. erfolgt sein. Damit können die im frühen und im späten Mittelalter erfolgten Waldrodungen nicht für die großen Sackungen, wohl aber für die Rutschungen verantwortlich gemacht werden (Fig. 120).
Der nächste spätwürmzeitliche Klimarückschlag ließ den *Glenner Gletscher* wieder bis Vrin vorrücken, was zwischen Puzzatsch und Vrin durch teils versackte Moränen bekundet wird (W. Jung, 1963). Die bis 30 m mächtigen Schotter von Cons und Vrin-Surrin (A. Fehr, 1956) wurden als dazugehörige Sander von dem vom Piz Aul (3121 m) fließenden Serenastga-Gletscher gestaut und geschüttet.
Der *Valser Gletscher* stieß damals bis über Vals vor. Der Stirnbereich wurde durch spätere Bergsturzmassen überschüttet, doch ist die Endlage unterhalb von Vals durch

Moränenreste an der Konfluenz des von S mündenden Peiler Tales gesichert. Dabei erhielt der Valser Gletscher von der Alp Tomül noch einen Zuschuß. Spätere Stände des *Tomül-Gletschers* zeichnen sich unterhalb des Riedboden, letzte spätwürmzeitliche auf Alp Tomül ab. Internere Stände des Valser Gletschers sind N von Vals-Platz durch Moränenreste dokumentiert.

Vorstöße des ausgehenden Spätwürms zeichnen sich unterhalb des Zervreilasees, letzte hinter dessen S- und W-Ende ab, wo Canal-, Horn- und Zervreiler Gletscher nochmals ins Becken des heutigen Stausees vorrückten, was sich durch in den See absteigende Seitenmoränen zu erkennen gibt (J. Kopp in H. Jenny et al., 1923).

Undeutliche Wallreste verraten Zungenenden eines bereits holozänen Länta-Gletschers um 1900 m, später um 2020 m. Moränen eines frühholozänen Nova-Gletschers bis gegen Lampertsch Alp verraten einen Vorstoß ins Länta-Tal.

Frührezente Moränen, noch jene um 1850 (DK XIX, 1858), bekunden Vorstöße bis 2170 m, während 1961 der vom Rheinwaldhorn (3402 m) gegen N absteigende Länta-Gletscher auf 2325 m endete; 1973 stirnte er auf 2300 m (F. Müller et al., 1976).

Im *Canaltal* verraten stirnnahe Seitenmoränen ein Zungenende auf der Canalalp auf 1950 m, jüngere an der Mündung des Großtälli auf gut 2000 m und auf 2100 m, während die entsprechenden im Talschluß auf 2060 m und auf 2170 m liegen. Frührezente Stände geben sich um 2300 m zu erkennen. Bis 1961 (LK 1254) ist der Canal-Gletscher bis an den Moränenstausee auf 2550 m zurückgeschmolzen.

Vom Fanellhorn (3124 m) stieß im ausgehenden Spätwürm noch ein Gletscher bis ins Valser Tal vor. Letzte Spätwürm-Stände werden durch Wälle auf *Guraletsch*, um 2000 m, holozäne am Guraletschsee (2409 m) belegt. Frührezente Vorstöße reichten bis 2500 m herab.

Im *Lugnez* mit seinen ausgedehnten Rutschungen und Sackungen auf der SE-Seite treten jüngere Moränenwälle meist erst in Hochlagen zutage. Auf der NW-Seite dagegen stiegen – wie Seitenmoränen dokumentieren – die Gletscher im ausgehenden Spätwürm in mehreren Vorstößen von der Piz Aul–Frunthorn-Kette ins Quellgebiet des Glenner ab.

Holozäne Stände reichten in der V. Serenastga bis 2250 m und bis 2300 m. Sie bekunden bei Gleichgewichtslagen um 2550 m und um 2600 m Schneegrenzen um 2700 m und 2750 m. Frührezente Stände zeichnen sich auf 2500 m ab. Bis 1959 schmolz das Eis an der NE-Flanke des P. Aul bis auf 2740 m, woraus sich eine Schneegrenze um 3000 m ergibt.

Weitere Moränen des letzten Spätwürms stellen sich im hintersten Lugnez bei der Talgabelung hinter Vanescha, bei Clavau Su, ein. Sie bekunden Zungenenden des *Blengias-*, des *Alpettas-* und des *Stgira-Gletschers* um knapp 1800 m. Ein jüngerer Klimarückschlag ließ sie noch bis auf 1970 m, gegen 1900 m und bis 2100 m vorrücken; der Gletscher vom Frunthorn blieb selbständig und endete auf 2130 m.

Auf der NE-Seite des Diesrutpasses verraten Moränenstaffeln holozäne Zungenenden unterhalb von 2200 m und um 2300 m.

Grener-, Zavragia- und Somvixer Gletscher

Im Stadium von Disentis schob sich der Sexner Firn nochmals bis ins Schlettertobel, bis 1500 m, und der *Grener Gletscher*, durch eine markante linke Seitenmoräne belegt, gegen

Obersaxen bis gegen 1300 m vor. Schmelzwässer flossen gegen ENE zum St. Petersbach ab. Aus der Gleichgewichtslage von gut 2000 m ergibt sich bei NE-Exposition eine klimatische Schneegrenze von 2150 m.
Der durch das steilere und engere *Zavragia-Tal* vorstoßende Gletscher erreichte nochmals den Talausgang. Im ausgehenden Spätwürm rückte er, von Ufermoränen begrenzt, bei einer Gleichgewichtslage von über 2300 m und einer klimatischen Schneegrenze von mehr als 2450 m bis 1600 m herab. Jüngere Endmoränen-Staffeln stellen sich zwischen 1800 und 1900 m ein.
Auf dem Crep Ault, einem Rundhöcker zwischen den Mündungsbereichen der Val Punteglias und der V. Zavragia, wurde bereits zur Bronzezeit E von Trun eine befestigte Höhensiedlung errichtet (Bd. 1, S. 252). Im frühen Mittelalter entstand dort ein Kirchenkastell.
Auch der *Somvixer Gletscher* mit seinem hochgelegenen Einzugsgebiet reichte im Disentiser Stadium erneut bis an den Talausgang. Moränenreste bei der Kapelle von Val belegen eine Rückzugsstaffel.
Für den eben noch mit dem Somvixer Gletscher sich vereinigenden Nadéls-Gletscher ergibt sich bei einer Gleichgewichtslage um 2000 m eine klimatische Schneegrenze von 2050 m.
Noch im späteren Spätwürm dürfte die Val Sumvitg bis zum Tenigerbad von Eis der Greina, der Val Lavaz, vom Piz Vial und von Lawinenschnee der beiden Talflanken erfüllt gewesen sein. Mit den Moränen im Hintergrund der Val Tenigia bekunden sie ein Zungenende auf 1200 m, später auf 1400 m. Eine zugehörige, scharfgratige rechte Seitenmoräne des Vial-Gletschers stellt sich auf Alp Sutglatscher-Sura um 1860 m ein.
Eine abdämmende letzte Moräne liegt auf der Plaun la Greina auf 2200 m. In der schattigen Schlucht des Rein da Sumvitg bleibt der Lawinenschnee oft noch bis in den Spätsommer hinein liegen.
In einem nächsten Stand stieg das Eis von der Hochebene der Greina, wie auch der Glatscher da Lavaz, noch bis an die Mündung der Val Lavaz, wo es den Glatscher della Greina und den Carpet- bzw. den Val-Gletscher aufnahm.
Wie beim Splügen- und beim S. Bernardinopaß bekunden auch gegen die Greina abfallende Waldgrenzen einen durch den N-S-Austausch der Luftmassen hervorgerufenen Windgassen-Effekt.
Vom Glatscher dil Terri floß noch im letzten Spätwürm Eis über die Fuorcla Blengias nach NE und ins oberste Lugnez nach SW in die Valle di Güida über.
In frührezenter Zeit endete der Glatscher da Lavaz auf 2080 m, um 1959 (LK 1233) auf 2230 m. Der damals auf 2585 m in einen Eisrandsee kalbende Glatscher dil Terri ergoß sich noch über eine 150 m hohe Steilwand und stirnte auf 2360 m.

Der Vorderrhein-Gletscher und seine Zuflüsse von N

Auf der N-Seite des Vorderrheintales stellen sich unterhalb der von N einmündenden Seitentälern Rundhöcker-Bereiche ein. Sie markieren den bewegungsarmen Grenzbereich zwischen zufließendem Eis und dem Vorderrhein-Gletscher. Besonders ausgeprägt sind sie im Gebiet Brigels–Waltensburg, wo der zufließende *Frisal-Gletscher* durch ein

W–E-verlaufendes Tal abgedrängt wurde, so daß er, zusammen mit dem Glatscher da Pigniu, erst bei Rueun einmünden, während sich der *Glatscher da Siat* erst zwischen Ruschein und Schluein/Schleuis mit dem Rhein-Eis vereinigen konnte.
Auf den Gräten zwischen den Seitentälern reichen die höchsten Rundhöcker um Ilanz bis auf 2300 m. Sie dürften die Eishöhe zur Zeit des Würm-Maximums bekunden.
Eine markante Eisüberprägung läßt sich bis auf 1950 m beobachten. Diese Höhenlage dürfte etwa dem Hurden-Stadium entsprechen, wobei die Ausbildung der Rundhöcker wohl bereits in der entsprechenden Vorstoßphase erfolgt ist.
Der von Erratikern übersäte Rundbuckel des Bual (1412 m) NE von Ladir dürfte bereits in einer Vorstoßphase bei einer Zungenlage um Sargans modelliert worden sein.
Auch das Crap Sogn Gion-Eis floß bei einer Zungenlage um Sargans noch N des Rundhöckers der Muota ESE von Falera/Fellers, von dem eine bronzezeitliche Höhensiedlung mit entwickelter Steinsetz- und Schalenstein-Kultur bekannt wurde (Bd. 1, S. 250–253). Noch im Churer Stadium lieferte das Crap Sogn Gion-Eis dem Rhein-Gletscher einen Zuschuß.
Im Churer Stadium lag im Vorderrheintal ein von beiden Talseiten genährter Eisstrom, der S von Brigels/Breil eine Mächtigkeit von 500 m erreichte. Eine von H. J. MÜLLER (1972) innerhalb der Seitenmoräne von Obersaxen-Affeier niedergebrachte Pollen-Bohrung ergab als Tiefstes eine Flora der Älteren Dryaszeit, 30 cm darüber ein ^{14}C-Datum, das auf frühes Alleröd hindeutet (S. 281).
Nach dem Abschmelzen des Vorderrhein-Eises brachen von den steilen Talflanken zwischen Trun und Rueun Sackungen und Felsstürze von Ilanzer Verrucano nieder.
Durch die *Val da Siat*/Sether Tal und durch die *V. da Pigniu*/Panixer Tal stießen noch nach der Freigabe des Vorderrheintales durch das Taleis Zungen von Seitengletschern bis ins Haupttal vor. Ein nächster Stand gibt sich in der V. da Siat auf 1400 m durch eine stirnnahe Seitenmoräne und in der V. da Pigniu durch eine solche um 1200 m zu erkennen.
Noch im letzten Spätwürm drang das Eis auf der S-Seite des Vorab über Alp da Ruschein bis gegen 1700 m, der Glatscher da Mer bis gegen die Alp da Pigniu, bis 1450 m, ab. Ein zugehöriger Seitenmoränenrest des Glatscher da Siat liegt auf Prau Graß zwischen 2000 und 1950 m, ein externerer weiter SE, zwischen 2000 und 1900 m. Damals dürfte das Eis noch bis an den Grat gereicht haben, der vom Vorab Pign (2897 m) gegen S abfällt.
Frührezente Stände des Glatscher da Mer zeichnen sich um 2190 m ab; 1959 (LK 1194) endete er auf 2300 m, 1973 (F. MÜLLER et al., 1976) auf 2440 m.
Um 1850 hing das Vorab-Eis noch bis 2500 m herab; heute ist es auf einige Firnfelder zusammengeschmolzen.
Im letzten Spätwürm bedeckte der gegen S abfallende *Glatscher dil Vorab* noch das Rundhöckergebiet von Sur Crap und hing mit einer Zunge bis unter 1900 m ins Tal des Ual Draus herab. Markante frührezente Moränen verraten ein Zungenende auf 2410 m; 1973 endete er auf 2580 m.
Auf der S-Seite des *Hausstock* (3158 m) reichte der Glatscher da Fluaz noch bis 2370 m herab. Dort stieß er auf eine Zunge des Gl. da Gavirolas, der sich, durch markante Stirnmoränen gekennzeichnet, in drei Zungen aufspaltete: die erste endete ebenfalls auf 2370 m, die zweite auf 2400 m und die dritte, gegen S durchgebrochene auf 2350 m.
Der *Ladral-Gletscher* endete im Disentiser Stadium auf 1100 m, dann auf 1300 m, später auf 1400 m; jüngere Vorstöße reichten bis gegen Zais, bis unter 1700 m herab. Früh-

rezente Moränen im Rundhöckergebiet von Cavorgia da Vuorz verraten ein Zungenende auf gut 2500 m. Bis 1959 (LK 1193) ist das Eis dort bis auf 2690 m zurückgeschmolzen.

Bei Rueun/Ruis wurden am Ufer des Vorderrheins in einer Lehmschicht von älteren Rhein-Schottern ein 330–350jähriger Eichenstrunk, einige schlankere Eichen sowie Stämme von ? Grauerle geborgen. Die Eichenhölzer ergaben ^{14}C-Daten von 8570 ± 150 und 8470 ± 130 Jahren v. h. (H. BRUNNER, 1963).

Im ausgehenden Spätwürm vereinigten sich die *Gletscher* des *Tavetsch* nochmals zu einem bis über Sedrun und Mompé-Tujetsch hinaus reichenden Vorderrhein-Gletscher, der auf rund 1200 m stirnte. Seitenmoränenreste finden sich bei Milez und W von Rueras auf knapp 1900 m, N von Rueras auf 1800 m, bei der Mündung der Val Strem NW von Sedrun auf 1750 m, beim Ausgang der V. Gierm SE von Cavorgia auf knapp 1600 m. An der Stirn kam es von Segnes bis Disentis zur Aufschüttung mächtiger Schuttfächer. Diese sind – wie Moränen an den Talausgängen belegen – als Sander der von der Piz da Strem–Cavardiras-Kette wieder bis ins Haupttal vorgestoßenen Gletscher zu deuten (Fig. 121). Im Stadium von Disentis vereinigten sich die *Gletscher* des *Tavetsch* nochmals zu einem Talgletscher.

Durch den E von Disentis steil abfallenden *Sogn Placi-Gletscher* wurden diese Sander talauswärts gestaut. Beim Abschmelzen kam es offenbar hinter den Stirnmoränen zur Bildung von Gletscherstauseen, die dann ausbrachen und die Stirnwälle zerstörten. Deren Material ergoß sich murgangartig über die Schuttfächer.

Die Gletscher der Medelser Gruppe rückten durch die V. Medel und die V. Plattas nochmals bis gegen Curaglia vor.

Die aus dem Cavardiras–Tödi-Gebiet durch die *V. Russein*, von der Medelser Gruppe und vom Piz Terri durch die *V. Sumvitg* und vom Bifertenstock durch die *V. Punteglias* abfließenden Gletscher endeten an den Talausgängen und stauten zeitweise den Vorderrhein, wie absteigende Seitenmoränen bei Truns und Surrein erkennen lassen.

Mit schmaler Zunge schob sich der Punteglias-Gletscher in einem späteren Stand durch das gegen Truns abfallende Tal bis 1100 m vor. Jüngere Endmoränen schließen den Talboden der Alp da Punteglias ab. Um 1850 endete er bei der Punteglias-Hütte auf 2300 m. Bis 1959 (LK 1193) ist er nur bis auf 2330 m, aber um 800 m zurückgeschmolzen.

Die Kristallin-Hochfläche von Alp da Glivers-Lag Serein zwischen der Val Russein und der V. Punteglias wird von zahlreichen, generell WSW-ENE streichenden Brüchen durchsetzt (H. JÄCKLI, 1952). Da jeweils der talseitige Flügel um 5–15 m, in einem Fall bis 30 m relativ gehoben wurde, stauen sie mehrere kleine Seen. Sie verstellen die ältere Moränendecke, nicht aber die jungen, bis unter 2100 m absteigenden Wälle. Somit fällt dieses Geschehen ins Spätwürm.

Analoge junge Verwerfungen lassen sich aus dem Bündner Oberland über Oberalp und Furka bis ins Wallis verfolgen.

In der *V. Russein* stieß das Eis im Disentiser Stadium nochmals bis an den Talausgang, bis unterhalb Barcuns-Dado, bis 1100 m, vor. Rückzugsstaffeln liegen um Barcuns Dadens. Im ausgehenden Spätwürm vermochten sich die beiden Arme aus der Val Cavrein und der Val Russein nicht mehr zu vereinigen; doch stiegen beide nochmals bis 1600 m ab. Jüngere Endmoränen liegen auf 1750 m und auf 1800 m sowie bei der Konfluenz der beiden nördlichsten Taläste, der V. Pintga und der V. Gronda da Russein.

Frührezente Moränen eines von der SW-Flanke des Tödi niedergefahrenen Gletschers bekunden Zungenenden um 2200 m.

Fig. 121 Das Tavetsch mit den von Schmelzwässern des spätwürmzeitlichen Vorderrhein-Gletschers zerschnittenen Schuttfächern von Rueras und Sedrun (rechts). Im Hintergrund Crispalt (3076 m) und – rechts – der Piz Nair (3060 m).
Luftaufnahme: Swissair-Photo AG, Zürich. Aus: H. ALTMANN et al., 1970.

Von den östlichen Brigelser Hörnern hingen im Disentiser Stadium Eiszungen bei Dardin und E von Schlans bis gegen 1000 m herab; diejenige vom Cavistrau NE von Truns endete um 900 m.

Der *Frisal-Gletscher* stirnte bei Brigels/Breil um 1300 m. Wenig internere Wälle finden sich unmittelbar S, auf 1300 m. Staffeln des ausgehenden Spätwürm steigen über die Steilstufe im Talknick bis auf 1650 m herab, während jüngere Stände durch Schuttmassen eingedeckt worden sind.

In der oberen Val Frisal konnte C. SCHINDLER (in H. ZOLLER et al., 1966) bis in den Talboden absteigende Moränen von Hängegletschern beobachten. Entsprechende Endlagen des Frisal-Gletschers müssen – aufgrund von Bohrungen im Talboden – unter

jüngsten Alluvionen und über älteren Seeablagerungen liegen. Für einen solchen Stand, den ZOLLER (1966) als eisenzeitlich datieren konnte, ergibt sich bei einer Gleichgewichtslage um 2400 m ein Verhältnis Nährgebiet (6,5 km²) : Zehrgebiet (2,3 km²) von knapp 3:1 und eine klimatische Schneegrenze um 2550 m.
Die Moräne, welche bis 9000 Jahre zurückreichende Seeablagerungen unterteuft, läßt sich mit Wällen verbinden, die bis 1650 m absteigen; die höchsten queren das Tal bei Frisal in 1880 m. Sie erfordern bei Gleichgewichtslagen von gut 2200 m bis über 2250 m klimatische Schneegrenzen in gut 2300 m bis gegen 2400 m.

Die Gletscher im Einzugsgebiet des Medelser Rheins

Im Disentiser Stadium stießen die Gletscher aus dem Einzugsgebiet des Medelser Rheins bis gegen Curaglia vor. Von der Garvera-Kette SE von Disentis hing eine Eiszunge gegen W über Alp Soliva bis unter 1800 m, gegen N bis Caischavedra, bis 1500 m, herab. Am Ausgang der V. Cristallina traf im ausgehenden Spätwürm die aus dem Lukmaniergebiet durch die V. Medel abgeflossene Zunge des *Froda-Gletschers* auf die Stirn des *Cristallina-Gletschers*, der dort – wie Moränen bei Sogn Gions belegen – wenig oberhalb 1500 m endete.
Diese Klimarückschläge ließen auch den *Glatscher da Medel* bis nahe an den Ausgang der V. Plattas W von Curaglia, bis unter 1500 m, vorstoßen. Jüngere Stände zeichnen sich um 1700 m ab; ein letzter dämmt den Talboden von Alp Sura auf 1970 m ab. Frührezente Moränen steigen in der V. Plattas bis 2100 m, in der V. Buora gar bis 2050 m ab. 1959 endeten die Gletscher auf 2450 m und auf 2415 m.
Im ausgehenden Spätwürm dämmte die westlichste Zunge des Glatscher da Medel, der *Glatscher Davos da Buora*, bei Fuorns die Val Medel ab. Noch im letzten Spätwürm reichte sie bis an den Talausgang, bis Fuorns, während der *Glatscher da Puzzetta* bis auf Puzzetta Sura abstieg. Zur Zeit der frührezenten Klimaverschlechterung stieß dieser bis unter 2600 m vor, der Glatscher Davos la Buora dagegen bis unter die Steilwand, bis 2050 m. Bis 1959 (LK 1233) waren die beiden bis auf 2640 m bzw. auf 2420 m zurückgeschmolzen.

Die letzten spätwürmzeitlichen und holozänen Vorstöße im Tavetsch

Während der würmzeitlichen Höchststände bildete das Oberalp-Gebiet ein kleines, bis auf 2600 m hinauf reichendes Vereisungszentrum, von dem das Eis ins Vorderrheintal, ins Urserental und über die Fellilücke (2484 m) durchs Fellital direkt ins Reußtal abfloß. Im letzten spätwürmzeitlichen Klimarückschlag hingen die Eismassen aus dem Quellgebiet des Vorderrheins, die gegen Tschamut und über den Sattel der Lais da Maighels abflossen, mit dem Maighels-Gletscher zusammen. Dieser vermochte sich – trotz der Transfluenzen über St. Peterstöckli, Maighels- und Lolenpaß ins urnerische Unteralptal – noch mit dem Curnera-Gletscher zu vereinigen. Zusammen stießen sie bis über Tschamut vor, wo sie N der Rundhöcker den Val-Gletscher aufnahmen. Ihre Schmelzwässer schütteten die Sanderflur von Selva–Surrein.
Da der Maighels-Gletscher von der Badus-Kette noch bedeutende Zuschüsse erhielt, haben sich zwischen ihm und diesen Seitengletschern Mittelmoränen ausgebildet, besonders

markante auf Plidutscha. Ein ^{14}C-Datum von der Torfbasis von Plidutscha der Senke NE des Lai da Tuma ergab 10325 ± 130 Jahre v. h. (F. RENNER, mdl. Mitt.).
Das Abschmelzen des Maighels-Gletschers erfolgte, wie M. FRIES (1977) zeigen konnte, in einzelnen Etappen mit deutlichen kleinen Wiedervorstößen. Aufgrund von zwei ^{14}C-Daten – 1880 ± 95 und 435 ± 65 Jahre v. h. – fallen die Moränen unmittelbar außerhalb des Standes von 1850 ins jüngere Holozän.
Noch bis ins Holozän floß Vorderrhein-Eis über den Paß Maighels ins östliche Quellgebiet des urnerischen Unteralp-Tales (S. 354).

Fig. 122 Junge tektonische Bewegungen im südlichen Aarmassiv auf Alp Magriel N von Disentis, Blick gegen E. Photo: Dr. O. A. PFIFFNER, Zürich.

Um 1850 (DK XIV, 1859) stießen die beiden Lappen des Glatscher da Maighels bis in die Talsohle, der nördlichere bis 2305 m. 1959 (LK 1232) endete dieser Lappen auf 2440 m. Ein letzter Hochstand zeichnet sich um 1920 ab.
Der Glatscher da Curnera stirnte um 1850 unterhalb von 2360 m, der Glatscher da Nalps auf 2380 m.
Aus der Val Nalps schob sich ein Gletscher über die Rundhöcker von Pardatsch bis nahe an den Talausgang auf 1500 m vor.
Der Gletscher vom Pazolastock (2740 m) reichte bis auf das Paßgebiet der Oberalp und teilte sich in zwei Lappen: der eine erfüllte das Becken des Oberalpsees, der andere stieg gegen das Vorderrheintal ab und endete wenig unterhalb 1900 m.
Auf der N-Seite des obersten Tavetsch stießen die Gletscher nochmals vor: aus der V. Val bis 1900 m, aus der V. Giuv bis Mulinatsch auf 1700 m. Aufgrund der zugehörigen Schneegrenze wies sie schon A. PENCK (in PENCK & BRÜCKNER, 1909) dem Daun-Stadium zu.

Der von der SW-Flanke des Piz Tiarms (2918 m) gegen den Oberalppaß herabhängende Gletscher lieferte zunächst noch Eis ins Becken des Oberalpsees, später stirnte er auf 2170 m. Aus der Gleichgewichtslage in gut 2350 m ergibt sich für diese Endlage eine klimatische Schneegrenze auf 2300 m, gut 400 m unter der heutigen.
Der durch die steile V. Mila vorstoßende Gletscher stirnte NW von Rueras erst auf 1450 m, dann auf 1550 m; derjenige in der V. Strem reichte zunächst NW von Sedrun noch bis 1500 m, dann noch bis wenig unter 1900 m. Um 1850 endete der vom Oberalpstock (3328 m) und vom Witenalpstock (3008 m) genährte Glatscher da Strem auf 2200 m.
Markante spätwürmzeitliche Verwerfungen zeichnen sich im südlichen Aarmassiv im Tavetsch (Fig. 122) und N der Oberalp ab (P. ECKARDT, 1957; H. JÄCKLI, 1965).
Seit der Schüttung der bedeutenden Schuttfächer im Tavetsch und bei Disentis tiefte sich der Rhein auch noch an vielen Stellen weiter abwärts deutlich ein, was sich namentlich an den angeschnittenen Schuttfächern aus den Seitentälern zu erkennen gibt. Bei den Schuttfächern von Rabius, Zignau und Danis beträgt die frontale Eintiefung über 20 m, bei Rueun und Strada noch zwischen 10 und 5 m.

Die Vegetationsentwicklung im Bündner Oberland

Durch pollenanalytische Untersuchungen (H. ZOLLER et al., 1966; H. J. MÜLLER, 1972) ist die Vegetationsgeschichte des Bündner Oberlandes und des Lukmanier-Gebietes bekannt geworden.
Das innerhalb der Vorderrhein-Moräne des Churer Stadiums gelegene Torf-Profil Obersaxen–Affeier (1300 m) beginnt in 2,50 m Tiefe mit Tonen und extrem hohen Nichtbaumpollen-Werten – vorab von *Artemisia*. Der geringe Anteil an Baumpollen – 20–27% – ist, da Großreste fehlen, als Fernflug zu deuten. Innerhalb von lückenhaften Kraut- und Grasfluren ist nur mit vereinzelten *Salix-*, *Juniperus-* und *Hippophaë*-Büschen zu rechnen. Ob die tiefste Probe allerdings bereits den auf die Ausaperung erfolgten Beginn der Vegetationsgeschichte widerspiegelt, steht noch offen. Wohl war die Talsohle eisfrei geworden, doch stieß – noch in der Älteren Dryaszeit (?) – vom Piz Sezner (2310 m) ein Gletscher bis unter 1500 m vor.
In 2,20 m Tiefe beginnt die organische Sedimentation mit hoher Pollenfrequenz und einem ^{14}C-Datum von 9690 ± 140 v. Chr. Die Wiederbewaldung erfolgte zu Beginn des Alleröds mit *Hippophaë*, *Salix* und *Juniperus*, dann – auch durch Großreste belegt – mit *Pinus cembra*, bis 40%, *P. silvestris/mugo*, 20–40%, *Betula pubescens* und *B. pendula*, zusammen bis 18% der Pollensumme. Für die Wärmeschwankung des Alleröd, in der das Vorderrhein-Eis selbst das oberste Tavetsch freigab, sehen H. ZOLLER et al. (1972) einen Anstieg der Waldgrenze auf 1400–1600 m.
Bereits im Alleröd setzt die Verlandung ein, wie sich aus der Sukzession ablesen läßt. Auf hohe Werte von *Myriophyllum* dominieren Schwimmblattpflanzen, zuerst *Potamogeton* – Laichkraut, dann *Sparganium* – Igelkolben, *Menyanthes* – Fieberklee – und zuletzt Cyperaceen. Lokal drang die Birke vor; zugleich begann der Eichenmischwald sich etwas auszubreiten.
Vom Älteren Atlantikum an blieb der Sedimentzuwachs bei andauernder *Abies*-Vormacht gering; das Moor entwickelte sich knapp über dessen Existenzminimum.
Im Jüngeren Atlantikum herrschte dauernd *Picea* vor. Zugleich treten Ericaceen und *Alnus viridis*, gegen Ende des Subboreals *Plantago*, Chenopodiaceen, *Ligusticum* – Lieb-

stock, *Calluna* und *Pteridium* – Adlerfarn – auf: Hinweise, die wohl mit der ersten bronzezeitlichen Besiedlung in Zusammenhang zu bringen sind.
Auch das Profil *Brigels–Cuolms* (1530 m) reicht bis ins Alleröd zurück. Eine ^{14}C-Bestimmung am Übergang von steinigem Untergrund zu Braunmoostorf in 7,60 m Tiefe brachte 9190 ± 110 v. Chr. Mit 80–87% Baumpollen muß das Moor bereits von einem Wald mit *P. silvestris/mugo* mit *P. cembra* und wenig *Betula* umgeben gewesen sein. Dann stieg der Anteil der spätglazialen Krautvegetation wieder an. *Filipendula* – Spierstaude – stellte sich ein, zugleich breitete sich die Arve aus. Das Aufkommen von Eichenmischwald-Vertretern und von *Corylus* belegt mit einem ^{14}C-Datum von 7360 ± 110 v. Chr. das Präboreal.
Dann folgte die Zeit mesophiler Laubmischwälder mit *Ulmus* und *Corylus*. Um 5660 ± 90 v. Chr. wurde *Abies* dominant. Wie im N-Tessin (Zoller, 1960) hatte sie sich in den mittleren Berglagen zwischen die Laubmischwälder, die bis auf die Terrasse von Brigels reichen, und dem Arven-Lärchen-Gürtel eingeschoben.
Gegen Ende des Älteren Atlantikums begann sich *Picea* auszubreiten; im Jüngeren wurde sie dominant. *Fagus* und *Alnus viridis* stellten sich nur zögernd ein.
Mit der Bronzezeit weitete sich der alpine Siedlungsraum aus; in den Klima-Rückschlägen der Hallstatt-Zeit ging er wieder zurück.
Die von Caischavedra (1880 m) in der *Val Segnes* stammende 2,50 m tiefe Pollen-Bohrung reicht maximal bis in die Jüngere Dryaszeit, nach Müller bis in die ins Präboreal gestellte Piottino-Phase zurück.
Noch im Disentiser Stadium stießen die Gletscher von der Kette Piz Ault (3027 m) zum P. Cavadiras bis ins Vorderrheintal, bis 1300 m, vor; dann wurde das Areal endgültig eisfrei (S. 278).
Das unterste Spektrum – sandiger Ton mit geringer Pollenfrequenz, nur 20% *Pinus silvestris/mugo*, knapp 10% *P. cembra* und fast 50% Krautpollen – schließt eine Bewaldung aus, umso mehr, als nur *Salix* als Holzpflanze nachgewiesen werden konnte. Mit einer Strauchphase – vorab mit *Salix* – wird die Bewaldung eingeleitet. Die Krautschicht ist üppiger und reich an Hochstauden geworden: *Rumex*, Umbelliferen, *Thalictrum, Trollius, Lilium, Filipendula, Geranium, Epilobium, Heracleum*-Typ und *Ligusticum* stellen sich ein. Anderseits zeigen sonnenliebende Pflanzen und Sandeinstreuungen, daß sich die Vegetationsdecke noch nicht ganz geschlossen hat. An Großresten konnte Müller *Pinus mugo, P. cembra, Salix, Alnus incana, Betula pubescens* und *Vaccinium myrtillus* – Heidelbeere – nachweisen. Dann folgt eine markante Birken-Vormacht. Neben *Pinus mugo* ist auch *P. silvestris* durch Nadelfunde belegt. Um 6000 v. Chr. verschwanden sie. Der *Abies*-Anstieg und ein ^{14}C-Datum von 5820 ± 110 v. Chr. deuten auf spätes Boreal. Zugleich erreicht *Acer* mit 8% hohe Werte.
Im Älteren Atlantikum herrschte ein Ericaceen-reicher Arvenwald mit Birken vor. Zugleich stellte sich *Lonicera* ein. Mit der Einwanderung von *Picea* um 4230 ± 110 v. Chr. breitete sich *Salix* nochmals aus. Ob dies allenfalls die Misoxer Kühlphasen dokumentiert? Dann beherrschen Ericaceen- und Farn-reiche Fichtenwälder das Bild. Erst spät konnte *Alnus viridis* eindringen.
Im Talgrund von Disla E von Disentis wurden Waffen, oberhalb von Falscheridas ein Bronzedolch der mittleren Bronzezeit und am Weg zur Alp Lumpegna eine Mohnkopfnadel der späten Bronzezeit gefunden. Reiche Funde aus dem 4.-1. vorchristlichen Jahrhundert konnten in Truns-Darvella und auf Crep Ault gemacht werden (I. Müller, 1942; A. Tanner, 1974).

Eisenzeitliche Funde belegen eine Besiedlung um Disentis. Um 750 wurde das Kloster gegründet, und um 765 wird Ilanz erwähnt. Damit setzte eine planmäßige Kultivierung des Waldgebietes ein (I. MÜLLER, 1942, 1971).
Das Profil von Mutschnengia (1650 m) in der *Val Medel* begann in 2,70 m Tiefe etwas später, nach H.-J. MÜLLER im Präboreal. Da *Alnus incana* bereits über 10% erreicht, dürfte der Pollenniederschlag, der vorab von einem Alpenrosen-reichen Arvenwald stammt, kaum vor 7000 v. Chr. begonnen haben. Dann herrschen Farn-reiche Grauerlen-Bestände mit Bergahorn vor; im Tal wanderten Ulme, Linde und Hasel ein.

Fig. 123 Lawinenschäden am Bergwald der Val Sumvitg vom Frühjahr 1975. Im Hintergrund Düssistock, Piz Avat und Bifertenstock.

Erst im Jüngeren Atlantikum vermochte *Picea* die Grauerle zu verdrängen. Zugleich erschien *Vaccinium* im Unterwuchs. Da Kulturzeiger fehlen, sind die in 1 m Tiefe auftretende Schlagflurflora und die sonnenliebenden Pflanzen *Epilobium*, *Hypericum* – Johanniskraut, *Anthyllis* – Wundklee – und *Gentiana germanica*-Typ wohl auf Windwurf und Lawinenniedergänge zurückzuführen. Solche dürften offenbar bereits damals den Bergwäldern zugesetzt haben (Fig. 123).
In 90 cm Tiefe, im Älteren Subatlantikum, wohl nach der Kloster-Gründung, beginnt der menschliche Einfluß sich abzuzeichnen. Getreide, *Centaurea cyanus* – Kornblume, *Urtica* – Brennessel, Chenopodiaceen und *Plantago* bekunden Ackerbau und Viehwirtschaft. Nach einem vorübergehenden Rückgang der Kulturzeiger steigt der Nichtbaumpollen-Anteil – wohl mit der Besiedlung durch die Walser – erneut an.
Auf den «Großen Disentiser Wald» F. PURTSCHERS deuten verschiedene Flurnamen hin: Salaplauna (= Silvaplana), Bugnei – Birkenwald und Selva im Tavetsch. Zudem lag

nach K. Hager (in I. Müller, 1942) die Waldgrenze im Vorderrheintal früher um 200–300 m höher als heute.

Daß auch die Christianisierung des Vorderrheintales wiederum talaufwärts erfolgt ist, geht aus der Errichtung der ersten Kirchen hervor. So datieren Sogn Parcazi – Trins-Tamins um 500, St. Martin – Ilanz und St. Andreas – Ruis aus dem 7. Jahrhundert, St. Martin – Truns-Somvix um 700. Somvix/Sumvitg – war offenbar lange Zeit, noch im 8. und 9. Jahrhundert, das oberste Dorf; dann begann der Wald (Desertinas – Einöde, Abgeschiedenheit), in dem um 750 in Disentis die Marien- und um 800 die Martinskirche erbaut wurden (H. R. Hahnloser† & A. A. Schmid, 1975).

Zitierte Literatur

Abele, G. (1969): Vom Eis geformte Bergsturzlandschaften – Z. Geomorphol., Suppl. *8*.

– (1970): Bergstürze und Flutablagerungen im Rheintal westlich Chur – Aufschluß, *21*/11.

– (1974): Bergstürze in den Alpen, ihre Verbreitung, Morphologie und Folgeerscheinungen – Wiss. Alpenver. H., *25*.

Ampferer, O. (1907): Zur neuesten geologischen Erforschung des Rätikongebirges – Verh. GRA (*1907*/7).

– (1934): Neue Wege zum Verständnis des Flimser Bergsturzes – Sitzber. Akad. Wiss. Wien, Abt. I, *143*/3–4.

Arbenz, P., & Staub, W. (1910): Die Wurzelregion der helvetischen Decken im Hinterrheintal und die Überschiebung – Vjschr., *55*/1–2.

Bearth, P., et al. (1935 k): Bl. 432 Scaletta, m. Erl. – GAS – SGK.

Blumenthal, M. (1911): Geologie der Ringel-Segnesgruppe – Beitr., NF, *33*.

Bornhauser, G. (1950): Morphologische Untersuchungen des Gemeindeareals von Klosters – Diss. U. Bern.

Brauchli, R. (1921): Geologie der Lenzerhorngruppe – Beitr., NF, *49*/2.

– & Glaser, Th. (1924 k): Geologische Karten von Mittelbünden, Bl. Lenzerhorn – GSpK, *94 C* – GK.

Brunner, H. (1963): Altes Holz – Bündnerwald, *1963*/2.

Bürgisser, H. M. (1973): Geologie des Talkessels zwischen Flimserstein und Piz da Sterls (Vorderrheintal, Graubünden) – DA GI. ETH Zürich.

Burga, C. A. (1970): Geomorphologische und geologische Untersuchungen im Vorderprättigau GR – Schweizer Jugend forscht, *3*/5.

– (1975): Spätglaziale Gletscherstände im Schams. Eine glazialmorphologische-pollenanalytische Untersuchung am Lai da Vons (GR) – DA U. Zürich.

– (1976): Frühe menschliche Spuren in der subalpinen Stufe des Hinterrheins – GH, *31*/2.

– (1977): In Fitze, P., & Suter, J.: ALPQUA 77 – 5. 9.–12. 9. 1977 – Schweiz. Geomorph. Ges.

– (1979): Pollenanalytische und geomorphologische Untersuchungen zur Vegetationsgeschichte und Quartärgeologie des Schams und des San Bernardino-Paßgebietes (Graubünden, Schweiz) – Kurzfassung der Diss. U. Basel – Zürich.

Burger, H. (1977): Die Arosa-Zone und die Madrisa-Zone zwischen dem Schollberg und der Verspala (Osträtikon) – DA U. Zürich – Dep. GI ETH Zürich.

Buxtorf, A. (1919): Aus der Talgeschichte der Via Mala – Vjschr., *64*, Heim-Festschr.

Cadisch, J. (1921): Geologie der Weißfluhgruppe zwischen Klosters und Langwies (Graubünden) – Beitr., NF, *49*/1.

– (1922 k): Geologische Karte von Mittelbünden: Bl. Arosa – GSpK *94 A* – SGK.

– (1944): Beobachtungen im Bergsturzgebiet der Umgebung von Reichenau und Rhäzüns (Graubünden) – Ecl., *37*/2.

–, & Leupold, W. (1928 k): Geologische Karte von Mittelbünden, Bl. Davos – GSpK, *94 B* – SGK.

Cloetta, G. G. (1978): Bergün – Bravuogn – 3. Aufl. – Thusis.

Conrad, H. (1939): Die Hochwasserkatastrophen von 1910 und 1927 – In: 50 Jahre Rhätische Bahn-Festschrift 1889–1939 – Davos-Platz.

Cornelius, H. P. (1932 k): Geologische Karte der Err-Julier-Gruppe, 1:25 000 – GSpK, *115 A*, *B* – SGK.

– (1951): Geologie der Err-Julier-Gruppe, *3:* Quartär u. Oberflächengestaltung. Hydrologie – Beitr., NF, *70*/3.

Drack, W., & Imhof, E. (1977): Römische Zeit im 1., 2. und 3. Jahrhundert und im späten 3. und im 4. Jahrhundert – Geschichte II, Atlas Schweiz, Bl. 20 – L + T.

Eckardt, P. (1957): Zur Talgeschichte des Tavetsch, seine Bruchsysteme und jungquartären Verwerfungen – Diss. U. Zürich.

Escher, E. (1935): Die Erzvorkommen in der Landschaft Schams, in Mittelbünden und im Engadin – Beitr. G Schweiz, geotech. Ser., *18*.
Ettlinger, E. (1979): Römerzeitliche Funde in Graubünden – In: Erb, H., ed.: Das Rätische Museum, ein Spiegel von Bündens Kultur und Geschichte – Chur.
Eugster, H. (1924): Die westliche Piz Uertsch-Kette – Beitr., NF, *49*/4.
–, et al. (1927 k): Geologische Karte von Mittelbünden, Bl. Bergün – GSpK, *94 F* – SGK.
–, & Leupold, W. (1930 k): Geologische Karte von Mittelbünden, Bl. Landwasser – GSpK, *94 D* – SGK.
Fehr, A. (1956): Petrographie und Geologie des Gebietes zwischen Val Zavragia–Piz Cavel und Obersaxen-Lumbrein (Gotthardmassiv-Ostende) – SMPM, *36*/2.
Felder, Th. E. (1973): Geologie der Segnaskessel – DA GI. ETH Zürich.
Fitze, P., & Suter, J. (1977): ALPQUA 77 – Schweiz. Geomorph. Ges. Quartärkomm. INQUA.
Frey, F., & Ott, E. (1926 k): Geologische Karte von Mittelbünden, Bl. Piz Michèl – GSpK, *94 E* – SGK.
Fries, M. (1977): Ehemalige Gletscherstände im Val Maighels – DA Ggr. I. U. Zürich.
Gees, R. A. (1955): Geologie von Klosters – Bern.
Glaser, Th. (1926): Zur Geologie und Talgeschichte der Lenzerheide – Beitr., NF, *49*/7.
Gsell, R. (1918): Beitrag zur Kenntnis der Schuttmassen im Vorderrheintal – Jber. NG Graubünden, *58*.
Haeberli, W. (1975): Untersuchungen zur Verbreitung von Permafrost zwischen Flüelapaß und Piz Grialetsch (Graubünden) – Diss. U. Basel; Mitt VAW, Hydrol. + Glaziol., Nr. 17.
Hahnloser, H. R.†, & Schmid, A. A. (1975): Kunstführer durch die Schweiz, *1* – Bern.
Hantke, R. (1970): Zur Diffluenz des würmzeitlichen Rheingletschers bei Sargans und die spätglazialen Gletscherstände in der Walensee-Talung und im Rheintal – Vjschr., *115*/1.
Heierli, H. (1955): Geologische Untersuchungen in der Albulazone zwischen Crap Alv und Cinuos-chel (Graubünden) – Beitr., NF, *101*.
– (1977): Graubünden in Farbe – ein Reiseführer für Naturfreunde – Kosmos-Bibliothek, *293*.
Heierli, J., & Oechsli, W. (1903): Urgeschichte Graubündens – Chur.
Heim, Alb. (1891): Geologie der Hochalpen zwischen Reuß und Rhein – Beitr., *25*.
Heitz, Chr. (1975): Vegetationsentwicklung und Waldgrenzschwankungen des Spät- und Postglazials im Oberhalbstein (Graubünden/Schweiz) mit besonderer Berücksichtigung der Fichteneinwanderung – Beitr. geobot. Landesaufn. Schweiz, *55*.
Jäckli, H. (1944): Zur Geologie der Stätzerhornkette – Ecl., *37*/1.
– (1948): Vergletscherungsprobleme im Schams und Rheinwald – Jber. NG Graubündens, *81*.
– (1952): Verwerfungen jungquartären Alters im südlichen Aarmassiv bei Somvix–Rabius (Graubünden) – Ecl., *44*/2 (1951).
– (1957): Gegenwartsgeologie des bündnerischen Rheingebietes – Beitr. G Schweiz, geotechn. Ser., *36*.
– (1958): Schluchten und Berge im Schams – Heimatbuch Schams – Chur.
– (1965): Pleistocene Glaciation of the Swiss Alps and Signs of Postglacial Differential Uplift – G Soc. America Spec. Paper, *84*–H.
– (1967): Exkursion 39, Teilstrecke I: Reichenau–Domleschg–Thusis–Via Mala–Zilis – G Führer Schweiz, *8*.
– (1980): Das Tal des Hinterrheins – Zürich.
Jenny, H., Frischknecht, G., & Kopp, J. (1923): Geologie der Adula – Beitr., NF, *51*.
Jenny, R. (1965): Graubündens Paßstraßen und ihre volkswirtschaftliche Bedeutung in historischer Zeit mit besonderer Berücksichtigung des Bernardinpasses – Chur.
Jung, W. (1963): Die mesozoischen Sedimente am Südostrand des Gotthard-Massivs zwischen Plaun la Greina und Versam – Ecl., *56*/2.
Krasser, L. M. (1939): Eiszeitliche und nacheiszeitliche Geschichte des Prätigau – Gießen.
Maisch, M. (1977): Glazialmorphologische Untersuchungen im Raume Sertigtal – DA ggr. I. U. Zürich.
– (1978): Gletschergeschichtliche Vorgänge im Raume Davos Sertig–Davoser Z., *98*/188.
– (1980): Glazialmorphologische Untersuchungen im Gebiet zwischen Landwasser- und Albulatal – In Vorb.
Mayr, F. (1969): Die postglazialen Gletscherschwankungen des Mont Blanc-Gebietes – Z. Geomorph., Suppl. *8*.
Müller, F., et al. (1976): Firn und Eis der Schweizer Alpen – Ggr. inst. ETH, *57* – Zürich.
Müller, H.-J. (1972): Pollenanalytische Untersuchungen zum Eisrückzug und zur Vegetationsgeschichte im Vorderrhein- und Lukmaniergebiet – Flora, *161*.
Müller I. (1942): Disentiser Klostergeschichte – Einsiedeln, Köln.
– (1971): Geschichte der Abtei Disentis – Einsiedeln, Zürich, Köln.
Nabholz, W. K. (1952): Diluviale (pleistozäne) Schotter im Lugnez und Safiental (Graubünden) – Ecl., *44*/2.
– (1954): Neue Beobachtungen im Bergsturzgebiet südlich Reichenau-Tamins (Graub.) – Vh. NG Basel, *65*/1.
– (1967): Exkursion Nr. 38: Chur–Reichenau–Ilanz–Vals–Zervreila – G Führer Schweiz, *8*.

NABHOLZ, W. K. (1975): Geologischer Überblick über die Schiefersackung des mittleren Lugnez und über das Bergsturzgebiet Ilanz–Flims–Reichenau–Domleschg – B. VSP, *41*/101.
NÄNNY, P. (1946): Neuere Untersuchungen im Prätigauflysch – Ecl., *39*/1.
NIEDERER, J. (1941): Der Bergsturz am Flimserstein, Fidaz am 10. April 1939 – Jber. NG Graubündens, *77*.
OBERHOLZER, J. (1920 K): Geolog. Karte der Alpen zwischen Linthgebiet u. Rhein, 1:50000 – GSpK, *63* – SGK.
– (1933): Geologie der Glarneralpen – Beitr., NF, *28*.
PATZELT, G. (1973): Die postglazialen Gletscher- und Klimaschwankungen in der Venedigergruppe (Hohe Tauern, Ostalpen) – Z. Geomorph., NF, Suppl. *16*.
PAVONI, N. (1968): Über die Entstehung der Kiesmassen im Bergsturzgebiet von Bonaduz–Reichenau (Graubünden) – Ecl., *61*/2.
PENCK, A., & BRÜCKNER, E. (1909): Die Alpen im Eiszeitalter, *2* – Leipzig.
PFIFFNER, O. A. (1972): Geologische Untersuchungen beidseits des Kunkelspasses zwischen Trin und Felsberg – DA ETHZ.
PRIMAS, M. (1979): Urgeschichtliche Funde aus Graubünden – In: ERB, H., ed.: Das Rätische Museum, ein Spiegel von Bündens Kultur und Geschichte – Chur.
PIETH, F. (1948): Der Felsberger Bergsturz und die Siedlung Neufelsberg – Bündner Mbl., *49*.
DE QUERVAIN, F. (1934): Die Erzlagerstätten am Parpaner Rothorn – Beitr. G Schweiz, geotechn. Ser., *16*/2.
REMENYIK, T. (1959): Geologische Untersuchungen der Bergsturzlandschaft zwischen Chur und Rodels – Ecl., *52*/1.
SALIS, A., VON (1870): Bericht zum Projekt der Nollaverbauung – Chur.
SCHELLER, E. (1970): Geophysikalische Untersuchungen zum Problem des Taminser Bergsturzes – Diss. ETHZ, Mitt. I. Geophys., *49*.
SCHNEIDER, A. (1972): Flußumlenkung im Prättigau (Kanton Graubünden), seismisch untersucht – GH, *28*/2.
SEIDLITZ, W. Y. (1906): Geologische Untersuchungen im östlichen Rätikon – Ber. NG Freiburg i. Br., *16*.
SIMONETT, CH. (1976): Geschichte der Stadt Chur, *1* – Von den Anfängen bis ca. 1400 – Hist. raetica, *4*, Chur.
STAUB, R. (1926 K): Geologische Karte des Avers (Piz Platta-Duan), 1:50000 – GSpK, *97* – SGK.
– (1939): Altes und Neues vom Flimser Bergsturz – Vh. SNG, Chur (1938).
STAUB, W. (1910): Die Tomalandschaft im Rheintal von Reichenau bis Chur – Jber. ggr. Ges. Bern, *22*.
STREIFF, V., et al. (1971 K, 1976): Bl. 1235 Andeer, m. Erl. – GAS – SGK.
SUTER-HAUG, H. (1978 K): Burgenkarte der Schweiz, *2* – L+T.
TANNER, A. (1970): Archäologische Forschungen in Truns im Vorderrheintal – Helv. Archaeol., *3*.
– (1974): Siedlung und Befestigung der Eisenzeit – UFAS, *4*.
TARNUZZER, CH. (1924): Die Eiszeit der Schweiz mit besonderer Berücksichtigung ihrer Spuren in Graubünden – Natur + Technik, *6*/7.
TRÜMPY, D. (1916): Geologische Untersuchungen im westlichen Rhätikon – Beitr., NF, *46*.
VÖGELI, A.-E. (1976): Untersuchungen postglazialer Gletscherstände im Dischmatal (Davos, Graubünden) – DA ggr. I. U. Zürich.
– (1977): Morphologischer Führer für die ALPQUA-Herbstexkursion vom 6. September 1977 – (Dischmatal) – In: FITZE, P., & SUTER, J. (1977) – Schweiz, Geomorph. Ges.
– (1980): Geomorphologische Untersuchungen im Dischmatal (Davos). – In Vorber.
VUAGNEUX, R. (1976): Untersuchungen spät- und postglazialer Gletscherstände im Raume Flüelapaß. DA ggr. I. U. Zürich.
– (1977): Gletscherstände auf der Nordseite des Flüelapasses – In FITZE, P., & SUTER, J. (1977).
WEBER, E. (1960): Neuere Untersuchungen der Therme von Pfäfers – Ecl., *52*/2 (1959).
– (1968): Die geologisch-hydrologische Erforschung der Therme von Pfäfers – Bad Pfäfers – Bad Ragaz 1868–1968 – St. Gallen.
– (1978): In: BERTSCHINGER, H.: Der Grundwasserstrom des Alpenrheins – Wasser, Energie, Luft, *70*/5.
WELTEN, M. (1972): Das Spätglazial im nördlichen Voralpengebiet der Schweiz. Verlauf, Floristisches, Chronologisches – Ber. dt. Bot. Ges., *85*/1–4.
WICK, P. (1970): Geomorphologische Untersuchungen im Valzeinatal (Prättigau/GR) – DA U. Zürich.
WILHELM, O. (1929 K): Geologische Karte der Landschaft Schams, 1:50000 – GSpK, *114* A – SGK.
– (1933): Geologie der Landschaft Schams – Beitr., NF, *64*.
ZIMMERMANN, H. W. (1971): Zur spätglazialen Morphogenese der Emser Tomalandschaft – GH, *26*/3.
ZOLLER, H., SCHINDLER, C., & RÖTHLISBERGER, H. (1966): Postglaziale Gletscher- und Klimaschwankungen im Gotthardmassiv und Vorderrheingebiet – Vh. NG Basel, *77*.
–, et al. (1972): Zur Grenze Pleistozän/Holozän in den östlichen Schweizer Alpen – Ber. dt. Bot. Ges., *85*/1–4.
ZULAUF, R. (1975): Untersuchungen erhärten die «Sturzwellen»-Version – Bündner Z., 25. 10. 1975.

Der Reuß-Gletscher

Der sich aufbauende Eisstrom

Frühwürmzeitliche Ablagerungen am zentralschweizerischen Alpenrand

Zeugen von frühwürmzeitlichen Ablagerungen liegen am N-Sporn der Rigi in den Schottern von Küßnacht vor. Im höheren Teil stellen sich – durch 2–3 m Sandschichten getrennt – Schieferkohlen ein. Da die gegen 30 m mächtigen Schotter mit Sandeinlagerungen unter der Kohle gekritzte Geschiebe enthalten (A. JAYET in W. LÜDI, 1953), wurden sie eisrandnah abgelagert. In der unteren Kohle fand LÜDI eine *Picea*-Dominanz mit *Pinus*, etwas *Abies*, wenig *Alnus* und je einem Korn von *Quercus* und von *Ostrya* – Hopfenbuche, in der oberen, 1 m mächtigen Bank zuunterst eine *Picea*-Dominanz mit *Abies* und *Pinus*, wenig *Alnus* und wiederum einem *Quercus*-Pollen, im Dach eine *Pinus*-Dominanz mit *Picea* und *Abies*, *Alnus*, *Betula* sowie einem Pollen von *Artemisia*. Darüber folgen wieder Schotter, gegen oben mit Erratikern. Da Schieferkohle-führende Schotter auch in der Linthebene und in der NE-Schweiz etwas innerhalb des spätwürmzeitlichen Eisrandes des Gisikon-Hurden(=Konstanz)-Stadiums einsetzen, dürfte ihnen eine analoge Stellung im frühen Hochwürm zukommen.
In der naturkundlichen Sammlung des Klosters Engelberg liegt ein stark gepreßtes, zähes Schieferkohle-Holz von der N-Seite des Bürgenstock. Es ließ sich als solches von *Taxus* – Eibe – bestimmen und wurde offenbar vom darüber vorstoßenden Reuß-Gletscher gepreßt.
In einem späteren Stand des vorstoßenden Reuß-Gletschers gelangten die randlich verkitteten Schotter von Eschenbach–Hochdorf zur Ablagerung, die S von Hochdorf einen Mammutzahn geliefert haben (J. KOPP, 1945K). Beim weiteren Vorstoß wurden sie – wie jene im Reuß-, Glatt- und Thurtal – vom darüber vorfahrenden Gletscher drumlinartig überprägt.

Warmzeitliche Floren im Knonauer Amt

In Bohrungen im Knonauer Amt und N des Zugersees konnte M. WELTEN (mdl. Mitt.) in prähochwürmzeitlichen See-Ablagerungen warmzeitliche Florenabfolgen nachweisen: Zwischen *Knonau* und *Maschwanden*, in 25–20 m Tiefe, eine *Abies*-Dominanz mit *Alnus*, *Picea*, wenig *Pinus*, bis 6% *Fagus* und gegen oben bis 10% *Carpinus*, mit *Taxus*, *Buxus*, *Hedera*, *Polypodium* und maximal 10% Nichtbaumpollen; im Profil *Maschwanden* abermals eine *Abies*-Vormacht mit *Alnus*, *Picea*, *Buxus*, *Taxus*, bis 10% *Fagus* und im Profil *Steinhausen* in 28–17 m erneut eine *Abies*-Dominanz mit *Fagus*, *Buxus*, *Hedera*, *Taxus*, daneben aber etwas *Artemisia*. Sie zeugen von einem ausgeglichenen Niederschlagsregime. WELTEN möchte alle diese in einer Höhenlage zwischen 370 m und 410 m gelegenen Profilabschnitte ins ausgehende Eem-Interglazial stellen.
Die darunter folgenden 4 m mächtigen Ablagerungen werden als Einschwemmungen von Riß-Moränen gedeutet. Dann, in einer Tiefe von 40–32 m, stellt sich eine abweichende Waldvegetation ein mit 50–60% *Picea*, *Pinus*, wenig *Abies* und geringem *Arte-*

misia-Anteil. Diesen Abschnitt möchte WELTEN dem Holstein-Interglazial zuweisen. Im Profil *Hatwil* SE von Maschwanden dagegen herrschen *Pinus* und *Picea* vor. Daneben treten etwas *Buxus*, *Quercus*, *Ulmus* und *Corylus* und 20–30% Nichtbaumpollen auf, darunter viel *Artemisia*.
Diese offenbar kühlzeitliche Abfolge fehlt jedoch in *Steinhausen*. Dort setzt in 13 m Tiefe über Würm-Moräne bereits das Spätglazial ein, zunächst mit einem *Juniperus*-Gipfel, dann mit viel *Betula* und anschließend einer *Pinus*-Vormacht.

Die prähochwürmzeitlichen Schotter im Knonauer Amt

Wie im Randbereich der Linthebene und im Zürcher Oberland gelangten auch NW von Blickensdorf (R. FREI, 1912K) und im Knonauer Amt Schotter zur Ablagerung, die vom weiter vorrückenden Reuß-Gletscher überfahren und zu Drumlins überprägt wurden. H. SUTER (1960) betrachtete sie als präwürmzeitliche Rinnenschotter, die er mit dem Rückzug und Zerfall der Eismassen der Größten Eiszeit in Zusammenhang brachte. Auch diese brauchen – wie im Glattal – jedoch nicht eine Eiszeit älter, sondern nur prähochwürmzeitlich zu sein.
SUTER brachte sie mit den Schottern zwischen Reuß- und Bünztal und mit den Sihl- und Lorze-Schottern in Zusammenhang. Sie enthalten neben vorherrschenden Kalk- und Dolomit-Geröllen, roten und hellen Graniten, Radiolariten und Grüngesteinen aus der subalpinen Molasse auch Gerölle von Verrucano, Nummulitenkalken und Kristallin aus dem Bündner Oberland, die aus dem Linth/Rhein-System stammen und nur in der Riß-Eiszeit in den Grenzbereich von Linth/Rhein- und Muota/Reuß-Gletscher verfrachtet worden sein können.
J. KOPP (1961b) erkannte die Schotter des Knonauer Amtes als würmzeitliche Vorstoßschotter und verband sie mit den Schottern von Menzingen. Diese sind jedoch noch etwas jünger – hochwürmzeitlich. Sie gelangten erst kurz vor und während des Würm-Maximums zur Ablagerung. Unter diesen Schottern und Sanden folgten SW von Knonau in einer Bohrung, in der erst in 205 m der Molasse-Untergrund erreicht wurde, von 70–120 m Seeablagerungen, dann erneut mächtige Schotter und zuletzt verfestigte Moräne (U. LÄUPPI, mdl. Mitt.).
Da zur Ablagerungszeit der Sihl- und Lorze-Schotter die Ebene von Baar, das untere Lorze- und das Reußtal bis über Maschwanden hinaus vom vorstoßenden Zugersee-Arm des Muota/Reuß-Gletschers erfüllt waren, konnte die Lorze – damals vorab Schmelzwässer des über Sattel gegen Unterägeri vorrückenden Ägeri-Lappens des Muota/Reuß-Gletschers – nur dem nordöstlichen Rand des Zugersee-Armes folgen und, mit seitlichen Schmelzwässern dieses Lappens, durchs Amt abfließen. Dies spiegelt sich auch im Geröllinhalt der Schotter zwischen Zugersee und Amt wider.
Wahrscheinlich wurden damals auch die Deltaschotter von Blickensdorf abgelagert. KOPP betrachtet diese – wie schon R. FREI (1912) – noch als rißzeitlich. Da sie ebenfalls Verrucano-Gerölle führen, stellenweise – etwa in dem bei Blickensdorf von NW mündenden Tobel – über 80 m aufgeschlossen sind und von Würm-Moränen des Muota/Reuß-Gletschers überlagert werden, sind sie wohl an und unter den Eisrand geschüttet worden, wobei das Wasser z. T. subglaziär abfloß.
Die etwas höher gelegenen Schotter im Steinhuser Wald und im Schönbüelwald (2km N von Baar) dürften erst abgelagert worden sein, als der Muota/Reuß-Gletscher be-

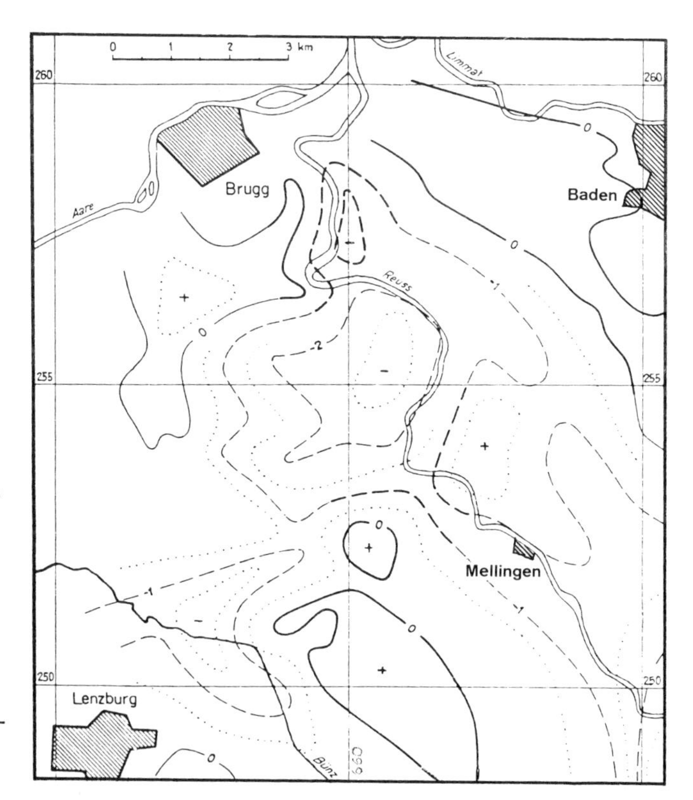

Fig. 124 Aufgrund der lokalen BOUGUER-Schwereanomalien (in Milligal) gezeichnete «Quartärkarte» des Gebietes Brugg–Baden–Mellingen–Lenzburg.
– = mächtige, von Quartär erfüllte Hohlformen,
+ = positives Felsrelief mit geringer bis fehlender Quartärbedeckung.
Aus: F. GASSMANN, 1962.

reits weiter vorgestoßen war und die randlichen Schmelzwässer immer mehr gegen die Albiskette gedrängt wurden. Auch damit ergeben sich weitgehende Parallelen mit dem eiszeitlichen Geschehen im Linth/Rheinsystem, wo sich – etwa bei Wädenswil – ebenfalls zwei Schotterfluren einstellen. Den Schottern zwischen Zugersee und Knonauer Amt entsprechen im Glattal die Aatalschotter, die von dem zum Maximalstand vorgestoßenen würmzeitlichen Gletscher überfahren wurden, wobei die Oberfläche ebenfalls in eine Drumlin-Landschaft verwandelt wurde.
Die von SUTER als ehemaliger Lorze-Lauf gedeutete Rinne wird von KOPP mit einem aus dem Zugersee ausfließenden Reußlauf in Zusammenhang gebracht. Aufgrund einer Bohrung zwischen Küßnacht am Rigi und Immensee sowie einer solchen 1,5 km ENE von Cham, die unter jungen Alluvionen der Lorze in 54 m Tiefe (=365 m) in mächtigen Seetonen verblieb, hält KOPP diesen für erwiesen. Auch in der Bohrung Ochsenbach zwischen Baar und Zug konnte er Tone feststellen. Diese sind jedoch – wie im Glattal – als Seeablagerungen zu deuten.
Aufgrund negativer BOUGUER-Schwereanomalien in der Lorze-Ebene schätzte N. PAVONI (in F. GASSMANN, 1962) die Quartärfüllung – glaziale und limnische Ablagerungen – dort auf 150 m. Auch in der nördlichen Fortsetzung, im Raum Blickensdorf–Uerzlikon, zeichnet sich nach der negativen Anomalie eine Rinne mit 100–150 m mächtigen prähochwürmzeitlichen Schottern ab. Sie verläuft über Kappel gegen Heisch und setzt sich wohl zwischen Gom und Huserberg, wo die Schotter noch immer mehr als 80 m mächtig sind, gegen den Türlersee und weiter ins Reppischtal fort.

In der Lorze-Ebene konnte die Molasse SE von Blickensdorf in einer Bohrung erst in 222 m Tiefe erreicht werden. Bis 86 m wurde vorab feinkörniges Material, Seeablagerungen und Moräne, dann Kiese (teils wiederum mit Verrucano-Geröllen) und kiesige Moräne durchfahren (Dr. M. FREIMOSER, schr. Mitt.). Die an der zugerisch-zürcherischen Grenze zwischen Cham und Knonau gelegenen Schotter sowie die vom würmzeitlichen Reuß-Gletscher überprägten Schotter im Raum Maschwanden-Obfelden-Ottenbach bekunden eindeutig einen höheren Stand des vorrückenden Eises.
Für eine ebenfalls bedeutende prähochwürmzeitliche Ausräumung weiter Reuß-abwärts sprechen die Schwere-Untersuchungen im Raum von Lenzburg–Mellingen–Brugg (N. PAVONI in F. GASSMANN, 1962; Fig. 124). Diese Auskolkung ist auch durch Tiefbohrungen und erste pollenanalytische Untersuchungen von Dr. h. c. P. MÜLLER (schr. Mitt.) belegt, die mehrere Warmphasen andeuten.

Der ins Mittelland vorstoßende Reuß-Gletscher und sein spätwürmzeitlicher Zerfall

Nähr- und Zehrgebiet im Würm-Maximum

Das Einzugsgebiet des Reuß-Gletschers umfaßt zunächst die Quelltäler der Reuß: Urseren, das Göschener- und das Meiental, Gorneren- und Fellital, Etzli- und Maderanertal, Erstfelder-, Bockital, Schächen- und Gitschital sowie die Isentäler, aus denen mächtige Seitengletscher abflossen und sich mit dem Reuß-Eis vereinigten. Mit Ausnahme des Schächentales münden alle Seitentäler hängend.

Über den Furka-Paß (2431 m) erhielt der Reuß-Gletscher im Hochwürm noch Zuschuß von *Mutt/Rhone-Eis* (S. 393). Da die Eishöhe im Würm-Maximum bis gegen 2700 m reichte, lag im übertieften Urserental über 1000 m Eis. Schliffgrenzen reichen über Realp bis auf 2500 m, über Andermatt bis auf über 2300 m und bis auf 2250 m über der Schöllenenschlucht.

Noch bis tief ins Spätwürm floß auch Eis des *Stein-Gletschers* über den Sustenpaß (2259 m) ins Meiental.

Aus dem *Vorderrhein-System* floß noch im Spätwürm Eis aus der Val Maighels über den Maighels-Paß (2420 m) und über den Lolen-Paß (2399 m) ins Unteralptal sowie über die Oberalp (2044 m) gegen Andermatt (S. 280).

Über der Oberalp stand das Eis im Hochwürm bis auf 2600 m, so daß ein Teil über die Fellilücke (2478 m) direkt ins Reußtal abfloß (S. 279).

Umgekehrt verlor der Reuß-Gletscher auf dem Gotthard etwas Eis aus dem Lucendro nach S ans Tessin-Gebiet (Bd. 3).

Das von der Krönten (3108 m) durchs Schindlach- und durchs Leitschachtal absteigende Eis wurde vom Reuß-Gletscher an die linke Talflanke gedrängt, was zwischen Intschi und Arnisee durch überschliffene Felsgräte und Rundhöcker belegt wird.

An der Rigi-Hochflue-Kette teilte sich der Reuß-Gletscher in zwei Eisströme. Der eine wandte sich von Brunnen gegen W, durch die Talung des Vierwaldstättersees. Aus dem Chol- und dem Lielital, aus dem Engelberger Tal und durch die Obwaldner Talung – als Transfluenz des Aare-Gletschers – erhielt er Zuschüsse. Bei Luzern spaltete er sich handförmig auf und griff mit schmalen Lappen weit ins Mittelland vor. Der andere Eisstrom wandte sich von Brunnen gegen NE durch den Talkessel von Schwyz, vereinigte sich bei Ibach mit dem Muota-Gletscher, entsandte eine Zunge über den Paß von Rothenthurm gegen Biberbrugg, eine andere über den Sattel ins Ägeri-Tal. Der Hauptstrom floß über Goldau durch die Zugersee-Talung ab. Zwischen Küßnacht und Immensee vereinigte sich der Zugersee-Arm wieder mit dem durch die Becken des Vierwaldstättersees abgeflossenen Eis; E von Zug nahm der Muota/Reuß-Gletscher das über den Sattel vorgestoßene Eis wieder auf. Weiter N traf er zwischen Gubel SE von Menzingen und Albis mit dem längs des N-Abfalles der Hohronen-Kette gegen W vorgerückten Linth/Rhein-Gletscher zusammen.

Im Mittelland spaltete sich der Reuß-Gletscher in mehrere, durch Molasserücken getrennte Zungen auf, die durch das Knonauer Amt, die Talung Arni – Aesch, durch das Reuß-, Bünz-, See-, Winen-, Suhren-, Hürnbach-, Ron- und Rottal abflossen und von Emmenbrücke bis Wolhusen in die Talung der Kleinen Emme eindrangen (Fig. 125).

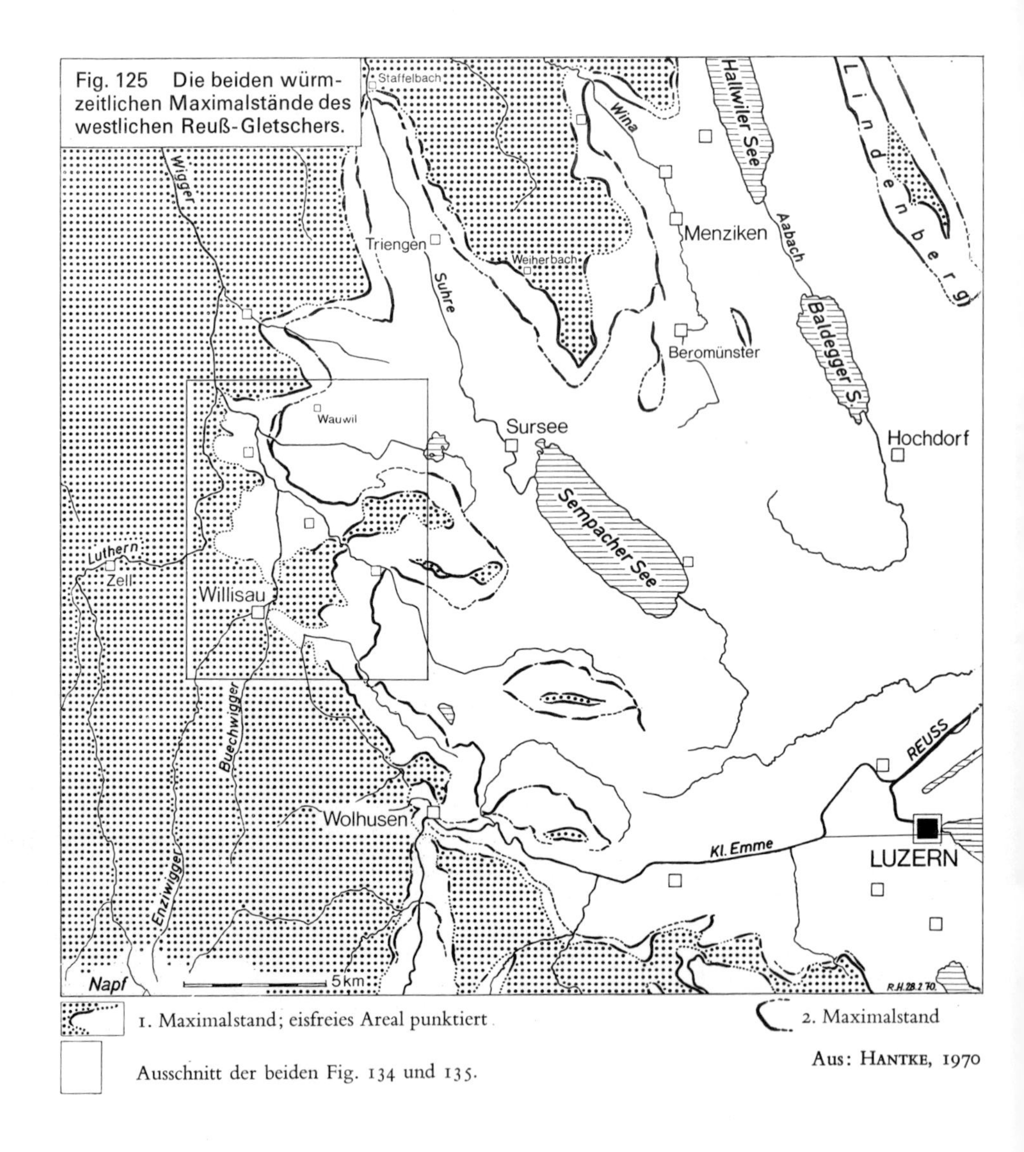

Fig. 125 Die beiden würmzeitlichen Maximalstände des westlichen Reuß-Gletschers.

Aus: HANTKE, 1970

Die höchsten würmzeitlichen Eisstände in der Zentralschweiz

Höchste würmzeitliche Erratiker finden sich am NE-Grat des Niderbauen-Chulm auf der Weid um 1260 m (A. TOBLER & G. NIETHAMMER in BUXTORF et al. 1916 K). Die bis auf über 1300 m ansteigenden Rundhöcker bekunden einen noch etwas höher hinaufreichenden Eisstand. 7,5 km weiter N, auf der Schwand an der N-Seite der Rigi-Hochflue-Kette, liegt in 1190 m der höchste würmzeitliche Moränenwall. Er markiert zugleich die klimatische Schneegrenze. Im Stromstrich des an der östlichen Hochflue-Kette anbrandenden Reuß-Gletschers floß eine kleine Zunge über den 1198 m hohen Sattel NNW von Brunnen. Dies konnte nur geschehen, wenn das Eis bis auf mindestens 1230 m hinaufreichte.

Fig. 126 Die Seitenmoränen auf Seebodenalp am Nordwestabhang der Rigi. Links die Seitenmoräne des durch den Küßnachterarm des Vierwaldstättersees abfließenden Gletscherlappens, rechts diejenige des Eisstromes, der den Zugersee (im Hintergrund) erfüllte.
Photo: Dr. S. WYDER.

Da die Moräne E von Schwand zugleich eine linke Ufermoräne des um die Hochflue-Kette herumgeflossenen Zugersee-Armes darstellt, betrug die Wölbung der Eisoberfläche für den 6,5 km breiten Gletscher im Bereich der Talgabelung von Brunnen maximal 40 m, was einem Gefälle gegen den Rand von 12‰ entspricht. Damit dürfte die Gleichgewichtslage um 1200 m gelegen haben.
Am Gätterli (1190 m), dem Übergang von Gersau nach Lauerz, stand das Eis aufgrund der höchsten Erratiker-Schwärme bis auf über 1200 m, ebenso an der Fälmisegg (1176 m), dem Übergang nach Vitznau. An der NW-Seite der Rigi reichte es noch bis auf über 1000 m, was auf Seebodenalp durch eine Seitenmoräne bekundet wird (F. J. KAUFMANN in C. MOESCH et al. 1871 K, 1872; Fig. 126). Aus den beiden darüber zur Rigi ansteigenden, karartigen Felsflanken stiegen damals zwei Kargletscher bis auf die Seebodenalp ab. Noch bis ins frühe Spätwürm hingen in diesen Felsflanken kleine Firnflecken. Die Rigi mit Hochflue (1700 m), Scheidegg (1660 m) und Kulm (1800 m) ragte damit nicht nur in den würmzeitlichen Hochständen, sondern noch im frühen Spätwürm bis in die Firnregion, was sich in einer Lokalvergletscherung äußerte (S. 328).

Im vorderen Engelberger Tal ist die würmzeitliche Eishöhe angedeutet durch das Einsetzen von Wallmoränen NE von Wolfenschießen auf 1170 m und, auf der linken Talseite, durch Mittelmoränen zwischen dem Talgletscher und zufließendem Lokaleis vom Arvigrat auf Wirzweli (1222 m) und Sulzmattli (1210 m) SE des Stanserhorn.
Eine entsprechende Höhenlage der Eisoberfläche zeichnet sich auch beim Brünigarm des Aare-Gletschers ab, dessen höchste Seitenmoränenreste SW des Stanserhorn ebenfalls um gut 1200 m und an der Trämelegg NE des Pilatus auf 1150 m einsetzen, dann an der Schwandegg bereits auf 1083 m und an der Chrienser Egg auf 1032 m abfallen.
Ausgeprägte Ufermoränen verlaufen auf der E-Seite der Zugersee-Talung vom Rufiberg zur Oberen Brunegg, 2,5 km ESE von Zug, wo die beiden durch die Zugersee- und durch die Ägeri-Talung abfließenden Arme sich wieder vereinigt haben.
Auf dem Walchwilerberg und am N-Abfall des Zugerberg stellen sich noch tiefere, markante Wälle ein. Am Zugerberg entsprechen die Berghof-Moränen dem Stetten (= Schlieren)-Stadium, jene von Ussergrüt–Egg dem Bremgarten (= Zürich)-Stadium (Hantke, 1958, 1967k).

Die Eisrandlagen im Knonauer Amt

Von der Schotterflur W von Menzingen bis zum S-Ende des Albis stand das Reuß- in Kontakt mit dem Linth/Rhein-Eis, das etwas ins Knonauer Amt vordrang (S. 148). Von Ober über Mittler Albis–Huserberg fiel der von einer seitlichen Abflußrinne begleitete E-Rand des Reuß-Gletschers gegen den Türlersee ab, staute SW des Albispasses die von dort abfließenden Schmelzwässer zu einem Eisrandsee, in dem sie ihre Schotterfracht ablagerten, und endete in einer östlichsten, über 100 m mächtigen Zunge im obersten Reppischtal, das die Schmelzwässer abführte.
S um den Äugsterberg lassen sich Ufermoränen über die Höhen W der Reppisch über Wettswil bis in die Stirnmoränen vor der Schotterplatte SE von Birmensdorf verfolgen.
W von Islisberg stießen weitere Lappen von Arni über Aesch und über die Rundhöcker zwischen dem Dorf und Oberholz gegen Birmensdorf vor. Im Winkel zwischen Wettswiler- und Aescher Zunge schnitten gemeinsame Schmelzwässer das Wüerital ein (Fig. 58 und Fig. 127).
Über den Sattel des Mutschällen (551 m) floß Reuß-Eis ins Limmattal zum Linth/Rhein-Gletscher. Beim Abschmelzen dieses Transfluenzarmes verlor der E-Fuß des Heitersberg seinen Gegendruck. Etappenweise fuhren Sackungen zutal (H. Jäckli, 1966k).
Analog löste sich beim Weichen des Reppisch-Lappens eine Sackung von der E-Seite des Äugsterberg, rund 40 Millionen m^3, und überschüttete die Stirnregion; im Zungenbecken wurde der Türlersee aufgestaut (J. Hug, 1919). Als das Eis noch das Seebecken erfüllte, stirnte der Reuß-Gletscher im Gletschertal Affoltern a. A.–Wettswil, wo zwei Staffeln die Talung queren. Rechte Seitenmoränen dämmen W von Hedingen zwei Moore ab. Gegen das Reußtal lassen sich die Moränen über Arni–Berikon in die Wälle von Künten–Stetten (=Schlieren-Stadium) verfolgen. NE von Affoltern a. A. und N von Bremgarten stellen sich internere Staffeln ein. Bei Hedingen quert ein nächster Stirnwall die Talung. Dieses Stadium läßt sich gegen SE durch markante Wälle bis S des Türlersees und von Hausen bis Sihlbrugg verfolgen. Gegen NW verlaufen Moränen gegen Bremgarten. Eine Schar von drei weiteren Staffeln zeichnet sich SE von Affoltern

Fig. 127 Das Reppischtal und das Zungenbecken von Wettswil, eines rechtsseitigen Armes des Reuß-Gletschers, der durch Moränen des Würm-Maximums umsäumt wird. Bei Bonstetten (rechts) Endmoränen-Staffeln eines interneren Stadiums. Zwischen der von Karen zerschnittenen Albiskette (links) und der Schotterplatte des Ättenberg oberhalb von Birmensdorf (unterer Bildrand, Mitte) und den rechten Ufermoränen das Reppischtal, eine randliche Schmelzwasserrinne. Der durch einen Bergschlipf vom Äugsterberg gestaute Türlersee rechts oben, das vom Linth/Rhein-Gletscher bis auf den Albispaß erfüllte Zürichsee-Becken links oben. Im Vordergrund rechts das Zungenbecken von Aesch, eines weiteren Reuß-Gletscherlappens. Aus diesem und aus dem Becken von Wettswil schnitten sich Abflußrinnen gegen Birmensdorf ein.
Photo: Militärflugdienst Dübendorf. Aus: SUTER/HANTKE, 1962.

a. A. ab. Sie lassen sich gegen W mit den Moränen von Hermetschwil im Reußtal und interneren Staffeln verbinden (A. VON MOOS, 1946; HANTKE et coll., 1967K).
Um Knonau haben sich mehrere seitliche Schmelzwasserrinnen, gegen Maschwanden-Obfelden auch mehrere Toteislöcher zwischen den Drumlins ausgebildet. Ein 140 m^3 großer Nagelfluh-Block, den der Reuß-Gletscher vom Roßberg bis in den südwestlichen Kanton Zürich verfrachtet hat, wurde SE von Knonau freigelegt (Bd. 1, Fig. 39).

Die Gletscherstände im luzernisch-aargauischen Reußtal

Im Maximalstand der Würm-Eiszeit reichte der Reuß-Gletscher über Mellingen hinaus. Neben dem Hauptwall – Froburg–Hübel–Rötler–Mülischeer–Buechberg –, an den sich eine internere Staffel anschmiegt, liegen außerhalb, im Feld der Niederterrassenschotter,

noch weitere, von denen die äußersten einen bis über Birrhard reichenden Stand bezeugen (F. MÜHLBERG, 1904K; H. JÄCKLI, 1956, 1966K; HANTKE, 1968). N von Niederrohrdorf, wo eine gegen Baden verlaufende Schmelzwasserrinne einsetzt, steigt eine äußerste Ufermoräne über Remetschwil-Bellikon am SW-Hang des Heitersberg empor. Bei Oberrohrdorf schmiegen sich internere Wälle an.
Über den Sattel des Mutschällen gelangte Reuß-Eis ins Limmattal, wie Moränen bei Friedlisberg und S von Dietikon sowie Erratiker bekunden. Dabei wurde der Linth/Rhein-Gletscher von der linken Talseite weggedrängt (Karte 4).
Ein erstes Rückzugsstadium stellt sich im Reußtal bei Stetten ein. Es entspricht dem Schlieren-Stadium des Linth/Rhein-Gletschers (JÄCKLI, 1956, 1966K; HANTKE, 1958, 1967K). Wenngleich die Seitenmoränen nicht durch eine Endmoräne zusammenhängen, so sind doch die Uferwälle der einzelnen Staffeln so markant, daß eine Deutung als überfahrene Moränen, wobei der Gletscher erst nach ihrer Ablagerung bis zu den äußersten Randlagen vorgestoßen wäre (H. ANNAHEIM, A. BÖGLI & S. MOSER, 1958), nicht in Betracht fällt (JÄCKLI, 1959, 1966K; HANTKE, 1959, et coll. 1967K).
Die dem Zürich-Stadium entsprechenden Endmoränen liegen im Reußtal bei Bremgarten, wo S des Städtchens ein zentraler Haupt-, ein äußerer und ein innerer Nebenwall das Tal queren (JÄCKLI, 1956, 1966K; HANTKE et coll., 1967K). Sie sind bei Hermetschwil derart ausgeprägt, daß auch dort von einer nachherigen Überfahrung (J. KNAUER, 1954) nicht die Rede sein kann.
In Niederterrassenschottern bei Bremgarten fand E. KUHN (in K. HESCHELER, 1940) Reste von *Ovibos* – Moschus.

Die Gletscherstände zwischen Bünz und Wigger

Im Bünztal finden sich Moränen des Maximalstandes bei Othmarsingen und bei Hägglingen. Der Gletscher reichte für kurze Zeit noch etwas weiter nach N, was aus externeren Wallresten und riesigen Erratikern hervorgeht. Ein 120 m³ großer Aare-Granit konnte N von Brunegg sichergestellt werden (G. GYSEL, 1966). Weitere Blöcke, der Kleine und der Große Römerstein (Fig. 128) belegen den weitesten Vorstoß Bünz-abwärts und gegen Lenzburg. Ein internerer Stand zeichnet sich in einer Ufermoräne E von Dottikon und W von Dintikon ab (Karte 4).
Schmelzwässer flossen einerseits über Hägglingen gegen Wohlenschwil ins Reußtal, anderseits über Ammerswil gegen Lenzburg.
Da im Bünztal – im Gegensatz zum Reußtal – bei Dottikon und auch bei Wohlen markante Endmoränen fehlen, glaubten H. ANNAHEIM, A. BÖGLI & S. MOSER (1958), dieses Stadium, das sie dem Stetten(=Schlieren)-Stadium gleichsetzten, wäre beim Vorstoß zum Maximalstand überfahren worden. Am Sunnenberg E von Wohlen stellt sich jedoch eine Seitenmoräne ein, die bei einer derartigen Überfahrung hätte geschleift werden müssen. Nur internere Randlagen betrachtet H. JÄCKLI (1966K) als überfahrene Vorstoßphasen.
Die Stirnmoräne von Walterschwil läßt sich gegen das Reußtal in die Moräne Galgenhau-Fischbach verfolgen. Ihr entsprechen auf der rechten Talseite die Wälle bei Eggenwil. Die Stirn wurde durch Schmelzwässer und die Reuß zerstört. E von Bremgarten sind entsprechende Wälle nur reliktisch erhalten. Im Knonauer Amt dürfte diese Randlage, zusammen mit jener von Wohlen, den Stirnmoränen von Bonstetten gleichzu-

Fig. 128 Der Große Römerstein NE von Lenzburg AG, ein vom Reuß-Gletscher verfrachteter Aaregranit aus dem urnerischen Reußtal.

setzen sein. Im Limmattal entsprechen ihnen die Staffeln des Schlieren-Stadiums. Gleichaltrige Randlagen wie jene von Bremgarten finden sich im Bünztal um Boswil und Muri, im Knonauer Amt um Hedingen und Affoltern (S. 294).
Würmzeitliche Vorstoßschotter treten im Reuß-System bei verschiedenen Randlagen auf: im Raum Eschenbach–Ballwil–Hochdorf, zwischen Inwil und Dietwil, bei Beromünster (J. Kopp, 1945k) und zwischen Rickenbach und Menziken, im Bünztal und im Knonauer Amt (Kopp, 1961; Hantke, 1961, 1967k; Fig. 130).
Im *Seetal* liegen die Endmoränen, die denjenigen von Birrhard und Mellingen und von Othmarsingen entsprechen, bei Seon. Außerhalb der markanten Stirnmoräne treten E von Bettetal und im Schnäggenrain noch externere Reste auf, von denen die höchste Niederterrassenschotterflur ausgeht. Am Lindenberg entsprechen ihnen die höchsten Moränen, die im Weierbrunnenwald E von Müswangen einsetzen und im würmzeitlichen Höchststand eine Eishöhe von 860–800 m dokumentieren. Tiefere Wälle steigen auf der E-Seite vom Lieliwald über Horben–Brandholz–Ober Niesenberg, auf der W-Seite über Müswangen–Bettwil gegen St. Wendelin NE von Sarmenstorf ab.
Das Stetten-Stadium wird durch Ufermoränen bekundet, die am Lindenberg in 2 Staffeln vom Stöckenhof über Hämikon–Rüediken–Nieder Schongau–Fahrwangen gegen Seengen absteigen und den Hallwiler See abdämmen (Fig. 129).
Das Bremgarten-Stadium zeichnet sich wiederum durch zwei Hauptwälle ab, die vom Chriegholz und von Sennweid über Lieli gegen Ermensee abfallen und den Baldegger

Fig. 129 Das von einem Reuß-Gletscher-Lappen ausgekolkte Seetal mit Hallwiler- und Baldegger See, ehemaligen Zungenbecken des Stetten (=Schlieren)- und Bremgarten (=Zürich)-Stadiums; dahinter der Lindenberg, von dem im Würm-Maximum nur die höchsten Rücken über die Eisoberfläche emporragten; am Horizont (rechts) die Lägeren-Kette.
Luftaufnahme: Swissair-Photo AG, Zürich. Aus: H. ALTMANN et al., 1970.

See umgürten. Markante Stirnwall-Reste sind bei Hitzkirch-Grüenenburg und bei Ermensee-Herrenberg erhalten. M. KÜTTEL (schr. Mitt.) untersucht gegenwärtig außerhalb und innerhalb dieses Eisstandes je ein Pollenprofil.
Noch in der 2. Hälfte des 18. Jahrhunderts war der Baldegger See deutlich größer (F. L. PFYFFER VON WYER, 1785 R). Im N reichte er noch bis Richensee, im S halbwegs gegen Hochdorf. Dagegen war der Hallwilersee nur unwesentlich größer.
N von Ermensee konnte die Molasse erst in 200 m Tiefe erbohrt werden. Nach 115 m Schotter, Feinsand und Tonen folgten Moräne, dann von 135–180 m Kiese und Seetone (U. LÄUPPI, mdl. Mitt.).
In den prähochwürmzeitlichen Schottern konnte S von Hochdorf ein Mammut-Backenzahn geborgen werden (KOPP, 1945 K; Natur-Museum Luzern).
Ins *Winental* drang nur im Maximalstadium Reuß-Eis ein. Bei Gontenschwil–Zetzwil lagerte es einen prachtvollen Moränenwall ab (Fig. 131), der im Reußtal dem Mellinger Wall entspricht. Auch im Winental zeichnen sich außerhalb, S und W von Gontenschwil, seitliche Wälle ab. Zwischen Zetzwil und Oberkulm beträgt die quartäre Füllung des Winentales bis 70 m. Die Rinne dürfte bereits in der Riß-Eiszeit subglaziär angelegt worden sein, dann beim spätrißzeitlichen Abschmelzen mit Seebodenlehmen gefüllt und bei den Vorstößen des würmzeitlichen Eises mit Schottern überschüttet worden sein.

E

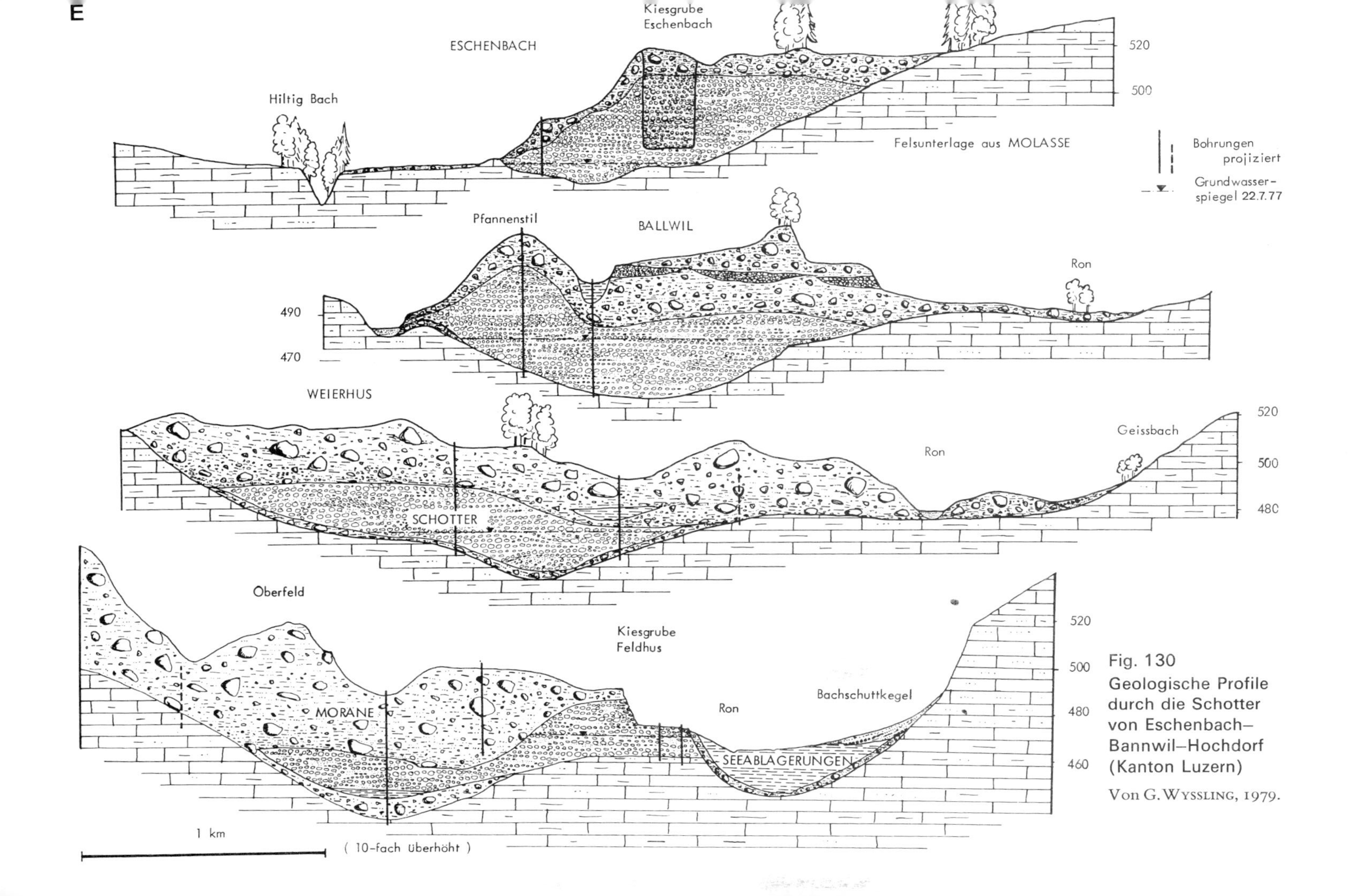

Fig. 130
Geologische Profile durch die Schotter von Eschenbach–Bannwil–Hochdorf (Kanton Luzern)
Von G. Wyssling, 1979.

Fig. 131 Linke Seitenmoräne und Endmoräne von Gontenschwil–Zetzwil, die das Zungenbecken des Wina-Lappens abgedämmt hat. Im Hintergrund die Wampfle.

Die Schotter im oberen Winental zwischen Beromünster und Gunzwil sowie jene von Rickenbach-Niederwil sind als hochwürmzeitliche Vorstoßschotter zu deuten.

Im Stetten-Stadium reichte der Reuß-Gletscher noch über den Sattel zwischen Beinwil am See und Reinach; der ins oberste Winental eingedrungene Eislappen endete vor Neudorf.

Die Moränen N von Hildisrieden und E von Römerswil dokumentieren das Bremgarten-Stadium.

Im *Suhretal* stieß der Reuß-Gletscher in den Maximalständen bis Staffelbach vor, wo dicht hintereinander zwei Stirnmoränen liegen, von denen zwei Schotterfluren ausgehen (F. Mühlberg, 1910k; Hantke, 1968, 1970). Auf beiden Talseiten steigen Seitenmoränen gegen S an: die äußeren, als Moränen eines ersten Vorstoßes, anfangs steil, wobei sie in den Seitentälchen jeweils eine «Au» abdämmen, die inneren, als solche eines späteren Standes, deutlich sanfter (Fig. 132). Auf der E-Seite heben sich die äußeren Wälle über Schlierbach–Weierbach–Wetzwil zum Haumässer empor und fallen gegen Rickenbach ab; die inneren steigen von Kirchleerau über Rütihof–Gibel–Chommlen zum Chegelwald SSW von Beromünster an und über Hueben gegen Gontenschwil ins Winental ab (Karte 4).

Gegen W lassen sich die beiden Endmoränen von Staffelbach über Widenhubel–Bunschberg, bzw. über Unter Dubenmoos–Uffikon ins *Hürnbachtal* verfolgen, wo sich ein durch Stirnmoränen bekundeter Gletscherlappen bis an Dagmersellen heranschob. Knapp 1 km dahinter liegt bei Ober Zügholz eine markantere Endmoräne.

Im Zungenbecken von Uffikon wurden neulich mehrere Bohrungen abgeteuft; die tiefste erreichte SE des Dorfes in 44,5 m die Molasse. Über Grundmoräne mit Schmelzwasser-Ablagerungen folgten eiszeitliche See-Bildungen – gebänderte Seetone und etwas Seekreide – und zuoberst zersetzter Flachmoortorf und Gehängelehm.

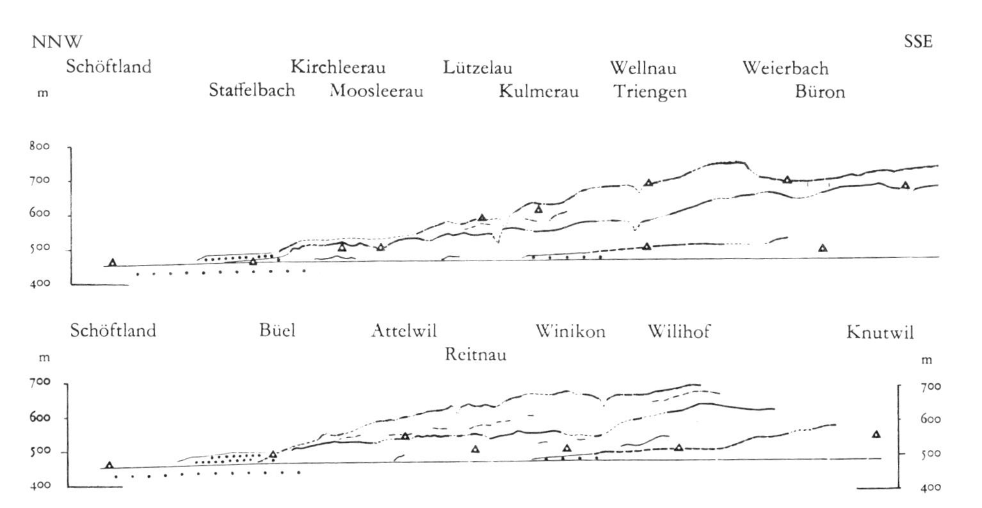

Fig. 132 Die zur Stirn abfallenden würmzeitlichen Seitenmoränen und ihre Lagebeziehung zu den Schotterfluren vor dem Suhretal-Lappen (Kantone Luzern und Aargau).

Moränen des 1. Maximalstandes
Moränen des 2. Maximalstandes
Moränen des Triengen (= Schlieren)-Stadiums
Höhere Niederterrassenschotter
Tiefere Niederterrassenschotter und Schotter des Triengen-Stadiums

oben: rechte Talseite, unten: linke Talseite – Längen 1 : 100000, Höhen 1 : 20000.
Aus: Hantke, 1968, 1970.

Unter böllingzeitlichen Ablagerungen in 9 m Tiefe – Jüngere Dryaszeit und Alleröd fehlen – konnte Dr. M. Küttel (schr. Mitt.) noch 8,5 m pollenführende Sedimente der Ältesten Dryaszeit nachweisen. Bis zur Molasse schwankt die Pollenführung; im allgemeinen ist sie gering mit reichlich aufgearbeiteten Formen. Abfolgen, die als Würm-Interstadiale gedeutet werden könnten, wurden nicht gefunden, so daß die äußersten Moränen bei Dagmersellen bei einem Eisvorstoß zwischen dem jüngsten Mittelwürm-Interstadial und der Ältesten Dryaszeit geschüttet worden sind. Andererseits hat Küttel im Torfstich von Eschenbach LU ein Profil analysiert, in dem er die *Betula nana*-Phase am Übergang Älteste Dryaszeit/Bölling-Interstadial erfassen konnte. Auch bei Wil zwischen Ruswil und Hellbühl reicht die Pollenabfolge bis in die Älteste Dryaszeit zurück. In der Zeit dazwischen muß das Eis im Luzerner Mittelland abgeschmolzen sein. Bei Grundwasser-Untersuchungen wurden auch im Wigger- und im Lutherntal Bohrungen abgeteuft. Bei Gettnau fand sich über der Molasse bis in 27 m Tiefe eine Folge von Schottern, Sanden und Silten, in den obersten 5,75 m vorab Tone mit organischen Einschaltungen, die bereits O. Frey (1907) bekannt waren. Diese wurden zunächst mit ähnlichen Ablagerungen SE von Willisau zwischen Frühwürm und Hochwürm gestellt (Hantke, 1968). Neue pollenanalytische Untersuchungen zeigten jedoch (Küttel, schr. Mitt.), daß es sich dabei um holozäne Flachwasser-Ablagerungen und Hochflutlehme handelt, deren Basis bis an den Übergang Bölling/Alleröd zurückreicht. Das ältere Spätwürm fehlt; doch zeigt die Schotter-Oberfläche im Liegenden der Tone eine Bodenbildung. Pollenanalytische Befunde weisen auf ein Interstadial, das nach der Schüttung der Schotter und vor der Ablagerung der Tone einzustufen ist.

Fig. 133 Der hochwürmzeitlich durchbrochene Abschnitt des Lutherntales zwischen Gettnau (Vordergrund) und Schötz (rechter Bildrand). Ein Lappen des Aare/Reuß-Gletschers staute die Luthern bei Gettnau zu einem Eisrandsee. Der Überlauf zwischen Ohmstal (links) und Buttenberg (rechts) schnitt sich in die wenig verfestigte Napf-Molasse ein und schuf die neue Talung.
Aus: HANTKE, 1968. Photo: Militärflugdienst, Dübendorf.

Ein äußerer, schwach entwickelter und ein innerer, markanterer Moränenkranz lassen sich bei dem von Sursee ins *Rontal* vorgestoßenen Lappen beobachten. Die äußere Randlage verläuft von Nebikon über Unter nach Ober Wellbrig. Im Schötzer Feld fehlen Endmoränen; doch deutet der Verlauf der Seitenmoränen darauf hin, daß der Gletscher weit gegen W vorstieß und die randglaziären Schmelzwässer an den westlichen Talhang drängte. Da diese den anfallenden Schutt wegschwemmten, konnte sich dort keine Moräne ablagern. Ob der Reuß-Gletscher im Würm-Maximum gar bis auf die W-Seite der Luthern reichte (H. W. ZIMMERMANN, 1963), oder ob jene Grundmoränen und Erratiker einen bis gegen Reiden im unteren Wiggertal vorgestoßenen spätrißzeitlichen Eisstand bekunden, steht noch offen.
In dem 1577 in Reiden in würmzeitlichen Schottern geförderten Knochen, den F. PLATTER zunächst für den eines Riesen gehalten hatte, konnte J. J. SCHEUCHZER bereits 1706 das linke Schulterblatt eines Mammuts erkennen (Natur-Museum Luzern).
Bei Ettiswil traf der von Sursee durchs Rontal abfließende Gletscherlappen mit dem über Ruswil–Großwangen durchs *Rottal* vorrückenden zusammen, was S von Zuswil

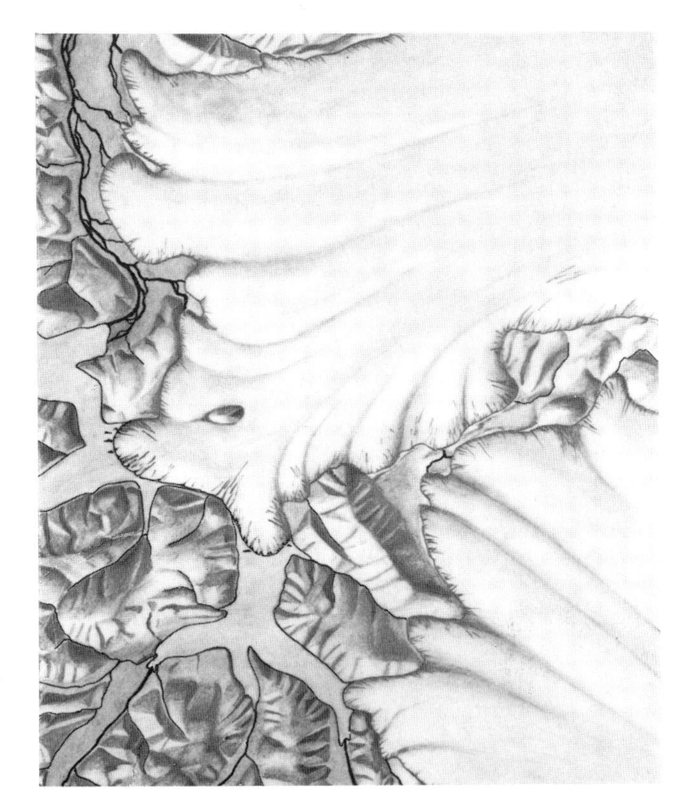

Fig. 134 Zwei westliche Stirnlappen des würmzeitlichen Reuß-Gletschers in der Gegend von Willisau LU während des 1. Maximalstandes.

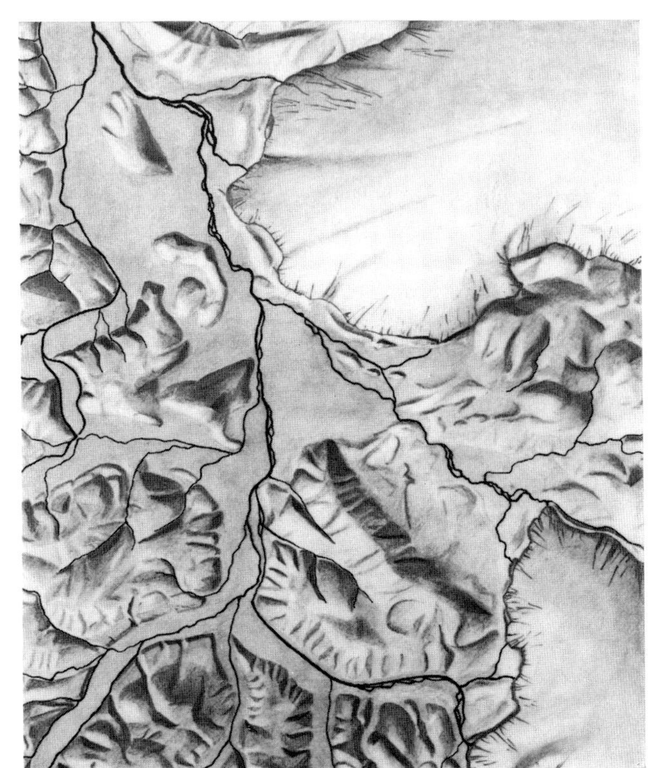

Fig. 135 Zwei westliche Stirnlappen des würmzeitlichen Reuß-Gletschers in der Gegend von Willisau LU während des 2. Maximalstandes.

Fig. 134 und 135 aus Hantke, 1968.

aus gegen W sich verlierenden Wällen hervorgeht. Dadurch wurde den von S und von W abfließenden randglaziären Wasserläufen – Wigger und Luthern – der Weg versperrt, so daß sich diese N von Gettnau einen neuen Abfluß suchen mußten. Sie tieften sich in die Molasse ein, schleiften den Sattel zwischen Buttenberg und Landsberg und erreichten durch die neue Talung von Niderwil über Gläng–Nebikon das untere Wiggertal. Dieser junge Durchbruch wird belegt durch das Fehlen der Schotterterrasse, die im angestammten Lutherntal auftritt (Fig. 133 und Fig. 134).
Die interner gelegenen Wälle von Egolzwil–Hoostris–Zuswil, die das Wauwiler Moos (Bd. 1, S. 218, 227) umschließen, und von Großwangen–Hueben wurden von randglaziären Schmelzwässern kaum angegriffen, so daß sie als markante Endmoränenbögen erhalten blieben (Fig. 135). In einer Bohrung bei Alberswil liegt die Molasse in 26,8 m Tiefe; S von Hoostris wurde sie dagegen in 55 m noch nicht erreicht (Dr. M. Küttel, schr. Mitt.).
Das Zungenbecken, das Wauwiler Moos, sowie der weitere Stirnbereich dieses Gletscherlappens sind vorab durch die Ausgrabungen eines mesolithischen Siedlungszentrums durch H. Reinerth bekannt geworden (V. Bodmer-Gessner, 1950; R. Wyss, 1968; Bd. 1, S. 227). An Wildtieren sind aus der neolithischen Siedlung Geweihschaufeln des Elchs und des Hirschs nachgewiesen (Natur-Museum Luzern).
Ein erstes Rückzugsstadium, ebenfalls mit zwei Staffeln, zeichnet sich im *Suhretal* bei Triengen ab. Die linke Ufermoräne verläuft über Wilihof–Burst–Höchi ins *Hürnbachtal*, wo ein von Steinholz über Buchs nach Hubel verfolgbarer Stirnwall das Tal quert. Eine nur wenig internere Seitenmoräne schwenkt nicht mehr ins Hürnbachtal ein, sondern verläuft von Knutwil geradlinig gegen St. Erhard. Im *Rontal* biegen wiederum beide Wallsysteme als Endmoränen gegen W aus; das äußere umschließt das Moos, das innere den Mauensee.
Zum Bremgarten (= Zürich)-Stadium gehören auch im Suhretal mehrere Staffeln. Eine äußerste verläuft W von Sursee, von Hupprächtigen konform der Uferlinie des Sempacher Sees über Büel–Chotten–Sennhus, wo sie sich in der Ebene NW von Sursee verliert. Der eindrücklichste Wall umschließt das N-Ende des Sempacher Sees. Er zweigt von Hupprächtigen vom äußeren System ab und verläuft über Ermatt–Länggaß–Haselrain–Feld–Mariazell–Greuel gegen Schenkon, wo er sich mit dem äußeren, auch auf der rechten Talseite reliktisch erhaltenen Wall wieder vereinigt und über Egg–Hundgellen zum Traselinger Wald ansteigt.
S von Sursee schalten sich zwischen den beiden Hauptwällen zwei weitere Staffeln ein, die sich auch W von Sursee abzeichnen.
Innerhalb des Mariazeller Walles (=Zürich-Lindenhof) folgt auch im untersten Sempacher See eine innere Staffel, die im Inseli und bei Oberkirch aus dem See aufragt und S von Nottwil als Wall erscheint. Ein noch interner gelegener Eisstand zeichnet sich im unteren Seebecken ab. Zwischen Schenkon und Eich erreicht die zugehörige Moräne bis 35 m Mächtigkeit (Läuppi, mdl. Mitt.).

Der Wolhuser Arm des Aare/Reuß-Gletschers

Von Luzern stieß ein Gletscherarm gegen W ins Tal der Kleinen Emme bis Wolhusen vor, was durch Seitenmoränen NW von Schwarzenberg sowie durch Endmoränen und eine gegen W auf 720 m ausstreichende Schotterflur S von Wolhusen bekundet wird.

Dadurch wurde der Kleinen Emme ihr angestammter Lauf über Malters nach Emmenbrücke sowie ihr prähochwürmzeitlicher Lauf nach NE über Ruswil durchs Rottal verwehrt. Sie wurde immer mehr gegen NW abgedrängt, folgte dem SW-Rand des Gletschers, tiefte sich in die Molasse des randlichen Napfgebietes ein und floß über Menznau–Willisau ins Wiggertal ab. Im Würm-Maximum nahm dieser Arm des Aare/Reuß-Gletschers bei Wolhusen noch den Waldemmen-Gletscher auf (S. 371) und drang in die Menznauer Talung bis über die Wasserscheide vor, was N von Wolhusen durch Stauschotter und NW durch eine kleine Abflußrinne belegt wird. Zwischen Willisau und Daiwil liegt die Molasse in 33 m, W von Ostergau in 37 m Tiefe (Dr. M. Küttel, schr. Mitt.).
In Wolhusen-Landig konnte die Geweihstange eines Rentiers geborgen werden (Natur-Museum, Luzern).
S von Wolhusen wurden auf der rechten Seite der Kleinen Emme nach 10 m Hangschutt auf 578 m 4 m Emme-Schotter (U. Läuppi, mdl. Mitt.), wohl Eisrandschotter des stirnenden Kleinen Emmen-Gletschers, durchfahren.
Die äußersten Moränen folgen NW von Wolhusen bis zum Gletschertor von Ostergau SE von Willisau der Menznauer Talung. Ein internerer Wall verläuft von Großwangen–Hueben über Blochwil–Geißberg–Buholz–Groß Schübelberg nach Hohrüti.
Im Triengen (= Schlieren)-Stadium reichte ein Eislappen aus dem Becken des Sempacher Sees über die Wasserscheide gegen Buttisholz; ein anderer erfüllte in der Talung von Ruswil das Rüediswiler Moos.
Am Soppensee konnte ein Hirsch-Skelett geborgen werden (Natur-Museum Luzern).
Äußere und innere Endmoränen des Sursee (= Zürich)-Stadiums lassen sich von Sursee über Hunkelen gegen Ruswil verfolgen. Bei Moos und bei Ziswil queren sie das Tal und steigen gegen Holz an. N der Kleinen Emme sind Seiten- und Stirnmoränen durch Rutschungen und erosive Ausräumung zerstört. Dagegen verläuft S ein markanter Wall von Libetsegg SW von Malters über Egg nach Kanteren S von Schachen. Moränenreste bei Büelm lassen ein Zungenende W von Schachen annehmen.
Zwischen Malters und Schachen lassen sich auf der S-Seite des Tales verschiedene tiefgelegene Schotter-Vorkommen beobachten, deren basale Schichten bereits beim Vorstoß abgelagert worden sind.
Auch beim weiteren Eisabbau bildete sich vor der Stirn des zurückschmelzenden Gletscherlappens ein von den Schmelzwässern des Kleinen Emmen-Gletschers genährter Eisstausee, ein letzter nach dem Stadium von Gisikon-Honau bei Littau (J. Kopp, 1951). Bei Blatten zwischen Malters und Littau liegen unter Emme-Schottern mächtige Seeablagerungen und, nach geringmächtiger Grundmoräne, in 75 m Tiefe die Molasse.

Die Gletscher des nördlichen Pilatus-Gebietes

Aus dem nördlichen Pilatus-Gebiet flossen zur Würm-Eiszeit mehrere Gletscher ab. Der größte, der *Rümlig-Gletscher* aus dem Eigental, reichte in den Maximalständen bis über Lifelen, wo er mit einem über den Sattel der Scharmegg vorgestoßenen Lappen des Reuß-Gletschers zusammentraf. Internere Wälle bekunden Rückzugsstaffeln; derjenige bei Lifelen entspricht wohl dem Stetten (=Schlieren)-Stadium, derjenige unterhalb Fuchsbüel dem Bremgarten (=Zürich)-Stadium.
Ein weiterer Gletscher stieg von der westlichen Pilatus-Kette durch das Gießbachtal ab.

Seitenmoränen setzen um 1100 m ein. Auf wenig über 800 m gehen sie in eine Schotterflur über (J. Kopp, L. Bendel & A. Buxtorf, 1955 k). Dann folgen internere Wälle; die Moränen bei Chüfershütte dokumentieren das Gisikon-Honau-Stadium eines kleinen Feldmoosegg-Firns, während der Gießbach-Gletscher bis 1100 m abstieg.
Jüngere Staffeln, wohl das Vitznauer- und das Gersauer Stadium, liegen im Bereich der spätwürmzeitlichen Bergsturzmassen von Mittler- und Hinter Stäfeli.
Vom Risetenstock (1759 m) erhielt der Rümlig-Gletscher einen letzten Zuschuß durchs Fischenbachtal. Noch im Bremgarten-Stadium schob sich eine Zunge durch das Fischenbachtal bis unterhalb von 900 m vor. Weitere Staffeln – wohl die Stadien von Gisikon-Honau und von Vitznau – zeichnen sich um 1050 m bzw. um 1250 m ab. Noch im Gersauer Stadium hing eine Zunge bis gegen 1300 m herab.
Auch von den der Pilatus-Kette vorgelagerten Molassehöhen flossen kleine Gletscher noch im Bremgarten-Stadium bis gegen 900 m ab. Die gegen E abfallende Mulde Studberg–Regenflüeli barg noch im Gersauer Stadium eine auf 1360 m stirnende Eiszunge. Vom Studberg (1603 m) dürfte noch im Attinghauser Stadium ein Firnfleck bis 1480 m herabgereicht haben.
Im Eigental sind die Endmoränen des Gisikon–Honau-Stadiums der beiden noch zusammentreffenden Rümlig- und Regenflüeli-Gletscher beim Zurückschmelzen von einem Murgang überschüttet worden.
Vom Pilatus steigen spätwürmzeitliche Moränen ins Eigental ab. Sie bekunden den Vitznauer- und den Gersauer Vorstoß, die innersten, bis 1300 m absteigenden Wälle (A. Buxtorf, 1916 k), den von Attinghausen. Am NW-Fuß des Klimsenhorn endeten damals Eiszungen beidseits der Mittelmoräne S der Fräkmünter Egg auf Fräkmünt und auf Boneren.
Im mittleren Spätwürm hingen in den Karen auf der N-Seite der Pilatus-Kette bis NW des Widderfeld durch markante Wälle dokumentierte Gletscherzungen bis 1500 m herab.
Im hinteren Eigental rückten Eiszungen im Gersauer Stadium N des Mittaggüpfi wieder bis gegen 1300 m, NW des Widderfeld bis unterhalb 1150 m vor. Dann wich das Eis bis in die Kare zurück, stieß jedoch im Attinghauser Stadium zwischen Mittaggüpfi und Widderfeld erneut bis gegen 1350 m vor, wobei die beiden gegen NE und NW abfließenden Zungen noch zusammentrafen. Noch jüngere Moränen begrenzen die von Firnen erfüllten Kare.
Aus dem Mondmilch-Loch S des Widderfeld (Pilatus) ist ein Eckzahn eines Höhlenbären bekannt geworden (Natur-Museum Luzern).
Das Gebiet der ehemaligen Pilatusseen sowie die Moore von Fräkmünt und von Boneren wurden vom Eis nicht mehr erreicht. In den Profilen der Pilatusseen konnte P. Müller (1949) in lehmigem Quarzsand die ausgehende Hasel-Ulmen-Linden- bzw. die frühe Tannen-Zeit – Boreal–Atlantikum – nachweisen. An Großresten fand er Torfmoose und *Scheuchzeria*, *Carex* – Segge – und *Juncus* – Binse. Die Torfbildung setzte – wie auf Fräkmünt und Boneren – erst etwas später ein, in der Buchenzeit, im Subboreal, was auch durch Wollgras – *Eriophorum vaginatum*, Schilf – *Phragmites communis*, das Laubmoos *Drepanocladus* und Bruchstücke von Nadel- und Laubholz belegt wird.
Im Eigental dagegen ist die Vegetationsentwicklung im Zungenbecken hinter Moränen des Bremgarten (=Zürich)-Stadiums bis vor die Föhrenzeit, bis in die Ältere Dryaszeit, nachgewiesen. Die untersten Schichten in fast 5 m Tiefe sind als Seeablagerungen zu deuten. Die Torfbildung begann erstmals im Alleröd und hielt von der Haselzeit, vom Boreal an, durch.

Der Reußtal-See

Mit dem Abschmelzen des Eises vom Stadium von Bremgarten bildete sich im aargauisch-zürcherischen Reußtal zwischen den Endmoränen von Bremgarten-Hermetschwil und dem zurückweichenden Eisrand ein langer Stausee. Bereits im frühesten Spätwürm schnitt sich die aus dem See austretende Reuß allmählich in die Moränenbarre von Hermetschwil–Bremgarten ein, so daß der Spiegel nach und nach absank. Dadurch sowie durch Schuttmassen der zurückschmelzenden Gletscherzunge und seitliche Schuttfächer von den erst spärlich bewachsenen Talhängen büßte der See an Fläche ein. Zugleich wurden allmählich einzelne Stillwasserbereiche abgedämmt. Diese wiesen später auch der Reuß ihren Lauf (C. Moesch & F. J. Kaufmann, 1871; H. Jäckli, 1966k; Hantke et coll., 1967k; LK 1110, 1111).
Während die höher gelegenen und viel flachgründigeren Seen im Knonauer Amt und im Bünztal von den seitlichen Schuttfächern bereits relativ früh weitgehend zugeschüttet worden waren, so daß dort die Verlandung einsetzen konnte, dauerte die Zuschüttung im Reußtal wohl wesentlich länger an. Bohrungen SE von Hermetschwil blieben in 71 bzw. 76 m Tiefe in den Alluvionen stecken.
Einzelne Mäander wurden bereits früh abgeschnitten und verlandeten, andere vermochten sich lange zu halten, bis auch sie von neuen abgelöst wurden. Als Altwasserläufe mit weitgehend ursprünglicher Flora und Fauna haben sich die jüngsten als Kleinode und Dokumente einer damals unberührten Flußlandschaft noch erhalten. Lokal zeichnen Wegnetz und Flurgrenzen noch heute alte Läufe nach.
An den Prallhängen alter Reuß-Schlingen konnten zwischen Mühlau und Rottenschwil unter bis 4 m mächtigen Kiesüberschüttungen verschiedentlich eingelagerte Eichenstämme gefunden werden, so NE von Mühlau, bei Rickenbach, E von Aristau und am Flachsee (Dr. R. Maurer, Aarau, mdl. Mitt.).

Das Stadium von Gisikon-Honau

Ein weiteres Rückzugstadium stellt sich im luzernischen Reußtal bei Gisikon-Honau ein: über Schottern liegen wiederum Endmoränenreste, die alpeneinwärts rasch ansteigen.
Das Zugersee-Becken war damals noch eiserfüllt. Rechtsufrige Moränen liegen E von Zug, Endmoränen bei Steinhausen, Hünenberg und bei Rotkreuz. Linke Ufermoränen säumen das Becken zwischen Risch und der Halbinsel Chiemen. Zwischen Immensee und Küßnacht berührten sich Zugersee- und Küßnachter Lappen. Schmelzwässer flossen W von Chiemen und über Udligenswil gegen Dierikon, wo sie unter dem Reuß-Eis verschwanden.
W von Luzern zeichnet sich das Stadium von Gisikon-Honau in der Wallmoräne und den Stauschottern von Littau ab. Aufgrund der Höhenlage der Übergußschicht in 540 m in den Schottern von Littau postuliert J. Kopp (1951, 1962) einen durch das Reuß-Eis gestauten Littauer See, der das Tal der Kleinen Emme bis Werthenstein erfüllt hätte. Später wäre die Eisbarriere auf 470 m erniedrigt worden. Diesem Stand entspricht der Wall W von Roten und die tieferen Schotter von Reußbühl–Ruepigen. Die sukzessive Absenkung dieses Seespiegels und der Durchbruch der Eisbarriere zeichnet sich in der Anlage kleinerer Schuttfächer in tieferen Niveaus ab.

Der N von Luzern gelegene Rotsee liegt in einer aufgelassenen Schmelzwasserrinne. Bei einem noch jüngeren Stand des Reuß-Gletschers, bei dem dieser noch bis Reußthal S von Emmenbrücke reichte, wurde zwischen dem nordöstlichen Eisrand und Toteis im Rotsee-Becken ein Eisstausee gebildet, in den die Schotter des Friedental-Friedhofs geschüttet wurden. Im Laufe des Holozäns ist der ursprünglich 4,5 km lange See an beiden Enden kräftig verlandet (Kopp et al., 1955 k).
Der Eisstausee von Kriens hatte zunächst eine Spiegelhöhe von 560 m, später, aufgrund der Schotter des Kirchhügels, noch eine solche von 510 m.
Beim Zugersee-Arm wird das Stadium von Gisikon-Honau belegt durch die Wallreste bei Rotkreuz, S und E von Hünenberg, bei Lindencham, S von Knonau, N und NE von Steinhausen, bei Blickensdorf, Deinikon, Zug-Arbach, -Loreto und -Schönegg.
Recht eindrücklich ist das nochmalige Zusammentreffen der beiden Eisströme, der durch die Seebecken des Vierwaldstättersees und des Zugersees abfließenden Arme des Reuß-Gletschers, am NW-Grat der Rigi. Bei beiden setzen die höchsten Wälle um 660 m ein. Dann folgen Mittelmoränenreste bis zur Hohlen Gasse und internere Staffeln bis zur Geßlerburg E von Küßnacht und bis zur Station Immensee.

Zur Entstehungsgeschichte des Zugersees

Zwischen den beiden mächtigen Molasse-Abfolgen der Rigi und des Roßberg lassen sich kaum nennenswerte horizontale und vertikale Verstellungen feststellen; vielmehr verlaufen die Nagelfluhbänke bei Oberarth und Goldau praktisch ungestört von der Rigi zum Roßberg. Dagegen lassen sich an beiden Flanken talparallele Klüfte beobachten. Diese bilden mit dem alpinen Streichen Winkel von 64 und 84°. Begünstigt durch die Klüftung kam es wohl schon bei der Schrägstellung der Subalpinen Molasse und der anliegenden Helvetischen Randketten-Elemente zu einer ersten Talanlage. Zugleich brachen dort stets Nagelfluh-Partien nieder. Später wirkte auch das mehrfach vorgefahrene Muota/Reuß-Eis ausschürfend mit. Unter 75° zum Streichen der Molasse-Rippen verlaufende steile Störungen zeichnen sich dagegen weiter N ab: auf der Halbinsel Chiemen, zwischen ihr und dem südwestlichen Zugerberg sowie auf der Halbinsel Buonas. Eine analoge, gegen N sich verstärkende Störung zeichnet sich nach K. Kelts (1978) im beckenaxialen Bereich des südlichen Zugersees und nach A. Rissi (1980) auch an der E-Flanke der Zugersee-Talung ab. Da sich diese im See noch in den tieferen pleistozänen Sedimenten abbildet, muß sie noch bis ins jüngere Pleistozän aktiv gewesen sein. Anderseits verlaufen die Strukturen von Chiemen und Buonas – gegen E axial abtauchend – noch etwas in den See hinaus. Wie Rissi auch schwermineralogisch nachweisen konnte, müssen diese Strukturen jedoch auf der E-Seite des Sees bereits abgetaucht sein, da dort darüber unvermittelt die flacher gegen S einfallende Hohronen-Schuppe liegt. Damit wäre die Anlage der Zugersee-Talung offenbar auf diesen im nördlichen und mittleren Bereich sich abzeichnenden Wechsel in der Tektonik zwischen W- und E-Ufer, dem Einsetzen der Hohronen-Schuppe unter der Roßberg-Schuppe, zurückzuführen. Dieser Wechsel hat wohl auch noch weiter im S eine intensive Klüftung bewirkt.
Gegen N werden Felswanne und Seebecken flacher und nehmen die Gestalt eines vom Eis ausgekolkten Zungenbeckens an. E von Immensee konnte Kelts stark verfestigte Sedimente – ältere, überfahrene Moräne? – und auf der E-Seite des nördlichen Beckens, zwischen Oberwil und Zug, eine offenbar uferparallelen Klüftungen folgende Rinne

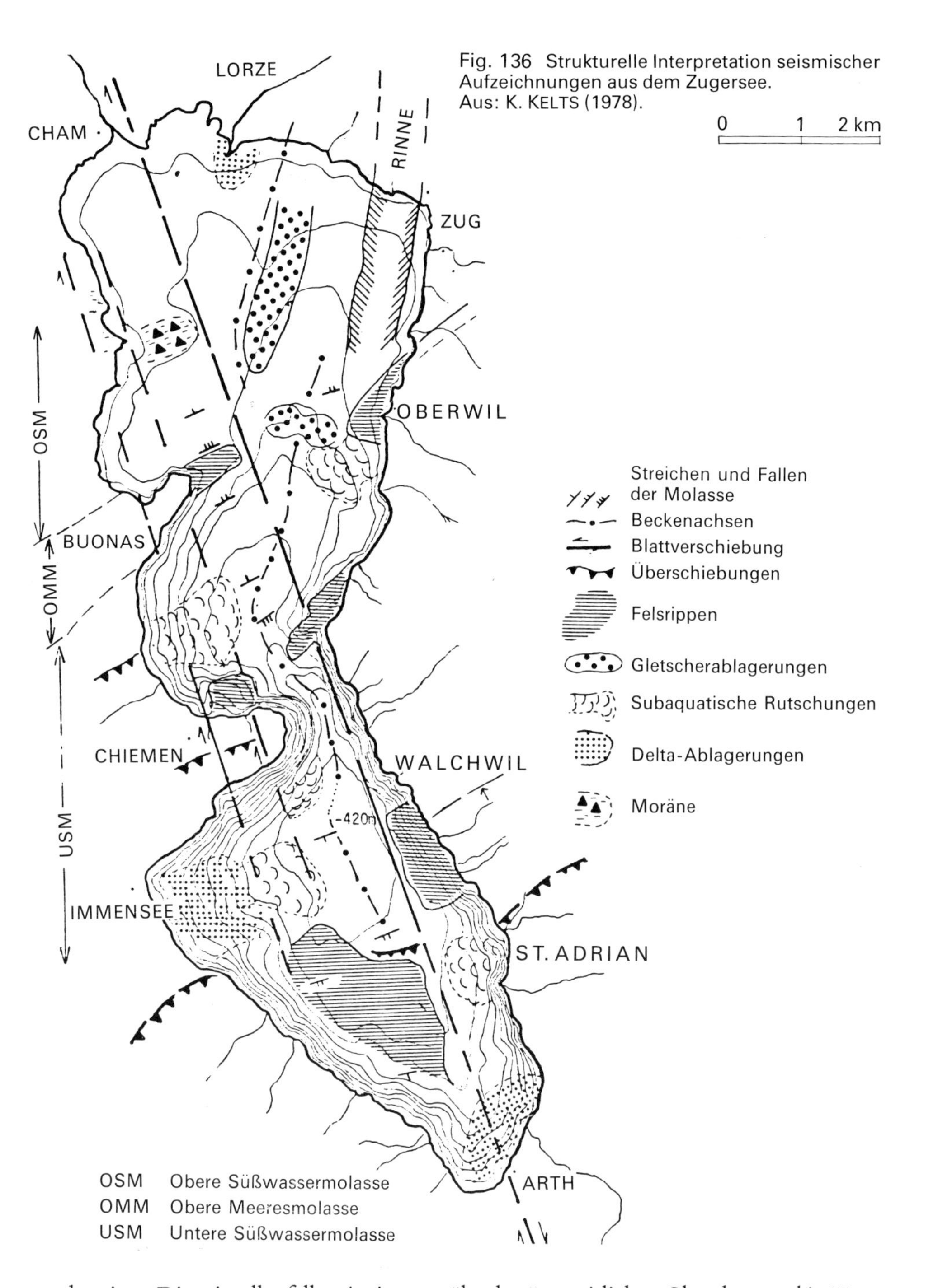

Fig. 136 Strukturelle Interpretation seismischer Aufzeichnungen aus dem Zugersee. Aus: K. KELTS (1978).

nachweisen. Diese ist allenfalls mit einem prähochwürmzeitlichen Gletscherstand in Verbindung zu bringen. S von Oberwil beträgt die Schottermächtigkeit 90 m.
Noch im Gisikon-Honau-Stadium lag im Zugersee-Becken ein Eiskuchen, der im NE bis über Baar, im NW bis über Cham hinaus reichte. Die NW von Blickensdorf ein-

setzende Rinne, die sich in gewundenem Verlauf über Knonau–Maschwanden bis zur Reuß verfolgen läßt und heute vom Haselbach entwässert wird, ist wohl als ehemaliger Lorze-Lauf zu deuten. E von Baar umfloß damals die aus dem Ägerisee austretende Lorze noch den Baarer Lappen und erreichte, zusammen mit dessen Schmelzwässern, durch diese Rinne das Reußtal (Hantke, 1961). Die sandreichen Schotter von Maschwanden und von Mülibach mit deutlicher Schrägschichtung werden von J. Kopp (1961) als Deltas gedeutet, die Hasel- und Lindenbach nach dem Abschmelzen des Reuß-Gletschers im Zungenbecken von Bremgarten in den spätwürmzeitlichen Bremgartensee geschüttet hatten. Die beiden Deltas würden damit die Akkumulationsprodukte der von Schmelzwässern aus den Vorstoßschottern ausgeräumten und gar bis in die Molasse eingeschnittenen Rinnen darstellen.

Mit dem Zurückschmelzen des Baarer Lappens wurde die Erosionsbasis tiefer gelegt, so daß die Rinne Blickensdorf–Maschwanden trockenfiel. Zugleich schnitt sich die Lorze SE von Baar um rund 30 m in die Molasse ein und begann einen flachen Schuttfächer in den werdenden Zugersee vorzutreiben.

Die seichteren Rinnen N und W von Steinhausen sind zunächst als subglaziäre Abflußrinnen angelegt und hernach von dem bei Baar entstandenen Eisrandsee temporär als Abfluß benutzt worden. Dieser hatte sich zunächst auf einen Spiegel von 443 m eingespielt. Mit dem weiteren Zurückschmelzen des Eises sank dieser – dokumentiert durch

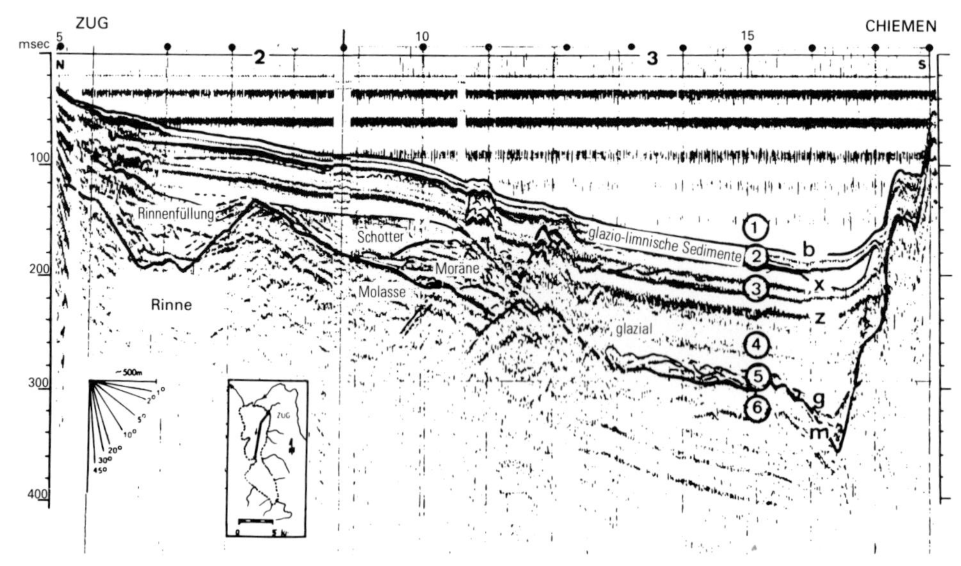

Fig. 137 Interpretation eines seismischen Profils durch den nördlichen Zugersee, Zug–Chiemen. Bemerkenswert ist der Graben bei Zug und die diskordanten Lagen in der Verlängerung der Halbinsel Buonas. b, x, z, g, m: seismische Reflexionshorizonte.

① Wasser
② postglaziale, pelagische Sedimente
③ glazio-limnischer Schlamm und Sand
④ seismisch durchdringbare Zone: Schlamme, Sande und Feinkiese Rinnenfüllung bei Zug
⑤ Festere Sediment-Abfolge: Grundmoräne, verkittete Schotter
⑥ Molasse-Untergrund

Aus: K. Kelts (1978).

Uferböschungen um das nördliche Becken – auf 430 m. Damals dürfte im südlichen, bis 197 m tiefen Seebecken – die Felswanne reicht nach KELTS bis wenige m unter den Meeresspiegel – in der See-Rinne E der Halbinsel Chiemen und im nördlichen Becken bis über die Halbinsel Buonas hinaus Toteis gelegen haben. Das Eis schmolz über der bis 500 m aufragenden Molasseschwelle von Goldau durch, nachdem der Zuschuß des Rigiaa-Gletschers ausfiel. Bei einem mittleren Gefälle der Eisoberfläche von 14‰ hat diese im Zugersee-Becken zunächst noch bis auf die Höhe von Buonas–Oberwil gereicht, wo sie mit steiler Stirn gekalbt hat. KELTS konnte dort im Seismogramm hügelige Lockergesteine erkennen, die als Stirnmoräne interpretiert werden können (Fig. 136).
SSW von Risch wird ein analoger Eisrand – ein internerer Stand des Gisikon-Honau-Stadiums, wohl die Randlage des Luzerner Standes – durch Wallreste bekundet. Durch das nun offenbar rascher erfolgte Abschmelzen stieg der Seespiegel kurzfristig wieder etwas an, so daß sich die Abflußrinne bei Cham stärker eintiefte und hernach der Spiegel weiter absank. Dann hielt er sich auf 429 m, was nun auch S und NE von Arth, bei Rindelhöfe und bei Sagenmattli, durch Uferböschungen in Bachschuttkegeln bekundet wird (KOPP, 1949, 1950).
Ein längerer Seestand zeichnet sich in den Schuttfächern auf der E-Seite des Sees um 420 m ab. Felsterrassen sind an der Halbinsel Buonas und bei Dersbach SW von Cham entwickelt. Da die mesolithischen Siedlungen von Hinterberg SW von Steinhausen nahe an dieser Uferlinie liegen, dürften sie wohl ins frühe Mesolithikum fallen (M. BÜTLER, 1942, 1950; KOPP, 1949, 1950).

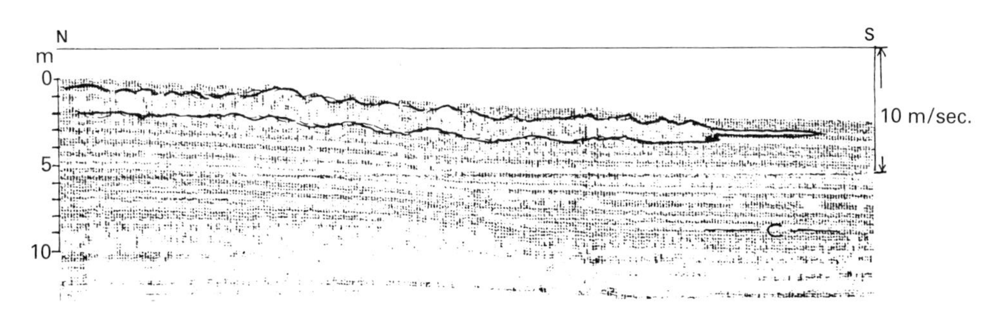

Fig. 138 Seismisch gewonnenes Längsprofil durch den bei der Uferrutschung von Zug ausgelösten Schlammstrom. Überhöhung 1:2,5.
Aus: K. KELTS (1978).

Im Neolithikum sank der Seespiegel allmählich ab und erreichte in der Bronzezeit mit 411 m den tiefsten Stand, belegt durch zwei Weißtannen-Strünke vor dem Lorze-Ausfluß in 411,3–412 m, sowie die von BÜTLER und KOPP zwischen Chämleten (SW von Cham) und Buonas 2–3 m unter dem Mittelwasserstand von 413,5 m beobachtete Uferhohlkehle in der Seekreide. Dann muß der Spiegel wieder angestiegen sein.
Eine jungsteinzeitliche Siedlung lag am N-Ende des Sees, und durch M. & J. SPECK (1954) konnte im Sumpf zwischen Zug und Cham ein spätbronzezeitliches Uferdorf freigelegt werden.
Römische Reste aus dem 2. Jahrhundert konnten in Zug und in Baar gefunden, ein Gutshof in Cham-Hagendorn freigelegt werden. Alemannische Gräber mit Beigaben weisen auf eine Landnahme im 7. Jahrhundert.

Vor den künstlichen Absenkungen der Abflußschwelle bei Cham von 1442 bis 1673, vorab der Seeabgrabung von 1591/92, stand der Spiegel um 415 m. Aus jüngster Zeit sind vom Zugersee Hochwasserstände von 1897 mit 414,33 m, von 1965 mit 414,30 und von 1975 mit 414,48 m und Niedrigwasserstände von 1870 mit 412,93 m und von 1945 mit 413,11 m bekannt geworden (Dr. H. VÖGELI, I. CIVELLI & P. KOTTMANN, schr. Mitt.). Ufereinbrüche ereigneten sich in Zug 1435 und 1887 (ALB. HEIM, 1887; KELTS, 1978). Dabei wurde über Seekreide gelegener Schlammsand eines Uferdeltas in zwei Phasen über einen subaquatischen Abhang von 2–4% Neigung in zungenförmigen Schlammströmen über 1200 m verfrachtet (Fig. 138 und 139).
Während B. AMMANN-MOSER (in KELTS, 1978) im südlichen Becken das Bölling-Interstadial erst in 20 m Tiefe feststellen konnte, liegt dieser Horizont im nördlichen Becken bereits in 6 m Tiefe. Darunter folgen dort noch 10 m geschichtete spätglaziale Seesedimente bis zur Moräne, während sich diese im südlichen Becken erst nach 20–30 m einstellt. Mit scharfer Grenze setzt im Alleröd die Seekreide ein.
Wie im Bielersee (S. 576) konnte B. AMMANN-MOSER (schr. Mitt., 1979) neulich auch im Zugersee zwei Typen von Pollenprofilen erkennen (in KELTS, 1978):
– entweder – etwa im Becken von Walchwil – verbleiben 6 m lange Kerne im Subboreal,
– oder – wie N der Halbinsel Chiemen – reichen sie zurück bis in die Älteste Dryaszeit, wobei nach dem Alleröd ein Hiatus von rund 6000 Jahren bis ins Subboreal mit *Abies*-Vormacht und dann das Subatlantikum mit einem *Juglans*-Anstieg in römischer Zeit folgt. Gleichzeitig stieg auch die Entwaldung an. Damit ist dort wohl eine präsubboreale subaquatische Rutschung auf der Seekreide des Alleröd auch palynologisch belegt.
W von St. Adrian konnte KELTS Felsstürze und an den Uferböschungen subaquatische Rutschungen nachweisen (Fig. 136).

Fig. 139 Der Einbruch des Seeufers in Zug vom 5. Juli 1887. Blick durch die Niedere Gasse gegen E. Aus: ALB. HEIM, 1888.

Zur Entstehungsgeschichte des Vierwaldstättersees

Der Vierwaldstättersee (434 m) setzt sich aus Becken mit verschiedenster Entstehungsgeschichte zusammen (A. BUXTORF et al., 1916K, 1951; HANTKE, 1961a, 1967).
Der quer zu den Ketten der Helvetischen Kalkalpen – Axen- und Drusberg-Decke – verlaufende, 192 m tiefe Urnersee verdankt seine Anlage bedeutenden Querstörungen. Dabei wurden die Faltenaxen der E-Seite gegenüber denen der W-Seite um fast 1 km weiter nach N bewegt. Die glaziäre Übertiefung beträgt rund 600 m; die obersten 30 m sind allenfalls als spät- und nacheiszeitliche Seeablagerungen zu deuten (P. FINCKH, 1977).
Das Becken von Brunnen–Buochs liegt in der tektonischen Mulde zwischen dem Stirngewölbe der Drusberg-Decke mit der ihr W des Urnersees aufsitzenden Klippen-Decke und der von beiden an den Alpenrand verfrachteten, steil gegen SE einfallenden Kreide/Eozän-Schuppen der Rigi-Hochflue-Kette. Diese wurden ihrerseits von der Subalpinen Nagelfluh-Masse der Rigi unterfahren. Ihr W-Ende, der Vitznauer Stock, wurde längs einer weiteren Querstörung gegen NW bewegt. Im heute noch 214 m tiefen Becken kolkte das Eis vor Gersau bis 30 m unter den Meeresspiegel aus (FINCKH, schr. Mitt.). Gegen E setzt sich dieses Becken in den Talkessel von Schwyz fort, wo es von den durch die Bisistal-Senke vorgeglittenen Mythen, ebenfalls Resten der Klippen-Decke, begrenzt wird. Gegen W verläuft es in die Talung von Buochs–Stans–Kerns, zwischen Bürgenstock–Mueterschwanderberg-Kette und den frontalen Elementen der Klippen-Decke, die über der axial abtauchenden Stirn der Drusberg-Decke liegen.
Von Ennetbürgen verläuft eine schräge Bruchstörung gegen Vitznau. Sie trennt den Vitznauer Stock vom Bürgenstock und verbindet das Seebecken von Brunnen–Buochs mit dem 151 m tiefen Weggiser Becken, dessen Felsgrund vor Vitznau 30 m über dem Meeresspiegel liegt (FINCKH, schr. Mitt., 1977).
Längs des NE-Randes der Rigi entstand in der Schwächezone eines vor der Rigi-Aufschiebung aufgebrochenen Molasse-Gewölbes der Seearm von Küßnacht.
Luzerner See und Horwer Bucht bildeten sich in quer zu den Molasse-Strukturen verlaufenden Bruchzonen. Gegen S setzen sich jene der Horwer Bucht in die Bürgenstock–Mueterschwanderberg-Kette fort, in der sie den Durchbruch von Stans–Stansstad und die Kerbe des Rotzloch verursacht haben.
Der Abschnitt Chrüztrichter–Hergiswil liegt im Streichen weicher Flysch-Gesteine zwischen Randkette und Subalpiner Molasse.
In der Senke zwischen Pilatus und Mueterschwanderberg bildete sich der Alpnachersee, in der Fortsetzung gegen SW der Sarnersee. Durch die Schuttfächer der Schlieren und der Melchaa wurden die beiden schon im Spätwürm getrennt.
Durch die mehrfach vorgestoßenen Gletscher wurden die strukturell vorgezeichneten Becken, die frühestens im Pliozän, wahrscheinlich erst im Altquartär in ihrer Anlage vorlagen, sukzessive tiefer ausgekolkt.
Bereits in den einzelnen Warmzeiten dürften sich in den verschiedenen Senken zusammenhängende Seen gebildet haben. Ihre Sedimente sind jedoch vom wiederholt vorrückenden Eis überprägt und als gestauchte limnoglaziäre Bildungen wieder abgelagert worden, zuletzt in den unterseeischen Moränen von Vitznau und von Gersau.
Noch in der Würm-Eiszeit kolkte der Gletscher bei Luzern. Am rechten Reußufer steht nach wenigen m die Molasse an (U. LÄUPPI, mdl. Mitt.).
Mit dem Rückschmelzen des Aare/Reuß-Eises von Luzern und Küßnacht beginnt die spätwürmzeitliche Geschichte des Vierwaldstättersees (Fig. 140).

Fig. 140 Luzern zur frühen Spätwürm-Eiszeit nach den Ideen von W. Amrein und Alb. Heim von E. Hodel, Luzern, mit Rigi (links), Bürgenstock (halblinks), davor der Reuß-Gletscher, der sich mit dem Brünigarm des Aare-Gletschers vereinigt, dahinter die Urner- und Unterwaldner Berge und der Pilatus (rechts). Photo: E. Goetz, Luzern.

Ein nächstjüngerer Eisrand zeichnet sich in der Moränen-Staffel E von Horw (J. Kopp et al., 1955 k), S von Tribschen und im nordwestlichen Luzerner See ab. Im Küßnachter Arm ist wohl die Untiefe zwischen Meggen und Hertenstein als entsprechende unterseeische Moräne zu deuten.

Die bei Kehrsiten gegen NW in den See abtauchende Moräne trennte noch Reuß- und Engelberger-Gletscher, der vom Brünigarm des Aare-Gletschers unterstützt wurde. Der halbkreisförmige subaquatische Wall von Vitznau ist als Stirnmoräne der beiden noch vereinigten Lappen von Reuß- und Engelberger Gletscher zu deuten. Der gegen NE vorstoßende Arm des Reuß-Gletschers nahm bei Ibach den Muota-Gletscher auf und endete W des Lauerzer Sees; der über Stansstad abfließende Lappen vereinigte sich mit dem Brünigarm, der noch das Drachenried und den Alpnachersee erfüllte, und kalbte ebenfalls im werdenden Vierwaldstättersee. Der wachsende Eisrandsee folgte dem zurückschmelzenden Engelberger Eis, einerseits von Stansstad, anderseits von Vitznau über

Buochs gegen Stans und ins unterste Engelberger Tal. Zugleich gab der Reuß-Lappen das Gersauer Becken bis zum SE von Gersau den Seeboden querenden Wall frei. Dieser entspricht beim Ibacher Lappen den Ständen von Ibach und von Ingenbohl–Wilen. Der Engelberger Gletscher dürfte seine Zunge noch bis an den Talausgang vorgeschoben haben. Der Brünig-Arm und die selbständig gewordenen Schlieren-Gletscher endeten vor Alpnach (S. 361).

Im Felderboden zwischen Brunnen und Ibach konnte die Felsunterlage – Amdenerschichten – SW von Ibach in 61,5 m erbohrt werden. Im beckenaxialen Bereich reichen spät- und nacheiszeitliche sandreiche Schotter der Muota bis in eine Tiefe von 105 m; dann werden sie bis in eine Endtiefe von 118 m von grauen, sandig-lehmigen Delta- und See-Ablagerungen eines mit dem Lauerzer See zusammenhängenden Vierwaldstättersees abgelöst (Prof. H. Jäckli, schr. Mitt.).

Seit dem Abschmelzen des Eises in der Wanne des Lauerzer Sees schüttete die Steiner Aa ein 2 km langes flaches Delta. Vom Vierwaldstättersee (434 m) ist der heute noch maximal 14 m tiefe Lauerzer See schon im Spätwürm durch die Schuttfächer des Nietenbach und der Muota abgetrennt worden (Fig. 148).

Die jüngste Geschichte des Deltas der Steiner Aa,, des Sägel, spiegelt sich in dessen Vegetationsentwicklung wider (W. Merz, 1966; O. Wildi & F. Klötzli in Klötzli et al., 1978).
Alluvionen von Reuß, Muota, Aa, Großer und Kleiner Melchaa und des Lauibaches engten einige der ehemaligen Arme des Vierwaldstättersees in ihrem Volumen ein: das unterste Reußtal, die Talung Ibach–Bunnen und der nordöstliche und der südwestliche Sarnersee verlandeten. Der von der Engelberger Aa und vom Ränggbach mitgeführte Schutt landete die beiden Inseln, den Bürgenstock und die Biregg, an.
Aufgrund von Holzresten – *Fagus* und *Abies* – in feinkörnigen Sedimenten des südwestlichen Alpnachersees in gut 4 m und in 3,7 m, von *Picea* und *Pinus* zwischen 3,5 und 2,5 m und von *Fagus* in 1,55 m dürften die tiefsten Proben frühestens im Subboreal, d. h. maximal vor gut 4000 Jahren, abgelagert worden sein. Daraus ergäbe sich eine Sedimentationsrate von minimal 1 mm/Jahr. Dies wird auch durch die Pollenspektren – viel *Fagus* und *Abies* sowie *Quercus*, *Corylus*, *Betula* und *Picea* – belegt.
Refraktionsseismisch ließ sich auch das Ablagerungsgebiet eines S von Rigi-Kaltbad niedergebrochenen Bergsturzes bis in die Beckentiefe erkennen (Finckh, mdl. Mitt.).
In Luzern konnten beim Kesselturm in 10 m Tiefe die Stirnbeinzapfen eines Boviden geborgen werden (Natur-Museum Luzern).
Aus Torfschichten am Würzenbach und im Wey-Quartier in Luzern, 3–4 m unter dem heutigen Seeniveau, schloß schon F. J. Kaufmann (1887), daß der Seespiegel im Neolithikum um so viel tiefer lag. M. v. Rochow (1957) möchte diese Torfe – aufgrund eines pollenanalytisch untersuchten Profils aus einer Baugrube am Löwenplatz – frühestens ans Ende der Bronze- oder gar erst ans Ende der Hallstattzeit stellen, da der darüber liegende sandige Lehm bereits großflächigen Ackerbau der Römerzeit oder des frühen Mittelalters andeutet.
Durch Alluvionen des Krienbaches wurde die Horwer Bucht abgetrennt. Zwischen Horw und Kriens wird der ehemalige See durch bis 35 m mächtige siltig-tonige Ablagerungen belegt. Dieser reichte bis an den Eichhof, wo sich das Ufer abzeichnet (U. Läuppi, mdl. Mitt.).
Durch das sich immer mehr in den Luzernersee vorschiebende Delta des Krienbaches wurde der Abfluß bei Luzern mehr und mehr beeinträchtigt. An ersten Dokumenten des Menschen am Vierwaldstättersee seien das Steinbeil von Kehrsiten, das Bronzebeil von der Acheregg, eine Lanzenspitze vom Bürgenberg sowie Bronzefunde von Gersau erwähnt (E. Scherer, 1916; Dr. J. Wiget, schr. Mitt.).
Luzern selbst ging aus dem bereits um 750 bestehenden Kloster «Luceria» hervor, das an der Stelle des heutigen Stifts Im Hof stand. Markt- und Stadtgründung erfolgten jedoch erst gegen Ende des 12. Jahrhunderts.
Historische Hochwässer des Krienbaches – so 1738 – führten in Kriens und Luzern mehrfach zu Überschwemmungen, bei denen jeweils mehrere m Schutt abgelagert worden sind. Um die Gefährdung durch den Krienbach zu bannen, soll bereits im 13. Jahrhundert – nach der Gründung der Stadt Luzern um 1178 – versucht worden sein, dessen Oberlauf durch das Ränggloch zur Kleinen Emme abzuleiten. 1577 und 1766 wurde dieser Durchbruch durch Sprengungen erweitert (F. Roesli, 1965).
Aus dem Relief des Luzernersees lassen sich zwei holozäne Spiegelstände herauslesen: ein älterer, prähistorischer um 427,5 m und ein jüngerer, frühmittelalterlicher um 430 m (J. Kopp, 1938, 1955k, 1962). Der heutige mittlere Wasserstand wird mit 433,61 m angegeben. Der höchste Stand wurde im Juni 1910 mit 435,25 m, der tiefste im April 1917

mit 433,05 m gemessen. Beim Hochwasser vom Sommer 1970 wurde ein Pegelstand von 434,88 m erreicht, bei den tiefsten Ständen im April 1970 und Mai 1976 ein solcher von 433,23 m. (E. HERZOG, SGV, schr. Mitt.).

Um 1097 wurde – wohl damals am S-Ufer des Urnersees – das erste Kloster in Seedorf gegründet. Von 1682–1700 entstand der heutige Bau. Ein Gemälde der Gründungslegende im Kuppelraum der 1697 ausgemalten Klosterkirche stellt das Kloster am Seeufer dar.

In der 2. Hälfte des 17. Jahrhunderts endete der See vor der damals am Rande des Schuttfächers erbauten Dorfkirche. Das bereits 1556 errichtete Wasserschlößchen A Pro liegt heute 300 m, die Dorfkirche 400 m und das Kloster gar 1 km landeinwärts (Fig. 141). Noch anfangs des 19. Jahrhunderts verlief die Uferlinie zwischen Seedorf-Unterdorf und Flüelen nur schwach gegen den Urnersee vorgebogen, so daß die Anlandung dort 200–300 m betragen dürfte.

Auch im Mündungsgebiet der übrigen Zuflüsse, vorab der Muota, der Engelberger-

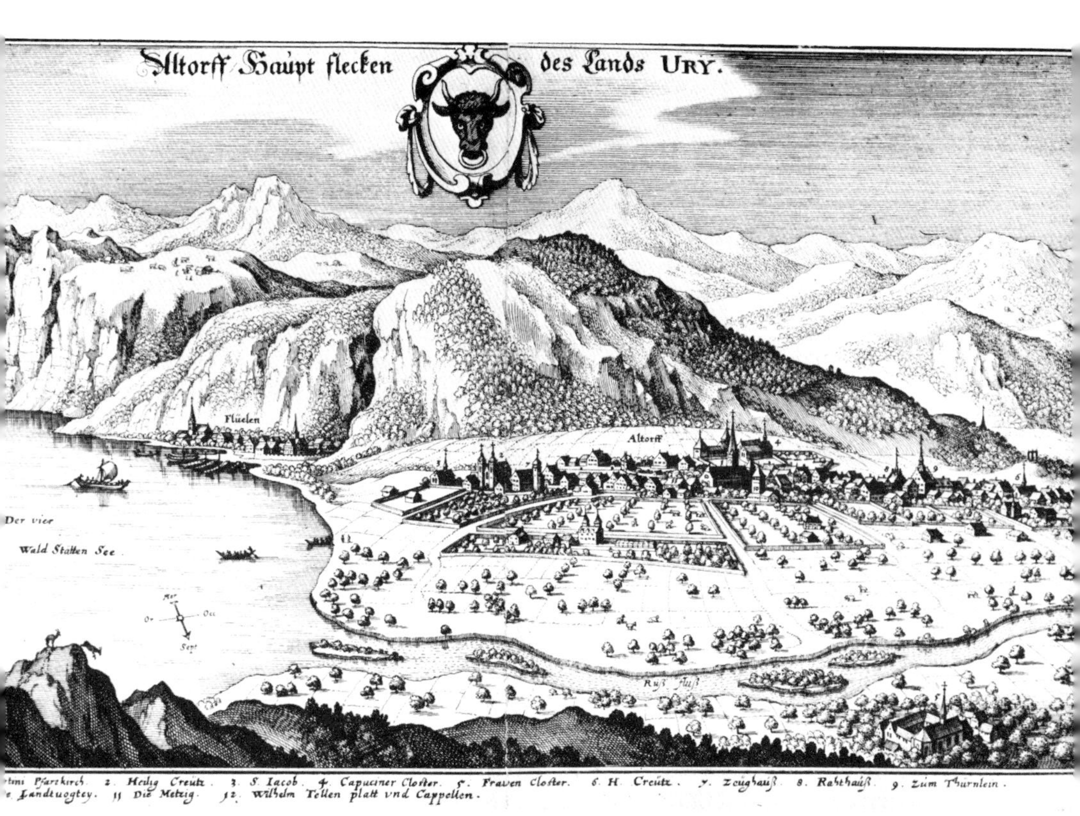

Fig. 141 Altdorf im 17. Jahrhundert mit den Eggberge und der noch wild fließenden Reuß, die damals noch weiter talaufwärts in den Urnersee mündete. Der an den Eggberge über eine breite Schneise fehlende Wald ist wohl durch Bergstürze zerstört worden.
Kupferstich von M. MERIAN, 1643 – Schweiz. Landesbibliothek, Bern. Aus: H. P. NETHING, 1976.

und der Sarner Aa, des Chli Schliere, des Isentaler- und des Riemenstaldner Baches ist auch im Holozän noch weiter angelandet worden. Da um den Vierwaldstättersee neolithische, bronze- und eisenzeitliche Funde noch immer in geringer Zahl und selbst jüngere archäologische Dokumente noch sehr spärlich auftreten, können – neben pollenanalytischen Untersuchungen – allenfalls die Anlagen und die geschichtliche Entwicklung von Uferdörfern Hinweise über das Vorrücken der Delta-Fronten und über verstärkte Verlandungsphasen vermitteln. Diese stehen offenbar in engem Zusammenhang mit den zwischen 400 und 700 n. Chr. einsetzenden und zwischen 900 und 1000 langsam um sich greifenden Rodungen – die erste Erwähnung verschiedener Dörfer fällt ins 11. Jahrhundert –, was einen zunehmend höheren Abtrag bei Regengüssen zur Folge hatte. Anfangs des 12. Jahrhunderts – die Klostergründung von Engelberg erfolgte 1120 – wurde bereits bis in die hintersten Alpentäler gerodet (S. 326).
Eine weitere Steigerung der Schuttführung der Flüsse und damit der Sedimentation im See begann mit den durch die Bevölkerungsvermehrung bedingten weiteren Rodungen im 13. und 14. Jahrhundert, mit dem vermehrt aufkommenden Waldweidgang und vor allem mit dem verheerend sich auswirkenden Holzraubbau durch den aufkommenden alpinen Eisen-Bergbau.

Die Stadien von Vitznau/Goldau und von Gersau/Ibach-Ingenbohl

Am Ausgang des Choltal spaltete sich der aus dem Oberbauen-Schwalmis-Gebiet (2246 m) abfließende *Chol-Gletscher* W von Emmetten in drei Stirnlappen auf (S. 327). Wie Reuß-Erratiker – Altdorfer Sandstein, Malm- und Kreidekalke der Axen-Decke am Eintritt in die Mündungsschlucht hinunter zum Vierwaldstättersee belegen, nahm der im Becken von Brunnen–Buochs liegende Reuß-Gletscher noch den zentralen Lappen des Chol-Gletschers auf.
Der gegen E, in die Talung Emmetten–Seelisberg Seeli sich wendende Lappen dämmte diese bei Hattig mit einer Endmoräne ab. Anderseits drang ein Lappen des Reuß-Gletschers aus der Urnersee-Talung ins Becken des unterirdisch abfließenden Seelisberg Seeli, formte dort zahlreiche Rundhöcker und endete W der Kantonsgrenze, wobei die Schmelzwässer eine Sanderflur schütteten.
Der gegen W fließende seitliche Lappen des Chol-Gletschers hinterließ bei Emmetten zwei Stirnmoränen (H. J. Fichter, 1934). Oberhalb der Schöneck, an der Straße nach Beckenried, reichte der Reuß-Gletscher noch bis auf über 700 m. Dann fiel seine Zunge ins Seebecken von Brunnen–Buochs ab. SW von Beckenried nahm sie in rund 600 m Höhe den stirnenden *Lieli-Gletscher* auf, der vom westlichen Schwalmis und vom Risetenstock (2290 m) abfloß. SW von Buochs vereinigte sich ein Lappen des Reuß-Gletschers in gut 500 m mit einem solchen des bei Stans sich aufspaltenden Engelberger Gletschers (S. 322). Zwischen dem Ausläufer des Vitznauer Stock, der Ober Nas, und dem des Bürgenstock, der Unter Nas, endete der Reuß-Gletscher W von Vitznau in einem halbkreisförmigen, bis auf 407 m ansteigenden unterseeischen Stirnwall (Fig. 148). Das Seebecken dahinter reicht bei einem Seespiegel von 434 m bis auf 220 m hinab.
Der von Brunnen durch den Talkessel von Schwyz und das Becken des Lauerzer Sees abfließende Reuß-Gletscherarm nahm bei Ibach den Muota-Gletscher auf und stirnte bei Goldau. Die Stirnmoräne liegt dort unter Bergsturzmassen; die jüngsten brachen 1806 nieder. Doch ist dieses Stadium bei Büelen SW von Lauerz durch tiefe Seitenmoränen,

W des Dorfes und N von Steinen durch Stauschutt und, zwischen Steinen, dem Lauerzer See und den Goldauer Bergsturzmassen, durch zahlreiche Kristallin-Erratiker belegt (Hantke, 1961 b).
Das von Kopp (1961 a) als «interglazialer Muotalauf» beschriebene, in die Molasse eingeschnittene Rinnenstück bei Goldau ist als subglaziäre Schmelzwasserrinne zu deuten (Hantke, 1961 b).
Um Seelisberg lassen sich mehrere Gürtel von Findlingen beobachten (L. Rütimeyer, 1877; J.J. Pannekoek, 1905; Fichter, 1934). In einem höchsten herrschen Flysch-Sandsteine und -Schiefer, Malmkalke und einzelne Kreidekalke der Axen-Decke vor; dazu gesellen sich Gneisblöcke. Ein nächst tieferer, vorwiegend aus Gneisen bestehender, zeichnet sich bei Seelisberg-Kirchdorf (810 m) durch einen Wall aus, der sich nach W bis Schwandli verfolgen läßt. Vom Haselholzboden NE von Emmetten fällt er gegen Beckenried ab. Im tiefsten Gürtel überwiegen Granite. Ihre Obergrenze liegt bei Miten NNE von Seelisberg auf knapp 640 m. Als Moränenwall lassen sie sich vom Stockiwald gegen Volligen–Unter Lehn verfolgen.
Während die beiden oberen Erratiker-Gürtel dem Stadium von Vitznau zuzuordnen sind, gehört der tiefste einem jüngeren Stadium an. Zwischen Gersau und Brunnen quert eine weitere subaquatische Moräne den Vierwaldstättersee. Sie verläuft von Schwibogen am S-Ufer erst konvex, dann geradlinig zum Chindli E von Gersau. Der Wall erhebt sich bis auf 384 m; das dadurch abgedämmte Zungenbecken fällt bis auf 309 m ab (Alb. Heim, 1894).
In der Talung Brunnen–Schwyz–Goldau reichte der Reuß-Gletscher zuerst bis Ibach, was durch zwei eng sich folgende Moränen bekundet wird. Die äußere wird beim Großstein durch den Schwemmfächer aus dem Gebiet zwischen Groß Mythen und Rotenflue überschüttet, setzt E von Hinter Ibach wieder ein und verläuft, von einer randlichen Schmelzwasserrinne gesäumt, zwischen Unter Gibel und Muota gegen deren Schluchtende; N von Wernisberg zweigt ein internerer Wall ab und zielt gegen N zum Hinter Großstein.
In der vorangegangenen Abschmelzperiode brachen im oberen Reußtal Felsstürze auf den Reuß-Gletscher nieder, deren Trümmer talwärts verfrachtet und in den Moränen und Erratikerzeilen des Gersauer Stadiums N von Seelisberg und von Axenstein gegen Ober Schönenbuech und gegen Ingenbohl abgelagert wurden.
Durch die Schmelzwässer des Muota-Gletschers, der bei der Talstation der Stoosbahn stirnte (S. 336), wurden Stauschotter an und unter den Eisrand geschüttet. Neben Muota-Geröllen enthalten sie auch Erratiker – Kristallin und Altdorfer Sandstein – des Reuß-Gletschers. Vor den Schmelzwässern des Muota-Gletschers wich die Eisfront zurück; bei einem kurzfristigen Wiedervorstoß wurde die Endmoräne von *Ingenbohl* geschüttet. Am S-Fuß des Urmiberges zeichnen sich diese drei eng sich folgenden Stände ebenfalls durch drei Wälle ab, doch gelangten dort nur unbedeutende Stauschuttmassen zur Ablagerung (A. Buxtorf, 1913 k; Hantke, 1958).
Von der Muotaschlucht über Schönenbuech und durch den Ingenbohler Wald lassen sich Erratiker-Zeilen mit verschieferten Quarzporphyren und Aare-Graniten sowie Wallstücke bis gegen Axenstein verfolgen. Dabei rücken die beiden Stände alpeneinwärts immer näher zusammen (Hantke, 1958). Über Morschach läßt sich dieses Stadium bis an den Eingang des Riemenstaldner Tales verfolgen, wo auf knapp 700 m der Gletscher aus dem Chaiserstock-Rophaien-Gebiet (2515 m) mündete (S. 341).

Fig. 142 Im Stadium von Vitznau/Goldau war das Becken des Lauerzersees von Reuß- und Muota-Eis erfüllt. Die Stirnmoräne wurde von den Goldauer Bergsturzmassen (Waldareal im Vordergrund) überschüttet.
Der durch eine Bruchzone vorgezeichnete Taltrog des Urnersees wurde im Gersauer Stadium noch vom Reuß-Gletscher erfüllt.
Im Attinghausen-Stadium drang er bis an die Talweitung bei der Mündung des Schächentales vor.
Im Vordergrund der Roßberg, im Talgrund Goldau, dahinter Rigi-Hochflue, Urnersee und Urner Alpen.

Fig. 143 Das Gebiet der beiden Nasen, durch das der Reuß-Gletscher im Vitznauer Stadium eben noch ins Becken von Weggis vorstieß. Die unterseeische Endmoräne verläuft halbkreisförmig vor den beiden Landzungen. Im Hintergrund die Unterwaldner Alpen mit Choltal (links), Lielital (rechts) und Engelberger Tal (rechter Bildrand).

Fig. 142 und 143 Luftaufnahme: Swissair-Photo AG Zürich. Aus: Rigibahn-Gesellschaft, Vitznau (1971): Rigi, Königin der Berge.

Der Engelberger Gletscher

Im *Würm-Maximum* ragte vom Bürgenstock, der sich dem mündenden Engelberger Gletscher in den Weg stellte, nur der Gipfelgrat (1129 m) als schmale Insel empor. Im *Bremgarten(Zürich)-Stadium* stand das Eis um 150 m tiefer, auf rund 950 m.
Im Engelberger Tal liegen auf dem Horn N von Engelberg, auf 1600 m, die höchsten Kristallin-Erratiker (P. Arbenz, 1918 k). Sie dürften noch nicht die höchste würmzeitliche Eisrandlage bekunden, sondern erst bei einem Rückzugsstadium abgelagert worden sein.
Das *Stadium* von *Gisikon-Honau* zeichnet sich beim Engelberger Gletscher, der zwischen Stans und Lopper den Brünig-Arm des Aare-Gletschers aufnahm, durch zwei Moränenreste ab: in einer Mittelmoräne, der Cheiseregg (732 m), auf der N-Seite des Stanserhorn sowie in der Moräne von Dännimatt (A. Buxtorf, 1910 k), welche auf der W-Seite des Bürgenstock in 710 m die moorerfüllte Mulde von Obbürgen abdämmt. Bis zur Endmoräne von Gisikon-Honau ergäbe sich ein Gefälle der Eisoberfläche von rund 15‰.
Auch beim Reuß-Gletscher läßt sich WSW von Beckenried am Moränenwall an der Mündung des Lieli-Gletschers eine Eishöhe von gut 700 m ablesen; doch dürfte dieser eher mit einem interneren, wohl mit demjenigen außerhalb von Luzern, zu verbinden sein.
Im *Vitznauer Stadium* stieß der Engelberger Gletscher erneut bis über Stansstad vor. Bei Stans spaltete er sich in drei Lappen auf: der gegen W sich wendende stieß bei Allweg auf den durch das Drachenried vorgefahrenen Stirnlappen des Brünig-Armes, die über Stansstad vorrückende Zunge traf dort mit dem durch die Talung des Alpnacher Sees abgeflossenen Brünig-Eis zusammen (S. 361). Ein Mittelmoränenrest zwischen den beiden Gletschern hat sich am NE-Ende des Rotzberg erhalten (S. 362). Das gegen NE abfließende Eis vereinigte sich bei Buochs mit dem Reuß-Gletscher. Dabei kam es zwischen Wil an der Aa und Buochs zur Ablagerung von Eisrand-Stauschottern (L. Du Pasquier, 1891).
Die dem Stadium von Gersau entsprechende Randlage tritt im Engelberger Tal wegen der Rutschungen um Dallenwil nur undeutlich in Erscheinung.
Jüngere Gletscherstände von Lokaleis zeichnen sich NE des Arvigrat (1953 m), auf dem Dürrenboden auf 1300 m und auf Vorderegg auf 1450 m, ab. Sie sind wohl mit dem Gersauer- und dem Attinghauser Stadium zu verbinden.
Am Eingang ins Tal von Oberrickenbach lassen sich Kristallin-Erratiker bis 860 m hinauf verfolgen (H.J. Fichter, 1934). Der Engelberger Gletscher staute das Bannalper Eis zurück, so daß dieses nur entlang der rechten Talseite abfließen konnte. Im Hochwürm standen sich auf dem eisüberprägten Grat zwischen Altzellen und Oberrickenbach die beiden Gletscher gegenüber, was im S durch eine aufgesetzte, bis gegen 1300 m hinaufreichende Mittelmoräne bekundet wird.
In der Abschmelzphase nach dem Stand von Dallenwil gab der Engelberger Gletscher nicht nur das Becken von Wolfenschießen frei, sondern schmolz bis gegen Engelberg zurück. Dadurch dürften zunächst die Sackungsmassen von Altzellen in Bewegung geraten sein. Zugleich entbehrten im Talkessel von Engelberg die längs Brüchen vorgezeichneten labilen Talflanken ihres Eis-Gegendruckes, so daß von beiden Seiten mächtige Bergstürze niederbrachen: zunächst eine Malm-Sackung von N, auf die dann die Engelberger Sturzmassen von S auffuhren. Nach Arbenz (1911 k, 1918 k, 1934) herrschen Lias-Sandkalke und -Quarzite vor; dazu kommen Dogger-Eisensandsteine und -Spatkalke, sowie – in der Schlucht der Engelberger Aa bei 700 m – zerriebene Malmkalke. Nach dem

Gesteinsinhalt stammen sie aus der Nische zwischen Gerschniberg und Ober Laub; die Gleitbahn lag in den schiefrigen Mergeln des untersten Malm einer Verkehrtserie.
Da die Bergsturzmassen von Engelberg bis zum Widerwällhubel (1000 m) eisüberprägt und von Talmoräne mit Gneisblöcken bedeckt sind, muß nach dem Sturz ein Vorstoß erfolgt sein, der den Widerwällhubel überfuhr und mit zwei Zungen bis Obermatt, auf 650 m, vorstieß. Dieser Vorstoß dürfte dem *Attinghauser Stadium* des Reuß-Gletschers gleichzusetzen sein. Dabei verfrachtete er auch Blöcke von zerriebenen Malmkalken, die aus dem Horbistal stammen dürften. Durch die von Bahn und Straße benutzte Rinne Grünenwald–Obermatt ergossen sich randliche Schmelzwässer. Eine Rückzugsphase auf 700 m wird durch absteigende Seitenmoränenreste bekundet. In einer nächsten Wärmeschwankung schmolzen die Gletscher bis oberhalb von Engelberg. Im folgenden Klima-Rückschlag stieß der Engelberger Gletscher bis ins Schwändiloch vor. Dabei nahm er Eis aus dem Horbistal, aus dem Trüebsee-Gebiet und von der Huetstock-Gruppe auf und stirnte mit eng sich folgenden Wällen unterhalb von Engelberg. Über dem Dorf stand die Oberfläche bereits auf 1200 m.
Ein nächstjüngerer Eisstand zeichnet sich – wie tiefe Seitenmoränenreste auf der Bänklialp und am Ausgang des Horbistales (Arbenz, 1911 k, 1918 k) zu erkennen geben – bei Engelberg ab.
Von Moränen umsäumte ehemalige Zungenbecken liegen auf Gerschnialp, S von Engelberg (Arbenz, 1911 k, 1918 k). Die vom Titlis (3239 m) und vom Reißend Nollen (3003 m) gegen NW – über Trüebsee – abgestiegenen Eismassen flossen zwischen Bergstation und Bitzistock zur Gerschnialp über; auf dem W gelegenen Boden trafen sie wieder mit dem über Unter Trüebsee vorgefahrenen Eis zusammen. W der Stöck nahm der Trüebsee-Gletscher das von der Huetstock-Gruppe abfließende Eis auf. Im Schwändiloch stirnten diese Eismassen neben der Front des Engelberger Gletschers.
Der letzte spätwürmzeitliche Gletschervorstoß ließ die Eismassen des Huetstock nochmals bis 1330 m vorrücken, was einer Gleichgewichtslage um 2000 m und einer klimatischen Schneegrenze von über 2150 m gleichkommt. Moränen, die diesen Rückschlag belegen, finden sich auf der Oberen Trüebseealp. Auch der Wall der Gäntiegg bekundet eine bis 1400 m abgestiegene Gletscherzunge aus dem Titlis- und Graustock-Gebiet (Arbenz, 1911 k).
Der Vorstoß bis nach Engelberg zeichnet sich auch in einem Hängegletscher auf der W-Seite des Hahnen (2607 m) ab. Die Ufermoräne sitzt einem von Bergsturztrümmern durchsetzten Schuttfächer auf (B. Spörli, 1966). Die Zunge hatte eben noch den vom Ängigrießen, dem Hochtal zwischen Hahnen und Gemsispil, abgestiegenen Gletscher erreicht, der bis unterhalb 1300 m ins Horbistal herabhing und dem Talgletscher noch Eis lieferte. Für die beiden ergibt sich bei W-Exposition eine Gleichgewichtslage und damit eine klimatische Schneegrenze von rund 2000 m (Fig. 144).
Aufgrund von Wallmoränenresten im Talschuß von Horbis und auf Unter Arni dürfte der Grießen-Gletscher aus dem westlichen Uri-Rotstock-Gebiet im ausgehenden Spätwürm noch bis 1250 m abgestiegen sein. Auch für den gegen S exponierten Kargletscher SE des Rigidalstock (2593 m), der bis 2050 m abstieg (Arbenz, 1918 k), ergibt sich bei einer Gleichgewichtslage um 2200 m eine wenig tiefere klimatische Schneegrenze. Dieser Vorstoß wird ebenfalls durch Stirnmoränen auf Planggen bekundet.
Die Moränenwälle auf dem Rugghubel-Plateau dokumentieren spätere Vorstöße, die von der Ruchstock-Kette abstiegen. Frührezente reichten im Grießental bis 2180 m (DK XIII, 1864).

Fig. 144 Der vom späteren Spätwürm bis ins Holozän noch von einem See eingenommene Talboden von Engelberg, an dessen Rand 1120 das Kloster gegründet wurde. Am Ausgang des Horbistal die stirnnahe Seitenmoräne des Grießen-Gletschers, der vom Grießenfirn und dem vom Ruchstock über das Rugghubel Plateau abfließenden Eis genährt wurde und S des Gemsispil (rechts) noch einen letzten Zuschuß aus dem Ängigrießen erhielt.

Im hinteren Engelberger Tal gibt Arbenz (1911 k, 1918 k) auf Bödmen (1323 m) und in der Talsohle bei der Herrenrüti, am Fuß des Grassengrates, auf 1180 m wiederum Wallmoränen an. Aufgrund der Gleichgewichtslage in gut 2000 m, was einer Schneegrenze von gegen 2200 m gleichkommt, fällt dieser Vorstoß des Firnalpeli- und des Grassen-Gletschers ins ausgehende Spätwürm. In der Talsohle vereinigten sich diese mit Hängegletschern der Spannörter (3198 m) und des Schloßberg (3133 m) und wurden von Eis aus dem Talschluß von Surenen unterstützt. Der Schuttfächer der Herrenrüti wäre als zugehöriger Sander, der Goldboden, unmittelbar dahinter, als Zungenbecken zu deuten, das beim Vorstoß des Grassen-Gletschers bis unter 1400 m von dessen Sander überschüttet wurde.

Auf Surenen wird das Zusammentreffen mehrerer Eisströme aus den Karen der Uri-Rotstock-Kette und von Hängegletschern des Schloßberg durch Wälle markiert (Arbenz, 1918 k). Aufgrund der Gleichgewichtslagen entsprechen die externeren einer klimatischen Schneegrenze von rund 2200 m, was einer Depression von gut 500 m gegenüber heute gleichkommt.

Letzte spätwürmzeitliche Klimarückschläge ließen die Hängegletscher der Spannörter und des Schloßberg nochmals bis gegen Nider Surenen und gegen die Blackenalp absteigen (Fig. 145).

Frührezente Stände reichten in der Titlis–Spannort-Gruppe bis unter 2000 m, der Firnalpeli-Gletscher NE des Titlis gar bis 1600 m. 1959 (LK 1211) endete er auf 1890 m.

Fig. 145 Letzte spätwürmzeitliche Moränen auf der Blackenalp im obersten Engelberger Tal. Vor dem Titlis (rechts der Bildmitte) der Firnalpeli-Gletscher vom Grassengrat mit frührezenten Seitenmoränen.
Photo: Dr. S. WYDER, Zürich.

Das Hochtal von Engelberg im Spätwürm und im Holozän

Hinter den Bergsturzmassen und der Stirnmoräne, welche sich taleinwärts in die Seitenmoräne der Bänklialp fortsetzt, bildete sich im Engelberger Tal ein verschiedentlich durch Seetone belegter Stausee. Der obere, nur wenig tiefe See wurde bereits im ausgehenden Spätwürm durch den Sandkegel des Titlis-Gletschers abgetrennt, der damals noch bis an den Ausgang des Sulzbachtales reichte, und später von jenem des noch im letzten Spätwürm bis fast ins Tal vorgestoßenen Grassen-Gletscher zugeschüttet wurde. Selbst heute bleibt dort der Lawinenschnee oft bis in den Spätsommer liegen. Der Sanderkegel staute seinerseits den Surenenbach kurzfristig auf; doch wurde das abgedämmte Becken durch Sander von Gletschern der Spannort-Kette, die ebenfalls bis ins Tal vorstießen, zugeschottert. Auch der untere Seeteil – erwiesen durch mehrere bis 50 m tiefe Bohrungen, in denen nur Schotter durch fahren worden sind (R. STOCKMANN, schr. Mitt.) – wurde von der Schotterfracht der Engelberger Aa und des aus dem Horbistal austretenden Dürrbach mehr und mehr angefüllt.
Während *Adoxa moschatellina* – Bisamkraut – als Gletscherrand-Pflanze das Hochtal von Engelberg besiedelt, hat sich tiefer unten im Tal, bei Grafenort, ein kleiner Bestand von *Ilex* – Stechlaub – wohl als Relikt aus der Wärmezeit – erhalten.
Obwohl bereits der bronzezeitliche Mensch tief ins Engelberger Tal vorgedrungen war, was ein beim Kraftwerksbau unterhalb von Engelberg gefördertes Bronzebeil belegt, blieb damals die Besiedlung wohl noch längere Zeit auf die Gebiete um den Vierwaldstättersee beschränkt. Dafür sprechen neben den Beil-Funden auch Schalensteine – auf

dem Bürgenstock und zwischen Kerns und Ennetmoos –, spätbronzezeitliche Funde in der Drachenhöhle bei Stans (E. SCHERER, 1916; Frl. Z. WIRZ, mdl. Mitt.) sowie die Bronzenadel, die beim Stäfeli auf Nider Surenen geborgen werden konnte (A. IMHOLZ, 1951).
Beim Bau der Nationalstraße konnten in Buochs gallo-römische Brandgräber aus dem ausgehenden 1. nachchristlichen Jahrhundert entdeckt werden (J. BÜRGI, 1978), die auf eine Besiedlung hinweisen.
Anfangs des 12. Jahrhunderts wurde in einer Rodungsinsel am Ende eines aus den Sakkungsmassen E des Brunni ausgebrochenen Schuttfächers das Kloster Engelberg errichtet (G. HEER, in H. BECK, 1970; 1975). Zur Zeit der Klostergründung war das Tal noch dicht bewaldet, woran zahlreiche Flurnamen – Rüti, Schwändi, Bann und ihre Zusammensetzungen – erinnern, während der Talgrund selbst von einem Schachen, von einem Auenwald, eingenommen wurde, was Flurnamen wie Espen, Erlen und Widen belegen. In den Wäldern lebten noch Hirsch, Luchs, Bär (bis 1820) und Wolf (bis 1834). Die Alpen Stoffelberg, Furggi, Dagenstal und Fürren, hoch über dem Talgrund, wurden bereits im 12. Jahrhundert mit Vieh des Klosters Muri bestoßen.
Der frontale Zungenbeckenbereich der Bänklialp-Moräne, das Ror, stellt den letzten, ebenfalls bereits weitgehend verlandeten Rest des ehemaligen Engelberger Talsees dar. Weder auf dem Kartengemälde von F. TH. KRAUS von 1688 (in HEER, 1975), noch auf dem Relief von Engelberg (J. E. MÜLLER, 1788 R) ist im Talboden ein See dargestellt.
1961 brach vom Chli Spannort ein größerer Bergsturz nieder und überschüttete den Talboden von Nider Surenen, so daß dort schon früher – neben Sandern – auch Bergsturztrümmer zur Zuschüttung des höheren Sees beigetragen haben dürften.

Buoholz- und Bannalp-Gletscher

Im Winkel zwischen Buoholz- und Engelberger Gletscher stand das Eis im Würm-Maximum auf 1250 m, im Bremgarten-Stadium auf rund 1100 m, um 850 m im Gisikon-Honau- und auf 700 m im Vitznauer Stadium. Darnach wurde der von der NW-Abdachung des Brisen (2404 m) absteigende *Buoholz-Gletscher* selbständig. Im Gersauer Stadium fuhr er mit mehreren Staffeln wieder bis 800 m vor. Moränen um 1100 m belegen ein nächstes Stadium. Noch jüngere Endmoränen von Eiszungen aus den Karen des Brisen-Gebietes finden sich auf dem Brändlisboden und bei den Hüethütten um 1400 m, auf dem Alpboden auf 1230 m. Bei einer Gleichgewichtslage um 1750 m ergibt sich eine zugehörige Schneegrenze von 1900 m, womit diese Moränen mit einer Depression von über 700 m den Klimarückschlag des Wassen-Stadiums dokumentieren dürften. Letzte spätwürmzeitliche Moränen liegen W und N des Brisen auf 1970 m bzw. auf gut 1900 m.
Nach dem Vitznauer Stadium wurde auch der S von Wolfenschießen mündende *Bannalp-Gletscher* aus dem Chaiserstuel–Ruchstock-Gebiet (2814 m) selbständig. Im Gersauer Stadium schob er sich wieder bis in die Mündungsschlucht vor und lieferte dem Engelberger Gletscher nochmals etwas Eis.
Im Attinghausen-Stadium stieß der Bannalp-Gletscher bis über Oberrickenbach vor. E und NE des Dorfes staute er Schuttmassen einer mit Schmelzwässern von der SW-Flanke des Brisen abgeflossenen Eiszunge zu einer Terrasse auf. Von der N-Abdachung der Chaiserstuel-Kette (2400 m) rückte nochmals ein Gletscher aus dem Sinsgäuer Kessel

vom Schoneggpaß bis gegen 1200 m vor. Zwischen dem stirnenden Sinsgäuer Eis und dem erneut bis Oberrickenbach vorstoßenden Bannalp-Gletscher staute sich Eisrandschutt. Die Gleichgewichtslage stand um 1700 m, die klimatische Schneegrenze in rund 1800 m. Dies wird durch einen vom Nätschboden N der Bannalp gegen Ramseren, bis unterhalb 1400 m abgestiegenen Gletscher bestätigt, dessen Gleichgewichtslage sich bei N-Exposition um 1650 m bewegte.
Im nächsten spätwürmzeitlichen Klimarückschlag stießen auf der NW-Seite des Chaiserstuel der Planggen-Gletscher und zwei steil gegen N abfallende Gletscher nochmals bis ins Zungenbecken des Flüelenboden, bis 1520 m, vor, was eine Gleichgewichtslage um 1850 m und eine klimatische Schneegrenze von knapp 2000 m voraussetzt. Damals vereinigten sich die Gletscher aus dem Einzugsgebiet Walenstöcke–Sättelistock–Laucherengrat (2640 m) mit dem aus dem Laucherengrat–Ruchstock–Schonegg-Gebiet (2814 m) abgeflossenen Eis nochmals zu einem Bannalp-Gletscher, der über die Steilwand bis gegen den Fellboden herabhing. Im letzten spätwürmzeitlichen Vorstoß endeten die nach N abfließenden Eismassen im heutigen Staubecken des Bannalpsees, diejenigen von der Bannalp um 1600 m. Sie erfordern eine Gleichgewichtslage in 2100 m, was einer klimatischen Schneegrenze in 2250 m und einer Depression von gegen 500 m gleichkommt. S und SE des Sees reichten jüngere Vorstöße bis gegen 1750 m herab.
Noch zur Zeit der Gletschervorstöße um 1850 waren die Kare an den Walenstöcken, am Rigidalstock, Groß Sättelistock, Laucherenstock (DK XIII, 1864), Ruchstock (2814 m) und Hasenstöck von Firnen erfüllt, die bis unter 2300 m herabreichten.

Der Chol-Gletscher

Während der Chol-Gletscher aus dem Oberbauen-Schwalmis-Gebiet im Vitznau/Goldau-Stadium noch den Reuß-Gletscher erreichte (S. 318), was neben den Stirnmoränen von Emmetten und Hattig auf der W-Seite des Choltal auch durch höchste Seitenmoränen dokumentiert wird, stieß er im Gersauer Stadium nur noch bis an den Talausgang vor, wo er mehrere Moränenstaffeln hinterließ. Markante Wälle finden sich auf der linken Talseite, in der Ei, sowie an den Aufstiegen ins Isental und zur Alp Oberbauen.
Ein erneuter Klimarückschlag ließ die Gletscher vom Oberbauenstock (2117 m) nochmals bis 1400 m, diejenigen auf der N- und NE-Seite des Schwalmis (2246 m) gar bis unter 1200 m absteigen, wie aus der in zwei seitliche Wälle sich aufspaltenden Mittelmoräne des Haseneggli hervorgeht. Aus einer Gleichgewichtslage in 1600 m resultiert eine klimatische Schneegrenze von 1750 m. Damit ist dieser Vorstoß dem Attinghausen-Stadium gleichzusetzen (S. 342).
Ein nächster spätwürmzeitlicher Vorstoß zeichnet sich im Färnital durch Stirnmoränen um 1650 m ab (H. J. Fichter, 1934). Am Oberbauenstock stellen sich auf der W- und auf der NE-Seite, auf 1550 m, markante Endmoränenkränze ein (A. Tobler & G. Niethammer in A. Buxtorf et al., 1916k). Aus den Gleichgewichtslagen um 1750 m ergibt sich bei der extremen Schattenlage am N-Fuß der Oberbauen-Kette eine klimatische Schneegrenze um 1900 m, was einer Depression gegenüber heute von 700 m gleichkommt. Letzte spätwürmzeitliche Firnreste klebten noch in den höchsten Karen: am Schwalmis, am Juchlistock und am Oberbauen. In den extremen Schattenlagen der Schwalmis-NE-Seite hing noch ein Firnfeld bis 1650 m herab.

Mit ihren nahezu 1800 m Höhe reichte die Rigi noch bis tief ins Spätwürm in die Schneeregion. Im Würm-Maximum umfloß der Reuß-Gletscher diesen Gebirgsstock bis auf über 1200 m im SE und bis gut auf 1000 m im NW (S. 293).
Neben dem Gletscher aus dem Einzugsgebiet der Rigiaa lieferten die Kare der Hochflue (1699 m), der Scheidegg (1662 m) und des Kulm noch bis ins Bremgarten (= Zürich)-Stadium, als das Reuß-Eis E von Küßnacht bis auf knapp 900 m abgeschmolzen war, Zuschüsse. Dagegen waren diejenigen auf der NW-Seite selbständig geworden. Die Zunge aus dem Spitzwald-Kar NW von Kaltbad endete auf 950 m. Bei einer Gleichgewichtslage von 1100 m ergibt sich eine klimatische Schneegrenze von 1200 m; im Würm-Maximum lag sie um gut 1150 m, wie aus gegen die Seebodenalp abgeflossenen Gletschern mit Gleichgewichtslagen um knapp 1100 m hervorgeht. Bei einer heutigen Schneegrenze von 2450 m resultiert eine Erniedrigung von 1300 m. Ein selbständiges Firnfeld entwickelte sich sogar auf der S-Seite unterhalb des 1659 m hohen Rotstock (J. Kopp, 1954). Bei Wichmatt E von Kaltbad spaltete sich die Zunge auf und hing bis 1250 m herab. Die von der Scheidegg gegen S abgestiegenen Zungen endeten unter 1150 m. Auf der NE-Seite der Hochflue lassen sich dem Bremgarten-Stadium zuzuordnende Moränen bis 950 m herab beobachten. Internere Wälle, die noch bis 1100 m und weiter E bis 1150 m herabreichen, dürften das nächst jüngere Gisikon-Honau (= Hurden)-Stadium dokumentieren. Damals vereinigten sich die beiden Arme des Reuß-Gletschers ein letztesmal zwischen Küßnacht und Immensee, hinterließen gut ausgebildete Moränen und stießen über die Rundhöckerlandschaft zwischen Rooterberg und Chiemen nach N, gegen Meierskappel, vor, wo ihnen ein gegen W vorrückender Lappen des Zugersee-Armes entgegen trat. W von Goldau vermochten der Rigi-Gletscher und die von Rigi-Kulm gegen NNE herabhängenden Eismassen auf 750 m Höhe eben noch den Zugersee-Arm zu erreichen. Linksufrige Moränenreste sowie eine zeitlich entsprechende Endmoräne eines über Hohrick abfließenden Firns liegen bei Resti auf 1230 m (E. Baumberger in A. Buxtorf et al., 1913 k, 1916 k; Kopp, 1954). Daraus resultiert eine Gleichgewichtslage um 1400 m, was bei SE-Exposition der klimatischen Schneegrenze gleichkommt. Die von der Rigi gegen NW und N absteigenden Gletscher endeten auf 1100 m bzw. auf 850 m.
Im nächst jüngeren Stand blieb der aus dem Kar zwischen Dossen und Scheidegg ernährte Gletscher selbständig. Seine Zunge hing über die Rotenflue herab und endete auf 1100 m. Bei einer Gleichgewichtslage um 1350 m resultiert bei N-Exposition eine klimatische Schneegrenze von knapp 1500 m.
Im Tal der Rigiaa lag das Zungenende bei Klösterli, um 1300 m. Auf der S-Seite der Scheidegg entsprechen ihr die Moränenwälle von Altstafel (Baumberger in Buxtorf et al. 1913 k, 1916 k; Kopp, 1954), die ein Zungenende auf 1400 m bekunden. Bei einer Gleichgewichtslage um 1500 m ergibt sich wiederum eine Schneegrenze von knapp 1500 m. Dieser Stand ist wohl mit dem Vitznau/Goldau-Stadium zu parallelisieren.
Markante Wallmoränen treten auf Rotenflue-Allmig in gut 1400 m auf (Baumberger in Buxtorf, 1913 k; 1916 k; A. Erni et al., 1913 k; Kopp, 1954). Bei einer Gleichgewichtslage um 1450 m lag die Schneegrenze – wohl im Gersau/Ibach-Ingenbohl-Stadium – auf 1550 m. In den steilen Karen N und NE der Scheidegg stiegen die Eiszungen nochmals bis auf 1200 m, auf der N-Seite des Schild (1549 m) E von Kaltbad bis unter 1400 m herab.

Ein nächstes Stadium eines von Rigi-Kulm gegen E absteigenden Gletschers zeichnet sich auf Blatten in einer bis 1360 m herab zu verfolgenden Moräne ab (Kopp, 1954). Einer Gleichgewichtslage von gut 1500 m kommt bei steiler E-Exposition eine Schneegrenze von über 1650 m zu. Diese Randlage ist wohl dem Attinghauser (=Churer) Vorstoß gleichzusetzen.
Eine letzte spätwürmzeitliche Moräne auf dem Zingel E des Rigi-Kulm (Kopp, 1954) bekundet eine bis gegen 1500 m herabhängende Eiszunge. Aus der Gleichgewichtslage in gut 1600 m ergibt sich bei E-Exposition eine klimatische Schneegrenze von gut 1750 m. Da dies einer Depression gegenüber heute von 700 m gleichkommt, dürfte dieses Stadium demjenigen von Wassen entsprechen.

Die Roßberg-Gletscher und der Ägeri-Arm des Muota/Reuß-Gletschers

Am Roßberg erkannte J. Kopp (1946) mehrere aus den N-Karen ins HüPrital abfließende Lokalgletscher, die im Würm-Maximum bis 900 m abstiegen. Über die NW-Flanke erreichte ein solcher auf 1025 m eben noch den Zugersee-Arm. Die auf 1070 m einsetzende Rufiberg-Seitenmoräne dürfte damit eine Mittelmoräne zwischen diesem und den von der NW-Seite des Gnipen, dem westlichsten Roßberg-Gipfel, absteigenden Lokalgletschern darstellen. Aus Gleichgewichtslagen um gut 1100 m resultiert bei NW-Exposition eine klimatische Schneegrenze um 1200 m.
Vom östlichsten Roßberg-Gipfel, vom Chaiserstock (1426 m), stieg eine Zunge zum Muota/Reuß-Gletscherarm ab, der durch die Ägeri-Talung abfloß. Da der Zufluß etwas zu steil mündete, konnte sich nur ein Karboden, jedoch keine Mittelmoräne ausbilden. Die Eishöhe lag – übereinstimmend mit der rechtsufrigen Seitenmoräne am Mostel – auf gut 1150 m. Erst N der Ramenegg und bei Sod bildete sich auf 1110 m eine Mittelmoräne zwischen dem Muota/Reuß- und dem abfließenden Lokal-Eis aus.
Bis zur Mündung des Hüritales war die Oberfläche, infolge der ausbleibenden Zuschüsse, nach gut 1 km bis auf 1020 m abgesunken. Der ins Hürital eindringende, um weitere 100 m abfallende Lappen scheint – aufgrund von Stauschuttfluren – einen bis auf 900 m reichenden Eisrandsee aufgestaut zu haben. In diesem dürften die vom Roßberg abgestiegenen Gletscher gekalbt haben.
Über Neuägeri, auf einer Höhe von 900 m, vereinigten sich Zuger- und Ägeri-Arm wieder, was Moränenreste am nordöstlichen Zugerberg und bei Brämen, zwischen Unterägeri und Kloster Gubel, belegen. Gleichaltrige Wälle mit zugehöriger Schotterflur und einer Schmelzwasserrinne stellen sich NE von Unterägeri ein.
Auf der E-Seite des Ägerisees lag die Eishöhe im Würm-Maximum W des Raten auf über 1000 m. In den Karen von Böschi-Ahorn (1163 m) und von St. Jost (1165 m) bildeten sich – bei Gleichgewichtslagen von 1050 m – letzte Firnfelder; sie bekunden eine klimatische Schneegrenze von knapp 1150 m.
Mehrere internere Staffeln zeichnen sich am Ausgang des Hüritales, auf der E-Seite des Zugerberges sowie NE und N des Ägerisees ab. Dabei umgürten die Moränen des Bremgarten (= Zürich)-Stadiums noch den Ägerisee und bekunden ein Zungenende unterhalb von Unterägeri. Die Schuttmassen, die etwa dieser Randlage entsprechen, sind – wie die Auskolkung des Seebeckens – bereits Vorstoßphasen zuzuschreiben. Dagegen fällt das vom Hüribach geschüttete Delta von Unterägeri – wie auch dasjenige von Oberägeri – in die Abschmelzphasen des Bremgarten-Stadiums.

Beim Abschmelzen des Ägeri-Lappens schmolz das Eis zunächst über den Molasserippen zwischen Roßberg und Morgarten durch, so daß sich in den heute noch 83 und 81 m tiefen, durch Molasserippen unterteilten Becken Toteisblöcke abtrennten, die zum Ägerisee abschmolzen. Zugleich wurde vom Morgarten (1244 m) eine Schotterflur an den Eisrand und in den werdenden See geschüttet. Zwischen den Molasserippen bildeten sich zunächst kleine Seen, die allmählich verlandeten.
Bereits R. FREI (1914) hatte beim Ägerisee hinter den Endmoränen des Bremgarten-Stadiums zwei ältere Seestände festgestellt, die sich nach dem Eisabbau ausgebildet hatten. Nach J. KOPP (1975) lag der Höchststand um 749 m, wobei der Chilchbüel S von Unterägeri als Insel emporragte, ein tieferer um 734 m, während der heutige auf 724 m liegt.
Neben den terrassenbildenden Deltaschüttungen des Hüri- und des Dorfbaches sowie solchen bei Morgarten zeichnen sich die älteren Stände auch durch eine Eintiefung der Bäche und vorgelagerte jüngere Schuttfächer ab. Eine Bohrung in Unterägeri ergab mindestens 22 m mächtige Seeablagerungen.
Rückzugsstadien zeichnen sich auch bei den Roßberg-Gletschern ab. Im Stadium von Gisikon-Honau stiegen sie tief ins Hürital, in jenem von Vitznau/Goldau NW und N des Wildspitz bis 1100 m ab, was einer Schneegrenze von 1450 m gleichkommt. Im Gersau/Ibach-Ingenbohl-Stadium endeten sie zwischen 1300 m und 1400 m. Bei den jüngsten Ständen um 1400 m war die Schneegrenze auf über 1600 m angestiegen, so daß diese den Attinghauser Vorstoß bekunden dürften.

Die Bergstürze von Goldau

Die vom Roßberg gegen Goldau einfallenden, durch Mergellagen getrennten Nagelfluhplatten der Subalpinen Molasse neigten stets zum Abgleiten in Form ganzer Pakete, zu Rutschungen. Mehrmals gingen auch Bergstürze nieder (J. KOPP, 1973). Der Sturz von 1222 zerstörte das Dorf Röthen, und der von 1806 gilt als größter geschichtlicher Felsschlipf der Schweiz (K. ZAY, 1807; ALB. HEIM, 1882; A. STEINER-BALTZER/A. BÜRGI, 1943; J. N. ZEHNDER, 1974; K. J. HSÜ, 1978; Bd. 1, S. 111, Fig. 112).
Nach anhaltenden Niederschlägen öffneten sich im Frühjahr 1806 in der Molasse-Nagelfluh am Gipfelgrat vorgezeichnete, rasch weiter aufreißende Klüfte, durch die Schnee- und Regenwasser eindrang und die unterliegende Mergellage schmierte (Fig. 146).
Frontal stauten sich Erdwülste auf und schoben sich übereinander. Am späten Nachmittag des 2. September fuhren mit mächtigem Getöse und gewaltiger Druckwelle gegen 40000000 m³ Nagelfluh-Gestein auf 4 km langer Sturzbahn über 1000 m zutal, breiteten sich strahlig aus, begruben die Dörfer Goldau, Röthen und Busingen unter den Trümmern, verwüsteten in wenigen Augenblicken ein Areal von über 6,5 km² und hüllten die ganze Gegend in eine gewaltige Steinstaubwolke. 102 Wohnhäuser, 2 Kirchen und 220 Scheunen und Ställe wurden zerstört. 457 Menschen fanden den Tod; 206 vermochten sich in Sicherheit zu bringen, nur 14 konnten lebend geborgen werden. Kleinere Stürze brachen 1897 und 1910 nieder.
Bereits der Ortsname Goldau, Goletau (Golet = Schutt) deutet auf ähnliche Ereignisse in früherer Zeit. ZAY und KOPP berichten auch von einem älteren, prähistorischen Sturz, der vom westlichsten Gnipen gegen Oberarth niedergefahren wäre und dessen Sturzblöcke an der Rigilehne gar noch 50 m weiter, bis auf 636 m hinaufgeschleudert worden

Fig. 146 Der Roßberg mit der Nische, aus der am 2. September 1806 die Nagelfluhmassen des Goldauer Bergsturzes ausbrachen.
Luftaufnahme: Swissair-Photo AG, Zürich. Aus: H. ALTMANN et al., 1970.

wären. Im Volumen war dieser Sturz noch größer, die überschüttete Fläche aber geringer (Bd. 1, Fig. 55).
Niedergänge von Felsstürzen dürften am Roßberg bis in die Zeit des spätriß- und des würmzeitlichen Eisabbaues zurückreichen. So enthalten nicht nur die Moränen des Walchwiler- und des Zugerberg zahlreiche Blöcke von Roßberg-Nagelfluh (F. J. KAUFMANN, 1872; gem. Exk. mit A. RISSI), sondern auch im Knonauer Amt sind diese noch überaus häufig. Selbst noch W von Birmensdorf stammen die größten Blöcke vom Roßberg, so diejenigen W des Stierliberg (500 m³), E des Hafnerberg und bei Steig (P. LABHARD, 1975; schr. Mitt.). Ein 150 m³ großer Block ist beim Nationalstraßenbau E der Station Knonau freigelegt worden (Bd. 1, Fig. 39).
Durch die verschiedenen Bergstürze wurde schließlich auch die Stirnmoräne des Goldauer (= Vitznauer)-Stadiums eingedeckt und das frontale Zungenbecken NW von Lauerz mit Blöcken übersät.

Aus dem Gebiet des zentralen Mittellandes stammen erste pollenanalytische Untersuchungen aus den Pfahlbau-Siedlungen am Hallwiler See, vom Wauwiler Moos und aus den Mooren auf dem Zugerberg (P. KELLER, 1928), aus der spätbronzezeitlichen Siedlung von Zug-Sumpf (H. HÄRRI, 1929; W. HÖHN in J. SPECK, 1953), neuere vom Wauwiler Moos und vom Baldeggersee (HÄRRI, 1940, 1945), vom Zugerberg (W. LÜDI, 1939), aus dem Suhretal und von Safenwil (P. MÜLLER, 1950, 1952, 1961, 1966) sowie von Luzern (LÜDI, 1938; M. v. ROCHOW, 1957).

Im *Wauwiler Moos* folgen nach HÄRRI (1940) über 3–5 m Glazialtonen mit nur wenigen Sporen und Pollen zunächst bis 70% *Salix*, *Betula* und *Pinus*. Dann steigt *Pinus* bis auf über 50%. Zugleich stellen sich – wohl als Fernflug – erste Pollen wärmeliebender Gehölze ein: *Corylus* und Vertreter des Eichenmischwaldes; *Betula* und *Salix* fallen zurück. Darüber folgen blaugraue Mergel mit zunehmendem organischen Detritus und Pyritgehalt. *Betula* steigt bis auf 87% an; *Pinus* fällt stark zurück.

Innerhalb weniger cm erfolgt nach der Birkenzeit der Übergang in fossilreiche Seekreide (= Zigererde), die in der Beckenmitte bis 5 m anschwillt, was einer Zuwachsrate von knapp 1 mm/Jahr entspricht. Zugleich fällt *Betula* zurück, und *Pinus* steigt auf über 90%. Gegen Ende der Föhrenzeit nimmt *Betula* wieder etwas zu. Bereits HÄRRI sieht darin einen Klimarückschlag, der die Ausbreitung von *Corylus* und des Eichenmischwaldes verzögert hat. Mit der Klimabesserung breiteten sich diese rasch aus.

Vor dem Hasel-Maximum stellten sich auf den innersten Moränen um das Wauwiler Moos mesolithische Siedlungen ein, die bis über das Maximum des Eichenmischwaldes mit lokalem Linden-Reichtum anhielten. Zugleich wanderten *Fagus*, *Abies* und *Alnus* ein.

Auch von Steinhausen sind vom Uferbereich des damaligen Zugersees mesolithische Siedlungen bekannt geworden.

Mit dem Anstieg von *Fagus* auf 50% in der älteren Buchenzeit wanderten Neolithiker ein und bauten sich ihre Siedlungen – Egolzwil 1 und Schötz 1. Gegen Ende des Neolithikums – Schötz 2 – tritt die Tanne mit über 50% hervor, vereinzelt stellt sich *Carpinus* ein. In der jüngeren Buchenzeit dominiert *Fagus* mit drei Gipfeln.

In der Bronze- und in der Hallstattzeit war das Wauwiler Moos nicht besiedelt, so daß die Waldgeschichte nicht durch Kulturen datiert ist. Doch dürfte der zweite Buchengipfel in die Bronze- und ein zweiter Tannengipfel in die Hallstattzeit fallen. Mit dem Rückgang der Buche setzt der Waldbau ein, wobei besonders die Eiche gefördert wurde. Mit der Latène-Zeit begann der Fichtenanstieg als Auswirkung des Klimarückschlages.

Der Wauwiler See hatte anfangs der Hasel- und am Ende der Eichenmischwald-Zeit seine größte Ausdehnung gehabt. In der älteren Buchenzeit, der Zeit der ältesten neolithischen Siedlungen, war er im E bereits stark verlandet.

Von den *Zugerberg*-Profilen aus Höhenlagen von 935 m und 980 m (P. KELLER, 1928; W. LÜDI, 1939) beginnt dasjenige vom verheideten Hochmoor beim Hinteren Geißboden (LÜDI) mit einer Birken-Dominanz von 51%, mit 20% *Salix* und 15% *Corylus*. Es repräsentiert wohl das Bölling-Interstadial und die Ältere Dryaszeit. Dann steigt *Pinus* im Alleröd auf 96% an; *Betula* fällt auf 4% ab. Zugleich setzt die Torfbildung ein. *Corylus* und *Salix* liegen bei 2 bzw. bei 1%. Hernach fällt *Pinus* zunächst auf 79%, dann, im Boreal, auf 18% zurück. *Betula* erreicht in der Jüngeren Dryaszeit mit

20% ein sekundäres Maximum, nachher fällt sie auf 14% zurück. Dafür steigt *Corylus* zunächst auf 10%, dann, im Boreal, auf 185% der Baumpollen, während die Vertreter des Eichenmischwaldes von gut 1% auf 51% ansteigen und im Älteren Atlantikum mit 67% gipfeln, während *Corylus* auf 81% zurückgeht.
Im Jüngeren Atlantikum fallen die Vertreter des Eichenmischwaldes und *Corylus* weiter zurück; zugleich steigt *Abies* auf 45% an und hält sich längere Zeit auf über 40%, bis sie von der Buche abgelöst wird, die zuletzt 34% erreicht. Zugleich nehmen *Alnus* und später auch *Picea* zu, zunächst langsam, dann, im Subboreal, rascher bis auf 18%.
Erst im höheren Profilabschnitt vom Vorderen Geißboden fällt *Fagus* wieder unter *Abies*. Zugleich gewinnen *Alnus* und *Pinus* an Bedeutung, was wohl auf das Hochkommen der beiden in den Zugerberg-Mooren zurückzuführen ist.

Der über Rothenthurm abfließende Arm des Muota/Reuß-Gletschers

Am SW-Grat des vom Riß-Eis überprägten Morgarten (1244 m) reichte das in zwei Arme sich aufspaltende Muota/Reuß-Eis im Würm-Maximum noch bis über 1100 m hinauf. Zwischen diesem Molasseberg und St. Jost berührten sich die beiden nochmals, was durch Wallreste und moränenüberkleisterte Kuppen belegt wird. Dabei erhielt auch der Rothenthurmer Arm von beiden Molassehöhen und aus den Firnkesseln von Mostel und Hunds-Chotten, W und E des Hochstuckli (1566 m), noch Eis. Auf den 3 km von Mostel (1191 m) bis Geißgütsch fiel seine Oberfläche um 90 m. Letzte Zuflüsse er-

Fig. 147 Die stirnnahen Seitenmoränen des über Rothenthurm gegen Biberbrugg vorgestoßenen Armes des Muota/Reuß-Gletschers, welche das Zungenbecken der Dritten Altmatt umschließen: der hochwürmzeitliche Wall von Schönenboden (links)–Wolfschachen (rechts) und dahinter der ältere, frühhochwürmzeitliche(?) von Wissenbach (rechts).
Im Hintergrund St. Jost (links), der Ratengütsch mit rißzeitlichen Schottern (Bildmitte), der Gottschalkenberg und der westliche Ausläufer des Hohronen (rechts).

hielt er noch von den Höhen zwischen Nüsellstock (1479 m) und Samstagern (1379 m); Selbst der aus dem nördlichsten Kar gegen NW abfließende Gletscher vermochte den bei der Dritten Altmatt von 1000 m auf 940 m abfallenden Talgletscher noch zu erreichen (Fig. 147).
Da die höchste linke Seitenmoräne NE des Raten aussetzt, dürfte dem Rothenthurmer Lappen vom Hohronen noch Eis zugeflossen sein. Hiefür sprechen die Stauschutt-Terrassen und, weiter gegen Biberbrugg, als Sander zu deutende Schuttfächer.
Bei Schlänggli legt sich ein äußerster, flacher Endmoränenbogen über die Talung; davor fällt ein von Schmelzwässern zerschnittener Sander gegen Bennau ab. Im Einschnitt der Biber reichte eine Zunge noch weiter nach N. Der internere Endmoränenbogen von Vorder Wijer läßt sich mit der höheren Seitenmoräne der Dritten Altmatt verbinden.
Das Gebiet von Schlänggli und Wolfschachen-Brügelweg, der eigentliche Moränenwall, stellt noch immer eine fast unberührte Hochmoor-Landschaft dar (P. Voser in Klötzli et al., 1978).
Ein innerer Wall – wohl das Stetten (= Schlieren)-Stadium – biegt bei der Dritten Altmatt scharf von der Talflanke weg. Der bei der Zweiten Altmatt abgehende Wall dürfte dem äußeren, die Moränen bei Rothenthurm dem inneren Stand des Bremgarten (=Zürich)-Stadiums entsprechen. S von Rothenthurm lassen sie sich mit Wallresten S der Biberegg verbinden. Sie belegen noch im Bremgarten-Stadium letzte Zuschüsse aus den Hunds-Chotten und vom Nüsellstock. Die interneren Stirnteile dieses Standes wurden von dem bereits spätglazial angelegten Schuttfächer der Biber und der Steiner Aa überschüttet.
Noch im Bremgarten-Stadium erhielt der Muota/Reuß-Gletscher von den Mythen durch Lawinenschnee genährte Zuschüsse. Im Bereich Günterigs-Schwändi, um 1140 m, kam es zur Ausbildung einer Stauterrasse.
Das Gisikon-Honau (= Hurden)-Stadium zeichnet sich in der Stauschutt-Terrasse von Ecce Homo ab, die beim Steiner Lappen eine Eishöhe von 720 m verrät.
Die Entwässerung erfolgte seit dem Stadium von Rothenthurm/Ägerisee subglaziär zum Lauerzersee, wobei die bereits beim Eisvorstoß angelegte Rinne weiter vertieft wurde.

Zur Vegetationsgeschichte in der Talung von Rothenthurm

Mit dem Abschmelzen des Eises bildeten sich in den flachgründigen Wannen zwischen den Stirnmoränen der einzelnen Stände des Reuß-Gletscherarmes in Höhenlagen um 900 m Flachmoore mit Braunmoos- und Seggen-Gesellschaften, aus denen über Wollgras-Assoziationen inselartige Hochmoore mit Waldbeständen von *Pinus mugo var. uncinata* und Sphagneten emporwuchsen.
Ein Pollenspektrum (P. Keller, 1928) in sandigem Lehm aus 4,5 m Tiefe deutet mit 84% *Pinus* und 14% *Betula* sowie 10% der beiden *Corylus* auf Alleröd. Die Anteile von Birke und Hasel nehmen zunächst noch etwas zu, fallen dann auf 5 bzw. 12%, während die Föhre auf 95% ansteigt.
Im Präboreal nimmt *Corylus* gewaltig zu und gipfelt in 3 m Tiefe – im Boreal – mit 106% der Baumpollen. Zugleich fällt *Pinus* auf 38% zurück, während *Betula* mit 33% ihr Maximum erreicht. Die Vertreter des Eichenmischwaldes stehen bei 13%, *Alnus* bei 15%. Dann erreicht *Alnus* mit 38% ihren Maximalwert. Zugleich setzt *Picea* ein, etwas später folgt *Abies*, und *Pinus* zeigt einen Sekundärgipfel. Zwischen 2,25 m und 1,75 m –

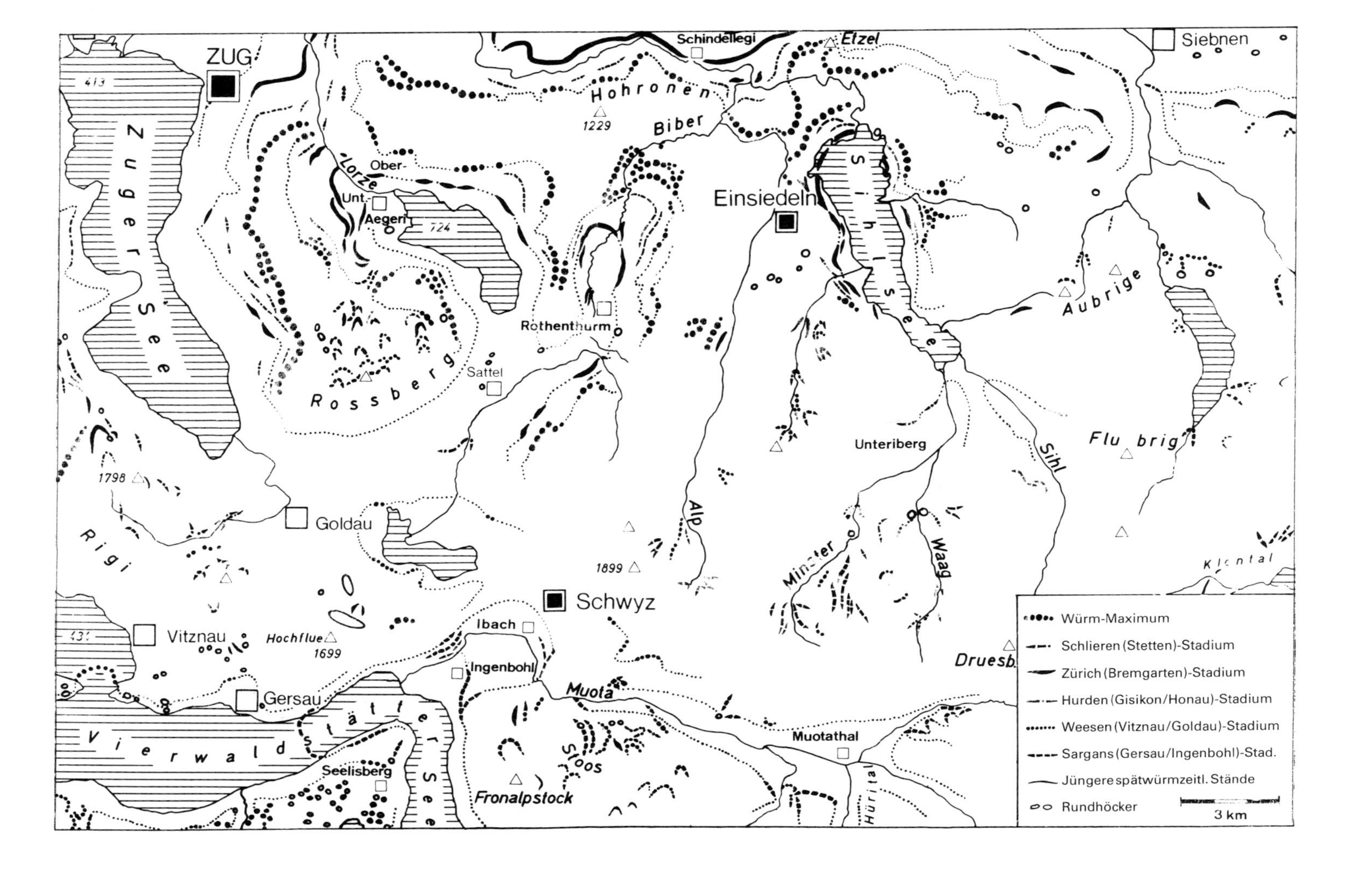
ZUG
413
Zuger See
Schindellegi
Etzel
Siebnen
Hohronen
1229
Biber
Ober-
Lorze
Unt.
Aegeri
724
Einsiedeln
Sihlsee
Rothenthurm
Aubrige
Rossberg
Sattel
Flu brig
Unteriberg
Sihl
1798
Goldau
Rigi
Alp
Minster
Waag
Klöntal
1899
Schwyz
Vitznau
431
Hochflue
1699
Ibach
Ingenbohl
Druesb.
Gersau
Muota
Muotathal
Vierwaldstätter See
Seelisberg
Stoos
Fronalpstock
Hürital
Würm-Maximum
Schlieren (Stetten)-Stadium
Zürich (Bremgarten)-Stadium
Hurden (Gisikon/Honau)-Stadium
Weesen (Vitznau/Goldau)-Stadium
Sargans (Gersau/Ingenbohl)-Stad.
Jüngere spätwürmzeitl. Stände
Rundhöcker
3 km

im Älteren Atlantikum – gipfelt *Picea* mit 66%, in 1 m, im Jüngeren Atlantikum, *Abies* mit 49% und in 60 cm Tiefe, im Subboreal, mit 42% *Fagus;* zugleich steigt *Picea* wieder an. Bei der Bubrugg liegen unter 2 m sandig-siltigen Sedimenten Dutzende von Fichten sowie zahlreiche Zapfen mit Fraßspuren von Eichhörnchen (F. Klötzli et al., 1978). Auf Unter Morgarten konnte A. Koestler (mdl. Mitt.) in grauen siltigen Lehmen einer flachen Senke Äste von *Pinus?* feststellen.

Der Muota-Gletscher und seine Zuflüsse

Im Würm-Maximum stand das Eis auf dem Stoos auf rund 1300 m. Der scharfgratige Wall der Blüemlisegg, der um 1200 m einsetzt, ist als sanft abfallende Mittelmoräne zwischen dem Muota-Eis und dem vom Chlingenstock (1935 m) zufließenden Eis zu deuten. Er dürfte das Bremgarten-Stadium dokumentieren. Gegen das Muotatal stellen sich mehrere Rückzugsstadien ein: auf 970 m das Gisikon-Honau (= Hurden)- und 100 m tiefer, E und NE des Unter Gibel, das Vitznau/Goldau-Stadium. Dann wurde der Muota-Gletscher selbständig und zog sich ins Tal zurück. Im Gersauer Stadium stieß er erneut vor, vermochte sich jedoch nicht mehr mit dem Reuß-Gletscher zu vereinigen, sondern stirnte am Talausgang, was über der Muotaschlucht durch Rundhöcker, einen Stirnmoränenrest und eine seitliche Schmelzwasserrinne N und durch Seitenmoränen NE der Stoosbahn-Talstation, bei Unter Hockerer und bei Stutz, bekundet wird. Eine internere Staffel liegt an der Mündung des Chlingentobel.
S von Muotathal gibt sich das Gersauer Stadium in einer linksseitigen Moräne zu erkennen, die aus dem Hürital austritt und sich von knapp 1200 m über mehr als 1 km bis zur Mündung des Achslen/Blüemberg-Gletschers auf gut 1000 m verfolgen läßt. W der Mündung tritt auf gut 1000 m nochmals ein Rest auf und dazwischen, auf Hellweid, eine Mittelmoräne zwischen Achslen- und Blüemberg-Eis.
Nach dem Wegfall des Staues durch den Muota-Gletscher an der Blüemlisegg vermochten Fronalpstock- und Chlingenstock-Eis weiter ins Tal vorzurücken. Im Hurden-Stadium erreichte es noch den Muota-Gletscher, im Vitznauer Stadium endete es auf 1200 m; im Gersauer Stadium wurden die Wälle auf dem Stoos geschüttet; die Zunge gegen NW hing bis 900 m herab.
In der folgenden Wärmeschwankung schmolz der Muota-Gletscher bis ins hintere Bisistal zurück. Von der Fallenflue WNW von Illgau und von der Wissenwand SW von Muotathal brachen Bergstürze nieder. Dem Eisrand folgend, bildete sich im Talboden ein See, der durch die Schuttfächer der Seitenbäche, vorab durch Chlingen-, Bett-, Ram- und Teufbach, in einzelne Restseen unterteilt wurde. Diese wurden von ihren weiteren Schuttmassen und von denen der Muota allmählich zugeschüttet und verlandeten.
In den Grundwasseraufstößen der Schlichenden Brünnen treten die Schmelzwässer des Bödmeren–Bol-Gebietes, in denen von Seeberg im Bisistal jene des Dimmer Wald und von Galtenäbnet zutage.
Beim nächsten Rückschlag vermochte das Eis – dank der hochgelegenen Nährgebiete NE der Schächentaler Windgällen, der Ruosalp, N des Glatten, der Glattalp und der Charetalp – erneut vorzustoßen. Wallmoränen stellen sich im Bisistal im Dürrenboden ein. Dabei wurde die Zunge zusätzlich von steilen Seitengletschern genährt. Von der Hochfläche von *Galtenäbnet* stieg ein Hängegletscher bis in den Talgrund ab, wo er mit dem stirnenden Muota-Gletscher eine talparallele Moräne schüttete. Aus einer Firn-

Fig. 149 Der auf Tonschiefern der Lias-Dogger-Grenzschichten gleitende Blockstrom im Schwarzenbachtal, einem rechten Seitental des hinteren Muotatales. Im Hintergrund der Chupferberg, von dessen NW-Wand das Schuttgut niederbricht.

mulde von 6 km² und einer Zunge von 2 km² ergibt sich eine Gleichgewichtslage um 1600 m und eine klimatische Schneegrenze in 1750 m. Von E rückte eine Zunge aus dem Firngebiet Bös Fulen–Pfannenstock–Stöllen durchs Schwarzenbachtal vor. Dieses Tal zeichnet sich durch Schutt liefernde Steilwände und extreme Schattenlage aus; es beherbergt einen noch aktiven Blockstrom (H. Jäckli, mdl. Mitt., 1954), der auf schmieriger Aalenianschiefer-Unterlage eines aufgebrochenen Gewölbes bis 1100 m vorzustoßen vermochte (Fig. 149).
Aus dem Pfannenstock–Höch Turm-Gebiet hing eine Zunge zwischen Hängst und Chupferberg ins hintere Bisistal herab, die im Dürrenboden-Stadium noch den Muota-Gletscher erreichte. In einem späteren Stadium stirnte dieser bei Schlänggen, das Charetalp-Eis auf Bergen.
Der *Hüri-Gletscher* aus dem Chinzig-Gebiet schob sich im Dürrenboden-Stadium nochmals bis unterhalb Liplisbüel, bis 1150 m, vor. Weitere Moränenstände liegen im Hürital im Grund, auf dem Grüen Boden, unterhalb Wängi, bei den Vordersten Hütten und

beim Chridenegg. Markante Wälle stellen sich bei der Mündung des Chinzertal ein. Sie verraten einen Wiedervorstoß über die Rinderalp bis zu den Hintersten Hütten von Wängi. Ein nächstes Stadium zeichnet sich unterhalb der Rinderalp durch Moränenwälle ab, die zur Stirn abfallen. Damals hingen auch von der Alp Bödmer noch Eiszungen ins Chinzertal herab.
Noch im letzten Spätwürm waren die Becken der Dürr Seeli, der Grundplanggen und der Oberalp mit ihren Rundhöckern von Eis erfüllt, das aus den Karen zwischen Sirtenstock, Höch Pfaffen, Schwarzstock (2527 m) und Seestock abfloß. Moränen, die den Ständen von Wängi entsprechen, steigen als markante Wälle von der Seenalp gegen Grund, internere verlieren sich um 1400 m und um knapp 1500 m.
Dann brachen von der Chaiserstock-Blüemberg-Kette mehrere Felsstürze nieder und überschütteten die Seenalp. In einem späteren Stadium bildete sich zwischen Chaiserstock- und Chinzerberg-Eis der Moränenwall des Lang Egg. Letzte Vorstöße zeichnen sich auf Seenalp NW des Seeli sowie am SE-Fuß von Roßstock und Fulen ab.

Fig. 150 W-Abdachung der Silberen-Hochfläche SW des Pragelpasses. Längs Bruchstörungen und Karstspalten wurden vom Eis Schichtplatten losgesprengt und mitgerissen. Zugleich wurde die Oberfläche zu einer Rundhöcker-Landschaft überschliffen, auf der die Verkarstung nach dem Abschmelzen weiter fortschritt, während diejenige, die das Höhlensystem schuf, im jüngeren Pliozän, nach der Platznahme der Decken, eingesetzt hat. Im Hintergrund Schächentaler Windgälle und Wasserberg. Aus: A. Bögli, 1974.

Fig. 151 Die Stirnmoräne des im letzten Spätwürm nochmals vorgestoßenen Gletschers aus dem Groß Mälchtal, einem rechten Seitental des hinteren Muotatales.

Der *Achslen-Gletscher* rückte zunächst bis Hellberg, derjenige vom *Blüemberg* im Helltobel bis 900 m vor. Nach einem Zurückschmelzen stieß dieser im letzten Spätwürm-Vorstoß in mehreren, von markanten Endmoränen begrenzten Zungen bis Achslen auf 1700 m vor. Aus der Gleichgewichtslage um 2050 m resultiert eine klimatische Schneegrenze um 2200 m.

Beim weiter E gelegenen *Wasserberg-Gletscher* stellte sich ein erstes Zungenende auf 1500 m, ein jüngeres auf 1660 m ein. Dabei lag die Gleichgewichtslage wegen der Schattenlage unter 1950 m, die Schneegrenze um gut 2100 m.

Noch im letzten Spätwürm war die Hochfläche Silberen-Twärenen verfirnt (Fig. 150). Gegen N hing eine Eiszunge im Schatten der Bietstock-NE-Wand bis 1700 m herab, während zuvor, im Stadium von Schlänggen (= Intschi), auch das Karstgebiet des Bödmerenwald unter Eis lag.

Markante Endmoränen auf der E-Seite des hinteren Muotatales, im *Groß Mälchtal* in 1780 m und im oberen *Rätschtal* in 1700 m bekunden bei W-Exposition und Schattenlage eine Gleichgewichtslage um 2100 m und eine klimatische Schneegrenze um 2150 m (Fig. 151).

Noch im letzten Spätwürm lag die weite Hochfläche der Charetalp zwischen Pfannenstock (2573 m), Bös Fulen (2802 m) und der Kette des Höch Turm (2666 m) unter Eis. Dieses brach, wie eine markante Moräne auf dem Mälchberg (1850 m) erkennen läßt, über die Bützi gegen das Bisistal ab.

Für die Firnmulde der weiter S gelegenen *Glattalp* ist – neben der Schattenlage N der Jegerstöck–Ortstock-Kette – die gegen W offene, als Schneefang wirkende Exposition

verantwortlich. Bei einem Firnareal von 10 km^2 und einer über die 400 m hohe Wandstufe nach Milchbüelen bis 1360 m abfallenden, durch Endmoränen dokumentierten Zunge von knapp 3 km^2 ergibt sich eine Gleichgewichtslage um 2050 m und eine 100 m höhere Schneegrenze; heute ist diese auf rund 2600 m hinaufgerückt.
In einer nächstjüngeren Abschmelzphase hing der die Senken der Glattalp mit Eis erfüllende Gletscher mit einer Zunge noch bis auf 1550 m herab.
Letzte, durch Moränen dokumentierte Zungen hingen von der Jegerstöck–Ortstock-Kette bis gegen den Glattalpsee, bis auf 1960 m und bis 2050 m, herab.
Frührezente Moränen zeichnen sich auf den N-Abdachungen des Höch Turm unterhalb von 2300 m und der Jegerstöck–Ortstock-Kette um 2150 m ab. Heute endet der Firn auf der W-Seite des Ortstock auf 2320 m.
Auf der Ruosalp bildete sich im Eggen zwischen dem von den Schächentaler Windgällen und dem Glatten abfließenden Eis eine markante Mittelmoräne aus. Eine entsprechende, allerdings viel weniger auffällige entwickelte sich NNW des Märenspitz, im Vorderist Nißegg, zwischen dem Glatten- und dem Glattalp-Eis. Im Saliboden vereinigten sich die drei Eisströme zum Muota-Gletscher.
Wälle des ausgehenden und des letzten Spätwürm liegen auf Gwalpeten und auf der Oberen Ruosalp.
Im letzten Spätwürm endete der von den Schächentaler Windgällen (2764 m) gegen NE absteigende, durch Seitenmoränen belegte Gletscher unter der Wand auf 1600 m, später auf Alplen Ober Stafel um 1850 m, derjenige, der über Läged Windgälle gegen die Ruosalp herabhing, erst um 1650 m, dann auf 1800 m. Markante Seitenmoränen zielen S des Alpler Horn gegen die zur Ruosalp abfallende Felswand und bekunden die über diese Wand abgebrochene Eiszunge.
Auf der N-Seite der Schächentaler Windgällen läßt sich eine deutliche Stirnmoräne noch in 2120 m beobachten. Für diese ergibt sich bei einer Gleichgewichtslage von über 2250 m eine klimatische Schneegrenze von über 2400 m. Sie dürfte damit einen holozänen, wohl einen frührezenten Gletscherstand bekunden.
Aufgrund einer 1925 bei Seewen gefundenen Silex-Pfeilspitze hat sich bereits der Neolithiker in die Talung der Seeweren vorgewagt (J. Wiget, schr. Mitt.).
Zur Bronzezeit stießen erneut Siedler aus dem Gebiet des Vierwaldstätter- und des Zugersees in den Talkessel von Schwyz vor, wo ihre Anwesenheit durch Bronzebeile in Steinen und in Rickenbach belegt ist. Über Uf Ibrig drangen sie auch tief ins Muotatal ein und hinterließen ihre Spuren in Muotathal und beim Schwarzenbach im Bisistal, wo weitere Bronzebeile gefunden wurden (E. Scherer, 1916; J. Wiget, schr. Mitt.).
Aus römischer Zeit sind eine silberne Gewandnadel von Rickenbach und Münzen bekannt geworden. Münzen sind auch in Brunnen und auf der Ibergeregg gefunden worden (Scherer, 1916). Alemannengräber wurden in Schwyz entdeckt. Die spärlichen kelto-römischen Bewohner des Talkessels von Schwyz wurden von den Alemannen in die Bergtäler abgedrängt. In Rodungen auf den Schuttfächern errichteten diese bäuerliche Streusiedlungen.
Die Christianisierung erfolgte in der Zentralschweiz wohl etwas später als in der March. Immerhin gehen Reste eines ältesten merowingischen Kirchleins in Schwyz bereits auf das 7. oder frühe 8. Jahrhundert zurück. Dieses wurde über einem heidnisch-alemannischen Gräberfeld errichtet und bekundet noch eine geringe Besiedlung (Th. Brunner & W. Keller in H. R. Hahnloser† & A. A. Schmid 1975).

Der urnerische Reuß-Gletscher und seine Zuflüsse im Spätwürm und im Holozän

Der Riemenstaldner Gletscher

Von der Chaiserstock-Kette floß nicht nur Eis gegen NE zum Muota-Gletscher ab; W des Firnsattels der Goldplangg-Höchi (1487 m) sammelte sich das von der westlichen Kette abfließende Eis bis zum Rophaien zum Riemenstaldner Gletscher. Dieser mündete noch im Gersauer Stadium E von Sisikon in den Reuß-Gletscher, was auf Binzenegg Moränenwälle und weiter S über dem Talausgang Rundhöcker belegen.
Von der steilen N-Seite der Fronalpstock-Kette, vom Huserstock bis zum Sissiger Spitz, empfing der Riemenstaldner Gletscher vor allem Lawinenschnee.
Im nächsten Stadium vermochten die einzelnen Zungen von der Rophaien-Chaiserstock-Kette sich nicht mehr zu einem eigentlichen Talgletscher zu vereinigen. Nur die Eismassen zwischen Blüemberg und Chaiserstock und zwischen diesem und dem Roßstock reichten noch über Lidernen bis ins oberste Riemenstaldner Tal; die übrigen endeten – je nach Größe und Höhenlage des Einzugsgebietes – zwischen 1200 und 1400 m.
Im späteren Spätwürm erfüllten die einzelnen Gletscher noch die heute von kleinen Seen und Mooren eingenommenen Karböden, deren Bildung jedoch mindestens ins Frühwürm fällt.
Letzte Spätwürm-Moränen konnten sich nur in den höchsten Bereichen zwischen Hundstock und Blüemberg ausbilden.

Die Isentaler Gletscher

Im Gersauer Stadium vermochten sich die Isentaler Gletscher – *Groß-* und *Chlital-Gletscher* – nochmals mit dem Reuß-Gletscher zu vereinigen, was aus Eisrand-Stauschottern hervorgeht, die sich am Talausgang bei Birchi (732 m) einstellen (A. Buxtorf in H. Anderegg, 1940).
Moränen des nächsten Vorstoßes sind im Großtal von Bergsturzmassen und Schuttkegeln überdeckt worden. Im Chlital dürfte der Gletscher aus dem östlichen Uri-Rotstock-Gebiet erneut bis gegen 1000 m vorgerückt sein, da sich oberhalb vom Chlosterberg und am Chli Bergli Moränen einstellen.
Der nächste spätwürmzeitliche Klimarückschlag zeichnet sich in beiden Talästen ab. Der Chlital-Gletscher nahm nochmals das Becken von Nei ein und stieg bis 1200 m herab, was Moränen unterhalb der Musenalp und beim Neihüttli belegen. Aus einer Gleichgewichtslage von 1900 m ergibt sich eine klimatische Schneegrenze von 2050 m. Ein kleiner Hängegletscher auf der N-Seite des Gitschen, dessen Moräne auf Oberberg bis auf 1800 m abfällt, erfordert eine analoge Schneegrenze. Die Moränen am Baberg bekunden bis gegen 1700 m herabreichende Kargletscher aus der S-Wand der Oberbauen-Kette. Die Wälle auf Unter Bolgen belegen einen SE des Schwalmis bis 1600 m vorgestoßenen Gletscher. Jene von der Egg, die von einem vom Hoh Brisen und Maisander bis 1500 m abgestiegenen Eisstrom geschüttet wurden, sind bereits dem vorangegangenen Rückschlag zuzuschreiben.

Im Großtal treten bei Rüti Moränen und Rundhöcker auf, die dem Vorstoß des Chlital-Gletschers bis Neihüttli entsprechen. Sie belegen – wie die Moränen auf der SW gelegenen Goßalp – einen aus den Firnmulden zwischen Uri- und Engelberger Rotstock bis gegen 1200 m vorgefahrenen spätwürmzeitlichen Großtal-Gletscher.
Die bis 1300 m bzw. bis 1350 m absteigenden Moränen auf dem Langboden und beim Steinhüttli sind den letzten spätwürmzeitlichen Klimarückschlägen zuzuweisen.
Um 1850 reichte der Blüemlisalp-Firn bis auf unter 1900 m herab; eine spätholozäne Moräne läßt sich bis 1600 m verfolgen (DK XIII, 1864). Auch der Chlitaler Firn stirnte im 19. Jahrhundert am Rand des Steilabfalles unterhalb 2300 m. Ebenso stellen sich auf 2000 m Moränen ein, die einen frührezenten Stand dokumentieren.
Ein kleines Moränenrelikt von Sandsteinen der Uri-Rotstock-Gipfelregion auf dem Kalkgrat des Schlieren in 2300 m belegt in den beiden Tälern eine würmzeitliche Eismächtigkeit von über 1000 m (ANDEREGG, 1940).

Das urnerische Reußtal im jüngeren Spätwürm und im Holozän

Rundhöcker am Austritt des Erstfelder- und des Bocki-Tales belegen, daß das mündende Eis durch den Reuß-Gletscher abgedrängt worden ist. Wallreste im Schiltwald, auf dem Regliberg W von Attinghausen und tiefer gelegene zwischen Oberwiler und Bocki NW von Erstfeld sind als frühe spätwürmzeitliche Seitenmoränen zu deuten.
Nach dem Stand von Gersau/Ibach-Ingenbohl schmolz der Reuß-Gletscher tief ins urnerische Reußtal zurück. Ein nächster Vorstoß zeichnet sich S von Altdorf ab. Vom Hüseriberg NW von Erstfeld steigt eine Seitenmoräne gegen Attinghausen ab, und E der Reuß taucht eine unter den S-Rand des Schächen-Schuttfächers (W. STAUB, 1911 K).
Von der W-Seite des Reußtales rückte der *Bocki-Gletscher* aus dem schattigen Felskessel der Waldnacht durchs steile Bockitobel bis 700 m herunter, wobei er sich eben noch mit dem bei Attinghausen stirnenden Reuß-Gletscher zu vereinigen vermochte.
Aus dem Gitschital SW von Altdorf schob sich eine Zunge erneut bis 1000 m vor. Die Moränen NE des Gitschen wurden von der Fischlauwi und der durchs Schopflital niedergefahrenen Lawine geschüttet.
Auch aus den nördlichen Seitentälern des Schächentales stießen Gletscher kräftig vor; noch aus dem tiefsten Kar stieg das Eis im Attinghauser Vorstoß bis 1600 m ab, was einer klimatischen Schneegrenze um 1750 m entspricht; in der nächsten Spätwürm-Phase, bei einer solchen in gut 1850 m, endete es auf 1780 m.
Nach dem Attinghauser Stand brach von der Chli Windgällen ein Bergsturz durchs Öfital auf absterbendes Reuß-Eis nieder, so daß bei Bielenhofstatt S von Erstfeld Moräne mit Kalkblöcken im Kristallingebiet W der Reuß abgelagert wurde. In Bohrungen durch die Bergsturzhügel konnte C. SCHINDLER (1972) ebenfalls Moräne feststellen.
Wahrscheinlich zeichnet sich zwischen Bielenhofstatt und Schützen ein S von Erstfeld kurzfristig stirnender Eisrand ab, der wohl dem Stand von Rothenbrunnen des Hinterrhein-Gletschers entsprechen dürfte.
Bereits vor dem Bölling-Interstadial hat die Verbindung von Urseren-, Göschener- und Meien-Reuß-Gletscher erstmals abgerissen. Im nächsten Kälterückschlag scheinen sie sich teilweise wieder vereinigt zu haben und sind durch das Reußtal vorgestoßen.
Zwischen Amsteg und Wassen konnte C. SCHINDLER (1972) mehrere alte Reuß-Rinnenstücke erkennen: bei Intschi, bei Vorder- und Hinter Ried, bei der Mündung

des Fellitales. Sie wurden durch mächtige Moräne eingedeckt. An der Grenze zur überliegenden Moräne fand sich Föhren-Holz; eine ^{14}C-Datierung ergab 10480 ± 90 Jahre v. h. Damit dürfte das Reuß-Tal zuvor, im Alleröd, eisfrei gewesen sein. Daß indessen der Reuß-Gletscher noch in der Jüngeren Dryaszeit wieder bis Intschi vorgestoßen wäre, läßt sich kaum mit den übrigen auf der Alpen-N-Seite gewonnenen Daten über das Abschmelzen des Eises in Einklang bringen. Wohl sah bereits E. BRÜCKNER (in PENCK & BRÜCKNER, 1909) in der Moräne von Intschi das Gschnitz-Stadium. Sowohl die Moräne NE von Vorder Ried als auch diejenige von Hinter Ried–Intschi sind jedoch viel eher als Lawinenmoränen zu deuten. Noch in der Jüngeren Dryaszeit fuhren bei einer gegenüber heute um 500 m tiefer gelegenen Schneegrenze Lawinen von der übersteilen Pyramide des Bristenstock (3072 m) durch Bristlaui, Langlaui und Teiftal nieder, stauten die Reuß auf und veranlaßten sie zur Eintiefung von Rinnen. Noch heute bleibt schuttreicher Lawinenschnee in schneereichen Jahren oft bis in den Herbst hinein liegen. Die bis 50 m tiefen Staubecken, die von Silten, Sand und Kies, lokal mit deutlicher Schrägschichtung, aufgefüllt wurden, sind daher weit eher von Lawinenschutt als von einer Stirnmoräne gestaut worden.
Im weiter S gelegenen Langlaui-Tunnel fanden sich über 4 m mächtige tonige Silte mit Warwen von 2–5 mm, in denen M. WELTEN und V. MARKGRAF (in SCHINDLER, 1972) nach 3 m pollenarmen Seeablagerungen eine Pioniervegetation des Spätglazials, wohl aus dem jüngsten Abschnitt der Jüngeren Dryaszeit, nachweisen konnten, mit *Pinus*, *Betula*, *Juniperus* und hohen Nichtbaumpollen-Werten – Gramineen, Compositen, Cyperaceen – sowie geringen Anteilen wärmeliebender Gehölze, die wohl bei Föhn eingeweht wurden. Die aufgefundenen Holzreste stammen nach F. SCHWEINGRUBER von *Pinus cf. silvestris*, *P. cf. montana* (evtl. *P. silvestris*) und *Betula* (S. 358).
Seitenmoränen SW und SSE von Wassen sowie der Kirch-Rundhöcker vor dem Ausgang des Meientales deuten auf ein Zungenende beim Pfaffensprung unterhalb von Wassen hin (S. 351).
Zeitlich dem Vorstoß von Wassen entsprechende Wälle treten NE von Altdorf am Hüenderegg (1874 m) zutage. Auf dessen NE-Seite hatte sich ein Firnfeld entwickelt, das auf 1750 m von einem markanten Moränenwall umgeben war. Aus der Gleichgewichtslage in 1800 m ergibt sich wiederum eine klimatische Schneegrenze von gut 1850 m, was einer Depression von gut 700 m gleichkommt.
Eine entsprechende Moräne steigt im Gitschital bis 1200 m herab (P. ARBENZ, 1918K). Auch der *Gitschi-Gletscher* setzt, bei extremer Leelage und Lawinenschneeanhäufung unter der Gitschenwand (2907 m), eine gleiche klimatische Schneegrenze voraus. Vom Grat (1936 m) am Surenen-Weg bekunden gegen das Gitschital und gegen das Reußtal herabhängende Firnfelder, bei einer Gleichgewichtslage von knapp 1800 m, ebenfalls eine Schneegrenze um gut 1850 m.
Im Riedtal SW von Erstfeld hing noch im Stadium von Göschenen eine Zunge bis unter 1500 m herab. Noch um 1850 reichte der Glatt-Firn auf der NE-Seite der Spannörter (3198 m) im hintersten Erstfelder Tal bis auf 1648 m herab (GK XIII, 1864).
Von der Windgällen (3188 m) stieß der Öfi-Gletscher noch im Stadium von Wassen bis an die Spitze des Schuttfächers an der Talmündung vor. Ein späterer Stand zeichnet sich durch absteigende Seitenmoränen um 1100 m ab. Noch im Göschenen-Stadium war der Boden des Sewli von Eis erfüllt; eine Zunge hing bis 1500 m ins Öfital herab.
Die Kluftsysteme, die besonders für die Entstehung des Urnersees mitverantwortlich sind (S. 313), zeichnen sich auch weiter Reuß-aufwärts ab. Im Gebiet der Eggberge

führten sie im Altdorfer Sandstein zur Bildung offener Klüfte. Die dadurch losgelösten Felspartien bedeuten für einzelne Dorfteile von Altdorf eine latente Felssturz-Gefahr. Diese wurde bereits früh erkannt und durch Stürze auch immer wieder wachgerufen. Ebenso ließen junge Kluftscharen, welche über Erstfeld und Silenen die Felswände des Bälmeten und der Chli Windgällen durchsetzen, zahlreiche Felsstürze niederbrechen. Eine ausgeprägte Klüftung mit klaffenden Spalten zeichnet sich vorab am Pfaffen und am E-Ende der Chli Windgällen ab, so daß Felsstürze die Talschaft um Silenen bedrohen.
Über die spät- und nacheiszeitliche Talfüllung des unteren urnerischen Reußtales informieren vom Amt für Gewässerschutz des Kantons Uri veranlaßte Bohrungen, von denen allerdings die meisten bereits in 36–40 m Tiefe abgebrochen worden sind.
Eine 300 m von der rechten Flanke entfernte Bohrung im Schattdorfer Ried reichte bis 70 m, eine zweite, nahe der Talmitte, im Schattdorfer Schachen, gar bis 110 m. Unter 2 m stark lehmigen Feinsanden folgten zunächst bis auf eine Tiefe von 37,8 m meist sauberer Kies und Sand, dann, bis 63 m, leicht lehmiger Sand mit einzelnen kleineren Geröllen, bis 99 m sauberer Sand mit kleinen und größeren Geröllen und hernach nochmals Sand, der bis 110 m zunehmend lehmiger wurde (G. BALDISSERA, schr. Mitt.).
Ein Schalenstein bei Wassen (E. SCHERER, 1916) deutet bereits auf eine bronzezeitliche Besiedlung der Talschaft Uri, was auch durch die spätbronzezeitlichen Funde bei Bürglen, das von K. N. LANG 1692 erwähnte Messer von Erstfeld und die Grabungen bei der Ruine Zwing Uri S von Amsteg, wo mittlere Bronzezeit und ältere Eisenzeit nachgewiesen werden konnten, bestätigt wird (E. SCHERER, 1911, M. PRIMAS in W. MEYER, 1978). Aus der Latène-Zeit erwähnt P. KLÄUI (1965) keltische Werkzeuge von Altdorf. Neben dem 1962 entdeckten fürstlichen Depotfund von Erstfeld – 4 kunstvoll gearbeitete goldene Hals- und 3 Armringe aus keltischer Zeit (R. WYSS, 1967) – sind archäologische Funde in Uri recht selten. Dies trifft auch für römische Münzen zu. Außer den Funden bei Altdorf, Schattdorf und Andermatt sind sie bisher auf Surenen (2. und 3. nachchristliches Jahrhundert), Susten und Gotthard beschränkt geblieben. Die Paßfunde, wie auch derjenige von Bäzberg-Roßplatten und der Neufund von der Fellilücke (2478 m), eine Münze aus der 2. Hälfte des 3. Jahrhunderts, wurden wohl dem Genius Loci für den geglückten Aufstieg geopfert. Die Münzen vom Bäzberg und von der Fellilücke belegen die Umgehung der Schöllenen, die erst um 1225 erschlossen wurde (Bd. 1, S. 247), auf Naturpfaden.
Im 7. Jahrhundert wanderten Alemannen ins untere Reußtal ein, was durch Grabfunde und – ihre Christianisierung – durch das Freilegen von zwei Kirchengrundrissen in Altdorf, von denen die ältere ums Jahr 700 erbaut wurde (H. R. SENNHAUSER, 1970), sowie durch den ins 11. Jahrhundert zurückreichenden Wohnturm von Silenen belegt wird.

Der Schächen-Gletscher

Zwischen Klausenpaß und Bürglen hat sich längs des S-Randes der Axen-Decke und den an ihrer Basis mitgerißenen südhelvetischen Flyschmassen einerseits und den zurückgebliebenen infrahelvetischen Decken – Kammlistock-Decke, verschürfte Kreide-Eozän-Massen der Clariden-Kette, Grießstock- und Hohfulen-Decke mit ihren Altertiärhüllen – anderseits das Schächental eingetieft. Bereits zwischen Klausen und Unterschächen reichen jedoch verschürfte Kreide-Eozän-Massen und vor allem die Grießstock-Decke mit ihrer Stirn auch auf die N-Seite des Vorder Schächen.

Während die Anlage des Schächentales, wie jene der Urnersee-Talung, mit der endgültigen Platznahme der Helvetischen Decken ins jüngere Pliozän zurückreicht, erfolgte die Ausräumung vorab im Quartär. Diese war besonders durch die zu Gleitungen neigenden Dachschiefer und die spröden, von Klüften durchsetzten Altdorfer Sandsteine begünstigt. Mit der noch aktiven Spiringer Sackung wurden Gesteinsmassen von über 8 km^2 Ausdehnung bewegt (Bd. 1, S. 112).
Das tief eingeschnittene, bei Unterschächen von S mündende Tal des Hinter Schächen, das Brunnital, folgt einer geringfügigen Blattverschiebung, durch welche die E-Seite dieses SSW–NNE-verlaufenden Tales etwas weiter nach N bewegt worden ist. Zugleich stellen sich SSE-NNW-verlaufende Spannungsklüfte ein.
Zwischen den Stadien von Vitznau/Goldau und von Gersau/Ibach-Ingenbohl hatte sich der Reuß-Gletscher so weit zurückgezogen, daß nicht nur die Verbindung mit dem Muota-, sondern auch mit dem Schächen-Gletscher abriß. Beim Vorstoß zum Gersauer Stadium wurden im untersten Schächental mächtige Stauschuttmassen abgelagert, welche die Terrassen von Breitäbnet und Ried, ENE von Bürglen, aufbauen. Durch das erneute Eindringen von Reuß-Eis ins untere Schächental wurde die Erosionsleistung des Schächen-Gletschers unterhalb von Spiringen stark vermindert, so daß früher bis Witerschwanden taleinwärts verfrachtete Reuß-Erratiker im Strömungsschatten nicht wieder ausgeräumt wurden. Daß jedoch Schächen-Eis stets abfließen konnte, wird durch Erratiker belegt, die auf der rechten Talseite weit höher hinaufreichen als die vom Reuß-Eis hereingebrachten.
Endmoränen, die dem Attinghausen-Stadium des Reuß-Gletschers gleichzusetzen wären, müßten unterhalb von Unterschächen liegen (W. Brückner, 1938). Durch die ausgedehnten Spiringer Sackungen (Bd. 1, S. 112) sind die Moränen jedoch überschüttet worden. Zugehörige Seitenmoränen liegen auf der Trogenalp.
In diese Kaltphase dürfte der aus dem Riedertal stammende Murgang-artige Schuttfächer am Ausgang des Schächentales fallen, in den sich der Schächen über 30 m tief eingeschnitten hat.
Bei Unterschächen, wo sich im Konfluenzbereich der beiden Schächen-Gletscher ein Rundhöcker findet, stellte Brückner neben Kreide-Gesteinen des *Vorderschächen-* vor allem Erratiker des *Hinterschächen-Gletschers* fest. Moränen eines nächsten spätwürmzeitlichen Klimarückschlages liegen beim Hinterschächen-Gletscher bei Ueligschwand, 2 km S von Unterschächen.
Jüngere Rückzugsstaffeln liegen bei Alt Rüti und Lauwi. Diesem Stadium entspricht W des Brunnitales der aus dem Kar Blinzi–Sittliser ernährte Gletscher, der auf der Sittlisalp drei Moränen-Systeme zurückgelassen hat.
Die Moränen im Talschluß: die Eggen, zwei gegen S verlaufende Wälle, derjenige, der gegen Alp Brunni abfällt, und der Hinter Eggen, eine rechte Seitenmoräne des Ruch Chälen-Gletschers, dürften das Göschenen-Stadium eines auf Brunni und im Brunniwald endenden Hinter Schächen-Gletschers bekunden. Der zwischen Grießstock (2734 m) und Chli Ruchen (2944 m) absteigende *Lammerbach-Gletscher* rückte nochmals bis Nider Lammerbach, bis 1500 m, vor, wo er die Seitenmoräne des Vorder Eggen zurückließ. Holozäne Zungenenden sind auf 1760 m und auf 1860 m angedeutet. Frührezente Moränen – so der Grießeggen – reichen bis 2200 m herab.
Im Tal des Vorder Schächen konnte Brückner zwischen Unterschächen und Äsch unter Moränenschutt des Grieß-Gletschers solchen aus der Axen-Decke feststellen.
Die gut entwickelten Endmoränen von Äsch stammen von einem steil abfallenden

Grieß-Gletscher, der noch von der NE-Abdachung des Grießstock einen Zuschuß erhielt. Bei einem Akkumulationsgebiet von gut 7,5 km^2 und zwei Zungen von knapp 2,5 km^2 lag die Gleichgewichtslage auf gut 2150 m. Daraus ergibt sich bei N-Exposition eine klimatische Schneegrenze um 2300 m.
Auch vom Tierälpligrat S des Klausenpasses stieg ein Gletscher bis ins Becken der Unter Balm, wobei die Zunge über die Balmwand abbrach. Der Wall von Gurtenstalden ist wohl als Mittelmoräne zwischen den beiden Gletschern zu deuten, wobei die Kerbe S des eisüberschliffenen Chli Höcheli als subglaziäre Schmelzwasserrinne wirkte.
Im Wassen-Stadium hing eine Zunge von der Oberalp NE des Grießstock bis auf die Nideralp, bis 1550 m, während der Grieß-Gletscher damals noch als Vorder Schächen-Gletscher über Eggen zwischen Äsch und Unterschächen hinausreichte und dabei Lawinenschnee von den Schächentaler Windgällen (2764 m) aufnahm.
Frührezente Moränen des Grieß-Gletschers belegen ein Zungenende auf 1900 m. Damals mag sich die Gleichgewichtslage auf 2350 m eingespielt haben. Als klimatische Schneegrenze ergäbe sich eine Höhe von 2500 m. 1959 (LK 1192) endete der Grieß-Gletscher auf 2235 m; 1973 (F. MÜLLER et al., 1976) auf 2160 m.
Die zahlreichen, von Moränenwällen abgedämmten Kare waren – je nach Höhenlage – noch im Gschnitz- (=Wassen-) bzw. im Daun- (= Göschenen)-Stadium von Eis erfüllt, so das Heger- und das Mettener Butzli SW der Schächentaler Windgällen (BRÜCKNER, 1938, 1979 K).

Die Sackungsmassen der Schattdorfer Berge und die spätwürmzeitlichen Gletschervorstöße aus dem Hoch Fulen-Gebiet

Im Winkel zwischen Reuß- und Schächental liegen – außerhalb der Hauptstoßrichtungen – die Sackungsmassen der Schattdorfer Berge (J. J. JENNY, 1934; W. BRÜCKNER, 1979 K). Da sie von hoch- und spätwürmzeitlichen Moränen des Reuß-Gletschers gekrönt werden (W. STAUB, 1911 K; BRÜCKNER, 1979 K), steht ein älteres Alter fest. Nach dem Niederbrechen floß Lokaleis durchs Rieder- und durchs Teiftal ab, die im Spätglazial mächtig ausgeräumt wurden. Höchste Moränen des ins Schächental eingedrungenen Reuß-Gletschers liegen auf den Schattdorfer Bergen bis auf über 1460 m (BRÜCKNER, mdl. Mitt.). Eine erste Mittelmoräne setzt um 1400 m ein. Im Bremgarten-Stadium bildeten sich SE des Haldi zwischen 1270 m und 1200 m erste Seitenmoränen aus. Auch auf der N-Seite des Schächentales stellen sich N von Bürglen auf 1245 m und 1200 m Moränen ein. Ein tieferer Wallrest – wohl des Stadiums von Gisikon-Honau – zeichnet sich SE von Schattdorf um 1030 m ab; noch tiefere Stände – Vitznau- und Gersauer Stadium – dürften in den Stauterrassen von Luggenschwand um 930 m und von Lehn um 880 m und 860 m vorliegen.
Da sich das Eis nur vor dem Gersauer Vorstoß kräftiger zurückgezogen hatte, aber noch im Urnersee verblieb, erfolgte das Niederbrechen der Sackungsmassen wohl bereits in einem eisrandmäßig entsprechenden frühwürmzeitlichen Stand (Fig. 152).
Möglicherweise sind auch die warwigen Sedimente, die BRÜCKNER (1979 K) im Riedertal um 1100 m feststellen konnte und als Ablagerungen in einem Eisrandstausee deutet, bereits damals gebildet worden.
Im Gersauer Vorstoß rückte das Eis von der Hoch Fulen–Bälmeten-Kette nochmals bis Chessel, bis 1400 m, vor; durch das Teiftal lieferte es dem Reuß-Gletscher erst noch

Fig. 152 Die von der Burg–Hoch Fulen-Kette niedergebrochene Bergsturzmasse des Haldi (rechts der Bildmitte). Im Hintergrund Groß und Chli Windgällen sowie Bälmeten (rechts).

einen Zuschuß, dann wurde auch dieser Gletscher selbständig. Von der Burg–Wängihorn-Kette stieß es ins Riedertal bis gegen 1150 m vor.
Im Attinghausen-Stadium endete der Hoch Fulen-Gletscher noch auf 1100 m. Damit dürfte die letzte Ausräumung der beiden Täler ins jüngere Spätwürm fallen. Da der Murgang-artige Schuttfächer von Bürglen mit seinen eingeschlossenen Riesenblöcken sich im Riedertal bis auf 1150 m verfolgen läßt, dürfte dessen Anlage ebenfalls in die Zeit dieses Klimarückschlages, wohl ins Stadium von Attinghausen, und in diejenige des nachfolgenden Abschmelzens fallen.
Im Wassen-Stadium endete das Hoch Fulen-Eis auf dem Süeßberg auf 1250 m. Vom Bälmeten brach beim Abschmelzen des Hängegletschers ein Bergsturz nieder, der auf Gampelen Reuß-Moräne überschüttete.
Noch im ausgehenden Spätwürm hingen Eiszungen vom Hoch Fulen bis unter 1600 m herab. Die bis 1900 m reichenden Moränenwälle bekunden eine noch spätere Staffel.

Maderaner-, Felli- und Gorneren-Gletscher

Als der Reuß-Gletscher wieder bis Attinghausen vorstieß, rückte auch der *Maderaner Gletscher* vor und vermochte sich erneut mit ihm zu vereinigen.
Hinter Bristen traf der Maderaner- mit dem von S einmündenden *Etzli-Gletscher* zusammen.

Fig. 153 Der Brunni-Gletscher im Maderanertal UR. Nach der Natur gezeichnet von H. C. ESCHER von der Linth am 9. August 1796. Die Zunge erreichte damals noch die Weiden der Alp Brunni (2060 m). Orig. Graphische Sammlung ETH, Zürich.

An der Konfluenz von Maderaner- und Reuß-Gletscher lag ihre Oberfläche im Attinghauser Vorstoß um 900 m. Das kleine Fryetal E des Moränenwalles, an der NE-Ecke der Windgälle, wirkte als Schmelzwasserrinne.
Beim weiteren Abschmelzen im nächsten Interstadial trennte sich der Maderaner- endgültig vom Reuß-Gletscher.
Im Reußtal zeichnen sich nächste Vorstöße bei Hinter Ried oberhalb von Amsteg (C. SCHINDLER, 1972) und bei Intschi (E. BRÜCKNER in PENCK & BRÜCKNER, 1909) ab. Der Maderaner Gletscher stieß damals noch gegen Amsteg vor.
Aufgrund der Gleichgewichtslage in gut 1950 m und S-Exposition entsprechen die beiden Endmoränen auf Golzeren auf 1300 m bzw. auf 1400 m bereits zwei Lappen eines jüngeren Vorstoßes des *Windgällen-Gletschers*. Dabei floß noch etwas Eis über die Rundhöcker E des Golzerensees zum Maderaner Gletscher, der eben noch den von der SE-Seite der Groß Windgällen abfließenden *Stäfel-Gletscher* aufgenommen hatte (W. BRÜCKNER, 1979K). Von der Chli Windgällen (2986 m) stieg ein Gletscher durch die Widderlaui zum Maderaner Gletscher ab. Dieser endete damals im Bristentobel, unterhalb von Bristen, das auf Gneis-Rundhöckern steht.
Auf der S-Seite der Windgällen liegen Moränen des ausgehenden Spätwürm auf Bläck,

Fig. 154 Der Brunni-Gletscher am 14. Aug. 1973, aufgenommen vom Felsriegel N des Brunnibodens (2060 m), wo ESCHER die Skizze seiner aquarellierten Federzeichnung angefertigt hat. Von der 2 km langen Zunge – die Ausdehnung von 1796 ist gestrichelt – findet sich nur noch ein kleiner Rest. Das Gletschertor liegt heute um 2330 m. Neben dem längenmäßigen Rückschmelzen der Gletscherzunge tritt der volumenmäßige Schwund klar zutage.
Fig. 153 und 154 aus: P. KASSER & M. AELLEN, 1973. Photo: M. AELLEN, VAW ETH Zürich.

auf Bernetsmatt und auf Stäfel um 1900 m, weiter E auf 1800 m, während das Eis des Groß Ruchen noch den Maderaner Gletscher erreichte.
Frührezente Stände des Stäfelfirn reichen bis 2200 m, solche des Windgällenfirn bis wenig oberhalb der Erzgrueben, bis 2430 m und des Chli Windgällenfirn bis 2560 m. Bis 1959 (LK 1192) ist der von der Chli Windgälle herabhängende Gletscher ausgeapert, der Windgällenfirn auf 2515 m und der Stäfelfirn auf 2320 m zurückgeschmolzen.
An der Mündung des Etzlitales wird dieser Stand durch eine Seitenmoräne belegt, die auf 1080 m einsetzt. Der Etzli-Gletscher lieferte eben noch einen letzten Zuschuß.
Internere Staffeln zeichnen sich beim Maderaner Gletscher hinter der Talstation der Golzeren Seilbahn, beim Etzli-Gletscher bei der Mündung des Sellenentobels ab.
Beim Abschmelzen ist wohl auch der mächtige Murgangschuttfächer am Ausgang des Etzlitales angelegt worden. Von SSW mündete ein steiler Hängegletscher vom Bristen, der sich beim Bristensee in zwei Lappen aufspaltete, von denen der NW-Lappen noch bis fast in die Sohle des Reußtales abstieg.
In der letzten spätwürmzeitlichen Staffel endete der Maderaner- auf rund 1000 m, der Etzli-Gletscher auf 1400 m. Internere, ebenfalls durch absteigende Seitenmoränen mit riesigen Erratikern markierte Stände finden sich beim Rüteli um 1100 m. Dabei emp-

fing der Maderaner Gletscher noch Zuschüsse vom Oberalpstock (3295 m). Holozäne Vorstöße zeichnen sich bei Blindensee zwischen 1300 m und 1400 in Wallresten und Rundhöckern ab.

Frührezente Moränen belegen beim Spilauibiel-Firn auf der NE-Seite des Schattig Wichel/Piz Giuv (3096 m) ein Zungenende auf 2280 m, beim Felleli-Firn aus dem N-Kar des P. Nair (3069 m) ein solches auf 2120 m. 1959 endete der Felleli-Firn auf 2380 m (LK 1212).

Um 1600 reichte der Hüfi-Gletscher noch bis 1460 m. Internere Staffeln im Grieß – 200, 300, 360 und 600 m hinter der äußersten Moräne – bekunden Stände des 19. Jahrhunderts. Ruchen- und Bocktschingelfirn hingen noch um 1850 (DK XIV, 1859) bis an die Oberkante des Bocktschingel über dem Hüfi-Gletscher, bis 2100 m, herab. Bis 1959 (LK 1192) waren der Ruchenfirn bis auf 2460 m und der Bocktschingelfirn auf 2360 m zurückgeschmolzen. 1973 endete der Hüfi-Gletscher auf 1740 m in einem Zungenbeckensee (LK 1192; F. Müller et al., 1976).

Ein letzter Spätwürm-Stand des *Brunnifirn* ist über dem Talausgang des *Brunni* durch Rundhöcker und Wallreste angedeutet. Holozäne Stände zeichnen sich beim Felsriegel des Bocki auf 2000 m und auf Alp Brunni ab. Frührezente Moränen bekunden einen Vorstoß bis 2065 m; um 1850 (DK XIV, 1859) war der Brunnifirn um 200 m weniger weit vorgerückt; bis 1959 war er bis auf 2260 m zurückgeschmolzen (Fig. 153 und 154). 1973 lag das Zungenende auf 2220 m (Müller et al., 1976).

Bei der Mündung des Fellitales stellt sich von 1150–1100 m ein Moränenwall eines *Felli-Gletschers* ein. Die Zunge dürfte über dem Fellitobel noch den Reuß-Gletscher erreicht haben, der damals wieder bis Intschi vorstieß.

Noch im nächsten Stadium reichte der Felli-Gletscher dank des Zuschusses aus dem Kessel SW des Bristen bis ins vordere Fellital.

Letzte spätwürmzeitliche Stände zeichnen sich auf Rinderboden und auf Obermatt ab. Aus dem Kar des Schattig Wichel erhielt der Felli-Gletscher noch einen Zuschuß. Aus dem Kessel W des Sunnig Wichel hing eine Zunge bis gegen 1900 m, von der SW-Flanke des Bristen gar bis 1600 m herab.

Der Bächenfirn vom Rienzenstock (2957 m) endete noch um 1850 unterhalb von 2300 m. Vom Rienzenstock hingen noch im letzten Spätwürm einzelne Eiszungen gegen das Reußtal bis 2000 m herab. Im steilen Standeltal konnte sich keine Eiszunge halten; das Eis brach ab und blieb im Talausgang zwischen Wassen und Göschenen liegen. Noch in den holozänen Hochständen häufte sich der Schnee am Fuß der Felswände zu Firnfeldern an.

Auch aus dem *Gornerental* stieß im Wassen-Stadium ein Gletscher von den Zwächten (2995 m) und den Krönten (3108 m) bis zum Talausgang oberhalb der Station Gurtnellen. Im Würm-Maximum reichte dort das Eis bis gegen 2000 m, zeigt doch der Schwarz Berg (1868 m) noch eine Eisüberprägung.

Noch im letzten Spätwürm stieß der Gorneren-Gletscher erneut gegen Grueben vor. Ein wohl bereits holozäner Stand zeichnet sich bei Balmen auf 1660 m ab. Talauswärts hat sich eine Sanderflur ausgebildet.

In den frührezenten Vorstößen endete der noch vom Bächenfirn ernährte Gletscher um 1900 m. 1959 (LK 1211) lag bis 2040 m herab regeneriertes Eis.

Der Meienreuß-Gletscher

Die Anlage des Meientales ist weitgehend strukturell vorgezeichnet. Der Sustenpaß liegt in einer Zone intensiver, parallel zum alpinen Streichen verlaufender Durchscherung. Der obere Teil des Meientales folgt den tektonischen Strukturen der Sedimentkeile und der untere den Kluftrichtungen im Aarmassiv.
Über dem linken Ausgang des Meientales setzt um 1550 m eine vermoorte Schmelzwasserrinne ein. Sie belegt eine Eismächtigkeit von über 500 m und dürfte noch im Attinghausen-Stadium aktiv gewesen sein. Damals wurden auch die Rundhöcker bis hinauf zum Schlittchuchen (1580 m) ein letztesmal überschliffen.
Der Meienreuß-Gletscher, der noch Zuschuß von über den Susten geflossenem Eis des Stein-Gletschers empfing, vermochte sich zunächst noch mit dem Reuß-Gletscher zu vereinigen, was W von Wassen durch Seitenmoränen um 1040 m belegt wird. A. Bühler (1928) setzt diesen Stand aufgrund der errechneten mittleren Schneegrenzen-Depression von 600 m (heute 700 m) dem Gschnitz-Stadium gleich.
Der Reuß-Gletscher reichte, dank des Zuschusses aus dem Ror-Tal, noch bis zu den Rundhöckern beim Pfaffensprung unterhalb von Wassen. Bei Egg, W des Dorfes, finden sich ebenfalls Rundhöcker und stirnnahe Moränen. Der Kirchhügel und die NE daran angelagerte Moräne liegen beim früheren Zusammenfluß der beiden Gletscher. Auch E der Reuß zeichnen sich zwei Staffeln ab, von denen die äußere eine Eishöhe um 1000 m bekundet.
Eine jüngere Staffel des eben selbständig gewordenen Meienreuß-Gletschers gibt sich rechts am Talausgang zu erkennen.
Ein nächstes, wiederum durch mehrere Staffeln dokumentiertes Stadium, bei dem der Meienreuß-Gletscher den *Kartigel-Firn* vom Fleckistock (3417 m) und Lawinenschnee vom Schildplanggenstock (2592 m) aufnahm, zeichnet sich um Meien-Dörfli durch Seitenmoränen und bei Leweren, 1 km weiter talauswärts, durch frontnahe Wallreste ab. Entsprechende Moränen haben sich an der Mündung des *Sewen-Gletschers* ausgebildet.
Im Göschenen-Stadium – Bühler (1928) setzte es, aufgrund der Schneegrenzen-Depression von 350 m (heute um 450 m), dem Daun-Stadium gleich – vermochte der Meienreuß-Gletscher noch über die Rundhöcker der Bärfallen bis über Färnigen vorzustoßen. Dabei nahm er noch den *Gorezmettlen-Gletscher* vom Grassengrat und vom Chli Spannort (3140 m), den *Sewen-* und von der rechten Talseite den *Rüti-Gletscher* auf. Wie gut ausgebildete Seitenmoränenstaffeln belegen, reichte das Eis bei der Mündung des Gorezmettlen-Gletschers zunächst bis auf 1860 m, bei derjenigen des Sewen- und des Rüti-Gletschers noch auf 1600 m. Das Zungenende lag bei Fürlaui auf 1330 m.
Im obersten Meiental liegen grobe Block-Moränen zweier Vorstöße eines noch vereinigten *Sustli-Stößen-Gletschers* unterhalb und oberhalb der Paßstraße. Offenbar brach ein gewaltiger Felssturz auf den Gletscher nieder und ließ diesen mächtig vorrücken. An der Basis einer vermoorten Stelle des Zungenbeckens erbrachte *Pinus*-Holz ein ^{14}C-Alter von 4540 v. Chr. und in einem basalen Pollenspektrum *Corylus*, *Pinus* und Eichenmischwald-Vertreter, so daß die abdämmende Moräne spätestens im Älteren Atlantikum abgelagert worden sein muß (L. King, 1974). Ein jüngerer Stand endete auf 1920 m Höhe. Der unter der Felswand regenerierte Stand des Stößen-Gletschers um 1850 (DK XIII, 1864) ist wohl auf einen Zungenabbruch zurückzuführen.
Auch der *Sustenloch-Firn* sowie das Schneefeld im Sustenloch reichten mit ihren Zungen wohl noch beim Vorstoß am Ende des Boreal bis über die Sustenstraße. Der Gletscher

vom *Sustenspitz* spaltete sich auf dem Sustenpaß in zwei Stirnlappen: der gegen E abfließende endete wenig unterhalb 2200 m, der gegen W sich wendende umschloß noch das Seeli W der Paßhöhe.
Etwas älter, wohl noch spätwürmzeitlich, sind die ± E-W-verlaufenden Brüche im Aarmassiv des Paßgebietes, bei denen der N-Flügel jeweils um einige m emporgehoben wurde (Bd. 1, S. 394).
Beim *Chalchtal-Gletscher* dürften die Wälle zwischen 1770 und 1880 m als holozäne, diejenigen um 1880–1900 m wohl als frührezente zu deuten sein.
Weitere markante Staffeln verraten ein Zungenende um 1950 m. Um 1860 (DK XIII 1864) stirnte er auf 1970 m, wobei er noch mit dem Tschingelfirn zusammenhing. 1959 endete der Chalchtalfirn um 2200 m, der Tschingelfirn um 2650 m (LK 1211).
Noch im Holozän reichte auch der *Grießen*-Firn mit seinen Zungen bis in die Mündungsschluchten oberhalb der großen Schuttfächer, bis gegen 1850 m, auf der Großalp bis auf 2000 m. Frührezente Stände geben sich um 2050 m bzw. um 2300 m zu erkennen.

Der Göschener Reuß-Gletscher

Eine markante Seitenmoräne läßt sich auf der N-Seite des Göschener Tales erkennen. Von 2070 m N des Göscheneralpsees fällt sie bis zur Einmündung des Voralp-Gletschers auf 1800 m; dann senkt sie sich mit rund 17%, bis sie sich E von Golderen auf 1710 m verliert. Bei einem gegen die Stirn nur wenig sich versteilenden Gefälle käme das Zungenende nach Göschenen auf gut 1100 m zu liegen (Hantke, 1958), wo sich äußere und um 1140 m innere Staffeln abzeichnen. Auf der rechten Talseite läßt sich dieses Stadium zwischen Höll und Wandflueseeli in mehreren Wallresten erkennen.
Außer dem *Voralp-Eis* erhielt der Göschener Reuß-Gletscher noch Zuschüsse vom Salbitschijen und vom Roßmattgrat, von dem Lawinenschnee oft noch bis in den Spätsommer im Tal liegt. Ein kleiner, E-W-verlaufender Wall W des Schuttfächers aus dem Schwändital ist als holozäner Lawinenschuttwall zu deuten. Holozäne Stände sind weiter taleinwärts bei Wiggen im Mündungsbereich des Voralptales angedeutet.
Im Talboden der Göscheneralp fand C. Schindler (in H. Zoller et al. 1966) Grund- und Obermoräne mit zwei Wällen, die von Alluvionen mit Torflagen unterteuft werden. Lokal folgen auch über der Moräne Alluvionen mit eingelagertem Torf. Die beiden Wälle bekunden zwei späte Vorstöße eines Göschener Gletschers. Dabei rückte zunächst der Damma-Gletscher von SW vor. Später stieß der Chelenalp-Gletscher – wohl durch Bergstürze ausgelöst – von NW mächtig vor, was durch Erratiker aus der nördlichen Schieferzone des Aarmassivs belegt wird. Nach H. Röthlisberger (in Zoller et al., 1966) kann dieser Vorstoß nur durch ein außergewöhnliches Ereignis – etwa einen Eissturz auf den hinteren Chelen-Gletscher – erklärt werden.
Aufgrund pollenanalytischer Untersuchungen (Zoller) und ^{14}C-Datierungen fällt der äußere, bis unter die Krone des Staudammes erfolgte Vorstoß, die Göschener Kaltphase I, in die Zeit zwischen 880 v. Chr. und 320 n. Chr. und damit in die Eisenzeit, der zweite zwischen 350 v. Chr. und 560 n. Chr.
Holozäne Endmoränenwälle umgürten den Bergsee in 2340 m. Für den aus dem Kar SSE des Schijenstock vorgestoßenen Gletscher ergibt sich eine Gleichgewichtslage in gut 2500 m und daraus – mit dem gegen NE abfließenden Stock-Gletscher – eine klimatische Schneegrenze von knapp 2450 m; heute liegt sie auf 2750 m.

1959 (LK 1231) reichte der Chelengletscher noch bis 2090 m, der Dammagletscher bis 2050 m herab. Im Talschluß der Voralp endete der Wallenburfirn auf 2150 m.
Auch durch das E von Göschenen ins Reußtal mündende *Riental* hing im Göschenen-Stadium eine vom Schijen- und Rienzenstock (2957 m) absteigende, wohl reichlich von Lawinenschnee genährte Zunge bis ins Reußtal herab. In dessen Mündungsbereich liegt oft noch heute Lawinenschnee bis in den Spätsommer.

Der Urseren-Reuß-Gletscher

Im mittleren Spätwürm vereinigten sich Furka-, Mutten-, Witenwasseren-, Gotthard-, Unteralp- und Oberalp-Reuß-Gletscher im Talboden von Urseren noch zu einem durch die Schöllenen abfließenden *Urseren-Reuß-Gletscher*, der bei Göschenen den Göschener Reuß- und den Rien-Gletscher, bei Wattingen den Ror-Gletscher aufnahm und unterhalb von Wassen – nach dem Zusammentreffen mit dem Meienreuß-Gletscher – stirnte.
Neben zahlreichen Rundhöckern in den Konfluenz-Bereichen der Hauptarme – hinter Realp, bei Hospental und um Andermatt – finden sich in Urseren auch Mittel- und Seitenmoränenreste. Sie bekunden über Hospental eine Eishöhe von 1900 m. Eine Seitenmoräne am Bäzberg um 1800 m, Rundhöcker und Moränenreste zwischen Unteralp- und Oberalp-Tal sowie eine Moränen-Stauterrasse ebenfalls um 1800 m belegen noch um Andermatt eine Gletscheroberfläche in dieser Höhenlage (Gem. Exk. mit F. Renner). Zu diesem Stand dürfte im Gotthard-Tal die Mittelmoräne an der Mündung des Guspis-Tales, der Rest einer rechten Seitenmoräne auf Falken um 2080 m sowie eine Mittelmoräne E von Hospental zwischen dem Urseren-Eis und dem steil von S zufließenden St. Anna-Gletscher gehören. Gegen die Schöllenen fiel die Eisoberfläche infolge des bedeutenden Gefälles rasch ab, so daß diese über Göschenen noch auf 1400 m stand.
Unterhalb von Hospental zeichnen sich in einer unter die Talebene abtauchenden Rundhöcker-Landschaft eine subglaziäre Schmelzwasserrinne und bei Hospental selbst einige Abschmelzstaffeln des Furka-Reuß-Gletschers ab.
Eine über 30 m tiefe Bohrung in Andermatt erbrachte mächtige, zum Teil gebänderte Seesilte mit einigen Sand- und Geröllschüttungen, Holzresten in 15 m und einer geringmächtigen Torflage in 9,5 m Tiefe.
Bei Rüssen zwischen Andermatt und Hospental ergab eine Torfprobe in 7,5 m Tiefe ein Alter von über 6000 Jahren v. h. Aus dem Talboden konnte Renner (mdl. Mitt.) zahlreiche Fichtenreste bergen. Die Entwaldung des Urserentales dürfte bereits ins 13. Jahrhundert fallen, denn um 1300 wurde schon ein erster Bannbrief abgefaßt.
W. Fehr (1926k) zeichnete in Urseren noch mehrere Moränenwälle als Eisstände. Dabei liegen jedoch strukturbedingte Verflachungen, Sackungsgrätchen und auf holozäne Bewegungen zurückzuführende, talparallele Störungen vor (P. Eckhardt, 1957). Solche finden sich im Urserental sowohl auf der N- als auch auf der S-Seite: Beidseits der Oberalp-Furche, vom Bäzberg bis zur Furka, auf der Isenmannsalp und im Gebiet der Stotzigen Firsten E der Furka.
Aufgrund einer seismisch ermittelten und vom Gotthardtunnel aus durch eine Bohrung bestätigten Quartärfüllung bis auf Kote 1163 m (E. Meyer-Peter, Th. Frey, A. Kreis & R. U. Winterhalter, 1945; in W. Brückner & E. Niggli, 1955) ist die Wanne von

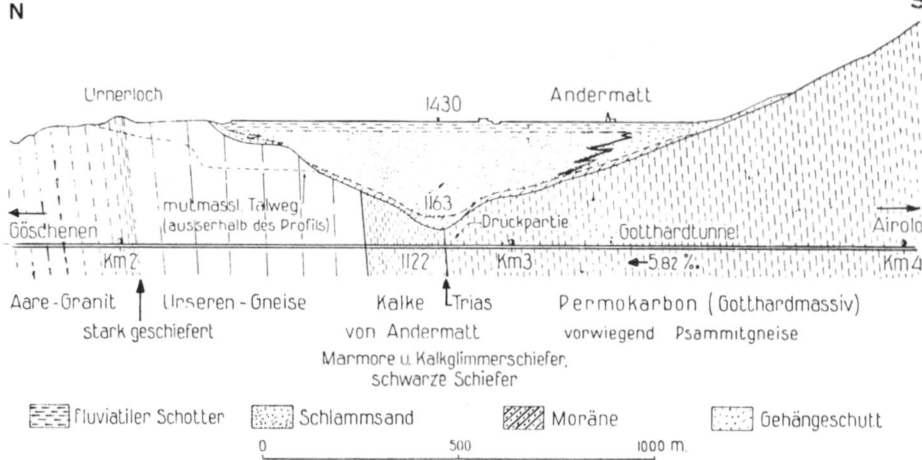

Fig. 155 Geologisches Profil durch das Andermatter Becken, in der Achse des Gotthardtunnels. Aus: W. BRÜCKNER & E. NIGGLI (1955).

Urseren kräftig glaziär übertieft. Neben der geringeren Erosionsresistenz der Gesteine und der jungen Tektonik (H. JÄCKLI in BRÜCKNER & NIGGLI, 1955) ist die Übertiefung auf frühere Gletschervorstöße zurückzuführen (Fig. 155). Analoge Kolke stellen sich bei andern Gletscher-Systemen hinter dem entsprechenden spätwürmzeitlichen Vorstoß ein. Gegen SW wird jedoch die Übertiefung rasch geringer; bereits mit dem Rüssenbiel stellt sich ein erster Rundhöcker ein, die sich gegen Hospental hin häufen.

Während die Gletscher im Göschener Tal sich im ausgehenden Spätwürm nochmals zu einem Göschener Reuß-Gletscher sammelten, vermochten sie sich im wohl höher gelegenen, aber weiteren und von weniger steilen Zuflüssen genährten Urserental nicht mehr zu einem Talgletscher zu vereinigen.

NE von Andermatt hingen Eiszungen vom Ober Gütsch (2325 m), von der *Oberalp* und durch das Pazolatal herab, erst bis 1600 m bzw. 1770 m; später reichte diese Zunge noch bis 2000 m.

Im *Unteralptal* hingen im letzten Spätwürm Gletscher vom Gurschenstock (2866 m) durchs Vordere und Hintere Älpetlital nochmals bis fast ins Tal herab. Im Talschluß vereinigten sich die vom Gemsstock (2961 m), vom Pizzo Centrale (3001 m), vom Giubin (2776 m) und von der P. Barbarera (2804 m) – P. Alv-Kette abfließenden Eismassen zum *Unteralp-Gletscher*, der um 2000 m stirnte, wobei er die Rundhöcker des Sunnsbiel ein letztesmal überfuhr. Aus der hintersten Val Maighels erhielt er noch Eis aus dem Einzugsgebiet des Vorderrhein-Gletschers, das bis tief ins Holozän über die Rundhöcker der St. Peterstöckli und über den Paß Maighels (2420 m) ins urnerische Unteralptal überfloß (S. 280).

Der *Gurschen-Firn* vom Gemsstock (2961 m) S von Andermatt stieß bis 1700 m vor. Seitenmoränen mit Abschmelzstaffeln finden sich auf Gurschen. Der westlich anschließende *St. Anna-Firn* stieß zwischen Andermatt und Hospental gar bis in die Talsohle, bis unter 1500 m vor.

In den Alluvionen der Urseren-Reuß konnte bei Andermatt in 8 m Tiefe Weißtannen-Holz nachgewiesen werden.

Fig. 156 Stirnnahe Seitenmoräne des Furka-Reuß-Gletschers bei der Mündung des Witenwasseren-Tales SW von Realp UR.
Photo: P. MÜLLER, Boll-Sinneringen BE.

Der *Guspis-Gletscher* aus den Karen zwischen Chastelhorn und Pizzo Centrale dürfte im letzten Spätwürm noch bis auf den Balmenstafel gereicht haben. Moränen des ausgehenden Spätwürm wurden wohl durch jüngere Schuttfächer überschüttet.
Das von der Lucendro-Gruppe gegen NE abfließende Eis stieß noch, wie zahlreiche Wallreste belegen, bis ins Tal der Gotthard-Reuß vor. Auch aus der Valletta stieg eine Eiszunge über die Alpe Fortünei gegen das Gotthard-Tal ab.
Mutten- und *Witenwasseren-Gletscher* aus der westlichen Lucendro-Gruppe vereinigten sich eben noch SW von Realp mit dem vom Galenstock (3583 m) gegen S bzw. gegen E abfließenden *Sidelen-Gletscher* und dem über Tiefenbach zustoßenden Arm des *Tiefen-Gletschers*, während der über Lochberg gegen SE sich wendende Arm ebenfalls bis gegen Realp vorstieß. Von der Winterhorn-Kette stiegen Eiszungen über die Isenmannsalp noch bis tief ins Tal herab.
Auch die gegen S absteigenden Eiszungen der Blauberg–Bäzberg-Kette hinterließen ihre Spuren auf Roßplatten, auf Roßmettlen NW von Hospental, auf Rotenberg und am Blauseeli NE von Realp.
Jüngere Stände zeichnen sich an den verschiedensten Stellen ab: auf Spießenälpetli und auf Älpetli, zwischen Realp und der Furka, auf dem Lochberg, auf der Gurschmatt S von Andermatt, in den Talschlüssen des Unteralptales, auf Pazola, N des Oberalpsees, auf dem Gotthard-Paß, auf der Isenmannsalp sowie im Witenwasseren.
Für die Endmoränen am Fuß der NW-Flanke des Winterhorn (SE von Realp), die bis 2200 m absteigen, ergibt sich eine Gleichgewichtslage von knapp 2400 m und eine klimatische Schneegrenze von gut 2500 m.

Fig. 157 Neuzeitliche (um 1850) und postglaziale Moränen des Witenwasseren-Gletschers (W1, W2).

Fig. 158 Fossiler Boden auf 2300 m im Vorfeld des Witenwasseren-Gletschers unter der Moräne W1 (^{14}C-Alter: 3680 ± 65).

Fig. 157 und 158 aus F. RENNER (1977).

Gut ausgebildet sind im Gotthardgebiet auch die frührezenten Stadien. So teilte sich der Tiefengletscher um 1850 noch in drei Lappen, von denen derjenige S der Albert-Heim-Hütte bis gegen 2300 m abstieg. Der St. Anna-Firn zwischen Gemsstock und Chastelhorn (2973 m) reichte bis 2400 m herab, der Gurschenfirn N des Gemsstock gar bis gegen 2300 m; auf seiner S-Seite stiegen die Schneefelder nur bis 2600 m ab. 1959 endete der St. Anna-Firn auf 2570 m, was einer Gleichgewichtslage von knapp 2700 m und einer Schneegrenze von gegen 2850 m gleichkommt. Am Pizzo Centrale (3001 m) stiegen die frührezenten Hängegletscher auf der NW-Seite noch bis gegen 2500 m ab, während der Guspis-Firn 1959 schon in 2740 m endete. Dagegen reichte der Ober Schatz-Firn noch bis auf 2570 m; die frührezenten Moränen verraten ein Zungenende auf 2300 m. Heute liegt die klimatische Schneegrenze am Centrale auf über 2900 m.
Für den letzten Spätwürm-Stand des noch vereinigten Mutten/Witenwasseren-Gletschers am Talausgang erhielt F. RENNER (1977) mit 9730 ± 120 Jahren v. h. von der Basis des Torfes hinter dem Höhenbiel-Rundhöcker im Witenwasserental ein Mindestalter. Außerhalb der frührezenten Stände von 1814 und 1850 konnte er in beiden Tälern noch 2–3 postglaziale Stände feststellen. Für den äußeren Witenwasseren-Hochstand erhielt er ein Maximalalter von 3680 ± 65 Jahren. Über das spätere Verhalten der Gletscher vermitteln zwei Aufschlüsse in den Vorfeldern des Witenwasseren- und des Stelliboden-Gletschers Auskunft. Dabei konnten wiederum überschüttete Böden datiert werden. Für beide Moränenablagerungen ergaben sich ähnliche Maximalalter, für den Witenwasseren-Gletscher 1225 ± 75, für den Stelliboden-Gletscher 1270 ± 75 Jahre v. h. (RENNER, 1978; Fig. 157, 158 und 159).

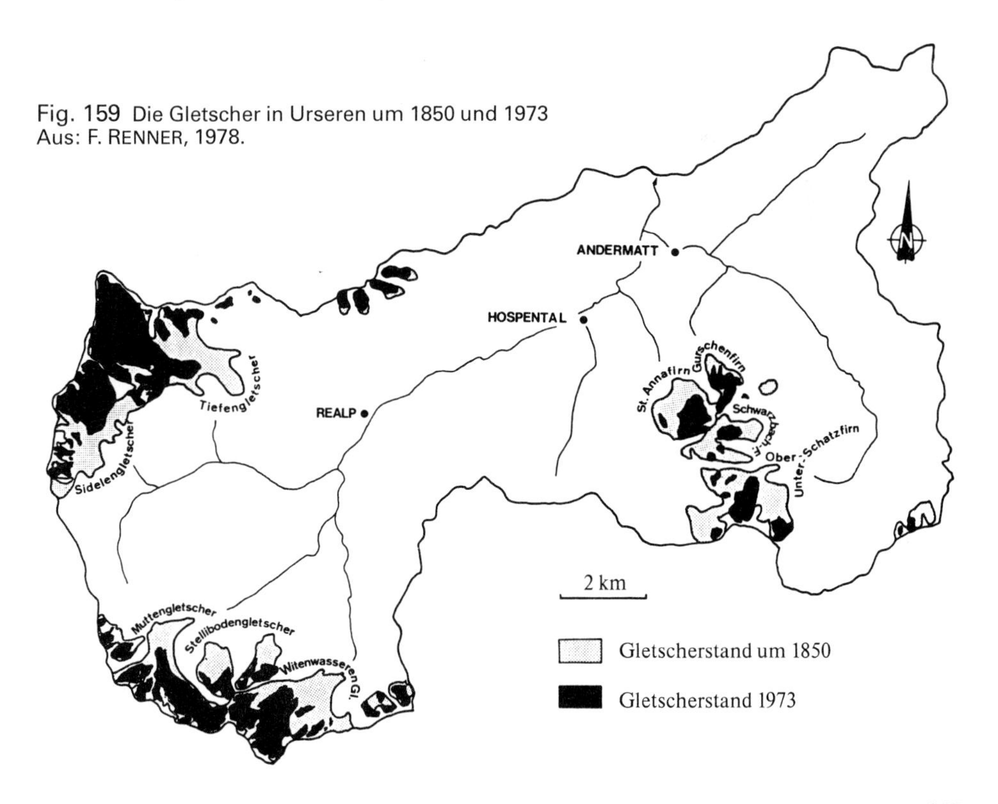

Fig. 159 Die Gletscher in Urseren um 1850 und 1973
Aus: F. RENNER, 1978.

SE von Höhenbiel stockte – deutlich über der heutigen, den Wald vertretenden Obergrenze des Alpenrosen-Gürtels – noch im Subboreal ein Wald, wie Stammreste belegen, die bei Torfstichen gefördert wurden. Ein Lärchenstrunk erbrachte ein ^{14}C-Datum von 3880 ± 100 Jahren. Dieser Wald bestand zu 35% aus *Picea*, zu 40–45% aus *Larix* und zu 20–25% aus *Pinus cembra* – Arve.
Bereits wenig weiter taleinwärts, auf Ober Chäseren (1990 m), trat die Fichte auf Kosten der Arve etwas zurück. Im höchstgelegenen Moor, auf Sunnsbiel (2060 m), fehlte die Fichte; die Lärche fiel auf 15% zurück, und die Arve dominierte mit 85%.
Frührezente Stände des Witenwasseren- und des Mutten-Gletschers reichen bis 2200 m bzw. bis 2160 m herab (S. Hafner et al., 1975 k). Beim Witenwasseren-Gletscher erfolgte ein erster Wiedervorstoß kurz vor 1900, ein zweiter um 1920. Bis 1959 (LK 1251) schmolzen diese beiden bis auf 2450 m bzw. 2420 m zurück.

Zur Vegetationsentwicklung in Quelltälern der Reuß

Dokumente einer ältesten spätglazialen Flora im *urnerischen Reußtal* lieferten laminierte tonige Silte vom *Langlauitunnel* E von Intschi in 600 m Höhe (M. Welten und V. Markgraf in C. Schindler, 1972). Nach einem langen pollenarmen Abschnitt mit verhältnismäßig hohen *Pinus*-Anteilen, *Hippophaë* und verschiedenen Krautpollen steigt *Betula* auf über 40%, *Hippophaë* geht zurück, *Juniperus* wird reichlicher, *Botrychium* und *Dryopteris* treten regelmäßig auf. *Pinus* ist nur schwach, *Artemisia* mit 8% relativ gut vertreten. Auffällig ist im Endabschnitt das Auftreten von Pollen erster wärmeliebender Gehölze: *Abies*, *Picea*, *Alnus*, *Corylus* und *Fagus*, wohl Fernflug. Zugleich fanden sich auch mehrere Holzreste von *Pinus cf. silvestris*, *P. cf. montana* und *Betula* (F. Schweingruber in Schindler, 1972). Ein ^{14}C-Datum eines Holzes unter der Moräne im Tunnel Intschi II ergab 10480 ± 90 Jahre v. h.
Im *hintersten Meiental* fand L. King (1974) in einer sandigen Gyttja im basalen Zungenbecken des holozänen Sustli/Stößen-Gletschers auf *Guferalp* 13% *Pinus*, 12% Eichenmischwald, 2% *Betula*, 10% *Alnus*, 46% *Corylus*, 4% *Salix* und 22% Nichtbaumpollen, darunter 10% Gramineen. Aufgrund dieser Zusammensetzung und eines *Pinus*-Holzes mit einem ^{14}C-Datum von 6490 ± 80 Jahren v. h. ist diese ins Ältere Atlantikum zu stellen.
Pollen-Profilabschnitte mit ^{14}C-Daten aus dem *Talboden* der *Göscheneralp* (H. Zoller et al., 1966) ergaben aus einem Torf auf Kote 1670 m über sandigen Silten ein Alter von 8830 ± 150 Jahren v. h. – Ende Präboreal. Ein um 2,7 m höherer Torf brachte 6830 ± 150 – Älteres Atlantikum, um weitere 12 m höher, unter Grundmoräne gelegene Holzreste 2280 ± 120, ein sandiger Torf über dieser Moränendecke 1650 ± 80, 10 cm höher entnommenes Holz 1400 ± 80 Jahre v. h.
In einer *Schmelzwasserrinne* N der Göscheneralp (1940 m) erbohrte Zoller in 3,65–3,20 m Tiefe eine sandige Torfmudde aus einer Birken-Hasel-Phase mit 15–25% *Betula*, bis nahezu 40% *Corylus*, 10–20% *Pinus* und um 10% Vertretern des Eichenmischwaldes mit Ulmen-Vormacht. *Abies* tritt zuerst nur in Spuren auf, steigt dann gegen 8% an. Reichlich sind Nichtbaumpollen zugegen: *Cryptogramma* – Rollfarn, *Rumex* und Ericaceen-Zwergsträucher mit *Arctostaphylos* – Bärentraube, *Calluna* – Heidekraut, *Empetrum* – Krähenbeere, *Vaccinium* – Heidelbeere – und, in 3,2 m, erste Schuppen von *Rhododendron ferrugineum* – Alpenrose. Zoller weist diesen Abschnitt ins Ältere Atlantikum.

In der Bergföhren-Arven-Phase, im Jüngeren Atlantikum, steigt *Pinus* steil zur Vorherrschaft an. Nach Nadelfunden überwiegt *P. mugo*, vereinzelt tritt auch *P. cembra* auf. Bereits zu Beginn fallen *Betula*, Eichenmischwald und *Corylus* stark zurück; *Abies* wird mit über 11% subdominant. *Fagus* bleibt unbedeutend. Dagegen steigt *Picea* gegen 15% an; *Alnus viridis* erscheint in geringen Mengen. Die Nichtbaumpollen-Werte liegen tiefer als im Älteren Atlantikum.
Mit einem steilen Nichtbaumpollen-Gipfel, unter denen *Vaccinium* und *Rhododendron ferrugineum* vorherrschen, wird das Subboreal mit einer ersten Ericaceen-Zwergstrauch-Phase eingeleitet. *Picea* fällt zurück.
In der Älteren Bergföhren-Fichten-Grünerlen-Phase – eine ^{14}C-Bestimmung ergab 2000 v. Chr. – überflügelt *Picea* endgültig *Pinus cembra*. Die Grünerle nimmt zu. Die Nichtbaumpollen treten zurück; *Cryptogramma*-Sporen und andere Zeiger für offene Vegetation setzen aus.
Mit einer zweiten Ericaceen-Zwergstrauch-Phase, die durch einen *Picea*-Abfall eingeleitet wird, läßt ZOLLER das Ältere Subatlantikum beginnen. Die Nichtbaumpollen steigen prozentual und artenmäßig kräftig an. Arve und Grünerle vermögen sich mit gleichbleibenden Anteilen zu halten. Zugleich mehren sich die Kulturzeiger. In 1,55 m erscheinen erstmals Getreide- und *Juglans*-Pollen; etwas später, in 1,3 m Tiefe, setzen *Castanea* und *Vitis* ein.
In einer Jüngeren Bergföhren-Fichten-Grünerlen-Phase treten die Nichtbaumpollen prozentual und in der Artenzahl wieder zurück; *Pinus* und *Picea* nehmen zu. Mit 28% erreicht die Fichte in 0,65 m ihren Höchstwert; sie ist auch durch Nadeln und die Arve durch Nüßchen dokumentiert.
In der Bergföhren-Grünerlen-Kräuter-Phase werden die Nichtbaumpollen wieder häufiger und erreichen mit 33% ein neues Maximum, ebenso treten die Zeiger einer offenen Vegetation wieder auf, vorab Gramineen und Cyperaceen. *Picea* fällt auf 10% zurück; Bergföhre und Arve vermögen sich zu behaupten.
Mit der subrezenten Seggen-Zwergstrauch-Phase beginnt in 0,25 m Tiefe mit einem Anstieg der Ericaceen bis auf 38% das Jüngere Subatlantikum. Neben *Vaccinium* sind besonders *Empetrum* und *Calluna* reich vertreten. Arve und Bergföhre fallen zurück.
Im *Witenwasserental* ergab ein Lärchenstrunk vom Höhenbiel auf 1955 m ein ^{14}C-Alter von 3880 ± 100 Jahre v. h. (H. U. KÄGI, 1973). Daß die Waldgrenze, vorab im Subboreal, höher hinaufreichte als die heute in der Aufforstung erreichte Höhe um 1980 m wird durch zahlreiche Holzfunde belegt, die bis auf 2160 m hinaufreichen (M. OECHSLIN, 1927, 1939).
Durch den Austausch der Luftmassen, den Windgassen-Effekt, wurde die Waldgrenze im obersten Reußtal und in der obersten Leventina stets herabgedrückt, was sich sowohl oberhalb von Göschenen mit 1760 m, als auch oberhalb von Airolo mit 1970 m in 150 bzw. 50 m zu tiefen obersten natürlichen Waldvorkommen äußert.
Wie über die Grimsel (S. 449), so gelangten auch über den Gotthard einige südalpine Arten bis ins obere Reußtal, so *Saxifraga cotyledon* – Dickblatt-Steinbrech, *Festuca varia* – Bunt-Schwingel, *Bupleurum stellatum* – Stern-Hasenohr, *Alchemilla saxatilis* – Felsen-Silbermantel, *Pinguicula leptoceras* – Dünnsporniges Fettblatt (E. SCHMID, 1951).

Fig. 160 Der eisüberschliffene Brünigpaß (1008 m), über den ein Lappen des Aare-Gletschers noch im Unterseen/Interlaken-Stadium bis Giswil, später bis Kaiserstuhl am N-Ende des Lungerer Sees vorstieß. Im Vordergrund (Mitte) Brünigen mit Seitenmoränenresten des Aare-Gletschers, als dieser unterhalb Brienzwiler stirnte. Im Hintergrund Sarner See, Pilatus-Kette (Mitte) und Stanserhorn (rechts).
Photo: Militärflugdienst Dübendorf.

Das über den Brünig zum Reuß-Gletscher übergeflossene Aare-Eis und seine Zuschüsse

Der Brünig-Arm des Aare-Gletschers

Im Würm-Maximum reichte das Aare-Eis über der Transfluenz des Brünigpasses, wie aus den Rundhöckern am SE-Grat des Gibel hervorgeht, bis auf über 1700 m. Auf der W-Seite des Brünig treten solche auf der Wiler Alp bis auf 1400 m auf (Fig. 160). Dort liegen auch zahlreiche Kristallin-Erratiker (S. 438).

In der Obwaldner Talung konnte H.-P. Mohler (mdl. Mitt.) im Gipsgraben W von Giswil Aare-Kristallin bis auf über 1250 m Höhe beobachten. Das durch diese Talung gegen NE abfließende Eis reichte im Würm-Maximum – aufgrund von Erratikern, vorab Grimsel-Graniten – bis Stans, wo es mit dem Engelberger Gletscher zusammentraf (P. Christ, 1920).

Ein etwas tieferer Stand des über den Brünig übergeflossenen Eises zeichnet sich durch Aare-Erratiker auf 1170 m SW von Iwi (W von Giswil) ab sowie durch eine Moräne zwischen Brünigarm und dem von W, aus dem Gebiet von Glaubenbüelen zufließenden Groß Laui-Gletscher.
Im Gisikon-Honau-Stadium floß noch etwas Eis über den Renggpaß (886 m). Mit dem vom Chrummhorn, einem Vorgipfel des Pilatus, floß es ins Zungenbecken von Hinter Rengg, während das den Lopper umfließende Eis noch die Bergsturz-Kuppen von Hüsli/Seeblick überprägte, dort auf gut 750 m emporreichte und weiter W die über den Renggpaß übergeflossene Zunge aufnahm. Mit dem Abschmelzen des letzten Eises brachen vom Steiglihorn die Trümmermassen des Renggeli durch den Sulzgraben nieder (Gem. Exk. mit V. STEINHAUSER).
Noch im Vitznauer Stadium drang der Brünig-Arm durch ganz Obwalden bis in den Vierwaldstättersee vor. Zugehörige Seitenmoränen lassen sich E von Kerns beobachten. Am Muoterschwanderberg spaltete er sich in zwei Lappen auf: der eine erfüllte das Zungenbecken des Drachenried und traf bei Allweg mit seiner Stirn auf den gegen W ausbiegenden Lappen des *Engelberger Gletschers;* der andere ergoß sich durch die Talung des Alpnacher Sees und vereinigte sich bei Stansstad mit dem Hauptast des Engelberger Gletschers, was durch eine Mittelmoräne am NE-Ende des Rotzberg belegt wird. Die beiden dürften noch die Bucht von Hergiswil erfüllt haben, über die Rundhöcker E von Stansstad hinweggefahren sein und im werdenden Vierwaldstättersee gekalbt haben. Auf der W-Seite des Bürgenstock dämmte das Eis bei Dännimatt die Mulde vom Obbürgen mit einer Seitenmoräne ab (S. 322, Fig. 161).
Aus den Melchtälern, von der N-Seite der Giswiler Stöcke, aus dem Tal der Groß Laui, aus den Schlierentälern und vom Pilatus nahm der Brünig-Arm, wie stirnnahe Seitenmoränen bekunden, Zuschüsse auf.
Vom Pilatus – Esel, Steiglihorn und Matthorn – stieg ein Gletscher durch das steile Widenbach-Tal zu der das Becken des Alpnachersees erfüllenden Eiszunge ab und hinterließ im tieferen Teil des Tales beidseits markante Seitenmoränen und zugehörige Schmelzwasserrinnen.
Im mittleren Spätwürm hing ein Gletscher vom Pilatus gegen SE in den Unteren Haselwald herab; spätere Staffeln verraten Zungenenden im Tobel von Galtingen um 1300 m (A. BUXTORF, 1934). Noch im letzten Spätwürm häufte sich auf Matt Lawinenschnee an.
Im Stadium von Gersau endete der Brünigarm zwischen Kägiswil und Alpnach. Über den Schwarzenberg steigt eine zugehörige Seitenmoräne ab. Auch die *Schliere-Gletscher* rückten nochmals gegen Alpnach vor. Der SE des Mueterschwanderberg vorgedrungene Lappen dürfte noch das Höllenried NE von Kerns erfüllt haben.
Im Spätwürm wurde vom Ausgang des Groß Schliere ein mächtiger Schuttfächer gegen die Sarner Aa geschüttet, der noch im Holozän von ihr angeschnitten wurde.
Vom Pilatus stieß ein von Lawinenschnee unterstützter, von stirnnahen Seitenmoränen begrenzter Gletscher durch das Wildbachtal gegen den Alpnacher See.
Nach dem Abschmelzen des Eises brach von der W-Flanke des Stanserhorn ein Bergsturz nieder. Auf seinen Trümmern – Riffkalken des Malm, Pflanzensandkalken und Spatkalken des Dogger – stockt der Kernwald, der Nid- von Obwalden trennt. Da die Sturzmassen einem älteren und randlich zwischen 730 und 800 m Höhe von Moräne mit Kristallin-Erratikern bedeckten Schuttfächer aufliegen (A. BUXTORF et al., 1916K) und sich diese Moräne mit dem Eisstand von Allweg verbinden läßt, erfolgten die Bergstürze zwischen Stanserhorn und Arvigrat offenbar nach diesem Stand. Umgekehrt liegt

Fig. 161 Das Zungenbecken von Ennetmoos bei Stans von SW mit der Stirnmoräne von Allweg zwischen Stanserhorn-Abhang (rechts) und Mueterschwanderberg (links). Längs einer Bruchzone, dem Rotzloch, flossen die Schmelzwässer aus dem Becken von Ennetmoos in das damals ebenfalls noch von einem Gletscherlappen erfüllten Becken des Alpnachersees. Hinter der durch die Engelberger Aa angelandeten Ebene von Stans (rechts) – Stansstad (links) der Bürgenstock mit der Mulde von Obbürgen, die gegen Stansstad von einer Seitenmoräne abgedämmt wird. Photo: Militärflugdienst Dübendorf.

im oberen Teil der Trümmermassen derart viel Bachschuttgut, daß dieser noch im frühen Spätwürm unter vegetationsfeindlichem Klima niedergebrochen und überschüttet worden sein muß.

Im Drachenried hatte sich ein flachgründiger See gebildet, was durch Letten, Seekreide und Torf belegt wird. Durch die subglaziäre Kerbe des Rotzloch entwässerte sich dieser zum Alpnachersee. Ein Pollen-Profil belegt – ohne die Grundmoräne zu erreichen – eine bis ins Präboreal zurück verfolgbare Waldgeschichte (O. Wüest, 1970). Aus der Tannenzeit stammen mehrere mächtige Tannenstämme. Bei dem bei Allweg als Naturdenkmal erhaltenen Strunkrest von über 1 m Durchmesser wurden in 3 m Höhe 449 Jahrringe gezählt (Fig. 162).

In einem spätern Klimarückschlag, im Attinghauser Stadium, vermochten die südlichen Pilatus-Gletscher bis auf rund 1200 m abzusteigen. Auch auf der N-Seite des Stanserhorn gibt sich N der Bluematt ein Zungenende auf 1170 m zu erkennen (Christ, 1920). Im obersten Groß Schlierental und auf Langis hatte sich im Attinghauser Stadium zwischen Schlierengrat und Schattenberg nochmals ein Firnsattel ausgebildet. Dieser reichte gegen NE über Hinteregg bis 1320 m, gegen S bis 1370 m, wobei Schmelzwässer einerseits durchs Groß Schlierental, anderseits zum Steinibach und zum Sarner See abflossen.

Fig. 162 Im Moor des ehemaligen Zungenbeckens des Drachenried wuchsen im Subboreal mächtige Weißtannen. Ein über 450 Jahre altes Exemplar wurde bei der Melioration geborgen, der Stamm zu Möbeln verarbeitet, der Strunk in Allweg als Naturdenkmal bewahrt.

Ebenso stieg der *Steinibach-Gletscher* von Rickhubel (1943 m), Miesenstock (1895 m) und vom Riedmattstock (1787 m) nochmals bis 1350 m herab vor. Dieses Stadium ist auch N und E der Giswiler Stöck, NE des Alpoglerberg und N des Rotspitz durch Moränenwälle belegt.

Aus dem Becken des Lungerer Sees stieß das Aare-Eis nochmals über die Schwelle von Kaiserstuhl bis Giswil vor, wo sich Moränenwälle, frontale Rundhöcker sowie ein nachträglich verlandetes Zungenbecken abzeichnen. Eine spätere Staffel, der Attinghauser Stand, ist am N-Endes des Lungerer Sees angedeutet. Eine zugehörige Seitenmoräne gibt sich S von Lungern zu erkennen. Höhere Reste liegen auf Biel auf 1130 m, weitere N des Brünigpasses (ARBENZ, 1911 K). Sie bekunden – zusammen mit den beiden Seitenmoränen im Schäriwald NW des Brünig – über der Paßhöhe noch eine Eismächtigkeit von rund 250 m.

Letzte Zuschüsse erhielt der Brünig-Arm damals aus dem Firngebiet Wilerhorn–Arnifirst (2205 m)–Schönbüel-Fisterbüel sowie von steil abfallenden Eiszungen des überfließenden Dundel-Gletschers.

Moränenwälle auf Feldmoos um 1400 m bekunden einen von der W-Seite des Gibel (2036 m) herabhängenden, frontal sich in zwei Zungen aufspaltenden Gletscher mit einer Gleichgewichtslage um 1650 m, die bei W-Exposition etwa der klimatischen Schneegrenze gleichkommt.

S des Sarnersees stiegen aus den Karen des Arnigrates (2105 m) schmale Eiszungen bis zum Talgletscher ab. Im Gersauer Stadium lieferten sie dem Brünig-Arm noch Eis; in den Staffeln des Attinghauser Stadiums formten sie die randglaziären Schuttmassen zu markanten Wällen. In einer nächsten Kaltphase hinterließen sie Moränen, die einen Vorstoß bis gegen 1300 m belegen. Noch im jüngeren Spätwürm stiegen Kargletscher bis gegen 1700 m ab. Aus ihren Gleichgewichtslagen ergibt sich eine Schneegrenze von rund 1900 m, was einer Depression gegenüber der heutigen von 700 m gleichkommt.

Die Entstehung der Obwaldner Seen

Die Entstehung des Sarner Sees, des bereits verlandeten Rudenzer- und des Lungerer Sees in der Obwaldner Talung fällt ins frühe Spätwürm.
Im N erfolgte die Abdämmung des *Sarner Sees* durch die Schuttfächer der Großen Melchaa, die bis 1880 erst unterhalb von Sarnen in die Aa mündete, und des Mülibach; im S setzte bereits im Spätwürm eine Zuschüttung durch Kleine Melchaa, Laui-, Rüti-, Steini- und Gerisbach ein.
Vor der Einleitung der Großen Melchaa in den Sarner See bewegten sich die Spiegelschwankungen bis 2 m und führten in Sarnen oft zu Überschwemmungen, letztmals 1830. Dabei reichte der See im SW zunächst noch über Giswil hinaus, bis an den Moränen- und Rundhöcker-Riegel von Rudenz-Pfedli, und noch im späteren Holozän endete er zwischen Diechtersmatt und Großteil. Von 1835 (Delkeskamp-Karte in E. Imhof, 1978) bis 1953 (LK 1190) rückte das SW-Ende des Sees um fast 600 m, von 1864 (DK XIII) bis 1953 um 500 m vor.
Noch bis 1761 (W. Imfeld, 1976) existierte im Auried SW von Giswil ein flachgründiger See, der *Aa-* oder *Rudenzer See*, der bereits 1383 erstmals erwähnt wird (J. J. Scheuchzer, 1712k; G. Walser, 1769k; O. Hess, 1914), den die Giswiler durch einen in den Fels gesprengten Kanal zur Landgewinnung trockengelegt hatten.
In den Uferpartien des *Lungerer Sees* austretendes Sumpfgas, vorwiegend Methan, ergab ein ^{14}C-Alter von 6270 Jahren v. h. (P. Bossard, mdl. Mitt.). Es dürfte sich bei tieferem Wasserstand im Atlantikum (?) in den verlandenden Uferpartien gebildet haben. 1836 wurde das Kolkbecken des Lungerer Sees, der früher bis zu der 1567 erbauten St. Beatus-Kapelle in Obsee reichte, durch einen Stollen angebohrt und der Spiegel zur Landgewinnung von 691,4 m auf 654 m abgesenkt; 1923 und 1927 wurde der See in zwei Etappen zur Energienutzung wieder auf 688 m aufgestaut.
Oberste Seen hatten sich nach dem Zurückschmelzen des Aare-Eises in den abflußlosen Senken von Brünig, zwischen der Burgkapelle S von Lungern und dem Sewli, kleinere weiter W, auf Ober Brünig und im Gspan, gebildet. Nachdem das Wasser dieser Karstbecken bereits im Spätwürm unterirdische Abflüsse gefunden hatte, sind die drei auf 910 m, 1020 m und 1070 m gelegenen Seen im Holozän zu kleinen Riedflächen verlandet.
In die noch von einer ganzen Kette von Seen erfüllte Waldlandschaft drang – aufgrund der Funde: ein Steinhammer in Wilen und mehrere Steinbeile in Sarnen – bereits der Neolithiker ein. Auf dem Landweg zog er wohl schon aus der Gegend von Luzern–Hergiswil über den Renggpaß (886 m) nach Niderstad an den Alpnacher See und weiter durch Obwalden über den Brünig (S. 444).
Reicher sind die urgeschichtlichen Dokumente aus der Bronzezeit; aus ihr sind Beile, Dolche und Lanzenspitzen von der Acheregg, von Niderstad, Sarnen, Giswil, Lungern

und von der Frutt bekannt geworden. Ob dieses Beil bereits auf einen spätbronzezeitlichen Erzabbau auf der Frutt hindeutet? Ein Netzschwimmer bei Lungern spricht dafür, daß offenbar bereits Pfahlbauer am Lungerer See ihre Netze warfen.
Neben verschiedenen römischen Münzen – in Alpnach, Kerns, Sarnen, Giswil – lieferten vorab die Ausgrabungen eines Gutshofes in Alpnach ein reiches Fundgut aus dem 1. nachchristlichen Jahrhundert (E. SCHERER, 1916).

Der Melchtal-Gletscher

Im Würm-Maximum wurde der Melchtal-Gletscher aus dem Einzugsgebiet von Huetstock–Graustock–Erzegg–Hochstollen–Haupt vom Brünigarm des Aare-Gletschers zurückgestaut. Dieser drang, wie Kristallin-Erratiker im Steinacher bekunden, über 2 km ins Melchtal ein (O. WÜEST, mdl. Mitt.). Dadurch wurde der Melchtal-Gletscher an die östliche Talflanke gepreßt, so daß ihm nur der Raum E der höchsten, moränenbedeckten Rundhöckerzeile, das Tälchen St. Niklausen–Zuben–Halten, verblieb. In dessen nördlicher Fortsetzung, der Talung von Ennetmoos, treten auch Kristallin-Erratiker auf (A. BUXTORF, 1916K), die den Durchfluß von Aare-Eis belegen.
Noch im Gersauer Stadium lieferte der Melchtal-Gletscher einen Zuschuß, dann zog er sich tief ins Tal zurück.
Im Attinghauser Stadium rückte das Melchtal-Eis, aufgrund absteigender Moränenreste, wieder bis in den Querdurchbruch, bis zur Mündung des Blattibaches vor; die Stirn der inneren Staffel ist wegen Sackungen und Rutschungen nicht genau festzulegen. Die 100 m tiefe Kerbe der Melchaa-Schlucht existierte bereits während der Eiszeit als subglaziäre Rinne. Dabei war der Lauf der Schmelzwässer durch die Falten-, Schuppen- und Bruch-Tektonik vorgezeichnet.
Nach dem Attinghauser Vorstoß gab das Eis das Melchtal frei. Im nächsten Klimarückschlag stiegen die Eismassen aus den Melchtaler Alpen erneut bis auf die Stöckalp vor, wo sie sich – durch Seitenmoränen dokumentiert – nochmals vereinigten und um 1000 m gestirnt haben dürften. Beim Abschmelzen im nächsten Interstadial und während des nächsten spätwürmzeitlichen Vorstoßes wurde das ehemalige Zungenbecken vom Stöckalp-Schuttfächer überschüttet. Der Frutt-Gletscher stieß dabei wieder bis unter 1200 m vor, der Bettenalp-Gletscher aus dem Kar zwischen Boni und Hohmad (2416 m) hing mit schmaler Zunge bis gegen 1100 m herab (ARBENZ, 1911K).
SE des Tannensees liegen Blöcke von Nummulitenkalk, eozänem Quarzitsandstein und Malmkalk. Sie stammen von S des Jochpasses und wurden mit einem von der Engstlenalp überfließenden Gental-Gletscher ins Einzugsgebiet des Frutt-Gletschers verfrachtet (P. ARBENZ, 1934; B. TRÖHLER, 1966).
Letzte spätwürmzeitliche Gletscher stiegen von der Erzegg–Glogghüs–Hochstollen-Kette ins Hochtal von Melchsee-Frutt ab, wobei sie Sackungsmassen auf der N-Seite des Glogghüs überfuhren. NE des Hochstollen reichte eine Zunge ins Aa-Tal bis 1700 m.

Der Klein-Melchtal-Gletscher

In der Würm-Eiszeit war das über den Brünig übergeflossene Aare-Eis von Giswil über 2 km ins Klein Melchtal eingedrungen und hatte den Gletscher am Ausfließen gehindert,

Fig. 163 Das Quellgebiet der Kleinen Melchaa. Eine spätwürmzeitliche Endmoräne aus dem Kar N des Abgschütz (vorn, Mitte) umschließt den Seefeldsee (rechts). Aus dem Kar N des Chingstuel stieg eine Eiszunge gegen Chrummelbach im Klein Melchtal (Mitte links). Im Hintergrund (links oben) das Aaretal, gegen rechts der Brünigpaß und die Talung von Obwalden.
Photo: Militärflugdienst, Dübendorf.

was neben randlichen Stauschuttmassen Aaregranit-Erratiker belegen. Bis nach dem Alpnach (= Gersau)-Stadium stand das Klein-Melchtal-Eis mit dem Brünig-Arm in Verbindung. Die Gleichgewichtslage war etwas talauswärts gerückt, so daß Klein-Melchtal-Eis S der Rundhöcker am Ausgang durch die Senke von Enetstocken auszufließen vermochte, während von W her, S des Rundhöckers der Bärfallen, Aare-Eis eindrang. In den Stadien von Giswil und Kaiserstuhl (=Attinghausen und Amsteg) stieß der Klein-Melchtal-Gletscher – dank der Zuschüsse von Älggi und vom Höh Grat (1923 m) – bis an die Mündung des Älggi-Tales, bis unterhalb 1000 m, vor (Fig. 163). Dann löste sich das Eis endgültig in einzelne Zungen auf. Im nächsten Klimarückschlag hing eine nochmals über die Steilstufe unterhalb von Älggi; diejenige aus dem Klein Melchtal schob sich bis 1370 m vor, wo sich beidseits der Melchaa stirnnahe Seitenmoränen sowie eine Mündungsschlucht einstellen. Aus dem Kar Gibel–Chingstuel drang ein Gletscher bis Chrummelbach vor, überfuhr nochmals die Rundhöcker und ließ Moränen zurück. Im folgenden spätwürmzeitlichen Vorstoß schob sich eine Zunge aus diesem Kar noch bis 1650 m vor. Auch im Talschluß, auf Talalp, zeichnen sich zwischen 1600 m und 1750 m Endmoränen ab; die gegen W exponierte Zunge zwischen Abgschütz (2263 m), einem nördlichen Vorgipfel des Hochstollen, und Seefeldstock (2192 m) stirnte oberhalb von 1800 m.

Fig. 164 Letzte Spätwürm-Moräne am Abgschütz (2263 m), dem nördlichen Vorgipfel des Hochstollen. Hinter dem Seefeldstock (Bildmitte) das durch Nebelschwaden markierte Kleine Melchtal.

N des Abgschütz umschlossen Endmoränenwälle die Seebecken des Sachsler Seefeld; eine Rückzugsstaffel reichte noch bis gegen das südliche See-Ende. In der extremen Schattenlage der Abgschütz-N-Wand bildete sich sogar im letzten Spätwürm ein bis 1930 m absteigender Moränenkranz. Ein kleiner, wohl gleichaltriger Wall auf 2230 m verrät N des Gipfels eine klimatische Schneegrenze um gut 2300 m (Fig. 164).

Zitierte Literatur

AMBÜHL, E. (1961): 100 Jahre Einschneien und Ausapern in Andermatt 1860–1960 – Alpen, *37*.

AMMANN-MOSER, B. (1979): Palynology in some lakes of the northern Alpine piedmont (Switzerland) – Paleohydrology of the Temperate Zone – Proc. working sess. Holocene INQUA – Acta U. oul. (A) *82* – Ged. *3*.

ANDEREGG, H. (1940): Geologie des Isentals (Kanton Uri) – Beitr., NF, *7*.

ANNAHEIM, H., BÖGLI, A., & MOSER, S. (1958): Die Phasengliederung der Eisrandlagen des würmeiszeitlichen Reußgletschers im zentralen schweizerischen Mittelland – GH, *13*/*3*.

ARBENZ, P. (1911 K): Geolog. Karte des Gebirges zwischen Meiringen und Engelberg, 1:50000 – GSpK, *55*.

– (1918 K): Geologische Karte der Urirotstockgruppe, 1:25000 – GSpK, *84* – SGK.

– (1934): Exkursion Nr. 60: Engelberg–Jochpaß–Engstlenalp–Frutt–Melchtal–Sarnen – G Führer Schweiz, *10*.

BECK, H. (1970): Engelberg – Landschaft, Volk und Geschichte – 4. Aufl. Engelberg.

BODMER-GESSNER, V. (1950): Provisorische Mitteilungen über die Ausgrabungen einer mesolithischen Siedlung in Schötz («Fischerhäusern»), Wauwilermoos, Kt. Luzern, durch H. REINERTH im Jahre 1933 – Jb. SGU, *40*.

BRÜCKNER, W. (1938): Die Quartärbildungen im oberen Schächental, Kt. Uri – Ecl., *30*/2 (1937).

BRÜCKNER, W. † (1979 K): Bl. 1192 Schächental – GAS – SGK. Manusk.

– & NIGGLI, E. (1955): Bericht über die Exkursion zum Scheidnößli bei Erstfeld, in die Urserenmulde vom Rhonegletscher bis Andermatt und ins westliche Tavetscher Zwischenmassiv – Ecl., *47*/2 (1954).

BÜHLER, A. (1928): Das Meiental im Kanton Uri – Alpen, Bern.

BÜRGI, J. (1978): Gallo-Römische Brandgräber in Buochs – Beitr. Gesch. Nidwaldens, *37* – Stans.

Bütler, M. (1942): Über Strandlinienverschiebungen des Zugersees – Jb. SGU, 32 (1940/41).
– (1950): Der Zugersee – seine geologischen, hydrologischen und klimatischen Verhältnisse – Zuger Njbl.
Buxtorf, A. (1910k): Geologische Karte der Pilatus–Bürgenstock–Rigihochfluhkette, Bl. 2: Bürgenstock, 1:25000, m. Erl. – GSpK, *27a* – SGK.
– (1951): Orientierung über die Geologie der Berge am Vierwaldstättersee und die Probleme der Entstehung des Sees – Vh. SNG, *131*.
– et al. (1913k): Geologische Karte der Pilatus–Bürgenstock–Rigihochfluhkette, Bl. 3: Rigihochfluhkette, 1:25000, m. Erl. – GSpK, *29a* – SGK.
– (1916k): Geologische Vierwaldstättersee-Karte, 1:50000 – GSpK, *66a* – SGK.
– (1934): Exkursion Nr. 55 Pilatus – G Führer Schweiz, *10* – Basel.
Christ, P. (1920): Geologische Beschreibung des Klippengebietes Stanserhorn–Arvigrat am Vierwaldstättersee – Beitr., NF, *12*.
Du Pasquier, L. (1891): Über die fluvioglacialen Ablagerungen der Nordschweiz – Beitr., NF, *1*.
Eckardt, P. (1957): Zur Talgeschichte des Tavetsch, seine Bruchsysteme und jungquartären Verwerfungen – Diss. U. Zürich.
Fehr, W. (1926): Geologische Karte der Urserenzone, 3:100000 – GSpK, *110* – SGK.
Fichter, H. J. (1934): Geologie der Bauen–Brisen-Kette am Vierwaldstättersee – Beitr., NF, *69*.
Finckh, P. (1977): Wärmeflußmessungen in Randalpenseen – Diss. ETHZ.
Frei, R. (1912): Monographie des schweizerischen Deckenschotters – Beitr., NF, *37*.
– (1912k): Geologische Karte des Lorzetobel–Sihlsprung-Gebietes (Kt. Zug), 1:25000 – GSpK, *70* – SGK.
– (1914): Geologische Untersuchungen zwischen Sempachersee und Oberm Zürichsee – Beitr., NF, *45*/1.
Frey, O. (1907): Talbildung und glaziale Ablagerungen zwischen Emme und Reuß – N. Denkschr. SNG, *41*.
Gassmann, F. (1962): Schweremessungen in der Umgebung von Zürich – Beitr. G Schweiz, Geophys., *3*.
Gysel, G. (1966): Ein neuentdeckter Reußerratiker – Mitt. aarg. NG, *27*.
Härri, H. (1929): Blütenstaubuntersuchung bei der bronzezeitlichen Siedlung Sumpf bei Zug – Zuger Njbl.
– (1940): Stratigraphie und Waldgeschichte des Wauwilermooses – Veröff. Rübel, *17*.
– (1945): Die Waldgeschichte des Baldeggerseegebietes und ihre Verknüpfung mit den prähistorischen Siedlungen – Ber. Rübel *(1944)*.
Hafner, S., et al. (1975k): Bl. 1251 Val Bedretto – GAS – SGK.
Hahnloser, H. R.† & Schmid, A. A. (1975): Kunstführer durch die Schweiz, *1*.
Hantke, R. (1958): Die Gletscherstände des Reuß- und Linthsystems zur ausgehenden Würmeiszeit – Ed., *58*/1.
– (1959): Zur Phasenfolge der Hochwürmeiszeit des Linth- und des Reuß-Systems, verglichen mit derjenigen des Inn- und des Salzach-Systems sowie mit der nordeuropäischen Vereisung – Vjschr., *104*.
– (1961a): Tektonik der helvetischen Kalkalpen zwischen Obwalden u. dem St. Galler Rheintal – Vjschr., *106*/1.
– (1961b): Zur Quartärgeologie im Grenzbereich zwischen Muota/Reuß- und Linth/Rheinsystem – GH, *16*/4.
– (1967): Exkursion Nr. 32: Vierwaldstättersee mit Variante 32a: Altdorf–Isleten–Bauen – G Führer Schweiz, *7*.
– (1968): Erdgeschichtliche Gliederung des mittleren und jüngeren Eiszeitalters im zentralen Mittelland. In: Die ältere und mittlere Steinzeit – UFAS, *1*.
– (1970): Aufbau und Zerfall des würmeiszeitlichen Eisstromnetzes in der zentralen und östlichen Schweiz – Ber. NG Freiburg i. Br., *60*.
–, et al. (1967k): Geologische Karte des Kantons Zürich und seiner Nachbargebiete – Vjschr., *112*/2.
Heer, G. (1975): Aus der Vergangenheit von Kloster und Tal Engelberg 1120–1970 – Engelberg.
Heim, Alb. (1882): Über Bergstürze – Njbl. NG Zürich, *84* (1882).
– (1887): Das Unglück in Zug vom 5. Juli 1887 – Ausführlicher Bericht vom Spezialberichterstatter der Neuen Zürcher Zeitung – Zürich.
– (1894): Über das absolute Alter der Eiszeit – Vjschr., *39*/2.
Hescheler, K. (1940): Ein neuer Schädelfund vom Moschusochsen aus dem Gebiet des diluvialen Reußgletschers – Ecl., *32*/2 (1939).
Hess, O. (1914): Das Aaried zu Rudenz – Sarnen.
Hsü, K. J. (1978): Albert Heim: Observations on landslides and relevance of modern interpretati ons – In: B. Voight ed.: Rockslides and Avalanches, *1* – Natural Phenomena. – Amsterdam.
Hug, J. (1919): Der Bergsturz vom Türlersee – Vjschr., *64*/2.
Imfeld, W. (1976): Streifzüge in und um Lungern – Lungern.
Imhof, E. (1978): Die Delkeskamp-Karte aus den Jahren 1830–1835: Malerisches Relief des klassischen Bodens der Schweiz nach der Natur gezeichnet von Friedrich Wilhelm Delkeskamp – Dietikon ZH.
Imholz, A. (1951): Zwei merkwürdige Funde am Surenenpaß – Hist. Njbl. Uri, *1951*.

JÄCKLI, H. (1956): Talgeschichtliche Probleme im aargauischen Reußtal – GH, *11*/1.
– (1959): Wurde das Schlierenstadium überfahren? – GH, *14*/2.
– (1966K): Bl. 1090 Wohlen, m. Erl. – GAS – SGK.
– & RYF, W. (1978): Die Grundwasserverhältnisse im unteren aargauischen Aaretal – Wasser, Energie, Luft, *1978*/3/4.
JENNY, J. J. (1934): Geologische Beschreibung der Hoh Faulen-Gruppe im Kanton Uri – Vh. NG Basel, *45*.
KÄGI, H. U. (1973): Die traditionelle Kulturlandschaft im Urserental – Diss. U. Zürich.
KAUFMANN, F. J. (1872): Rigi und Molassegebiet der Mittelschweiz – Beitr., *11*.
– (1887): Geologische Skizze von Luzern und Umgebung – Beil. Jber. Kantonssch. Luzern *(1886/87)*.
KELLER, P. (1928): Pollenanalytische Untersuchungen an Schweizer Mooren und ihre Florengeschichtliche Deutung – Veröff. Rübel, *5*.
KELTS, K. (1978): Geological and sedimentary evolution of Lakes Zurich and Zug, Switzerland – Diss. ETH Zürich.
KING, L. (1974): Studien zur postglazialen Gletscher- und Vegetationsgeschichte des Sustenpaßgebietes – Basler Beitr. Ggr., *18*.
KLÄUI, P. (1965): Uri bis zum Ende des Mittelalters – In: Uri, Land am Gotthard.
KLÖTZLI, F., et al., (1978): Frauenwinkel, Altmatt, Lauerzersee – Geobotanische, ornithologische und entomologische Studien – Ber. Schwyz. NG, *7*.
KNAUER, J. (1954): Über die zeitliche Einordnung der Moränen der «Zürich-Phase» im Reußgletschergebiet – GH, *9*/2.
KOPP, J. (1937): Die Bergstürze des Roßberges – Ecl. *29*/2 (1936).
– (1938): Der Einfluß des Krienbaches auf die Gestaltung des Luzernersees und die Hebung des Seespiegels des Vierwaldstättersees – Ecl., *31*/2.
– (1945K): Blatt 186–189 Beromünster–Eschenbach, m. Erl. – GAS – SGK.
– (1946): Die Vergletscherung der Roßberg-Nordseite – Ecl., *39*/2.
– (1949): Die urzeitlichen Schwankungen des Zugersees im Lichte seiner Strandlinien – Zuger Njbl. (1949).
– (1950): Seespiegelschwankungen des Zugersees – Mitt. NG Luzern, *16*.
– (1951): Die Gletscherstausee-Ablagerungen von Kriens und Littau – Ecl., *44*/2.
– (1954): Die Lokalvergletscherung der Rigi – Ecl., *46*/2 (1953).
– (1961a): Alte Flußläufe der Muota und der Steiner Aa zwischen Rigi und Roßberg – Ecl., *53*/2.
– (1961b): Zur Diluvialgeologie des Gebietes zwischen Zugersee und Knonauer Amt – Ecl., *53*/2 (1960).
– (1962): Erläuterungen zu Bl. Luzern – GAS – SGK.
– (1974): Seespiegelstände des Aegerisees – Zuger Njbl. *(1975)* – Zug.
–, BENDEL, L., & BUXTORF, A. (1955K): Bl. Luzern, m. Erl. – GAS – SGK.
LABHARD, P. (1975): Birmensdorf, die Geschichte eines Talkessels. Eine geologisch-morphologische Studie – Heimatkdl. Verein Birmensdorf.
LÄUPPI, U. (1979): Zur Quartärgeologie des Reuß-Gletschers zwischen seinen Stirnlappen und dem Vierwaldstättersee – In Arbeit.
LÜDI, W. (1938): Beitrag zur Bildungsgeschichte der Luzerner Allmend – Vjschr., *83*/1–2.
– (1939): Die Geschichte der Moore des Sihltales – Veröff. Rübel. *15*,
– (1953): Die Pflanzenwelt des Eiszeitalters im nördlichen Vorland der Schweizer Alpen – Veröff. Rübel, *27*.
MERZ, W. (1966): Die Riedlandschaft Sädel am Lauerzersee – Ber. Schwyz. NG, *6*.
MEYER, W. (1978): Zwing Uri 1978 – Nachr. Schweiz. Burgenver., *10*/6.
MEYER-PETER, E., FREY, TH., KREIS, A., & WINTERHALTER, R. U. (1945): Das Projekt der Urserenkraftwerke – NZZ, Beil. Technik, Nr. 1895 (49), 12. Dez. 1945.
MOESCH, C. et al. (1871K): Bl. 8 Aarau–Luzern–Zug–Zürich – GKS 1:100000 – SGK.
MÜHLBERG, F. (1904K, 1905): Geologische Karte des unteren Aare-, Reuß- u. Limmat-Tales, m. Erl. – GSpK, *31*.
– (1910K): Geologische Karte der Umgebung des Hallwilersees und des obern Sur- und Winentales, 1:25000, mit Erl. – GSpK, *54* – SGK.
MÜLLER, F., CAFLISCH, T., & MÜLLER, G. (1976): Firn und Eis der Schweizer Alpen (Gletscherinventar) – Publ. Ggr. I. ETH Zürich, *57*.
MÜLLER, J. E. (1788R): Relief des Hochtals von Engelberg – Kloster Engelberg.
– (1806R): Relief der zentralen und nordöstlichen Schweizeralpen, ca. 1:38000, erstellt 1799–1806 – Zentralbibl. Zürich – Gletschergarten Luzern.
MÜLLER, P. (1949): Die Geschichte der Moore und Wälder am Pilatus – Veröff. Rübel, *24*.
– (1950): Pollenanalytische Untersuchungen in eiszeitlichen Ablagerungen bei Weiherbach (Kt. Luzern) – Ber. Rübel (1949).

Müller, P. (1952): Pollenanalytische Untersuchungen in eiszeitlichen Ablagerungen in «Sumpf» bei Safenwil (Aargau) – Ber. Rübel (1951).
– (1961): Die Letzte Eiszeit im Suhrental – eine pollenanalytische Studie – Mitt. Aarg. NG, *26*.
– (1966): Die Entwicklung der Wälder im Suhrental und die gegenwärtige Flora – Mitt. Aarg. NG, *27*.
Nething, H. P. (1976): Der Gotthard – Thun.
Oechslin, M. (1927): Die Wald- und Wirtschaftsverhältnisse im Kanton Uri – Bern.
– (1939): Die Aufforstungen im Urserental – Gotthardpost.
Pannekoek, J. J. (1905): Geologische Aufnahme der Umgebung von Seelisberg am Vierwaldstättersee – Beitr., NF, *17*.
Penck, A., & Brückner, E. (1909): Die Alpen im Eiszeitalter, *2* – Leipzig.
Pfyffer von Wyher, F. L. (1785 R): Relief der Zentralschweiz, ca. 1:12500, ältestes Gebirgsrelief, erstellt 1762–1786 – Gletschergarten Luzern.
Renner, F. (1977): Ehemalige Gletscherstände im Witenwasseren- und Muttental, Urseren – DA Ggr. I. U. Zürich.
– (1978): Die Gletscher im Urserental – In: Ursern – Das imposante Hochtal zwischen Gotthard, Furka und Oberalp in Wort und Bild – Schweiz. Ver. Strahler Min. Sammler, Bern–Thun.
– (1980): Ehemalige Gletscherstände im Gotthardgebiet – In Vorber.
Rissi, A. (1980): Geologische Untersuchungen in der subalpinen Molasse zwischen Zugersee und Einsiedeln – Diss. ETH Zürich – In Vorber.
Rochow, M. v. (1957): Altersbestimmung eines Torfes aus dem Untergrund des Löwenplatzes in Luzern – Ber. Rübel *(1956)*.
Roesli, F. (1965): Das Renggloch als geologisches Phänomen und als Beispiel einer frühen Wildbach-Korrektion – Ecl., *58*/1.
Roubik, P. (1979): Ein römischer Münzfund aus Uri – Helv. archaeol., *37*.
Rütimeyer, L. (1877): Der Rigi – Basel, Genf, Lyon.
Scherer, E. (1911): Bedeutung und nächste Ziele der Urgeschichtsforschung für Uri – Hist. Njbl. Uri, *1911*.
– (1916): Die vorgeschichtlichen und frühgeschichtlichen Altertümer der Urschweiz – Mitt. Antiq. Ges. Zürich, *27*/4.
Scheuchzer, J. J. (1712 K): Nova Helvetiae Tabula geographica..., ca. 1:238000 – Zürich.
Schindler, C. (1972): Zur Geologie der Gotthard-Nordrampe der Nationalstraße N2 – Ecl., *65*/2.
Schmid, E. (1951): Flora – In: Gotthardstraße – Andermatt–Airolo – PTT Bern.
Sennhauser, H. R. (1970): Ausgrabung und Bauuntersuchung St. Martin, Altdorf – In: Die Pfarrkirche St. Martin zu Altdorf, Erinnerungsschrift zum Abschluß der Renovationsarbeiten – Altdorf.
Spörli, B. (1966): Geologie der östlichen und südlichen Urirotstock-Gruppe – Diss. ETH Zürich.
Staub, W. (1911 K): Geologische Karte der Gebirge zwischen Schächental und Maderanertal, 1:50000 – GSpK, *62* – SGK.
Steiner-Baltzer, A. / Bürgi, A. (1943): Das Bergsturzgebiet von Goldau – Zürich.
Speck, J. (1953): Die spätbronzezeitliche Siedlung Zug-«Sumpf» – Ein Beitrag zur Frage der Pfahlbauten – Monogr., UFGS, *11*.
Suter, H. (1960): Beitrag zur Diluvialgeologie des Knonauer Amtes, Kanton Zürich – Ecl., *52*/2.
Tröhler, B. (1966): Geologie der Glockhaus-Gruppe – Beitr., Geot. Ser., *13*/10.
Von Moos, A. (1946): Exkursion Nr. 7: Thalwil–Albispaß–Affoltern a. A.–Jonen–Bonstetten – G Exkursionen Umgebung Zürich – Zürich.
Walser, G. (1767 K): Schweizer Geographie samt den Merkwürdigkeiten in den Alpen und hohen Bergen, zur Erläuterung der Hommannischen Charten herausgegeben – Bl. 6: Canton Unterwalden – Zürich 1770.
Welten, M. (1980): Pollenanalytische Untersuchungen im Jüngeren Quartär des nördlichen Alpen-Vorlandes der Schweiz – Im Druck.
Wüest, O. (1970): Palynologische Untersuchungen im Drachenried bei Stans – Sem.-Arb., G I. ETH Zürich.
Wyss, R. (1968): Das Mesolithikum – In: Die Ältere und Mittlere Steinzeit – UFAS, *1* – Basel.
– (1976): Der Goldschatz von Erstfeld – Helv. archaeol., *25*.
Zay, K. (1807): Goldau und seine Gegend, wie sie war und was sie geworden, in Zeichnungen und Beschreibungen zur Unterstützung der übriggebliebenen Leidenden, in den Druck gegeben – Zürich.
Zehnder, J. N. (1974): Der Goldauer Bergsturz. Seine Zeit und sein Niederschlag – Goldau.
– (1975): Der Goldauer Bergsturz – Die Katastrophe des 2. September 1806 – Erdkreis, *25*/9.
Zimmermann, H. W. (1963): Die Eiszeit im westlichen zentralen Mittelland (Schweiz) – Mitt. NG Solothurn, *21*.
Zoller, H., Schindler, C., & Röthlisberger, H. (1966): Postglaziale Gletscherstände und Klimaschwankungen im Gotthardmassiv und Vorderrheingebiet – Vh. NG Basel, *77*/2.

Das Areal zwischen Aare/Reuß- und Aare/Rhone-Gletscher

Entlen-, Waldemmen-, Emmen-, Napf- und Rämisgummen-Gletscher

Entlen- und Waldemmen-Gletscher zur Würm-Eiszeit

Zwischen Aare/Reuß- und Aare/Rhone-Gletscher bildeten sich im Entlebuch W der Pilatus-Gletscher (S. 305) Entlen- und Waldemmen-Gletscher (H. MOLLET, 1921; J. STEINER, 1926; O. FREY, 1907; R. FREI, 1912) und im Emmental der Emmen-Gletscher (F. ANTENEN, 1902, 1906, 1909, 1910, 1924; R. SCHIDER, 1913 K).
In den würmzeitlichen Höchstständen vereinigte sich der *Entlen-* noch mit dem Waldemmen-Gletscher; mit dem Bremgarten(=Zürich)-Stadium wurde er selbständig.
Bei einer Eishöhe von 1240 m floß Entlen-Eis bereits über den Wissenegg-Sattel zum Rümlig-Gletscher, und zwischen Risetenstock (1759 m) und Ober Heuboden (1394 m) reichte es bis auf den firnbedeckten Grat. Damit dürfte das Eis am Durchbruch zwischen Schimberg und Tossen, dem westlichen Ausläufer des Pilatus, im Würm-Maximum bis auf 1350 m, im Zürich-Stadium bis auf gut 1200 m gestanden haben.
Über den Sattel des Mettilimoos (1017 m) floß im Würm-Maximum Entlen-Eis ins Fischenbachtal. Aus dem Kar der Alpiliegg (1280 m) empfing es noch einen Zuschuß. Moräne liegt auf der Rengg zwischen Entlebuch und Fischenbachtal. Stirnnahe Wälle treten auf der SE-Seite der Bramegg und im Schachner Wald auf, so daß die Zunge um 800 m gestirnt haben muß. Ein späterer Stand zeichnet sich auf 850 m ab.
Jüngere, durch Wälle charakterisierte Rückzugsstadien geben sich im Kleinen und Großen Entlen- sowie im Rotbachtal zu erkennen (MOLLET, 1921; STEINER, 1926).
Da der Firnbereich des *Entlen-Gletschers* größenteils in Gebieten mit wenig verwitterungsresistenten Flysch- und Molasse-Gesteinen liegt, ist die Schuttführung recht beachtlich gewesen. Mächtige jungquartäre Schuttmassen und Seitenmoränen des Zürich-Stadiums haben sich vorab im Mündungsgebiet der beiden Entlen-Gletscher, im Müllerenmoos und um Finsterwald, ausgebildet.
In einem späteren, wohl im Gisikon-Honau-Stadium, reichte der Groß Entlen-Gletscher bis Gfellen, bis 1000 m, herab, wobei er vom Schimberg (1816 m) und von der Risetenstock-Kette (1922 m) noch letzte Zuschüsse erhielt. Ein nächstes, das Vitznauer Stadium, zeichnet sich im Konfluenzbereich mit dem vom Sattel des Glauberberg zufließenden Rotbach-Gletscher auf 1130 m ab. Im Gersauer Stadium endete der Rotbach-Gletscher auf 1320 m, der Groß Entlen-Gletscher unterhalb Vorder Tor, auf 1220 bzw. auf 1240 m. Noch im Attinghausen (=Churer)-Stadium stieg vom Fürstein (2040 m) ein Kargletscher bis 1450 m herab, während die höchsten Kare selbst im Wassen-Stadium eiserfüllt waren.
Über die flachen Sättel der Wasserfallen zwischen Fürstein und Schafmatt und des Wagliseiboden zwischen Brienzergrat und Schrattenflue standen die Firngebiete von Entlen-, Waldemmen- und Emmen-Gletscher miteinander in Verbindung. Beim Eintritt ins Entlebucher Längstal teilte sich der *Waldemmen-Gletscher* in zwei Arme: der Hauptast floß talaus, ein Nebenarm gegen SW, Wiß-Emme-aufwärts. Dieser wird durch «rückläufige» Moränen, Erratiker aus dem Einzugsgebiet der Waldemme,

glazifluviale Schotter und randglaziäre Rinnen in der Molasse des südöstlichen Napf-Berglandes bekundet (Fig. 165).
In den Maximalständen der Würm-Eiszeit vereinigte sich der durchs Entlebuch abfließende Arm bei Wolhusen mit dem von Luzern ins Tal der Kleinen Emme eingedrungenen Arm des Aare/Reuß-Gletschers. NE von Doppleschwand reichen Ufermoränen bis auf 750 m. Die von Aare/Reuß-Moränen des Wolhuser Armes gekrönten Schotter von Obermoos sind als randliche Vorstoßschotter beider Eisströme zu deuten. Steiner (1926) stellte sie als alte Klein-Emme-Schotter ins Mindel/Riß-Interglazial und brachte sie mit dem Jüngeren Deckenschotter in Beziehung. Schotter und Bändertone an den Ausgängen zwischen der subglaziär mündenden Fontannen und Wolhusen sind als würmzeitlicher Stauschutt zu deuten. In den Maximalständen stieß der Wiß-Emme-aufwärts vorrückende Eisarm über die Wasserscheide von Escholzmatt (852 m) bis über Wiggen vor. Dies wird durch die mächtigen Schuttfluren von Hutten (952 m) und Rämisäbnet (910 m), SE bzw. S von Escholzmatt, sowie durch die Stauschotter aus dem südlichen Napf-Gebiet NW von Wiggen angedeutet (F. J. Kaufmann, 1886, 1887k; F. Nussbaum, 1923; H. Fröhlicher, 1933). Aus den NW-Karen der Beichlen (1770 m) und aus dem Ilfistal erhielt er dabei letzte Zuschüsse, was durch den moränenartigen Charakter und den Gesteinsinhalt der wurzelwärtigen Schotterflur-Teile belegt wird.
Im Zürich-Stadium reichte der *Wiß-Emmen-Arm* – wie schon in einem entsprechenden Vorstoß-Stadium – noch bis Escholzmatt. Am Inselberg des Waldbüel spaltete er sich in zwei Zungen, die zur Ilfis abflossen. Beim ersten Abschmelzen entwässerten sie rückläufig und halfen – mit den Schmelzwässern des bei Wilzigen unterhalb von Entlebuch stirnenden Lappens –, die Talfurche zwischen Entlebuch und Wolhusen einzutiefen.
Moränenstaffeln an der NW-Seite der Beichlen bekunden spätwürmzeitliche Rückzugsstadien. In den höchsten Karen lagen noch im Attinghauser Stadium Firnfelder. Augenfällige Seitenmoränen kleben an den tieferen Hängen der Farneren. Der Wall von Hohwald–Gruebenhag–Chilenwald dokumentiert das Maximal-Stadium. Diejenigen von Schwändi–Haldenegg und Sitenberg–Bergli sind dem Zungenende N von Entlebuch zuzuordnen (= Bremgarten- = Zürich-Stadium).
Die unzusammenhängenden, schotterreichen Moränen und Molasse-Rundhöcker um Schüpfheim (F. J. Kaufmann, 1886) fänden damit in der Rundhöcker-Drumlin-Land-

▷

Fig.165 **Quartärgeologische Karte des obersten Emmentales und des südlichen Napfgebietes**

- Schotterfluren des würmzeitlichen Maximalstandes
- Moränen und Eisränder der würmzeitlichen Maximalstände
- Moränen und Eisränder des Bremgarten (=Bern)-Stadiums
- Moränen des Gisikon/Honau (=Wichtrach)-Stadiums
- Moränen des Vitznau/Goldau (=Strättligen–Thun)-Stadiums
- Moränen des Gersau/Ingenbohl (=Krattigen–Thun)-Stadiums
- Moränen des Attinghausen (=Interlaken)-Stadiums
- Moränen des Wassen (=Meiringen)-Stadiums
- Moränen des Göschenen (=Handegg)-Stadiums
- Kare
- Rundhöcker
- Schmelzwasserrinnen
- Transfluenzen
- Riß- und höchste würmzeitliche Erratiker

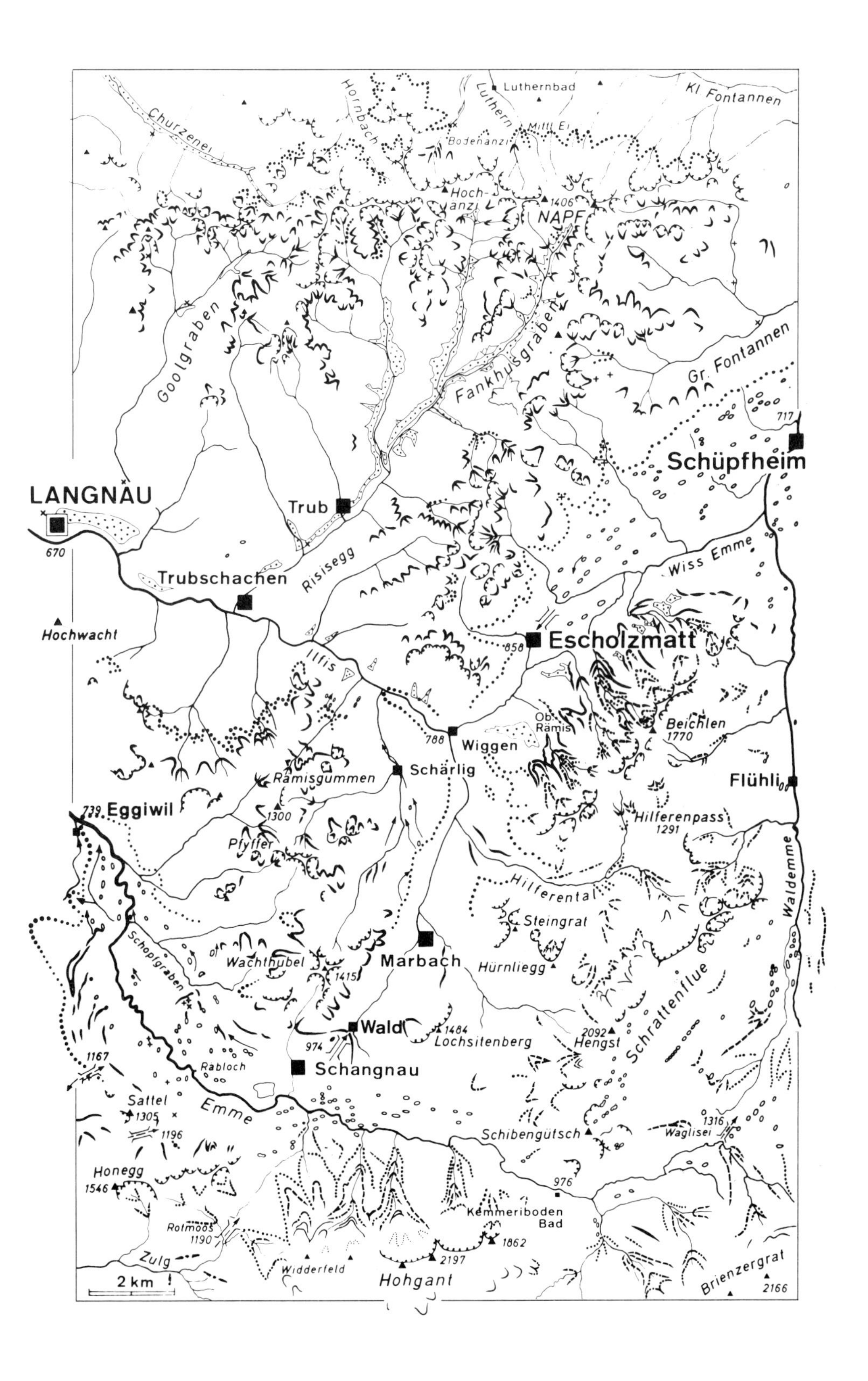
Lutherbad
Kl. Fontannen
Hornbach
Churzenei
Luthern
Mittl. Ei
Bodenänzi
Hoch-änzi
1406
NAPF
Goolgraben
Fankhusgraben
Gr. Fontannen
717
Schüpfheim
LANGNAU
670
Trub
Trubschachen
Risisegg
Wiss Emme
Hochwacht
Ilfis
858
Escholzmatt
788
Wiggen
Ob. Rämis
Beichlen
1770
Schärlig
Rämisgummen
Flühli
739
Eggiwil
1300
Pfyffer
Hilferenpass
1291
Hilferental
Steingrat
Waldemme
Schopfgraben
Wachthubel
1415
Marbach
Hürnliegg
Schrattenflue
Wald
1484
Lochsitenberg
2092
Hengst
974
Schangnau
1167
Rabloch
Sattel
1305
1196
Emme
Schibengütsch
1316
Waglisei
Honegg
1546
976
Kemmeriboden Bad
Rotmoos
1190
1862
2197
Zulg
Widderfeld
Hohgant
Brienzergrat
2166
2 km

schaft des Zürcher Oberlandes ihr Analogon. Das Gisikon-Honau (= Hurden)-Stadium zeichnet sich in Moränenresten beidseits von Flühli und in der Seitenmoräne von Gloggenmatt ab. Aus dem Hilferen-Gebiet nahm der Waldemmen-Gletscher noch den *Hohwäldli-Gletscher* und vom Fürstein und vom Sattelstock den *Sewen/Rotbach-Gletscher* auf. Ein nächstes Stadium ist im *Rotbachtal* auf 1000 m angedeutet. Dann zerfiel das Eis in diesem S von Flühli mündenden Seitental in einzelne Lappen. Ein weiterer Stand gibt sich auf 1500 m zu erkennen. Im entsprechenden Stadium nahm der *Sewen-Gletscher* vom Fürstein (2040 m) und Rickhubel (1934 m) noch das Becken des Sewenseeli ein. Am N-Fuß der Hagleren im Rotbachtal konnte W. LÜDI (1962) in einem 1,35 m langen Pollenprofil drei Waldzeiten nachweisen: eine Hasel-Eichenmischwaldzeit, eine gut entwickelte Tannenzeit und eine im Profil 75 cm mächtige Bergföhrenzeit. Aufgrund von in dieser auftretenden ersten Getreide-, Unkraut- und *Juglans*-Pollen erfolgte die weitgehende Vermoorung der Entlebucher Alpen wohl am Übergang Boreal-Subatlantikum.
Oberhalb von Flühli erkannte schon KAUFMANN (1887K) einen Rückzugswall des Waldemmen-Gletschers. Der von Lueg WNW von Sörenberg ist als zugehörige linksseitige Moräne, der von Hurnischwand zur Südelhöchi abfallende als rechte Seitenmoräne eines Gletschers aus dem Firnkessel N des Brienzergrates zu deuten. Dabei wurden diese Eismassen noch von solchen von der ESE-Abdachung der Schrattenflue genährt, die ebenfalls vom Emmen-Eis gestaut und gegen NE zum Waldemmen-Gletscher abgedrängt wurden. Der überschliffene Rücken der Hirsegg ist als Grenzbereich der beiden N der Lueg sich vereinigenden Eisströme zu betrachten, der lokal aufliegende Schutt als zugehörige Mittelmoräne.
Gleichzeitig schob sich aus dem oberhalb von Flühli mündenden Rotbachtal ein Gletscher bis an den Ausgang vor und hinterließ Wälle bei Oberflüeli. Dieser Vorstoß dürfte bei einer klimatischen Schneegrenze um 1450 m dem Vitznau/Goldau-Stadium des Reuß-Gletschers entsprechen. Innere Wälle, wohl solche des Gersauer Stadiums, hinterließ dieser Zuschuß beim Eggli um 1100 m und weiter talaufwärts um 1200 m.
Der vom Brienzer Rothorn wieder auf 1200 m, ins Zungenbecken hinter Sörenberg vorgestoßene Gletscher dämmte mit seiner rechten Ufermoräne das hinterste Tal ab. Aufgrund der nahezu 100 m höheren Schneegrenze ist dieser Vorstoß dem Stadium von Gersau und Ibach/Ingenbohl gleichzusetzen. Auch aus den E anschließenden Karen, vom Eisee, von Arni und von Fontanen, fuhren Gletscher bis 1300 m nieder.
Nach einem Rückzug stießen sie abermals vor: vom Rothorn bis unter 1300 m, vom Eisee zum Emmensprung, von Arni bis Ziflucht, von Fontanen bis unter 1500 m. Dieses Stadium dürfte damit demjenigen von Attinghausen (= Interlaken) entsprechen.
Die schattigen Kare in der N-Seite der Rothorn-Kette bargen noch im Meiringen (= Wassen)-Stadium kleine Gletscher. Vom Rothorn reichte eine Zunge bis gegen 1400 m, vom Eisee bis 1450 m, von Arni bis 1500 m und oberhalb von Fontanen bis 1750 m. Noch im letzten Spätwürm waren die obersten Karwannen von Eis erfüllt.

Der Emmen-Gletscher zur Würm-Eiszeit

Bereits J. FANKHAUSER (1872) wies auf die Existenz eines Emmen-Gletschers hin. Nach E. BRÜCKNER (in A. PENCK & BRÜCKNER, 1909) reichte dieser bis gegen Eggiwil und stand in der Würm-Eiszeit nicht mehr mit dem Aare-Gletscher in Verbindung.

Anderseits hat schon I. BACHMANN (1883) bei Schüpbach NE von Signau Blöcke von Vallorcine-Konglomerat erwähnt, so daß das rißzeitliche Rhone-Eis den Aare-Gletscher bis mindestens in diese Talung zurückgedrängt haben muß. Zugleich stauten Rhone- und Aare-Eis den Emmen-Gletscher bis ins obere Emmental, bis ins Becken von Schangnau, zurück (Bd. 1, S. 330).

Beim Emmen-Gletscher liegen die höchsten würmzeitlichen Ufermoränen bei Ställdeli NE der Honegg über glazifluvialen Schottern in nahezu 1200 m. Der Gabelspitzstein, ein Hohgantsandstein-Block auf dem Schallenberg (1167 m), belegt dort einen höchsten Stand. Äußerste Wälle stellen sich auf Breitmoos S von Eggiwil ein. Von Hinter Lindenboden verläuft eine Moräne über Ober Breitmoos gegen Rotengrat SSW von Eggiwil und verliert sich gegen das Rötenbachtal. Emme-abwärts reichte das Eis bis Eggiwil, hinterließ aber dort keine Wälle, nur Rundhöcker und Schmelzwasserrinnen. Dies ist wohl – neben der resistenten miozänen Nagelfluh – auf die starke Wasserführung des Rötenbaches zurückzuführen. Diese stammte von einem Gletscher von der Honegg (1546 m), der E von Oberei stirnte. Bei Süderen und bei Linden nahm der Rötenbach noch Schmelzwässer von Aare-Gletscherlappen auf (P. BECK & R. F. RUTSCH, 1949K, 1958), die den Zungen des Emmen-Gletschers ebenfalls zusetzten.

Der bei Burgdorf abriegelnde Aare/Rhone-Gletscher staute die Schmelzwässer der ins Emmental überlappenden Zungen des Aare-Gletschers und des Emmen-Gletschers zu einem Stausee und die von ihnen mitgeführten Schuttmassen zu einer Schotterflur auf, die sich bis gegen Wiggen verfolgen läßt. Mit dem Abschmelzen der Eisbarriere bei Burgdorf (Fig. 166) wurde sie auf das Talboden-Niveau des Emmentals zerschnitten. Bei Hasle-Rüegsau ist in diesen Stauschottern jüngst ein Stoßzahn-Fragment von Mammut gefunden worden (Prof. H. A. STALDER, mdl. Mitt.).

In der Talung von Signau reichte das ins Emmental eingedrungene Aare-Eis bis an die Mündung der Emme. G. DELLA VALLE (1965) ließ es noch bei Zäziwil enden. Die Schieferkohle-führenden Schotter von Mutten und ihre nordöstlichste Fortsetzung, die Schotterflur von Hälischwand–Fäili wären damit als von der austretenden Emme an die gegen das Emmental vorgestoßene Aare-Gletscherzunge geschüttete Kameschotter und als deren Sander zu deuten (S. 394).

Die an der Mündung rund 40 m betragende Eintiefung bis zur Talaue wäre dann vorab auf die beim Wegfall des Staues bei Burgdorf erfolgte Tieferlegung der Erosionsbasis zurückzuführen. Dabei besteht der Großteil des Terrassenkörpers aus Molasse-Nagelfluh. Auf der NW-Seite der Emme setzt sich die Schotterterrasse von Mutten–Hälischwand in diejenige von Witenbach–Lauperswil–Rüderswil fort. Damit gehört auch diese, wie schon E. GERBER (1941, 1950K) nach einigen Kontroversen festhielt, der Niederterrasse an. Aufgrund einer tieferen Terrasse, die sich bereits bei der Mündung der Emme in die Signauer Talung und verschiedentlich auch weiter Emme-abwärts einstellt (DELLA VALLE 1965), erfolgte die Tieferlegung offenbar zweiphasig.

Die Schotterfüllung im oberen Emmental beträgt unterhalb der Vereinigung von Emme und Ilfis um 55 m (R. V. BLAU et al., 1975). Die Rinne dürfte wohl subglaziär zur Zeit der Größten Vereisung in die Molasse eingetieft worden sein.

Rückzugsständen – wohl dem Bern-Stadium – dürften die inneren Wallmoränen angehören, die NNW von Siehen rund 80 m tiefer liegen und gegen Unter Breitmoos verlaufen. Die Wälle bei Siehen sind als internere Staffeln zu deuten.

Da eine rißzeitliche Überprägung am W-Grat der Honegg bis über 1430 m reicht, stand das würmzeitliche Emmen-Eis rund 200 m tiefer.

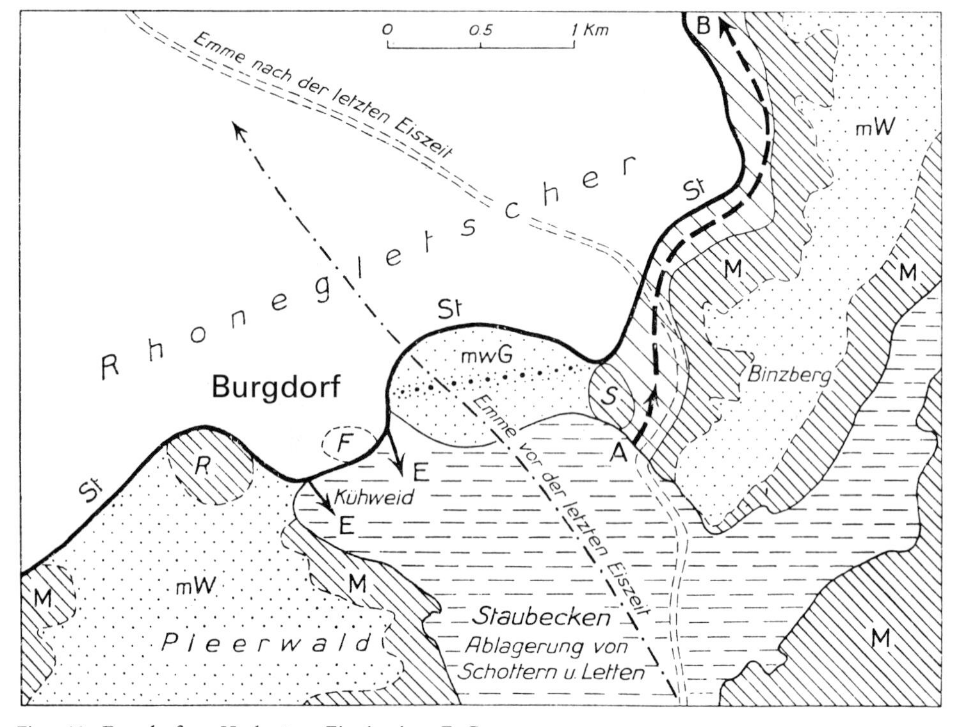

Fig. 166 Burgdorf zur Hochwürm-Eiszeit. Aus: E. Gerber, 1950.

M	Molasse	A	Auslauf aus dem Stausee
mW	Moräne des Maximalstandes der Würm-Eiszeit	A–B	In der Würm-Eiszeit in die Molasse eingetiefte Emme
mWG	Moränenwall von Gsteig	F	Kiesgrube
St	Stirnrand des Rhone-Eises	R	Rohrmooshubel
E	Einlauf ins Staubecken	S	Schloßhügel

Die von E. Haldemann (1948) als interglazialer Emmenlauf gedeutete, von Schottern erfüllte Rinne W des Räbloch ist als subglaziäre seitliche Schmelzwasserader zu interpretieren (Fig. 167). Über Grundmoräne liegen Warwentone, schräggeschichtete Schotter mit Sandlagen und gekritzten Geschieben, darüber eine Moränendecke.

Auf der NE-Seite der Emme fehlen Wallmoränen. Dort finden sich nur Moränenrelikte mit Kreide- und Flysch-Gesteinen. Die Eisränder lassen sich nur mit Hilfe randglaziärer Abflußrinnen ermitteln (Exkursion mit H. A. Haus, 1973).

In den Maximalständen dürfte der Emmen-Gletscher auch auf der rechten Talseite NW von Schangnau gegen 1200 m hinaufgereicht haben. Cholgraben und Hinterer Geißbachgraben wirkten als randliche Abflußrinnen. Im Bern-Stadium stand der Emmen-Gletscher W von Schangnau noch bis auf 1100 m; der Schopfgraben nahm die randlichen Schmelzwässer auf.

Von Schangnau stieß im Maximalstand Emmen-Eis nach NE gegen die Wasserscheide von Wald, wo es – aufgrund des Fehlens helvetischer Kreidegesteine – vom Steiglen-

Fig. 167 Der Eingang des Räbloch, eine subglaziär angelegte, 2 km lange Schmelzwasserschlucht des Emmen-Gletschers zwischen Schangnau und Eggiwil/BE. Photo: Dr. h. c. O. BEYELER, Oppligen. Aus: W. WIRZ, 1973.

Gletscher gestaut wurde, der das Becken von Marbach ausgekolkt hatte. Schotterreiche Schmelzwässer nahmen ihren Weg durchs Schärligbachtal (W. LIECHTI, 1928).
Eis von der Schrattenflue (2092 m) und von der SW-Seite der Beichlen sammelte sich zum *Hilferen-Gletscher*, der im obersten Ilfis-Tal ein Zungenbecken auskolkte und das Steiglen-Eis aufstaute. Die jungquartäre Füllung des Talbodens beträgt bis 50 m (S. SCHLANKE, mdl. Mitt.).
Auch von der linken Talseite, von der Wachthubel-Kette, empfing das durchs Ilfis-Tal abfließende Eis noch Zuschüsse, was Kare und steil abfallende Ufermoränen belegen. In dem vom Emmen-Gletscher ausgekolkten Talkessel von Schangnau wurde im aus-

gehenden Hochwürm hinter dem Molasseriegel des Räbloch ein See aufgestaut, der mit schräggeschichteten Schottern, Sanden und Seetonen angefüllt wurde. Darüber ergoß sich der Schuttfächer des Färzbaches (HAUS, 1937). Durch sukzessives Ausräumen der Moränenfüllung des Räbloch wurde der See entleert, was sich in Terrassenrändern abzeichnet. In den Quelltälern der Emme, auf der N-Seite des Hohgant (2197 m) und auf der NW-Seite der Schrattenflue finden sich mächtige spätwürmzeitliche Moränen (HAUS, 1937; M. FURRER, 1949 und P. SODER, 1949), die sich – wie im Waldemmental – aufgrund der klimatischen Schneegrenzen verschiedenen Vorstößen zuordnen lassen. Vom Augstmatthorn (2137 m) hing noch im ausgehenden Spätwürm eine Zunge gegen NNE bis unter 1350 m zur obersten Emme herab.
Auf der SE-Seite des Hohgant (2197 m) umschließen spätwürmzeitliche Stirnmoränen das Zungenbecken desÄllgäuli in 1700 m (W. GIGON, 1952K).

Die würmzeitliche Vergletscherung im Napf-Bergland

Das Napf-Bergland, früher stets als rein fluvial zertaltes würmzeitliches Nunatakker-Gebiet betrachtet (O. FLÜCKIGER, 1919), reichte auch in der Würm-Eiszeit noch bis in die Schneeregion hinauf, so daß die Kare im zentralen Abschnitt vergletschert waren, was bereits W. LÜDI (1928) vermutete.
Die vom Napf (1408 m) gegen Luthernbad abgestiegenen Gletscher endeten auf 940 m. Dies wird bei Mittlere Ei durch Seitenmoränenreste belegt. Aufgrund der Gleichgewichtslage um 1050 m dürfte die klimatische Schneegrenze auf 1150 m gelegen haben. Internere Moränen bekunden erste Rückzugsstände.
Am Zungenende liegen große Erratiker; zugleich setzt eine Schotterflur ein, die sich durch das Lutherntal bis Gettnau verfolgen läßt, wo die Schmelzwässer von einem abdämmenden Lappen des Aare/Reuß-Gletschers zu einem Eisrandsee aufgestaut wurden (Fig. 134 und S. 304).
Die bis 40 m mächtigen Schotter um Hüswil-Zell schlossen in einer sandigen Lehmschicht eine Schneckenfauna ein (L. FORCART in A. ERNI et al., 1943). Ein Pollenspektrum ergab bei bescheidenster Frequenz eine schüttere Bewaldung der Tieflagen (H. HÄRRI in ERNI et al., 1943).
Da die Zeller Schotter die Schieferkohlen von Gondiswil überlagern bzw. einschließen (E. GERBER in E. BAUMBERGER et al., 1923; W. LÜDI, 1953), fällt ihre Ablagerung ins Riß/Würm-Interglazial und in die Frühwürm-Interstadiale. S von Hüswil schalten sich in den Zeller Schottern über dem Niveau der Gondiswiler Schieferkohle noch zwei höhere, kühlzeitlichere Kohleschichten mit Föhren- und Birken-Hölzern ein, die jedoch bereits in den E gelegenen Schottern des Riedels von Baren fehlen (Fig. 168).
Aus den Schieferkohlen von Ängelbrächtigen NW von Ufhusen sind – neben dem Becken eines Mammut-Jungtiers – Stirnfragment mit Hornzapfen, Unterarm und Mittelhand von *Bison priscus*, aus denen von Gondiswil der Stoßzahn eines Mammuts und eine Geweihschaufel eines Elchs, und aus den Schottern von Hüswil und Zell Stoßzähne von Mammut bekannt geworden (TH. STUDER in E. BAUMBERGER et al., 1923; Naturhist. Museum Bern, Natur-Museum Luzern; Bd. 1, S. 196).
Unter periglazialem Klima wurde die über weite Bereiche ziemlich karbonatarme, wenig zementierte Napf-Molasse von den Schmelzwässern aufgegriffen und im randlichen, gefällsärmeren Bereich als Schotterflur wieder abgelagert.

Fig. 168 Die von Schmelzwässern zerschnittene Schotterflur von Baren S von Hüswil LU gegen den Napf.

Im hintersten Lutherntal fand neulich H.-U. GRUBENMANN (mdl. Mitt.) an verschiedenen Stellen unter den Schottern eine tonig-siltige Grundmoräne mit Molassegeröllen, darüber 10–20 cm wenig toniger Silt mit Holzresten, die sich als *Juniperus* und *Abies* erwiesen. An Fruchtresten konnten *Rubus*, *Sambucus* und solche von Kreuzblütlern nachgewiesen werden. Darüber folgen noch 8–10 m aus Napf-Nagelfluh aufgearbeitete Schotter. Im Tal der Enziwigger kam es 2 km S von Hergiswil LU schon in der ausgehenden Riß-Eiszeit zur Bildung eines Molasse-Umlaufberges. Die diesen E umfließende Rinne ist von Schottern erfüllt, die sich als Flur talaufwärts bis über 1000 m verfolgen lassen. Da von 950 m an die Nagelfluh-Flanken von lehmigem Schutt mit teilweise zerbrochenen und kantengerundeten Geröllen bedeckt werden, der wohl als Moräne gedeutet werden muß, ist der Beginn der Schotterflur als Sanderspitze und damit als Gletschertor-Lage, die Schotter selbst als Sander und als glazifluvialer Schotterstrang eines würmzeitlichen Enziwigger-Gletschers zu betrachten. In diese östliche Rinne des Umlaufberges wurde bei Opfersei aus einem mündenden Seitental ein Schuttfächer geschüttet, so daß die Enziwigger den bereits bei einem Eisstand in der ausgehenden Riß-Eiszeit angelegten, westlichen Durchbruch benutzte und sich seither rund 5 m in die Schotterflur einschnitt, wobei sich verschiedene Phasen beobachten lassen.
Von den bereits in der Riß-Eiszeit vorab im Grenzbereich zwischen dem gegen NE abgeflossenen Rhone-Gletscher und den zugestoßenen Napf-Gletschern gebildeten Rundhöckern waren in der Würm-Eiszeit nur noch die höchsten meist schneebedeckt. Gegen N stiegen vom Höchänzi (1368 m) weitere Gletscher bis Bodenänzi und gegen NW und vom Farnli-Esel (1383 m) bis unter 1000 m ins Hornbachtal und in die Churzenei ab. Die ausgeprägtesten Kare stellen sich in NE-Exposition, im Quellgebiet der Kleinen Fontannen ein, wo eine Zunge bis 900 m vorstieß.
In SW-orientierten Tälern entwickelten sich nur unbedeutende Gletscher, die um 1100 m endeten. Oberhalb der Mettlenalp, auf 1080 m, setzt im Fankhusgraben sowie in den

Fig. 169 Das südliche Napfgebiet mit dem von würmzeitlichen Schottern erfüllten Tal Trub–Trubschachen. Im Hintergrund (links) die beiden Quelltäler der Ilfis, durch die im Würm-Maximum noch Äste des Waldemmen- und des Emmen-Gletschers bis vor die Mündung der beiden Täler E von Trubschachen vorstießen. Luftaufnahme: Swissair-Photo AG, Zürich. Aus: H. Altmann et al., 1970.

weiteren, von N mündenden Seitentälern eine bis Trubschachen durchhaltende Schotterflur ein (Fig. 169).
Die Schotteranhäufung in den vom Napf ausstrahlenden Tälern läßt sich nur bei niederschlagsreichem, kühlem Klima erklären (Fig. 165).

Die würmzeitliche Vergletscherung des Rämisgummen–Wachthubel-Gebietes

Auch das *Rämisgummen-Wachthubel-Gebiet* S der Ilfis war in der Würm-Eiszeit vergletschert. Aus den Karen N bis E des Rämisgummen (1301 m) stiegen Eiszungen bis unter 1000 m ab, wo Moränenreste liegen und Schotterfluren einsetzen (Fig. 170).

Fig. 170 Würmzeitliche Stirnmoränen eines Kargletschers auf der E-Seite des Wachthubel in der Talung SW von Marbach LU.

Eindrücklich ist besonders das Zungenbecken mit frontalen Teillappen, Rückzugsstaffeln und Schmelzwasserrinnen im Gummental NE des Rämisgummen, dessen glaziale Entstehung bereits Dr. Liechti, Langnau (Dr. H. Röthlisberger, mdl. Mitt.), erkannt hatte (Fig. 171). Der vom Wachthubel (1415 m) durch den Buschachengraben vorstoßende Gletscher, belegt durch aufgearbeitete Gerölle aus der miozänen Nagelfluh, stirnte auf 900 m. Aus der Gleichgewichtslage um knapp 1100 m und NE-Exposition ergibt sich für dieses über 11 km weiter alpeneinwärts gelegene Gebiet eine Schneegrenze von 1200 m. Am Gletscherende setzt eine Schotterflur ein. Im Schärligtal läuft sie in jene aus, die an Schmelzwasserrinnen am Schärligberg einsetzt (Exkursion mit H. A. Haus, 1973).

Ebenso sind Spuren von Vereisungen auch W der Talung Konolfingen–Zäziwil–Signau, durch die ein Lappen des Aare-Gletschers gegen das Emmental vorstieß, angedeutet. In den gegen E exponierten Quellnischen der *Blasenflue–Moosegg-Kette* saßen kleine, durch Molasse-Eggen getrennte Kargletscher. Gegen N rückten von der Blasenflue (1118 m) zwei kleine Gletscher bis unter 1000 m vor. Durch Sackungen und Rutschungen wurden die glazialen Formen, vorab auf der NW-Seite, verwischt.

Das Napf-Bergland und das obere Emmental im Spätwürm und im Holozän

Durch spätere Einwirkungen – Spaltenfrost, Felsstürze, Bodenfließen, Bach-Erosion – sind die Glazialspuren vielerorts verwischt worden und nur am Fuß von Nagelfluh-Eggen und um flachere Zungenbecken erhalten geblieben. Die Gletscherenden geben

sich daher oft nur durch das Einsetzen von Schotterfluren zu erkennen. Solche nehmen auch in den Talschlüssen des Hornbach-, Churzenei-, Laternen- und Binzgraben ihren Anfang. Sie lassen sich von Wasen über Sumiswald–Grünenmatt und durch den Dürrgraben bis Ramsei ins Emmental verfolgen.
Mit dem Abschmelzen des Eises in den Karen des Napf-Berglandes und in den oberen Emmentälern entwickelte sich dort nach und nach ein im Laufe des ausgehenden Spätwürms und im Holozän sich wandelnder, zusammenhängender Wald (W. Lüdi, 1953; M. Küttel, in Vorber.), der besonders im Bereich der Grate und Eggen noch eine Anzahl alpiner Arten beherbergt (Lüdi, 1928; Bd. 1, S. 175). Diese Walddecke vermochte das Areal der wenig erosionsresistenten Napf- und Emmentaler Nagelfluh-Sandstein-Molasse bis in die Neuzeit weitgehend vor Erosion der Talflanken und vor weiterer Ausräumung der Gräben zu schützen.

Fig. 171 Das bei Kröschenbrunnen (SE von Trubschachen) ins Ilfistal mündende Gummental, eine vom würmzeitlichen Rämisgummen-Eis ausgeräumte Wanne mit Rundhöckern (Bildmitte) und Endmoränen (vor dem Abfall ins Ilfistal). N des Ilfistales: Turner–Altengrat, dahinter der Fankhausgraben und zuhinterst der Napf (rechts).
Photo: PD Dr. H. Röthlisberger, Uerikon ZH.

Die Besiedlung des Napf-Berglandes und der Quelltäler der Emmen im Grenzbereich der Mittelland-Kulturen der E- und W-Schweiz erfolgte verhältnismäßig spät. Wohl wuschen in den Quelltälern des Napf bereits vor mehr als 2000 Jahren Helvetier Flußgold (Bd. 1, S. 257). Erste mittelalterliche Niederlassungen im abgeschiedenen Waldgebiet des Napf bildeten die Rodungsinseln des gegen Ende des 11. Jahrhunderts gegründeten Klosters Trub und die alte Goldwäscher (?)-Siedlung Romoos. Von zum Teil bereits bis ins 9. und 10. Jahrhundert zurückgehenden Siedlungen in der Ring-

talung – Wolhusen, Huttwil, Entlebuch – erfolgten weitere Rodungen im 12. und 13. Jahrhundert: Kloster St. Urban, Willisau, Sumiswald, im 16. Jahrhundert Trachselwald und Wasen. Damals wurden auch die Schachen, die Auenwälder im Überschwemmungsbereich der Flüsse, gerodet; es entstanden Trubschachen und Rüegsauschachen (St. Sonderegger & E. Imhof, 1975k; A. Reinle in H. R. Hahnloser† & A. A. Schmid, 1975). Ebenso wurde damals das Tal der Wiß Emme besiedelt. Erst nach 1600 erfolgte – infolge der durch Bevölkerungszuwachs und Klimaverschlechterung sich verknappenden Ernährungsgrundlage – eine stärkere Nutzung und eine Besiedlung des Waldemmentales, während der weite, sonnige Talkessel von Schangnau, an dessen S-Lagen gar Reben angebaut wurden, bereits 1306 erwähnt wird.
Mit den immer umfangreicheren Rodungen für Landwirtschaft und Köhlerbetrieb wurde der natürliche Erosionsschutz der wenig zementierten und daher erosionsanfälligen Molasse immer stärker beeinträchtigt, so daß die «Wassernot im Emmental» neben den vermehrten Niederschlägen des 18. und frühen 19. Jahrhunderts auch damit in Zusammenhang zu bringen sein dürfte.

Zitierte Literatur

Antenen, F. (1902): Die Vereisungen der Emmentäler – Mitt. NG Bern (1901).
– (1906): Die Vereisung im Eriz und die Moränen von Schwarzenegg – Ecl., *9*/1.
– (1909): Mitteilungen über das Quartär des Emmentales – Ecl., *10*/6.
– (1910): Mitteilungen über Talbildung und eiszeitliche Ablagerungen in den Emmentälern – Ecl., *11*/1.
– (1924): Über das Quartär in den Tälern der Waldemme und der Entlen – Ecl., *18*/3.
Bachmann, I. (1871): Die wichtigsten oder erhaltungswürdigen Findlinge im Kanton Bern – Mitth. NG Bern *(1870)*.
– (1883): Über die Grenzen des Rhone-Gletschers im Emmental – Mitth. NG Bern (1882).
Baumberger, E., et al. (1923): Die diluvialen Schieferkohlen der Schweiz – Beitr. G Schweiz, geot., Ser., *8*.
Beck, P., & Rutsch, R. F. (1949k, 1958): Bl. 336–339 Münsingen–Heimberg, m. Erl. – GAS – SGK.
Beyeler, O. (1973): Wanderbuch Emmental II: Oberemmental – Berner Wanderbuch, *4* – Bern.
Blau, R. V., et al., (1975): Hydrologie Emmental, *1*: Oberes Emmental – In: Grundlagen für die siedlungswasserwirtschaftliche Planung des Kantons Bern – Wasser- und Energiewirtschaftsamt des Kantons Bern.
Brückner, E. in: Penck & Brückner (1909): Die Alpen im Eiszeitalter, *2* – Leipzig.
Della Valle, G. (1965): Geologische Untersuchungen in der miozänen Molasse des Blasenfluhgebietes (Emmental, Kt. Bern) – Mitt. NG Bern, NF, *22*.
Erni, A., Forcart, L., & Härry, H. (1943): Fundstellen pleistocaener Fossilien in der «Hochterrasse» von Zell (Kt. Luzern) und in der Moräne der größten Eiszeit von Auswil bei Rohrbach (Kt. Bern) – Ecl., *36*/1.
Fankhauser, J. (1872): Nachweis der marinen Molasse im Emmental – Mitt. NG Bern (*1871*).
Flückiger, O. (1919): Morphologische Untersuchungen am Napf – Jber. Ggr. Ges. Bern, *24* (1913–1918).
Frei, R. (1912): Über die Ausbreitung der Diluvialgletscher in der Schweiz – Beitr., NF, *41*.
Frey, O. (1907): Talbildungen und glaziale Ablagerungen zwischen Emme und Reuß – N. Denkschr. allg. SNG, *41*/2.
Fröhlicher, H. (1933): Geologische Beschreibung der Gegend von Escholzmatt im Entlebuch (Kanton Luzern) – Beitr., NF, *67*.
Furrer, M. (1949): Der subalpine Flysch nördlich der Schrattenfluh, Entlebuch (Kt. Luzern) – Ecl., *42*/1.
Gerber, E. (1941): Über Höhen-Schotter zwischen Emmental und Aaretal – Ecl., *34*/1.
Gigon, W. (1952): Geologie des Habkerntales und des Quellgebietes der Großen Emme – Vh. NG Basel, *63*/1.
Hahnloser, H. R.†, & Schmid, A. A. (1975): Kunstführer durch die Schweiz, *1* – Bern.
Haldemann, E. G. (1948): Geologie des Schallenberg–Honegg-Gebietes (Oberes Emmental) – Diss. Univ. Bern – Innsbruck.
– et al. (1980k): Bl. 1188 Eggiwil – GAS – SGK.
Hantke, R. (1968): Erdgeschichtliche Gliederung des mittleren und jüngeren Eiszeitalters im zentralen Mittelland – UFAS, *1*.

Haus, H. (1937): Geologie der Gegend von Schangnau im oberen Emmental (Kanton Bern) – Beitr., NF, *75*.

Kaufmann, F. J. (1886): Emmen- und Schlierengegenden nebst Umgebungen bis zur Brünigstraße und Linie Lungern–Grafenort – Beitr., 24/1.

– et al. (1887 k): Bl. XIII Interlaken–Sarnen–Stans – GKS 1:100 000 – SGK.

Liechti, W. (1928): Geologische Untersuchungen der Molassenagelfluhregion zwischen Emme und Ilfis (Kanton Bern) – Beitr., NF, *61*.

Lüdi, W. (1928): Die Alpenpflanzenkolonien des Napfgebietes und die Geschichte ihrer Entstehung – Mitt. NG Bern *(1927)*.

– (1953): Die Pflanzenwelt des Eiszeitalters im nördlichen Vorland der Schweizer Alpen – Veröff. Rübel, *27*.

– (1962): Beitrag zur Waldgeschichte der südlichen Entlebucheralpen – Veröff. Rübel, *37*.

Mohler, H. (1966): Stratigraphische Untersuchungen in den Giswiler Klippen (Préalpes Médianes) und ihrer helvetisch-ultrahelvetischen Unterlage – Beitr., NF, *129*.

Mollet, H. (1921): Geologie der Schafmatt–Schimberg-Kette und ihrer Umgebung (Kt. Luzern) – Beitr., NF, *47/3*.

Nussbaum, F. (1923): Über das Vorkommen von Jungmoränen im Entlebuch – Mitt. NG Bern *(1922)*.

Rutsch, R. F. (1967): Leitgesteine des rißeiszeitlichen Rhone-Gletschers im Oberemmental und Napfgebiet – Mitt. NG Bern, NF, *24*.

Schider, R. (1913 k): Geologie der Schrattenfluh im Kanton Luzern – Beitr., NF, *43*; GSpK *76a* – SGK.

Soder, P. (1949): Geologische Untersuchungen der Schrattenfluh und des südlich anschließenden Teiles der Habkern-Mulde (Kt. Luzern) – Ecl., *42/1*.

Sonderegger, St., & Imhof, E. (1975 k): Ortsnamen I – Sprachgeschichte, Namengeschichten; Ortsnamen II – Sprachgeschichte, Sprachgrenzen, Namensformen – Atlas Schweiz, Bl. 29; 30 – L+T.

Steiner, J. (1926): Morphologische Untersuchungen im Entlebuch – Jber. Ggr. Ges. Bern, *26* (1923–25).

Der Aare-Gletscher

Prähochwürmzeitliche Ablagerungen im Aaretal

Frühere Aare-Läufe im Chirchen-Riegel

Bereits M. LUGEON (1900) hat im erosionsresistenten Chirchen-Riegel zwischen Innertkirchen und Meiringen auf die Existenz von alten, durch Moräne eingedeckten Aare-Schluchten hingewiesen. F. MÜLLER (in P. ARBENZ & MÜLLER, 1934; MÜLLER, 1938) hat diese sorgfältig verfolgt und aufgenommen (Fig. 172). Da aus ihren Füllungen keine warmzeitlichen Sedimente bekannt geworden sind – in den Warmzeiten hat sich die Aare jeweils wieder weiter eingeschnitten – lassen sich über Alter und zeitliches Nacheinander der einzelnen Rinnen keine Angaben machen.
Leider ist auch über die Füllung des durch die Vereinigung von Gadmer-, Gental- und Urbach-Eis mit dem Aare-Gletscher ausgekolkten Beckens von Innertkirchen im Bereich der erosionsanfälligen Dogger- und Malmschiefer sowie über dessen Tiefe, die durch diese Stufenmündungen noch intensiviert worden ist, nichts Genaues bekannt, da Tiefbohrungen und seismische Untersuchungen noch immer fehlen. Aufgrund der Beckenränder dürfte diese jedoch mindestens 100 m betragen (SCHLÜCHTER, 1976b).
Zugleich könnten mit einer präziseren Topographie der Felssohle im frontalen Beckenbereich die dort einsetzenden Aare-Schluchten allenfalls einzelnen Eisvorstößen zugeordnet werden.

Die Felssohle zwischen Meiringen und Bern

Im Brienzersee-Becken reicht die Felssohle bis auf –230 m (A. MATTER et al., 1973), im südlichen Thunersee-Becken etwa bis auf den Meeresspiegel (MATTER et al., 1971). Im Aaretal liegt die Felssohle im Bereich der neuen Bohrung Hunzigen in rund 250 m ü. M.,

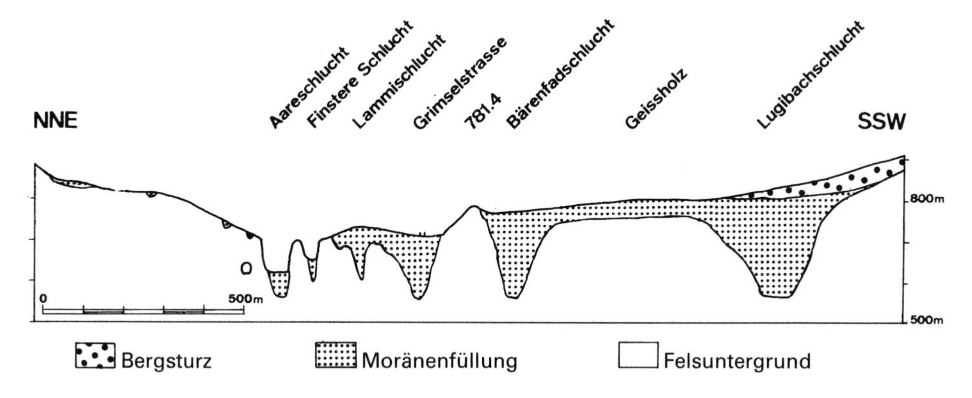

Fig. 172 Die Aareschluchten im Chirchen-Riegel zwischen Meiringen und Innertkirchen. Nach F. MÜLLER, 1938.

Fig. 173 Die heutige in die autochthonen Kreide-Kalke des Chirchen-Riegels 100–180 m tief eingesägte Aareschlucht, die zwischen Innertkirchen und Meiringen an ihrer engsten Stelle nur noch 1 m breit ist. Photo: Dr. H. ALTMANN. Aus: H. ALTMANN et al., 1970.

in der Rinne W des Belpberg dagegen in weit geringerer Tiefe. In der neuen Bohrung Bern-Marzili (R. GEES in CH. SCHLÜCHTER, 1979) wurde nach 270 m Quartär-Ablagerungen in einer Kote von 230 m die Molasse erreicht. Die beiden früheren Bohrungen endeten in 88 bzw. 76 m (E. GERBER, 1915, 1924, 1934). Aufgrund der neueren Kenntnisse über die Sedimentfüllung im Aaretal (P. BECK & R. F. RUTSCH, 1958; SCHLÜCHTER, 1976, 1978, 1979; F. DIEGEL, 1975, 1976, schr. Mitt.) fällt die tiefste Ausräumung des Beckens mindestens in die frühe Riß-Eiszeit.

Wie beim Zürichsee-Becken (S. 137) und im Vierwaldstättersee-Gebiet (S. 313) folgte der Gletscher auch in den Oberländer Seen und im Aaretal zwischen Thun und Bern tektonisch vorgezeichneten Furchen, die dann vom mehrfach vorgestoßenen Eis noch weiter ausgekolkt wurden.

Auch über die zeitliche Gliederung der Beckenfüllung sind die Hinweise bescheiden. In den Tiefbohrungen Bern-Marzili und Hunzigen sind mächtige Grobsand- und Feinkies- bzw. Kiesablagerungen mit reichlich Feinanteilen nachgewiesen worden. Im Abschnitt Hunzigen und weiter S wurden mächtige feinkörnige Sedimente erbohrt. Eine tief-

Fig. 174 Zwischen den intensiv verfalteten Jura-Kernen im SE (links) und der durch mächtige mergeligschieferige Jura/Kreide-Grenzschichten getrennten, selbständig vorgefahrenen Kreide-Stirn (rechts) hat sich die Talung des Brienzersees gebildet. Im Hintergrund zwischen Brienzer- und Thunersee das durch Lütschine (von links) und Lombach (von rechts) geschüttete Bödeli mit Interlaken.
Luftaufnahme: Swissair-Photo AG, Zürich.

liegende Grundmoräne konnte jedoch nicht festgestellt werden. Aus Lehmklumpen dieser Spülbohrung erhielt M. WELTEN (schr. Mitt.) zwischen 226 und 192 m Pollenspektren mit *Abies*-Vormacht und *Picea*-Subdominanz sowie *Fagus*-Werten um 3%. Da die darüber folgenden Ablagerungen zwischen 192 und 25 m kaltzeitliche oder gar keine Pollen aufweisen und die obersten 25 m das Spät- und Postglazial bekunden, dürfte der tiefste Abschnitt wohl ins ausgehende Riß/Würm-Interglazial gehören.
Ebenso möchte WELTEN die *Abies (Picea)*-Vormacht bei stetigem Auftreten von *Fagus*, *Buxus* und *Carpinus* über wesentliche Teile des 30 m tiefen, knapp 1 km weiter NW abgeteuften Farhubel-Profils einem jüngeren Abschnitt des Riß/Würm-Interglazials zuordnen. In der darüber gelegenen tonigen Grundmoräne fanden sich aufgearbeitete Pollen eines Interstadials.
Die Ablagerung der Warwen-Sedimente von *Thalgut* kann nur in einem Eisrandsee erfolgt sein. Da für die Bildung eines mindestens 50 m über dem heutigen Talboden gelegenen Randsees kein anderer Stau möglich ist als der im Aaretal gelegene Gletscher, kann dieser nur kaltzeitlich, bei einer Zungenlage mindestens bis Münsingen, angelegt worden sein. WELTEN fand in den jüngeren Thalgut-Seetonen – bei fast 100% Baumpollen – *Abies* und *Picea* in ähnlichen Mengen, dazu *Fagus*, *Buxus*, *Taxus* und Vertreter des Eichenmischwaldes, so daß er darin einen Abschnitt des jüngeren Riß/Würm-Interglazials sehen möchte. Dieser See müßte darnach bereits beim Abschmelzen des rißzeitlichen Aare-Gletschers abgedämmt worden sein. Sind dagegen die Pollen – wie die

Hölzer im Dach der Thalgut-Seetone mit ^{14}C-Daten von >39000, 28300 ± 600 (Mischprobe) und (?) 19530 ± 200 Jahren v. h. (SCHLÜCHTER, 1976) – von randlichen Gletscherschmelzwässern aufgegriffen und weiter verfrachtet worden, so wären sie, wie auch die 3,5 km S gelegenen Ablagerungen von Kienersrüti, die ebenfalls wärmeliebende Gehölze geliefert haben (S. 390), schließlich in einem würmzeitlichen Gletscherrandsee abgelagert worden.

Die Profile in der Kanderschlucht und im Glütschtal

In der durch die Ablenkung der Kander in den Thunersee (1714) entstandenen Schlucht liegen *im Hani* über Trias-Gips und -Rauhwacken und verfalteten Rhätkalken der gegen E abtauchenden Préalpes médianes 6–8 m festgelagerte blaugraue Grundmoräne, die «Hahnimoräne» P. BECKS (1922b), mit kristallinen und sedimentärem Blockgut. Mit ihrer Unterlage taucht sie gegen N unter das Kander-Niveau ab. Die Grundmoräne ist bis 1 m tief verwittert, das Blockgut angewittert, die Matrix gelbbraun. Darüber folgen – nach einer Erosionsphase mit aufgearbeitetem Moränengut – mindestens 20 m verkittete Deltaschotter, die «Hahnideltaschotter» BECKS, mit Übergang von einem foreset- zu einem bottomset-bedding. Offen steht noch, ob die bis 50 cm großen Erratiker aus der Grundmoräne aufgearbeitet oder – wahrscheinlicher – synsedimentär eingeschwemmt worden sind (CH. SCHLÜCHTER, 1976).
Mit SCHLÜCHTER dürften die Deltaschotter der Kanderschlucht, die auch den quartären Sockel des Strättlig-Hügel aufbauen, eine nur wenig ältere Schüttung darstellen als die von BECK im unteren Glütschtal als «Deltamoräne» bezeichnete, ebenfalls stark zementierte Ablagerung mit lokal recht groben Geschieben. Im Dach der Hani-Deltaschotter liegen im Glütschtal spät- und postglaziale Ablagerungen der vor 1714 durch diese Talung abgeflossenen Kander; nur in der Oberen Klus folgt darüber noch Grundmoräne der Letzten Eiszeit (?).
Durch den Autobahnbau wurde gegenüber der *Alten Schlyffi*, 1,5 km NW des Hani, in der Erosionsterrasse ein Profil aufgeschlossen mit mindestens 7 m sandreichen gelbgrauen Schottern, die vorab im Dach verfestigt und zugleich tiefgründig verwittert sind.
Das *Huriflue-Profil*, 1,5 km NW, beginnt mit stark verwitterten, unregelmäßig gelagerten Schottern, den Schottern der Guntelsei. Darüber folgen zunächst gut 4 m reliktische, stark verwitterte Grundmoräne, die Moräne der Guntelsei, mit chaotisch gelagertem Blockgut in tonig-siltiger Matrix, dann 7,5 m festgelagerte Sande und Silte mit tonigen Zwischenlagen, Schieferkohle und eingeschwemmten terrestrischen Gastropoden: *Discus rotundatus* (O. F. MÜLLER), *Clausilia* sp., *Trichia villosa* (DRAP.), *Helicodonta obvoluta* (O. MÜLLER), *?Cepaea nemoralis* (L.), *?C. hortensis* (O. F. MÜLLER), die «Letten mit Schieferkohle» bei BECK. Wie im Profil der Alten Schlyffi sind auch an der Huriflue in dieser Abfolge mehrere Sedimentationsunterbrüche, Verwitterungshorizonte, anzunehmen. Darüber folgen um 13 m mächtige frische, lokal verkittete glazifluviale Schotter, BECKS Brüggstutzschotter, die in ihrer Geröll-Zusammensetzung an die Münsingen-Schotter des mittleren Aaretals erinnern, und die, wie die liegenden Kohlen, gegen das Thunersee-Becken hin abtauchen. Auch darüber stellt sich, wie bei der Alten Schlyffi, Moräne ein, hier allerdings sandig-siltiger ausgebildet, BECKS Bärenholzmoräne, mit zahlreichen Erratikern. Weiter N liegt darüber der spätwürmzeitliche Moränenwall des Strättligen-Thun-Stadiums (S. 405).

Ein weiteres Profil war im Glütschtal am Südabfall der *Wässeriflue* aufgeschlossen. In den Silten und Sanden mit Schieferkohlen konnte A. FORCART (in SCHLÜCHTER, 1976) eine Schneckenfauna bestimmen mit *Pisidium nitidum* (JENYNS), *Succinea oblonga* (DRAP.), *Helicigona arbustorum* (L.), *Lymnaea truncatula* (O. F. MÜLLER) und – vorherrschend – *L. peregra*. Da beide *Lymnaea*-Arten in kleinen, stehenden oder langsam fließenden Gewässern häufig sind, deckt sich der paläoökologische Befund gut mit der geologischen Deutung als Schwemmlandebene mit gelegentlichen Hochwassern.

Die Schieferkohlen im Glütschtal, am Kander Durchstich und von Signau-Mutten

Im Profil *Wässeriflue* (604 m) liegen über verfestigten Deltaschottern ca. 10 m Tone und Kiese, im oberen Teil mit *Abies*-Vormacht und reichlich *Buxus* (M. WELTEN in B. FRENZEL et al., 1976, 1978). Dann folgt der Übergang in eine Kaltphase mit *Pinus*- und *Betula*-Dominanzen und hohen Nichtbaumpollen-Anteilen. Eine dünne Schieferkohle, die ein Datum von 50000 Jahre v. h. ergeben hat, leitet eine *Betula*-Vormacht ein. Nach 2,8 m mit einigen Ton- und Kies-Lagen folgt das Hauptflöz mit einer *Picea*-Dominanz, das mit 41000 v. h. datiert wurde. 1,5 m höher geht der klimagünstige Abschnitt in einen solchen mit *Pinus*-Vormacht und – nach weiteren 1,7 m – in einen Nichtbaumpollen-reichen kaltzeitlichen Abschnitt über. Darüber liegen 15 m mächtige glazifluviale Schotter, die Brüggstutz-Schotter BECKS.
An der *Huriflue* (626 m) tritt im Aufschluß wie in einer Bohrung 34,5 m unter der Oberkante eine 20 cm mächtige Schieferkohle mit einer *Picea*- und *Pinus*-Vormacht zutage; eine ^{14}C-Datierung ergab seinerzeit 53000 Jahre v. h.
Die Abschnitte darunter und darüber weichen faziell und nach dem Polleninhalt vom Wässeriflue-Profil ab. WELTEN möchte in diesen – aufgrund des rasch wechselnden Polleninhaltes mit oft warmzeitlichem Charakter und den hohen Nichtbaumpollen-Werten – Vorstoßschotter sehen, im Liegenden Schotter und Moräne der Guntelsei (nach BECK), im Hangenden untere Brüggstutz-Schotter.
Das Profil *Guntelsei* (594 m) weist unterhalb von 4 m Vorstoßschottern ebenfalls stark schwankende Pollenkurven auf. Darüber stellt sich eine Abfolge ein mit *Abies*, *Pinus* und *Picea*, die mit einer dünnen Schieferkohle abschließt. ^{14}C-Datierungen der Kohle und von Holz ergaben ca. 33000 Jahre v. h.
Mit dem Autobahnbau wurden auch am Kander Durchbruch Schieferkohlen aufgeschlossen.
In den Profilen vom Kander Durchstich zeigen die älteren an den Schluchtwänden aufgeschlossenen «älteren Deltaschotter des Hochterrassen-Interglazials» BECKS mit ihrem durchgehenden Reichtum an *Artemisia*, *Ephedra* und Gramineen kaltzeitlichen Charakter. Darunter folgen warmzeitliche Ablagerungen, die ein *Picea*-Interstadial bekunden.
Im Schieferkohlen-Profil von *Mutten* E von Signau (730 m), das bereits von E. GERBER (in E. BAUMBERGER et al., 1923) untersucht wurde, konnte WELTEN (in FRENZEL et al., 1976, 1978) in der 1,5 m mächtigen, durch kiesige Lehme getrennten Schieferkohle zunächst eine *Picea*-Waldzeit mit reichlich *Larix* und hohen Cyperaceen-Werten feststellen. Im oberen Abschnitt folgt eine *Pinus*-reichere, dann eine extrem baumarme kühlzeitliche Abfolge mit *Selaginella*, *Artemisia* und *Ephedra*. ^{14}C-Daten (Radiocarbon 1967) ergaben für die gut 90 cm mächtige Schieferkohlen-Abfolge Werte von 50000 ± 2000, 43000 ± 1000, 42000 ± 1400, 36700 ± 900 und 38340 ± 800 Jahre v. h.

Die prähochwürmzeitlichen Vegetationsentwicklungen im Aaretal

Aus der prähochwürmzeitlichen Vegetationsgeschichte des Aaretales liegen erst einzelne Diagramm-Abschnitte vor, die noch nicht zu einem vollständigen Gesamtbild zusammengefügt werden können.

In den Seetonen von *Thungschneit* fand CH. SCHLÜCHTER (1976) an Großresten – außer *Potamogeton* (I. BACHMANN, 1870) – *Acer, Abies, Alnus* sowie Samen von *Betula* und *Heracleum* – Bärenklau, Moosreste sowie *Chara*-Oogonien, «Früchtchen» der Armleuchter-Alge.

Der Polleninhalt von der Schlamm-Moräne in den überlagernden Blockhorizont weist auf eine ausklingende Kaltzeit (M. WELTEN & V. MARKGRAF in SCHLÜCHTER, 1976). In den darüber liegenden Thungschneit-Seetonen widerspiegelt sich die Entwicklung zu einer vegetationsmäßig besseren Zeit, zu einem Eichenmischwald mit *Carpinus* – Hagebuche; dann tritt Weißtanne auf. Die dadurch belegte einsetzende Klimabesserung deckt sich kaum mit den aus der Ostrakoden gewonnenen Resultaten. Bei ruhigen Sedimentationsbedingungen machen *Limnocythere sanctipatricii* (BRADY & ROBERTS) und *Candona neglecta* (SARS) je etwa 50% der Assoziation aus, während *Ilyocypris bradyi* (SARS) und *Herpetocypris reptans* (BAIRD) nur lückenhaft auftreten (H. OERTLI in SCHLÜCHTER). SCHLÜCHTER erwähnt ferner *Unio* und an Gastropoden: *Valvata* sp., *Valvata (Lincinna) piscinalis piscinalis* (O. F. MÜLLER) und Deckel von *Bithynia tentaculata* (L.).

In *Kienersrüti* konnten WELTEN und F. SCHWEINGRUBER (in F. DIEGEL, 1975) in stark organogenen, offenbar in einer Bucht eines Deltas abgelagerten Sedimenten unter zahlreichen Pflanzenresten Blätter von *Buxus* und Hölzer von *Abies, Picea* sowie von zwei Laubhölzern, darunter wohl Ahorn, erkennen.

Bei sehr geringen Werten an Nichtbaumpollen (Gramineen 1%) sowie von *Pinus* (2,5%) und *Betula* (0,5%) beherrschen *Picea* mit 43%, *Alnus* mit 27% und *Abies* mit 16% das Spektrum. Daneben treten *Buxus* mit 3,5%, *Ilex* – Stechlaub – und *Hedera* – Efeu – auf. Der Eichenmischwald erreicht Werte von 3%, *Carpinus* solche von 0,7%, *Fagus* von 0,2% und *Corylus* von 2%.

In den Beckensedimenten von *Jaberg* konnte WELTEN (in DIEGEL, 1975) in den oberen 24 m der über 110 m mächtigen tonig-sandigen Füllung eine nur wenig ausgeprägte vegetationsgeschichtliche Entwicklung nachweisen. Unter den vorherrschenden Nadelbäumen dominiert meist *Picea* mit 15–49%; *Abies* schwankt zwischen 24 und 6% und *Pinus* zwischen 21 und 2%. Zuweilen tritt *Alnus* mit 6–44% auf und überflügelt gelegentlich sogar *Picea*. Unter den übrigen Laubbäumen sind *Betula*, wie auch die wärmeliebenden Gehölze des Eichenmischwaldes, *Fagus* und *Carpinus*, wenn auch schwach, so doch durchlaufend vertreten. Bei den Nichtbaumpollen herrschen die Gramineen mit 2–12% vor. Im obersten Abschnitt mit gepreßten Nadelholzstämmen tritt *Artemisia* bis 6% auf. Die Gräser erreichen Werte bis 22% und *Pinus* ein Maximum mit 39%.

Aus der Kiesgrube *Stöckli* SW von Jaberg lieferten gepreßte Torflagen in lehmigen Ablagerungen Holzreste, darunter *Picea*, sowie ein Pollenspektrum mit 57% *Picea*, 19% *Pinus*, 11% *Abies*, 6% *Alnus*, 0,5% Eichenmischwald und 0,5% *Corylus* sowie 6% Gramineen, Pollenwerte, die mit denen aus den Beckensedimenten von Jaberg vergleichbar sind.

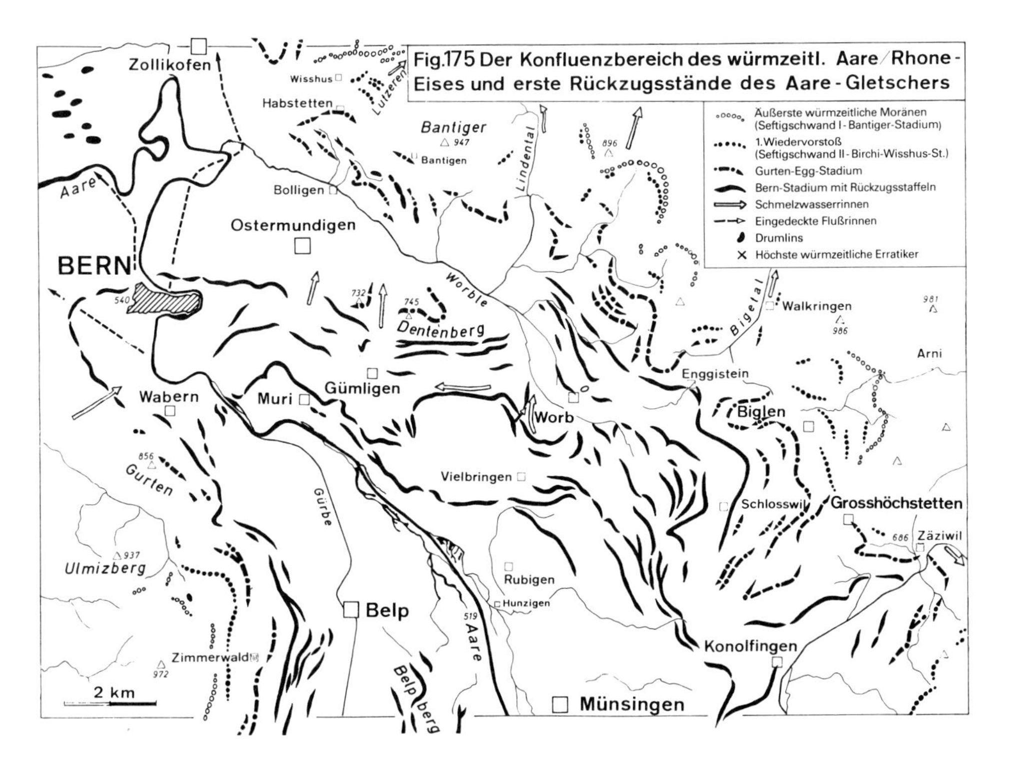

Fig. 175 Der Konfluenzbereich des würmzeitl. Aare/Rhone-Eises und erste Rückzugsstände des Aare-Gletschers

Die interglaziale Aare um Bern

P. Beck (1938, 1943) rechnete nur mit einer geringen Eintiefung der interglazialen Aare, da die Moränen an den Talflanken nicht unter den Talboden abtauchen würden. Diejenigen am Längenberg-Abhang unterteufen jedoch die spät- und postglazialen Verlandungssedimente des Gürbetal-Sees bereits randlich um mindestens 30 m (F. Diegel, 1975).

Aufgrund des bei Moosseedorf erst in 86 m Tiefe erbohrten Molasse-Untergrundes nahm E. Gerber (1915) einen interglazialen Aarelauf gegen Wangen a. A. an. Gestützt auf Sondierbohrungen und Bauaufschlüsse im Berner Stadtgebiet, ergänzte er (1924, 1934) diesen vom Marzili durch die Altstadt über Altenberg–Wankdorf–Papiermühle–Zollikofen nach Moosseedorf und deutete ihn als Auslauf eines interglazialen Aaresees. 1933 hielt er diesen Lauf für prärißzeitlich (Fig. 175).

F. Nussbaum (1922) nahm dagegen eine bis unter den heutigen Talboden reichende interglaziale Tiefenerosion an und dachte – wie schon E. Bärtschi (1913) – an einen gegen W gerichteten Aarelauf: Marzili–Bremgartenwald–Wohlensee, durch eine von P. Arbenz (1920) postulierte Rinne. Diese anerkennt auch R. F. Rutsch (1967) als Riß/Würm-interglaziale Abflußmöglichkeit, obwohl er für das Saane- und Aaretal zwischen Laupen und Aarberg, aufgrund der geringen Felstiefen, eine würmzeitliche Anlage annimmt.

Das Pollenprofil von Meikirch

Bei Meikirch, NW von Bern, konnte M. WELTEN (in FRENZEL et al., 1976, 1978; 1980a) in Kernbohrungen die Vegetationsentwicklung bis in 70 m Tiefe zurück verfolgen. Von SE drang im frühen Hochglazial wiederholt der Aare-Gletscher vor; später nahm dann der Solothurner Arm des Rhone-Gletschers das Areal zwischen Jurarand und Bern ein und staute den Aare-Gletscher immer mehr ins Aaretal zurück. Im bewegungsarmen Staubereich konnte der von Kluftscharen begrenzte Molasserücken des Frienisberger der schürfenden Wirkung des vorstoßenden Saane/Rhone-Eises noch etwas standhalten. In der Senke vor dem Frienisberger gelangten tonig-siltige und gyttjahaltige Seebodenlehme, lokal mit Sand- und Kiesbändern, zur Ablagerung. Die untersten ca. 5 m Sande und Silte – WELTEN stellt sie in die Mindel-Eiszeit (?) – zeigen einen spätglazialen Vegetationscharakter mit *Pinus*-reichen Bewaldungsabschnitten, die mit hohen Nichtbaumpollen-Werten – vorab Gramineen und *Artemisia* – abwechseln. Eine Einschwemmung aus einem früheren *Carpinus*-reichen Interglazial – nach WELTEN Cromer (?) – stört über 1,3 m die Vegetationsentwicklung seines Holstein-Interglazials (?).
Aus einer 364 m tiefen Spülbohrung (!) bei Bußwil im Berner Seeland gewann WELTEN (in FRENZEL et al., 1976, 1978) 5 Pollenspektren in 51, 92, 151, 238 und 277 m Tiefe. Selbst die tiefste Probe mit 36% *Abies*, 27% *Pinus* und 8% Eichenmischwald belegt noch nicht unbedingt einen mit der Eem-Warmzeit des Nordens vergleichbaren Wald.
Von 64–55 m Tiefe spiegelt sich eine *Abies*- und *Picea*-reiche Interglazialzeit wider. Bei 57 m zeichnet sich durch *Pinus*- und *Betula*-Gipfel sowie einen Anstieg der Nichtbaumpollen ein Kälteeinbruch ab. Dann fällt *Abies* stark zurück, dafür treten Eichenmischwald und *Corylus* hervor. Bis 44,8 m lösen sich eine frühe schwächere, eine mittlere starke und eine späte intensive Kaltzeit ab ohne Hinweise auf eine Grundmoräne. Dazwischen schaltet sich zuerst ein kühl-feuchtes *Picea*-, dann ein subarktisch-kontinentales *Larix*-*Betula*-Interstadial ein.
Der erste Abschnitt der nächsten Warmzeit – nach WELTEN das Eem – von 44,8 bis 39,8 m zeigt zunächst eine kurze *Corylus*-Phase mit *Carpinus*- und *Taxus*-Einwanderungen, dann eine lange *Carpinus*-Zeit mit bis 46% Hainbuche und zunehmendem *Abies*-Anteil, hernach eine ausgeprägte *Abies*-Phase mit *Picea*-Einwanderung und zunehmend Spuren von *Fagus*, dann eine *Picea*-Phase und, von 40,3–39,8 m, eine *Pinus*-Vormacht mit *Hippophaë*, *Artemisia*- und *Ephedra*. Darnach wurde der Wald offenbar weitgehend vernichtet; nur an geschützten Stellen konnten sich Relikte halten.
Bis 29,5 m folgen Schotter mit Geröllen bis zu 12 cm, dann, bis 15,7 m, kiesige Sande und Schotter mit siltig-tonigen Zwischenlagen, deren Polleninhalt einen *Pinus*-*Picea*-Wald mit 2–10–20% *Abies*, mit *Alnus*, *Corylus* sowie Spuren von wärmeliebenden Laubhölzern und von *Larix* bekundet. Darüber lagern Vorstoßschotter und Grundmoräne.

Der hochwürmzeitliche Aare-Gletscher

Das würmzeitliche Aare- und Rhone-Eis im Gebiet des Grimselpasses

N des Grimsel-Stausees reichte das Aare-Eis aufgrund von Erratikern am Juchlistock (2590 m) bis auf über 2500 m. Damit stehen die Schliffgrenzen am Stampfhoren (2552 m) NW der Handegg auf 2250 m und am Ewigschneehorn (3329 m) auf 3000 m in Einklang (A. FAVRE, 1884). Anderseits finden sich beidseits der Grimsel-Paßhöhe (2165 m) Rundhöcker; am Nägelisgrätli bis auf über 2650 m, E des Sidelhorn (2764 m) bis auf über 2500 m. Da auch der Bichner Grat E von Gletsch bis auf 2500 m überprägt wurde, dürften sich auf der Grimsel Aare- und Rhone-Gletscher im Würm-Maximum bis auf 2600 m hochgestaut haben. Das von den Gärstenhörnern gegen S abgeflossene Eis wurde vom Rhone-Gletscher gestaut und dem Aare-Gletscher zugewiesen. Erst in den Abschmelzphasen floß dann, wie wohl bereits in den Aufbauphasen, etwas Aare-Eis zum Rhone-Gletscher über, was Schrammen und Rundhöcker belegen (O. BÄR, 1957).
Über die Furka mit ihrem bis auf über 2660 m ausgeschliffenen Sattelprofil stand das Rhone- mit dem Reuß-Eis in Verbindung. Zwischen Grimsel und Furka dürfte sich damit das bedeutendste Vereisungszentrum der westlichen Schweizer Alpen gebildet haben.

Das Akkumulationsgebiet des würmzeitlichen Aare-Gletschers

Das Akkumulationsgebiet des Aare-Gletschers umfaßt zunächst das Einzugsgebiet des heutigen Ober- und Unteraar-Gletschers, die Zuschüsse aus den Seitentälern des Haslitales, den Gadmer- und den Urbach-Gletscher. Nach dem Felsriegel Geißholz–Aareschlucht mündeten Reichenbach- und Alpbach-Gletscher. Dann, vorab in den Hochglazialen, verlor der Aare-Gletscher Eis über die Transfluenz des Brünig (1000 m) ans Reuß-System. Ebenso büßte er etwas ein durch das Überfließen von Eis des Stein-Gletschers über den Sustenpaß (2259 m) ins Meiental und von Eis der Wendenstöcke über die Tannenalp nach Melchsee-Frutt.
Im Würm-Maximum dürfte das Eis über der Großen Scheidegg (1962 m), dem Firnsattel zwischen Aare- und Lütschinen-Gletscher, auf über 2200 m gelegen haben, zeigen doch die Gräte zwischen Wetterhorn und Schwarzhorn bis auf diese Höhe hinauf Spuren einer Eisüberprägung. SE von Grindelwald dürfte das Eis oberhalb der Boneren, W des Zungenendes des Unteren Grindelwald-Gletschers, bis auf 1950 m gereicht haben. Ob allenfalls die am Gemschberg-Grat NW der Großen Scheidegg bis auf 2360 m Höhe sich abzeichnende Überprägung die rißzeitliche Eishöhe dokumentiert?
Am Achtelsaßgrätli zwischen Gadmer- und Gental stand das Eis bis auf 2000 m.
E des Brünig reicht die Eisüberprägung am SE-Grat auf über 1700 m, W der Axalp bis auf 1640 m, und auch im Mündungsbereich des Gießbach-Gletschers, im Bauwald, lassen sich Spuren bis auf über 1600 m beobachten.
Talaus nahm der Aare-Gletscher aus der Schwarzhorn-Kette zunächst Wandel- und Oltscheren-, dann Gießbach- und Sägistal-Gletscher auf, von N, von der Kette des Brienzergrats, den Planalp-Gletscher und das zur Wanne des Brienzersees abströmende Eis. Bei Interlaken vereinigte er sich mit dem Lütschinen-Gletscher aus den Tälern von Grindelwald und von Lauterbrunnen und nahm den Saxet-Gletscher auf. Durch das

zunächst dem Aare-Gletscher entgegenfließende Lütschinen-Eis wurde die kolkende Wirkung der beiden stark vermindert; schließlich wurde der Lütschinen-Gletscher ganz auf die linke Talseite abgedrängt und vermochte nur über die Rundhöcker des Chlyne und Große Ruge, später – zusammen mit dem Aare-Eis – gar nur noch über jene des Aabeberg zu fließen, um sich an der Ausräumung des Thunersee-Beckens zu beteiligen.
Aufgrund der Überprägung am Harder dürfte der Aare-Gletscher während des Würm-Maximums über Interlaken bis auf 1400 m gereicht haben. Am Schwarzhorn S von Wilderswil läßt sich nach den Überprägungen eine Eishöhe von über 1570 m annehmen. Von NE nahm der Aare-Gletscher Lombach-, Sund- und Justis-Gletscher und von S das Morgenberghorn-Eis auf. Zwischen dem Engstligen/Kander- und dem Aare-Eis mündete der Suld-Gletscher. N vom Wimmis wurde der Simmen-Gletscher aufgenommen, der neben dem Eis aus den Quelltälern der Simme noch Zuschüsse von Saane-Eis über den Saanenmöser (1273 m) empfing, anderseits über den Jaunpaß (1509 m) bei einer Oberfläche von 1750 m etwas Eis an den Jaun-Gletscher und damit ans Saane/Rhone-System verlor. Um Boltigen stand das Simmen-Eis auf über 1700 m, um Weißenburg auf 1500 m und um Erlenbach um 1400 m.
Von der Stockhorn–Gantrisch-Kette flossen mehrere kleinere Gletscher ab, die durch den Aare-Gletscher gestaut und mit dem Simmen- und Kander-Eis durch das Stokken- und Gürbetal abgedrängt wurden. Letzte Zuschüsse erhielt der Aare-Gletscher in der Würm-Eiszeit vom westlichen Hohgant, den Sieben Hengsten und vom nordwestlichen Sigriswilgrat durch das Zulg-Tal, während er zuvor, bei Schwanden N von Sigriswil, wie Moränengrätchen belegen, auch noch Eis von der Blueme (1392 m) aufnahm. Ebenso floß damals Eis aus diesem Molassegebiet gegen N und NE ab und vereinigte sich mit dem Zulg-Gletscher.
In der Riß-Eiszeit floß Aare-Eis von Sigriswil über Schwanden-Säge Zulg-aufwärts und über den Sattel von Rotmoos (1190 m) ins oberste Emmental (Bd. 1, S. 331). Zugleich drang Rhone-Eis über Rüschegg-Wattenwil und über Riggisberg ins Aaretal und staute den Aare-Gletscher zurück.
In der Würm-Eiszeit dagegen floß Aare-Eis nach W gegen den Saane/Rhone-Gletscher und nach E und NE in die südwestlichen Seitentäler des Emmentals (S. 375). An der Front erfolgte im Würm-Maximum ein Rückstau durch den Saane/Rhone-Gletscher bis Muri, so daß ein Teil des Aare-Eises in die Seitentäler der Emme abfloß.

Die früh- und hochwürmzeitlichen Schotter im Aaretal

Schotter beidseits des Aaretales zwischen Uttigen und Gerzensee und zwischen Thungschneit und Rubigen sind bereits von I. Bachmann (1870), F. Nussbaum (1922) und R. F. Rutsch (1928) erwähnt und schon von E. Gerber (1915) als Ältere Aaretal-Schotter beschrieben worden. Sie sind teils locker, teils verkittet, enthalten vereinzelt gekritzte Geschiebe und zuweilen Grundmoränen-Schmitzen, was auf glazifluviale Entstehung hindeutet. Bereits Gerber hielt jedoch fest, daß «die Bildung dieser heterogenen Ablagerungen... unter recht verschiedenartigen Bedingungen erfolgt sein» müsse. Von diesen Ablagerungen trennte P. Beck (1938) über den «interglazialen Seetonen», als deren zeitliches Äquivalent er die Deltaschotter von Uttigen auffaßte, und namentlich über einer älteren würmzeitlichen Grundmoräne liegende Schotter zwischen Kander-Durchbruch und Rubigen als Münsingen-Schotter ab.

Zwischen dem Maximalstand des Aare/Rhone-Gletschers und dem Bern-Stadium glaubte P. BECK (1938, BECK & RUTSCH, 1949K, 1958) eine Klimabesserung zu erkennen, die er, in Anlehnung an PENCKS Laufen-Schwankung, als Spiezer Schwankung bezeichnete. Der Aare-Gletscher hätte sich vom Rhone-Eis getrennt, bis Spiez zurückgezogen und wäre wieder bis Bern vorgestoßen. Bei seiner zeitlichen Einstufung dieses Interstadials stützte sich BECK vor allem auf einen Mammut-Molaren aus den Münsingen-Schottern. Da dieser von E. SCHERTZ als Aurignacien-Leitform bezeichnet wurde, betrachtete er die Schotter als Vorstoßschüttung zum Bern-Stadium. Doch kann der Münsinger Molar nicht für eine so feine Gliederung herangezogen werden; K. D. ADAM (1961) hält ihn für ein überfordertes Leitfossil. Weitere Backenzähne wurden W von Tägertschi, bei Toffen und bei Rubigen gefunden, von wo CH. SCHLÜCHTER (1973a, 1976) zwei Stoßzahn-Fragmente erwähnt. Analoge, von Moräne bedeckte Schotter treten auch außerhalb der Endmoränen von Bern auf; sie sind wohl ebenfalls in die würmzeitliche Vorstoßphase zu stellen.
Aufgrund der ökologischen Ansprüche der Fossilien der Thalgut-Seetone muß der Aare-Gletscher mindestens bis ins Becken des Thunersees zurückgeschmolzen sein. Die vorab um Bern und im Aaretal bis Rubigen unter den Münsingen-Schottern liegende Moräne wurde von GERBER (1927K) der Riß-, von BECK (1938, BECK & RUTSCH, 1949K, 1958) dagegen, in Analogie zu der von A. PENCK (1909) im Stirngebiet des Inn-Gletschers interpretierten Abfolge, der Würm-I-Eiszeit, dem Vorstoß des Aare/Rhone-Eises bis Wangen a. A., zugewiesen. Mit PENCKS Korrektur (1922) wird jedoch auch die Umdeutung BECKS hinfällig. Die Münsingen-Schotter wären damit ins frühe Hochwürm, die unterlagerten warmzeitlichen Ablagerungen von Thalgut in eine späte frühwürmzeitliche Schwankung einzustufen.
Von den Neubearbeitern des Aaretal-Quartärs hält DIEGEL (1975, 1976) an BECKS Definition fest. Mit dieser nicht in Einklang steht die Verwendung des Begriffs durch SCHLÜCHTER, der darunter ± wieder den Gesamtkomplex der Älteren Aaretal-Schotter versteht. In diesen glaubte SCHLÜCHTER (1973a) eine mit der hangenden Moräne durch Übergänge verbundene Vorstoßschüttung zu erkennen. Doch bestätigte sich offenbar wenig später wieder deren Gliederbarkeit, was SCHLÜCHTER (1973b) zu ihrer Unterteilung in Untere und Obere Münsingen-Schotter führte. Nur seine Oberen entsprechen teilweise den Münsingen-Schottern BECKS.
DIEGEL (1975) unterscheidet über den Deltaschottern von Uttigen, die weiter N auch am Aarehang anstehen (Fig. 176), und unter den Münsingen-Schottern BECKS noch einen weiteren Vorstoßschotter, die Jaberg-Schotter.
SCHLÜCHTER (1976) stellte Deltaschotter bei Thungschneit als Bümberg-Schotter in die Riß-Eiszeit (S. 400), bei Uttigen zu seinen Oberen und bei Ried zu seinen Unteren Münsingen-Schottern, die nach DIEGEL (1975) alle dem selben Deltaschotterkomplex angehören und das Liegende der Jaberg-Schotter bilden.
Die von GERBER (1915, 1924) erwähnte und von ihm (1927K) und BECK & RUTSCH (1949K) kartographisch festgehaltene Grundmoräne im Liegenden der Münsingen-Schotter (S. 398) konnte allerdings erst in jüngster Zeit sicher bestätigt werden. DIEGEL (1975, 1976) konnte im Hügelgebiet zwischen Uttigen und Jaberg sowie N von Niederwichtrach – aufgrund neuer Kiesgruben-Aufschlüsse – diese tiefere Grundmoräne als Unteren Geschiebelehm flächenhaft beobachten.
In dem durch Bohrungen untersuchten Hügel-Gelände Uttigen–Jaberg liegen bei Uttigen bis 70 m mächtige Deltaschotter, die gegen N von Deltasanden und Beckenschluffen

Fig. 176 Verkittete, frühwürmzeitliche Deltaschotter (Uttigen-Schotter) am Aarehang bei Uttigen, Aaretal S von Bern.
Photo: Dr. F. DIEGEL, Kirchdorf BE.

abgelöst werden. Diese sind bei Jaberg wenigstens 100 m mächtig. In den verwitterten Deckschichten finden sich lokal schneckenführende Lehme und gepreßte Torfe. Darüber folgen bis 30 m Jaberg-Schotter, dann der überlagernde Untere Geschiebelehm, der im Stöckliwald zwischen Uttigen und Kirchdorf bis 6 m mächtig wird.
Bei Thalgut liegen 13 m mächtige glazigene Ablagerungen und Bändertone dieses durch den Unteren Geschiebelehm belegten frühwürmzeitlichen Vorstoßes, die vom Aare-Gletscher zunächst nicht mehr überfahren worden sind, in Kontakt mit bis 40 m mächtigen Kiessanden einer Abschmelzphase. Damit begann die Ausbildung eines deutlichen Reliefs, auf das im Gebiet von Jaberg bis 30 m Münsingen-Schotter geschüttet wurden. Beim weiteren hochwürmzeitlichen Vorstoß des Aare-Gletschers wurde die ganze Abfolge überfahren, die höchsten Schichtglieder gekappt, zu Drumlins überprägt und darüber eine Moränendecke – Grund- und Ausschmelzmoräne – abgelagert. Neben eistektonischen Stauchungen konnte DIEGEL (1975) ein durch Entspannungen beim Eisabbau des frühwürmzeitlichen Aare-Gletschers entstandenes Zerrungsgefüge mit Verwerfungen und Sackungen erkennen (Fig. 177 und 178).
Die Thalgut-Bändertone lassen sich nach DIEGEL (schr. Mitt.) auch in der 1,5 km weiter S gelegenen Stöckli-Grube nachweisen. Damit wurden die liegenden Jaberg-Schotter – wie auch in Jaberg selbst – gegen eine vor dem Molasserücken Seftigen–Mühledorf gelegene Senke geschüttet. In diesem Bereich hielt offenbar die limnische Sedimentation weiter an, so daß sich am Rande des durch den Unteren Geschiebelehm dokumentierten frühwürmzeitlichen Aare-Gletschers ein schmaler Bänderton-See bilden konnte, der sich bis gegen Thalgut erstreckte. Nach H. MÜLLER und H. USINGER (in DIEGEL, schr. Mitt.) lieferten die Bändertone bisher nur geringste Mengen von nicht umgelagerten Pollen, vorab von *Pinus*, *Betula* und *Artemisia*.
Über den Bändertonen von Thalgut und des Stöckliwald liegen Kiessande einer Abschmelzphase. Bei ihrer Schüttung muß ein Lappen des Simmen/Kander/Aare-Gletschers durch das Gürbetal mindestens bis gegen Gelterfingen–Kaufdorf, ein kleinerer durch das Limpachtal bis ins Gerzensee-Becken vorgestoßen sein. Dabei wurden

Fig. 177 Gegen W einfallende, verstellte Vorstoßschotter (Jaberg-Schotter) des Frühwürm mit Zerrungsgefüge, die links (außerhalb des Bildes) ± konkordant von der in Fig. 178 sichtbaren Moränenscholle überlagert werden. Darüber nach E abfallendes, interstadiales Erosionsrelief mit Grobgeröll-Belag und umgelagerten Lehmfetzen (Molluskenlehm). Im Hangenden Vorstoßschotter des hochwürmzeitlichen Eisvorstoßes (Münsingen-Schotter). W–E streichende Wand der Stöckli-Grube, Aaretal S von Bern. Maßstab 2 m.

Fig. 178 Münsingen-Schotter mit basaler Groblage. Basaler Teil in der Stöckli-Grube. Maßstab 2 m. Photos: Dr. F. DIEGEL, Kirchdorf BE.

von Kirchdorf aus Sande gegen den durch das Aaretal vorgefahrenen Hauptarm geschüttet, der damals bis über Rubigen hinaus reichte. Diese Kiessande werden bei Thalgut von feinkörnigen limnischen Sedimenten, den Thalgut-Seetonen, überlagert.

In den Thalgut-Seetonen fand SCHLÜCHTER (1976): *Unio*, *Pisidium*, *Valvata (Lincinna) piscinalis*, *Bithynia*, Zapfen, Samen und Nadeln von *Picea*, Samen von *Pinus*, Zapfenschuppen und Nadeln von *Abies*, Blätter von *Quercus*, *Salix* und *Betula*, Haselnüsse sowie Hölzer mit ^{14}C-Daten zwischen >39000 und 19500 Jahren v. h. An Ostrakoden konnte H. J. OERTLI (in SCHLÜCHTER) nachweisen: *Herpetocypris incongruens*, *Cytherissa lacustris*, *Lymnocythere sanctipatricii*, von denen *C. lacustris* als dominante Form, eine in größere Tiefe lebende Kaltwasser-Art, in den Thungschneit- und Jaberg-Seetonen fehlt. Ein Teil dieser Fossilreste, vorab die pflanzlichen, sind sicher aufgearbeitet. Dafür sprechen – neben den ^{14}C-Daten der eingeschwemmten Hölzer – auch die auf einen kaltzeitlichen Stausee hindeutenden Ostrakoden (S. 401).

Nach DIEGEL (1975) wären diese Tone zeitlich den Thungschneit-Seetonen gleichzusetzen, woraus sich dann ein analoges würmzeitliches Alter zwischen den Ablagerungen von Thungschneit und Thalgut aufdrängt. Weiter S, bei Ried, fand SCHLÜCHTER in Sandlinsen zwischen Unteren und Oberen Münsingen-Schottern neben *Picea*-Nadeln eine Schneckenfauna, in der *Pupilla muscorum*, *Vallonia costata*, *Vertigo pygmaea*, *Vallonia pulchella* und *Trichia plebeja* vorherrschen. Sie weisen auf ein Biotop, das vor Austrocknung geschützt war; anderseits deutet *Pisidium* auf ein nahes fließendes Gewässer. *Pupilla muscorum* und *Succinea oblonga* sind Vertreter der würmzeitlichen Löß-Steppe. Auch *Columella Columella gredleri*, heute eine hochalpine Art, spricht für subarktisches Klima (Fig. 179). Die Ried-Fauna SCHLÜCHTERS dürfte aus einem Molluskenlehm stammen, der nach DIEGEL ins Liegende der Jaberg-Schotter zu stellen ist.
Wie können nun diese glazilimnischen bis limnischen Ablagerungen im Gebiet von Uttigen–Thalgut mit denen um Rubigen und von Thungschneit auf der rechten Talseite in Verbindung gebracht werden? Im Gebiet von Rubigen zeichnet sich nach DIEGEL (1976) ein frühwürmzeitlicher Gletscherstand durch eine Häufung von erratischen Blöcken ab. Durch Schmelzwässer wäre dort der Untere Geschiebelehm zum Unteren Geschiebesand zerspült worden. Darüber liegen sandige Schotter einer Abschmelzphase. Diese werden diskordant von Münsingen-Schottern überlagert, denen – ebenfalls diskordant – Geschiebedecklehm aufliegt. In der Unterlage dieser würmzeitlichen Abfolge sind kaltzeitliche Beckenschluffe erbohrt worden. DIEGEL (1976) möchte diese Beckenschluffe mit denjenigen von Jaberg korrelieren. Die sandigen Schotter im Liegenden der Münsingen-Schotter würden den Thalgut-Kiessanden entsprechen.
Weiter W liegt am Talrand zwischen Raintalwald und Kleinhöchstetten eine besonders durch Autobahn-Sondierungen und -Aufschlüsse bekannt gewordene Folge eismechanisch gestauchter glazilimnischer und glazigener Schluffe, Sande und Kiessande, in welche auch Geschiebelehm des Hauptvorstoßes eingeschuppt worden ist. Lithologische Übergänge zu diesem belegen, daß ihre Sedimentation frühestens vor dem hochglazialen Vorstoß nach Bern in einem überfahrenen Eisstauseebecken eingesetzt haben kann.
Von der äußersten Randlage wäre der Aare-Gletscher mit kleinen Wiedervorstößen zurückgeschmolzen. Die freigewordenen Schmelzwässer hätten dabei die glazigenen Ablagerungen zerspült; ihre Ablagerungen wären erneut überfahren und mit Geschiebelehm eingedeckt worden. Die vor dem Vorstoß zur Randlage von Muri gebildeten Schmelzwasser-Ablagerungen sind teilweise in den randlichen Geschiebelehm des Hügelzuges von Allmendingen eingeschuppt worden; später gebildete wurden mit Teilen der Unterlage – wie die Raintal-Sande und Kiese von Kleinhöchstetten, die auch SCHLÜCHTER mit denen des N anschließenden Gümligenfeld vergleicht – nur noch gestaucht.
Mit dem Abschmelzen des spätwürmzeitlichen Aare-Gletschers aus dem Becken von Belp wurden später die S anschließenden, nicht mehr gestauchten glazilimnischen Schluffe von Uelensacher–Hunzigen und die Deltaschotter des Farhubel geschüttet (BECK & RUTSCH, 1958). Auch SCHLÜCHTER stellt die Bildung dieses zwischen Rubigen und Belp etwas über die Aare-Ebene emporragenden Hügels in die Abschmelzphase des zerfallenden Aare-Gletschers.
In den Raintal-Sanden fand M. WELTEN (in DIEGEL, 1976) nur schlecht erhaltene, umgelagerte Pollen und aus einem Tongeröll solche von wärmeliebenden Bäumen. SCHLÜCHTER (1976) erwähnt ein gepreßtes *Abies*-Holz mit einem ^{14}C-Datum von >45000 Jahren v. h. Von Rubigen-Schwand sind über sicher kaltzeitlichen Ablagerungen aus den überlagernden Münsingen-Schottern aufgearbeitete Riß/Würm(?)-warm-

Fig. 179 Aufgearbeitete Schnecken aus der Ried-Kiesgrube, Gde. Kirchdorf BE, anstehende Schneckenmergel in der Staatsgrube. (F. DIEGEL, mdl. Mitt.)

Vertigo genesi geyerii (LINDH.)
a 17 ×, b 32 ×

Pupilla muscorum (L.)
Vorherrschende Art in der Ried-Kiesgrube.
c 10 ×, bzw. d juvenile Form 22 ×

Photo: F. ZWEILI.
Aus: CH. SCHLÜCHTER, 1976.

zeitliche Pollen – *Fagus*, *Juglans* – Walnuß, *Aesculus* – Roßkastanie (!) – bekannt geworden. SCHLÜCHTER (1976) kommt hinsichtlich der Schichtabfolge um Rubigen zu ähnlichen Ergebnissen. In der Altersdeutung der Raintalwald-Sedimente lehnt er sich an die von GERBER (1915, 1924, 1927K) vertretene rißzeitliche Stellung ihrer tieferen Schichtglieder, insbesondere der «Unteren (‚verwässerten') Grundmoräne» an. Diese dürfte seiner Raintal-Schlammoräne entsprechen. Ablagerungen analoger Stellung sind von BECK & RUTSCH (1949K, 1958) als Würm-I-zeitlich gedeutet worden.

Am N-Rand des Belper Beckens taucht die Bern-stadiale Grundmoräne – und weiter SE auch die Raintal-Schlammoräne – unter den Talboden ab, was wohl am zwanglosesten auf den selben würmzeitlichen Aare-Gletscher zurückzuführen ist.

Die Raintalwald-Sedimente sind an die gegen das Belpmoos vorspringende Molasse angeklebt. Wenn die eismechanisch exponierten Sedimente tatsächlich rißzeitlich wären, so erschiene es schwer verständlich, weshalb diese die Ausräumung durch den würmzeitlichen Gletscher überstanden hätten.

An die Ablagerungen des Raintalwald schließt S das flachere Gelände von Kleinhöchstetten–Uelersacher an, in dem DIEGEL das ± kontinuierliche Rückschmelzen des spät-hochwürmzeitlichen Aare-Gletschers sehen möchte. Damit wären die recht jungen, von tonigen Sedimenten mit aufgearbeiteten Pollen bedeckten Farhubel-Schotter mit ihren Schattholz-Pollen enthaltenden Ton- und Siltlagen mit einem Deltaschotter-Vorkommen vergleichbar, das im Raintalwald unter GERBERS «Unterer Grundmoräne» liegt.

Im Hügel von Thungschneit liegen nach SCHLÜCHTER (1973a, b, 1976, 1978a, b) im

nördlichen Teil «tiefenverwitterte» Deltaschotter und Übergußschichten unter Münsingen-Schotter. Wie SCHLÜCHTER feststellen konnte, weisen diese, seine Bümberg-Schotter (S. 395), ein von dem nur 1 km weiter W gelegenen Deltaschotter von Uttigen abweichendes Geröllspektrum auf. Neben Geröllen aus den höhergelegenen Einzugsgebieten des Aare-Gletschers finden sich solche aus der Helvetischen Randkette, aus dem Flysch der Habkern-Mulde sowie reichlich aufgearbeitete Gerölle und Sande aus der Subalpinen Molasse des rechtsufrigen Thunersee-Bereiches. Dieser Geröllinhalt unterscheidet sich deutlich von jenem des von links zufließenden Simmen/Kander-Gletschers, der sich vorab durch Komponenten der Klippen-Decke und des Niesen-Flysches auszeichnet, während auch der Aare-Gletscher selbst einen höheren Anteil an Geröllen aus den Jurakernen der Wildhorn-Decke aufweist.
Auf der SW-Seite ist dem Schotterhügel von Thungschneit die Abfolge von Thungschneit-Räbeli angelagert. Schon BECK hat dieses Profil als Schlüsselstelle betrachtet, und auch in SCHLÜCHTERS Gliederung des Aaretal-Quartärs kommt diesem große Bedeutung zu. 5 m Thungschneit-Seetone liegen über rund 10 m mächtiger Thungschneit-Schlammoräne, die ihrerseits eismechanisch gestauchten Deltaschottern und Kiessanden aufliegt. Dabei weist der Polleninhalt der Schlammoräne nach WELTEN und V. MARKGRAF (in SCHLÜCHTER) auf eine «ausklingende Vereisung», derjenige der Seetone auf eine «Entwicklung zu einer vegetationsmäßig günstigen Zeit».
SCHLÜCHTER parallelisiert die Thungschneit-Schlammoräne – aufgrund ihrer lithologischen Ähnlichkeit – mit den glazigenen Ablagerungen des 13 km weiter N gelegenen Profils im Raintalwald, speziell mit seiner Raintal-Schlammoräne. Diese betrachtet er deswegen als rißzeitlich. Allerdings basiert ihre zeitliche Einstufung vorab auf der Pollenflora der Thungschneit-Seetone, die ins Riß/Würm-Interglazial zu weisen scheint.
Bereits DIEGEL (1975) weist jedoch darauf hin, daß die Thungschneit-Sedimente ebenso gut Klima-Verhältnisse einer fortschreitenden Frühwürm-Interstadialzeit widerspiegeln könnten, wobei wiederum aufgearbeitete Pollen von den autochthonen zu trennen wären. Hinsichtlich der Thungschneit-Schlammoräne bemerkt er, daß diese dem unteren Teil des Bänderton-Profils von Thalgut ähnelt, «mit dem sie auch in enger chronostratigraphischer Beziehung stehen könnte». Dann fiele die Bildung der Thungschneit-Seetone in ein Frühwürm-Interstadial.
Die Thungschneit-Schlammoräne kann dabei sehr wohl von einem nicht mehr über die Mündungen von Rotache und Chise hinaus reichenden Aare-Gletscher gebildet worden sein. Dieser hätte zunächst durch seinen Eiskörper, später, bereits bei dessen Zurückschmelzen bis mindestens ins Thunersee-Becken, noch durch seine stirnnahe rechte Seitenmoräne einen untiefen und demzufolge im Sommer jeweils rasch sich erwärmenden Stausee abgedämmt, während die Sedimentation der Thalgut-Bändertone, der Kiessande der folgenden Abschmelzphase und der Thalgut-Seetone unter einem etwas kühleren Klima begann – der abdämmende Aare-Gletscher reichte damals bis über Münsingen, wohl bis ins Becken von Belp. Zugleich wären die Sedimente in einem tieferen Eisrandsee abgelagert worden. Dafür würde namentlich die auf etwas kühleres Wasser hindeutende Ostrakoden-Fauna von Thalgut sprechen.
Ebenfalls bereits beim Vorstoß des Aare-Gletschers wurden auch die teilweise moränenbedeckten Deltaschotter im Chisetal, die Schotter zwischen Unter- und Oberlangenegg, von Innerbirrmoos, von Zäziwil, jene zwischen Großhöchstetten und Walkringen, von Äbnit N von Worb, die Karlsruhe-Schotter N von Bern sowie die älteren Schotter um Riggisberg abgelagert (BECK & RUTSCH, 1949K, 1958; GERBER, 1927K; RUTSCH, 1947,

1967; RUTSCH & B. A. FRASSON, 1953 K). Auch Rinnenschotter im Gebiet des Schwarzwassers, sowie diejenigen von Süderenlinden (Oberlangenegg) und die Lutzeren-Schotter NNE von Bolligen, wie auch einzelne Vorkommen von Höhenschottern, so dasjenige vom Leenhubel S von Zäziwil, das von BECK & RUTSCH, (1949 K, 1958) als rißzeitlich betrachtet worden ist, und diejenigen von Arnimoos NE von Biglen (GERBER, 1927 K, 1941) sind als noch jüngere hochwürmzeitliche Vorstoßschotter zu deuten. Von Walkringen flossen die Schmelzwässer des nordöstlichen Aare-Gletschers durchs Bigetal gegen Hasle-Rüegsau, wo sie mit dem Schutt aus den Seitentälern die Stauschotterflur von Lützelflüh-Hasle aufgebaut hatten (E. GERBER, 1950 K).

Die Schieferkohle-führenden Ablagerungen von Mutten bei Signau in der Schmelzwasser-Talung zur Emme und die Stauschotter und -lehme im Emmental reichen bis auf das Akkumulationsniveau der Niederterrasse.

Beim Rückgang der Strömung wurden jeweils flachste Senken von feinkörnigen Sedimenten abgedichtet. Beim Rückschmelzen des Aare-Eises ins Aaretal entwickelten sich darin Moore, die beim nächsten Vorstoß von einer neuen Schotterschüttung eingedeckt wurden und heute als Schieferkohlenlage vorliegen.

Die Ausräumung im Bigetal und in der Talung Zäziwil-Signau und die Zerschneidung der Mutten-Terrasse erfolgte durch randglaziäre Schmelzwässer zwischen Würm-Maximum und Bern-Stadium. Dann wurde die Entwässerung dieses Lappens rückläufig.

Neben dem Grindelwald-Marmor aus dem hinteren Tal von Grindelwald und von Rosenlaui bilden Gerölle von Bergkristall, zum Teil noch fast intakte Kristallstufen aus dem Grimselgebiet (Prof. H. A. STALDER, Bern, mdl. Mitt.), eine Besonderheit unter den Leitgesteinen des Aare-Gletschers (Bd. 1, S. 94).

Im Chisetal wurden vor der Stirn des zurückschmelzenden Aare-Gletschers Deltaschotter gestaut, die bei Helisbüel einen Backenzahn von *Rhinoceros tichorhinus* (= *Coelodonta antiquitatis*) geliefert haben (BECK & RUTSCH, 1958).

Neben den typischen Vertretern der kälteliebenden Fauna – Mammut und Wollhaariges Nashorn – ist in dem vom Aare-Gletscher freigegebenen Gebiet auch der Moschusochse nachgewiesen, so von Deißwil (H. G. STEHLIN, 1933), vom Schnurenloch im Simmental (F. E. KOBY, 1955, 1964) und von Eriz (H. R. STAMPFLI, 1966).

Bei Uttigen sind in verfestigten Deltaschottern in horizontalen Höhlungen, die wohl von Murmeltieren gegraben wurden, auch Knochen und Zähne dieser Tiere gefunden worden (E. GERBER, 1936). 1960 konnten in einer kesselartigen Erweiterung einer ähnlichen Röhre weitere Knochen geborgen werden. Nach F. MICHEL (1962) kamen dabei – wohl während des Winterschlafs – drei Generationen um.

Auffällig ist bei jungpleistozänen Murmeltieren ihr größerer Wuchs (H. THALMANN, 1925; MICHEL) sowie das gehäufte Auftreten im ausgehenden Hochwürm und im frühen Spätwürm im Aare- und Rhone-Gletscher-Bereich (GERBER, 1933; MICHEL; Fig. 200).

Der Aare-Gletscher an der Mündung in den Saane/Rhone-Gletscher

Als der Aare-Gletscher über Bern hinaus vorrückte, traf er mit dem S des Molasserückens Frienisberger–Bucheggberg von SW und von W gegen Bern vorgefahrenen S-Lappen des Saane/Rhone-Gletschers zusammen, während der N-Lappen über Solothurn vordrang. Dabei überfuhren sie sukzessive vorab aus den Préalpes Romandes stammende Vorstoßschotter. Schmelzwässer flossen durchs Lyßbach- und Urtenen-Tal, vom N-Lappen durchs Limpach- und Biberental ab. Da immer weitere Bereiche des Saane/Rhone-Gletschers über die Schneegrenze emporreichten, fiel der Niederschlag meist als Schnee, so daß eine hohe Albedo das Abschmelzen verzögerte. So schwoll das Eis mächtig an und drängte – besonders als bei Gerlafingen noch der N-Lappen hinzutrat – den Aare-Gletscher ganz auf die rechte Seite.

Einzelne Rhone-Geschiebe, wie sie am Gurten und NE von Bern, bei Bolligen, Flugbrunnen und Ittingen, auftreten, sollen zwar nach R. F. RUTSCH (1967) noch nicht die Anwesenheit des würmzeitlichen Rhone-Gletschers beweisen, da sie bereits zur Riß-Eiszeit herangeführt und vom würmzeitlichen Aare-Gletscher wieder aufgegriffen und nach NW verfrachtet worden sein können. Immerhin dürfte der um Bern recht mächtige Rhone-Gletscher auch im Würm-Maximum den Aare-Gletscher kräftig gestaut haben. Im Mündungsbereich zwischen Gurten, Bantiger und dem Moränenrücken des Grauholz (820 m) floß ein Lappen von Aare/Rhone-Eis über den Sattel von Lutzeren (691 m) ins oberste Krauchtal, bis 600 m hinab. Dieser wird durch linksufrige Moränen, Rhone-Erratiker und eine Schmelzwasserrinne belegt (E. GERBER, 1927 K, 1955). Eine Rückzugsstaffel bekundet einen um 15 m tieferen Eisstand.

Im Wißhus–Birchi-Stadium mit einer Eishöhe um Bern von 750 m endete der Lutzeren-Lappen auf dem Sattel. Neben einer äußersten Staffel zeichnen sich zwei internere durch stirnnahe Moränen ab. Die beiden Stadien lassen sich einerseits mit denen von Seftigschwand I und II im Aaretal Bern–Thun (S. 405), anderseits mit denen im Stirnbereich des Rhone-Gletschers, dem Älteren und Jüngeren Wangener Stadium, verbinden (S. 565f.).

Wie beim Eisaufbau, so wurden beim Zerfall die Schmelzwasserrinnen erneut benutzt und ausgeräumt: die Rinne der Önz und diejenigen weiter NE, zunächst zur Talung Burgdorf–Wynigen–Herzogenbuchsee, dann gegen N, ihrem heutigen Lauf folgend, als Abfluß eines Emmen-Stausees.

Während sich bei den Lappen des Saane/Rhone-Gletschers – wohl wegen der großen Eismassen – vor dem Brästenberg-Stadium kaum Rückzugsstaffeln festlegen lassen, zeichnet sich beim Aare-Gletscher in den Schottermoränenwällen zwischen Zollikofen und Münchenbuchsee (GERBER, 1950 K) ein Wiedervorstoß mit internen Staffeln ab. Ob diese dem Gurten-Stadium (=Schlieren- bzw. Stetten-Stadium des Linth/Rhein- bzw. des Reuß-Gletschers) gleichzusetzen sind (F. NUSSBAUM, 1927)?

Mit dem Abschmelzen vom Stand von Zollikofen, bei dem der Aare-Gletscher – nach den Erratikern N von Bern (GERBER, 1927 K) – noch mit dem S-Lappen des Saane/Rhone-Eises zusammenhing, hörte der Schmelzwasser-Abfluß durchs Lyßbach- und Urtenen-Tal auf. Er erfolgte fortan gegen W, durch die vom Wohlen-Lappen frei gewordene Senke, in der Schmelzwässer bereits subglaziär eine Rinne angelegt hatten. Mit dem Bern-Stadium, seinen Endmoränenstaffeln und von Abflußrinnen zerschnittenen Sanderfluren, begann sich N und W der Stadt das heutige Aaretal auszubilden, zunächst als Überlauf eines Eisrandsees, dann, nach dem Muri (= Solothurner)-Stand, als solcher eines S von Bern entstehenden Aaretal-Sees. In engen Schlingen tiefte es sich cañonartig ein. Von der Saane-Mündung tastete sich die Aare gegen Aarberg vor und floß dann subglaziär ab.

Mit dem weiteren Zurückschmelzen der Eiszungen wurde die Erosionsbasis im gleichzeitig entstehenden Jurarandsee etappenweise tiefergelegt. Unterbrüche im Eisabbau ließen in der Talung von Wohlen tiefere Terrassen entstehen (GERBER, 1927 K). Durch die anfallenden Aare-Schmelzwässer vergrößerte sich der Jurarandsee rasch. Der Riegel bei Solothurn wurde durchschnitten, und der Spiegel sank auf 440 m ab.

Nach dem Zurückschmelzen des Aare-Gletschers von den Berner Moränen bildete sich im Aaretal S von Bern wieder ein langer Moränenstausee, in den das Aare-Eis kalbte. Durch die Schuttfracht von Gürbe-, Simme-, Kander- und Zulg-Schmelzwässer, Rotache und Chise wurde dieser jüngere Aaretal-See bereits im frühen, noch vegetationsarmen Spätwürm weitgehend zugeschüttet.
Baugruben im Stadtgebiet schlossen nicht nur in die Molasse eingeschnittene, von Schottern erfüllte und von Moränen eingedeckte prähochwürmzeitliche Aare-Rinnen auf (S. 391), sondern in der Aare-Schlinge auch spätholozäne, bis unter die heutige Aare reichende Füllungen in Schottern (L. MAZURCZAK, schr. Mitt.) mit Fruchtresten von Hasel und Buche sowie Schwemmholz von Erle, Birke, Buche, Ulme, Fichte, Tanne und Stechlaub, die ^{14}C-Daten zwischen 3560 ± 120 und 4020 ± 90 v. h. (B-2359–2361) lieferten, was durch Getreide-Pollen pollenanalytisch bestätigt werden konnte (W. RUGGLI, mdl. Mitt.). In den Schottern konnte CHR. SCHLÜCHTER (1973, schr. Mitt.) neben Aaretal-Geröllen aus Münsingen-Schottern solche aus dem Rhone-System – Smaragdit-Gabbro, Karbon-Sandsteine, Mont-Pèlerin-Konglomerate – nachweisen. Sie dürften nach dem Bern-Stadium mit Schmelzwässern aus dem Raum von Thörishaus gegen NE verfrachtet worden sein.
Urgeschichtliche Funde aus dem Jüngeren Paläolithikum sind besonders vom nordöstlichen Vorfeld des Aare-Gletschers, von der Freiland-Station Moosbühl bei Moosseedorf, NE von Bern, bekannt geworden (H.-G. BANDI, 1952/53, 1968; Bd. 1, S. 222–224). Während Funde aus Neolithikum und Bronzezeit eher um den Thunersee konzentriert sind (S. 422), verlagert sich das Fundareal in der jüngeren Zeit, in der Latène- und in der römischen Zeit, mehr auf das Aaretal und in die Gegend von Bern, von denen besonders das Gräberfeld von Münsingen-Rain (O. TSCHUMI, 1953; F. R. HODSON, 1968; S. MARTIN-KILCHER, 1973) und das Oppidum der Enge-Halbinsel, in der großen Aareschlaufe N von Bern (H.-J. MÜLLER-BECK & E. ETTLINGER, 1963, 1964; MÜLLER-BECK, 1970), die Kenntnisse und die urgeschichtlichen Zusammenhänge bedeutend erweitert haben (M. SITTERDING, 1974; L. BERGER, 1974).

Die Schotterreste zwischen Laupen und Solothurn

Zwischen Laupen und Solothurn unterschieden F. NUSSBAUM (1951) und H. BECK (1958) drei Systeme: Schotter auf Molassehöhen, Ältere und Jüngere Seeland-Schotter. Im Forst WSW von Bern, am Frienisberger, am Bütten- und am Bucheggberg liegen höchste Schotter in 650–630 m Höhe ohne Grundmoräne der bereits durchtalten Molasse auf. Da die Gerölle aus dem Einzugsgebiet von Saane und Aare stammen, möchten sie NUSSBAUM (1920, 1952), P. BECK (1932) und F. ANTENEN (1936) dem Jüngeren Deckenschotter zuordnen und mit denen auf dem 60 km weiter ENE gelegenen Bruggerberg verbinden. Doch dürften eher höhere Kameschotter, allenfalls Ältere Seeland-Schotter, vorliegen. Sie wären von den über Bern vorgerückten Aare- und Saane-Gletschern geschüttet worden, als das Rhone-Eis das Areal W der Stadt noch nicht erreicht hatte. Dieses konnte – dank des Saane-Eises und des beim Vorstoß durchs westliche Mittelland sich vergrößernden Firn-Areales – weit gegen NE vorstoßen. Dabei drängte es das Saane- und das Aare-Eis – wie schon zur Riß-Eiszeit – mehr und mehr auf den nordöstlichen Uferbereich ab.
In den Jüngeren Seeland-Schottern liegen spätwürmzeitliche Ablagerungen vor (S. 565 f.).

Das Berner Oberland vom Hochwürm bis zur Gegenwart

Die Moränen im Aaretal zwischen Bern und Interlaken

Wie in der Riß-Eiszeit hing der Aare-Gletscher auch in den Höchstständen der Würm-Eiszeit wieder mit dem Rhone-Gletscher zusammen. Über den Brünig hatte er Eis ans Reuß-System verloren (S. 360); anderseits empfing er Saane-Eis über Saanenmöser. Durch den Eisverlust über den Brünig (1000 m) nach Obwalden wurde das Ablationsgebiet des Aare-Gletschers im Aaretal beschnitten, so daß die Eisoberfläche bereits nach dem Thunersee unter die klimatische Schneegrenze fiel und der Aare-Gletscher nicht mehr durch weitgehend als Schnee gefallene Niederschläge genährt wurde.
Markante Stauch-Endmoränen des Aare-Gletschers treten um Bern, im Grauholz NE der Stadt (E. GERBER, 1955) und bei Märchligen (CH. SCHLÜCHTER, 1976), offene Endmoränenbögen zwischen Bern und Thun zutage. Linksseitige Ufermoränen lassen sich am Längenberg, Mittelmoränen am Belpberg, einer Molasse-Insel zwischen Gürbe- und Aaretal, und rechtsseitige Wälle von Bern bis Heiligenschwendi ob Thun verfolgen. Trotz kleiner Lücken – Schmelzwasserdurchbrüche und Fehlen wegen zu steiler Gehänge oder zu geringer Schuttführung – lassen sie sich am Längenberg und E des Aaretales einzelnen Stadien zuordnen. Am steilen S-Hang des Hürnberg, an den W-Flanken des Churzenberg, am Buchholterberg und N der Blueme ist die Zuordnung schwieriger. A. BALTZER (1896), F. NUSSBAUM (1922, 1923, 1936K), E. GERBER (1920, 1927K) und R. F. RUTSCH (1933) unterschieden eine Anzahl Rückzugsstadien. RUTSCH (1947), P. BECK & RUTSCH (1949K, 1958) und SCHLÜCHTER (1974, 1976) geben nachstehende Abfolge:

Stadien	*Typlokalität*
Seftigschwand I Seftigschwand II	Einsetzende Seitenmoränen von Seftigschwand (1070 m), NE von Gurnigelbad
Gurten	Seitenmoräne an der NE-Seite des Gurten auf 800 m
Bern I Bern II Schoßhalden Muri	Endmoränenbögen in und um Bern
Kirchenthurnen Belp	Stirnnahe Seitenmoräne im Gürbetal
Wichtrach mit Rückzugsstaffeln von Jaberg	Gletscherrand-Akkumulationen im Aaretal (SCHLÜCHTER, 1974, 1976)
Strättligen–Thun	Stirnnahe Ufermoränen des Aare-Gletschers
Mülenen (= Endlage von Wimmis)	Tiefe Ufermoräne des Kander-Gletschers = Krattigen–Thun

Um Bern konnte GERBER (1955) außerhalb des Gurten-Stadiums noch weitere würmzeitliche Moränen feststellen:

Bantiger Stadium	= höchster würmzeitlicher Eisstand, Erratiker bis 905 m.
Wißhus–Birchi-Stadium	= erstes Rückzugsstadium.

Diese beiden Stadien entsprechen wohl den beiden Ständen von Seftigschwand von BECK & RUTSCH (1949K, 1958).
Das Habstetten-Egghübeli-Stadium setzt GERBER dem Gurten-Stadium gleich.
Stauterrassen, randliche Abflußrinnen und zugehörige Wallreste bekunden bei Heiligenschwendi E von Thun – wie die linksseitigen, bei Seftigschwand auf 1100 m einsetzenden Moränen – auch auf der rechten Talseite eine würmzeitliche Eishöhe zwischen 1150 m und 1100 m.
Gegen das Zulgtal fiel die Eisoberfläche allmählich ab; bei Multenegg reichte sie auf 1100 m, bei Ober Homburg auf 1030 m, in einem späteren Stand noch auf 1000 m. Vom Buchholterberg (1196 m) erhielt der Aare-Gletscher letzte Zuschüsse, dagegen vermochten ihn die Eiszungen vom Churzenberg nicht mehr zu erreichen. Von der Blasenflue (1118 m) hingen Firnfelder bis unter 1000 m herab. Aus den Gleichgewichtslagen ergibt sich eine klimatische Schneegrenze um 1100 m.
In die gegen W, zum Schwarzwasser, und gegen NE, zur Emme, entwässernden Täler biegen Moränen des Aare-Gletschers ein und fallen gegen die Zungenenden ab.
Erst vor dem Bern-Stadium wurde der Aare-Gletscher selbständig. Damals stand noch Saane/Rhone-Eis im Wangental; Schmelzwässer flossen über Bümpliz und Köniz gegen die Stirn des Aare-Gletschers. Die Rinnen dürften teils schon in einem entsprechenden Vorstoßstadium angelegt worden sein, wirkten subglaziär und dienten beim Rückzug erneut als Abflußrinnen.
Wie beim Gurten-, so lassen sich auch beim Bern-Stadium verschiedentlich Endmoränen erkennen: bei Riggisberg, Konolfingen, Biglen, Enggistein und in der Stadt Bern die Wallreste: Gurtenbüel–Steinhölzli–Inselspital–Donnerbüel-Schänzli–Waldegg sowie innere Staffeln. In den eingeschnittenen Seitentälern des Schwarzwassers wurden einstige Reste durch Schmelzwässer und spätglaziale Erosion zerstört und alte Rinnenabschnitte mit Schottern eingedeckt, so daß sich der Fluß in die Molasse eintiefte (Fig. 180 und 181). Die in die Seitentäler einbiegenden Wälle belegen nicht nur deren höheres Alter, sondern auch ein solches des Schwarzwasser- und des Emmentales. Sie müssen schon vor der Würm-Eiszeit existiert haben. Durch Schmelzwässer vorstoßender Zungen, überfahrendes Eis, subglaziären Abfluß und spätglaziale Ausräumung wurden sie vertieft.
Auf das Bern-Stadium mit seinen Staffeln und Schotterfluren wurde der W des Belpberg abfließende Ast selbständig und endete S von Belp. Dann gab der Aare-Gletscher die Becken Belpmoos–Münsingen und Toffen frei. Nach einem Halt bei Kirchenthurnen/Hunzigen zog er sich im Gürbetal bis Wattenwil, im Aaretal bis Kiesen zurück. Im Wichtrach (= Konstanz = Hurden)-Stadium schob er sich wieder gegen Niederwichtrach vor, was absteigende Moränen, überfahrene Schotter und randliche Rinnen belegen. Nach einigen Staffeln bei Jaberg wich der Aare-Gletscher bis gegen Thun zurück, schwoll erneut an, rückte wieder etwas vor und schüttete am linken Rand die Moränen von Amsoldingen–Uetendorf, die ein Zungenende unterhalb von Uttigen belegen. Dann schmolz das Eis bis ins Thunersee-Becken zurück.
In einer erneuten Kaltphase stieß das Aare-Eis wieder vor und schüttete die Moräne von Strättligen. Diese läßt sich bis Allmendingen verfolgen und schließt unterhalb von Thun das Aaretal ab. W von Spiezwiler und von Spiezmoos hing der Aare-Gletscher noch mit dem im Becken von Reutigen stirnenden Simmen/Kander-Gletscher zusammen. Schmelzwässer flossen randglaziär gegen die Thuner Allmend, schütteten ein über 20 m mächtiges Delta und dämmten mit der Moräne den entstehenden Oberländer See ab. Dem Lauf durchs Glütschtal folgte die Kander bis zum Durchstich in den Thunersee

im Jahre 1714, in den sie seither ein mächtiges Delta schüttete (BECK in BECK & E. GERBER, 1952K; 1934, 1943; A. MATTER et al., 1971; S. 423).
In der auf das Strättligen–Thun-Stadium mit seinen Rückzugsstaffeln folgenden Warmphase schmolz das Aare-Eis zunächst wieder ins Thunersee-Becken zurück.
Neben inneren Staffeln zeichnet sich zwischen Spiez und Krattigen noch ein interneres Stadium mit mehreren Staffeln ab, innerste Wälle sind besonders um Krattigen und Faulensee gut ausgebildet. Sie wurden dort bei 150 m und 290 m tieferen Eisständen als im Strättligen–Thun-Stadium geschüttet.
In der nächsten Warmphase schmolz das Aare-Eis ins Brienzersee-Becken zurück; zugleich wurden der Lütschinen- und der Lombach-Gletscher selbständig.
Das Interlaken-Stadium wird durch gut erhaltene Moränen und Stauterrassen bei Bönigen und auf dem Ruge belegt; etwas internere Staffeln finden sich bei Wilderswil. Eine Bohrung im Thunersee bei Faulensee erbrachte über Moräne älteste *Dryas*-Tone (M. WELTEN, 1952; 1972). In einem nächsten Klimarückschlag schwollen Aare- und Lütschinen-Gletscher wieder an, vereinigten sich bei Matten und kalbten im Thunersee. Der Schwemmfächer von Unterseen ist als Sander des selbständig gebliebenen Lombach-Gletschers zu deuten, derjenige von Matten im tieferen Teil als solcher eines später wieder bis Gsteig in den Oberländer See vorgestoßenen Lütschinen-Gletschers.
Zwei am Rande des Lombach-Fächers abgeteufte Bohrungen von 60 bzw. 72 m Tiefe erbrachten in Lehmschichten der oberen Schotter bis 8,7 m Buchen- und Rottannen-Pollen und belegen damit die Zeit der Rottannen-Einwanderung (R. BODMER et. al., 1973). Von 14–18 m folgen warwenartige Tone. Bei 20 m entspricht das Bild dem des Jüngeren Atlantikums. Um 31,6 m enthalten die Tone Pollen des Alleröd. Darunter liegen untere Schotter, die bis 45 m neben Fernflug-Pollen – Hasel, Ulme, Eiche und Weißtanne mit Spitzwegerich – *Juniperus* und viele Gräser enthalten und daher ins mittlere Spätwürm gestellt werden. Zwischen 42 m und 43,8 m sind die Schotter verfestigt und enthalten eher kaltzeitliche Pollen. In einer Bohrung schalten sich zwischen 49 m und 58 m nochmals laminierte sandig-siltige Tone ein. Bis 71,9 m fanden sich in den feinen Sediment-Einlagerungen der unteren Schotter fast keine Pollen.
Die Felssohle ist im Becken von Interlaken refraktionsseismisch erst in 300 m Tiefe zu veranschlagen (E. SCHELLER in BODMER et al., 1973).
Die Vegetation des oberen Aaretales im nacheiszeitlichen Klimaoptimum (4420 ± 110 Jahre v. h.) wird belegt durch einen Stamm, Aststücke, Blätter und Früchte von *Quercus*, durch einen Wurzelstock von *Alnus*, durch Strunk und Früchte von *Fagus*, Stammstücke von *Fraxinus* und Nadeln von *Abies* in den unteren Seetonen des Zulg-Schuttfächers. An *Gastropoden* fand SCHLÜCHTER (1976) vorab *Acicula (A.) lineata*, *Carychium minimum*, *Cochlicopa lubrica*, *Vallonia costata* und *Vitrea crystallina*. *Discus ruderatus*, *Vertigo alpestris* und *Phenacolimax glacialis* dokumentieren wohl Spätglazial-Relikte, die sich im Mündungsbereich der Zulg bis ins Holozän halten konnten (Fig. 182).
Im Dach der oberen Schotter vollzog sich abermals ein Übergang in Sande, die neben den Ostrakoden *Candona neglecta*, *C. parallela* und *Ilyocypris bradyi* und Pisidien wiederum eine reiche Gastropoden-Fauna geliefert haben.

▷

Fig. 181 Der vor dem Bern-Stadium bei Deißwil ENE von Bern stirnende Aare/Rhone-Gletscher.
Im Vordergrund das Gebiet der Kiesgrube, aus welcher der erste schweizerische Knochenfund von Moschus – *Ovibos moschatus* – stammt. Im Hintergrund Mannenberg, Grauholz, Stockeren und Bantiger.
Kolorierte Zeichnung von H. ADRIAN. Orig. im Naturhist. Museum der Stadt Bern. Photo: J. BERCHTEN.

Fig. 180 Der stirnende Aare-Gletscher im Bern-Stadium mit seinen Schmelzwasserrinnen und Söllseen in seinem Vorfeld. Relief im Naturhistorischen Museum der Stadt Bern, entworfen von H. ADRIAN, ausgeführt von H. ZURFLUH.
Photo: J. BERCHTEN, Bern.

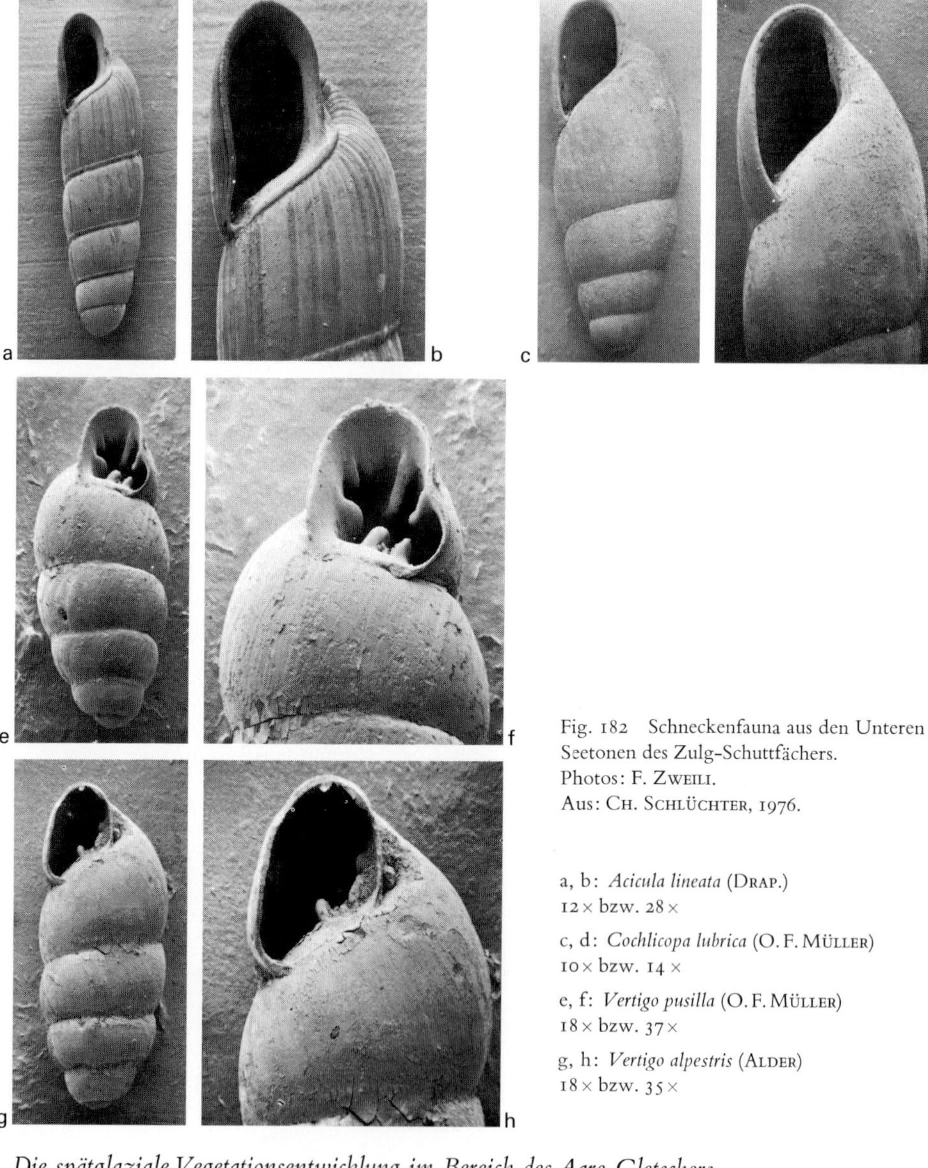

Fig. 182 Schneckenfauna aus den Unteren Seetonen des Zulg-Schuttfächers.
Photos: F. ZWEILI.
Aus: CH. SCHLÜCHTER, 1976.

a, b: *Acicula lineata* (DRAP.)
12× bzw. 28×

c, d: *Cochlicopa lubrica* (O. F. MÜLLER)
10× bzw. 14×

e, f: *Vertigo pusilla* (O. F. MÜLLER)
18× bzw. 37×

g, h: *Vertigo alpestris* (ALDER)
18× bzw. 35×

Die spätglaziale Vegetationsentwicklung im Bereich des Aare-Gletschers

Im Gebiet des würmzeitlichen Aare-Gletschers sind die niedergebrachten Pollenbohrungen besonders zahlreich. Bereits P. KELLER (1928) untersuchte neben den unmittelbar N von Bern gelegenen Pfahlbauten von Moosseedorf Profile im Schnittmoos S von Thierachern, im Wachseldornmoos und im Stauffenmoos E von Heimenschwand. Durch M. WELTEN und seine Schüler wurden weitere Profile im Aaretal, vom Thuner- und Brienzersee, im Simmental und auf der Grimsel niedergebracht und mit solchen aus dem vom Rhone-Eis eingenommenen Mittelland und des Wallis in Beziehung gebracht. Aufgrund von Pollendiagrammen – Murifeld (550 m) und Lörmoos (580 m) bei Bern,

Wachseldorn (980 m) zwischen Aare- und Emmental, Faulenseemoos (M. WELTEN, 1944) aus dem Simmental (WELTEN, 1952) und von Saanenmöser (1250 m) – gelangte WELTEN (1972, 1980b) zu einer Vegetationsgeschichte des Spätglazials der Berner Voralpen. Im Murifeld konnte WELTEN eine älteste Pionier-Phase um 14200 v. h. gegen eine ausgeglichenere Dauerphase einer Gramineen-*Artemisia*-*Ephedra*-Steppe (ältestes ^{14}C-Datum 13 860 ± 200 v. h.) abgrenzen. Um 13 400 v. h. setzt – wie in N-Europa – auch im Murifeld die *Juniperus*-Strauchphase ein, im 430 m höher gelegenen Wachseldorn erst um 12700 v. h. Während diese im Flachland den Beginn des Bölling einleitet, verspäten sich Einwanderung und Ausbreitung auf den rauhen Molassehöhen. Eine erste Torfbildung erfolgte nahe dem Bölling-Beginn, um 13 200 v. h. Die *Juniperus*-Phase dauert im Profil Murifeld 150 Jahre und wird von einer Birken-Phase abgelöst, im Profil Wachseldorn 400 Jahre und schließt nach einem Birken-Vorstoß fast an die Föhrenzeit an.
In der Birken-Phase sieht WELTEN den Klimarückschlag der Älteren Dryaszeit. Deren Beginn möchte er um 12600 bis 12 300, das Ende um 11 900 bis 11 700 v. h. veranschlagen. Der Alleröd-zeitliche Föhrenwald setzte um 11 700 ein und endete nach dem Laachersee-Bimstuff und vor dem Anstieg der *Artemisia*-Kurve, um 11 000 v. h. Ein geringer Klimarückfall im Alleröd zeichnet sich zwischen 11 300 und 11 200 ab.
Die Jüngere Dryaszeit ist mit ihrer 2. trockeneren (?) Phase in Wachseldorn um 10 300, in höheren Lagen um 10 000 v. h. zu Ende.
S des Belpberg liegt – gegen Aare- und Gürbetal durch Moränen des frühspätwürmzeitlichen Wichtrach-Stadiums abgedämmt – der flachgründige, halbwegs verlandete *Gerzensee* (603 m). U. EICHER (1979) hat in den Profilen Gerzensee II und III vom SE-Ufer neben dem Polleninhalt auch Karbonatgehalt und Isotopen-Verhältnisse analysiert und damit ein Höchstmaß an Vegetations- und Klima-Information gewonnen.
Im tiefsten, noch waldlosen Abschnitt (3,85–3,15 m, Gerzensee II) deutet der hohe Anteil an Nichtbaumpollen auf eine lockere Steppen-Tundren-Vegetation, auf Pionierrasen mit *Artemisia*, *Helianthemum*, *Thalictrum*, Chenopodiaceen, *Plantago alpina*, *Rumex/Oxyria*, in denen sich erste Büsche angesiedelt haben: *Betula* – wohl *B. nana* –, *Salix* und *Juniperus*. Die sandigen Einschaltungen nehmen rasch ab; der Karbonatanteil steigt auf über 50%. Die Birke erreicht in 3,2 m Tiefe mit 33% ein erstes Maximum. Weiden und Wacholder werden häufiger; *Ephedra* und *Hippophaë*, *Plantago montana*, Ranunculaceen und Rosaceen stellen sich ein. Die Pionierrasen haben sich geschlossen und Sträucher vermehrt Fuß gefaßt.
Nach dem ersten Birken-Gipfel zeichnet sich ein Rückschlag ab, in dem auch *Juniperus* und *Hippophaë* sowie der Karbonatgehalt zurückfallen; dafür treten verstärkt Sand-Einschwemmungen auf. Die Sauerstoff-Isotopenwerte fallen zunächst, steigen dann mit Schwankungen bis 3,25 m und fallen erneut bis 3,15 m Tiefe. Damit decken sich «Klimakurve» und Pollenbefunde.
In der Wacholderzeit (3,15–3,10 m) steigen die Gehölzpollen sprunghaft – innerhalb eines Jahrhunderts – an, *Juniperus* bis auf 68%; Steppenelemente, Gräser und Riedgräser fallen zurück. Auf den *Juniperus*-Gipfel folgt ein *Hippophaë*-Maximum von 3,3%; dann, in der Birkenzeit (3,1–2,85 m), im Bölling-Interstadial, erreicht *Betula* Maximalwerte von über 70 und über 60%.
Mit dem Hochkommen von *Pinus* fallen *Salix* und *Hippophaë* stark zurück. Zwischen 3,0 und 2,85 m zeichnet sich eine geringe Auflichtung ab: *Artemisia*, *Thalictrum*, Umbelliferen, *Rumex* und Rubiaceen treten stärker hervor. Um 2,7 m steigen die Gehölzpollen auf über 90%; *Betula* fällt zurück und um 2,75 m wird *Pinus* dominant. *Fili-*

pendula tritt von 3,08 m an durchgehend auf. Mit *Thalictrum*, *Aruncus* – Geißbart, *Rumex* und *Dryopteris* hat sich an Rändern und in Lichtungen der Föhrenwälder ein hochstaudenartiger Unterwuchs gebildet.

Die δ^{18} O-Werte steigen erst (3,15–3,125 m) kräftig an, fallen aber gleich wieder, schwanken dann mit fallender Tendenz, wobei sich 4 kleinere Minima abzeichnen: nach dem ersten Birken-Gipfel, vor dem Dominanzwechsel von Birke und Föhre, um das erste *Pinus*-Maximum (2,6 m) und gegen das Ende der Föhren-Birkenzeit. Da sich dieser letzte Rückschlag in fast allen von Eicher untersuchten Profilen pollenanalytisch wie im Sauerstoff-Isotopenverhältnis nachweisen läßt, möchte er dieser von ihm als Gerzensee-Stadial bezeichneten Depression größere Bedeutung zumessen.

Die δ^{18}O-Kurve deutet in den Zeiten der ersten Wiederbewaldung auf ein Klima mit deutlich höheren Temperaturen als in den waldlosen mit generell fallender Tendenz. Dabei ist die markante Klimabesserung mit dem Wacholderanstieg der Wiederbewaldung durch Birken deutlich vorausgeeilt. Auch die Karbonatwerte steigen synchron mit der Isotopenkurve abrupt von 42 auf 73% an, was auf einen Anstieg der biogenen Produktion der Wasserorganismen und auf ein Abnehmen der Einschwemmungen durch dichtere Vegetationsdecke zurückgeht. In 2,332–2,325 m liegt der spätallerödzeitliche Laacher Bimstuff – 11000 Jahre v. h. (S. Wegmüller & M. Welten, 1973).

In der Föhrenzeit mit Lichtzeigern (2,2–1,6 m) bewegen sich die *Betula*-Werte unter 10%. *Pinus* nimmt zunächst noch etwas zu; auch *Juniperus* tritt vermehrt auf. Die Auflichtung im Föhrenwald läßt auch die Kräuter – *Artemisia*, *Thalictrum*, Chenopodiaceen, später *Filipendula* – erneut stärker hervortreten.

Die δ^{18}O-Werte deuten auf einen kühlen Abschnitt. Zwischen 2,275 und 2,1 m erreicht der Abfall den Höchstwert, so daß sich damit die Kaltphase der Jüngeren Dryaszeit besser abgrenzen läßt als mit dem das verzögerte Reagieren der Vegetation bekundenden Pollenprofil.

Bei fallenden *Pinus*-Werten steigt *Betula* im frühen Präboreal (in 1,2 m) nochmals auf 30%. Auch diese Grenze zeichnet sich in den δ^{18}O-Werten durch einen steilen Anstieg ab. Dagegen liegt am Übergang Präboreal/Boreal kein tiefgreifendes klimatisches Ereignis; er wird durch den Anstieg geschlossener Hasel- und Eichenmischwaldkurven belegt (F. Firbas, 1949).

Das Simmental im Spätwürm und im Holozän

Im Simmental konnten F. Rabowski (1912k), P. Beck (1925k) und E. Genge (1955) verschiedentlich Moränen und Erratiker-Anhäufungen feststellen, die sich bestimmten Eisrandlagen zuordnen und mit Stadien des Aare-Gletschers verbinden lassen.

SW von Reutigen liegen Moränen mit Gastern-Graniten im Staubereich mit Eis vom Heitiberg bis auf 1180 m. Damit stand das Simmen-Eis am Talausgang mit 1250 m bereits über der klimatischen Schneegrenze. Aufgrund der Kander-Erratiker an der linken Talseite schloß P. Beck (1922), daß der Kander/Aare-Gletscher das Simmental abgeriegelt hätte und daß der Simmen-Gletscher auf diesen aufgefahren wäre. Beim Abschmelzen muß der Kander/Aare-Gletscher gar etwas ins Simmental eingedrungen sein, was ein Gastern-Granit W der Burgflue belegt (V. Gilliéron, 1885).

Die um 200 m höhere Hochfläche des Heitiberg und die Simmenflue sind bereits früher – in der Riß- und in der Mindel-Eiszeit – vom Eis geformt und überschliffen worden.

Fig. 183 Die Mündung des Simmentales bei Wimmis mit dem bewaldeten Rundhöcker der Burgflue und N der Simme rechts die eisüberprägte Simmenflue. Dahinter mündet von S das Diemtigtal, dessen Gletscher im Strättligen–Thun-Stadium noch bis ins Simmental vorstieß. Im Vordergrund die linke Ufermoräne des Kander-Gletschers.
Photo: Militärflugdienst Dübendorf, Juli 1971.

Wegen des im Hochglazial bei Bern stauenden Saane/Rhone-Eises konnten Kander/Aare- und Simmen-Gletscher kaum austreten. Im mittleren Simmental stand das würmzeitliche Eis um 1600 m, wie aus einer durch Erratiker bekundeten Transfluenz über den Jaunpaß (1509 m) zum Jogne-Gletscher hervorgeht. Dies wird auch durch Rundhöcker und Simmen-Erratiker belegt, die noch N von Boltigen auf über 1400 m emporreichen. Diese dürften den Mündungsbereich des Lokaleises bekunden.
Da Moränen des Bern-Stadiums im Gürbetal schon SW von Wattenwil auf 960 m ansteigen, mag das Eis am Ausgang des Simmentales auf rund 1100 m gelegen haben. Damit wären die bei Ringoldingen beidseits gegen 1200 m ansteigenden Wallreste diesem Stand zuzuordnen. E. GENGE (1955) möchte sie mit gewaschenem Kies und Sand im Burgfluh-Niveau verbinden und mit der Spiezer Schwankung in Zusammenhang bringen (S. 395). P. BECK (1934) betrachtete die Burgflue noch als günzzeitlichen Talbodenrest. Dieser Härtling wurde jedoch, wie der WSW gelegene des Eggwald, nicht so weit niedergeschliffen, weil das Simmen-Eis den aus dem Diemtigtal mündenden Chirel-Gletscher gegen die rechte, weniger resistente Talflanke drängte, so daß dieser S der Härtlinge ein Tälchen aushob. Zugleich wirkte der Stau des Kander-Gletschers. Nur an der Mündung eines Niesen-Gletschers wurde die Rinne durchbrochen. Analog der Senke S der Härtlinge sind auch die taleinwärts gelegenen subsequenten Tälchen von Zuflüssen ausgekolkt worden, die vom Simmen-Eis gestaut und an ihrer direkten Einmündung gehindert worden waren (Fig. 183).
Noch im Wichtrach-Stand wurden Kander- und Simmen- vom Aare-Gletscher ganz an die linke Flanke gedrängt und flossen – zusammen mit Gletschern von der Stockhorn-Kette – S der Rundhöckerzeile von Zwischberg-Beißeren durch das Stockental gegen Blumenstein. S des Dorfes liegen stirnnahe Moränenreste des Simmen/Kander- und des Hohmad-Gletschers (BECK 1925 K). Die Endmoränen wurden vom Sander- und Murgangfächer von Blumenstein weitgehend zerstört, die Zungenbecken überschüttet.
Der *Gürbe-Gletscher* aus dem Gantrisch-Gebiet stirnte um 850 m. Auch seine Schmelzwässer schütteten einen mächtigen Fächer. Sie ergossen sich, zusammen mit Zuflüssen aus Randrinnen des Aare-Gletschers, durchs Gürbetal. Dieses hatte wohl bereits bei eisrandmäßig entsprechenden Frühwürm-Ständen als Abflußrinne funktioniert. Beim weiteren spätwürmzeitlichen Abschmelzen wurden Simmen- und Kander-Gletscher selbständig.
Im Strättligen–Thun-Stadium stirnte der *Kander-Gletscher* zunächst im Becken von Reutigen, wobei er nochmals mit dem über Spiezmoos vorgestoßenen Aare-Eis in Verbindung stand. Später endete er E von Wimmis, was durch die Wälle von Aeschi–Hondrich–Spiezwiler und die Moräne zwischen den Rundhöckern am N-Fuß des Niesen bekundet wird.
Der *Chirel-Gletscher* endete am Ausgang des Diemtigtales. Mit dem Ausbleiben der Transfluenz von Saane-Eis über Saanenmöser hatte der Simmen-Gletscher an Nachschub eingebüßt, so daß er selbständig wurde. Im Strättligen–Thun-Stadium rückte er wieder etwas vor.
Moränenreste, Rundhöcker und Schmelzwasserrinnen deuten auf Zungenenden im Niedersimmental oberhalb von Oey hin. Dann schmolz der Simmen-Gletscher langsam zurück, wobei die Schmelzwässer hinter den rundhöckerartig überprägten Flysch-Rippen und zuweilen – wie bei Därstetten und Weißenburg – subglaziär abflossen. In einem späteren Stand endete er unterhalb von Boltigen.
Das Tubetal NW von Boltigen ist als linksseitige Schmelzwasserrinne eines bis auf

Fig. 184 Unter dem Simmen-Gletscher entstandene Gletschermühle auf dem Burgbüel SE von Lenk BE.
Photo: A. BIGLER, Lenk.
Aus: E. GENGE, 1972.

nahezu 1100 m reichenden Simmen-Gletschers zu deuten, der von der Kaiseregg den Walop-Gletscher aufnahm.

N und NE von Boltigen beginnt um 950 m und um 900 m ein tieferes System, das, zusammen mit Moränenresten und Rundhöckern, einer Eisrandlage im Engnis bei Pfaffenried entspricht, wo eine rechtsseitige Abflußrinne einsetzt. Aus den Seitentälern stießen Gletscher fast bis ins Tal vor.

In der nächsten Wärme-Schwankung schmolz der Simmen-Gletscher ins Obersimmental zurück. Im folgenden Klimarückschlag schob er sich wieder bis unterhalb Zweisimmen vor, was stirnnahe Moränenstaffeln beidseits des Zungenbeckens bekunden. Im Stadium von Zweisimmen erhielt er bei Betelried einen Zuschuß aus dem Spillgerte-Gebiet (2476 m). Dann schmolz er weiter zurück. Ein nächster Rückfall ließ ihn bis über St. Stephan vorrücken, wo er beidseits absteigende Moränenwälle hinterließ, die sich im

Moos unterhalb Ried verlieren. S des Dorfes wurde die Felssohle in 25 m Tiefe noch nicht erreicht (L. MAZURCZAK, schr. Mitt.).
Im nächsten Interstadial schmolz der Simmen-Gletscher in die Quelltäler zurück, von wo er im folgenden Klima-Rückschlag wieder bis Lenk vorrückte (Fig. 184). Dann endete er S des Dorfes, was neben absteigenden Wällen durch das Zungenbecken von Oberried bekundet wird. Dabei erhielt er noch Zuschuß vom *Iffig-Gletscher* aus dem Rawil-Wildhorn-Gebiet, was bereits W des Iffigfalles sowie weiter talauswärts durch Seitenmoränenreste belegt wird. In der Rinne E des Burgbüel-Rundhöckers liegt der Fels in über 20 m Tiefe. Der Färmel-Gletscher aus dem Talschluß Albristhorn (2763 m)-Gsür (2709 m) endete auf 1200 m, was durch eine stirnnahe Seitenmoräne belegt wird.
Dann schmolz das Simmen-Eis aus der Lenk bis in den Kessel des Rezliberg zurück, aus dem er noch im ausgehenden Spätwürm wieder über Chäli und über den Felsrücken der Simmenfälle bis in den Talgrund vorstieß. Diese Vorstöße bekunden einen bis unter 1100 m abfallenden *Tierberg–Rezli–Ammerten-Gletscher*. Auf Chäli und im Ammertentäli lassen sich internere Moränenstaffeln erkennen. Die einer Bruchzone folgende Rinne der Simme, die Furche des Ammertenbaches und die zahlreichen Trockenläufe, die zum tiefsten Sammelstrang zusammenlaufen, sind bereits subglaziär angelegt worden. Auch aus dem Ammertentäli stieg der durch eine rechtsufrige Moränenterrasse und weiter talauswärts durch Moränenwälle belegte Ammerten-Gletscher bis in den Talboden hinab. Ein kleines Zungenbecken hinterließ der Rezli-Ammerten-Gletscher auf Unter der Bürg auf knapp 1300 m, absteigende Seitenmoränen im Ammertentäli bei Stalderweid.
Frührezente Moränen des *Tierberg-Gletschers* steigen im Kessel des Tierberg bis unter 2350 m ab. Der *Rezli-Gletscher*, die Zunge des Glacier de la Plaine Morte, hing bis unter 2000 m, die des *westlichen Ammerten-Gletschers* bis 2440 m (H. FURRER et al., 1956K), die Zungen des *nordöstlichen Ammerten-Gletschers* bis 2300 m, die tiefste gar bis 2200 m herab. 1973 (F. MÜLLER et al., 1976) stirnte der westliche auf 2520 m, der nordöstliche auf 2360 m. 1954 endete der Rezli-Gletscher auf 2260 m in einem See (LK 1267), 1973 (MÜLLER et al., 1976) auf 2320 m.
Im *Iffigtal* reichen äußerste Moränen bis 1270 m herab. Dieser Vorstoß ist wohl demjenigen des Simmen-Gletschers über die Simmenfälle herab gleichzusetzen. Jüngere Stände sind oberhalb der Iffigfälle und bei Iffigen durch Endmoränen, auf Eggen unterhalb des Iffig-Sees durch stirnnahe Seitenmoränen belegt.
Frührezente Vorstöße zeichnen sich bei der Wildhorn-Hütte ab; sie bekunden einen vom Wildhorn (3247 m) bis auf 2300 m abgestiegenen Lappen des Dungel-Gletschers. Eine vom Rohrbachstein (2950 m) niedergefahrene Zunge dämmt auf 2490 m den größten See ab (H. P. SCHAUB, 1937; in H. BADOUX et al., 1962K).
Aus Pollenprofilen (M. WELTEN, 1944, 1952) lassen sich vor der bedeutendsten spätwürmzeitlichen Erwärmung, die wohl dem Alleröd zuzuweisen ist, noch weitere kurzfristige Klimabesserungen herauslesen. Im Profil Vielbringen SE von Bern deuten erhöhte Pollenfrequenz und Anstieg der Baum-Birken schon im frühen Spätwürm auf eine erste Erwärmung. Eine spätere gibt sich zu erkennen in einer Verdoppelung der Baumpollen, im Rückgang der Cyperaceen und Gramineen und im Anstieg von Compositen, *Plantago* – Wegerich – und *Selaginella* – Moosfarn; diese bekunden eine kräuterreiche Parktundra.
In den vermoorten Söllen um Boltigen (930–1260 m), deren Wannen wohl erst nach dem Interlaken-Stadium eisfrei blieben, läßt sich in den Profilen noch *ein* milderer Abschnitt vor dem Alleröd herauslesen. Im Profil Chrome, das der Randlage vom Tubetal

entspricht, beginnt die Abfolge in 9,5 m, im Chutti, am Anfang einer nächsttieferen Schmelzwasserrinne, in 6,5 m mit tonigen Sedimenten und geringer Pollenführung vor einem schwachen *Betula*-Gipfel mit *Salix*, auf den eine kühlere Phase mit einem Anstieg der Nichtbaumpollen, vorab von *Artemisia*, Gramineen und Compositen, folgt. Die Gebiete vom Jaunpaß und von Bultschnere NW des Niederhorn in 1500 m bzw. 1670 m, blieben erst nach dem Interlaken- (= Zweisimmen-) bzw. dem Meiringen (= Lenk)-Stadium eisfrei. Beide Profile läßt WELTEN mit dem Alleröd beginnen. Während sich die Basis des Jaunpaß-Profils durch eine Pioniervegetation auszeichnet, waren auf Bultschnere zuunterst – bei reichlich Nichtbaumpollen – die Weiden gut vertreten. Damit dürfte die vorangegangene Kaltphase, die Ältere Dryaszeit, frühestens dem Lenk (=Meiringen)-Stadium gleichzusetzen sein.
Auf Obere Seewle, einer Karwanne auf der W-Seite vom Seewlehore (2467 m) und vom Tierberg in der südlichen Niesen-Kette, konnte WELTEN bei Pollenbohrungen nicht unter den Anfang der Eichenmischwald-Zeit vordringen. Da die Wanne offenbar noch bei einer Gleichgewichtslage um 2100 m und einer klimatischen Schneegrenze von gut 2200 m von Eis erfüllt war, dürfte der vorgängige Vorstoß wohl in der Jüngeren Dryaszeit und derjenige bis gegen 2100 m in einer ersten Rückzugsstaffel erfolgt sein.
Wie Höhlenfunde im Chilchli oberhalb von Erlenbach, im Schnurenloch bei Oberwil und im Ranggiloch bei Boltigen gezeigt haben, war das Niedersimmental bereits im mittleren Paläolithikum und im ? Jung-Paläolithikum – als Jagdaufenthalt mindestens zeitweise – besiedelt (O. TSCHUMI, 1938a; E. SCHNID, 1958; D. ANDRIST, W. FLÜKIGER & A. ANDRIST, 1964; H.-J. MÜLLER-BECK, 1968; J.-P. JÉQUIER, 1974; Bd. 1, S. 220). Im Mesolithikum dienten auch Riedlibalm bei Mannenberg (Zweisimmen) und am Oeyenriedschopf im Diemtigtal als Schutzorte (ANDRIST et al., 1964; R. WYSS, 1968). Belege aus der Jungsteinzeit lieferte die Tierberghöhle SE von Lenk.
Ebenso sind auch von St. Stephan und von Erlenbach Fliehburgen bekannt geworden. Dichter wurde die Besiedlung in der Bronzezeit. Höhensiedlungen sind belegt vom Schnurenloch, vom Mamilchloch und vom Zwergliloch, alle oberhalb von Oberwil. Ein bereits reger Paßverkehr über den Rawil ins Wallis ist durch Funde belegt. Aus römischer Zeit stammt wohl die Heidenmauer S von Oberwil. Auf einem Geländerükken unterhalb der Talenge von Pfaffenried zeugen Halsgräben und Mauerreste aus blokkigen Natursteinen von einer Wehranlage gegen vom Obersimmental eindringende Stämme (TSCHUMI, 1938; H. SUTER-HAUG, 1974K).
Mit der Besetzung der W-Schweiz, von Sapaudia mit Genava und Agaunum (St-Maurice) durch die Burgunder im Jahre 443 rückte auch der Kult um die dortigen Heiligen Mauritius, Stephan und Theodul gegen E vor, so daß wahrscheinlich die Aare die Grenze zwischen den Burgundern und den Alemannen bildete.

Die Gletscher in den Diemtigtälern

Nach dem Stand von Oey (=Krattigen–Thun) wurden Fildrich- und Chirel-Gletscher selbständig. Im nächsten Klimarückschlag schob sich dieser wieder bis Eschwil vor. Von der südlichen Niesen-Kette nahm er noch Zuschüsse auf; dagegen blieben die Kargletscher der nördlichen Kette selbständig. Ein Rückzugshalt zeichnet sich bei Vorderste Chirel ab.

Der *Fildrich-Gletscher* rückte bis Zwischenflüh vor, wo ihm aus dem Seeberg–Menig-Gebiet eine Zunge entgegentrat, was sich am Talausgang in Stauschutt-Terrassen zu erkennen gibt. Rückzugsstaffeln liegen im vordersten Meniggrund (F. RABOWSKI, 1912K). Jüngere Vorstöße werden auf Grimmialp, auf Hintermenigen und auf Seeberg durch Moränen bekundet. Im ausgehenden Spätwürm treten solche in den Talschlüssen auf: im Alpetli, Wildgrimmi, Grimmi, Chilei und im hintersten Chirel. Letzte Spätwürm-Wälle schließen die höchsten Kare ab, im Obertal SW der Männliflue auf 2150 m. Auf der NW-Seite hing Eis bis 1900 m und auf der NE-Seite bis gegen 1600 m herab.
Im Mechlistall, einer Karwanne auf 2000 m an der NW-Seite der Niesen-Kette, beginnt das vorderste Profil bei hohen *Pinus*-Werten mit einem Rückgang der Pollenfrequenz. WELTEN setzt den Beginn der Jüngeren Dryaszeit – wohl deren jüngstem Teil – gleich. Das hinterste beginnt mit einer reinen *Pinus*-Phase, die er ins Präboreal stellt.
Die abdämmenden Stirnmoränen dürften – aufgrund der klimatischen Schneegrenze um 2200 m – den Moränenstaffeln der Simmenfälle (= Handegg-Stadium) entsprechen. Sie fallen damit wohl ins letzte Spätwürm.
In einer Bohrung auf Obergurbs (1910 m) konnte M. KÜTTEL (1975) in über 6 m mächtigen anorganischen Sedimenten eine Pioniervegetation nachweisen. Diese beginnt bei hohen Nichtbaumpollen-Werten – Gramineen, *Artemisia, Thalictrum*, Rubiaceen, Compositen, Chenopodiaceen und Umbelliferen – wohl schon in der ausgehenden Älteren Dryaszeit, umfaßt das Alleröd – in 7,72 m mit Spuren des Laacher Bimstuffes –, die Jüngere Dryaszeit und das Präboreal. Unter den Baumpollen dominiert zunächst noch *Juniperus*, dann stellt sich *Pinus* ein; ebenso ist *Ephedra* nachgewiesen.
Mit G. PATZELT hält KÜTTEL die Bütschi-Moränen und jene des Mechlistall, weiter NE in der Niesen-Kette, für das nächsthöhere Stadium mit einer klimatischen Schneegrenze von gut 2100 m, was einer Depression von knapp 500 m gegenüber heute gleichkäme. Da das Profil im darunter gelegenen Becken von Obergurbs das gesamte Alleröd umfaßt, dürfte dieser Vorstoß wohl die Jüngere Dryaszeit belegen. Im Sediment zeigt sich zwar kein Wechsel; doch geht *Pinus* zurück und *Juniperus* tritt nochmals hervor. Bei den Nichtbaumpollen herrschen Gräser und *Artemisia* vor.

Der Kander Gletscher

Mit dem Strättligen–Thun-Stadium wurde der Kander Gletscher selbständig. Dank des Zuschusses aus dem Kiental reichte er zunächst nochmals bis ins Becken von Reutigen, später noch bis in dasjenige E von Wimmis.
Im Unterseen/Interlaken-Stadium vermochte sich der Engstligen- zuerst noch mit dem Kander Gletscher zu vereinigen, dann schmolzen beide zurück, was sich in Moränenwällen um Frutigen abzeichnet (Fig. 185).
Dann wich der *Engstligen-Gletscher* erst bis Achseten, später bis hinter Adelboden zurück. Im nächsten Rückschlag stieß er – mit den Gletschern von der Männliflue und der Elsigenalp – wieder bis Adelboden vor. Im folgenden Interstadial gaben sie das Engstligental bis in die Talschlüsse frei. In der nächsten Kaltphase rückten sie erneut vor, so daß sich die Gletscher von Gsür–Albristhorn–Ammertenspitz und von der Engstligenalp SW von Adelboden wieder berührten. Auch das Eis vom Lohner lieferte noch einen Beitrag, was durch Moränen und Stauschotter belegt wird. Dann zerfiel die Stirn. Internere Wälle sind S von Adelboden ausgebildet.

Fig. 185 Die Mündung des Engstligen- (unten) ins Kandertal (rechts) bei Frutigen (Mitte). Dahinter das mündende Kiental. Vor dem Thunersee der von Moränen des Strättligen-Thun-Stadiums gekrönte Rücken von Aeschi, davor das vom Kander Gletscher ausgekolkte Zungenbecken. Die Moränen des Unterseen/Interlaken-Stadiums werden beim Kander Gletscher S von Frutigen durch schmale, gegen das Engstligental verlaufende Waldstreifen verdeutlicht. Mit Rückzugsstaffeln beidseits des unverbauten Baches begann der Engstligen-Gletscher selbständig zu werden.
Aus: HANTKE, 1972. Photo: Militärflugdienst, Dübendorf.

Ein nächster Stand zeichnet sich bei Wildenschwand unterhalb der Mündung der Runse vom Lohner ab. Neben Moränenresten wird er auch durch eine Eisrand-Terrasse belegt (A. ZIENERT, 1974).
Von der Stirn brachen laufend Eispakete des Engstligen-Gletschers über die mächtige Steilwand der Engstligenfälle ab, die sich am Wandfuß regenerierten. Eismassen des Kessels zwischen Vorder Lohner und Bündihorn sammelten sich im letzten Spätwürm noch im Trichter von Ärtelen und endeten in der Ärtelen-Schlucht.
Jüngere Endmoränen bekunden noch eine Eisfüllung des Kessels der Engstligenalp und ein Abbrechen über die Steilstufe der Engstligenfälle. In späteren Vorstößen reichten der westliche wie der östliche Strubel-Gletscher im hintersten Alpboden bis 1950 m. Frührezente Moränen steigen bis 2200 m ab. ZIENERT (1974) versucht eine zeitliche Zuordnung der einzelnen bis 2050 m absteigenden Staffeln.

Der *Kander Gletscher* schmolz nach dem Frutigen-Stadium mit den Staffeln von Wengi und Kanderbrück (= Unterseen/Interlaken-Stadium) gegen Kandersteg zurück. In diese Zeit dürfte der Niedergang der versackten Sturzmassen vom First W des Dorfes fallen. Dagegen dürften sich die zwischen Frutigen und Kandergrund von der Geerihorn-Giesigrat niedergesackten Massen von Wyssenmatti und Schlafegg bereits früher bewegt haben. Ein nächster Klimarückschlag ließ den Gletscher wieder bis Mitholz vorrücken, wo Erratiker im Talgrund (J. KREBS, 1925 K) ein Zungenende verraten. Ufermoränenreste finden sich auf eisüberprägten Sackungs- und Sturzmassen N von Kandersteg sowie E und SW von Mitholz. Im Talgrund sind Zeugen dieses Vorstoßes durch die in einem spätwürmzeitlichen Interstadial auf zurückschmelzendes Eis niedergefahrene Bergstürze, einem älteren Birre- und einem jüngeren Fisistock-Bergsturz, weitgehend eingedeckt worden (P. BECK, 1952). Dann wich das Eis ins Gasteren- und ins Oeschinen-Tal zurück. Im folgenden Klimarückschlag stieß der Kander Gletscher erneut vor, überschliff ein letztesmal die Rundhöcker der Chluse, nahm hinter Kandersteg den Ueschene-Gletscher auf, überprägte die im vorangegangenen Interstadial niedergebrochenen Sturzmassen S von Kandersteg zu Tumas, brandete am Bergsturz W des Dorfes auf und vereinigte sich mit dem Eis aus dem Oeschinental. Die Stirn lag beim Büel N des Dorfes, wo der Gletscher wieder Sturzmaterial anfuhr. Die Schuttmasse, die S von Kandersteg gegen die Tumas der Schärmatte vorspringt, ist wohl als Mittelmoräne zwischen Kander- und Oeschinen-Gletscher, das S anschließende Sumpfgelände beidseits der Kander als Rest eines Zungenbeckensees zu deuten.

Vom Dündenhorn (2862 m) stieg eine Zunge über Giesene gegen Mitholz bis 1050 m ab. Im ausgehenden Spätwürm stießen die Gletscher der Blüemlisalp-Gruppe erneut in den Kessel von Oeschinen vor, was eine Moräne im NW belegt. Hernach brach die Trümmermasse des Oeschinenholz – rund 8–900 Millionen m³ – nieder, überschüttete das frontale Becken und dämmte – zusammen mit dem Schuttkegel von der SW-Seite – den See ab (V. TURNAU, 1906; BECK, 1929).

Als Bergsturzsee ohne oberirdischen Abfluß ist der Oeschinensee mit 12,2 m mittlerer jährlicher Niveaudifferenz starken Spiegelschwankungen unterworfen. M. NIKLAUS (1967) gibt für die Meßperiode 1931–65 1567,11 m als mittleren Niederwasserstand (April) und 1579,31 m als mittleren Hochwasserstand (anfangs September) an. Vergleiche von Seegrundaufnahmen von 1901 und 1962 ergaben, daß in dieser Zeit 1,16 Millionen m³ Sediment, d. h. 19000 m³/Jahr, abgelagert worden sind, was einem mittleren Zuwachs von 17 cm oder von 2,8 mm/Jahr entspricht. Aus Kolbenloten erhielt NIKLAUS Warwen von 3 (trocken)–4 mm (naß) Mächtigkeit; als Alter des Sees gibt er rund 8000 Jahre an. Frührezente Stände des Blüemlisalp-Gletschers zeichnen sich um 2060 m ab (DK XVIII, 1854). Bis 1969 (LK 1248) ist er bis auf 2200 m zurückgeschmolzen.

Der Doldenhorn-Gletscher endete um 1850 auf 2000 m, der Fründen-Gletscher auf 2050 m, 1969 (LK 1248) auf 2300 m bzw. auf 2360 m.

Im Ueschenetal liegen letzte spätwürmzeitliche Endmoränen auf 1700 m, um 1860 auf gut 1900 m (H. FURRER et al., 1956 K, A. ZIENERT, 1974).

Frührezente Staffeln umsäumen noch das Tälliseeli und liegen im Seeli um 2400 m (ZIENERT, 1974). Bis 1954 (LK 1267) war der Tälligletscher bis auf 2500 m zurückgeschmolzen. Auch das Gasterental war noch im letzten Spätwürm eiserfüllt. Moränen auf Gfällalp bekunden, daß sich Lötschen- und Kander Gletscher auf gut 1800 m vereinigt haben. Talaus erhielten sie Zuschüsse vom Balmhorn, was W der Balmhornhütte durch eine bis unter 1900 m herab verfolgbare Seitenmoräne belegt wird. Das Zungenende lag zu-

nächst wohl noch am Eingang der Chluse, später um Staldi, wo sich zwischen 1420 m und 1450 m Moränen einstellen, mit ZIENERT solche des letzten Spätwürm. Davor liegt in einem früheren Zungenbecken ein mächtiger Sander.
Zur Zeit der frührezenten Vorstöße reichte der Alpetligletscher, die Stirn des Kanderfirns, noch bis 1720 m, der Lötschengletscher bis gegen 1900 m herab (ZIENERT, 1974). Reste einer noch älteren Staffel deuten auf ein Zungenende unterhalb 1700 m.
1973 endete der in zwei Zungen aufgespaltene Alpetligletscher auf 2320 m, der Lötschengletscher auf gleicher Höhe (F. MÜLLER et al., 1976).
Frührezente Endlagen bekunden Vorstöße des Balmhorngletschers bis unterhalb von 1700 m. Bis 1954 (LK 1267) war er bis auf 2080 m zurückgeschmolzen, bis 1973 (MÜLLER et al., 1976) wieder bis 2040 m vorgestoßen.
Das mehrfache Vorrücken im Gasterental, das sich ganz analog schon früher vollzogen hat, erklärt die Übertiefung des Talbodens von 220 m, die 1908 zur Einbruch-Katastrophe beim Bau des Lötschbergtunnels geführt hat.
Der *Wildstrubel-Gletscher* mit dem Steghorn-, dem Lämmeren- und dem Daubenhorn-Gletscher verlor noch im letzten Spätwürm Eis über die Gemmi, das gegen das Leukerbad hinunter abbrach. Umgekehrt empfing der Wildstrubel-Gletscher Eis des Tälligletschers N des Roten Totz, das in die Senke des Daubensees abfloß. Ebenso erreichten E der Paß-Talung Eis vom Rinderhorn (3453 m), der Schwarzgletscher vom Balmhorn (3669 m) und Eis von der Altels (3629 m) den Wildstrubel-Gletscher noch im letzten Spätwürm. Dann hing dessen Zunge bis unter 1700 m ins vordere Gasterental herab, während er zuvor dem Kander Gletscher einen letzten Zuschuß lieferte, der im vordersten Gasterental gestirnt haben dürfte.
Frührezente Moränen auf dem Lämmerenboden verraten letzte kräftige Vorstöße bis auf unter 2300 m (ZIENERT, 1954). Bis 1954 (LK 1267) war der Wildstrubel-Gletscher bis auf 2450 m zurückgeschmolzen. 1973 (MÜLLER et al., 1976) endete er auf 2540 m.
Frührezente, stark bewachsene Moränen des Schwarzgletschers reichen bis auf 1950 m herab (H. KINZI, 1932; ZIENERT, 1974). Bis 1960 m steigen grobblockige Moränen des 19. Jahrhunderts ab. 1920 endete der Schwarzgletscher auf 2200 m, 1973 auf 2220 m.
Färbversuche ergaben, daß der Abfluß des Daubensees unterirdisch ins Wallis erfolgt und SE von Salgesch wieder austritt (H. FURRER et al., 1956K, 1962).
Ein Eisabbruch über die NW-fallende Kalkplatte der Altels überschüttete 1782 die Spittelmatt am Gemmiweg. Nach knapp 100 Jahren war die Firndecke regeneriert. Der Sommer 1895 setzte ihr erneut derart zu, daß am 11. September rund 4,5 Millionen m³ des sonst offenbar angefrorenen Eises von der gut 30° geneigten Kalkplatte losbrachen und ein Areal von 1 km² überschütteten (ALB. HEIM, 1895), wobei die Sturzmassen auf der gegenüberliegenden Talseite 300 m emporbrandeten.
Aufgrund einer bronzezeitlichen Lanzenspitze in Mitholz und von Funden gleichaltriger Armspangen im Wallis (in Leukerbad und in Ferden) dürften Gemmi und Lötschenpaß bereits zur Bronzezeit begangen worden sein. Eine makedonische (?) Goldmünze und eine römische Pfeilspitze aus dem Gasterental sprechen für eine gelegentliche Begehung des Lötschenpasses. Sowohl das Frutigland als auch das Lötschental waren zur Römerzeit bereits besiedelt, was durch eine eiserne Pflugschar und durch Gräber belegt wird (O. TSCHUMI, 1938b).
Die Besiedlung der im Jahre 443 gegen E vorgestoßenen Burgunder findet in den Alpentälern – so in Frutigen – nur geringen Niederschlag, so daß diese erst im frühen 6. Jahrhundert und dann erst im Hochmittelalter vermehrt einsetzte.

Der Kien-Gletscher

Noch im Krattigen–Thun-Stadium vereinigten sich Kien- und Kander-Gletscher. Im nächsten Interstadial wurden die beiden selbständig.
Im Unterseen/Interlaken-Stadium fiel der Erli-Gletscher vom Dreispitz erneut ins Kiental ab, wo er um 1100 m in den Kien-Gletscher mündete. Dieser fuhr – wie rechtsufrige Moränen bekunden – mit steiler Stirn gegen den Talausgang vor. Der folgende Eisabbau verursachte an den Flanken ausgedehnte Sackungen.
Ein nächster Stand zeichnet sich S von Kiental ab; der Zufluß vom Spiggegrund endete in der Mündungsschlucht. Noch im mittleren Spätwürm hing eine Zunge von der Griesalp über die Steilstufe gegen den Talboden von Tschingel. Auch im Spiggegrund endete der Gletscher aus dem Hundshorn–Schwalmere-Kessel unter 1400 m. Auf der Griesalp gibt sich ein nächster Spätwürm-Stand zu erkennen. Damals wurden die Rundhöcker um Steinenberg ein letztesmal überprägt. Vom Oeschinengrat reichte eine Zunge bis Alp Bund und vom Dündenhorn eine weitere bis Dünden, wo sie auf den Kien-Gletscher traf (H. GÜNZLER-SEIFFERT et al., 1933 K, 1943).
Letzte Spätwürm-Stadien des Kien-Gletschers zeichnen sich auf Unteri Bundalp und am Anstieg zur Sefinen-Furgge ab: bei Bürgli und auf dem Dürrenberg. Von der linken Talseite stiegen Eiszungen bis Ober Dünden und gegen Ober Bund ab (GÜNZLER-SEIFFERT, 1943). Noch in prähistorischer Zeit war das Becken von Gamchi von Eis erfüllt. Um 1850 reichte der Gamchi-Gletscher bis in die Schlucht hinter dem Talboden, bis 1800 m (DK XVIII, 1854); 1969 endete er auf 1960 m.
Der Gspaltenhorn-Gletscher stirnte um 2320 m, während er bis 1969 (LK 1248) bis auf 2520 m zurückgeschmolzen war.
Im Spiggegrund erschweren Bergstürze das Verfolgen der Moränenstände. Immerhin dokumentieren Moränenwälle und Stauterrassen einen noch im Meiringen-Stadium bis 1350 m vorgestoßenen *Spigge-Gletscher*. Im letzten Spätwürm hing aus dem Talschluß Zahm Andrist–Wild Andrist–Hundshorn (2929 m)–Chilchflue eine Zunge bis gegen 1500 m herab. Ein holozäner Stand zeichnet sich auf knapp 2200 m ab. Zur Zeit der frührezenten Klima-Verschlechterungen lag der NW-Hang des Hundshorn, das Telli sowie die W-, NW- und N-Flanke der Chilchflue unter Eis.

Die Anlage der heutigen Oberländer Seen, des einstigen Wendelsees

Beim Zurückschmelzen des spätwürmzeitlichen Aare-Gletschers bildete sich zwischen der Endmoräne des Krattigen-Thun-Stadiums und dem zurückschmelzenden Eis ein See. In einem nächsten Klimarückschlag stießen die Eismassen aus dem Becken des Brienzersees und aus den Lütschinentälern erneut bis über Interlaken hinaus vor und kalbten im Thunersee-Becken. Stirnnahe Moränen haben sich besonders um Wilderswil und auf dem Chlyne Ruge erhalten (H. GÜNZLER-SEIFFERT, 1933 K).
Im Stadium von Interlaken empfing der Aare-Gletscher – neben dem Lawinenschnee von der Harder–Riedergrat-Kette – letzte Zuschüsse vom NW-Hang der Schynigen Platte und des Laucherhorn, aus dem Hochgebiet W des Faulhorn, dem Sägistal, und vor allem aus dem Gießbachtal mit seinen Einzugsgebieten am Faulhorn (2681 m) und am Schwarzhorn (2928 m). Dieser Stand ist durch einige Wallreste gesichert: gegenüber des Brünig, am Brienzerberg, auf Schweibenalp, S von Iseltwald und oberhalb von Böni-

gen. Aus diesen Resten ergibt sich ein Eisgefälle im Interlaken-Stadium von 30‰. Von der rechten Talseite erhielt der Aare-Gletscher vom Brienzer Rothorn sowie aus den W anschließenden Karen noch Zuschüsse, was auf der Planalp durch Wallreste bekundet wird. Beim Gießbach-Gletscher zeichnen sich jüngere spätwürmzeitliche Stände bei Schwand um 1200 m, bei Botcher um 1340 m und unterhalb des Bödeli auf 1600 m ab, wo er eben noch den aus den Karen des Faulhorn genährten Gletscher aufnahm.
Jüngere Spätwürm-Stände sind N des Laucherhorn, N der Rotenflue und besonders S von Iseltwald zu erkennen. Im Meiringen-Stadium hing eine Eiszunge bis in den Werziboden, bis auf 1300 m, herab. Die abflußlose Senke des Sägistalsees lag noch im letzten Spätwürm unter Eis. Der See entwässert unterirdisch ins Gießbachtal, wo im Bödeli mehrere Karstquellen austreten.
Während im Meiringen-Stadium das vom Wildgärst (2891 m) gegen N sich wendende Eis über den nur 70 m hohen Sattel zwischen Axalphorn und Oltschiburg ins Becken des Hinterburgseeli überfloß, hing der durch das Oltschital abfließende Gletscher bis gegen 1100 m herab. Im letzten Spätwürm lagen Schwarzenberg und Oltscheren noch weitgehend unter Eis, wobei die Zungen bis 1750 m herabhingen.
Beim Rothorn-Gletscher verraten Moränen bei Mittler Stafel um 1550 m und bei Ober Stafel auf 1800 m die jüngsten Spätwürm-Stände.
Aus den Karen des Brienzer Grates hingen Eiszungen noch tief herab. An den Ausgängen der steilen Lawinenrunsen hatten sich im Spätwürm bedeutende Schuttkegel ausgebildet.
Beim Abschmelzen des Aare-Eises vom Unterseen/Interlaken-Stadium wurde der Lütschinen-Gletscher endgültig selbständig (S. 429). Zugleich bildete sich zwischen Thun und Meiringen der Wendelsee, der bereits im Spätglazial durch die Schuttfächer des Lombach und der Lütschine in Thuner- und Brienzersee unterteilt wurde. Diese liegen in einer tektonisch heterogenen Senke: der Brienzersee zwischen isoklinal gestauchten Dogger–Malm-Faltenkernen und differentiell darüber wegbewegter Kreide-Stirn der Wildhorn-Decke, der Thunersee im Bereich markanter Querstörungen zwischen dem NE-Rand der Präalpinen Decken und dem SW-Rand des Molasse-Schuttfächers der Blueme.
Da im oberen Emmental die vor der Helvetischen Randkette gelegene Subalpine Molasse auf einem Relief der gegen SE aufgerichteten Mittelländischen Molasse-Nagelfluh liegt, also eine obermiozäne Landoberfläche eindeckt (H. A. Haus, 1935), kann die Platznahme der Helvetischen Decken frühestens ins Pliozän fallen.
Im älteren Quartär dürfte der zunächst zwischen der Schwarzhorn-Kette und den Melchtaler Alpen noch bestehende Sattel vom mehrmals vorstoßenden Eis sukzessive niedergeschliffen worden sein. Das durch die Haslital-Depression abfließende Aare-Eis wandte sich mehr und mehr gegen SW und kolkte die weichen Mergelschiefer des aufgebrochenen Gewölbes zwischen den Jura-Kernen und der Kreidehülle der Wildhorn-Decke zur Brienzersee-Talung aus, während die tektonische Fortsetzung gegen NE, der Brünig und die Obwaldner Talung, über den verwitterungsresistenten Malm-Falten des Paßgebietes kaum tiefer geschliffen wurde. Offenbar vermochte das Aare-Eis zunächst noch nicht über den Brünig-Paß überzufließen.
Aufgrund reflexionsseismischer Untersuchungen reicht die Felssohle im Brienzersee bis auf 230 m unter den Meeresspiegel (A. Matter et al., 1973).
W von Interlaken räumte der von Lütschinen- und Lombach-Gletscher unterstützte Aare-Gletscher das Thunersee-Becken aus. Dabei ließ er E von Spiez eine bis 300 m unter das Seeniveau emporreichende Felsschwelle zurück. Diese dokumentiert offenbar

den noch ins Seebecken hinaus verfolgbaren Bogen der Klippen-Decke. Dahinter fällt die Felssohle bis auf den Meeresspiegel ab (A. MATTER et al., 1971).
Die nach der Thunersee-Wanne sich erschöpfende Stoßkraft, der mündende Simmen/Kander- und der rechtwinklig auftreffende Zulg-Gletscher bremsten die Kolkwirkung des Aare-Gletschers unterhalb von Thun. Durch die Moränen des spätwürmzeitlichen Strättligen–Thun-Stadiums, die zugehörigen Schmelzwässer von Simmen-, Kander- und Zulg-Gletscher und durch die ausschmelzende frontale Innenmoräne wurde das unterste Thunersee-Becken im frühen Spätwürm zugeschüttet (P. BECK & E. GERBER, 1925K).
Die Rundhöcker am Ufer des Brienzersees, NE und in Ringgenberg selbst, bei Goldswil sowie auf der linken Talseite oberhalb des Gießbach-Hotels, bei Iseltwald und auf der Sengg, dürften einen länger andauernden Stand des Aare-Gletschers bekunden.

Die Oberländer Seen im Holozän und die Besiedlung ihrer Ufer

Im Brienzersee-Becken konnte R. BODMER (1976) in einem aus 160 m Tiefe vor Iseltwald gezogenen, nur 21 cm langen Bohrkern über Glazialtonen einen *Juniperus*-Gipfel mit *Betula, Salix* und *Hippophaë* feststellen, der das Bölling-Interstadial dokumentiert. Da dann das Profil abbricht, dürften die jüngeren Teile wohl bei einer subaquatischen Sedimentgleitung auf allerödzeitlicher Seekreide abgefahren sein.
Der Randbereich des Brienzersees war damit im Bölling-Interstadial sicher eisfrei. Wie weit das Aare-Eis damals zurückgeschmolzen ist, steht noch offen. Wahrscheinlich dürfte es das Becken des Wendelsees mindestens bis Meiringen freigegeben haben. Moränen bei Brünigen, bei Brienzwiler und auf dem Ballenberg belegen einen Stand im Aarboden SE von Brienz. Dieser ist damit sicher älter als die Ältere Dryaszeit, die sich frühestens in dem bei Meiringen sich abzeichnenden Vorstoß manifestieren könnte.
Im Meiringen-Stadium reichte der Oberländer See, dem zurückweichenden Eis folgend, bis Meiringen. Mit dem Zurückweichen des Eises aus dem Becken von Innertkirchen bildete sich auch dort ein See. Durch die Schmelzwässer begann auch gleich die Zuschüttung, wobei zunächst neben der Aare auch Urbach- und Gadmerwasser beteiligt waren. Unterhalb von Meiringen dämmten Hüsen-, Falcheren-, Wandel- und Oltschibach mit ihren Schuttmassen mehr und mehr Stillwasser-Bereiche ab, die nach und nach verlandeten. So liegen W von Hüsen mächtige Seesilte unmittelbar unter der Humusdecke. In einem 52 m langen Profil S der Aare-Mündung konnte BODMER (1976) im stärkeren Überhandnehmen der Fichte in 40 m Tiefe die Grenze Subboreal/Subatlantikum festlegen. In 23,6 m Tiefe treten erste *Juglans*-Pollen auf und belegen die Römerzeit (?). Damals dürfte der Brienzersee noch am E-Ende des Ballenberg, E der Wilerbrügg, geendet haben. Dann wurden auch Bältesee und Aarboden sukzessive aufgelandet.
Mit der Entdeckung eines ersten Flußpfahlbaues in Thun mit einer zwischen Kander-Ablagerungen eingebetteten Kulturschicht (P. BECK, W. RYTZ, H. G. STEHLIN & O. TSCHUMI, 1931) war die Vorstellung, wonach der jungsteinzeitliche Bauer vor der Besiedlung der Alpengebiete zurückgeschreckt hätte, widerlegt. Die gute Erhaltung der Pflanzenreste – Stechlaub, Dinkel, Holunder, Erbse, Kamille, Nessel – deutet auf eine überlagernde Wasserschicht, auf einen Pfahlbau im Wasser, hin. Aufgrund der Hölzer war die Siedlung von einem Eichenmischwald mit Buchen und Weißtannen umgeben, so daß sie zeitlich ins ältere oder mittlere Neolithikum fällt, was Gefäße, Steinbeile und Silex-Werkzeuge bestätigen. Auch um Thun sind Steinbeile bekannt geworden.

Auf der Bürg SW von Spiez wurde in der Jungsteinzeit eine befestigte Höhensiedlung errichtet, die auch in der Bronzezeit und noch in der Hallstatt-Zeit bewohnt war. Um Thun wurde aus bronzezeitlichen Gräberfeldern ein reiches Fundgut geborgen, vorab aus dem Wilerhölzli und vom Renzenbühl (Bd. 1, S. 241, 243, 247) sowie durch Einzelfunde von beiden Thunersee-Seiten.

Hallstattzeitliche Grabhügel sind – neben Bürg – bei Einigen, im Längenbühlwald W von Thun und von Jaberg bekannt geworden. Auf die Latène-Zeit geht Dunum (= befestigte Stadt) – Thun, wohl die Gegend des heutigen Schlosses zurück. Gräber sind wiederum von beidseits des Thunersees bekannt geworden.

Aus römischer Zeit seien die Kultstätten Amsoldingen, der Gutshof bei Uetendorf, die Siedlung Thierachern und das Unterseer Gräberfeld erwähnt (TSCHUMI, 1938a, b, 1943). Ältestes historisches Naturereignis ist der Bergsturz von Ralligen von 599.

Bis in frühalemannische Zeit erfolgte die Besiedlung des Oberlandes vorab von der Thuner Gegend aus. Bereits im 6. und im 7. Jahrhundert war sie bis Wilderswil vorgestoßen, was Gräberfunde und die auf die irischen Glaubensboten BEATUS und JUSTUS zurückgehenden ältesten Kirchen: Einigen (650–750), Scherzligen und Spiez (763), Wimmis (933) und Aeschi belegen (TSCHUMI, 1953). Nach der Gründung des Klosters Interlaken vor 1133, dem Bau des Ritterhofes Briens (=Anhöhe) – Brienz auf dem Rundhöcker der Kirche 1146, der Kirche von Meiringen vor 1231 – mit einem Chorabschluß aus dem 10./11. Jahrhundert und einem wohl auf den Mauern eines noch älteren (?), abseits stehenden Wehrturmes errichteten Turm, des Städtchens Unterseen vor 1279 sowie der Instandstellung alter und der Errichtung von Wachttürmen und Burgen – Strättligen (vor 1175), Thun (um 1190), Wimmis, Wyssenau und Unspunnen – wurde die Besiedlung dichter und drang tiefer in die Alpentäler vor. Immerhin wird eine Kirche in Grindelwald bereits um 1180 erwähnt und im Turm hängt eine 1044 gegossene Glocke (A. JAHN, 1850).

Anderseits wurde die Burg Wyssenau am oberen Ende des Thunersees im 12. Jahrhundert auf einer Insel erbaut, die noch um die Mitte des 19. Jahrhunderts (DK XIII, 1864) von zwei Mündungsarmen der Aare umflossen wurde.

Bis 1713 floß die Kander durch das Glütschbach-Tal und ergoß sich erst auf der Höhe der Zulg-Mündung in die aus dem Thunersee austretende Aare. Dadurch wurde diese, namentlich durch die damals vermehrt auftretenden Hochwasser, immer stärker zurückgestaut, so daß auch der Thunersee vermehrt über die Ufer trat. Um diesem Übelstand abzuhelfen, beschloß der Große Rat von Bern die Hochwasser direkt in einem Tunnel durch die Seitenmoräne von Strättligen in den Thunersee zu führen. Doch bereits beim ersten Hochwasser im Sommer 1714 begann sich die Kander auf der steilen Flußstrecke einzuschneiden. Das frühere Kanderbett fiel trocken; der Tunnel stürzte ein, und die Kander ergoß sich direkt in den Thunersee. Bis 1890 hatte sich ihr Bett bis zur 3 km weiter flußaufwärts gelegenen Simme-Mündung bereits um 21 m eingeschnitten, während ein neues Delta in den Thunersee hinaus wuchs (P. BECK, 1938, 1943; M. STURM & A. MATTER, 1972, 1978a, b). Aufgrund der jährlichen Schuttzufuhr von 300000 m³ errechnete H. JÄCKLI (1964) einen mittleren Abtrag im Einzugsgebiet von 0,27 mm/Jahr. Im unteren Seebecken bietet die Einleitung der Kander, der Kanderschnitt, die genaueste Bestimmung der Sedimentationsrate. Im Bereich des Deltas beträgt diese 4–7,8 mm/Jahr, auf der Uferbank 1,7 (bei Faulensee) –4,8 mm/Jahr (bei Einigen) und im Profundal 4–6 mm/Jahr. Aus der Zeit vor dem Kanderschnitt geben Warwenzählungen und ^{14}C-Daten der letzten 1700 Jahre einen Zuwachs von 2,4 mm/Jahr (STURM & MATTER, 1972).

Seit der Einführung der Kander in den Thunersee bewegen sich dessen Spiegelschwankungen in engen Grenzen. So beträgt die Differenz zwischen den Hochwassern von 1885 und 1891 und dem Niederwasser von 1925 nur 1,92 m.
Beim Thunersee wurden Höchststände 1910 mit 558,68 m und 1970 mit 558,62 m, Tiefststände 1925 mit 556,76 m und 1975 mit 557,20 m bei einem Mittelwasserstand von 557,66 m gemessen (Eidg. Amt für Wasserwirtschaft, 1978).
Während prähistorische Funde in der Thunersee-Gegend von einer mit der frühen Jungsteinzeit einsetzenden intensiven Besiedlung zeugen, sind urgeschichtliche Dokumente am Brienzersee viel spärlicher. Neben dem neolithischen Steinkistengrab mit einem Skelett in Hockerstellung von Ursisbalm bei Niederried (Tschumi, 1915, 1943; R. Wyss, 1969) sind diese auf eine Pfeilspitze bei Brienz, ein Steinbeil in Meiringen und Silex-Schaber vom Hasliberg beschränkt (A. Würgler, schr. Mitt.).
Dies ist wohl auf das Fehlen von Siedlungsraum zurückzuführen, das zugleich eine bescheidenste Landnutzung erlaubt hätte: Die Gegend des Bödeli lag noch im Auflandungsbereich von Lombach und Lütschine und der dazwischen aus dem Brienzersee austretenden Aare.
Noch bis in die Römerzeit dürfte der früher bei Wilderswil endende Brienzersee zwischen Bönigen und Matten weit gegen SSW gereicht haben. Noch nach der Umleitung der Lütschine gegen Bönigen war dieser Bereich von Stillwassern eingenommen, die nach und nach verlandeten, worauf Flurnamen wie Unter-, Mittler- und Obers Moos und, E von Matten, Ändermoos hinweisen (H. Spreng, 1956; LK 1208).
Die von den steilen Gebirgsbächen in den Brienzersee vorgetriebenen Deltas boten nur steinige und immer wieder überschüttete Gründe; verheerend war das Jahr 1797.
Das obere See-Ende reichte noch in der Jungsteinzeit bis gegen Meiringen, wo neben der Aare vorab Alp- und Mülibach sowie Reichenbach mit ihren Schuttfächern die Zuschüttung förderten. Durch einen Murgang des Alpbaches in der 1. Hälfte des 14. Jahrhunderts wurde die ums Jahr 1000 erbaute Kirchenanlage mit 5 m Schutt eingedeckt. Durch ein zweites derartiges Ereignis im Jahre 1762 wurde die um rund 5 m höher angelegte Kirche abermals mit über 5 m Schuttmassen angefüllt, so daß der Schuttfächer des Alpbaches im Laufe eines Jahrtausends in zwei Phasen um 10 m angewachsen ist. Bereits im 16. und im 17. Jahrhundert wurden Teile des Dorfes Kienholz und die bereits 1220 erwähnte Burg Kien durch Schlammströme des Lammbaches zerstört. E. Buri (in E. Dasen, 1951 und schr. Mitt.) führt als besondere Schadenjahre der Brienzer Wildbäche 1529, 1535, 1542 an. Sodann richtete die Kien-Louwenen kurz nach 1560 größere Verheerungen an. Um 1690 wurde die Sust-Stätte Kienholz nach Brienz-Tracht verlegt. Weitere «Beschwerdnisse» und Schäden erfolgten in den Jahren 1594, 1596, 1616, 1624, sodann 1762, 1797, 1804 und 1896 (H. v. Steiger, 1896).
1480 muß über dem Bernbiet nach ausgiebigen Regengüssen Mitte Juni am 22. und 23. ein wolkenbruchartiger Regen niedergegangen sein, der nicht nur Türme, Häuser und Kapellen mitriß, die tiefer gelegenen Stadtteile von Bern überschwemmte, sondern noch bis ins untere Elsaß schwere Schäden anrichtete (D. Schilling, 1483).
Die Errichtung großer Schleusen im Bödeli durch die Mönche des Klosters Interlaken führte nicht nur zu einem Rückstau des Brienzersees, sondern auch zu einer Versumpfung des untersten Haslitales. Zudem wurden, ebenfalls seit dem 15. Jahrhundert, die Überschwemmungen von Aare, Reichenbach und Alpbach immer häufiger, dies wohl vorab wegen der Dezimierung der Gebirgswälder für den von der Stadt Bern diktierten Eisenbergbau (A. Willi, 1884). Nachhaltiger als die Fischzucht-Schleusen der Interlake-

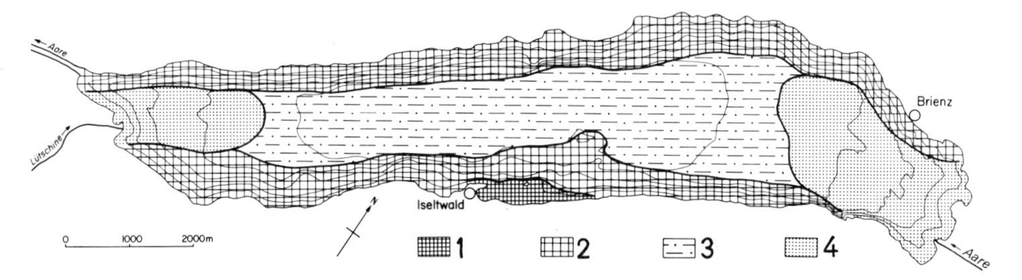

Fig. 186 Verteilung der Sedimenttypen im Brienzersee
1 homogener Schlamm
2 laminierter, warwiger Schlamm
3 laminierter, warwenartiger Schlamm und vertikal sortierter Sand
4 Deltasand und Schlamm
Nach M. STURM & A. MATTER, 1978

ner Mönche dürften wohl die Umleitung der Lütschine gegen Bönigen und der Schlammstrom des bei Kienholz in den obersten Brienzersee mündenden Lammbaches gewirkt haben (WILLI, 1880).

Erst durch die Kanalisation der Aare zwischen Meiringen und dem See und das Anlegen von Seitenkanälen (1866–73) nach dem gewaltigen Hochwasser von 1851, bei dem das Aaretal von Meiringen bis zum Brienzersee überschwemmt war, konnte die Versumpfung wieder behoben werden (WILLI, 1880). Im Brienzersee wurde damals ein Wasserstand von 566,08 m abgelesen (R. ZELLER, 1902).

Noch anfangs des 19. Jahrhunderts reichte der Brienzersee auch etwas weiter Aare-aufwärts. Diese floß wild durch den Aarboden und wandte sich in ihrem letzten Stück gegen NW zum Alten Aaregg bei Kienholz (J. E. MÜLLER, 1806 R; DK XIII, 1864).

Seit den Korrektionen erreichte der Brienzersee 1891 mit 565,16 m, 1910 mit 565,33 m und 1975 mit 564, 97 m seine höchsten und 1925 mit 562,45 m und 1963 mit 562,54 m seine tiefsten Stände bei einem mittleren Seestand von 563,74 m (Eidg. Amt für Wasserwirtschaft, 1978).

In tieferen Sedimentkernen des Brienzersees konnten STURM & MATTER (1978 a, b) vier Faziestypen unterscheiden (Fig. 186 und 187).

- Delta-Bereiche mit einer Sand- und Schlammdecke. Dabei ist das Sand/Schlamm-Verhältnis in den Rinnen hoch und fällt gegen die Enden und die Zwischengebiete ab,
- Wechselfolgen von vertikalsortierten Sandlagen mit laminierten Warwen-ähnlichen Ablagerungen, welche die flachen Beckengründe bedeckten,
- regelmäßig geschichtete Sedimente an den steilen Abhängen des Beckens und
- homogener subrezenter Schlamm, der bei Iseltwald vor rund 600 Jahren während eines um 10–15 m tieferen Wasserstandes abgelagert wurde.

Die einzelnen, nur 1–2 mm dicken Laminae können über den ganzen Seeboden verfolgt werden. Eine bestimmte Sommer-Lamina eines Warwen-Paares entspricht scheinbar einer (oder einigen) distalen Trübestrom-Lage(n) des proximaleren zentralen Seebodens. Dagegen werden Winter-Laminae sowohl im proximalen, wie im distalen Bereich gleichmäßiger als Suspensionsdecke abgelagert. Sommer-Laminae proximaler Warwen zeigen eine Mikrolamination, hervorgerufen durch die mehrfachen Schüttungsfluten während des Sommers. Dagegen besitzen die entsprechenden distalen Warwen einheitlichere Sommer-Laminae und kaum oder nur eine schwächste Mikrolamination.

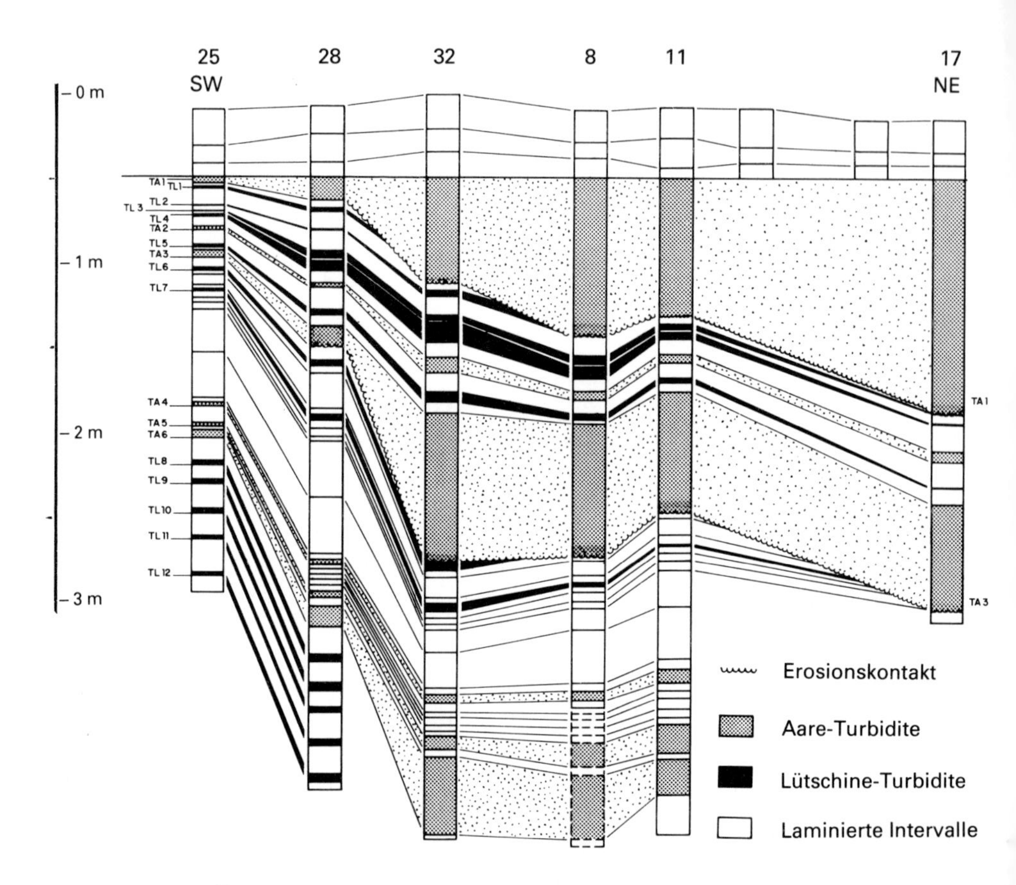

Fig. 187 Längsprofilserie von Bohrkernen aus dem Brienzersee. Die Ziffern bezeichnen die einzelnen Profile. Ihre Lokationen gehen aus Fig. 186 hervor. TA = Trübeströme der Aare, TL = Trübeströme der Lütschine. Nach: M. STURM & A. MATTER, 1978.

Die Korrelation bestimmter dickerer Trübestrom-Lagen des Beckenbodens geben Hinweise über die Materialmenge, die bei solchen Sedimentschüben verfrachtet und abgelagert werden.

Der jüngste größere Trübestrom des Brienzersees ist vor rund 100 Jahren ausgelöst worden (H. v. STEIGER, 1896). Er besitzt eine Mächtigkeit von 1,5 m und bedeckt auf dem Seeboden rund 11 km², so daß rund 5 Millionen m³ oder 8 Millionen t Trocken-Sediment verfrachtet worden sind, was rund der 30fachen jährlichen Sedimentationsrate entspricht. Seine Erosions-Kapazität war derart, daß die Wiederaufnahme von bereits abgelagertem Sediment über 9 km vom Aare-Delta weg erfolgte (Fig. 188).

Seit dem Bau von Staubecken, welche Sedimente teilweise zurückhalten, ist die Schuttfracht der Flüsse zurückgegangen, während diese offenbar früher – vorab in Katastrophen-Jahren – ausreichte, um größere Trübeströme auszulösen.

Sediment-Transport und Ablagerung werden bestimmt durch die Wirkung von Dichteströmen und die Existenz einer Temperatur-Sprungschicht und deren Zusammenbruch. Bei der Mündung von Sediment-beladenem Flußwasser bilden sich allgemein 3 verschiedene Dichteströme:

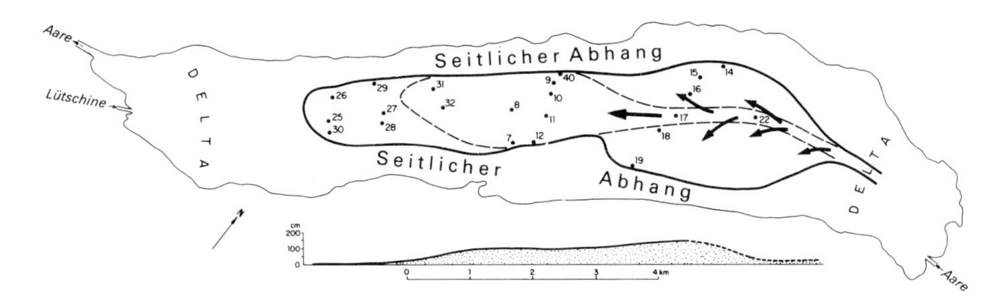

Fig. 188 Kartenskizze und Längsprofil des jüngsten bedeutenden Aare-Trübestroms (TA 1). Aus: M. STURM & A. MATTER, 1978.

- Oberflächenströme, die sich über die Wasseroberfläche verteilen,
- Innenströme, die sich im Bereich der Sprungschicht einschichten,
- Tiefenströme, die als Trübeströme längs des Seegrundes weiterfließen.

Dichte-Unterschiede werden beim Brienzersee verursacht durch Unterschiede in der Wassertemperatur und in der Konzentration des suspendierten Materials. Die Sprungschicht wirkt als Sedimentfalle, in der Viskositätsgradient und interne Turbulenz dem Absatz der feinsten (tonigen) Suspensions-Teilchen entgegenwirken.
Geschwindigkeit und Lebensdauer der drei Ströme sind verschieden: Kurzfristige Tiefenströme erreichen im Walensee (A. LAMBERT, 1978) bis 50 cm/sec. und mehr, länger, Tage und Wochen anhaltende Innen- und Oberflächenströme 5–8 cm/sec. (P. NYDEGGER, 1976). An Sediment-Schüttungen können im Brienzersee unterschieden werden:

- Ablagerung von Delta-Sand und turbiditischem Sand und Silten in proximalen Bereichen des Beckenbodens durch Trübeströme. Sie führen bedeutende Mengen an detritischem Material zum Seegrund. Ein oder mehrere solcher Ströme verursachen während des Sommers eine Mikrolamination als Äquivalent einer Sommer-Lamina einer Warwe.
- Die Sommer-Laminae von feingeschichtetem Schlamm in den distalen Becken-Teilen werden gebildet durch das kontinuierliche Ausfallen von gröberen (siltigen) Teilchen aus der Suspension der Sprungschicht. Die Suspension wird während des Sommers andauernd durch Flußwasser zugeführt. Die Winter-Laminae werden durch eine einheitliche Suspensionsdecke gebildet. Diese legt sich nach Umkehr der Sprungschicht während des Winters als feine (tonige) Fraktion des suspendierten Materials über alle Beckenteile. Homogener Schlamm dagegen, der als endlose Sukzession von Winter-Laminae ohne zwischenlagernde Sommer-Laminae betrachtet werden kann, wird im Becken nur an Stellen abgelagert, die oberhalb der Sprungschicht liegen (STURM, 1978a, b, 1979).

Die Eiszuschüsse aus dem Schwalmere–Morgenberghorn-Gebiet

Durch den mündenden Lütschinen- wurde der *Saxet-Gletscher* erst gestaut und W der Rundhöcker von Interlaken abgedrängt. Zwischen dessen Mündung und Saxeten liegen mächtige Delta-Schotter, die vom Lütschinen/Aare-Gletscher gestaut und später überfahren wurden (H. GÜNZLER-SEIFFERT et al., 1933 K).
Noch im Unterseen/Interlaken-Stadium lieferte der Saxet-Gletscher von der Schwalmere (2777 m) einen Zuschuß zum Lütschinen-Gletscher. Dann gab er das untere Saxettal

frei; im nächsten Klimarückschlag schob er sich nochmals bis unterhalb Saxeten vor. Im folgenden Interstadial wich er in den Talschluß zurück und stieß im späteren Spätwürm mit markanten Moränenstaffeln erneut bis über Saxet-Allmi vor und vereinigte sich mit dem vom Morgenberghorn (2243 m) gegen E herabhängenden Gletscher. Noch im letzten Spätwürm hing in der N-Flanke der Schwalmere ein Kargletscher bis Neßleren (1450 m) herab.
Vom Morgenberghorn wandten sich zwei Gletscher nach N, gegen Leißigen. Im Krattigen–Thun-Stadium mündeten sie – durch Ufermoränen dokumentiert – um 900 m. Im Unterseen/Interlaken-Stadium reichte der eine bis unterhalb Bachli, der andere bis unterhalb Ramsernalp, gegen 1000 m.
Bis ins Strättligen–Thun-Stadium erreichte der von der Schwalmere-Morgenberghorn-Gruppe gegen NW abfließende *Suld-Getscher* das Aare-Eis. Im Krattigen-Thun-Stadium wurde er selbständig und endete bei Aeschiried unterhalb 1000 m (P. Beck, 1928; in H. Günzler-Seiffert, 1933 k). Aus der Gleichgewichtslage in gut 1400 m ergibt sich bei NW-Exposition eine klimatische Schneegrenze von 1550 m.
Von den moränenbedeckten Schottern am Ausgang des Suldtales betrachtete P. Beck (1928; in Günzler-Seiffert et al., 1933 k) die tieferen, verkitteten Anteile als interglazial, die höheren, die mit Moränen des Kien/Kander-Gletschers wechsellagern, als solche seiner Spiezer Schwankung. Beide sind wohl als frühwürmzeitliche Stauschotter zu deuten, die zwischen Suld- und Kien/Kander-Gletscher gestaut wurden.
Im Unterseen/Interlaken-Stadium rückten zwei Gletscher vom Dreispitz über Obersuld und von der Schwalmere über Lattreje nochmals gegen Suld, bis 1100 m, vor.
Jüngste Spätwürm-Moränen zeichnen sich im Talschluß auf 1600 m, Rückzugsstaffeln zwischen 1700 m und 1750 m ab.

Die nördlichen Zuflüsse: Lombach-, Grönbach- und Zulg-Gletscher

Auf der N-Seite des Thunersees stand der würmzeitliche Aare-Gletscher oberhalb von Schwanden N von Sigriswil aufgrund von höchsten Erratikern bereits bis auf eine Höhe von über 1200 m. Ein Im Boden E des Dorfes auf 1090 m einsetzender Wall läßt sich bis S von Schwanden verfolgen, wobei er bis auf 1020 m abfällt und dort eine Stauschutt-Terrasse abdämmt (P. Beck, 1911 k). Er bekundet am ehesten das Bern-Stadium. Zwei Moränenterrassen NE von Sigriswil um 900 m sind wohl dem Stadium von Wichtrach-Jaberg zuzuordnen. Der Moränenwall von Sigriswil um 800 m (Beck, 1911 k) dürfte dem Strättligen–Thun-Stadium zugehören.
Auf dem Beatenberg reichen vereinzelte Erratiker bis auf 1350–1400 m Höhe. Auf der Terrasse von Schmocken–Spirenwald sowie auf den schwach geneigten Flächen des Waldegg-Gewölbes liegt eine teilweise recht mächtige Moränendecke. In Schmocken haben sich zudem zwei Moränenwälle ausgebildet: ein höherer, der auf 1260 m einsetzt und gegen 1220 m abfällt, und ein tieferer um 1130 m, der sich über Spirenwald bis Waldegg zurückverfolgen läßt und dabei von 1150 m auf 1240 m ansteigt. Beide Wälle dürften Eisstände des Bern-Stadiums dokumentieren.
Die E von Habkern sich zum *Lombach-Gletscher* vereinigenden Eisströme vom Harder–Augstmatthorn-Grat und aus dem Hohgant–Seefeld-Gebiet sowie der Zuschuß vom Gemmenalphorn wurden bis ins Krattigen–Thun-Stadium vom Aare-Gletscher gestaut, was sich in der von Moränen gekrönten Stauterrasse von Falschbrunnen (860 m) und

ihren Aare- und Lombach-Erratikern zu erkennen gibt. Die Terrassen von Luegboden mit exotischen Habkern-Graniten, von Schwendi, Bolsiten, Habkern und Bort dürften ihre Existenz der bereits beim Vorstoß einsetzenden Stauwirkung verdanken. Im Auftreten von Habkern-Graniten als Erratiker auf dem Beatenberg, die vorwiegend der linken Ufer- und der Mittelmoräne des Lombach-Gletschers entstammen, sieht P. BECK (1910K) ein Überfließen auf das Aare-Eis, doch dürfte das Lombach-Eis nur ans rechte Aare-Gletscherufer gedrängt worden sein. Bei Schwendi läßt sich ein linker Uferwall des Traubach-Gletschers bis auf 1100 m verfolgen.

Dem Interlaken-Stadium zuzuordnende Stände zeichnen sich E von Schwendi und N von Habkern, wo sich am rechtsufrigen Eisrand ein Sanderrest findet, um 1200 m ab. Ein entsprechender Eisstand findet sich im Traubachtal, durch Moränen und Schotter bekundet, bei der Säge. Im Lombachtal liegt ein interner Stand unterhalb von Bodmi um 1500 m. Bis ins Strättligen–Thun-Stadium war auch der *Grönbach-Gletscher* aus dem Justistal mit dem Aare-Gletscher verbunden. Stirnnahe Moränen dieses Standes hinterließ er – vom bewegungsarm gewordenen Aare-Eis nicht verfrachtet – am Talausgang gegen Merligen. In einem jüngeren, wohl im Krattigen–Thun-Stadium, stirnte er auf 1050 m (BECK, 1910K). Dann zerfiel er in einzelne Kargletscher, die im nächsten Klimarückschlag wieder vorstießen: der vom Sigriswiler Rothorn bis 1400 m, der zwischen Gemmenalphorn und Sieben Hengste bis 1450 m. Sie erfordern eine klimatische Schneegrenze um 1750 m. Noch länger waren die Kare SW und N des Gemmenalphorn von Eis erfüllt. Auf der W-Seite des Sigriswilgrat erwähnt BECK (1910K) stirnnahe Seitenmoränen auf Merlisegg und Endorfallmi und von Endmoränen umgebene Gletscher SW von Bodmi sowie entsprechende Wälle auf Unteri- und auf Oberi Matte sowie im Habrichtwald. Sie dürften dem Strättligen- und dem Krattigen–Thun-Stadium entsprechen.

Auch weiter NE, auf Zettenalp, lag in den Quelltälern des Huetgraben zunächst noch ein bis 1300 m, später noch bis 1370 m abgestiegener Gletscher. Noch im Interlaken-Stadium hing N des Mittaghorn ein Gletscher bis 1400 m herab.

Im Maximalstand und im Gurten-Stadium erreichte der *Zulg-Gletscher*, dank der Zuschüsse vom Sigriswilgrat, den Sieben Hengste und vom Trogenhorn, noch den Aare-Gletscher. Dabei vermochte dieser – wie Erratiker belegen (F. ANTENEN, 1907, BECK, 1911K) – über 7 km, bis in den Wüeriwald ins Zulgtal einzudringen und den Zulg-Gletscher zurückzudrängen. Im Bern-Stadium begann dieser letzte größere Zuschuß abzureißen, so daß der Zulg-Gletscher selbständig wurde. Eine Endmoräne des Bern-Stadiums liegt um 980 m einer Stauschotterflur auf. Durch Honegg- und Huetgraben stiegen zwei Zungen vom nordöstlichen Sigriswilgrat ab (BECK, 1911K). Beckeneinwärts folgen internere Wälle und Rundhöcker.

Ein nächster Stand, wohl das Wichtrach–Jaberg-Stadium, bei dem sich die beiden Äste aus dem Sulzgraben und vom Grüenenberg noch vereinigt haben, liegt 4,5 km taleinwärts auf 1050 m. Internere Staffeln treten bei beiden Zungen unterhalb 1100 m auf. Das Becken von Fall, zwischen Trogenhorn und Sieben Hengste, war im Krattigen–Thun-, die Senke von Grüenenberg noch im Unterseen/Interlaken-Stadium eiserfüllt.

Die Lütschinen-Täler im Spätwürm und im Holozän

Nach dem Stadium von Unterseen/Interlaken wurde der Lütschinen-Gletscher selbständig und schmolz gegen Zweilütschinen zurück. Im nächsten Klimarückschlag schwollen seine beiden Äste aus den Tälern von Lauterbrunnen und Grindelwald wieder an, reichten an der Konfluenz bis auf 1050 m und kalbten bei Wilderswil in den Wendel-See, wo stirnnahe Moränen W des Dorfes und bei Gsteig das Zungenende verraten. Eine internere Staffel zeichnet sich S von Gsteigwiler ab.

Moränen eines E der Schynigen Platte herabhängenden Gletschers liegen auf Alp Iselten; jene des Interlaken-Stadiums reichen bis unterhalb 1500 m.

Nach dem Wilderswiler Stand schmolz der Weiße Lütschinen-Gletscher ins Lauterbrunnental, der Schwarze Lütschinen-Gletscher gegen Grindelwald zurück. Im nächsten Rückschlag, im Meiringen-Stadium, vereinigten sie sich erneut bei Zweilütschinen, was durch Wälle auf Allmiegg und eine Mittelmoräne belegt wird. Das Zungenende lag zunächst wenig unterhalb des Zusammenflusses der Lütschinen, an der Blasiegg, wo sich zahlreiche Erratiker finden (V. Boss, Grindelwald, mdl. Mitt.), dann, beim Schwarzen Lütschinen-Gletscher durch mehrere stirnnahe Seitenmoränen dokumentiert, bei Zweilütschinen selbst, wobei die beiden Gletscher selbständig wurden. Eine internere Staffel ist 1,5 km E von Gündlischwand, bei Gufritt, durch Trümmermassen eines von der N-Seite des Tales auf den abschmelzenden Gletscher niedergefahrenen Bergsturzes angedeutet, die vom Eis zu Wällen zusammengestoßen wurden. S von Lütschental fand Boss zugehörige Erratikerschwärme.

Moränen des jüngeren Spätwürm treten auch auf der Schynigen Platte auf. Ein Endwall eines Seitenlappens liegt auf 1920 m; die Zunge stieg bis 1860 m ab, SW des Laucherhorn bis 1900 m. Sie alle bekunden eine klimatische Schneegrenze um 1950 m (Boss, 1973). In Bodenprofilen konnte M. Welten (1957, 1958) die Vegetationsgeschichte bis in die Zeit der Fichten-Einwanderung verfolgen. Im tiefsten untersuchten Abschnitt vermochte er, neben *Pinus* und wenig *Abies*, noch *Ephedra* – Meerträubchen, nachzuweisen.

Von der Wengernalp um den Girmschbiel gegen Spätmad S von Wengen verlaufende Wallmoränenreste bekunden einen steilen Stirnabfall des Weißen Lütschinen-Gletschers. Auch auf der linken Talseite lassen sich N von Mürren steile Ufermoränen beobachten, so auf Schwand und im underen Prast. Frontalere Seitenmoränen liegen auf Gygermatta um 1000 m, unterhalb von Isenfluh um 840 m und S von Zweilütschinen auf 750 m (Boss, mdl. Mitt.).

Im Stadium von Zweilütschinen hing der *Syler-Gletscher* von der NE-Seite der Sulegg (2413 m) noch bis gegen 1100 m und im letzten Spätwürm bis 1350 m herab.

Vom Stand von Zweilütschinen schmolz der *Weiße Lütschinen-Gletscher* nach einem Halt unterhalb von Lauterbrunnen bis in den Talschluß zurück. Damals glitt wohl die Wengener Sackung zutal und staute im Lauterbrunnental einen See, in dem bis 50 m mächtige Schotter abgelagert wurden (C. Colombi, mdl. Mitt.).

SW von Zweilütschinen stieg der *Sous-Gletscher* von den Lobhörnern (2566 m) zunächst bis gegen 1400 m herab. Jüngere spätwürmzeitliche Moränen liegen auf Sous, auf 1900 m, jüngste im Talschluß um 2200 m (H. Stauffer in H. Günzler-Seiffert et al., 1933 k).

Von den Hochflächen E der Schwalmere und aus dem Talschluß Chilchflue (2833 m)–Schilthorn (2970 m) rückte der Sous-Gletscher im Zweilütschinen-Stadium bis 1400 m 1933 k) vor. Zur Zeit der frührezenten Vorstöße lag im Talschluß ein Firn bis gegen 2300 m.

Von der Quintnerkalk-Platte Chüematta W von Isenfluh brachen Felsstürze ins vordere Sous- und ins Lauterbrunnental nieder, während sich von den Dogger-Wänden des Schwarzbirg mächtige Sackungspakete lösten. S der Sefinen-Lütschine fuhren von der östlichen Fortsetzung des Tschingelgrat die Sackungsmassen von Busen ab.

Durch das Engital und vom Birg drangen Eiszungen noch im ausgehenden Spätwürm bis unterhalb, im letzten Spätwürm in mehreren Staffeln bis oberhalb von Mürren vor. Seitenmoränen lassen sich W des Allmendhubel und in der Chrinne W des Schiltgrat beobachten. Vom Schilthorn stieg, wie stirnnahe Wallstaffeln W von Gimmelwald belegen, der *Schilt-Gletscher* im ausgehenden Spätwürm bis in die Schiltbachschlucht ab. Letzte Spätwürm-Moränen steigen von Im Schilt gegen den Schiltbach ab. Holozäne Moränenreste stellen sich im hintersten Schilttal ein.
Auf der NE-Seite des Schilthorn (2970 m) lag noch um 1850 ein Firnfeld, das bis zum Grauseewli auf 2500 m herabreichte. Bis 1969 (LK 1248) war das Eis bis auf 2650 m zurückgeschmolzen.
Eine rechte spätwürmzeitliche Seitenmoräne sitzt dem Wasenegg, dem vom Schilthorn gegen ESE zum Bryndli verlaufenden Felsgrat, auf. Im Zweilütschinen-Stadium lieferten Schilt- und Birg-Gletscher dem Lütschinen-Gletscher noch Eis.
Bei Gimmelwald bekundet die aus dem Sefinental austretende linke Seitenmoräne eine Eishöhe des Weißen Lütschinen-Gletschers von 1370 m (Stauffer in Krebs et al., 1925 k).
Im letzten Spätwürm war auch der Felskessel von Poganggen mit Eis gefüllt, das von der Vorderen Bütlasse, vom Hundshorn und vom Schilthorn bis 1750 m abstieg, während der *Sefinen-Lütschinen-Gletscher* erst unterhalb von 1100 m endete. Holozäne Moränen zeichnen sich bei der Mündung des Sefibach, frührezente zwischen 1520 und 1540 m ab. Noch 1969 (LK 1248) reichte am Fuß des Tschingelgrat das regenerierte Sturzeis bis auf 1600 m herab.
Im letzten Spätwürm war auch der Grat Ellstabhorn–Spitzhorn vergletschert und lieferte dem Sefinen-Gletscher letzte Zuschüsse.
NE der Sefinen-Furgge verrät eine holozäne Moräne einen bis über den Hundshubel, bis 2250 m, vorgefahrenen *Sefi-Gletscher*. Frührezente, durch Wallmoränen belegte Stände bekunden Zungenenden auf 2300 m. Noch 1969 (LK 1248) reichte das Eis NE der Sefinen-Furgge bis 2330 m.
Im letzten Spätwürm stirnte der *Trümmel-Gletscher* aus dem Jungfrau-Gebiet in der Mündungsschlucht. Auf Biglen hat sich zwischen Guggi- und Eiger-Gletscher eine Mittelmoräne ausgebildet.
Zur Zeit der frührezenten Vorstöße endete der gegen W exponierte Eiger-Gletscher auf 1850 m, 1969 (LK 1248) auf 2170 m. Bleibender Lawinenschnee von Guggi-, Chielouwenen- und Giesen-Gletscher reicht bis 1240 m herab. Holozäne Moränen bekunden einen Stand am Eingang zur Trümmelbach-Schlucht auf 1150 m.
Zwischen Silberhorn und Schwarzmönch stürzt Lawinenschnee durchs Mattenbachtal noch heute bis fast in die Talsohle.
Bei Stechelberg bekunden Moränen und Rundhöcker den Vorstoß im ausgehenden Spätwürm, bei dem der Weiße Lütschinen-Gletscher die beiden Breitlauenen- und den Rottal-Gletscher aufgenommen hatte und um 900 m endete. Im letzten Spätwürm stirnte der Lütschinen-Gletscher bei Sichellauenen um 1000 m. Auffällig sind besonders die Seitenmoränen auf Obersteinberg und zwischen Egga und Oberi Ammerta. Jüngere Stände zeichnen sich auf Untersteinberg ab. Holozäne Moränen umschließen den Oberhornsee (Fig. 189).
Bereits Ende des 13. Jahrhunderts drangen Lötscher – 1346 durch Peter von Turn gar gezwungenermaßen – über die Firngebiete des Petersgrat ins hinterste Lauterbrunnental ein und gründeten die Siedlungen Ammerta, Sichellauenen, Gimmela und Gimmelwald (H. Michel, 1950).

Fig. 189 Der Oberhornsee, der Überrest eines holozänen Moränenstausees am Fuß des Lauterbrunner Breithorn. Im Hintergrund die Jungfrau.
Aus: V. Boss, 1973. Photo: V. von Allmen, Bern.

Im 16. Jahrhundert waren Tschingel-, Wetterlücken- und Lötschen-Gletscher so weit zurückgeschmolzen, daß – neben dem Lötschenpaß und dem Petersgrat – wohl auch der Übergang über die Wetterlücke (3181 m) zwischen Breithorn und Tschingelhorn besser gangbar war (V. Boss, schr. Mitt.).
Zur Zeit der frührezenten Vorstöße reichte der Rottal-Gletscher (=Stuefestei-Gletscher) mit seinen regenerierten Eisschuttmassen bis gegen 1100 m herab. 1969 (LK 1248) endeten diese auf 1650 m, während er selbst bis auf 2160 m zurückgeschmolzen war. Bis 1973 (F. Müller et al., 1976) ist der Stuefestei-Gletscher wieder auf 2140 m vorgestoßen.
Der frührezente Tschingel-Gletscher stirnte um 1780 m; Breithorn- und Schmadri-Gletscher trafen wieder zusammen und endeten über dem Schmadrifall auf 1960 m.
Bis 1969 (LK 1248) ist der Breithorn-Gletscher bis auf 2130 m, der Vordere Schmadri-Gletscher auf 2080 m zurückgewichen. Der Tschingel-Gletscher hat bis 1969 seinen ehemaligen Zungenbereich bis auf 2270 m freigegeben. Bis 1973 ist er jedoch wieder bis 2240 m vorgestoßen.

Beim *Schwarzen Lütschinen-Gletscher* liegen Erratiker des Spätwürm an den S-Hängen der Faulhorn–Schwarzhorn-Gruppe auf Alp Grindel Unterläger NE von Grindelwald in 1720 m. Weiter W reichte der Bachalp-Gletscher bis 1530 m herab, wo er in

Fig. 190 Das Zungenbecken des vom Faulhorn abgestiegenen Bachalp-Gletschers, der sich bei Bort (unterhalb der Bildmitte) mit dem Lütschinen-Gletscher vereinigte. Im Hintergrund dessen Relikte, der Obere (links) und der Untere Grindelwald-Gletscher mit seinem Einzugsgebiet, der N-Flanke der Fiescherhörner, dazwischen Mättenberg und Schreckhorn, ganz rechts der Eiger.
Photo: BERINGER & PAMPALUCHI, Zürich. Aus: V. BOSS, 1973.

den Lütschinen-Gletscher mündete (Fig. 190). Für den SE- bis S-exponierten Gletscher ergibt sich bei einer Gleichgewichtslage um 2050 m eine entsprechende Schneegrenze.
In einem späteren Vorstoß endete er auf 2100 m, der vom Faulhorn gegen S abfallende Büößalp-Gletscher zunächst auf 1600, später auf 2050 m, eine westliche Zunge auf 2170 m. Weiter talaus, zwischen Sägissa und Winteregg, stieß ein Gletscher nochmals gegen Sengg, bis 1400 m, später bis 1600 m vor. Aus den Gleichgewichtslagen in knapp 1900 bzw. 2050 m resultieren bei SSW-Exposition Schneegrenzen von 1800 bzw. 1950 m. Daraus geht hervor, daß diese talaus abfallen; zudem muß auch der Schwarze Lütschinen-Gletscher ein beachtliches Gefälle aufgewiesen haben. Im Wilderswiler Stadium stand er auf Kienbächli SE der Schynigen Platte auf 1200 m, auf Schneit W von Zweilütschinen noch auf 1100 m.
Vom Männlichen (2343 m) hing eine Zunge bis 1700 m, vom Tschuggen (2521 m) eine solche bis 1600 m herab. Diese hinterließ auf Ober Brand eine Seitenmoräne. Spätere Zungenenden sind im Gummi auf 1800 m und 1880 m und auf Alp Itramen auf 1850 m und 1950 m durch Moränen belegt.
Im Tal von Grindelwald reichte der Lütschinen-Gletscher im letzten Spätwürm bis Itra-

men und im Tal bis in die Enge zwischen Burglauenen und Grindelwald. Durch den Bergsturz von Burglauenen wurden die Schmelzwässer im Grund zu einem See aufgestaut, der von der Schotterflur des wieder vorgestoßenen Lütschinen-Gletschers zugeschüttet wurde und verlandete.
Die Moräne auf Pfingstegg SE von Grindelwald ist als Mittelmoräne zwischen Oberem und Unterem Grindelwald-Gletscher zu deuten. Jüngere Abschmelzstände zeichnen sich W des Dorfes im Zungenbecken vor Schluecht ab. Die über dem Oberen Grindelwald-Gletscher am Weg zur Gleckstein-Hütte auf 2250 m talauswärts abdrehende rechte Seitenmoräne verrät die Mündung eines vom Wetterhorn (3701 m) abgestiegenen Chrinnen-Gletschers. Der Obere Grindelwald-Gletscher muß somit noch im letzten Spätwürm um über 200 m mächtiger gewesen sein.
Ein nächster Vorstoß gibt sich auf Trychelegg und im Grund zu erkennen. Dabei wurde – wie die Aufschlüsse beim Schulhaus-Neubau bei der Kirche gezeigt haben – ein Fichtenwald mit Humus und Heidelbeersträuchern überfahren (V. Boss, mdl. Mitt.). Spätere, eisenzeitliche(?) Moränen liegen bei Mättenberg.
Beim Vorstoß bis Grund vereinigten sich der Obere und der Untere Gletscher ein letztesmal. Bei der Mündung des Milibach geben sich auf 1000 m zwei Staffeln zu erkennen. Auf der linken Seite entspricht ihnen die Moräne Uf der Sulz. An der Straße zum Oberen Gletscher wurde aus der Moräne N von Unterhäusern *Picea*-Holz gefördert.
W der Halsegg, der frührezenten linken Ufermoräne des Oberen Gletschers, treten zwei äußere Wälle auf. Sie lassen sich mit solchen verbinden, die W des Hotel Wetterhorn gegen die Lütschine absteigen und dürften, wie die Moränen von Grund und Mättenberg des Unteren Gletschers, holozäne Vorstöße bekunden.
Im Scheidegg Gummi, unterhalb des Schwarzhorn-SE-Kars, wurden Moränenkränze auf 2100 m, die H. Günzler-Seiffert (1938k) dem Daun-Stadium zuwies, bei einem späteren Vorstoß durchbrochen. Im Schatten des Gemschberg rückte eine Zunge bis 1950 m vor. Dies deutet darauf hin, daß sich auch im Berner Oberland ein kleiner späterer Klimarückfall abzeichnet, bei dem die Schneegrenze auf unter 2400 m gesunken ist, was einer Depression gegenüber heute von 400 m gleichkommt.
Einen entsprechenden Vorstoß dürften die Ufermoränen NE von Alpiglen, Brandegg und Rinderegg belegen, die von einem vom Eiger gegen 1600 m abfallenden Mittellegi-Gletscher gebildet wurden.
Bereits 1760 hatte G. S. Gruner am Unteren Grindelwald-Gletscher beobachtet, daß beim Rücken zwischen Fiescherhorn und Eiger Stämme von Lärchen aus dem Eis hervorragten.
Ein an der Bänisegg am Unteren Grindelwald-Gletscher auf 2000 m Höhe gefundenes Stammstück von *Pinus cembra* – Arve – mit 120 Jahrringen ergab ein ^{14}C-Alter von 800 v. h. (H. Oeschger, mdl. Mitt.). Es belegt einen bedeutenden Gletscherrückgang im 12. Jahrhundert.

Die frührezenten Stände der Grindelwald-Gletscher

Trotz des gewaltigen Rückzuges seit 1860 zählen die beiden Grindelwald-Gletscher – mit denen des Mont Blanc (S. 512) – zu den am tiefsten herabreichenden der Alpen.
Vor den Hochständen von 1822 und 1855 soll der *Untere Grindelwald-Gletscher* nach G. Strassers (1890) Grindelwalder Chronik zu Beginn des 17. Jahrhunderts über frühere

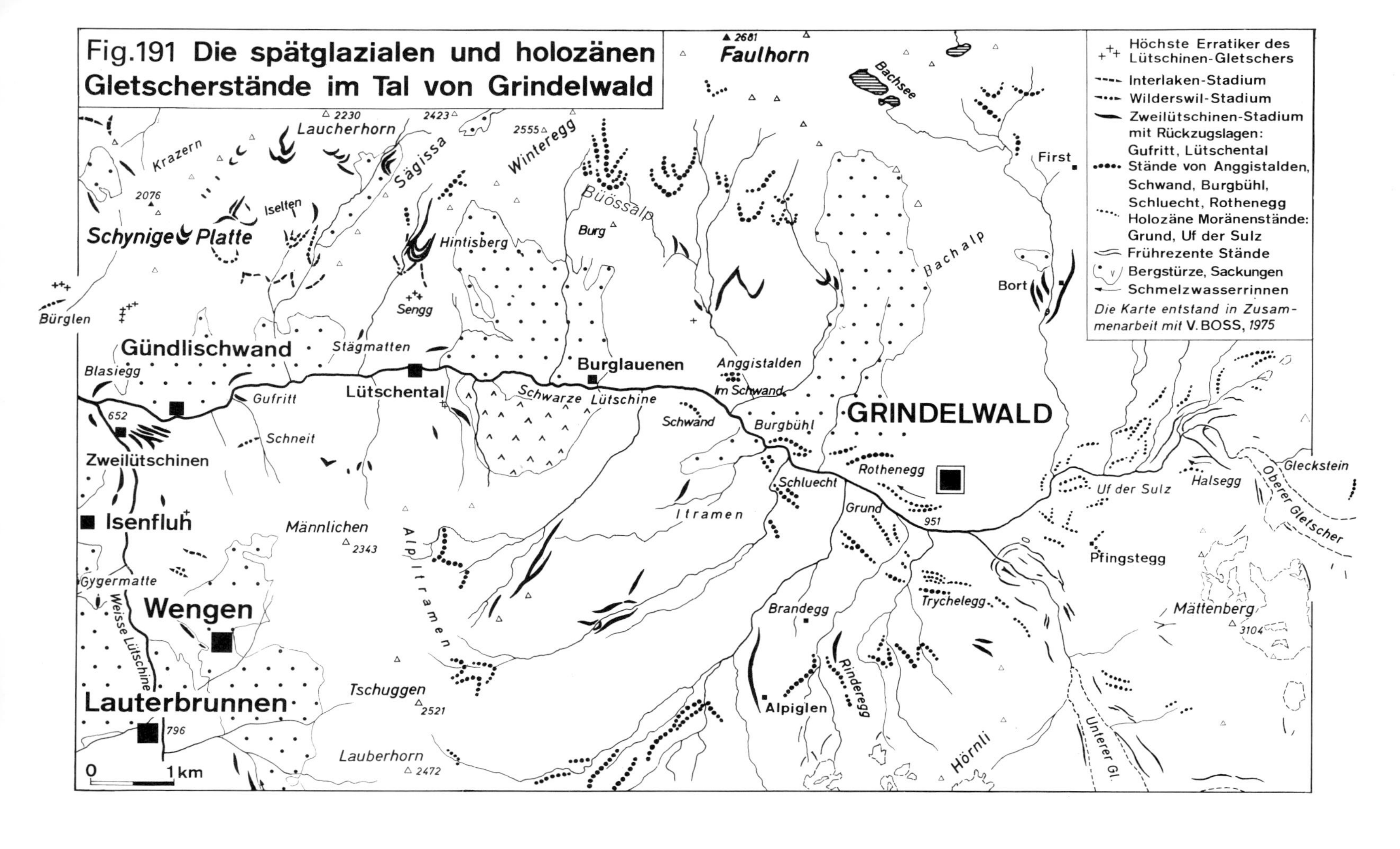

Fig. 191 Die spätglazialen und holozänen Gletscherstände im Tal von Grindelwald

Stände bis an den Burgbühl vorgestoßen sein, so daß er nur noch einen «Handwurf vom Schüssellauinengraben» entfernt war. In der zweiten Hälfte des 18. Jahrhunderts dürfte er noch etwas größer gewesen sein als um 1600, da H. BESSON (1777) außerhalb des von ihm beobachteten Standes «aucune trace d'enceinte en avant du glacier» vorfand.
Anhand von bisher weitgehend unbekannten Bild- und Schriftquellen konnte H. J. ZUMBÜHL (in B. MESSERLI et al., 1976; 1979) zusammen mit morphologischen Befunden die Schwankungen der Grindelwald-Gletscher aufzeichnen und in einem von M. ZURBUCHEN photogrammetrisch ausgewerteten Photoplan darstellen.
Von 1100 bis 1900 erreichte der Untere Gletscher mindestens drei, vermutlich gar fünf Hochstände. Dabei stieß er 500–600 m über die Schopffelsen am westlichen Talausgang in die Ebene vor, erstmals 1146 und 1246–47.
Pollenspektren aus dem A-Horizont eines fossilen Bodens im Vorfeld des Gletschers entsprechen denen eines krautreichen Grauerlenwaldes, wie er auch heute dort wächst. Aufgrund eines *Juglans*-Pollens läßt sich nur festhalten, daß der Boden in den jüngsten nachrömerzeitlichen Abschnitt fällt. Nach H. OESCHGER (in MESSERLI et al.) liegt das wahrscheinlichste Datum – mit der Korrektur nach dem Baumringalter – um 1480. Dies stimmt auch damit überein, daß vor 1580 das Klima in den Alpentälern gar noch etwas milder war als heute (Bd. 1, S. 382).
Eine Periode hoher Stände lag zwischen 1590 und 1640, ein Maximum um 1600. Dann folgte bis 1770 eine Zeit mit Rückschmelzphasen – Minima: 1658, 1686, 1732, 1748–1768, 1794–1815 – und kurzfristigen Vorstößen – Maxima um 1670, 1719/20, 1743 und besonders 1777 (B. F. KUHN, 1787, sowie Bd. 1, Fig. 178–180).
Zwischen 1816, dem Jahr ohne Sommer, und 1820 erfolgte wohl der rascheste Vorstoß, doch blieb die Zunge – entgegen der Darstellung von A. BALTZER (1898) – noch um rund 150 m hinter den Ständen um 1600.
Von 1841 an rückte der Gletscher weiter vor und erreichte 1855–56 mit einer Stirnmoräne einen dem 1600er Stand nahekommendes Zungenende. Dann wich er bis 1882 rasch zurück, blieb bis 1898 stationär, schmolz bis 1906 weiter zurück und rückte mit kleinen Hochständen 1910 und 1914 erneut vor. Bis 1917 war er gegenüber dem Stand von 1855–56 – trotz kleinster Wiedervorstöße – um insgesamt 1350 m zurückgeschmolzen. Hernach stieß der Gletscher erneut vor, erreichte zwischen 1925 und 1933 einen um 300 m externer gelegenen Stand. Bis 1970 wich er wieder um 750 m zurück.
CH. PFISTER (in MESSERLI et al.) versuchte die Zungenbewegungen mit meteorologischen Daten aus historischen Quellen in Einklang zu bringen (Bd. 1, S. 385).
Beim *Oberen Grindelwald-Gletscher* zeichnen sich drei Moränensysteme ab: das äußerste entspricht dem Stand von 1602; dicht dahinter folgen jene von 1822 und 1856. Nach der Chronik läßt sich das äußere datieren. «Im 1600 Jahr ist der ynder (innere, obere) Gletscher bei der undren Bärgelbrigg in den Bärgelbach getrolet und man hat müssen zwei Häuser und 5 Scheuren abraumen, die Plätz hat der Gletscher auch eingenommen.»
Die Moränen von 1602 sind beim Oberen Gletscher selbst bei den größten späteren Vorstößen nicht mehr erreicht worden. BESSON (1777) hielt fest, daß eine 10 m hohe Moräne zum Gletscher abfiel. Diese wäre nur wenig von der äußersten entfernt gewesen und hätte bereits Bäume umgestoßen.
Über den Stand von 1822 schrieb ALBRECHT v. HALLER (in J. A. DE LUC, 1839): «Le glacier s'avança en 1817, et continua à s'avancer, même en hiver, jusqu'à l'automne de 1822.» Die Halsegg und entsprechende Wälle auf der NE-Seite stellen die zugehörigen Seitenmoränen dar (Fig. 191 und 192).

Fig. 192 Der Obere Grindelwaldgletscher zwischen Berglistock (links) und Schreckhorn (rechts), der um 1600 bis an den von der Großen Scheidegg abfließenden Bärgelbach vorstieß. Das heute bewaldete Zungenbecken gibt sich in absteigenden Moränen zu erkennen, rechts die Halsegg.
Photo: Militärflugdienst Dübendorf, Juli 1971.

Das *Vorfeld des Oberen Grindelwald-Gletschers* liegt – verglichen mit anderen Gletschervorfeldern des Berner Oberlandes und des Wallis (W. LÜDI, 1945) – in einem günstigeren Klima-Bereich. Die jüngsten Stadien der Überwachsung lassen sich mit denen der Aletsch-Moränen vergleichen (S. 632). Nur treten in Floren, die vom Karbonat-Gehalt der Bodenlösung bestimmt werden, andere Arten in den Vordergrund.
Entsprechend den höheren Mittel-Temperaturen und der längeren Vegetationszeit geht die Entwicklung rascher vor sich. Nach 10 bis 12 Jahren ist ein offener, etwa 1 m hoher Aufwuchs von *Alnus incana* – Grauerle – und von *Salix daphnoides* – Reif-Weide – vorhanden. Nach weiteren 4 bis 6 Jahren hat sich bei günstiger Wasserversorgung ein geschlossenes Gebüsch von 3–4 m Höhe gebildet.
Auf den älteren Moränen von 1820 und 1850 hat sich – wo nicht Bodennässe den Grauerlen-Bestand erhalten hat – ein Fichtenwald entwickelt. Auf Fichtenwald-Böden hat sich eine bis 10 cm mächtige Rohhumusschicht aus Nadelstreue und Resten von *Hylocomium*-Decken gebildet, auf der säureliebende Fichtenwald-Pflanzen, wie saprophytische Orchideen, gedeihen. Die mineralischen Bodenschichten haben – dank des Kalkgehaltes – ihre ursprünglichen Eigenschaften bewahrt. Die Bodenreifung, die ebenfalls dem Podsol zustrebt, hat sich stark verlangsamt.
O. LÜTSCHG (1933) hielt von 1921–28 die Eisbewegung am Oberen Grindelwald-Gletscher in Abhängigkeit von Niederschlag, Lufttemperatur und Föhnperioden fest. Dabei fiel das maximale Vorrücken jeweils in die Zeit von Ende Juni, womit sich eine strenge Abhängigkeit vom Schmelzwasseranteil im Zungenbereich zeigte.
H. BOSS, Zweilütschinen, hält seit 1956 die Endlagen des Oberen, seit 1958 auch jene des Unteren Grindelwald-Gletschers alljährlich photographisch fest.
Seit 1960 rückt der Obere Gletscher – nur 1962 durch ein geringfügiges Zurückweichen unterbrochen – wieder vor. Bis 1977 ist er bereits um 360 m vorgestoßen (V. BOSS, schr. Mitt.). Damit hat er bereits wieder den Talboden erreicht. Auch der Untere Gletscher stößt wieder vor; so hat sich das Under Ischmeer bereits wieder mit dem Fieschergletscher vereinigt.

Die Transfluenz von Aare-Eis über den Brünig

Über den 1000 m hohen Brünigpaß erfolgte bis tief ins Spätwürm eine *Transfluenz* nach *Obwalden* ins Reuß-System (F. J. KAUFMANN, 1872). Im Würm-Maximum stand das Aare-Eis über dem Paß bis über 1700 m. Kristallin-Erratiker liegen weiter W, auf Axalp, auf 1580 m, doch bekunden diese unwahrscheinlich bereits den höchsten Eisstand. Die höchsten Wälle beginnen auf Wilervorseß in 1320 m: einer läßt sich über Schäri bis Schild verfolgen, ein tieferer von Ober Brünig bis Riti. Zusammen mit der Moräne S der Kirche von Lungern bekundet dieser tiefere Stand ein Zungenende im vorderen Lungerer See; in einem höheren reichte das Aare-Eis noch über die überschliffene Stufe von Kaiserstuhl ins Zungenbecken des Aaried, das durch Wallreste und Rundhöcker gegen die Sanderfläche von Giswil abgegrenzt wird (S. 364).
Im *Krattigen–Thun-Stadium*, das sich im unteren Habkerntal durch einen Moränenrest auf 860 m abzeichnet, erfüllte der Brünig-Arm noch das Becken des Sarner Sees. In einem früheren Stand – wohl im *Strättligen–Thun-Stadium* – vereinigte sich der durch den Alpnacher See abgeflossene Brünig-Arm bei Stansstad noch mit dem zentralen Lappen des Engelberger Gletschers.

SE des Mueterschwanderberg schob sich ein Lappen bis zur Staumoräne von Allweg W von Stans vor, wo ihm der westliche Stirnlappen des Engelberger Gletschers entgegentrat (S. 322). Damit entspricht dieses Stadium des Aare-Gletschers demjenigen von Vitznau/Goldau im Reuß-System, das Krattigen–Thun-Stadium mit den beiden Ständen demjenigen von Gersau mit den Endlagen von Ibach und Ingenbohl und das Stadium von Unterseen/Interlaken offenbar demjenigen von Attinghausen (S. 342).
Mit dem Zurückschmelzen des Aare-Eises im Becken des Brienzersees riß die Transfluenz über den Brünig ab. Zwischen Brienzer Rothorn und Wilerhorn fuhren ausgedehnte Sackungen nieder.
Rückschmelzstaffeln zeichnen sich bei Brünigen, bei Brienzwiler und auf dem Ballenberg durch Moränen und Erratiker ab. Damals reichte das Eis am Brünig noch bis auf eine Höhe von rund 850 m.
In der Ursiflue, einer Malmkalk-Falte N von Meiringen, hat sich eine Eishöhle gebildet, in der das Eis bis gegen 1000 m herab die Sommer überdauert.

Das Haslital im Spätwürm

Die Anlage des Haslitales folgt der Depressionszone der Faltenachsen und ihrer rückwärtigen Verlängerung. Daß bereits die heute dem Aarmassiv vorgelagerten Sedimentstöße durch eine quer zu den alpinen Strukturen verlaufende Senke vorglitten, wird durch die bereits im Miozän durch sie erfolgte Schüttung des Napf-Schuttfächers aus den Lepontischen Alpen bekundet.
Im Haslital manifestiert sich neben einer markanten Talklüftung eine parallel zur Schieferung verlaufende Klüftung, deren jüngste Verstellung wohl noch ins Holozän reicht (Bd. 1, S. 394).
Nach dem Stand von Brünigen–Aarboden schmolz der Aare-Gletscher hinter den Felsriegel der Chirchen ins Becken von Innertkirchen zurück. Zugleich wurden Rosenlaui-, Gauli- und Trift/Stein-Gletscher erstmals selbständig.
Der nächste spätwürmzeitliche Rückschlag ließ den Aare-Gletscher, unterstützt von Seitengletschern, nochmals bis Meiringen vorrücken, was am Ausgang des Rosenlaui-Tales sowie auf der rechten Talseite durch stirnnahe Moränen belegt wird. 80 m tiefer zeichnet sich eine internere Staffel ab, die ein Zungenende in Willigen SW von Meiringen bekundet (Fig. 193, 194 und 195).
Das mehrfache, bereits frühwürmzeitliche Vorgleiten über den Chirchen-Riegel spiegelt sich in der Bildung von Rundhöckern wider. Die von Moräne und Bergsturzmassen eingedeckten ehemaligen Aare-Schluchten bekunden interstadiale und interglaziale Läufe (Fig. 172 und 193).
Als der Aare-Gletscher wieder bis Meiringen vorstieß, schob sich der Rosenlaui-, unterstützt vom Schwarzwald-Gletscher, erneut ins Haslital vor, was bei den Reichenbachfällen durch Moränen und Rundhöcker bekundet wird. Dagegen deuten die Felsbuckel auf Hohbalm und die Mittelmoränen auf Furi (S von Meiringen) in rund 1400 m auf ein Zusammentreffen von Rosenlaui- und Aare-Gletscher im Interlaken-Stadium.
Im Rosenlauital verrät eine tiefe, von 1500 auf 1420 m abfallende rechte Seitenmoräne ein letztes spätwürmzeitliches Zungenende unterhalb des Geißhellhubel, 1 km unterhalb von Rosenlaui. Bei diesem Vorstoß wurde das Tal 500 m W des Hotels von der linken Ufermoräne des Rosenlaui-Gletschers abgedämmt.

Jüngere Staffeln bekunden ein Zungenende auf Gschwantenmad und am Ausgang der Gletscherschlucht.

Nach F. A. FOREL (1886) soll der Rosenlaui-Gletscher 1824 seine größte frührezente Ausdehnung erreicht haben. Damals teilte er sich am Gletscherhubel in zwei Zungen, von denen die westliche vor der Weißbach-Schlucht endete. Bis 1840 blieb er stationär; dann folgte bis 1860 ein kleiner Vorstoß bis an den Fuß des Gletscherhubel, bis 1500 m (F. MÜLLER, 1938; H. GÜNZLER-SEIFFERT et al., 1938K; DK XIII, 1864).

Im letzten Spätwürm lag die Alp Breitenboden und das Gummi, wie mehrere stirnnahe Moränenwälle erkennen lassen, noch größtenteils unter Eis. Zur Zeit der frührezenten Gletschervorstöße schob sich die Zunge des Blau Gletscherli zwischen Schwarzhorn und Wildgärst bis 2300 m herab vor. Bis 1962 war es bis auf 2420 m zurückgeschmolzen, bis 1973 (MÜLLER et al., 1976) wieder bis auf 2400 m vorgestoßen. Auch auf der W-Seite des Schwarzhorn hing um 1850 eine Eiszunge noch bis zum Häxeseeli herab (DK XIII).

Das von P. BECK (1932) erwähnte Innertkirchen-Stadium des *Aare-Gletschers* entspricht einer interneren Rückzugslage des Meiringen-Stadiums. Dann gab das Aare-Eis das Tal bis hinter Guttannen frei. Bis dorthin stieß es wieder vor, was durch eine steil abfallende Moräne, Erratiker, eine Schmelzwasserrinne und ein durch Schuttfächer weitgehend eingedecktes Zungenbecken belegt wird.

Vom Ritzlihorn (3263 m) reichte Lawineneis bis gegen Guttannen und von den Schaflägerstöck (2855 m) gar bis 900 m herab. In der extremen Schattenlage hält sich dort ein Schneefeld noch heute bis 2240 m (LK 1230).

Ein letzter spätwürmzeitlicher Klimarückschlag ließ den Aare-Gletscher nochmals bis Handegg vorrücken. Aus den Kargebieten Bächli, Gelmer (Bd. 1, Fig. 23) und Ärlen, wo sich abdämmende Moräne einstellt, erhielt er Zuschüsse. Moränen dieses Stadiums blieben an den steilen Flanken des Haslitales nur an wenigen Stellen erhalten: bei Hindrem Stock, wo sie ein Ried abdämmen, und bei der Handegg, wo stirnnahe Wälle das Zungenende belegen. Eine kleine Zunge hing etwas in die Chatzenchälen herab.

Eine spätere Staffel, bei welcher der vereinigte Diechter/Gelmer Gletscher im vorderen Becken des Gelmersees kalbte, scheint sich in der Mitte des heutigen Stausees abzuzeichnen.

Ein holozäner Stand des Gelmer Gletschers zeichnet sich um 1900 m ab. Frührezente Zungen endeten am Steilabbruch um 2300 m, beim SW-exponierten Diechter Gletscher auf 2400 m. Bis 1969 (LK 1230) ist dieser bis auf 2600 m zurückgeschmolzen, während der westliche Gelmer Gletscher auf 2420 m endete.

Fig. 193 **Quartärgeologische Karte der Umgebung von Meiringen** ▷

- Zungenbecken von Giswil
- Moränen des Stadiums von Interlaken
- Moränen der Stadien des Aarboden
- Moränen des Stadiums von Meiringen
- Moränen der Stadien von Guttannen und Handegg
- Frührezente Gletscherstände
- Gletscherstand von 1969 (LK 1230)
- Verschüttete Aare-Schluchten
- Rundhöcker
- Schmelzwasserrinnen

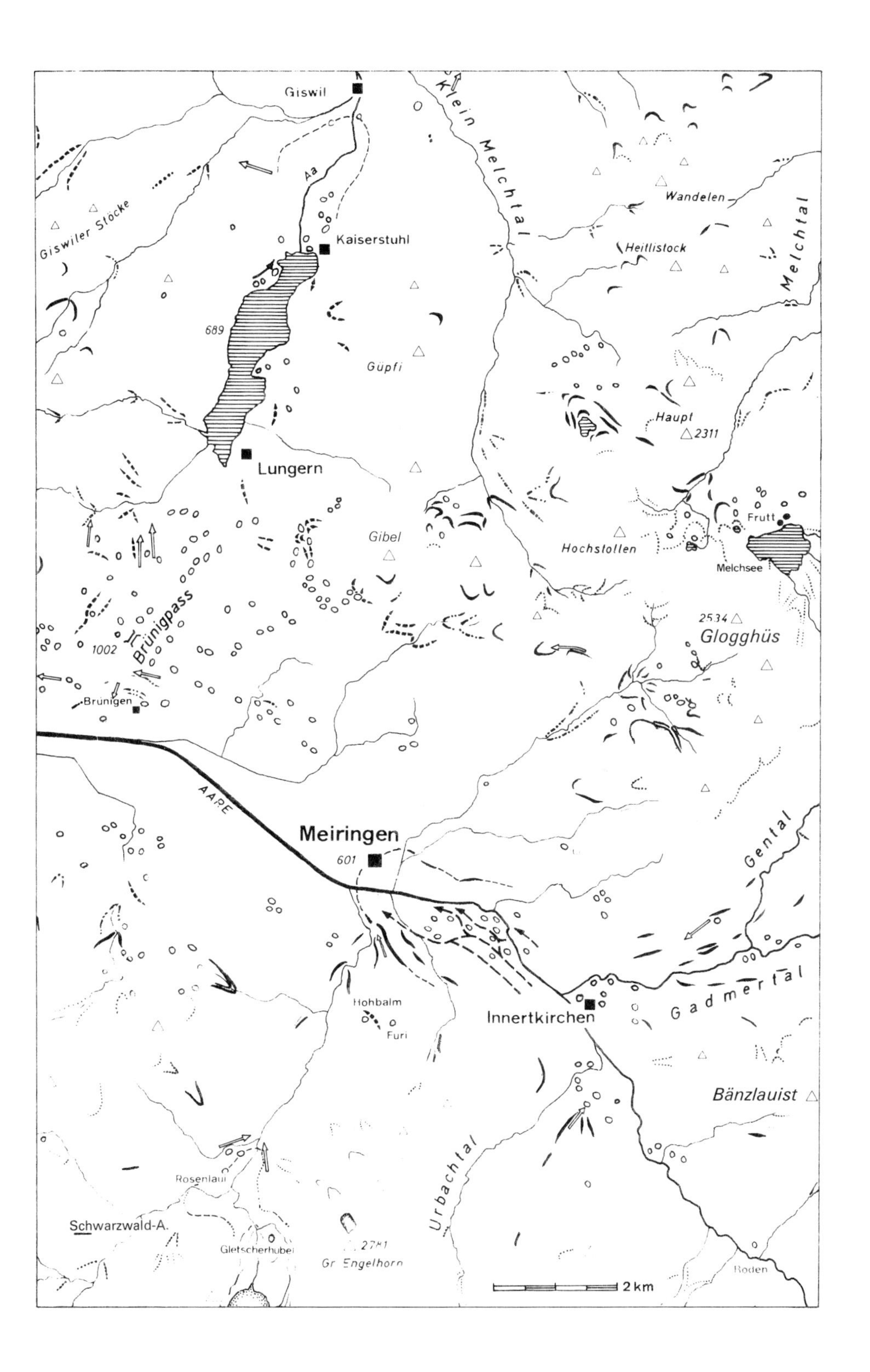
Giswil
Klein Melchtal
Aa
Giswiler Stöcke
Kaiserstuhl
Wandelen
Melchtal
Heitlistock
689
Güpfi
Haupt
2311
Lungern
Gibel
Frutt
Hochstollen
Melchsee
Brünigpass
1002
2534
Glogghüs
Brünigen
AARE
Meiringen
601
Gental
Hohbalm
Furi
Innertkirchen
Gadmertal
Bänzlauist
Urbachtal
Rosenlaui
Schwarzwald-A.
Gletscherhubel
Gr. Engelhorn
2 km
Boden

Fig. 194 Die zur Stirn des Meiringen-Stadiums des Aare-Gletschers abfallende Moräne in den Schlittbrächen, Schattenhalb S von Meiringen. Die Straße nach Rosenlaui verläuft in der seitlichen Schmelzwasserrinne. Im Hintergrund der Bänzlauistock (2530 m).
Photo: A. FLOTRON, Schattenhalb.

Beim Grueben-Gletscher, dem südwestlichen Ast des im ausgehenden Spätwürm bis in die Handegg vorgestoßenen Ärlen-Gletschers, geben sich jüngere Zungenenden um 1780 m und 1870 m zu erkennen, während die Moränen zwischen 1940 m und 2000 m bereits frührezente Stände bekunden dürften. 1969 (LK 1230) kalbte der Grueben-Gletscher in einem durch eine Wasserfassung der Kraftwerke Oberhasli aufgestauten See auf 2330 m.

Jüngere Gletschervorstöße zeichnen sich im prachtvoll ausgeschliffenen obersten Haslital in den Rundhöckern und Moränenresten unterhalb des Räterichsboden ab, der heute, wie das jüngste Becken, die Spitalmatte, von einem Stausee überflutet wird. Später dürfte der Aare-Gletscher nochmals bis N des Spittelnollen gereicht haben.

Im Grimsel-Gebiet reichte das Oberaar-Eis noch beim letzten Spätwürm-Vorstoß bis zum Trüebtensee, wo es den zwischen den beiden Sidelhörnern gegen N abfließenden Gletscher aufnahm, was durch eine S des Trüebteneggen-Rundhöckers auf 2450 m Höhe einsetzende Schmelzwasserrinne sowie durch Wallmoränenreste belegt wird. Damit dürfte das Oberaar-Eis an der Konfluenz mit dem Unteraar-Gletscher auf 2400 m gestanden haben, so daß die Eismächtigkeit im Bereich des Grimsel-Stausees um 450 m betragen haben dürfte. Vom Sidelhorn (2764 m) stieg damals ebenfalls noch ein Gletscher gegen E zum Grimselpaß ab und erfüllte das Becken des Totesees. Von W drang der Aare- und von NE der Rhone-Gletscher vor, so daß sich die Eismassen im Paßbereich gegenseitig stauten. Dadurch wurde die einzigartige Rundhöcker-Landschaft ein letztesmal überschliffen (Bd. 1, Fig. 25).

Fig. 195 Meiringen und das Haslital. Im mittleren Spätwürm stieß der Aare-Gletscher aus dem Becken von Innertkirchen, wo von E das Gadmer- und von SW das Urbachtal mündet, nochmals bis Meiringen vor. Dabei überfuhr er ein letztesmal den rundhöckerartig überschliffenen und von mehreren ehemaligen Schluchtläufen zerschnittenen Felsriegel der Chirchen (untere Bildmitte). Rechts davon die gegen das Aaretal abfallende linksufrige Seitenmoräne des Aare-Gletschers, davor die flache Sanderflur.
Photo: H. DUBACH, Thun. Aus: H. ALTMANN et al. (1970).

Das Haslital in der Nacheiszeit

Eine frühe Einwanderung ins Haslital erfolgte – neben dem Seeweg von Interlaken her (S. 424) – wohl auch über den Brünig zum Hasliberg (S. 364) und weiter nach Wylen ins vorderste Gadmertal und über Äppigen nach Innertkirchen.
Archäologische Funde sind längs der Paßroute Gries–Grimsel–Brünig eher spärlich. Steinbeil-Funde bei der Kirche Meiringen und bei Guttannen (A. KAUFMANN, 1955), Bronze-Gegenstände bei Lungern, eine bronzene Dolchklinge zwischen Brünigberg und Husenstein, bronzene Lanzenspitzen auf Chilchen (=Kirchet-Riegel, Bd. 1, S. 247) und von Guttannen (O. TSCHUMI, 1935, 1938b, 1953; R. WYSS, 1971) sowie ein Randleistenbeil ENE des Grimsel-Hospiz belegen – neben den Granit-Erratikern auf Chilchen, die allenfalls vor dem späteren Granit-Abbau verschont gebliebene Reste eines druidischkeltischen Tempelkreises, einer Cyrch, darstellen (A. JAHN, 1850) – einen ersten prähistorischen Paßweg.
Aus römischer Zeit werden neben dem Münzfund von Chilchen (H. MÜLLER, 1867) genannt: Römische Siedlungsreste mit Heizungsanlage in Wyler ob Innertkirchen (K. AERNI, 1975), eine Steinplatte in der Crypta der ins 10./11. Jahrhundert zurückreichenden ehemaligen St. Michaels-Kirche in Meiringen und eine römische Münze bei der Handegg (A. FLOTRON, schr. Mitt.). Damit dürfte wohl diese Alpen-Traverse in römischer Zeit – trotz der kürzesten Verbindung Mediolanum (Mailand)–Oxilla (Domodossola)–Gries–Grimsel–Brünig–Alpnach–Renggpaß–Luzern–Vindonissa (Windisch) – nur selten benutzt worden sein.
Im 9. und im 13. Jahrhundert erfolgten die Einwanderungen der Alemannen aus dem Haslital ins Oberwallis (Bd. 1, S. 385). Erst mit dem Bau eines Saumpfades, wohl im frühen 13. Jahrhundert – erste Erwähnung 1211 – und später durch dessen weiteren Ausbau wurde der Verkehr intensiver. Ein erstes schriftliches Zeugnis für die Benützung des Passes als Verkehrsweg findet sich in einer Walliser Urkunde des Jahres 1325 (O. ZINNIKER, 1961). 1397 wurde zu Münster im Oberwallis ein erster Handelsvertrag über den Saum-Verkehr von Bern über die Grimsel nach Obergesteln ins Oberwallis und weiter über den Griespaß in die Val Formazza und durch die Valle Antigorio nach Domodossola abgeschlossen (J. R. WYSS, 1817; A. v. TILLIER, 1838; F. NUSSBAUM, 1925).

Ober- und Unteraar-Gletscher und die Vegetationsentwicklung in ihren Vorfeldern

Zusammen mit vegetationsgeschichtlichen Untersuchungen im *Oberaar-Hochtal* hat K. AMMANN (1972, 1975, 1977) anhand historischer Bild-, Schrift-, Karten-, Relief- und Photo-Dokumenten sowie durch Gelände-Untersuchungen versucht, die Schwankungsgeschichte des *Oberaar-Gletschers* nachzuzeichnen (Fig. 198–200). Nach einem Reisebericht von M. A. CAPPELER kurz nach 1719 (in J. G. ALTMANN, 1751) stießen die Gletscher des Grimsel-Gebietes bis anfangs des 18. Jahrhunderts während mehr als 100 Jahren vor, aber wohl höchstens bis zu den Wällen um 1890. Bis 1806 dürfte das Eis zwischen den Endmoränen um 1890 und um 1920 gestanden haben. Bis 1828/29, dann bis 1839/40 und von 1841 bis vor 1848 rückte das Eis wieder vor. Bis 1851 soll es um 250–300 m zurück-

▷

Fig. 196 **Quartärgeologische Karte des Grimselgebietes und des obersten Goms**

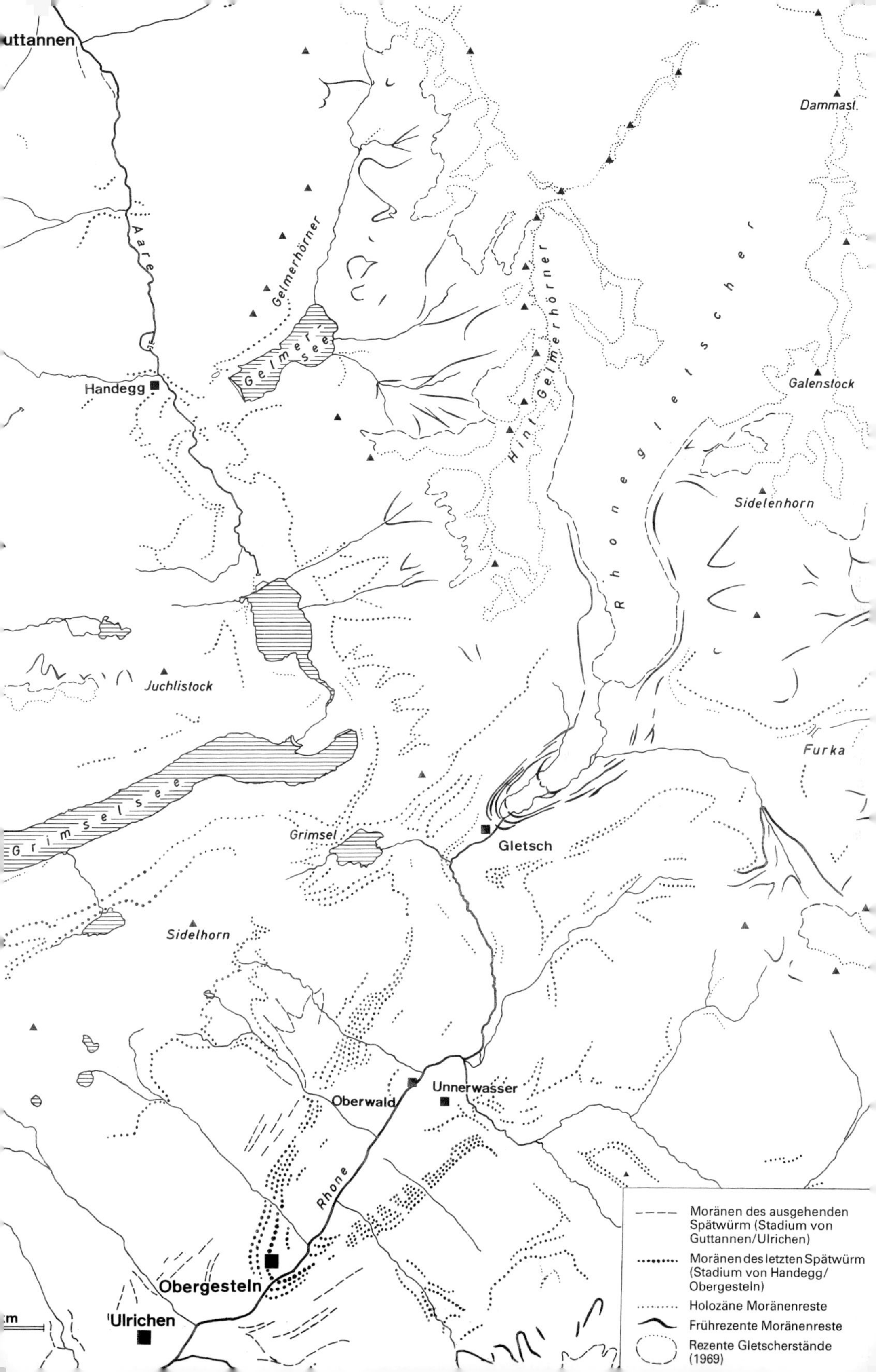

uttannen
Handegg
Aare
Gelmerhörner
Gelmersee
Hint. Gelmerhörner
Rhonegletscher
Dammast.
Galenstock
Sidelenhorn
Juchlistock
Grimselsee
Grimsel
Gletsch
Furka
Sidelhorn
Oberwald
Unnerwasser
Rhone
Obergesteln
Ulrichen
km
Moränen des ausgehenden Spätwürm (Stadium von Guttannen/Ulrichen)
Moränen des letzten Spätwürm (Stadium von Handegg/Obergesteln)
Holozäne Moränenreste
Frührezente Moränenreste
Rezente Gletscherstände (1969)

Fig 197 Der von Rundhöckern geprägte Grimselpaß (Vordergrund) und das glazial stark überschliffene oberste Haslital mit Grimsel- und Räterichsboden-Stausee (Bildmitte); hinter dem dahinter gelegenen Felsriegel die Handegg. Bis dorthin stieß der Aare-Gletscher im letzten Spätwürm nochmals vor, rechts davon der Gelmer-Stausee. Photo: Swissair-Photo AG, Zürich. Aus: H. ALTMANN et al. (1970).

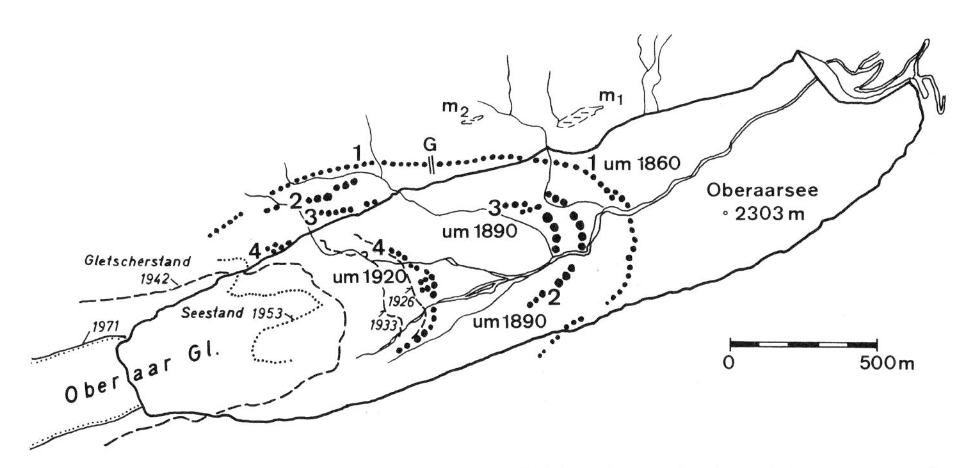

Fig. 198 Das heute vom Oberaar-Stausee überflutete Vorfeld des Oberaar-Gletschers mit den Moränenwällen 1–4 (1860–1920) und ausgewählten Rückzugslagen (1926–1953) mit pollenanalytisch untersuchten Punkten: Grabungsstelle (G) und Moor (m).
Nach: K. AMMANN, 1977.

geschmolzen sein und hernach, bis gegen 1860, stieß es zum jüngsten Maximalstand vor. Bis gegen 1889 schmolz der Oberaar-Gletscher um rund 200 m zurück; um 1890 stieß er wieder etwas vor. Bis 1915 wich er um rund 600 m zurück; von 1915–20 rückte er abermals leicht vor. Bis 1927 schmolz das Oberaar-Eis erneut um 20–30 m zurück und – nach einem letzten kleinen Vorstoß 1928 – wich es bis 1953 – erster Aufstau des Oberaarsees – um rund 450 m zurück. Seither vollzog sich ein beschleunigter Rückzug. Von 1966 an kalbt der Oberaar-Gletscher in den Stausee mit einer maximalen Staukote von 2303 m.

Mit den einzelnen Wällen – um 1860, um 1890 und um 1920 – ändert sich auch das Vegetationsbild. Sukzessive stellen sich im Oberaar jüngere Pioniergesellschaften ein (AMMANN, 1975).

Zwei Profile aus einem Hangmoor und aus einer Grabung beginnen wohl im Älteren Atlantikum, allenfalls wurde gar bereits das jüngste Boreal erfaßt.

Gut erhaltene Pollen von *Pinus cembra* sowie reiche Holzfunde im heute überschwemmten Gletschervorfeld belegen im Oberaarboden einen lichten Arvenwald. Ein ^{14}C-Datum von 2650 ± 80 v. Chr. dokumentiert, daß mindestens einzelne Bäume noch am Ende des Jüngeren Atlantikums im Oberaarboden standen. Zugleich traten im ganzen Atlantikum auch hochgrasige und hochstaudige Bestände stärker hervor, so *Trollius*, *Aconitum* – Eisenhut, *Chaerophyllum* – Kerbel, *Angelica*, *Pimpinella major* – Bibernelle, *Peucedanum ostruthium* – Meisterwurz, *Lilium martagon* – Türkenbund, *Melandrium* – Waldnelke, *Lychnis flos-cuculi* – Kuckucks-Lichtnelke, *Prenanthes purpurea* – Hasenlattich.

Im 10 m außerhalb des Standes um 1860 gelegenen Hangmoor konnte AMMANN ein über 6000 Jahre dauerndes Torfwachstum von 40 cm feststellen, an dem mindestens seit dem Atlantikum auch *Trichophorum* – Haarbinse – beteiligt war.

In den obersten cm findet sich auch eine ganze Reihe von Pionier- und Schneetälchen-Arten. Doch steht noch offen, ob diese den neuzeitlichen, den mittelalterlichen oder gar noch älteren Hochständen entsprechen.

In einem älteren holozänen Stadium vereinigte sich der Oberaar- auf 2000 m eben noch

Fig. 199 H. Hogard: Glacier de l'Ober-Aar, 15 août 1848 – Dollfuss-Ausset, D. A., & Hogard, H. (1854). Wc: Endmoräne, 5: Felsvorsprung unterhalb von Moor 1, a, b, c: Erosionsformen der Seitenbäche, d: Erosionsböschung, e: Lawinenreste unterhalb des Löffelhorn, f: W–E verlaufende Felsrippe, g: Schlucht des Oberaarbaches.

Fig. 200 Der Oberaarboden mit Blick gegen W, vorne rechts: Schlucht des Oberaarbaches (g); hinten rechts: Zungenende des Oberaar-Gletschers mit großem Mittelmoränen-Schuttkegel.
1–4: Moränenwälle (1860–1920), 5: Felsvorsprung unterhalb von Moor 1; a, b, c: Erosionsformen der Seitenbäche, d: Erosionsböschung, e: Lawinenreste unterhalb des Löffelhorn, f: W–E-verlaufende Felsrippe.
Photo: Brügger, Meiringen, kurz vor Baubeginn der Staumauer, d. h. um 1948. Archiv Kraftwerke Oberhasli, Innertkirchen.
Fig. 199 und 200 aus: K. Ammann, 1977.

Fig. 201 Am E-Ende des Arven-Reservates am Grimsel-Stausee hat sich ein Birken-Wäldchen erhalten.
Im Vordergrund: Granitblöcke der zur frührezenten Stirn des Unteraar-Gletschers abfallenden Moräne, über dem gegenüberliegenden Seeufer die zum Delta des Oberaarbaches abfallende rechtsufrige Seitenmoräne, hoch über dem See, vor den Nebelschwaden, Seitenmoränenreste des Handegg-Stadiums.

mit dem Unteraar-Gletscher, dessen Eisränder durch abfallende Moränenreste und Eratikerzeilen auf ein Zungenende bei der Mündung des Trübtenbach hindeuten.
Während das oberste Haslital, vom Räterichsboden-Stausee (1767 m) bis zur Grimsel, und über den Paß bis gegen Gletsch recht kahl erscheint, hat sich auf der Sonnenseite des mittleren Grimselsees bis gegen 2000 m ein lockerer Arven-Bestand mit Legföhren, Birken, ganz vereinzelten Lärchen und Vogelbeerbäumen erhalten (E. Frey, 1922a, b). Gegenüber der Mündung des Oberaar-Tales, wo sich die kühlen Winde des Oberaar- und des Unteraar-Gletschers stärker auswirken und die Mederlouwenen niederfahren, geht dieser in einen Birkenbestand mit Hochstauden und vereinzelten Arven über. Dieser auffällige Wechsel in der Vegetation veranschaulicht eindrücklich die auch durch Meßdaten belegte Klima-Depression in der Windgasse der Grimsel, durch die der Austausch der Luftmassen von N nach S und umgekehrt erfolgt (Fig. 201).
Vor dem Aufstau des Grimselsees konnten im Unteraar-Boden zahlreiche Strünke von Arven gefunden werden, die auch dort auf ein früher milderes Klima hinweisen.
Durch L. Agassiz (1840, 1847) wurde der *Unteraar-Gletscher* bereits in der Frühzeit der Glaziologie zum bedeutenden Studienobjekt. Dabei galt das Interesse neben den Tempe-

raturen, der Zusammensetzung des Gletschereises, den Schmelzverhältnissen, den Moränen, der Gletscherbewegung und der Topographie, auch der Geologie, der Flora und der Fauna (E. DESOR, 1844, 1845; DOLLFUS-AUSSET 1863–70; F. A. FOREL, 1881ff.; W. JOST, 1953; R. HÄFELI, 1967; J. P. PORTMANN, 1975). Um 1842 (J. WILD in AGASSIZ, 1847) endete der Unteraar-Gletscher auf 1877 m, unmittelbar W der Mündung der Oberaar-Schlucht (DK XVIII, 1854).
Seismische Sondierungen auf dem Unteraar-Gletscher (A. KREIS et al., 1953) erlaubten den Felsuntergrund abzutasten. Dabei ergab sich eine maximale Eismächtigkeit bei der Mündung von Finsteraar- und Lauteraar-Gletscher von 420 m und eine solche von 470 m bei den beiden Zuflüssen.
Von 1928 bis 1975 konstatierten Vater und Sohn A. FLOTRON, Meiringen, stets eine negative Massenbilanz. Die Eisoberfläche lag 1979 um 55 m tiefer als 1928 und um 120 m seit dem Höchststand von 1871, bei dem der Unteraar-Gletscher bis an die Mündung des Oberaarbaches vorstieß. Der größte Verlust ereignete sich von 1947–49 mit bis zu 50000000 m³ Eisabbau pro Jahr (FLOTRON, mdl. Mitt.).
Um 1890 endete der Unteraar-Gletscher mit stirnnahen Seitenmoränen, die während des Höchststandes des Stausees überflutet werden, um 400 m weiter W; um 1928 stirnte er nochmals um 500 m weiter W. Zur Zeit des Aufstaues des Grimselsees im Jahre 1932 kalbte der Unteraar-Gletscher (bei einer maximalen Stauhöhe von 1909 m) 670 m, 1940 1100 m, 1950 1200 m, 1960 1260 m, 1970 1400 m und 1975 (LK 1250) beinahe 1,5 km W der Mündung des Oberaarbaches. Während die Zunge des Unteraar-Gletschers noch immer zurückschmilzt, war 1978 im Profil der Lauteraarhütte erstmals ein Höhenzuwachs von 40 cm festzustellen. Höher im Akkumulationsgebiet, im Profil Abschwung, beträgt der Höhenzuwachs des Lauteraar- und des Finsteraar-Eises bereits 1,6 m gegenüber dem Tiefststand von 1977. Während der Unteraar-Gletscher von September 1977 bis September 1978 noch um 32,5 m zurückgeschmolzen ist, erscheint die Massenbilanz mit 72000 m³ erstmals leicht positiv. Für den Lauteraar-Gletscher wird ein Zuwachs von 4,3 Millionen m³ geschätzt, für den Finsteraar-Gletscher ein solcher von 5,2 Millionen m³ ermittelt (FLOTRON, 1979). Für den Oberaar-Gletscher schätzt FLOTRON (1979) den Zuwachs aufgrund der Messungen auf 1,1 Millionen m³.
Der HUGI-Block, ein großer Erratiker, der 1827 500 m vom Beginn der Mittelmoräne am Abschwung entfernt lag, und sich bereits bis 1836 um 600 m zungenwärts bewegte, hat bis 1930 weitere 4,4 km auf der Gletscheroberfläche zurückgelegt. Seither hat sich seine Reisegeschwindigkeit zusehens verlangsamt, bis 1940 verschob er sich noch um 260 m, bis 1950 um weitere 180 m, bis 1958 noch um 60 m. Seither hat er sich kaum mehr stark bewegt.
Im hydrologischen Jahr 1970/71 hat A. FLOTRON (1973) Längen- und Höhenänderungsmessungen beim Unteraargletscher anhand photogrammetrisch ausgewerteter Aufnahmen durchgeführt, die in regelmäßigen Zeitabständen automatisch ausgelöst worden sind. Dabei ergab sich eine maximale Fließ-Geschwindigkeit von 28,5 cm/Tag, fast konstante Werte – um 5 cm/Tag von Ende Oktober bis anfangs April – und ein Höhenzuwachs auf dem Gletscher von 10 cm Mitte April auf 65 cm Mitte Mai und dann, nach einigen Schwankungen, ein Abfall in der 2. Junihälfte von 58 cm auf 4 cm Mitte September. Als Mittelwert ergibt sich gut 23 m/Jahr. Im Zungenbereich reduziert sich dieser Wert auf rund 5 m/Jahr; im Bereich, wo Finsteraar- und Lauteraar-Gletscher zusammentreffen, erhöht er sich auf 45 m/Jahr. Demgegenüber betrug die Geschwindigkeit in den Jahren 1842–46 über 100 m/Jahr (AGASSIZ, 1847). Zugleich konnte

ein Aufsteigen der Gletscheroberfläche von 50 cm beobachtet werden, was auf ein Abheben des Eises vom Grund zurückzuführen sein dürfte (A. IKEN, A. FLOTRON, W. HÄBERLI & H. RÖTHLISBERGER, 1979).
Im Gegensatz zum Oberaar- ist die Zunge des Unteraar-Gletschers stark schuttbedeckt, doch beträgt die Mächtigkeit der Schuttdecke nur wenige dm.

Die Seitentäler des Haslitales im Spätwürm und im Holozän

Im Meiringen-Stadium vereinigte sich der *Gadmer Gletscher* im Talkessel von Innertkirchen mit dem Aare-Eis. Ufermoränen und Erratiker-Scharen lassen sich auf beiden Flanken bis auf über 1200 m zurückverfolgen.
Damals floß noch Eis über den Sustenpaß (2259 m) ins Meiental, was Rundhöcker und Gletscherschrammen belegen (S. 351). Damit entspricht das Meiringen-Stadium demjenigen unterhalb von Wassen, die Staffel von Innertkirchen denen von Wassen im Reuß-System. Neben der Korrelation der älteren Spätwürm-Stadien über den Brünig ergibt sich damit eine weitere für die jüngeren über den Susten.
Im ausgehenden Spätwürm stieß der *Trift-Gletscher* nochmals ins Gadmertal vor. Wie zugehörige Moränenstaffeln zeigen, dämmte er das obere Tal ab, überfuhr die Rundhöcker von Schaftelen-Nessental und stirnte oberhalb von Nessental (Fig. 202). Dieser späte Vorstoß und die Abdämmung des Gadmertales bekunden ein vorgängiges Zurückschmelzen, was einem fühlbaren Anstieg der Schneegrenze gleichkommt. Vom Tällistock und von der Gadmerflue brachen Bergstürze und Sackungen nieder. Bei Gadmen und Furen stauten die Trümmermassen flachgründige Seen. Mit dem Durchsägen der Riegel entleerten sich diese; an den Terrassenrändern der Schuttfächer lassen sich ihre Spiegelhöhen ablesen.
Der bis ins Tal von Gadmen vergerückte *Wenden-Gletscher* (Fig. 203) vereinigte sich am Ausgang mit dem ebenfalls kräftig vorgefahrenen *Stein-Gletscher*. Diese stirnten hinter Obermad, wie Seitenmoränenstaffeln – besonders markant beim Wenden-Gletscher – Schmelzwasserrinnen und Rundhöcker belegen. Vom Mährenhorn (2923 m), vom Graui Stöckli (2776 m) und von der Mähren-Wendenstock-Kette hingen Gletscherzungen fast bis in die Talsohle herab. Die Schotter im Talboden lassen sich als zugehöriger Sander erklären, der 2 km W von Gadmen vom Trift-Gletscher gestaut wurde (Fig. 202).
Während der Trift-Gletscher heute an der Steilstufe der Windegg endet, reichte er um 1850 noch gegen Underi Trift, bis unter 1400 m (DK XIII, 1864). Neben dem markanten linksufrigen Wall konnte L. KING (1974) zwei, oberhalb von P. 1458.2 gar deren drei erkennen. Am Chlempenwang zweigt ein älterer Wall ab. Nach dessen Verlauf und dem Flechtenbewuchs der Blöcke dürfte dieser den Stand um 1600 bekunden. Bei der Windegg-Hütte beobachtete H. KINZL (1932) zu innerst zwei 1–2 m hohe, frische Moränen, wenig außerhalb einen stärker bewachsenen, älteren Wall, dessen Blöcke schon etwas verwittert und mit Flechten überzogen waren. Er vermutete in diesen beiden die Vorstöße von 1820 und 1850. Der nächste Wall wurde um 1600 geschüttet. 25 m weiter außen dämmt ein überwachsener Blockwall einen Tümpel ab; nach weiteren 50 m folgt ein älterer mit mehreren hundert Jahre alten Legföhren. Nach abermals 50–70 m liegt eine noch ältere Ufermoräne mit hochstämmigen Lärchen und alten Strünken. In diesen äußersten Wällen möchte KINZL frührezente Stände erblicken. Auf-

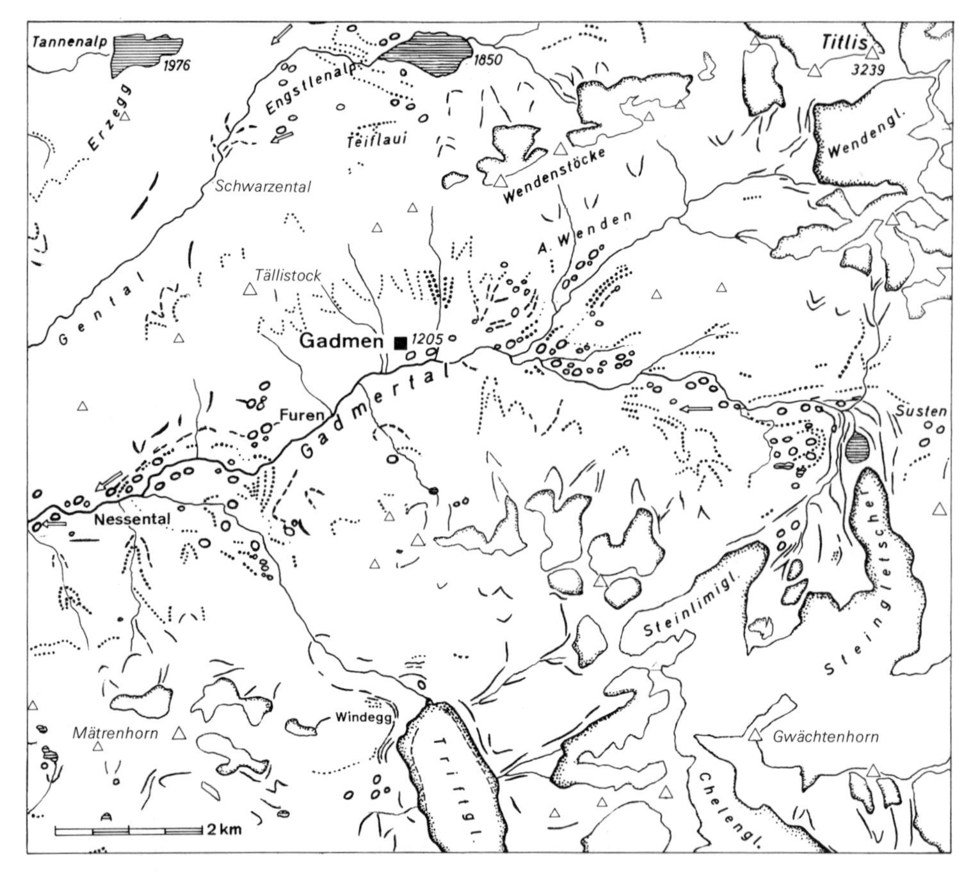

Fig. 202 **Quartärgeologische Karte des Gadmertales**

Moränenreste des Meiringen-Stadiums
Moränenreste des Guttannen-Stadiums
Moränenreste des Handegg-Stadiums
Holozäne Moränenreste
Frührezente Moränenreste
Rezente Gletscherstände (1958)
Rundhöcker
Schmelzwasserrinnen

grund der Pollenabfolge in dem durch einen Wall abgedämmten Tümpel, die mit dem Älteren Atlantikum einsetzt, erfolgte dieser Vorstoß offenbar kurz zuvor. Dies wird auch durch ein ^{14}C-Datum von 7500 ± 120 v. h. sowie das bedeutende Auftreten von *Corylus* an der Basis bekräftigt. Im Klimaoptimum kam im Windegg-Gebiet ein (Lärchen ?-)Arvenwald bis auf 1900 m hinauf hoch.

Seitenmoränen, die einen bis in den Talboden von Gadmen vorgestoßenen *Stein-Gletscher* bekunden, lassen sich am Sustenpaß bis auf über 2200 m verfolgen. Bei W-Exposition und einem Verhältnis von Nährgebiet (17,5 km²): Zehrgebiet (gut 6 km²) von knapp 3:1 ergibt sich eine Gleichgewichtslage und damit eine klimatische Schneegrenze um 2200 m. Heute liegt sie im Sustengebiet um 2700 m.

Da das Eisfreiwerden des Rundhöckergebietes In Miseren mit seinen Mooren in 2,40 m Tiefe bereits im Präboreal, vor 9200 ± 100 v. h., erfolgt ist und darunter noch weitere

Fig. 203 Seitliche Moränenstaffeln des spätwürmzeitlichen Wenden-Gletschers am Gschletteregg ENE von Gadmen. Im Hintergrund der Titlis.
Photo: J. LICHTENEGGER, Zürich.

35 cm ins Präboreal fallen, dürften wohl die über 3 km außerhalb gelegenen stirnnahen Seitenmoränen ins jüngste Spätwürm zu stellen sein. In den letzten 150 Jahren schmolz der Steingletscher um 1200 m zurück, was einer mittleren jährlichen Abschmelzrate von 8 m entspricht. Bei gleicher Abschmelzrate ergäben sich seit der Ablagerung der innersten spätwürmzeitlichen Staffeln mindestens 400 Jahre. Auch die Wälle zwischen Seeboden und Hublen dürften ins letzte Spätwürm fallen.

Bei einem jüngeren prähistorischen Stand erfüllte der vereinigte Stein-/Steinlimi-Gletscher noch das von Rundhöckern umgebene Becken S des Himmelrank. Dann folgt wohl derjenige, den KING NW von In Miseren als Seitenmoräne angibt.

Eine nächste Kaltphase fiel ins ältere Boreal. Ihr entspricht der äußere, 400 m außerhalb der frührezenten Staffeln gelegene Stirnwall. Der ausgeglichene Pollenniederschlag im jüngeren Boreal deutet eher auf ein wärmeres Klima mit weniger weit herabsteigenden Gletschern. Eine weitere markante Kaltphase erfolgte im Älteren Atlantikum, im Trift-Gebiet um 7500 ± 120 v. h. belegt. Die Gletscherstände scheinen nur wenig kleiner gewesen zu sein als im älteren Boreal; die Zungenenden lagen nur 120 m außerhalb der frührezenten Stände. Eine markante Zunahme der Baumpollen belegen im Jüngeren Atlantikum das Klimaoptimum.

Noch über einen Großteil des Subboreals verblieben die Eiszungen in den Hochlagen. Die Waldgrenze dürfte bis gegen 2000 m angestiegen sein.

Im obersten Gadmertal erfolgte – aufgrund von ^{14}C-Daten – die Einwanderung von *Corylus* um 7250, von *Abies* um 4430 und von *Picea* um 2900 v. Chr. Erst darnach stellte sich *Alnus viridis* ein.

Ein Vorstoß ist beim Steingletscher erst wieder zwischen 1090 und 870 v. Chr. belegt.

Fig. 204 Stein- und Steinlimi-Gletscher und der von Stirnmoränen abgedämmte Steinsee von der Sustenpaß-Straße mit Rundhöckern und frührezenten Moränenwällen. Im Hintergrund Gwächtenhorn (3420 m) und Tierberge.
Photo: R. WÜRGLER, Meiringen. Aus: F. RINGGENBERG, 1968.

Die Vorstöße in geschichtlicher Zeit - alle von ähnlicher Größenordnung – erfolgten zwischen 300 und 600 n. Chr., im 12., 17., 18. und 19. Jahrhundert. Wenig unterhalb der Paßhöhe des Susten sind ein gepflastertes Wegstück als Heidenweg und Reste einer Heidenbrücke erhalten (A. JAHN, 1850) und belegen einen ältesten Saumpfad.
Beim Stein-Gletscher hatte der Vorstoß um 1850 an der Stirn fast das Ausmaß des älteren erreicht. Dagegen ist die Steinlimi-Zunge, die S der Steinalp noch mit dem Stein-Gletscher zusammenhing, nur von einem einzigen frischen Moränenkranz umgeben. Außerhalb dieses Bogens, der sich beim Stein-Gletscher durch feineren Glimmerschiefer-Schutt vom äußeren, aus grobem Gneis-Blockschutt bestehenden 1820er Wall unterscheidet, läßt sich um das Vorfeld der Steinalp noch ein älterer, überwachsener Wall erkennen, der auf den 20 m aufragenden Felsriegel aufgeschoben ist. Nach K. KASTHOFER (1822) hat der Gletscher «im Herbst 1819 die älteste Gandecke in seinem Vorrücken, jedoch noch nicht die Höhe dieser Gandecke erreicht». Dabei hat er gar die kurz zuvor durch eine Schmelzwasserkerbe erstellte Paßstraße überfahren. Zu diesem Stand gehört wohl auch die wallförmige Blockschüttung auf dem Chüebergli. Im Jahre 1922 endete der Stein-Gletscher 500 m SE des Hotels, was die den Steinsee umgebenden Endmoränen belegen (Fig. 204). Noch 1973 kalbte er in diesen See (KING, 1974).
Am Ausgang des *Gentales* reichte der Gadmer Gletscher im Aarboden-Brienzwiler-Stadium, als der gegen SW exponierte *Gental-Gletscher* selbständig zu werden begann, noch auf 1200 m. Im Meiringen-Stadium endete der Gental-Gletscher bei Schwarzental auf 1350 m. Im ausgehenden Spätwürm stirnte er unterhalb und im letzten Spätwürm, im Handegg-Stadium, auf der Engstlenalp, wo sich außer Moränenwällen auch Rundhöcker und seitliche Schmelzwasserrinnen ausgebildet haben.

Im Handegg-Stadium stieß auch Eis von den Wendenstöcken nochmals über die Engstlenalp und durch die Teiflaui vor. Aus den Endlagen ergibt sich eine Gleichgewichtslage in 2100 m und bei der NW-Exposition eine Schneegrenze von über 2200 m. Zur Zeit der frührezenten Vorstöße hingen die Eiszungen noch bis 2200 m herab.
Auch der *Gauli-Gletscher* vereinigte sich im Meiringen-Stadium mit dem Aare-Eis, wie aus gegen 900 m absteigenden Ufermoränen bei Unterstock, am Ausgang des Urbachtales, hervorgeht. Im Handegg-Stadium endete er am Schluchtausgang unterhalb von Rohrmatten, um 900 m. Die Schotter im Boden von Urbach lassen sich als zugehöriger Sander erklären.
Frührezente Stände liegen bei Matten auf 1860 m. Um 1850 stirnte der Gauli-Gletscher unmittelbar vor den Hütten, wobei er von S noch den Grienbärgli- und den Hiendertellti-Gletscher aufnahm (DK XIII, 1864). Bis 1969 (LK 1230) ist der Gauli-Gletscher bis auf 2140 m zurückgeschmolzen, wobei er ein prachtvoll überschliffenes Gletscherbett freigab. In den folgenden 4 Jahren blieb er ziemlich stationär (F. Müller et al., 1976). Gegenüber dem Höchststand hatte die Zunge um 250 m Eismächtigkeit eingebüßt.

Die holozäne Entwicklung des Waldes im Berner Oberland

Aufgrund zahlreicher Pollenprofile konnte M. Welten (1944, 1952, 1958) die holozäne Waldgeschichte im Berner Oberland aufzeigen. Nach dem Klima-Rückschlag der Jüngeren Dryaszeit fällt der Krautpollen-Anteil wieder ab. Im Präboreal breiteten sich Föhrenwälder mit Birken und Weiden aus.
Der im Boreal hochkommende Haselwald war stark von Föhren, Ulmen, Birken und Weiden durchsetzt. Der frühatlantische Eichenmischwald bestand vorab aus Ulmen und Eschen mit Eichen, Linden, reichlich Bergahorn, Mistel und Efeu.
In der spätatlantischen Tannenzeit breiteten sich neben der Tanne auch Ulme, Esche, Buche, Hasel und Erle aus. Efeu und Stechlaub – *Ilex* – deuten auf ein milderes Klima.
Im Spätneolithikum und in der Bronzezeit, im frühen Subboreal, dominierten dichte Tannenwälder mit zunehmend mehr Fichten. Eiche, Linde und Ulme traten nur noch untergeordnet auf; Esche und Bergahorn fehlten fast ganz. Der scharfe Rückgang der Wiesenpflanzen und der Kulturzeiger deutet auf eine Aufgabe von Acker-Kulturen, wohl als Folge klimatischer Veränderungen. Die Verlandung vieler kleiner Seen, der Rückgang kälteempfindlicher Begleiter – *Hedera, Ilex* und *Polypodium* – Tüpfelfarn – und der Anstieg der Waldgrenze sprechen für ein kontinentaleres Klima. In der späten Bronze- und in der Hallstattzeit herrschten Tannen-Fichten-Mischwälder vor; Linde, Stechlaub und Efeu waren fast ganz verschwunden.
Über die bronzezeitliche Waldgrenze dürfte ein Randleistenbeil, das auf Alp Grindel NNW von Rosenlaui auf 2130 m gefunden wurde (R. Wyss, 1971), Hinweise geben. Nach E. Hess (1923) reichte die um 1950 m gelegene Waldgrenze früher höher hinauf. Einzelbäume finden sich bis 1980 m, Krüppel bis 2050 m.
Tannen-Fichten-Mischwälder mit Buche und viel Erle mit einwandernder Hagebuche charakterisieren die Latène- und die Römerzeit. Zur Zeit der Alemannen begann die Fichte vorzuherrschen. An sonnigen Lagen, auf Kalkunterlage, entfaltete sich die Buche. Neben den Waldbäumen drangen in der Wärmezeit auch südliche Arten – *Saxifraga cotyledon* – Dickblatt-Steinbrech, *Bupleurum stellatum* – Stern-Hasenohr, *Asperula taurina* – Turiner Waldmeister – über die Grimsel ins Berner Oberland ein (H. Christ, 1879).

Adam, K. D. (1961): Das Mammut aus dem Grabental bei Münsingen (Kt. Bern) – Ein überfordertes Leitfossil – Ecl. *53*/2.
Aerni, K. (1971): Zur Entwicklung der Verkehrslinien in den Tälern des Berner Oberlandes und im Kanton Bern – Jb. Ggr. Ges. Bern. *51*.
Agassiz, L. (1840): Etudes sur les glaciers – Neuchâtel et Soleure.
– (1847): Système glaciaire ou recherche sur les glaciers, leurs mécanismes, leurs anciennes extensions et le rôle qu'ils ont joués dans l'histoire de la terre – I: Nouvelles études et expériences sur les glaciers actuels, leur structure, leur progression et leur action physique sur le sol, avec un atlas de 3 cartes et 9 planches – Paris.
Altmann, J. G. (1751): Beschreibung der Helvetischen Eisberge – Zürich.
Ammann, K. (1972): Palynologische Untersuchungen an alpinen Bodenprofilen im Grimselgebiet – Ber. Dt. Bot. Ges., *85* / 1/4.
– (1975): Gletschernahe Vegetation in der Oberaar (Grimsel) einst und jetzt – Mitt. NG Bern, NF, *32*.
– (1977): Der Oberaargletscher im 18., 19. und 20. Jahrhundert – Z. Glkde., *12*/2 (1976).
Andrist, D., Flükiger, W., & Andrist, A. (1964): Das Simmental zur Steinzeit – Acta Bernensia, *3*.
Antenen, F. (1907): Die Vereisungen im Eriz und die Moränen von Schwarzenegg – Ecl., *9*/1.
Arbenz, P. (1920): Über Bohrungen an der Aare unterhalb von Bern – Mitt. NG Bern (*1919*).
Bachmann, I. (1870): Die Kander im Berner Oberland. Ein ehemaliges Gletscher- und Flußgebiet – Bern.
Badoux, H., et al. (1962 k): Bl. Lenk – GAS – SGK.
Bärtschi, E. (1913): Das westschweizerische Mittelland – Versuch einer morphologischen Darstellung – N. Denkschr. SNG, *47*/2.
Baltzer, A. (1896): Der diluviale Aaregletscher und seine Ablagerungen in der Gegend von Bern – Beitr., *30*.
– (1898): Studien am Unter-Grindelwaldgletscher über Glacialerosion, Längen- und Dickenveränderungen in den Jahren 1892 bis 1897 – N Denkschr. allg. schweiz. Ges. ges. Natw., *33*/2.
Bandi, H.-G. (1952/53): Das Silexmaterial der Spät-Magdalénien-Freilandstation Moosbühl bei Moosseedorf (Kt. Bern) – Jb. BHM, *32*/*33*.
– (1968): Das Jungpaläolithikum – UFAS, *1* – Basel.
Baumberger, E., et al. (1923): Die diluvialen Schieferkohlen der Schweiz – Beitr. G Schweiz, geotech. Ser., *8*.
Beck, P. (1911 k): Geologie der Gebirge nördlich von Interlaken – Beitr., NF, *29*; GSpK, *56a* – SGK.
– (1922 a): Nachweis, daß der diluviale Simmegletscher auf den Kander-Aaregletscher hinauffloß – Mitt. NG Bern (1921).
– (1922 b): Gliederung der diluvialen Ablagerungen bei Thun – Ecl., *17*/3.
– (1928): Geologische Untersuchungen zwischen Spiez, Leißigen und Kien – Ecl., *21*/2.
– (1929): Vorläufige Mitteilung über die Bergstürze und den Murgang im Kandertal (Berner Oberland) – Ecl., *22*/2.
Beck, P. (1932): Über den eiszeitlichen Aaregletscher und die Quartärchronologie – Vh. SNG, Thun.
– (1934): Das Quartär – In: G Führer Schweiz, *1*, Basel.
– (1938): Bericht über die außerordentliche Frühjahrsversammlung der Schweizerischen Geologischen Gesellschaft in Thun 1938 – Ecl., *31*/1.
– (1943): Die Natur des Amtes Thun – Amt Thun, *1*.
– (1952): Neue Erkenntnisse über die Bergstürze im Kandertal – Ecl., *45*/2.
– & Gerber, E. (1925 k): Geologische Karte Thun – Stockhorn, 1:25000 – GSpK, *96* – SGK.
–, W., Stehlin, H. G., & Tschumi, O. (1931): Der neolithische Pfahlbau Thun – Mitt. NG Bern (1930).
– & Rutsch, R. F. (1949 k; 1958): Bl. 336–339 Münsingen-Heimberg, m. Erl. – GAS – SGK.
Berger, L. (1974): Die mittlere und späte Latènezeit im Mittelland und Jura – UFAS, *4* – Basel.
Besson, H. (1777): Discours sur l'histoire naturelle de la Suisse – Paris 1780.
Bodmer, R. (1976): Pollenanalytische Untersuchungen im Brienzersee und im Bödeli bei Interlaken – Mitt. NG Bern, NF, *33*.
–, Matter, A., Scheller, E., & Sturm, M. (1973): Geologische, seismische und pollenanalytische Untersuchungen im Bödeli bei Interlaken – Mitt. NG Bern, NF, *30*.
Boss, V. (1973): Wanderbuch Lütschinentäler – Berner Wanderb., *6* – Bern.
Buri, E. (1959): Brienz – Berner Heimatb., *75* – Bern.
Christ, H. (1879): Das Pflanzenleben der Schweiz – Zürich.
Dasen, E. (1951): Verbauung und Aufforstung der Brienzer Wildbäche – Veröff. Verbauungen, *5* – Eidg. Inspekt. Forstwesen Jagd und Fischerei.

De Luc, J. A. (1839): Note sur le Glacier superieur du Grindelwald d'après une lettre de A. Haller – B. SG France (1) *10*.

Desor, E. (1844): Excursions et séjours dans les glaciers... – Neuchâtel.

– (1845): Nouvelles excursions et séjours dans les glaciers... – Neuchâtel et Paris.

Dollfus-Ausset, D. (1864, 1866): Matériaux pour l'étude des glaciers, *5*, *6* – Strasbourg, Paris.

Diegel, F. (1975): Quartärgeologische Zusammenhänge im Jungpleistozän von Jaberg – Ecl., *68*/3.

– (1976): Zur Gliederung des Aaretalquartärs im Jungpleistozän von Rubigen – Ecl., *69*/3.

Eicher, U. (1979): Die $^{18}O/^{16}O$- und $^{13}C/^{12}C$-Isotopenverhältnisse in spätglazialen Süßwasserkarbonaten und ihr Zusammenhang mit den Ergebnissen der Pollenanalyse – Diss. U. Bern – Bern.

Eidg. Amt für Wasserwirtschaft (1978): Hydrographisches Jahrbuch der Schweiz – 1977.

Favre, A. (1884): Carte du Phénomène erratique et des anciens glaciers du versant nord des Alpes suisses – Arch. Genève, *12*.

Flotron, A. (1973): Photogrammetrische Messung von Gletscherbewegung mit automatischer Kamera – Schweiz. Z. Vermess., Kulturtechn. Photogramm. *1/73*.

– (1979): Vermessung der Aaregletscher – Kraftw. Oberhasli AG, Innertkirchen – Unveröff. Ber.

Forel, F. A. (1886): Les variations périodiques des glaciers des Alpes – 6e rapport – Jb. SAC, *21*.

Frenzel, B., et al. (1976, 1978): Führer zur Exkursionstagung des IGCP-Projektes 73/1/24 «Quarternary Glaciations in the Northern Hemisphere» vom 5.–13. Sept. 1976 in den Südvogesen, im nördlichen Alpenvorland und in Tirol – Stuttgart-Hohenheim; Bonn-Bad Godesberg.

Frey, E. (1922a): Die Vegetationsverhältnisse der Grimselgegend im Gebiet der zukünftigen Stauseen – Mitt. NG Bern *(1921)*.

– (1922b): Die Arven-Lärchenbestände im Unteraartal – Schweiz. Z. Forstw., 1922.

Furrer, H., et al. (1956k): Bl. Gemmi, m. Erl. – GAS – SGK.

Genge, E. (1955): Über eiszeitliche Ablagerungen im unteren Simmental – Mitt. NG Bern, NF, *12*.

– (1972): Wanderbuch Obersimmental, Saanenland – Berner Wanderb., *17* – Bern.

Gerber, E. (1915): Über ältere Aaretal-Schotter zwischen Spiez und Bern – Mitt. NG Bern (*1914*).

– (1920): Über den Zusammenhang der Seitenmoränen am Gurten und Längenberg mit den Endmoränen von Bern und Umgebung – Mitt. NG Bern (*1919*).

– (1924): Einige Querprofile durch das Aaretal mit Berücksichtigung der letzten Bohrungen und Tunnelbauten – Mitt. NG Bern (*1923*).

– (1927k): Geologische Karte von Bern und Umgebung, 1:25 000 – Bern.

– (1933): Über diluviale Murmeltiere aus dem Gebiet des eiszeitlichen Aare- und Rhonegletschers – Ecl., *26*/2.

– (1934): In: Beck, P., Gerber E. & Rutsch, R.: Umgebung von Bern. Bern-Worblaufen – G Führer Schweiz, *8*.

– (1936): Über neuere Murmeltierfunde aus dem bernischen Diluvium – Mitt. NG Bern, (1935).

– (1941): Über Höhenschotter zwischen Emmental und Aaretal – Ecl., *34*/1.

– (1950k): Bl. 142–145 Fraubrunnen-Burgdorf, m. Erl. – GAS – SGK.

– (1952): Über Reste des eiszeitlichen Wollnashorns aus dem Diluvium des bernischen Mittellandes – Mitt. NG Bern, NF, *9*.

– (1955): Ergebnisse glazialgeologischer Studien nordöstlich von Bern – Mitt. NG Bern, NF, *12*.

Gilliéron, V. (1885): Description géologique des territoirs de Vaud, Fribourg et Berne – Mat., *18*.

Gruner, G. S. (1760): Die Eisgebirge des Schweizerlandes – 3 Bde. – Bern.

Günzler-Seiffert, H., et al., (1933k): Bl. 395 Lauterbrunnen, m. Erl. – GAS – SGK.

– (1938k): Bl. 396 Grindelwald, m. Erl. – GAS – SGK.

– (1943): Glazialablagerungen im oberen Kiental (Berner Oberland) – Ecl. *36*/1.

Häfeli, R. (1967): Glaziologische Studie über die Veränderung des Unteraargletschers von 1840–1965 unter besonderer Berücksichtigung der Gletscherbewegung und der Hydrologie – Kraftw. Oberhasli AG., Innertkirchen – Vervielf. Ber.

Haldemann, E. G., et al. (1980): Bl. 1188 Eggiwil – GAS – SGK.

Hantke, R. (1959): Zur Altersfrage der Mittelterrassenschotter – Die riß/würm-interglazialen Bildungen im Linth/Rhein-System und ihre Äquivalente im Aare/Rhone-System – Vjschr., *104*/1

– (1972): Spätwürmzeitliche Gletscherstände in den Romanischen Voralpen (Westschweiz) – Ecl., *65*/2.

– (1977): Eiszeitliche Stände des Rhone-Gletschers im westlichen Schweizerischen Mittelland – Ber. NG Freiburg i. Br., *67*.

– (1978): The Rhone Glacier Moraines in the Uppermost Valley – In: Schlüchter, Ch. (1978): INQUA-Commission on Genesis and Lithology of Quarternary Deposits – Symposium 1978, ETH Zurich – Guideb.

HAUS, H. A. (1935): Über alte Erosionserscheinungen am Südrand der miocänen Nagelfluh des oberen Emmentales und deren Bedeutung für die Tektonik des Alpenrandes – Ecl., *28/2*.

HEIM, ALB. (1895): Die Gletscherlawine an der Altels am 11. Sept. 1895 – Njbl. NG Zürich *(1896)*.

HESS, E. (1923): Waldstudien im Oberhasli – Beitr. geobot. Landesaufn., *13*.

HODSON, F. R. (1968): The La Tène Cemetery at Münsingen-Rain – Acta Bernensia, *5*.

IKEN, A., FLOTRON, A., HÄBERLI, W., & RÖTHLISBERGER, H. (1979): The uplift of the Unteraargletscher at the beginning of the melt season – a consequence of water storage at the bed (Abstract) – Proceedings of the Symposium on Glacier Beds: The Ice/Rock Interface – Ottawa, 15–19th Aug. 1978 – J. Glaciol., *23/89*.

JAHN, A. (1850): Der Kanton Bern, deutschen Theils, antiquarisch-topographisch beschrieben, mit Aufzählung der helvetischen und römischen Alterthümer, ... – Bern, Zürich.

JÄCKLI, H. (1964): Der Mensch als geologischer Faktor – 250 Jahre Kanderdurchstich – GH, *19/2*.

JÉQUIER, J.-P.† (1974): Révision critique du «Palèolithique ou Moustérien alpin» – Eburodunum, *2*.

JOST, W. (1953): Das Grimselgebiet und die Gletscherkunde – Alpen, *29/8*.

KASTHOFER, K. (1825): Bemerkungen auf einer Alpen-Reise über den Brünig, Bragel, Kirenzenberg und über die Flüela, den Maloya und Splügen – Bern.

KAUFMANN, A. (1955): Von der ältesten Geschichte des Gadmentales – Oberhasler, 17. 6. 1955 Sonntagsbeil.

KAUFMANN, F. J. (1872): Rigi und Molassegebiet der Mittelschweiz (Gebiete der Kantone Bern, Luzern, Schwyz und Zug, enthalten auf Bl. VIII) – Beitr., *11*.

KELLER, P. (1928): Pollenanalytische Untersuchungen an Schweizer Mooren und ihre florengeschichtliche Deutung – Veröff. Rübel, *5*.

KING, L. (1974): Studien zur postglazialen Gletscher- und Vegetationsgeschichte des Sustenpaßgebietes – Basler Beitr. Ggr., *18*.

KINZL, H. (1932): Die größten nacheiszeitlichen Gletschervorstöße in den Schweizer Alpen und in der Mont-Blanc-Gruppe – Z. Glkde., *17*.

KOBY, F. E. (1955): Découverte d'un ossement d'*Ovibos* dans la couche à ours dans le Schnurenloch – Actes soc. jur. d'émul., *1954*.

– (1964): Die Tierreste der drei Bärenhöhlen – In: ANDRIST, D., FLÜKIGER, W., & ANDRIST, A.: Das Simmental zur Steinzeit – Acta Bernensis, *3*.

KREBS, J. (1925 K): Geologische Beschreibung der Blümlisalp-Gruppe – Beitr., NF, *54/3*; GSpK, *98* – SGK.

KREIS, A., et al. (1953): Die Ergebnisse der seismischen Sondierungen des Unteraargletschers 1936–1950 – Vh. SNG Bern *(1952)*.

KÜTTEL, M. (1975): Zum alpinen Spät- und frühen Postglazial: Das Profil Obergurbs (1910 m) im Diemtigtal, Berner Oberland, Schweiz – Z. Glkde., *10*.

– (1979): Pollenanalytische Untersuchungen zur Vegetationsgeschichte und zum Gletscherrückzug in den westlichen Schweizeralpen – Ber. Schweiz. Bot. Ges., *89/1–2*.

KUHN, B. F. (1787): Versuch über den Mechanismus der Gletscher – Mag. Naturkde. Helvetiens, *1*.

KURZ, G.† & LERCH, CH.† (1979): Geschichte der Landschaft Hasli – Meiringen.

LAMBERT, A. (1978): Eintrag, Transport und Ablagerung von Feststoffen im Walensee – Ecl., *71/1*.

LÜTSCHG, O. (1933): Observations sur le glacier supérieur de Grindelwald. Mouvement et érosion de 1921 à 1928 – Arch. Genève, (5) *15/2*.

LUGEON, M. (1900): Anciens thalwegs de l'Aar dans le Kirchet près Meiringen – Ecl., *6/6*.

MARIÉTAN, I. (1936): Restes de bois mis à découvert par le retrait du glacier d'Unteraar – B. Murithienne, *53*.

MARTIN-KILCHER, S. (1973): Zur Tracht und Beigabensitte im keltischen Gräberfeld von Münsingen-Rain ZAK, *30*.

MATTER, A., SÜSSTRUNK, A. E., HINZ, K., & STURM, M. (1971): Ergebnisse reflexionsseismischer Untersuchungen im Thunersee – Ecl. *64/3*.

–, DESSOLIN, D., STURM, M. & SÜSSTRUNK, A. E., (1973): Reflexionsseismische Untersuchungen im Brienzersee – Ecl., *66/1*.

MESSERLI, B., et al. (1976): Die Schwankungen des Unteren Grindelwald-Gletschers seit dem Mittelalter – Z. Glkde., *11/1* (1975).

MICHEL, F. (1962): Knochenfunde des eiszeitlichen Murmeltiers von Uttigen (Kt. Bern) – Mitt. NG Thun, *6*.

– (1964): Die Tierreste der neolithischen Siedlung Thun – Beitr. Thuner Gesch., *1*.

MICHEL, H. (1950): Buch der Talschaft Lauterbrunnen–Interlaken – 3. Aufl. 1979.

MÜLLER, F. (1938): Geologie der Engelhörner, der Aareschlucht und der Kalkkeile bei Innertkirchen – Beitr., NF, *74*.

MÜLLER, H. (1867): Münzfund in Kirchet bei Meiringen, Kt. Bern – Anz. schweiz. Gesch. Altertumskde., *3*.

Müller, J. E. (1806 r): Relief der zentralen und nordöstlichen Schweizeralpen, ca. 1:38000, erstellt 1799–1806 – Zentralbibl. Zürich – Dep. Gletschergarten Luzern.
Müller-Beck, H.-J. (1967): Das Amphitheater auf der Engehalbinsel bei Bern – Schr. Hist.-Antiq. Komm. Stadt Bern, *1*.
– (1968): Das Altpaläolithikum – in: Die Ältere und Mittlere Steinzeit – UFAS, *1* – Basel.
– (1970): Die Engehalbinsel bei Bern, ihre Topographie und ihre wichtigsten vor- und frühgeschichtlichen Denkmäler – Schr. Hist.-Antiq. Komm. Stadt Bern, *2* – 2. Aufl.
– & Ettlinger, E. (1963): Ein helvetisches Brandgrab von der Engehalbinsel in Bern – Jb. SGU, *50*.
– & – (1964): Die Besiedlung der Engehalbinsel in Bern auf Grund des Kenntnisstandes vom Februar des Jahres 1962 – 43./44. Ber. Röm.-Germ. Komm. 1962/63.
Murchison, R. J. (1849): On the Geological Structure of the Alps, Appennines and Carpathians – Quart. J. GS London.
Niklaus, M. (1967): Geomorphologische und limnologische Untersuchungen am Oeschinensee – Beitr. G Schweiz, Hydrol., *14*.
Nussbaum, F. (1920): Über das Vorkommen von Drumlin in den Moränengebieten des diluvialen Rhone- und Aaregletschers im Kanton Bern – Ecl., *16*/1.
– (1922): Das Moränengebiet des diluvialen Aaregletschers zwischen Thun und Bern – Mitt. NG Bern (*1921*).
– (1923): Erläuterungen zu einer neuen, geologisch bearbeiteten Exkursionskarte der Umgebung von Bern – Mitt. NG Bern (*1922*).
– (1925): Grundzüge einer Heimatkunde von Guttannen im Haslital (Berner Oberland) – Bern.
– (1927): Das Moosseetal – Ein diluviales Fluß- und Gletschertal – Mitt. NG Bern (*1926*).
– (1936 k): Exkursionskarte der Umgebung von Bern – 2. Aufl. (1. Aufl. 1922 k) – Bern.
– (1952): Zur Kenntnis der Eiszeitbildungen der Umgebung von Solothurn – Mitt. NG Solothurn, *16* (1948–51).
Nydegger, P. (1976): Strömungen in Seen. Untersuchungen in situ und an nachgebildeten Modellen – Vjschr., *121*/2.
Penck, A. (1922): Ablagerungen und Schichtstörungen der letzten Interglazialzeit in den nördlichen Alpen – Sitzber. preuß. Akad. Wiss., math.-naturw. Kl., *20*.
– & Brückner, E. (1909): Die Alpen im Eiszeitalter, *2* – Leipzig.
Portmann, J. P. (1975): Louis Agassiz (1807–1873) et l'étude des glaciers – Mém. SHSN, *89*.
Rabowski, F. (1912 k): Simmenthal et Diemtigthal, 1:50000 – Csp, *69* – CGS.
Ringgenberg, F. (1968): Wanderbuch Oberhasli – Berner Wanderb., *19* – Bern.
Rütimeyer, L. (1881): Ein Blick auf die Geschichte der Gletscherstudien in der Schweiz – Jb. SAC, *1880–81*.
Rutsch, R. F. (1933): Beiträge zur Geologie der Umgebung von Bern - Beitr., NF, *66*.
– (1947): Molasse und Quartär im Gebiet des Siegfriedblattes Rüeggisberg (Kanton Bern) – Beitr., NF, *87*.
– (1967): Erläuterungen zu Blatt Neuenegg–Rüeggisberg – GAS - SGK.
– & Frasson, B. A. (1953 k): Bl. 332–335 Neuenegg-Rüeggisberg – GAS – SGK.
Schaub, H. P. (1937): Geologie des Rawilgebietes – Ecl., *29*/2.
Scheuchzer, J. J. (1723): Herbarium diluvianum collectum – 2. Aufl. – Leiden.
Schilling, D. (1483): Amtliche Chronik – Bern. Burgerbibl. – Herausg. v. G. Tobler, 2 Bde. – Bern 1897–1901; Faksimile-Ed. 4 Bde., 1943–45.
Schlüchter, Ch. (1973 a): Die Münsingenschotter, ein letzteiszeitlicher Schotterkörper im Aaretal südlich Bern – B. VSP, *39*, Nr. 96.
– (1973 b): Die Gliederung der letzteiszeitlichen Ablagerungen im Aaretal südlich von Bern (Schweiz) – Z. Glkde., *9*/1–2.
– (1976 a): Geologische Untersuchungen im Quartär des Aaretales südlich von Bern (Stratigraphie, Sedimentologie, Paläontologie) – Beitr., NF, *148*.
– (1976 b, 1978): Die lithostratigraphische Gliederung der letzteiszeitlichen Ablagerungen zwischen Bern und dem Thunersee – In: Frenzel, B., et al.
– (1978 b): Die stratigraphische Bedeutung von Verwitterungshorizonten im Quartär des Kt. Bern – Ecl., *71*/1.
– (1976 c): A system of lateral moraines, the Aare/Gürbe River Valleys (Switzerland) – Ggr., *12*.
– (1978 a): Glacial and glaciofluvial accumulations between Berne and Lake Thoune – In Schlüchter, et al.
– (1979): Übertiefte Talabschnitte im Berner Mittelland zwischen Alpen und Jura (Schweiz) – E + G, *29*.
– et al. (1978): Guidebook – INQUA – Comm. Genesis Lithol. Quatern. Deposits – Symposium 1978, ETH Zurich, Switzerland.
Schmid, E. (1958): Höhlenforschung und Sedimentanalyse – Ein Beitrag zur Datierung des Alpinen Paläolithikums – Basel.

SITTERDING, M. (1974): Die frühe Latène-Zeit im Mittelland und Jura – UFAS, *4* – Basel.
SPRENG, H. (1956): Interlaken – Berner Heimatb., *64* – Bern.
STAMPFLI, H. R. (1966): Ein neuer Moschusochsenfund aus dem Kanton Bern – Jb. NH Mus. Stadt Bern *(1963–1966)*.
STEHLIN, H. G. (1933): Ein *Ovibos*fund aus dem Kanton Bern – Ecl., *26/2*.
STEIGER, H. v. (1896): Der Ausbruch des Lammbaches vom 31. Mai 1896 – Mitt. NG Bern *(1896)*.
STRASSER, G. (1890): Grindelwalder Chronik – Gletschermann, *3* – Grindelwald.
STURM, M. (1978a): Postglacial sediments in Lake Brienz – In: SCHLÜCHTER, CH., et al.
– (1979): Origin and composition of clastic varves – In: SCHLÜCHTER, CH. ed. Moraines and Varves – Origin/Genesis/Classification – Proceed. INQUA Sympos. Genesis and Lithology Quaternary Deposits – Zurich 10.–20. september 1978.
STURM, M., & MATTER, A. (1972): Geologisch-sedimentologische Untersuchungen im Thuner- und Brienzersee – Jb. 1972 Thuner- und Brienzersee.
– & – (1978b): Sedimentation in Lake Brienz: deposition of clastic detritus by density currents – In: MATTER, A., & TUCKER, M.: Spec. Jubl. Int. Assoc. Sedimentology, *2*.
SUTER-HAUG, H. (1974K): Burgenkarte der Schweiz, *3* – L+T.
TILLIER, A. v. (1838): Geschichte des Freistaates Bern – Bern.
TSCHUMI, O. (1915): Das Hockergrab von Niederried (Ursisbalm) – Arch. suisses Anthropol., *1*.
– (1935): Bronzezeit – Meiringen – Jb. Bern. Hist. Mus. Bern, *15*.
– (1938a): Die Ur- und Frühgeschichte des Simmentals – Simmentaler Heimatbuch – Bern.
– (1938b): Ur- und Frühgeschichte des Amtes Frutigen und der Nachbargebiete – Das Frutigbuch – Heimatkunde für die Landschaft Frutigen – Bern.
– (1943): Ur- und Frühgeschichte – Das Amt Thun, *1* – Thun.
– (1953): Urgeschichte des Kantons Bern – Bern, Stuttgart.
TURNAU, V. (1906): Der prähistorische Bergsturz von Kandersteg – Diss. U. Bern.
WELTEN, M. (1944): Pollenanalytische, stratigraphische und geochronologische Untersuchungen aus dem Faulenseemoos bei Spiez – Veröff. Rübel, *21*.
– (1952): Über die spät- und postglaziale Vegetationsgeschichte des Simmentals – Veröff. Rübel, *26*.
– (1957): Über das glaziale und spätglaziale Vorkommen von *Ephedra* am nordwestlichen Alpenrand – Ber. Schweiz. Ges., *67*.
– (1958): Pollenanalytische Untersuchungen alpiner Bodenprofile; Historische Entwicklung des Bodens und säkulare Sukzession der örtlichen Pflanzengesellschaften – Veröff. Rübel, *33*.
– (1972): Das Spätglazial im nördlichen Voralpengebiet der Schweiz. Verlauf, Floristisches, Chronologisches – Ber. Dt. Bot. Ges., *85/1–4*.
– (1976, 1978): In FRENZEL, B., et al.
– (1980a): Pollenanalytische Untersuchungen im Jüngeren Quartär des nördlichen Alpen-Vorlandes der Schweiz – Im Druck.
– (1980b): Vegetationsgeschichtliche Untersuchungen in den westlichen Schweizeralpen: Bern – Wallis – Im Druck.
WILD, J. (1842K): Carte du glacier inférieur de l'Aar, levée en 1842 d'après les directions de M. AGASSIZ – In: L. AGASSIZ et al., 1847.
WILLI, A. (1880): Die Korrektion der Aare und Entsumpfung des Haslitales – Meiringen (2. Aufl. 1932).
– (1884): Das Eisenbergwerk im Oberhasle – Berner Taschenb.
WYSS, J. R. (1817): Reise ins Berner Oberland – Bern.
WYSS, R. (1968): Das Mesolithikum – In: Die Ältere und Mittlere Steinzeit – UFAS, *1* – SGU Basel.
– (1969): Die Gräber und weitere Belege zur geistigen Kultur – In: Die Bronzezeit – UFAS, *2* – SGU, Basel.
– (1970): Die Eroberung der Alpen durch den Bronzezeit-Menschen – Z. Schweiz. Archäol. Kunstgesch., *28*.
ZELLER, R. (1902): Brienzersee – Ggr.-hist. Lexikon Schweiz, *1*.
ZIENERT, A. (1974): Historische und prähistorische Gletscherstände im Simmen-, Engstligen- und Kander-Tal (Berner Oberland) – Heidelb. ggr. Arb., *40*.
– (1979): Die Würmeisstände des Aaregletschers um Bern und Thun – Heidelb. ggr. Arb., *49*.
ZINNIKER, O. (1961): Die Grimsel – Berner Heimatb., *78*.
ZUMBÜHL, H. J. (1976): In: MESSERLI, B., et al., 1976.
– (1980): Die Schwankungen der Grindelwaldgletscher in den historischen Bild- und Schriftquellen des 12.–19. Jahrhunderts – Ein Beitrag zur Gletschergeschichte und Erforschung des Alpenraumes – Denkschr. SNG, *92*.

Das Areal zwischen Aare- und Rhone-Gletscher

Gurnigel-, Sense-, Ärgera- und Saane-Gletscher

Die Gletscher der Pfyffe–Gurnigel-Kette

Aufgrund eines Erratikers von Karbon-Konglomerat am W-Grat der Pfyffe und eines Verrucano-Blockes am NE-Ausläufer des Schwyberg auf 1370 m (J. Tercier et al., 1961 k) reichte der rißzeitliche Rhone-Gletscher im Mündungsbereich des Sense-Eises bis auf über 1340 m (V. Gilliéron, 1885). Auch die rundhöckerartige Überprägung der Molasseberge zwischen Guggisberg und Gibelegg, von der nur Guggershorn (1283 m) und Schwendelberg (1295 m) verschont blieben, belegt – zusammen mit Erratikern auf dem Grat des Schwendelberg und am Guggershorn auf 1250 m – eine Eishöhe von mindestens 1295 m (Bd. 1, S. 336). Noch im Würm-Maximum stand das Eis um Guggisberg auf über 1000 m (Hantke, 1977).
Auf der N-Seite der Pfyffe–Gurnigel-Kette flossen noch im frühen Spätwürm Eiszungen nach NW und N bis zum Laubbach, bis auf 900 m bzw. 850 m, ab. Auf der S-Seite entwickelten sich Kargletscher, die den Kalten Sense-Gletscher nährten.
Die Karbon-Konglomerate führenden Schuttmassen NW der Pfyffe-Kette, W von Laubbach und von Hirschmatt zur Sense, sind als zugehörige Schotterflur zu deuten. Aus der Gleichgewichtslage in knapp 1100 m ergibt sich eine klimatische Schneegrenze um 1200 m. Von der Pfyffe (1666 m), der Schüpfenflue (1720 m) und vom Selibüel (1750 m) stiegen Gletscher bis 850 m ins Schwarzwasser Tal. Dabei erreichten sie im E noch den von Wattenwil zur Biberze überfließenden Arm des Aare-Gletschers (R. F. Rutsch et al., 1953 k; Tercier et al., 1961 k). Im östlichen Abschnitt sind noch spätere Stände erhalten. Die Zungen enden um 900 m und dürften dem Wichtrach-Stadium entsprechen.
Markantere Moränen um 1100 m bekunden Gleichgewichtslagen um 1300 m und eine Schneegrenze um knapp 1450 m, womit diese Randlage wohl dem Strättligen-Thun-Stadium gleichzusetzen ist. Um 1300 m endende Zungen ergeben bei Gleichgewichtslagen um 1400 m eine Schneegrenze um 1550 m. Höchste Firnfelder mit Gleichgewichtslagen um gut 1550 m bildeten sich noch im nächsten Spätwürm-Stadium. Damit dürfte dieser Vorstoß mit dem Interlaken-Stadium zu parallelisieren sein.

Sense- und Ärgera-Gletscher

Aus der Gantrisch–Kaiseregg–Schopfenspitz-Kette stießen die beiden Sense-Gletscher bis ins späte Hochwürm bis Plaffeien, aus dem Berra–Patta–Schwyberg-Gebiet der Ärgera-Gletscher bis Plasselb vor, wo dieser auf den gegen NE vorrückenden Rhone-Gletscher traf. Vor der Front des anschwellenden Rhone-Eises wurden schlecht sortierte Schotter – vorwiegend Flysch-Gesteine ohne Rhone-Kristallin – von Schmelzwässern des Ärgera- und der bei Zollhaus sich vereinigenden Sense-Gletscher abgelagert (G. Schmid, 1970). Darüber folgen mächtige Tone eines Eisstausees, in den Ärgera- und Sense-Gletscher kalbten. Da solche Seetone noch im oberen Galterntal – im prähochwürmzeitlichen Sense-Lauf – auftreten, dürfte der Stau durch den Rhone-

Gletscher über längere Zeit N von Brünisried gelegen haben. Zwischen den Gletscherfronten wurde der See immer kleiner; an die Ränder wurden mächtige, horizontal liegende Stauschotter geschüttet. Schließlich brach die Eisbarriere NE von Brünisried durch, und die Sense begann ihren heutigen Lauf weiter in die Molasse einzutiefen. Dadurch sank der Seespiegel etappenweise ab, so daß sich Terrassen ausbildeten. Dann schmolz der Sense-Gletscher hinter die Enge zwischen Schwyberg und Pfyffe zurück; bei der Talgabelung spaltete er sich in die beiden Äste, die aus den Tälern der Kalten- und der Warmen Sense abflossen.
In einem frühen Rückzugsstadium, wohl im Wichtrach-Stadium, stießen beide wieder gegen die Konfluenz vor. Im Winkel zwischen den beiden wurden bei Zollhaus schlecht sortierte Schotter abgelagert; talauswärts sind ihre Gerölle – Flyschgesteine und Kalke der Klippen-Decke – kleiner und besser gerundet; bei Plaffeien liegen sie lokal direkt der Molasse auf.
Mit größerem Schmelzwasseranfall und Wegfall des Staues durch das Rhone-Eis wurde die Erosionsbasis tiefer gelegt und die zum Teil bereits prähochwürmzeitlich angelegte Senseschlucht eingekerbt.
Internere Wälle bekunden Zungenenden des *Kalten Sense-Gletschers* unterhalb von Sangernboden, wobei von S noch der Muscheren-Gletscher einmündete. In einem jüngeren Stand endete der Kalte Sense-Gletscher – dokumentiert durch die äußere Moräne von Grön – nach Aufnahme des Hengst-Eises (Strättligen–Thun-Stadium ?). Im nächsten Stand (Krattigen–Thun-Stadium ?) blieb der Hengst-Sense-Gletscher selbständig; der Kalte Sense-Gletscher stirnte – dokumentiert durch die inneren Moränen von Grön (J. TERCIER et al., 1961 K) – etwas oberhalb der Mündung der Hengst-Sense.
In der nächsten Erwärmung lösten sich im Gebiet des zurückgeschmolzenen Schwäfelberg-Eises bedeutende Gesteinsmassen und brachen zutal.
In der folgenden Klima-Verschlechterung stießen die Gletscher der Gantrisch-Kette erneut vor, überprägten die Sturzmassen auf dem Schwäfelberg (Aarboden-Brienzwiler-Stadium ?) und schütteten die Wälle S des Schwefelbergbad, während der Gantrisch-Gletscher – wohl im Stadium von Unterseen/Interlaken (?) – nochmals bis 1360 m herab vorrückte.
Nächst jüngere Zungen des Gantrisch-Gletschers endeten auf 1430 m, auf 1460 m und auf 1520 m. Ein letzter markanter Moränenwall umgibt das Gantrisch-Seeli. Mit einer klimatischen Schneegrenze um 1950 m dürfte dieser Stand dem Stadium von Meiringen gleichzusetzen sein.
Während die äußere Moräne auf dem Gantrisch eine Eiszunge des ausgehenden Spätwürms bekunden dürfte, sind die inneren, welche Zungenenden um 1700 m belegen, wie auch die Endmoränen um die höchsten Kargletscherzungen, wohl im letzten Spätwürm abgelagert worden (TERCIER et al., 1961 K).
Im Tal der *Warmen Sense* lassen sich Eisrandlagen – infolge von Rutschungen, Sackungen, Murgängen und Schuttfächern – nur schwer erkennen. Die Abdämmung des Schwarzsees geht auf Murgänge und Schuttfächer zurück. In höheren Lagen treten jüngere Stände klarer hervor, so in der Kaiseregg–Chörblispitz-Kette (M. GISIGER, 1967; HANTKE, 1972). Die gesicherte Zuordnung erheischt über weite Bereiche noch weitere Detailstudien.
Die prachtvolle Endmoräne N der Kaiseregg (2185 m), die auf der Geißalp, auf 1650 m, einen kleinen See abdämmt (Fig. 205), bekundet wohl das Meiringen-Stadium des Aare-Gletschers.

Auch der *Ärgera-Gletscher* stieß nach einem ersten Eisabbau im Zungenbereich nochmals bis gegen Plasselb vor. Dann schmolz er etappenweise zurück. Spätwürmzeitliche Moränen entwickelten sich in den Kar-Nischen (J. TERCIER, 1928; HANTKE, 1972).
Bereits im nächsten Stadium war der bedeutendste Zufluß, der Höllbach-Gletscher, selbständig geworden. Der Ärgera-Gletscher stieg noch bis 960 m ab. Ein jüngerer Stand zeichnet sich um 1050 m, eine Rückzugsstaffel an der Mündung der Quelläste ab. Moränen von nächst jüngeren Ständen deuten auf Gletscherenden zwischen 1220 und 1280 m hin.
Höchste Moränen belegen auf der NE-Seite des Cousimbert (1633 m) ein Zungenende auf 1420 m und eine klimatische Schneegrenze um 1650 m. An der Berra (1719 m) stieg das Eis noch etwas tiefer herab. Jüngste Firnflecken endeten dort um 1600 m.

Schieferkohlen im Bereich des vorstoßenden Saane-Gletschers

Bei Broc (L. MORNOD, 1947) und Pont-la-Ville (W. LÜDI, 1953) ist eine warmzeitliche Füllung der Saane-Rinne durch Schieferkohlen belegt. Diese liegt über Moräne und unter mächtigen, teils verfestigten moränenbedeckten Schottern. Aufgrund des Floreninhaltes unterschied LÜDI zunächst einen Abschnitt mit *Pinus*-Vormacht mit viel *Betula nana*, *Alnus*, *Hippophaë* und *Salix*. Gegen oben fällt *Betula* ab, *Corylus* und *Picea* treten

Fig. 205 Moränen-Stausee (1649 m) auf der Geißalp im Zungenbecken eines spätwürmzeitlichen Kaiseregg-Gletschers N der Kaiseregg FR. Rechts das Seelihus (1639 m).
Orig.: Musée d'Histoire Naturelle de Fribourg.

auf. Dann steigt *Picea* zur Vormacht an, *Pinus* fällt ab; *Corylus* erreicht ein kleines Maximum, bleibt dann weiterhin reich vertreten, ebenso *Alnus*, die kurzfristig vorherrscht. *Abies* tritt auf, vereinzelt *Tilia* und *Quercus*, *Pinus* verschwindet zeitweilig. In der oberen Hälfte – mit starken mineralischen Einlagerungen und reichlich *Sphagnum* – Torfmoos – steigt *Pinus* wieder kräftig an; *Picea* herrscht jedoch dauernd vor. *Alnus*, *Corylus* und *Abies* halten mit geringen Werten durch.
Während Lüdi die Schieferkohle von Pont-la-Ville noch als riß/würm-interglazial betrachtete, dürfte auch ihr ein würm-interstadiales Alter zukommen. Sie wäre erst gebildet worden, nachdem der wieder über den Lac de la Gruyère hinaus vorgestoßene Saane-Gletscher nochmals ins Pays d'Enhaut zurückgeschmolzen war, so daß sich dort ein Moor und schließlich Torf bilden konnte. Erst hernach wäre dieser vom darüber vorgefahrenen hochwürmzeitlichen Gletscher zu Schieferkohle gepreßt worden.

Prähochwürmzeitliche Flußläufe der Saane und ihrer Zuflüsse

Vor der Front des schubweise vorrückenden Saane-, Jura- und ins westliche Mittelland überfließenden Rhone-Eises schütteten die Schmelzwässer eine Schotterflur. Dadurch wurden die interglazialen und interstadialen, gegen N und NW gerichteten Läufe der Saane und ihrer Zuflüsse gefüllt und mit Moräne bedeckt. In den in die Molasse eingeschnittenen heutigen Flußläufen lassen sie sich als alte Rinnenquerschnitte erkennen und als Grundwasserströme verfolgen (H. Schardt, 1920). O. Büchi (1926, 1927, 1946) konnte dabei ein tieferes System, dessen Talboden unter dem heutigen lag, und ein in den Niederterrassenschottern liegendes (B. Aeberhardt, 1908) unterscheiden, die er dem Mindel/Riß- bzw. Riß/Würm-Interglazial zuwies.
Alte Senseläufe gegen die Galtera/Gotteron sind bereits früher mehrfach postuliert worden (V. Gilliéron, 1885; E. Bärtschi, 1913). Alb. Heim (1919) erwähnt einen alten Senselauf ins weiter W gelegene Sodbach-Gebiet, H. Mollet (1927) einen, der von Seisematt NE von Plaffeien über Tana zur oberen Galtera floß. Dieser dürfte durch den vorstoßenden Rhone-Gletscher zu einem See aufgestaut worden sein, in dem über älteren Sense-Schottern interglaziale? Seeletten folgen, die dann vom Rhone-Eis überprägt worden sind. Auch O. Büchi (1927, 1946) und Ch. Emmenegger (1962) anerkennen diesen alten Lauf, stellen die überlagernden Schotter allerdings noch ins Riß/Würm-Interglazial.
Neben Spuren des prärißzeitlichen (?) Tales von Sonnaz bei Pensier N von Fribourg, einem kleinen, etwa 20 m tiefen und gut 10 m breiten, von glazigenem Material erfüllten Cañon (Ch. U. Crausaz, 1959) zeichnen sich auch S und SE von Fribourg alte Rinnenstücke ab. So hat die Ärgera/Gérine ebenfalls bereits prärißzeitlich (?) ein tiefes Tal ausgeräumt, welches die Saane SW der heutigen Mündung erreicht hat (Ch. Emmenegger, 1962). SE des Beckens von Marly mündete ein alter Lauf des Rio de Copy (O. Büchi, 1928), wohl der frühere Unterlauf der Entwässerung aus dem Raum NW des Cousimbert.
Auch das alte Saane-Tal zeigt im Abschnitt Posieux–Grange Neuve die selbe Abfolge in der Füllung wie das alte Ärgera-Tal: an der Basis rißzeitliche (?) Grundmoräne, darüber Tone und geschichtete Sande. Dann folgen Schotter und zuletzt würmzeitliche Grundmoräne (Bd. 1, S. 335).
Während die Ärgera sich heute noch nirgends bis in die rißzeitliche (?) Grundmoräne eingeschnitten hat, treten im Ärgera-Tal unterhalb von St. Silvester als Tiefstes feinge-

schichtete Tone mit seltenen gekritzten Geschieben auf. Darüber folgen bei Giffers und bei Brädelen sowie im Becken von Marly Schotter und glazifluviale Sande (BÜCHI, 1946; EMMENEGGER, 1962). Während warmzeitliche (?) Fluß-Ablagerungen in den Terrassen von Fribourg um 600 m auftreten, kommt diesen im Ärgera-Tal kaum eine Bedeutung zu.

Dabei sind allerdings auch die als interglazial eingestuften Sedimente nirgends durch warmzeitliche Reste belegt, und die in ihnen in und um Fribourg aufgefundenen Stoß- und Backenzähne von Mammut deuten auf würmzeitliche Ablagerung.

Als die Zunge des Saane-Gletschers bereits das Tal des heutigen Lac de la Gruyère eingenommen hatte, wurden die Schmelzwässer im Tal von La Roche zu einem See aufgestaut, der um La Roche durch mächtige Sande und geschichtete Tone belegt ist und der dann später, bei noch höherem Eisstand, durchbrach, gegen NE abfloß und die Talung von Pratzey–Le Mouret-Le Pafuet eintiefte. Dort wurden die Schmelzwässer von einem aus dem Becken von Marly über Praroman und Tentlingen–Giffers Ärgera-aufwärts vordringenden Lappen des Saane/Rhone-Gletschers gestaut. Dabei wurde vor der Stirn dieses Eislappens wiederum ein See abgedämmt, in dem auch die Schmelzwässer des Ärgera-Gletschers sowie die Neßlera aufgestaut wurden und in den sie mächtige Quartärabfolgen geschüttet hatten.

In den gewaltigen Aufschlüssen bei der Mündung der Neßlera folgen über einer unregelmäßigen Auflagerungsfläche um 700 m Höhe geschichtete lehmige Silte mit einer

Fig. 206 Schottergrube Brädelen an der Mündung der Neßlera S von Tentlingen FR. Über horizontal geschütteten Schotterablagerungen in einen Eisstausee mit siltigen Mergelhorizonten liegt eine mächtige Moränendecke mit Erratikern und einer 1–2 m mächtigen Bodenbildung.

gelblichen Verwitterungszone, dann eine höhere, rund 25 m mächtige Abfolge von schlecht sortierten Schottern. Diese werden von einer rund 5–7 m mächtigen Moränen-Decke mit einzelnen Erratikern überlagert, von der die obersten 1,5 m zu einem braunen Boden verwittert sind (Fig. 206).

Daß auch die Quartärschüttung zwischen Le Mouret und Le Pafuet eine bedeutende Mächtigkeit erreicht hat, ist seismisch bestätigt worden (EMMENEGGER, 1962).

Auf der N-Seite der Ärgera zeichnet sich der Abfluß des Eisstausees in einer durch das Fehlen der Molasse zwischen Tentlingen und Fromatt belegten Rinne ab, wie dies bereits O. BÜCHI dargelegt hat und was auch seismisch bestätigt werden konnte.

Noch höhere, nahezu horizontal geschichtete Stauschuttmassen – Schotter mit Flysch- und Molasse-Geröllen sowie aufgearbeiteten Geschieben des Rhone-Gletschers, Sande und blaue und gelbe Mergel – lassen sich über 70 m mächtig, in den SW von La Roche bis über St. Silvester von der Berra und vom Cousimbert abfließenden Bächen beobachten. Da sie ebenfalls noch von Moräne bedeckt werden, dürften sie in eine noch spätere Vorstoßphase des würmzeitlichen Saane/Rhone-Gletschers zu stellen sein. Damals hat sich der Ärgera-Gletscher bereits mit dem gegen Plasselb vorgestoßenen Saane/Rhone-Gletscher vereinigt, während Schmelzwässer zunächst über Plaffeien zur Sense abflossen. Beim Abschmelzen des Eises wurden bereits beim Vorstoß ausgeräumte Schmelzwasserrinnen von bereits damals innegehabten Randlagen aus nochmals benutzt, so im Sense-Distrikt jene von Plasselb gegen Plaffeien, später jene von Pratzey gegen Le Pafuet und jene von Giffers über Tafers nach Flamatt (S. 580). Durch das sukzessive Abschmelzen der Eisbarriere im Ärgera-Tal kam es wiederum zur Bildung von Stauschuttmassen, die beim vollständigen Abschmelzen des Eises zu Terrassen zerschnitten wurden.

Einzugsgebiet und Reichweite des Saane-Gletschers im Würm-Maximum

Neben dem Einzugsgebiet aus den Quelltälern der Saane, des Lauibach und des Turbach, empfing der Saane-Gletscher noch im Würm-Maximum einen Zuschuß von Rhone-Eis über den Col des Mosses. Ein auf 1550 m gelegener würmzeitlicher Rhone-Erratiker, ein Verrucano-Block 4 km N der Paßhöhe, deutet auf eine Eishöhe von über 1600 m und auf eine 150 m mächtige Transfluenz ins Tal des Hongrin und der Torneresse (A. LOMBARD et al., 1974K).

Am Col du Pillon (1546 m) standen die nach W abfließenden Firnmassen in Verbindung mit dem gegen E, gegen Gsteig–Gstaad, zum Saane-Gletscher sich bewegenden Eis. Auch bei Ayerne (1460 m), dem Übergang von Roche im Rhonetal zum Hongrin, herrschte eine analoge Situation.

Über Gstaad, an der Vereinigung von Saane-, Laui- und Turbach-Gletscher, dürfte das Eis um rund 1800 m gestanden haben, was sich in den überprägten Gräten S des Planihubel und auf der Dorfflüe SW von Saanen zu erkennen gibt. Von der Hornflue-Rinderberg-Kette (2079 m) ragten nur mehr die ebenfalls verfirnten Gipfelkuppen 120–270 m über die Gletscheroberfläche empor. Damit dürfte das Saane-Eis über dem Saanenmöser (1273 m) noch bis auf 1750 m gereicht haben. Da das *Simmen-Eis* über St. Stephan nur bis auf 1700 m und über Zweisimmen noch auf 1650 m stand, floß Saane-Eis über den Saanenmöser zum Simmen- und damit zum Aare-Gletscher. Dies wird auch belegt durch die Ausbildung einer einzigartigen Rundhöckerlandschaft E des Hundsrugg–Nüjeberg (1759 m)–Hüsliberg (1724 m)–Farchälewald.

Über Château-d'Oex, an der Vereinigung von Torneresse- und Saane-Gletscher, stand die Eisoberfläche auf über 1600 m, so daß die Laitemaire (1678 m) NE des Dorfes als kleine Insel emporragte. Zugleich floß NE dieser Kuppe Saane-Eis zwischen der Kette der Rochers des Rayes-Dent de Ruth und derjenigen des Vanil Noir über den zu Rundhöckern überschliffenen Sattel von Gros Mont (1404 m) durch das Tal des Riau du Gros Mont zum *Jogne-Gletscher* ab. Über dem Sattel stand das Eis noch immer auf rund 1600 m.
Im obersten Greyerzerland, am Col de Jaman (1512 m), stand im Würm-Maximum *Rhone-Eis* gegen Eis des *Hongrin/Saane-Gletschers*, das von den Rochers de Naye Zuschüsse erhielt. Im Mündungsbereich des Hongrin stand der Saane-Gletscher bis auf eine Höhe von 1430 m. Bereits über Rossinière, 5 km Saane-aufwärts, reichte die Eisoberfläche auf über 1500 m, so daß sich noch über den Sattel von Sonlomont zwischen Monts Chevreuils und Planachaux Hongrin- und Saane-Eis berührten, während 4 km weiter SE, über La Lécherette, an der Diffluenz des *Hongrin-Eises* ins Tal der *Torneresse*, die Eishöhe gegen 1650 m stand.
Bei der Konfluenz mit dem Rhone-Gletscher bei Bulle stieß Saane-Eis mächtig gegen E vor, was zwischen Dent du Chamois und Dent de Broc durch Erratiker bekundet wird. TH. VERPLOEGH CHASSÉ (1924) konnte auf 1070 m Blöcke von Serpentinit und M. CHATTON (1947) eine Pèlerin-Brekzie sowie Granit-Erratiker feststellen. Selbst diese bekunden noch nicht die höchste würmzeitliche Randlage, da der Saane-Gletscher durch den Rhone-Gletscher gestaut wurde und randlich abfloß. Eine höchste rechtsufrige Moräne hat sich erst bei La Cierne NE von La Roche ausgebildet; doch stellt selbst dieser auf 972 m einsetzende Wall erst das Bern-Stadium dar. An der Mündung, bei Bulle, dürfte das Eis bis auf eine Höhe von 1200 m gereicht haben.
SW von Bulle fällt die rechte Ufermoräne des Rhone-Gletschers von 1220 m auf 1180 m ab. Neben dem Eis von Les Alpettes nahm dieser noch den Trême-Gletscher auf (S. 581). Die klimatische Schneegrenze dürfte um 1250 m gelegen haben.
Von der Berra (1719 m) und vom Cousimbert (1633 m) nahm der Saane-Gletscher noch Firneis auf. Von der W- und NW-Seite der Berra erwähnt J. TERCIER (1928) Rhone-Geschiebe bis auf über 1100 m sowie Relikte von Moränenwällen auf 1110 m. CH. EMMENEGGER (1962) konnte SSE von St. Silvester bis 1000 m würmzeitliche Ablagerungen beobachten. Weiter E stand das Rhone-Eis in Verbindung mit dem Ärgera-Gletscher aus dem Plasselbschlund und mit dem Sense-Gletscher aus dem Schwarzsee–Kaiseregg–Gantrisch-Gebiet.
Im Raum Plaffeien–Guggisberg trat zunächst noch Eis der Pfyffe–Gurnigel-Kette hinzu, und dann, von Rüschegg–Schwarzenburg bis Bern, stand es als E-Rand des vereinigten Saane/Rhone-Gletschers mit dem aus dem Gürbetal übergeflossenen Aare-Eis in Verbindung (HANTKE, 1977).
Im Würm-Maximum stand das Saane/Rhone-Eis im Raum Plasselb-Plaffeien–Guggisberg, in Übereinstimmung mit entsprechenden Randlagen am Jurarand, noch auf 1050 m. Die bereits von E. BRÜCKNER (in A. PENCK & BRÜCKNER, 1909), E. BÄRTSCHI (1913), F. NUSSBAUM (1916) und R. F. RUTSCH (1947) festgestellten Einebnungsflächen in der flachliegenden Molasse um Guggisberg in rund 900 m sind wohl auf das selektiv ausräumende Eis zurückzuführen. Darüber liegen lokal Schotter, die bis gegen 1000 m ansteigen und von G. SCHMID (1970) als rißzeitlich betrachtet worden sind, da damals die Moräne von Brünisried – Schwarzenburg dem Würm-Maximum zugewiesen wurde.
Die von B. FRASSON (1947 und R. F. RUTSCH & FRASSON, 1953 K, 1967) als Zelg-Schotter in die Riß-Eiszeit gestellten Schotter der Waldgasse SW von Schwarzenburg sind

allenfalls beim würmzeitlichen Vorstoß vom Rhone-Gletscher an Guggershorn-Eis und weiter E von Wattenwil ins Schwarzwassertal übergeflossenem Aare-Eis geschüttet worden. Die Schotteroberfläche zeigt eine Verwitterungsdecke, die etwas gekappt ist, und eine geringe, ebenfalls verwitterte Moränendecke.

Nach Büchi (1926) wandte sich die Saane von Pont-la-Ville zunächst gegen W, dann gegen N über Corpataux–Posieux–Hauterive–Corminbœuf nach Belfaux und über Sonnaz wieder ins noch heute benutzte Tal. Dabei hätte sie vor Corpataux die gegen E fließende Glâne, N von Hauterive die über Tentlingen–Marly-le-Grand entwässernde Gérine/Ärgera aufgenommen. Ein späterer Saane-Lauf hätte sich wenig weiter E eingetieft und wäre über Hauterive–Fribourg–Garmiswil gegen NE verlaufen. Die Sense wäre erst N von Plaffeien über Nidermuren und Friseneit gegen Laupen geflossen und hätte erst später, zusammen mit dem S von Hostettlen mündenden Schwarzenburger Dorfbach, den Weg durchs Albliger Tal gegen Flamatt genommen (B. Frasson, 1947; R. F. Rutsch et al., 1953 k, 1967). Das Schwarzwasser hätte sich mit dem Lindenbach über Elisried und weiteren Zuflüssen der Rüeggisberg-Egg über Äckenmatt durchs Sensetal entwässert (Rutsch, 1947, 1967, H. P. Voegeli, 1963).

Mit dem Vordringen des Eises wurde die rechtsseitige Rand-Entwässerung im westlichen Mittelland mehr und mehr gegen NE abgelenkt. Dabei tieften sich die von Schmelzwässern genährten Adern als randglaziäre, stets höher gelegene Rinnen ein, bis sie unter dem Eis verschwanden. Beim Rückzug wurden die Rinnen in umgekehrter Reihenfolge wieder benützt und weiter ausgestaltet.

Eisrandnahe Schüttungen des vorrückenden Saane/Rhone-Eises geben sich am rechten Ufer zu erkennen. So bekunden die Schotter N von Lyß mit ihrem hohen Anteil an Gesteinen der Präalpinen Decken – neben einer Herkunft aus den rechtsseitigen Tälern der unteren Rhone – auch eine solche aus dem Einzugsgebiet der Saane.

Die Rückzugslagen des Saane-Gletschers und seiner Zuflüsse

Bereits die höchste Moräne, der Wall von La Cierne (972 m) NE von La Roche, stellt, als dem Bern-Stadium zugehörig, eine Rückzugsstaffel dar. Diese läßt sich am NW-Abhang des Cousimbert gegen Plasselb verfolgen, wo das Saane/Rhone-Eis stirnte. Die Schmelzwässer, die gegen Plaffeien zum Sense-Gletscher abflossen, wurden dabei kurzfristig zu einem See aufgestaut.

Rund 40 m tiefer als der Eisstand um 1000 m zeichnet sich S von La Roche eine weitere Randlage ab. Dann folgen um 900 m und um 820 m weitere mit mehreren Staffeln. Beim letzten stirnte die Zunge von La Roche auf der Wasserscheide ins Pontet-Tal, das zur Gérine/Ärgera entwässert, zunächst N, dann auf der Wasserscheide.

▷

Fig. 207 Im Hochwürm wurde der Saane-Gletscher aus dem Greyerzerland am Riegel S von Greyerz/Gruyères (links der Bildmitte) von dem von Bulle (rechts) gegen S vorgestoßenen Rhone-Eis gestaut. Im frühen Spätwürm teilte sich der Saane-Gletscher in dem vom Rhone-Eis freigegebenen Bereich W von Broc in zwei Lappen, von denen der eine das Becken des heutigen Stausees (vorne rechts), der andere dasjenige von Bulle einnahm und zwischen Vuadens und Vaulruz (ganz rechts) mit dem über Châtel-St-Denis gegen NE vorgestoßenen Rhone-Eis zusammentraf.
Zwischen der Moléson-Kette und den Bergen des Chablais (links) spaltete sich der aus dem Wallis ausgetretene Rhone-Gletscher im Becken des Genfersees – analog dem Nebel – in mehrere ins westliche Mittelland übergeflossene Arme. Luftaufnahme: Swissair-Photo AG, Zürich.

Ein zweiter Eislappen wandte sich unterhalb des Lac de la Gruyère Gérine-aufwärts. Auch dessen Schmelzwässer flossen durch die Pontet-Rinne ab. Bei Praroman wurde diese vom Gérine-Lappen abgewinkelt; die Schmelzwässer flossen subglaziär ab.
In der Haute Gruyère, im Pays d'Enhaut und im Saanenland zeichnen sich internere Eisrandlagen des Saane-Gletschers besonders durch Rundhöckerfluren ab, die sich – entsprechend der ansteigenden Eisoberfläche – über größere Distanzen verfolgen lassen. Ein solcher früherer Eisstand lag um Bulle in 1100 m, um Enney um knapp 1200 m, um Montbovon auf 1250 m, um Rossinière auf gut 1400 m, im Mündungsbereich des Torneresse-Gletschers um 1450 m, über Rougemont und über Gros Mont um gut 1500 m. Damit dürfte bereits damals die Transfluenz von Saane-Eis zur Jogne unterblieben sein. Über Gstaad stand das Eis auf 1700 m, über dem Saanenmöser auf gut 1650 m.
Ein nächst tieferer Stand – wohl das Bulle-Stadium – verrät oberhalb von Grandvillard eine Eishöhe um gut 1050 m, S von Montbovon eine solche um 1100 m, bei Rossinière um gut 1200 m, in Château-d'Oex um gut 1250 m, bei Rougemont um 1350 m, in Gstaad um 1500 m und über dem Saanenmöser von noch gut 1400 m. Damit hatte sich die Transfluenz hinüber zum Simmen-Gletscher bereits kräftig vermindert.
Eine noch tiefere Eisrandlage ist um Rougemont um 1250 m angedeutet. Sie entspricht einem Zungenende im Mündungsbereich der Torneresse. Bei Gstaad zeichnet sich diese Randlage um gut 1400 m und über dem Saanenmöser noch in gut 1300 m ab, so daß damit wohl eine Transfluenz von Saane-Eis ins Simmental unterblieb, wenngleich durch das Tal der Kleinen Simme noch Eis abfloß, das sich bei Zweisimmen mit dem Simmen-Eis vereinigt hatte.
Noch während Rückzugshalten des Bern-Stadiums hingen Saane- und Rhone-Gletscher W von Bulle und N des Greyerzersees zusammen. Im Stadium von Neuchâtel–Cudrefin wurde der Saane-Gletscher selbständig, so daß sich Endmoränengürtel ablagern konnten, wobei sich zunächst die beiden Eislappen bei Bulle noch berührten (F. Nussbaum, 1906; L. Mornod, 1947, 1949k).
Die aus der *Valsainte*, der *Vallée du Motélon* und durchs *Jauntal* vorgestoßenen Eisströme vermochten den Saane-Gletscher noch zu erreichen. Dies äußert sich in Schotterfluren und Moränen um Charmey sowie in Endwällen in einem Tälchen SW des Dorfes (M. Chatton, 1947; Hantke, 1972).
Ein nächster Rückzugshalt des Rhone-Gletschers, wohl der von Châtel-St-Denis, zeichnet sich im Saane-System bei Enney S von Greyerz in Rundhöckern, stirnnahen Ufermoränen sowie in Eisrandschottern ab (Fig. 207).
Der *Jogne-Gletscher* war ebenfalls zurückgeschmolzen, zunächst bis hinter Im Fang. Seine Zuflüsse, Gros Mont- und Petit Mont-Gletscher vom Vanil Noir und von der Dent de Ruth, endeten an den Talausgängen.
Nach dem frühesten Spätwürm wurde der durch die Valsainte gegen SW vorgestoßene *Javro-Gletscher*, der sich, wie ein stirnnaher Moränenwall belegt, im Becken von Montsalvens noch mit dem Jogne-Gletscher vereinigt hatte, ebenfalls selbständig. Ein nächster Stand zeichnet sich E des Karthäuser Klosters ab. Noch im mittleren Spätwürm hingen in den höchsten Karen der Talschlüsse – N der Dent de Vounetse (1813 m), am Petit Morvau und NW des Schopfenspitz (2104 m) – kleine Firne.
Von der Kette Vanil Noir (2389 m)–Vanil Carré (2195 m) stieß noch im Stadium von Les Moulins ein Gletscher bis Grandvillard vor. Im mittleren Spätwürm hingen Zungen bis unter 1600 m herab und noch im letzten Spätwürm waren die höchsten Karbecken von Eis erfüllt.

Eine weitere Auftrennung von Eisströmen vollzog sich in der folgenden Abschmelzperiode: die Verbindung mit *Hongrin-* und *Torneresse-*Gletscher riß ab, wobei sich dieser beim Vorstoß des Saane-Gletschers bis Les Moulins W von Château-d'Oex nochmals mit ihm vereinigen konnte.
Aus dem Kar zwischen Dent de Corjon (1967 m) und Planachaux (1888 m) stieß im Stadium von Les Moulins ein Gletscher nochmals bis unter 900 m ins Pays d'Enhaut ab. Aus der Gleichgewichtslage in gut 1300 m ergibt sich bei NNE-Exposition eine klimatische Schneegrenze von knapp 1500 m. In einem etwas späteren Stand endete diese Zunge um 1000 m, was einem Anstieg der Schneegrenze um rund 50 m gleichkommt. Auch aus dem NE-exponierten Einzugsgebiet und der Lage der zugehörigen Endmoränen eines Gletschers, der von den Monts Chevreuils gegen Les Moulins abfloß, ergibt sich für dieses Stadium eine Gleichgewichtslage um 1400 m und eine klimatische Schneegrenze um 1500 m.
Der *Hongrin-Gletscher*, dokumentiert durch Stauterrassenreste bei Allières und Moränen, stirnte damals in der Talenge bei Les Sciernes oberhalb von Montbovon, wobei er von den Rochers de Naye (2042 m), vom Vanil des Artses und von der Dent de Lys (2014 m) noch letzte Zuschüsse erhielt.
Vom Moléson (2002 m) und von der Dent de Lys stieg ein Gletscher bis Albeuve in die Haute Gruyère ab.
Der *Torneresse-Gletscher* überwand zunächst noch die Mündungsschlucht und endete ebenfalls bei Les Moulins. Reste von Seitenmoränen haben sich vor dem Eingang des Torneresse-Durchbruches auf Le Blancsex um 1240 m erhalten.
Eine nächste Eisrandlage des Saane-Gletschers findet sich bei Flendruz unterhalb von Rougemont. Dort stellen sich stirnnahe Moränen, bei Rougemont Reste von Seitenmoränen ein. Ein gegen NE vorgestoßener Lappen reichte bis Schönried und staute dort das Moos.
Von den Rochers de Naye stiegen Gletscher bis Les Cases, Bonaudon und Plan des Buchilles ab.
Das vom Col des Mosses nach N fließende Hongrin-Eis teilte sich bei La Lécherette noch immer in zwei Zungen: die eine floß Hongrin-abwärts und vermochte sich eben noch mit dem vom Mont d'Or gegen N absteigenden Gletscher zu vereinigen; die andere hing gegen NE ins Tal der Torneresse, traf jedoch bei L'Etivaz nicht mehr mit dem Torneresse-Gletscher zusammen (A. LOMBARD et al., 1974K).
In der Haute Gruyère, im Pays d'Enhaut, in den von den Rochers de Naye und in den von der Tour de Famelon (2138 m) ausstrahlenden Tälern lassen sich – aufgrund von stirnnahen Moränen – noch einige jüngere spätwürmzeitliche Gletscherstände erkennen. Höchste Wallreste an den Rochers de Naye, NW und NE der Tour de Famelon und auf der NW-Seite des Mont d'Or (2189 m) verraten Firnflecken, die noch im letzten Spätwürm bis 1850 m bzw. bis 1650 m herabreichten.
Im mittleren Spätwürm dürften die Äste des Torneresse-Gletschers noch bis in die Talsohlen der Quelläste, bis 1400 m, im ausgehenden Spätwürm noch bis gut 1600 m vorgestoßen sein. Moränen des letzten Spätwürm reichen E der Cape au Moine (2352 m) bis auf 1970 m – ein internerer Wall umschließt den Gour, E der Tornette, auf Seron, bis auf knapp 1800 m, im NE und im N bis auf 1840 m.
In der nächsten Klimabesserung wurden auch die hinter Gstaad in den Saane-Gletscher mündenden Turbach- und Laui-Gletscher selbständig. Rundhöcker deuten die Abflußbereiche zwischen diesen und dem Saane-Gletscher an. Im folgenden Rückschlag ver-

Fig. 208 Gstaad mit dem Mündungsbereich des Lauenen- (rechts unten) und des Turbachtales ins Saanental (Vordergrund); gegen links das Zungenbecken von Saanen mit stirnnahen Moränen (links). Noch im vorangegangenen Stadium reichte der Saanen-Gletscher bis Schönried (gegen links oben); früher floß noch Saanen-Eis über Saanenmöser ins Simmental (Hintergrund).
Photo: Militärflugdienst, Dübendorf. Aus: HANTKE, 1972.

mochten Laui- und Saane-Gletscher sich nochmals zu berühren; der Turbach-Gletscher dagegen blieb im Tal zurück.

Im Saanental zeichnet sich dieser Rückschlag bei Saanen und bei Gstaad durch absteigende stirnnahe Moränen ab. Auf der linken Talseite sind die Wälle durch nachfolgende Rutschungen und einen Schuttstrom weitgehend verwischt worden. Der S von Saanen aus dem Gummfluh-Gebiet mündende Gletscher vermochte den Saane-Gletscher eben noch zu berühren (Fig. 208).

Im Becken von Saanen–Gstaad bildete sich mit dem Eisfrei-Werden hinter dem Riegel zwischen Saanenland und Pays d'Enhaut ein Eisrandsee, der zunächst durch die beiden Schuttfächer des Chalberhöni- und des Choufisbach unterteilt und hernach durch diese sowie durch Saane und Louibach mehr und mehr zugeschüttet wurde, und im Laufe des Holozäns nach und nach verlandete.

Ein nächster Eisstand ist bei Moosfang durch mehrere frontnahe Moränenstaffeln angedeutet.

Aus dem Meielsgrund und vom Arnensee empfing der Saane-Gletscher noch Zuschüsse, was Mittelmoränenreste belegen (H. BADOUX et al., 1962 K). In einem jüngeren Stand endete der Saane-Gletscher unterhalb Feutersoey, was durch einen Mittelmoränen-

rest zwischen ihm und dem Zuschuß vom Arnensee sowie durch eine stirnnahe Seitenmoräne NW von Halten bekundet wird. In der nächsten Klimabesserung schmolzen die Gletscher bis in die Talschlüsse zurück.
Im nächsten Spätwürm-Stadium stieß der Saane-Gletscher bis unterhalb von Gsteig vor. Dies wird auf der Burg sowie S und W des Dorfes durch markante Moränen belegt. Diese dämmen das vom Col du Pillon abfallende Reuschtal ab. Der Olden-Gletscher erfüllte das Zungenbecken von Reusch und endete, wie der vom Schluchthorn herabhängende, um 1300 m.
Im letzten Spätwürm brach der Saane-Gletscher, wie absteigende Moränen bekunden, am Rande des Beckens von Senin/Sanetsch ab. Niedergestürztes Eis lag im Kessel von Gaagge noch bis 1700 m herab. Beim Abschmelzen stürzte eine Partie des Montons-Grates nieder, seine Trümmer bildeten am SW-Ende des Stausees zahlreiche kleine Hügel. Jüngere Moränen hinterließ der Saane-Gletscher unterhalb des Sanetschpasses. Frührezente Vorstöße ließen den zur Saane entwässernden Lappen des Glacier de Tsanfleuron bis 2300 m absteigen, was durch mehrere Wälle belegt wird. Die Walliser Zunge endete noch um 1850 um 2280 m.
Der Olden-Gletscher, der über den Oldensattel noch einen Zuschuß vom Glacier de Tsanfleuron erhielt, stirnte im ausgehenden Spätwürm unterhalb der Oldenalp.
Selbst im Holozän war das NE-Kar des Oldenhorn (3123 m) von Eis erfüllt. Noch um 1850 klebte auf der NE-Seite des Gipfels ein Firnfleck und ein Lappen des Tsanfleuron-Gletschers hing über den Oldensattel (DK XVII, 1863).
Im *Turbachtal* waren im mittleren Spätwürm-Vorstoß nur noch der Talschluß und die E-Hänge des Lauenehore und des Giferspitz (2542 m) eisbedeckt. Im ausgehenden Spätwürm stieg der Gletscher E des Lauenehore bis 1950 m, N des Giferspitz bis 1900 m ab. Die im Kessel des Oberen Turnel bis 1850 m absteigenden Moränen dürften dagegen bereits im Stadium von Gsteig (=Lenk=Meiringen) abgelagert worden sein.
Der *Laui-Gletscher* aus dem Wildhorn-Gebiet (3248 m) schob sich mit seinen beiden Ästen, dem Gelten- und dem Tungel-Gletscher im mittleren Spätwürm-Vorstoß bis Lauenen vor, wo sich verrutschte stirnnahe Moränen einfinden; im Zungenbecken von Rohr hat sich ein Moor erhalten. SW und SE von Lauenen sind die zugehörigen Seitenmoränen durch Schuttströme von beiden Talseiten zerstört worden.
Im nächsten Spätwürm-Vorstoß rückten Zungen bis an die Lauenenseen vor. Noch im letzten Spätwürm hing der Gelten-Gletscher über die Wand des Geltenschuß und des Feissenberg herab (Fig. 209).
Frührezente Staffeln liegen im Rottal um 2100 m (A. VISCHER in BADOUX et al., 1962K). 1960 endete die Zunge NW des Wildhorn auf 2400 m (LK 1266).
E des Gelten-Gletschers lag die N-Abdachung des Wildhorn (3247 m) noch im ausgehenden Spätwürm unter dem Eis des *Tungel-Gletschers*. Dieser spaltete sich S des Niesehorn in zwei Arme. Der eine wandte sich gegen NE durch Stieren-Iffigen ins Einzugsgebiet der Simme. Auf Egge E des Iffigsee liegen zwei Moränenwälle: der eine stammt von dem durchs Hohbergtäli abfließenden Tungel-Gletscher, der andere von dem durchs Toletäli zufließenden Iffig-Eis. Auf Iffigenalp vereinigte sich das Tungel-Iffig-Eis mit dem Rawil-Eis vom Rohrbachstein (2950 m) und aus dem Kar W des Laufbodenhorn (2701 m). Im äußersten Stand hing die Zunge noch über die Steilstufe des Iffigfall und stirnte, wie Moränenreste belegen, um 1300 m.
Der andere Arm des Tungel-Gletschers wandte sich zwischen Hahnenschritthorn (2834 m) und Niesehorn (2776 m) gegen NW, nahm von diesen noch Zuschüsse auf,

Fig. 209 Aus dem Firngebiet der Wildhorn-Gruppe stieg der Gelten-Gletscher noch im jüngsten Spätwürm über die Steilstufe des Geltenschuß bis ins hinterste Lauenental herab. Photo: FÄH, Gstaad. Aus: H. ALTMANN et al., 1970.

stürzte ins Becken des Chüetungel und hinterließ dort mehrere Moränenstaffeln. Im äußersten Stand hing die Zunge noch über den Steilabfall des Tungelschuß und vereinigte sich SE der Lauenenseen mit dem stirnenden Gelten-Gletscher.
Vom Niesehorn floß auch Eis gegen NW ins Becken des Stieretungel. Dabei bildete sich zwischen der westlichen Zunge und dem Tungel-Gletscher eine deutliche Mittelmoräne aus.
Im Chüetungel reicht die Vegetationsgeschichte (M. KÜTTEL, schr. Mitt., 1979) in 4,25 m Tiefe bis in die Jüngere Dryaszeit zurück, was durch 50–70% *Pinus*, hohe *Artemisia*-Anteile, *Juniperus* und *Ephedra* belegt wird. Dann, oberhalb von 3,90 m, steigt *Pinus* gar bis auf 82% an; *Ulmus* tritt auf; *Juniperus* und *Ephedra* verschwinden, so daß damit wohl das Präboreal einsetzt.
Damit sind die Moränen auf Chüetungel mindestens in die Jüngere Dryaszeit zu stellen. Jüngere, wohl holozäne Moränen haben sich auf dem Stigelschafberg und im Talschluß des Chüetungel, frührezente bei den Dürrseen erhalten. Bis 1960 (LK 1266) hat sich der Tungel-Gletscher bis auf 2465 m zurückgezogen und kalbt in einen Moränenstausee. Der gegen Iffig abfließende Arm, der Chilchligletscher, reichte noch während der frührezenten Stände bis unterhalb von 2300 m.

Von den wenigen bronzezeitlichen Einzelfunden von Château-d'Oex und Saanen sowie Resten einer befestigten Höhensiedlung mit doppeltem Steinwall auf dem Kohlisgrind S von Saanen abgesehen (O. Tschumi, 1938; H. Suter-Haug, 1974), ist das Gebiet des Saane-Gletschers praktisch frei von urgeschichtlichen Funden. Selbst aus der Latène- und noch aus der Römer Zeit bleiben die Funde auf den Grenzbereich mit dem Rhone-Gletscher, auf die Basse Gruyère, beschränkt.
Das bis in die Neuzeit hinein kaum passierbare Engnis des Creux de l'Enfer zwischen der Haute Gruyère und dem Pays d'Enhaut bildete offenbar stets eine Besiedlungs-, Kultur- und Sprachgrenze (St. Sonderegger & E. Imhof 1975 k).

Der Mont Gibloux im Hochwürm

Der zwischen Vaulruz und Fribourg aufragende Molasserücken des Mont Gibloux trennte noch bis ins ausgehende Hochwürm den Saane-Gletscher von dem über Châtel-St-Denis–Semsales vorgestoßenen Rhone-Eis. Dabei drängte das bei Bulle zustoßende Rhone-Eis besonders während der Höchststände den Saane-Gletscher auf die rechte Talseite.
Am Gibloux (1206 m) sind die Gräte im S bis auf 1050 m, im N bis gut 1000 m würmzeitlich überschliffen; bis auf diese Höhe reichen auch Erratiker (H. Inglin, 1960). Doch reichte das Rhone-Eis im Würm-Maximum noch etwas höher, im SW bis 1180 m, im NE bis 1150 m. Noch im Brästenberg-Stadium stand es bis auf über 1000 m. Darüber bildeten sich in NW-, N- und NE-Flanken Kargletscher, die dem Rhone-Eis noch Zuschüsse lieferten. Auf der W-Seite bekunden Moränen einen bis auf 1040 m abgestiegenen Gletscher (J.-P. Dorthe, 1962); auf der SE-Seite hing eine Zunge bis 1100 m herab. Sie alle deuten auf eine klimatische Schneegrenze um 1150 m.

Zitierte Literatur

Aeberhardt, B. (1908): Contribution à l'étude du système glaciaire alpin – Mitt. NG Bern (*1907*).
Badoux, H., et al. 1962 k): Flle. 1266 Lenk, N. expl. – AGS – CGS.
Bärtschi, E. (1913): Das westschweizerische Mittelland, Versuch einer morphologischen Darstellung – N. Denkschr. SNG, *47/2*.
Büchi, O. (1926): Das Flußnetz der Saane und ihrer Nebenflüsse während den Interglacialzeiten (ausgenommen die Sense) – B. Soc. fribourg. SN, *28* (1925–26).
– (1927): Interglaciale Senseläufe – Ecl., *20/2*.
– (1946): Beiträge zur Entwicklung des Flußnetzes zwischen Neßlera-Ärgera und Galternbach – B. Soc. fribourg. SN, *37* (1942–44).
Chatton, M. (1947): Géologie des Préalpes médianes entre Gruyères et Charmey (Région de la Dent-de-Broc) – Mém. Soc. fribourg. SN, *13*.
Crausaz, Ch. U. (1959): Géologie de la région de Fribourg – B. Soc. frib. SN, *48*.
Dorthe, J.-P. (1962): Géologie de la région au Sud-Ouest de Fribourg – Ecl., *55/2*.
Emmenegger, Ch. (1962): Géologie de la région Sud de Fribourg – B. Soc. frib. SN, *57*.
Frasson, B. (1947): Geologie der Umgebung von Schwarzenburg (Kanton Bern) – Beitr., NF, *88*.
Gilliéron, V. (1885): Description géologique des territoirs de Vaud, Fribourg et Berne – Mat., *18*.
Gisiger, M. (1967): Géologie de la région Lac Noir–Kaiseregg–Schafberg – Ecl., *60/1*.
Hantke, R. (1972): Spätwürmzeitliche Gletscherstände in den Romanischen Voralpen (Westschweiz) – Ecl., *65/2*.
– (1977): Die eiszeitlichen Stände des Solothurner Armes des Rhone-Gletschers im westlichen Schweizerischen Mittelland – Ber. NG Freiburg i. Br., *67*.

HEIM, ALB. (1919): Geologie der Schweiz, *1* – Leipzig.
INGLIN, H. (1960): Molasse et Quaternaire de la région de Romont (Canton de Fribourg) – B. Soc. fribourg. SN, *49* (1959).
KÜTTEL, M. (1979): Pollenanalytische Untersuchungen zur Vegetationsgeschichte und zum Gletscherrückzug in den westlichen Schweizeralpen – Ber. Schweiz. Bot. Ges., *89*/1–2.
LOMBARD, A., et al. (1974 K): Flle. 1265 Les Mosses – AGS – CGS.
LÜDI, W. (1953): Die Pflanzenwelt des Eiszeitalters im nördlichen Vorland der Schweizer Alpen – Veröff. Rübel *27*.
MOLLET, H. (1927): Ein alter Senselauf – Ecl., *20*/2.
MORNOD, L. (1947): Sur les dépôts glaciaires de la vallée de la Sarine en Basse-Gruyère – Ecl., *40*/*1*.
– (1949 K): Géologie de la région de Bulle (Basse-Gruyère) – Mat., NS, *91*.
NUSSBAUM, F. (1906): Die eiszeitliche Vergletscherung des Saanegebietes – Jber. Ggr. Ges. Bern, *20*.
– (1909): Über Diluvialbildungen zwischen Bern und Schwarzenburg – Mitt. NG Bern (*1908*).
– (1916): Morphologische und anthropogeographische Erscheinungen der Landschaft von Schwarzenburg und Guggisberg – Mitt. NG Bern (*1915*).
– (1939): Über Eiszeiten und Flußverlegungen in der Westschweiz – Mitt. NG Bern (*1938*).
PENCK, A., & BRÜCKNER, E., (1909): Die Alpen im Eiszeitalter, *2* – Leipzig.
RUTSCH, R. F. (1947): Molasse und Quartär im Gebiet des Siegfriedblattes Rüeggisberg (Kanton Bern) – Beitr., NF, *87*.
– (1967): Erläuterungen Bl. 332–335 Neuenegg – Rüeggisberg – GAS – SGK.
– & FRASSON, B. A (1953 K): Bl. 332–335 Neuenegg–Rüeggisberg – GAS – SGK.
SCHARDT, H. (1920): Sur les cours interglaciaires et préglaciaires de la Sarine dans le canton de Fribourg – Ecl., *15*/4.
SCHMID, G. (1970): Geologie der Gegend von Guggisberg und der angrenzenden subalpinen Molasse – Beitr., NF, *139*.
SIEBER, R. (1959): Géologie de la région occidentale de Fribourg – B. Soc. frib. sci. nat., *48*.
SONDEREGGER, ST., & IMHOF, E. (1975 K): Ortsnamen I – Sprachgeschichte, Namenschichten; Ortsnamen II – Sprachgeschichte, Sprachgrenzen, Namensformen – Atlas Schweiz, Bl. 29, 30 – L+T.
STUDER, B. (1825): Beyträge zu einer Monographie der Molasse – Bern.
SUTER-HAUG, H. (1974): Carte des châteaux de la Suisse et de ses régions limitrophes, Flle. 3 – L+T, Wabern-Berne.
TERCIER, J. (1928): Géologie de la Berra – Mat., NS, *60*.
– & BIERI, P. (1961 K): Flle. 348–351 Gurnigel – AGS – CGS.
TSCHUMI, O. (1938): Aus der Ur- und Frühgeschichte des Simmentals – Simmentaler Heimatbuch – Bern.
VERPLOEGH CHASSÉ, TH. (1924): Beitrag zur Geologie der Dent-de-Broc und ihrer Umgebung – Diss. U. Zürich.
VOEGELI, H. P. (1963): Zur Kenntnis des Quartärs im Gebiet zwischen Sense und Schwarzwasser – Diss. U. Freiburg i. Br. (Manuskr.).

Der Rhone-Gletscher

Der frühwürmzeitliche Eisaufbau

Würmzeitliche Vorstoßlagen im Wallis

Wie weit der Rhone-Gletscher und seine Zuflüsse sich nach der Riß-Eiszeit in die Walliser Täler zurückgezogen haben, steht noch offen, da von dort weder interglaziale noch früh-interstadiale Ablagerungen bekannt geworden sind. Morphogenetische Fakten lassen sich oft nicht zeitlich präzis einstufen; immerhin liefern sie Hinweise auf präwürmzeitliche Formen und Eisstände. So dürfte der Rhone-Gletscher beim Vorstoß eine Zeitlang im Goms, der Fiescher Gletscher unterhalb von Fiesch (Fig. 210), der Aletsch-Gletscher unterhalb von Brig (S. 480), Matter- und Saaser Gletscher oberhalb von Stalden (S. 480) stagniert haben. Dies war wohl kaum in den wärmsten Abschnitten des Riß/Würm-Interglazials der Fall; damals dürften sich die Gletscher, nach paläobotanisch-paläoklimatischen Befunden, weiter zurückgezogen haben. Hingegen dürften diese Talweitungen in einem länger anhaltenden frühwürmzeitlichen Interstadial geschaffen oder mindestens weiter ausgeräumt worden sein, wobei präwürmzeitliche Anlagen benutzt worden sein können. Für eine hochwürmzeitliche Bildung fehlt jeder Anlaß, für eine spätwürm-interstadiale Ausräumung von diesem Ausmaß die Zeit (S. 480).
Eine jüngere frühwürmzeitliche Eisrandlage scheint sich im Unterwallis, am Ausgang des Val d'Hérens und im Gebiet der eisüberprägten Schichtrippen N von Sion abzuzeichnen. Sie läßt – aufgrund des Gletschergefälles und der späteren Erratikerstreu im schweizerischen Mittelland – erst ein Gletscherende hinter dem Riegel von St-Maurice, etwa im Bereich der Massiv-Durchbrüche, annehmen.
Weitere – wohl mehrmalige – Vorstoßhalte mit dazwischen gelegenen Rückzügen scheinen sich im Genfersee-Becken abzuzeichnen: bei Yvoire, wo sich der See verschmälert, und bei Genf, wo das Seebecken endet. In seinem untersten Teil wurde anstehende Molasse erst nach 74 m erbohrt; 5 km unterhalb des See-Endes steht sie im Bett der Rhone an.
Bei einem nächsten Vorstoß wurde das Becken des Genevois, wiederum vorab längs tektonischen Störungen, weiter ausgekolkt.
Wohl vollzog sich die Beckenbildung in strenger Abhängigkeit von der Erosionsresistenz des Felsuntergrundes und dessen Strukturen. Doch finden diese Faktoren ihren Ausdruck vor allem in der Kolk*tiefe* der Becken, während ihre relative *Lage* in den einzelnen Gletschersystemen durch klimatisch gesteuerte Vorstoßphasen bedingt wird. Dabei können sich beide Effekte durch mehrmaliges Vorstoßen überlagern.

Die Konfluenzen von Fiesch und Grengiols

Das vom *Fiescher Gletscher* mächtig ausgeräumte Fiescher Tal liegt bei seiner Mündung um 150 m tiefer als das Haupttal. Der Rhone-Gletscher traf dort erst später ein und hatte sich mit dem noch verfügbaren Raum – der im Konfluenzbereich auskeilenden Mulde von Ernen – abzufinden. Im Staubereich wurden Rundhöcker herausgearbeitet (E. K. Gerber, 1944). Auch im ausklingenden Spätglazial vermochte der *Rhone-Gletscher*

Fig. 210 Der Fiescher Gletscher und das von ihm noch im letzten Spätwürm eingenommene Zungenbecken von Fiesch. Rechts die vom Rhone-Gletscher rundhöckerartig überprägte Terrasse von Ernen und die in einer Schlucht überwundene Gefällsstufe zum Becken von Fiesch. Im Hintergrund Finsteraarhorn (links) und Oberaarhorn (Bildmitte). Photo: Militärflugdienst Dübendorf, August, 1971.

Fig. 211 Der Aletschgletscher mit den kräftig zurückgeschmolzenen Oberaletsch- und Riest-Gletschern vom Aletschhorn (links); im Hintergrund Fiescherhörner, Grünhorn und Finsteraarhorn (rechts). In der Mitte die Mündungsschlucht des Aletschgletschers, der das Rundhöckergebiet von Blatten-Geimen (links) und von Wasen (rechts) überprägte und dessen rechte Ufermoräne, der Massaeggen bis an den Rhone-Knick abfällt. Im Vordergrund Brig und Brigerberg (rechts). Dieser wurde vom Rhone-Gletscher überschliffen, während das Becken von Brig von Aletsch-Eis eingenommen wurde. Photo: Militärflugdienst Dübendorf, August 1971.

den Fiescher Gletscher nicht mehr zu erreichen (S. 638). Subglaziäre Schmelzwässer und die nacheiszeitliche Rhone überwanden die Steilstufen zwischen Niederwald und Fiesch in einer Schlucht (Fig. 210).

Durch den mit zunehmender Eismasse S von Blitzingen–Niederwald bis auf die Hochfläche des Ärnergale vordringenden Rhone-Gletscher wurde der erst parallel dazu gegen SW fließende *Rappe-Gletscher* an seiner späteren rechtwinkligen Einmündung mehr und mehr gehindert und zurückgestaut, so daß er schließlich NE des Eggerhorns über den Rücken der Egge ins vordere Binntal überfloß und erst zusammen mit dem *Binna-Eis* unterhalb von Grengiols unter spitzem Winkel einmünden konnte. Dabei hatten sich im Grenzbereich von Rhone- und Rappe/Binna-Eis vom Binneggen S von Fiesch auf der Verflachung auf der SE-Seite der Rhone über Grengiols bis Ze Hyschere (S der Station Betten) Rundhöcker ausgebildet.

Das Briger Becken

Zwischen Fiesch und Brig keilt das Gotthardmassiv mit seiner Hülle aus. Bündnerschiefer der stirnenden Penninischen Decken bilden die linke Talflanke; die rechte wird weiterhin vom steil SSE-einfallenden Aarmassiv und seiner Hülle eingenommen. Damit wandeln sich Talcharakter und Gehängeformen.
In den steilen Plattenschüssen werden, wegen der unterschiedlichen Erosionsresistenz, Verflachungen herauspräpariert. Sie können jedoch nicht als Reste von Terrassensystemen gedeutet werden.
Dank der Massa, dem Abfluß des Aletsch-Gletschers, und der Saltina aus dem Simplongebiet hat sich die Rhone zum Fluß entwickelt. Vor Brig weitet sich das Tal zum Briger Becken. Dieses ist jedoch nicht auf eine leistungsfähigere Seitenerosion zurückzuführen, sondern auf die Kolkwirkung des mündenden *Aletsch-Gletschers* (E. K. Gerber, 1944). Der alte, glaziale Talboden liegt beim Eintritt der Rhone ins Briger Becken fast 200 m höher als ihr heutiger Alluvialboden, fällt aber stärker ein, so daß er unterhalb von Brig unter die Talschotter eintaucht (Fig. 211).
Bei Brig wurde der Rhone-Gletscher vom steilen, fast rechtwinklig mündenden Aletsch-Gletscher an die linke Talflanke gedrängt. Diese wurde als glaziärer Prallhang zurückverlegt und halbkreisförmig ausgeräumt, der Talboden überprägt, Rundhöcker modelliert und subglaziär Entwässerungsfurchen angelegt. Zugleich wurde die Fließrichtung abgelenkt, so daß das Eis nicht in die Längstal-Richtung einbog, sondern – vom mündenden Saltina-Gletscher unterstützt – die Talachse erneut querte und unterhalb von Brig der rechten Flanke zustrebte. Durch das Taleis wurde das rechtsseitige Aletsch-Eis gestaut; im Erosionsschatten floß es über die Eckkante auf die Verflachung von Birgisch. Analog ist die Verflachung unterhalb der Mündung des nächsten Seitentales als glaziale Erosionsform zwischen dem vereinigten Aletsch/Rhone-Gletscher und dem in seiner Erosionsleistung gebremsten Gredetsch-Gletscher zu deuten.
Das innere Becken von Brig geht vorab auf die Erosionsleistung des steil mündenden Aletsch-Gletschers zurück.
Daß sich die Rhone seit dem Rückzug des Aletsch-Eises von der Massa-Mündung dort kaum eingetieft und den Steilhang zum Brigerberg nicht weiter unterschnitten hat, wird durch die im Massaeggen bis an die Rhone absteigende Aletsch-Moräne und das glaziär überschliffene Gletscherbett belegt.
Am Ausgang des Briger Beckens kam es – infolge der Mündung des Saltina- und des Gamsa-Gletschers – zu einer Versteilung des Hangfußes.

Die Mündung der Visper Täler

Durch das bei Visp rechtwinklig und ebensohlig mündende Visper Tal erhielt der Rhone-Gletscher den größten Zuschuß. Infolge seiner Stau-Wirkung wurde Visper Eis gezwungen, über die Eckkante von Bielen–Zeneggen abzufließen, so daß es sich erst weiter talabwärts mit dem Rhone-Gletscher vereinigen konnte. Zugleich wurde dieser durch den mündenden Visper Gletscher gegen die rechte Talflanke gedrückt (Fig. 212).
Bis zur Mündung des Turtmanntales wurden dabei – je nach Eisstand – auf verschiedenen Niveaus glaziale Mündungsverflachungen mit Rundhöckern und Schmelzwasserrinnen herausgearbeitet (E. K. Gerber, 1944), wobei die unterschiedliche Erosionsresi-

Fig. 212 Das am Ausgang des Visper Tales gestaute Eis floß von Stalden (Mitte unten), wo sich Matter- und Saaser Gletscher vereinigten, über Törbel (links) und Zeneggen (rechts der Bildmitte) zum Rhone-Gletscher ab. Dabei wurde die Eckkante rundhöckerartig überschliffen. N von Visp das Baltschiedertal, dessen Gletscher durch das Rhone-Eis ebenfalls gestaut und auf die rechte Talflanke gedrängt wurde.
Photo: Militärflugdienst Dübendorf.

stenz der Gesteinsfolgen der stirnenden Bernhard-Decke zu ihrer Akzentuierung beitrug. Solche Verflachungen geben Hinweise auf Eishöhen: Sie lag am Ausgang des Visper Tales in der Würm-Eiszeit auf mindestens 2300 m, im Riß-Maximum gar auf 2500 m, was durch höhere, weniger markante Verflachungen angedeutet wird.
Rhone-Erratiker N des Augstbordhorn (2973 m) auf 2600 m belegen dort eine rißzeitliche (?) Eishöhe (J. Winistorfer, 1977).
Daß das Eis aus Seitentälern vom Haupttalgletscher gebremst und an dessen Rand gedrängt wird, wodurch die Erosionsleistung stark abfällt und sich Verflachungen ausbilden, zeigt sich an den Mündungen der zurückgeschmolzenen Zungen von Ober- und Mittelaletsch- in den Aletsch-Gletscher. Stets läßt das Eis Rundhöckerfluren und ausgekolkte Mulden zurück, die von Moräne und solifluidal verfrachtetem Gehängeschutt hinterfüllt werden.

Die Mündung der Seitentäler von Turtmann bis Sion

Bei den Mündungen des Turtmanntales, des Val d'Anniviers und des Lötschentales wiederholen sich analoge Erosionsauswirkungen. Infolge der geringeren Zuschüsse sind sie weniger augenfällig.

Bei der Mündung des Val d'Hérens treten weniger markante Verflachungen gar Rhone-aufwärts auf. Dies dürfte damit zusammenhängen, daß der Rhone-Gletscher bis zur Mündung des Borgne-Gletschers, vor allem im Früh- und im Spätglazial, viel an Stoßkraft eingebüßt hatte, so daß dieser fächerförmig münden konnte.
Da solche Mündungsverflachungen noch weiter Rhone-abwärts zu beobachten sind, erweckten sie den Eindruck von durchgängigen Terrassen, die vorschnell als Reste alter Talböden gedeutet worden sind. Daß es sich dabei *nicht* um Talbodenreste handeln kann (H. HESS, 1908, 1913; E. BRÜCKNER, 1909; F. MACHATSCHEK & W. STAUB, 1927) geht auch daraus hervor, daß die Verflachungen an beiden Talflanken des Rhonetales sowie der mündenden Seitentäler sich höhenmäßig nicht entsprechen. Sie stellen somit unabhängig voneinander gebildete Formen dar, die durch fluviale und glaziäre Erosion gestaltet worden sind (E. K. GERBER, 1944).

Alte Hochflächen im Oberwallis

Der Hochfläche von Ärnergale (2500–2300 m) zwischen Rappetal und Niederwald im Goms (S. 479) dürfte S von Fiesch diejenige von Furgge (um 2500 m), SE von Brig diejenige von Roßwald (1900–1800 m), im Gebiet des mündenden Aletsch- und Belalp-Gletschers jene von Belalp–Bel–Nessel (um 2000 m) entsprechen. Nach der Mündung von Aletsch- und Rhone-Gletscher fällt diese Fläche deutlich ab, so daß sie sich in derjenigen von Kastler W von Mund (um 1600 m) und von Zeneggen–Hellelen (um 1550 m) abzeichnen dürfte. Das Ende des vorstoßenden Rhone-Gletschers dürfte frühestens bei Leuk und bei wenig höherem Eisstand – zusammen mit den aus der Val d'Anniviers und der Val d'Hérens austretenden Eismassen – wahrscheinlich bereits im Becken von St-Maurice zu suchen sein (S. 477).

Interstadiale Ablagerungen in den Tälern der Dranses

Erste interstadiale Ablagerungen stellen sich im Rhone-System in der Dranse-Schlucht SE von Thonon ein. Nachdem dort A. MORLOT (1858) in Schottern, die zwischen Moräne eingelagert sind, einen Unterbruch des glazialen Regimes erkannte, fand A. FAVRE (1867) bei Armoy auch 1,5 m mächtige Lignite. G. LEMÉE & F. BOURDIER (1950) konnten dort in einer 0,5–1 m mächtigen Schieferkohlenlage, deren Bildung sie als würmzeitlich interstadial betrachten (LEMÉE, 1952), drei waldgeschichtliche Phasen unterscheiden: eine erste mit *Picea*-Vormacht, *Pinus* und seltenen Laubbäumen, eine zweite mit *Pinus*-Dominanz, *Picea*-Subdominanz und hohen Anteilen an *Quercus*, *Alnus* und *Abies* und eine letzte mit *Picea*-Vormacht und *Pinus*, ohne Laubbäume.
Interglaziale und frühinterstadiale Ablagerungen sind bisher näher den Alpen nicht bekannt geworden. Es waren offenbar Zeiten ruhiger Vegetationsentwicklung, bei der es nur sporadisch zu konservierender Überdeckung von Floren und Faunen mit Sedimenten kam. Zudem geht einer groben Schüttung – wie sich in den Dranses-Tälern unter der überliegenden Grundmoräne zeigt – eine Erosionsphase voraus. Erst beim Nachlassen der Strömungsintensität konnte der zuvor erodierende Fluß sein Schottergut zurücklassen. Ebenso bevorzugte der kolkende Gletscher beim Vormarsch kaum verfestigte Sedimente, sondern locker geschüttetes Material im Stromstrich.

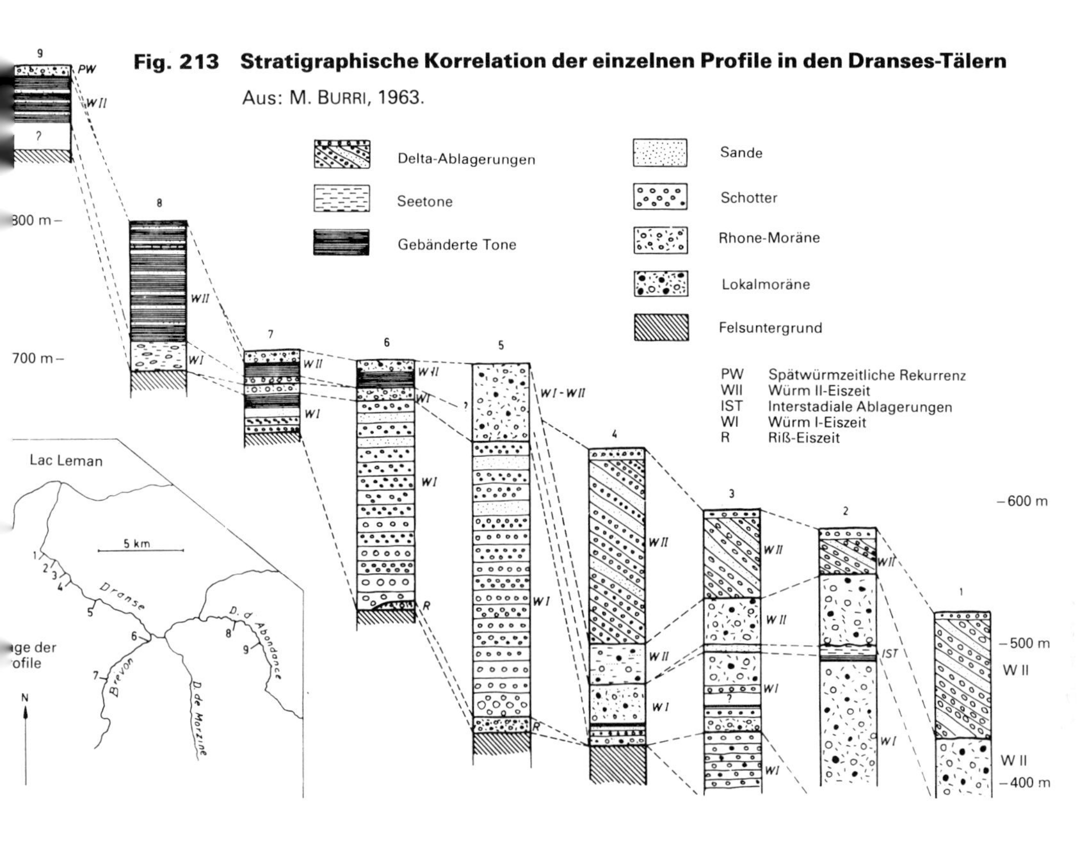

Fig. 213 Stratigraphische Korrelation der einzelnen Profile in den Dranses-Tälern
Aus: M. Burri, 1963.

In den unteren Dranses-Tälern liegt, bald auf anstehendem Fels, bald auf älterer Grundmoräne, eine bis 100 m mächtige Geröllschüttung: le Conglomérat des Dranses, eine fluviale Ablagerung, die bis 5 km oberhalb von Thonon horizontal liegt, dann talwärts einfällt und Deltacharakter annimmt. Die Geröllgröße nimmt dabei, bankweise vertikalsortiert, nach oben ab: Sande werden häufiger; lokal endet die Abfolge mit Bändertonen. Die Gerölle sind vorwiegend lokaler Herkunft, kristalline Elemente nehmen talaufwärts rasch ab (E. Gagnebin, 1937; M. Burri, 1963). Die Ablagerung der Dranses-Schotter erfolgte in einem alten Tal, das in der ausgehenden Riß-Eiszeit mit dem Abschmelzen des Eises im Genfersee-Becken tiefergelegt wurde (Fig. 213–215).
Über dem S-Ufer des Genfersees dehnt sich oberhalb von Evian eine weite Hochfläche aus: das Plateau von Vinzier, das sanft nach W gegen Thonon abfällt und sich gegen E in die Verflachung von Thollon fortsetzt. Gagnebin (1937) betrachtete sie als alte Erosionsfläche, die er mit dem Burgfluh-Niveau P. Becks in Beziehung brachte (Bd. 1, S. 278 und Bd. 2, S. 412). Bohrungen im Raum S von Evian erbrachten eine Gesamtmächtigkeit des Quartärs von 413 m (Dr. B. Blavoux, mdl. Mitt.). Wie Burri (1963) festgestellt hat, ist diese Quartärabfolge jedoch das Ergebnis eines mehrfachen Wechsels von Erosion und Akkumulation junger glazigener Ablagerungen.
Da auch auf dem Plateau von Vinzier auf unregelmäßiger Oberfläche Schotter abgelagert wurden, die dem Conglomérat des Dranses entsprechen, deuten Gagnebin (1937)

und Burri (1963) diese als «alluvion de progression du glacier würmien»: Der bis ins Genfersee-Becken vorgestoßene Rhone-Gletscher staute die frühwürmzeitlichen Dranses zu einem mehrarmigen Eisrandsee (S. 483). Unter feucht-kühlem Klima war die Waldgrenze stark herabgedrückt worden, so daß in den entwaldeten Gebieten eine kräftige Erosion eingesetzt hatte. Dabei wurde von den Schmelzwässern der wieder wachsenden Gletscher vor allem Lockermaterial aufgegriffen: vor den vorstoßenden Dranses-Gletscher abgelagerte glazifluviale Schotter und ältere Moräne.

3 km SE von Thonon liegen über sandig-toniger würmzeitlicher Grundmoräne mit gekritzten Geschieben 8 m Bändertone, die unten kleine Gerölle enthalten. Darüber folgen 5 m geschichtete Tone mit Seekreide-Einlagerungen mit Characeen, zerdrückten turmförmigen Schnecken, Blatt- und Holzresten. Dranse-aufwärts geht die Abfolge in kreuzgeschichtete Sande über, die dann, wie diese, von mächtiger würmzeitlicher Moräne überlagert werden. Pollenspektren aus den Seekreide-führenden Tonen ergaben unten eine *Betula*-, dann eine *Pinus*-Dominanz, der zuerst *Alnus*, später mehr *Corylus* beigemischt war. Neben Gräsern waren *Artemisia* und *Helianthemum*, Chenopodiaceen und röhrenblütige Compositen reich vertreten. Das Auftreten von Wasserpflanzen – *Alisma* und ? *Potamogeton* – belegen die limnische Ablagerung (P. Villaret & M. Weidmann in Burri, 1963).

A. Brun (1977) konnte in den Dranses-Tälern vor den äußersten Hochwürm-Ständen drei Vegetationsperioden unterscheiden: Eine älteste in den Seetonen von *Armoy*, die von Schieferkohlen mit einem ^{14}C-Datum von >30000 Jahren v. h. begrenzt wird; sie bekundet einen Wald mit vorherrschenden *Pinus*-Beständen im unteren, mit *Abies* und *Fagus* im mittleren und von *Abies* mit *Picea* im oberen Abschnitt. Dann wurde der Wald kräftig gelichtet, was sich in einem markanten *Abies*-Abfall äußert, und durch ein Grasland mit Föhren ersetzt.

Bei *Sionnex* bekundet eine limnische und glazifluviale Abfolge die Nähe des vorstoßenden Eises. Die Vegetation bestand vor >28000 Jahren vorwiegend aus *Pinus* und *Abies; Betula* trat zurück und nur wenige wärmeliebende Gehölze konnten sich entwickeln. Die Warmzeiten im *Dranse-Tal* werden vor die Vorstoßphasen vor 20000–18000 Jahren v. h. gestellt. Die Dokumente belegen aufgrund der Kraut-Vegetation – Gramineen, *Artemisia, Helianthemum* und Chenopodiaceen – ein kühles und eher trockeneres Klima. An Gehölzen stellen sich *Pinus* und *Betula* ein. Um Evian zeichnet sich während des Klimaoptimums ein leichter Anstieg der Koniferen ab.

Prähochwürmzeitliche Ablagerungen am Jorat und an der Côte

Auf den Hochflächen N des Jorat liegen unter der Moränendecke verschiedentlich würmzeitliche Vorstoßschotter, so um Sottens und W von Bioley-Orjulaz SW von Echallens (A. Bersier, 1952k). In diesen konnten Moschus und Mammut nachgewiesen werden (Bd. 1, S. 197). Ein ^{14}C-Datum – 34600 (+2700, –1800) Jahre v. h. – belegt, daß damals der Rhone-Gletscher bereits bis an den Mormont, den Felsriegel von La Sarraz, vorgestoßen sein muß, da die Schotter von Bioley-Orjulaz nur von Schmelzwässern des bis auf die W-Seite des Jorat emporreichenden Rhone-Gletschers geschüttet werden konnten.

Bereits beim Vorstoß, als das Conglomérat de la Dranse geschüttet wurde, dürften auch auf der rechten Seeseite die dort ebenfalls unter einer mächtigen Moränendecke gelege-

Fig. 214 Das Dranses-Konglomerat in der Dranse-Schlucht SE von Thonon, Haute-Savoie.

Fig. 215 Detail aus dem basalen, karbonatreichen Konglomerat.

Fig. 214 und 215 Dr. CH. REYNAUD, Genf.

nen Stauschuttmassen in den Tälern der Baye de Montreux, der Baye de Clarens und der Veveyse längs des Eisrandes geschüttet worden sein.
Weiter W, in der Gegend der Côte, zwischen der Aubonne und der Serine, gelangten die Alluvions de la Côte, eine Abfolge von über 20 m mächtigen subhorizontal geschütteten Schottern, zur Ablagerung. Vielfach liegen sie direkt der Unteren Süßwassermolasse auf, und durchweg werden sie von toniger und sandig-kiesiger würmzeitlicher Moräne bedeckt (J.-P. VERNET, 1972K, 1973). Etwas E des östlichsten Vorkommens hatte A. JEANNET (in E. BAUMBERGER et al., 1923) an der Basis der sandig-tonigen Moräne geschichtete Lignite entdeckt (S. 486). Von R. ARN (1980) wurden die Schotter der Côte neu untersucht.

Die Schieferkohle vom Signal de Bougy

Auf der Schweizer Seite des Genfersees entdeckte A. MORLOT (1858) am Signal de Bougy in 685 m Höhe von Moräne überlagerte Schieferkohle. In der Moosflora erkannte P. JACCARD (in A. JEANNET in E. BAUMBERGER et al., 1923) *Calliergon* und *Drepanocladus*, die auf eine nordisch-alpine Vegetation hindeuten. An Holzpflanzen fanden sich *Picea abies* (Zapfen, Holz und Pollen) sowie ?*Alnus*-Holz. Pollenspektren aus dem liegenden Lehm und aus der Schieferkohle ergaben vorwiegend *Pinus*, wohl *P. mugo*–Legföhre, daneben *Helianthemum alpestre* und Gramineen. ALB. HEIM (1919) und JEANNET (1923) betrachteten die Abfolge mit eingelagerter Schieferkohle als würmzeitliche Schwankung, was sich mit den Pollenspektren deckt, die eine subarktische Flora bekunden (W. LÜDI, 1953). Eine ^{14}C-Datierung ergab >35000 Jahre (J.-P. VERNET et al., 1974).
Am Jura-Fuß fanden sich bei *Romainmôtier* zwischen Moräne Linsen von Torf und humosen Tonen mit *Pinus*-Holz. W. LÜDI (in D. AUBERT, 1963K) fand auch Pollen von *Pinus* sowie Farn-Sporen, A. JAYET (in AUBERT) Reste wenig aussagekräftiger Mollusken.
An der Côte liegen über oligozäner Molasse rouge um 20 m mächtige Alluvions de la Côte, erst Sande und sandige Kiese, dann glazifluviale Schotter. Diese werden von eisrandnahen Ablagerungen mit groben Blöcken überlagert, die einen Vorstoß des Rhone-Gletschers belegen. Sie beginnen unter dem Signal de Bougy und lassen sich bis zur Sérine verfolgen. Darüber liegt eine mächtige Moränendecke (Exk. mit J.-P. VERNET, 1975).
Aus einer 112 m tiefen Bohrung NE von Gingins (NW von Nyon) fand M. WEIDMANN (1962) in tonigen Lehmen aus 75–85 m Tiefe bei einem Baumpollen-Anteil zwischen 20 und 40% gegen 30 bis über 70% *Pinus*, 15–40% *Betula*, *Abies*, *Alnus*, *Salix* und bis 10% *Quercus*, unter den Nichtbaumpollen reichlich *Artemisia* und Gräser, Cyperaceen, Chenopodiaceen und zahlreiche weitere Kräuter. Wahrscheinlich liegt ein Interstadial der späten würmzeitlichen Vorstoßphase vor. Der niedrige Baumpollen-Anteil deutet auf Waldgrenzennähe.

Die prähochwürmzeitlichen Ablagerungen im Genfer Becken und am Rande des Dombes

Langezeit bestand auch im Genfersee-Becken der verständliche Wunsch, die dortigen eiszeitlichen Ablagerungen ins vereinfachende Schema der vier Eiszeiten PENCK & BRÜCKNERS (1909) einzupassen (M. BURRI, 1974). G. AMBERGER (1978) möchte jüngst gar noch weiter gehen: er schlägt vor, die «quatre pseudoglaciations, définies sur des critères mor-

phologiques, qui s'avèrent généralement faux lorsque des études plus précises sont possible par sondages ou par relevés détaillés», ein für allemal zu verlassen (!). Falls AMBERGER damit nur die zeitliche Einstufung der Ablagerungen im Genfer-Becken, speziell jene des Kantons Genf, meint, trifft dies durchaus zu, wie seine auf zahllosen Bohrungen fußenden Untersuchungen zeigen. Diese lassen zunächst tatsächlich eine extreme lokale Vielfalt der glaziären Ablagerungen erkennen.
Im Genfer Becken liegt über lehmig-kiesiger Moräne eine Abfolge von Sanden, Mergeln und Kiesen, die «Marnes à lignite» (A. FAVRE, 1879), die als Riß/Würm-Interglazial gelten, da sie an manchen Stellen Lignite mit Pflanzenresten und Mollusken enthalten. Darüber folgen Kiese und Sande mit Moräneneinschlüssen, die «Alluvion ancienne» (L. NECKER, 1841; FAVRE, 1879). Da sie von Würm-Moräne bedeckt sind oder in solche übergehen, betrachtete sie A. JAYET (1945, 1964K) als unter vorrückendem Würm-Eis abgelagert. Bis zur anstehenden oligozänen Molasse folgen noch bis 35 m stark gepreßte ?Riß-Moräne.
In Genf fand NECKER in der «Alluvion ancienne» Äste, Fruchtbecher und Blätter von *Fagus*. Hölzer aus einer analogen Abfolge erwiesen sich als *Picea* und *Quercus* (P. JACCARD in A. JEANNET, 1923). Pollenspektren ergaben eine Dominanz von *Picea* und *Pinus*, daneben *Ulmus* (W. LÜDI, 1953).
Im Viaison-Einschnitt am NE-Ende des Salève folgen über kiesiger Grundmoräne mit gekritzten Geschieben Schotter, Sande mit Ton- und Lehmlinsen mit Ligniten und Mollusken und darüber Schotter mit Sandlinsen, die von Moräne überlagert werden. In den Sanden zeigte sich eine *Picea-Ulmus*-Vormacht mit *Corylus, Betula, Pinus* und *Quercus*. In den oberen Schottern herrschte *Betula* vor, die von *Carpinus* und etwas *Pinus* begleitet wurde.
Gebänderte Mergel in der «Alluvion ancienne» zeigten bei Cartigny eine *Picea*-Vormacht mit *Pinus*, etwas *Alnus*, die nach oben häufiger wird, und wenig *Quercus, Tilia, Corylus, Carpinus* und *Betula* (LÜDI, 1953). Mit Ausnahme eines höheren Horizontes, in dem die Eiche nur wenig hinter der Fichte zurückbleibt, bekundet die Abfolge einen Fichten-Föhrenwald mit etwas Laubholz.
In analoger Stellung herrschte bei Chancy durchweg *Pinus* vor, wobei ihr unten *Picea, Corylus* und etwas *Tilia*, oben *Quercus, Alnus* und *Abies* beigemischt waren. Beide Diagramme spiegeln einen interstadialen Wald wider, der sich unter kontinental-kühlem Klima entwickelt hatte.
In der Bohrung Montfleuri, 5 km W von Genf, liegen unter 18 m Moräne zunächst 36 m «Alluvion ancienne», dann 23 m marnes à Lignite, die von mindestens 27 m Grundmoräne unterteuft werden. Diese mergelige Abfolge ist durch wechselnde *Picea*- und *Pinus*-Dominanz charakterisiert. *Alnus, Corylus* und *Betula* sind im tieferen Teil reich vertreten. Gegen oben leitet der Florencharakter zu demjenigen der «Alluvion ancienne» über. Er zeichnet sich durch ein Vortreten der Laubhölzer aus, denen, neben *Betula*, wärmeliebende Formen – *Quercus, Fagus, Carpinus* und *Ulmus* – beigemischt sind; auch *Abies* tritt häufiger auf. Die Spektren bekunden einen wärmeliebenden Laubwald mit zurücktretenden Fichten und Föhren, mit *Fagus* und *Quercus* in den obersten Mergeln und in der untersten «Alluvion ancienne», denen sich noch *Juglans, Acer* und *Fraxinus* beigesellen. In einem mittleren Spektrum stellt sich eine *Betula*-Vormacht mit *Carpinus* ein, *Pinus* und *Picea* treten zurück; es deutet bereits auf ein kühleres, feuchteres Klima.
In der Alluvion ancienne fand schon H. B. DE SAUSSURE Stoßzähne von Mammut, je einen NNW von Onex und an der Mündung des Allondon. A. FAVRE (1879) erwähnt

zwei weitere Zähne, einen vom Bois de la Bâtie NE von Gros Chêne und einen zwischen Russin und der Rhone, und JAYET (1964) einen Backenzahn aus der tieferen kiesigen Moräne von Founex N von Coppet. Auch die Faunenfunde an der Basis der tieferen kiesigen Moräne – Stoß- und Backenzähne von Mammut und Zähne von Wisent – weisen die Alluvion ancienne der Genfer Gegend in die Vorstoßphase der Würm-Eiszeit. Die Molluskenfauna – Lymnaeen, Planorben, Heliciden und Clausilien – spricht für feuchte Grasfluren (E. JOUKOWSKY, 1923, J. FAVRE, 1927).
Nach JAYET (1946, 1964K, 1966) ist die «Alluvion ancienne» auf einige Stränge beschränkt. Ihr wichtigster, der Arve-Strang, folgt der Arve von Etrembières S von Annemasse bis Vessy, dort spaltet er sich auf. Dabei verläuft ein wasserführender Schotterstrang nach N über Frontenex zum Port Noir; der andere läßt sich über Arare-Soral gegen Chancy verfolgen. Damit ergeben sich auffällige Analogien zum Conglomérat des Dranses. Neben den Rinnen fanden JAYET et al. (1962) in einer Bohrung in Petit Saconnex N der Stadt unter 8 m Würm-Moräne eine 7 m mächtige Abfolge von kiesigen Sanden und verfalteten Lehmen mit Molaren und Stoßzähnen von *Mammonteus primigenius*, Resten von *Rangifer tarandus* und *Bison*. Darunter folgen sandig-tonige Lehme, die, neben Resten von *Pinus silvestris*, *Picea abies* und *Juniperus sabina*, eine Schneckenfauna enthielten mit *Arion*, *Punctum pygmaeum*, *Arianta arbustorum*, *Clausilia parvula*, *Pupilla alpicola*, *Succinea oblonga var. elongata*, *Lymnaea truncatula*. Nach 1 m tonigem Lehm und 3,5 m Grundmoräne stand sandig-mergelige Molasse an.
Nach AMBERGER zeichnet sich auch in den Bohrungen die Existenz zweier geotechnischer Abfolgen ab. Diese werden durch ein Schichtlücken-Niveau getrennt, das paläontologisch und radiometrisch einigermaßen eingestuft werden kann.
Im Alt- und Mittelpleistozän wurde jedoch im Genfer Becken offenbar kräftig ausgeräumt. Ebenso zeigen auch die Abfolgen des Jungpleistozäns nichts Durchhaltendes, sondern lauter lokale Anomalien.
Im Genfer Raum ist es nach AMBERGER noch verfrüht, die Bildungsbedingungen der Haupthorizonte festlegen zu können, da die Mechanismen beim Ausschmelzen der Sedimente aus dem Eis noch zu wenig bekannt sind. Dagegen ließen seine Untersuchungen eine variable, durch Tektonik und Gesteinsbeschaffenheit vorgegebene Ausräumung rinnenförmiger Tröge erkennen, die vor dem letzten Eisvorstoß erfolgt sein muß.
Das Sumpfgebiet von Les Echets zwischen der Dombes und Lyon liegt zwischen den riß- und den würmzeitlichen Endmoränen. Drei Bohrungen durch Torf- und Seeablagerungen erbrachten die Existenz zweier Abschnitte mit Wäldern gemäßigter Klimabereiche zwischen Steppen-Phasen (J.-L. BEAULIEU et al., 1978).

Interglaziale (?) und interstadiale Floren aus der Gegend von Chambéry (Savoie)

Eine warmzeitliche Flora mit *Rhododendron sordellii*, *Buxus sempervirens*, *Acer cf. pseudoplatanus* und *Carpinus betulus* ist vom Fort Barraux S der Talgabelung von Montmélian aus Ablagerungen bekannt geworden, die von Würm-Moräne überlagert werden.
Während G. DEPAPE & F. BOURDIER (1952a, b) diese Schieferkohle aufgrund der Großreste – entsprechend den damaligen Kenntnissen – noch ins Riß/Würm-Interglazial gestellt haben, deuten sowohl die pollenanalytischen Untersuchungen (CH. HANNSS, S. BOTTEMA, P. M. GROOTES, Y. M. KOSTER & M. MÜNNICH, 1976; BOTTEMA & KOSTER in GROOTES, 1977) als auch das ^{14}C-Datum von 65 300+1700–1400 Jahren v. h. (GROOTES,

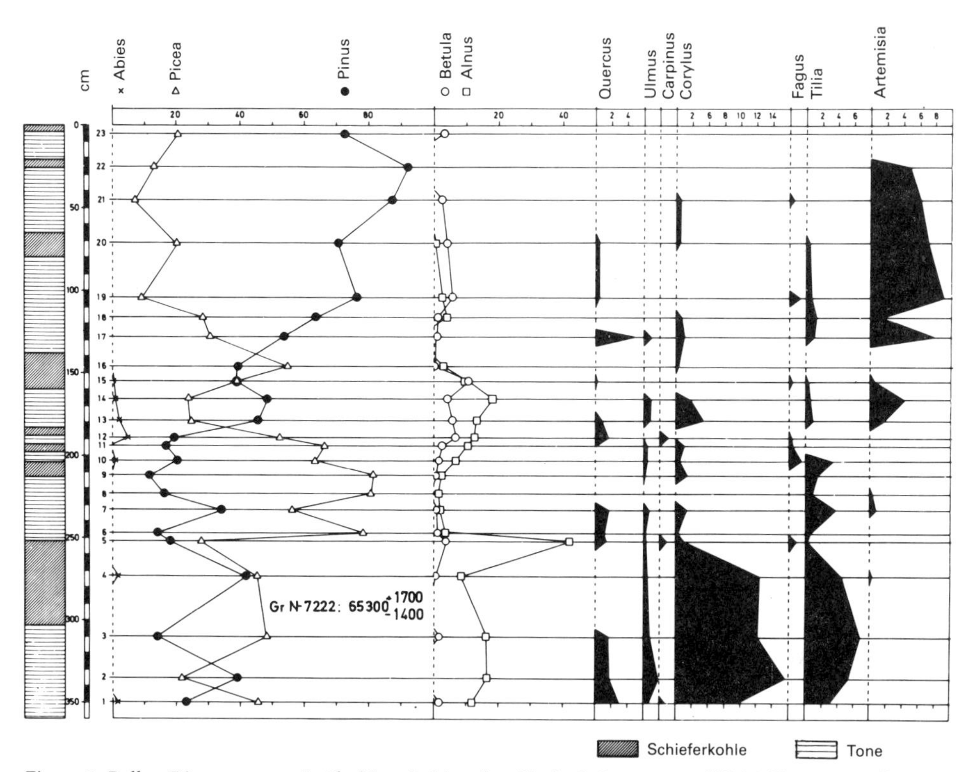

Fig. 216 Pollen-Diagramm von La Flachère, Grésivaudan. Nach: S. BOTTEMA und Y. M. KOSTER, aus GROOTES.

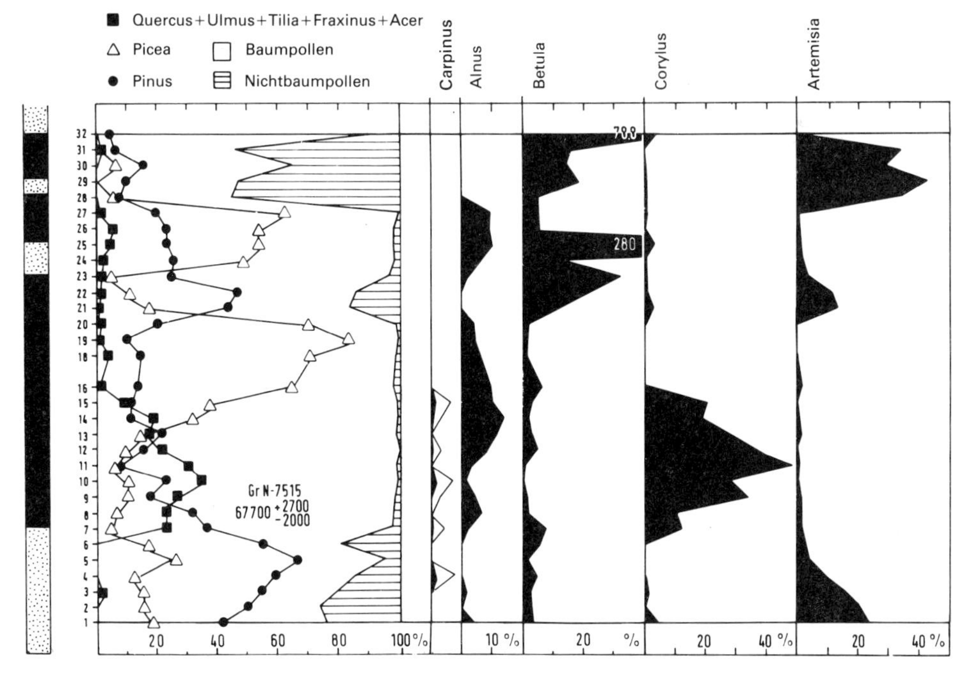

Fig. 217 Pollen-Diagramm von La Croix Rouge N von Chambéry. Nach W. H. E. GREMMEN aus P. M. GROOTES (1977).

1977) von *La Flachère*, wo dieselbe Schieferkohle wieder ansteht, allenfalls auf ein frühwürmzeitliches Interstadial – Brörup (?) – hin. Zunächst treten hohe Werte von *Picea* und *Pinus* sowie relativ reichlich *Corylus* und *Tilia* auf. Nach einem *Alnus*-Gipfel folgen zwei bis 80% ansteigende *Picea*-Gipfel. Dann steigen *Pinus* sowie *Alnus* und *Betula* zu kleinen Gipfeln an; *Abies* tritt auf und *Artemisia* steigt bis auf 4% an.
Im nächsten Abschnitt des insgesamt 3,5 m langen Profils erreicht *Pinus* Werte von 90%, *Betula* fällt zurück und *Artemisia* steigt bis auf über 8% an (Fig. 216).
Aus Savoyen sind Schieferkohlen-Floren um Chambéry nachgewiesen: von Le Chapitre, aus der Flugplatz-Kiesgrube, von Voglans und von Sonnaz. Eine kaltzeitliche Flora mit *Artemisia* ist von der *Mont du Chat-Straße* bekannt geworden (Lemée, 1952).
Bei *Voglans* (7 km N von Chambéry) stehen um 250 m und um 280 m durch 30 m grobe Sande und Kiese getrennte Schieferkohlen an. In der unteren Kohle (Voglans I) beginnt die Vegetation mit bis über 90% *Alnus* und etwas *Corylus*. Im mittleren Abschnitt sind *Alnus* und *Corylus* recht bescheiden, dafür steigt *Pinus* bis auf 75% und *Picea* auf 15% an. Höher oben, bei einem ^{14}C-Datum von 59600+1300–1100 Jahren v. h., liegen *Pinus* um 60%, *Picea* um 40%. Da die Nichtbaumpollen – *Artemisia* und Chenopodiaceen – stark zurücktreten, muß das Tal von Chambéry damals bewaldet gewesen sein.
Auch in der oberen Kohle (Voglans II) beginnt die Vegetation mit über 80% *Alnus*, etwas *Corylus*, hohen *Carpinus*-Werten, *Ulmus* und *Acer*. Ein ^{14}C-Datum ergab >69700 Jahre v. h. Dann steigt *Picea* auf über 50% an. Später erreichen *Betula* mit 22% und anschließend *Pinus* mit 70% ihre Maxima. Unter den Laubhölzern steigen *Carpinus*, *Corylus* und *Alnus* auf je 8%, der Eichenmischwald auf 5% an. Dann gipfelt nochmals *Picea* mit 50%, und gegen das Dach mit einem ^{14}C-Datum von >67700 Jahren v. h. steigt *Pinus* auf 60%. *Picea* und die wärmeliebenden Laubhölzer fallen; *Alnus* und *Betula* steigen nochmals geringfügig an.
Aufgrund der Vegetationsentwicklung und der ^{14}C-Daten dürfte Voglans II entweder einen späteren Abschnitt des Eem-Interglazials oder ein Frühwürm-Interstadial bekunden. Da Voglans I älter sein muß, kann dieses allenfalls ein Riß-Interstadial dokumentieren (W. H. E. Gremmen in Grootes, 1977).
In *La Croix Rouge*, 3,5 km N von Chambéry (315 m) liegt über kaltzeitlichen Schottern eine insgesamt 2 m mächtige Schieferkohlen-Abfolge aus der Gremmen (in Grootes, 1977) ein Pollendiagramm gewann (Fig. 217).
Nach einer *Pinus*-Vormacht mit *Picea* und zunächst hohen Werten von *Artemisia* fallen die Nadelhölzer zurück und die wärmeliebenden Laubhölzer – *Corylus*, *Ulmus* und *Quercus*, *Fraxinus*, *Tilia* und *Acer* – treten markant hervor. Dann werden die Nadelhölzer – vorab *Picea* – erneut dominant. Hernach tritt *Artemisia* wieder vermehrt auf. *Picea* fällt scharf zurück, *Pinus* steigt auf fast 50% an, etwas später gipfelt *Betula*. *Picea* erreicht nochmals 60%; dann fällt sie mit *Betula* und *Alnus* stark zurück, während die Nichtbaumpollen – vorab mit *Artemisia* – fast 60% ausmachen. Mit einem markanten *Betula*-Gipfel endet das Diagramm.
Obwohl die unterhalb der Mitte des Profils sich mächtig ausbreitenden Laubhölzer für kurzfristig günstige Klimabedingungen sprechen, dokumentieren diese nicht eine interglaziale, sondern eher eine warm-interstadiale Entwicklung, was auch durch das ^{14}C-Datum von 67700+2700–2000 Jahren v. h. unterstrichen wird (Grootes, 1977).
In *Passey-Sonnaz*, 1 km S von La Croix Rouge, liegen unter der Schieferkohlen-Abfolge Tone mit Mollusken, Kohlelinsen und Lagen mit Knochen von Fischen und Säugern (G. de Mortillet, 1850a, b), dann rund 3 m Sand und 2 m Ton mit einem dünnen

Schieferkohlenband, dann, 19 m höher, erneut zwei dünne Lagen in den Tonen, hernach Sande und Schotter, die von Moräne der letzten Vergletscherung bedeckt werden. Bei *Servolex*, 6 km NW von Chambéry, war die beim Straßenbau aufgeschloßene Schieferkohle reich an *Picea*-Holz und enthielt auch *Pinus*-Zapfen. Darunter liegen Seetone mit Schieferkohle und Hölzern, darüber Schotter und zuoberst Moräne, die bei Servolex aufgearbeitete Schieferkohle enthält (Hannss & Grootes in Grootes, 1977). In der Kiesgrube von Tremblay S des Lac de Bourget fanden sich in Scheiferkohle-führenden Schottern am Fuße des Mont du Chat, einige m über der holzreichen Schieferkohle (G. Lemée, 1952), auch schlecht erhaltene fossile Knochen, wahrscheinlich von *Cervus elaphus*, und Stoßzahn-Fragmente eines Elephantiden, von *Mammonteus primigenius* oder von *Palaeoloxodon antiquus* (Ch. Hannss et al., 1978b). Etwa im gleichen Niveau konnte F. Schweingruber (in Hannss et al.) einen Tannen-Stamm und einen Föhrenstrunk von einem Mindestalter von 50000 Jahren erkennen.

Das Grésivaudan im Riß/Würm-Interglazial und im Frühwürm

Das Grésivaudan, das Isère-Tal oberhalb Grenoble, war nach der Ausräumung durch den präwürmzeitlichen Isère-Gletscher und seiner Zuschüsse im Riß/Würm-Interglazial und im Frühwürm von einem See erfüllt, der von Rovon bis Albertville reichte und auch die Seitentäler erfüllte. Bei Beauvert wurden über 400 m, in Eybens S von Grenoble über 500 m mächtige jungquartäre Sedimente abgelagert (P. Lory, 1941; P. Bellair et al., 1970; J.-C. Fourneaux, 1976, 1979; Fig. 218). Über Grundmoräne liegen eine Wechselfolge von Schottern, Sanden und sandigen Tonen, dann rund 250 m rhythmisch geschichtete Tone, argiles d'Eybens, mit Kleinzyklen von 2–4 mm (unten) und 6–8 mm (oben) sowie Großzyklen von 10–30 cm. Sollten die Kleinzyklen Halbjahresrhythmen dokumentieren, ergäben sich rund 25000 Jahre.
Die Einförmigkeit der Pollenspektren – *Pinus* mit Gräsern und Compositen, in höheren Horizonten (330 m ü. M.) mit *Betula*, Chenopodiaceen, Cyperaceen und Farnen – bekundet ein kühles Klima, das sich über längere Zeit kaum geändert hatte. Auch das Niveau des *Pinus*-Holzrestes mit 37000 Jahren v. h. (L. Moret, 1954) erbrachte neben *Pinus*-Vormacht nur *Picea*, wenig *Betula*, *Alnus* und *Corylus*. Pollenarmut und Erhaltungszustand deuten auf Umlagerung und Einschwemmung (J. Aprahamian et al., 1973). Aufgrund von Holzresten aus den Schottern von Eybens-Le Crey mit ^{14}C-Daten von 26500 +2200 −1800 und 29300 +5000 −3100 Jahren v. h. sowie weiteren Daten – >37000 und >43000 Jahren v. h. – sind diese – wie die Inntal-Seetone von Baumkirchen (F. Fliri, 1970) – dem Stillfried B-Interstadial zuzuordnen.
Am Zusammenfluß von *Drac*- und *Romanche-Gletscher* stand das würmzeitliche Eis – aufgrund der Seitenmoräne von Canier (1224 m) E des Grand Lac de Laffrey – auf nahezu 1250 m. Moränenwälle zwischen 1100 und 900 m verraten bei den Lacs de Laffrey jüngere Eisstände. SE von Séchilienne, im unteren Romanche-Tal, liegen in der Commune de la Morte höchste würmzeitliche Moränen bis auf 1360 m. Die S anschließende Kuppe von Les Souillets (1436 m) ist noch vom rißzeitlichen Eis überfahren worden (J. Debelmas et al., 1972k).
Während bisher angenommen wurde, daß Isère- und Romanche-Gletscher nach dem Vorstoß bis Grenoble noch weiter, über Voreppe hinaus Isère-abwärts bis Vinay vorgerückt wären und somit zwischen Belledonne und Vercors erst darnach zwischen 1200

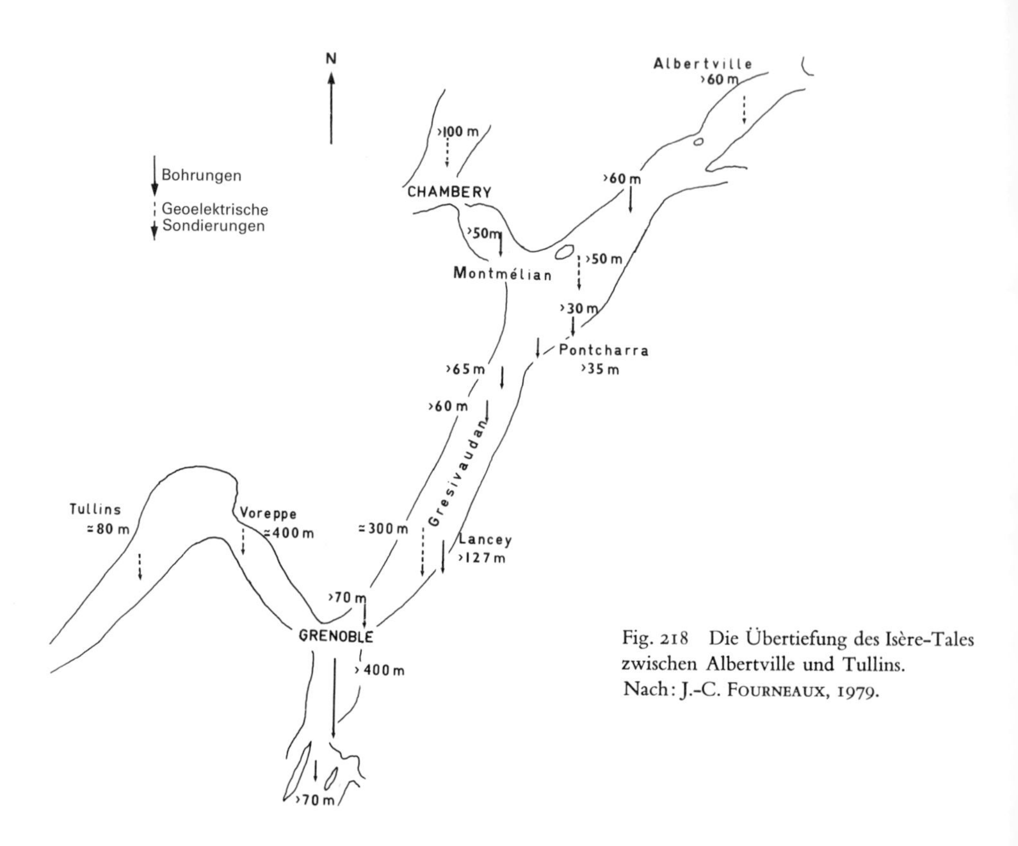

Fig. 218 Die Übertiefung des Isère-Tales zwischen Albertville und Tullins. Nach: J.-C. FOURNEAUX, 1979.

und 1000 m Höhe gelegene Seitenmoränen abgelagert hätten, möchte CH. HANNSS (1973) die Abfolge von Eybens sowie die Kalkschuttmassen von Prélenfrey am E-Abfall des Vercors (G. MONJUVENT, 1969) mit den tiefen Moränen um Grenoble, dem Stadium von Eybens (S. 499), in Beziehung bringen, um so mehr als auch Spuren einer ausgereiften Moustérien-Kultur auf dem Plateau von Guillets W von Grenoble es unmöglich machen würden, daß der würmzeitliche Isère-Gletscher dort die in 1050 m Höhe liegenden Moränenwälle vor 40000–35000 Jahren v. h. abgelagert hätte.
Dies hätte allerdings weitreichende Konsequenzen. Dann hätte der hochwürmzeitliche Isère-Gletscher nur einen Stand erreicht, der bei allen andern großen Alpengletschern in einem der Vorstoßphase von Grenoble entsprechenden und dann wieder in einem frühen Spätwürm-Stadium erreicht worden ist (S. 499).

Prähochwürmzeitliche Abfolgen im Einzugsgebiet des Drac

In den Trièves, dem NW-Rand des Dévoluy, folgen nach CH. HANNSS (in HANNSS & WEGMÜLLER, 1978a) am Ruisseau de Pompe Chaude unter Geschiebe-armer toniger Moräne mit bis 30 cm großen Kalk- und kantigen Kristallin-Geschieben eine Wechsellagerung von unsortierten dunklen Kalkschottern mit Tonen, teilweise mit Kieslagen und dann – in 680 m Höhe, 35–40 m unter der Terrain-Oberkante – dunkle Tone mit fossilen Hölzern, die ^{14}C-Daten von über 50000 Jahren geliefert haben, dann nochmals

unsortierte Schotter, hernach 20 m aufschlußlos und zu tiefst jurassische Terres Noires. Am weiter NE gelegenen Ruisseau de l'Amourette fand sich unter einer 20 m mächtigen Moränendecke eine Wechselfolge von 23 m von Kalkschottern mit dunklen Tonen mit fossilen Hölzern, Ligniten mit Mollusken und darin ein vertikal stehender Stamm von *Abies*. Das Dominieren von *Picea* und *Pinus silvestris/mugo*, *Abies*, *Juniperus* und *Salix* (F. SCHWEINGRUBER in: HANNSS & WEGMÜLLER, 1978a) steht in scharfem Gegensatz zu den heutigen Flaumeichenwäldern der Trièves, die am ehesten der eemzeitlichen Vegetation entsprechen. Damit, sowie mit den beiden ^{14}C-Daten >51000 und >50000 Jahre, dürften die Ablagerungen unter der würmzeitlichen Moränendecke wohl in die frühwürmzeitlichen Interstadiale fallen.
In Analogie zu ähnlichen Abfolgen in den französischen Westalpen und aufgrund von Abschätzungen über die Schneegrenzen-Depression dürfte die überlagernde Moränendecke noch nicht die maximale würmzeitliche Eisausdehnung der Dévoluy-Gletscher nachzeichnen. Damals hat der *Souloise-Gletscher* noch mit dem *Drac-Gletscher* zusammengehangen und dabei die mit Kristallin-Erratikern bedeckten und verfestigten Kalkschotter der Les Payas-Terrasse im Mündungsbereich der Souloise überfahren. Die von G. MONJUVENT (1973) als zerschnittener Rest einer frühriß zeitlichen Souloise-Talfüllung betrachteten Sedimente scheinen damit erst frühwürmzeitlich geschüttet worden zu sein.

Zitierte Literatur

AMBERGER, G. (1978): Contribution à l'étude du Quaternaire de la région lémanique: résultats de quelques sondages profonds exécutés à Genève – Ecl., *71/1*.

ARN, R. (1980): Sur les graviers de la Côte – En préparation.

APRAHAMIAN, J., BELLAIR, P., BILLARD, A., MONJUVENT, G., & USELLE, P. (1973): Bilan des connaissances actuelles sur les argiles interglaciaires d'Eybens – CR Acad. Sci., Paris, (D) *276*.

AUBERT, D. (1963K): Flle. 1202 Orbe, N. expl. – AGS – CGS.

BAUMBERGER, E., et al. (1923): Die diluvialen Schieferkohlen der Schweiz – Beitr. G Schweiz, geotech. Ser., *8*.

BEAULIEU, J.-L. DE, EVIN, J., MANDIER, P., & REILLE, M. (1979): Les Echets: un marais capital pour l'histoire climatique du Quaternaire moyen rhodanien - Palynologie et Climat, Paris 16–18 oct. 1979, 4ème symp. APLF – Résumés.

BELLAIR, P., et al. (1970): Les argiles d'Eybens et le lac du Grésivaudan – CR Acad. Sci., Paris, (D), *270*.

BERSIER, A. (1952K, 1953): Flle. 304–307 Jorat – AGS – CGS.

BLAVOUX, B., & OLIVE, PH. (1978): Le Quaternaire de la région de Thonon – In: SCHLÜCHTER, CH., et al., (1978): Guidebook – INQUA-Comm. Genesis Lithol. Quaternary Dep. – Sympos. 1978, ETH Zurich, Switzerland.

BÖGLI, A. (1941): Morphologische Untersuchungen im Goms – Mitt. NG Freiburg (Schweiz), *11*.

BRÜCKNER, E. (1909): In: PENCK & BRÜCKNER: Die Alpen im Eiszeitalter, *2* – Leipzig.

BRUN, A. (1977a): The evolution of Flora in the Upper Pleistocene of the Chablais (Haute-Savoie, France) – X INQUA Congr. Birmingham, 1977, Abstr.

– (1977b): Données floristiques et paléoclimatologiques du Pléistocène supérieur dans le Chablais (Haute-Savoie) – Résultats synthétiques et chronostratigraphie – B. AFEQ, *14/3*.

BURRI, M. (1963): Le Quaternaire des Dranses – Mém. Soc. vaud. SN, *13/3*.

DEPAPE, G., & BOURDIER, F. (1952a): Flore à *Buxus sempervirens* et *Rhododendron ponticum* de Barraux (Isère) – CR – Acad. Sci. Paris, *235*.

– (1952b): Le gisement interglaciaire à *Rhododendron ponticum* L. – Trav. Lab. GU. Grenoble, *30*.

FAVRE, A. (1867): Recherches géologiques dans les parties de la Savoie, du Piémont et de la Suisse voisines du Mont-Blanc, *1* – Paris.

– (1879, 1880): Description géologique du Canton de Genève, I et II – B. Cl. Agric. Soc. Arts Genève, *79*, *80*.

FAVRE J. (1927): Les mollusques post-glaciaires et actuels du bassin de Genève – Mém. S phy HN Genève, *40*.

Fliri, F. (1970): Neue entscheidende Radiokarbondaten zur alpinen Würmvereisung aus den Sedimenten der Inntalterrasse (Nordtirol) – Z. Geomorph., NF, *14*.

Fourneaux, J.-C. (1976): Les formations quaternaires de la vallée de l'Isère dans l'ombilic de Grenoble – G Alpine, *52*.

– (1979): Les ressaouces en eau liées aux surcreusements glaciaires dans les Alpes Françaises – E+G, *29*.

Gagnebin, E. (1937): Les invasions glaciaires dans le bassin du Léman – B. Soc. vaud. SN, *59*.

Gerber, E. K. (1944): Morphologische Untersuchungen im Rhonetal zwischen Oberwald und Martigny – Diss. ETH Zürich.

Grootes, P. M. (1977): Thermal Diffusion isotopic enrichment and Radiocarbon Datings beyond 50000 years BP – Rijks-U. Groningen.

Hannss, Ch. (1973a): Conséquences morphologiques de nouvelles datations au C14 dans le sillon alpin près de Grenoble – Rev. Ggr. Alpine *61*.

– (1973b): Das Ausmaß der Isèretalvergletscherung im Lichte neuer Datierungen – E+G, *23/24*.

–, Bottema, S., Grootes, P. M., Koster, Y. M., & Münnich, M. (1976): Nouveaux résultats sur la stratigraphie et l'âge de la banquette de Barraux (Haut-Grésivaudan, Isère) – RC, *64*.

– & Wegmüller, S. (1978a): Zur Altersstellung würmkaltzeitlicher Lokalgletschermoränen im Dévoluy und in der Belledonne (Französische Alpen) – Z. Glkde., *12/2*.

–, von Königswald, W., & Million-Rousseau, A. (1978b): Découvertes d'ossements fossiles dans la sablière au S-SW de la base du Bourget-du-Lac (Savoie) – Ann. Centre U. Savoie, *3* – Sci. nat.

Heim, Alb. (1919): Geologie der Schweiz, *1* – Leipzig.

Hess, H. (1908): Alte Talböden im Rhonegebiet – Z. Glkde., *2*.

– (1913): Die präglaziale Alpenoberfläche – Peterm. ggr. Mitt., *59*.

Jayet, A. (1945): Origine et âge de l'alluvion ancienne des environs de Genève – S phy HN Genève, *62*.

– (1946): A propos de l'âge du maximum glaciaire quaternaire – Ecl., *38/2*.

– (1964k): Flle. 1281 Coppet, N. expl. – AGS – CGS.

– (1966): Résumé de géologie glaciaire régionale – Genève.

– Achard, R., & Favre, C. (1962): Sur la présence de terrains glaciaires et interglaciaires au Petit-Saconnex près de Genève – Arch. Genève, *14/3*.

Jeannet, A. (1923): In: Baumberger, E., et al. (1923).

Lemée, G. (1952): L'histoire forestière et le climat contemporain des lignites de Savoie et de la tourbe würmienne d'Armoy, d'après l'analyse pollinique – Trav. Lab. G. U. Grenoble, *29* (1951).

– & Bourdier, F. (1950): Une flore pollinique tempérée inclue dans les moraines würmiennes d'Armoy, près de Thonon (Haute-Savoie) – CR Acad. Sci. Paris, *230*.

Lory, P. (1941): Dépôts d'obturation glaciaire. Les complexes d'Eybens – Rev. Ggr. Alpine, *29*.

Lüdi, W. (1953): Die Pflanzenwelt des Eiszeitalters im nördlichen Vorland der Schweizer Alpen – Veröff. Rübel, *27*.

Machatschek, F., & Staub, W. (1927): Morphologische Untersuchungen im Wallis – Ecl., *20/3*.

Malenfant, F. (1969): Découverte d'une industrie moustérienne de surface sur le Plateau des Guillets (Massif du Vercors, Isère) – CR Acad. Sci., Paris, *268*.

Monjuvent, G. (1969): Datation par le radiocarbone dans une moraine locale des chaînes subalpines à Prélenfrey-du-Gua près Grenoble (Isère) – CR Acad. Sci., Ser. D, *268*.

– (1973): La transfluence Durance-Isère – Essai de synthèse du Quaternaire du bassin du Drac (Alpes françaises) – G Alpine, *49*.

Moret, L. (1954): Données nouvelles sur l'âge absolu et l'origine des argiles d'Eybens–Trav. Lab. G Grenoble, *32*.

Morlot, A. (1858): Sur le terrain quaternaire du bassin du Léman – B. Soc. vaud. SN, *6*.

Mortillet, G., de (1850a): Lignites de Sonnaz – B. Soc. HN Savoie, *1*.

– (1850b): Alluvions anciennes de la Boisse (près de Chambéry) – B. Soc. HN Savoie, *1*.

Necker, L. (1841): Etudes géologiques dans les Alpes – Paris.

Penck, A., & Brückner, E. (1909): Die Alpen im Eiszeitalter, *2* – Leipzig.

Vernet, J.-P. (1972k, 1973): Flle. 1242 Morges – AGS, av. N. expl. – CGS.

Vernet, J.-P., Horn, R., Badoux, H., & Scolari, G. (1974): Etude structurale du Léman par sismique réflexion continue – Ecl., *67/3*.

Weidmann, M. (1962): Analyse pollinique d'argiles quaternaires des environs de Gingins (Vaud) – B. Soc. Vaud. SN, *68*.

Winistorfer, J. (1977): Paléogéographie des stades glaciaires des vallées de la rive gauche du Rhône entre Viège et Aproz – B. Murithienne, *94*.

Der Genfer Arm und der Zerfall des Eisstromnetzes

Einzugsgebiete, Transfluenzen und Abschmelzbereiche

Der heute nur gut 10 km lange Rhone-Gletscher war noch in der Würm-Eiszeit der mächtigste schweizerische Eisstrom. Während sein Nährgebiet zwischen Berner- und Urner Alpen heute nur 17,4 km² einnimmt, umfaßte es in der Eiszeit die N-Seite der Walliser Alpen, die S-Abdachung der Berner- und die südwestlichen Waadtländer Alpen sowie das Chablais. Aus dem obersten Quelltal der Arve gelangte Eis vom Glacier du Tour über die Cols des Posettes und des Montets ins Rhone-System. Anderseits floß Rhone-Eis aus dem unteren Val d'Illiez über den Col de Morgins (1369 m) ins Dranse-System (M. Burri, 1963) und – im Höchststand – über den Col des Mosses (1445 m) ins Saane-System (S. 471).

Die N von Ovronnaz auf über 1620 m liegenden Kristallin-Blöcke (H. Badoux et al., 1971 K) belegen eine würmzeitliche Mindest-Eishöhe. Im Würm-Maximum dürfte dort das Eis bis auf 1800 m gestanden haben (Imhof, E. et al., 1970 K).

Da die höchsten Walliser Erratiker bei La Rosseline E von St-Maurice in über 1600 m (M. Lugeon et al., 1937 K), am SW-Grat der Rochers de Naye in 1520 m (H. Badoux et al. 1965 K) und an den Rochers de Memise in 1550 m (Badoux in M. Burri, 1963) liegen, reichte das Rhone-Eis am Alpenrand auf 1550 m, rund 350 m über die damalige Schneegrenze. Dabei reichte das Eis mindestens bis auf diese Höhe. Durch das aus den Karen austretende Lokal-Eis wurde der Rhone-Gletscher am tieferen Eindringen gehindert, und selbst auf den Graten lag noch etwas Eis.

Über dem oberen Genfersee breitete sich das Rhone-Eis fächerförmig aus und spaltete sich über der Schwelle des Jorat mit ihren Transfluenzsätteln – Châtel-St-Denis – Semsales (842 m), S von Attalens (753 m), Lac de Bret (682 m) und Venoge–Entreroches 486 m) – in zwei Arme. Während der eine durch das Becken des Genfersees floß, drang das über die Transfluenzsättel übergeflossene Eis durch die Täler des westlichen Mittellandes vor und sammelte sich zwischen Alpen und Jura zum *Solothurner Arm*. In den höchsten Eisständen waren Saane-, Sense- und Aare-Gletscher diesem Eisarm tributär. Aus dem Val de Travers, dem Val de Ruz und dem Vallon de St-Imier empfing er Jura-Eis. N des oberen Genfersees ragten Le Barlattey (1630 m), Le Molard (1752 m), Le Folly (1730 m), Les Pléiades (1397 m) und La Corbetta (1400 m) als Schneegrätchen, Le Barlattey (1630 m), Niremont (1514 m) und die zur Moléson-Kette ansteigenden Höhen als firnbedeckte Kuppen wenig über die Eisoberfläche empor. Von der Dent de Jaman, vom Vanil des Artses, von der Dent de Lys und vom Moléson erhielt der sich abspaltende Solothurner Arm erste Zuschüsse.

Bei Thonon nahm der *Genfer Arm* den Dranse-Gletscher auf; aus dem Jura flossen ihm Joux-, Tendre-, Dôle- und Journans-Gletscher zu. Bei Genf vereinigte er sich mit einem Arm des Arve-Gletschers; der andere stieß SE des Salève durchs Tal der Usses und über Annecy vor.

In den würmzeitlichen Hochständen reichte der Arve/Rhone-Gletscher durch die Talfurchen des südlichen Jura bis ins Lyonnais. Die äußerste Randlage verlief von Virieux-le-Grand über Rossillin–Lagnieu–Anthon–Grenay–Heyrieux–Châbons zum Lac de Paladru NW von Voiron (A. Penck in Penck & Brückner, 1909; W. Kilian &

M. GIGNOUX, 1916; CH. DEPÉRET, 1922). Dort trat ihm der von SE, durch die Isère-Klus, vorrückende Romanche/Isère-Gletscher entgegen (A. FAVRE, 1867; A. FALSAN & E. CHANTRE, 1879, 1880; A. PENCK, 1909). Ein so mächtiges Vordringen ins Vorland konnte nur erfolgen, weil der Rhone-Gletscher Zuschüsse aus Savoyen erhielt: einen ersten über die niedergeschliffene Wasserscheide von Faverges (501 m) vom Arly-Gletscher, der durch die Talung von Mégève Arve-Eis empfing. Bei Albertville nahm der Arly-Gletscher aus den Tälern von Beaufort den Doron-Gletscher auf. Mit dem W von Albertville über den Col de Tamié (907 m) gegen Faverges überfließenden Arly/Isère-Eis rückte dieser durch den heute noch 63 m tiefen Lac d'Annecy längs des Fier und der Usses gegen das Rhonetal vor.

Der Isère-Gletscher und seine Zuschüsse zum Rhone-Gletscher

Aufgrund von Schliffgrenzen auf Gräten läßt sich die würmzeitliche Eishöhe einigermaßen rekonstruieren. Der vom Mont Blanc gegen NW absteigende Grat ist bis auf über 2200 m Höhe eisüberprägt. Talauswärts sind Mont Lachat (2113 m), Le Prarion (1961 m) und Tête Noire (1741 m) noch überschliffen, so daß das Eis über St-Gervais-les-Bains bis auf über 1800 m emporreichte. Auch in der Talung von Mégève dürfte die Oberfläche des Eises auf über 1800 m gelegen haben. Über Ugine stand das Eis des Arly-Gletschers bis auf über 1600 m, bei Albertville noch auf über 1500 m.
In der oberen Tarentaise, in den Quelltälern der Isère, bildeten die Firnmassen am Col de la Seigne (2516 m) – vorab am Petit St-Bernard (2188 m) – am Col du Mont und E von Val d'Isère gemeinsame Firnsättel mit den gegen NE, zum *Dora Baltea-* und gegen E zum *Orca-Gletscher* abfließenden Firnfeldern. Der Col d'Iséran (2764 m) bildete die Eisscheide gegen die oberste Maurienne, zum *Glacier de l'Arc.*
Da das Hochgebiet des Fort de Montgilbert noch unter Eis lag, stand die Oberfläche an der Mündung des Arc-Gletschers noch auf über 1400 m. Infolge der spitzwinkligen Mündung wurde das Arc-Eis vom Arly/Isère-Gletscher auf die linke Talseite gedrängt, so daß es dort bis über La Rochette hinaus ein durch den eisüberschliffenen Felsrücken des Montraillant getrenntes Paralleltal ausräumte.
Erst der mächtige Abfluß von Arly/Isère-Eis an der Talgabelung von Montmélian mit der Abfluß-Möglichkeit nach N gegen Chambéry und der Zufluß von Gletschern aus dem nordöstlichen Belledonne-Massiv erlaubten dem Arc-Eis bei Pontcharra mit dem Isère-Gletscher durchs Haupttal abzufließen. Die Fortsetzung der Talung von La Rochette über Allevard nach Le Cheylas im Grésivaudan wurde von dem bei Allevard sich gabelnden Bréda-Gletscher ausgeräumt. Weiter gegen SW zeichnet sich diese Zone der weicheren Liasschiefer bis S von Grenoble durch eine Reihe von Sätteln aus.
Im Hochglazial wurde jeweils ein Teil der zufließenden Seitengletscher aus dem Belledonne-Massiv vom Arc/Isère-Gletscher über diese Sattelreihe ins nächste Tal abgedrängt. Neben einem Überfließen von Isère-Eis bei der Mündung des Arc-Gletschers über den Col du Frêne (950 m) ins System des Chéran erfolgte eine bedeutende Diffluenz von Arly/Isère-Eis an der Gabelung von Montmélian über die Seuil des Marches (304 m) ins Quertal von Chambéry–Lac de Bourget. An den Cols des Prés (1135 m), de Lindar (1187 m) und de Plainpalais (1173 m), E und NE von Chambéry, stand das durch die Talung des Lac de Bourget vordringende Arly/Isère-Eis an Firnsätteln mit den ins Chéran-System abfließenden Eis in Verbindung.

Der Hauptarm floß Isère-abwärts über Grenoble, wo er von S den Romanche/Drac-Gletscher aufnahm, nach Voreppe und weiter bis Rovon. Seitliche Lappen lagen auf dem Plateau von Montaud und im Tal von Pommiers-la-Placette.
An der unteren Isère unterscheidet P. MANDIER (1973) oberhalb der holozänen Talaue zunächst zwei jüngere würmzeitliche Terrassen, dann das Akkumulationsniveau.
Nur wenige m über der Alluvialebene der Isère konnten bereits Mitte des letzten Jahrhunderts Backenzähne und mehrere Stoßzähne von *Mammonteus primigenius* gefunden werden (CH. LORY, 1864).
Über Grenoble reichte das Isère-Eis, aufgrund von Rundhöckern und Erratikern, bis 1200 m, über das Plateau von St-Nizier-du-Moucherotte (1123 m) hinweg und nahm Vercors-Eis auf. Bei Marais am SW-Ende des Belledonne-Massives setzt auf gut 1200 m eine Ufermoräne ein.
Markante Ufermoränen liegen auf der Hochfläche von Montaud, wo sie das Knie des Isère-Gletschers von Voreppe–Moirans nachzeichnen und dabei von 700 m auf 650 m Höhe abfallen (R. BARBIER in Y. BRAVARD et al., 1964K).
Besonders an der Schwelle von Rives sowie im Isère-Tal zeichnen sich Rückzugsstadien mit mehreren Staffeln ab (R. BLANCHARD, 1911; BRAVARD, 1963; BRAVARD in J. DEBELMAS et al., 1964K; M. GIDON et al., 1969; M. GIGOUT, 1969).
Die Seitenmoränen von Chantesse NE von Vinay dürften dem Würm-Maximum, jene um Tullins dem Stadium von Nurieux und jene NE von Moirans allenfalls demjenigen von Ballon-Bellegarde entsprechen. Endmoränen fehlen; sie wurden wohl beim Abschmelzen der Fronten ausgeräumt.
Von Montmélian drang eine Zunge gegen W über den Col du Granier (1134 m) in die nordöstlichen Täler der Grande Chartreuse ein. Von Chambéry wandte sich Eis gegen SW über den Col de Couz (624 m) nach Les Echelles ins *Guiers-System*. Dieses sammelte das Eis der Grande Chartreuse. Von Aix-les-Bains floß ein Lappen über den Col du Chat (633 m) nach W, ein weiterer über die Senke von St-Félix gegen Rumilly, wo er sich mit dem Chéran- und mit dem von Annecy gegen W vorstoßenden Arly/Fier-Eis vereinigte.
Der Hauptarm des bei Montmélian übergeflossenen Isère-Eises traf N des Lac de Bourget, im Becken von Culoz, mit dem von Bellegarde gegen S fließenden Rhone-Eis zusammen. Die beiden kolkten das Becken kräftig aus. Noch im Mündungsbereich des Séran, aus dessen Mulde der Rhone-Gletscher ebenfalls Eis empfing, liegt die Felssohle um über 50 m tiefer.
Die Stauschuttmassen um Seyssel dürften teils bereits beim würmzeitlichen Vorstoß abgelagert worden sein. Infolge der Bewegungsarmut des Rhone-Gletschers durch das vom Lac de Bourget Rhone-aufwärts fließende Eis wurden sie nicht wieder ausgeräumt.
Von Bellegarde wandte sich ein Arm des Rhone-Gletschers gegen NW, nahm aus den Jura-Mulden der Valserine und der Semine Zuschüsse auf, stieß über Nantua vor und lieferte dem Oignin Schmelzwasser (DEPÉRET & L. DONCIEUX, 1936K).
Vor den vordringenden Eisfronten schnitten sich tiefe Rinnen in die Jura-Kalke ein, von Virieux-le-Grand und aus dem Becken von Belley (M. GIGNOUX & P. COMBAZ, 1914) über Tenay–St-Rambert nach Ambérieu: die Cluse des Hôpitaux, von Groslée nach Lagnieu: der heutige Rhonelauf, und von Morestel nach La Verpillière. Außerhalb der Würm-Endmoränen von Lagnieu wurde gegen NW und von Grenay gegen W die Schotterflur der Plaine lyonnaise geschüttet und von Abflußrinnen zerschnitten.
Am Col de Richemont (1036 m) NW von Seyssel reichte das würmzeitliche Eis auf

über 900 m. Am Mont Clergeon (1026 m) E von Culoz liegen die höchsten Findlinge auf 1000 m (A. FALSAN & E. CHANTRE, 1879, 1880).

Erste Rückzugslagen des Rhone-Eises und seiner letzten Zuflüsse

Hinter den Endmoränen von Lagnieu und von Brion NW von Nantua mit ihren Abschmelzstaffeln zeichnet sich ein erstes Rückzugsstadium bei Nurieux ab.
Mächtige Moränen- und Schottermassen bei Ballon NE von Bellegarde, bei Eloise-Foliaz SE der Stadt sowie stirnnahe Seitenmoränen weiter S bekunden ein nächstes Rückzugsstadium des Rhone-Gletschers.
Das über Montmélian-Lac de Bourget geflossene Isère-Eis war selbständig geworden und endete im Becken von Culoz, der von Aix-les-Bains über St-Félix vordringende Arm mit seinem Seitenlappen bei Cessens, vor Rumilly und bei Cusy, wo er mit dem Chéran-Gletscher aus den Bauges zusammentraf. Das über Faverges–Annecy vorrückende Eis stirnte vor Hauteville-sur-Fier; nordwestliche Lappen erfüllten die Becken von Sillingy und von Allonzier-la-Caille. Mehrere Staffeln eines nächsten Stadiums umschlossen die Becken des Lac de Bourget und von St-Félix. Ein etwas jüngerer Stand liegt außerhalb des Lac d'Annecy (W. KILIAN & J. RÉVIL, 1918).
Noch in Römischer Zeit dürfte der Lac de Bourget mit seinen sumpfigen Uferbereichen im N Rhone-aufwärts bis über Serrières-en-Chautagne, gegen NW bis Culoz und Layours gereicht haben. Durch die Alluvionen von Rhone und Fier verlandete er mehr und mehr. Ebenso liegt die um die Mitte des 13. Jahrhunderts am S-Ufer erbaute Burg von Bourget heute 300 m landeinwärts in den Alluvionen der Leysse.
Auch der in einem ehemaligen Zungenbecken gelegene Lac d'Aiguebelette auf der W-Seite der Kette Montagne de l'Epine–Mont du Chat, dessen Wanne neben Lokaleis auch von Eis ausgekolkt wurde, das von Chambéry über den Col du Crucifix (915 m) überfloß, war nach dem Ausapern noch deutlich größer.
Bei den Abflüssen des Lac d'Annecy und des L. de Bourget zeichnen sich ähnliche Verhältnisse ab wie beim Zürichsee (S. 156). Bei ihnen ist jedoch, vorab beim Ausfluß aus dem Lac de Bourget, die Wasserführung kräftig zu Gunsten des stauenden Gewässers, zum Fier und besonders zur Rhone, verschoben, was sich in der geschichtlichen Entwicklung des Mündungsbereiches äußert.
Daß sich auch der Lac d'Annecy einst weiter gegen NW ausgedehnt hat, wird – neben See-Sedimenten – durch die Lage des bis ins 11. Jahrhundert zurückreichenden Sitzes der Grafen von Genf, die Anlage und Entwicklung der Stadt Annecy sowie durch die am S-Ende erbaute und ebenfalls durch den vordringenden Schuttfächer der Ire landeinwärts gerückte Turmruine von Bout du Lac belegt. Weiter talaufwärts bestand zwischen dem Ire-Schuttfächer von Doussard und denjenigen zwischen Vésonne und Faverges ein flachgründiger See, der nach und nach verlandete.
Eine eingedeckte präwürmzeitliche Rinne der unteren Valserine verläuft NE von Bellegarde und quert mehrmals die heutige Rhone bis Seyssel. Einen alten Rhone-Lauf konnten M. GIGNOUX & J. MATHIAN (1951) vom Fort de l'Ecluse gegen S bis zur Mündung der Usses verfolgen. Eine ehemalige Rinne des Fier verläuft von Annecy durchs Becken von Sillingy zur Usses. Einer ihrer Quelläste, die Petites Usses, diente noch im frühen Spätwürm den Schmelzwässern des Sillingy-Lappens als Abflußrinne. Die Rinnen des nach N abfließenden Lappens, der von zur Filière und zur Usses über-

geflossenem Arve-Eis genährt wurde, tieften sich bei Allonzier-la-Caille wohl schon während der Faltung in die an Querbrüchen verstellte südliche Fortsetzung des Salève-Gewölbes ein.

Der Isère-Gletscher im Spätwürm

Ein markanter Wiedervorstoß zeichnet sich beim Isère-Gletscher bei Grenoble in den stirnnahen Ufermoränen E von Eybens und in einer interneren Staffel bei Les Drogeaux zwischen St-Nazaire-les-Eymes und Bernin im Grésivaudan ab. Ihnen entsprechen zeitlich die Stirnmoränen im Tal von Uriage bei St-Georges und auf dem Plateau von Champagnier, die von seitlichen Lappen des Romanche-Gletschers (P. Lory, 1910, 1931) geschüttet wurden sowie die Terrasse von Le Croset S von Vif. Diese wurde durch die im Tal des Drac ebenfalls bis Grenoble vorgestoßene Zunge gestaut (J. Debelmas et al., 1967k, 1969k, 1972k).
Bei Séchilienne, 10 km Romanche-aufwärts, stand der *Romanche-Gletscher* im Stadium von Eybens – dokumentiert durch Seitenmoränen – bereits auf über 600 m. An der Mündung des *Olle-Gletschers*, weitere 16 km talaufwärts, reichte das Romanche-Eis – belegt durch Moränenwälle S von Sardonne und N von Allemont – schon auf 1100 m. Nächst jüngere Moränenstände zeichnen sich im Tal der Romanche bei Rioupéraoux ab. Dann gab der Romanche-Gletscher offenbar den Talboden von Bourg d'Oisans frei, stieß aber – wie auch der selbständig gewordene, von SE vorstoßende *Vénéon-Gletscher* – nochmals bis an den Rand des Beckens von Oisans vor (J. Debelmas et al., 1972k). Dank der verschiedenen Zuflüsse aus der Kette der Meije mit den Glaciers de Mont de Lans, de la Girose, de Rateau, de la Meije, du Tabuchet et de l'Homme endete der Romanche-Gletscher noch im mittleren Spätwürm unterhalb des Beckens des Lac de Chambon, bei Le Freney d'Oisans. Romanche-aufwärts dürften die von S, von den Pics de Combeynot (3156 m), von SSW und von WNW gegen den Col du Lautaret (2058 m) absteigenden Moränen diesem Eisstand zeitlich entsprechen.
Moränen bei Les Fréaux unterhalb von La Grave bekunden, daß der Glacier de la Meije im ausgehenden Spätwürm noch das Becken von La Grave erfüllt hat. Im letzten Spätwürm stieg er von der Meije (3983 m) – wie auch der Glacier de l'Homme – noch bis in den Talboden, bis gegen 1400 m bzw. 1700 m, ab, was durch steil absteigende Seitenmoränen belegt wird (J.-C. Barféty & R. Barbier, 1976k). Historische Stände reichten bis 1900 m; eine regenerierte Zunge endet heute auf 2020 m (R. Vivian, 1975).
Aus dem Belledonne-Massiv empfing der Isère-Gletscher Zuschüsse, einen letzten im Doménon-Gletscher von der Grande Lance de Domène (2790 m), durch Moränen und Stauterrassen dokumentiert, der unterhalb von Revel, um 600 m mündete.
Reste dieses Stadiums und innere Staffeln liegen auf der NW-Seite des Grésivaudan bei La Flachère und N von Barraux (M. Gidon et al., 1969k).
Der von der Talgabelung von Montmélian nach NW durch die Talung von Chambéry abgefloßene Eisarm reichte noch bis ans S-Ende des Lac de Bourget, gegen das unterhalb von Chambéry beidseits Wallreste verlaufen.
Neulich unterschied Ch. Hannss (in Hannss & Wegmüller, 1978) in den aus dem Belledonne-Massiv gegen NW austretenden Tälern des Doménon, der Combe de Lancey und des Vorz spätwürmzeitliche Stände, die er mit Würm b-A, C und D bezeichnet und die er mit den ostalpinen Stadien Bühl, Steinach und Gschnitz vergleichen möchte (Fig. 219).

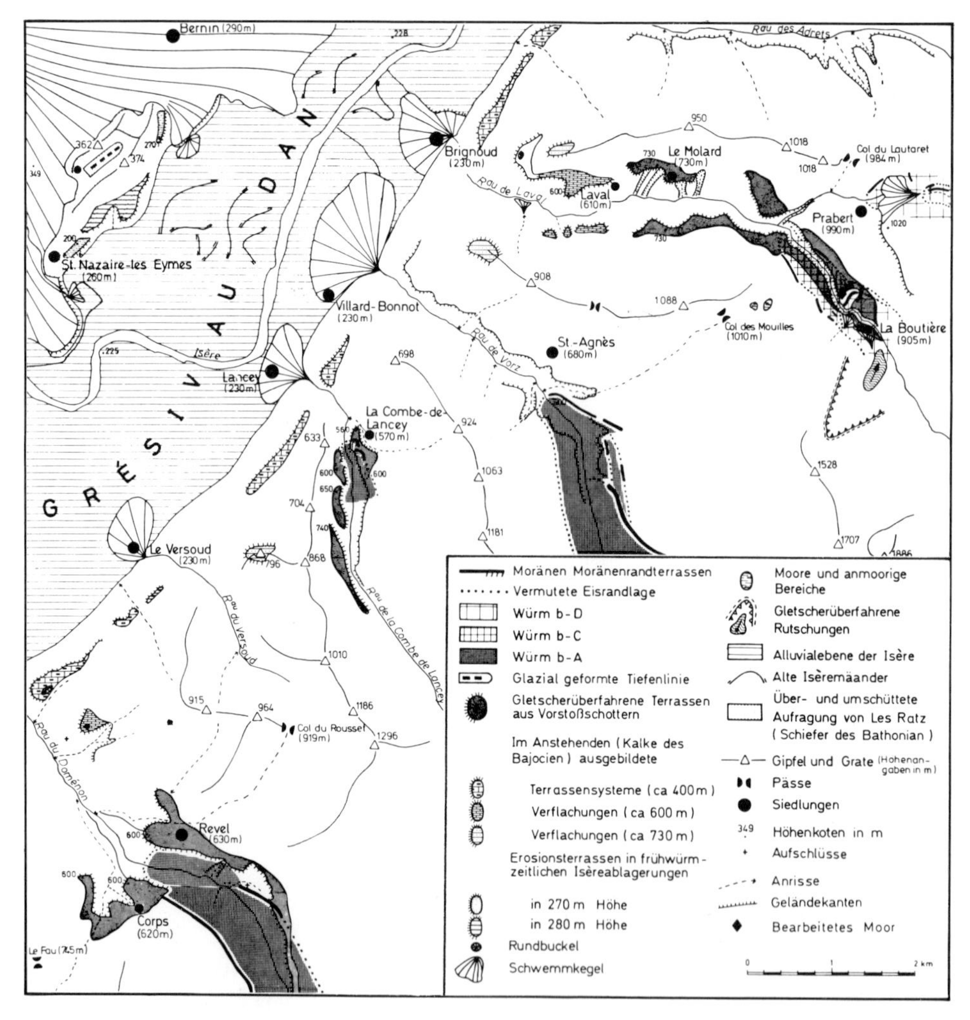

Fig. 219 Die spätwürmzeitlichen Lokalmoränen am NW-Abfall der Belledonne (Isère).
Aus: CH. HANNSS & S. WEGMÜLLER (1978a).

Im Moor auf dem Endmoränenwall von La Boutière (910 m) im Laval-Tal fand S. WEGMÜLLER (in HANNSS & WEGMÜLLER, 1978a) über einer Bohrtiefe von 17,9 m graublaue tonige Gyttja mit hohen Nichtbaumpollen-Werten. Die Föhrenwälder mit Birken waren stark gelichtet, so daß das Moor damals – in der Ältesten oder in der Jüngeren Dryaszeit – wohl nur wenig unter der Waldgrenze lag. Im Bölling oder im frühen Präboreal, ab 17,6 m, nahm die Bewaldung mit Föhren und Birken – diese auf Silikatböden der niederschlagsreichen NW-Seite der Belledonne – zu. Die Sedimente werden sandiger, erst dunkelbraun, dann grau. Im Alleröd oder im jüngeren Abschnitt des Präboreal erscheinen die ersten wärmeliebenden Bäume und Sträucher – *Corylus*, *Quercus* und *Ulmus*. Das Präboreal oder das Boreal werden durch die Ausbreitung von *Corylus* und die bestandbildenden Bäume des Eichenmischwaldes belegt.

Nächst jüngere Moränenstadien des Isère-Gletschers zeichnen sich zwischen der Mündung des Arc und Albertville ab: ein äußerer Stand S von Albertville, in der Forêt de Ronne, und N der Stadt, bei Allondaz um 850 m, sowie durch Rundhöcker und Mittelmoränenreste zwischen den Tälern des Arly, des Doron und der unteren Tarentaise. Isère-abwärts reichte der vereinigte Arly/Doron/Isère-Gletscher zunächst noch bis St-Vital–Ste-Hélène-sur-Isère. Der von Ugine gegen W ins Tal der Chaise abzweigende Arm des Arly-Gletschers reichte bis Faverges, später, wie Moränenreste NE und N von Ugine zu erkennen geben, bis Soney. In diesem inneren Stand, der sich bei Albertville in mehreren Staffeln abzeichnet, wurden die drei Gletscher selbständig.
Der *Doron-Gletscher* erfüllte im nächsten Stadium nochmals das Becken von Beaufort, wobei er vom Argentine- und vom Dorinet-Gletscher unterstützt wurde.
Ein nächstes Stadium wird in der unteren *Tarentaise* bei Esserts-Blay durch eine bis fast in die Talsohle absteigende Moräne belegt. Aus dem gegen SW offenen Tal von Naves hingen Eiszungen bis Naves, bis 1100 m, herab, während der gegen NE abfließende *Glacier d'Eau Rousse* vom Grand Pic de la Lauzière (2829 m) einen Zuschuß lieferte. Bei Moûtiers nahm der Isère-Gletscher, wie Moränen um das Dorf belegen, den *Doron-Gletscher* aus den Tälern der Vanoise auf. Noch jüngere Stände sind in der mittleren Tarentaise bei Aime und bei Landry durch beidseits gegen die Talsohle absteigende Moränen belegt. Sie deuten auf Zungenenden um 650 m bzw. um 750 m hin.
Nach dem Ausfall der Zuschüsse aus dem südwestlichen Mont Blanc-Massiv, vom Petit St-Bernard und von der Becca du Lac (3402 m) endete der Isère-Gletscher im mittleren Spätwürm bei Ste-Foy-Tarentaise um 1000 m.
In dem bei Bourg-St-Maurice von N mündenden Tal von Versoye belegen stirnnahe Moränen bei Bonneval ein Zusammentreffen der beiden Gletscher aus dem Versoyen und der Vallée des Chapieux. Im letzten Spätwürm endete der *Glacier des Glaciers* unterhalb bzw. oberhalb Ville des Glaciers. Frührezente Seitenmoränen begleiten die Zunge des Gl. des Glaciers, so daß dieser noch bis an den Abbruch um 2200 m gereicht hat; heute stirnt er bei einer Gleichgewichtslage um 3000 m auf 2650 m (R. VIVIAN, 1975).
Im letzten Spätwürm hingen Gletscherzungen in die Quelltäler, so daß der *Glacier des Sources de l'Isère* von der Grande Aiguille Rousse (3482 m) und der *Gl. des Fours* von der Pointe de Méan Martin (3330 m), zusammen mit dem Eis der Pte. de la Sana (3436 m), sich zunächst bei Val d'Isère noch vereinigt hatten.
Moränenreste des Vorstoßes um 1850 reichen bis 2320 m herab, dahinter liegt das Zungenbecken von Prarion. Heute endet der Gletscher um 2660 m (VIVIAN, 1975).
Der sich aufspaltende Glacier de la Grande Motte erfüllte mit seiner gegen N abfließenden Zunge noch im letzten Spätwürm das Becken des Lac de Tignes (2086 m). Der Gletscher von der Aiguille de la Grande Sassière (3747 m) und der Glacier des Balmes endeten damals an den Talausgängen um 1800 m.

Der Arc-Gletscher im Spätwürm

Im Tal des *Arc*, in der *Maurienne*, zeichnet sich ein äußerstes Stadium durch absteigende Moränenterrassen und Wallreste zwischen St-Alban- und St-Georges-des-Hurtières sowie durch Rundhöcker unterhalb Les Bonfands und SE von Aiguebelle unterhalb dieses Dorfes ab. Eine internere Staffel verrät ein Zungenende bei St-Léger. Hernach gab der *Arc-Gletscher* die Maurienne bis oberhalb von St-Michel frei, stieß dann erneut vor, was

durch Stauschuttmassen bei St-Martin-de-la-Porte sowie gegen Montricher-le-Bochat absteigende Moränenreste belegt wird. Dieser Wiedervorstoß zeichnet sich auch bei den von SW mündenden Seitentälern ab. Die Seitenmoräne von St-Pancrace bekundet einen nochmals bis St-Jean-de-Maurienne vorgestoßenen *Arvan-Gletscher* aus den nordöstlichen Grandes Rousses (3463 m) und von den Aiguilles d'Arves (3510 m). Stirnnahe Moränen in Seitentälern auf der SE-Seite der Belledonne belegen bei St-Alban-des-Villards jüngere Staffeln in dem bei St-Etienne-de-Cuines mündenden Glandon-Tal. Solche des *Glandon-Gletschers* fallen gegen Les Roches und jüngere gegen La Pierre ab (J.-C. Barféty in R. Barbier et al., 1977k). Endlagen stellen sich in der Maurienne im Bereich des Felsriegels von St-Michel ein. Dort drangen von S der *Valloirette-Gletscher* aus dem Gebiet des Col du Galibier und der *Nouvache-Gletscher* vom Mont Thabor (3292 m) bis an den Arc vor. Jüngere, zeitlich wohl denen des Arc-Gletschers bei Termignon entsprechende Endlagen sind in diesen beiden Tälern durch stirnnahe Moränen bei Valloire um 1400 m und bei Valmeinier um 1480 m dokumentiert.
In der Maurienne selbst war das Arc-Eis damals zunächst bis unterhalb von St-André, bis 950 m, später bis oberhalb von Modane zurückgeschmolzen. Eine Reihe von Rundhöckern sowie Wallreste lassen sich von Amodon über Aussois bis Sardières verfolgen. Noch im mittleren Spätwürm vereinigte sich der aus der Vanoise gegen S abfließende *Doron-Gletscher* bei Termignon mit dem um knapp 1300 m endenden Arc-Gletscher. Nach dem weiteren Abschmelzen des Arc-Eises brach vom NW-Abhang der Pte. de Ronce ein Bergsturz nieder, dessen Trümmer den Arc E des Col de la Madeleine kurzfristig zu einem See aufgestaut hatten.
Im letzten Spätwürm endete der *Glacier des Sources de l'Arc* von der Levanna (3598 m) mit seinen südlichen Zuflüssen, den *Glaciers du Mulinet*, *des Evettes* und *du Vallonnet* vom Albaron (3637 m) unterhalb von Bonneval, um 1750 m. Vor der Stirn wurde von Schmelzwässern eine ausgedehnte Sanderflur, die Ebene von Bessans, geschüttet, zu der auch die *Glaciers d'Avérole* und *de Rochemelon* von der Croix Rousse (3541 m), von der Pte. de Charbonnel (3752 m) und von der Pte. de Ronce (3610 m) beitrugen.

Zur Vegetationsgeschichte in den französischen Westalpen

Trotz unterschiedlicher Pollenproduktion der Waldbäume, störendem Fernflug, variabler Sedimentation und Pollenerhaltung vermag die Pollenanalyse nicht die wirklichen Waldgesellschaften, wohl aber näherungsweise Bilder ihrer Entwicklung im Laufe der Zeit in den verschiedenen Höhenlagen wiederzugeben (Fig. 220). Das von S. Wegmüller (1977) untersuchte Areal liegt zwischen der Laubmischwald-Region der nördlichen W-Alpen, den «Alpes humides», und der *Quercus pubescens* (Flaum-Eichen)-Region der südlichen W-Alpen, den «Alpes sèches», und greift E in den inneralpinen Bereich hinein. In einem Pollenprofil in den *W-Alpen* SE von Grenoble, im Hochmoorwald des Col Luitel (1200 m), konnte S. Wegmüller (1972) die Ergebnisse von J. Becker (1952) ergänzen und im untersten waldlosen Abschnitt Spektren des Überganges von Pionierrasen zu einer Strauchphase mit *Salix*, *Juniperus*, *Hippophaë* und *Ephedra* nachweisen – Älteste Dryaszeit.
Dann folgen eine Birken-Phase mit Auflichtungen: die Ältere Dryaszeit (?), eine Phase der Föhren-Birken-Wälder und eine Föhren-Phase mit Birken: das Alleröd, eine Föhren-Phase mit Auflichtungen: die Jüngere Dryaszeit, und eine Phase der Föhren-Birken-

Fig. 220 Die spät- und nacheiszeitliche Entwicklung der Vegetationsstufen in den französischen W-Alpen zwischen dem Vorland, der Grande Chartreuse und dem Pelvoux.

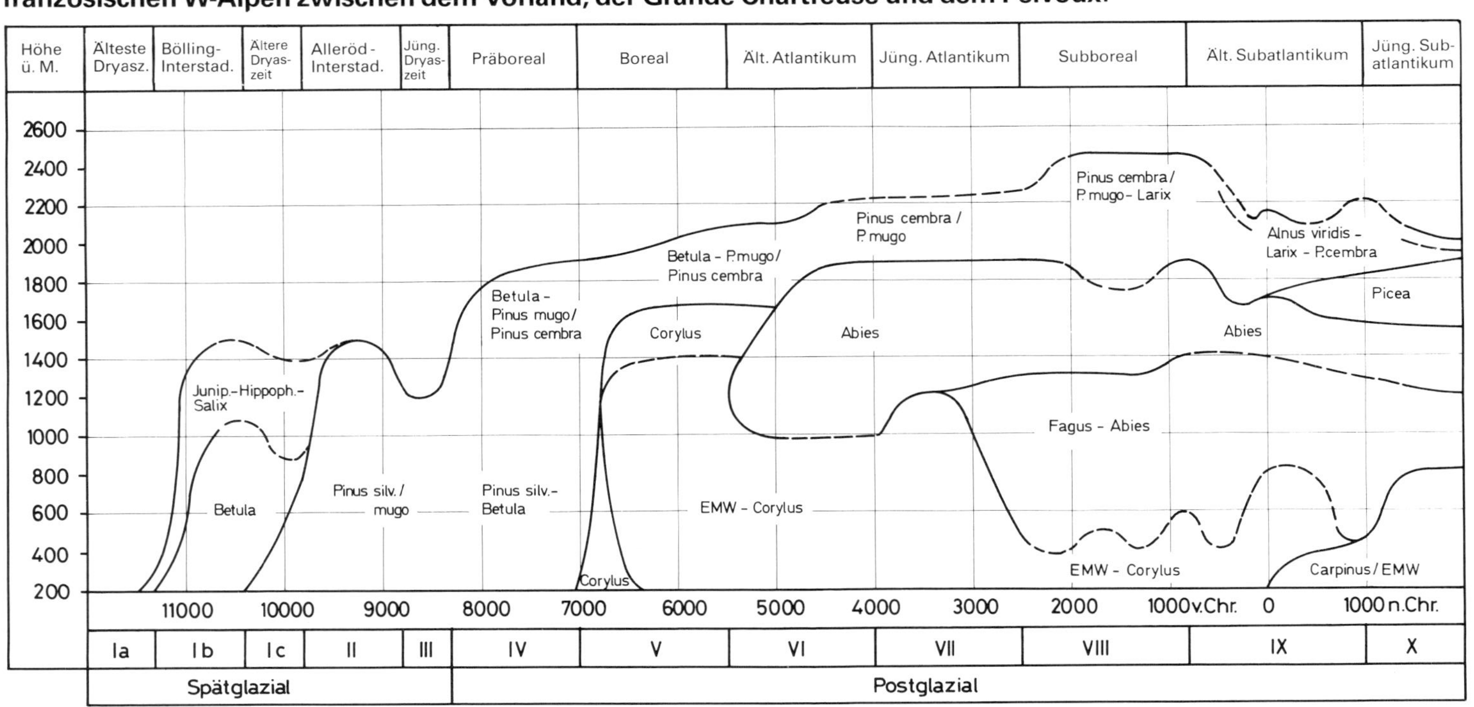

Ia–X Pollenzonen

Aus S. WEGMÜLLER (1977)

Wälder mit ersten Wärmeliebenden: das Präboreal. Damit schließt die Vegetationsentwicklung im Dauphiné eng an jene S-Deutschlands und der Alpen-N-Seite an.
Im Präboreal haben sich Hasel- und Eichenmischwälder mit Eichen und Ulmen ausgebreitet. Früh, wohl um 7000–7500 vor heute, drangen Tanne und Buche ein. Die Tanne wurde dominant; die Buche begann sich erst um 5500 v. h. auszubreiten.
Im obersten Abschnitt zeichnet sich die beginnende Bewaldung des Moores mit Bergföhren ab, zugleich treten erste Walnuß-Pollen aus dem Fernflug auf. Die Rottanne findet sich nur in geringen Anteilen.
Die im Bölling-Interstadial mit einer Strauchphase mit *Juniperus*, *Hippophaë* und *Salix* eingeleitete Wiederbewaldung vollzog sich im *Dévoluy* bis auf rund 1500 m, weiter S noch höher hinauf (J.-L. Beaulieu, 1977). Dabei ist der Übergang aus der Birken-Parktundra der tieferen Lagen nicht genau festzulegen. Der Klima-Rückschlag der Älteren Dryaszeit hebt sich besonders im Vorland der Grande Chartreuse, in den «terres froides» deutlich ab. Die *Pinus*-Dominanz herrscht vom Alleröd bis anfangs des Boreals. Die allerödzeitliche Klima-Besserung brachte *Pinus* bis auf eine Höhe von rund 1500 m.
Der einschneidende Klima-Rückschlag der Jüngeren Dryaszeit ließ die Waldgrenze um 200–300 m absinken. Den Übergang vom Alleröd in die Jüngere Dryaszeit konnte Wegmüller (1966) am Fuß des S-Jura, bei Coinsins N von Nyon (S. 520), und bei Voiran, in der Tourbière de Chirens, nachweisen. Die präboreale Klima-Besserung ließ *Pinus* in den nördlichen W-Alpen bis in die heutige subalpine Stufe, bis auf 1800 m, ansteigen. Am weiteren Anstieg der Waldgrenze im Boreal war auch *Betula* beteiligt. Der *Corylus*-Gürtel wurde in der kollinen Stufe bereits vor 6500 v. Chr. vom hochkommenden Eichenmischwald verdrängt. In der hochmontanen Stufe dürfte die Hasel zwischen den Linden-Ulmen-Ahorn-Beständen des Eichenmischwaldes und der *Pinus silvestris/mugo*- und *P. cembra*-Kampfzone weiterhin einen schmalen Gürtel eingenommen haben.
In der montanen Stufe hebt sich der Einbruch von *Abies* zu Beginn des Älteren Atlantikums klar ab. Dabei dehnte sich die Tanne bis in die subalpine Stufe, bis 1900 m, aus, wo sie den Arven-Bergföhren-Gürtel erreichte. In diesem entfaltete sich die Arve von 4800 v. Chr. an. Durch die Tannen-Ausbreitung wurde der Eichenmischwald oberhalb 1200 m verdrängt. Erst anfangs des Jüngeren Atlantikums stieg seine Obergrenze wieder an. Im Subboreal breitete sich die Tanne in der kollinen Stufe mehr und mehr aus und drängte den Eichenmischwald zurück. Die anhaltende Ausbreitung von *Fagus* in der kollinen und montanen Stufe, das konstantere Auftreten von *Larix* in der subalpinen Stufe sowie eine weitere Verbreitung der Arve ließen im Subboreal den höchsten Stand der Waldgrenze erreichen. Ihre Absenkung zu Beginn des Älteren Subatlantikums ist weniger auf die erneute Klima-Verschlechterung als vielmehr auf die eisenzeitlichen Alpweide-Rodungen zurückzuführen. Nach dem Auflassen von Weiden breiteten sich sekundäre Gesellschaften mit Lärche und *Alnus viridis* – Grünerle – aus.
Einschneidende Eingriffe in die Waldentwicklung erfolgten vom Hochmittelalter an. Die späte Ausbildung eines *Picea*-Gürtels vollzog sich erst nach dem Beginn unserer Zeitrechnung auf Kosten des Tannen- und des Arven-Bergföhren-Lärchen-Gürtels. In der kollinen Stufe erreichte die Buche im Subatlantikum ihre größte Ausbreitung. Bei den Rodungen wurde *Quercus* geschont und *Carpinus* in der Entfaltung begünstigt.
Im *Champsaur* zeigt die Vegetationsgeschichte – trotz der postglazialen *Pinus*-Dominanz – mit der borealen Hasel-Ausbreitung noch Beziehungen zur Entwicklung in den «*Alpes humides*». Das mehrfache Auftreten spätglazialer Arten wie *Artemisia* im Präboreal, die beschränkte Ausbreitung von Vertretern des Eichenmischwaldes im Boreal und im At-

lantikum, das sporadische Auftreten von *Quercus ilex* – Stech-Eiche – vom Atlantikum an, die späte Einwanderung von *Fagus* anfangs des Älteren Atlantikums und die nacheiszeitliche *Pinus*-Vormacht deuten auf Beziehungen zu den «*Alpes sèches*» hin.
Eine Sonderstellung in der Vegetationsgeschichte nimmt das *Dévoluy* ein. Die nacheiszeitliche *Pinus*-Dominanz bis ins Subboreal, die Unterdrückung der Hasel-Ausbreitung durch die spätboreale Trockenphase, die beschränkte Ausbreitung mesophiler Gehölze im Atlantikum und die späte Tannen-Ausbreitung um 3300 v. Chr. zeichnen dieses Gebiet aus. Bereits im Bölling-Interstadial treten erste Spuren von *Quercus*, im Präboreal solche von *Abies* auf. Nirgens zeigt sich so klar, daß die Ausbreitung der Waldbäume an klimatische Schwellenwerte gebunden ist.
In der subalpinen Stufe der «Alpes sèches», etwa in der *Ubaye*, ist die nacheiszeitliche Wald-Entwicklung wie in den N-Alpen verlaufen. Die erhöhten, mit einer Temperatur-Erniedrigung verbundenen Niederschläge wirkten ausgleichend auf die postglaziale Klima-Entwicklung, so daß die klimatischen Gegensätze in der Vegetation der kollinen und montanen Stufe zwischen N und S in der subalpinen Stufe weit weniger zutagetreten. Zufolge thermischer Begünstigung dürfte die Waldgrenze in den «Alpes sèches» stets höher gelegen haben als in den «Alpes humides».
Obwohl heute in der oberen Ubaye die Tanne fehlt, hatte sich dort im Atlantikum ein mit dem Arven-Bergföhren-Gürtel verzahnter *Abies*-Bereich ausgebildet. Im Subboreal wurde er durch das Ausgreifen des Arven-Bergföhren-Lärchen-Gürtels nach unten gedrückt und später durch Rodungen vernichtet.
Im *Champsaur* konnte WEGMÜLLER zwischen 5700 und 5500 v. Chr. mesolithische Rodungen, auf dem Col Luitel W der Chaîne de Belledonne zwischen 2700 und 2500 v. Chr. neolithische nachweisen. Nach kleineren bronzezeitlichen Eingriffen in die Waldvegetation setzten in der Hallstatt-Zeit in fast allen Höhenstufen Rodungen ein, die in ihrem Ausmaß nur im Hochmittelalter und in der Neuzeit übertroffen wurden.
In der *Tourbière von Chirens* (460 m) NW von Voiron fand S. WEGMÜLLER (1977) in einem ehemaligen Zungenbeckensee des Rhone-Gletschers von 8,9–5,7 m einen waldlosen Abschnitt mit hohen Nichtbaumpollen-Werten: lockere Pionierrasen, zeitweise mit einzelnen Büschen von *Salix*, *Hippophaë* und *Juniperus*. Neben Arten der kontinentalen Steppe – *Ephedra*, *Artemisia* – haben sich arktisch-alpine und boreal-subalpine, an begünstigten Stellen Hochstauden – *Filipendula*, *Cirsium* und *Polemonium* – Himmelsleiter – eingestellt. Ab 6,2 m fallen die Nichtbaumpollen von 91 auf 69%. Eine lichte Strauchphase mit *Juniperus*, *Salix*, *Hippophaë* und *Betula nana* entfaltet sich.
Von 8,2–6,8 m verläuft die Sauerstoff-Isotopenkurve nach U. EICHER (1979; EICHER et al., 1980) sprunghaft; dann wird ihr Verlauf gleichmäßiger. Der Karbongehalt nimmt zu; ab 6,2 m ist eine ungestörte biogene Produktion möglich geworden.
Von 5,7 m drängt der böllingzeitliche Birken-Vorstoß mit zwei Maxima Kräuter und Sträucher zurück. Eine Zunahme von *Artemisia*, Rubiaceen, Umbelliferen und *Thalictrum* deuten auf eine Auflichtung der Birken-Bestände in der Älteren Dryaszeit. Zugleich beginnt sich *Pinus* auszubreiten. Von 5,1–4,2 m, im Alleröd, breitet sich *Pinus* weiter aus und drängt *Betula* stark zurück. *Juniperus*, *Ephedra*, *Salix* und *Hippophaë* setzen zeitweise aus. Geschlossene Föhrenwälder dürften sich entfaltet haben. Die $\delta^{18}O$-Kurve steigt bis 5,4 m steil an, fällt dann leicht – unterbrochen von drei negativen Ausschlägen – und ab 4,35 m stark. Bei 4,3 m konnte der Laacher Bimstuff nachgewiesen werden (WEGMÜLLER & M. WELTEN, 1973).
Von 4,2–3,35 m haben die Nichtbaumpollen wieder zugenommen, *Artemisia* bis auf

11%. Ebenso deuten die sich wieder einstellenden Sträucher des Spätglazials auf eine Auflockerung der Wälder. Auch in der $\delta^{18}O$-Kurve zeichnet sich dieser Abschnitt, die Jüngere Dryaszeit, durch stark negative Werte ab. Dabei erfolgte die Klimaänderung wiederum früher als im Pollendiagramm, so daß die Vegetation erst nachträglich reagiert hat.

Über die Entwicklung der Flora und über die Besiedlung von Höhlen in dem vom würmzeitlichen Rhone-Gletscher *unterhalb von Genf* freigegebenen Gebiet – St-Thibaud, Culuz, Abri Gay, Les Romains und Douattes – und von Baulmes WNW von Yverdon liegt eine Zusammenfassung von A. Leroi-Gourhan & I. Renault-Miskovsky (1977) vor.

Besonders das Pollendiagramm von St-Thibaud (M. Girard, 1976) zeigt noch um 500 m eine Abfolge von *Laugerie-* (18000–17000 v. Chr.) und *Lascaux-Interstadial* (16000–14200 v. Chr.) mit Baumpollen von 40 bzw. 60%, mit kleinen Gipfeln von *Pinus*, *Corylus* und *Alnus* und der Anwesenheit von *Juglans*. Damit stellte sich S des Jura-Durchbruches von Fort de l'Ecluse – im Gegensatz zum Schweizerischen Mittelland – bereits im Laugerie-Interstadial ein erster schütterer Wald ein, der im Lascaux-Interstadial bereits weitere Areale einnahm.

Nach einer Schichtlücke (?) folgt eine durchgehende Abfolge vom Präbölling bis ins Boreal mit epipaläolithischen Kulturen (P. Bintz, 1976), die mit vier ^{14}C-Daten – 11120, 9950, 8800 und 7100 v. Chr. – eine zeitliche Einstufung gestatten.

Die höchsten würmzeitlichen Eisrandlagen am Salève bei Genf

Über die Eishöhe im Würm-Maximum geben zwei Profile vom Salève Hinweise (A. Jayet, 1967). Beim Bau der Bergstation der Schwebebahn (1100 m) folgten über Kalken der Untersten Kreide zunächst 30 cm lehmige Moräne mit Geröllen von kristallinen Schiefern, Gneisen und Kreide-Kalken, dann rote Erde mit einer holozänen Schneckenfauna, dann bräunliche Erde mit lokalen Kalkblöcken.

Eine ähnliche Abfolge beobachtete Jayet in einer beim Straßenbau angeschnittenen Schrattenkalk-Tasche an den Rochers de Faverges auf 1280 m; zunächst wiederum lehmige Moräne mit alpinen und lokalen Geröllen, dann rötliche Erde, dann bräunliche Erde mit Mollusken – *Cepaea sylvatica*, *Arianta arbustorum*, *Chilotrema lapicida*, *Helicodonta obvoluta*, *Retinella nitidula* –, Knochenfragmenten von *Bos*, *Sus*, Arvicolidae, Passerinae und archäologischen Resten: eine Eisennadel, eine Bronze-Armspange und Keramik der Eisenzeit (Latène I–II). Daraus folgert Jayet, daß der würmzeitliche Arve-Gletscher, der NE des Salève bis auf 1300 m reichte, diesen noch überfuhr, worauf auch die zahlreichen Rundhöcker hinweisen.

An der gut 20 km SE gelegenen Pointe d'Andey (1877 m) fand schon A. Favre (1867) höchstgelegene Blöcke von Mont-Blanc-Graniten auf 1665 m. Daraus ergäbe sich für den Arve-Gletscher ein Gefälle von 18‰.

Am Salève sind Moränen vor allem auf das Gebiet zwischen den Treize-Arbres und Abergement beschränkt. Gekritzte Geschiebe von Schrattenkalk und siderolithischen Gesteinen sowie alpine Blöcke herrschen vor. Sie wurden jedoch von E. Joukowsky & J. Favre (1913) der vorletzten Eiszeit zugewiesen. Die Erratiker treten besonders auf dem Plateau zwischen Petite und Grande Gorge von 1200 m bis gegen 1300 m gehäuft auf, ebenso zwischen 1100 m und 1150 m, um 800 m und bei Monnetier um 680 m.

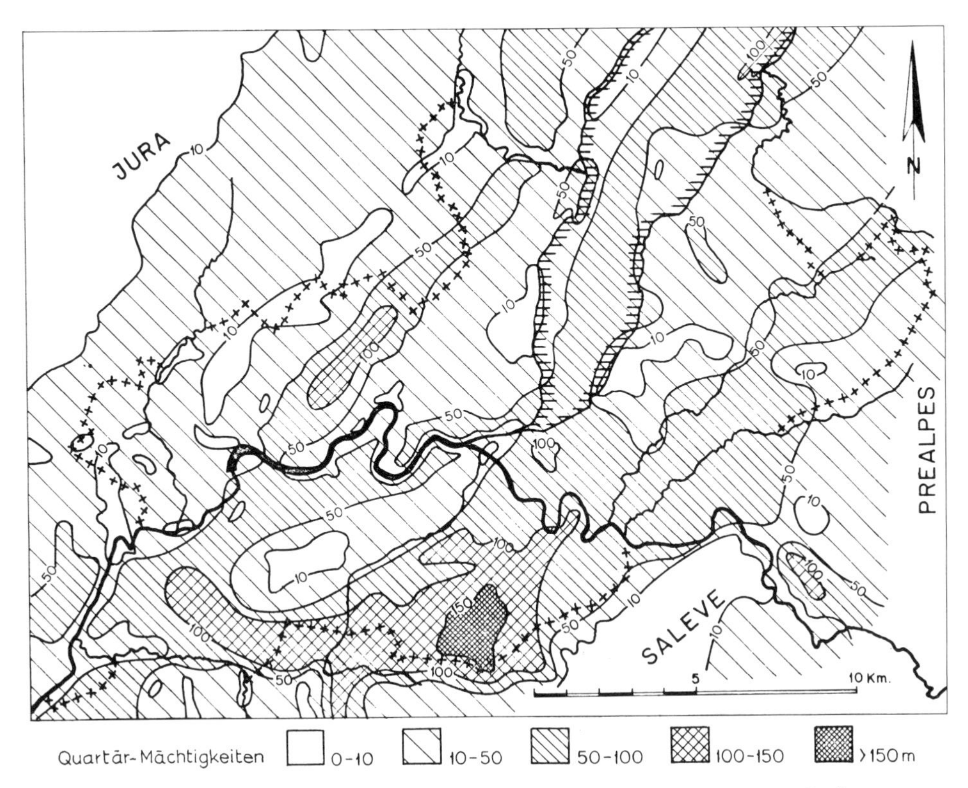

Fig. 221 Linien gleicher Mächtigkeit – Isopachen – der Quartär-Ablagerungen im Kanton Genf.
Aus: G. Amberger, 1978.

Die Rückzugslagen im Genevois

Eine Rückzugsstaffel zeichnet sich unterhalb des Rhone-Durchbruches des Fort de l'Ecluse ab: in der Moräne von Arsine auf der W-Seite der Montagne du Vuache und in derjenigen von Ballon NE von Bellegarde. Von N mündete aus dem Hochjura der Valserine-Gletscher, der bei Châtillon de Michaille den Semine-Gletscher aufnahm. (S. 497). Das Zungenende lag noch Rhone-abwärts, gegen Seyssel, wo ihm von S das durch die Talung von Chambéry–Lac de Bourget abfließende Isère-Eis entgegentrat (S. 497). Durch Usses und Fier dürften die beiden Eisströme bereits unterbrochen gewesen sein. Während des Eisstandes von Ballon floß Eis durch die Sättel am Mont de Sion, der Schwelle zwischen Montagne du Vuache und Salève. Ihre Schmelzwässer sammelten sich im Tal der Usses, zusammen mit denen des Arve-Gletschers, der über die Wasserscheide zwischen Bornes und Salève gegen SW vordrang. Auf der NE-Seite des Vuache und am Mont de Sion zeichnet sich diese Randlage vor allem durch Stränge von Erratikern ab (A. Jayet, 1947, 1966).
Zwischen Salève und den Voirons standen sich – durch die Rundhöcker von Les Evèques bekundet – bis auf 900 m Höhe Arve- und Rhone-Eis gegenüber. Bei Lucinges stellt sich auf gut 700 m eine internere Randlage ein. Auf der W-Seite unterschied Jayet (1966) zwischen Grand und Petit Salève in 695 m das Stadium von Monnetier.

Auf der NW-Abdachung des Salève und am N-Hang des Mont de Sion läßt sich diese Randlage in reliktischen Wällen und Erratiker-Anhäufungen von Archamps über Songy–La Joux bis gegen Chancy verfolgen. Wie der Stand von Ballon, zeichnet sie sich längs des Jura-Fußes bis gegen die Dôle ab.
Noch in den ersten Rückzugsstadien dürfte Lokaleis über die NW-Flanke des Salève den Rhone-Gletscher etwas vom Salève weg gegen NW gedrängt haben, was sich in schräg abfallenden, zum Teil etwas verrutschten Moränenwällen zu erkennen gibt (A. Favre, 1878k; A. Lombard & E. Paréjas, 1965k). Innerhalb dieser Wälle liegt spätwürmzeitlicher geschichteter Kalkschutt, Grèze (Groise).
Ein von einer Schmelzwasserrinne begleitetes Moränensystem verläuft von St-Cergue E von Genf längs des W-Fußes der Voirons über Cranves-Sales gegen den Unterlauf der Menoge. Mit dem von Corly gegen SE abdrehenden Wall bekundet es einen Lappen des Rhone-Gletschers, der E des Hügels von Monthoux gegen den Arve-Gletscher vorstieß. Bei Vétraz S von Annemasse schob sich nochmals Rhone-Eis gegen S vor und drängte das heranfließende Arve-Eis auf die W-Seite des Arve-Durchbruches (S. 509).
Am steilen NW-Fuß des Salève fehlen Wallmoränen. Dagegen setzt bei Bossey wieder ein Wall ein, der wohl demjenigen von Cranves-Sales entspricht. Dieser läßt sich W von Collonges-sous-Salève über Bardonnex–St-Julien-en-Genevois nach Thairy verfolgen. In weitgespanntem Bogen über La Feuillée bis ans SW-Ende des Molasse-Härtlings des Signal de Bernex umschließt er den St-Julien-Lappen. Dabei folgt die Arande, ein Zufluß der Aire, bis vor St-Julien einer alten Schmelzwasserrinne. Nach einigen Mäandern brachen die Schmelzwässer aus und überfluteten, einen flachen Schwemmfächer, die Alluvions des plateaux, zurücklassend, den südwestlichsten Kanton Genf. Dann tieften sie eine Rinne in die Schuttmassen ein und erreichten über Laconnex W von Cartigny die Schmelzwässer des Lappens, der über Aire-la-Ville abfloß und bei Russin stirnte (E. Chaix, 1910; E. Joukowsky, 1920; E. Paréjas, 1938k). Beim Abschmelzen des St-Julien-Lappens drangen Schmelzwässer durchs Gletschertor von Thairy unter das im Becken von Genf abschmelzende Eis ein.
Auf der NW-Seite des Russin-Lappens läßt sich der dem St-Julien-Stadium entsprechende Eisstand vom C. E. R. N. WNW von Genf über Prévessin–Ornex–Grilly–Divonne gegen Gingins bis an den Fuß der Dôle verfolgen. Randglaziäre Schmelzwässer vereinigten sich NW des Molasse-Härtlings von Choully mit solchen von Gletschern der Reculet-Kette. Wie beim St-Julien-Lappen, kam es auch am Ende des Russin-Lappens zur Ablagerung von Alluvions des plateaux, W der Rhone als Allondon-Schwemmfächer. Da die Entwässerung randglaziär blieb, vertiefte sich die Rinne des Allondon. Ein analoger Schwemmfächer mit Jura-Geröllen entwickelte sich bereits bei einem früheren Eisstand weiter im SW, in den sich, bei der Tieferlegung der Erosionsbasis durch den zurückweichenden Rhone-Gletscher, der Annaz einschnitt.
Über die Mächtigkeiten der im Genevois zurückgelassenen quartären Sedimente vermittelt die Isopachen-Karte von G. Amberger (1978) ein eindrückliches Bild (Fig. 221).

Der Arve-Gletscher und seine Zuflüsse

Im Würm-Maximum reichte der Arve-Gletscher bei Orange S von La Roche-sur-Foron bis auf über 1250 m, was durch Rundhöcker und Moräne belegt wird. Noch in einer Rückzugsstaffel mündete um 1050 m aus den Karen der Montagne de Sous-Dine (2004 m)

und der Roche Parnal ein kleiner Gletscher. Aus der Gleichgewichtslage um 1200 m ergibt sich bei NW-Exposition eine klimatische Schneegrenze von über 1250 m.
Das schnellere Abschmelzen des Rhone-Gletschers und dessen Beschränkung auf die Hauptachse Genf–Fort de l'Ecluse erlaubten beim Rückzug ein stärkeres Eindringen des Arve-Gletschers ins schrittweise freigegebene Genfer Becken. Dies wird durch die Transfluenz von Arve-Eis durch den Sattel zwischen Petit Salève und Salève belegt. Damals schmiegte sich der Arve-Gletscher ganz an die linke Seite des abschmelzenden Rhone-Gletschers. Vom Veyrier-Stand an vermochte der Arve-Gletscher S von Annemasse stärker ins rhodanische Moränen-System einzudringen (F. Achard & A. Jayet, 1968). Dann schmolz auch er in sein Stammbecken zurück.
Der Wall, der sich von St-Laurent über La Roche gegen Reignier verfolgen läßt und den Genfer Stand des Rhone-Gletschers bekunden dürfte, erreicht bei Boringe die Arve. Er besteht vorwiegend aus Blöcken von Schrattenkalk, die der Borne- dem Arve-Gletscher zugeführt hatte. Solche Blöcke liegen als Obermoräne auch auf der öden Hochfläche der Plaine-aux-Rocailles S von Boringe. Von dieser Randlage wurden – über mächtiger Moräne – Arve-Schotter mit gekritzten Geschieben, die ‚Alluvions des plateaux', geschüttet (A. Favre, 1879, 1880; Aug. Lombard & E. Paréjas, 1965 k).
Der *Borne-Gletscher* erhielt bei St-Jean-de-Sixt einen Zuschuß über Mégève und über den Col des Aravis (1486 m). Dabei empfing er auch ebenfalls übergeflossenes Arrondine-Eis. Von St-Jean wandte sich ein Ast gegen Thônes in die Vallée du Fier (S. 513).
Der *Glacier du Fier* mit seinem Firngebiet am Mont Charvin (2407 m) und an der Etale (2484 m) empfing seinerseits Arly/Arve-Eis über den Col du Marais (833 m). Dieses floß von Ugine über die flache Talwasserscheide von Faverges (500 m) in die Talung des Lac d'Annecy und noch bis ins ausgehende Spätwürm zum Glacier du Fier über. Bis ins ausgehende Hochwürm wurde der *Chaise-Gletscher* vom Mont Charvin durch eingedrungenes Arly/Arve-Eis gestaut, so daß dieser über den 1240 m hohen Sattel N des Bouchet gegen den Col du Marais zum Fier-Gletscher abfloß. Erst vom Stadium von St-Julien-en-Genevois an floß er nach SW gegen Faverges.
Über den 740 m hohen Sattel von Châtillon und durchs unterste Giffre-Tal hing der Arve- mit dem *Giffre-Gletscher* zusammen. Seine Zunge umfloß den Môle, stieß über St-Jeoire vor und erreichte noch das Becken von Les Tattes.
Bei Faucigny bekunden Wallreste, die gegen Loëx verlaufen, einen Stand des Arve-Gletschers, der dem von Cranves-Sales–St-Julien im Rhone-System entspricht. Zwischen der Schotterebene von Bonneville und der Seitenmoräne von La Roche-Boringe liegen Wälle, die interneren Arve-Randlagen angehören. Diejenige, die der Eisrandlage von Messery–Yvoire im Genfersee entspricht, zeichnet sich im Arve-Tal bei Marignier ab. Dort trat der Giffre-Gletscher aus, der sich zuvor, bei Pont-du-Giffre, in 2 Lappen aufgespalten hatte.
Eis von den Karst-Hochflächen des Désert de Platé (2553 m) und den Rochers des Fiz (2733 m) sammelte sich im Val de Sales. Im mittleren Spätwürm stirnte der Gletscher bei Pellys de Sales um 1150 m. Ein späterer, wohl letzter Spätwürm-Stand, zeichnet sich bei Chalets de Sales um 1800 m ab.
Die aus dem Kessel von Vogealle in den obersten Taltrog des Giffre abfallende Zunge erreichte im mittleren Spätwürm nochmals den vom Mont Ruan (3044 m) bis 1000 m herab vorstoßenden Giffre-Gletscher. Auch vom Pic de Tenneverge (2985 m), von der Pointe de la Finive (2838 m) und aus dem Kessel des Cheval Blanc (2831 m) rückten die durch Seitenmoränen bekundeten Gletscher ebenfalls bis 1000 m vor. Von ihren Enden

gehen mächtige Schuttfächer, Sanderkegel, aus. Jüngere Endmoränen belegen Gletscherstirnen im Talschluß um 1150 m. Auch von diesem Zungenende aus läßt sich eine Sanderflur talaufwärts verfolgen.
Um 1850 dürfte der heute auf 2350 m endende Glacier du Ruan – aufgrund markanter Seitenmoränen – nochmals bis 1800 m abgestiegen sein.
Aus dem bei Scionzier mündenden Tal von Reposoir erhielt der Arve-Gletscher zunächst noch einen Zuschuß, als er zwischen Vougy und Marignier stirnte. In einem nächsten Stadium endete der *Reposoir-Gletscher* bei Porte d'Age um 900 m. Noch im Stadium von Martigny/Leuk hingen Eiszungen aus dem Klippen-Gebiet von Annes – Tête d'Aufferand–Pointe d'Almet – bis 1200 m, von der Kette der Pointe Percée bis zur Ancienne Chartreuse; ein jüngerer Stand zeichnet sich NE der Tête d'Aufferand auf 1500 m ab.
Von der Talung von Mégève an läßt sich am linken Gehänge des Arve-Tales ein sanft abfallendes Moränen-System verfolgen, das auf einen bei Gravin stirnenden Gletscher hindeutet. Internere Wälle bekunden einen über Sallanches vorgefahrenen Gletscher, dessen Zungenbecken später eingeschottert wurde. Sie dürften dem Collombey–Ollon-Stadium des Rhone-Gletschers gleichzusetzen sein.
S von Mégève zeichnet sich durch stirnnahe Seitenmoränen ein Vorstoß eines Gletschers ab, der vom Mont Joly (2525 m) bis 1200 m abstieg. In einem späteren Stand endete der bereits aufgespaltene Eisstrom um 1400 m. Jüngere Zungenenden geben sich am Fuß der Aiguille de Croche und der Tête de la Combe um 1600 m und am Mont Joly unterhalb 1500 m zu erkennen.
Unterhalb von Le Fayet markiert eine steil abfallende Ufermoräne einen nächst jüngeren Vorstoß, der dem Stadium von Martigny des Bagnes-Gletschers entsprechen dürfte. Auch dieses Zungenbecken wurde eingeschottert.
Aus dem Tal des *Bon Nant* stieß von S ein Gletscher über St-Gervais-les-Bains zum Arve-Eis vor. Jüngere Staffeln zeichnen sich S von St-Gervais ab. Der Rücken von Champel ist als Mittelmoräne zwischen dem *Glacier du Bon Nant* und dem von E zufließenden *Glacier de Bionnassay* zu deuten. Eine weitere Staffel liegt unterhalb von La Villette, nach der Mündung des Glacier du Miage.
In einem späteren Vorstoß riegelte der *Glacier de Tré-la Tête* von den Dômes de Miage (3670 m), der Tré-la Tête (3930 m) und den Aiguilles des Glaciers (3816 m) den Talschluß des Bon Nant auf 1600 m ab; heute liegt das Zungenende auf 1950 m.
Aus dem Talschluß der Diose, einem bei Servoz von NE zustoßenden Seitental, schob sich im mittleren Spätwürm ein Gletscher – dank der Zuschüsse von den Aiguilles Rouges erneut bis in die Mündungsschlucht vor und vereinigte sich mit dem Arve-Eis. Damals reichte der Arve-Gletscher noch bis gegen Chedde, bis gegen 600 m, herab. Der mächtige Talboden von Sallanches, ein früheres Zungenbecken des Bon Nant/Arve-Gletschers, wurde von den jüngeren Sandern von Chedde und von Le Fajet des nochmals bis St-Germain vorgestoßenen Glacier du Bon Nant zugeschüttet. Ein späterer Stand gibt sich am Ausgang der Combe de la Balme und im Talschluß auf 1900 m zu erkennen.
Im späteren spätwürmzeitlichen Vorstoß reichte der Arve-Gletscher noch bis ins Becken von Servoz; subglaziäre Schmelzwässer vertieften die von der Route Nationale benutzte Rinne. Zugehörige Seitenmoränen liegen um Vaudagne. Sie lassen sich taleinwärts bis auf über 1300 m verfolgen. Eine internere Moräne verrät ein Zungenende um 850 m.
Noch im ausgehenden Spätwürm dürfte Mont-Blanc-Eis den Talkessel von Chamonix erfüllt haben. Wallreste finden sich W von Les Trabets und Rundhöcker bei les Chavants am Eingang der obersten Arve-Schlucht.

Fig. 222 Die vom Mont Blanc ins oberste Arve-Tal gegen Chamonix absteigenden Glaciers des Bossons und de Taconnaz mit Aiguille du Midi (links), Mont Blanc, Dôme du Goûter und Aiguille du Goûter.
Aus: S. Dutoit, 1967. Photo: W. Lüthy, Bern.

Der von F. Mayr (1969) mit dem Egesen-Stadium der Ötztaler Alpen verglichene Klimarückschlag ließ die *Mer de Glace* erneut bis Chamonix vorfahren; die zugehörige rechte Ufermoräne von Le Lavancher dämmte das Tal ab. Zugleich stieß der *Glacier d'Argentière* bis La Joux vor. Im Winkel zwischen der rechten Seitenmoräne und der

linken des *Glacier du Tour*, der sich nochmals mit dem Glacier d'Argentière vereinigte, kam es wiederum zur Bildung von Stauschottern. Zugleich stießen damals auch die Glaciers des Bossons und de Taconnaz bis in den Talkessel von Chamonix vor. Selbst der Glacier de Bourgeat dürfte den Arve-Gletscher noch erreicht haben.
Ein noch späterer, durch Wallreste bekundeter Stand läßt sich bei allen 3 Gletschern beobachten. MAYR vergleicht diesen, aufgrund von Holzfunden mit einem ^{14}C-Datum von 6400 ± 100 Jahren v. h., mit dem Larstig-Vorstoß HEUBERGERS der Stubaier Alpen.
In düsterer Erinnerung stehen im Tal von Chamonix die historischen Vorstöße des Glacier des Bossons, der Mer de Glace und der Glaciers d'Argentière und du Tour. 1643/44 sind sie bis ins Tal vorgedrungen und kamen erst vor den Dörfern zum Stehen. Schäden, die durch vorstoßende Gletscher angerichtet wurden – die Zerstörung der Weiler Rosière bei Chamonix und von Bonneville bei Le Tour – fanden schon um 1605 ihren urkundlichen Niederschlag (P. MOUGIN, 1910 a, b, 1912).
Der *Glacier des Bossons* stieß 1818 mächtig vor (MOUGIN, 1909), zerstörte Kulturland und bedrohte den Weiler Montquart. Wie schon 1643/44 wurde ein Bittgang zum Gletscher unternommen und an der Stirnmoräne ein Kreuz errichtet, dessen Stelle später markiert und für die Messung des Rückzuges verwendet wurde. So endete der Vorstoß von 1854 bereits 150 m weiter einwärts. Anfangs des 17. Jahrhunderts reichte der Glacier des Bossons weniger weit als 1818, wohl wie in den Jahren 1641–1644, in denen die Ernten von Montquart teilweise vernichtet wurden. Als Zeugen dieses Vorstoßes betrachtete H. KINZL (1932) die äußerste Ufermoräne, die ein Zungenende um 1100 m Höhe verrät (Fig. 222).
Mehrere Zeugnisse liegen über die *Mer de Glace* (= Glacier des Bois) vor. 1768 hatte W. COXE (1781) beobachtet, daß der Glacier des Bois an seiner Stirn Bäume entwurzelte und überfuhr. Von der äußersten Moräne berichtete H. B. DE SAUSSURE (1786, § 623): «Sur la route du Prieuré à Argentière, un peu avant d'arriver à la chapelle des Tines, je remarquai près du chemin une portion d'enceinte, formée par un entassemenet de blocs de granit arrondis; j'examinai attentivement la nature & la situation de cette enceinte, & je reconnus de la maniere la plus indubitable que c'étoit une ancienne limite du glacier des Bois, qui s'étoit autrefois avancé jusques-là. Je mesurai en droite ligne la distance à laquelle il se tient actuellement de cette limite, & je trouvai 500 de mes pas, ce qui fait 13 à 1400 pieds. On ne se souvient point à Chamouni d'avoir vu là le glacier; les méleses qui y ont crû, prouvent par leur air de vétusté qu'il y a bien long-tems que le glacier a abandonné cette place.»
1643 wurde gar befürchtet, daß der Gletscher bei einem weiteren Vordringen die Arve zu einem See aufstauen würde (MOUGIN, 1912). Dies weist darauf hin, daß er gegen Les Tines vorgerückt war.
Beim Vorstoß um 1820 hatte die Mer de Glace E von Les Bois eine Endmoräne hinterlassen. Dabei rückte die Stirn 1822 bis auf 20 m, 1850/51 erneut bis auf 50 m ans nächste Haus heran und endete wiederum um 1100 m.
Während des größten Vorstoßes um 1643/44 schob sich der *Glacier d'Argentière* bis auf 200 m ans Dorf vor, so daß der Gletscherwind das Ausreifen der Ernte verhinderte. Um 1820 sind die Felder erneut wertlos geworden (F. A. FOREL, 1902). Ein nächster Hochstand erfolgte um 1780, über den die Zunge 1819 noch um 40 m vorgefahren war.
Während die westlichen drei Gletscher bei ihren späteren Vorstößen nicht mehr so weit vordrangen, erreichte der *Glacier du Tour* 1818 nochmals den selben Stand. Dabei hatte er die Wiesen vor dem Dorf umgepflügt (J. DE CHARPENTIER, 1841).

Vor 1968 (LK 1344) endete der Glacier du Tour auf 2100 m, der Gl. d'Argentière und die Mer de Glace auf 1397 m, der Gl. des Bossons auf 1320 m (LK 292, 1961) und der Gl. de Taconnaz auf 1600 m. 1970 stirnte der Glacier du Tour auf 2160 m; bis 1965 schmolz der Gl. d'Argentière in der Mündungsschlucht bis auf 1550 m zurück. Bis 1978 stieß der steilabfallende Glacier des Bossons vor, während die Mer de Glace noch zurückschmilzt (Fig. 222). Die Mer de Glace ist mit 12 km Länge und einer Fläche von 38,7 km² der größte Westalpen-Gletscher. Sein Volumen wird auf 4 km³ geschätzt (R. Vivian, 1975).

Der Borne- und der Nom/Fier-Gletscher im Spätwürm

Im Stadium der Seitenmoräne von St-Laurent–La Roche–Reignier empfing der Arve-Gletscher noch einen Zuschuß von Borne-Eis (S. 509). Dann wurde der *Borne-Gletscher* selbständig. Im nächsten Stadium reichte er noch bis Le Petit-Bornand-les-Glières, wo sich stirnnahe Moränenreste abzeichnen. Von den Kreideketten beidseits des Tales hingen Eiszungen fast bis in die Talsohle herab. In einem späteren Stadium endete der Borne-Gletscher zuerst N von Entremont, dann, in einer späteren Staffel, im Dorf selbst.
Über die niedere Wasserscheide von St-Jean-de-Sixt hing der Borne-Gletscher noch bis in dieses Stadium mit dem *Nom-Gletscher* zusammen. Dieser, ein Zufluß des *Fier-Gletschers*, hatte bis ins Stadium von Eybens (=St-Julien-en-Genevois) über den Col des Aravis einen Zuschuß vom Arron-dine und im Hochwürm noch einen solchen von Arly/Arve-Eis erhalten.
Die den Ständen von Le Petit-Bornand und von Entremont entsprechenden Endlagen dürften beim Nom-Gletscher unterhalb und oberhalb von Les Villards-sur-Thônes, bei La Vacherie und bei Carrouge und Plan-de-Borgeal, anzunehmen sein.
Weitere Halte des Borne- und des Nom-Gletschers sind N und S von St-Jean-de-Sixt angedeutet. Noch im mittleren Spätwürm hingen von der Chaîne des Aravis Eiszungen bis in die hintersten Quelltäler herab, wo sie zwischen 1200 und 1450 m endeten. Ebenso waren damals die Hochflächen der Tête du Parmelan (1858 m), der Sous-Dine (2004 m), der Rochers-de-Leschaux (1936 m) und des Col de Cenise (1724 m) noch verfirnt, während von der Blanche (2437 m) Zungen ins hinterste Bronze-Tal und ins Becken des Lac Bénit herabstiegen. Noch bis ins letzte Spätwürm waren auch all die gegen NW offenen Kare der Ketten der Bornes und des Sixt von kleinen Gletschern erfüllt.

Zur Entstehung des Genfersees, Eisrückzugslagen und Sedimentations-Entwicklung

Seit A. Penck & E. Brückner (1909) wurde die Entstehung des Genfersees, dessen Spiegel heute auf 372 m liegt, vorab der Übertiefung, dem mehrfachen Vorstoßen des Rhone-Gletschers, zugeschrieben. Dieser hätte die alte Wasserscheide zwischen einer noch im jüngsten Pliozän existierenden Dranse-Aare-Donau und der Arve-Rhone im Bereich La Côte–Voirons in mehreren Etappen niedergeschliffen.
Durch limnologische (C. Serruya et al., 1967, 1969) und seismische (J.-P. Vernet et al., 1971, 1974) Untersuchungen scheint sich zudem noch ein bedeutender Einfluß der Tektonik abzuzeichnen. Dieser äußert sich einerseits in den Strukturen der Molasse-Schuppen zwischen Faltenjura und den aufgefahrenen präalpinen Decken des Chablais, anderseits in den unter verschiedenen Winkeln die Juraketten und den südöstlich an-

Fig. 223 Die heute unter Wasser gelegenen Molasse-Steinbrüche von Le Reposoir N von Genf, die im 14. Jahrhundert zum Bau der Stadt Genf ausgebeutet worden waren. Luftaufnahme (1963) der Eidg. Landestopographie, reproduziert mit Bewilligung des Service du Cadastre Genève, vom 25. Juni 1980.
Aus: G. Amberger, 1976.

schließenden Molasse-Untergrund durchsetzenden Blattverschiebungen. Vorab jene von Pontarlier–Vallorbe läßt sich bis an den Alpenrand verfolgen. Durch diese Schwächezonen fanden Rhone-Eis und dessen Schmelzwässer den Weg bis tief in den französischen Jura.

Auch im Bereich des Genfersees folgte das Rhone-Eis der vorgezeichneten Tektonik, begann Becken auszukolken und übertiefte sie. Dies scheint sich im Grand Lac, im Bereich der Reichweite der frühen hochglazialen Vorstöße, etwas öfter vollzogen zu haben. J.-P. Vernet & R. Horn (1971) sehen im Petit Lac – neben der tektonischen Anlage: ein Grabenbruch und schräg verlaufende Blattverschiebungen – vorab das Werk des fließenden Wassers. Dieses dürfte von Randlagen im Grand Lac sowie subglaziär gewirkt haben. Das Eis wäre nur durch Tektonik – wohl ein vorgezeichnetes Kluftsystem – und Fluß-Erosion geleitet worden.

W des Jorat entspricht diese Eisrandlage derjenigen des Mormont, der heutigen Wasserscheide zur Aare. Die verschiedenen Schmelzwasser-Durchbrüche deuten auf ein mehrmaliges Vorstoßen des Gletschers. Weniger oft und kurzfristiger stieß der Rhone-Gletscher ins Becken des Petit Lac und noch etwas weniger oft durch dessen südwestliche Fortsetzung, den Graben von St-Julien bis ans Fort de l'Ecluse vor. Infolge des immer schwächer werdenden Gefälles nahmen dabei auch Stoßkraft und Kolkwirkung ab. So liegt der Molasse-Untergrund im Grand Lac zwischen Vevey und St-Gingolph–

Meillerie bis gegen 400 m unter dem Meeresspiegel, im Petit Lac noch bis 50 m darüber. Selbst im Graben gegen St-Julien wurden bei Saconnex d'Arve nach 100 m mächtiger würmzeitlicher Grundmoräne und Alluvion ancienne noch 60 m rißzeitliche (?) Moräne durchfahren, ohne den Untergrund zu erreichen.
In Genf zeigten sich im Tunnel von St-Jean–Place des Nations, für den ein dichtes Netz von Bohrungen niedergebracht wurde, außergewöhnlich komplexe Lagerungsverhältnisse. Ein bedeutendes präriß- und präwürmzeitliches Relief wurde durch Glazialtektonik und Sedimentgleitungen weiter kompliziert, so daß sich für den Genfer Raum, trotz über 3000 Bohrungen, noch keine Synthese gewinnen läßt (G. AMBERGER, 1978).
Im Genfer Becken unterschied JAYET (1947, 1966) eine Reihe internerer Staffeln, die sich NE von Annemasse häufen.
Die Moränenfüllung in den Becken variiert überaus stark. Im Grand Lac fehlt sie vor dem Schweizer Ufer fast ganz, so daß dort spät- und nacheiszeitliche See-Ablagerungen unmittelbar dem Molasse-Untergrund aufliegen. Im östlichen Becken ist die Quartärfüllung recht mächtig. Die beiden der Riß- und der Würm-Eiszeit zugewiesenen Ablagerungen des Petit Lac lassen sich auch im Grand Lac erkennen.
Mit dem Abschmelzen des Eises vom Stand von Genf setzt die spätglaziale Geschichte des Sees ein. Noch über einige Zeit kalbte der langsam zurückschmelzende Rhone-Gletscher in den immer weiter zurückgreifenden See.
Die Randlage von Veyrier läßt sich über Lancy–Le Grand Saconnex mit derjenigen von Ferney–Chavannes–Bogis verbinden. Bändertone bei Ferney bekunden schmale kurzfristige Randseen (JAYET, 1958, 1964 K).
Ein internerer Stand verläuft von Chilly über Veigy, von wo JAYET (1957) eine *Dryas*-Flora beschrieben hat, und umgürtet den untersten Genfersee. NW von Versoix steigt dieser gegen Châtaigneraie an.
Eine noch internere Randlage zeichnet sich auf der savoyischen Seite bei Hermance – wiederum mit Bändertonen – und auf der Schweizer Seite bei Tannay–Commugny ab. In blauen Lehmen des Eisabbaues erwähnen J. FAVRE & A. JAYET (1938) *Pisidium vincentianum* WOODW. und *P. lapponicum* CLESS.
Aus glaziolimnischen Terrassen sind *Mammonteus primigenius, Rangifer tarandus, Bos primigenius, Bison priscus, Cervus elaphus* und *Equus caballus* bekannt geworden. Rätselhaft bleibt noch immer der wohl aufgearbeitete Backenzahn von *Hippopotamus* von der Mündung der Morges (E. RENEVIER, 1897; J.-P. VERNET, 1973; M. WEIDMANN, 1974). In den spätwürmzeitlichen Schottern N von Bournens wurde ein Fragment eines Mammut-Stoßzahns geborgen (A. BERSIER, 1952 K, 1953).
Rückzugslagen mit zwei Moränensystemen stellen sich S des Sees bei Messery und Yvoire ein. Längs des N-Randes des Plateaus von Vinzier läßt sich dieses Stadium über St-Paul-en-Chablais bis Thollon, bis auf über 900 m, zurückverfolgen. Von den Rochers de Memise erhielt der Gletscher noch letzte Zuschüsse, was durch Wälle belegt wird. Am N-Rand der Préalpes du Chablais dürfte die klimatische Schneegrenze für diesen Stand, der sich SE von St-Paul in einer gegen Vinzier zielenden Moräne abzeichnet, um 1300 m gelegen haben. Höchste Erraktiker liegen an den Rochers de Memise in 1550 m (H. BADOUX in M. BURRI, 1963).
Wie die tieferen Wälle, läßt sich die Moräne von Vinzier über das Hochplateau bis an die Kerbe der Dranse und um die Flysch- und Molassesporne zwischen Alpenrand und See bis Genf verfolgen; dabei entspricht die höchste derjenigen von Cranves-Sales (S. 508).
Zwischen dem nordöstlichen Kanton Genf und Evian konnte R. VIAL (1975) im Bas-

Chablais mehrere Rückzugsstaffeln durch Moränenwälle, Schmelzwasserrinnen und SE von Thonon durch randliche Schotter-Terrassen belegen und mit den Terrassen der Dranse in Verbindung bringen. Die Ausräumung der Rinne Maugny–Perrignier SSW von Thonon erfolgte aufgrund eines darin aufgefundenen Mammut-Zahnes, der ein ^{14}C-Alter von 14000 Jahren (B. BLAVOUX & M. DRAY, 1971)[1] ergab, spätestens vor diesem Datum. Da die Rinne auf einer Höhe von gut 600 m einsetzt, dürfte das Rhone-Eis damals, im Stadium von St-Julien, noch das Becken des Genfersees erfüllt und große Teile des Kantons Genf bedeckt haben.

Kameterrassen S und E von Thonon sowie um Aubonne (Fig. 224) belegen den sukzessiven Abbau des Rhone- und des mündenden Dranse-Gletschers, der allmählich selbständig wurde (M. BURRI, 1963; in H. BADOUX et al, 1965 K).

Die Randlagen von Messery–Yvoire setzen am Schweizer Ufer bei Nyon und Dully ein. Vom Signal de Bougy verlaufen entsprechende Moränen über Ballens–L'Isle–Moiry–Bofflens–Agiez–Mathod gegen Yverdon.

Internere Staffeln, kurzfristige Vorstoßhalte, werden durch seewärts sich verlierende Wälle bekundet: bei Rolle, St-Prex und St-Sulpice–Lausanne–Pully. Entsprechende Reste finden sich am S-Ufer um Thonon–Evian (E. GAGNEBIN, 1937, E. JOUKOWSKY & GAGNEBIN, 1945; BURRI, 1963, in BADOUX et al., 1965 K).

Mit dem Rückschmelzstand von Lausanne–Puidoux–Crémières–Zusammenfluß der Veveyses–Les Chevalleyres unterblieb nicht nur jedes Überfließen von Eislappen nach N, sondern auch jedes Abfließen von Schmelzwässern gegen NE. Dies bewirkte ein zusätzliches Abschmelzen durch weitere zentripetal, unter den im Genfersee-Becken liegenden Eiskuchen fließende Schmelzwässer.

Jüngste Abschmelz-Stände zeichnen sich am oberen Genfersee oberhalb von Montreux, bei Chaulin–Brent–Blonay und – ein tieferer – bei Chernex–Planchamp ab. Auch auf der S-Seite des Sees geben sich S und SW von St-Gingolph entsprechende Stände zu erkennen. Dabei erhielt das Rhone-Eis eben noch einen Zuschuß aus dem Vallon de Novel.

Noch in einem späteren Stadium stieß der *Morge-Gletscher* bis an die Mündung des Vallon de Novel vor, wobei sich E von Freney zwischen ihm und dem vom Grammont (2172 m) zufließenden Ast eine Mittelmoräne ausgebildet hatte. Weiter E erreichte ein vom Grammont absteigender Gletscher zunächst noch das Seeufer. Jüngere Spätwürm-Stände werden durch die Moräne von Novel belegt, die ein Zungenende um 850 m verrät (H. BADOUX, 1972 K), sowie durch die Moräne um La Planche, an der Konfluenz mit dem von der Dent du Vélan (2059 m) zufließenden Eis (BADOUX et al., 1965 K).

Noch im späteren Spätwürm floß Eis von den Cornettes de Bise (2432 m) und der Hochfläche der Montagne de l'Au über den Transfluenzsattel des Pas de Lovenex (1853 m) ins Becken des Lac de Lovenex, wo es N des Sees Moränen und Erratiker zurückließ.

In den Tälern der Veroye und der Tinière, die sich zwischen Montreux und Villeneuve in den Genfersee ergießen, kam es zum Aufstau glazifluvialer wallartiger Stauschuttmassen, die später kräftig zerschnitten wurden.

Spätwürmzeitliche Kaltphasen ließen die Gletscher von den Rochers de Naye (2042 m) und von der Pointe d'Aveneyre erneut bis fast ins Tal, dann noch bis 700 m herab vorrücken (H. BADOUX, 1965 K). Spätere Moränenwälle liegen in SW- und W-Exposition bis unterhalb 1200 m. Sie dürften den Ständen von Chexbres–St-Sulpice und jüngeren des Rhone-Gletschers entsprechen.

[1] Eine Neudatierung ergab mit 13900 einen analogen Wert.

Fig. 224 Stark gestauchte Kameschotter in der Kiesgrube La Vaudalle E von Aubonne.

Auf der N- und der NE-Seite der Rochers de Naye steigen spätwürmzeitliche Moränen bis unter 1600 m herab.
Von den am Genfersee unterschiedenen Strandterrassen (PARÉJAS, 1938) sind nur die 10 m- und die 3 m-Terrasse deutlich ausgebildet (JAYET, 1964K). Die 50 m- und die 30 m-Terrasse sind kaum erkennbar. Sie verdanken ihre Entstehung schmalen kurzfristigen Eisrandseen.
Erst mit der 10 m-Terrasse tritt eine limnische Fauna auf. Neben der Schlammschnecke *Lymnaea ovata* enthält diese mehrere heute verschwundene Formen (J. FAVRE, 1927, et al., 1938; JAYET, 1964K; A. LOMBARD, 1965K). Von der Venoge-Mündung erwähnt J.-P. VERNET (1973) aus der 3-m-Terrasse zahlreiche Schalen von *Unio batavus* LMK.
In den eistektonisch gestauchten Stauschottern von La Vaudalle E von Aubonne fand sich ein Bruchstück von *Mammonteus primigenius*, in den tiefer gelegenen Schottern des Grands Bois in Buchillon ein Wirbel, in denjenigen von Coulet W von St-Prex der Kopf eines *Bison priscus*, in St-Prex ein Geweih von *Rangifer tarandus* sowie eine Phalange und eine Tibia von *Equus caballus*, in Morges Stoß- und Backenzähne von Mammut.
Im See lassen die seismischen Profile zahlreiche subaquatische Rutschungen sowie die früheren Mündungen der Rhone, der Venoge, der Dranse und der Aubonne erkennen (VERNET et al., 1974).
Pollenanalytische Untersuchungen ergaben erste Resultate über die spät- und postglaziale Sedimentationsgeschichte. Über Sanden mit tonigen Zwischenlagen der Ältesten Dryaszeit folgen in Bohrkernen aus dem Petit Lac bis über 1 m mächtige Ablagerungen des Bölling mit *Pinus*-Dominanz, *Artemisia* und Gramineen, solche der Älteren Dryaszeit mit *Hippophaë* – Sanddorn, *Pinus* und *Betula* von 20–30 cm – im Grand Lac bei Thonon bis 1 m –, des Alleröd mit *Pinus, Betula, Hippophaë* und *Artemisia* und der Jüngeren

Dryaszeit mit einem Anstieg der Birke und einem Rückgang der Föhre, beide um 10–20 cm. Die präborealen Sedimente, hellgrauer, 1,8 bis 10 m mächtiger Schlick mit markanter Föhren-Entwicklung, werden abgelöst von solchen des Boreal mit vorherrschender Föhre, aufkommender Ulme und Hasel von rund 1 m mit schwärzlichen Lagen. Das milde Klima des Atlantikum mit Ulme, Eiche, Linde und Hasel zeichnet sich in rund 2 m mächtigen dünnwarwigen, schwarzen Sedimenten ab. Die Ablagerungen des Subboreal und Subatlantikum sind im westlichen Grand Lac feinkörnig, die schwarzen Warwen weniger häufig und heller.

Mit 14 bis zu 19 m tiefen Bohrungen konnten J. J. CHATEAUNEUF & D. FALCONNIER (1977) die Vegetations- und punktweise die Sedimentationsgeschichte rekonstruieren. In 3 Kernen vermochten sie bis ins ausgehende Boreal (?) oder früheste Atlantikum vorzustoßen, wo sich – wohl als Ausdruck einer kühleren und trockeneren Klimaphase – plötzlich hohe Werte von *Hippophaë* – lokal bis 70% – von *Pinus* und von Kräutern einstellen, während die folgende Vergesellschaftung bereits das Atlantikum bekundet.

Mit dem Auftreten von *Juglans* und dem Abfall von *Abies* im Subatlantikum ist im Holozän eine klare Zeitmarke gesetzt. Nach zwei *Juglans*-Gipfeln folgt ein Abschnitt mit *Pinus*, Farnsporen, Kraut- und Getreide-Pollen, mit *Acer*, *Juniperus*, *Ephedra*, *Helianthemum* und Chenopodiaceen. Dann fällt *Pinus* zurück und es stellen sich erneut Mischwälder mit *Abies*, *Picea*, *Quercus*, *Ulmus*, *Tilia*, *Betula* und *Alnus* ein. Zu oberst stellt sich erneut ein *Pinus*- und ein Getreide-Gipfel ein; daneben sind *Juglans*, *Picea*, *Fagus* und *Betula* reichlich vertreten. Im Klima-Optimum entwickelte sich auch das Phytoplankton kräftig. Während die Kerne im Petit Lac bis ins Atlantikum zurückreichen, werden sie im Grand Lac von W nach E generell jünger. Im Querschnitt Lausanne–Evian verbleiben sie im Subboreal, E von Pully im Subatlantikum und E von Vevey gar in den jüngsten Ablagerungen. Die Sedimentationsraten sind im Petit Lac und im östlichen Grand Lac recht hoch.

Nach J. SAUVAGE (1966), J. J. CHATEAUNEUF (1977) und CH. REYNAUD (schr. Mitt.) scheint die limnische Sedimentation im Grand Lac später erfolgt zu sein als an den Bekkenrändern und im Petit Lac. So finden sich spät- und nacheiszeitliche Sedimente mit gut entwickelter *Juniperus*-Zone zwischen 13400 und 12300 und einer allerödzeitlichen *Pinus*-Zone zwischen 11800 und 10800 Jahren v. h. bei Corsier und bei Versoix sowie längs des Uferbereichs von Thonon. Seismische und biostratigraphische Untersuchungen erlauben in den spätwürmzeitlichen Sedimenten auf Umkehrungen der Sedimentstrukturen zu schließen, was auf ein Abgleiten nach ihrer Ablagerung hindeutet.

REYNAUD möchte daher an einen im Grand Lac bis ins ausgehende Spätwürm stagnierenden Gletscher denken. Dies ist nur dann möglich, wenn die Oberfläche schuttbedeckt gewesen ist, was eine kräftige Verzögerung des Abschmelzens bewirkt hätte, und womit die Toteis-Hypothese pollenanalytisch gestützt wäre. Dafür würde auch sprechen, daß der Petit Lac bereits deutlich früher, schon vor 15000 bis 13000 Jahren v. h., eisfrei geworden wäre.

In der Pollen-Sedimentation zeigt sich eine Übervertretung der Koniferen, die wohl auf Zufuhr durch Flüsse, vorab auf die Rhone, zurückzuführen ist.

Am oberen Ende folgte der Genfersee zunächst dem ins Unterwallis zurückweichenden Eis. Noch im frühen Spätwürm reichte der See bis gegen den Felsriegel von St-Maurice. Auch S des Riegels dehnte sich nach dem weiteren Zurückschmelzen des Rhone-Eises ein See aus, der jedoch an seinem unteren Ende durch die Schuttfächer von Lavey, St-Maurice-Les Cases, Evionnaz und Collonges rasch verlandete.

Bis in die Neuzeit war Port Valais der einzige gute Hafen des Wallis. Um die Mitte des 18. Jahrhunderts begann der Genfersee bei der Porta Saxi; ebenso lag Noville noch am See (G. WALSER, 1768 K). Wie bei den Rhein-Mündungen in den Bodensee (S. 60), so geben sich frühere Rhone-Läufe im obersten Genfersee durch kalte Trübeströme erzeugte Tiefenrinnen zu erkennen. Solche Rinnen lassen sich auf dem Seegrund über 8 km weit verfolgen (F. A. FOREL, 1904; LK 1264).
In Genf entstand bei der Mündung der Arve in die aus dem See austretende Rhone eine ähnliche Situation wie in Zürich, wo die Sihl ebenfalls in die aus dem See austretende Limmat mündet und mit ihrem Schuttfächer den Abfluß beeinträchtigt hat.

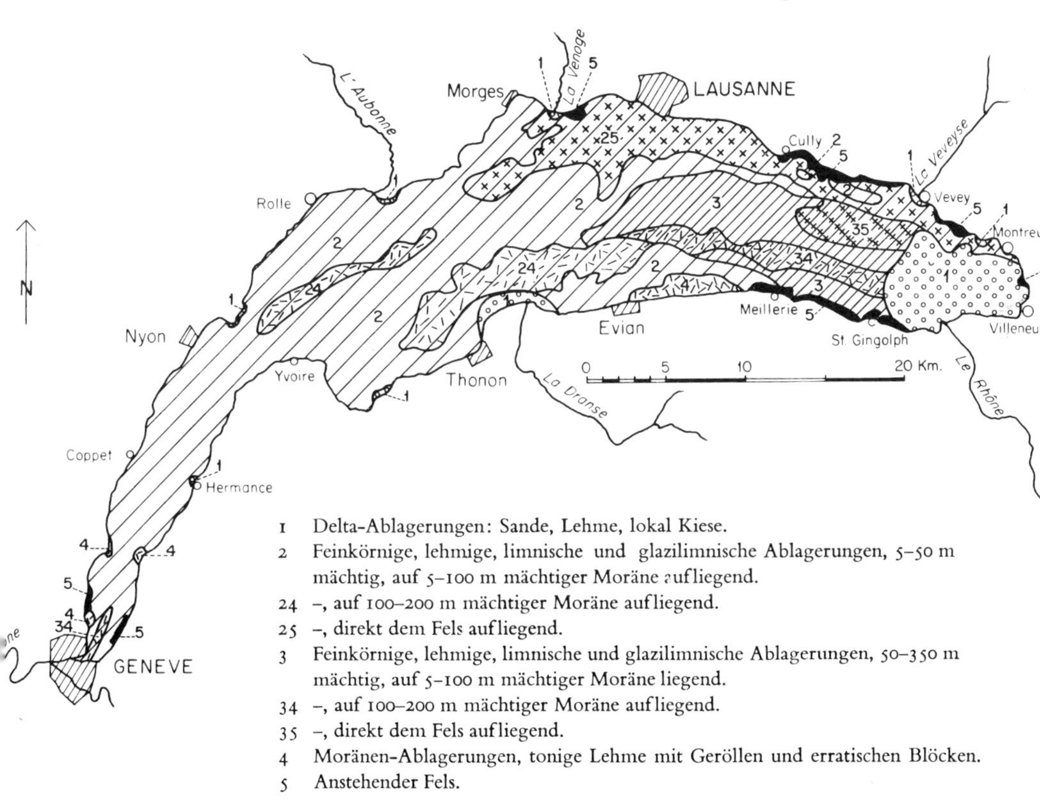

Fig. 225 **Geotechnische Kartenskizze des Genfersees.** Aus: G. AMBERGER, 1976.

Aus dem ausgehenden Paläolithikum sind vom Fuß des Salève die Fundpunkte Veyrier und Bossey (E. PITTARD & L. REVERDIN, 1929; A. JAYET, 1943; Bd. 1, S. 201, 224, 241), vom oberen See-Ende Le Scé oberhalb von Villeneuve bekannt geworden (M.-R. SAUTER, 1952; SAUTER, 1977; Bd. 1, S. 201, 216).
Im Neolithikum entfaltete sich im Genfersee-Gebiet die von S-Frankreich Rhoneaufwärts vorgestoßene Chamblande-Kultur, die bis ins Oberwallis vorstieß (M.-R. SAUTER & A. GALLAY, 1960, 1969; M. SITTERDING, 1972; SAUTER, 1977). An den Gestaden des Genfersees finden sich Überreste früherer Uferdörfer, die heute 4–6 m unter Wasser liegen. Aus diesen konnten archäologische Funde der Cortaillod-Kultur geborgen

werden (A. GALLAY & P. CORBOUD, 1979). Zuweilen folgen darüber bronzezeitliche Kulturschichten. Die Sedimente der archäologisch ausgegrabenen Bucht von Corsier bestehen aus glazilimnischen Tonen, die auf Molasse oder auf Moräne liegen und von blaugrauen Tonen überlagert werden. Diese Tone haben eine spätwürmzeitliche Flora geliefert. Sie setzen sich nach oben in kalkige Warwen der nacheiszeitlichen Wärmezeit fort. Über der Kulturschicht folgt ein pollenarmer Mollusken-Horizont. Die Sedimentkerne vom Uferrand zeigten keine limnischen Ablagerungen seit den letzten 3500 Jahren (CH. REYNAUD, 1979).
Auch in der Bronzezeit haben sich im Genfersee-Raum, vorab um Genf und um Morges, bedeutende Siedlungen entwickelt.
Während Funde aus der Hallstatt-Zeit mit den Grabhügeln von Aubonne und Jouxtens stark zurücktreten (W. DRACK, 1974), sind sie namentlich in der frühen Latène-Zeit wieder reicher (SITTERDING, 1974; L. BERGER, 1974).
Von der über Summo Poenino (Großer St. Bernhard) in Pennelocus (Villeneuve) den Genfersee erreichenden Römer-Straße zweigte bei Viviscus (Vevey) eine über Uromagus (Oron)–Minnodunum (Moudon) nach Aventicum (Avenches) ab, während die andere dem Lacus Lemannus folgte. Von Lousanna zweigte eine weitere Straße über Urba (Orbe)–Ariolica (Pontarlier) nach Vesontio (Besançon) ab, während diejenige längs des Genfersees über Colonia lulia Equestris, später Equestris Noviodunum (Nyon), nach Genava (Genf) und weiter über Boutae (Annecy) bzw. über den Mont de Sion nach Gallia Narbonensis, später G. Viennensis führte (DRACK & E. IMHOF, 1977).
In Genf reichte das Ufer mit den Hafenanlagen zur Römerzeit noch um 200 m näher an den Fuß des Castrums heran (P. BROISE, 1974).
Noch auf der Genfersee-Karte von J. DU VILLARD (1581) lag das Ufer im Mündungsbereich der Rhone durchschnittlich rund 1 km weiter südlich.
Anderseits wurden bereits 1702 durch ADDISON bei Cologny am E-Ufer und später auch bei Le Reposoir am W-Ufer N von Genf aus dem 14. Jahrhundert stammende, heute subaquatische Steinbrüche in der Molasse entdeckt (MACAIRE-PRINSEP, 1824; G. AMBERGER, 1976; J.-J. PITTARD, in AMBERGER et al., 1976). Sie belegen einen damals mindestens im Spätwinter und im Frühling deutlich tieferen Wasserstand.
Zur Energie-Gewinnung wurde der See in Genf mehrfach aufgestaut. Während um 1700 der Niedrigwasserstand bis auf 370,1 m fiel, betrug dieser 1830 noch 370,82 m.
An Hochwasserständen wurden gemessen: 1877 373,49 m, nach der Korrektion von 1891–1897 372,90 m, 1936 und 1937 372,91 m, und 1975 372,71 m, an Tiefständen 1921 370,85 m, 1949 371,01 m bei einem Mittelwasserstand von 372,04 m (Office féd. économie hydrol., 1978), bei einer Kote der Pierre du Niton, dem Ausgangspunkt der schweizerischen Landesvermessung von 373,60 m.

Die spät- und nacheiszeitliche Vegetationsgeschichte am S-Fuß des Jura

Die spät- und nacheiszeitliche Vegetationsentwicklung am Rande des Genfersee-Bekkens konnte S. WEGMÜLLER (1966) in einem 6,45 m langen Pollenprofil aus der *Tourbière de Coinsins* (480 m) N von *Nyon* aufdecken. Dieses Moor liegt wenig innerhalb der Moränenwälle von Trélex und Gingins, die von A. JAYET (1946) dem Stadium von St-Genis-Grilly (= St-Julien-en-Genevois) zugewiesen werden.
Nach blauen, sandigen Tonen mit minimaler Pollenführung – schwankende Werte von

Chenopodiaceen, Caryophyllaceen, Umbelliferen und *Plantago alpina*, einem Anstieg von *Helianthemum* bis auf über 10% sowie gegenläufigen Gipfeln von *Artemisia* (bis 44%) – setzt bei 6,1 m bräunliche Tongyttja ein. Zugleich stellen sich nacheinander *Betula*, *Salix*, *Ephedra* und *Hippophaë* sowie Compositen, *Thalictrum* und *Rumex/Oxyria* ein. Von 5,7–5,5 m steigt *Betula* erstmals auf über 10% und belegt eine Klimabesserung. Dann wandert *Juniperus* ein, *Betula* fällt etwas, und *Salix* tritt stärker hervor. Die Kräuter gehen auf Kosten von *Thalictrum* und *Artemisia* zurück.

Vor der Wiederbewaldung erreichen nochmals verschiedene – besonders *Helianthemum* – höhere Werte und schließen sich zu Pionierrasen mit *Ephedra* zusammen. Hernach, bei 5,28 m, schnellt *Juniperus* kurzfristig auf 47% an; darnach erreicht *Hippophaë* mit 5% ihren höchsten Wert. Sie beide leiten die Bewaldung ein. Zugleich treten mehrere Kräuter stark zurück, und die Tongyttja geht in Kalkgyttja über.

Von 5,23–5,15 m herrscht *Betula* unumschränkt vor; *Juniperus* und *Hippophaë* fallen zurück. Dies deutet – mit dem Fehlen von *Ephedra*, der Chenopodiaceen und der zungenblütigen Compositen – auf lichte Birkenwälder hin. Die Kalkgyttja geht in schwarzbraune Gyttja über. Eine Zunahme der Nichtbaumpollen, ein spitzer *Salix*-Gipfel und das Wiedererscheinen von *Helianthemum* in der jüngeren Birken-Zeit sprechen für eine auch im Sediment sich widerspiegelnde Auflichtung der Birkenwälder.

Bei 5,13 m erfolgt die Einwanderung von *Pinus*. *Betula* fällt zurück, breitet sich aber gegen den Schluß der Föhren-Birken-Zeit nochmals aus. Der Anteil der Nichtbaumpollen nimmt ab. Ein kleiner Rückschlag wird durch Gipfel von *Salix* und Chenopodiaceen belegt. Sporadisches Auftreten von *Sanguisorba minor*, *Filipendula* und *Centaurea* weisen auf Lichtungen in den Föhren-Birkenwäldern hin.

In der Föhren-Zeit (5,02–4,75 m) fällt *Betula* auf unter 20%, dafür steigt *Pinus* auf 70–80%. Rückschläge – dokumentiert durch Nichtbaumpollen-Gipfel, die Ausbreitung von *Artemisia*, das Auftreten von *Filipendula*, *Juniperus* und *Ephedra* sowie der Umschlag in tonhaltige Kalkgyttja – deuten auf Auflichtungen hin.

In einem neuen, detailliert analysierten Profil konnte Wegmüller 1970 (in Wegmüller & M. Welten, 1973) in 6,08 m Tiefe den Laacher Bimstuff als 2 mm mächtige dunkelbraune Lage nach dem zweiten, bis auf 83% angestiegenen allerödzeitlichen *Pinus*-Gipfel nachweisen. Damit läßt sich das jüngere Alleröd mit rund 9000 v. Chr. fixieren, während die 4 bisherigen ^{14}C-Daten von 9780 ± 200 und 8990 ± 200 v. Chr. aus dem Abschnitt des böllingzeitlichen *Betula*-Gipfels und dem allerödzeitlichen *Pinus*-Anstieg etwas zu tief liegen.

Vor der endgültigen Einwanderung wärmeliebender Gehölze breitet sich – offenbar klimatisch gefördert – die Birke in den Föhrenwäldern nochmals aus und von 4,7 m an hören auch die Ton-Einschwemmungen auf.

Bei vorherrschenden *Corylus*- und fallenden *Pinus*-Werten wandern in der Hasel-Zeit (4,55–3,8 m) Ulme, Eiche, Linde, etwas später Esche und Ahorn ein. *Hedera*-Efeu, *Viscum* – Mistel – und *Nymphaea* – Seerose – erscheinen erstmals. Die Nichtbaumpollen-Werte sind minimal.

In der Älteren Eichenmischwaldzeit (3,7–2,5 m) dominiert unter den Vertretern des Eichenmischwaldes die Eiche. Die Hasel wird zurückgedrängt; Birke und Föhre werden bedeutungslos. *Hedera* ist in den Laubmischwäldern konstant vertreten; *Viscum* erscheint vereinzelt. Die Zunahme der Cyperaceen, Gramineen, von *Potamogeton* – Laichkraut, *Nymphaea* und der *Alnus*-Werte sind als Abbild einer Ufer- und Wasser-Vegetation zu werten.

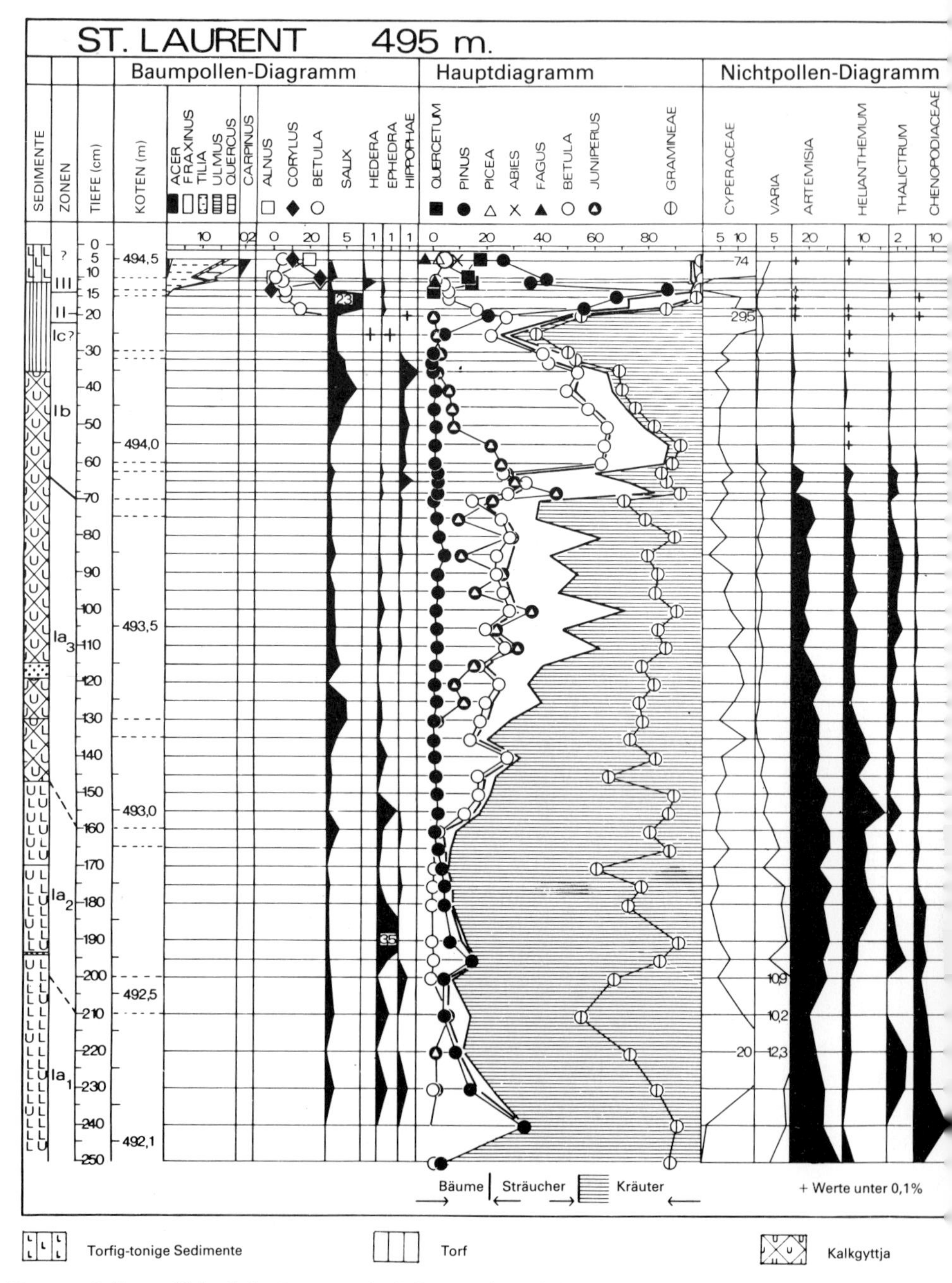

Fig. 226 Pollenprofil durch das Spätwürm in St-Laurent (495 m), Lausanne.
Aus: M.-J. GAILLARD (1978).

Auch in der Jüngeren Eichenmischwald-Zeit mit Hasel (2,4–0,7 m) herrscht der Eichenmischwald vor. Die Eiche erreicht zu Beginn Höchstwerte. Später setzen Spuren von Tanne ein; die Buche breitet sich aus und wird zum waldbildenden Baum. Linde und

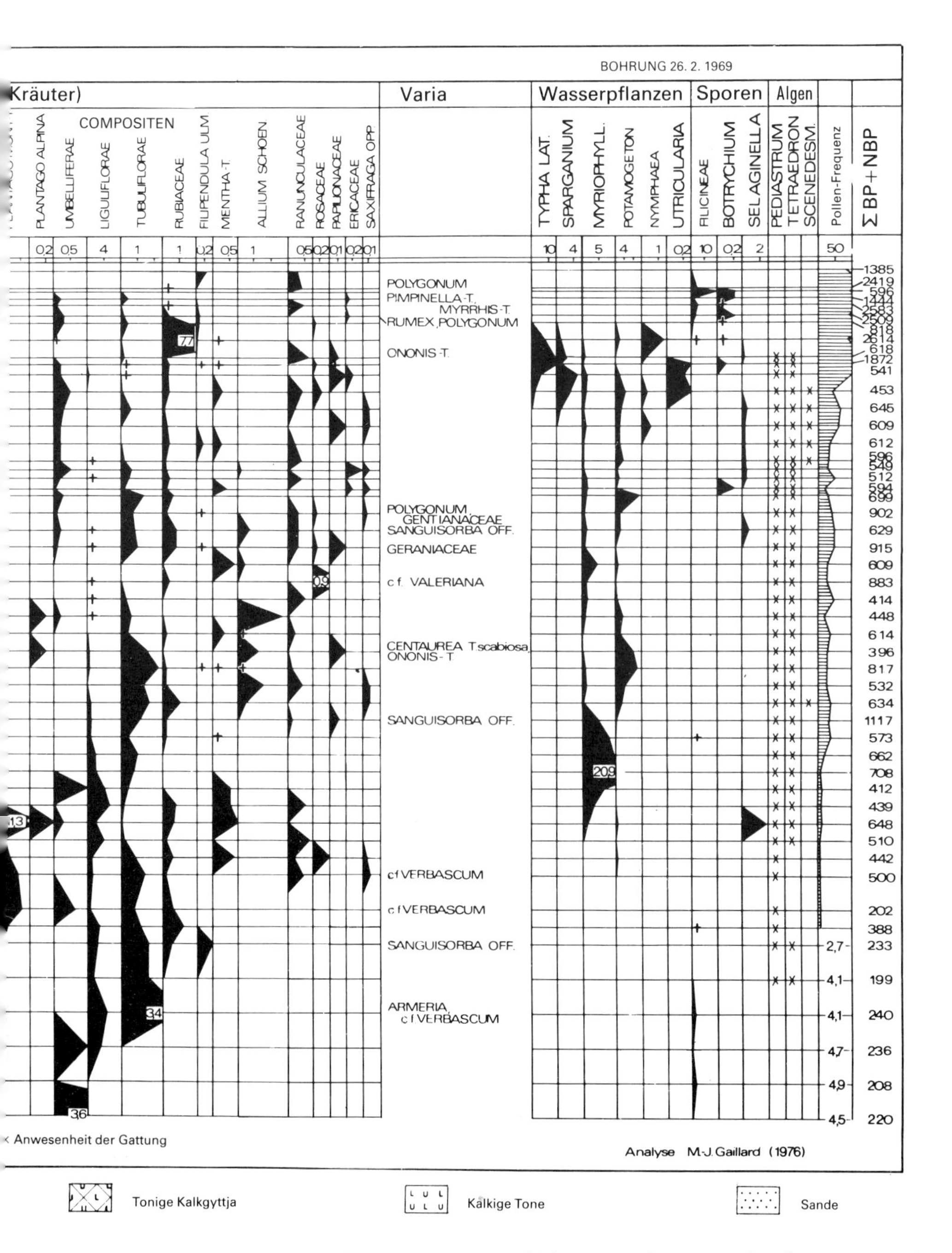

Ulme treten zurück. *Hedera* klingt aus; *Viscum* fehlt. Die Erle nimmt kräftig zu. Der Anstieg der Gramineen und Cyperaceen sowie *Potamogeton* und *Nymphaea* sind Ausdruck der Ufer- und Wasser-Vegetation. In der Zeit der Laubmischwälder mit Tannen, Fichten und Föhren (0,6–0,1 m) fällt die Buche wieder zurück, die Tanne steigt kurz an; die Fichte wandert ein. Ulme, Linde und Esche sind stark zurückgefallen. Die

mächtige Zunahme der Nichtbaumpollen und das Einsetzen erster Kulturzeiger weisen auf ausgedehnte Rodungen hin, was sich auch im Sediment abzeichnet.
In *St-Laurent in Lausanne* konnten durch Bauarbeiten in einem im Spätwürm durch einen Seitenmoränenwall des Lausanner Stadiums abgedämmten Eisrandsee die Vegetationsgeschichte anhand eines Pollen-Diagrammes (Fig. 226) und einer Großrest-Analyse (M.-J. GAILLARD & B. WEBER, 1978; GAILLARD, 1978; WEBER, 1978) sowie die Mollusken-Fauna (F. & M. BURRI, 1977) untersucht werden.
In der Ältesten Dryaszeit konnten GAILLARD und WEBER 3 Subzonen unterscheiden:
- «magere» Tundra mit ersten Pionierpflanzen – Ia_1,
- «dichte» Tundra, eine Grassteppe mit *Artemisia* und *Ephedra* – Ia_2,
- Zwergstrauch-Tundra mit *Salix, Juniperus* und *Betula nana*, in der sich auch Wasserpflanzen – vorab *Myriophyllum* und *Potamogeton* – entwickelt haben – Ia_3
  In diese Subzone dürfte wohl die ^{14}C-Datierung von der Schussen-Quelle (G. LANG, 1962) von 15300 Jahren v. h. fallen. Im Bölling-Interstadial (13250-12300 v. h.) setzt die *Wiederbewaldung* ein. Mit *Juniperus* und *Hippophaë* wird die Tundra eingeleitet; die Seekreide-artige Kalkgyttja enthält eine reiche Mollusken-Fauna.
- Ausbreitung der Baumbirken – *Betula «alba»* bei schwindenden Anteilen an *Juniperus* und *Hippophaë* und ansteigenden Werten von *Salix* – Ib_1.
  Artemisia, Helianthemum, Thalictrum, Chenopodiaceen, Caryophyllaceen und röhrenblütige Compositen verschwinden fast ganz, dagegen sind die Umbelliferen gut vertreten. In St-Laurent tritt zu *Typha, Sparganium* und *Utricularia* noch *Nymphaea* hinzu.
- Gegen das Ende der Birken-Phase steigen die Gramineen beträchtlich an. Zu den Wasserpflanzen tritt *Nymphaea* hinzu – Ib_2.
- Die Ältere Dryaszeit wird in St-Laurent allenfalls mit einem kräftigen Anstieg der Gramineen und der Rubiaceen angedeutet – Ic.
  Im Alleröd entwickeln sich Föhren-Birken-Wälder mit geringen Anteilen an Nichtbaumpollen. In St-Laurent verschwinden die Wasserpflanzen, zugleich steigen die Cyperaceen an, was wohl mit der Verlandung zusammenhängt – II.

An Großresten (WEBER, 1978) enthält der tiefste Abschnitt – Älteste Dryaszeit Ia_1 (2,5–2,1 m) – nur wenige Pionierpflanzen: *Gypsophila repens* – Kriechendes Gipskraut, *Potentilla aurea* – Gold-Fingerkraut – und zwei Kapseln von *Salix*, die darüber folgende mergelige Gyttja Ia_2 (2,1–1,45 m): *Potamogeton filiformis* – Fadenförmiges Laichkraut, 3 Typen von *Carex*-Schließfrüchten, *Gypsophila repens* und *Potentilla aurea* und, in der ausgehenden Ältesten Dryaszeit Ia_3 (1,45–0,7 m), die bereits viel reicher an Resten ist: 6 Arten von *Potamogeton*, 3 *Carex*-Typen, *Gypsophila repens, Silene cucubalus* – Gemeines Leimkraut, *Onobrychis* – Esparsette, *Potentilla aurea* und *Betula nana* – Zwerg-Birke.
Die Kalkgyttja zu Beginn des Bölling-Interstadials Ib_1 (0,7–0,63 m) ist relativ arm an Resten: 2 *Potamogeton*-Arten, 2 Typen von Cyperaceen und 2 *Betula*-Früchte. Die graue Seekreide am Ende des Bölling Ib_1 (0,63–0,35 m) ist die reichste mit 7 *Potamogeton*-Arten, Schließfrüchten von *Schoenoplectus lacustris* – Seebinse, Schläuche von *Carex pseudocyperus* – Cypergras-Segge – und anderen *Carex*-Arten sowie eine große Zahl von *Betula alba*-Früchten und -Schuppen.
Der Torf-Komplex Ältere Dryaszeit–Alleröd Ic/II (0,35–0,13 m) hat zahlreiche Reste von *Carex pseudocyperus, Hippuris vulgaris* – Tannenwedel, *Lycopus europaeus* – Wolfsfuß, von *Potamogeton* und von *Betula alba* geliefert.
In der Lausanner Gegend vervollständigen zwei neue Diagramme die Resultate von St-Laurent. Dasjenige von *Tronchet* (715 m) E von Lausanne (M.-J. GAILLARD, 1980) zeigt

ein dem von St-Laurent nahestehendes Spätwürm. Ein erneutes Aufkommen der Kräuter und Sträucher während der Birkenphase könnte dem oberen Teil der Älteren Dryaszeit entsprechen. Das Alleröd umfaßt den Zeitraum von 12000–10650 Jahren v. h. und ist typisch ausgebildet. Die Jüngere Dryaszeit ist gekennzeichnet durch eine Zunahme der Krautpollen in der Föhrenphase. Das Diagramm aus dem *Marais du Rosey* (565 m) NW von Lausanne (GAILLARD, 1980) gibt die Vegetationsgeschichte von der tieferen Älteren Dryaszeit bis ins Subboreal wieder. Es zeigt eine gute Übereinstimmung mit denjenigen aus der Tourbière de Coinsins (S. WEGMÜLLER, 1966, 1977).
Die Mollusken-Fauna von St-Laurent spiegelt hinsichtlich Arten- und Individuenzahl als auch hinsichtlich ihrer kalt- und warmzeitlichen Formen den palynologisch und durch Großreste ermittelten Klima-Ablauf wider. Aus den seekreidigen Sedimenten der obersten Ältesten Dryaszeit (oberster Teil von Ia_3) und des Bölling-Interstadials stammen 81% der von F. & M. BURRI (1977) von St-Laurent untersuchten 30000 Individuen. Als Ganzes deutet die Fauna eher auf einen kühlzeitlichen Klima-Charakter hin. Als kühlzeitlich werden die dem heutigen Litoral-Bereich des Genfersees fehlenden Formen betrachtet: *Valvata (Cincinna) piscinalis var. alpestris*, *Gyraulus laevis*, *Armiger crista*, *Lymnaea (Radix) ovata*, *Pisidium conventum*, *P. hibernicum* und *P. lilljeborgi*. *P. nitidum* ist – wie auch *P. lilljeborgi* – stark milieuabhängig. Das Auftreten von Characeen läßt sie ausfallen. Nach J. FAVRE (1927) könnte diese Fauna dem Boreal zugewiesen werden, obwohl ihre wärmeliebenden Formen bis 13000 Jahre zurückreichen. Allenfalls könnten daher gar «boreale» Formen FAVRES – bei analog geringer Wassertiefe – gleich alt sein.

Die Dranses-Gletscher

In bereits präexistenten, während der ausgehenden Riß-Eiszeit vertieften Rinnen des Dranses-Systems, kam es beim würmzeitlichen Vorstoß des Rhone-Gletschers vor der Stirn der vorrückenden Dranses-Gletscher zum Stau eines fjordartig sich verzweigenden Eisrandsees. Dieser erstreckte sich im Ugine-Tal bis über Bernex, in den Dranses-Tälern bis gegen Abondance und bis St-Jean-d'Aulph, im Brévon-Tal bis Lullin und gegen Bellevaux (M. BURRI, 1963).
In den weiteren Vorstoßphasen erfolgten *Transfluenzen* über den Col de Morgins (1370 m) und aus dem Tal des Giffre über den C. des Gets (1163 m) ins Tal der Dranse de Morzine (BURRI, 1963); anderseits floß Eis aus dem oberen Brévon-Tal über den C. de Jambaz (1027 m) ins Tal der Risse, in einen Zufluß des Giffre. Während der höchsten Stände drang gar Rhone-Eis über diesen Paß ins Giffre-System und floß über den C. de Terramont (1092 m) sowie über den C. de Saxel (943 m) ins Menoge-Tal.
Im Vallon de Bernex liegen die höchsten Rhone-Erratiker auf 1300 m, N von Chapelle d'Abondance auf über 1100 m, bei St-Jean-d'Aulph auf über 900 m, auf dem Col de Corbier SW von Bonnevaux um 1250 m und bei Chapelle des Monts d'Hermone bis über 1300 m. Sie alle belegen aber nur Grenzbereiche zwischen eingedrungenem Rhone- und abfließendem Dranse-Eis.
Noch als der Rhone-Gletscher sich bis ins Genfer Becken ausdehnte, hing der Dranse-Gletscher SE von Thonon mit ihm zusammen. Eine Reihe von Kameterrassen SE von Thonon belegen auch im untersten Dranse-Tal sowie bei Vacheresse das sukzessive Zurückschmelzen des Eises (BURRI, 1963; H. BADOUX et al., 1965K). Bei Le Lyaud (S von Thonon) hatten sich beim Abschmelzen Oser und Toteislöcher gebildet.

Im Stadium von Messery-Yvoire sind die Dranses-Gletscher selbständig geworden. Da der *Abondance-Arm* über den Col de Morgins noch vom Walliser Rhone-Eis einen Zuschuß erhielt (S. 591), reichte er nochmals bis in die Dranse-Schlucht.

Eine spätere Rückzugslage zeichnet sich bei der Mündung der Eau Noire SE von Vacheresse durch Terrassenränder und Moränenwälle ab (E. GAGNEBIN, 1950 K; BURRI, 1963). Für einen bis ins Haupttal vorstoßenden *Eau Noire-Gletscher* ergibt sich bei einem Verhältnis von Nähr- (9,5 km^2) : Zehrgebiet (gut 3,5 km^2) von 2,5:1 eine Gleichgewichtslage in 1550 m, was bei W-Exposition etwa der klimatischen Schneegrenze entsprechen dürfte.

Ein späterer Klimarückschlag ließ den Abondance-Arm – wie die Mittelmoräne von Vennes NW des Col de Morgins dokumentiert – nochmals über Châtel bis 1050 m ins Tal der Dranse d'Abondance vorstoßen. Aufgrund der Gleichgewichtslage lag die klimatische Schneegrenze um 1600 m. Damit dürfte dieser Vorstoß dem Stadium von Gravin des Arve- (S. 510) und von Collombey–Ollon des Rhone-Gletschers gleichzusetzen sein (S. 587).

Aus den Karen der Pointe d'Entre deux Pertuis (2180 m) SE von Abondance hingen Eiszungen bis unter 1200 m bzw. bis gegen 1000 m herab. Auch von der N-Seite, von den Cornettes de Bise (2432 m), vom Linleu (2033 m), vom Haut Sex (1862 m) und vom Tour de Don (1998 m) stiegen Gletscher nochmals bis ins Dranse-Tal ab.

Noch im mittleren Spätwürm hing der Dranse-Gletscher von der Pointe de Chésery (2240 m) bis in die Plaine Dranse, bis 1650 m, herab.

Im Tal der *Dranse de Morzine* lagen die drei entsprechenden Eisstände bei Seytroux–La Baume, unterhalb von Morzine und bei L'Erigné im Talschluß.

Im frühen Spätwürm haben auch die in den Quelltälern der *Ugine* selbständig gewordenen Gletscher noch stirnnahe Moränen zurückgelassen, so bei Trossy, am Mont César, im Hochtal der Montagne de Memise und am NW-Fuß der Dent d'Oche.

Zitierte Literatur

ACHARD, R., & JAYET, A. (1968): Sur l'extension respective des glaciers du Rhône et de l'Arve, au cours de la période würmienne, au voisinage du Mont-Salève (Haute-Savoie, France) – CR Séance S phy HN Genève, NS, *2/3*.

AMBERGER, G. (1976): Origine et géologie – In: AMBERGER et al.: Le Léman, un lac à découvrir – Fribourg.

– (1978): Contribution à l'étude du Quarternaire de la région lémanique: résultats de quelques sondages profonds exécutés à Genève – Ecl., *71/1*.

ARMAND, C., & FOURNEAUX, J.-C. (1977): Les formations quaternaires de la basse vallée de l'Arve – Arch. Sci. Genève, *30*.

AUBERT, D. (1936): Les terrains quaternaires de la vallée de l'Aubonne – B. Soc. vaud. NS, *59*.

BEAULIEU, J. L., DE (1977): Contribution pollenanalytique à l'histoire tardiglaciaire et holocène de la végétation des Alpes méridionales françaises – Thèse U. d'Aix-Marseille III.

BADOUX, H., et al. (1965 K): Flle. XXXV–XXXVI Thonon-Châtel, 1:50000 – CG France.

– et al. (1971 K): Flle. 1305 Dent de Morcles, 2e éd., N. expl. – AGS – CGS.

BARBIER, R., et al. (1977 K): Flle. 774 St-Jean-de-Maurienne, N. expl. – CG France – BRGM.

BARFÉTY, J.-C., & BARBIER, R., et al. (1976 K): Flle. 798 La Grave, N. expl. – CG France – BRGM.

BECKER, J. (1952): Etude palynologique des tourbes flandriennes des Alpes françaises – Mém. Serv. Alsace–Lor., *11*.

BERGER, L. (1974): Die mittlere und späte Latènezeit im Mittelland und Jura – UFAS, *4*.

BERSIER, A. (1952 K, 1953): Flles. 304–307 Jorat, N. expl. – AGS – CGS.

BINTZ, P. (1976): La civilisation de l'Epipaléolithique et du Mésolithique dans les Alpes du Nord et le Jura méridional – Préhist. franç., *1/2*.

BLAVOUX, B., & DRAY, M. (1971): Les sondages dans le complexe quaternaire du Bas-Chablais – Rev. Ggr. phys. G dyn., *13*.

BLAVOUX, B., & OLIVE, PH. (1978): Le Quaternaire de la région de Thonon – In: SCHLÜCHTER, CH., et al., (1978).
BRAVARD, Y. (1963): Le Bas-Dauphiné, Recherches morphologiques sur un piedmont alpin – Grenoble.
–, et al. (1964 K): Flle. XXXII-34 Grenoble, 1 : 50 000 – CG France.
BROISE, P. (1974): In: GUICHONNET, P., et al.: Histoire de Genève – Toulouse et Lausanne.
BURRI, F. & M. (1977): Les faunes malacologiques des sédiments de St-Laurent à Lausanne – B. Lab. G, *227*.
BURRI, M. (1963): Le Quaternaire des Drances – Mém. Soc. vaud. SN, *13/3*.
– (1977): Sur l'extension des derniers glaciers rhodaniens dans le Bassin lémanique – B. Lab. G, *223*.
CHAIX, E. (1910): Contribution à l'étude géophysique de la région de Genève: la capture de Theiry – CR S phy HN Genève, *27*.
CHARPENTIER, J. DE (1841): Essai sur les glaciers et sur le terrain erratique du bassin du Rhône – Lausanne.
CHATEAUNEUF, J. J., & FALCONNIER, D. (1977): Etude palynologique des sondages du Lac Léman – Recherches françaises sur le Quaternaire – INQUA 1977 – Suppl. B. AFEQ. *1977/1*, 50.
CORBEL, J. (1963): Glaciers et climat dans le Massif du Mt. Blanc – Rev. Ggr. Alpine, *51*.
COXE, W. (1781): Lettres sur la Suisse – Trad. RAMON, *2* – Paris.
DEBELMAS, J., et al. (1964 K): Flle. 772 Grenoble, N. expl. – CG dét. France – BRGM.
– (1967 K): Flle. 796 Vif, N. expl. – CG dét. France – Serv. CG France.
– (1969 K): Flle. 773 Domène, N. expl. – CG dét. France – BRGM.
– (1972 K): Flle. 797 Vizille, N. expl. – CG dét. France – BRGM.
DEPÉRTET, CH. (1922): Essai d'une classification générale des temps quaternaires – B. Soc. HN Savoie, (1919–21).
– & DONCIEUX, L. (1936): Flle. 160 Nantua, 1 : 80 000, 2e éd. – CG France.
DRACK, W., & IMHOF, E. (1977 K): Römische Zeit im 1., 2. und 3. Jahrhundert und im späten 3. und im 4. Jahrhundert – Geschichte II – Atlas Schweiz, Bl. 20 – L+T.
DRAY, M. (1971): Le sondage de Chessy (Haute-Savoie) – Contribution nouvelle à la géologie du Quaternaire du Bas-Chablais – Arch. Genève, *24/1*.
EICHER, U., SIEGENTHALER, U., & WEGMÜLLER, S. (1980): Pollen and oxygen Isotope analysis on Late- and Post-Glacial sediments of the Tourbière de Chirens (Dauphiné, France) – Quatern. Reas. in press.
FALSAN, A., & CHANTRE, E. (1879, 1880): Monographie géologique des anciens glaciers et du terrain erratique de la partie moyenne du bassin du Rhône, *1*, *2* – Lyon.
FAVRE, A. (1867): Recherches géologiques dans les parties de la Savoie, du Piémont et de la Suisse voisines du Mont-Blanc, *1* – Paris.
– (1878 K): Carte géologique du Canton de Genève 1 : 25 000 – Winterthour.
– (1879, 1880): Description géologique du canton de Genève, pour servir à l'explication de la Carte géologique, 1, 2. – B. cl. agric. Soc. arts Genève, *79/80*.
– (1884 K, 1898): Carte du phénomène erratique et des anciens glaciers du versant nord des Alpes suisses et de la chaîne du Mont-Blanc, 250 000e – CGS, Mat. *28*.
FAVRE, J. (1927): Les mollusques post-glaciaires et actuels du bassin de Genève – Mém. S phy HN Genève, *40*.
–, & JAYET, A. (1938): Deux gisements postglaciaires anciens à *Pisidium vincentianum* et *Pisidium lapponicum* aux environs de Genève – Ecl., *31/2*.
FOREL, F. A. (1902): Les glaciers des Alpes vont-ils disparaître? – Jb. SAC, *38*.
– (1904): Le Léman – Monographie limnologique, 3 vol. – Reimpr. 1969.
GAGNEBIN, E. (1937): Les invasions glaciaires dans le bassin du Léman – B. Soc. vaud. SN, *59*.
– (1950 K): Flle. 150 Thonon, 1 : 80 000, 2e éd. – CG France.
GAILLARD, M.-J. (1978): Contribution à l'étude du tardiglaciaire de la région lémanique – Le profil de St-Laurent à Lausanne. II. Diagramme pollinique – B. Soc. bot. suisse, *87*/3–4 (1977).
– & WEBER, B. (1978): Contribution à l'étude du tardiglaciaire de la région lémanique – Le profil de St-Laurent à Lausanne I – B. Soc. bot. suisse, *87*/3–4 (1977).
GALLAY, A., & CORBOUX, P. (1979): Les stations préhistoriques litttorales du Léman – Où en sont nos connaissances? – Archéol. Suisse, *2/1*.
GIDON, M., MONJUVENT, G., & STEINFATT, E. (1969): Sur la coordination des dépôts glaciaires de la Basse Isère, de la Bièvre et du Rhône (environs de Voiron, Isère) – CR Acad. Sci. Paris, *268*.
GIDON, M., et al. (1969 K): Flle. 749 Montmélian, N. expl. – CG dét. France – BRGM.
GIGNOUX, M., & COMBAZ, P. (1914): Sur l'histoire des glaciations rhodaniennes dans le Bassin de Belley – CR Acad. Sci., Paris, *158*.
GIGNOUX, M., & MATHIAN, J. (1951): Les enseignements géologiques du grand barrage de Génissiat sur le Rhône (Ain, Haute-Savoie) – Trav. Lab. GU. Grenoble, *29*.
GIGOUT, M. (1969): Recherches sur le Quaternaire du Bas-Dauphiné et du Rhône moyen – Mém. BRGM, *65*.

GIRARD, M. (1976): La végétation au Pléistocène dans les Alpes, le Jura, la Bourgogne et les Vosges – Préhist. franc., *1/1*.
HANNSS, CH. (1973): Das Ausmaß der würmeiszeitlichen Isèretalvergletscherung im Lichte neuer Datierungen – E+G, *23–24*.
– & WEGMÜLLER, S. (1978): Zur Altersstellung würmkaltzeitlicher Lokalgletschermoränen im Dévoluy und in der Belledonne (Französische Alpen) – Z. Glkde., *12/2*.
IMHOF, E., et al. (1970 K): Die Schweiz zur letzten Eiszeit – Atlas Schweiz, *6* – L+T.
JAYET, A. (1943): Le Paléolithique de la région de Genève – Globe, *82*.
– (1946): Les stades de retrait würmiens aux environs de Genève – Ecl., *39/2*.
– (1957): Sur la découverte d'un gisement à «*Dryas octopetala*» à Veigy (Haute-Savoie, France) – Arch. Genève, *11/1*.
– (1958): Les argiles feuilletées glacio-lacustres de Fernay – Arch. Genève, *11/4*.
– (1964 K): Flle. 1281 Coppet, N. expl. – AGS – CGS.
– (1966): Résumé de géologie glaciaire régionale – Genève.
– (1967): Démonstration de l'âge würmien de l'erratique élevé du Salève entre 1000 et 1300 m (Haute-Savoie, France) – CR S phy HN Genève, NS, *2/1*.
JOUKOWSKY, E. (1920): Topographie et géologie du Bassin du Petit Lac, Partie occidentale du bassin du Léman – Le Globe, *59*.
– (1923): L'âge des dépôts glaciaires du plateau genevois – CR S phy HN, Genève, *40/2*.
– & FAVRE, J. (1913): Monographie géologique et paléontologique du Salève, Haute-Savoie – Mém. S phy HN Genève, *37*.
JOUKOWSKY, E., & GAGNEBIN, E. (1945): L'altitude moyenne des vallées et le retrait des glaciers des Drances de Savoie – B. Soc. vaud. SN, *62/263*.
KILIAN, W., & GIGNOUX, M. (1916): Les fronts glaciaires et les terrasses d'alluvions entre Lyon et la Vallée de l'Isère – Ann. U. Grenoble, *163*.
KILIAN, W., & RÉVIL, J. (1918): Etudes sur la période Pléistocène (Quaternaire) dans la partie moyenne du bassin du Rhône – Anm. U. Grenoble, *30* – Trav. Lab. GU. Grenoble, *11*.
KINZL, H. (1932): Die größten nacheiszeitlichen Gletschervorstöße in den Schweizer Alpen und in der Mont-Blanc-Gruppe – Z. Glkde., *20/4–5*.
LANG, G. (1962): Vegetationsgeschichtliche Untersuchungen der Magdalénienstation an der Schussenquelle – Veröff. Rübel, *37*.
LEMÉE, G. (1952): L'Histoire forestière et le climat contemporains des lignites de Savoie et de la tourbe wurmienne d'Armoy, d'après l'analyse pollinique – Trav. Lab. GU. Grenoble, *29* (1951).
LEROI-GOURHAN, A., & RENAULT-MISKOVSKY, I. (1977): La Palynologie appliquée à l'Archéologie – Méthode, limites et résultats – In: Approche écologique de l'Homme fossile – Supp. B. AFEQ.
LOMBARD, A., & PARÉJAS, E. (1965 K): Flle. 1301 Genève, N. expl. – AGS – CGS.
LORY, CH. (1864): Description géologique du Dauphiné – B. soc. de Stat. Isère, *7*.
LORY, P. (1910): Révision de la feuille de Vizille au 80000e – B. Serv. CG France, *20*.
– (1931): Quatre journées d'excursions géologiques au Sud de Grenoble – Trav. Lab. G Grenoble, *15/3*.
LUGEON, M., et al. (1937 K): Flle. 485 Saxon-Morcles av. annexe Flle. 526 Martigny, N expl. – AGS – CGS.
MACAIRE-PRINSEP (1824): Notice sur les travaux entrepris sur le niveau du lac de Genève – Mém. S phy NH Genève, *5*.
MANDIER, P. (1973): Quelques observations morphologiques sur les terrasses de la Basse-Isère – Rev. ggr. Lyon, *48/4*.
MAYR, F. (1969): Die postglazialen Gletscherschwankungen des Mont-Blanc-Gebietes – Z. Geomorph., Supp., *8*.
MOUGIN, P. (1909): Les variations de longueur du glacier des Bossons (Vallée de Chamonix) de 1818 à 1904 – Z. Glkde., *3/2* (1908/09).
– (1910 a): Etudes glaciologiques. Savoie. Programme pour l'étude d'un grand glacier. Minist. Agric., Dir. Eaux Forêts – Serv. gr. forces hydraul., *2*.
– (1910 b): Observations géologiques en Savoie – Rev. Eaux et Forêts, 1er avril 1910.
– (1912): Etudes glaciologiques en Savoie – Minist. Agric., Dir. Eaux Forêts – Serv. gr. forces hydraul., *3*.
Office fédéral de l'économie hydraulique (1978): Annuaire hydrographique de la Suisse, 1977.
OLIVE, PH. (1972): La région du Lac Léman depuis 15000 ans: données paléoclimatologiques et préhistoriques – Rev. Ggr.phys. G dyn. (2) *14/3*.
PARÉJAS, E. (1938 K): Flle. 449–450bis Dardagny-Vernier-Chancy-Bernex, N. expl. – AGS – CGS.
PENCK, A., & BRÜCKNER, E. (1909): Die Alpen im Eiszeitalter, *2* – Leipzig.
PITTARD, E., & REVERDIN, L. (1929): Les Stations magdaléniennes de Veyrier – Genava, *7*.

PITTARD, J.-J. (1976): Aspects hydrologiques – In: AMBERGER, G., et al. (1976).
RAGUIN, E., et al. (1930K): Flle. 752 Tignes – CG France – Serv. CG France.
– (1931K): Flle. 776 Lanslebourg – CG France – Serv. CG France.
– (1932K): Flle. 728 Petit St-Bernard – CG France – Serv. CG France.
RENEVIER, E. (1897): Présentation d'une dent d'hippopotame – B. Soc. vaud. SN, *33*, Proc. verb.
REYNAUD, CH. (1979): Etude paléolimnologique du Lac Léman intégrant plusieurs méthodes de recherche: résultats préliminaires – Palynologie et Climat, Paris 16–18 oct. 1979 – 4ème Symp. APLF – Rés.
SAUVAGE, J. (1966): Etude palynologique des sédiments du Lac Léman (Oldest Dryas à Actuel) – CR Acad. Sci. Paris (D) *264*.
SAUSSURE, H. B., DE (1786): Voyages dans les Alpes, *2* – Neuchâtel.
SAUTER, M.-R. (1952): Le Scé du Châteland sur Villeneuve – Arch. Suisses Anthropol. gén., *17/2*.
– (1977): La Suisse préhistorique – Neuchâtel.
– & GALLAY, A. (1960): Les matériaux néolithiques et protohistoriques de la station de Génissiat (Ain, France) – Genava, *38*.
– & – (1971): Les premiers cultures d'origine méditerranéenne – UFAS, *2*.
SCHLÜCHTER, CH. (1978): Guidebook – INQUA – Comm. Genesis Lithol. Quatern. Dep. – Symp. 1978, Zurich.
SERRUYA, C. (1969): Les dépôts du Lac Léman en relation avec l'évolution du bassin sédimentaire et les caractères du milieu lacustre – Arch. Sci. Genève, *22/1*.
–, LEENHARDT, O., & LOMBARD, A. (1967): Etudes géophysiques dans le Lac Léman. Interprétation géologique – Arch. Sci. Genève, *19/2*.
SITTERDING, M. (1972): Le Vallon de Vaux, fouilles 1964–66, Rapports culturelles et chronologiques – Monogr. SGU, *20*.
– (1974): Die frühe Latène-Zeit im Mittelland und Jura – UFAS, *4*.
VERNET, J.-P. (1973): 1242 Morges, N. expl. – AGS – CGS.
VERNET, J.-P., & HORN, R. (1971): Etudes sédimentologique et structurale de la partie occidentale du Lac Léman par la méthode sismique à réflexion continue – Ecl., *64/2*.
VERNET, J.-P., et al. (1974): Etude structurale du Léman par sismique réflexion continue – Ecl., *67/3*.
VIAL, R. (1975): Le Quaternaire dans le Bas-Chablais (Haute-Savoie). Les derniers épisodes de retrait glaciaire – G Alpine, *51*.
DU VILLARD, J. (1581): Carte du Léman – Bibl. publ. et univ. Genève.
VIVIAN, R. (1975): Les glaciers des Alpes Occidentales – Grenoble.
WALSER, G. (1766K): Schweizer Geographie samt den Merkwürdigkeiten in den Alpen und hohen Bergen, zur Erläuterung der Hommannischen Charten, Bl. 19: Carte du Lac de Genève et des Pays circonvoisins – Zurich 1770.
WEBER, B. (1978): Contribution à l'étude du tardiglaciaire de la région lémanique – Le profil de St-Laurent à Lausanne – III. Etude des macrorestes végétaux – B. soc. bat. suisse, *87/3–4* (1977).
WEGMÜLLER, S. (1966): Über die spät- und postglaziale Vegetationsgeschichte des südwestlichen Jura – Beitr. geobot. Landesaufn. Schweiz, *48*.
– (1970): Vulkanische Aschen in Schweizer Mooren – Mitt. NG Bern, NF *27*.
– (1977): Pollenanalytische Untersuchungen zur spät- und postglazialen Vegetationsgeschichte der französischen Alpen – Bern.
– & WELTEN, M. (1973): Spätglaziale Bimstufflagen des Laacher Vulkanismus in den Gebieten der westlichen Schweiz und der Dauphiné – Ecl., *66/3*.
WEIDMANN, M. (1974): Sur quelques gisements de vertébrés dans le Quaternaire du canton de Vaud – B. Soc. vaud. SN, *72/344*.

Der Jura in der Würm-Eiszeit, im Spät- und im Postglazial

Die eisüberprägten Schotter W des Neuenburger Sees und die Schieferkohlen von Grandson

Im Drumlin-Gebiet W des Neuenburger Sees liegen zwischen Montagny und Concise moränenbedeckte Schotter. Bei Grandson führen sie über sandigen Lehmen mit großen Blöcken Süßwasserschnecken und *Goniodiscus ruderatus*, die A. JAYET & J.-P. PORTMANN (1960) für riß/würm-interglazial halten.

Daneben enthalten diese Schotter Schieferkohlen in analoger quartärgeologischer Stellung wie jene vom Signal de Bougy. Über Lehm mit Kies folgt zunächst 1 m sandig-tonige Seekreide. Diese geht über in 0,5–1 m Kohle, die durch 0,1–0,5 m grauen Lehm von einer oberen, 1–1,5 m mächtigen Kohle getrennt wird. Darüber lagern Mergel, Sande, Schotter und schließlich Moräne.

An Großresten konnte P. JACCARD (in W. LÜDI, 1953) nachweisen: Holz und Zapfen von *Picea*, *Abies*-Samen, 2 Stämme von *Alnus glutinosa* – Schwarzerle, Stammstücke von *A. incana?* – Grauerle, Holz, Rinde und Blätter von *Betula?*, Blattabdrücke von *Salix* – Weide – und *Vaccinium* – Heidelbeere, Reste von Sumpfpflanzen, ein Wassermoos sowie Nüßchen von *Cladium mariscus*, *Schoenoplectus lacustris* – Seebinse, *Carex cf. elata*.

Nach den Pollendiagrammen von LÜDI folgt eine *Abies*-Zeit mit reichlich *Picea*. Diese wird abgelöst durch eine *Picea*-Dominanz, teils mit *P. cf. omorika*. *Abies* nimmt langsam ab, *Pinus* steigt an, gegen oben bis zur Vorherrschaft mit *Picea* in Subdominanz.

In der *Abies*- und gegen Ende der *Picea*-Zeit ist auch *Alnus* reich vertreten. Ebenso finden sich *Corylus*, *Carpinus* sowie *Quercus*, *Ulmus*, *Fraxinus* und *Tilia*. Diese nehmen gegen oben ab und verschwinden.

Krautpollen treten nur spärlich auf: Gramineen, Compositen, Caryophyllaceen und Umbelliferen; Farnsporen werden gegen oben häufiger.

An Mollusken bestimmte J. FAVRE (in LÜDI) *Lymnaea stagnalis*, *Planorbis planorbis*, *P. carinatus*, *Anisus vorticulus*, *Gyraulus (=Armiger) crista*, *Segmentina nitida*, *Radix ovata*, *R. auricularia*, *Bythinia tentaculata*, *Valvata* gr. *V. piscinalis*, *V. cristata*, *Sphaerium corneum*, *Pisidium subtruncatum*, *P. obtusale*. Daneben konnten Reste mehrerer Großsäuger geborgen werden (Bd. 1, S. 197).

Während die Schieferkohlen von Grandson meist als riß/würm-interglazial betrachtet wurden (LÜDI; D. WEIDMANN, 1968), stellte sie E. BRÜCKNER (1909) in ein spätes Würm-Interstadial; sie dürften jedoch in einem frühen gebildet worden sein. Aufgrund des Fossilinhaltes dokumentiert der tiefere Profilteil einen noch etwas wärmeren Zeitabschnitt als die Kohlen vom Signal de Bougy mit einem ^{14}C-Datum von >35000 Jahren v. h. (M. WEIDMANN, 1974).

Der Waadtländer- und der angrenzende französische Jura zur Würm-Eiszeit

Im Gegensatz zur Riß- vermochte der Solothurner Arm zur Würm-Eiszeit die Wasserscheiden des Jura nicht mehr zu überfließen. Einzelne Lappen drangen jedoch tief in die Täler des SW-Jura ein: in die Vallée de l'Orbe, ins Val de Travers, ins Val de Ruz und ins Vallon de St-Imier und stauten die Jura-Gletscher zurück. Im Waadtländer Jura reichte das Rhone-Eis im Würm-Maximum in der Verlängerung der Rhonetal-Achse

am NE-Grat des Suchet bis auf 1265 m. Gegen SW läßt sich diese Randlage ins Tal der Orbe verfolgen, wobei sie leicht abfällt. Auf der N-Seite, oberhalb von Lignerolle, und auf der S-Seite, bei Romainmôtier, stand das Rhone-Eis bis auf 1200 m und staute E von Vallorbe und Vaulion das aus der Vallée de Joux ab- bzw. überfließende Jura-Eis, was Erratiker belegen (T. NOLTHENIUS, 1922; D. AUBERT & M. DREYFUSS, 1963 K).
E. BRÜCKNER (in PENCK & BRÜCKNER, 1909) nahm im Jura die würmzeitliche Schneegrenze in 1100–1150 m an; F. MACHAČEK (1903) schätzte diese im oberen Doubstal auf 1000–1100 m.
Im Waadtländer Jura ergibt sich aus den auf der E-Seite des Mont d'Or (1463 m) von hohen Moränen umsäumten Gletschern, die noch in einem Rückzugstadium bis unter 950 m herabreichten, bei einer Gleichgewichtslage von knapp 1100 m und NE-Exposition eine klimatische Schneegrenze von 1200 m. Ein kleiner Gletscher S von Vallorbe, dessen Zunge gegen N bis unter 960 m abstieg, erfordert eine gleiche Höhe. Am Mont d'Or lassen sich noch jüngere Wälle beobachten, die von einer Vereisung der Kare bis tief ins Spätwürm zeugen.
In den Hochglazialen füllte sich die *Vallée de Joux* als 170 km^2 großes, geschlossenes Becken, dessen tiefster Punkt im heute noch 32 m tiefen Lac de Joux auf 972 m liegt, bis zum Überlauf bei der Pierre Punex (1060 m) an der Straße nach Vallorbe. Durch den im Hochwürm immer weiter in die Vallée de l'Orbe eindringenden Rhone-Gletscher wurde der Orbe-Gletscher immer stärker zurückgedrängt, bis er WSW des Lac des Rousses über die nahezu 1100 m hohe Transfluenz zum Bienne-Gletscher überfloß. Dieses von der Dôle (1677 m) und von der Forêt de la Frasse erst gegen NNW bzw. gegen NE, dann gegen SW abfließende Eis reichte in der Würm-Eiszeit fast bis gegen St-Claude.
Auch von den Hochflächen von Haut Crêt–Le Frênois und von Les Molunes–Crêt au Merle (1407 m) flossen im Hochwürm noch verschiedene Eisströme gegen St-Claude. Weiter SW wurden im Bienne-Tal glazifluviale Schotter abgelagert, in die sich später die Bienne einschnitt (M. MEURISSE, F. LLAC, A. & S. GUILLAUME, 1971 K; A. & S. GUILLAUME, 1972).
SW von St-Claude trugen noch die Hochflächen des Forêt d'Echallon, des Bois de Viry und des Bois de l'Ecolais Eisdecken. Diese verschmälerten sich gegen die Täler zu einzelnen Zungen, die sich zum *Longviry-Gletscher* sammelten. Dieser endete etwas oberhalb der Mündung des Longviry in die Bienne und schüttete glazifluviale Schotter. Anderseits floß Eis von der Forêt d'Echallon (1087 m) gegen W ins Tal der Bienne.
In der Vallée de Joux flossen von der SE-Seite der Risoux-Kette (1419 m) kleine Gletscher N und W von Le Lieu bis 1130 m ab, wo sie noch im ausgehenden Hochwürm den *Orbe-Gletscher* erreichten.
Bei Gleichgewichtslagen um 1200 m lag die Schneegrenze nur wenig tiefer. All die durch Stirnmoränen dokumentierten Vorstöße aus den Juratälern konnten jedoch erst erfolgen, als das Rhone-Eis sich vom Höchststand um 1200 m soweit zurückgezogen hatte, daß der Orbe-Gletscher E von Ballaigues um 860 m auf diesen auffahren konnte. Dieser Stand wird durch Wallreste belegt: beim Rhone-Gletscher SW und NNW von Romainmôtier, beim Orbe-Gletscher bei Ballaigues und bei Poimbœuf E von Vallorbe (NOLTHENIUS, 1922; AUBERT, 1963 K). In der Vallée de Joux reichte das Eis bis gegen 1200 m; tiefere Moränen bekunden Vorstöße von Seitengletschern. NE von Vallorbe dämmte das Orbe-Eis das Tal der Jougnena ab. Ebenso treten internere Staffeln auf, so ein Stirnwall bei Le Day.
Über 1150 m lassen sich in der Vallée de Joux nur noch Rundhöcker-Zeilen beobachten:

am Mont Risoux in gut 1200 m, am Mont Tendre in 1300–1400 m; dazwischen liegen abflußlose Becken, die als Mündungskolke von Seitengletschern zu deuten sind. Damit ist die wohl rißzeitliche Eishöhe am Mont Tendre in über 1400 m, die würmzeitliche um gut 1200 m anzunehmen. Bis auf diese Höhe ist denn auch das Orbe-Eis vom ebenfalls bis 1200 m reichenden Rhone-Gletscher E von Vallorbe gestaut worden. Ein Teil floß gegen N durch das Tal der Jougnena über den Sattel von Jougne (1007 m), zusammen mit Eis der Risoux–Mont d'Or-Kette und vom Suchet bis zur Montagne du Larmont, bis Pontarlier. Die Schmelzwässer ergossen sich durchs Doubstal, das als würmzeitliche Abflußrinne wirkte. Vom Hochland des M. Chateleu (1300 m), von W von La Brévine bis N von Le Cerneux–Péquignot hingen weitere, durch Moränen und Schotterfluren dokumentierte Eiszungen ins Doubstal herab.
N des Doubs floß noch in der Würm-Eiszeit Eis von der Kette Mont Pelé–Crêt de Monniot (1142 m)–Mont Chaumont ins Becken von Arc-sous-Cicon (802 m; Bd. 1, Karte 1). Darin haben sich im frühen Spätwürm über undurchlässigem Untergrund zwei seichte Seen gebildet, die im Laufe des Holozäns zu Torfmooren verlandet sind. Unter periglazialem Dauerfrost-Klima vermochten die Schmelzwässer durch bereits subglaziär angelegte Rinnen – unterstützt von Schneeschmelzwasser N der Wasserscheide zum Doubs – ins oberste Loue-Tal abzufließen. Diese Reculée war noch in der Riß-Eiszeit teilweise mit Eis erfüllt, das, wie alpine Erratiker bis Ornans belegen, kräftig von Vallorbe über Pontarlier hinaus vorstieß. Auch im Seille-Tal, einem anderen Tal, das mit schluchtartig in den Plateau-Jura eingreifenden Furchen endet, konnte R. Zeese (1978) eine Eisüberprägung beobachten.
Nach D. Aubert (1965) hätte sich die Eiskalotte, die sich über dem Mont Tendre und über dem M. Risoux gebildet hatte, gar noch höher aufgestaut. Am Petit Risoux konnte Aubert gar bergauf gerichtete Schliffspuren feststellen, die für ein Abfließen von Joux-Eis nach N über die über 1200 m hohen Sättel gegen Longevilles-Mont d'Or sprechen. Die Kreide-Erratiker auf der NW-Seite des Mont Tendre dürften durch das abströmende Eis aus der Fortsetzung der Synklinale von Vaulion verfrachtet worden sein.
Anderseits wandte sich der Orbe-Gletscher gegen SW über Les Rousses und vereinigte sich mit dem von der Dôle (1677 m) gegen N abfließenden Eis. Diese Zunge übergab die Schmelzwässer der Bienne, die über St-Claude dem Ain zustrebt.
Von Morez floß Eis gegen St-Laurent-Grandvaux (Jura) und stieß mit demjenigen der südwestlichen Risoux-Kette durchs Lemme- und Saine-Tal über Champagnole vor, vereinigte sich mit dem vom Croz Mont (1206 m), vom St-Sorlin (1237 m) und von der Crêt Mathiez-Sarrazin (1174 m) über das Hochland von Bief des Maisons–Nozeroy abfließenden Eis und ließ um Champagnole Endmoränenkränze zurück, während von den Stirnen mächtige Fluren glazifluvialer Schotter ins Tal des Ain geschüttet wurden. Im ausgehenden Hochwürm flossen Schmelzwässer durch tektonisch vorgezeichnete und vom Eis und dessen subglaziären Schmelzwässern vertiefte Rinnen ab.
Anderseits floß noch würmzeitliches Eis von der Kette der Forêt de la Joux Devant W von Morez ins Becken des Lac de l'Abbaye (871 m; S. 540). E von Chaux-des-Prés trennt ein markanter Moränenwall ein weiteres kleines Zungenbecken ab. Weiter NW lag auch die Kette der Forêt de Prénovel (1134 m) unter einer Eiskalotte. Bei St-Maurice-en-Montagne und E von La Chaux-du-Dombief bildeten sich dabei Mittelmoränen aus.
Von der Kette La Dôle–Colomby de Gex (1687 m)–Crêt de la Neige (1718 m) – Reculet (1717 m)–Grand Crêt d'Eau (1621 m) sowie von den Hochflächen W der Val Mijoux – der Forêt de la Frasse und von Les Molunes, von der Crêt au Merle, von der Crêt Chalam

(1515 m) und von der Forêt de Champfromier – floß in den Hochglazial-Ständen Eis als *Valserine-Gletscher* gegen Bellegarde, wo es vom Rhone-Gletscher gestaut wurde. Noch im Stadium von St-Julien-en-Genevois flossen bei einer klimatischen Schneegrenze um 1300 m von der Reculet-Kette Eiszungen in die Val Mijoux, die sich zu einem Talgletscher sammelten. Dieser reichte noch bis Au Creux, einem Zungenbecken eines von E der Crêt au Merle gegen die Val Mijoux abgeflossenen Gletschers, wo er um 800 m endete. Weiter talauswärts hing SW des Reculet ein Gletscher noch bis La Rivière, bis gegen 700 m, in die Valserine herab.
Die unter der Moräne liegenden, lokal verkitteten Schotter wurden bereits in einer würmzeitlichen Vorstoßphase geschüttet.
Da im Würm-Maximum die klimatische Schneegrenze im Waadtländer Jura um 1150 m lag, trugen Höhen über 1200 m im SW und über 1100 m im NW eine Firnkappe. Am Mont Tendre (1679 m) und an der Dôle (1677 m) konnten daher wegen der Jura-Vereisung keine Rhone-Moränen abgelagert werden. Die Eishöhe läßt sich nur an höchsten, auf Gräten gelegenen Walliser Erratikern ablesen (H. LAGOTALA, 1920). Wie schon zur Riß-Eiszeit (Bd. 1, S. 340) drang auch in der Würm-Eiszeit Rhone-Eis von Vallorbe längs der Bruchstörung von Vallorbe–Pontarlier über Les Hôpitaux nach N vor. Von der NW-Seite der Risoux-Kette empfing dieser Eisarm durch die Senke des Lac de St-Point sowie von den Höhen N des Suchet noch kräftige Zuschüsse von Jura-Eis, von einem *Doubs-Gletscher*, so daß das Doubs/Rhone-Eis noch in die Senke von Pontarlier auszutreten vermochte (J. TRICART, 1952, 1958; TRICART et al., 1969K). Beim Rückschmelzen des in der Hochebene von Pontarlier durch Moränenreste dokumentierten Eislappens kam es im Zungenbecken einer Rückzugsstaffel zur Bildung eines Moränenstausees. Dieser vermochte dem steigenden Wasserdruck schließlich nicht mehr standzuhalten und barst, so daß die Schmelzwässer einen flachen Schuttfächer von fast 5 km Radius über die würmzeitliche Moränendecke schütteten.
Auch die Ketten N des vergletscherten obersten Doubs-Tales trugen noch in der Würm-Eiszeit Firnkalotten. In den dazwischen gelegenen Längstälern sammelte sich das Eis und trat durch bereits früher als Schmelzwasserrinnen angelegte Täler ins flache Becken von Frasne–Pontarlier aus (TRICART, 1954, A. CAIRE et al., 1967K; TRICART et al., 1969K; Bd. 1, Karte 1).
Im Hochjura reichte die Firnbedeckung noch bis ins Spätwürm mit einzelnen Zungen in die Schmelzwasserrinnen, die heutigen Trockentäler von Prévondavaux und des Grand Marais de Ballens, wo sie zunächst den Rhone-Gletscher erreichten, dann jedoch selbständig wurden, was durch markante Stirnmoränen, ausgedehnte glazifluviale Schotterdecken mit Rhone- und Jura-Schüttungen sowie tiefen Schmelzwasserrinnen belegt wird (B. AEBERHARDT, 1901; J.-P. VERNET, 1972K).
Noch im Stadium von Bellegarde-Ballon dürfte das Eis in der Vallée de Joux bis auf 1150 m gereicht haben, was N von Le Sentier durch einen Moränenwall belegt wird (AUBERT, 1941K, 1943). Von der Risoux-Kette stieß ein Gletscher nochmals bis 1140 m herab und hinterließ die Stirnmoräne von La Capitaine.
In einem späteren Stadium, wohl im Stand von St-Julien, drang das Eis aus der Vallée de Joux noch über die Rundhöcker W und N der Dent de Vaulion vor und stirnte SW von Vallorbe in der Pouette Combe und vor dem Becken von Le Veratre um 800 m. Auf der SE-Seite des Sees, von Le Brassus bis Le Pont, dürften damals – bereits beim entsprechenden Vorstoßstand – Kameschotter abgelagert worden sein (AUBERT, 1941K; 1943).

Fig. 227 Wallmoränen mit Schmelzwasserrinne bei Praz Rodet SW von Le Brassus, Vallée de Joux VD.

Gegen SW reichte das Orbe-Eis, das dank des immer noch kräftig verfirnten Hochgebietes des Mont Tendre (1679 m) die ganze Vallée de Joux erfüllte, bis gegen die Landesgrenze (Fig. 227). Weiter gegen SW steigen die Höhen gegen den Noirmont (1568 m) erneut um über 100 m an, so daß die Eismassen das Becken des Lac des Rousses (1058 m) und das oberste Orbetal bis unterhalb von Bois d'Amont zu erfüllen vermochten. Anderseits stand dieser Eiskuchen zwischen La Cure und Les Rousses in Verbindung mit dem von der Dôle genährten Bienne-Gletscher.
Aus den spätwürmzeitlichen Schottern von Tribillet N von Le Brassus konnte das Geweih eines Rens (AUBERT, 1941 K, 1943), aus jenen von Praz Rodez das Skelett eines Mammuts (Bd. 1, Fig. 95) geborgen werden (M. WEIDMANN, 1969; AUBERT, 1971).
In der Vallée de Joux stiegen von der Mont Tendre-Kette jüngere Gletscher bis ins Tal herab und hinterließen oberhalb von L'Abbaye und Le Brassus Moränenwälle (AUBERT, 1941). Bei NE- bzw. NW-Exposition und einer Gleichgewichtslage in 1350 m setzen sie eine klimatische Schneegrenze von 1450 m voraus. Oberhalb von L'Abbaye verrät eine bis 1200 m abgestiegene Zunge eine Schneegrenze in 1550 m. Die beiden Vorstöße dürften denen von Port Valais–Noville und von Collombey–Ollon entsprechen.
In der Vallée de Joux sind mehrere seichte Seen heute verlandet und nur noch durch Seetone und mächtige Torflager belegt. Relikt-Seen liegen heute im Lac Ter, einem Toteisloch NE von Le Lieu, und in der flachen Wanne des Lac des Rousses (Jura, F) vor. Noch im jüngeren Holozän reichte der Lac de Joux um fast 400 m weiter gegen Le Sentier, bis an den Moränenwall von Les Crêtets, was durch Seekreide mit zahlreichen Lymnaeen und anderen Süßwasser-Mollusken belegt wird (AUBERT, 1941 K, 1943).

Die Talrinne des Nozon von S von Vaulion über Romainmôtier–Pompaples in die südwestliche Orbe-Ebene ist wohl bereits subglaziär von den Schmelzwässern angelegt worden.
Seit dem frühen Spätwürm, als der Abfluß des Lac de Joux und des von ihm abgetrennten Lac Brenet auch durch das Trockental Pierre Punex–Chalet du Mont d'Orzeires–Gouille de l'Ours gegen Vallorbe erfolgt, fließt die gesamte Niederschlagsmenge (Jahresmittel um 1500 mm) nur noch unterirdisch ab. Überall, wo in der Vallée de Joux Kalk ansteht, verschwindet das Wasser durch Felsklüfte oder in Versickerungstrichtern und tritt – wie H. B. DE SAUSSURE schon 1776 vermutet hat und die Färbversuche von F. A. FOREL (1899) gezeigt haben – in der Stromquelle der Orbe WSW von Vallorbe wieder zutage (Bd. 1, Fig. 8). Dabei dürfte das vorab im Versickerungstrichter des Bon Port verschluckte Seewasser etwa 30–40% der Orbe-Quelle ausmachen.
Als das Rhone-Eis oberhalb von Romainmôtier noch auf 800 m hinaufreichte, mündeten Jura-Gletscher am Jurafuß bei Mont-la-Ville und Montricher. (W. CUSTER, 1928; CUSTER & AUBERT, 1935 K). Ihre Schmelzwässer schütteten bei Montricher und bei Bière eine zunächst subglaziär auf Rhone-Grundmoräne liegende glazifluviale Schotterflur (H. SCHARDT, 1898; A. FALCONNIER 1950 K).
Aus dem Kar NE des Colomby de Gex stieg der Journans-Gletscher bis 650 m, bis Gex, herab. Am flacheren Jura-Fuß treten Seitenmoränen des Chancy- und St-Julien-Standes des Rhone-Gletschers auf. Die Gleichgewichtslage liegt um gut 1000 m. Leelage und NE-Exposition des knapp 8 km² großen Firngebietes und der Zunge von gut 3,5 km² erfordern eine Schneegrenze um gut 1150 m.
In dem von Jura-Eis ausgekolkten Aufbruch des Creux du Croue N des Noirmont (1552 m) lag noch bis ins mittlere Spätwürm Eis. Die Pollenfolge beginnt dort auf 1360 m erst mit dem Präboreal (S. WEGMÜLLER, 1966).
Vom Suchet an fiel die Oberfläche des Rhone-Eises auch gegen NE. Nach TH. RITTENER (1902) läßt sich der würmzeitliche Maximalstand in den Wallresten von Mont de Baulmes über Ste-Croix–Les Replans–Les Rasses–La Frêt gegen Mauborget verfolgen. H. JÄCKLI (1962 K) zeichnet bei Ste-Croix eine Transfluenz von Rhone-Eis über den Col des Etroits (1152 m) ins Vallon de Noirvaux und ins Val de Travers, so daß die Chasseron-Kette als firnbedeckter Nunatakker aus dem Eis emporragte.
Zur Zeit des Würm-Maximums dürften im Bereich des Passes Rhone- und Jura-Eis von den Aiguilles de Baulmes und von den Hochflächen um L'Auberson–La Côte-aux-Fées einander gegenüber gestanden haben. Die um 1200 m gelegene Seitenmoräne von Les Rasses fällt zwar etwas gegen das Becken von Ste-Croix ab, was aber wohl auf ein Wegdrängen des Rhone-Eises vom Gehänge durch das Chasseron-Eis zurückzuführen sein dürfte.
Bei Mont de Baulmes SE von Ste-Croix reichte das Rhone-Eis wieder auf 1240 m empor.
Subglaziale Schmelzwasserrinnen von Jura-Eis nehmen ihren Anfang am E-Ende des Moores von Les Araignys SW von L'Auberson, weitere N bzw. NE des Dorfes und SW von La Côte-aux-Fées. Diese Rinnen dürften wegen ihrer Tiefe und ihrem hochgelegenen Anfang wohl über längere Zeit Schmelzwässer abgeführt haben, wahrscheinlich von einem dem Brästenberg (=Bern)-Stadium entsprechenden Stand beim Eisaufbau bis ins ausgehende Hochwürm.
Die Moränen SE von Ste-Croix dürften als Mittelmoräne zwischen Rhone- und Aiguilles de Baulmes-Eis ebenfalls dem Brästenberg-Stadium zuzuweisen sein.

Im 8,4 m langen Pollenprofil von Les Cruilles (1035 m) E von Le Séchey konnte S. WEGMÜLLER (1966) tief in die waldlose Zeit vordringen. Neben ersten Schutthalden-Besiedlern treten bereits reichlich Gramineen, Cyperaceen und *Artemisia* auf. Dann wird die Besiedlung der Schutthalden intensiver; *Artemisia, Helianthemum*, Chenopodiaceen und Gramineen breiten sich aus. *Hippophaë, Ephedra* sowie erste Zwerg-Weiden und -Birken erscheinen. Mit dem Wechsel von tonreichen Mergeln zu toniger Gyttja zeichnet sich die Klimabesserung in 6,5 m Tiefe auch im Sediment ab. Die Nichtbaumpollen-Werte liegen noch um 80%; *Ephedra* und vor allem *Artemisia* (43%), *Helianthemum* und *Thalictrum* – Wiesenraute – sind reich vertreten, Zwerg-Birken, Wacholder und Zwerg-Weiden eingestreut.

Um 5,8 m fallen die Nichtbaumpollen – vorab *Artemisia* und *Helianthemum* – auf 30% zurück, trotz des Auftretens neuer Formen – *Calluna* – Heidekraut, *Vaccinium* – Heidelbeere, *Filipendula* – Spierstaude, *Sanguisorba* – Wiesenknopf – und *Sparganium* – Igelkolben. Zugleich stellt sich Kalkgyttja ein. *Betula* – wohl vorwiegend *B. nana* – und *Hippophaë* leiten die erste Bewaldung ein. Mit 51% gelangt *Juniperus* mächtig zur Entfaltung. Mit seinem Rückgang wandern Baumbirken ein. In feuchten Mulden haben sich Strauch-Weiden angesiedelt.

In einem ersten *Pinus*-Vorstoß mit sprunghafter Zunahme der Nichtbaumpollen zeichnet sich um 5,75 m eine Klimaverschlechterung ab. Während die Birken vordringen, geht *Pinus* zurück. Beide dürften in den tieferen Lagen der Vallée de Joux lichte Parktundren gebildet haben. Dann erreicht *Pinus* einen Höhepunkt; *Betula* und die Nichtbaumpollen fallen zurück.

Oberhalb von 5,25 m lichten sich die *Pinus*-Bestände; die Krautvegetation breitet sich aus. *Artemisia* und Chenopodiaceen nehmen zu; *Helianthemum* und *Ephedra* setzen neu ein. Im Sediment äußert sich die rückläufige Klima-Entwicklung – die Jüngere Dryaszeit – durch kalkfreie Tongyttja, die durch eine Kalkgyttja mit markantem *Pinus*-Gipfel unterteilt wird. Dabei ist die ältere Phase kürzer, bei minimaler Pollenfrequenz jedoch intensiver. Die Föhren-Birken-Bestände sind gelichtet worden; die Nichtbaumpollen steigen auf 35% an. *Artemisia* breitet sich aus. Chenopodiaceen, *Helianthemum* und *Selaginella selaginoides* weisen auf Lichtungen hin. *Ephedra* erscheint ein letztesmal.

Dann – 4,65–4,3 m – breiten sich *Pinus* und *Betula* erneut aus und drängen die Krautvegetation zurück. *Corylus, Quercus, Ulmus* und *Tilia* wandern ein. Auch der Wechsel von Ton- zu Kalkgyttja und der Anstieg der Pollenfrequenz deuten auf ein günstiger gewordenes Klima hin. Hasel und, etwas zögernd, auch die Werte des Eichenmischwaldes steigen an: erst die der Ulme, dann auch jene der Eiche. Bei hoher Pollenfrequenz leitet die Kalkgyttja über Gyttja zu Torf über.

Von 3,4–2,4 m lösen sich im Hasel-reichen Eichenmischwald Ulme, Eiche und Linde in der Vorherrschaft ab. Ahorn und Esche nehmen zu; Tanne und Fichte setzen ein. Dann fallen Eiche, Linde, Ulme und Ahorn zurück. Die Buche tritt auf. Später breitet sich die Tanne aus; Birke, Erle, Fichte sowie die Nichtbaumpollen steigen leicht an. *Potamogeton* – Laichkraut – tritt stärker hervor; erstmals erscheint *Buxus*.

Von 1,8–1,5 m gewinnt kurzfristig die Tanne die Vormacht; dann unterwandert die Fichte die Tannen-Bestände. Bei den Laubhölzern überwiegt wiederum die Ulme, gefolgt von der Eiche. Zugleich steigen die Nichtbaumpollen-Werte weiter an. Nach kurzer Zeit löst die Fichte die Tanne in der Vorherrschaft ab. Die Bäume des Eichenmisch-

Fig. 228 Creux du Croue (1370 m). Im aufgerissenen Malm-Gewölbe des Noirmont zwischen der Dôle und dem Mont Tendre lag noch bis tief ins Spätwürm ein Kargletscher. Sein Zungenbecken wird heute von einem Hochmoor eingenommen, dessen Vegetationsentwicklung über Kalkschottern nach der Jüngeren Dryaszeit einsetzt.
Photo: PD Dr. S. Wegmüller, Bern.
Aus: S. Wegmüller, 1966.

waldes, ebenso Föhre und Birke sind nur noch schwach vertreten. Die Buche vermag sich nicht auszubreiten. Früh tritt *Carpinus* – Hainbuche – auf, während die Nichtbaumpollen-Werte weiter abfallen.

Da das Moor abgetorft worden ist, gewann Wegmüller die Waldgeschichte der jüngeren Abschnitte aus den Sedimenten des Lac de Joux. Ein ausgeprägter Buchen-Abfall leitet die Tannen-Fichten-Zeit ein. Die Eiche fällt stark zurück; *Carpinus* und *Juglans* – Walnuß – setzen in 95 cm Tiefe ein. Die Zunahme der Nichtbaumpollen und das Erscheinen von Kulturzeigern belegen erste Eingriffe des Menschen in der Waldentwicklung. Einschneidende Rodungen lassen die Nichtbaumpollen-Werte stark anwachsen; Kultur- und Wiesenzeiger spiegeln die endgültige Besiedlung wider. Tanne und Fichte fallen zurück. Nochmals treten *Quercus*, *Ulmus*, *Juglans*, *Carpinus* sowie *Pinus* stärker hervor. Dann steigen die Fichten-Werte an; die Siedlungszeiger nehmen ab.

Über die Vegetationsentwicklung im *südwestlichen Hochjura* vermitteln die Pollenbohrungen von S. Wegmüller (1966) Einblick: La Maréchaude (1390 m) NNE des Crêt de la Neige, von La Pile (1220 m) N der Dôle, vom Creux du Croue (1360 m; Fig. 228), von Le Couchant (1400 m) und vom Marais des Amburnex (1300 m), alle drei zwischen Noirmont und Col du Marchairuz (S. 541). Besonders die Profile von La Maréchaude und von Le Couchant geben dabei wichtige Hinweise über die Lage der Waldgrenze. So lag das Hochtal von Le Couchant noch im Jüngeren Atlantikum über der Waldgrenze und aufgrund des Profils von La Maréchaude lag diese selbst im Subboreal im Hochjura nur unwesentlich unter der heutigen, jedenfalls unter 1600 m.

Fig. 229 Der Lac de Chalain (488 m), ein Zungenbecken-See SW von Champagnole (France), gegen die Chaîne de l'Heute. Am W-Ufer konnten drei Kulturschichten nachgewiesen werden: zwei neolithische und eine durch 1,5 m Seekreide getrennte bronzezeitliche (F. FIRTION, 1950). Die Vegetationsentwicklung reicht weit in die Älteste Dryaszeit zurück. Photo: PD Dr. S. WEGMÜLLER, Bern. Aus: S. WEGMÜLLER, 1966.

Die Vegetationsgeschichte im angrenzenden Département Jura

Anhand von 4 Pollenprofilen – vom Lac de Chalain (488 m) SW von Champagnole, von den Lacs de Narley (748 m) und du Petit Maclu (778 m) sowie vom Lac de l'Abbaye (871 m) NW bzw. SW von St-Laurent-en-Grandvaux – versuchte S. WEGMÜLLER (1966) die Vegetationsgeschichte im SE des Département Jura aufzuzeigen.
Von den 13,5 m mächtigen Sedimenten vom SW-Ufer des *Lac de Chalain*, der in einem Zungenbecken von würmzeitlichen Endmoränen abgedämmt wird (A. DELEBECQUE, 1902; A. & S. GUILLAUME, 1965K), fallen fast 11 m ins ausgehende Hoch- und ins Spätwürm (Fig. 229).
Am W-Rand des Sees konnten in der Seekreide drei Kulturschichten mit Pfahlbauten – zwei neolithische und, 1,5 m höher, eine bronzezeitliche – ausgegraben werden (F. FRITION 1950). Nach dem Abschmelzen des Eises hat sich am Rande des Zungenbeckens eine Pionier-Vegetation mit Gramineen, Cyperaceen, Chenopodiaceen, *Artemisia* und sporadisch auftretenden *Salix* und *Ephedra* eingestellt. Auch *Betula* – wohl *B. nana* – und *Juniperus* haben sich über kurze Zeitabschnitte eingestellt. Die Pollenfrequenzen sind in den Seetonen minimal. Von 6,5–5,9 m deuten eine Zunahme von *Juniperus* und eine geschlossene *Ephedra*-Kurve auf ein etwas günstigeres Klima.
Vor der einsetzenden Wiederbewaldung belegen die Zunahme der Nichtbaumpollen-Werte – eine Ausbreitung der Gramineen, der Chenopodiaceen, von *Artemisia* und *Helianthemum* – einen dichteren Schluß der Pionierrasen. Da und dort setzen sich Zwerg-Weiden und -Birken fest.
Gegenüber dem Jura-S-Fuß (S. 541) ist der *Juniperus*-Vorstoß schwächer, 30 gegenüber 47%. Dann bewirkt die Einwanderung der Birke den Rückgang von Wacholder. Auch der Birken-Vorstoß – 4,65–4,5 m – ist mit 38 gegenüber 83% schwächer als am Jura-S-Fuß.

Fig. 230 Der Lac de Narlay (748 m) S von Champagnole liegt als Toteis-See in einer von Brüchen durchsetzten und vom Jura-Eis ausgekolkten Kreide/Tertiär-Mulde Er entwässert heute unterirdisch zum Lac de Chalain.
Photo: PD Dr. S. WEGMÜLLER, Bern.
Aus: S. WEGMÜLLER, 1966.

Ein kurzer *Pinus*-Vorstoß, erhöhte Nichtbaumpollen-Werte, ein erneuter *Juniperus*-Gipfel und tonigere Seekreide deuten auf einen Klima-Rückschlag. Nach kurzer *Betula*-Vormacht dringt *Pinus* endgültig vor. Relativ hohe *Artemisia*-Werte, das Auftreten von *Plantago*-Typen – Wegerich – und von *Sanguisorba* – Wiesenknopf – sprechen für entwickelte Pionierrasen, das Durchhalten von *Juniperus* und *Ephedra* sowie das Einsetzen von *Filipendula* – Spierstaude, *Linum* und *Valeriana* – Baldrian – für lichte Bestände.
Mit einem von Rückschlägen begleiteten Pollen-Anstieg gelangt *Pinus* zur Vorherrschaft. *Juniperus* und teilweise auch *Betula* weichen der vordrängenden Föhre. Viele Kräuter sind nur noch schwach vertreten.
Von 3,6–2,8 m bestimmt *Pinus* den Wald-Charakter. Dabei leiten zunächst ein *Betula*- und ein *Juniperus*-Gipfel, ein sprunghafter Anstieg der Nichtbaumpollen-Werte, die Ausbreitung von *Artemisia* und der Cyperaceen, das erneute Auftreten verschiedener Kräuter und die Ausbreitung von *Ephedra* einen markanten Klimarückschlag – die Jüngere Dryaszeit – ein.
Wiederausbreitung von *Pinus* und *Betula*, fallende Nichtbaumpollen-Werte, erste Spuren wärmeliebender Gehölze und Ausbleiben von *Juniperus* deuten auf eine klimatisch bessere Zeit. *Pinus* dominiert in geschlossenen Wäldern; *Betula* steigt nochmals auf 17% an. *Quercus* und *Corylus* stellen sich ein.
Nach einem kleinen Rückschlag steigt *Corylus* zu bedeutender Vormacht an. *Pinus* fällt zurück; der Eichenmischwald breitet sich nur zögernd aus. Dabei überflügelt zunächst die Ulme die Eiche. Am Lac de Chalain stört ein Sedimentunterbruch die weitere Waldgeschichte. In der Bohrung in der Karstwanne des *Lac de Narlay* (Fig. 230) erreichen an der entsprechenden Stelle *Quercus* und *Ulmus* bald ihre Höchstwerte, Linde, Esche und Ahorn, die hier bereits am Ende der Haselzeit deutlicher auftreten, nehmen weiter zu. Auch *Hedera* – Efeu – erscheint mehrfach.

Fig. 231 Der flachgründige Lac de l'Abbaye (871 m) SW von St-Laurent-du-Jura (France), liegt in einer Kreide/Miozän-Mulde. In dieser hat das Eis der Joux-Devant-Kette (1156 m) eine flachgründige Wanne ausgeschürft und gegen SW durch Moränenwälle abgedämmt. Am verlandenden SW-Ende reicht die Vegetationsentwicklung bis in die frühe Älteste Dryaszeit zurück.
Photo: PD Dr. S. Wegmüller, Bern.
Aus: S. Wegmüller, 1966.

In der Jüngeren Eichenmischwald-Zeit beginnt *Ulmus* zu fallen; dafür erreichen *Acer* und *Fraxinus* ihre höchsten Werte. Vor der Buchen-Ausbreitung ist auch *Efeu* stärker vertreten. Erste Spuren von *Buxus* stellen sich ein; *Potamogeton* – Laichkraut – entfaltet sich massenhaft. Tanne und Buche setzen ein; später gesellt sich die Fichte hinzu. Später treten Erlen erstmals stärker hervor.

Eine außerordentlich lange Tannen-Buchen-Zeit (7,5–1,1 m) hat das Waldbild zwischen Champagnole und St-Laurent über Jahrtausende geprägt. Von den Gehölzen des Eichenmischwaldes hat sich nur die Eiche behauptet. Mit einer jüngeren Buchen-Dominanz setzt *Carpinus* – Hainbuche – endgültig ein. Die Nichtbaumpollen schwanken zwischen 4 und 30%. Die Getreide-Kurve deutet mit andern Kulturzeigern auf Besiedlungsphasen.

In der Tannen-Zeit (1–0,4 m) schwingt sich *Abies* zur Vormacht auf. Eiche, Buche und Hainbuche fallen zurück. Zugleich nehmen die Farne stark zu.

Mit dem Einsetzen der mittelalterlichen Rodungen steigen die Nichtbaumpollen-Werte kräftig an. Kulturzeiger belegen die Landnahme. Die Tanne fällt zunächst stark zurück; dann gewinnt sie – zusammen mit Föhre, Fichte und Wacholder – nochmals an Bedeutung.

In dem am SW-Ende des *Lac de l'Abbaye* (Fig. 231) erbohrten 5,2 m langen Profil hat Wegmüller in 4,8 m Tiefe bereits einen deutlichen Rückgang der Nichtbaumpollen bis auf 50%, vorab der lichtliebenden Arten – *Ephedra*, *Helianthemum* und Chenopodiaceen – festgestellt. *Juniperus* und *Betula* – mindestens zum Teil *B. nana* – leiten die erste Wiederbewaldung ein.

Der Beginn der *Pinus*-Ausbreitung fällt – wie am Lac de Chalain – mit einem kleinen Rückschlag oder mindestens mit einem stagnierenden Abschnitt zusammen, mit rückläufigen Nichtbaumpollen-Werten, abnehmender Pollenfrequenz und einem markanten *Artemisia*-Gipfel. Die sich ausbreitenden Föhren verdrängen *Juniperus*. Dagegen vermag *Betula* sich zunächst noch zu behaupten. *Sanguisorba* und *Filipendula* treten hinzu.

Dann breitet sich *Pinus* bei fallenden Birken-, Wacholder- und Nichtbaumpollen-Werten (30%) weiter aus.
In Übereinstimmung mit den Profilen vom Lac de Chalain und vom L. du Petit Maclu zeichnet sich in einer Zunahme der Nichtbaumpollen-Werte (42%), in der Ausbreitung von *Artemisia* (14%), im erneuten Auftreten von *Juniperus*, *Ephedra*, der Chenopodiaceen sowie in der scharf abgegrenzten tonreichen Seekreide ein Klima-Rückschlag ab. Die Umbelliferen, *Geranium*, *Sanguisorba* und *Rumex* deuten auf Hochstaudenfluren hin.
Mit Föhren und Baumbirken erfolgte die endgültige Bewaldung bei stark fallenden Nichtbaumpollen-Werten und steil ansteigenden Pollenfrequenzen. Zunächst breitet sich wiederum *Pinus* aus (65%), dann wird sie von *Betula* (30%) zurückgedrängt. Zugleich wandern *Corylus*, *Quercus*, *Ulmus* und *Acer* ein. Im Wechsel von toniger Seekreide zu Kalkgyttja und zuletzt zu rein organischer Gyttja zeichnet sich der Klimawandel auch im Sediment ab.
Von 4,1–3,6 m liefert die Hasel den Hauptanteil der Gehölzpollen. Eine ^{14}C-Bestimmung in 4,03 m ergab ein Alter von 9050 ± 120 Jahren v. h. Dann fällt *Pinus* stark zurück. Nach zögerndem Vordringen des Eichenmischwaldes, vorab mit *Ulmus* und *Quercus*, hält er der Hasel die Waage. Bei hoher Pollenfrequenz treten Spuren von *Hedera* und *Nymphaea* – Seerose – auf.
Dann – 3,5–3 m – dominiert der Eichenmischwald. Neben Eichen und Ulmen sind nun auch Linde, Esche und Ahorn stärker beteiligt. Spuren von Tanne und Efeu treten auf; *Viscum* – Mistel – und Seerose sind selten. Dagegen nehmen die Laichkräuter zu. In der Jüngeren Eichenmischwald-Zeit (2,9–1,7 m) treten Esche und Ahorn stärker hervor. Ulme und Efeu werden seltener; Mistel verschwindet. Tanne und Buche werden häufiger. Die Tanne breitet sich mächtig aus, dann erscheint auch die Fichte.
In der Tannen-Buchen-Zeit (1,6–0,5 m) dominiert die Tanne, doch steigen die Buchen-Werte ständig. Der Eichenmischwald behauptet sich zunächst dank der Eiche. Ein Pollenkorn von *Ilex* – Stechlaub – in 1,5 m Tiefe belegt, daß die Winter damals am Lac de l'Abbaye offenbar noch etwas milder waren als heute (S. 543).
Von 1,1 m an beginnen die Fichten-Werte anzusteigen, jene der Eiche fallen ab. Bei 0,7 m erreicht die Tannen-Kurve nochmals einen markanten Gipfel und *Buxus* erscheint in Spuren.
Die Sedimentation erfolgte in diesem langen Zeitabschnitt recht langsam und mit Schichtlücken.
Steigende Nichtbaumpollen-Werte und Kulturzeiger deuten auf größere Rodungen. Die Tanne verliert ihre Vormacht. Mischwälder mit Buchen, Tannen und Fichten stellen sich ein. Darin ist auch *Carpinus* stärker vertreten, später tritt noch *Juglans* hinzu.
Der lange waldlose Abschnitt im Profil am Lac de Chalain (488 m) SW von Champagnole bekundet wohl, daß dieses Gebiet deutlich früher eisfrei geworden sein muß, als die gleich hoch gelegene Tourbière de Coinsins (480 m) N von Nyon (S. 520f.).
Im Marais des Amburnex (1300 m; Fig. 232) SW des Col du Marchairuz setzte die Sedimentation mit Weiden- und *Ephedra*-Gipfeln wenig vor dem Bölling-Interstadial ein. In der Jüngeren Dryaszeit hält sie bereits ungestört durch. Der nochmalige Anstieg der Nichtbaumpollen deutet jedoch auf einen Rückgang der Bewaldung hin.
Auf einen Zeitabschnitt mit Erstbesiedlern, Pionierrasen und Zwergsträuchern – Weiden, Sanddorn, Wacholder und Birken – folgt am Jurafuß und im Jura eine Wacholder-Phase mit Birken, Sanddorn und Weiden, dann, im Bölling-Interstadial, eine Phase mit Birken und Wacholder. Am Jura-Fuß verdrängen lichte Baumbirken-Bestände die

Fig. 232 Im Marais des Amburnez SW des Col du Marchairuz reicht die Vegetationsentwicklung bis in die Ältere Dryaszeit zurück. Bis ins Spätwürm war die auf 1300 m gelegene Kreidemulde von Firneis erfüllt, das von den SE bis 1473 m ansteigenden Jura-Höhen abfloß. Photo: PD Dr. S. WEGMÜLLER, Bern. Aus: S. WEGMÜLLER, 1966.

Wacholderbüsche. Bis gegen 800 m dürfte sich eine lichte Parktundra, darüber eine Birken-Wacholder-Strauch-Vegetation entfaltet haben.

Ein Rückgang der Birke und ein erster Anstieg der Föhre, verbunden mit einem solchen der Nichtbaumpollen – *Artemisia*, *Thalictrum* – Wiesenraute, *Helianthemum* – Sonnenröschen, *Rumex* – Ampfer, Umbelliferen – deuten auf ein Abfallen der Waldgrenze hin. Birken-Föhren-Wälder charakterisieren am Jurafuß das Alleröd.

Im Profil *Tourbière de Coinsins* konnte WEGMÜLLER (1966, 1977, WEGMÜLLER et al., 1973) in einer 1,5 mm mächtigen Schicht den Aschenregen des Laacher Bimstuffes erkennen (S. 521). Damit liegen die ^{14}C-Daten – 11 200 ± 200, 11 530 ± 200 und 10 350 ± 200 Jahre v. h. – eindeutig etwas zu tief. Der steile *Pinus*-Anstieg, der *Betula*-Rückgang, der *Salix*-Gipfel, das Auftreten von Chenopodiaceen, *Sanguisorba* – Wiesenknopf, *Filipendula* – Spierstaude – und *Centaurea* – Flockenblume – deuten auf einen Föhren-Birkenwald mit Lichtungen.

Im *Hochjura* ist die Vegetation noch sehr licht: Sie enthält noch Wacholder; doch herrscht die Föhre vor. An der Dôle dürfte die Waldgrenze auf 1250 m, die Baumgrenze um 1350 m gelegen haben. Heute liegen diese beiden dort auf 1570 m bzw. auf 1630 m.

In der Jüngeren Dryaszeit zeichnet sich eine Auflichtung der Föhrenwälder mit Birken ab. *Artemisia* breitet sich aus, *Juniperus*, *Ephedra*, *Hippophaë* und *Selaginella* treten wieder auf; Chenopodiaceen, Caryophyllaceen, röhrenblütige Compositen, *Helianthemum* und *Rumex* werden häufiger. Bei minimaler Pollenfrequenz wird die Sedimentation wieder minerogen.

S von Champagnole, am Lac du Petit Maclu (778 m) und am Lac de l'Abbaye (871 m), herrschten Waldgrenzenverhältnisse vor. Im SW-Jura wurden die Föhrenbestände mit Birken und Wacholder bis tief herunter gelichtet (S. 521). Im Vorland stellen sich erste Spuren von Eiche und Hasel ein.

Im Präboreal, der Zeit der Föhren- und Birkenwälder mit ersten wärmeliebenden Ge-

hölzen – Hasel, Eiche, Ulme, Pappel und Linde, rückte die Bewaldung bis 1300 m vor. Die Ausbreitung der Hasel im Boreal erfolgte um 9000–8800 v. h. Bei fallenden Werten von *Pinus* nehmen Ulme, Eiche, Linde, wenig später auch Esche und Ahorn zu. Die Waldgrenze steigt bis auf 1400 m an. Erstmals stellen sich Efeu, Mistel und Seerose ein. Von 7500 an setzt die Tanne, von 6000 an die Buche ein.
Im Atlantikum entwickelten sich Eichen-Ulmen-Wälder mit Linden, Ahornen und Eschen, in Hochlagen Haselsträucher. Im jüngeren Abschnitt, um 5500 v. h., entfaltet sich die Tanne, in Hochlagen wenig früher, im Neuenburger Jura etwas später. In Tieflagen breitet sich ebenfalls um 5500 die Buche aus. Die Waldgrenze dürfte um 1300 m gelegen haben.
Die Ausbreitung der Rottanne fällt in der Vallée de Joux in die Zeit um 5000, in Hochlagen um 4500, in 1200 m um 3000 Jahre v. h. Im letzten Vordringen erschloß sie im Subboreal die Hochlagen. Zugleich erreichte die Waldgrenze im Hochjura mit 1600 m ihre höchste Lage.
Nach J. Iversen (1944) bestimmen Sommerwärme, Vegetationsdauer und Winterkälte das Vorkommen der für die postglaziale Wärmezeit charakteristischen immergrünen Arten: *Viscum album* – Mistel, *Hedera helix* – Efeu und *Ilex aquifolium* – Stechlaub. In Skandinavien reicht *Viscum* nicht unter die 17°-Juli-Isotherme, *Hedera* bis zur –1,5°- und *Ilex* gar nur bis zur –0,5°-Januar-Isotherme.
Aufgrund ihres spärlichen Auftretens in den Pollenprofilen des SW-Jura – noch im Profil vom Lac de l'Abbaye (871 m) – schloß Wegmüller (1966), daß die wärmezeitlichen Mitteltemperaturen anhand von Vergleichswerten von La Chaux-de-Fonds im Juli höchstens um 2,2°, im Januar um 0,6° höher lagen als heute.
In der Nachwärmezeit herrschten in tieferen Lagen Tannen-Buchen-Wälder, in mittleren solche mit Fichten und in höheren Fichten-Tannen-Wälder mit Buchen. Dabei faßte die Fichte zunächst an der Waldgrenze Fuß und begann dann die Tannenwälder sukzessive zu unterwandern.

Das Rhone-Eis und die Gletscher im Neuenburger Jura

Von der Firn-Hochfläche Auberson–La Vraconne (W von Ste-Croix) floß ein Gletscher ins Vallon de Noirvaux. Auch die Hochgebiete La Côte-aux-Fées, Mont des Verrières und Montagne de Buttes lagen unter einer Firndecke. Von den Höhen zwischen Chasseron und Soliat stiegen Gletscher ins Val de Travers, was durch Mündungsöffnungen und Seitenmoränen – etwa bei Môtiers – bekundet wird.
Aufgrund der höchsten Erratiker reichte der Rhone-Gletscher im Würm-Maximum an der Montagne de Boudry bis auf 1165 m (H. Schardt & A. Dubois, 1903 k). Bei La Cergna oberhalb Rochefort gibt schon L. du Pasquier (1892) eine Eishöhe von 1090 m an. Von dort an läßt sich der höchste Stand als Wall über La Chenille–Les Prés Devant bis gegen Le Linage zum Chaumont verfolgen, wo das Eis bis auf 1100 m stand (E. Frei, 1925; Ph. Bourquin et al., 1968 k; Frei et al., 1974 k). Während die Moräne auch Rhone-Erratiker mit einem erheblichen Anteil an Kristallin-Geschieben zeigt, finden sich am Hang darüber nur noch Kalk-Gerölle, die meist schlecht gerundet sind. Wo sich die Kette zum Mont Racine (1439 m) aufschwingt, verliert sich der Wall; zugleich reichen die Kalkgeschiebe weiter ins Val de Ruz herab und dokumentieren damit das stärkere Vordringen des Jura-Eises.

Zwischen Montagne de Boudry und Chaumont drangen zwei Rhone-Eisarme in die Täler ein, die von Jura-Gletschern genährt wurden: einer wandte sich gegen W ins Val de Travers, der andere gegen N ins Val de Ruz. Über Brot-Dessus hing der erste mit dem Eis zusammen, welches das Hochtal von La Sagne erfüllte. In ihm sammelte sich das Firneis der Mont Racine–Tête de Ran-Kette und vom Som Martel-Rücken zu einem bewegungsarmen Eiskuchen. Zugleich vermochte auch das Jura-Eis aus dem Val de Travers und aus der Val de Ruz abzufließen, so daß sich in diesen Tälern – je nach dem Eisstand – eine strömungsarme Gleichgewichtslage einstellte. Der durch Rhone-Erratiker markierte Gürtel dokumentiert wohl diesen Grenzbereich.
Auch in der Mulde von La Brévine mit dem Lac des Taillères lag Eis, das von der Bois de Vaux–Armont-Kette und von den rundhöckerartig überprägten Höhen zwischen Les Cornées und Som Martel genährt wurde. D. AUBERT (1965) fand auf beiden Talseiten Kreide-Gerölle bis 100 m über dem Talboden. Über La Chaux-du-Milieu floß der Brévine-Gletscher gegen Le Locle, wo er auf Eis traf, das sich in der Mulde von La Chaux-de-Fonds–Le Locle sammelte. Eiszungen wandten sich von Le Locle über Les Brenets und NE von La Chaux-de-Fonds durch die Combe du Valanvron zum Doubs. Wenig unterhalb der Mündung finden sich glazifluviale Schotter, die nach dem würmzeitlichen Rutsch von Refrain im aufgestauten Doubs abgelagert wurden (L. ROLLIER, 1912; BOURQUIN et al., 1946K). Ebenso zwangen die Sackungen von Chercenay und von Roche Brisée E von Soubey den Doubs zur Schaffung eines neuen Bettes (A. BUXTORF & E. LEHNER, 1920; A. GLAUSER, 1936).
Aus den Lehmen der Schmelzwasserrinnen von Les Combettes NNE von La Chaux-de-Fonds konnte ein Mammut-Stoßzahn geborgen werden (PH. BOURQUIN, 1946).
N und SE von Les Verrières, bei Les Bayards und in der Corbière W von St-Sulpice entwickelten sich bis ins Val de Travers vorstoßende Jura-Gletscher. Neben den Moränen am Ausgang der Kare sind von CH. MUHLETHALER (1932K) und E. RICKENBACH (1925) ausgeschiedene Wälle teils als Sackungs- und Rutschungswälle zu deuten.
Um La Chaux-de-Fonds bildeten sich – wie weiter NE, in den Franches Montagnes – kleinere Firnfelder mit subnivalem Abfluß durch Versickerungstrichter sowie kleinere Jura-Gletscher mit Abflußrinnen, die vorzugsweise tektonischen Störungen und weniger erosionsresistenten Schichten folgten.
Das über die Senke der Serroue ins Val de Ruz eingebrochene Rhone-Eis erfüllte dieses bis über Le Pâquier. Bei Les Planches reichte es – durch Blockschwärme und Einzel-Erratiker dokumentiert (BOURQUIN et al., 1968K) – bis auf über 1050 m. Bei Les Bugnenets, am Übergang gegen St-Imier, stellen sich um 1080 m Mittelmoränen zwischen eingedrungenem Rhone- und aufgeflossenem Jura-Eis ein.
Die Schotter im Talgrund des Val de Ruz sind wohl als frühe hochwürmzeitliche Stauschotter zu deuten, die vom vordringenden Gletscher überfahren worden waren.
Die Gneisblöcke auf dem Mont d'Amin auf 1395 m und am N-Rand des Plateaus von Prés de l'Ours auf 1290 m sind dagegen rißzeitlich (Bd. 1, S. 336). Der Gneisblock am N-Ende des Talbodens von La Sagne, «Le Grison», sowie die Walliser Erratiker am Cornu E von La Chaux-de-Fonds dürften im Spätriß dorthin verfrachtet worden sein; jene am Cornu sind am ehesten über den 1155 m hohen Sattel von Boinod NW der Vue des Alpes gelangt und kamen kaum talauf durch das Vallon de St-Imier (H. SUTER, 1936; BOURQUIN et al., 1946K).
Im Raum um Neuchâtel ergibt sich damit eine Differenz zwischen riß- und würmzeitlicher Eishöhe von rund 300 m.

An der Chaumont–Chasseral-Kette stand das Eis NW von Enges bis auf 1040 m, wo sich erste Wälle einstellen (BOURQUIN et al., 1968 K). N des Bielersees zeichnet sich das Würm-Maximum bei Nods, auf den Magglinger Matten (973 m), bei Magglingen (933 m) und oberhalb von Orvin ab (F. ANTENEN, 1914; K. RYNIKER, 1923; U. SCHÄR et al., 1971 K).
W von Neuchâtel bekunden Moränen und Rundhöckerzeilen Rückzugsstände. Der Stand von Les Sagnes läßt sich über Rochefort nach Le Coteau N von Montmollin verfolgen; er gibt sich auch SW von Valangin zu erkennen. Analoge Rückzugsmoränen finden sich weiter SW, oberhalb von St-Aubin am Neuenburger See, und weiter NE, oberhalb des Bielersees bei Lignières am Rande der moränenbedeckten Schotterebene der Montagne de Diesse.
Ein noch jüngeres Stadium, einen Wiedervorstoß des Travers-Gletschers, glaubten SCHARDT (1898, 1903) und A. DUBOIS (1910, 1933) im «Moränen-Amphitheater» von Boudry–Colombier, am Talausgang, zu erkennen, was von A. BALTZER (1900), B. AEBERHARDT (1901), FREI (1925), F. NUSSBAUM & F. GYGAX (1937) und P. BECK & FREI (1937) abgelehnt wurde. Diese deuten das «Moränen-Amphitheater» als Areuse-Delta. Da sich in den Schottern gekritzte Geschiebe fanden, sind wohl Teile davon bereits beim würmzeitlichen Vorstoß geschüttet worden. Diese wären dann vom hochwürmzeitlichen Gletscher überprägt und von spätglazialen Schmelzwässern teilweise wieder ausgeräumt worden. Die Terrassen sind als spätwürmzeitliche Schüttungen in einen Eisstausee zu deuten.
Ein tieferer, an der Mündung des Val de Travers um 600 m Höhe gelegener Eisrand wird E von Neuchâtel durch die Ufermoräne von Chambrelien–Corcelles belegt. Weiter gegen Neuchâtel wird dieser Eisstand durch Rundhöcker markiert. Die seitlichen Schmelzwässer folgten dabei zunächst etwas dem aus dem Val de Ruz austretenden Lauf des Seyon und brachen dann im Stadtgebiet mit diesem subglaziär zum Becken des Neuenburger Sees durch.
Damals nahm der Rhone-Gletscher Eis aus dem vorderen Val de Travers auf, wie aus dem Verlauf von austretenden Seitenmoränen und aus der Tracht der Obermoräne hervorgeht (E. FREI, 1925; FREI et al., 1974 K). Dieses austretende Eis kann nur aus dem Kar des Creux du Van NE des Soliat (1463 m) und von der Montagne de Boudry (1387 m) stammen (Fig. 233).
Hinter der SE von Noiraigue das Val de Travers abdämmenden Moräne von Derrière Cheseau hätte das in der Gorge de l'Areuse gelegene Eis einen flachgründigen, bis Fleurier reichenden See aufgestaut.
Beim nächst tieferen Stand des Rhone-Gletschers, an der Mündung der Areuse um knapp 500 m, riß diese Eis-Verbindung ab: der Travers-See brach aus, und es bildete sich das Areuse-Delta.
Die tieferen Ablagerungen im Bereich der Areuse-Mündung wurden jedoch bereits bei einer der Eishöhe entsprechenden Vorstoßphase geschüttet; ihre höheren wurden – vorab beim Abschmelzen – teils wieder umgelagert.
W des Neuenburger Sees zeichnet sich dieses Stadium oberhalb von Bevaix–St-Aubin–Vaumarcus durch Seitenmoränenreste und Schmelzwasserrinnen ab. Auch die internere Staffel ist dort angedeutet. Sie tritt besonders zwischen Bonvillars und Novalles, NE bzw. NW von Grandson gut zutage.
Weiter SW, zwischen Vuitebœuf und Baulmes, ist das Stadium von Neuchâtel durch eine Schmelzwasserrinne markiert, durch die heute Baumine und Arnon abfließen.

Die Existenz eines Sees im Val de Travers wurde bereits von L. du Pasquier (1893) durch Seelehme mit Süßwasserschnecken nachgewiesen. Dubois (1902), Schardt & Dubois (1903) und A. Jeannet (1930) sahen den Stau als Folge eines Bergsturzes oder Moränenrutsches am Eingang der Areuse-Schlucht. Nach A. Burger (1959) hätten auch Sturzmassen von der linken Talseite dazu beigetragen.
In einem 10 m langen Pollenprofil reicht die Geschichte des Sees mindestens bis ins beginnende Präboreal zurück. Dieses ist gekennzeichnet durch ein Vorherrschen von *Pinus*, etwas *Betula* und *Artemisia* (F. Matthey, 1971). Darüber folgen 9,5 m Seekreide mit Lymnaeen und Planorben und einer Vegetationsentwicklung bis ins Jüngere Atlantikum. Aufgrund der höchsten Seekreide lag der Spiegel um 805 m. Bei Couvet (740 m) schätzt Jeannet (1930) ihre Mächtigkeit auf 48 m. Der See wäre darnach rund 100 m tief, zwischen Môtiers und Boveresse über 2,5 km breit und 20 km lang gewesen.
Dubois (1902) möchte die Entstehung des Creux du Van, dieses eindrücklichen Kars im Jura, auf präquartäre erosive Ausräumung durch die Areuse zurückführen (Fig. 233). Aus dem Creux du Van NE des Soliat (1463 m) stieß ein Gletscher noch in einem frühen Rückzugsstadium über Ferme Robert bis unter 800 m, dann bis gegen 900 m und noch später bis 1150 m herab, was durch Moränen belegt wird. Den ersten Ständen sind wohl auch die Endlagen der Gletscher aus der Combe Dernière, von Les Sagnettes, Le Châble und Les Cotards zuzuweisen (Rickenbach, 1925k), die eine Schneegrenze um 1150 bzw. 1200 m voraussetzen.

Die Vegetationsgeschichte im Neuenburger Jura

Im *Neuenburger Jura* beginnt die Vegetationsgeschichte in der *Vallée de la Brévine* in 4,3 m Tiefe mit einer *Pinus*-Vormacht und etwas *Betula*, dem Alleröd (F. Matthey, 1971). Dann, um 4 m, verarmt die organische Sedimentation. Die Nichtbaumpollen – vor allem Gräser, Cyperaceen, *Artemisia* und Chenopodiaceen – steigen an; *Ephedra* und *Selaginella* treten auf. Dieser Rückschlag dürfte die Jüngere Dryaszeit belegen, da sich nachher eine kontinuierliche Vegetationsentwicklung des Holozäns einstellt.
Im Präboreal, der Zeit der Föhren- und Birkenwälder mit ersten wärmeliebenden Gehölzarten – Hasel, Eiche, Ulme, Pappel und Linde – rückte die Bewaldung bis gegen 1300 m vor. Im Vorland stellten sich auch Linde und Erle ein.
In der Vallée des Ponts konnte Matthey (1971) in 4 m langen Profilen die Vegetationsentwicklung gar bis in die Älteste Dryaszeit zurückverfolgen. In 3,4 m zeigt sich eine erste deutlichere Anreicherung der organischen Substanz. Der Nichtbaumpollen-Anteil – Gramineen, Cyperaceen, *Artemisia*, *Helianthemum*, *Plantago* und Chenopodiaceen – fällt ab; die Birke dominiert mit knapp 30%, gefolgt von *Pinus* und *Juniperus*. Um 3 m erscheint der erste *Pinus*-Gipfel mit *Juniperus* und etwas *Betula*. Eine ^{14}C-Datierung erbrachte 10950±120 Jahre v. h., womit hiefür das Alleröd feststehen dürfte.

▷

Fig. 233 Die Hochfläche des Soliat (1465 m, linke Bildecke) im Grenzgebiet von Waadtländer- und Neuenburger Jura mit dem gegen NE offenen Kar des Creux-du-Van. Aus ihm floß noch im frühen Spätwürm ein Gletscher gegen Gorge de l'Areuse ab.
Luftaufnahme: Swissair-Photo AG, Zürich. Aus: J.-L. Richard in R. Badan et al., 1978.

Aufgrund von 12 Pollen-Diagrammen gelangt WEGMÜLLER (1966) im SW-Jura zu folgender Waldgeschichte:

Zeit	Höhenlage	Wald
Älteste Dryaszeit bis 11300 v. Chr.	durchgehend waldlos	
Bölling-Interstadial 11300–10350 v. Chr.	Genfersee	Lichte Birken-Wälder
	um 500 m	Lichte Birken-Wacholder-Parktundra
	800–1000 m	Birken-Wacholder-Strauchvegetation
	1200–1300 m	waldlos mit Wacholder- und Zwergweiden-Büschen
Ende Ältere Dryaszeit um 10000 v. Chr.	Genfersee	Geschlossene Föhren-Birken-Wälder
	500–1000 m	Offene Föhren-Birken-Bestände mit Wacholder
	1200–1300 m	Offene Föhren-Bestände mit Birken-Anteilen
Alleröd-Interstadial 9900–8800 v. Chr.	Genfersee	Föhren-Wälder mit Birken
	500– 800 m	Föhren-Wälder mit Birken
	800–1000 m	Lichte Föhren-Wälder mit Birken
	1200–1300 m	Sehr lichte Föhren-Wälder
Jüngere Dryaszeit 8800–8300 v. Chr.	Genfersee	Leicht gelichtete Föhren-Wälder mit Birken
	500–1000 m	Stark gelichtete Föhren-Bestände mit Birken und Wacholder
Präboreal 8300–6800 v. Chr.	bis 1300 m	Endgültige Bewaldung mit Föhren, Birken und einwandernden wärmeliebenden Gehölzen: Hasel, Eiche, Ulme, Pappel und Linde
Boreal 6800–5500 v. Chr.	500–1000 m	Hasel-Wälder mit eingestreuten Föhren, Eichen und Ulmen, später Linden, Eschen und Ahornen
	1000–1400 m	Lichte Föhren-Wälder mit Hasel, an bevorzugten Plätzen mit Ulmen, Eichen, Linden und vereinzelten Ahornen
Älteres Atlantikum 5500–4000 v. Chr.	Genfersee	Eichenmischwald mit Hasel, Spuren von Tanne
	500– 800 m	Eichenmischwald mit Hasel-Beständen, Spuren von Tanne
	800–1300 m	Eichenmischwald mit Hasel, in höheren Lagen reicher an Ulmen; regelmäßiges Auftreten von Tanne und Fichte in der Vallée de Joux und am Fuß der Dôle
	1300–1400 m	Hasel-Wälder mit vordringenden Eichen, Ulmen und Föhren
Jüngeres Atlantikum 4000–2500 v. Chr.	Genfersee	Eichenmischwald mit Hasel, Ausbreitung von Erle, Tanne und Buche
	500– 800 m	Eichenmischwald mit Hasel, Ausbreitung von Tanne und Buche
	800–1300 m	Eichenmischwald mit Hasel, Einwandern der Buche, in höheren Lagen Zunahme der Tanne; in der V. de Joux Tanne und Fichte
	1300–1400 m	Einwandern der Tanne, später geschlossene Tannen-Wälder
Subboreal 2500–600 v. Chr.	Genfersee	Mischwälder mit Eichen, Föhren, Buchen, Tannen, Fichten, Hainbuchen, Erlen und Haseln
	500– 800 m	Tannen-Buchen-Wälder mit Eichen
	800–1300 m	Tannen-Wälder mit Buchen, Eichen; über 1000 m Ausbreitung der Fichte
	1300–1400 m	Tannen-Fichten-Wälder mit Buchen
	1400–1600 m	Ausbreitung der Fichte mit Föhren
Älteres Subatlantikum 600 v. Chr.–1000 n. Chr.	500– 800 m	Tannen-Buchen-Wälder mit Eichen, später Tannen-Wälder
	800– 900 m	Tannen-Buchen-Wälder mit beschränkter Fichten-Ausbreitung
	1000–1300 m	Fichten-Tannen-Wälder mit Buchen
	1300–1500 m	Fichten-Wälder mit Tannen und wenig Buchen
Jüngeres Subatlantikum nach 1000 n. Chr.	500– 800 m	Tannen-Wälder mit Buchen, später Tannen-Wälder mit Buchen und Fichten, lokale Föhren-Bestände
	800–1000 m	Tannen-Buchen-Wälder mit Fichten
	1100–1300 m	Fichten-Tannen-Buchen-Wälder
	1300–1500 m	Fichten-Wälder mit Tannen und Buchen

Die Gletscher im Vallon de St-Imier und die Verfirnung der Franches Montagnes

Von Biel drang Rhone-Eis ins Vallon de St-Imier bis Sonceboz vor, wo es jedoch nicht – wie sich dies E. BRÜCKNER (1909) vorgestellt hat – die Suze, sondern den *Suze-Gletscher* und dessen Schmelzwässer aufstaute. Von der Mont d'Amin-Kette (1417 m) floß noch im frühen Spätwürm ein Gletscher bis ins oberste Vallon de St-Imier.
Bei Les Convers stellte sich zwischen diesem und einem Gletscher vom Cornu (1173 m) eine Mittelmoräne ein (BOURQUIN et al., 1946K), wobei rißzeitliche Moräne aufgearbeitet wurde. Bei Villeret, Cortébert und Corgémont nahm der Suze-Gletscher Zuschüsse von der Chasseral-Kette (1607 m) auf (W. JENNY, 1924). Auch auf deren S-Seite bildeten sich Lokalgletscher (E. LÜTHI, 1954).
NE von St-Imier und NW von Courtelary stiegen Zungen von den verfirnten Hochflächen der Montagne du Droit bis ins Tal, auf der SE-Seite des Mont Soleil (1291 m) bis auf 915 m, wo sie vom Taleis gebremst wurden. Dies zeichnet sich in der Endmoräne ab, die das Champ Meusel NE von St-Imier umschließt (Fig. 234). Aus der Gleichgewichtslage von 1150 m ergibt sich bei SE-Exposition eine Schneegrenze auf knapp 1100 m.
F. HOFMANN & K. BÄCHTIGER (1976) möchten allenfalls im Champ Meusel einen Meteorkrater sehen. Dabei müßte der Einschlag bereits die SE-Flanke des Mont-Soleil-Gewölbes gestreift haben.
Über Pierre Pertuis (827 m) flossen Schmelzwässer des Suze- und des eingedrungenen Rhone-Eises ins Birstal ab, was durch bis auf 815 m hinaufreichende Schotter dokumentiert wird. Der Anteil an alpinen Geröllen beträgt rund 2% (P. EPPLE, 1947).
Bohrprofile für die Straßenkorrektion in Sonceboz erbrachten für das unterste glaziär etwas ausgekolkte Vallon de St-Imier über Gehängeschutt in 12 m Tiefe 3 m wärmezeitliche (?) Seekreide, dann folgten Seebodenlehme mit Sand- und Siltlagen und einigen Kieseinstreuungen (L. MAZURCZAK, schr. Mitt.).
Die um 600 m Höhe gelegene Endmoräne von Rondchâtel wurde vom eindringenden Rhone-Eislappen in einer Rückzugsphase, wohl im Brästenberg (= Bern)-Stadium, abgelagert.
Im Tal der Trame reichte das Eis der *Franches Montagnes* – durch eine Mittelmoräne und stirnnahe Seitenmoränen sowie Kameschotter belegt – bis Tramelan, wo E. FORKERT (1933) und P. A. ZIEGLER (1956) Moräne mit Malmblöcken und aufgearbeitete rißzeitliche alpine Erratiker festgestellt haben. Schmelzwässer zeichneten der Trame den Weg gegen Reconvelier vor.
Von Bémont und Montfaucon reichte eine Zunge ins Tal des *Tabeillon* bis 860 m, bis in den Plain de Saigne, den eine Stirnmoräne abdämmt, und in dem sich eine kaltzeitliche Flora mit *Betula nana* bis heute erhalten hat. Im NE wird das Zungenbecken von einer Seitenmoräne gegen die Schmelzwasserrinne der Noire Combe aus dem Gebiet der Froidevaux abgedämmt. Von W und von SE flossen Schmelzwässer zu, welche die bereits in früheren Kaltzeiten subglaziär eingetiefte Kerbe weiter vertieften (Bd. 1, Fig. 86).
Von den Höhen NW von Lajoux floß eine Zunge bis 930 m ab. NE des Dorfes tiefte sich die Combe des Beusses ein. Die Schmelzwässer ergossen sich bei Undervelier in die Sorne. Bei Saignelégier lagen die N- und NE-Abhänge der Eplature sowie weiter E das Gebiet von Le Bémont–Montfaucon–Les Enfers unter einer Firndecke. Abflußrinnen bildeten sich gegen Les Pommerats und in der Combe du Sciet. Im Doppelkar NW von Les Enfers hing ein Gletscher bis 700 m herab.

Fig. 234 Das SE-exponierte Kar, das noch in der Würm-Eiszeit von einem Gletscher erfüllt war, der von der Hochfläche des Mont Soleil ins Vallon de St-Imier (links) abstieg und um das Champ Meusel mehrere geschlossene Stirnwälle zurückließ.
Photo: Militärflugdienst Dübendorf.

Aus umgelagerten Oxford-Tonen wurde 1930 N von Lajoux JU der Schädel eines männlichen Bison gefunden, dessen Größe an die pleistozäne Steppenform, an *Bison priscus*, erinnert, strukturell aber gegen die holozäne Waldform, gegen *B. europaeus*, tendiert. H. G. STEHLIN (1931) neigt daher dazu, diesen als Riesenform des *B. europaeus*-Stammes zu bezeichnen, der aber noch aus einer älteren Zeit als die eigentlichen *B. europaeus*-Formen stammen dürfte.

Auf der N-Seite der Montagne du Droit fehlen Moränenwälle; dafür treten – wie weiter N, in den Franches Montagnes – Trockentälchen auf, die schon P. A. ZIEGLER (1956) als Schmelzwasserrinnen gedeutet hat. Der Abfluß erfolgte – anfangs subglaziär, dann über Dauerfrostboden – zur Trame, weiter N zur Sorne und zum Tabeillon. Die in den Senken der Franches Montagnes flächenhaft auftretenden Verwitterungslehme (BOURQUIN et al., 1946K) sind als reliktische, z. T. verschwemmte Moräne eines Freiberg-Firnes zu deuten. Moränen am NE-Fuß des Montbautier (1160 m) bekunden einen Vorstoß von würmzeitlichem Freiberger Eis bis 930 m in die Senke von Bellelay (D. BARSCH, 1969).

▷

Fig. 235 Der Etang de la Gruyère in einer vom Eis ausgekolkten Senke eines aufgebrochenen Gewölbes mit Tonen des unteren Malms im Kern. Dahinter eisüberprägte Rücken der Franches Montagnes.
Luftaufnahme: Swissair-Photo AG, Zürich. Aus: E. EGLI, 1979.

Im östlichen *Berner-* und im *Solothurner Jura* trugen bereits Höhen um 1100 m, im NW gar schon um 1000 m Firnkappen: die Montagne de Moutier (1169 m) und die N gelegene Jolimont-Haut du Droit-Kette (1133 m). Auf ihrer N-Seite bildeten sich Firnfelder und Gletscherzungen aus. Von den verfirnten Hochflächen von Les Craux-Moron (1336 m), Mont Raimeux (1302 m), Graitery (1280 m), Oberdörferberg (1297 m) und von der bis 1445 m aufragenden Montoz-Grenchenberg-Hasenmatt-Weißenstein-Leberen-Kette stiegen auf der N-Seite Gletscher bis in die Täler ab: im Chaluet-Tal E von Court bis 860 m, NE der Hasenmatt bis gegen Gänsbrunnen, über die N-Flanke des Weißenstein bis ins oberste Dünnerntal und N der Röti gegen Welschenrohr bis 750 m. Die Schmelzwässer flossen einerseits durch das Tal von Chaluet und durch die Klus von Gänsbrunnen über Crémines zur Birs, anderseits durch das Dünnern-Tal und die Oensinger Klus in das Gäu ab.

Auch die Gewölbe-Aufbrüche zwischen Grenchenberg und Röti bargen gegen S absteigende Gletscher. Jene vom Grenchenberg reichten noch im ausgehenden Hochwürm bis 900 m herab. Während die Wälle oberhalb von Selzach keine Jura-Gletscher bekunden, die bis 530 m vorgestoßen wären (F. ANTENEN, 1914), sondern zu Grätchen zerschnittene Murgangmassen und Rhone-Moräne darstellen, die vorab Jura-Material enthalten und lokal versackt sind (H. VOGEL, 1934), sind diejenigen oberhalb von Oberdorf, bei Rüttenen und zwischen Balm und Günsberg als Zeugen letzter Zuschüsse von Jura-Eis zu dem vor Niederbipp stirnenden Rhone-Gletscher zu deuten.

Aus der Mulde zwischen Matzendörfer Stierenberg und Zentner (1238 m) stieg Eis bis 900 m ins Mümliswiler Tal ab, was ein als «Verwitterungslehme, vermutlich quartären Alters» kartierter Wall bekundet (R. KOCH et al., 1933 K). Anderseits stieg die Zunge aus dem verfirnten NW-Kar des Stierenberg ins Quellgebiet des Scheltenbach. Noch auf der N-Seite der Hohen Winde (1204 m) bildeten sich kleine Firnfelder, die mit ihren Zungen bis ins Windenloch hinabreichten. Auf der NE-Seite hing eine Zunge bis unter 900 m herab. Noch im Gebiet des Paßwang (1204 m), auf der E-Seite des Beretenchopf (1140 m) und N des Helfenberg (1124 m) am oberen Hauenstein kam es auf der N- und NE-Seite zur Bildung kleiner Gletscher.

Ebenso waren die höchsten Abschnitte der Kare auf der N-Seite der Blauen- und der Glaserberg-Kette noch in der Würm-Eiszeit von Firnfeldern erfüllt. Spätwürmzeitliche und holozäne Solifluktion und Rutschungen haben die Wallformen weitgehend zerstört.

Die zwischen Delsberger Becken und Lützel bereits in der Riß-Eiszeit ausgebildeten Abflußrinnen führten in der Würm-Eiszeit ebenfalls wieder Schmelzwasser ab.

Eine Firndecke lag auch auf der N-Seite der Kette Les Ordons-Plain de Chaive, die als Vorbourg-Antiklinale das Delsberger Becken im N begrenzt. Markante Abflußrinnen führten die Schmelzwässer gegen E über Soyhières zur Birs und gegen NW und N zur Lützel ab.

Die Mächtigkeit der Niederterrassen-Schotter im Delsberger- wie im Laufener Becken beträgt nur wenige m, tritt doch die oligozäne Molasse in Sorne, Birs und Schelte bereits in geringer Tiefe zutage (T.W. KELLER & H. LINIGER, 1930 K). Etwas mächtiger – um 10 m – sind sie im Lüsseltal. Sorne-Kiese der Ebene Bassecourt-Courfaivre lieferten *Mammonteus primigenius*. Ebenso konnte ein Mammut-Stoßzahn bei Laufen und an der Ergolz-Mündung geborgen werden (Geol. Sammlung ETH Zürich). Aus Höhlen des

Birstales gibt schon J. B. GREPPIN (1870) *Ursus spelaeus* an. H. G. STEHELIN (in VOGT & STEHELIN, 1936) und E. KUHN (1949) erwähnen weitere Säugerfunde.
Im Gebiet von Les Rangiers wurden die bereits durch Gesteinsabfolge und Tektonik vorgezeichneten und schon in der Riß-Eiszeit von den Schmelzwässern ausgeräumten Rinnen – Les Ordons–Mont Russelin–Glovelier und Les Rangiers–Asuel–Pleujouse – von Firn- und Schneeschmelzwässern weiter vertieft. Die Pierre Percée W von Courgenay (Bd. 1, S. 87) ist als etwas vom Menschen verschleppter Jura-Erratiker zu deuten.
In der Ajoie führten die schon während der Größten Vereisung angelegten Abflußrinnen auch in der Würm-Eiszeit die Schmelzwässer aus den Schneemulden der Faux d'Enson–Les Rangiers-Kette über Dauerfrostboden zur Alaine ab.
Heute fließt das Wasser der südwestlichen Ajoie in einem unterirdischen Flußsystem, der Ajoulote. Der 4 km SW von Pruntrut gelegene, 17 m tiefe Felstrichter der Creux Genat, ein Trou emissif, dient dabei als Überlauf.
Zwischen Porrentruy und Courchavon wurden bei Straßenbauten Reste von Mammut sichergestellt (LINIGER, 1970).
In einer Karsttasche in Courchavon fanden sich Reste von *Ursus spelaeus*, *Lynx pardina*, *?Mammonteus primigenius*, *?Bison priscus* und *?Equus caballus*. Eine lehmerfüllte Karsttasche bei Bure lieferte *Equus caballus*, ein Abri bei Oberlarg *Rangifer tarandus* (E. ERZINGER, 1943; F.-ED. KOBY, 1955; LINIGER, 1970). All diese Säuger deuten auf würmzeitliche Talschüttungen und weisen die tiefste Talterrasse in die Würm-Eiszeit.
Im *Basler Jura* entdeckte P. SUTER bei Reigoldswil in geschichtetem Gehängeschutt tonige – lokal torfige – Zwischenlagen mit Pflanzenresten. ^{14}C-Daten ergaben 33 220 ± 400 und für Holz 28 720 ± 400 Jahre v. h. (L. HAUBER & D. BARSCH, 1977). Damit ist die Schutthaldenbildung wohl in die würmzeitlichen Vorstoßphasen zu stellen, während die Torfbildung ins letzte prähochwürmzeitliche Interstadial fallen dürfte.
Auch im *Aargauer Jura* traten 1965 am östlichen Zeiher Homberg in einer mächtigen Kalkschutthalde humose Lagen auf (Gem. Exk. mit DRS. E. GERBER und P. MÜLLER). Damit dürfte auch die mächtige Schuttdecke am Homberg und am Dreierberg in die Kaltphasen der Würm-Eiszeit fallen.
Kleinste würmzeitliche Firnfelder klebten noch auf der NE-Seite der Wasserflue (866 m), auf der NE-Seite des Strihen (867 m) und gar noch auf der N-Seite des Tiersteinberg. Auf dessen SE-Seite sind, wie auf der N-Seite des Strihen, präwürmzeitlich, wohl bereits beim Abschmelzen des rißzeitlichen Eises, mehrere Sackungen niedergefahren. Diese sind würmzeitlich von einem mächtigen periglazialen Schuttmantel eingedeckt worden und täuschen am Strihen einen zusätzlichen Schuppenbau vor (Gem. Exk. mit Drs. E. GERBER und G. AMMANN).
Die Aufschüttung der Talböden, die im Hochrheintal in die Akkumulationsfläche der Niederterrasse mündet, fällt im Fricktal, im Tal der Ergolz, der Birs und des Birsig in die Würm-Eiszeit; die Eintiefung vorab ins Spätwürm (L. BRAUN, 1925; A. GUTZWILLER & E. GREPPIN, 1916K, 1917K).
Aus dem Aargauer Jura wurden Mammut-Backenzähne von Villnachern und aus den Schottern von Luttingen bei Laufenburg (Baden), solche von *Equus caballus* – Wildpferd – von Mandach und Wittnau bekannt (Geol. Sammlung ETH, Zürich).
NE des Chasseral hat sich im Creux de Glace (1320 m) ein Eisrelikt aus dem Spätwürm erhalten. Dabei wirkten Zusammensacken des in der Karstsenke angesammelten Schnees, dessen Überführung in Eis sowie das Wiedergefrieren von eingedrungenem Schneeschmelz- und Regenwasser Hand in Hand. Mit der Winterkälte hört das som-

merliche Abschmelzen auf. Die Eismenge wächst zunächst nur unbedeutend; erst vom Februar bis Juni bildet sich die Hauptmenge durch auf die Eisoberfläche tropfendes Schmelzwasser. Erreicht die 0°-Isotherme den Höhlenboden, so zerfallen die Eisstalagmiten und das sommerliche Abschmelzen setzt erneut ein (A. DE MONTMOLLIN, 1979).

Der Mensch im Spätwürm und im Holozän des Jura

Daß der Jura bereits vom mittel- und jungpaläolithischen sowie vom mesolithischen Menschen bei der Jagd durchstreift worden ist, geht aus einer Reihe von Höhlenfunden hervor (H.-J. MÜLLER-BECK, 1968; J.-P. JÉQUIER†, 1974; A. THÉVENIN, 1978; (Fig. 236); H.-.G. BANDI, 1968; R. WYSS, 1968).
Mit dem Dichterwerden der Jurawälder verlieren sich die menschlichen Spuren im Hochjura, während vom Südfuß, aus dem Berner-, Solothurner-, Basler- und Aargauer Jura sowie aus dem französischen Jura verschiedene Funde bekannt geworden sind (P. VOUGA, 1929; A. R. FURGER et al., 1977; CHR. STRAHM, 1961, 1969; A. & G. GALLAY, 1968; A. THÉVENIN, 1978; THÉVENIN & J. SAINTY, 1977; Fig. 236). Auch in der Bronzezeit erscheint der Hochjura fundleer, doch reichen die Funde in der mittleren Bronzezeit etwas weiter gegen die Freiberge, während sie gegen Ende auf das westliche Delsberger Becken beschränkt bleiben (J. P. MILLOTTE, 1963; CHR. STRAHM, 1971; CHR. OSTERWALDER, 1971; M. PRIMAS, 1971; U. RUOFF, 1971).
In der Hallstatt-Zeit sind Funde auf den E-Jura (W. DRACK, 1974), in der frühen Latène-Zeit auf den Basler- und in der späten auf den östlichen Aargauer Jura beschränkt (M. SITTERDING, 1974; L. BERGER, 1974).
Während der S-Fuß des Jura bereits zur Römerzeit besiedelt war (W. DRACK & E. MEYER in DRACK, 1975K; DRACK & E. IMHOF, 1977K), bildete der Hochjura – abgesehen von den Jura-Fahrwegen – noch ein geschlossenes Waldgebiet.
Aus römischer Zeit sind folgende Jura-Übergänge bekannt:
- Urba (Orbe)–Ariolica (Pontarlier)–Vesontio (Besançon),
- Aventicum (Avenches)–Eburodunum (Yverdon)–Ariolica mit markanten Weggeleisen zwischen Vuiteboeuf und Ste-Croix,
- Aventicum–Petinesca (Studen E von Biel) durch die Petra Pertusa (Pierre Pertuis), durch den erweiterten Felsdurchbruch N des Sattels zwischen Sonceboz und Tavannes, ins Birstal, nach der Colonia Augusta Raurica, dem späteren Castrum Rauracense (Kaiseraugst), und aus dem Delsberger Becken in die Ajoie und in den Sundgau,
- vom Jura-Südfuß über den Oberen Hauenstein nach Augusta Raurica und
- von Vindonissa (Windisch) über den Bözberg nach Augusta Raurica (R. LAUR-BÉLART, 1968; E. MEYER, 1972; H. BÖGLI, 1970, 1975; H.-M. VON KÄNEL, 1975; W. DRACK & E. MEYER, 1975K und DRACK & E. IMHOF, 1977K).

Erste Rodungen erfolgten von den Klöstern aus, von dem bis ins 5. Jahrhundert zurückgehenden Romainmôtier, das 610 von den Alemannen bei ihrem Einfall ins ennetjurassische Burgund zerstört wurde, von Le Lieu, der ältesten Siedlung in der Vallée de Joux, im frühen 6. und von Baulmes im 7. Jahrhundert. Im 12. Jahrhundert erfolgten im Hochjura weitere Klostergründungen, die eine neue Rodungsphase einleiteten.
Im Gegensatz zum Hochjura war der Berner Jura, das Delsberger Becken und die Ajoie bereits zur Römerzeit längs den Verkehrswegen Petinesca – Pierre Pertuis – Birstal und aus dem Delsberger Becken in die Ajoie an die Straße Cambete (Kembs)–Larga–Epa-

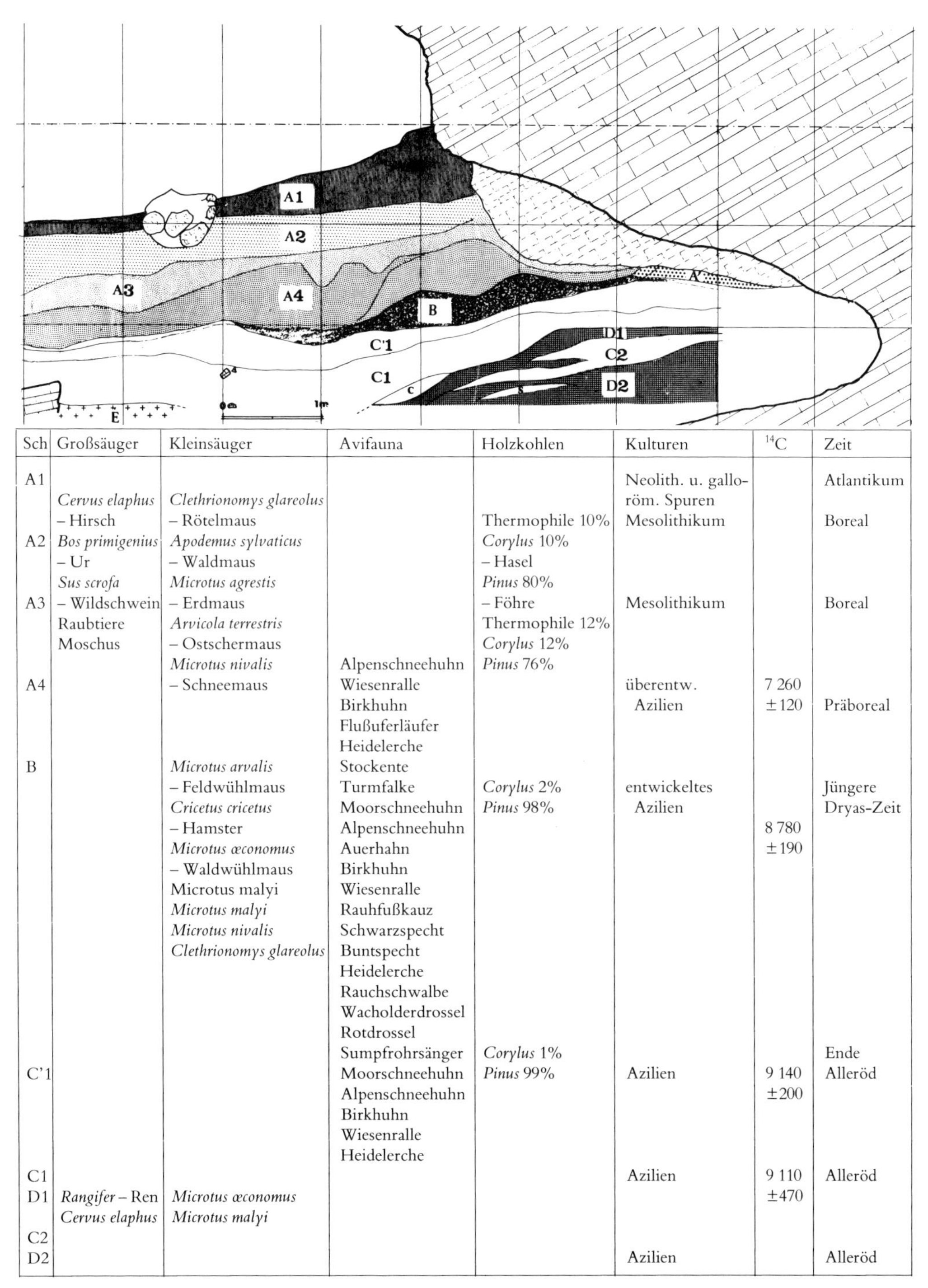

Sch	Großsäuger	Kleinsäuger	Avifauna	Holzkohlen	Kulturen	^{14}C	Zeit
A1					Neolith. u. gallo-röm. Spuren		Atlantikum
A2	*Cervus elaphus* – Hirsch *Bos primigenius* – Ur *Sus scrofa* – Wildschwein Raubtiere Moschus	*Clethrionomys glareolus* – Rötelmaus *Apodemus sylvaticus* – Waldmaus *Microtus agrestis* – Erdmaus *Arvicola terrestris* – Ostschermaus *Microtus nivalis* – Schneemaus		Thermophile 10% *Corylus* 10% – Hasel *Pinus* 80% – Föhre	Mesolithikum		Boreal
A3				Thermophile 12% *Corylus* 12% *Pinus* 76%	Mesolithikum		Boreal
A4			Alpenschneehuhn Wiesenralle Birkhuhn Flußuferläufer Heidelerche		überentw. Azilien	7 260 ±120	Präboreal
B		*Microtus arvalis* – Feldwühlmaus *Cricetus cricetus* – Hamster *Microtus œconomus* – Waldwühlmaus Microtus malyi *Microtus malyi* *Microtus nivalis* *Clethrionomys glareolus*	Stockente Turmfalke Moorschneehuhn Alpenschneehuhn Auerhahn Birkhuhn Wiesenralle Rauhfußkauz Schwarzspecht Buntspecht Heidelerche Rauchschwalbe Wacholderdrossel Rotdrossel	*Corylus* 2% *Pinus* 98%	entwickeltes Azilien	8 780 ±190	Jüngere Dryas-Zeit
C'1			Sumpfrohrsänger Moorschneehuhn Alpenschneehuhn Birkhuhn Wiesenralle Heidelerche	*Corylus* 1% *Pinus* 99%	Azilien	9 140 ±200	Ende Alleröd
C1					Azilien	9 110 ±470	Alleröd
D1	*Rangifer* – Ren *Cervus elaphus*	*Microtus œconomus* *Microtus malyi*					
C2							
D2					Azilien		Alleröd

Fig. 236 Querschnitt durch den Abri de Rochedame bei Villars-sous-Dampjoux (Doubs) mit Floren- u. Faunen-Inhalt der Schichten. Großsäuger: TH. POULAIN-JOSIEN, Kleinsäuger: J.-C. MARQUET, Avifauna: C. MOURER-CHAUVIRÉ, Holzkohlen: F.-H. SCHWEINGRUBER, ^{14}C-Daten von J. EVIN, Lyon, und C. DELIBRIAS, Gif-sur-Yvette. Aus A. THÉVENIN, 1978.

manduodurum (Mandeure) – Vesontio besiedelt (DRACK & MEYER, 1975 K, DRACK & IMHOF, 1977 K).
Im frühen 7. Jahrhundert wurden mit den Klostergründungen von Lugnez in der Ajoie, St-Ursanne, Moutier-Grandval und ihrer Filiale in Vermes, einer durch Münzfunde belegten Römer-Siedlung, sowie von St-Imier neue Rodungsinseln geschaffen. Ihnen folgten Ende des 10. Jahrhundert mit Bevaix NE, im 11. Jahrhundert mit Beinwil und im 12. Jahrhundert mit weiteren in der Ajoie, im Berner-, Solothurner- und Basler Jura neue Klostergründungen, die eine neue Rodungsphase einleiteten.
Als naturgegebenes Durchgangsgebiet längs den großen Flüssen des Mittellandes aus SE, aus S und aus SW durch den Aare-Durchbruch zum Rhein und über niedere Sättel nach E und nach NW reichen im Aargauer Jura auch die archäologischen Funde weit, mindestens bis ins Mesolithikum, zurück (WYSS, 1968).
In römischer Zeit war das Gebiet mit Aquae Helveticae (Baden), Vindonissa (Windisch), Tenedo (Zurzach), Augusta Raurica und der Wachtturm-Linie längs des Rheins (A. LAMBERT & E. MEYER, 1972), zum zentralen Verkehrsraum geworden. Die bereits damals großen Menschenansammlungen erforderten auch entsprechend große Agrarflächen. Nur die verkehrsmäßig abgelegenen Gebiete zwischen den Jurapässen Hauenstein und Bözberg, zwischen Bözberg, Aare und Rhein sowie die heute noch waldbestockten Deckenschotter-Gebiete beidseits der Surb blieben weiterhin unberührt.
Erst mit der Einwanderung der Alemannen nach 450 wurden auch diese Gebiete allmählich besiedelt (ST. SONDEREGGER & E. IMHOF, 1975 K), und der Wald mußte auf landwirtschaftsmäßig nutzbaren Böden mehr und mehr weichen.

Zitierte Literatur:

AEBERHARDT, B. (1901): Etude critique sur la théorie de la phase de récurrence des glaciers jurassiques – Ecl., *7/2*.
ANTENEN, F. (1914): Beitrag zur Quartärforschung des Seelandes – Ecl., *13/2*.
AUBERT, D. (1938): Les glaciers quaternaires d'un bassin fermé dans la vallée de Joux (Canton de Vaud) – B. Soc. vaud. SN., *60*.
– (1941 K): Flles. 288, 297–299 Vallée de Joux, N. expl. – AGS – CGS.
– (1943): Monographie géologique de la Vallée de Joux – Mat., NS, *78*.
– (1963 K): Flle. 1202 Orbe, N. expl. – AGS – CGS.
– (1965): Calotte glaciaire et morphologie jurassienne – Ecl., *58/1*.
– (1971): Les graviers du mammouth de Praz Rodet (Vallée de Joux, Jura vaudois) – Bull. Soc. vaud., SN, *70*.
– & DREYFUSS, M. (1963 K): Flle. 1202 Orbe, N. expl. – AGS – CGS.
BALTZER, A. (1900): Beiträge zur Kenntnis schweizerischer diluvialer Gletschergebiete – Mitt. NG Bern (1899).
BANDI, H.-G. (1968): Das Jungpaläolithikum – UFAS, *1*.
BARSCH, D. (1969): Studien zur Geomorphogenese des zentralen Berner Jura – Basler Beitr. Ggr., *9*.
BECK, P., & FREI, E. (1937): Über das Nichtvorhandensein einer Rekurrenzphase des Areusegletschers bei Boudry und die geologische Neudatierung des Moustérien von Cotencher – Ecl., *29/2* (1936).
BERGER, L. (1974): Die mittlere und späte Latènezeit im Mittelland und Jura – UFAS, *4*.
BERSU, G. (1945): Das Wittnauer Horn, seine ur- und frühgeschichtlichen Befestigungsanlagen – Basel.
BOURQUIN, PH., SUTER, H., & FALLOT, P. (1946 K): Flles. 114–117, Biaufond–St-Imier, N. expl. – AGS – CGS.
BOURQUIN, PH., et al. (1968 K): Flle. 1144 Val de Ruz – AGS – CGS.
BRAUN, L. (1920): Geologische Beschreibung von Blatt Frick, 1:25000, im Aargauer Tafeljura – Vh. NG Basel, *31*.
BRÜCKNER, E. (1909): In: PENCK & BRÜCKNER: Die Alpen im Eiszeitalter, *2* – Leipzig.
BURGER, A. (1959). Hydrogéologie du bassin de l'Areuse – B. Soc. neuchât. Ggr., *52*.
BUXTORF, A., & LEHNER, E. (1920): Über alte Doubsläufe zwischen Biaufond und Soubey – Ecl., *16/1*.
CAIRE, A., et al. (1967 K): Flle. 556: Salins-les-Bains, N. expl. – CG dét. France – BRGM.
CUSTER, W. (1928): Etude géologique du Pied du Jura vaudois – Mat., NS, *59*.
– & AUBERT, D. (1935 K): Flles. 300–303: Mont-la Ville-Cossonay, N. expl. – AGS – CGS.

Delebecque, A. (1902): Contribution à l'étude des terrains glaciers des Vallées de l'Ain et de ses principaux affluents – B. Serv. CG France, *13*/90.
Drack, W., & Meyer, E.† (1975 k): Die Schweiz im 1.–3. Jahrhundert n. Chr., Die Schweiz im späten 3. und im 4. Jahrhundert n. Chr. – UFAS, *5*.
– & Imhof, E. (1977 k): Römische Zeit im 1., 2. und 3. Jahrhundert, Römische Zeit im späten 3. und im 4. Jahrhundert – Atlas Schweiz, *20:* Geschichte II – L+T, Wabern-Bern.
Dubois, A. (1902): Les Gorges de l'Areuse et le Creux-du-Van – Neuchâtel.
– (1910): La Dernière Glaciation dans les Gorges de l'Areuse et le Val-de-Travers – Neuchâtel.
– (1933): In: Dubois & Stehlin, H. G.: La grotte de Cotencher, station moustérienne, *2* – Mém. Soc. paléont. Suisse, *53*.
Du Pasquier, L. (1892): Sur les limites de l'ancien glacier du Rhône le long du Jura – B. Soc. neuchât. SN, *20*.
– (1893): Le glaciaire du Val-de-Travers – B. Soc. neuchât. SN, *22*.
Egli, E. (1979): Seen der Schweiz – Luzern.
Epple, P. (1947): Geologische Beschreibung der Umgebung von Sonceboz im Berner Jura – Mitt. NG Bern, *4*.
Erzinger, E. (1943): Die Oberflächenformen der Ajoie – Mitt. ggr. – ethnol. Ges. Basel, *6*.
Falconnier, A. (1950 k): Flles. 430–432 Les Plats–Gimel, N. expl. – AGS – CGS.
Firtion, F. (1950): Contribution à l'étude paléontologique, stratigraphique et physico-chimique des tourbières du Jura français – Mém. Serv. CG Alsace Lorr., *10*, Strasbourg.
Forel, F. A. (1899): Sur l'écoulement des eaux du lac de Joux dans l'Orbe à Vallorbe – B. Soc. vaud. SN, *36*.
Forkert, E. (1933): Geologische Beschreibung des Kartengebietes Tramelan im Berner Jura – Ecl., *26*/1.
Frei, E. (1925): Zur Geologie des südöstlichen Neuenburger Jura, insbesondere des Gebietes zwischen Gorges de l'Areuse und Gorges de Seyon – Beitr., NF, *55*/3.
– et al. (1974 k): Flle. 1164 Neuchâtel – AGS – CGS.
Furger, A. R., (1977): Die neolithischen Ufersiedlungen von Twann, *1* – Bern.
Gallay, A., & G. (1968): Le Jura et la séquence Néolithique récent – Bronze ancien – Arch. suisse d'Anthr. gén., *33*.
Glauser, A. (1936): Geologische Beschreibung des Kartengebietes von Blatt Montfaucon im Berner Jura – Vh. NG Basel, *47*.
Greppin, J. B. (1870): Description géologique du Jura bernois – Mat., *8*.
Gutzwiller, A., & Greppin, E. (1916 k, 1917 k): Geologische Karte von Basel, I. Teil: Gempenplateau und unteres Birstal; 2. Teil: SW-Hügelland mit Birsigtal, 1:25000, m. Erl. – GSpK, *77*, *83* – SGK.
Guillaume, A. & S. (1965 k): Champagnole, N. expl. – CG dét. France – BRGM.
– (1968 k): Morez-Bois d'Amont, N. expl. – CG dét. France – BRGM.
– (1971 k, 1972): St-Claude, N. expl. – CG dét. France – BRGM.
Hauber, L., & Barsch, D. (1977): Zur Geologie und pleistocaenen Entwicklung des Talkessels von Reigoldswil BL – Regio Basil., *18*/1.
Hofmann, F., & Bächtiger, K. (1976): Die Oberflächenstruktur Les Chenevières–Champ Meusel am Mont Soleil bei St-Imier (Berner Jura) als vermutliches Ereignis eines Meteoriten-Einschlags – Ecl., *69*/1.
Jäckli, H. (1962 k). Die Vergletscherung der Schweiz im Würmmaximum. Mit einer Karte – Ecl., *55*/2.
Jayet, A., & Portmann, J. P. (1960): Deux gisements interglaciaires nouveaux aux environs d'Yverdon (Canton de Vaud, Suisse) – Ecl., *53*/2.
Jeannet, A. (1930): L'ancien Lac du Val-de-Travers – Rameau Sapin, (2) *14*.
Jenny, W. (1924): Geologische Untersuchungen im Gebiete des Chasserals – Diss. U. Zürich.
Jéquier, J.-P.† (1974): Révision critique du «Paléolithique ou Moustérien alpin» – Eburodunum, *2*.
Koby, F.-Ed. (1955): Aperçu sur les mammifères tertiaires et quaternaires des environs de Porrentruy – Soc. jurass. Emul. Porrentruy.
Koch, R., et al. (1933 k): Bl. 96–99 Laufen–Mümliswil, m. Erl. – GAS – SGK.
Kuhn, E. (1949): Die Tierwelt – In: Tschumi, O.: Urgeschichte der Schweiz, *1* – Frauenfeld.
Lagotala, H. (1920): Etude géologique de la région de la Dôle – Mat., NS, *46*/4.
Lambert, A., & Meyer, E. (1972): Führer durch die römische Schweiz – Zürich, München.
Laur-Bélart, R. (1968): Zwei alte Straßen über den Bözberg – Ur-Schweiz, *32*.
Liniger, H. (1969 k, 1970): Bl. 1065 Bonfol mit Anhängsel von Bl. 1066 Rodersdorf, m. Erl. – GAS – SGK.
Lüdi, W. (1953): Die Pflanzenwelt des Eiszeitalters im nördlichen Vorland der Schweizer Alpen – Veröff. Rübel, *27*.
Lüthi, E. (1954): Geologische Untersuchungen im Gebiete zwischen Tessenberg und St. Immertal (Berner Jura) – Diss. ETHZ.
Machaček, F. (1903): Beiträge zur Kenntnis der lokalen Gletscher des Schweizer und des französischen Jura – Mitt. NG Bern, *9* (1902); Ecl., *7*/7.

MATTHEY, F. (1971): Contribution à l'étude de l'évolution tardi - et postglaciaire de la végétation dans le Jura central – Mat. levé géobot. Suisse, *53*.
MEURISSE, M., LLAC, F., GUILLAUME, A. & S. (1972 K): Flle 628 St-Claude – CG dét. France – BRGM.
MILLOTTE, J. P. (1963): Le Jura et les Plaines de Saône aux âges des Métaux – Ann. Litt. U. Besançon, *59*.
MONTMOLLIN, A. DE (1979): Le Creux de Glace. Etude d'une glaciaire jurassienne – Schweiz. Jugend forscht, *1979/2*.
MUHLETHALER, CH. (1930 K): Flle. 276–277 La Chaux-Les Verrières – AGS – CGS.
MÜLLER-BECK, H.-J. (1968): Das Altpaläolithikum – UFAS, *1*.
NOLTHENIUS, T. (1922): Etude géologique des environs de Vallorbe (Canton de Vaud) – Mat., NS, *48/1*.
NUSSBAUM, F., & GYGAX, F. (1937): Über die Rekurrenzphase diluvialer Juragletscher – Ecl., *29/2* (1936).
PENCK, A., & BRÜCKNER, E. (1909): Die Alpen im Eiszeitalter, *2* – Leipzig.
PORTMANN, J.-P. (1974): Pléistocène de la région de Neuchâtel (Suisse) I. Aperçu bibliographique – B. Soc. Neuchâtel Ggr., *54/3*.
PRIMAS, M. (1971): Der Beginn der Spätbronzezeit im Mittelland und Jura – UFAS, *3*.
RICKENBACH, E. (1925): Description géologique du Val-de-Travers entre Fleurier et Travers, du Cirque de Saint-Sulpice et de la Vallée de Brévine – B. Soc. neuchât. SN, *50*.
RITTENER, TH. (1902): Etude géologique de la Côte-aux-Fées et des environs de Ste-Croix et Baulmes – Mat., NS, *13*.
ROLLIER, L. (1912): Nouvelles études sur les terrains tertiaires et quaternaires du Haut-Jura – AS jurass. Emulation (1910–11).
RUOFF, U. (1971): Die Phase der entwickelten und ausgehenden Spätbronzezeit im Mittelland u. Jura – UFAS, *3*.
RYNIKER, K. (1923): Geologie der Seekette zwischen Biel und Ligerz – Ecl., *18/1*.
SCHÄR, U., et al. (1971 K): Bl. 1145 Bieler See, m. Erl. – GAS – SGK.
SCHARDT, H. (1898): Über die Rekurrenzphase der Juragletscher – Ecl., *5/7*.
– (1903): Description géologique de la région des Gorges de l'Areuse (Jura neuchâtelois) – Ecl., *7/5*.
– (1903 K): Géologie des Gorges de l'Areuse – Ecl., *7/5*.
– & DUBOIS, A. (1903): Description géologique de la région des Gorges de l'Areuse (Jura neuchâtelois) – Ecl., *7/5*.
SITTERDING, M. (1974): Die frühe Latène-Zeit im Mittelland und Jura – UFAS, *4*.
SONDEREGGER, ST., & IMHOF, E. (1975): Ortsnamen II. Sprachgeschichte, Sprachgrenzen, Namensformen – Atlas Schweiz – L+T, Wabern-Bern.
STEHLIN, H. G. (1931): Bemerkungen zu einem Bisonfund aus den Freibergen (Kt. Bern) – Ecl., *24/2*.
STRAHM, CHR. (1971): Die frühe Bronzezeit im Mittelland und Jura – UFAS, *3*.
SUTER, H. (1936): Geologische Beschreibung der Kartengebiete Les Bois und St. Imier im Berner Jura – Beitr., NF, *72*.
THÉVENIN, A. (1978): Préhistoire et Protohistoire de la Franche-Comté – Wettolsheim.
–, & SAINTY, J. (1977): Les débuts de l'Holocène dans le Nord du Jura Francais – Regio Basil., *18/1*.
TRICART, J. (1952): Les formations détritiques quaternaires du Val de Pontarlier (feuille de Pontarlier au 50000e) – B. Serv. CG France, *50/235*.
– (1954): Les dépots glaciaires de la région des chaînons – B. Serv. CG France, *52/241*.
– (1958): Les formations quaternaires de la feuille de Mouthe – B. Serv. CG France, *55/252* B (1957).
– et al. (1969 K): Flle. 557 Pontarlier – CG dét. France.
VENETZ, I. (1843): Sur le glacier du Rhône et les anciens glaciers jurassiens – Actes SHSN, *28*.
VERNET, J.-P. (1972 K): Flle. 1242 Morges – AGS – CGS.
VOGEL, H. (1934): Geologie des Graitery und des Grenchenbergs im Juragebirge – Beitr., NF, *26/2*.
VOGT, E., & STEHELIN, H. G. (1936): Die paläolithische Station in der Höhle am Schalbergfelsen – Denkschr. SNG, *71*.
VOUGA, P. (1929): Classification du Néolithique lacustre suisse – ASA, *31*.
WEGMÜLLER, S. (1966): Über die spät- und postglaziale Vegetationsgeschichte des südwestlichen Jura – Beitr. geobot. Landesaufn., *48*.
WEIDMANN, D. (1968): Analyse pollinique dans les lignites quaternaires de Grandson – Trav. certiv. – inéd. Inst. bot. syst. géobot. U. Lausanne.
WEIDMANN, M. (1969): Le mammouth de Praz-Rodet (Le Brassus, Vaud). Note préliminaire – B. Soc. vaud.. SN, *70/6* (1968/69).
– (1974): Sur quelques gisements de vertébrés dans le Quaternaire du canton de Vaud – B. Soc. vaud. SN, *72/1*.
WYSS, R. (1968): Das Mesolithikum – UFAS, *1*.
ZEESE, R. (1978): Die Reculées des Mittleren Französischen Plateaujura – Erdkde., *32/4*.
ZIEGLER, P. A. (1956): Geologische Beschreibung des Blattes Courtelary (Berner Jura) – Beitr., NF, *102*.

Der Solothurner Arm des Rhone-Gletschers

Das ins westliche Mittelland vorstoßende Rhone-Eis

In den Kiesgruben von La Tuffière SW von Fribourg liegen nahezu horizontal geschüttete eisrandnahe Vorstoßschotter, die neben vielen Geröllen des *Saane-Gletschers* auch einen Anteil an solchen des rechtsufrigen Rhone-Eises enthalten: Aare-Granite und Gneise, Amphibolite, verschiedene Kalke, Flysch-Sandsteine und -Feinbrekzien, Subalpine Molasse-Nagelfluh, aufgearbeiteter Molassesand sowie wenige Radiolarite und Grüngesteine. Darüber folgen mit horizontaler Auflagerungsfläche 6–8 m Grund- und Ausschmelz-Moräne (Fig. 237).

In den Schottern bei Reben N von Liebistorf konnte in 8 m Tiefe ein Mammut-Stoßzahn geborgen werden (Musée d'Histoire naturelle, Fribourg). Auch in Fribourg fanden sich bei der Gießerei ein Stoßzahn-Fragment und in Pérolles zwei Backenzähne (CH. U. CRAUSAZ, 1959), in der Kiesgrube Bois de Sac in Posieux S von Fribourg ein Mammut-Stoßzahn.

Frontalere Vorkommen von überfahrenen Eisrandschottern finden sich im Freiburger Hügelland und vor allem im Seeland, wo sie als «Ältere Seelandschotter» bekannt geworden sind (S. 560).

Fig. 237 Vorstoßschotter des Saane-Gletschers mit mächtiger Grundmoräne des darüber vorgeglittenen Saane/Rhone-Gletschers. Schottergrube Ecuvillens SW von Fribourg.

Ein aufgearbeitetes Nadelholz-Holz fand J. J. M. VAN DER MEER (1976, 1979) in den basalen 6 m mächtigen, von Grundmoräne bedeckten glazifluvialen Schottern des Champ du Bry W von Courtion FR. Eine ^{14}C-Datierung ergab 55 100+4500, –2900 Jahre v. h. (GrN-8105).
Im Tunnel Niederried–Kallnach wurde in der Moräne aufgearbeitetes *Pinus*-Holz gefunden (E. GERBER, 1913).
Bei höheren Eisständen gelangten um Fribourg in verschiedenen Höhenlagen weitere Stauschuttmassen zur Ablagerung, die vom immer weiter vorstoßenden Saane/Rhone-Gletscher schließlich überfahren und von hochwürmzeitlichen Schmelzwässern zerschnitten worden waren (S. 464).

Die hochwürmzeitlichen Eisrandlagen zwischen Biel und Wangen a. A.

Höchste Seitenmoränen treten NE von Biel am Bözingenberg in 920 m, W von Romont in 840–800 m und bei Balm und Günsberg in 630 m auf (= «Oberberg-Moräne», F. ANTENEN, 1914). Bei Romont und am Itenberg stellt sich in 775 m bzw. 727 m ein tieferes Wallsystem ein. E von Grenchen ist der Zusammenhang mit den Moränen um Solothurn durch noch aktive Schuttfächer und weiter E, bei Wiedlisbach, jener mit den Stirnwällen von Bannwil und Wangen a. A. durch Sackungen unterbrochen.
Als «Vorberg-Moräne» bezeichnete ANTENEN zwei tiefere Randlagen, die er anhand von Wallresten und Erratikern von der Maison Blanche (NW von Biel) bzw. von Evilard durch Malewagwald–Vorberg bis Allerheiligen W von Grenchen verfolgen konnte. Gegen Solothurn dürften sie mit den Wällen SW und E von Lommiswil und Langendorf und diese mit den Staffeln des Brästenberg-Stadiums zu verbinden sein (S. 566).
Schmelzwässer flossen durch die Rinne, die bei der Moräne der Pâturage de Sagne NNE von Biel in 710 m einsetzt und über Vauffelin nach Grenchen verläuft. Im Tal der Suze reichte ein Lappen bis über Reuchenette, später bis Rondchâtel.
Zwei noch tiefere Randlagen, die «Büttiboden»- und die «Hinterried-Moräne», glaubte ANTENEN vom Bözingenberg über Grenchen-Däderiz bis Solothurn verfolgen zu können. Bei Lengnau, in Grenchen, in Bettlach und zwischen Selzach und Solothurn treten interner langgezogene, drumlinartig überschliffene Schotterhügel auf, die von Erratikern gekrönt sind und durch noch aktive Schuttkegel voneinander getrennt werden. Während die Schotter – Ältere Seelandschotter – als Kameterrassen bereits beim ersten Vorstoß abgelagert worden sind (H. W. ZIMMERMANN, 1963), erfolgte die Ausbildung der Wallform und der Schmelzwasserrinnen wohl erst bei einem späteren Wiedervorstoß.
Abschmelzmoränen noch internerer Stände hinterließ der Rhone-Gletscher in den Talungen von Pieterlen und von Nidau–Brügg.
An herkunftsspezifischen Erratikern des Rhone-Gletschers seien – neben Hornblende-Graniten (Arkesinen), Diallag- und Smaragdit-Gabbros aus dem Saastal, aus der oberen Val d'Arolla, sowie Montblanc- und Vallorcine-Graniten (Bd. 1, S. 94) – der bereits von B. STUDER bei Orvin entdeckte Magnetit-Block sowie der bei Herzogenbuchsee aufgefundene, ebenfalls vom Mont Chemin stammende Block erwähnt, ebenso die Kupfererz-Erratiker aus dem Val d'Anniviers und die Bergkristall-Gerölle von der S-Seite des Aarmassivs.

Aus würmzeitlichen Vorstoßschottern von Lüßlingen 4 km WSW von Solothurn wurden einige Schädel und Skelett-Knochen des Murmeltiers, Backenzähne und ein Stoßzahn des Mammuts, Geweihstangen des Rens, ein Oberschenkel-Knochen des Höhlenlöwen sowie mehrere Skelett-Knochen des kleinen pleistozänen Wildpferdes bekannt (H. LEDERMANN, 1978).
Besonders aus den Niederterrassenschottern der Umgebung von Langenthal sind mehrere Zähne und Skelett-Elemente des Wollhaarigen Nashorns sichergestellt worden. Zudem fanden sich bei Langenthal und Roggwil auch Ren, Wildpferd und ein großer Bovide, allenfalls *Bison* (GERBER, 1952).
An kälteliebenden Tierformen ist – neben Resten von Mammut – in den Niederterrassenschottern von Olten-Hammer ein Halswirbel von *Ovibos moschatus* gefunden worden (H. G. STEHLIN, 1916).
Aus Ablagerungen des ausgehenden Hochwürms und des frühen Spätwürms sind auch im Bereich des Rhone-Gletschers zahlreiche Fundpunkte des eiszeitlichen Murmeltiers bekannt geworden (H. THALMANN, 1925; E. GERBER, 1933, 1936; F. MICHEL, 1962; Fig. 238).

Hochwürmzeitliche Randlagen zwischen den Mündungen von Saane- und Aare-Gletscher

Am NW-Hang des Cousimbert (1633 m) liegt eine höchste würmzeitliche Moräne des Saane/Rhone-Gletschers bei La Cierne NE von La Roche auf 970 m. Vom Gipfelgrat erhielt dieser noch Eiszuschüsse. Während die Moräne von La Cierne früher dem Würm-Maximum zugewiesen wurde, zeigte sich (HANTKE, 1977), daß diese erst einer Rückzugslage, derjenigen von Brünisried–Schwarzenburg entspricht. Diese ist mit dem Bern-Stadium zu verbinden, reichte doch das Rhone-Eis am entsprechenden linken Gletscherufer, am Jura-Rand, wie die senkrecht zur Fließrichtung gelegene Seitenmoräne von La Cergna–Prés Devant W von Neuchâtel belegt, bis gegen 1100 m empor. Da zwischen La Roche und Plasselb die beiden höchsten Molasse-Vorberge, La Combert (1082 m) und La Feyla (1088 m), eine Moränendecke tragen, wurden sie noch im Würm-Maximum vom Eis überfahren. Die tieferen Vorberge von Pra du Plan (980 m) bis St. Silvester wurden bis ins Stadium von Brünisried–Schwarzenburg (=Bern=Brästenberg) vom Eis zu Rundhöckern überschliffen.
Im Maximalstand stieß das Saane/Rhone-Eis SE von Fribourg mächtig gegen E vor, staute bei Plasselb den *Ärgera-Gletscher* aus dem Berra–Cousimbert-Gebiet und drängte den Sense-Gletscher bis hinter Zollhaus zurück, was durch Verrucano-Erratiker aus dem Unterwallis belegt wird.
Um Guggisberg wurde die Molasse bis auf über 1100 m zu Rundhöckern überschliffen. Auf 1090 m fand J. TERCIER in TERCIER & P. BIERI (1961 K) NW von Gambach einen Gneisblock. Um 915 m läßt R. F. RUTSCH (1953 K) Würm-Moräne einsetzen; auf 865 m verzeichnet er einen heute zerstörten Montblanc-Granit. In der Würm-Eiszeit war noch der N-Abhang von Guggershorn (1283 m), Schwendelberg (1296 m) und besonders die N-Flanke der Pfyffe (1666 m) eisbedeckt.
Die Schottervorkommen von Waldgaß, Hausmattweidli und Galgenzälg, SW, SE und E von Schwarzenburg, mit Geröllen von Vallorcine-Konglomerat und Arolla-Gneis, die von F. NUSSBAUM (1922 K) zunächst noch als Niederterrassen-, später (1934) als Hochterrassenschotter betrachtet wurden, faßte RUTSCH als Zelg-Schotter zusammen und

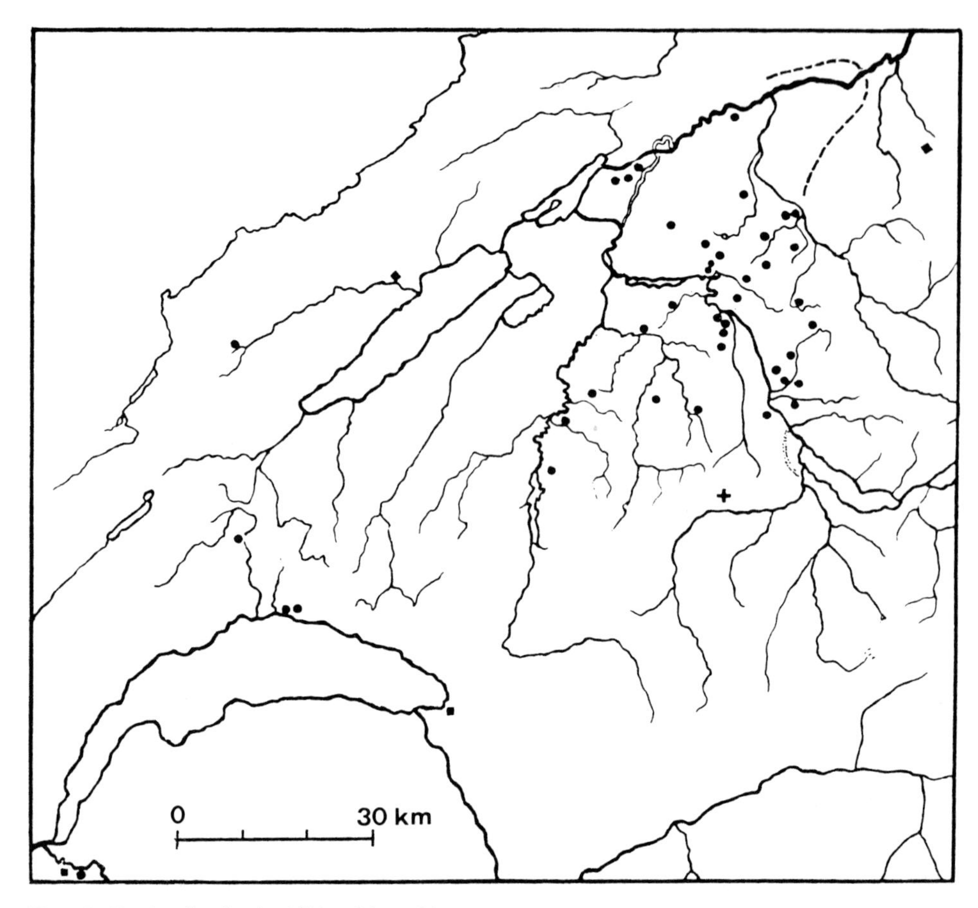

Fig. 238 Fundpunkte des eiszeitlichen Murmeltiers.
+ Station des alpinen Paläolithikums im Simmental
◆ Gondiswil und Cotencher z. Z. des vorstoßenden Würm-Eises
■ Magdalénien-Stationen: Veyrier bei Genf, Scé bei Villeneuve
● Spätwürmzeitliche Streufunde im Mittelland
-- Endlage des Rhone-Gletschers unterhalb von Wangen a. A.
Nach F. Michel, 1962.

stellte sie in die Riß-Eiszeit (B. A. Frasson, 1947; Rutsch & Frasson, 1953k, 1967; H. P. Voegeli, 1963). Aufgrund ihrer geringen Verwitterungstiefe dürften sie Ablagerungen eines würmzeitlichen Voıstoßes darstellen (S. 467). Dabei wäre der zuvor gebildete Boden nur leicht gekappt worden.
Vom Plateau zwischen Saane und Sense hat schon B. Studer (1825) zahlreiche Granitblöcke mit großen Feldspäten, Smaragdit-Gabbro, Serpentin und Vallorcine-Konglomerat erwähnt, die er – der damaligen Vorstellung entsprechend – noch durch plötzliche Fluten herantransportiert betrachtete. Immerhin weist er (S. 208) bereits auf die Schwierigkeiten bei einer solchen Erklärung hin.
Zwischen Schwarzenburg und Riggisberg stand gegen W übergeflossenes Aare- gegen Saane/Rhone-Eis. Moräne wurde dabei vor allem vom Aare-Lappen abgelagert, wo

dieser noch vom Gurnigel–Pfyffe-Eis unterstützt wurde. Im Molassegebiet zwischen Giebelegg und Ulmizberg, das noch etwas Lokaleis hinzulieferte, ließ er nur Moränengut von lokaler Tracht zurück. Diese läßt sich kaum sicher von periglazialem Solifluktionsschutt unterscheiden. Die Anwesenheit von Rhone-Eis NE des Schwarzwassers wird durch Walliser Erratiker belegt.

Im Maximalstand hingen Aare- und Saane/Rhone-Gletscher auch noch in den weiter N gelegenen Tälern des Bütschelbach, des Scherlibach, des Gaselbächli und im Gurtentäli miteinander zusammen.

SW von Niedermuhlern stand das Eis bis auf über 980 m; der Imihubel wurde eben noch überschliffen. Noch am Lisiberg W von Zimmerwald reichte es bis auf 970 m; dann fiel die Eisoberfläche bis zum Ulmizberg bis auf 915 m. Erratiker reichen WSW und ENE bis gegen 900 m empor. Vorab die Tälchen um Schlatt und das Gurtentäli wirkten als subglaziäre Schmelzwasserrinnen.

Bei Plasselb nahm der Saane/Rhone-Gletscher von der Berra und vom Cousimbert den Ärgera-Gletscher auf. Schmelzwässer flossen gegen E, gegen Plaffeien, ab (S. 461). Zwischen Plasselb und Plaffeien gelangten bis auf 930 m hinauf Stauschotter zur Ablagerung. Diese sind allerdings nicht als rißzeitliche «Graviers interglaciaires» zu deuten (Tercier in Tercier & Bieri, 1961 k), sondern stellen würmzeitliche Eisrandschotter dar (G. Schmid, 1970). Sie sind zeitlich wahrscheinlich mit Vorstoßschottern zu verbinden, die etwa einer Randlage des Bern-Stadiums entsprechen.

Der Saane/Rhone-Gletscher umfloß Egg (1042 m) und Oberholz (1041 m) und hinterließ mehrere Moränenstaffeln zwischen Gauglera, Rechthalten und Brünisried. Mit einem Lappen stieß er gegen SE vor und nahm E von Brünisried den *Sense-Gletscher* auf (S. 461 f.). Im Winkel zwischen den beiden schütteten Schmelzwässer Stauschotter bis 870 m auf.

Längs des SE-Randes tieften Schmelzwässer die Senseschlucht ein. SW von Schwarzenburg setzen die Ufermoränen des Saane/Rhone-Gletschers auf die E-Seite über. Im Vorfeld und vor der Stirn eines ins Schwarzwassertal eingebrochenen Aare-Gletscherlappens wurden – wohl im Bern-Stadium – die Schotter von Schwarzenburg und Elisried geschüttet (Hantke, 1977).

Von Schwarzenburg verlief ein innerer würmzeitlicher Eisrand über Nidegg–Oberbalm nach Niederscherli (Rutsch & Frasson, 1953 k, 1967). Ein noch internerer Stand zeichnet sich von Maule d'Amont über Montévray, S bzw. NE von La Roche, bis N von Schwarzenburg ab.

Von den Rückzugsständen dürften die Wälle um La Roche, Treyvaux, Praroman, Giffers, Tentlingen, Tafers, Schmitten-Roßried und um Neuenegg mit inneren Ständen des Bern-Stadiums zu verbinden sein.

W von Bern endete das Saane/Rhone-Eis im Bern-Stadium bei Niederwangen, Niederbottigen–Riederen und zwischen Frauenkappelen und Wohlen.

Später flossen die vom Neuenegger Lappen gestauten Schmelzwässer von Thörishaus durchs Wangental gegen Bern.

Im Vorfeld von Bümpliz wurde gegen die Endmoräne von Bern ein Sander geschüttet. E von Niederwangen setzte eine Schmelzwasserrinne ein. Diese entwässerte gegen Köniz, wo sie linksseitige Schmelzwässer des Aare-Gletschers aufnahm, die durch das Gurtentäli abflossen. Über Liebefeld traten die Schmelzwässer an die Berner Endmoräne heran und flossen subglaziär gegen das Marzili, was durch den Geröllinhalt belegt wird (Dr. L. Mazurczak. mdl. Mitt.).

Der Stirnbereich des Aare/Rhone-Gletschers

Vom mündenden Aare-Gletscher bis zur Stirn des Solothurner Armes des Rhone-Gletschers erfolgte der Vorstoß über vorab in Talläufen abgelagerten Schottern. Ihr Inhalt – vorwiegend Saane- und Aare-Gerölle mit nur seltenem, wohl aufgearbeitetem rißzeitlichem Rhone-Material – hebt sich scharf von der überlagernden Moräne ab. Die blaugraue Farbe rührt von Kalken und Kieselkalken der Helvetischen Kalkalpen und der Klippen-Decke her. Die Gerölle sind gerundet und gut sortiert, was auf eine fluviale Schüttung hinweist. Ihre Stränge, die lokal vom vorfahrenden Eis ausgeräumt und zu flachen Drumlins überprägt worden waren, lassen sich als *Ältere Seelandschotter* bis an die Ausgänge der Alpentäler verfolgen; als *Niederterrassenschotter* lassen sie sich anderseits in unvergletscherte Täler des Mittellandes und des Jura hinein verfolgen.
Von Schmelzwässern des Rhone-Gletschers abgelagerte Schotter unterscheiden sich durch graubraune Töne, hohen Anteil an Walliser Kristallin und schlecht gerundete, kaum sortierte, oft geschrammte Gerölle. Zu ihnen gehören viele lokale, gering mächtige Ablagerungen, die nicht an bestimmte Lagen gebunden sind: Sander, Übergangskegel, Kames, Oser. Am Rande größerer Toteismassen wurden Kameschotter abgelagert. Oft lassen sich Übergänge zu verschwemmter Moräne beobachten.
Im Frontbereich des Solothurner Armes räumte bereits der vorstoßende präwürmzeitliche Rhone-Gletscher mehrere, gegen NE verlaufende und dabei langsam an Tiefgang verlierende Felsrinnen aus. In diese schütteten Schmelzwässer des wieder vorrückenden würmzeitlichen Gletschers in zahlreichen beckenaxial verlaufenden Schüben glazifluviale Schotter und Sande.
In den tieferen Teilen besteht die Füllung vorwiegend aus fluvialen Sanden, die im Raum S von Wiedlisbach bis über 50 m mächtig sind und in denen W. LÜDI (in FURRER, 1949) auf Kote 395, 65 m *Pinus* und *Picea* sowie reichlich Gramineen- und Kraut-Pollen feststellen konnte. Dies deutet – zusammen mit der geringen Pollendichte – auf eine Vegetation hin, in welcher der Wald bereits stark zurückgegangen ist. Die Sande werden reliefartig überlagert von lokal über 40 m mächtigen Schottern. In gut 10 m Tiefe stellt sich um Oensingen verschiedentlich eine Grobblocklage ein, die wohl auf einen katastrophenartig erfolgten Ausbruch im Eisrandgebiet hindeutet. S von Niederbipp liegt darüber bis 10 m lehmige Moräne, die sich, wie E von Flumenthal, in wechselnder Mächtigkeit ebenfalls reliefartig über die Schotter legt. E von Flumenthal konnten in 30–40 m Tiefe Geweih-Fragmente von Ren, ein Schulterblatt-Fragment eines Wildpferdes und ein Bruchstück eines Mammut-Stoßzahnes geborgen werden (Frl. L. WYSS, Solothurn, mdl. Mitt.). S von Oensingen beträgt die Schotterfüllung der Dünnern-Talung noch über 90 m. S des Bahnhofes wurde mergelige Untere Süßwassermolasse in 71 m Tiefe erbohrt (Gem. Exk. mit Drs. R. BLAU, G. DELLA VALLE und J. WANNER); dagegen liegt der Fels bei Kestenholz und bei Aarwangen meist nur wenig unter der Oberfläche.
In die nördliche Rinne glitt auch die ausgedehnte Sackung von Wiedlisbach (C. WIEDENMAYER, 1923), die von Moränen der Größten und der Letzten Eiszeit bedeckt ist.
Wohl ins Spätglazial sind um Oensingen zwei, durch eine Bodenbildung getrennte geringmächtige Schüttungen mit hohen Anteilen an wenig gerundeten Jurakalken zu stellen. Diese wurden in seichten Senken angelagert und im Holozän von gebänderten Auelehmen eingedeckt.
Bei Wangen a. A. erbrachten Sondierbohrungen unter der Aare einen Querwall. Dieser ragt in die dort moränenartigen Gäu-Schotter empor, die längs des Jurarandes geschüttet

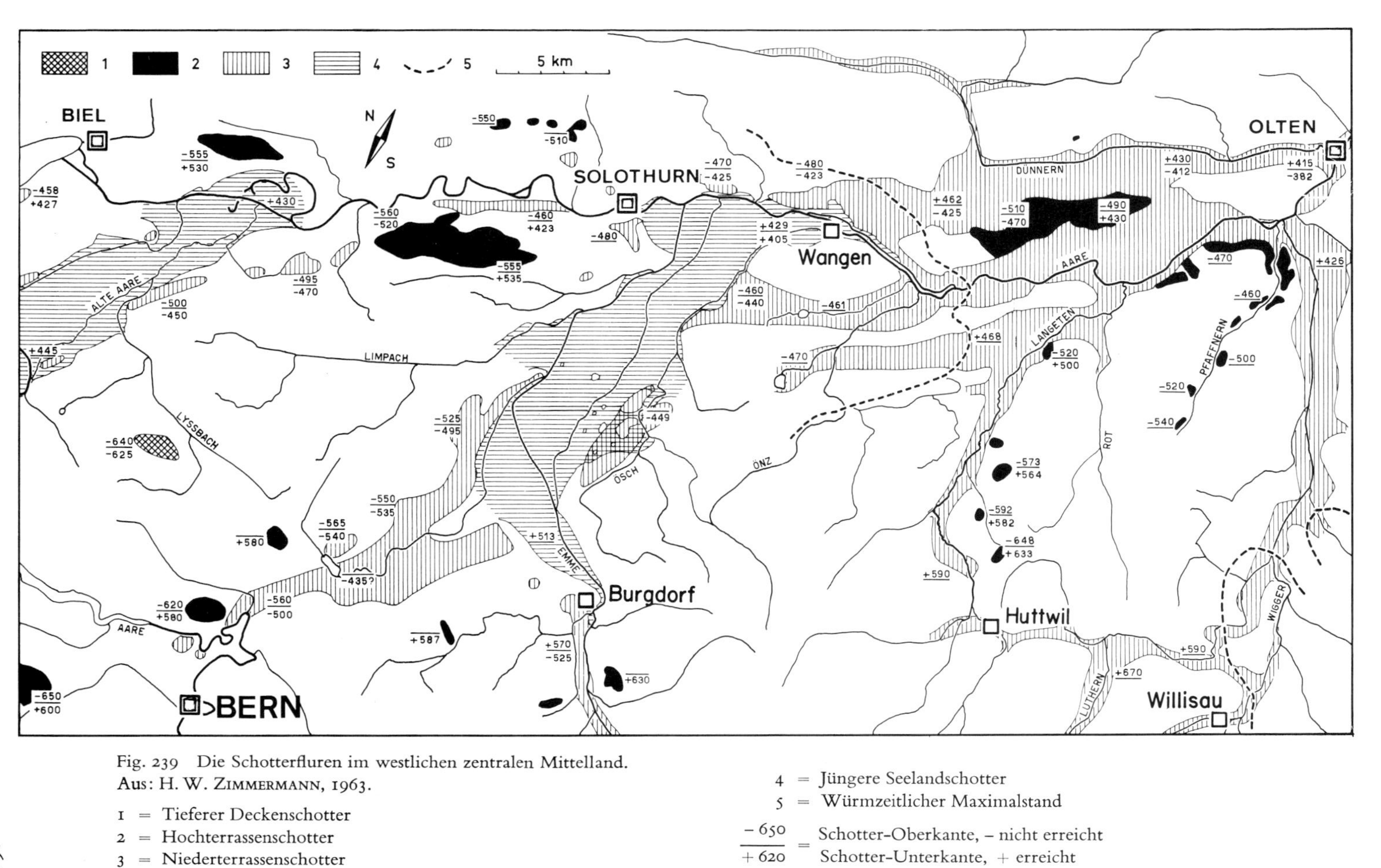

Fig. 239 Die Schotterfluren im westlichen zentralen Mittelland.
Aus: H. W. ZIMMERMANN, 1963.

1 = Tieferer Deckenschotter
2 = Hochterrassenschotter
3 = Niederterrassenschotter
4 = Jüngere Seelandschotter
5 = Würmzeitlicher Maximalstand

$\frac{-650}{+620}$ = Schotter-Oberkante, – nicht erreicht / Schotter-Unterkante, + erreicht

worden sind und eine Mächtigkeit um 90 m erreichen. Der Wall enthält Blöcke verkitteter Schotter und geht gegen E in einen Grobblock-Horizont über (L. Mazurczak, N. Sieber, mdl. Mitt.).
Bei Ruppoldingen SW von Olten liegt über lößartigen Silten, die alte Aarerinnen eindecken, eine Grobgeröll-Lage (Mazurczak, mdl. Mitt.). Dies deutet auch im Bereich des Solothurner Armes auf eine Zweiteilung der Hochwürm-Ablagerungen hin.
SE von Solothurn verläuft eine alte, von Kiesen erfüllte, Grundwasser-führende Rinne, wohl eine ehemalige Schmelzwasserrinne, N von Derendingen nach Flumenthal (H. Furrer, 1948; H. Jäckli, 1977). Im Becken von Obergerlafingen liegt die Felssohle in über 88 m Tiefe (Ch. Schlüchter, 1979). Auch im bernisch-solothurnischen Wasseramt, in der untersten, von der Emme durchflossenen Talung zwischen Burgdorf und Deitlingen, konnten einige flache Grundwasser-Becken erkannt werden.
Von Burgdorf zur Aare bildete sich ein flacher Emme-Schuttfächer aus. Dieser läßt sich genetisch und altersmäßig mit den *Jüngeren Seelandschottern* – vorwiegend Saane-Material – vergleichen (H. W. Zimmermann, 1963).
Die verschiedenen Stände des hochwürmzeitlichen Rhone-Gletschers können mit den spärlichen Wallmoränenresten und kurzen Schmelzwasserrinnen nur vage festgelegt werden. Hinweise ergeben sich aus der Zerschneidung der eisrandnahen Niederterrasse bei Bannwil. Mit dem mehrfachen Wechsel von Freigabe und Ausschürfung der Zungenbecken wurde der Schutt bald darin zurückgehalten, womit in der höchsten Niederterrasse bereits Erosion einsetzte, bald wurde er ausgeräumt, so daß sich eingeschachtelte glazigene Sander bildeten. Im Stirnbereich des Solothurner Lappens konnte Zimmermann die früheren Darstellungen von F. Nussbaum (1911), W. Staub (1950) und H. Beck (1957) ergänzen und folgende Eisstände und Terrassen auseinanderhalten:

Eisstand	Terrassen an der Aare
Älteres Wangener Stadium:	
Maximalstand	Akkumulation der Niederterrasse: Gäu, Langenthal
Rückzugsstand	Bannwil-Fritzenhof-Niveau
Jüngeres Wangener Stadium	Önztal-Terrassen höhere: Sanderflur tiefere: Mäandrierungs-Niveau
Solothurner Stadium	—
Brästenberg-Stadium:	
Maximalstand	Bannwil-Bännliboden-Niveau, Wigger-Talboden
1. Rückzugsstand	(Kameterrasse bei Deitingen)
2. Rückzugsstand = Brästenberg-Stand	—
3. Rückzugsstand Solothurn	
Spätglazial	Emme-Schwemmkegel: Akkumulations- und Mäandrierungs-Niveau

▷
Fig. 240 Der Inkwilersee, ein verlandender Zungenbeckensee im Stirnbereich des Solothurner Armes des Rhone-Gletschers (Kte. Bern und Solothurn) mit neolithischer Ufersiedlung.
Luftaufnahme: Swissair-Photo AG, Zürich. Aus: E. Egli, 1979.

Fig. 241 Der besonders im W und NW verlandete Burgäschisee in der Moränen- und Drumlin-Landschaft SW von Herzogenbuchsee. 1943 wurde der Spiegel zur Gewinnung von Kulturland um 2,19 m abgesenkt. Luftaufnahme: Swissair-Photo AG, Zürich. Aus: Hantke, 1969.

Im älteren *Wangener Stadium* lag das Eis bis N von Solothurn auf Kalken des Weißenstein-Gewölbes, bis Oberbipp auf Gehängeschutt und Bergsturztrümmern. Dann löste sich das Eis vom Jurahang und verlief über Holzhäusern–Bannwil nach Bützberg–Thunstetten. Die Molassehöhen des Längwald und des Spichigwald teilten es in drei kurze Lappen: den Dünnern- oder Gäu-, den Aare- und den Langeten-Lappen.
Eine deutliche Seitenmoräne verläuft SE des Önztales von Wynigen gegen Herzogenbuchsee und von Heidenstatt nach Riedtwil (Hantke, 1968; H. Ledermann, 1977).
Der südliche Eisrand wird durch die Schmelzwasserrinnen des Krauchtales und die Talung Burgdorf–Wynigen–Thörigen–Langenthal markiert (Fig. 239). Aus den Rinnenschottern W von Krauchtal ist ein Backenzahn-Fragment von *Coelodonta antiquitatis* bekannt geworden (E. Gerber, 1950). SW und NE von Burgdorf lag der Eisrand im äußersten Stand noch weiter SE, gegen die Wasserscheide zum Heimiswil-Graben, was durch bis auf 700 m reichende würmzeitliche Grundmoräne belegt wird (Gerber, 1950k).
Die Schmelzwässer floßen erst von Langenthal gegen Murgenthal und schütteten die Schotterflur von Roggwil–Ägerten, die beim Abschmelzen des Eises zerschnitten wurde.
Das jüngere *Wangener Stadium* ist durch den Sander belegt, der die Önztal-Terrassen mit

Herzogenbuchsee aufbaut. Die Schmelzwässer des rechtsufrigen Eisrandes entwässerten zwischen Burgdorf und Burgäschisee noch immer zur Sammelader, die NE von Burgdorf über Riedtwil nach Herzogenbuchsee verlief.
Grund- und Obermoränen enthalten vorwiegend Erratiker aus dem Wallis: Granite des südlichen Aarmassivs, basische Eruptiva – Smaragditgabbro, Eklogite, Arkesine – und verschiedene Gneise der Walliser Decken, Mont-Blanc-Granite, Vallorcine-Konglomerat, Verrucano, dunkle Kieselkalke, Molasse-Nagelfluh und Kalke aus dem Jura, die sogar auf südlichen Ufermoränen des Solothurner Stadiums auftreten. Aare-Erratiker treten nur längs des SE-Randes auf; das Aare-Eis wurde vom Saane/Rhone-Eis ganz auf die rechte Seite gedrängt.
Beim Zerfall des frontalen Aare/Rhone-Gletschers blieb in den flachen Senken Toteis liegen, das dann Söllseen entstehen ließ. Viele sind verlandet; Inkwiler-, Burgäschi- und Moossee haben sich erhalten. Ihre Gestade bildeten im Jungpaläolithikum, im Neolithikum und in der Bronzezeit bevorzugte Siedlungsplätze (H. G. Bandi, 1947, 1953; O. Tschumi, 1949; E. A. Dannegger, 1959; J. Bossneck et al., 1963; H. R. Stampfli, 1964; H. Müller-Beck, 1965). M. Welten (1947, 1955), B. Huber (1967), F. Schweingruber (1967) und F. Klötzli (1967) konnten Fakten zur Holzverwendung, Vegetationsentwicklung und Chronologie beibringen (Fig. 241).
Vom Solothurner Stadium sind unter Solothurn ein großer Sander und W anschließend Reste randglaziärer Entwässerungsrinnen vorhanden. Im Gebiet Oberdorf–Langendorf–Rüttenen–Riedholz–Flumenthal finden sich isolierte Moränenstaffeln, die zum Brästenberg-Stadium gehören. Entsprechende Wälle auf der S-Seite des Gletschers scheinen zu fehlen. Der Lappen S des Molasserückens Frienisberger–Bucheggberg ist wohl in einzelne Toteismassen zerfallen, und die wenigen Wallreste wurden durch Schmelzwässer und durch die Emme zerstört.

Die Bildung der Jurarandseen und des Seelandes

Zwischen der südöstlichsten Jurakette, der Chamblon-Falte, und den Molasse-Aufwölbungen W der Saane räumte der beidseits des Jorat ins westliche Mittelland überfließende Rhone-Gletscherarm, den geologischen Strukturen folgend, die Becken der Juraseen aus. An den Rändern des Seelandes wurden von Moräne bedeckte Schotter, Ältere Seelandschotter, abgelagert (B. Aeberhardt, 1903, 1908; F. Antenen, 1930, 1936; U. Schär et al., 1971 k; F. Becker et al., 1972 k, 1973). Im NW enthalten sie reichlich Jurageröllе. Am SW-Sporn des Jolimont, einem Molasse-Inselberg zwischen Bieler- und Neuenburger See, entdeckte K. Schmid (in Schär et al., 1971 k) neben Strudellöchern eine Hohlkehle mit gerundeten, durch Schmelzwässer verfrachteten Jura-Geröllen. Im NE überwiegen Klippengesteine und bekunden eine Schüttung durch Schmelzwässer des Saane-Gletschers. Durch karbonatreiche Wässer wurden die Schotter lokal verkittet. Bei Kallnach konnten ein Mammut-Stoßzahn und *Pinus*-Holz geborgen werden (E. Gerber, 1913). Beim weiteren Vorrücken wurden die Älteren Seelandschotter teils wieder ausgeräumt und drumlinartig überprägt.
Nach seismischen Untersuchungen (L. Mazurczak, mdl. Mitt.) ist die Senke des Großen Moos und ihre Fortsetzung gegen Solothurn bis auf 60 m hinab glaziär ausgekolkt. Niedergebrachte Bohrungen durchfuhren mehrere Moränenlagen und verblieben nach über 300 m noch immer im Pleistozän (P. Kellerhals, schr. Mitt.).

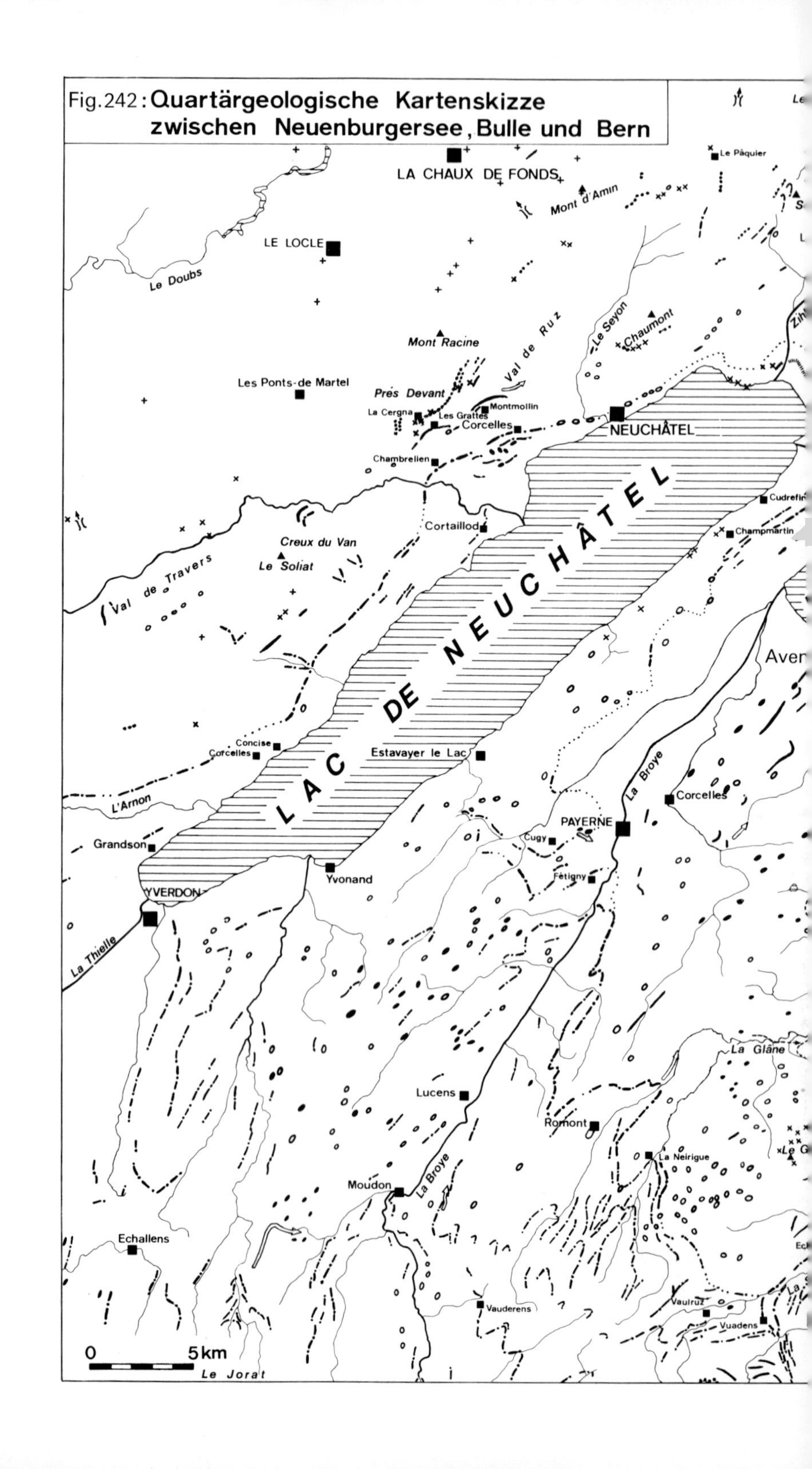

Fig. 242: Quartärgeologische Kartenskizze zwischen Neuenburgersee, Bulle und Bern

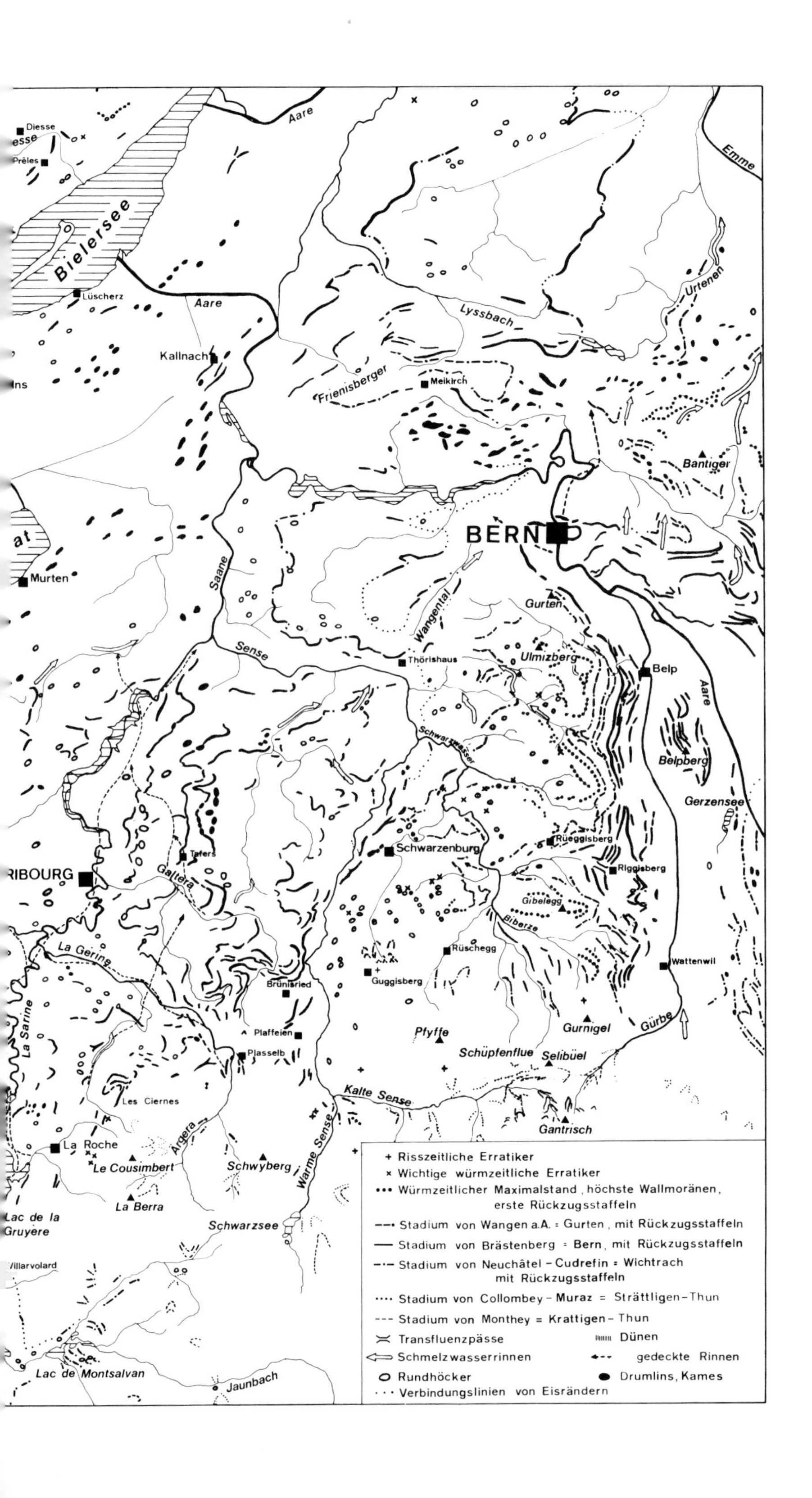

Diesse
Prêles
Bielersee
Lüscherz
Aare
Kallnach
Ins
Murten
Saane
Sense
Frienisberger
Meikirch
Lyssbach
Urtenen
Emme
Bantiger
BERN
Wangental
Gurten
Ulmizberg
Thörishaus
Belp
Aare
Schwarzwasser
Belpberg
Gerzensee
Schwarzenburg
Rüeggisberg
Riggisberg
Gibelegg
Biberze
Tafers
Galtera
FRIBOURG
La Gerine
La Sarine
Rüschegg
Guggisberg
Wattenwil
Brünisried
Plaffeien
Plasselb
Pfyffe
Gurnigel
Gürbe
Schüpfenflue
Selibüel
Kalte Sense
Gantrisch
Les Ciernes
Argera
La Roche
Le Cousimbert
Schwyberg
Warme Sense
La Berra
Lac de la Gruyère
Schwarzsee
Villarvolard
Lac de Montsalvan
Jaunbach
+ Risszeitliche Erratiker
× Wichtige würmzeitliche Erratiker
••• Würmzeitlicher Maximalstand, höchste Wallmoränen, erste Rückzugsstaffeln
Stadium von Wangen a.A. = Gurten, mit Rückzugsstaffeln
Stadium von Brästenberg = Bern, mit Rückzugsstaffeln
Stadium von Neuchâtel – Cudrefin = Wichtrach mit Rückzugsstaffeln
Stadium von Collombey – Muraz = Strättligen – Thun
Stadium von Monthey = Krattigen – Thun
Transfluenzpässe
Dünen
Schmelzwasserrinnen
gedeckte Rinnen
Rundhöcker
Drumlins, Kames
Verbindungslinien von Eisrändern

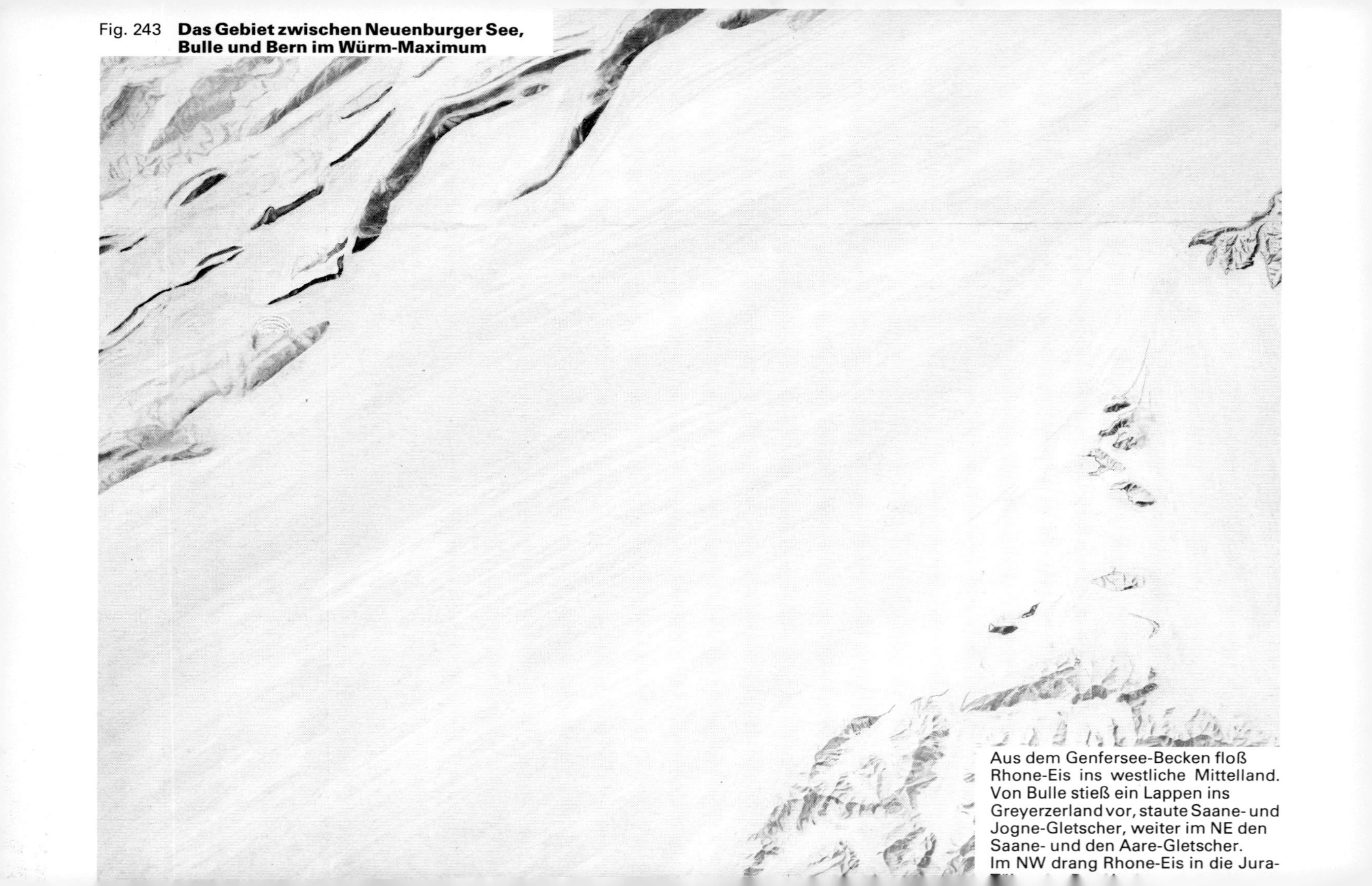

Fig. 243 **Das Gebiet zwischen Neuenburger See, Bulle und Bern im Würm-Maximum**

Aus dem Genfersee-Becken floß Rhone-Eis ins westliche Mittelland. Von Bulle stieß ein Lappen ins Greyerzerland vor, staute Saane- und Jogne-Gletscher, weiter im NE den Saane- und den Aare-Gletscher. Im NW drang Rhone-Eis in die Jura-

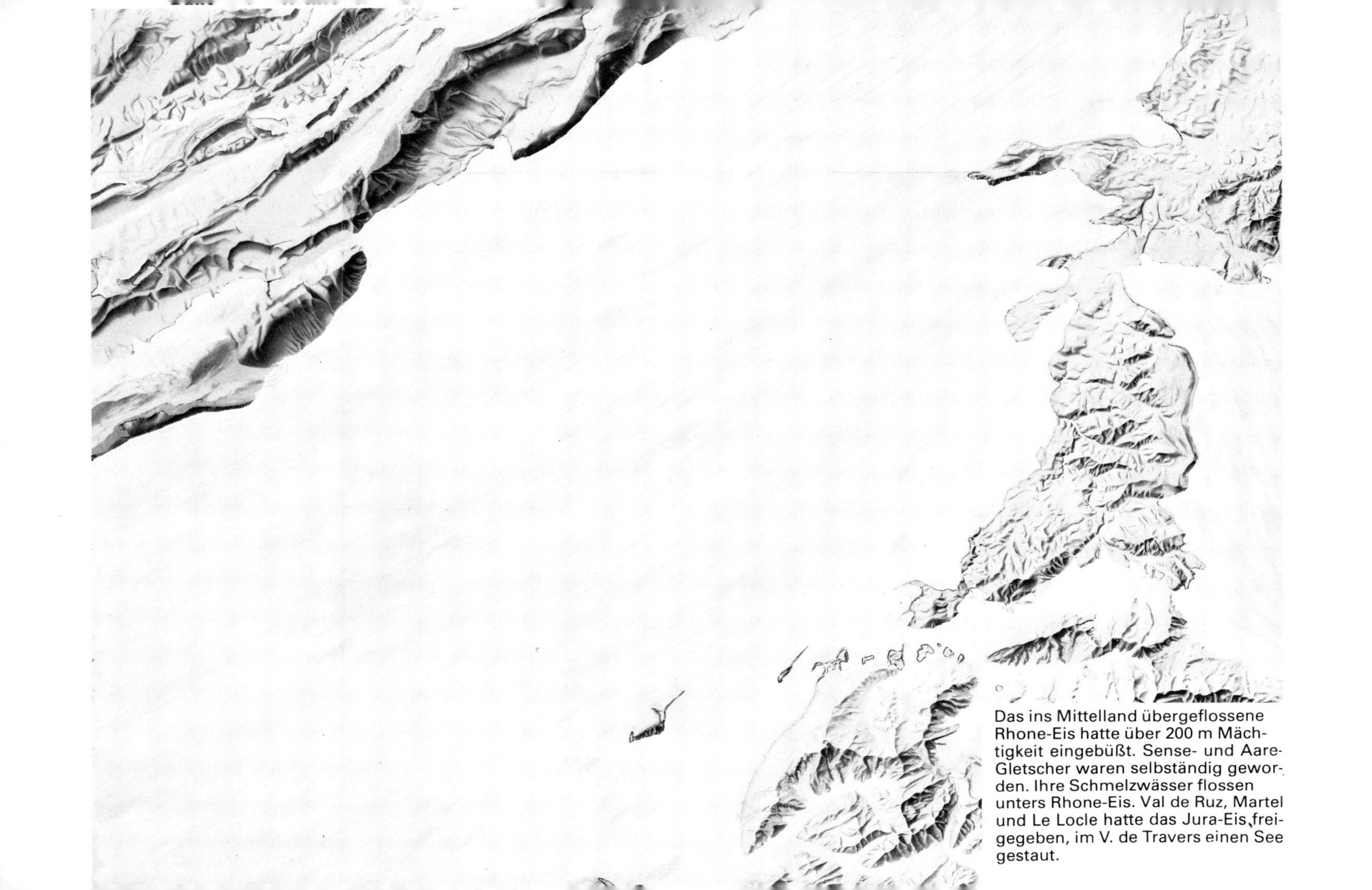

Das ins Mittelland übergeflossene Rhone-Eis hatte über 200 m Mächtigkeit eingebüßt. Sense- und Aare-Gletscher waren selbständig geworden. Ihre Schmelzwässer flossen unters Rhone-Eis. Val de Ruz, Martel und Le Locle hatte das Jura-Eis freigegeben, im V. de Travers einen See gestaut.

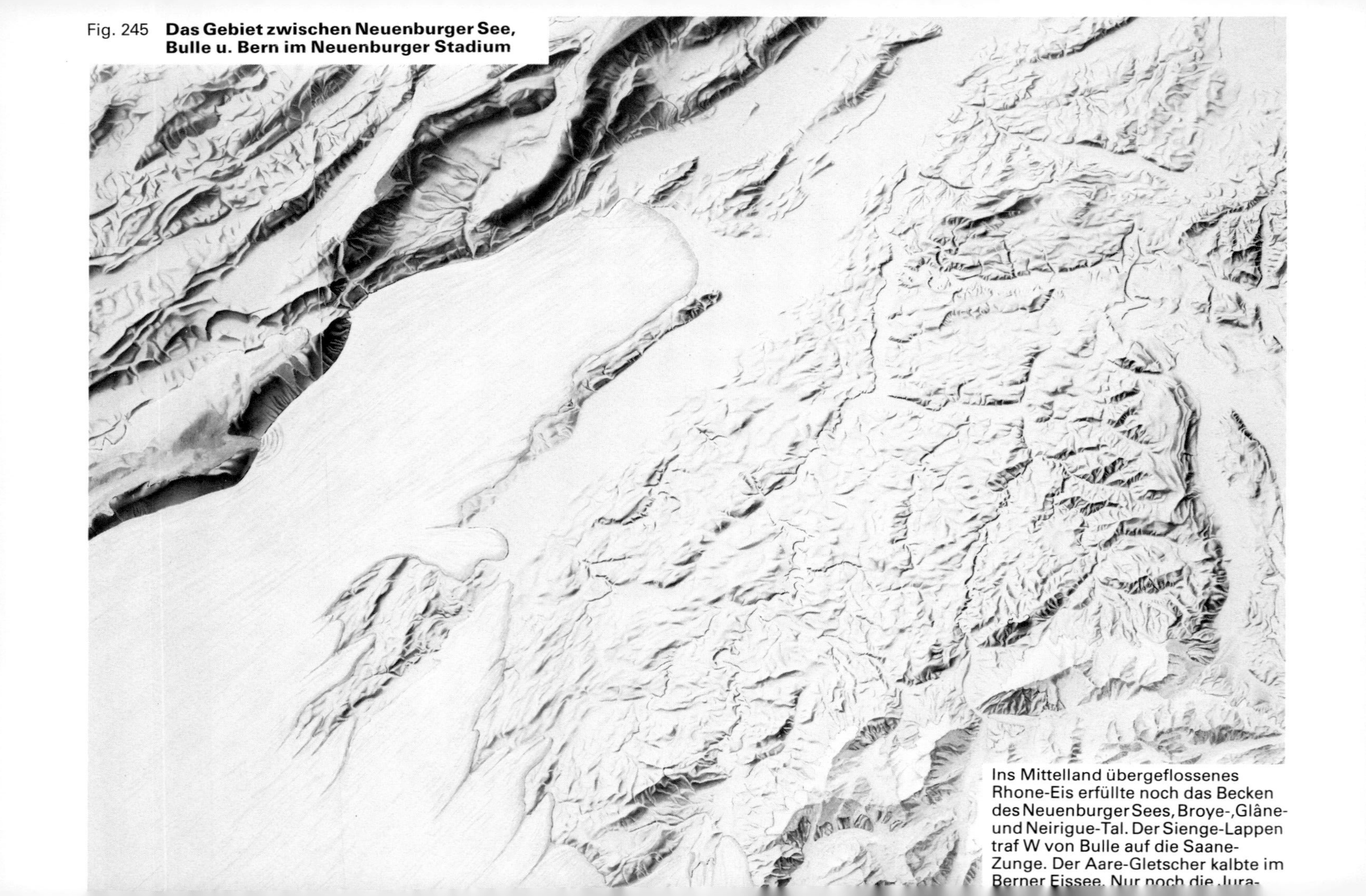

Fig. 245 **Das Gebiet zwischen Neuenburger See, Bulle u. Bern im Neuenburger Stadium**

Ins Mittelland übergeflossenes Rhone-Eis erfüllte noch das Becken des Neuenburger Sees, Broye-, Glâne- und Neirigue-Tal. Der Sienge-Lappen traf W von Bulle auf die Saane-Zunge. Der Aare-Gletscher kalbte im Berner Eissee. Nur noch die Jura-

Bei Avenches liegt die Molasse im seeländischen Becken um 200 m, bei Kallnach um 320 m, im tieferen Beckenabschnitt S des Jäissberg um 150 m ü. M. (KELLERHALS & TRÖHLER, 1976; CH. SCHLÜCHTER, 1979).
Mit der Freigabe des Solothurner Beckens bildete sich ein Eisrandsee mit einer Spiegelhöhe um 450 m, dann ein ausgedehnter Jurarandsee, der bis an den Mormont und bis über Payerne hinaus reichte (A. FAVRE, 1883), aus dem Büttenberg, Jäissberg, Schattenrain, St. Petersinsel, Jolimont und Wavre emporragten und der in einem schmalen Arm vom Murtensee über Payerne ins Broyetal reichte. Bohrungen zwischen Payerne und Grandcour erbrachten über 50 m mächtige sandig-siltige Seeablagerungen (H. U. GRUBENMANN, schr. Mitt.). Nach geoelektrischen Untersuchungen dürfte die Felssohle erst in über 90 m, lokal erst in 200 m Tiefe liegen (A. PARRIAUX, 1978; schr. Mitt.).
Die Moränenrelikte zwischen Pieterlen und Nidau belegen internere Staffeln des Brästenberg-Stadiums. Sie dürften im Linth-System denen von Thalwil und Bäch entsprechen. Randliche Schmelzwässer flossen von Léchelles durch das heutige Chandon-Tal über Chandossel–Clavaleyres-Greng und schütteten zwischen Murten und Faoug ein Delta in den Murtensee, an dessen Spitze sich Jahrtausende später Pfahlbauer niederließen.
Der Eisrand, der durch die Moränenstaffel belegt wird, die W von Neuchâtel von Chambrelien gegen Corcelles absteigt und weiter gegen E durch die Schmelzwasserrinne von Peseux–Neuchâtel belegt wird, scheint damit das Becken des Neuenburger Sees von demjenigen des Bielersees zu trennen. Daß Stirnmoränen am N-Ende des Neuenburger Sees bisher unbekannt waren, dürfte damit zusammenhängen, daß diese dort durch Alluvionen der Aare eingedeckt worden sind, was auch durch die bis 4 km breite Wysse, den nur wenige Meter tiefen Flachwassergürtel zwischen Cudrefin und Neuchâtel, bekundet wird. Immerhin finden sich am NE-Ufer zahlreiche Erratiker. Weiter E, bei Gampelen, treten vom SW-Wind vom Strand ausgewehte Dünenwälle auf (H. SCHARDT, 1901; U. SCHÄR et al., 1917K; F. BECKER et al., 1972K). Möglicherweise sind dies vom Wind überschüttete Stirnwälle, auf denen der vom Eis aus dem Seebecken und von den Rändern losgescheuerte Molassesand wieder abgelagert wurde. Ein Teil dieser Dünensande sind jedoch sicher jung, sogar jünger als die Torfe des Großen Moos, denen sie lokal aufliegen (B. TRÖHLER, mdl. Mitt.).
Im Broye-Tal dürfte die dem NE-Ende des Neuenburger Sees entsprechende Randlage derjenigen von Fétigny entsprechen (HANTKE, 1977; PARRIAUX, 1978).
Von Estavayer drang ein seitlicher Lappen gegen Payerne vor. Zugehörige Moränenwälle stellen sich E von Montet und SW und SE von Cugy um 520 m ein. Ins Broye-Tal verlaufen mehrere Schmelzwasserrinnen. Zwischen diesem zunächst nochmals bis Payerne vorgestoßenen Lappen und dem Broye-Arm bildete sich NE von Fétigny eine Kameterrasse aus. Im strömungsarmen Winkel wurden feinkörnige Sedimente abgelagert. Auch E und ENE von Estavayer stieß das Eis in mehreren Lappen über den niederen Molasserücken zwischen Neuenburger See und Broye-Tal gegen E vor. Weiter NE dürften die Wälle, die sich S von Champmartin über Montet bis E von Cudrefin verfolgen lassen, diesen Eisstand bekunden.
Im Broye-Tal erfolgte das Rückschmelzen des Eises rascher als im Becken des Neuenburger Sees, da sowohl die Talbreite und, infolge der höher gelegenen Transfluenzsättel von Attalens und von Pidoux sowie der in geringerer Tiefe liegenden Felssohle, auch die Mächtigkeit des Broye-Lappens viel geringer war (PARRIAUX, 1978).
Beim weiteren Abschmelzen des Eises schütteten Schmelzwässer des Lembe-Lappens in den im Broyetal sich bildenden Eisstausee bei Granges VD ein Delta; dann vermochten

diese den weichen Molasse-Riegel W des Dorfes zu durchbrechen. Über den Deltaschottern, die in verschiedenen Richtungen geschüttet wurden, liegen schluffig-siltige Übergußschichten. Dabei haben die Dichte-Differenzen in der rasch sedimentierten Schluff/Silt-Lage konvolute Strukturen erzeugt (PARRIAUX, 1978, 1979).
Mit dem schrittweise erfolgten Durchbruch durch den Endmoränenriegel unterhalb von Wangen a. A. sank der Spiegel sukzessive ab.
Durch die von Orbe, Broye, Areuse, Schüß, Saane und Aare herangeführte Schuttfracht – Jüngere Seelandschotter – wurde der See, vorab im Spätwürm, bis auf die tieferen Restbecken – Neuenburger-, Murten- und Bieler See – zugeschüttet. NW von Kallnach wurden über 50 m mächtige spätglaziale Seesedimente gegen 50 m Sande und Schotter der Saane/Aare abgelagert. Dagegen liegt die Felssohle bei Zihlbrücke zwischen Neuenburger und Bieler See nur 12 m unter der heutigen Oberfläche (U. SCHÄR, 1971).
In der Plaine de l'Orbe liegt die Felssohle in der Hauptrinne zwischen Orbe und Essert-Pittet in 120 m Tiefe (M. PETCH, 1970). Über vorwiegend anorganischen Sedimenten bildeten sich ausgedehnte Flachmoore.
In der Birkenzeit, im Bölling-Interstadial, lag das südwestliche Ende des Neuenburger Sees bereits bei Yverdon (H. JÄCKLI, 1950). Im beginnenden Alleröd dürfte mit 428–429 m ein erster Tiefstand des Sees erreicht gewesen sein.
Eine Hebung des Seespiegels erfolgte nach W. LÜDI (1935) mit der Einmündung der Aare. Am SW-Ende bildeten sich Strandwälle, auf denen später das römische Eburodunum, der Stadtkern von Yverdon, erbaut wurde. Dahinter wurden Brine, Mujon, Orbe und Buron zu seichten Lagunen gestaut, in denen über älteren Torfen Seekreide abgelagert wurden. In der mittleren bis späten Föhren- und in der Haselzeit – im Präboreal und Boreal – schritt die Flachmoor-Torfbildung mächtig voran. Feinsand-Ablagerungen verschoben die Strandlinie seewärts. Mehrfache Überschwemmungen unterbrachen das Torfwachstum, das erst mit dem Auftreten der Tanne im Jüngeren Atlantikum wieder kontinuierlicher vor sich ging. Zugleich setzte die Besiedlung der Ufer durch neolithische Pfahlbauer ein (R. VOUGA, 1929, 1934; V. v. GONZENBACH, 1949; A. R. FURGER et al., 1977).
Noch im frühen Holozän floß die Aare von Aarberg – in Äste und Mäander sich auflösend – gegen W durchs Große Moos über Bargen–Treiten–Müntschemier–Bellechasse gegen Sugiez und nahm die aus dem Murtensee austretende Broye auf. Süßwasserablagerungen – Tone und siltige Sande mit Unioniden – und Strandterrassen belegen eine Spiegelhöhe bis 435 m. Bei La Sauge mündete die Aare zunächst in den Neuenburger und dann, als Zihl-Aare, in den Bieler See (LÜDI, 1935).
Der Molasse-Steilabfall längs dem SE-Ufer des Neuenburger Sees und das alte, von Moräne bedeckte Areuse-Delta von Cortaillod und Colombier sind als Kliffe zu deuten, die vorgelagerten Uferbereiche mit ihren neolithischen Kulturen als Strandplatten.
Im *Bielersee* konnte B. AMMANN-MOSER (1973, 1975, 1979) am Heidenweg, an der bei der 1. Juragewässer-Korrektion (1872–1874) trocken gefallenen Landbrücke zwischen Jolimont und St. Petersinsel, in spät- und nacheiszeitlichen Seesedimenten einen Hiatus nachweisen. Dieser setzt an den höchsten Profilstellen im Alleröd ein, in tieferen erst in der Jüngeren Dryaszeit. Der Wiederbeginn der Sedimentation erfolgte im tiefsten Profil kurz vor, in den übrigen nach dem Ulmen-Abfall, vor ca. 5000 Jahren. Im Sediment zeichnet sich dieser Hiatus von rund 6000 Jahren durch Kalkkonkretionen – Onkoide – ab. Selbst die Profile auf den äußersten Uferbänken geben nur dieselben 5000 Jahre wieder, die in höheren verkürzt vorliegen (Fig. 246).
Bis in römischer Zeit dürfte der Bielersee in einem schmalen Arm bis an den Moränen-

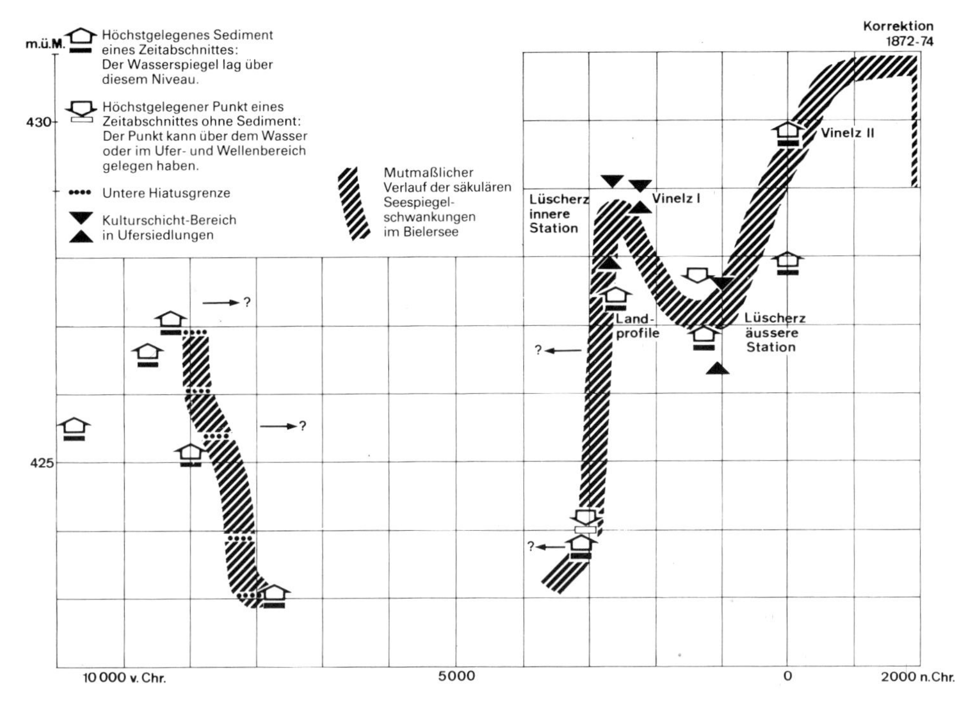

Fig. 246 Mutmaßliche Seespiegelschwankungen im Spät- und Postglazial des Bielersees. Nach: B. AMMANN-MOSER (1975, 1979).

wall des Pfeidli SW von Brügg, wohl bis Petinesca, Studen, gereicht haben. Die Verlandung erfolgte neben der Zuschüttung durch die Schüß auch durch die überflutende Aare. Nidau als etwas erhöhter Platz wird bereits 1225 erwähnt.
Im Bieler See ereigneten sich extreme Hochwasser 1801 mit 433,10 m, 1856 und 1867 mit 432,47 m, nach der 1. Juragewässer-Korrektion 1888 mit 430,87 m, 1944 mit 431,30 m und 1955 mit 430,87 m, extreme Niedrigwasser 1891 mit 424,72 m und 1947 mit 427,99 m bei einem Mittelwasserstand von 429,12 m nach der 2. Korrektion (Eidg. Amt für Wasserwirtschaft, 1978).
Da sich im Profil von La Motte (420 m), der submersen, rund 9 m unter Wasser gelegenen Aufwölbung im Neuenburger See, die Spiegelschwankungen, die sich im Bielersee bis 423 m hinab abzeichnen, nicht ausgewirkt haben, dürfte sie dauernd unter Wasser gelegen haben. Neben dieser Spiegelschwankung konnte AMMANN-MOSER auch den bronzezeitlichen Tiefstand pollenanalytisch belegen. Unter Umständen sind die Sedimentlücken im Hangenden durch Gipfel von Luftsack-Pollen markiert.
Nach H. LIESE-KLEIBER (1977) reicht die Sedimentationsgeschichte in *Yverdon* bis auf eine Meereshöhe von 423 m, bis ins Bölling-Interstadial zurück, umfaßt dann die Ältere Dryaszeit, das Alleröd-Interstadial und Teile der Jüngeren Dryaszeit. Hernach folgt eine Schichtlücke vom Präboreal bis tief ins Jüngere Atlantikum, über rund 5000 Jahre.
Der Wiederbeginn der Sedimentation in 1,3 m Tiefe fällt wegen des Tannen-Reichtums, der bereits geschlossenen Fichten-Kurve und den Spuren neolithischer Landnahme mit Getreidebau und Weidewirtschaft an die Wende Jüngeres Atlantikum/Subboreal. Von den frühsubborealen Rodungen werden vorab die Laubbäume und die Weißtanne

betroffen, während sich die Hasel mit der Lichtung der Wälder ausbreitet. Sandige Ablagerungen sowie die zahlreichen Chara-Oogonien – «Früchtchen» von Armleuchteralgen – bekunden frühsommerliche Hochwasserstände.
Nach zweimaligen Einschwemmungen fallen die kulturzeigenden Nichtbaumpollen – *Plantago* – Wegerich, *Allium* – Lauch, *Pteridium* – Adlerfarn – stark zurück, so daß die Siedlung(en) – wohl wegen eines Seespiegelanstieges – verlassen werden mußte(n). Da dem Siedlungsunterbruch eine Sandschicht entspricht, in der neben Zweigresten auch die Seeblüten-Pollen gipfeln, ist wohl an eine Überschwemmungskatastrophe zu denken. Zugleich vollzog sich eine Regenerierung des Waldbestandes und eine Bestockung der Acker- und Weideflächen, vorab mit Birken und Hasel.
Als Ursachen für die Spiegelschwankungen fallen nach LÜDI (1935) und AMMANN-MOSER (1973, 1979) klimatische und hydrodynamische Faktoren – Flußverlegungen, Tiefenerosion, Aufstauungen – in Betracht. Das zeitliche Zusammenfallen der Sedimentlücken im Neuenburger See (LIESE-KLEIBER 1977), im Genfer See (P. VILLARET & M. BURRI, 1965) und im Lago d'Origlio N von Lugano (H. ZOLLER, 1960) deuten auf eine gemeinsame Ursache hin. Brachten zwischen Jüngerer Dryaszeit und Älterem Atlantikum allenfalls vermehrte Niederschläge eine erhöhte Wasserführung und damit eine verstärkte Schuttausräumung und eine Tieferlegung der Erosionsbasis, oder war dies eher ein relativ trockener Abschnitt mit minimalstem Winterabfluß? Spielte sich das dynamische Gleichgewicht der Flüsse (LÜDI, 1935; F. ANTENEN, 1936) erst nachher ein oder bewirkte – für die Juraseen – die Verlegung des Aarelaufes nach Osten (LÜDI, R. HÄNI, 1964) das Ansteigen des Spiegels nach 3000 v. Chr.?
In engem Zusammenhang mit den Seespiegel-Schwankungen stehen auch die Besiedlungsphasen mit ihren archäologischen Dokumenten, die besonders am Neuenburger See in reichem Masse geborgen werden konnten und sich auch in den Begriffen Cortaillod-Kultur (VOUGA, 1920, 1921, 1922, 1934; v. GONZENBACH, 1949; A. R. FURGER et al., 1977) und Auvernier-Kultur nach den reichen Fundorten am Neuenburger See (CHR. STRAHM, 1961, 1969) sowie in dem der Latène-Zeit (VOUGA, 1923; M. SITTERDING, 1974; L. BERGER, 1974) widerspiegeln (Bd. 1, S. 234–237, 254–257).
Neuerdings sind in Auvernier auch überaus reiche Keramik- und Metall-Fundstellen, wohl die bedeutendsten der Pfahlbau-Kultur der ausgehenden Bronzezeit, entdeckt worden. Sie erlauben nicht nur eine feine zeitliche Gliederung, sondern decken auch Beziehungen zu Kulturen im Rheintal und in E-Frankreich auf und ermöglichen eine neue Gesamtschau der Urnenfelderzeit (V. RYCHNER, 1979).
Neben bedeutender Grabhügel – Nekropole von Ins – sind im Bereich des Solothurner Arms zahlreiche weitere Grabhügel und Grabhügelgruppen bekannt geworden (W. DRACK, 1974). Während sich die Funde aus der älteren und entwickelten Hallstatt-Zeit nur auf wenige Punkte im Stirnbereich des Rhone-Gletschers beschränken (U. RUOFF, 1974), erscheint das Fundgut aus der späten Hallstatt-Zeit reichhaltiger und zugleich über ein bedeutend größeres Areal verstreut.
Wie aus der Hallstatt- und der frühen Latène-Zeit (M. SITTERLING, 1974) stammen noch in der mittleren die meisten Funde aus Gräbern. Siedlungen sind nur von Bern-Engehalbinsel (S. 403) und von La Tène bekannt (P. VOUGA, 1923; L. BERGER, 1974). Erst in der späten Latène-Zeit liegen – neben den befestigten Plätzen Bern-Engehalbinsel, Mt. Vully und Avenches – Funde vom Neuenburger See und vom Solothurner S-Jura vor. Recht zahlreich sind die Funde aus römischer Zeit, vorab längs der großen Verkehrsader Aventicum–Petinesca–Salodurum–Vindonissa. Neben dem Castrum von Salodu-

rum diente auch dasjenige von Olten der Sicherung des Aare-Überganges. Bern-Enge war durch die Aare mit Aventicum und Petinesca und mit Salodurum verbunden.
Noch in der Römerzeit lag die alte Hauptstadt der Helvetier, *Aventicum* – das heutige Avenches, am *Murtensee*. Der Güterverkehr dürfte sich größtenteils auf den schiffbaren Wasserstraßen abgewickelt haben, um so mehr, als damals die Aare noch über den Murten- und den Neuenburgersee zum Bielersee entwässerte, was auch durch den wenig außerhalb der Stadtmauern aufgefundenen römischen Hafen belegt wird (D. WEIDMANN, schr. Mitt.; H. BÖGLI, 1975). In La Lance E von Concise wurden am Ufer des Neuenburger Sees Kalksteine der Obersten Unterkreide gebrochen und mit dem Schiff verfrachtet (V. H. BOURGEOIS, 1909; H. SCHARDT, 1911). An der Jurafuß-Verbindung Urba–Eburodunum sind N von Orbe prachtvolle Mosaike aus dem 3. Jahrhundert erhalten.
Durch die Aufschüttungen der Broye und ihrer Zuflüsse sowie durch die biogene Verlandung verschob sich die südwestliche Uferlinie des Murtensees seither um 3 km weiter nach NE. Auf der Karte von F. P. VON DER WEID (1668) mündet die Broye noch auf der Höhe von Salavaux, das heute 800 m oberhalb der Mündung liegt.
Mit zunehmender Auflandung im Großen Moos wandte sich die Aare von Aarberg gegen NE. Über Lyß-Dotzigen–Meienried, wo sie die aus dem Bieler See ausfließende Zihl aufnahm, floß sie in mehreren Mäandern über Meinisberg–Büren gegen Solothurn. Aufgrund erster Nachkontrollen des Landesnivellements (E. GUBLER, 1976; Bd. 1, S. 397) zeichnen sich längs des Jura-Südfußes Senkungen zwischen 0,1 und 0,6 mm/Jahr ab.
Aus den Emme-Schottern beschrieb bereits der Zürcher Chorherr FELIX HEMERLI um 1451 (R. STEIGER, 1965) fossile Eichenstämme. H. FURRER (1949) konnte zwischen Solothurn und Wangen a. A. alte Flußablagerungen aufdecken.
Durch die seit dem Mittelalter immer größer gewordenen Rodungsgebiete, die Übernutzung der Gebirgswälder durch den Bergbau, diejenigen des Napfgebietes durch Köhler, der Wälder des Mittellandes durch weitere Vergrößerung der Landwirtschaftsfläche, durch das zur Mast in die Eichenwälder Treiben der Schweine, durch den gesteigerten Holzschlag für den Städtebau sowie durch die höheren Niederschläge – infolge der Klima-Veränderungen um 1600, im 18. und im 19. Jahrhundert – wurde die Schuttführung von Aare, Glütsch, Simme, Kander und Emme in der Neuzeit mehr und mehr erhöht. Dies führte – vorab im unteren Emmental und im Seeland – zu immer verheerenderen Hochwasser-Nöten.
Durch den Rückstau der Emme mit ihrer Schuttfracht versumpften die Ebenen um die Juraseen, da sie mehr und mehr periodisch überschwemmt wurden. In der 1. Juragewässer-Korrektion (1868–1878) wurde die Aare durch Kanalbauten ins System einbezogen. Mit Absenkungen um 2,4 bzw. 1,4 m wurden die Seeflächen um 30 km² verkleinert, die Überschwemmungen reduziert; die Versumpfung jedoch blieb (A. PETER, 1922). In der 2. Korrektion (1962–1970) sind durch weitere Erhöhung der Abflußkapazität und Regulierung des Staues an der Emme-Mündung die jährlichen Spiegelschwankungen von 3 m auf unter 2 m reduziert worden.

Die südöstlichen Eisrandlagen zwischen Solothurn und Fribourg

Anzeichen, welche die Endlagen des Rhone-Gletschers zwischen Solothurn und den jüngeren Ständen im Großen Moos dokumentieren, halten im westlichen Mittelland nicht bis ins Saane-System durch. Offenbar verblieb der Eisrand in diesem flachen

Gelände nicht lange genug im selben Bereich, so daß das Moränengut nicht für die Ausbildung durchgehender Wälle ausgereicht hat.
Bis gegen Lyß zeichnen sich die Eisränder neben langen drumlinartigen Hügeln noch durch Wallreste ab. Weiter im SW sind es vorwiegend randglaziäre Schmelzwasserrinnen mit einsetzenden Schotterfluren, die einzelne Stände markieren. Die heutige Wasserführung würde weder für die Gestalt noch die Eintiefung ausreichen. Der plötzliche Beginn der einzelnen Rinnen deutet auf einen Ursprung an einstigen Gletschertoren seitlicher Eislappen. An sandreichen Schotterfluren drehen die Rinnen ab, verlaufen quer zur Fließrichtung des Eises und haben sich tief eingekerbt, was darauf hinweist, daß sie zuletzt noch subglaziär abgeflossen sind.
Ohne Quellgebiet setzt NE von Lobsigen das Seebachtal ein. E von Kerzers beginnt mit dem Ägelseegraben eine internere, zur Aare entwässernde Rinne. Sie dürfte einer Randlage Jens–Lyß entsprechen. E und W von Gurbrü setzt sie mit zwei sanften Tälchen ein. Beim weiteren Eisrückzug wurde die von Gletschertoren ausgehende Entwässerung rückläufig, so daß die Rinnen trocken fielen. Ihre Fortsetzung gegen SW wird durch die Bibere belegt, die an der Schotterflur S von Gurbrü gegen SW abbiegt. Ein noch internerer Stand gibt sich in der Rinne des Chandon zu erkennen. Diese beginnt mit einem Zufluß der Arbogne und verläuft über Léchelles (E von Payerne) nach Chandossel (E von Avenches). Dort vertieft sie sich und wendet sich dem Murtensee zu, während die Schmelzwässer früher an dieser Stelle unter dem Eis verschwanden. Die Sonnaz, die N von Fribourg in die heute aufgestaute Saane mündet, folgt einer älteren, im Becken des Lac de Seedorf beginnenden Rinne.
Die dem Brästenberg-Stadium zuzuordnenden Randlagen lassen sich S von Aarberg bis ins Becken des Wohlensees verfolgen. W der Saane lagen die Gletschertore zunächst im Mündungs-, später im Quellgebiet des Gäbelbaches und erst SW von Bümpliz, dann bei Thörishaus, am Anfang des ebenfalls gegen Bern entwässernden Wangentales, womit sich eine Verbindung mit den Bern-Ständen des Aare-Gletschers ergibt (S. 405).
In der Tourbière de Lentigny SW von Fribourg wurde ein Elch-Geweih geborgen.

Die spätwürmzeitlichen Schmelzwasserrinnen im Raum von Fribourg

Einer längeren ehemaligen Schmelzwasserrinne folgt E von Fribourg der Tafersbach/Taverna. Um Tafers sammelten sich einst mehrere Schmelzwasseradern. Zugleich wurde dort dem Galterenbach/Galtera durch das Saane/Rhone-Eis zunächst eine Entwässerung zur subglaziären Saane verwehrt, so daß dieser ebenfalls durch die Taferser Rinne abfloß. Eine Fortsetzung dieser Rinne zeichnet sich gegen S, in der Talung Tasberg–Fromatt bis gegen Tentlingen im Tal der Ärgera/Gérine, ab. Allenfalls dürfte gar die Abflußrinne, die an den Endlagen von Senèdes und Ferpicloz S von Fribourg einsetzt und in die N von La Roche beginnende Rinne des Rio du Pontet mündet, ihre südwestliche Fortsetzung darstellen. Damit eröffnet sich eine Korrelationsmöglichkeit mit den Moränenständen des NE von La Roche stirnenden Saane-Gletschers (S. 468).
Zu Beginn des 18. Jahrhunderts war der Lac de Seedorf S von Norlaz noch bedeutend größer (J. J. Scheuchzer, 1712k). Im frühen Spätwürm war der See über 3 km lang und über 1 km breit, während er heute noch rund 12 ha einnimmt.
Zwischen Fribourg und Ins/Anet hat J. J. M. van der Meer (1976, 1978) die seit dem

Abschmelzen des Rhone-Eises unter ähnlichen klimatischen Bedingungen erfolgten pedogenetischen Prozesse und die Entwicklungsstadien der Böden untersucht.

Eisrandlagen zwischen Genfersee und Saane-Stirn, Trême- und Veveyses-Gletscher

Zwischen dem oberen Genfersee und der Stirn des Saane-Gletschers liegen höchste Erratiker bei Le Folly NE von Montreux auf 1420 m, N von Les Pléiades auf 1335 m und am NE-Grat des Mont Corbetta auf 1375 m (E. GAGNEBIN, 1925 K). Diese dürften wohl den höchsten Stand der Würm-Eiszeit bekunden. Höhere (rißzeitliche?) Erratiker fand NEINHAUS bei La Borbuintse ESE von Châtel St-Denis auf 1390 m (A. FAVRE, 1884 K, 1898). N des Niremont (1514 m) bildete sich bei Les Prévandes auf 1320 m eine Mittelmoräne zwischen einem von der Gipfelkuppe absteigenden Zuschuß und dem Rhone-Eis. Sie belegt eine Mindest-Eishöhe von 1320 m. Der W des Gipfels auf 1460 m gelegene Block wurde zur Riß-Eiszeit abgelagert. Ein tieferer Wall löst sich auf 1220 m vom Hang. SE von Bulle setzt der höchste Wall am NE-Grat der Alpettes (1413 m) auf 1220 m ein. In ihrer NW-Flanke hing ein Kargletscher noch bis ins Spätwürm.
Nächst tiefere Rhone-Moränen lösen sich NW von Bulle auf 1070 m vom Hang. Sie bekunden noch eine Vereinigung mit dem Trême-Gletscher aus dem Moléson-Gebiet. Weitere Moränen treten um 950 m auf. Solche des Vuadens–Sâles-Stadiums – Saane- und Rhone-Gletscher berührten sich noch fast – lassen sich SW von Vaulruz von gut 900 m an, zugehörige Schmelzwasserrinnen von 860 m an beobachten (L. MORNOD, 1949). Dann schmolz das Eis über der überschliffenen Hochfläche zwischen Jorat und Niremont ab, so daß nur noch schmale Lappen durch die verschiedenen Senken der Wasserscheide vorzustoßen vermochten.
Von Vaulruz verlief der Eisrand über den glaziär modellierten Sattel von Sâles ins Quellgebiet der Neirigue. Die Schmelzwässer sammelten sich im obersten Glâne-Tal.
Die in die Waadtländer Molasse eingeschnittenen Täler von Lembe, Mentue, Buron und Talent sind als sub- und randglaziäre Schmelzwasseradern zu deuten.
Zwischen Vuadens und Châtel St-Denis zeichnen sich neben einigen internen Staffeln, Rundhöckern und subglaziär angelegten Rinnen S von Semsales wieder Wallreste ab. Die ersten sprechen für eine Eishöhe bei Châtel St-Denis von über 900 m; später reichte das Eis noch bis 800 m und staute den Sander des Veveyse de Châtel-Gletschers.
Im Würm-Maximum, bei einer Eishöhe um 1200 m, und im Stadium von Brünisried–Schwarzenburg, bei einer solchen zwischen 1100 und gut 1000 m, drang Rhone-Eis SW von Bulle noch etwas ins untere Tal der Trême ein und staute den *Trême-Gletscher* zurück. Im Stand von Vuadens blieb dieser selbständig und stirnte zwischen 1000 m und 1050 m. Moränen bei La Raisse (E. GAGNEBIN, 1925 K) bekunden einen Wiedervorstoß bis 1150 m. Aus einer Gleichgewichtslage um 1400 m resultiert eine Schneegrenze von gut 1450 m. Die bei Le Cheval Brûlé bis auf unter 1300 m vorgeschobenen Moränen setzen eine Gleichgewichtslage in knapp 1500 m, die bis 1300 m abfallenden eine solche um gut 1500 m und eine klimatische Schneegrenze um 1600 m voraus. Damit dürften sie, wie auch die N des Moléson bis 1260 m bzw. bis 1300 m absteigenden Wälle (GAGNEBIN, 1922 K), denjenigen von Collombey–Ollon des Rhone-Gletschers entsprechen (S. 587).
Im Stand von Vuadens-Sâles (=Bulle-Stadium) erreichte der *Veveyse de Châtel-Gletscher* der Dent de Lys (2014 m) noch das Rhone-Eis. Beidseits des Tales stellen sich W von Châtel St-Denis, um 1000 m Höhe, stirnnahe Moränen ein.

Der *Veveyse de Fégire-Gletscher* mit seinen Sammelbecken in den Karen des Vanil des Artses (1993 m) vermochte sich noch in einem späteren Stand mit dem ins untere Veveyse-Tal bis Châtel St-Denis eingedrungenen Rhone-Eis zu vereinigen. Dies wird durch stirnnahe Moränen am Talausgang, Rundhöcker, Moränen und Schotterfluren um Châtel St-Denis sowie durch die heute vom Tatrel benutzte Schmelzwasserrinne belegt. Nach dem Rückzug des Eises vom Stand von Vuadens-Sâles brachen aus den Flyschgebieten der Alpettes und des Niremont mächtige Murgänge aus, die in der Talung von Châtel St-Denis–Vaulruz den Schuttfächer von Semsales bildeten.
Eine nächst jüngere Endlage gibt sich beim Veveyse de Fégire-Gletscher im zunächst bis 1050 m, dann bis gegen 1100 m absteigenden Moränenwall von La Joux zu erkennen. Der Veveyse de Châtel-Gletscher stieß – dokumentiert durch Lokalschutt – zunächst bis 1200 m, später bis gegen 1250 m herab vor. Wohl reicht sein Einzugsgebiet an der Dent de Lys etwas höher hinauf; durch den niedrigen Paßbereich ins Greyerzerland liegt es jedoch im Mittel tiefer, so daß sich bei einer Gleichgewichtslage von gegen 1400 m und bei vorherrschender NW-Exposition eine klimatische Schneegrenze von gut 1450 m ergibt (GAGNEBIN, 1922K). Entsprechende Wälle schließen die Becken externerer Quelltäler – N von Le Folly (1730 m) und N von Le Molard (1752 m) – ab.
Höchste Moränen liegen unter den Karmulden auf der WNW-Seite der Vanil des Artses-Kette. Bei einer Gleichgewichtslage von 1450–1500 m war die klimatische Schneegrenze auf 1600 m angestiegen, so daß die NW-Abdachung der Dent de Lys noch im Stadium von Collombey–Ollon firnbedeckt gewesen wäre, da sich im Quellgebiet der Veveyse de Châlet ebenfalls stirnnahe Moränen einstellen.

Die spät- und postglaziale Vegetationsentwicklung im westlichen Mittelland

Die Vegetationsentwicklung der Ältesten Dryaszeit zeigt sich besonders im Profil vom *Burgäschisee* (M. WELTEN, 1947; V. MARKGRAF, 1967; U. EICHER, 1979; S. 569). Zu unterst (13,45–12 m) finden sich neben aufgearbeiteten und Fernflug-Pollen vorab Nichtbaumpollen (65–80%): Gräser, Riedgräser, *Artemisia*, *Helianthemum*, Chenopodiaceen, an Sträuchern: *Salix*, *Ephedra*, *Hippophaë* und *Betula*, wohl *B. nana*. Auch der Abschnitt 12–7,5 m wird von Nichtbaumpollen beherrscht. *Salix* tritt in 2 Horizonten mit 5% auf. Bei 5,4 m steigen die Baumpollen auf 34% an. Neben *Betula* ist besonders *Pinus* – an geschützten Standorten bereits als *P. mugo?* – vertreten. Um 4,4 m erreicht *Betula* 12% und überflügelt *Pinus*. *Salix* bewegt sich um 4%; Gramineen und Cyperaceen fallen zurück. *Artemisia* und *Helianthemum* steigen gegen 20%. Bis 2,3 m herrscht *Betula* vor. Bei 3,25 m gipfeln die Baumpollen kurz um 45%; *Betula* um 27%. Nach einem kleinen *Hippophaë*-Gipfel (bei 3,04 m) steigt *Salix* erneut; *Artemisia* bewegt sich um 17%. In den nächsten 60 cm vollzieht sich die Wiederbewaldung. Nach dem *Juniperus*-Maximum (47,7%) gipfelt *Hippophaë* mit 7,9 %, dann *Betula* mit 57%; die Nichtbaumpollen fallen stark zurück.
Die Sauerstoff-Isotopenkurve (EICHER, 1979) verläuft im untersten Teil recht ausgeglichen, dann fallen die Werte; der Verlauf wird unruhiger, erreicht um 7,4 m ein erstes Minimum, wird ausgeglichener bis 2,3 m und steigt mit der Wiederbewaldung stark an.
Am *Lobsigersee* SE von Aarberg konnte R. HÄNI (1964) in 8,5 m Tiefe in einem markanten *Betula*-Gipfel mit *Pinus*, *Salix*, *Hippophaë* und einem ^{14}C-Datum von 12690 ± 240 v. h. das Bölling-Interstadial nachweisen. Darunter, in der Älteren Dryaszeit, zeichnen

sich bei geringen Pollenfrequenzen und hohen Gramineen- und Cyperaceen-Anteilen zwei flache *Betula*-Gipfel bei 9 m und 9,4 m Tiefe ab.

Eine von MATTHEY (1971) am *Lac du Loclat* NE von St-Blaise bis auf 13 m niedergebrachte Bohrung ergab zunächst ein Vorherrschen der Kräuter mit Gramineen, Cyperaceen, *Artemisia*, *Helianthemum*, Chenopodiaceen, *Filipendula* und einem Baumpollen-Anteil von nur 20% mit *Betula* und etwas *Pinus*. Damit reicht sie bis in die Älteste Dryaszeit, bis in die Zeit der ersten pflanzlichen Besiedlung, zurück, nachdem das Eis das Becken des Neuenburger Sees freigegeben hatte.

Die beiden ersten kleinen Baumpollen-Gipfel mit *Betula*-Vormacht, mit *Pinus* und *Salix*, bei noch geringen Pollenfrequenzen in 12,6 m und in 12 m Tiefe sind allenfalls mit den Birken-Gipfeln am Lobsigersee zu verbinden. Sie dürften den ersten Abschmelzphasen vor den Wiedervorstößen von Collombey–Ollon und Martigny-Bourg entsprechen. Das erste markante Baumpollen-Maximum in 11 m Tiefe mit 70% *Betula* und 10% *Pinus* und kräftiger Abnahme der Krautpollen, vorab der Gramineen und Cyperaceen, ist als Bölling-Interstadial, der bis auf 75% ansteigende *Pinus*-Gipfel mit 15% *Betula* in 9,6 m als Alleröd zu deuten.

Im Pollenprofil SSW von *Ulmiz* (J. J. M. VAN DER MEER, 1976) treten Pollen erstmals oberhalb einer Tiefe von 3,40 m auf, vorab *Artemisia*, *Helianthemum*, *Ephedra*, Gramineen, Compositen, Caryophyllaceen, Rubiaceen, Rosaceen und Chenopodiaceen bei geringsten Baumpollen-Werten. Von 1,8 m an nimmt *Betula* – bei hohen Nichtbaumpollen-Werten – allmählich zu. In dieser Tiefe vollzieht sich – bei hohen Anteilen an *Artemisia* und Chenopodiaceen sowie einer mächtigen Ausbreitung von *Pediastrum* – der Übergang vom Hoch- zum Spätglazial. Von 1,3 m an – wohl im Bölling-Interstadial – treten die Nichtbaumpollen rasch zurück und *Pinus* steigt an. Von 1,25 m bis 1,15 m – in der Älteren Dryaszeit – steigen *Betula* und die Kräuter nochmals an. Bei 1,10 m – im Alleröd – fällt der Anteil an Nichtbaumpollen stark ab und *Pinus* herrscht vor. Von 1,05 bis 0,85 m – in der Jüngeren Dryaszeit – fällt *Pinus* wieder etwas zurück, während Kräuter und *Betula* erneut ansteigen. Dann verraten die hohen Baumpollen-Werte und die ansteigende Pollen-Frequenz dichter werdende Wälder. Von 0,75 m an nehmen die wärmeliebenden Gehölze – *Corylus*, *Quercus* und *Tilia* – zu.

Das Profil *Vinelzmoos* am Rande des Schuttfächers von Ins (VAN DER MEER, 1976) zeigt eine gute Übereinstimmung mit demjenigen des Lac du Loclat (F. MATTHEY, 1971).

Aufgrund des Profils von *Witzwilmoos* (VAN DER MEER, 1976) hat sich die Düne über einem Torf gebildet, der nach den Pollenspektren ins Jüngere Atlantikum zu stellen ist.

Auf dem *Heidenweg*, der Landverbindung zwischen der St. Petersinsel im Bieler See und Erlach, konnte B. AMMANN-MOSER (1975) in mehreren Pollen-Bohrungen bis in die Älteste Dryaszeit, in 9,63 m Tiefe gar bis in den ältesten Abschnitt, vorstoßen.

Nach dem Zurückschmelzen des Rhone-Eises stellte sich zunächst bis 8,0 m Tiefe bei rascher pollenarmer Aufschüttung mit Fernflug von viel *Pinus* und wenig *Betula* eine krautarme Pionierflora ein mit *Salix*, *Artemisia*, *Thalictrum*, *Plantago*, Compositen, Caryophyllaceen, Umbelliferen, *Filipendula* und *Calluna*. Diese wurde dann, bis 4,6 m, von einer krautreichen Gramineen-*Artemisia*-*Ephedra*-Steppe mit hohen Anteilen an Gramineen, *Artemisia*, *Helianthemum*, *Thalictrum*, Chenopodiaceen, Compositen und Caryophyllaceen abgelöst. Bei 5,2 m steigt *Pinus* plötzlich von knapp 20 auf 55%, während *Betula* und *Salix* stark, die Gramineen nur leicht zurückgehen. Dies dürfte eine erste wärmere Phase mit an bevorzugten Lagen vereinzelt hochkommenden Föhren bekunden. Bei 4,7 m tritt ein weiterer *Pinus*-Gipfel auf. Die Krautarten gehen stark zurück; gleich-

zeitig nehmen *Salix* und *Juniperus* zu und leiten den Beginn der Wiederbewaldung mit einer Strauchphase ein. *Pinus und Betula* fallen nochmals kurzfristig auf die Hälfte zurück; *Hippophaë* und *Juniperus* nehmen zu. Dann erreicht *Betula* mit bis 75% mehrere Gipfel; zugleich gewinnt *Salix* nochmals an Bedeutung. Der hohe Anteil an Gramineen deutet auf eine offene Parktundra. Zu oberst tritt *Artemisia* wieder stärker hervor.
Mit dem *Betula*-Rückgang nach 3,7 m steigt *Pinus* rasch bis auf 60% an; zugleich fanden sich erstmals Spaltöffnungen von *Pinus*-Nadeln, was das Auftreten dieses Baumes um das Becken des Bieler Sees belegt. Kurzfristig fällt *Pinus* wieder zurück und *Betula* steigt nochmals zu einer Spitze an, fällt aber sogleich – mit *Pinus* – wieder ab. Dafür stellen sich bei 3,5 m Gramineen, sowie *Artemisia, Thalictrum, Rumex*, Compositen, Caryophyllaceen und Umbelliferen ein, welche die Ältere Dryaszeit abzeichnen.
Während *Betula* noch weiter abfällt, steigt *Pinus* steil an und erreicht in 3,2 m einen Gipfel mit nahezu 90%, was einen dichten Föhrenwald belegt. Zugleich drückt sich die erfolgte Klimaverbesserung im Sedimentwechsel aus: die ton- und sandreichen Ablagerungen werden von Seekreide abgelöst, was auf höhere Temperaturen und üppigere Wasservegetation schließen läßt, so daß dieser Abschnitt das Alleröd dokumentiert.
Anzeichen der Jüngeren Dryaszeit oder gar des Präboreals fehlen; von 2,9–2,8 m bekunden Lehm und Sand und Lehm mit Kalkkonkretionen einen Sedimentationsunterbruch bis ins Jüngere Atlantikum (S. 576).

Zitierte Literatur

AEBERHARDT, B. (1903): Note sur le Quaternaire du Seeland – Arch. Genève,
– (1908): Note préliminaire sur les terrasses d'alluvions de la Suisse occidentale – Ecl., *10/1*.
AMMANN-MOSER, B. (1973): Spät- und nacheiszeitliche Sedimentation auf dem Heidenweg im Bielersee - INQUA, Holocene Field Conf. Bodensee.
– (1975): Vegetationskundliche und pollenanalytische Untersuchungen auf dem Heidenweg im Bielersee – Beitr. geobot. Landesaufn. Schweiz, *56*.
– (1979): Palynology in some lakes of the northern Alpine piedmont (Switzerland) – Paleohydrology of the Temperate Zone – Proc. working sess. Holocene INQUA – Acta Univ. ouluensis (A) *82* – Geol. *3*.
ANTENEN, F. (1914): Beitrag zur Quartärforschung des Seelandes – Ecl., *13/2*.
– (1930): Die Alluvionen des Seelandes – Mitt. NG Bern (*1930*).
– (1936): Geologie des Seelandes – Biel.
BADOUX, H. (1965K): Flle. 1264 Montreux, N. expl. – AGS – CGS.
BANDI, H. G. (1947): Die Schweiz zur Rentierzeit – Frauenfeld.
– (1935): Das Silexmaterial der Spät-Magdalénien-Freilandstation Moosbühl bei Moosseedorf (Kt. Bern) – Jb. BHM, *32/33* (1952/53).
BECKER, F. (1973): Notice explicative de la Flle. 1165 Murten – AGS – CGS.
BECKER, F., & RAMSEYER, R. (1972K): Bl. 1165 Murten – GAS – SGK.
BECK, H. (1957): Glazialmorphologische Untersuchungen in der Gegend von Solothurn – Diss. U. Fribourg.
BERGER, L. (1974): Die mittlere und späte Latènezeit im Mittelland und Jura – UFAS, *4*.
– (1970): Aventicum – Schweiz. Heimatb. *10*.
BOESSNECK, J., et al. (1963): Seeberg, Burgäschisee-Süd, 3: Die Tierreste – Acta Bernensia, *2*.
BÖGLI, H. (1975): Die Städte und Vici – UFAS, *5*.
BOURGEOIS, V.-H. (1909): La carrière romande de la Lance près Concise – ASA, *11*.
CRAUSAZ, CH. U. (1959): Géologie de la Region de Fribourg – B. Soc. frib. SN, *48* (1958).
DANNEGGER, E. A. (1959): Osteologische Untersuchung der Tierknochenreste aus der Grabung 1952 im Pfahlbau Burgäschisee-Süd – Mitt. NG Bern, NF, *18*.
EGLI, E. (1979): Seen der Schweiz – Luzern.
Eidg. Amt für Wasserwirtschaft (1978): Hydrographisches Jahrbuch der Schweiz 1977.
EMMENEGGER, CH. (1962): Géologie de la région Sud de Fribourg – Molasse du plateau et Molasse subalpine – B. Soc. frib. SN, *51*.

Favre, A. (1883): Sur l'ancien lac de Soleure – Arch. Genève, (3) *10*.
– (1884 k, 1898): Carte du Phénomène erratique et des anciens glaciers du versant nord des Alpes suisses. Texte explicative – Mat., *28*.
Frasson, B. A. (1947): Geologie der Umgebung von Schwarzenburg (Kanton Bern) – Beitr., NF, *88*.
Furrer, H. (1949): Das Quartär zwischen Solothurn und Wangen an der Aare – Ecl., *41/2* (1948).
Gagnebin, E. (1925 k): Carte géologique des Préalpes entre Montreux et le Moléson et du Mont Pèlerin, 1:25 000 – Csp, *99* – CGS.
Gerber, E. (1913): Der Tunnel des Elektrizitätswerkes Niederried-Kallnach – Mitt. NG Bern (*1912*).
– Über diluviale Murmeltiere aus dem Gebiet des eiszeitlichen Aare- und Rhonegletschers – Ecl., *26/2*.
– (1936): Über neuere Murmeltierfunde aus dem bernischen Diluvium – Mitt. NG Bern, (1935).
– (1950 k): Bl. 142–145, Fraubrunnen–Burgdorf, m. Erl. – GAS – SGK.
– (1952): Über Reste des eiszeitlichen Wollnashorns aus dem Diluvium des bernischen Mittellandes – Mitt. NG Bern, NF, *9*.
Gonzenbach, V. von (1949): Die Cortaillod-Kultur in der Schweiz – Monogr. UFS, *7*.
Gubler, E. (1976): Beitrag des Landesnivellements zur Bestimmung vertikaler Krustenbewegungen in der Gotthard-Region – SMPM, *56*.
Häni, R. (1964): Pollenanalytische Untersuchungen zur geomorphologischen Entwicklung des bernischen Seelandes um und unterhalb Aarberg – Mitt. NG Bern, NF, *21*.
Hantke, R. (1977): Eiszeitliche Stände des Rhone-Gletschers im westlichen Schweizerischen Mittelland – Ber. NG Freiburg i. Br., *67*.
Huber, B. (1967): Seeberg, Burgäschisee-Süd – Dendrochronologie – Acta Bernensia *2*.
Iversen, J. (1944): *Viscum*, *Hedera* and *Ilex* as Climatic Indicators – G F. Förh., Stockholm, *66*.
Jäckli, H. (1950): Untersuchungen in den nacheiszeitlichen Ablagerungen in der Orbe-Ebene zwischen dem Mormont und Yverdon – Ecl., *43/1*.
– (1977): Die Grundwasserverhältnisse im solothurnischen Wasseramt – Wasser, Energie, Luft, *1977/5*.
Kellerhals, P., & Troehler, B. (1976): Grundlagen für siedlungswasserwirtschaftliche Planung des Kantons Bern – Hydrogeologie Seeland – WEA Kt. Bern.
Kellerhals, P., Troehler, B., & Rutsch, R.† (1980 k): Lyß – GAS – SGK.
Klötzli, F. (1967): Die heutigen und neolithischen Waldgesellschaften der Umgebung des Burgäschisees mit einer Übersicht über nordschweizerische Bruchwälder – Acta Bernensia, *2*.
Ledermann, H. (1977 k, 1978): 1127 Solothurn, mit Erl. – GAS – SGK.
Liese-Kleiber, H. (1977): Pollenanalytische Untersuchungen der spätneolithischen Ufersiedlung Avenue des Sports in Yverdon am Neuenburgersee/Schweiz – Jb, SGUF, *60*.
Lüdi, W. (1935): Das Große Moos im westschweizerischen Seeland und die Geschichte seiner Entstehung – Veröff. Rübel, *11*.
Markgraf, V. (1967): Spät- und nacheiszeitliche Bildungs- und Vegetationsgeschichte eines Hochmoorrandes im schweizerischen Mittelland – Bot. Jb., *86*/1–4.
Matthey, F. (1971): Contribution à l'étude de l'évolution tardi- et postglaciaire de la végétation dans le Jura central – Mat. levé géobot. Suisse, *53*.
Michel, F. (1962): Knochenfunde des eiszeitlichen Murmeltiers von Uttigen (Kt. Bern) – Mitt. NG Thun, *6*.
Mornod, L. (1949): Géologie de la région de Bulle (Basse Gruyère) – Mat., NS, *91*.
Müller-Beck, H. (1965): Burgäschisee-Süd, 5: Holzgeräte und Holzbearbeitung – Acta Bernensia, *2*.
Nussbaum, F. (1911): Das Endmoränengebiet des Rhonegletschers von Wangen a. A. – Mitt. NG Bern, *1910*.
Parriaux, A. (1978): Quelques aspects de l'érosion et des dépôts quaternaires du Bassin de la Broye – Ecl., *71/1*.
– (1979): Penecontemporaneous deformation structures in a Pleistocene periglacial delta of western Swiss Plateau – In: Schlüchter, Ch. ed.: Moraine and Varves – Proceed. INQUA Symp. Genesis Lithol. Quatern. Deposits – Zurich 1978 – Rotterdam.
Petch, M. (1970): Contribution à l'étude hydrogéologique de la plaine de l'Orbe – Mat. G Suisse, Géophys., *11*.
Peter, A. (1922): Die Juragewässerkorrektion im Seeland – Bern.
Portmann, J.-P. (1956): Pétrographie des moraines würmiennes du glacier du Rhône dans la région des lacs subjurassiens (Suisse) – B. Soc. Neuch. Ggr., *51*.
– (1966): Pétrographie des formations glaciaires à l'est du lac de Bienne (Suisse) – Ecl., *59/2*.
– (1974): Pléistocène de la région de Neuchâtel (Suisse) 1, Aperçu bibliographique – B. Soc. neuch. Ggr., *54/3*.
Rutsch, R. F. (1967): Erläuterungen zu Bl. 332–335 Neuenegg-Rüeggisberg – GAS – SGK.
– & Frasson, B. A. (1953 k): Bl. 332–335 Neuenegg–Rüeggisberg – GAS – SGK.
Rychner, V. (1979): L'âge du Bronze final à Auvernier (Lac de Neuchâtel, Suisse) – Typologie et chronologie des anciennes collections conservées – Cahiers d'archéol. romande, *15/16*: Auvernier *1* et *2*.

SCHÄR, U., et al. (1971 K): Bl. 1145 Bielersee, m. Erl. – GAS – SGK.
SCHARDT, H. (1901): Sur les Dunes éoliennes et le terrain glaciaire des environs de Champion et d'Anet – B. Soc. neuchât. SN, *29*.
– (1911): Mélanges géologiques sur le Jura neuchâtelois et des régions limitrophes – B. Soc. neuch. SN, *37*. (1909/10).
SCHEUCHZER, J. J. (1712 K): Nova Helvetica Tabula Geographica..., ca. 1:238000 – Zürich.
SCHLÜCHTER, CH. (1979): Übertiefte Talabschnitte im Berner Mittelland zwischen Alpen und Jura (Schweiz) – E+G, *29*.
SCHMID, G. (1970): Geologie der Gegend von Guggisberg und der angrenzenden subalpinen Molasse – Beitr., NF, *139*.
SCHWAB, H. (1969): Archäologische Entdeckungen im Rahmen der 2. Juragewässerkorrektion – Wasser- und Energiewirt. 1969/11.
SCHWEINGRUBER, F. (1967): Holzuntersuchungen aus der neolithischen Siedlung Burgäschi-Süd. In: Seeberg Burgäschi-Süd, *4*: Chronologie und Umwelt – Acta Bernensia, *2/4*.
SITTERDING, M. (1974): Die frühe Latène-Zeit im Mittelland und Jura – UFAS, *4*.
STAMPFLI, H. R. (1964): Vergleichende Betrachtungen an Tierresten aus zwei neolithischen Siedlungen am Burgäschisee – Mitt. NG Bern, NF, *21*.
– (1976): Osteo-archaeologische Untersuchungen des Tierknochenmaterials der spätneolithischen Ufersiedlung Auvernier La Saunerie nach den Grabungen 1964 und 1965 – Bern.
STAUB, W. (1950): Die drei Hauptstadien des Rhonegletschers im schweizerischen Mittelland zur Eiszeit – Ber. Rübel *(1949)*.
STEIGER, R. (1965): Polyhistorie im alten Zürich vom 12. bis 18. Jahrhundert – Vjschr., *110/3*.
STRAHM, CHR. (1961): Die Stufen der Schnurkeramik in der Schweiz – Diss. U. Bern.
– (1969): Die späten Kulturen – UFAS, *2*.
STUDER, B. (1825): Beyträge zu einer Monographie der Molasse – Bern.
STUDER, TH. (1912): Über Reste des *Rhinoceros tichorhinus* im Diluvium der Schweiz – Mitt. NG Bern, *(1911)*.
TERCIER, J., & BIERI, P. (1961 K): Flle. Gurnigel – AGS – CGS.
THALMANN, H. (1925 a): *Arctomys*-Reste aus dem Diluvium der Umgebung von Burgdorf – Mitt. NG Bern, *(1924)*.
– (1925 b): Zur Osteologie von *Arctomys marmotta* L. aus Ablagerungen des diluvialen Rhonegletschers bei Lüßlingen (Kt. Solothurn) – Ecl., *19/1*.
TSCHUMI, O. (1949): Urgeschichte der Schweiz, *1* – Frauenfeld.
VAN DER MEER, J. J. M. (1976): Cartographie des sols de la région de Morat (Moyen-Pays suisse) – B. Soc. neuch. Ggr., *54/5*.
– (1978): Résultats d'une étude des sols entre Fribourg et Anet – B. Soc. Frib. SN, *66/2* (1977).
– (1979): Complex till sections in the western Swiss Plain – In: SCHLÜCHTER, CH. ed: Moraines and Varves – Proceed. INQUA Symp. Genesis Lithol. Quatern. Deposits – Zurich 1978 – Rotterdam.
VILLARET, P., & BURRI, M. (1965): Les découvertes palynologiques de Vichy et leur signification pour l'histoire du Lac Léman – B. Soc. vaud. SN, *69*.
VON DER WEID, F. P. (1668 K): Incliti cantonis friburgensis tabula – Fribourg.
VOUGA, P. (1920, 1921, 1922): Essai de classification du Néolithique lacustre de la stratification – ASA, *22, 23, 24*.
– (1923): La Tène – Monographie de la station – Leipzig.
– (1929): Classification du Néolithique lacustre suisse – ASA, *31*.
– (1934): Le Néolithique lacustre ancien – Neuchâtel.
WEGMÜLLER, S. (1966): Über die spät- und postglaziale Vegetationsgeschichte des südwestlichen Juras – Beitr. geobot. Landesaufn. Schweiz, *48*.
– (1972): Neuere palynologische Ergebnisse aus den Westalpen – Ber. Deutsch. Bot. Ges., *85/1–4*.
–, & WELTEN, M. (1973): Spätglaziale Bimstufflagen des Laacher Vulkanismus im Gebiet der westlichen Schweiz und der Dauphiné – Ecl., *66/3*.
WELTEN, M. (1947): Pollenprofil Burgäschisee. Ein Standard-Diagramm aus dem solothurnisch-bernischen Mittelland – Ber. Rübel (1946).
– (1955): Pollenanalytische Untersuchungen über die neolithischen Siedlungsverhältnisse am Burgäschisee – In: Das Pfahlbauproblem – Monogr. UFS, *11*.
WIEDENMAYER, C. (1923): Geologie der Juraketten zwischen Balsthal und Wangen a. A. – Beitr., NF, *48/3*.
ZIMMERMANN, H. W. (1963): Die Eiszeit im westlichen zentralen Mittelland (Schweiz) – Mitt. NG Solothurn, *21*.
ZOLLER, H. (1960): Pollenanalytische Untersuchungen zur Vegetationsgeschichte der insubrischen Schweiz – Denkschr. SNG, *83/2*.

Die spätglazialen und holozänen Vorstöße des Rhone-Gletschers und seiner Zuflüsse in den Waadtländer Alpen und im Wallis

Der Rhone-Gletscher zwischen Genfersee und St-Maurice

Der Hügelbogen in der Rhone-Ebene zwischen Chessel und Noville zeigt über gestauchten Alluvionen eine dünne Decke von Blöcken, die nach H. SCHARDT (1892), E. BRÜCKNER (in PENCK & BRÜCKNER, 1909) und A. JEANNET (1913) als Bergsturzmaterial von der Flanke unterhalb des Grammont stammen. E. GAGNEBIN (1938), A. BERSIER (1953), P. FREYMONT (1971), M. BURRI (1962) und M. WEIDMANN (mdl. Mitt.) möchten sie auf Lokalmoränen zurückführen und die Alluvionen fluvial oder glazifluvial deuten. Die vielen zugerundeten Blöcke und ihre petrographische Vielfalt aus den präalpinen Dekken sowie die Rhone-abwärts konvexen Wallreste deuten auf einen gewissen Eistransport hin. Sicher erfolgte der Bergsturz nach dem Lausanner Stand auf abschmelzendes Eis. Pollenanalysen von Bohrproben sprechen für junges Alter (H. BADOUX, 1965). Ein Gletscher vom *Grammont* und einer von den *Cornettes de Bise*, der sich beim Lac de Tanay aufgespalten, im Rhonetal wieder mit dem über Vouvry abgeflossenen Hauptarm vereinigt und die Hügel von Chessel-Noville als Endmoräne abgelagert hätte, würde eine Gleichgewichtslage in 1000 m voraussetzen. Dies sind Bedingungen, wie sie nicht einmal im Würm-Maximum verwirklicht waren. Die bis 500 m gegen Les Evouettes und Vouvry absteigenden Moränenwälle erfordern eine Gleichgewichtslage in nahezu 1400 m und eine klimatische Schneegrenze in 1500 m.
Daß der Rhone-Gletscher im Spätwürm nochmals über Vouvry bis gegen Port Valais vorstieß, wird auf der linken Talseite durch Rundhöcker NW von Monthey und durch stirnnahe Ufermoränenreste mehrerer Stände – bei Pley und Béfeu SSW bzw. W von Vionnaz – belegt. Bei Vionnaz, Vouvry und Les Evouettes nahm er dabei Eis mit Lokalerratikern aus dem Gebiet der Pointe de Bellevue, des Linleu, der Cornettes de Bise und des Grammont auf. Bei Vouvry hat sich am Eisrand ein Stauschuttfächer ausgebildet (H. BADOUX et al., 1960K).
Auch rechts der Rhone zeichnet sich dieser Vorstoß durch Rundhöcker und Wallreste um Aigle und oberhalb von Yvorne ab. Bei Aigle mündete der Ormont-Gletscher. Ein durch mehrere tiefe Seitenmoränen gekennzeichneter Vorstoß des Rhone-Gletschers läßt sich auf der linken Talseite bei Collombey-Muraz und bei Monthey beobachten. Zum externen Stand gehören die Riesen-Erratiker W von Monthey: Pierre des Marmettes (Bd. 1, Fig. 41), Pierre à Dzo, Pierre à Muguet und am N-Ende des Walles der Studer-Block (J. de CHARPENTIER, 1841; BADOUX et al., 1960K).
Rhone-aufwärts ist der Wall von Collombey-Muraz über Chonex–La Douly bis an den Fuß der Dent du Midi zu verfolgen, wo die Eisoberfläche auf 940 m angestiegen war. Von der NE-Flanke der Dent du Midi reichte ein spätglazialer *Plan Névé* bis zum Rhone-Gletscher. Bei einer Gleichgewichtslage in knapp 1550 m, einem Verhältnis von Akkumulations- (gut 5,5 km^2) zu Ablationsgebiet (knapp 3 km^2) von 2 : 1, extremer Schattenlage und NE-Exposition ergibt sich eine klimatische Schneegrenze von 1700 m.
An der Mündung des Plan Névé, bei Les Prés, stand das Rhone-Eis bereits auf über 900 m. Ein Arm eines südöstlichen Plan Névé-Gletschers stieg durch das Tal von St-Barthélemy ab, während dessen Hauptarm durchs Vallon de Van abfloß. Noch im Holo-

zän vereinigte sich dieser im Kessel von Salanfe mit Hängegletschern von der Tour Sallière und vom Luisin. Den Randlagen von Collombey-Muraz und Monthey entsprechen rechts der Rhone die Ufermoränen von Ollon und Villy. Zwischen den beiden Trias-Inselbergen wurde bei St-Triphon eine Kameterrasse geschüttet.
Aufgrund gravimetrischer Untersuchungen (O. GONET, 1965) spiegelt die glaziäre Übertiefung im Rhonetal zwischen St-Maurice und Genfersee die geologischen Strukturen wider. Es bildeten sich mehrere Teilbecken aus, die durch flache Schwellen getrennt werden. Das tiefste, zwischen Vouvry und Roche, reicht 50 m unter den Meeresspiegel. Beim Glazialriegel von St-Maurice (405 m) fließt die Rhone auf anstehendem Fels. NE von Martigny konnte die Felssohle im Mündungsbereich des Drance-Gletschers gar erst 100 m unter dem Meeresspiegel ermittelt werden (J.-J. WAGNER, 1970). Eine Bohrung 0,5 km SE von Massongex endete in 60 m in Feinsanden (E. FARDEL, schr. Mitt.).

Fossau-, Torgon-, Mayen- und Greffe-Gletscher

Als der Rhone-Gletscher noch das Becken des Genfersees erfüllte, lieferten die linksseitigen Täler zwischen Vionnaz und dem See noch Zuschüsse. Mit seinem Zurückschmelzen ins Rhonetal wurden die Seitengletscher selbständig. Der Fossau-Gletscher stieß erneut bis an den Talausgang hinter Vouvry, bis auf 600 m, Torgon- und Mayen-Gletscher bis an die Mündungsschlucht, bis 850 m, und der Greffe-Gletscher bis unter 600 m vor (H. BADOUX et al., 1960K). Dieser Stand dürfte demjenigen von Muraz–Ollon des Rhone-Gletschers entsprechen.
Der *Fossau-Gletscher* von den Cornettes de Bise, vom Grammont und aus dem Talschluß von Verne verlor noch Eis über den Pas de Lovenex gegen Novel (S. 516) und aus dem Becken des Lac de Tanay über die Rundhöcker von Peney gegen Les Evouettes. Ein nächstes Stadium mit markanten stirnnahen Seitenmoränen aus dem Tal von Verne, offenbar ein deutlicher Wiedervorstoß, verrät Zungenenden der beiden sich eben nochmals vereinigenden Gletscher auf 950 m (BADOUX et al., 1960K).
In einem nächsten Stand war noch das Becken des Lac de Tanay von Eis erfüllt, dann schmolz dieses hinter Tanay zurück. Im ausgehenden und im letzten Spätwürm endeten die einzelnen Eiszungen auf der Montagne de l'Au, auf la Chaux und auf Chaux du Milieu, in der Talung von Verne im Talschluß. Auch in den Tälern des Torgon, des Torrent de Mayen und der Greffe lassen sich Spätwürm-Stände erkennen (BADOUX et al., 1960K), die sich denen des Rhone-Gletschers zuordnen lassen. Dabei reichen diese relativ weit herab, was wohl weitgehend auf Schneeanreicherungen im Lee zurückzuführen sein dürfte.

Der Eau Froide-Gletscher

Zur Zeit des Würm-Maximums drang Rhone-Eis bis an die Wasserscheide gegen den Petit Hongrin (1460 m) ins Tal der Eau Froide ein, was im N anschließenden Tal der Tinière durch bis auf über 1500 m hinaufreichende Erratiker belegt wird (H. BADOUX, 1965K). Mit dem Abschmelzen des Eises von den Genfer Randlagen wurde das Tal der Eau Froide wieder hängend. Doch lieferte es, trotz seiner SW-Exposition, noch während den weiteren Abschmelzphasen dem Rhone-Gletscher einen bescheidensten

Fig. 247 Die Mündung der Rhone in den Genfersee mit dem Endmoränenbereich von Noville–Chessel und den sich verbreiternden Schuttfächern aus den Seitentälern.
Aus: HANTKE, 1969. Swissair-Photo AG, Zürich.

Zuschuß, was durch Moränenreste W von Plan d'en Haut und Rundhöcker auf Plan d'en Bas belegt wird. Im mittleren Spätwürm flossen von der Tour d'Aï (2331 m) Eiszungen zunächst noch bis ins Tal; später umschlossen Moränen den Lac Rond, im späteren Spätwürm den Lac Pourri und im letzten hingen Zungen bis 1700 m herab.

Der Ormont-Gletscher

Als der Rhone-Gletscher bei Ollon und Villy Seitenmoränen ablagerte, stieß der Ormont-Gletscher von Les Diablerets durch das Tal der *Grande Eau.* Er spaltete sich in zwei schmale Zungen, die nochmals bis ins Rhonetal vordrangen, was Moränen bei Aigle und oberhalb von Ollon belegen.
Ein linker Uferwall fällt bei La Forclaz von 1400 m auf 1260 m ab. Die Zunge dürfte an der Grande Eau auf 800 m geendet haben. Das Eis von Chamossaire–Bretaye–Chaux Ronde stirnte bei La Forclaz; die zugehörige Gleichgewichtslage von 1750 m erfordert eine klimatische Schneegrenze auf gut 1850 m. Damit ist dieser Vorstoß bereits einem nächsten Klimarückschlag zuzuordnen.

Moränen von zwei nächsten Eisständen lassen sich SW von Les Diablerets von 1500 m bzw. von 1400 m bis gegen die Stirn unterhalb von Les Aviolats–Le Rosex bzw. Vers l'Eglise verfolgen.
Moränen eines nächsten spätwürmzeitlichen Vorstoßes liegen um Les Diablerets. Sie bezeugen einen bis 1150 m vorgefahrenen Ormont-Gletscher.
Aus dem Kar zwischen Oldenhorn (3123 m) und Sex Rouge (2940 m) hing eine Zunge herab, die sich, wie Moränenwälle belegen, hinter Les Diablerets noch mit dem Gletscher aus dem Creux de Champ vereinigte.
Steil aus dem Kar gegen das Creux du Pillon SW des Passes abfallende Moränen bekunden jüngere Stände. Um 1850 war das Dar Dessus bis zum Steilabfall eiserfüllt. Bis 1959 (LK 1285) schmolz dort das Eis auf einen kleinen Rest zurück.
Im ausgehenden Spätwürm war der Creux de Champ noch bis 1260 m, im letzten Spätwürm bis 1300 m herab eiserfüllt.
Auf der E-Seite des Kessels von Creux de Champ in der N-Flanke der Diablerets schob sich eine Zunge eines prähistorischen Glacier de Prapio bis 1900 m vor.
Noch um 1850 stirnte der Glacier de Pierredar auf unter 2100 m, der noch über die Felswand auf Pierredar herabstürzende Glacier de Prapio auf 2260 m. 1973 (F. MÜLLER et al., 1976) endeten sie auf 2260 m bzw. auf 2500 m.
Aus dem W benachbarten Creux de Culan erhielt der Ormont-Gletscher im Stadium von Vers l'Eglise noch einen Zuschuß. Im Stadium von Les Diablerets blieb der Culan-Gletscher selbständig und endete auf 1420 m. Im letzten Spätwürm rückte er nochmals bis auf 1600 m herab vor (M. LUGEON, 1940K).

Der Gryonne-Gletscher

Im Stadium von Aigle erreichte der Gryonne-Gletscher zwischen Bex und Ollon noch den stirnenden Rhone-Gletscher. Dann wurde er selbständig und endete bei Le Bouillet. Im Stadium von Martigny stieß er nochmals bis unterhalb 1000 m vor und hinterließ im schluchtartigen Gryonne-Tal zur Stirn absteigende Seitenmoränen. In dieser Kühlphase wurden im Gletschervorfeld verschiedene Rutschungen ausgelöst. Nächst jüngere Moränenstaffeln und Moränenterrassen zeichnen sich auf Le Luissalet ab. Sie verraten Zungenenden auf 1360 m und auf 1430 m. Die Endmoräne eines nächsten Stadiums umschließt das Becken des Champ de Gryonne auf 1550 m.
Im letzten Spätwürm hingen von der Kette der Pointes de Châtillon noch Eiszungen bis unterhalb von 1900 m herab.

Der Avançon-Gletscher

Im Stadium von Aigle lieferte der Avançon-Gletscher noch einen Zuschuß zum Rhone-Gletscher. Dann wurde auch er selbständig und endete zunächst bei Le Bévieux NE von Bex. Dabei floßen randliche Schmelzwässer N des Montet ab und vereinigten sich mit denen des Gryonne-Gletschers. Rückzugsstaffeln zeichnen sich am Zusammenfluß der beiden Äste von Anzeindaz und von Nant ab. Mittelmoränenreste lassen sich am W-Grat der Argentine in verschiedenen Höhenlagen bis auf 1150 m hinauf beobachten.
Im nächsten Stadium, in demjenigen von Martigny, stieß der *Glacier de l'Avançon d'An-*

zeinde nochmals über Moränen des im Hochwürm noch über Gryon eingedrungenen Rhone-Gletschers bis unterhalb 1000 m vor. Internere Staffeln deuten auf ein Zungenende um 1000 m hin.
Zwei nächste Moränenstände, die Wallreste von Aiguerosse und Maléton verraten Zungenenden auf 1060 m und auf 1160 m, wobei dieser mit einer inneren Staffel das Becken von Cergnement umschließt.
Im nächsten Stadium erfüllte der Glacier de l'Avançon d'Anzeinde noch das Becken von Solalex und endete etwas oberhalb von 1300 m. Im letzten Spätwürm stieß er ins Bekken von Anzeindaz vor, wobei Schmelzwässer vom Col de la Poreyrette direkt gegen Solalex abfloßen (M. LUGEON, 1940K). Dabei wandte sich ein Teil des Eises vom Col des Essets ins Tal des Avançon de Nant.
Frührezente Stände des Glacier de Paneirosse reichen bis auf 2270 m herab. 1973 (F. MÜLLER et al., 1976) endete er auf 2400 m.
Der *Glacier d'Avançon de Nant* stieß zunächst nochmals über die Rundhöcker von Ruchonnet bis gegen Frenières vor. In einer markanten Rückzugslage verblieb der Gletscher hinter dem Riegel von Ruchonnet.
Auch der früher oberhalb Frenières von S mündende *Ivouette-Gletscher* reichte nochmals bis an den Talausgang. Jüngere Stände geben sich auf 1200 m und um 1300 m, noch jüngere auf Javerne, auf gut 1500 m, zu erkennen. Im ausgehenden Spätwürm endete der Ivouette-Gletscher auf 1700 m und im letzten Spätwürm bei Les Cases auf 1800 m.
Beim Glacier de l'Avançon de Nant zeichnen sich Rückzugsstaffeln unterhalb des Pont de Nant ab. Nächst jüngere Moränen verraten ein ehemaliges Zungenende auf gut 1400 m. Noch im letzten Spätwürm hing der Glacier des Martinets über die Nummulitenkalk-Wand bis in den Talkessel von Nant, bis gegen 1650 m, herab. Prachtvolle Moränenstaffeln haben sich auch auf Chaux de Nant NE der Pointe des Perris Blancs (2576 m) erhalten (H. BADOUX et al., 1971K).
Frührezente Staffeln scharen sich auf den Martinets NE der Dent de Morcles (2969 m). 1973 (MÜLLER et al., 1976) endete der Glacier de Martinets auf 2140 m.
Der vom Grand Muveran (3051 m) absteigende Gletscher reichte im mittleren Spätwürm – zusammen mit dem von der Tête à Pierre Grept abfließenden Eis – noch über die Rundhöcker von Le Richard bis 1300 m herab. Im letzten Spätwürm endete dieser Gletscher im Plan des Bouis auf 1760 m, die Eiszungen vom Grand Muveran um 1550 m. Frührezente Moränen zeigen Zungenenden auf 2060 m an. 1973 stirnte der Plan-Névé auf 2260 m.

Der Vièze-Gletscher

Während der höchsten Eisstände drang der Rhone-Gletscher bis über Troistorrents ins untere *Val d'Illiez* ein. Dadurch wurden *Vièze-* und *Morgins-Gletscher* zurückgestaut und zum Abfluß über den Col de Morgins (1369 m) ins Tal der Dranse d'Abondance gezwungen (S. 526). Dies wird durch Erratiker belegt, die am Savolaire W von Troistorrents bis auf rund 1650 m auftreten.
Als der Rhone-Gletscher bis Collombey-Ollon vorstieß, erhielt er noch einen Zuschuß aus dem Val d'Illiez, was durch den stirnnahen Wall von Pro Péra oberhalb von Monthey bekundet wird. Endmoränen in 900 m belegen einen späteren Vorstoß über Champéry hinaus. Durch das Val des Crêtels stieß der Glacier de Chalein von der Dent du

Midi bis ins Haupttal vor. Auf Chalin stellen sich Endmoränen eines späteren, bis 1650 m herabreichenden Gletschers ein. Entsprechende Moränen finden sich im Talschluß des Val d'Illiez.
Nach dem Abschmelzen des Eises entwickelte sich am Ausgang des Val d'Illiez ein Schuttfächer, auf dem im 11. Jahrhundert das Städtchen Monthey entstand. Bis zur Ablenkung der Vièze – 1726–27 – wurde es oft von ihren Hochwassern heimgesucht.

Der spätwürmzeitliche Rhone-Gletscher zwischen St. Maurice und Leuk

Auf der rechten Talseite lassen sich Wallreste bis gegen das Talknie von Martigny verfolgen. Oberhalb von Collonges, bei Plex, bekunden sie eine Eishöhe von 1250 m, oberhalb von Dorénaz von 1340 m; S von Jeur Brûlée stand das Eis am Talknick um 1500 m. Sie dürften einem bis gegen den Genfersee reichenden Stand angehören, da sich das Stadium von Collombey-Ollon dort um rund 1100 m zu erkennen gibt: in den Rundhöckern von Salvan–Les Granges, in einem Wallrest aus dem Trient-Tal auf 1060 m, im überschliffenen Rücken von Sur Frête S von Martigny und in den zusammentreffenden Moränen des Bagnes- und des Rhone-Gletschers bei Chemin auf gut 1100 m. Ein selbständiger Hängegletscher von der Dent de Morcles reichte im Stadium von Collombey-Ollon bis unterhalb von Morcles, bis auf 1030 m. Aus der Gleichgewichtslage in 1600 m ergibt sich für die gegen SW abdrehende Zunge ebenfalls eine klimatische Schneegrenze von 1600 m.
Noch im Martigny-Stadium des Bagnes-Gletschers (=Granges-Stadium des Navisence-Gletschers) war auch der Kessel der *Montagne de Fully* S der Dent de Morcles (2969 m) von Eis erfüllt, das mit steiler Zunge bis gegen 600 m, bis gegen Fully, ins Rhonetal herabhing. Selbst im nächsten Stadium hing noch eine Zunge über die Felsschwelle N der Senke des Lac Devant herab.
Jüngere Moränen (P. SUBLET in H. BADOUX et al., 1971 K) verraten, daß der Kessel des Lac Supérieur de Fully noch im ausgehenden Spätwürm von Eis erfüllt war. Auch der Kessel von Euloi E der Dent de Morcles lag erneut unter Eis. Die Schmelzwässer flossen einerseits von Petit Pré gegen S, anderseits gegen ENE, gegen Ovronnaz, ab, während der *Randonne-Gletscher* im vorangegangenen Stadium noch bis 1400 m abstieg.
In der auf das Stadium von Collombey-Ollon folgenden Klimabesserung, im Präbölling-Interstadial, erfolgte bei Martigny ein Abbau von über 800 m Eis. Der Rhone-Gletscher gab das Unterwallis frei und die Seitengletscher zogen sich – mit Ausnahme des Aletsch- und des Fiescher Gletschers – erstmals in die Seitentäler zurück.
NE von Sierre brach von der Varneralp ein gewaltiger Bergsturz nieder. Die bis in die Talsohle niedergefahrenen Trümmer stauten die Rhone kurzfristig, wurden aber bald durchschnitten.
Im folgenden Klimarückschlag, zur Zeit des Martigny-Stadiums, stieß der Rhone-Gletscher nochmals bis über Leuk vor. Zugleich drang der Navisence-Gletscher aus dem Val d'Anniviers über den interstadialen Bergsturz von Sierre bis unterhalb von Chalais vor. Dabei prägte er ihn zu rundlichen Hügeln, zu Tumas, um und hinterließ auf mehreren Hügeln Moräne aus dem Val d'Anniviers (F. NUSSBAUM, 1942; M. BURRI, 1955; J. WINISTORFER, 1977).
Wallmoränen, die diesen Vorstoß belegen, treten zurück. Reste finden sich an Mündungen von Seitentälern: am Ausgang des Turtmanntales um 1000 m, beidseits der Dala

um 900 m, unterhalb der Mündung des Val d'Anniviers um 700 m. In diesem Tal wird der Vorstoß noch durch die Ufermoräne von Barneusa SE von Ayer und die Moränenterrassen von Copaté, St-Luc und Niouc dokumentiert (H. EGGERS, 1961).
Auch der *Borgne-Gletscher* reichte, wie Moränen im Val d'Hérens beim Schloß Vex (A. MORLOT, 1859; H. GERLACH, 1883), bei Erbio und am Talausgang belegen, nochmals bis in die Rhone-Ebene und staute ankommende Rhone-Schmelzwässer auf. Während in Graubünden die beiden Rhein-Gletscher sich nochmals vereinigen konnten und bis Chur vorstießen, vermochte sich der Rhone-Gletscher unterhalb von Leuk – wohl infolge des bereits damals trockeneren Klimas – nicht mehr mit den aus den südlichen Walliser Tälern zu vereinigen.
Beim Abbau des Eises schmolz dieses zunächst über den Tumas durch. Talaufwärts staute sich vor der Stirn des zurückschmelzenden Navisence-Gletschers ein See. Dieser reichte bis zum Pfinwald und wurde von Schuttmassen, vorab aus dem Erosionstrichter des Illgrabens, zugeschüttet. Bei Sierre wurde der Abfluß durch Schwemmfächer von N sukzessive gegen S abgedrängt. In aufgelassenen Wasserläufen bildeten sich kleine Seen (BURRI, 1955).

Der Trient-Gletscher

In einem spätwürmzeitlichen Klimarückschlag stießen Drance- und Trient-Gletscher nochmals kräftig vor: der *Drance-Gletscher*, der über den Paß von La Forclaz einen Zuschuß von Trient-Eis erhielt, bis Martigny-Bourg und der *Trient-Gletscher* über Finhaut–La Crêta–Le Trétien bis in die Trientschlucht.
Zugleich drang ein Arm über den Col de la Forclaz zum Drance-Gletscher vor, was durch die Seitenmoränen um Les Râpes belegt wird. Noch im mittleren Spätwürm hing eine Zunge über den Col de la Forclaz bis Le Fays.
Spuren eines späteren Stadiums hinterließ der Trient-Gletscher auf dem Col de la Forclaz; die Stirn dürfte in der Trientschlucht S von Finhaut gelegen haben, was durch Rundhöckerfluren auf dem Felsvorbau von Litro und bei Planajeur angezeigt wird. Beim *Barberine-Gletscher* zeichnet sich dieser Vorstoß in den seitlichen Schmelzwasserrinnen der Gorge de Golettes und beidseits des Tête du Loup W von Le Châtelard sowie in der bis 1130 m herabreichenden Moräne ab, die eine Zunge im Becken von Barberine bekundet. Zur Zeit der frührezenten Vorstöße reichten die Glaciers des Fonds und des Rosses mit ihren Eisabbrüchen bis ans N-Ende des Lac de Barberine, wo noch 1960 (LK 1324) Eis lag.
In einem noch späteren Stadium endete der Trient-Gletscher in Trient, wo er auf 1270 m eine Stirnmoräne hinterließ. Um 2700–2400 v. h. stieß er wieder vor und überschüttete bei einem Ausmaß wie 1850, d. h. einem Zungenende um 1600 m, einen mit 2800 v. h. datierten fossilen Boden (W. SCHNEEBELI, 1976). Von SW nahm er noch den Glacier des Grands auf. (Prof. J. WINISTORFER, mdl. Mitt.).
H. KINZL (1932) konnte – aufgrund der Vegetation und eines Berichtes aus dem Jahre 1818 von J. DE CHARPENTIER (1841) – die beiden äußersten Wälle den Ständen um 1820 und 1845, den inneren einem Vorstoß um 1896 zuordnen. Ein noch jüngerer Vorstoß erfolgte bis 1924. Dann schmolz der Trient-Gletscher bis 1958 zurück. Bis 1978 rückte er wieder vor (P. KASSER & M. AELLEN, 1974), während er 1979 erneut etwas zurückwich.

Der Drance-Gletscher

Am S-Grat des Catogne SE von Martigny konnte K. Grasmück (1961) Mont Blanc-Erratiker auf 2210 m beobachten. R. Trümpy fand NW von Verbier die höchsten auf 2100 m und eine Stauterrasse NE von Verbier auf 1930 m. Wenig W der Pierre Avoi, wo sich auf dem gegen Martigny abfallenden Grat höchste Rundhöcker einstellen, traf der *Bagnes-Gletscher*, der SE-Ast des Drance-Gletschers, auf den Rhone-Gletscher. Wo die beiden südlichen Zuflüsse, *Entremont-* und *Ferret-Gletscher*, auf ihn auftrafen, wurde er gegen den Rhone-Gletscher gedrängt.
Noch im mittleren Spätwürm, im Stadium von Leuk, vereinigten sich bei Sembrancher die Eisströme aus den drei Drance-Tälern, stauten N davon die Terrassen von Verbier-Village (1400 m) und von Levron (1260 m) auf und stießen als Drance-Gletscher bis über Martigny-Bourg vor. Zugleich mündete bei Les Râpes über den Col de la Forclaz übergeflossenes Trient-Eis, das von der Pointe Ronde Zuschuß erhielt. Bei Les Valettes nahm der Drance-Gletscher den Durnand-Gletscher auf.
Über Sembrancher reichte das Eis erst bis auf gut 1100 m, später noch bis gegen 1000 m. Moräne mit Montblanc-Graniten liegt über geschichteten, etwas zementierten Schottern bei Le Borgerau und Le Broccard. Eine zugehörige Eisrandterrasse bildete sich bei Plan Cerisier SW von Martigny-Bourg (M. Burri, 1974). Ein interner Stand reichte noch bis Le Broccard. Dann schmolz das Drance-Eis über den Rundhöckern von Sembrancher und im Tal zwischen Sembrancher und Les Valettes durch, so daß vor der Stirn der selbständig gewordenen Ferret- und Bagnes-Gletscher E von Les Valettes durch den eben frei ins untere Drance-Tal austretenden Durnand-Gletscher ein Eissee aufgestaut wurde (Burri, 1974, 1978; J. Winistorfer, gem. Exk.).
Hochgelegene spätwürmzeitliche Moränen stellen sich in der alten, pleistozän niedergeschliffenen Talung von *Champex* ein. Diese wird im NW durch Moränen eines von W eindringenden *Arpette-Gletschers* abgedämmt (Grasmück, 1961; Burri, 1974, 1978), der – vorab dank eines Zuschusses vom Génépi – bis an den Ausgang der Gorges du Durnand reichte.
Mit dem Bruch der Eisbarriere von Les Valettes ergoß sich der Eissee von Bovernier gegen Martigny. Dann zerfiel auch der Durnand-Gletscher. Jüngere Stände zeichnen sich unterhalb des Ausganges der Val d'Arpette ab.
In einem letzten Spätwürm-Stadium stieß der *Arpette-Gletscher* – scharfgratige Wallmoränen hinterlassend – nochmals bis unterhalb Arpette, bis auf 1600 m, herab. Aus der Gleichgewichtslage in gut 2200 m ergibt sich bei extremer Schattenlage und NE-Exposition eine klimatische Schneegrenze von 2400 m; heute liegt sie auf 2950 m. Taleinwärts stellen sich weitere prähistorische Wälle ein.
Im SE wird der Lac de Champex (1466 m) durch Moränen des *Ferret-Gletschers* abgedämmt. Dabei wurde dieser von einem durch die Combe d'Orny abgeflossenen Gletscher unterstützt und staute zunächst den auch gegen SE abfließenden Arpette-Gletscher. Bei Orsières nahm der *Ferret-Gletscher* bei einem Eisstand von knapp 1500 m den *Entremont-Gletscher* auf, nachdem dieser 4 km zuvor, W von Liddes, sich mit den Eismassen aus der Combe de l'A vereinigt hatte, die dort bereits auf gut 1550 m standen.
Um Orsières liegen bis auf 1100 m geschichtete Sand-, Kies- und Blocklagen, moraines stratifiées (I. Venetz, 1861; Burri, 1958, 1974). Diese lassen sich als Terrassen teils bis gegen Sembrancher und bis Praz-de-Fort verfolgen (Grasmück, 1961). Sie sind wohl als spätwürmzeitliche Kamebildung zu deuten, die in einen Gletscherstausee geschüttet

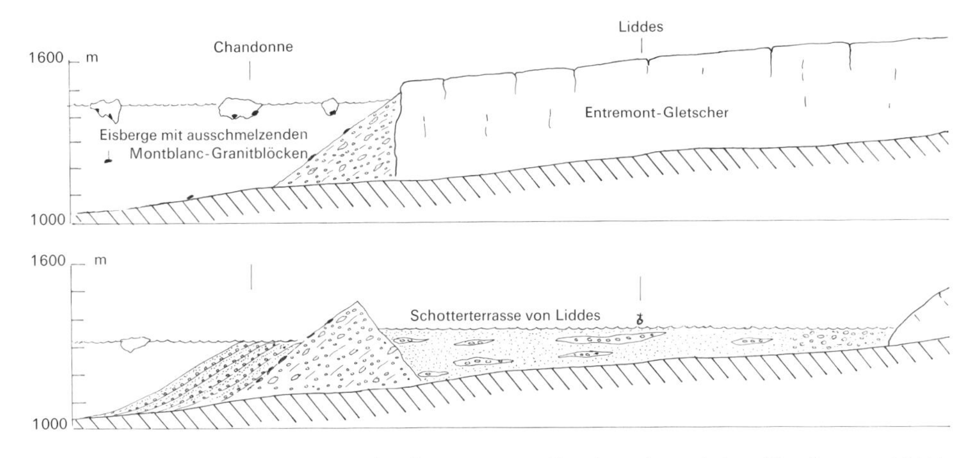

Fig. 248 Zwei Stände des zurückschmelzenden Entremont-Gletschers, der zwischen Chandonne und Liddes die Moräne und die Schotter in der mittleren Val d'Entremont ablagern ließen. Aus: M. BURRI, 1978.

wurden. Auf den Rundhöckern S von Sembrancher treten Erratiker aus dem Val Ferret gegenüber penninischen Blöcken aus dem Val de Bagnes zurück. Dies deutet darauf hin, daß der Bagnes-Gletscher vor dem letzten spätwürmzeitlichen Vorstoß bis Chamoille-St-Martin–La Garde etwas ins Tal von Orsières eingedrungen war. Die markante Endmoräne bei Som-la-Proz, 2 km SW von Orsières, bekundet wohl einen Stand des Ferret-Gletschers, der zuvor noch den NE-Arm des *Orny-Gletschers* aufgenommen hatte.

Bereits VENETZ (1833, 1861) erwähnt die rechtsseitige Stirnmoräne der Crête de Saleina, die oberhalb von Praz-de-Fort das Val Ferret abriegelt. Zusammen mit der bis ins Dorf zu verfolgenden linken Ufermoräne bekundet sie einen Vorstoß des *Saleina-Gletschers* bis ins Tal. Die klimatische Schneegrenze lag damals auf 2500 m, 450 m tiefer als heute.

Um 1850 reichte der Saleina-Gletscher erneut bis 1400 m herab; 1961 endete er auf 1750 m. In der Val Ferret bildete sich ein Eisstausee (BURRI, 1974, 1978).

Eine Endmoräne, die der von Praz-de-Fort entspricht, liegt unterhalb von Prayon. Zu diesem Vorstoß steuerten auch die *Glaciers du Dolent*, de L'A Neuve und *de Treutse Bô* Eis bei. Talauf reichte der Gl. du Dolent bis unterhalb Ferret (N. OULIANOFF & R. TRÜMPY, 1958 K), wo er das Tal abriegelte. Beim Abschmelzen wurde das ehemalige Zungenbekken von mächtigen Schuttfächern angefüllt.

Als der Ferret-Gletscher nochmals bis gegen Sembrancher vorstieß, erhielt er vom *A-*, vom *Entremont-* und vom steil absteigenden *Aron-Gletscher* zunächst noch geringe Zuschüsse. Dann löste sich der Entremont-Gletscher in einzelne selbständige Gletscher auf und zwischen ihren Stirnen und dem Ferret-Gletscher bildete sich ein Stausee (BURRI, 1974, 1978; Fig. 248).

Der *Glacier des Angroniettes*, der letzte Zeuge des Ferret-Gletschers, dessen historische Moränen bis 2160 m herabreichen, rückte ebenfalls bis gegen Ferret vor; bei La Peula ließ er auf 2040 m Ufermoränen zurück (TRÜMPY in OULIANOFF & TRÜMPY, 1958 K).

Bei Bourg St-Pierre erhielt der Entremont-Gletscher noch immer einen kräftigen Zuschuß aus der spitzwinklig mündenden Valsorey. Valsorey- und Entremont-Gletscher flossen dann bis zur Mündung des Glacier d'Allèves parallel neben einander her, was sich in einer langen Zeile von Rundhöckern (O. FLÜCKIGER, 1934) abzeichnet. Über

Bourg St-Pierre betrug die Eismächtigkeit noch 200 m, was Wallreste und Erratikerzeilen auf Plan du Pey zu erkennen geben.
Das Auftreten von Mont Blanc-Erratikern von Praz-de-Fort über Plan Beu – wo bis 1000 m³ große Blöcke liegen, die höchsten auf 1830 m – nach Vichières und Liddes (A. Favre, 1867; P. Fricker, 1960) bekunden, daß der Ferret-Gletscher auch im Hochglazial mächtiger war als der Entremont-Gletscher und diesen, zusammen mit dem A-Gletscher, zurückgestaut hatte.
Aus den Seitentälern des Val d'Entremont stießen noch im späteren und selbst im letzten Spätwürm Gletscher bis ins Haupttal vor. Dadurch kam es verschiedentlich zu Abdämmungen durch seitliche Zungen und damit zum Aufstau von Stauschotterfluren.
Im Val de Bagnes rückten die Eisströme aus dem Talschluß – dank der Zuschüsse der Glaciers du Giétro und de Corbassière – im späteren Spätwürm erneut bis Le Châble vor, was durch randliche Schotter, Ufermoränen, Stauterrassen, eine linksseitige Schmelzwasserrinne, Rundhöcker und Bachablenkungen zwischen Bruson und Sembrancher belegt wird. Schuttbefrachtete Seitenbäche verhinderten zwar die Ausbildung einer Stirnmoräne um 800 m, doch lassen sich Seitenmoränen über Bruson bis auf 1100 m verfolgen. Dann verunmöglichen Sackungen und Steilheit der Talflanken ein weiteres Verfolgen. Doch liegt Sarreyer auf einer zugehörigen Moränenterrasse.
Nahe der Talsohle wurden die jüngeren Stände durch mächtige Schuttfächer überschüttet und, in der Sohle selbst, durch Flutkatastrophen, wie sich solche bei Durchbrüchen der Drance durch Eissturzmassen des Giétro-Gletschers bereits in geschichtlicher Zeit mehrfach ereignet haben (S. 599), vollständig ausgeräumt.
Mit dem Aufstau eines Eissees hinter der 1818 niedergebrochenen Zunge des Giétro-Gletschers erlangte das Val de Bagnes auch wissenschaftsgeschichtliche Bedeutung (Bd. 1, S. 28). Die beim Bruch der Eisbarrière von einer Flutkatastrophe bedrohten Talbewohner ersuchten die kantonalen Behörden um Hilfe. Dabei kam der Forstingenieur Ignaz Venetz mit Jean-Pierre Perraudin, Zimmermann und Gemsjäger in Lourtier, in Kontakt. Dieser sorgfältige Naturbeobachter hatte bereits 1815 Jean de Charpentier, Salinen-Direktor in Bex, mitgeteilt, daß die Gletscher einst bis Martigny gereicht hätten, was Findlinge und Gletscherschliffe belegen würden. Unter Perraudins Einfluß schrieb Venetz (1821), daß weit vom Gletscherrand entfernt gelegene Moränen sehr alt wären, und 1829 nahm er gar an, die Walliser Gletscher hätten bis an die Juraketten gereicht. Dies schrieb Charpentier (1841) nieder, nachdem er zuvor, 1839, auch den anfänglichen Skeptiker Louis Agassiz von der einst viel größeren Ausdehnung der Gletscher überzeugen konnte. Durch Agassiz (1840) wurden die Auffassungen Perraudins, die zuvor schon in Schottland durch J. Playfair (1802) geäußert worden waren, in den Alpen rasch wissenschaftlich anerkanntes Allgemeingut.
SW der Pierre Avoi brachen – vorab im jüngeren Spätwürm – bedeutende Gesteinsmassen aus, die dann in den Schuttfächern von Vollèges und Cotterg wieder abgelagert wurden. Im Stadium von Le Châble hing vom Mont Rogneux (3084 m) ein Gletscher bis unterhalb 1400 m herab. Beim Abschmelzen von diesem Stadium bildeten sich die Fächer von Versegères, Montagnier und Lourtier.
Ein prachtvoll erhaltener, vom Eis überprägter zweistufiger Riegel hat sich bei Le Fregnolay erhalten. Während der höhere, derjenige von Les Chavannes (1116 m), noch im Stadium von Le Châble vom Eis überfahren wurde, waren die tieferen Partien bis gut 1000 m noch in einem späteren Stand vom Eis überschliffen worden. Ein solcher gibt sich im stirnnahen Moränenrest N von Champsec zu erkennen.

Fig. 249 Rechtsseitige Ufermoräne des Glacier de Corbassière auf 2290 m. Wenig talaus wurde eine weitere Überschüttung mit 320 ± 100 Jahren v. h. datiert. Sie zeigt, daß der Corbassière-Gletscher die ältere Seitenmoräne überschüttete, während weiter talauf die neuzeitlichen Vorstöße die mittelalterlichen Wälle nicht zu überschütten vermochten. Aus: W. Schneebeli, 1976.

Vom Bec des Rosses (3223 m), den Monts de Sion und vom Mont Gelé empfing der Bagnes-Gletscher noch im Stadium von Le Châble einen Zuschuß. Selbst im letzten Spätwürm hing eine Eiszunge bis 1950 m herab. Jüngere Vorstöße dieses Gletschers werden durch Moränen belegt, welche das Zungenbecken von Patiéfray umschließen. Frührezente Stände des Glacier de la Chaux reichten bis 2450 m herab. Bis 1959 (LK 1326) war er bis 2620 m, bis 1973 (F. Müller et al., 1976) bis 2640 m zurückgeschmolzen.
Auch die gegen SW exponierten Hochtäler von Louvie und Le Dâ lieferten im Stadium von Le Châble noch Zuschüsse.
Jüngere Stände zeichnen sich beim *Bagnes-Gletscher* bei Lourtier ab. Damals war der Talschluß des Val de Bagnes noch vollständig von Eis erfüllt. Gletscherschliffe finden sich oberhalb von Bonatchesse, Rundhöcker auf Tsè des Videttes, auf Derrière la Tour de Boussine und auf Tsoufeiret und belegen dort eine Eisoberfläche, die bei den Mündungen der Glaciers d'Otemma und du Mont Durand um gut 2700 m und über dem S-Ende des Stausees von Mauvoisin noch auf über 2600 m lag, so daß dort die Eismächtigkeit

Fig. 250 Der rezente Boden über Feinsanden mit wenigen gröberen Blöcken ist gut ausgebildet. Der fossile Boden unter der linksseitigen Moräne y des Glacier de Brenay ergab 1675 ± 155 Jahre v. h. Die Anlagerung der Moräne y fällt zeitlich zusammen mit Vorstößen der Glaciers de Corbassière, de Ferpècle, de Durand und des Findelen-Gletschers um 1300 v. h. Um 1850 überschüttete der Wall s die Moräne z. W. Schneebeli, 1976.

rund 600 m betrug. Noch am N-Ende des Sees, nach der Einmündung des Glacier du Giétro, dürften die Rundhöcker der Pierre à Vire (2416 m) überfahren worden sein. Erste Reste von Seitenmoränen zeichnen sich auf La Tseumette W des überschliffenen Riegels von Mauvoisin auf knapp 2300 m, auf Bâ Lui und bei Ecurie du Vasevay SW bzw. E von Bonatchesse auf gut 2100 m ab.

W von Fionnay, um 1800 m, dürfte der *Glacier de Corbassière* vom Grand Combin (4314 m) gemündet haben. Um 2200 m nahm er damals vom Petit Combin (3762 m) noch den *Sery-Gletscher* auf. Die frührezenten Stände dieses heute als Glacier du Petit Combin bezeichneten Gletschers reichten bis auf 2340 m. Bis 1964 (LK 1346) war er zu einem Moränen-Stausee auf 2660 m zurückgeschmolzen.

Später reichte der *Glacier de Corbassière* noch bis in die Talsohle, bis 1350 m, und staute wohl kurzfristig die Drance zu einem Eisstausee auf (Burri, 1974). Noch jüngere Stände liegen unmittelbar am Talausgang. Ein Holzfund vor der Stirn des Glacier de Corbassière auf 2150 m ergab 4080 ± 150 Jahre v. h. (R. Vivian, Grenoble, schr. Mitt.).

Am rechten Rand des Glacier de Corbassière konnte W. Schneebeli (1976) bei der SAC-Hütte bis zu 9 Wälle unterscheiden, die talwärts durch Überschüttungen ineinanderlaufen. Dabei fand er mehrere fossile Böden, die sich datieren ließen, so daß der Gletscher bereits vor 1850 wiederholt hohe Stände erreicht hatte (Fig. 249).

Um 1850 schob der Corbassière-Gletscher seine Zunge erneut bis auf 1600 m vor; 1964 (LK 1946) war er bis 2180 m, 1973 bis 2220 m zurückgeschmolzen (F. Müller et al., 1976).

Im ausgehenden Spätwürm lag das hintere Val de Bagnes noch unter von allen Seiten zufließendem Gletschereis. Im frühen Holozän muß dann dieses verhältnismäßig rasch zurückgeschmolzen sein. Bereits um 5300 v. h. setzt im Lac de Tsardon (2220 m), 200 m über der Talsohle, die Moorbildung ein (Basisprobe 5370 ± 90 v. h., in W. Schneebeli).

Fig. 251 Der Giétro-Gletscher in der Val de Bagnes mit den Seitenmoränen der Stände um 1600, 1820 und 1850. In der Tiefe der Stausee von Mauvoisin, darüber eine ältere, steil gegen einen Felskopf abfallende Moräne. Im Hintergrund Weißhorn und Dent Blanche. Aus: P. KASSER, 1970. Photo: M. AELLEN, Zürich.

Zur Zeit der Klimagunst um 4200 und um 3100 v. h. wuchsen am Lac de Tsardon Arven, während heute die höchsten bis auf 2050 m emporreichen. Dazwischen muß der *Glacier de Brenay* bereits einmal vorgestoßen sein wie später um 1850, d. h. bis in den Talboden der Drance, bis auf 2020 m.
Um 2000 v. h. zeichnet sich in einer Bodenbildung am Glacier de Brenay wieder ein günstigeres Klima ab, das um 1800 v. h. von einem Vorstoß abgelöst wurde (Fig. 250). Zwischen 1750 und 1450 v. h. kam es an den Glaciers de Corbassière, de Brenay und du Mont Durand erneut zu einer Bodenbildung.
In historischer Zeit drangen auch die Gletscher des Talschlusses mehrfach weit vor, so der *Giétro-Gletscher* (Fig. 251), dessen niedergebrochene Zunge bereits 580 n. Chr. und später – 1549, 1595, 1640 und 1818 – oberhalb von Mauvoisin die Drance zu einem See aufstaute, der jeweils durchbrach und im Val de Bagnes bis Martigny Schaden anrichtete und Menschenleben forderte (M. AELLEN, 1972). Daneben rückten der *Glacier*

du Breney von E und der *Glacier du Mont Durand* von W bis in den Talgrund vor, wo sie sich im 11. Jahrhundert und um 1600 beinahe berührten, so daß die Schmelzwässer der vereinigten *Glaciers de Crête Sèche, d'Epicoune* und *d'Otemma* abgedämmt wurden. Diese erreichten erst nach 1850 ihre größte Ausdehnung (H. KINZL, 1932). Beim Selbständigwerden des Glacier de Crête Sèche kam es mehrfach – so 1894 – zum Aufstau eines Gletschersees, dessen Ausbrüche im Val de Bagnes wiederum Schäden anrichteten (P. L. MERCANTON, 1899; J. MARIÉTAN, 1927). Durch all diese Seeausbrüche wurden dort mit den stirnnahen Moränen und den Schuttfächerfronten auch zahlreiche Häuser mitgerissen, so 1818 große Teile von Lourtier. Von 1100 bis 950 erlaubte das Klima wiederum eine Bodenbildung an den Glaciers du Mont Durand, de Fenêtre und de Corbassière.
Um 900–750 v. h. erreichten die Gletscher des Val de Bagnes wieder die Ausmaße von 1850. Dann schmolzen sie zurück, so daß es nach SCHNEEBELI an den Rändern der Glaciers de Brenay und du Mont Durand abermals zur Bodenbildung kam.
Um 400 v. h. rückten die Gletscher des Val de Bagnes kräftig vor. Um 1820 erreichten sie wiederum einen Höchststand. Um 1890 und 1920 stießen die generell zurückschmelzenden Gletscher nochmals kurzfristig etwas vor.
1973 endete der Glacier de Brenay auf 2560 m, der Glacier du Mont Durand auf 2280 m, der Glacier de Crête Sèche auf 2600 m, der Glacier de l'Epicoune auf 2380 m und der Glacier d'Otemma auf 2460 m (F. MÜLLER et al., 1976).
Aus dem Kar auf der N-Seite des *Catogne* SW von Sembrancher hing eine kleine Zunge bis auf 2100 m herab. Aus der Gleichgewichtslage in 2250 m ergibt sich eine klimatische Schneegrenze um 2400 m, so daß dieser Vorstoß dem Stadium von Le Châble des Bagnes-Gletschers entsprechen dürfte.
Im untersten Val de Bagnes ist das ursprünglich auf einer Terrasse gelegene Dorf Curalaz bei einem Bergsturz in die Tiefe gefahren.

Die Gletscher von der Diablerets-Wildstrubel-Kette

Aus der Vallée des Diablerets stieß der *Lizerne-Gletscher* im Stadium von Granges (= Martigny-Bourg), wie stirnnahe Seitenmoränen bekunden, bis 700 m in die Schlucht vor. Jüngere Staffeln belegen einen späteren Vorstoß bis 1100 m.
Seitenmoränen des letzten Spätwürm zielen gegen den Kessel von Derborence bis unterhalb von 1400 m herab.
In den Jahren 1714 und 1749 brachen von der instabilen S-Flanke der Diablerets letztmals Bergstürze nieder und überschütteten das ehemalige Zungenbecken (ALB. HEIM, 1932; M. LUGEON, 1940K). Noch um 1850 hing der vom Diablerets-Gletscher genährte Glacier de Tchiffra bis auf unter 2100 m herab.
Mittelmoränenreste und Rückzugsstaffeln lassen sich auch im Tal der Derbonne, im Hochtal zwischen Grand Muveran und Haut de Cry erkennen, aus dem der Lizerne-Gletscher einen kräftigen Zuschuß erhielt (Fig. 252).
Zur Zeit der frührezenten Hochstände reichte die Walliser Stirn des Tsanfleuron-Gletschers bis 2280 m; das zur Saane abfließende Eis endete auf 2300 m.
Frührezente Stände des Glacier de Tita Naire verraten ein Zungenende auf 2350 m, beim Glacier de la Forcla ein solches auf 2430 m. Dieser war offenbar in den 60er Jahren abgeschmolzen (H. BADOUX et al., 1971K). F. MÜLLER et al. (1976) geben jedoch für beide für 1973 ein Zungenende auf 2460 m an.

Fig. 252 Der durch den Bergsturz von 1714 gestaute See von Derborence S der Diablerets mit Moränen- (im Waldgebiet) und Lawinenschutt-Wällen auf dem Bergsturz-Trümmerfeld (unten links) und in jungen Anrissen. Photo: O. Ruppen. Aus: J.-Ph. Schütz in R. Badan et al., 1978.

Fig. 253 Die Zunge des zurückgeschmolzenen Tsanfleuron-Gletschers (Sept. 1973), davor rundhöckerartig überschliffener Schrattenkalk, randlich mehrere Moränenstaffeln, ein abgedämmter See und ein in diesen sich ergießender Schuttfächer.

Von den Diablerets (3210 m) und vom Wildhorn (3248 m) vereinigten sich noch im ausgehenden Spätwürm die Glaciers de Tsanfleuron und de Brotsets zum *Morge-Gletscher*, der in der Morge-Schlucht um 1400 m endete, was durch eine Mittelmoräne und absteigende Seitenmoränen belegt wird. Im letzten Spätwürm schob sich die eine Zunge des Glacier de Tsanfleuron nochmals über die Rundhöcker-Hochfläche der Lapis de Tsanfleuron bis unter 1800 m, die andere bis unter 2000 m vor; der Glacier de Brotsets rückte, dank der Zuschüsse vom Sérac und von der Sex Noir-Kette, bis 1800 m vor. Bis 1973 (MÜLLER et al., 1976) war die Zunge auf 2440 m zurückgeschmolzen (Fig. 253). Zwischen Sex Noir (2711 m) und Sex Rouge (2884 m) stieß der *Sionne-Gletscher* im Granges-Stadium bis 900 m, bis vor Drône, vor, was stirnnahe Moränen belegen. Jüngere spätwürmzeitliche Moränen dämmen ein Zungenende um 1300 m ab.

Der *Liène-Gletscher* von der Wildhorn- und Wildstrubel-S-Seite schob sich – dank des Zuflusses vom Hochplateau der Plaine Morte – im Granges-Stadium in der Liène-Schlucht bis 700 m, im Stadium von Visp bis 1200 m vor. Letzte spätwürmzeitliche Moränen steigen bis 1800 m, bis ans obere Ende des Stausees von Tseuzier, ab (H. BADOUX et al., 1959K). Noch um 1850 endete der Glacier de Ténéhet auf 2450 m.

Mit dem Navisence-Gletscher stießen die Gletscher von den Hochflächen der Plaine Morte nochmals gegen das Rhonetal vor, nachdem sie zuvor kräftig zurückgeschmolzen waren und der Bergsturz von Sierre niedergebrochen war. Dabei vermochten sich die beiden E und W des Mont Bonvin (2995 m) abgeflossenen Arme im Stirngebiet, in dem sie auch mit dem Navisence-Eis zusammentrafen, nochmals zu vereinigen. Dann wurden die beiden selbständig.

Im nächsten Stadium stieß der *Tièche-Gletscher* zunächst bis gegen Miège, bis 800 m, später bis gegen 900 m herab vor; der *Bovèrèche-Gletscher* blieb etwas höher zurück. Im späteren Spätwürm endeten die beiden auf 1400 m bzw. auf 1500 m, im ausgehenden auf 1700 m bzw. auf 1760 m.
Im letzten Spätwürm stieg der Tièche-Gletscher in mehreren Staffeln über Le Sex bis Tièche, der Bovèrèche-Gletscher, wie eine markante linke Seitenmoräne erkennen läßt, ebenfalls bis unter 2000 m herab.
Zur Zeit der frührezenten Klimaverschlechterungen hingen vom Glacier de la Plaine Morte noch verschiedene Zungen gegen S, gegen Les Outannes, wo sie um 2300 m bzw. um 2400 m stirnten, während sie bis 1954 (LK 1267) bis auf einige Schneeflecken zurückgeschmolzen sind.
In die Zeit des mittleren Spätwürm fallen die bedeutenden Sackungen von Montana. Selbst heute sind dort ausgedehnte Gebiete noch in Bewegung.

Die Fares-Gletscher

In der Vallée des Fares, die mit ihren beiden Quellästen vom Mont Gelé (3002 m) und vom M. Gond (2667 m) bei Riddes ins Rhonetal mündet, konnte C. MONACHON (1978, 1979) neben ausgedehnten Rutschungs- und Sackungsgebieten mehrere spätwürmzeitliche Moränenstände unterscheiden. In einem tiefsten Stand vereinigten sich die Fares-Gletscher S von Isérables und endeten um 900 m. Dann, in einer Rückzugsstaffel, wurden die beiden Äste selbständig. In einem nächsten Stadium stirnte der Arm vom M. Gelé unterhalb von Les Pontets um 1700 m, der vom M. Gond auf knapp 1600 m. Im letzten Spätwürm stießen die beiden nochmals bis 2100 m vor. Eine wohl bereits holozäne Staffel bei den Lacs des Vaux verrät ein Zungenende auf gut 2400 m. Noch in den frührezenten Ständen reichte ein Glacier du M. Gelé bis 2600 m herab, während dieser in den letzten Jahrzehnten (LK 1326) völlig abgeschmolzen ist.

Der Nendaz-Gletscher

Von der Pierre Avoi (2473 m) hingen – aufgrund stirnnaher Seitenmoränen – wohl noch im Stadium von Martigny-Bourg zwei Eiszungen bis unter 1000 m herab.
Die Ufermoränen bei Brignon im vorderen Val de Nendaz, einem unterhalb von Sion mündenden südlichen Seitental, dürften dem Stadium von Martigny-Bourg des Drance-Gletschers entsprechen. Ein nächster spätwürmzeitlicher Vorstoß gibt sich bei Planchouet zu erkennen, wo ein Seitengletscher mündete. Aufgrund der in 1650 m einsetzenden Mittelmoräne und eines stirnnahen Wallrestes bei Les Follats dürfte der Nendaz-Gletscher auf 1200 m gestirnt haben.
Augenfällige Ufermoränen kennzeichnen ein letztes Spätwürm-Stadium. Auf 1930 m flossen der *Glacier de Tortin*, flankiert durch scharfgratige Wälle, le Grand und le Petit Toit, und der *Glacier de Cleuson* zusammen. Wie tiefere Seitenmoränen zu erkennen geben, endete die Zunge bei Mejora auf gut 1700 m. Aus Gleichgewichtslagen umgebender Gletscher, etwa dem aus dem Kar von La Pire, bei dem sie bei NE-Exposition auf knapp 2500 m lag, resultiert eine klimatische Schneegrenze N der Rosablanche um 2600 m. Heute liegt sie gegen Grand Combin und Monte Rosa auf über 3000 m.

Fig. 254 Die Erdpyramiden von Euseigne VS sind durch Erratiker geschützte Erosionsrelikte einer verfestigten rechten Seitenmoräne des Dixence-Gletschers (von links vorgestoßen), der damals unterhalb der Mündung der Dixence in die Borgne endete und diese zu einem Eisrandsee aufstaute. Photo: A. KOESTLER, Hettlingen.

Auf Alpe Tortin konnte P.-J. BIÉLER (mdl. Mitt.) einen mehrfachen Wechsel von Sanden und Tonen mit nachwärmezeitlichen Torflagen beobachten. Vor dem Ende der Jüngeren Dryaszeit hatte der Glacier de Tortin das Zungenbecken von Tortin freigegeben. Innerhalb des Beckens (2039 m) beginnt nach M. KÜTTEL (1979) die Pollenabfolge in gut 12 m Tiefe mit *Pinus*-Werten zwischen 60 und 80% bei 5–6% *Betula*- und hohen *Artemisia*-Anteilen, mit *Ephedra* und Compositen, wohl die Jüngere Dryaszeit. Dann – im Präboreal – fallen *Betula* und *Artemisia* zurück und *Ephedra* verschwindet; zugleich steigt *Pinus* auf 90%. Etwa zu Beginn des Boreals wurde das Gebiet von Tortin von *Larix* wiederbewaldet.

Der Borgne-Gletscher

Bis ins Stadium von Monthey floß aus dem Val d'Hérens Borgne-Eis über die Rundhöcker um Vex zum Rhone-Gletscher, der es ganz auf die linke Talseite, auf die Mayens de Sion, drängte. Das Eis dürfte damals im Mündungsbereich noch bis auf rund 1300 m gereicht haben, wofür auch die Stauterrassen von Mase und Vernamiège sowie die zwischen 1200 und 1300 m gelegenen Rundhöcker um Nax sprechen.
Im Stadium von Martigny-Bourg dürfte der Borgne-Gletscher nochmals bis ins Rhonetal, später noch bis an den Talausgang bei Bramois gereicht und die Mündungsschlucht mit Eis gefüllt haben. Zugehörige Moränen geben sich unterhalb von Vex auf der linken

und bei Erbio auf der rechten Talseite zu erkennen. Ein nächster Eisstand zeichnet sich im vorderen Val d'Hérens zwischen Vex und Erbio ab, was auch von J. Winistorfer (1977) bestätigt wird. Diesem dürfte weiter taleinwärts die Terrasse von Sevanne zwischen Hérémence und Mase entsprechen.
Dem Stadium von Le Châble im Val de Bagnes entsprechende Moränen liegen im *Val d'Hérens* um Euseigne, das durch die Erdpyramiden bekannt geworden ist (J. de Charpentier, 1841). Dies sind durch aufsitzende Erratiker geschützte Relikte einer erosiv zerschnittenen Moräne des *Dixence-Gletschers*, der sich bei Euseigne noch mit dem *Borgne-Gletscher* vereinigt hat. Aufgrund stirnnaher Seiten- und Mittelmoränenreste endete er wenig unterhalb des Zusammenflusses von Dixence und Borgne auf 680 m.
Die äußerste Staffel wird durch Moränenreste dokumentiert, eine nächst innere durch die Terrasse von Ossona und von Euseigne, die Wallreste von La Comba und um Combioula sowie die Erdpyramiden von Euseigne (Fig. 254). Dann wurden die beiden Gletscher selbständig, was sich in der tieferen Terrasse von Euseigne und in derjenigen von Fan SE von Hérémence zu erkennen gibt. Einem innersten Stand dürften die Zungenenden von La Luette um 940 m und von der Prolin-Mündung (1020 m) entsprechen.
Im *Val d'Hérémence* zeichnet sich der letzte Stand des *Dixence-Gletschers* oberhalb von Pralong in 1640 m ab. Aus der Combe de Prafleuri sowie vom Glacier de Merdéré erhielt der Dixence-Gletscher von beiden Talseiten letzte Zuschüsse.
An der Gabelung der Val de Dix, dem hintersten V. d'Hérémence, ist außerhalb des Standes um 1850, der den *Glacier de Cheilon* bis an den Schlucht-Ausgang, bis 2300 m, herab vorrücken ließ, ein älterer, bewachsener Wall nachzuweisen (H. Kinzl, 1932).
Aus dem bei Lana mündenden linken Seitental dürfte der Glacier de Vouasson zunächst bis an die Borgne vorgestoßen sein und den Talboden von Evolène zu einem See aufgestaut haben. Dieser wurde von der Stirn der Glaciers d'Arolla und de Ferpècle sowie von den von der rechten Talseite zufließenden Seitenbächen zugeschüttet: Beim Abschmelzen der Eisbarre haben sich mehrere Terrassen ausgebildet.
In diesem Stadium waren *Arolla-* und *Ferpècle-Gletscher* bereits selbständig geworden. Am Ausgang der Val d'Arolla belegen stirnnahe Seitenmoränen diesen Wiedervorstoß. An der Mündung des Tales von Ferpècle haben sich dagegen keine solchen Wallmoränen erhalten. Der aus diesem Tal austretende Schuttfächer von Les Haudères deutet auf eine Ausräumung durch Ausbruch eines Moränenstausees hin, wofür auch das Niederbrechen eines linksseitigen Bergsturzes im Mündungsgebiet spricht. Doch weisen talaufwärts gelegene Moränen mit zahlreichen Erratikern, die Mündung eines Bréona-Gletschers sowie linksufrige Moränenrelikte auf ein Zungenende bei Les Haudères hin. In der Val d'Arolla zeichnet sich dieser Stand auf Alpe Louché und auf den Mayens de Veisivi ab.
Ebenso lieferten die vereinigten Glaciers des Aiguilles Rouges und der Glacier des Ignes Zuschüsse. Im letzten Spätwürm stießen ihre Zungen bis gegen 2000 m vor. Holozäne Moränen umsäumen die Gletscher, die um 1850 bis 2650 m bzw. bis 2600 m herabhingen. Später, als der Arolla-Gletscher bei Pramousse und Arolla endete, stirnte der Glacier de Vouasson, wie Seitenmoränen belegen, auf 1700 m bzw. 1800 m, während frührezente Moränen Gletscherenden zwischen 2250 und 2270 m bekunden. Bis 1959 (LK 1326) war der Glacier de Vouasson auf 2520 m, bis 1973 auf 2580 m zurückgeschmolzen.
Bei dem oberhalb von Arolla mündenden *Fontanesse/Tsijiore Nouve/Pièce-Gletscher* setzt eine linke Seitenmoräne auf 2620 m ein. SE des Mont Dolin wurde sie durch eine Zunge mit reichlich Dolomit-Schutt etwas talwärts gestoßen. Im Mündungsbereich von Tsijiore Nouve- und Arolla-Gletscher betrug die Eismächtigkeit noch 350 m.

Fig. 255 Die Zunge des Glacier d'Arolla mit Mont Collon am 1. August 1836. Vor der Stirn der angefahrene Arvenwald, links der Paßweg über den Col Collon.
Aus: R. BÜHLMANN, Skizzenbücher, *10*, Graph. Sammlung ETH Zürich; F. RÖTHLISBERGER, 1976.

Am steil gegen Arolla abfallenden *Glacier de Tsijiore Nouve*, der auf Klimaschwankungen rasch reagiert, unterschied KINZL (1932) drei Ufermoränen: eine frische am Gletscherrand, einen hohen, bewachsenen Wall, der zuoberst von einem jüngeren überschüttet wird und talabwärts immer höher über den inneren aufragt, sowie eine viel ältere, durch einen Bach getrennte Moräne. Nach F. RÖTHLISBERGER wurde der Stand von 1850 vor 1400 nicht übertroffen. Nach 1400 v. h. erfolgte ein etwas größerer Vorstoß. Nach 1000 v. h. bewirkte eine Klimaverschlechterung eine vermehrte Solifluktion. 1817 überfuhr der Gletscher oberhalb von Arolla die Borgne, zerstörte den Wald am rechten Ufer und staute den Fluß zu einem See auf, was sich 1834 und 1835 wiederholte; 1852 soll der Gletscher nur noch bis an den Weg zum Arolla-Gletscher vorgestoßen sein (FOREL, 1887).
Im hinteren Zungenbereich hat die Moräne von 1920 den Stand von 1850 überschüttet. Heute stößt der Gletscher Eis über die linke Seitenmoräne (RÖTHLISBERGER, 1976).
Auf dem Tsijiore Nouve-Gletscher konnten R. J. SMALL & M. J. CLARK (1974) die Bildung steiler und konform zum seitlichen Eisrand verlaufender Schuttbänder, die bis

▷

Fig. 256 Mittelmoräne zwischen Glaciers du Mont Miné und de Ferpècle mit zwei fossilen Böden. Der untere ergab 1045 ± 55 Jahre v. h. Im Hintergrund die Dent Blanche. Aus: F. RÖTHLISBERGER, 1976.

über 50 cm über die Eisoberfläche emporragen, als Folge einer seitlichen Kompression erkennen. Im Zungenbereich richten sich die zunächst flach verlaufenden Schuttbänder immer mehr auf; zugleich werden sie von frontal ansteigenden Scherflächen durchsetzt. Im Ablationsgebiet schmelzen unterhalb des Eisfalles längs Stromlinien von den Felsinseln zwischen Pigne d'Arolla und Col de Tsijiore Nouve Mittelmoränen aus (Small, Clarc & T. J. P. Cawse, 1979).
Mehrere gut ausgebildete – mit H. Heuberger (gem. Exk.) wohl letztspätwürmzeitliche – Seitenmoränen eines Arolla-Gletschers wurden W und bei Arolla selbst abgelagert. Damals reichte das Zungenende noch bis gegen Pramousse, bis gegen 1830 m, wo sich neben Moränenwällen auch eine Sanderflur einstellt, auf welcher der Schuttkegel von der Dent de Perroc aufsitzt.
Während der Fontanesse-Gletscher bereits eine selbständige Zunge ausgebildet hatte, lieferte das von den Pointes de Tsena Réfien abfallende Eis noch einen Zuschuß zum Tsijiore Nouve-Gletscher. Nur 100–200 m außerhalb des frührezenten Moränenwalles – ein von Moräne überschütteter Boden ergab allerdings noch ein ^{14}C-Datum von 1380 ± 85 Jahren v. h. (F. Röthlisberger, 1976) – verläuft ein weiterer markanter Wall mit mehreren Abschmelzterrassen gegen Arolla, der ebenfalls den letzten Spätwürm-Vorstoß bekunden dürfte. Die am NE-Grat der Pigne d'Arolla auf 2650 m einsetzende Moräne wurde wohl als spätwürmzeitliche Mittelmoräne zwischen Tsijiore Nouve- und Pièce-Gletscher angelegt.
Jüngere, bereits holozäne stirnnahe Seitenmoränen wurden in Arolla beidseits der Borgne abgelagert. Dabei drang offenbar der wieder vorstoßende Tsijiore Nouve/Arolla-Gletscher bereits in einen Lärchenwald ein, was durch einen in Arolla gefundenen Stamm belegt wird, der ein Alter von 8400 ± 200 Jahren v. h. ergeben hat (Röthlisberger, 1976). Eine frührezente Stirnlage des Glacier d'Arolla zeichnet sich um 2030 m (Fig. 255), (DK XXII, 1861), ein jüngerer Stand um 2100 m ab. 1967 (LK 1347) endete der vom Glacier du Mont Collon genährte Bas Glacier d'Arolla auf 2149 m, 1973 auf 2140 m.
Letzte spätwürmzeitliche Moränen wurden außerhalb der Rundhöcker von Ferpècle geschüttet. Sie verraten ein Zungenende unterhalb von 1600 m.
Im Vorfeld der Glaciers du Mont Miné und de Ferpècle ergab eine ^{14}C-Bestimmung ein Alter von 9000 Jahren (Röthlisberger, mdl. Mitt.).
Von den beiden Talschlüssen des Val d'Hérens stießen die *Glaciers d'Arolla* und *du Mont Collon* und die sich bis 1957 vereinigenden *Glaciers du Mont Miné* und *de Ferpècle* um 1850 wieder kräftig vor, der Glacier de Ferpècle bis 1800 m, wo das Vorfeld von einem einzigen, jungen Moränensystem umrahmt wird. Damit erfolgte der höchste frührezente Stand erst nach 1850. Nach F. A. Forel (1888) soll der Ferpècle-Gletscher schon 1816/1817 einen Hochstand erreicht haben. Vor 1850 (J. Fröbel, 1840) rückte er weiter vor, aber erst 1868 zum Höchststand.
Aufgrund fossiler Böden und Funden von fossilem Lärchenholz konnte F. Röthlisberger (1976) die Geschichte der Glaciers de Ferpècle und du Mont Miné noch weiter zurückverfolgen. Um 2500 v. h. stand ihre Oberfläche nicht höher als um 1890. Darnach stießen beide vor. Auch vor 1900–1800 Jahren stand das Eis relativ hoch. Um 1500 v. h. wuchsen am Mont Miné Lärchen auf 2200 m. Dann rückten die Gletscher wieder vor und erreichten nahezu den Stand von 1850. Hernach wurde die Moräne während 3–500 Jahren nicht mehr überschüttet. Nach 1000 v. h. stießen beide Gletscher wieder vor, wobei ihre Oberfläche nur 10–12 m unter der Eishöhe von 1850 zurückblieb (Fig. 256).

Der Réchy-Gletscher

Am Ausgang der Val Réchy, zwischen der Val d'Hérens und der V. d'Anniviers, zeichnen sich mehrere Stände eines nochmals ins Rhonetal austretenden Réchy-Gletschers ab. Höchste Wallreste bekunden einen auf 930 m austretenden Eisstrom. Dann folgen Moränen, die von 850 m gegen Réchy auf 550 m abfallen und schließlich innerste, die ein Zungenende in der Mündungsschlucht um 700 m verraten.
Sackungen und von den Seiten mündende Murgang-Fächer erschweren das Verfolgen der nächsten Eisstände, so daß erst jüngere Moränen auf 1900 m wieder einen Eisstand belegen. Ein nächster ist durch Moränen, Rundhöcker und Schmelzwasserrinnen in der Enge von La Tine auf 2300 m angedeutet.
Jüngste Spätwürm-Moränen fallen von Le Louché über die Steilwand bis 2400 m ab. Sie bekunden bei einer Gleichgewichtslage um 2600 m eine klimatische Schneegrenze um 2750 m. Dieser Vorstoß wird auch vor dem Kar S des Mont Gautier (2696 m) auf 2460 m belegt. Noch um 1850 hingen Eiszungen bis auf 2700 m herab.

Der Navisence-Gletscher

Noch bis tief ins Spätwürm wurde das Navisence-Eis vom Rhone-Gletscher derart mächtig gestaut, daß es durch die westliche Fortsetzung der Triaskalke des Illgrabens und der Pontis-Schlucht ein Tal ausräumte und über Vercorin (1322 m) abfloß.
Im Stadium von Monthey dürfte das Eis aus dem Val d'Anniviers noch bis in den Sattel von Vercorin gereicht haben. Neben Rundhöckern lassen sich dort auch einige Moränenreste erkennen. Nach einer Abschmelzphase, in der der Rhone-Gletscher mindestens bis oberhalb von Leuk zurückschmolz und in der die Bergsturzmassen von Sierre niedergebrochen waren, stießen sowohl Rhone- und ganz besonders auch der Navisence-Gletscher erneut vor. Dabei überfuhr der Navisence-Gletscher – wie Moräne aus dem Val d'Anniviers belegt (M. Burri, 1955; J. Winistorfer, 1977) – nochmals die Trümmermassen und formte sie zu einer Tuma-Landschaft. Dabei dürfte das Navisence-Eis bis Granges vorgestoßen sein, wobei auch der Réchy-Gletscher nochmals Eis geliefert hat. Bei den Bergsturzhügeln von Sierre zeigt sich ein markanter Unterschied zwischen den moränenbedeckten, abgeflachten Hügeln, die im Stadium von Chalais (=Leuk) vom Eis des Navisence-Gletschers von S und von dem von der Hochfläche der Plaine Morte gegen S abgeflossenen Tièche-Gletscher nochmals überprägt worden sind, und den vom Eis unbeeinflußten, spitzen, von Föhren bestockten Hügeln der Forêt de Finges/Pfinwald. In einer Abschmelzphase reichte dann der ins Rhonetal ausgetretene Navisence-Gletscher, wie eine stirnnahe Seitenmoräne SW von Chippis belegt, noch bis Chalais. Auch der zuvor von ihm gestaute Rhone-Gletscher schmolz über den Hügeln der Géronde und dem Pfinwald ab, so daß sich dort, wie Burri und Winistorfer aufgrund von Strandterrassen glaubhaft machen konnten, ein Eisstausee bildete.
Am Fuß der Talflanke zwischen Chippis und Chalais liegen – wie jüngste Aufschlüsse zeigen – unter der Moränendecke des Navisence-Gletschers schräg talabwärts geschüttete Eisrand-Stauschotter, die von einer Übergußschicht abgeschnitten werden. Ihr Geröllinhalt sowie derjenige der überlagernden mehrere Meter mächtigen Moränendecke – Quarzite, Gneise, Grüngesteine, Dolomite, Bündnerschiefer – belegen die Herkunft aus dem V. d'Anniviers (Gem. Exk. mit J. Winistorfer).

Fig. 257 Der vom Navisence-Gletscher im Spätwürm nochmals überfahrene Bergsturzhügel der Géronde SE von Sierre mit einer Moränen-Decke. Im Vordergrund die Rhone bei Chippis.

Beim Abschmelzen der Eisbarriere am Ausgang der Val d'Anniviers barst diese, so daß sich der dadurch gestaute See entleerte und das im Rhonetal verbliebene Navisence-Eis zerfiel und rasch abschmolz.

Rhone-aufwärts gibt sich dieses Stadium vorab in randglaziären Seesedimenten am Raroner Schattenberg, zwischen Eischoll und Bürchen zu erkennen (WINISTORFER, 1977). Aufgrund absteigender Seitenmoränen und Rundhöcker-Zeilen dürfte die Stirn des Rhone-Gletschers damals bei Leuk gelegen haben. Ein nächstes Stadium ist bei Raron durch tiefe Seitenmoränen und Stauschuttmassen belegt.

Im untersten Val d'Anniviers bekundet die talauswärts abfallende Kameterrasse von Niouc das Stadium von Chalais (H. EGGERS, 1961; WINISTORFER, 1977).

In einem nächsten Stadium endete der Navisence-Gletscher in der Pontis-Schlucht, was durch die Moränen von Les Barmes belegt wird. Eine Rückzugsstaffel ist bei Fang angedeutet. Vom Roc d'Orzival (2853 m) und von der Brinta sowie von der Montagne de Chandolin erhielt der Navisence-Gletscher damals noch letzte Zuschüsse.

Im Val d'Anniviers zeichnet sich das Stadium von Le Châble im Mittelmoränenrest von Les Morasses ab, der ein nochmaliges Zusammentreffen der *Glaciers de Moiry* und *de*

Zinal belegt. Weitere Zeugen dieses Vorstoßes finden sich in den Moränenterrassen sowie in den Ufermoränen bei Mayoux und bei Vissoie (H. EGGERS, 1961). Der Navisence-Gletscher stirnte unterhalb von Vissoie, um 1000 m, dann bei St-Jean.
In einer Rückzugsstaffel vereinigten sich Moiry- und Zinal-Gletscher eben noch im Konfluenzbereich von Gougra und Navisence.
Von Roc d'Orzival, Brinta und Montagne de Chandolin stiegen im Stadium von Vissoie Zungen erneut bis ins Tal und hinterließen bei Pinsec und bei Fang stirnnahe Wälle.
Im *Val Moiry* läßt sich eine linke Seitenmoräne bis vor Grimentz verfolgen. Zwei ausgeprägte, von Stauschutt-Terrassen begleitete Moränen bekunden auf der linken Talseite Eisstände, zu denen die Stirn wenig unterhalb des Stausees lag.
Äußerste bewachsene frührezente Moränen dokumentieren eine Zunge unter 2300 m. Die Endmoräne um den Zungenbeckensee wurde um 1850 geschüttet (DK XXII, 1861).
Im *Val de Zinal* lag das dem Vorstoß bis gegen Grimentz entsprechende Gletscherende 1,5 km unterhalb Zinal. Eine Seitenmoräne läßt sich an der Konfluenz der Glaciers de Moming und de Zinal um 2240 m beobachten; sie bekundet eine Eismächtigkeit von 350 m.
I. VENETZ (1833) hatte 1821 beim *Glacier de Zinal* vier frührezente Moränen festgestellt. Wenngleich der Gletscher nach 1821 nochmals vorgestoßen ist und ältere Moränen zerstört haben mag, so geht aus seinen Aufzeichnungen hervor, daß der äußerste Wall mit Lärchen bestanden war und der Gletscher vor 1820 größer gewesen sein muß. Um 1850 stirnte er auf 1800 m (DK XXII, 1861); 1962 schmolz er bis auf 2000 m zurück.
Von der Bella Tola (3024 m), der Pointe de Tourtemagne (3030 m) und vom Boudry (3070 m) drang das Eis im Stadium von Le Châble nochmals bis Vissoie vor, was quarzitreiche Moräne über solcher des Navisence-Gletschers belegt.
Spätere Klimarückschläge ließen die Gletscher aus den Firngebieten bis unter 2100 m absteigen, was Moränen mit Quarzitblöcken auf der Montagne du Toûno belegen. Dabei erhielt der Toûno-Gletscher noch immer Zuschuß von der NW-Seite der Pointe de Tourtemagne. Ebenso lag auch das Hochland der Montagne de Roua SW der Bella Tola wieder unter Eis, das die Rundhöcker ein letztesmal überprägte.
Ein Block-Gletscher entwickelte sich auf der NE-Seite der Pointes de Nava.

Der Illgraben und der Schuttfächer des Pfinwald

Im Stadium von Leuk (=Chalais) dürfte Eis vom Schwarzhorn (2788 m) und vom Illhorn (2717 m) zunächst bis ins Rhonetal vorgestoßen sein, wo es sich eben noch mit dem Rhone-Gletscher vereinigt hat. Dann muß die Verbindung jedoch rasch abgerissen haben.
Die gewaltige Ausräumung des Illgrabens in den tektonisch stark zerrütteten Pontiskalken stellt eine der bedeutendsten Erosionskerben in den Schweizer Alpen dar. Sie konnte erst geschehen, als das vom Illhorn und vom Schwarzhorn gegen das Rhonetal abfließende Eis zurückschmolz und das Rhone-Eis den Mündungsbereich für die Bildung des Schuttfächers von Susten–Pfinwald freigab. Dabei muß die Schneegrenze auf über 2000 m angestiegen sein. Durch diesen Schuttfächer von 2,5 km Radius und einem Inhalt von 0,7 km² wurde die Rhone zu einem flachgründigen, zeitweise bis gegen Visp reichenden See aufgestaut, bis diese dann den Schuttfächer und das Trümmerfeld des Bergsturzes von Sierre durchbrach und im Unterwallis kräftig aufschotterte.

Durch den Schuttfächer des Pfinwald wurde die Rhone nach der Turtmanna-Mündung erneut ganz an die rechte Talflanke gedrängt, während sie zuvor, wie ein Altwasserlauf zu erkennen gibt, durch den Fächer des Feschelbach gegen Agarn abgedrängt worden war.

Dala-, Lonza-, Bietsch-, Baltschieder- und Gredetsch-Gletscher

Im Mündungsgebiet der Lonza reichen die höchsten Rundhöcker bis auf 2360 m Höhe. Dann folgen weitere um 2300 m, auf 2050–2100 m, um 1800 m und um 1720–1750 m, besonders gut ausgebildet auf der Gegenseite SW von Eischoll, um 1600 m, auf Jeizinen um 1500 m, auf Städil um 1320 m, auf dem Jeiziberg und oberhalb Hohtenn auf 1250 m. Sie geben Mindest-Eishöhen wieder; sie jedoch bereits bestimmten Eisständen zuordnen zu wollen, ist wohl noch verfrüht. Dagegen sind die verschiedenen Eisrandsedimente am Raroner Schattenberg (J. Winistorfer, 1977) wohl dem Stadium von Leuk zuzuordnen.

Im Stadium von Leuk stieß der *Dala-Gletscher* noch bis ins Rhonetal vor. Moränen lassen sich an beiden Talseiten oberhalb der Mündungsschlucht der Dala beobachten. Ein innerer Stand zeichnet sich bei Inden und bei Tschingeren durch absteigende Moränen ab, die ein Zungenende auf knapp 800 m verraten.

Noch im nächsten Stadium brach ein Lappen des Wildstrubel-Gletschers, der vom Lämmerenboden über die rundgeschliffenen und nur rund 50 m höheren Felsköpfe der Gemmi floß, ins Leukerbad ab, wo er mit einer schmalen Zunge des Dala-Gletschers zusammentraf, bei der Allmei einen Zuschuß von den Steilhängen der Plattenhörner empfing und wenig unterhalb des Kurortes auf 1350 m stirnte.

SW von Leukerbad steigen Moränen von Lokalgletschern bis gegen 1200 m ab; WNW des Kurortes bezeugen steil abfallende, sich verlierende Wälle einen Vorstoß sich vereinigender Hängegletscher. Aufgrund der klimatischen Schneegrenze dürften sie dem mittleren spätglazialen Vorstoß entsprechen. Die W der Flüealp bis auf 1900 m herabreichenden Moränen im Talschluß bekunden letzte spätwürmzeitliche Kälteeinbrüche.

Frührezente Moränen des Dala-Gletschers reichen bis 2500 m herab; der Flue-Gletscher endete gar noch tiefer. 1954 (LK 1267) stirnte der Dala-Gletscher auf 2630 m, 1973 (F. Müller et al., 1976) auf 2580 m.

Das Einzugsgebiet der *Thermen* von *Leukerbad* mit einem Ertrag von rund 1500 l/min. und einer Temperatur je nach Quelle zwischen 31 und 50° wird im Gebiet Majinghorn–Resti-Rothorn–Wysse See–Torrenthorn vermutet (H. Furrer, 1962), wo neben dem Majing-Gletscher auch der von frührezenten Wällen umgebene Schwarze See und der von letzten spätwürmzeitlichen Moränen umsäumte Wysse See abflußlos sind. Ihre starke Sulfat-Mineralisation dürfte in der Trias erfolgen, die am Wysse See als Dolomit ansteht. Während die kleinen Quellen in der Dala-Schlucht direkt den tieferen Doggerkalken entspringen, treten die größeren aus dem Moränenschutt aus.

Im *Lötschental* konnte R. H. Salathé (1961) eine rechtsseitige Ufermoräne von Gugginberg (2200 m) über Fafleralp (2000 m) zum Schwarzsee verfolgen. Dank der Zuschüsse von der Breithorn–Bietschhorn-Kette und vom Petersgrat floß der *Lonza-Gletscher* noch über die Rundhöcker von Ried und schob sich hart an Wiler heran. Über Gassen–Weißenried gibt sich dieser Eisstand bis zur Mündung des Tennbachtales (1600 m) zu erkennen. Die Terrasse von Wiler–Kippel ist als zugehörige Schotterflur zu deuten.

Vom Ferden-Rothorn (3180 m), vom Lötschberg und vom Hockenhorn (3293 m) hingen Eiszungen bis ins Tal herab.
Noch im mittleren Spätwürm stiegen Seitengletscher vom Wilerhorn (3307 m) und vom Sackhorn (3212 m) nochmals fast bis in die Talsohle ab.
Der letzte Spätwürm-Rückschlag ließ den Lonza-Gletscher über die Fafleralp vorrücken. Über den Petersgrat erfolgte – vorab in Zeiten der Klimagunst – ein kultureller Austausch ins Lauterbrunnental (S. 431). Aufgrund bronzezeitlicher Funde im Lötschental (J. HEIERLI & W. OECHSLI, 1896; J. SIEGEN, 1930) dürfte dieser bis in die Bronzezeit zurückreichen. Bekannt sind Wanderungen aus dem späten Mittelalter.
Um 1855 erreichte der *Lang-Gletscher*, das letzte Relikt des früheren Lonza-Gletschers, seine größte frührezente Ausdehnung. Damals vereinigte er sich noch mit dem von S abfallenden Distlig-Gletscher, dessen Zungen, wie Schliffe und eine Endmoräne belegen, auf 1880 m endeten (DK XVIII, 1854). Vor der Stirn des Lang-Gletschers wurde der Rasenboden wulstartig zusammengeschoben. Nirgends sind davor ältere Moränenreste vorhanden (H. KINZL, 1932). Daß aber nachträglich überfahrene Moränen existierten, wird durch K. KASTHOFERS (1822) Bemerkung bekräftigt, wonach sich der Lötschen-Gletscher 1819 beträchtlich weiter als die älteste Gandecke vorgeschoben hatte. Um 1880 hatte das Eis den vordersten Abschnitt bereits freigegeben, ist dann aber nochmals etwas vorgestoßen. 1973 lag das Ende auf 2540 m (F. MÜLLER et al., 1976).
Die eng aneinander gereihten Schuttfächer sind wohl als zugehörige Sanderkegel angelegt worden. Über ihnen schmilzt alljährlich niedergefahrener Lawinenschutt aus.
In den weiter E ins Rhonetal mündenden Tälern stießen im mittleren Spätwürm *Joli-* und *Bietsch-Gletscher* nochmals bis fast in die Rhone-Ebene vor.
Ein nächster Stand des Rhone-Gletschers zeichnet sich durch abfallende Moränenwälle NW von Niedergesteln ab (B. SWIDERSKI, 1920K). Der Felssporn E des Dorfes bildete sich zwischen der Stirn des Rhone-Eises und derjenigen des mündenden Joli-Gletschers. Damals endete auch der Rhone-Gletscher noch bei Raron, was neben den Rundhöckern des Heidnischbiel und dem Kirchhügel von Raron durch eine absteigende Seitenmoräne und auf dem Rarnerbode durch eine Stauschuttmasse zwischen dem Bietsch- und dem Rhone-Gletscher sowie durch internere Staffeln um St. German belegt wird. Ebenso gibt sich dieses Stadium bei Außerberg durch Wallreste, Rundhöcker und Abflußrinnen zu erkennen. Der Wall von Bord dürfte dem Stand von St. German entsprechen. Aus dem Lowigraben mündete noch ein steiler S-exponierter Hängegletscher. Auch S der

▷

Fig. 258 **Quartärgeologische Karte 1:100000 des mittleren Wallis zwischen Gamsen W von Brig bis unterhalb von Leuk**

Schuttfächer

Rundhöcker

Heutiger Gletscherumriß sowie Begrenzung der Firngebiete
Holozäne und frührezente Stände
Letzte Spätwürm-Stände: Stadium von Obergesteln
Moränen des ausgehenden Spätwürm. Stadium von Münster
Stadium von Visp und Lalden–Eyholz
Stadium von Leuk (=Chalais) und Raron

Altels
Balmh.
Lötschen-Gl.
Lötschenp.
Stegh.
Daubensee
Rinderh
Dala-Gl.
Gemmi
Dala
Ferden
Daubenh
Majingh
Leukerbad
Torrenth
Goppe
Dala
Lonza
Lötschental
Inden
Albinen
Jeizinen
LEUK
Hohten
Varen
Salgesch
Gampel
Rh
Pfinwald
Turtmann
Unterems
Agarn
Ergisch
Oberems
Turtmänna
V. d'Anniviers
Illhorn
Chandolin
Roth
Bella Tola
La Navisence
0
2 km

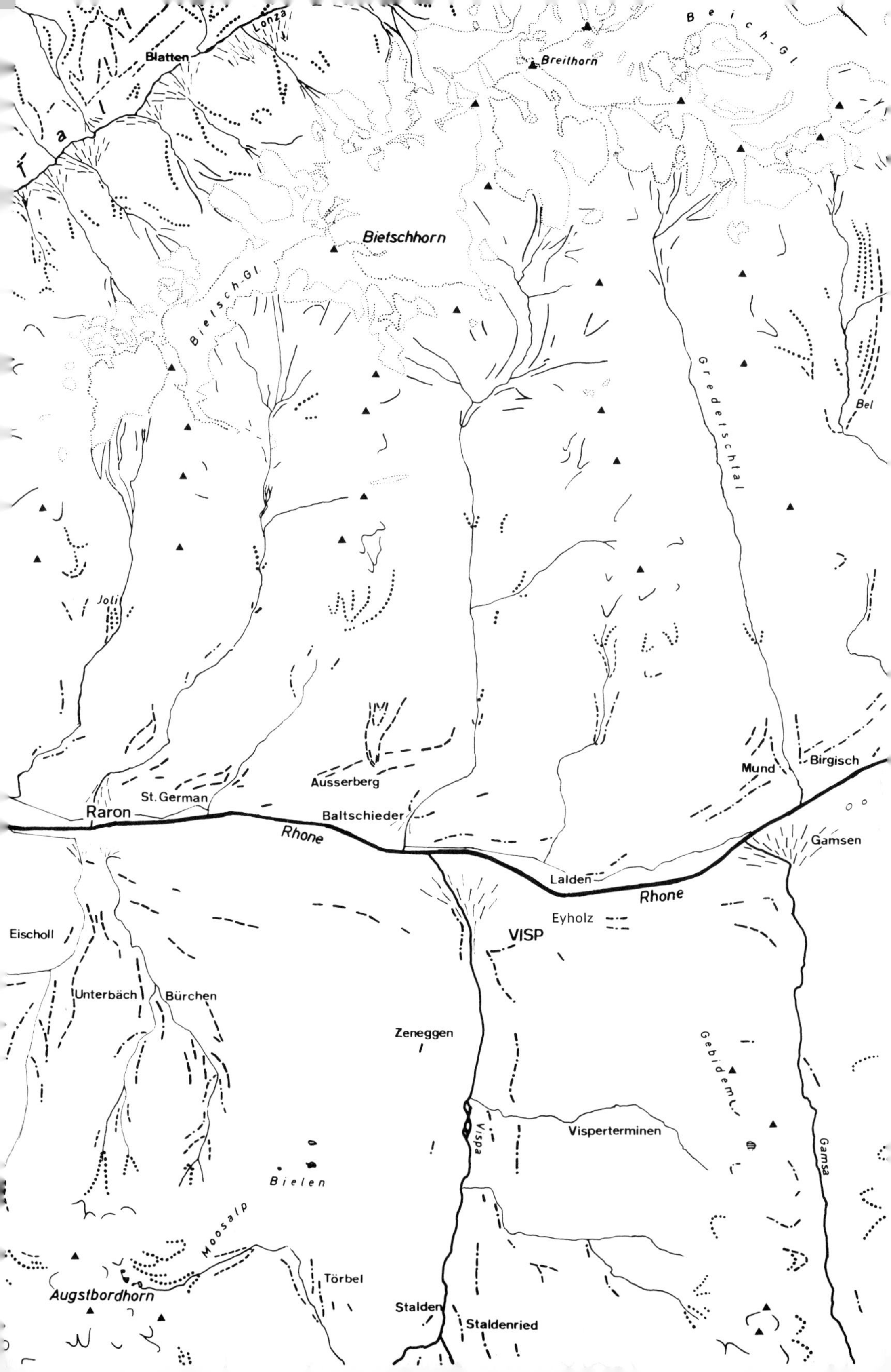

Blatten
Lonza
Tal
Beich-Gl.
Breithorn
Bietschhorn
Bietsch-Gl.
Gredetschtal
Bel
Joli
Mund
Birgisch
Ausserberg
St. German
Raron
Baltschieder
Rhone
Gamsen
Lalden
Rhone
Eyholz
VISP
Eischoll
Unterbäch
Bürchen
Zeneggen
Gebidem
Visperterminen
Vispa
Gamsa
Bielen
Moosalp
Törbel
Augstbordhorn
Stalden
Staldenried

Rhone steigen Moränen bei Raron bis ins Tal ab. Noch im letzten Spätwürm reichten Joli- und Bietsch-Gletscher bis 1700 m herab.
Ebenso schoben sich die beiden *Baltschieder-Gletscher* vom Bietschhorn (3934 m) und vom Breithorn (3785 m) im mittleren Spätwürm erneut bis fast ins Rhonetal vor. Im ausgehenden Spätwürm dürfte wohl der Boden des Jägisand noch von Eis erfüllt gewesen sein. Noch in den frührezenten Hochständen vereinigten sich der Äußere und der Innere Gletscher zu einer Zunge, die bis 1950 m abstieg. Eine steil absteigende Seitenmoräne auf Galo (B. SWIDERSKI, 1920 K) deutet auf ein älteres Zungenende.
Mit dem kräftigen Zurückschmelzen in diesem Jahrhundert sind die beiden Baltschieder Gletscher selbständig geworden. 1973 (LK 1268; MÜLLER et al., 1976) endete der Üßre mit einer regenerierten Stirn auf 2340 m, der Innere Baltschieder-Gletscher auf 2640 m.
Auch der *Gredetsch-Gletscher* vom Nesthorn (3824 m) rückte im mittleren Spätwürm nochmals durch das tief eingeschnittene Tal bis an dessen Mündung vor. Dabei vereinigte er sich noch mit dem Aletsch/Rhone-Gletscher, der erst bis Visp, dann bis Lalden und Eyholz reichte (S. 617). Bei Birgisch und Mund lassen sich stirnnahe Moränenwälle erkennen (SWIDERSKI, 1920 K).
In den frührezenten Hochständen endete der Gredetsch-Gletscher über den Felsabstürzen der Gender auf 2500 m. Bis 1973 war die mittlere Zunge bis 2800 m zurückgeschmolzen.

Turtmanna- und Ginals-Gletscher

Auch der *Turtmanna-Gletscher* stieß in einem mittelspätwürmzeitlichen Klimarückschlag nochmals mit schmaler Zunge bis gegen den Talausgang vor, was Wallreste, Rundhöcker und eine seitliche Schmelzwasserrinne belegen. Taleinwärts läßt sich dieser Vorstoß in Ufermoränen beidseits oberhalb von Meiden um 2300 m erkennen.
Ein letzter spätwürmzeitlicher Vorstoß ließ den Turtmanna-Gletscher – aufgrund rechtsufriger Wälle – noch bis gegen Meiden vorrücken. Dabei nahm er vom Ußer Barrhorn und von den Stellihörner den Pipji-, Brändji- und den durchs Hungertlitälli zufließenden Rothorn-Gletscher auf. Um 1850 stirnte der Pipji-Gletscher mit seinen beiden Lappen um 2600 m. Während der vom Stellihorn absteigende bereits um 1890 bis 2760 m (BEARTH, 1978 K) und bis 1968 (LK 1308) bis 2800 m zurückgeschmolzen war, endete der Barrhorn-Lappen nach 1968 auf 2680 m.
Nach H. KINZL (1932) erreichte der Turtmanna-Gletscher in historischer Zeit erst um 1850 seine größte Länge. Damals vereinigte er sich noch mit dem *Brunnegg-Gletscher* und stirnte auf 2100 m (DK XXII, 1863). 1968 lagen die Zungenenden bereits auf 2250 m bzw. auf 2430 m (LK 1308, 1307).
Aus dem Ginals, einem kleinen Seitental zwischen Turtmann- und Visper Tal, erhielt der Rhone-Gletscher noch im Stadium von Leuk, als er bis auf die Höhe von Eischoll reichte, einen kleinen Zuschuß. Im Stadium von Raron wurde der *Ginals-Gletscher* selbständig und endete, dokumentiert durch absteigende Seitenmoränen, Eggen, um 1250 m. Dabei wurde älterer Gletscherschutt des Vispa-Gletschers wieder aufgearbeitet. Jüngere Staffeln belegen Rückzugslagen auf 1450 m und auf 1600 m. Moränen, die zeitlich dem Briger Stadium entsprechen, liegen im Talschluß, vor dem Kar Dreizehntenhorn (3053 m)–Augstbordgrat; tiefere belegen ein Zungenende auf rund 2100 m, höhere, mehrere Staffeln zurücklassend, dokumentieren ein solches unterhalb Seefeld auf 2400 m. Bis 1968 (LK 1308) ist er bis auf kleinste Firnfelder abgeschmolzen.

Im mittleren Wallis – vorab im Mündungsbereich bedeutender Seiten-Gletscher, etwa des Vispa-Gletschers – belegen Rundhöcker ehemalige Mindest-Eishöhen (S. 480); NW des Augstbordhorn reichen die höchsten vom Vispa-Gletscher überprägten bis auf 2580 m. Tiefere bildeten sich SW von Visp auf Moosalp um 2300 m, auf Bieltini-Goldbiel um 2070–2125 m, nächst tiefere um 1980–2020 m, weitere im Bielwald um 1800 m, 1740 m und um 1650 m, markante im Eggwald NW von Zeneggen um 1540–1560 m. Entsprechende finden sich NE von Visp auf 1610–1660 m, tiefere auf Finnu auf 1410–1430 m. Diesen dürfte der Biel bei Zeneggen mit 1445 m gleichzusetzen sein. Noch tiefere haben sich zwischen 1270 und 1340 m, um 1180 m und um gut 1000 m ausgebildet. Die Anlage des Haupttales wie der Seitentäler folgt Kluftsystemen, was sich auf der W-Seite des Matter- und des vorderen Saastales zu erkennen gibt (P. BEARTH, 1978 K).
An der Mündung des Vispa-Gletschers ins Rhonetal liegen Mittelmoränenreste auf Hotee SE von Visp, auf 1240 m. Sie dürften – zusammen mit wenig tiefer gelegenen Moränenresten W von Visp – dem Stadium von Leuk zuzuordnen sein. Die um Zeneggen SE-NW- bzw. S-N verlaufenden Schrammen sind zwei Eisständen zuzuordnen.
Im Stadium von Le Châble vereinigten sich *Matter-* und *Saaser Gletscher* bei Stalden zum Vispa-Gletscher. Dabei wurden ehemalige Schluchtabschnitte der Matter- und der Saaser Vispa mit Moräne eingedeckt (A. WERENFELS, 1924 K). Zunächst stießen die Eismassen noch bis Visp vor, wo sie sich mit dem Rhone-Gletscher vereinigt hatten. Zugehörige Seitenmoränen zeichnen sich vorab an den rechten Talhängen des untersten Visper Tales, im vordersten Saastal – bei Eisten und bei Gspon – sowie im vorderen Mattertal bei Grächen ab. Jüngere Moränenstaffeln des Vispa-Gletschers werden durch stirnnahe Seitenmoränen und Rundhöcker unterhalb von Stalden belegt. Nach dem Selbständigwerden von Matter- und Saaser Gletscher lösten sich um Staldenried ausgedehnte Rutschmassen und glitten gegen den Zusammenfluß der beiden Vispa (BEARTH, 1978 K). Ein Teil davon ist noch heute in Bewegung.
Vom Gabel- und vom Seetalhorn hatte sich eine gewaltige Sackung gelöst (BEARTH, 1978 K), so daß die moränenartigen Wälle von Grächen zum Teil als moränenbedeckte Sackungswälle zu deuten sind. Ein von BEARTH als Endmoräne interpretierter Wall eines vom Seetalhorn abgestiegenen Gletschers kann – aufgrund der Gleichgewichtslage auf knapp 2700 m – nur im letzten Spätwürm geschüttet worden sein. Die Sackung dürfte damit zuvor, wohl im jüngeren Spätwürm, niedergefahren sein, so daß sich im dadurch entstandenen Nackentälchen ein letztspätwürmzeitlicher Gletscher ausbilden konnte.
Abschmelzterrassen des Vispa- und des Rhone-Gletschers zeichnen sich um Visp ab. Nach dem Stadium von Lalden wurden die beiden selbständig. Im Zungenbecken des Aletsch/Rhone-Gletschers bildete sich E von Visp ein Stausee, in dem geschichtete Silte und Feinsande abgelagert wurden.
Im Mattertal erschweren steile Felsflanken, Sackungs- und Bergsturzmassen, Schuttfächer und hängende Seitentäler das Verfolgen prähistorischer Eisrandlagen.
Eine markante Seitenmoräne steigt SW von Zermatt vom Schwarzsee bis gegen Hermettji ab (P. BEARTH, 1953 K). Eine zeitlich entsprechende Moräne verrät einen bis Zermatt vorgerückten *Zmutt-Gletscher*. Ufermoränen des *Findelen-Gletschers*, die auf Findelenalp Stelli- und Leisee abdämmen, werden auf 1900 m vom Gorner-Gletscher abgeschnitten. Sie bekunden einen Vorstoß bis 2,5 km unterhalb von Zermatt. Um Zermatt stellen sich zahlreiche Rundhöcker und kleine Schmelzwasserrinnen ein.

Fig. 259 Der Gornergletscher nimmt zwischen Monte Rosa (4634 m) und Lyskamm (4527 m, rechts) Grenz- und Zwillingsgletscher auf. Dabei vereinigen sich die beiden inneren Seiten- zu Mittelmoränen.
Photo: Schweiz. Verkehrszentrale, Zürich. Aus: H. ALTMANN et al., 1970.

Im Mattertal drangen mehrere Seitengletscher bis fast in die Talsohle vor, was durch steilabsteigende, in Mündungsschluchten sich verlierende Moränenwälle belegt wird. Auch der Riffelberg lag unter Eis; ein Zungenende reichte bis in die Augstchumme.
Altersgleiche Wallmoränen aus dem Hohtälli N des Gornergrat ergeben für den bis gegen 2200 m herabhängenden, sich mit dem Findelen- vereinigenden *Hohtälli-Gletscher* eine Gleichgewichtslage um 2600 m und bei NW-Exposition eine klimatische Schneegrenze von 2750 m.
Ein höheres, von Wällen umgebenes Zungenbecken stellt sich auf Breitboden in 2500 m ein. Die zugehörige Gleichgewichtslage von 2750 m weist auf eine Schneegrenze von über 2850 m hin; heute liegt sie um Zermatt auf 3200 m. Zugleich erreicht auch die Waldgrenze in den Vispertälern – um Zermatt und im hinteren Saastal – mit nahezu 2400 m die höchsten Werte.
Ein den Moränen von Breitboden entsprechender Stand des *Gorner Gletschers* zeichnet sich am oberen Dorfende von Zermatt in tiefliegenden Wällen ab.
Um 8200 v. h. herrschte offenbar ein wärmeres Klima, was durch Stammreste am Zungenende belegt wird.

Außerhalb der historischen Stände des Gorner Gletschers konnten neulich Gletschermühlen freigelegt werden. Ihre Serpentin-Mühlsteine, die vom mittelalterlichen Menschen bearbeitet, bei Furri SW von Zermatt unter ^{14}C-datiertem verkohltem Holz aufgefunden wurden, belegen, daß das Gorner Eis die Kolke in den letzten 1000 Jahren nicht mehr überfahren hat (A. Bezinge, mdl. Mitt.; P. Wick, 1974).

Den größten frührezenten Stand erreichte der Gorner Gletscher um 1850; er rückte bis 1820 m, bis Aroleit vor. Beidseits der Vispa stoßen markante Wallmoränen unmittelbar an Wiesen, die teils vom Eis überfahren wurden. Der Gletscher soll dort seit 1800 44 Heuhütten zerstört haben (J. Tyndall, 1860). Auf einen Hochstand vor 1800 deutet die Bemerkung von I. Venetz (1833), wonach 1815 auf dem linken Ufer eine alte Moräne bestand, die das vorstoßende Eis noch nicht erreicht hatte. Heute endet es auf 2000 m.

Diese recht hohe Lage der Zungenenden ist, neben der Massenerhebung, vorab auf die geringe Niederschlagsmenge zurückzuführen: Zermatt 69 cm/Jahr. Bei einer Niederschlagsmenge wie im Tal von Chamonix mit gegen 140 cm/Jahr in der Talsohle, würden die Gletscher wesentlich weiter talauswärts reichen, wohl bis über Randa, nach Bezinge gar bis über St. Niklaus. Dabei zeichnet sich besonders auch die Mischabel-Gruppe durch eine extreme Niederschlagsarmut aus. Auf der Weißhorn-Seite werden noch fast dreimal so hohe Werte gemessen (Bezinge, mdl. Mitt.).

Von 1930 bis 1955 büßte der Gorner Gletscher über 950000000 m^3 ein. Bei einer Länge von 15 km und einer mittleren Mächtigkeit von 150 m beträgt sein heutiges Volumen noch rund 10 Milliarden m^3 (Bezinge, schr. Mitt.). Mit seinen 69 km^2 ist er der zweitgrößte und mit seinen heute (1973, F. Müller et al., 1976) noch 14,1 km der drittlängste der Alpen. 1963 (LK 1346) endete er auf 2020 m, 1973 auf 2120 m. A. Renaud (1936) beschrieb von der Oberfläche eigenartige Entonnoirs, runde bis elliptische Versickerungstrichter von 50–150 m Durchmesser und einer Tiefe von 10 m, die sich um Gletschermühlen bilden und den Wasserabfluß regulieren.

Der am Fuße des Monte Rosa, am Zusammenfluß von Gorner- und Grenz-Gletscher, sich bildende Gornersee wurde bereits von Lambien 1682 gezeichnet. Alljährlich entleert sich sein 3–8 Millionen m^3 großer Wasserinhalt intra- und subglaziär. 1944 wurde dabei der 1887 erbaute 30 m hohe Steg über die Gornerschlucht fortgerissen (A. Bezinge et al., 1970). Temperaturmessungen bei Bohrungen ergaben, daß das Akkumulationsgebiet, der Grenz-Gletscher, ein kalter, das Ablationsgebiet, der Gorner Gletscher, ein temperierter Gletscher darstellt (H. Röthlisberger, in Ch. Schlüchter et al., 1978).

Der *Furgg-Gletscher* reichte um 1850 bis 2340 m herab (DK XXIII, 1862); bis 1967 (LK 1347) war er bis 2690 m zurückgeschmolzen. Der Obere *Theodul-Gletscher* hing mit seinen Lappen noch bis 2600 m herab. Bis 1963 (LK 1348) endete er um 2850 m und ließ im freigegebenen Zungenbereich auch verschiedenartige Schmelzwassersedimente zurück (R. German, 1972). Eindrücklich ist das Zurückschmelzen des Eises an der Mündung des *Breithorn-* und des *Triftji/Unterer Theodul-Gletschers* in den Gorner Gletscher, die dort seit 1850 über 50 m an Mächtigkeit eingebüßt haben.

Der *Findelen-Gletscher* reichte um 1850 bis an den Grindji- und an den Grünsee und stirnte mit steiler Zunge auf 2000 m, wo er einen alten Wald angriff (Alb. Heim, 1885). F. Röthlisberger (1976) konnte am N-Ufer mehrere Staffeln, am S-Ufer nur einen einzigen, aufgrund der auf der Innenseite festgestellten 8 fossilen Böden mehrfach überschütteten Wall beobachten. Der älteste Boden – 35 m unter der Wallkante – bekundet mit einem ^{14}C-Datum von 2565 ±195 Jahren v. h. eine Warmphase der Hallstatt-Zeit. Darnach erfolgte ein Vorstoß von größerem Ausmaß als 1890. Der in gut 30 m unter

Fig. 260 Der Zmutt-Gletscher, 24. Juli 1835, nach R. BÜHLMANN. Graphische Sammlung der ETH, Zürich. Aus: F. RÖTHLISBERGER, 1976.

der Wallkante gelegene Boden ist mit 10–15 cm der mächtigste und belegt um 1610 ± 115 Jahren v. h. eine längere Klimagunst. Im nächsten Vorstoß wurden 20 m Moräne geschüttet. 4 m unter der Oberkante folgen innerhalb von 50 cm zwei gering mächtige A-Horizonte mit *Juniperus*-Wurzeln und -Astresten mit ^{14}C-Daten um 1020 ±255 v. h. Aufgrund der Überschüttungs-Höhe erreichte der nachfolgende Vorstoß wiederum die Ausmaße des 1850er-Standes. Bei relativ hohem Gletscherstand bildete sich ein nächster Boden, der abermals von Moräne überschüttet wurde. Nur 50 cm unter der Wallkante liegt ein letzter Boden mit einem ^{14}C-Alter von 845 ±225 Jahren, der den nachfolgenden Vorstoß ins 12.–13. Jahrhundert verweist. Da der Kamm selbst den letzten frührezenten Vorstoß um 1850 bekundet, rückte der Findelen-Gletscher um 1600 und 1820 offenbar nicht so weit vor. Auf der N-Seite stieß ein Erdstrom an die Außenseite eines 3 m hohen Walles und überfuhr dabei einen fossilen Boden mit einem ^{14}C-Datum von 4470 ± 155 v. h. aus neolithischer Zeit. Holzkohlenhorizonte belegen, daß die Waldgrenze um 4200 v. h. bis auf mindestens 2550 m und um 3600 v. h. bis auf 2500 m gereicht hat.

Seit 1963, seitdem die Zunge des noch 19 km^2 großen Findelen-Gletschers vermessen wird, ist diese nicht nur in ihrer Länge um 160 m, sondern auch volumenmäßig weiter zurückgeschmolzen (P. KASSER & M. AELLEN in CH. SCHLÜCHTER et al., 1978). Damit wurde im Vorfeld eine Felsschwelle mit Schliffen und Striemen, Schmelzwasserrinnen und Gletschermühlen frei. Zugleich lassen sich etwa 1 m hohe Jahresmoränen erkennen. Um 1850 hatten sich Abberg- und Schölli-Gletscher vereinigt und stirnten auf 2650 m. 1968 (LK 1308) stirnten sie auf 2900 m bzw. auf 3030 m.

Um die Stirn haben sich vom Eis geformte Schotter- und Sand-Pyramiden gebildet, die 10–12 m über die Eisoberfläche emporragen und die mit frontalen Scherbewegungen im Eis in Zusammenhang gebracht werden (D. E. SUGDEN & B. S. JOHN, 1976).

Wie beim Gorner- und beim Findelen-Gletscher ist auch im Vorfeld des schuttbedeckten *Zmutt-Gletschers* nur ein einziger frührezenter Hochstand zu erkennen. 1848 war der Gletscher stark vorgestoßen und in den Wald eingebrochen. Dabei soll er Bäume in solcher Zahl umgestoßen haben, daß sie fast so zahlreich in der Stirnmoräne lagen wie die Felsblöcke (D. DOLLFUS-AUSSET & H. HOGARD, 1864; CH. GRAD, 1868). Zugleich zerstörte er die von Jahrhunderte alten Bäumen bestandene Moräne und kam erst vor den Hütten von Stafel zum Stillstand (VENETZ, 1861; DK XXII, 1861; Fig. 260).

Bereits um 6200 v. h. muß der Zmutt-Gletscher vorgestoßen sein, da sich bei Zmutt auf 2160 m in der Grundmoräne ein Stammstück fand. Offenbar war damals der Gletscher erneut bis an den Dorfeingang von Zermatt vorgefahren, da sich dort mehrere stirnnahe Moränenstaffeln erkennen lassen.

Beim Stausee, 1,5 km E dieses Zungenendes, gibt sich ein weiteres Moränensystem zu erkennen, das allenfalls einen eisenzeitlichen Vorstoß bekundet.

Fig. 261 Der Zmutt-Gletscher, 21. Juli 1974. Im unteren Zungendrittel lag der Alpweiler Winkelmatten. Noch heute gibt der Zmutt-Gletscher Holzstücke frei. Aus: F. RÖTHLISBERGER, 1976.

Unter feucht-kühlem Klima rückte der Zmutt-Gletscher, wie ^{14}C-datierte Stämme belegen, um 450 n. Chr. vor.
Im ausgehenden Spätwürm drang der aus Längflue-, Mellich-, Alphubel- und Weingarten-Gletscher gebildete *Täsch-Gletscher* bis gegen Täsch vor, was durch frontnahe Seitenmoränen auf beiden Seiten der Mündungsschlucht belegt wird. Frührezente Stände der einzelnen Zuschüsse reichten im Talschluß bis gegen 2400 m; beim Weingarten-Gletscher bis 2600 m herab.
Hohlicht- und *Bis-Gletscher* dürften im ausgehenden Spätwürm – wie *Kin-*, *Festi-* und *Hohberg-Gletscher* – aufgrund der Seitenmoränen nochmals fast bis ins Mattertal vorgestoßen sein. Vom Bis-Gletscher brach bereits 1819 ein Teil der Zunge ab. Nach 1850 endete er um 2000 m.
Der *Stelli-Gletscher* reichte im ausgehenden Spätwürm bis unter 1350 m und im letzten Spätwürm bis unter 1600 m herab. Noch um 1850 hing der untere Stelli-Gletscher bis auf 2470 m herab (Bearth, 1978 k). Bis 1968 (LK 1308) war er bis auf 2750 m zurückgeschmolzen. *Jung-* und *Augstbord-Gletscher* endeten auf 2200 m und auf 2150 m. Zur Zeit der frührezenten Höchststände war das Inner Tälli noch bis gegen 2400 m herab von Eis erfüllt. Bis 1968 (LK 1308) aperte es bis auf bescheidene Relikte aus.
Im Augstbordtal sowie in dem vom Augstbordhorn absteigenden Tal haben Blockgletscher zahlreiche Wälle hinterlassen (Bearth, 1978 k).
Während der *Törbel-Gletscher* aus dem hochgelegenen Törbeltälli in den Ständen von Raron und Visp dem Vispa-Gletscher noch Eis lieferte, endete er im ausgehenden Spätwürm auf 1950 m. Damals reichte auch der *Ried-Gletscher*, wie aus den Seitenmoränen von Ried und von Wichul hervorgeht, N von St. Niklaus bis in die Sohle des Mattertales. Jüngere Moränen belegen Zungenenden auf knapp 1200 m und in der Mündungsschlucht um 1250 m.
1854 endete der Ried-Gletscher auf 1700 m, um 1890 auf 1900 m. Dann gab er die oberhalb gelegene Schlucht frei. 1968 (LK 1308) stirnte er auf 2050 m.
Bei Alpja beobachtete H. Kinzl (1932), daß oberhalb der Hütten ein Wall von der großen Ufermoräne abzweigt. Dieser ist mit alten Lärchen und Wurzelstöcken bestanden und stellt eine zu Beginn des 17. Jahrhunderts abgelagerte Moräne dar. Wenig weiter unten mündet jedoch diese wieder in den Wall von 1850. Dies besagt, daß der Ried-Gletscher im 17. Jahrhundert mächtiger war, daß aber seine Zunge damals nicht so weit talwärts reichte.
Im vorderen Saastal reichte der *Saaser Gletscher* im mittleren Spätwürm bis auf eine Höhe von 1450 m, wo er bei Leidbach den vom Simelihorn (3124 m) zufließenden Leidbach-Gletscher aufnahm.
Im mittleren *Saastal* stieg der *Balfrin-Gletscher* im ausgehenden Spätwürm nochmals bis in die Talsohle ab. Im letzten Spätwürm endete er, wie mehrere Wallreste belegen, im Schweibbachtobel. Zur Zeit der frührezenten Vorstöße nahm er noch den Färich-Gletscher auf und stirnte um 2100 m. 1968 (LK 1308) endete eine regenerierte Zunge um 2430 m, während sich der Färich-Gletscher durch niedergebrochenen Blockschutt in einen Blockgletscher verwandelt hat.
Noch im letzten Spätwürm stieß der *Fee-Gletscher* – wie die über Saas-Fee–ÜßeriWildi bis gegen Saas-Grund abfallenden Moränen und die Rundhöcker um Saas-Fee dokumentieren – ebenfalls noch bis ins Haupttal vor, nachdem er im Kessel von Saas-Fee noch den Hohbalm-Gletscher aufgenommen hatte (Fig. 262).
Aufgrund der Bewachsung der frührezenten Moränen schloß Kinzl (1932), daß der

Fig. 262 Der Talschluß bei Saas Fee, der in den Eiszeiten von mächtigen Eismassen gefüllt war, mit Allalinhorn (4027 m, links), Alphubel (4206 m), Täschhorn (4491 m) und Dom (4545 m, rechts). Noch um 1850 stiegen die Gletscher, dokumentiert durch markante Seitenmoränen und Schmelzwasserrinnen, bis ins Tal. Der Feegletscher füllte noch das von einem See eingenommene Zungenbecken. Auch bei dem von W (rechts) absteigenden Hohbalmgletscher lassen sich hohe Seitenmoränen erkennen. Die Waldgrenze liegt um 2200 m.
Luftaufnahme: Swissair-Photo AG, Zürich. Aus: H. Altmann et al., 1970.

Fee-Gletscher in historischer Zeit seine größte Länge um 1820 erreicht hätte. Dabei wären Moränen mehrerer Vorstöße übereinander geschüttet worden. Noch um 1860 reichte die nördliche der beiden durch die Gletscheralp getrennten Zungen bis unterhalb 1900 m (DK XXIII, 1862); 1960 war sie bis auf 2100 m zurückgeschmolzen. Bis 1973 (Müller et al., 1976) war sie wieder bis auf 2040 m vorgestoßen.
Im letzten Spätwürm dürften die Gletscher aus dem hintersten Saastal – Schwarzberg-, Seewjinen- und Tälli-Gletscher –, die unterwegs noch Ofental-, Allalin- und Hohlaub-,

Chessjen- und Furggen-Gletscher aufgenommen und dabei die offenbar im vorangegangenen Interstadial – wohl im Alleröd – niedergefahrenen Bergsturzmassen von Furggstalden SE von Saas-Almagell überfahren haben (BEARTH, 1954K), sich noch mit dem Fee-Gletscher vereinigt haben. Dabei dürfte auch der Rotblatt-Gletscher aus dem Almagellertal etwas Eis beigetragen haben.

Vom *Allalin-Gletscher* liegen geschichtliche Angaben vor, da sie mit Ausbrüchen des Mattmarksees zusammenhängen, der sich hinter dem jeweils von SW vorgestoßenen Gletscher aufstaute. Nach der Saaser Chronik erfolgten katastrophale Überschwemmungen 1633, 1680, 1772, 1920 und 1922 (BEARTH, 1957). 1822/23 erreichte der Allalin-Gletscher seinen höchsten frührezenten Stand, der weiter S ins Tal vorstoßende *Schwarzberg-Gletscher* bereits 1818/20 (Fig. 263).

Auf die kurzen, aber heftigen Vorstöße um 1820 folgte um 1850 ein schwächerer,

Fig. 263 Mattmark-Alp mit Schwarzberg-Gletscher (vorn) und Allalin-Gletscher (hinten).
Kupferstich von THALÈS TIELDING nach dem Aquarell von MAXIMILIAN DE MEURON: Passage du Mont Moro (1822), aus: H. RÖTHLISBERGER, 1974.

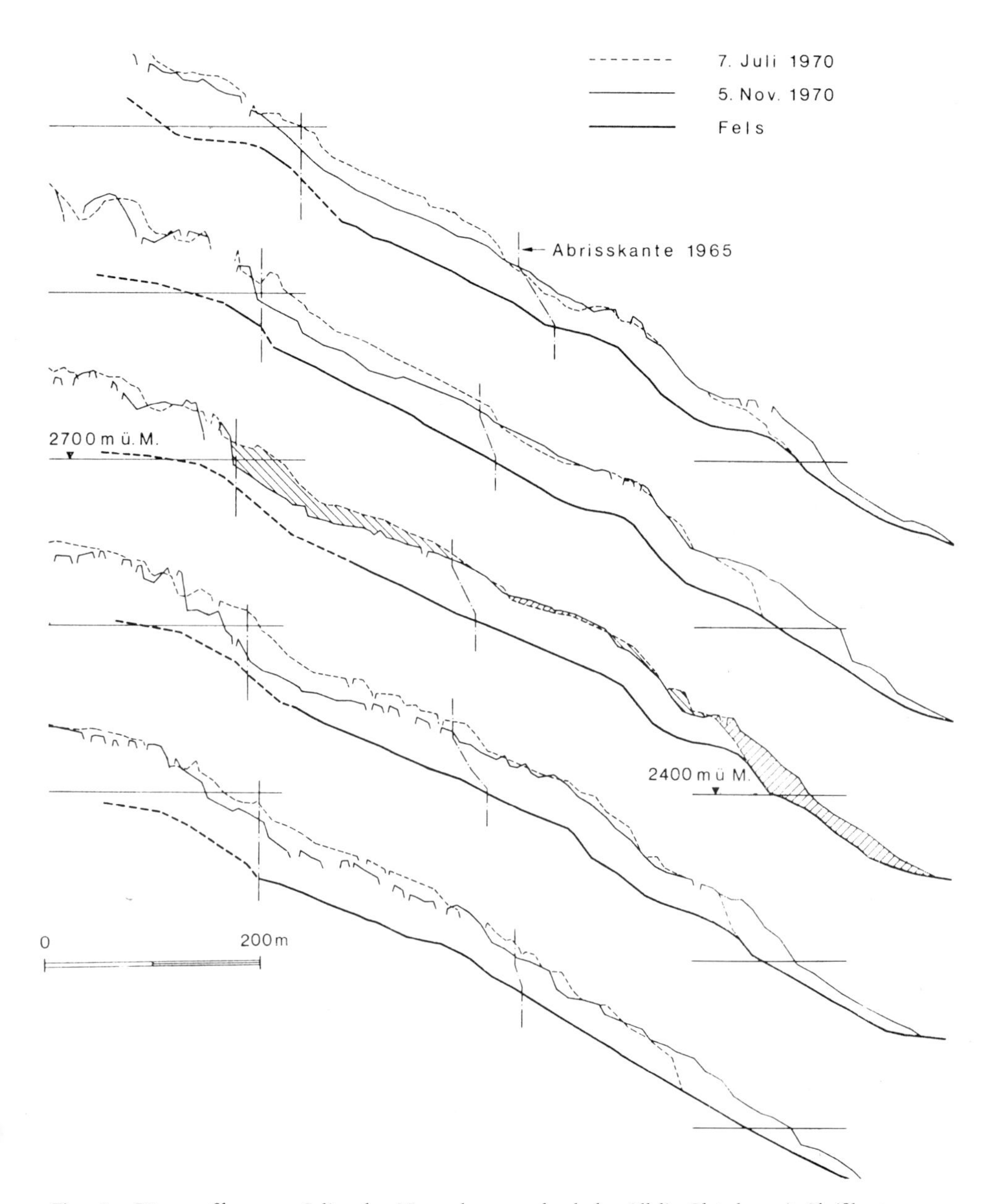

Fig. 264 Längsprofile vom 7. Juli und 5. November 1970 durch den Allalin-Gletscher mit Abrißkanten. Aus: H. RÖTHLISBERGER, 1974.

aber länger andauernder. Dabei nahm der Allalin-Gletscher 1858, der Schwarzberg-Gletscher jedoch schon 1852 sein größtes Ausmaß an. Noch 1916 reichte der Allalin-Gletscher bis ins Tal. Dann schmolz auch er mehr und mehr zurück. 1965 brach die bis auf 40 m zurückgeschmolzene Zunge unvermittelt ab. Auch 1966, 1967 und 1970 ereigneten sich noch kleinere Rutschungen, ohne jedoch zu bedeutenden Zungenabstürzen zu führen (Fig. 264). 1973 (F. MÜLLER et al., 1976) endete die Zunge auf 2340 m. Seither

ist die Zunge stabiler geworden und stützt sich besser ab (H. RÖTHLISBERGER, 1974). Beim noch südlicher gelegenen *Seewjinen-Gletscher* sind die Stirnmoränen von 1820 und 1850 gut erhalten; damals stieß er bis in den Talgrund vor.
Mälliga-, Trift-, Hohlaub-, Lagginhorn- und Fletschhorn-Gletscher vereinigten sich auf der Triftalp im Spätwürm zu einem einzigen, bis in die Mündungsschlucht des Trift-Baches herabhängenden Gletscher. Letzte Spätwürm-Moränen belegen mehrere Vorstöße. Bei den frührezenten Wiedervorstößen schütteten die Gletscher mächtige Kämme.
Noch im ausgehenden Spätwürm stieg der *Grüebu-Gletscher* vom Fletschhorn (3996 m) – zunächst mit dem Eis vom Jegi-Grat – bis 1950 m ins Saastal herab. Dann wurden die beiden selbständig, wie markante Seitenmoränen auf Alp Grüebe belegen. Rückzugsstaffeln des Grüebu-Gletschers verraten spätere Zungenenden auf 2100 m, 2170 m, 2250 m, 2380 m, 2430 m und 2530 m. Um 1850 stirnte er um 2660 m; ein Endmoränenkranz umschließt auf 2770 m einen Stausee. Da das Eis sich über gefrorene Grundmoräne bewegt, ist der Grüebu-Gletscher als kalter Gletscher zu bezeichnen (H. RÖTHLISBERGER, mdl. Mitt.).
Der Mattwald-Gletscher endete im letzten Spätwürm auf dem Jenziboden unter 2300 m. Spätere Blockstromwälle haben das Zungenbecken überprägt (P. BEARTH, 1972K, 1973). Die schmächtigen Gletscherzungen im vorderen Matter- und im Saastal sind wohl Ausdruck der inneralpinen Niederschlagsarmut (H. RÖTHLISBERGER, mdl. Mitt.). Im Weißmies-Gebiet liegt denn auch die klimatische Schneegrenze heute mit rund 3200 m extrem hoch.

Der Gamsa-Gletscher

Noch im mittleren Spätwürm vermochte der Gamsa-Gletscher sich mit dem Aletsch/Rhone-Gletscher zu vereinigen. Im ausgehenden Spätwürm stirnte er oberhalb der Gamsa-Schlucht auf rund 1400 m. Im letzten Spätwürm reichte seine Zunge bis auf die Nidristialp. Dabei sind allerdings die Moränen durch niedergefahrene Sackungen und Schwemmfächer weitgehend zerstört worden.
Holozäne Wälle haben sich bei Gieße und auf Unners Fulmoos gebildet. Um 1850 stirnte der Gamsa-Gletscher auf 2350 m; dann schmolz er zurück. Dabei hinterließ er noch einige Moränen kleinerer Wiedervorstöße. 1967 (LK 1309) endete er auf 2720 m; bis 1973 (F. MÜLLER et al., 1976) ist er wieder auf 2600 m herab vorgestoßen.

Der Aletsch/Rhone-Gletscher zwischen Visp und Massa-Mündung

Im mittleren Spätwürm reichte der Rhone-Gletscher – dank seiner Zuschüsse aus den beidseits mündenden Seitentälern – noch bis gegen Brig, wo er zunächst Aletsch- und Saltina- und weiter Rhone-abwärts noch Gredetsch- und Gamsa-Gletscher aufnahm. Dabei reichte er noch bis gegen Visp, wo er sich aber mit dem Vispa-Gletscher nicht mehr vereinigte (S. 617). Bei Lalden und Eyholz ließ der Aletsch/Rhone-Gletscher Stauterrassen und, unterhalb der Station Lalden, auch Moränenwälle zurück. Diese Stände werden auf der rechten Talseite durch absteigende Seitenmoränen zwischen Naters und Birgisch dokumentiert. Zwischen Birgisch und Mund trat der *Gredetsch-Gletscher* – durch Moränenwälle belegt (B. SWIDERSKI, 1920K) – aus (S. 480).

Aus den SE von Brig steil nach NW abfallenden Tobeln zwischen Fülhorn und Roßwald nahm der Aletsch/Rhone-Gletscher noch reichlich Lawinenschnee auf, was sich in den markanten Wallresten oberhalb von Ried abzeichnet. Im Spissigraben sowie in dem vom Fülhorn gegen NW abfallenden Graben liegt noch heute stets Lawinenschnee (LK 1289). In den Moränenrelikten oberhalb von Ried läßt sich in den tieferen Partien Rhone-Geschiebe mit Kristallin-Blöcken beobachten, während gegen oben in einzelnen Schüben geschüttetes Bündnerschiefer-Material vorherrscht.
Durch die Saltina-Schlucht drang im mittleren Spätwürm der *Saltina-Gletscher* und hinterließ oberhalb von Wickert und bei Ägerta kleine Wallreste. Auch vom Glishorn nahm er noch Lawinenschnee auf, was durch Moränenreste am Ausgang des Ännerholzgraben belegt wird.
Noch im ausgehenden Spätwürm dürfte die Zunge des selbständig gewordenen Aletsch-Gletschers mit steiler Stirn bei Gamsen geendet haben. Dabei wurden vom Glishorn niedergebrochene Sturzmassen vom Eis kurzfristig überfahren und zu Tumas überprägt. Die Sackungsmassen der tieferen Gehänge des Glishorn sowie die Schuttfächer von Glis haben die von Ägerta absteigende Seitenmoräne überprägt.
Damals floß auch noch etwas Aletsch-Eis über den Grat zwischen Bettmerhorn und Riederhorn auf Bettmer- und Riederalp, was durch Moränen und Erratiker belegt wird.

Der Saltina-Gletscher

Vom Monte Leone (3553 m) und vom Hillehorn stiegen *Chaltwasser-* und *Steinu-* als *Saltina-Gletscher* bis an den Schlucht-Ausgang vor. Eine linke Moräne bekundet an der Mündung eine Eishöhe von rund 900 m.
In einem nächsten Spätwürm-Stadium dürfte der Chaltwasser-Gletscher – zusammen mit über den Simplonpaß gegen N abgeflossenem Eis des Hübsch-Gletschers – im Taferna-Tal noch bis 1400 m gereicht haben. Der Steinu-Gletscher endete bereits oberhalb der Ganter Brücke.
Im letzten Spätwürm-Vorstoß stiegen Steinu- und Chaltwasser-Gletscher bis gegen 1750 m bzw. bis 1650 m ab, was bei Egga im Tafernatal durch abfallende Wälle belegt wird (Fig. 265).
SE von Brig klebt am Abhang, der von der neuen Simplonstraße gequert wird, über tiefgründig verwitterten Bündnerschiefern am Ausgang des Klenen-Kargletschers etwas Lokalmoräne. Über ihr folgen – weiter talabwärts direkt über Bündnerschiefern – mächtige Rhone-Moräne und geschichtete Eisrandablagerungen (E. Fardel, mdl. Mitt.).
Im mittleren Spätwürm stießen auch der Klenen-Gletscher und diejenigen der Kette Fülhorn–Bättlihorn (2952 m) bis zum Aletsch/Rhone-Gletscher vor, der E von Brig noch bis auf über 1000 m reichte.
^{14}C-Daten einer von M. Welten (schr. Mitt.) pollenanalytisch untersuchten Alleröd-Gyttja vom Hopschusee (2018 m) ergaben 10430 ± 250 (B-529), die Nachprüfung einer neuen Probe 12580 ± 200 Jahre v. h. (B-608). M. Küttel (1979) hat in drei Mooren des Simplonpaß-Gebietes die Existenz des Alleröd bestätigen können. Damit war der Simplonpaß bereits vor dem Alleröd eisfrei, was mit den Ergebnissen in den östlichen Schweizeralpen in Einklang steht.
Die Vegetationsentwicklung begann mit Pioniergesellschaften, in denen im Alleröd *Juniperus*-Büsche hochkamen. Diese wurden in der Jüngeren Dryaszeit wieder zurück-

Fig. 265 Moräne mit Erratikern im vorderen Taferna-Tal mit Hübschhorn.
Fig. 265 und 266 aus: H. P. Nething, 1977.

Fig. 266 Der von Rundhöckern umgebene Hopschusee mit Monte Leone und den frührezenten Moränen des Chaltwasser-Gletschers sowie den letzten spätwürmzeitlichen Moränen des Hübsch-Gletschers (rechts).

gedrängt. Im Präboreal erfolgte die Weiterentwicklung über ein wiederum *Juniperus*-reiches Vorstadium zum *Larix (Pinus)*-Wald.
Auf Alp Bodmen W des Wasenhorn (3247 m) werden auf 2100–2200 m Höhe letzte spätwürmzeitliche Moränenstaffeln von ENE–WSW-verlaufenden Längsbrüchen mit 5–10 m Sprunghöhe versetzt (Bd. 1, S. 393, Fig. 181, S. 394).
Auch das Rundhöckergebiet NE des Simplonpasses ist von Kerben zerschnitten, welche die Strukturen unter spitzem Winkel schneiden. Analoge Längsbrüche konnte A. Streckeisen (1965) über das Nanztal bis Gebidem SE von Visp verfolgen. Mit P. Bearth (1956, 1957) möchte er sie als Ausgleich auf einen isostatischen Anstieg des Alpenkörpers deuten.

Aletsch- und Fiescher Gletscher

Noch im ausgehenden Spätwürm fiel ein Arm des *Aletsch-Gletschers* durch die Talung von Märjela zum Fiescher Gletscher ab. Wallmoränen N von Märjela belegen einen Eisstand bis 2500 m. Dank dieses Zuschusses und derjenigen vom Strahlgrat und vom Klein Wannenhorn (3707 m) vermochte der *Fiescher Gletscher* das Kolkbecken von Fiesch mit seiner Zunge zu füllen.
Über die Sättel N der Bettmeralp, N der Riederalp sowie über die Rieder Furka floß *Aletsch-Eis* über und hing in Zungen ins Rhonetal herab.
Am Grat des Geimerhoru und am Massaeggen, einer Mittelmoräne, teilte sich der Aletsch-Gletscher in zwei Lappen, die zunächst nochmals den Kessel von Brig und später, im letzten Spätwürm, diejenigen von Naters und der Massa-Mündung erfüllten. Neben den Moränenwällen im Mündungsgebiet der Massa ist dieser Stand auch W von Naters durch die absteigenden Wälle der Rossegga und von Z'Brigg belegt.
Ein Moränenrest am S-Ausgang von Brig belegt den linken Zungenrand. Über die Beckentiefe ist nichts bekannt; im Städtchen stehen Bündnerschiefer an.
Stirnmoränen fehlen; sie wurden wohl von Aletsch-Schmelzwässern und von der Rhone weggeräumt und überschüttet. Deutlicher tritt dieser Stand oberhalb von Blatten zutage. Von Egga läßt er sich unterhalb des Hotels Belalp bis an die E-Flanke des Sparrhorn verfolgen. Zusammen mit den Moränen an der Mündung des Driest-Gletschers bekundet der Wall bei der Mündung des Oberaletsch-Gletschers einen um 200 m höheren Eisstand als um 1850 und einen um 400 m höheren als 1970 (LK 1269). Damals mündeten Oberaletsch- und Driest-Gletscher weiter Aletsch-aufwärts, Zenbächen- und

Fig. 267 **Quartärgeologische Karte 1:100000 des unteren Goms zwischen Bellwald und Brig** ▷

Schuttfächer

Rundhöcker

Heutiger Gletscherumriß sowie Begrenzung der Firngebiete
Holozäne und frührezente Stände
Letzte Spätwürm-Stände: Stadium von Obergesteln
Moränen des ausgehenden Spätwürm. Stadium von Münster
Stadium von Visp und Lalden–Eyholz

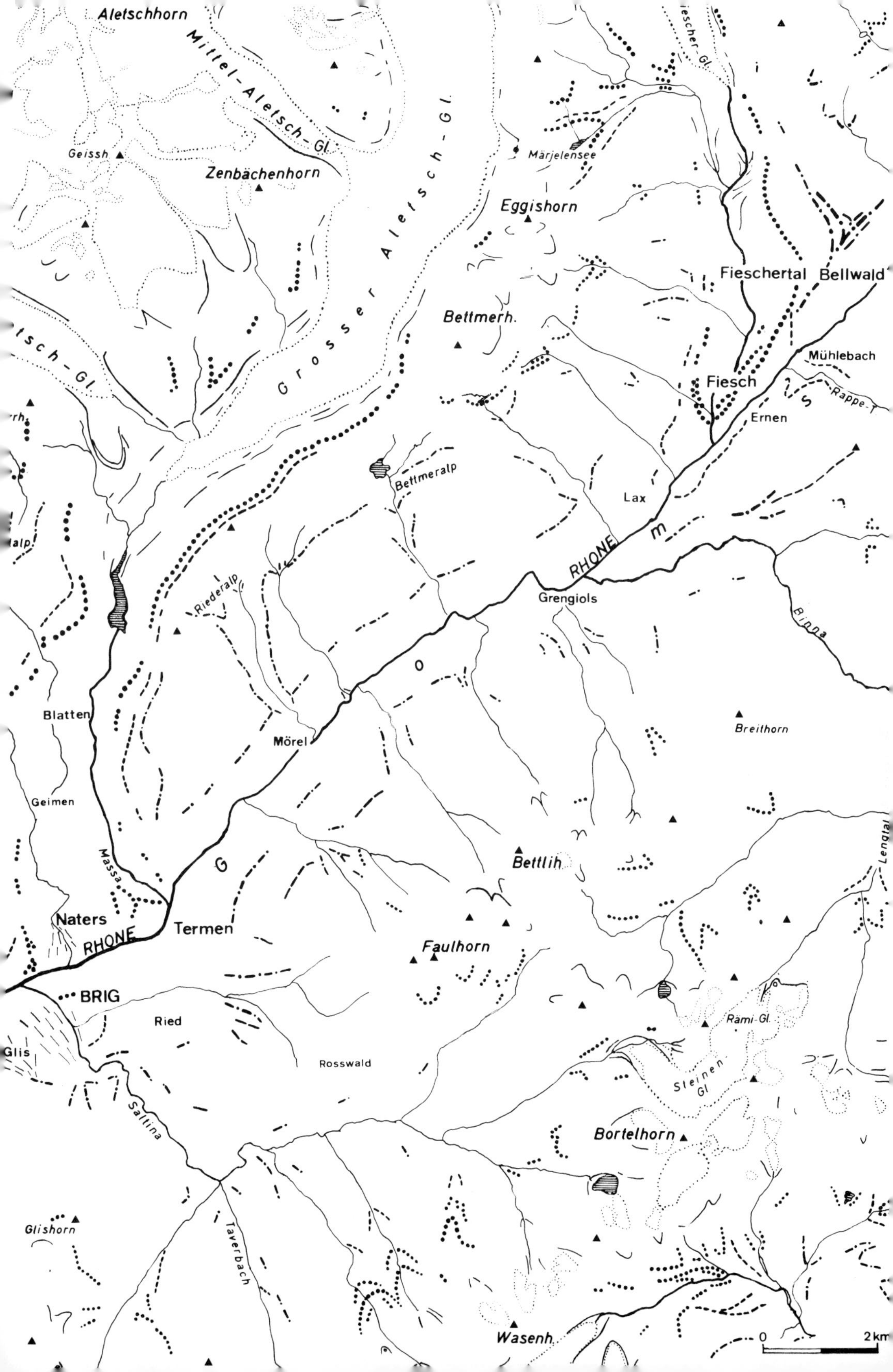

Aletschhorn
Mittel-Aletsch-Gl.
Grosser Aletsch-Gl.
Geissh
Zenbächenhorn
Märjelensee
Eggishorn
Fieschertal
Bellwald
Bettmerh.
Mühlebach
Fiesch
Rappe-T
Ernen
Bettmeralp
Lax
RHONE
Grengiols
Riederalp
Binna
Mörel
Blatten
Breithorn
Geimen
Massa
Bettlih
Lengtal
Naters
Termen
RHONE
Faulhorn
BRIG
Ried
Rämi-Gl.
Glis
Rosswald
Steinen Gl.
Saltina
Bortelhorn
Glishorn
Taverbach
Wasenh.
0
2km

Mittelaletsch-Gletscher mit breiter Front um 2400 m und um 2550 m, rund 360 bzw. 320 m über dem heutigen Eisstand.
Auf der linken Gletscherseite läßt sich dieser Eisstand von unterhalb der Rieder Furka – rund 70 m unterhalb des Sattels – durch den Aletschwald bis ans Bettmerhorn verfolgen (Eidg. Landestopographie 1960K, 1962K). N der Bettmeralp reichte das Aletsch-Eis gar bis fast auf die früheren Transfluenzsättel beidseits des Biel.
Lokal lassen sich bis 3 Wälle feststellen, wobei der innerste sich durch eine neue Blockschüttung auszeichnet. Dann folgen gegen die frührezenten Stände noch weitere Moränen, die sich jedoch nicht über größere Distanzen klar verfolgen lassen. Im Holozän wurden diese Moränen besonders auf der NW-Seite des Bettmerhorn überschüttet.
Auf der SE-Seite von Bettmerhorn und Eggishorn (2927 m) belegen mehrere markante Moränen eine letzte spätwürmzeitliche Vergletscherung der Kette zwischen Aletsch-Gletscher und Rhonetal. Auf der NW- und auf der SE-Seite dieses Gipfelgrates, der über weite Strecken zu einem Blockmeer verwittert ist, haben sich mehrere Blockgletscher gebildet.
An der Stirn schmolz zunächst der schmächtigere Naterser Lappen kräftig zurück und gab allmählich die Rundhöcker-Landschaft von Geimen–Blatten frei. Erste Rückzugsstaffeln zweigen von beiden Flanken des Massaeggen ab. Jüngere Stände sind oberhalb von Naters und unterhalb von Geimen angedeutet. Dabei ragte das Blindbärgje zwischen den bei Blatten sich spaltenden Eismassen immer höher als Felsinsel empor.
M. WELTEN (1958) kommt aufgrund von Pollenprofilen und ^{14}C-Datierungen zum Schluß, daß der Aletsch-Gletscher das Briger Becken erst im Boreal, um 8000 vor heute, freigegeben hat und daß letzte Rückzugsstadien noch bis 6000 v. h. zurückreichen.
Die *Vegetationsentwicklung* des *Aletschwaldes* läßt sich anhand eines Pollendiagrammes von WELTEN (in U. HALDER et al., 1976) rekonstruieren. Diese beginnt vor 10000 Jahren mit dem Abschmelzen des Eises von den Seitenmoränen der Stirnlage von Brig.
Auf einen ersten Abschnitt mit Pionierpflanzen breiteten sich nach 7000 v. Chr. vorab Weiden und Birken sowie Hochstauden aus. Um 6700 v. Chr. wanderte die Lärche ein, die sich von 6300–6000 zum Wald entwickelte, in dem sich auch die Arve auszubreiten begann. Von 5700–1200 v. Chr. stockte am Aletsch-Gletscher ein fast reiner Arvenwald. Um 3000 v. Chr. wanderten Grünerle und Fichte ein, allenfalls unter dem Einfluß einer extensiven prähistorischen Durchweidung. Vor 1200 v. Chr. begannen erste menschliche Eingriffe: Beweidung, Holzgewinnung und Rodungen, die zu Lichtungen, Lawinen-Niedergängen und Bränden führten. Um 1800 n. Chr. hörten die intensiven Eingriffe auf und führten zu einer Wiederbelebung des Aletschwaldes.
Von diesem Arven-Lärchen-Wald mit Alpenrosen-Heidelbeer-Unterwuchs und mächtigen Eisenpodsol-Böden hebt sich im Bereich der jungen silikatreichen Seitenmoränen des *Aletsch-Gletschers* von 1870 bis 1980 m Höhe eine junge, dem zurückschmelzenden Eis hart gefolgte Vegetationsentwicklung ab (W. LÜDI, 1945). Dabei entwickelt sich auf der Schattenseite bei guter Vitalität eine bunte Vielfalt, zunächst Pioniere des feuchten Gesteinsschuttes, die später verschwinden; andere entfalten sich um so besser, je weiter die Entwicklung fortschreitet und halten oft bis zur völligen Überwachsung aus. Erste Moosdecken treten als erste Festiger des lockeren Gesteinsschuttes auf. Schon in den ersten Jahren gehen Bodenreifungsprozesse vor sich. Moosrasen erweisen sich auch in späteren Stadien als beste Humusbildner. Keimringe von Sträuchern – Weiden und Grünerlen – und Bäumen – Lärchen, Birken, Fichten – treten schon zur Pionierzeit auf. Nach 25 Jahren hat sich eine erste Aussonderung nach Standorten vollzogen. Säure-

liebende Zwergsträucher haben sich eingestellt, Quellfluren ausgebildet, und Grünerlen-Gebüsche sind hochgekommen. Ausgedehnte Moos-Rasen von *Rhacomitrium canescens* sind entstanden; auf ihnen stellen sich Flechten-Decken von *Stereocaulen alpinum* ein. Nach weiteren 20 Jahren beherrschen die Zwergweiden, vorab *Salix helvetica*, die Vegetation. Die *Rhacemitrium*-Polster, die *Stereocaulon*-Decken und die Zwergsträucher haben sich ebenfalls weiter ausgedehnt. Krautige Pflanzen und Gräser treten noch zurück. Lärchen und Birken wachsen heran, während die Fichten noch zurückbleiben und die Arven sich anzusiedeln beginnen.

Nach weiteren 25 Jahren haben sich die Ericaceen-Zwergsträucher noch weiter ausgebreitet und bilden kleine Bestände von *Vaccinium*, *Empetrum*, *Rhododendron ferrugineum* und *Calluna vulgaris* und beginnen die Zwergweiden zu überflügeln.

Nach weiteren 15 bis 20 Jahren führt die Ericaceen-Zwergstrauch-Entwicklung zu geschlossenen Rhodoreto-Vaccinieten. Der Boden zeigt bei genügend stabilisiertem Feinerde-Anteil Anfänge einer Podsolierung; er versauert und läßt eine beginnende Ausbildung von Boden-Horizonten erkennen. Lärchen und Birken sind mit Baumhöhen von 4–6 m zu offenen Waldbeständen herangewachsen. Die Fichten bleiben zurück; die Arven sind zahlreicher geworden, aber meist erst einige dm hoch. An ungünstigen Stellen haben sich die *Rhacomitrium*- und *Stereocaulen*-Teppiche erhalten. Rasen-Bestände waren in der Entwicklungsreihe nie bedeutend. Auf den ältesten Teilen der frührezenten Moränen haben sich Rasen von *Festuca rubra* ssp. *commutata* – Schwingel – oder von *Agrostis tenella* – Straußgras, von *Lotus corniculatus* – Schoten-Klee – und von *Trifo-*

Fig. 268 Der Eisabbruch des Ewigschneefeld mit Stauwülsten – Ogiven – vor der Mündung in den Großen Aletsch-Gletscher am Konkordiaplatz (Juli 1971). Am Grünegg (rechts im Vordergrund), der Mündung des Grüneggfirns, apert eine Mittelmoräne aus. Im Hintergrund der Truegberg.

lium thalii entwickelt. Die Besiedlungsstadien auf der jungen Moräne bilden von den Pionieren bis zur Waldbildung eine geschlossene Reihe mit fließenden Übergängen.
Noch im letzten vorgeschichtlichen Klimarückschlag reichte der Eislappen, der in die Märjela-Talung eindrang, bis zum Abfall ins Fieschertal, wo er eine Endmoräne hinterließ. Dabei erfolgte die Entwässerung zum Fiescher Gletscher, der damals bei der Vereinigung des Glingul- mit dem Wyßwasser auf 1250 m stirnte. Um 1850 wurde in der Märjela-Talung bis auf 2360 m ein Eisrandsee abgedämmt, der wiederholt ausbrach.
Um 1850 erreichte die linke Zunge des Oberaletsch-Gletschers den Aletsch-Gletscher auf 1860 m, die rechte endete vor den Hütten von Oberaletsch auf 1800 m. Noch um 1930 lieferte der Mittelaletsch-Gletscher einen Zuschuß.
Die frührezente Ausdehnung des *Aletsch-Gletschers* wird durch die Frische des Gesteins belegt. In der steilen Felsschlucht der Massa konnten sich keine Stirnmoränen erhalten. Um 1850 dürfte er um 1350 m gestirnt haben.
Umso eindrücklicher heben sich die Ufermoränen Gletscher-aufwärts heraus. Die innere, um 1850 m abgelagerte Staffel, die sich lokal aufspaltet, erscheint frisch und ist von jungen Lärchen bestanden; da und dort wird sie noch von äußeren, um 1820 (?) gebildeten Wällen begleitet, deren Blöcke H. KINZL (1932) stärker verwittert fand und auf denen neben Lärchen stattliche Arven stocken. Erst auf der Talflanke hat sich der Aletschwald entwickelt. Daraus geht hervor, daß der Aletsch-Gletscher lokal vor 1850 mächtiger war; seine größte Länge erreichte er jedoch erst um diese Zeit (Eidg. Landestopographie, 1960 K, 1962 K).
Im Laxer Stadium dürfte der Fiescher-Gletscher noch einen letzten Zuschuß von Aletsch-Eis durch die Talung von Märjela erhalten haben (S. 630).
Durch Wurzelstrünke, die der Aletsch-Gletscher überfahren hatte, konnten H. RÖTHLISBERGER & H. OESCHGER (1961) einen geschichtlichen Vorstoß um 1200 n Chr. datieren.
In der Talung von Märjela dämmte eine eingedrungene Eiszunge auf knapp 2370 m den damals noch über 70 m tiefen Märjelensee ab, der als Gletscherstausee bedeutenden Spiegelschwankungen unterworfen war. Während er normalerweise durch das Aletsch-Eis zur Massa oder – bei Hochwasserständen – nach E zum Fiescherbach abfloß, durchbrach er früher, vorab zur Zeit der Höchststände, wiederholt katastrophal die aufstauende Eisbarriere und überflutete die Rhone-Ebene unterhalb der Massa-Mündung. Selbst noch in Sion schwoll die Rhone innert Stunden um über 1 m an (O. LÜTSCHG, 1915; M. OECHSLIN, 1962).
Um 1684 und um 1780 war der Aletschgletscher deutlich kleiner als beim Vorstoß von 1850. Dabei hatte er mehrere hundert Jahre alte Fichten überfahren. Um 1856 war der 1850er Hochstand zu Ende. Von 1875 an wich die Stirn um 2,4 km zurück (H.-P. HOLZHAUSER, 1980a). Zugleich büßte das Aletsch-Eis an Mächtigkeit ein: im Zungenbereich um ungefähr 300 m, beim Märjelensee um 80 m, bei der Konkordiahütte um 60 m und am SE-Ende des Kranzberg um 30 m. Von 1927–57 betrug die Mächtigkeitsabnahme 0,5 m/Jahr; seit 1957 beträgt das Zurückschmelzen der Zunge 29 m/Jahr (P. KASSER & M. AELLEN, 1974a, b).
1957 (LK 1269) endete die Zunge auf 1500 m. Am Konkordiaplatz, auf 2750 m, wo sich Großer Aletsch-Jungfrau-Firn, Ewigschneefeld (Fig. 268) und Grünegg-Firn zum 15 km langen Großen Aletsch-Gletscher vereinigen, beträgt die Eismächtigkeit gegen 900 m (F. THYSSEN & M. AHMAD, 1969).
1973 betrug die mittlere Länge bei einem Zungenende um 1520 m 22,6 km (F. MÜLLER et al., 1976). Die Fläche dieses größten Alpengletschers wird mit 86,8 km² angegeben;

sein Volumen schätzen T. CAFLISCH und G. MÜLLER (schr. Mitt.) unter der Annahme einer mittleren Mächtigkeit von knapp 150 m auf 12 km³.
Der *Fiescher Gletscher* stieß, wie stirnnahe Moränenstaffeln, sowie die randliche Abflußrinne und die Ufermoräne zwischen Egga und Bodma belegen, im ausgehenden Spätwürm bis über Fiesch vor. Ein äußerster Stand wird durch Moränenreste bei Lax angezeigt. Wahrscheinlich zeichnet sich dieser auch in Resten, die NE von Fiesch gegen Fürgangen verlaufen, ab. Ebenso dürfte der von P. 1243 gegen SSW abfallende Wall hieher gehören, während die beiden gegen Fiesch und weiter N absteigenden Wälle wohl den letzten spätwürmzeitlichen Vorstoß bekunden.
Beim Fiescher Gletscher läßt sich die Eishöhe des ausgehenden Spätwürm, infolge der viel steileren Talflanken, nur an wenigen Stellen ermitteln. Vor der auf 1640 m gelegenen Stirn von 1970 (LK 1269) stand sie bereits um 2000 m, auf der W-Seite des Risihorn auf 2250 m, 170 m über dem Stand von 1850 und 250 m über dem von 1970 und bei der Mündung des Galmi-Gletschers S des Finsteraarrothorn auf 2900 m, 150 m über dem Stand von 1850 und 180 m über dem heutigen.
Zwei ^{14}C-Datierungen lieferten Alter von 3275 ± 100 Jahren v. h. für einen Holzkohlenhorizont und 1735 ± 60 für einen fossilen Moränenboden (HOLZHAUSER, 1978, 1980b).
Auffällig sind die Seitenmoränen auf dem Stock, dessen Hütten auf einer alten, prähistorischen Moräne stehen, während die frührezenten – über die äußerste bereits 40 m tiefere, steigt der Weg zutal – steil abfallen. Sehr gut sind diese beiden auch auf der gegenüber liegenden Seite, auf Jennalpelti, ausgebildet. Auch dort beträgt der Höhenunterschied 40 m (KINZL, 1932).
Einige Suonen (Bewässerungskanäle) im Fiescher Tal, die früher mit Gletscherwasser gespiesen worden sind, liegen heute – infolge des Zurückschmelzens – trocken oder leiten nur noch Quell- und Schneeschmelzwasser in die Felder.
Nach H. HOGARD (1858) stieß der Fiescher Gletscher auf dem Felskopf, der ihn teilte, gegen hochstämmigen Wald und legte Bäume um. Um die Moräne von 1850 verläuft wenig außerhalb eine zweite, weniger scharfgratige, die nach der Bewachsung bereits vor 1820 abgelagert worden sein muß. Eine noch ältere, eisenzeitliche (?) Moräne verrät ein Zungenende wenig oberhalb 1200 m.
Eine deutlich größere Ausdehnung als heute besaß der Fiescher Gletscher bereits um 1300, sodann während der Hochstände im 17. Jahrhundert, vorab um 1653, dann 1777 – Stich von H. BESSON – um 1820 und um 1850. 1869 lag die Stirn um 600 m zurück.
Noch um 1850 (DK XVIII, 1854) war der *Fiescher Gletscher* in zwei Zungen gespalten, wobei die östliche bis 1340 m herabreichte. Jüngere Vorstöße ereigneten sich um 1870, 1884–90, 1916–20, 1924–28, 1931 und 1940 (HOLZHAUSER, 1978). 1970 (LK 1269) endete der noch 16 km lange und 33,06 km² große Fiescher Gletscher auf 1640 m.

Das Rhonetal zwischen Brig und Martigny

Leider sind über die glaziale Übertiefung des Rhonetales zwischen Brig und Martigny erst wenige Bohrdaten bekannt geworden, die alle in den jungen Alluvionen enden. Wohl wurde im Austrittsbereich der großen Seitentäler beim Vorstoß vermehrt gekolkt. Beim weiteren Vorstoß wurden jedoch die mündenden Seitengletscher durch den immer mächtiger anschwellenden Rhone-Gletscher mehr und mehr gestaut, so daß die Mündungskolke nicht mehr weiter vertieft werden konnten.

Erst im mittleren Spätwürm vermochten die Seitengletscher, nachdem das Rhone-Eis das Haupttal wieder freigegeben hatte, im Stadium von Leuk nochmals in den bereits teilweise mit jungquartären Sedimenten angefüllten Taltrog vorzustoßen.
Gegenüber dem bündnerischen Rhein-System dürften die Niederschlagsmengen im zentralen Wallis und in den südlichen Seitentälern bereits im Spätwürm geringer gewesen sein. Wohl zeichnen sich größere Höhen ab, doch treten N-exponierte hochgelegene Akkumulationsgebiete eher zurück. Zudem liegt – als Folge der größeren Massenerhebung – auch die Schneegrenze fühlbar höher als in N- und Mittel-Bünden (Bd. 1, S. 55).
Die spät- und nacheiszeitliche Füllung erfolgte vorab durch seitliche Sander- und Schuttfächer-Kegel. Zwischen den einzelnen Fächern wurden Stillwasser-Bereiche und seichte Seen aufgestaut, die erst nach und nach von der hin und her pendelnden und sich verästelnden Rhone mit feineren Sedimenten eingedeckt wurden und zum Teil erst in jüngster Zeit vollständig verlandeten.
Die Schuttfächer der Lossentse mit dem Dorf Chamoson, die ihr Material aus dem Tonschiefergebiet der S-Seite des Grand Muveran erhalten, gehören mit demjenigen des Pfinwald aus dem Erosionstrichter des Illgraben mit über 7 km² zu den größten der Schweiz. Auf den Tonschiefern W der Lossentse hat sich oberhalb von Leytron ein mächtiges, noch aktives Rutschgebiet entwickelt.
Leider brachten die bisher in der Rhoneebene niedergebrachten Bohrungen weder Hinweise über die Lage des Felsuntergrundes, noch allzuviel über die Geschichte der quartären Füllung, da sie meist nach rund 30 m in jungen Alluvionen verblieben. Im Gliser Grund endete eine Bohrung in 58,5 m in mächtigen Feinsanden. Weitere – 3,5 km W von Visp, 2 km WNW von Turtmann und 2 km SW von Sierre – verblieben in 60 m Tiefe in blauen Tonen, eine 1,5 km NNW von Bramois im Lehm. Dagegen durchfuhr jene 1 km NE von Saxon die «höheren» Tone und verblieb – wie jene 4 km NE von Martigny – in 60 m Tiefe in «unteren» Tonen (L. Mornod; E. Fardel, schr. Mitt.).

Der Rhone-Gletscher im Goms und seine Zuflüsse

Im mittleren Spätwürm stieß der *Binna-Gletscher* vom Ofenhorn (3235 m) durch die Talschlucht der Twängi nochmals ins Rhonetal bis zum Fiescher Gletscher vor. Am Binneggen S von Fiesch sowie am Schärteggen SW von Außerbinn stand das Eis bis auf über 1400 m. Auf dem Felsrücken, der die beiden Gletscherbecken bis über Grengiols hinaus trennt, erfuhren die Rundhöcker ihre letzte Überprägung. Zuschüsse erhielt er von den Schinhörnern (2938 m), von der Rothorn-Schwarzhorn-Kette (3108 m) und vom Breithorn (2599 m). Abschmelzstaffeln des zerfallenden Binna-Gletschers finden sich unterhalb von Binn. Das vom Helsenhorn (3272 m), vom Hillehorn (3181 m) und durch das Saflischtal abfließende Eis vereinigte sich zum Leng-Gletscher.
Noch im ausgehenden Spätwürm dürfte der *Rämi-Gletscher* vom Hillehorn sich mit dem *Helse-Gletscher* vereinigt haben, wie Seitenmoränen im Mättital und Rundhöcker im Konfluenzbereich der beiden Eisströme belegen. Auch im *Chriegalptal* dürfte ein Gletscher nochmals bis gegen Heiligkreuz vorgestoßen sein, dessen Schwemmfächer wohl als zugehörige Sander zu deuten sind.
In einem etwas älteren Eisstand reichte der zum *Leng-Gletscher* vereinigte Eisstrom bis an die Binna. Aus dem Hochgebiet des Geißpfad, dem Übergang ins italienische Dévero-Hochtal, hing im ausgehenden Spätwürm ein Gletscher über die Màssoralp gegen das

Fig. 269 Die Mündungsschlucht der Dala und das Rhonetal mit Varen und dem Bergsturz-Trümmerfeld von Sierre. Die dadurch erst zu einem See gestaute Rhone nimmt noch fast die ganze Talsohle ein. Im Hintergrund die Pierre Avoi (links), Tour Sallière und Haut de Cry (rechts). Aus: H. P. NETHING (1977).

Binntal. Zunächst vereinigte er sich noch mit dem bis Binn vorgestoßenen Binna-Eis. Oberhalb von Binn wurde beim Abschmelzen durch das Eis vom Stockhorn (2585 m) ein Eisrandsee aufgestaut, dessen Sedimente die Schotter-Terrasse von Fäld aufbauten. Noch im ausgehenden Spätwürm reichte der Binna-Gletscher mit seinen beiden Ästen, dem Turbe- und dem Tälli-Gletscher, bis gegen Freichi, was auf Furggmatte und zwischen den beiden Zungen, im Bereich der Lengi Egga, durch Seitenmoränen belegt wird. In einem späteren, durch Moränen bekundeten Vorstoß, reichte der vom Ofenhorn und vom Hohsandhorn genährte Tälli-Gletscher bis gegen 2100 m, die Kargletscher des Turbhorn (3247 m) bis Turbe, bis 2200 m, und N des Albrunhorn (2885 m) liegen Endmoränen auf 2180 m (R. H. SALATHÉ, 1961). 1968 (LK 1270) endeten die beiden Zungen des Tälli-Gletschers auf 2550 m und auf 2620 m.
Um Bellwald NE von Fiesch bezeugen Moränenwälle mit Erratikern aus dem Fiescher-tal und aus dem Goms das Zusammentreffen von *Fiescher-* und *Rhone-Gletscher*.

Oberhalb von Bellwald konnte H.-P. Holzhauser (mdl. Mitt.) in einem durch Moränenwälle abgedämmten Moor bei Wilera Koniferenholz und Birkenrinde feststellen. Die Moränenwälle von Fiescher- und Rhone-Gletscher verlaufen dann von dort über Bellwald–Ze Fäle als Mittelmoräne gegen Fiesch. Dabei wurde diese von der St. Anna-Kapelle gegen SW von jüngeren Moränen überschüttet.
Nach dem Zerfall des Rhone-Eises im unteren Goms vermochte der *Rappe-Gletscher* kurzfristig ins Haupttal vorzustoßen, was bei Mühlebach durch austretende stirnnahe Seitenmoränen belegt wird. Randliche Schmelzwässer flossen in den Abschmelzphasen durch das Trockental SE des Moßhubel gegen Ernen und schütteten unterhalb des Dorfes einen Schuttfächer an den endenden Fiescher Gletscher. Da sich im Rappetal erst ganz im Talschluß auf 2300 m Moränen der frührezenten Vorstöße erkennen lassen, dürften die Moränen am Talausgang bei Mühlebach wohl noch ins jüngere Spätwürm fallen, um so mehr als der Rappe-Gletscher vom Holzjihorn (2987 m) bis zum Eggerhorn noch reichlich Zuschüsse erhielt.
Bis gegen Münster vermochten sich die Gletscher aus den Seitentälern des Goms im jüngeren Spätwürm mit dem Rhone-Gletscher zu vereinigen; bis Biel erreichten sie noch die Talausgänge. Bei Münster ist zwar keine Endmoräne erhalten; doch deuten tiefliegende Seitenmoränen – bei Unnerberbel aus dem Merezebachtal und am Ausgang des Trützi- und des Nidertales NE von Geschinen (Salathé, 1961) – auf ein nahes Ende.
Noch im ausgehenden Spätwürm schoben die Gletscher von der südlichsten Kette des Aarmassivs, vom Wasenhorn (3447 m) und von den Galmihörnern (3517 m) ihre Zungen durch das Bieliger-, das Bächi- und das Minstliger Tal bis Biel, Reckingen und Münster vor (Fig. 270). Frührezente Moränen verraten beim Bächi-Gletscher ein Zungenende auf 2250 m und beim Minstliger Gletscher um 2000 m.
Auch auf der S-Seite des Goms, aus dem *Blinnen-* und aus dem *Merezebachtal* rückten die Gletscher im ausgehenden Spätwürm nochmals bis ins Haupttal vor. Frührezente Stände geben sich beim Blinnen-Gletscher um 1950 m, beim Merezebach-Gletscher um 2100 m zu erkennen.
Bei Obergesteln hatte schon I. Venetz (1861) 6 Wälle festgestellt, die sich quer über das Tal legen. Der versumpfte Talboden dahinter ist als zugehöriges verlandetes Zungenbecken des letztwürmzeitlichen *Rhone-Gletschers* zu deuten. Relikte dieser durch Stirn- und stirnnahe Seitenmoränen belegten Eisstände lassen sich als Seitenmoränen, Moränenterrassen und Erratikerzeilen sowohl am NW- als auch am SE-Hang hinauf gegen den Grimselpaß verfolgen. Durch Sackungen und Rutschungen wurden sie talwärts bewegt und büßten von ihrer Form ein (Hantke, 1978; Fig. 196).
Vom Sidelhorn (2764 m) stieß ein Gletscher nochmals gegen ENE bis ins Becken des Totesees vor, wo er vom *Rhone-Eis* gestaut wurde. Dagegen vermochten die gegen SE abfließenden Zungen den Rhone-Gletscher nicht mehr zu erreichen. Dafür erhielt er noch bedeutende Zuschüsse von SE und von E: vom *Mutt-* und vom *Lenges-Gletscher*, aus dem *Gere-* und aus dem *Gonerlital*, die ihm bei Oberwald das Eis aus dem Gebiet des Pizzo Rotondo (3192 m) und des P. Gallina (3061 m) zuführten, was sich in den Moränenwällen auf dem Schafberg und über der Wyßgand, N bzw. S des Gletschbode, sowie im Mündungsbereich des Lenges- und des Gere-Gletschers äußert. Die stirnnahen Moränen von Oberwald–Unnerwasser dürften Abschmelzstaffeln bekunden.
Das Verfolgen der letzten spätwürmzeitlichen und holozänen Eisstände – oft sind sie nur als Erratikerzeilen zu erkennen – ist im Becken von Gletsch wegen Sackungen, jüngeren Blockfirn-Wällen und Lawinenzügen nur bedingt möglich.

Fig. 270 Das zwischen Gotthard- und Aarmassiv vom Rhone-Gletscher ausgeräumte Goms und die Berner Alpen mit Finsteraarhorn (4274 m) und Schreckhorn (4080 m). Hinter der von steilen Tälern zerschnittenen rechten Talflanke mit Bächi- und Minstliger Gletscher die gegen E verlaufenden Täler des Ober- und des Unteraargletschers. Swissair-Photo AG, Zürich. Aus: H. ALTMANN et al., 1970.

Im ausgehenden Spätwürm rückten auch *Ritz-* und *Gries-Gletscher* nochmals durch das Aegenetal bis gegen das Rhonetal vor. Dieser Vorstoß wird im Lengtal, im Chumm sowie im Aegenetal und an dessen Mündung SE von Ulrichen durch Moränen bekundet. Holozäne Staffeln des Gries-Gletschers geben sich hinter Hosand, bei Tüechmattestafel und Mäßmatte als frührezente Endlagen in der Mündungsschlucht um 1950 m zu erkennen.

Beim Griesgletscher konnten M. J. HAMBREY & A. G. MILNES (1977) und HAMBREY (1977) im flachen Bättelmatt-Abschnitt verschiedene Eisstrukturen beobachten. Im Akkumulationsgebiet bildet sich eine ebene Längstextur (S_1) aus. Nahe der Oberkante des Eisfalles entwickelt sich eine jüngere Paralleltextur (S_2), die S_1 schneidet und mit einer Fältelung in Zusammenhang steht. Später erfolgt die Bildung von Spalten, schmaler, gequetschter oder von feinem Eisschutt erfüllter Scherzonen sowie einer weiteren, nur schwach ausgeprägten Längstextur (S_3). Bereits unterhalb des Eisfalles verläuft S_2 bogenförmig über den Gletscher. Die Bogenachse steht zunächst fast senkrecht, neigt sich dann – stromabwärts flacher werdend – und liegt an der Zunge nahezu horizontal.

Pegelmessungen seit 1960 lassen erkennen, daß zwischen Bewegung und Struktur enge Beziehungen herrschen. Schätzungen der Verformung an der Oberfläche zeigen, daß S_2 unterhalb des Eisfalles verstärkt und transportiert wird. Am Rande kommt die Verformung einer einfachen Scherung gleich, wobei die S-Fläche der Gleitebene entspricht.

Wohl die klarste Abfolge frührezenter Gletscherstände läßt sich beim *Rhone-Gletscher* beobachten. Auf dem Talboden von Gletsch können drei Moränensysteme auseinandergehalten werden. In Analogie zu den Vorstößen der Grindelwalder Gletscher stellte P.L. MERCANTON (1916a) den äußersten, heute fast ganz zerstörten Wall ins Jahr 1602. Eine noch ältere Moräne liegt nur 40 m von der Thermalquelle von Gletsch NW des Hotels, dem Ausgangspunkt der Messungen, entfernt. Dann, 90–110 m von der Quelle, folgen die Moränen um 1602 auf 1755 m Höhe. Die kleinere, 155 m entfernte, wurde 1640 abgelagert. Hernach schmolz der Gletscher bis 1685 stark zurück. Nach H. BESSON (in DE ZURLAUBEN & DE LABORDE 1780–89; 1786) lagen weitere, später vom wieder vorgestoßenen Eis überfahrene Moränen, diejenige von 1703 in 350 m, von 1720 in 415 m, von 1743 in 500 m und in 520 m und von 1777 in 585 m von der Quelle entfernt. Die nächste große Stirnmoräne – 225 m von der Quelle – stammt von 1818, die 70 m weiter innen gelegene nach VENETZ (1833) vermutlich von 1824, eine weitere von 1826. Zwischen 1831 und 1834 stieß der Gletscher erneut vor, dann schmolz er zurück.
Die Moräne von 1856 besteht aus einem einzigen Wall, der sich gegen NW in Teilwälle auflöst. Von 1874 bis 1915 wurde der Stirnbereich systematisch vermessen (MERCANTON, 1916). Von 1889–1892 blieb er stationär, erreichte 1912 mit einem Zungenende auf 1920 m einen Minimalstand und stieß dann bis 1921 wieder bis auf 1820 m vor. Bis 1963 schmolz er außer 2 geringer Vorstöße zurück. 1973 (F. MÜLLER et al., 1976) endete er bei einer Länge von 10,2 km und einer Fläche von 17,38 km^2 auf 2140 m (Fig. 271).
Auf den natürlichen Rampen der Seitenmoränen von 1602 und 1818 überwindet die Furka-Bahn die Steigung von Gletsch gegen den Tunnel (AELLEN in KASSER et al., 1979).
Im *Vorfeld des Rhone-Gletschers* in einer Höhenlage von 1760 bis 1830 m und ebenfalls vorwiegend Silikatgesteinen folgt die Vegetationsentwicklung – trotz dem gegenüber dem Aletsch-Gebiet humideren Klima – gleichen Gesetzmäßigkeiten und benötigt vergleichbare Zeiträume. Doch ist die Ausbildung grasig-krautiger Gesellschaften stärker. An Wasserläufen und in Senken haben sich Quellflur- und Sumpfgesellschaften eingestellt. Der Moränenwall von 1818 trug schon 1943 (W. LÜDI, 1945) ein ausgebildetes Rhodoreto-Vaccinietum, eine Alpenrosen-Heidelbeer-Gesellschaft. Die älteren Moränen waren bereits damals mit feiner Braunerde bedeckt, die sich weit mehr aus ausgeblasenem und wieder abgelagertem Staub als aus der Verwitterung von Moränenschutt gebildet hat. Im älteren Vorfeld ist die natürliche Vegetationsentwicklung durch Weidgang stark beeinträchtigt: die Ausbreitung der Ericaceen-Zwergsträucher wurde gehemmt und das Aufkommen der Bäume – Lärchen und Arven – verhindert. Erst in größerer Entfernung von Gletsch ist in den letzten Jahrzehnten ein Baumbestand hochgekommen.
Von H. ZOLLER und CÉCILE BOSSARD, Basel, werden gegenwärtig im Gletschervorfeld Studien durchgeführt, die neue Pflanzen-Vergesellschaftungen erkennen lassen.

▷

Fig. 271 Der Rhone-Gletscher und seine frührezenten Stände. Bei 1: Thermalquelle hinter dem Hotel in Gletsch; von ihr aus hat H. BESSON 1777 eine Entfernung zum Eisrand von 300 toises (=585 m) gemessen.
Die Linie 2 zeigt die größte Ausdehnung des Gletschers um 1600. Die Wallreste im Talboden stammen von 1602; talaufwärts fallen die beiden Hochstände zusammen. Linie 3 entspricht dem Stirnwall von 1818, 4 den Wällen von 1826 und 1856. Die Kreise markieren Steinmännchen mit den Jahrzahlen 1818 bzw. 1856.
Bis 1912 schmolz das Eis bis an den Fuß des Felshanges zurück, stieß dann bis 1921 um 122 m vor und schüttete die mit 5 angegebene Stirnmoräne. Bis 1932 zog sich eine Zunge wieder zum Stand von 1912 zurück. 1944 gab sie den Talgrund frei. 6 zeigt den Gletscherrand von 1970. Seit 1818 ist er um 2200 m zurückgewichen.
Photo: Eidg. Landestopographie, Bern, 18. Sept. 1970. Aus: P. KASSER, 1972.

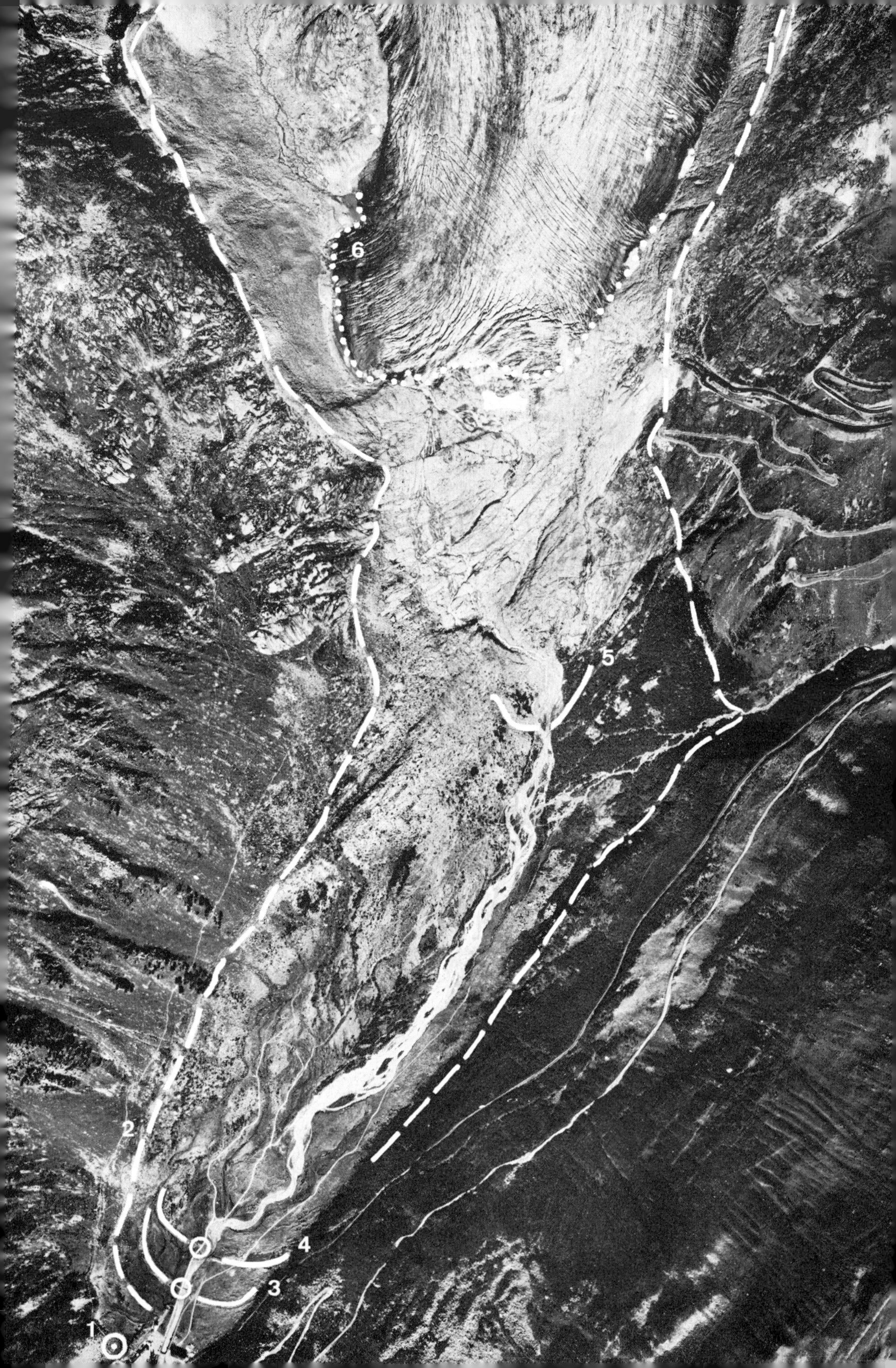
6
5
2
4
3
1

Vom Geographischen Institut der ETH werden unter F. MÜLLER im Talkessel des Vorfeldes und auf dem Rhone-Gletscher selbst Lokalklima-Messungen durchgeführt um den Energie- und Massenhaushalt in diesem stark vereisten Gebiet abzuklären. U. WEILENMANN (1979) gibt Daten und Reproduktionen alter Darstellungen des Gletschers und seines Vorfeldes wider.
Der *Mutt-Gletscher* reichte zur Zeit der frührezenten Hochstände noch bis unter 2200 m herab und stirnte wenige 100 m S des W-Portals des alten Furka-Tunnels.

Junge tektonische Störungen im Goms

Wie im Vorderrheintal, im Sustengebiet, im Urserental, auf der Grimsel und im Simplongebiet, so zeichnen sich auch im Goms, vorab im südlichen Aarmassiv, aber auch im Gotthardmassiv, zahlreiche WSW–ENE verlaufende Störungen ab. Diejenigen zwischen der Grimsel und Brig, bei denen jeweils der S-Flügel etwas hochgebracht worden ist, dämmen zahlreiche kleine Seen ab und ließen in den Seitentälern geradlinige Kerben und Taläste entstehen. Da sie in diesem Bereich, wie auch im Bündner Oberland und im Simplongebiet (S. 630), Seitenmoränen von spätwürmzeitlichen Gletschervorstößen versetzen, fallen auch sie ins ausgehende Spätwürm und ins Holozän. Mancherorts sind sie noch aktiv und ließen offene Klüfte entstehen, so auf Ärnergale (E. K. GERBER, mdl. Mitt.), in der Fiescher- und Briger Gegend. Damit dürfte wohl auch die zentrale Ausräumung von Restdreiecken zwischen mündenden Seitentälern zusammenhängen, wie sie sich besonders auf der SE-exponierten Seite um Münster beobachten lassen, deren offenbar durch junge Vorgänge zerrüttetes Schuttgut im Tal zu mächtigen Schuttfächern angehäuft worden ist (GERBER, 1944). An ihrem Rand wurden im Schutze der Lawinen und der Hochwasser die Dörfer Ritzingen, Gluringen, Reckingen, Münster und Geschinen errichtet. Da der Fächer bei Münster stirnnahe Seitenmoränen des ausgehenden Spätwürm überschüttet, fällt seine Bildung wohl ins frühe Holozän.

Die Vegetationsentwicklung in den Waadtländer Alpen und im Wallis

In den südlichen Waadtländer Alpen war in der Jüngeren Dryaszeit die Mulde von Sur Dzeu (1930 m) noch von einem von der N-Seite der Tour d'Anzeinde (2169 m) absteigenden Kargletscher erfüllt. Nach P. & M. VILLARET-V. ROCHOW (1958) reicht das 2,95 m mächtige Moorprofil in der Karwanne mit einem Nichtbaumpollen-reichen *Pinus-Betula*-Spektrum mit *Ephedra, Helianthemum, Saxifraga oppositifolia*, Gramineen, *Artemisia*, Chenopodiaceen und *Thalictrum* bis in die Jüngere Dryaszeit zurück.
Der dem Präboreal zugewiesene Abschnitt ist durch eine *Pinus*-Vormacht mit reichlich *Chara*-Oogonien in toniger Kalkmulde gekennzeichnet. Gegen das Ende stellen sich

▷

Fig. 272 Der Rhone-Gletscher am 16. Aug. 1848. Reproduktion einer Farblithographie von H. HOGARD. Die Wallreste von 1602 (2) wurden seither zum Teil abgetragen. Die Zahlen sind in Fig. 271 erklärt.
Aus: P. L. MERCANTON, 1916.

▷ ▷

Fig. 273 Der Rhone-Gletscher am 22. Sept. 1970. Linien und Zahlen sind in Fig. 271 erklärt.
Aus: P. KASSER, 1972. Photo: M. AELLEN, Zürich.

1
2
3
4
3
2
2
3
4
1856
1818
1602

nochmals *Ephedra* und *Artemisia* ein. Dann folgt mit scharfer Grenze im Sediment und im Polleninhalt das Boreal, die frühe Wärmezeit, mit steilem *Corylus*- und *Ulmus*-Anstieg, einem ersten *Corylus*-Maximum mit über 50%, aber deutlicher *Pinus*-Vormacht, wobei sich auch *P. cembra* – Arve – einstellt.
In *Leysin-Les Léchières* (1230 m) bildete sich nach dem Abschmelzen des Rhone-Gletschers aus dem oberen Genfersee ein oligotropher Kaltwassersee, der allmählich verlandete. Die hohen Anteile an *Artemisia*, Chenopodiaceen und Compositen mit *Ephedra* und *Hippophaë*, die M. WELTEN (in U. EICHER, 1979) in 3,4–3,23 m Tiefe antraf, deuten auf von Büschen durchsetzte Pionierterrassen der Ältesten Dryaszeit hin. Um 3,25 m steigt *Betula* an, in 3,1 m gipfelt sie mit 50%. *Hippophaë* erreicht schon zuvor ihr Maximum. *Salix* und später *Juniperus* stellen sich ein, so daß eine lichte Parktundra mit Baumbirken die böllingzeitliche Wiederbewaldung einleitet. Um 3,05 m fällt *Betula* zurück; dafür nimmt *Pinus* kräftig zu. Zunächst bewegen sich die Nichtbaumpollen um 35–40%, dann steigt *Pinus* auf gut 80%, so daß damals, im Alleröd, die Baumgrenze über Leysin angestiegen ist.
Die Isotopenkurve zeigt nach EICHER 4 Minima, die zwei ersten – zwischen Birkengipfel und sich ausbreitender Föhre – dürften die Ältere Dryaszeit markieren; die beiden andern fallen ins Alleröd, das letzte knapp vor den Laacher Bimstuff.
Die Jüngere Dryaszeit zeichnet sich durch eine Zunahme von *Artemisia* und das Wiederauftreten von *Ephedra* und *Juniperus* ab. Die tiefen $\delta^{18}O$-Werte mit mehreren kleinen Schwankungen kennzeichnen diesen stadialen Abschnitt.
Nach 2,25 m steigt *Betula* wieder an, erreicht im Präboreal erneut einen Gipfel; *Pinus* fällt ab. Dafür setzen früh Hasel- und Eichenmischwald-Kurven ein.
In *Montana-Xirès* (1445 m) beginnt die Wiederbewaldung nach dem *Juniperus*-Gipfel mit *Hippophaë* und *Salix* (in 4,4 m Tiefe) im Alleröd. *Pinus* ist mit gut 80% vertreten, so daß sie bis auf die Sonnenterrasse vorgestoßen sein dürfte. Die Nichtbaumpollen fallen auf 5% zurück, steigen aber in 3,95 m – bei einem *Pinus*-Minimum von 62% – kurzfristig auf 35%, *Artemisia* auf 9% an; Chenopodiaceen, *Rumex* und Compositen erreichen erhöhte Werte, so daß die Auflichtung die Jüngere Dryaszeit bekundet.
Da das 15 m lange Profil vom *Lac du Mont d'Orge* W von Sion bis ins Bölling-Interstadial zurückreicht (M. WELTEN, 1977), war das untere Rhonetal offenbar bereits eisfrei.
Im Rundhöckergebiet der Moosalp SW von Visp hatte V. MARKGRAF (1969) am *Böhnig-See* (2095 m) durch Algen- und Rhizopoden-Analysen sowie ^{14}C-Daten gestützte Pollenprofile untersucht. Im tiefsten wurde das Ende des Alleröd erreicht. Da sich damals bis auf 2100 m eine von *Juniperus* durchsetzte alpine Rasen-Gesellschaft mit *Artemisia* und *Ephedra* ausbreitete, lag die allerödzeitliche Baumgrenze wohl um 1800–2000 m.
Die Jüngere Dryaszeit brachte für die Vegetation einen Rückschlag. Dieser läßt sich in einen älteren, ozeanischeren, durch Birken-Vormacht und einen jüngeren, durch Arve und xerophytische Kräuter charakterisierten, kontinentaleren Abschnitt unterteilen.
Im Präboreal stieg die Baumgrenze mit *Pinus cembra* und *Betula* wieder an; Hochstauden deuten auf ein besseres Klima hin. Im Boreal wanderten wärmeliebende Gehölze ein.
Ins Ältere Atlantikum fällt die Hauptentwicklung des Eichenmischwaldes, der sich jedoch im Wallis nie derart entfaltete wie in anderen Gebieten, da *Pinus silvestris* stets günstige Lebensbedingungen vorfand. Mit *Larix* und *Pinus cembra* reichte damals die Baumgrenze noch etwas höher hinauf als heute (2300 m), da die Vegetation bereits auf 2100 m für einen geschlossenen Wald spricht.
Im Jüngeren Atlantikum, um 4000 v. Chr., wanderte die Weißtanne ein. Im Subboreal

stieg sie – durch Holzkohle neolithischer Rodungen nachgewiesen – bis auf 2100 m empor. Um 2700 v. Chr. vermochte die Rottanne einzuwandern und verdrängte zuerst die Arve, später, im frühen Subatlantikum, die Weißtanne. Durch immer mehr um sich greifende Rodungen ging in tieferen Lagen auch die Föhre stark zurück.
Im Profil des *Hobschusee* (2017 m) am Simplon fand M. KÜTTEL (1979) in 5,3 m Tiefe abfallende *Pinus*-Werte, einen Anstieg von *Betula, Juniperus* und der Gramineen, hohe *Artemisia*-Werte und *Ephedra.* Dann steigt *Pinus* wieder an; *Betula, Juniperus* und *Artemisia* fallen zurück; *Salix* erreicht eine Spitze. Im Alleröd wird das Sediment organischer, *Pinus* erreicht 75%; *Betula, Salix* und *Artemisia* gehen zurück. In der Jüngeren Dryaszeit fällt *Pinus* erneut; Gramineen, *Artemisia* und *Ephedra* steigen an. Im Präboreal erholt sich *Pinus;* Gramineen und *Artemisia* fallen ab. Auch auf Alpe *Tortin* im Val de Nendaz reicht die Entwicklung nach KÜTTEL bis in die Jüngere Dryaszeit zurück (S. 604).

Zur Geschichte der Walliser Gletscher

In den Talschlüssen des Val de Bagnes (W. SCHNEEBELI, 1976), des Val d'Hérens, des V. d'Arolla und des V. de Ferpècle (F. RÖTHLISBERGER, 1976) sowie um Simplon-Dorf (H.-N. MÜLLER, 1976) konnte durch das Verfolgen der Moränenwälle, mittelst fossiler Bodenhorizonte, der Dendrochronologie und ^{14}C-Daten die Gletschergeschichte aufgehellt werden. Auch anhand reliktisch noch erkennbarer *Saum-* und *Alpwege* konnten die Autoren ebenfalls auf ehemalige Gletscherstände schließen und diese so mit Hilfe archäologischer und geschichtlicher Befunde datieren.
Die gewonnenen Daten wurden mit G. FURRER zu einer Gletscherschwankungskurve und zu einer Klimageschichte der Nacheiszeit zusammengefaßt.
Darnach stand um 8400 v. h. in der *Val d'Arolla* ein 200–300jähriger Lärchenwald. Auf 70 ausgeglichene warme Sommer folgten Jahre mit ausgeprägtem Wechsel warmer und kühler Sommer; sie führten zu kräftigen Gletscher-Vorstößen. Dabei wurde der Lärchenwald angefahren. Um 8000 erreichten die Gletscher ähnliche Ausmaße wie zur Zeit der frührezenten Hochstände.
Ein günstiges Klima von 8100–7500 v. h. führte um *Zermatt* zum Zurückschmelzen des *Zmutt-Gletschers* um 300–500 m hinter den heutigen Stand und zum Hochkommen eines Lärchenwaldes. Nach 7500 wurde dieser erneut vom vorstoßenden Gletscher umgefahren. Nach 7300 rückte auch der *Gorner Gletscher* vor.
Nach 5800 v. h. stieß der *Allalin-Gletscher* vor und dämmte, wie 1850, das hinterste *Saastal* ab. Vor 5100 schmolz er stark zurück, so daß im Vorfeld ein Lärchenwald hochkam. Nach 5100 rückte er wieder bis in die Talebene vor und überfuhr einen mehrere hundert Jahre alten Wald. Nach 4800 v. h. folgte ihm der *Gorner Gletscher.* Vor 4600 übertrafen auch *Oberaar-* und *Oberer Grindelwald-Gletscher* ihren Stand von 1850. Um Findelen führte vermehrter Frostwechsel zu verstärkter Solifluktion.
Um 4200 v. h. kamen im Wallis bis gegen 2550 m Arvenwälder hoch. Am Lac de Tsardon in der hintersten *Val de Bagnes* reichte die Arve bis auf 2220 m; heute endet sie bei Mauvoisin auf 1900 m. Auch am *Glacier de Ferpècle* breitete sich ein Arvenwald aus. Um 4000 v. h. lag die Stirn hinter der von 1961. Nach 4200 stieß der *Glacier de Brenay* über den 1850er Stand vor.
Um 3600 v. h. reichte der Wald N des *Findelen-Gletschers* bis auf 2500 m. Um 3400 kamen Arven-Bestände am Mont Miné S von *Ferpècle* und um 3100 auch wieder am

Lac de Tsardon hoch. Findelen- und Ferpècle-Gletscher waren kleiner als um 1890. Nach 3000 v. h. überfuhr der *Glacier de Tsijiore Nouve* bei *Arolla* einen 80jährigen Arvenwald. Vor 2700 v. h. breitete sich im Vorfeld des *Allalin-Gletschers* ein Lärchenwald aus; darnach drang das Eis bis in die Talebene vor. Auch der *Glacier de Trient* stieß bis zum 1850er Stand vor. Zwischen 2800 und 2400 erfolgte ein 3-phasiger Vorstoß des *Findelen-Gletschers*. Nach 2500 rückte der *Glacier de Ferpècle* vor und zerstörte 100jährige Fichten. Von 2100–1800 v. h. stießen *Findelen-* und *Mont Miné-Gletscher* vor. Nach 2100 schwoll der *Roßboden-Gletscher* W von Simplon-Dorf bis zur Eishöhe des 1850er-Standes an. Um 1800 v. h. erreichte der *Glacier de Brenay* diesen Stand. *Ferpècle-* und *Aletsch-Gletscher* standen ebenfalls recht hoch.

Von 1800–1400 v. h. entwickelte sich im Vorfeld des *Zmutt-Gletschers* und am *Mont Miné* wieder ein Lärchenwald. Auch *Mont Durand-*, *Brenay-*, *Corbassière-*, *Ferpècle-* und *Findelen-Gletscher* schmolzen zurück und es kam zu ausgeprägten Bodenbildungen. Um Zermatt waren *Furgg-* und *Theodul-Gletscher* kleiner als um 1895 und 1920.

Vor dem großen Vorstoß um 1500 v. h. zeichneten sich über 250 Jahre vier 10–30jährige Rückschläge unterschiedlicher Intensität ab, die mit warmen Sommern abwechselten. Nach 1500 v. h. rückten die Walliser Gletscher erneut mächtig vor. Der *Glacier de Tsijiore Nouve* übertraf nach 1400 v. h. die Ausdehnung von 1850. Auch *Giétro-*, *Mont Durand-*, *Brenay-* und *Corbassière-Gletscher* erreichten die Ausmaße von 1850. Von 1300–1600 v. h. herrschten hohe Eisstände vor. 580 n. Chr. brach der durch niedergebrochenes Giétro-Eis gestaute Bagnes-See aus. Um 1000 v. h. stellten sich nach der Witterungs-Chronik sehr trockene Jahre ein, die zu ausgeprägter Bodenbildung führten.

Nach 1000 stießen *Findelen-* und *Ferpècle-Gletscher*, von 900–750 v. h. auch *Mont Durand-*, *Fenêtre-*, *Corbassière-* und *Aletsch-Gletscher* bis zum 1850er Stand vor.

Von 800 bis 400 v. h. schmolzen die Gletscher kräftig zurück, so daß vor dem *Findelen-* und vor dem *Ferpècle-Gletscher* Lärchen-Arven-Wälder hochkamen.

Nach 400 v. h. setzten erneut Vorstöße ein. Der *Findelen-Gletscher* überfuhr einen Lärchen-Arven-Wald. *Brenay-* und *Mont Durand-Gletscher* stießen über den 1850er Stand vor. 1549 n. Chr. brach der Bagnes-See erneut aus. 1589 staute der wieder ins Saastal vorgefahrene *Allalin-Gletscher* den Mattmark-See. 1595 und 1640 erfolgten weitere Ausbrüche des durch *Giétro-Eis* gestauten Bagnes-Sees.

Von 1640 bis 1800 schmolzen die Gletscher – unterbrochen von kleineren Vorstößen – mehr und mehr zurück. 1818 erfolgte wiederum ein Vorstoß, ein Abbruch des Giétro-Eises und später ein Ausbruch des Bagnes-Sees. *Brenay-* und *Mont Durand-Gletscher* erreichten 1818 gar größere Stände als um 1850. Zwischen 1809 und 1833 wurden die tiefsten Sommertemperaturen der letzten 400 Jahre gemessen. In dieser Zeit erfolgten bei der Lärche auch die meisten Jahrring-Ausfälle.

Nach 1850 (bis 1870) fand der letzte große nacheiszeitliche Gletscherhochstand statt. 1890, 1920, 1928 zeichnen sich durch kleinere Vorstöße aus. Seit 1966 ist der *Giétro-Gletscher* und seit 1974 sind 40%, seit 1978 gar mehr als 70% der *Schweizer Gletscher* im Vormarsch und weniger als 25% schmolzen zurück (P. Kasser & M. Aellen, 1979). 1978/79 rückten 43% vor, 7% blieben stationär und 50% schmolzen zurück (M. Aellen, schr. Mitt.).

Auch aus *Sagen* – sie alle sind örtlich fixiert und enthalten einen Kern Wahrheit – lassen sich Hinweise gewinnen über begangene Gletscherpfade. Schatz-Sagen sind oft mit Münzfunden längs Paßwegen in Zusammenhang zu bringen (F. G. Stebler, 1907; H. Siegrist, 1937; F. Röthlisberger, 1976).

Eng mit dem Gletschergeschehen stehen im Wallis auch archäologische Fakten. Bereits aus dem Neolithikum sind im Wallis verschiedentlich Kulturen bekannt geworden. Sie deuten auf einen Zusammenhang mit Rhone-aufwärts vorgestoßenen südfranzösischen Bevölkerungsgruppen – Chasséen français – hin. Zugleich erfolgte eine Einwanderung von Volksgruppen, die den Getreidebau mitbrachten, auch von S, über die Alpenpässe (M.-R. SAUTER 1948, 1955, 1957, 1960, 1964; SAUTER & A. GALLAY, 1969).
Spuren erster Kulturen zeichnen sich im Profil des Lac du Mont d'Orge W von Sion auch in der Vegetationsentwicklung ab, wo M. WELTEN (1977) im Rückgang der Föhre sowie von Ulme und Esche erste Hinweise im frühen Neolithikum sieht. Zugleich treten bereits damals erste Getreide-Pollen auf. Ruderalpflanzen, *Urtica* – Brennnessel – und Chenopodiaceen, werden häufiger. *Plantago lanceolata* – Spitzwegerich – und *Pteridium aquilinum* – Adlerfarn – treten auf. Mit der Einführung des Roggens in der Latène-Zeit nimmt der Anteil an Getreidepollen mächtig zu. Zugleich verrät das Auftreten von *Cannabis* den Hanf-Anbau, von *Juglans* die Pflanzung von Walnuß. Dagegen tritt *Vitis* – Weinrebe – erst um 600 n. Chr. auf.
Aus der Bronzezeit sind – vorab aus dem Unterwallis und aus dem Chablais vaudois – Gräber mit reichen Inventar-Knochen und Drahtringen, durchbohrten Muscheln, Häuschen von *Columella rustica*, Gewandnadeln, sowie einige Höhensiedlungen bekannt geworden (O.-J. BOCKSBERGER, 1964a, b, 1976, 1978; M. LICHARDUS-ITTEN, 1971; B. FREI, 1971).
Aus der Hallstatt-Zeit reichen Funde Rhonetal-aufwärts bis in den Talkessel von Brig. Sie belegen enge Beziehungen mit dem Genfersee-Gebiet (M. PRIMAS, 1974a).
Schalensteine mit vom Menschen zu Orientierungszwecken in Stein gravierten Näpfchen stehen in Verbindung mit neolithischen Wegsystemen (H. LINIGER, 1975). Sie sind als die ältesten Wegweiser über die Alpenpässe zu betrachten. Überlieferte schwierige Passagen lassen sich noch heute erkennen oder rekonstruieren.
Die meisten *Blümlisalp-Sagen* sind in die Zeit des 12. und 13. Jahrhunderts und der ersten großen Vorstöße des 16. und des beginnenden 17. Jahrhunderts einzustufen, können aber auch weiter zurückreichen. Die der Königs- und Heidenloch-Sage (B. REBER, 1898) zugrundeliegenden Klimaverschlechterungen sind sogar spätrömisch.
Bei der meist schon vorrömischen Anlage von Pfaden wurde den Gletschern möglichst ausgewichen. In römischer Zeit wurden die Wegspuren vielfach weiter ausgebaut. In Verbindung mit archäologischen Fakten kommt auch der Etymologie von Lokalnamen große Bedeutung zu.
In der Latène-Zeit drang die Besiedlung ins Goms vor. Vorrömische Münzfunde im Val d'Entremont weisen auf einen Verkehr über den Großen St. Bernhard. Zugleich bildete sich im Wallis ein Lokalstil heraus. Anderseits belegen Fibeln vom Tessiner Typ im Binntal (G. GRAESER, 1968) und im Lötschental eine das Oberwallis querende Verbindung vom Tessin zum Thunersee (PRIMAS, 1974b).
In römischer Zeit war das Unterwallis bis zum Pfinwald von keltischen Stämmen besiedelt, während im Oberwallis weiterhin Lepontier wohnten. Der Verkehr erfolgte vorab über die neu erbaute, etwa 1,2 m breite Straße von Augusta Praetoria (Aosta) über Summo Poenino (Großer St. Bernhard) – Bourg St-Pierre–Chemin nach dem Forum Claudii Vallensium, dem späteren Octodurus (Martigny), und weiter über Acaunum mit einem Jupiter-Tempel und bedeutenden Mosaiken (St-Maurice) – Tarnaiae (Massongex) nach Pennelocus (Villeneuve) und Viviscus (Vevey) an den Genfersee.

Anderseits führte von Augusta Praetoria eine Straße über den Kleinen St. Bernhard nach Axima (Aime) und Darantasia (Moûtier-en-Tarantaise) – Albertville nach Boutae (Annecy) und ebenfalls nach Genava – Genf (J. H. FARNUM, 1973; A. LAMBERT & E. MEYER, 1972; W. DRACK & E. MEYER, 1979; H.-M. VON KAENEL, 1973; DRACK & E. IMHOF, 1977; L. CLOSUIT, 1979). Älteste Zeugen der Christianisierung gehen in der Schweiz auf eine Inschrift in Sion aus dem Jahre 377 zurück (C. PFAFF, 1979).

Zitierte Literatur

AELLEN, M. (1972): Stände und Verhalten des Giétrogletschers in historischer Zeit – VAWE Zürich.
AUBERT, D. (1978): Complex Till Section at Burgspitz (Ried-Brig) – in: SCHLÜCHTER, CH., et al. (1978).
– (1980): Les stades de retrait des glaciers du Haut-Valais – Sous presse.
BADOUX, H. (1965): Flle. 1264 Montreux, N. expl. – AGS – CGS.
BADOUX, H. et al. (1959 K): Flle. St-Léonard, N. expl. – AGS – CGS.
– (1960 K): Flle. Monthey, N. expl. – AGS – CGS.
– (1971 K): Flle. 1305 Dt. de Morcles, N. expl. – AGS – CGS.
BEARTH, P. (1953 K): Bl. Zermatt, m. Erl. – GAS – SGK.
– (1954 K, 1957): Bl. Saas und Monte Moro, m. Erl. – SGK.
– (1956): Geologische Beobachtungen im Grenzgebiet der lepontinischen und penninischen Alpen – Ecl., *49/2*.
– (1957): Die Umbiegung von Vanone (Valle Anzasca) – Ecl., *50/1*.
– (1964 K): Bl. Randa, m. Erl. – GAS – SGK.
– (1972 K, 1973): Bl. Simplon, m. Erl. – GAS – SGK.
– (1978 K): Bl. 1308 St. Niklaus – GAS – SGK.
BERSIER, A. (1953): Les collines de Noville-Chessel, crêtes de poussée glaciaire – B. Soc. vaud. SN, *65*.
BESSON, H. (1786): Manuel pour les savans et les curieux qui voyagent en Suisse – Lausanne.
BEZINGE, A. (1971): Déglaciation dans les vals de Zermatt et d'Hérens de 1930 à 1970 – Grande Dixence SA.
– & BONVIN, G. (1974): Images du climat sur les Alpes – Bull. Murithienne, *91*.
– (1974): Vieux troncs morainiques et climat postglaciaire sur les Alpes – Grande Dixence SA.
– (1976): Vieux troncs morainiques et climat de la période holocène en Europe – B. Murithienne, *93*.
–, PERRETEN, J. P., & SCHAFER, F. (1970): Phénomènes du lac glaciaire du Gorner – B. Murithienne, *87*.
BIÉLER, P.-L. (1976): Etude paléoclimatique de la fin de la période Quaternaire dans le Bassin lémanique – Arch. Genève, *29/1*.
BLAVOUX, B., & DRAY, M. (1971): Les sondages dans le complexe quaternaire du Bas-Chablais – Rev. Ggr. phys. G dyn., *13*.
BOCKSBERGER, J.-O. (1964 a): Age du bronze en Valais et dans le Chablais vaudois (Thèse) – Lausanne.
– (1964 b): Découvertes récentes à l'ouest de Sion. Nouvelles données sur le Néolithique valaisan – B. Murithienne, *81*.
– (1976): Le site du Petit-Chasseur (Sion): Le Dolmen – Cahiers d'archéol. romande, *6/7*.
– (1978): Le site du Petit-Chasseur (Sion): Horizon supérieur, secteur occidental et tombes Bronze ancien – Cahiers d'archéol. romande, *13/14*.
BURRI, M. (1955): La géologie du Quaternaire aux environs de Sierre – B. Soc. vaud. SN, *66*.
– (1958): La zone de Sion–Courmayeur au Nord du Rhône – Mat., NS, *105*.
– (1962): Les Dépôts quaternaires de la vallée du Rhône entre Saint-Maurice et le Léman – B. Lab. GM Geophys. Mus. g U. Lausanne, Nr. *132*.
– (1974): Histoire et préhistoire glaciaire des vallées des Drances (Valais) – Ecl. *67/1*.
– (1978): Val de Bagnes–Mauvoisin – In: SCHLÜCHTER, CH., et al.: Guidebook. INQUA – Comm.
BURRI, M., et al. (1981 K): Flle. 1325 Sembrancher – AGS – CGS.
CHARPENTIER, J. de (1841): Essai sur les Glaciers et sur le terrain erratique du Bassin du Rhône – Lausanne.
CLOSUIT, L. (1979): Octodurus – Forum Claudii Vallensium – La cité romaine du Valais – Helv. archaeol., *39/40*.
COOLIDGE, W. A. B. (1907): Il Monte Rosa al XVII secolo – C. A. I., Torino.
DOLLFUS-AUSSET, D., & HOGARD, H. (1864): Matériaux pour l'étude des glaciers, *3*, *5* – Paris, Strasbourg.
DRACK, W. (1975): Die Gutshöfe – UFAS, *5*.
DRACK, W., & IMHOF, E. (1977 K): Römische Zeit im 1., 2. und 3. Jahrhundert und im späten 3. und im 4. Jahrhundert – Geschichte II – Atlas Schweiz, Bl. 20 – L+T.

EGGERS, H. (1961): Moränenterrassen im Wallis – Freiburger Geogr. Arb., *1*.
EICHER, U. (1979): Die $^{18}O/^{16}O$- und $^{13}C/^{12}C$-Isotopenverhältnisse in spätglazialen Süßwasserkarbonaten und ihr Zusammenhang mit den Ergebnissen der Pollenanalyse – Diss. U. Bern – Bern.
Eidg. Landestopographie (1960 K, 1962 K): Aletschgletscher 1:10000, Bl. *2*, *3*.
– & Versuchsanstalt f. Wasserbau u. Erdbau a. d. ETH, Abt. Hydrol. Glaziol., (1960): Bemerkungen zur Karte 1:10000 des Aletschgletschers.
FARNUM, J. H. (1972): 17 Ausflüge zu den alten Römern in der Schweiz – Ein Hallwag-Führer – Bern.
FAVRE, A. (1867): Recherches géologiques dans les parties de la Savoie, du Piémont et de la Suisse voisines du Mont-Blanc – Paris.
FLÜCKIGER, O. (1934): Glaziale Felsformen – Peterm. Mitt., Erg. *218*.
FOREL, F. A. (1887): Les variations périodiques des glaciers des Alpes. 7e rapport – Jb. SAC, *22*.
– (1888): Les variations périodiques des glaciers des Alpes. 8e rapport – Jb. SAC, *23*.
FREI, B. (1971): Die späte Bronzezeit im alpinen Raum – UFAS, *3*.
FREYMOND, P. (1971): Les dépôts quaternaires de la vallée du Rhône entre Saint-Maurice et le Léman d'après les résultats des sondages d'étude de l'autoroute et de l'aménagement hydroélectrique du Bas-Rhône – B. Soc. vaud. SN, *71*.
FRICKER, P. (1960): Geologie der Gebirge zwischen Val Ferret und Combe de l'A (Wallis) – Ecl., *53/1*.
FRÖBEL, J. (1840): Reise in die weniger bekannten Täler auf der Nordseite der Penninischen Alpen – Berlin.
GAGNEBIN, E. (1938): Les collines de Noville-Chessel, près de Villeneuve sur la plaine vaudoise du Rhône – B. Soc. vaud. SN, *60*.
GALLAY, A. & G. (1966): Eléments de la civilisation de Roessen à Saint-Léonard (Valais, Suisse) – Arch. suisses d'Anthropol., *31*.
GERBER, E. K. (1944): Morphologische Untersuchungen im Rhonetal zwischen Oberwald und Martigny – Diss. ETH Zürich.
GERLACH, H. 1869, 1883): Die Penninischen Alpen, *1*, *2*. – N. Denkschr. schweiz. Ges. ges. Natw., *23*; Beitr., *27*.
GERMAN, R. (1972): Die Sedimente am Rand des Oberen Theodul-Gletschers bei Zermatt – Jh. Ges. Naturkde. Württ., *127*.
GONET, O. (1965): Etude gravimetrique de la plaine du Rhône, Région St-Maurice–Lac Léman – Mat. G Suisse, Géophys., *6*.
GRAD, CH. (1868): Observations sur les glaciers de la Viège et le massif du Mont Rose en juillet et août 1866 – Ann. voy., Paris.
GRAESER, G. (1968): Ein hochalpiner gallo-römischer Siedlungsfund im Binntal (Wallis) – Provincialia (Festschr. R. LAUR-BELART) – Basel.
GRASMÜCK, K. (1961): Die helvetischen Sedimente am Nordostrand des Mont Blanc-Massivs (zwischen Sembrancher und dem Col Ferret) – Ecl., *54/2*.
HAEBERLI, W., & RÖTHLISBERGER, H. (1975): Beobachtungen zum Mechanismus und zu den Auswirkungen von Kalbungen am Grubengletscher (Saastal, Schweiz) – Z. Glkde., *11/2*.
HÄFELI, R., & KASSER, P. (1948): Beobachtungen im Firn- und Ablationsgebiet des Großen Aletschgletschers – Schweiz. Bauz., *66/35* u. 36.
HALDER, U., et al. (1976): Aletsch – eine naturkundliche Einführung – SBN – Basel.
HAMBREY, M. J. (1977): Structures in ice cliffs at the snouts of there Swiss glaciers – J. Glaciol., *18/80*.
–, & MILNES, A. G. (1977): Structural geology of an Alpine glacier (Griesgletscher, Valais, Switzerland) – Ecl., *70/3*.
HANTKE, R. (1978): The Rhone Glacier Moraines in the Uppermost Valley – In: SCHLÜCHTER, CH. et al. (1978).
– (1980): Excursion 99 c: Glaciations quaternaires dans les Alpes franco-suisses et leurs plémonts – De Gletsch à Sierre – Stationnements du Glacier du Rhone et des glaciers latéraux dans le Haut-Valais – G. Alpine, *56*.
HEIERLI, J., & OECHSLI, W. (1896): Urgeschichte des Wallis – Zürich.
HEIM, ALB. (1885): Handbuch der Gletscherkunde – Biblioth. ggr. Hdb. – Stuttgart.
– (1932): Bergsturz und Menschenleben – Vjschr., *77*, Beibl. *20*.
HOGARD, H. (1858): Recherches sur les glaciers et sur les formations erratiques des Alpes de la Suisse – Epinal.
HOLZHAUSER, H.-P. (1978): Zur Geschichte des Fieschergletschers – DA Ggr. I. U. Zürich.
– (1980 a): Beitrag zur Geschichte des Großen Aletschgletschers – GH, *35/1*.
– (1980 b): Zur Geschichte des Aletsch- und Fiescher-Gletschers – In Arbeit.
JAYET, A. (1950): Genèse de l'appareil morainique observée aux glaciers de Valsorey et du Vélan – Arch. Genève, *3*.
– (1960): Le glacier de Gries (Valais, Suisse), nouvel exemple de la genèse de moraines superficielles à partir des moraines profondes – Arch. Genève, *13*.

JEANNET, A. (1913): Monographie géologique des Tours d'Ai et des régions avoisinantes (Préalpes vaudoises), 1 – Mat., NS, *34/1*.

VON KAENEL, H.-M. (1975): Verkehr und Münzwesen – UFAS, *5*.

KASSER, P., & AELLEN, M. (1974a): Die Gletscher der Schweizer Alpen 1970–1971 – 92. Ber. Glkomm. SNG.

– (1974b): Aletschgletscher – Some data – Hydrol. Glaciol. Sect. ETHZ.

– (1979): Die Gletscher der Schweizer Alpen im Jahr 1977/78 – Alpen, *55/4*.

KASSER, P. et al. (1979): Die Schweiz und ihre Gletscher von der Eiszeit bis zur Gegenwart – Schweiz. Verkehrszentrale – Bern.

KASTHOFER, K. (1822): Bemerkungen auf einer Alpen-Reise über den Susten, Gotthard, Bernardin und über die Oberalp, Furka und Grimsel. Nebst Betrachtungen über die Veränderungen in dem Klima des Bernischen Hochgebirgs – Aarau.

KINZL, H. (1932): Die größten nacheiszeitlichen Gletschervorstöße in den Schweizer Alpen und in der Mont-Blanc-Gruppe – Z. Glkde., *17*.

KÜTTEL, M. (1979): Pollenanalytische Untersuchungen zur Vegetationsgeschichte und zum Gletscherrückzug in den westlichen Schweizeralpen – Ber. Schweiz. Bot. Ges., *89/1–2*.

LAMBERT, A., & MEYER, E., ed. (1972): Führer durch die römische Schweiz – Zürich u. München.

LICHARDUS-ITTEN, M. (1971): Die frühe und mittlere Bronzezeit im alpinen Raum – UFAS, *3*.

LINIGER, H. (1975): Einige Lösungen der Schalenstein- und Felsbildprobleme mit astronomischen Beiträgen von W. BRUNNER – 3. Ergänzung zur Grundlagenforschung – Basler Beitr. Felsbildprobl., *9* – Basel.

LÜDI, W. (1945): Besiedlung und Vegetationsentwicklung auf den jungen Seitenmoränen des Großen Aletschgletschers, mit einem Vergleich der Besiedlung im Vorfeld des Rhonegletschers und des Oberen Grindelwaldgletschers – Ber. Rübel (1944).

LUGEON, M. (1940K): Flle. Diablerets, N. expl. – AGS – CGS.

LÜTSCHG, O. (1915): Der Märjelensee und seine Abflußverhältnisse – Ann. Schweiz. Landeshydrogr., *1*.

MARIÉTAN, J. (1927): Les débâcles du glacier de Crête-Sèche, Bagnes – B. Murithienne, *44* (1926–27).

– (1954): Observations au Glacier de Valsorey – Arch. Genève, *7*.

– (1970): La catastrophe du Giétroz en 1818 – B. Murithienne, *87*.

MARKGRAF, V. (1969): Moorkundliche und vegetationsgeschichtliche Untersuchungen an einem Moorsee an der Waldgrenze im Wallis – Bot. Jb., *89/1*.

MERCANTON, P. L. (1899): Les débâcles au glacier de Crête-Sèche – Jb. SAC, *34*.

– (1916a): Vermessungen am Rhonegletscher – Mensurations au Glacier du Rhône; 1874–1915 – N. Denkschr. SNG, *52*.

– (1916b): Les glaciers du val de Bagnes en 1818 d'après quelques documents inédits – Jb. SAC, *51*.

MONACHON, C. (1978): La Vallée des Fares – Levé morphologique – Trav. Lic. I. Ggr. U. Lausanne.

– (1979): Essai de reconstitution de la paléogéographie des stades glaciaires dans la vallée des Fares, Isérable (VS) – B. Murithienne, *95* (1978).

MORLOT, A. (1859): Über die quartären Gebilde des Rhonegebietes – Vh. SNG, Bern.

MÜLLER, F., CAFLISCH, T. & MÜLLER, G. (1976): Firn und Eis der Schweizer Alpen (Gletscherinventar) – Publ. Ggr. I. ETH, *57*, Zürich.

NETHING, H. P. (1977): Der Simplon – Thun.

NUSSBAUM, F. (1942): Die Bergsturzlandschaft von Siders im Wallis – Vh. SNG.

OECHSLIN, M. (1962): Der Märjelensee – Jb. Ver. Schutze Alpenpfl., -tiere, München, *27*.

OULIANOFF, N. (1934): Excursion 25: Martigny–Orsières–Grand St-Bernard–Val Ferret – Guide g Suisse, *7*, Bâle.

OULIANOFF, N., & TRÜMPY, R. (1958K): Flle. Grand St-Bernard, N. expl. – AGS – CGS.

PENCK, A., BRÜCKNER, E. (1901–09): Die Alpen im Eiszeitalter, *1–3* – Leipzig.

PFAFF, C. (1979): Historischer Überblick – UFAS *6*: Das Frühmittelalter.

PLANTA, A. (1979): Zum römischen Weg über den Großen St. Bernhard – Helvetia archaeol., *37*.

PLAYFAIR, J. (1802): Illustrations of the Huttonian Theory of the Earth – Edinburgh – Facsimile repr. 1964 – New York.

PRIMAS, M. (1974a): Die Hallstattzeit im alpinen Raum – UFAS, *4*.

– (1974b): Die Latènezeit im alpinen Raum – UFAS, *4*.

REBER, B. (1898): Antiquités et légendes du Valais (Zermatt, Val d'Illiez, Val de Tourtemagne, Leytron et Saillon, Val de Bagnes) – In Valais Romand – Genève.

RENAUD, A. (1936): Les entonnoirs du glacier de Gorner – Mém. SHSN, *71/1*.

RÖTHLISBERGER, F. (1976): Gletscher- und Klimaschwankungen im Raum Zermatt, Ferpècle und Arolla – Alpen, *52/3–4*.

RÖTHLISBERGER, & SCHNEEBELI, W. (1979): Genesis of lateral moraine complexes, demonstrated by fossil soils and truncs; indicators of postglacial climatic fluctuations – In: SCHLÜCHTER, CH., ed.: Moraines and Varves – Origin/Genesis/ Classification – Proceed. INQUA Symp. Gen. Lithol. Quatern. Dep. – Zurich 1978 – Rotterdam.

RÖTHLISBERGER, H. (1974): Möglichkeiten und Grenzen der Gletscherüberwachung – NZZ, Nr. 196 (29. 4. 1974).

– (1978): The Gornergletscher – In: SCHLÜCHTER, CH., et al. (1978).

RÖTHLISBERGER, H., & OESCHGER, H. (1961): Datierung eines ehemaligen Standes des Aletschgletschers durch Radioaktivitätsmessungen an Holzproben und Bemerkungen zu Holzfunden an weiteren Gletschern – Z. Glkde. *4/3*.

SALATHÉ, R. H. (1961): Die stadiale Gliederung des Gletscherrückganges in den Schweizer Alpen und ihre morphologische Bedeutung Vh. NG Basel, *72/1*.

SAUTER, M.-R. (1948): Le Néolithique du Valais – Genève.

– (1950, 1955, 1960): Préhistoire du Valais des origines aux temps mérovingiens – Vallesia, *5, 10, 15*.

– (1964): Fouilles dans le Valais néolitique: St-Léonard et Rarogne (1960–1962) – Ur-Schweiz, *872*.

– (1975): La station néolithique et protohistorique de «Sur le Grand Pré» à Saint-Léonard (District Sierre, Valais) – Arch. suisses d'Anthropol., *22*.

– (1977): La Suisse préhistorique – Neuchâtel.

– & GALLAY, A. (1969): Les premières cultures d'origine méditerranéenne – UFAS, *2*.

SCHARDT, H. (1892): Structure géologique des environs de Montreux – B. Soc. vaud. SN, *27*.

SCHLÜCHTER, CH., et al. (1978): Guidebook – INQUA-Comm. Genesis Lithol. Quatern. Deposits – Symposium 1978, ETH Zurich, Switzerland.

SCHNEEBELI, W. (1976): Untersuchungen von Gletscherschwankungen im Val de Bagnes – Alpen *52/3–4*.

SIEGEN, J. (1930): Die Urgeschichte des Lötschentales – Blätter aus der Wallisergeschichte – Geschichtsforsch. Ver. Oberwallis.

SIEGRIST, H. (1937): Das Lötschental – Eine landeskundliche Darstellung – Diss. U. Zürich.

SMALL, R. J., & CLARC, M. J. (1974): The medial moraines of the Lower Glacier de Tsijiore Nouve, Valais, Switzerland – J. Glaciol., *13/68*.

SMALL, R. J., CLARC, M. J., & CEAWS, T. J. P., (1979): The formation moraines of medial on Alpine glaciers – J. Glaciol., *22/86*.

STEBLER, F. G. (1907): Am Lötschberg – Land und Volk von Lötschen – Zürich.

STRECKEISEN, A. (1965): Junge Bruchsysteme im nördlichen Simplon-Gebiet (Wallis, Schweiz) – Ecl., *58/1*.

SUGDEN, D. E., & JOHN, B. S. (1976): Glaciers and Landscape – London.

SWIDERSKI, B. (1920K): Carte géologique de la partie occidentale du massif de l'Aar (entre la Lonza et la Massa), 1:50000 – *89* – CGS.

THYSSEN, F., & AHMAD, M. (1969): Ergebnisse seismischer Messungen auf dem Aletschgletscher – Polarforsch., *6*. Jg. *39/1*.

TYNDALL, J. (1860): The glaciers of the Alps – London.

VENETZ, I. (1830): Sur l'ancienne extension des glaciers, et sur leur retraite dans leurs limites actuelles – Actes SHSN, *15* (1829).

– (1833): Mémoire sur les variations de la température dans les Alpes Suisses (1821) – Denkschrift allg. Schweiz. Ges. ges. Natw., *2*.

– (1861): Mémoire sur l'extension des anciens glaciers – N. Denkschr. allg. Schweiz. Ges. ges. Naturw., *18*.

VILLARET-V. ROCHOW, P. & M. (1958): Das Pollendiagramm eines Waldgrenzenmoores in den Waadtländer Alpen – Veröff. Rübel, *33*.

WAGNER, J.-J. (1970): Elaboration d'une carte d'anomalie de Bouguer – Mat. G Suisse, Géophys., *9*.

WEILENMANN, U. (1979): Der Rhonegletscher und sein Vorfeld (eine geographische Grundlagenbeschaffung) – DA Ggr. I. ETH, Zürich.

WELTEN, M. (1958): Die spät- und postglaziale Vegetationsentwicklung der Berner Alpen und des Walliser Haupttales – Veröff. Rübel, *34*.

– (1977): Résultats palynologiques sur le développement de la végétation et sa dégradation par l'homme à l'étage inférieur du Valais central (Suisse) – In: H. LAVILLE & J. RENAULT-MISKOVSKY: Approche écologique de l'homme fossile – B.AFEQ, Suppl.

– (1980): Vegetationsgeschichtliche Untersuchungen in den westlichen Schweizeralpen: Bern–Wallis – Im Druck.

WERENFELS, A. (1924K): Geologische Karte des Vispertales, 1:25000 – GSpK, *106* – SGK.

WICK, P. (1974): Die Gletschertöpfe und die ehemaligen Lavezsteinbrüche am Dossen bei Zermatt – Schr. Eröff. Gletschergartens Dossen/Zermatt – Visp.

WINISTORFER, J. (1977): Paléogéographie des stades glaciaires des vallées de la rive gauche du Rhône entre Viège et Aproz – B. Murithienne, *94*.

ZIENERT, A. (1976): Gletscherstände um Zermatt – Heidelberger Ggr. Arb., *49*.

ZURLAUBEN, DE, & LABORDE, DE (1780–89): Tableaux topographiques, pittoresques, physiques, moraux, politiques, littéraires de la Suisse ou Voyage pittoresque fait dans les XIII Cantons et états alliés au Corps helvétique – Paris.

Zur Erleichterung des Auffindens geographischer Namen, was am geeignetsten mit Hilfe der Landeskarte der Schweiz 1:25 000 geschieht, wurde die Region – Kanton, Kreis, Departement, Provinz, Land – angegeben, bei Kantonen, Provinzen und Ländern deren Autozeichen. Steht diese Bezeichnung in Klammern, so ist die Gegend, der Berg, das Tal oder das Gewässer gemeint, sonst der Ort.

Neben den bereits im Text verwendeten Abkürzungen wurden zusätzlich verwendet:

A. = Alp(e, en, i), B. = Berg(e), C. = Col(le), Gh. = Ghiacciaio, Gl. = Gletscher, Glacier, Glatscher, K. = Karte, L. = Lac, Lago, Lagh, M. = Mont(e, i), Mgn = Montagne, P. = Piz(zo), Pte. = Pointe, Sch. = Schotter, Sp. = Spitz(e), St. = Stadium, T. = Tal(ung), V. = Val(le, lée, lon), W. = Wald.

Kursive Seitenzahlen: Figuren, Tabellen.

Sach-Register

Orts-Register

Stärker geraffte Abkürzungen in Literaturzitaten

Abh.	Abhandlungen
AFEQ	Ass. franç. Etude Quaternaire
AGS	Atlas géologique de la Suisse 1:25 000
ASA	Anzeiger f. Schweiz. Altertumskde.
Ann.	Annalen, Annales
Arch. Genève	Archives des Sciences Physiques et Naturelles de Genève
Ass.	Association
AS	Actes de la Société
B.	Bulletin, Bollettino
BA	Bundesanstalt
BHM	Bernisches Historisches Museum
Beitr.	Beiträge, Geol. Karte Schweiz
Ber.	Berichte
Bl.	Blatt, Blätter
BRGM	Bur. Recherches géol. min.
CG	Carte géologique, Carta geologica
CGS	Commission Géologique Suisse
CNRS	Centre Nat. Recherche Scientif.
Csp	Carte spéciale
CR	Compte(s) Rendu(s)
CR S phy HN	Compte rendu de la Société Physique et d'Histoire Naturelle de Genève
Cgr.	Congrès, congress
DA	Diplomarbeit (unveröffentlicht)
DEUQUA	Deutsche Quartärvereinigung
Doc.	Documents
Ecl.	Eclogae geologicae Helvetiae
E+G	Eiszeitalter und Gegenwart
Erg.	Ergänzung(en, s-)
Erl.	Erläuterungen
ETHZ	Eidg. Techn. Hochschule Zürich
Fac., Fak.	Faculté, Faculty, Fakultät
Flle(s), Fo.	Feuille(s), Foglio
F., Förh.	Förening, Förhandlingar
G, g	Geologie, geologisch
G.	Giornale
GAS	Geolog. Atlas der Schweiz 1:25 000
GC	Geological Congress
GG	Geologische Gesellschaft
Ggr., ggr.	Geographie, geographisch
GH	Geographica Helvetica
GK	Geologische Karte
Glkde.	Gletscherkunde (u. Glazialgeologie)
GR	Geologische Rundschau
GSpK	Geologische Spezialkarte
GS	Geological Society
GV	Geologische(r) Verein(igung)
H.	Hefte
Hdb.	Handbook, Handbuch
HN	Histoire naturelle
HV	Historische(r) Verein(igung)
I.	Institut(e)
INQUA	Internat. Quartär-Assoziation
J.	Journal
Jb.; Jber.	Jahrbuch; Jahresbericht(e)
Jh.	Jahresheft(e)
LA	Landesanstalt, Landesamt
Lab.	Laboratoire, Laboratorium
L+T	Eidg. Landestopographie Wabern
Mag.	Magazine
Mat.	Mat. Carte Géol. Suisse
Mbl.; Mh.	Monatsblatt; Monatsheft(e)
Medd., Mitt.	Meddelingen, Mitteilungen
Mém., Mem.	Mémoires, Memorie(s)
Mus.	Museum, Musée
N., n.	Neue(s)
natf., natw.	naturforschend, -wissenschaftlich
N. expl.	(avec) Notice explicative
NF	Neue Folge
NG	Naturforsch., Naturwiss. Gesell.
Njbl.	Neujahrsblatt
NS	Neue Serie, nouvelle série
P, p	Paläontologie, paläontologisch
Palgr.	Palaeontographica
Proc.	Proceedings
Rech.	Recherches
Rep.	Report(s)
Repert.	Repertorium
Rev.	Revue, Review
Rübel	Geobotanisches (Forschungs-) Institut Rübel (ETH) Zürich
Sci.	Science(s), Scienze
SG	Société géologique, Società geologica
SGK	Schweiz. Geologische Kommission
SGU(F)	Schweiz. Ges. f. Ur- und Frühgesch.
SHSN	Société Helvet. d. Sciences naturelles
SISN	Società italiana Scienze naturali
SMPM	Schweizerische Mineralogische und Petrographische Mitteilungen
SN	Sciences naturelles, Scienze naturali
SNG	Schweiz. Naturforsch. Gesellschaft
Soc.	Société, Società, Society
SPS	Société Paléontologique Suisse
Trans.	Transactions
U.	Universität, Université
UFAS	Ur- und frühgeschichtliche Archäologie der Schweiz
UFS	Ur- u. Frühgeschichte der Schweiz
Vh.	Verhandlung(en), Verhandelingen
Vjschr.	Vierteljahrsschrift der Naturforschenden Gesellschaft Zürich
VSP	Vereinigung Schweizerischer Petrol.-Geologen und -Ingenieure
Z.	Zeitschrift
ZAK	Zeitschrift für Schweizerische Archäologie und Kunstgeschichte
Zbl.	Zentralblatt